KB029637

방재기사필기

핵심요약 및 예상문제 1000제 + α

집필진

김상호 상지대학교 건설시스템공학과 교수, 공학박사
김태웅 한양대학교(ERICA) 건설환경공학과 교수, 공학박사
류재희 (주)이산 전무, 수자원개발기술사, 공학박사
안재현 서경대학교 토목건축공학과 교수, 공학박사
이영식 유신엔지니어링(주) 부사장, 수자원개발기술사, 방재기사
장경수 (주)이산 이사, 수자원개발기술사, 방재기사

방재기사필기
핵심요약 및 예상문제 1000제 + α

2019년 9월 30일 초판 발행
2020년 5월 20일 제2판 발행
2021년 4월 15일 제3판 발행
2022년 3월 15일 제4판 발행
2023년 3월 31일 제5판 발행
2024년 3월 15일 제6판 발행

지은이 김상호 · 김태웅 · 류재희 · 안재현 · 이영식 · 장경수
펴낸이 이찬규
펴낸곳 북코리아
등록번호 제03-01240호
전화 02-704-7840
팩스 02-704-7848
이메일 ibookorea@naver.com
홈페이지 www.북코리아.kr
주소 13209 경기도 성남시 중원구 사기막골로 45번길 14
우림2차 A동 1007호
ISBN 978-89-6324-517-1 (13530)

값 39,000원

2024 개정

제6판

기출 문제

한국산업인력공단 국가자격

방재 기사 필기

핵심요약 및 예상문제 1000제 +α

[재난관리 · 방재시설 · 재해분석 · 재해대책 · 방재사업]

김상호 · 김태웅 · 류재희 · 안재현 · 이영식 · 장경수 지음

북코리아

Preface

이 책의 머리말

2019년 11월 제1회, 2020년 8월 제2회, 2021년에는 제3회와 제4회, 2022년에는 제5회와 제6회, 2023년에는 제7회와 제8회 방재기사 필기시험이 실시되었으며, 2024년에는 제9회와 제10회 방재기사 필기시험이 예정되어 있습니다.

본 교재는 2022년부터 2024년까지 적용되는 변경된 출제기준에 맞춰 방재기사 시험을 준비하는 수험생들이 필기시험을 좀 더 효율적으로 공부할 수 있도록 작성했으며, 또한, 2023년 12월 기준으로 새로이 개정된 지침을 반영함으로써 방재기사의 자격으로 요구되는 관련 분야의 전문성을 학습해 나갈 수 있도록 구성했습니다. 특히, 본 판에서는 최근 변경된 재해영향평가 및 비상대처계획의 내용을 수록하여 수험생들의 준비과정에 도움을 주고자 하였습니다.

방재기사 필기시험을 위해서는 재난관리, 방재시설, 재해분석, 재해대책, 방재사업 등의 5개 과목을 학습해야 하며, 이를 위해서는 많은 노력이 필요할 수 있습니다. 특히 대학에서 강의되지 않은 실무 차원의 내용이 상당 부분을 차지하기 때문에 수험생들이 준비하기에는 벅찬 부분이 많습니다.

본 교재는 이러한 어려움을 해소하기 위해 다음과 같은 특징들을 가지고 있습니다.

첫째, 관련 분야 최고 전문가들로 집필진을 구성했습니다. 학계와 업계에서 방재 부분 실무를 직접 담당하고 있는 전문가들이 각 과목별 특성을 고려해서 내용과 문제를 작성했습니다.

둘째, NCS를 기반으로 출제기준이 작성된 것을 감안해서 해당 부분을 최대한 수록했습니다. 또한 법령, 제도, 지침 등의 개정사항을 빠짐없이 반영해서 가장 최신의 정책적·기술적 내용을 포함했습니다.

셋째, 각 과목별 주요 내용을 위주로 핵심 요약을 작성했습니다. 특히 추가 설명이 필요한 부분과 중요한 사항은 따로 떼어서 수험생들이 쉽게 확인할 수 있도록 구성했습니다.

넷째, 충분한 수의 예상문제를 수록했습니다. 출제 가능성이 높은 부분을 중심으로 핵심 요약의 이해를 도울 수 있도록 예상문제를 만들었습니다. 특히 2019년 초판 출간 시에 작성된 예상문제 1,000제에 그간의 기출문제 500제 이상을 더해 총 1,500 문제 이상을 준비했습니다.

본 교재가 나오기까지 많은 분들의 도움이 있었습니다. 집필에 참여한 저자들에게 감사의 인사의 전합니다. 강의와 연구, 실무에서의 설계 등 각자의 분야에서 모두 바쁜 분들이 시간을 내어 충실하게 집필했으며, 그렇기에 본 교재의 만족도는 매우 높을 것으로 기대하고 있습니다.
교재의 편집과 교정, 출판을 담당하신 북코리아 이찬규 사장님을 비롯한 직원 여러분들에게도 진심으로 감사드립니다. 촉박한 기일과 많은 분량의 내용 개정이 있었음에도 불구하고, 훌륭한 교재가 될 수 있었던 것은 북코리아 관계자들의 노력 덕분입니다.

방재 분야의 제도는 끊임없이 변화되고 발전하고 있습니다. 따라서 방재기사 시험교재는 앞으로도 수정할 사항이 많을 것으로 생각됩니다. 변경되는 부분은 지속적으로 업데이트할 것을 약속드리면서 수험생 여러분들 모두 좋은 성과 얻으시길 기원합니다. 감사합니다.

2024년 1월
저자 일동

Contents

이 책의 차례

이 책의 머리말 4
방재기사필기 출제기준 17

제1과목 재난관리

제1편 재난예방 및 대비대책 29

제1장 재난의 개념 30
1절 재난의 유형 30
2절 재난의 특성 31
3절 재난관리의 개념 및 정의 32

제2장 법령과 제도 36
1절 재난 관련 지침, 매뉴얼 현황 36
2절 방재관리대책 대행자 업무 40
3절 「재난 및 안전관리 기본법」, 시행령, 시행규칙 43

제3장 재난예방 58
1절 재해예방 종합대책 58
2절 국가안전관리기본계획 수립과 집행 61
3절 재해사례 수집 및 분석 63
4절 방재시설 및 사업 위험인자 분석 68
5절 방재시설 유지관리 69

제4장 재난대비 71
1절 모의훈련계획 수립, 시행 및 평가 71
2절 안전성 확보를 위한 구조적·비구조적 대책 72
3절 재난관리책임기관의 재난 예방조치 참여 76
4절 재난방지시설의 취약성 파악과 점검, 보수 보강 77
5절 재난자원관리계획 수립 80

★ 적중예상문제 84

제2편 재난대응 및 복구대책 기획 101

제1장 재난대응 기획 102
1절 재난상황에 대한 인적·물적 피해 예측과 안전 대책 102
2절 재난 예·경보시스템 현장운용 지도, 관리 103
3절 재난관리책임기관의 재난대응 참여와 기술적 지원, 조정 108
4절 상황분석 평가 관리 111

제2장 재난복구 기획 114
1절 재해조사 및 복구계획 114
2절 지구단위종합복구계획 수립 115
3절 재난자원 조직화 및 배분 관리 116
4절 재난관리책임기관의 재난복구 참여와 기술적 지원, 조정 117
5절 재해현장 위험관리 120

★ 적중예상문제 125

제3편 비상대응 관리 135

제1장 대상 재난 설정 136
1절 저수지·댐 붕괴와 피해상황 구성 136
2절 해일 발생과 피해상황 구성 137
3절 기타 재난 발생과 피해상황 구성 139
4절 비상대처계획 수립 대상 시설물 142
5절 비상상황 시 관리 대상 시설 144

제2장 비상상황 관리계획 수립 145
1절 위기경보 수준에 따른 단계별 대책 수립 145
2절 비상상황 시 정보 취득과 보고방법 149
3절 비상 단계별 비상대응기관의 책임과 임무 150
4절 비상 단계별 비상발령 절차와 상황관리체계 152
5절 비상상황 시 유관기관의 협조체제 153

제3장 대피계획 수립 155
1절 피해 예상지역 주민현황 155
2절 주민대피계획 수립 및 유도방안 156
3절 대피방법과 장소, 대피수단 156
4절 비상대서 방안 158

★ 적중예상문제 160

제2과목
방재시설

제1편 방재시설 특성 분석 171

제1장 방재법령의 이해 172

1절 방재시설 관련 법령의 이해 172
2절 방재시설 관련 기준과 지침 175
3절 「자연재해대책법」의 이해 182

제2장 재해 특성의 이해 187

1절 재해 종류별 특성의 이해 187
2절 지역별 재해 특성의 이해 192
3절 재해발생지역의 자연 특성 이해 195
4절 재해지역 및 유형별 특성에 따른 방재시설 197

제3장 방재시설물 방재기능 및 적용공법의 이해 200

1절 하천방재시설물의 방재기능 및 적용공법 200
2절 내수방재시설물의 방재기능 및 적용공법 208
3절 사면방재시설물의 방재기능 및 적용공법 213
4절 토사방재시설물의 방재기능 및 적용공법 216
5절 해안방재시설물의 방재기능 및 적용공법 219
6절 바람방재시설물의 방재기능 및 적용공법 221
7절 가뭄방재시설물의 방재기능 및 적용공법 222
8절 대설방재시설물의 방재기능 및 적용공법 225

★ 적중예상문제 227

제2편 방재시설계획 237

제1장 재해 유형별 피해원인 분석 238

1절 하천재해의 피해원인 238
2절 내수재해의 피해원인 241
3절 사면재해의 피해원인 243
4절 토사재해의 피해원인 245
5절 해안재해의 피해원인 247
6절 바람재해의 피해원인 248
7절 가뭄재해의 피해원인 249
8절 대설재해의 피해원인 250
9절 기타 재해의 피해원인 251

제2장 방재시설별 재해취약요인 분석 252
1절 하천 및 소하천 부속물 재해취약요인 분석 252
2절 하수도 및 펌프장 재해취약요인 분석 254
3절 농업생산기반시설 재해취약요인 분석 255
4절 사방시설 재해취약요인 분석 256
5절 사면재해 방지시설 재해취약요인 분석 257
6절 도로시설 재해취약요인 분석 258
7절 항만 및 어항시설 재해취약요인 분석 260

제3장 재해 유형별 방재시설계획 수립 263
1절 재해 유형별 설계기준 및 저감방안 263
2절 재해 유형별 방재시설계획 수립 272

제4장 방재시설 중장기 계획 수립 279
1절 방재시설 중·장기 정책의 이해 279
2절 자연재해저감 종합계획에 근거한 중장기 계획 수립 281

★ 적중예상문제 284

제3편 방재시설 조사 293

제1장 방재시설 자료 조사 294
1절 방재정책 자료 수집 및 분석 294
2절 문헌자료 수집 및 분석 297
3절 방재계획 자료 수집 및 분석 299

제2장 방재시설 피해현장 조사 304
1절 방재시설 피해현장 공간정보 수집 304
2절 방재시설 피해현장 지반조사 307
3절 방재시설 피해현장 지형조사 309
4절 방재시설 피해현장 수문조사 310
5절 방재시설 피해현장 산림조사 312
6절 피해지역 조사 314

★ 적중예상문제 319

제4편 방재 기초자료 조사 325

제1장 기초자료 조사계획 수립 326

1절 기초자료의 종류 및 범위 326
2절 인력투입량 및 작업수행 공정계획 329
3절 재해요인 분석자료 조사항목 332
4절 재해이력 및 재해저감사례 분석 333

제2장 자연현황 조사 336

1절 자연현황 조사 336
2절 토지이용현황 및 계획 조사 337
3절 지형·지질·하천현황 등 조사 339

제3장 인문·사회현황 조사 343

1절 인문·사회현황 조사 343
2절 산업 및 문화재현황 조사 344

제4장 방재현황 조사 346

1절 재해관련지구 지정현황 346
2절 방재시설현황 및 유지관리현황 조사 363

제5장 재해 발생현황 조사 366

1절 과거 재해 발생원인 및 피해 특성 366
2절 과거 재해 발생 이력조사 369
3절 재해 유형별 피해 특성 분석 371

제6장 관련 계획 조사 374

1절 방재 관련 계획 374
2절 토지 이용 관련 계획 378
3절 시설정비 관련 계획 379

★ 적중예상문제 380

제3과목
재해분석

제1편 재해 유형 구분 및 취약성 분석·평가 395

제1장 재해 유형 구분 396
1절 재해 유형 구분 396
2절 복합재해 발생지역 399

제2장 재해취약성 분석·평가 401
1절 재해 발생원인 401
2절 재해취약지구 취약요인 407
3절 과거 피해현황 및 재해 발생원인 411
4절 수문·수리학적 원인 분석 414

★ 적중예상문제 419

제2편 재해위험 및 복구사업 분석·평가 429

제1장 재해 유형별 위험 분석·평가 430
1절 하천재해 위험요인 분석·평가 430
2절 내수재해 위험요인 분석·평가 449
3절 사면재해 위험요인 분석·평가 456
4절 토사재해 위험요인 분석·평가 462
5절 해안재해 위험요인 분석·평가 469
6절 바람재해 위험요인 분석·평가 474
7절 가뭄재해 위험요인 분석·평가 477
8절 대설재해 위험요인 분석·평가 484
9절 기타 재해 위험요인 분석·평가 490

제2장 재해복구사업 분석·평가 495
1절 재해복구사업 분석·평가 일반사항 495
2절 재해저감성 평가 498
3절 지역경제 발전성 평가 512
4절 지역주민생활 쾌적성 평가 518
5절 재해복구사업의 목표 달성도 측정 519
6절 재해복구사업의 개선방안 521

★ 적중예상문제 526

제3편 방재성능목표 설정 547

제1장 방재성능목표 설정 548
1절 방재성능목표 548
2절 방재시설물 특성 분석·평가방법 552
3절 지역별 통합 방재성능 평가 558
4절 방재성능 분석 취약성 평가 560

제2장 방재성능개선대책 수립 565
1절 방재성능목표의 타당성 565
2절 방재시설물의 개선대책 567
3절 방재시설물의 기능성, 안정성, 시공성, 경제성 570

제3장 방재성능개선대책 시행계획 수립 573
1절 방재성능목표 달성 평가 573
2절 방재성능개선대책의 경제성 평가 574
3절 개선대책 시행계획 수립 및 재원대책 마련 575
4절 방재성능 평가결과에 따른 방재성능 향상 대책 578

★ 적중예상문제 581

제4과목
재해대책

제1편 재해저감대책 수립 595

제1장 재해영향저감대책 수립 596
1절 해당 지역의 예상 재해요인 예측 596
2절 예상 재해 유형별 위험 해소방안 611
3절 구조적·비구조적 재해저감대책 619
4절 주변지역에 대한 재해영향 검토 624
5절 경제적이고 효율적인 재해저감대책 626
6절 잔존위험요인에 대한 해소방안 627

제2장 자연재해저감대책 수립 628
1절 자연재해 저감을 위한 구조적·비구조적 대책 628
2절 전지역단위 저감대책 640
3절 수계단위 저감대책 642
4절 위험지구단위 저감대책 644
5절 다른 분야 계획과 연계 및 조정 648
6절 사업시행계획 수립 651

제3장 우수유출저감대책 수립 656
1절 배수구역과 우수유출에 따른 피해분석 656
2절 우수유출저감시설 형식 663
3절 저감시설 규모의 목표와 저감대책 665
4절 소요사업비 추정 및 경제성 분석 672
5절 우수유출저감시설 공법의 분류 및 특성 674

제4장 자연재해위험개선지구 정비대책 수립 676
1절 자연재해위험개선지구 정비계획 676
2절 구조적·비구조적 방안 수립 681
3절 수문·수리검토, 구조계산, 지반, 안정해석, 공법비교, 사업비 산정 682
4절 경제성 분석 및 투자우선순위 결정 683

제5장 소하천 정비대책 수립 690
1절 소하천의 효율적·경제적 정비대책 수립 690
2절 설계수문량 계획·산정 695
3절 기존 시설물 능력 검토 701
4절 제방을 포함한 소하천의 항목별 세부계획 수립 707

★ 적중예상문제 741

제2편 재해지도 작성 767

제1장 침수흔적도 작성 768
1절 침수흔적 조사 768

제2장 침수예상도 작성 775
1절 홍수범람예상도, 해안침수예상도 작성 775
2절 홍수예상 시나리오에 따른 범람해석 784
3절 침수예상지역 파악 786

제3장 재해정보지도 작성 787
1절 피난활용형, 방재교육형, 방재정보형 재해정보지도 작성 787
2절 대피정보 796
3절 재해지도 작성 등에 관한 지침 799

제4장 재해저감대책도 작성 802
1절 대피로와 대피장소 제시 802
2절 비상대처계획도 제시 803

★ 적중예상문제 804

제5과목
방재사업

제1편 재난피해액 및 방재사업비 산정 813

제1장 재난피해액 산정 814
1절 피해주기 설정 및 홍수빈도율 산정 814
2절 침수면적 및 침수편입률 산정 814
3절 침수구역 자산조사 817
4절 재산피해액(편익) 산정 818

제2장 방재사업비 산정 824
1절 총공사비 산정 824
2절 유지관리비 및 경상 보수비 산정 824

★ 적중예상문제 826

제2편 방재사업 타당성 및 투자우선순위 결정 835

제1장 방재사업 타당성 분석 836
1절 경제성 분석의 이해 836
2절 연평균 피해경감 기대액(편익) 산정 846
3절 연평균 사업비(비용) 산정 848
4절 경제성(비용편익) 검토 850

제2장 방재사업 투자우선순위 결정 851
1절 평가방법 및 평가항목의 구축 851
2절 투자우선순위 결정 852

★ 적중예상문제 860

제3편 방재시설 유지관리 871

제1장 방재시설 유지관리계획 수립 872
1절 방재시설의 유지관리목표 설정 872
2절 방재시설 유지관리의 유형 및 환경분석 874
3절 방재시설 유지관리계획 수립 878
4절 방재시설 유지관리실태 평가 882

제2장 방재시설 상시 유지관리 885
1절 방재시설별 유지관리 매뉴얼 검토 885
2절 방재시설의 현장점검 888
3절 방재시설의 정밀점검 893
4절 방재시설 점검 자료의 데이터베이스화 894
5절 방재시설의 보수·보강 896

제3장 방재시설 비상시 유지관리 902
1절 방재시설의 피해상황 조사·분석·기록 902
2절 2차 피해 확산 방지를 위한 응급조치계획 수립 904
3절 장비복구 현장 투입 907
4절 기능 상실 방재시설 응급복구 909
5절 현장 안전관리계획 912

★ 적중예상문제 915

제4편 방재시설 시공관리 923

제1장 실시설계도서 검토 924
1절 시방서 검토 924
2절 설계도면 검토 929
3절 내역서 검토 931
4절 공법의 적정성 검토 936

제2장 시공측량 941
1절 기준점 확인 941
2절 측량성과표 작성 944

제3장 지장물 조사 946
1절 지장물 조사 946
2절 지장물 철거 및 이설 계획 948

제4장 시공관리 951
1절 시공계획을 위한 사전조사 951
2절 공정관리 953
3절 품질, 원가, 안전관리 954

제5장 유지관리 매뉴얼 작성 957
1절 유지관리 기준 작성 957
2절 보수·보강 기준 작성 959

★ 적중예상문제 962

부록

방재기사필기 국가자격시험 완벽 풀이 975

제1회 방재기사필기 976
제2회 방재기사필기 995
제3회 방재기사필기 1012
제4회 방재기사필기 1031
제5회 방재기사필기 1051

방재기사필기 출제기준

- 직무분야: 안전관리 - 중직무분야: 안전관리 - 자격종목: 방재기사 - 적용기간: 2022.1.1.~2024.12.31.	- 필기검정방법: 객관식 - 문제수: 100 - 시험시간: 2시간 30분
직무내용 자연재해의 예방, 대비, 대응, 복구에 관하여 신속하고 효율적인 대책을 수립하여 인명과 재산피해를 최소화시킬 수 있는 자연재해에 대한 예측, 원인분석, 저감대책, 시행계획, 유지관리 등을 수행하는 직무이다.	

과목명	주요항목	세부항목	세세항목
재난관리 (20문항)	1. 재난예방 및 대비대책 기획	1. 재난의 개념	1. 재난의 유형 2. 재난의 특성 3. 재난에 관한 이론 4. 재난관리의 개념 및 정의
		2. 법령과 제도 파악	1. 재난 관련 지침, 매뉴얼 현황 2. 방재관리대책 대행자 업무 3. 재난 및 안전관리 기본법, 시행령, 시행규칙(사회재난 제외)
		3. 재난예방 기획	1. 재해예방 종합대책 2. 안전관리기본 계획 수립과 집행 3. 재해사례 수집 및 분석 4. 방재시설 및 사업 위험인자 분석 5. 방재시설 구조적, 비구조적 기능
		4. 재난대비 기획	1. 모의훈련계획 수립, 시행 및 평가 2. 안전성 확보를 위한 구조적·비구조적 대책 3. 재난관리책임기관의 재난 예방조치 참여 4. 재난방지시설의 취약성 파악과 점검, 보수 보강 5. 재난자원관리계획 수립

과목명	주요항목	세부항목	세세항목
	2. 재난대응 및 복구대책 기획	1. 재난대응 기획	1. 재난상황에 대한 인적, 물적 피해 예측과 안전 대책 2. 재난 예·경보시스템 현장운용 지도, 관리 3. 재난관리책임기관의 재난대응 참여와 기술적 지원, 조정 4. 상황분석 평가 관리
		2. 재난복구 기획	1. 재해조사 및 복구계획 2. 지구단위종합복구계획 수립 3. 재난자원 조직화 및 배분 관리 4. 재난관리책임기관의 재난복구 참여와 기술적 지원, 조정 5. 재해현장 위험관리
	3. 비상대응 관리	1. 대상 재난 설정	1. 저수지·댐 붕괴와 피해상황 구성 2. 해일발생과 피해상황 구성 3. 기타 재난발생과 피해상황 구성 4. 비상대처계획 수립 대상 시설물 5. 비상 상황 시 관리 대상시설
		2. 비상상황 관리계획 수립	1. 위기경보 수준에 따른 단계별 대책 수립 2. 비상상황 시 정보취득과 보고방법 3. 비상단계별 비상대응기관의 책임과 임무 4. 비상단계별 비상발령절차와 상황관리체계 5. 비상상황 시 유관기관의 협조체제
		3. 대피계획 수립	1. 피해 예상지역 주민현황 2. 주민대피계획 수립 및 유도방안 3. 대피방법과 장소, 대피수단 4. 비상대처방안
방재시설 (20문항)	1. 방재시설 특성분석	1. 방재법령 파악	1. 방재시설 관련 법령 체계와 구조 2. 방재시설 관련 기준과 지침 3. 자연재해대책법, 시행령, 시행규칙
		2. 재해특성 파악	1. 하천, 내수, 사면, 토사, 해안, 바람, 가뭄, 대설 등의 재해 특성 2. 도시, 산지, 농어촌, 해안 등 지역에 따른 재해특성 3. 복구대책 수립을 위한 지역의 기후, 기상, 토질, 지질, 산림 특성 4. 재해지역과 유형별 특성에 적합한 방재시설

과목명	주요항목	세부항목	세세항목
		3. 방재시설물 방재기능 및 적용공법 파악	1. 하천시설물의 방재기능 및 적용공법 2. 내수방재시설물의 방재기능 및 적용공법 3. 사면안정시설물의 방재기능 및 적용공법 4. 토사재해방지시설물의 방재기능 및 적용공법 5. 해안(해일)재해 방지시설물의 방재기능 및 적용공법 6. 바람재해 방지시설물의 방재기능 및 적용공법 7. 가뭄재해 방지시설물의 방재기능 및 적용공법 8. 대설재해 방지시설물의 방재기능 및 적용공법 9. 기타 방재시설물의 방재기능 및 적용공법
	2. 방재시설 계획	1. 재해유형별 피해원인 분석	1. 하천재해의 피해원인 분석 2. 내수재해의 피해원인 분석 3. 사면재해의 피해원인 분석 4. 토사재해의 피해원인 분석 5. 해일재해의 피해원인 분석 6. 바람재해의 피해원인 분석 7. 기타재해의 피해원인 분석 8. 가뭄 및 대설재해의 피해원인 분석
		2. 방재시설별 재해취약요인 분석	1. 하천, 소하천 부속물의 재해취약요인 분석 2. 하수도, 펌프장 재해취약요인 분석 3. 농업생산기반시설 재해취약요인 분석 4. 사방시설 재해취약요인 분석 5. 사면재해 방지시설 취약요인 분석 6. 도로시설의 재해취약요인 분석 7. 항만, 어항시설 재해취약요인 분석 8. 기타 방재시설의 재해취약요인 분석
		3. 재해유형별 방재시설계획 수립	1. 재해유형별 설계기준과 적용공법 2. 재해유형별 방재시설 계획 수립
		4. 방재시설 중장기 계획 수립	1. 국가 방재 기본정책에 근거한 방재시설 중·장기 정책 파악 2. 연재해저감종합계획에 근거한 중장기 계획 수립
	3. 방재시설 조사	1. 방재시설 자료 조사	1. 방재정책 자료 수집·분석 2. 문헌자료 수집·분석 3. 관련 방재계획 수집·분석
		2. 방재시설 피해현장 조사	1. 방재시설 피해현장 공간정보 수집 2. 방재시설 피해현장 지반조사 3. 방재시설 피해현장 지형조사 4. 방재시설 피해현장 수문조사 5. 방재시설 피해현장 산림조사 6. 피해지역 조사

과목명	주요항목	세부항목	세세항목
	4. 방재 기초자료 조사	1. 기초자료조사계획 수립	1. 기초자료의 종류 및 범위 2. 인력투입량 및 작업수행 공정계획 3. 재해요인분석 자료조사 항목 4. 과거 발생한 재해이력 분석 5. 재해저감 사례정보
		2. 자연현황 조사	1. 자연현황 조사 2. 토지이용현황 및 계획조사 3. 지형, 지질, 하천특성 등의 조사
		3. 인문·사회현황 조사	1. 인문·사회현황 조사 2. 인구, 자산가치, 산업 및 문화재 분포현황
		4. 방재현황 조사	1. 재해관련지구 지정현황, 방재시설현황 조사 2. 방재시설의 안정성 및 유지관리 실태조사
		5. 재해발생현황 조사	1. 과거 재해발생 원인 및 피해특성 분석 2. 과거 재해발생 이력조사를 통한 재해위험도 파악 3. 대상지역의 취약한 재해유형 4. 재해 유발 요인과 지역별·피해종별 피해규모 5. 해당지역의 피해특성 제시
		6. 관련계획 조사	1. 방재 관련계획 2. 토지이용 관련계획 3. 시설정비 관련계획
재해분석 (20문항)	1. 재해유형 구분 및 취약성 분석·평가	1. 재해유형 구분	1. 재해유형 구분 2. 복합재해 발생지역
		2. 재해취약성 분석·평가	1. 재해발생 원인 2. 재해취약지구 취약요인 3. 과거 피해현황 및 재해발생원인 4. 수문·수리학적 원인 분석
	2. 재해위험 및 복구사업 분석·평가	1. 재해유형별 위험분석·평가	1. 하천재해 위험요인 분석·평가 2. 내수재해 위험요인 분석·평가 3. 사면재해 위험요인 분석·평가 4. 토사재해 위험요인 분석·평가 5. 해안재해 위험요인 분석·평가 6. 바람재해 위험요인 분석·평가 7. 가뭄재해 위험요인 분석·평가 8. 대설재해 위험요인 분석·평가 9. 기타재해 위험요인 분석·평가

과목명	주요항목	세부항목	세세항목
		2. 재해복구사업 분석·평가	1. 재해저감성 평가 2. 지역경제발전성 평가 3. 지역주민생활 쾌적성 평가 4. 재해복구사업의 목표 달성도 측정 5. 재해복구사업의 개선방안
	3. 방재성능목표 설정	1. 방재성능목표 설정	1. 방재시설물 특성 분석·평가방법 2. 방재성능 분석 취약성 평가 3. 지역별 통합 방재성능 평가 4. 방재성능목표
		2. 방재성능 개선대책 수립	1. 방재성능목표의 타당성 2. 방재시설물의 개선대책 3. 방재시설물의 기능성, 안정성, 시공성, 경제성 등
		3. 방재성능 개선대책 시행계획 수립	1. 방재성능목표 달성 평가 2. 방재성능 개선대책의 경제성 평가 3. 개선대책 시행계획 수립 4. 방재성능목표 달성에 필요한 재정적 수요 5. 방재성능평가 결과에 따른 방재성능 향상 대책
재해대책 (20문항)	1. 재해저감대책 수립	1. 재해영향 저감대책 수립	1. 해당지역의 예상재해요인 예측 2. 예상재해유형별 위험 해소방안 3. 구조적·비구조적 재해저감대책 4. 주변지역에 대한 재해 영향 검토 5. 경제적이고 효율적인 재해저감대책 6. 잔존위험요인에 대한 해소방안
		2. 자연재해 저감대책 수립	1. 자연재해저감을 위한 구조적·비구조적 대책 2. 전지역단위 저감대책 3. 수계단위 저감대책 4. 위험지구단위 저감대책 5. 다른 분야 계획과 연계 및 조정 6. 사업시행계획 수립
		3. 우수유출 저감대책 수립	1. 배수구역과 우수유출에 따른 피해분석 2. 우수유출저감시설 형식 3. 저감시설 규모의 목표와 저감대책 4. 소요사업비 추정 및 경제성 분석 5. 우수유출저감시설 공법분류 및 특성

과목명	주요항목	세부항목	세세항목
		4. 자연재해위험개선 지구 정비대책 수립	1. 자연재해위험개선지구 정비계획 2. 구조적·비구조적 방안 수립 3. 수문·수리검토, 구조계산, 지반, 안정해석, 공법비교, 사업비 산정 4. 경제성 분석 및 투자우선순위 결정
		5. 소하천 정비대책 수립	1. 소하천의 효율적, 경제적 정비대책수립 2. 설계수문량 계획·산정 3. 기존 시설물 능력 검토 4. 제방을 포함한 소하천의 항목별 세부계획 수립
	2. 재해지도 작성	1. 침수흔적도 작성	1. 침수흔적조사 2. 과거의 침수피해상황 파악 3. 재해예방대책수립 4. 수치지형도, 지적도 활용 5. 침수흔적관리시스템의 이해
		2. 침수예상도 작성	1. 홍수범람도, 해안침수예상도 작성 2. 침수예상 시나리오에 따른 범람해석 3. 침수 예상지역 파악
		3. 재해정보지도 작성	1. 피난활용형, 방재정보형, 방재교육형 재해정보지도 작성 2. 대피정보 3. 재해지도작성 등에 관한 지침
		4. 재해저감대책도 작성	1. 대피로와 대피장소 제시 2. 비상대처계획도 제시
방재사업 (20문항)	1. 재난피해액 및 방재사업비 산정	1. 재난피해액 산정	1. 홍수빈도율 산정 2. 피해주기 설정 3. 예상침수면적 산정 4. 인명보호 편익 산정 5. 이재민 발생방지 편익 산정 6. 농작물 피해방지 편익 산정 7. 건물, 농경지, 공공시설물 피해방지 편익 산정 8. 도시유형별 침수면적과 피해액의 연계성 파악
		2. 방재사업비 산정	1. 방재사업비 산출 2. 연차별 사업비 3. 연평균 유지관리비

과목명	주요항목	세부항목	세세항목
	2. 방재사업 타당성 및 투자우선순위 설정	1. 방재 타당성 분석	1. 연평균 사업비 검토 및 결정 2. 연평균 유지관리비 검토 및 결정 3. 연평균 비용·편익 검토 및 결정 4. 비용·편익에 대한 현재가치
		2. 방재사업 우선순위 설정	1. 사업시행의 타당성에 대해 경제성, 기능성 검토 2. 최적의 저감대책 평가 3. 중기, 장기 투자우선순위 결정 4. 단계별·연차별 시행계획 수립
	3. 방재시설 유지관리	1. 방재시설 유지관리계획 수립	1. 방재시설 유지관리목표 설정 2. 방재시설 유지관리계획 수립 3. 방재시설 유지관리실태 평가
		2. 방재시설 상시 관리	1. 방재시설별 유지관리 매뉴얼 2. 방재시설의 현장점검 3. 방재시설의 정밀점검 4. 방재시설의 데이터베이스화 5. 방재시설의 보수·보강
		3. 방재시설 비상시 관리	1. 방재시설의 피해상황 조사·분석·기록 2. 2차 피해 확산 방지를 위한 응급조치계획 수립 3. 장비 복구현장 투입 4. 기능 상실 방재시설 응급복구 5. 안전관리계획 수립 및 실행
	4. 방재시설 시공관리	1. 하천 방재시설 시공관리	1. 하천 방재시설 실시설계 도서 검토 2. 하천 방재시설 시공측량 실시 3. 하천 방재지장물 조사 4. 설계 공법의 적합성 판단 5. 하천 방재시설 시공관리 6. 하천 방재시설 유지관리 매뉴얼 작성
		2. 내수 방재시설 시공관리	1. 내수 방재시설 실시설계도서 검토 2. 내수 방재시설 시공측량 실시 3. 내수 방재지장물 조사 4. 설계공법의 적합성 판단 5. 내수 방재시설 시공관리 6. 내수 방재시설 유지관리 매뉴얼 작성

과목명	주요항목	세부항목	세세항목
		3. 사면 방재시설 시공관리	1. 사면 방재시설 실시설계도서 검토 2. 사면 방재시설 시공측량 실시 3. 사면 방재지장물 조사 4. 설계공법의 적합성 판단 5. 사면 방재시설 시공관리 6. 사면 방재시설 유지관리 매뉴얼 작성
		4. 토사 방재시설 시공관리	1. 토사 방재시설 실시설계도서 검토 2. 토사 방재시설 시공측량 실시 3. 토사 방재지장물 조사 4. 설계 공법의 적합성 판단 5. 토사 방재시설 시공관리 6. 토사 방재시설 유지관리 매뉴얼 작성
		5. 해안 방재시설 시공관리	1. 해안 방재시설 실시설계도서 검토 2. 해안 방재시설 시공측량 실시 3. 해안 방재지장물 조사 4. 설계공법의 적합성 판단 5. 해안 방재시설 시공관리 6. 해안 방재시설 유지관리 매뉴얼 작성
		6. 바람 방재시설 시공관리	1. 바람 방재시설 실시설계도서 검토 2. 바람 방재시설 시공측량 실시 3. 바람 방재지장물 조사 4. 설계공법의 적합성 판단 5. 바람 방재시설 시공관리 6. 바람 방재시설 유지관리 매뉴얼 작성
		7. 가뭄 방재시설 시공관리	1. 가뭄 방재시설 실시설계도서 검토 2. 가뭄 방재시설 시공측량 실시 3. 가뭄 방재지장물 조사 4. 설계공법의 적합성 판단 5. 가뭄 방재시설 시공관리 6. 가뭄 방재시설 유지관리매뉴얼 작성
		8. 대설 방재시설 시공관리	1. 대설 방재시설 실시설계도서 검토 2. 대설 방재시설 시공측량 실시 3. 대설 방재지장물 조사 4. 설계공법의 적합성 판단 5. 대설 방재시설 시공관리 6. 대설 방재시설 유지관리매뉴얼 작성

과목명	주요항목	세부항목	세세항목
		9. 기타 방재시설 시공관리	1. 기타 방재시설 실시설계도서 검토 2. 기타 방재시설 시공측량 실시 3. 기타 방재지장물 조사 4. 설계공법의 적합성 판단 5. 기타 방재시설 시공관리 6. 기타 방재시설 유지관리 매뉴얼 작성

제1과목

재난 관리

제1편 재난예방 및 대비대책

제2편 재난대응 및 복구대책 기획

제3편 비상대응 관리

제1과목

제1편
재난예방 및 대비대책

제1장

제1편
재난예방 및 대비대책

재난의 개념

본 장에서는 재난의 개념을 이해하기 위해 일반적인 개념의 정의와 법·제도적 정의를 구분하고, 자연재난과 사회재난에 관련한 용어를 숙지하여 다양한 재난의 특성을 이해하도록 하였다. 더불어 재난관리의 목적 및 개념을 이해하고, 단계구분에 따른 재난관리 운영체계를 이해하여 사전 재난관리와 사후 재난관리에 따른 전 과정을 이해하는 것이 중요하다.

1절 재난의 유형

1. 재난의 정의

(1) 개념

① 일반적으로 재난은 '자연현상으로 발생해서 사회와 사회 구성원들에게 해로운 영향을 미치는 통제가 불가능한 것'을 의미함

② 구체적으로는 '국가와 같은 사회조직과 사회 구성원들의 생명과 신체 그리고 재산에 피해를 주거나 줄 수 있는 것'을 재난이라 함

③ 재난의 유형은 자연현상으로 발생하는 자연재난과 사회구조적인 문제로 발생하는 사회재난으로 구분함

(2) 법·제도적 관점에서의 정의

① 재난은 「재난 및 안전관리 기본법」에 명시되어 있고, 이 법에서는 재난을 크게 자연재난과 사회재난으로 구분하여 개념을 정의함

② 자연재난의 경우 「자연재해대책법」 제2조에 의하며 주원인이 자연현상에 기인하여 발생하는 것으로 물리학적 재해와 생물학적 재해로 구분됨

③ 사회재난의 경우 「재난 및 안전관리 기본법」 제3조에 의하며 부주의나 고의, 기술상의 문제, 국가기반체계의 마비 등 사회 환경의 변화로 발생해 사회에 심각한 위협을 주는 재난을 의미함

2. 자연재난 및 사회재난

(1) 자연재난

① 자연현상으로 인하여 발생한 재난으로 기상적인 요인에 의해 발생하

★
관련법
재난 및 안전관리 기본법, 자연재해대책법

★
재난의 종류
자연재난, 사회재난

★
자연재난
자연현상으로 인하여 발생한 재난

는 기상재해와 지진이나 화산 활동으로 인한 지질재해 등을 포함

② 자연재난이란 태풍, 홍수, 호우, 강풍, 풍랑, 해일, 대설, 낙뢰, 가뭄, 지진, 황사, 조류 대발생, 조수, 그 밖에 이에 준하는 자연현상으로 인하여 발생하는 재해

(2) 사회재난

① 화재·붕괴·폭발·교통사고·화생방 사고·환경오염 사고 등으로 인하여 발생하는 대통령령으로 정하는 규모 이상의 피해

② 에너지·통신·교통·금융·의료·수도 등 국가기반체계의 마비

③ 「감염병의 예방 및 관리에 관한 법률」에 따른 감염병 또는 「가축전염병 예방법」에 따른 가축전염병의 확산 등으로 인한 피해

④ 「미세먼지 저감 및 관리에 관한 특별법」에 따른 미세먼지 등으로 인한 피해

⑤ 예를 들면 교통사고, 위험물 폭발, 원자력발전소의 방사능 누출 사고, 에너지, 의료, 교통, 금융, 통신, 수도 등 국가기반체계의 마비로 인한 재난과 전염병 확산 등으로 인하여 발생하는 재난

★
자연재난과 사회재난의 구분

2절 재난의 특성

1. 재난의 3가지 특성

★
재난의 특성
불확실성, 상호작용성, 복잡성

(1) 불확실성

① 재난은 눈에 보이지 않는 비가시적 요인들이 누적되어 발생 가능성이 커지는 특성이 있음

② 요인들 간의 상호작용을 사전에 예측하는 것이 어렵기 때문에 재난의 발생 또한 예측하기 어렵다는 특성이 있음

(2) 상호작용성

① 재난은 다양한 원인이 상호작용하여 그 피해가 발생 및 확산되는 특성이 있음

② 재난 자체와 피해주민, 피해지역의 기반시설 등이 서로 악영향을 미쳐 피해가 확산되는 특성이 있음

(3) 복잡성

① 불확실성과 상호작용성이 복합적으로 작용하여 행정체계가 처리해

야 할 업무를 사전에 예측하기 어려운 특성이 있음
② 재난이 발생되기 전에는 행정체계가 해야 할 업무를 미리 파악하는 것이 불가능하다는 것이 특징임

2. 재난과 관련한 유사 용어

(1) 재난과 재앙
① 재앙은 재난에 비해 전체 주거지의 전부나 대부분의 영향을 받고, 거의 모든 위기관리조직의 시설과 작전기지가 직접적으로 타격을 받음
② 재앙은 재난에 비해 충격과 피해 면에서 보다 큰 것을 의미함

★
재난, 재앙, 위기의 구분

(2) 재난과 위기
① 위기는 정치·경제·사회·문화적 분야에서 상당히 광범위하게 사용되는 개념이며, 사전적으로는 "위험한 때나 고비"로 정의하고 있음
② 위기는 재앙이나 재난의 범주를 벗어나 일반적인 용어(예, 사회적 위기 또는 문화적 위기)로 사용되기도 함

★
위기의 개념
재앙이나 재난의 범주를 벗어나 일반적인 정치, 경제, 사회, 문화적 분야에서 일반적으로 광범위하게 사용되는 개념이 '위기'임

3절 재난관리의 개념 및 정의

1. 개요

(1) 재난관리의 목적
① 재난관리는 사람의 생명을 위험으로부터 보호하는 것으로 인간의 활동과 사회의 안정, 지속적인 국가발전을 주된 목표로 함
② 재난이 발생한 경우에는 대응시스템을 구축하여 피해를 최소화하며, 향후 피해지역이 제 기능을 회복하고 재난의 재발을 방지하기 위한 노력이 요구됨

(2) 재난관리의 개념
① 재난관리란 재난을 발생시키는 원인 요소들을 관리하고, 그 위험으로부터 피해를 최소화 및 효과적 대응을 통한 정상 상태로의 복귀를 위한 활동을 의미함
② 또한, 재난이 발생하지 않도록 사전에 예방하고, 재난이 발생한 경우에 야기될 수 있는 제반 위험을 효율적으로 관리하는 과정도 포함됨

(3) 법·제도적 관점에서의 재난관리 정의

① 「재난 및 안전관리 기본법」 제3조 제3항에서는 재난의 예방·대비·대응 및 복구를 위해서 하는 모든 활동이라고 정의하고 있음

② 이는 재난 발생의 위험성을 제거하고 재난 발생 시 피해의 수습과 복구를 위해서 하는 모든 활동을 포함한다는 점에서 광의의 재난관리와 개념이 유사함

2. 재난관리 단계 구분

(1) 재난관리의 원칙

① **사전대비의 원칙**

㉠ 재난은 관리가 가능하다는 인식하에 단계적인 대비 및 대응을 통한 체계적인 관리가 필요

㉡ 발생이 불가피한 자연재난에 대해서는 즉각적인 대응을 통하여 피해를 최소화하는 것이 중요

㉢ 각종 정책과 예방·대비계획을 발전시켜야 하며 실제적인 훈련, 점검 보완 등을 통해 사전 예방 및 철저한 대비 태세를 갖추어야 함

② **현장중심의 원칙**

㉠ 재난대응 최적기는 재난의 초기 단계로써, 피해 최소화를 위하여 사고현장의 가용한 수단을 이용한 초기진압 중요

㉡ 신속한 신고 접수 및 경보발령체계 유지, 즉각적인 현장조치 능력

㉢ 효율적인 대응수단 운용 등이 핵심요소임

③ **지휘통일의 원칙**

㉠ 효율적인 재난대응을 위해서는 다양한 대응요소를 통합하고, 집중 운용할 수 있는 단일 지휘통제체제 유지가 중요

㉡ 중앙에서 지방 재난현장까지의 상·하 기관과 관련 유관기관 및 민간기관, 비정부기구 등을 통합운용 실시

㉢ 재난현장대응조직 등을 총괄하여 조정 및 통제할 수 있는 지휘통제시스템 확립이 중요

④ **정보공유의 원칙**

㉠ 재난대응은 정확한 재난정보를 기초로 적합한 대응요소를 시기적절하게 활용하기 위하여 관련 기관들의 정보 교류가 중요

㉡ 재난에 대한 각종 정보가 생산 및 통합되는 종합상황실을 운용하여 생산된 정보를 적시에 전파하는 등 원활한 소통을 위한 유무선

★
광의의 재난관리
비교적 넓은 접근방법으로 인간에게 피해를 끼칠 수 있는 사건의 위험을 인지하고 통제하는 모든 활동을 의미함

★
재난관리의 원칙
① 사전대비의 원칙
② 현장중심의 원칙
③ 지휘통일의 원칙
④ 정보공유의 원칙
⑤ 상호협력의 원칙

통신대책 수립 필요

⑤ **상호협력의 원칙**

㉠ 형태와 성격, 규모가 다양한 각종 재난에 대응하기 위해서는 능력이 상이한 각각의 대응자원을 통합하는 것이 중요

㉡ 모든 대응요소들이 협력된 가운데 합동대응을 원칙으로 하며, 상호협력을 기본으로 함

(2) 재난관리의 운영체계

① **개요**

㉠ 국가가 재난을 관리하는 방식은 2가지(분산관리 방식과 통합관리 방식)로 구분됨

㉡ 재난관리의 분산관리 방식은 지진, 수해, 유독물, 풍수해, 설해, 화재 등 재난의 종류에 상응하여 대응방식에 차이가 있다는 것을 강조함

㉢ 재난관리의 통합관리 방식은 재난에 대한 대응이나 긴급대응에 있어서 특히 다양한 차원에서의 결정과 각 부분이나 부서의 판단이 교차하는 가운데 통일적인 활동을 해야 함을 의미함

② **분산관리 방식의 특징**

㉠ 장점: 특정 재해 유형을 한 부처가 지속적으로 담당할 경우 노하우 축적 및 전문성 제고가 용이함

㉡ 단점: 복합적 재난에 대한 대처에 한계가 발생하며, 각 부처 간 업무의 중복 및 연계 미흡 가능성 발생

③ **통합관리 방식의 특징**

㉠ 장점: 재난 발생 시 총괄적 자원동원과 신속한 대응성 확보

㉡ 단점: 부처이기주의 및 기존 조직들의 반발 가능성 높음

(3) 재난관리 과정 및 단계

① **개요**

㉠ 재난관리 과정은 재난 발생 이전과 이후, 즉 사전 재난관리와 사후 재난관리로 나누고, 이를 다시 시계열적으로 예방, 대비, 대응, 복구의 4단계로 구분함

㉡ 「재난 및 안전관리 기본법」 제3조 제3항에 재난관리를 "재난의 예방, 대비, 대응 및 복구를 위하여 하는 모든 활동"으로 명시하고 그 과정별로 재난관리 주체들의 조치사항을 규정하고 있음

★
재난관리 운영체계
분산관리 방식,
통합관리 방식

★
재난관리 과정
사전 재난관리,
사후 재난관리

★
재난관리 단계
예방, 대비, 대응, 복구

② 재난관리 단계 구분에 따른 특징

㉠ 예방: 재난이 실제로 발생하기 전에 재난을 촉발하는 요인을 제거하거나 재난이 발생되는 요인이 표출되지 않도록 억제 또는 예방하는 활동 실시

㉡ 대비: 재난관리에 필요한 계획이나 경보체계 또는 다른 수단들을 준비하는 시기로써 대응기관들 사이의 사전훈련, 예·경보시설 및 체제의 구축, 국민 대피를 위한 홍보 업무의 체계화, 재난관리 비상방송 협조체제의 구축

㉢ 대응: 피해자의 보호 및 구호 조치, 피해상황 파악 및 응급복구, 희생자 탐색구조와 응급의료 지원, 재난피해자 수용시설의 확보 및 관리, 긴급복구계획의 수립 등의 활동이 전개

㉣ 복구: 재난이 발생한 직후부터 피해지역이 재난 발생 이전의 원상태로 회복될 때까지의 장기적인 활동 과정으로 초기 회복기간으로부터 그 지역이 정상적인 상태로 돌아올 때까지 지원을 제공하는 지속적인 활동

★
재난 및 안전관리 기본법에 따른 재난관리 정의
재난의 예방, 대비, 대응 및 복구를 위하여 하는 모든 활동을 명시하고, 각 과정별로 재난관리 주체들의 조치사항을 규정함

제2장 법령과 제도

제1편
재난예방 및 대비대책

본 장에서는 재난 관련 지침 및 매뉴얼의 이해를 돕기 위해 관련된 방재 관련 법령을 구분하고 제정 목적을 소개하였으며, 방재관리대책 대행자 업무 및 방재관리대책 업무 내용에 대한 정의, 업무범위, 추진 과정에 대한 이해를 돕도록 하였다. 최근에 개정된 「재난 및 안전관리 기본법」 및 시행령, 시행규칙에 대한 [개정 후] 최신 법령과 제도에 대한 정보를 수집하여 상세히 수록하였다.

1절 재난 관련 지침, 매뉴얼 현황

1. 재난 관련 법령 및 제정 목적

(1) 「자연재해대책법」

태풍, 홍수 등 자연현상으로 인한 재난으로부터 국토를 보존하고, 국민의 생명·신체 및 재산과 주요 기간 시설을 보호하기 위하여 자연재해의 예방·복구 및 그 밖의 대책에 관하여 필요한 사항을 규정하는 것을 목적으로 함

(2) 「소하천정비법」

소하천의 정비·이용·관리 및 보전에 관한 사항을 규정함으로써 재해를 예방하고 생활환경을 개선하는 데에 이바지하는 것을 목적으로 함

(3) 「재난 및 안전관리 기본법」

각종 재난으로부터 국토를 보존하고 국민의 생명·신체 및 재산을 보호하기 위하여 국가와 지방자치단체의 재난 및 안전관리 체제를 확립하고, 재난의 예방·대비·대응·복구와 안전 문화 활동, 그 밖에 재난 및 안전관리에 필요한 사항을 규정하는 것을 목적으로 함

(4) 「급경사지 재해예방에 관한 법률」

급경사지 붕괴위험지역의 지정·관리, 정비 계획의 수립·시행, 응급대책 등에 관한 사항을 규정함으로써 급경사지 붕괴 등의 위험으로부터 국민의 생명과 재산을 보호하고 공공복지 증진에 이바지하는 것을 목적으로 함

★
「자연재해대책법」
자연재해의 예방·복구 및 대책에 관한 사항을 규정

★
소하천 선정을 위한 평가기준
소하천 정비시행계획을 수립할 때에는 소하천별로 재해예방에 대한 기여도, 주민의 생활환경, 소득 증대에 대한 기여도 평가

★
「재난 및 안전관리 기본법」
국가 차원의 재난전담관리시스템과 법령 정비의 필요성에 의해 제정

(5) 「지진·화산재해대책법」

지진·지진해일 및 화산활동으로 인한 재해로부터 국민의 생명과 재산 및 주요 기간시설을 보호하기 위하여 지진·지진해일 및 화산활동의 관측·예방·대비 및 대응, 내진대책, 지진재해 및 화산재해를 줄이기 위한 연구 및 기술개발 등에 필요한 사항을 규정하는 것을 목적으로 함

(6) 「저수지·댐의 안전관리 및 재해예방에 관한 법률」

저수지·댐의 붕괴 등으로 인한 재해로부터 국민의 생명·신체 및 농경지 등 재산을 보호하기 위하여 저수지·댐의 안전관리와 재해예방을 위한 사전 점검·정비 및 재해 발생 시의 대응 등에 관하여 필요한 사항을 규정함으로써 저수지·댐의 효과적인 안전관리체계를 확립하고 공공의 안전에 이바지하는 것을 목적으로 함

2. 재난 관련 시행계획 수립현황

(1) 「자연재해대책법」 관련 시행계획

① 자연재해위험개선지구 관리지침

「자연재해대책법」 제12조부터 제15조 및 같은 법 시행령 제8조부터 제12조에 따라 자연재해위험개선지구 지정 및 정비계획 수립 등에 대한 세부운영 기준을 정함을 목적으로 함

② 재해복구사업의 분석평가 시행지침

「자연재해대책법」 제57조 제1항, 같은 법 시행령 제42조 및 같은 법 시행규칙 제21조에서 행정안전부장관에게 위임한 시장·군수·구청장이 재해복구사업의 분석·평가를 실시할 경우 평가절차 등에 관하여 필요한 기준을 정함을 목적으로 함

(2) 「소하천정비법」 관련 시행계획

① 소하천정비종합계획의 수립

「소하천정비법」 제6조에 따라 소하천정비 방향의 지침이 되는 계획으로 10년마다 수립하여 시·도지사의 승인(관리청이 특별자치시장인 경우는 제외한다)을 받아야 하며, 종합계획에는 재해예방 및 환경개선과 수질보전에 관한 사항을 포함해야 함

② 소하천 설계기준

「소하천정비법」에 의해 실시되는 소하천과 소하천에 관련된 사업(재해예방사업 포함)에 필요한 일반적 설계기준을 정한 것임

★
재난 관련 법령의 종류
① 자연재해대책법
② 소하천정비법
③ 재난 및 안전관리 기본법
④ 급경사지 재해예방에 관한 법률
⑤ 지진·화산재해대책법
⑥ 저수지·댐의 안전관리 및 재해예방에 관한 법률

(3) 「재난 및 안전관리 기본법」 관련 시행계획

① **국가안전관리기본계획의 수립**

「재난 및 안전관리 기본법」 제22조에서 국무총리가 대통령령으로 정하는 바에 따라 국가의 재난 및 안전관리업무에 관한 기본계획에 대한 수립지침을 작성하여 관계 중앙행정기관의 장에게 통보하는 것을 목적으로 함

② **특정관리대상지역의 지정·관리 지침**

「재난 및 안전관리 기본법」 제27조 및 같은 법 시행령 제31조부터 제36조에 따라 지방자치단체에서 지정·관리하는 특정관리대상지역의 지정·관리 등에 관한 지침을 제정하여 관계 재난관리책임기관의 장에게 통보하는 것을 목적으로 함

(4) 「급경사지 재해예방에 관한 법률」 관련 시행계획

① **급경사지 재해위험도 평가기준**

「급경사지 재해예방에 관한 법률 시행령」 제3조 제3항에서 행정안전부장관에게 위임된 급경사지 재해위험도 평가 시 고려할 사항에 대한 구체적 기준을 정하고 운영에 필요한 사항을 규정함을 목적으로 함

② **급경사지 붕괴위험지역 주민대피 관리기준 제정·운영 지침**

「급경사지 재해예방에 관한 법률」 제9조에 따라 급경사지 붕괴위험지역의 상시계측관리 결과와 강수량·비탈면의 성상 등을 고려하여 시장·군수·구청장이 제정·운영해야 할 주민대피 관리기준의 세부지침임

(5) 「지진·화산재해대책법」 관련

① **지진해일 대비 주민대피계획 수립 지침**

「지진·화산재해대책법」 제10조의2 제4항 및 같은 법 시행령 제9조의2 제1항에 따라 지역대책본부의 본부장이 지진해일 대비 주민대피계획 수립에 필요한 세부적인 지침을 정함을 목적으로 함

② **지진가속도계측기 설치 및 운영기준**

「지진·화산재해대책법」 제6조 및 제7조, 같은 법 시행령 제5조와 같은 법 시행규칙 제2조 및 제3조에 따라 행정안전부장관에게 위임한 지진가속도계측기 설치 및 운영에 관한 세부사항을 정함을 목적으로 함

★
「재난 및 안전관리 기본법」
① 국가안전관리기본계획의 수립
② 특정관리대상지역의 지정·관리 지침

★
재난 관련 시행계획 수립현황
① 「자연재해대책법」 관련 시행계획
② 「소하천정비법」 관련 시행계획
③ 「재난 및 안전관리 기본법」 관련 시행계획
④ 「급경사지 재해예방에 관한 법률」 관련 시행계획
⑤ 「지진·화산재해대책법」 관련
⑥ 「저수지·댐의 안전관리 및 재해예방에 관한 법률」 관련

(6)「저수지·댐의 안전관리 및 재해예방에 관한 법률」 관련

① 저수지·댐 비상대처계획(EAP)

「저수지·댐의 안전관리 및 재해예방에 관한 법률」 제3조(저수지·댐 관리자의 책무) 및 「농어촌정비법」 제20조 규정에 따라 해당 지역 안의 주민이나 해당 지역 안에 있는 자를 안전하게 대피할 수 있도록 함에 있음

② 안전관리기준

「저수지·댐의 안전관리 및 재해예방에 관한 법률」 제6조에 따라 저수지·댐의 설계·건설·유지·관리 및 운영상 안전관리에 관한 세부적인 기준을 정하여 관계 중앙행정기관의 장이 고시함을 목적으로 함

3. 재난 관련 매뉴얼 현황

(1) 중앙부처 재난 매뉴얼

중앙부처 재난 매뉴얼은 「재난 및 안전관리 기본법」 제34조의5(재난분야 위기관리 매뉴얼 작성·운용)에 의거 재난관리책임기관의 장은 재난을 효율적으로 관리하기 위하여 재난 유형에 따라 위기관리 매뉴얼을 작성·운용하여야 함

(2) 재난유형별 매뉴얼 구분

① 위기관리 표준매뉴얼

국가적 차원에서 관리가 필요한 재난에 대하여 재난관리 체계와 관계기관의 임무와 역할을 규정한 문서로 위기대응 실무매뉴얼의 작성 기준이 되며, 재난관리주관기관의 장이 작성함

② 위기관리 실무매뉴얼

위기관리 표준매뉴얼에서 규정하는 기능과 역할에 따라 실제 재난대응에 필요한 조치사항 및 절차를 규정한 문서로 재난관리주관기관의 장과 관계 기관의 장이 작성함

③ 현장조치 행동매뉴얼

재난현장에서 임무를 직접 수행하는 기관의 행동조치 절차를 구체적으로 수록한 문서로 위기대응 실무매뉴얼을 작성한 기관의 장이 지정한 기관의 장이 작성하되, 시장·군수·구청장은 재난유형별 현장조치 행동매뉴얼을 통합하여 작성함

★
EAP
Emergency Action Plan

★
재난 관련 매뉴얼
「재난 및 안전관리 기본법」에 의거하여 재난 유형에 따라 위기관리 매뉴얼을 작성하고 운용하여야 함

★
재난유형별 매뉴얼 구분
① 위기관리 표준매뉴얼
② 위기대응 실무매뉴얼
③ 현장조치 행동매뉴얼

2절 방재관리대책 대행자 업무

1. 개요

▷ 재해예방 제도를 전문성이 확보된 외부기관에서 대행할 수 있도록 「자연재해대책법」을 일부 개정(2007. 1. 3)하여 '방재관리대책대행자' 제도 도입

▷ 외부기관에 대행 업무를 위탁하기 위한 대행비용을 합리적으로 산정할 수 있도록 「방재 분야 표준품셈」을 제정(2007. 4)

▷ 「자연재해대책법」 제38조 제1항에 따른 방재관리대책 업무를 법 제2조 제13호의 방재관리대책대행자에게 위탁하여 수립

2. 방재 안전 대행자의 필요성

▷ 「자연재해대책법」에 의한 방재 전문인력이 실제 업무를 수행할 수 있도록 참여 기술자의 경력 및 실적 관리 필요

▷ 기술 능력 유지 향상, 우수한 방재 전문인력 확보를 위한 자격제도 및 대행자 업무범위 확대 필요

3. 방재관리대책 업무

(1) 재해영향평가 등의 협의

① **정의**

재해영향평가 등의 협의는 관계행정기관의 장이 자연재해에 영향을 미치는 행정계획을 수립·확정하거나 개발사업의 허가·인가·승인·면허·결정·지정 등을 하는 경우 미리 재해위험(유발)요인을 조사·검토·분석 등을 통하여 재해경감대책을 마련하여 행정안전부장관, 시·도지사, 시장·군수·구청장에게 협의하고, 협의 결과를 각종 행정계획 및 개발계획에 반영하여 자연재해를 예방 및 경감하고자 하는 것으로, 재해영향평가 등의 협의서는 관련계획의 검토 및 현황조사 등의 기초조사와 재해영향 예측, 재해영향에 대한 저감대책수립, 향후 이행 및 관리계획 등의 내용을 체계적으로 정리하여 작성

② **업무범위**

「자연재해대책법 시행령」 제3조에 따른 "재해영향평가 등의 협의에 포함하여야 할 사항 및 절차 등"과 행정안전부장관이 고시한 재해영향평

Keyword

★
방재관리대책 대행자 제도
재해예방 제도를 전문성이 확보된 외부기관에서 대행할 수 있도록 하기 위한 목적으로 도입함

★
방재관리대책 업무범위
자연재해대책법 시행령 내 사전재해영향성 검토협의에 포함하여야 할 사항과 행정안전부장관이 고시한 재해영향성 검토협의 실무지침의 업무내용을 충족하여야 함

가 등의 협의 실무지침의 업무내용을 충족하여야 함

(2) 자연재해저감 종합계획 수립

① 정의

▷ '도 자연재해저감 종합계획'은 도지사(제주특별자치도지사를 제외한다)가 시·군 단위 자연재해저감 종합계획을 토대로 도 차원에서 협의체를 통해 재해유형별 자연재해위험지구 및 저감대책에 대한 조정·보완을 하고 저감대책에 대한 합리적인 투자우선순위 및 단계별, 연차별 시행계획을 수립하기 위한 도 단위 방재분야 최상위 종합계획임

▷ '시·군 등 자연재해저감 종합계획'은 지역별 자연재해 예방 및 저감을 위하여 특별시장·광역시장·특별자치시장·특별자치도지사 및 시장·군수가 당해지역의 지형·지질·토지이용상황·유역특성, 자연재해 피해현황·재해유형별 피해원인 분석 등의 기초조사와 자연재해위험도 분석 및 평가 등을 실시함

② 업무범위

▷ '시·군, 도 자연재해저감 종합계획'의 업무범위는 태풍, 홍수, 호우, 강풍, 풍랑, 해일, 조수, 대설, 가뭄 등 자연현상으로 인하여 발생 가능한 위험도를 분석·평가하여 자연재해를 예방 및 저감하기 위한 구조적·비구조적인 대책을 수립하는 내용을 포함

(3) 저수지·댐 비상대처계획(EAP) 수립

① 정의

저수지·댐 비상대처계획(EAP)이란 저수지·댐 붕괴 등 비상상황이 발생하였을 때 저수지·댐 하류부의 생명과 재산손실을 최소화할 목적으로 저수지·댐의 운영 또는 관리책임자가 극한홍수 및 지진발생 조건하에서 저수지·댐의 물리적, 지형적, 구조적 특성에 따라 발생 가능한 비상상황을 예상하고 이에 효율적으로 대처하기 위한 사전계획임

② 업무범위

비상대처계획 수립의 업무범위는 기초자료조사, 댐붕괴 시나리오 작성, 시나리오에 따른 홍수량 분석, 댐붕괴 홍수류 해석 및 하류부 영향평가 등을 포함하여 비상대처계획을 수립하고 비상대처계획도를 작성하는 것임

★
자연재해저감 종합계획
기존의 "풍수해저감 종합계획"의 명칭을 "자연재해저감 종합계획"으로 변경하여 풍수해 중심에서 가뭄과 대설까지 대비할 수 있도록 대상재해의 범위를 확대함

★
저수지·댐 비상대처계획
저수지·댐의 붕괴 등 비상상황이 발생하였을 때 저수지·댐 하류부의 생명과 재산손실을 최소화할 목적으로 계획

(4) 재해복구사업 분석·평가

① 정의

재해복구사업 분석평가는 지방자치단체가 보다 효율적이고 합리적인 재해복구사업을 시행할 수 있도록 유도하여 평가제도의 효용성과 활용성을 증진시키고, 장래 방재관련사업의 발전적 방안 모색에 활용되도록 함은 물론 평가결과를 시·군 등 자연재해저감 종합계획에 반영하고 관련계획 및 기준 등과 연계하여 향후 방재관련제도 전반에 대한 환류기능이 강화될 수 있도록 하는 데 목적이 있음

② 업무범위

재해복구사업 분석평가는 평가대상시설의 재해복구사업에 대한 단계별 평가(복구계획수립단계, 추진단계), 직간접 효과를 측정 및 분석하는 사후영향단계(재해 저감성, 지역발전성, 주민생활 쾌적성) 및 종합평가를 실시하여 각 부문별 문제점 파악 및 개선안을 제시하는 것을 포함

(5) 자연재해위험개선지구 정비·실시계획

① 정의

자연재해위험개선지구란 태풍·홍수·호우·폭풍·해일·폭설 등 불가항력적인 자연현상으로 재해가 발생할 우려가 있는 지역으로 「자연재해대책법」 제12조에 따라 지정·고시된 지구를 말하며, 정비계획 및 실시계획은 같은 법 제13조 및 제14조의2에 따라 수립하는 계획을 말함

② 업무범위

자연재해위험개선지구 정비계획의 업무범위는 관련자료 조사 및 검토, 재해 발생원인 분석, 유형별 정비계획 수립 등을 포함하고, 실시계획의 업무범위는 사업시행에 필요한 제반 설계도서 등의 내용을 작성하는 것을 포함

(6) 자연재해위험개선지구 정비사업 분석·평가

① 정의

자연재해위험개선지구 정비사업 분석·평가란 자연재해대책법 제15조의2(자연재해위험개선지구 정비사업의 분석·평가) 및 동법 시행령 제12조의3(자연재해위험개선지구 정비사업의 분석·평가 대상), 동법 시행규칙 제4조의2(자연재해위험개선지구 정비사업의 분석·평가 및 절차 등)와 "자연재해위험개선지구 정비사업의 분석·평가방법 및 절차 등에 관한 규정(행정안전부 고시 제2018-60호, 2018. 8. 27.)"에 따라 분석·평가하는 것을 말함

★
재해복구사업의 분석·평가
지방자치단체가 시행하고 있는 재해복구사업의 내실화를 기하고, 실제 재해 경감에 어떠한 기능과 역할을 수행했는지에 대해 평가하는 제도

★
자연재해위험개선지구
태풍·홍수·호우·폭풍·해일·폭설 등 불가항력적인 자연현상으로 재해가 발생할 우려가 있는 지역

② 업무범위

자연재해위험개선지구 정비사업 분석·평가의 업무범위는 관련자료 조사 및 검토, 재해 발생원인 분석, 유형별 정비사업현황 조사, 분석, 평가, 종합평가 및 성과품 작성 등을 포함

(7) 우수유출저감대책 수립

① 정의

우수유출저감대책은 특별시장·광역시장·특별자치시장·특별자치도지사 및 시장·군수가 관할구역의 지역특성을 고려하여 우수의 침투 및 저류를 통해 재해의 예방을 위한 우수유출저감대책계획을 작성하여 지역주민의 의견수렴 후 행정안전부장관에게 제출하는 것임

② 업무범위

「자연재해대책법」 제19조에 따른 "우수유출저감대책에 포함하여야 할 사항"과 행정안전부장관이 고시한 지방자치단체 우수유출저감대책 세부수립기준의 업무내용을 충족하여야 함

3절 「재난 및 안전관리 기본법」, 시행령, 시행규칙

1. 「재난 및 안전관리 기본법」

「재난 및 안전관리 기본법」 변천과정

▷ 1995년 이전: 자연재해 위주의 「풍수해대책법」 체제
- 자연재해 위주의 재난관리, 방재기능 이관(건설부 → 내무부, 1991. 4. 23.)

▷ 1995년 이후: 인적재난을 관장하는 「재난관리법」 제정
- 자연재해: 풍수해대책법 → 자연재해대책법으로 전면 개정
- 인적재난: 재난관리법 제정(1995. 12. 6.)

▷ 2004년 이후: 「재난 및 안전관리 기본법」 제정(2004. 3. 11.)
- 소방방재청 개청(2004. 6. 1.)을 계기로 재난관리 법령 일제 정비
- 재난관리법(전부) 자연재해대책법(일부) → 재난 및 안전관리 기본법으로 통합

(1) 목적

① 각종 재난으로부터 국토를 보존하고 국민의 생명·신체 및 재산을 보호하기 위하여 국가와 지방자치단체의 재난 및 안전관리체제 확립

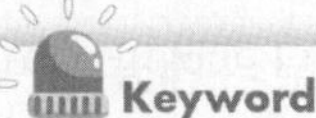

★
방재관리대책 업무
① 재해영향평가 등의 협의
② 자연재해저감 종합계획 수립
③ 저수지·댐 비상대처계획(EAP) 수립
④ 재해복구사업 분석·평가
⑤ 자연재해위험개선지구 정비·실시계획
⑥ 자연재해위험개선지구 정비사업 분석·평가
⑦ 우수유출저감대책 수립

★
재난관리법
성수대교, 삼풍사고 등을 계기로 인적재난에 대한 체계적인 관리를 위해 제정함

★
재난 및 안전관리 기본이념 3가지
① 피해의 최소화
② 안전의 우선화
③ 사회의 안정화

② 재난의 예방·대비·대응·복구와 안전문화 활동, 그 밖에 재난 및 안전관리에 필요한 사항을 규정함

(2) 기본이념

① 재난을 예방하고 재난이 발생한 경우 그 피해를 최소화하는 것이 국가와 지방자치단체의 기본적 의무임

② 모든 국민과 국가·지방자치단체가 국민의 생명 및 신체의 안전과 재산 보호에 관련된 행위를 할 때에는 안전을 우선적으로 고려해야 함

③ 국민이 재난으로부터 안전한 사회에서 생활할 수 있도록 해야 함

(3) 재난상황 보고 및 국고지원 관련

① 재난상황 보고 관련

제20조(재난상황의 보고)

① 시장·군수·구청장, 소방서장, 해양경찰서장, 제3조 제5호 나목에 따른 재난관리책임기관의 장 또는 제26조 제1항에 따른 국가기반시설의 장은 그 관할구역, 소관 업무 또는 시설에서 재난이 발생하거나 발생할 우려가 있으면 대통령령으로 정하는 바에 따라 재난상황에 대해서는 즉시, 응급조치 및 수습현황에 대해서는 지체 없이 각각 행정안전부장관, 관계 재난관리주관기관의 장 및 시·도지사에게 보고하거나 통보하여야 한다. 이 경우 관계 재난관리주관기관의 장 및 시·도지사는 보고받은 사항을 확인·종합하여 행정안전부장관에게 통보하여야 한다. <개정 2013. 8. 6., 2014. 11. 19., 2014. 12. 30., 2016. 1. 7.>

④ 시장·군수·구청장, 소방서장, 해양경찰서장, 제3조 제5호 나목에 따른 재난관리책임기관의 장 또는 제26조 제1항에 따른 국가기반시설의 장은 재난이 발생한 경우 또는 재난 발생을 신고 받거나 통보받은 경우에는 즉시 관계 재난관리책임기관의 장에게 통보하여야 한다. <개정 2014. 11. 19., 2016. 1. 7.>

② 국고지원 관련

제66조(국고보조 등)

① 국가는 재난관리의 원활한 실시를 위하여 필요한 때에는 대통령령이 정하는 바에 의하여 그 비용(제65조 제1항의 규정에 의한 보상금을 포함)의 전부 또는 일부를 국고에서 부담하거나 지방자치단체 그 밖의 재난관리책임자에게 보조할 수 있다. 다만, 제39조 제1항(제46조 제1항의 시·도지사가 행하는 경우를 포함한다) 또는 제40조 제1항의 대피명령을 방해하거나 위반하여 발생한 피해에 대하여는 그러하지 아니하다.

Keyword

★
재난상황 보고
시장·군수·구청장, 소방서장, 해양경찰서장, 재난관리책임기관의 장 또는 국가기반시설의 장은 그 관할구역, 소관 업무 또는 시설에서 재난이 발생하거나 발생할 우려가 있으면 대통령령으로 정하는 바에 따라 재난상황에 대해서는 즉시 보고해야 함

★
국고지원
국가는 재난관리의 원활한 실시를 위하여 필요한 때에는 대통령령이 정하는 바에 의하여 그 비용의 전부 또는 일부를 국고에서 부담하거나 지방자치단체 그 밖의 재난관리책임자에게 보조할 수 있음

> ② 제1항의 규정에 의한 재난복구사업의 재원은 대통령령이 정하는 재난의 구호 및 재난의 복구비용 부담기준에 따라 국고의 부담금 또는 보조금과 지방자치단체의 부담금·의연금 등으로 충당하되, 지방자치단체의 부담금 중 시·도 및 시·군·구가 부담하는 기준은 안전행정부령으로 정한다.

2. 「재난 및 안전관리 기본법 시행령」

(1) 목적 및 재난의 범위

① 목적

「재난 및 안전관리 기본법 시행령」은 「재난 및 안전관리 기본법」에서 위임된 사항과 그 시행에 필요한 사항을 규정함을 목적으로 함

② 재난의 범위

㉠ 국가 또는 지방자치단체 차원의 대처가 필요한 인명 또는 재산의 피해

㉡ 그 밖에 제1호의 피해에 준하는 것으로서 행정안전부장관이 재난관리를 위하여 필요하다고 인정하는 피해

(2) 안전관리기구 및 기능

① 중앙안전관리위원회

㉠ 기획재정부장관, 교육부장관, 과학기술정보통신부장관, 외교부장관, 통일부장관, 법무부장관, 국방부장관, 행정안전부장관, 문화체육관광부장관, 농림축산식품부장관, 산업통상자원부장관, 보건복지부장관, 환경부장관, 고용노동부장관, 여성가족부장관, 국토교통부장관, 해양수산부장관 및 중소벤처기업부장관

㉡ 국가정보원장, 방송통신위원회 위원장, 국무조정실장, 식품의약품안전처장, 금융위원회 위원장 및 원자력안전위원회 위원장

㉢ 경찰청장, 소방청장, 문화재청장, 산림청장, 기상청장 및 해양경찰청장

㉣ 그 밖에 중앙위원회의 위원장이 지정하는 기관 및 단체의 장

② 중앙위원회의 운영

㉠ 중앙위원회의 회의는 위원의 요청이 있거나 위원장이 필요하다고 인정하는 경우에 위원장이 소집함

㉡ 중앙위원회의 회의는 재적위원 과반수의 출석으로 개의하고, 출석위원 과반수의 찬성으로 의결함

Keyword

★
「재난 및 안전관리 기본법 시행령」의 목적
「재난 및 안전관리 기본법」에서 위임된 사항과 그 시행에 필요한 사항을 규정함을 목적으로 함

㉢ 위원장은 회의 안건과 관련하여 필요하다고 인정하는 경우에는 관계 공무원과 민간전문가 등을 회의에 참석하게 하거나 관계기관의 장에게 자료 제출을 요청할 수 있음

③ **재난 및 사고 예방사업의 범위**

㉠ 「기상관측표준화법」: 기상관측의 표준화를 위하여 시행하는 사업

㉡ 「농어촌정비법」: 농업생산 기반 정비사업 중 수리시설 개수·보수사업, 농경지 배수 개선사업, 저수지 정비사업, 방조제 정비사업

㉢ 「댐건설 및 주변지역지원 등에 관한 법률」: 댐의 관리를 위한 사업

㉣ 「도로법」: 도로공사 중 재난 및 안전관리를 위하여 시행하는 사업

㉤ 「산림기본법」: 산림재해 예방사업

㉥ 「사방사업법」: 사방사업

㉦ 「어촌·어항법」: 어항정비사업

㉧ 「연안관리법」: 연안정비사업

㉨ 「지진·화산재해대책법」: 기존 공공시설물의 내진보강사업

㉩ 「하천법」: 하천공사사업

㉪ 「항만법」: 항만공사 중 재난예방을 위한 사업

④ **재난안전상황실의 설치·운영**

㉠ 신속한 재난정보의 수집·전파와 재난대비 자원의 관리·지원을 위한 재난방송 및 정보통신체계 구축

㉡ 재난상황의 효율적 관리를 위한 각종 장비의 운영·관리체계 구축

㉢ 재난안전상황실 운영을 위한 전담인력과 운영규정

⑤ **재난상황의 보고내용**

㉠ 재난 발생의 일시·장소와 재난의 원인

㉡ 재난으로 인한 피해내용

㉢ 응급조치 사항

㉣ 대응 및 복구활동 사항

㉤ 향후 조치계획

㉥ 해외 재난상황의 보고의 경우 재외공관의 장은 관할구역에서 해외재난이 발생하거나 발생할 우려가 있으면 재난 발생의 일시·장소와 재난의 원인을 외교부장관에게 보고하여야 함

(3) 안전관리계획

① **국가안전관리기본계획 수립**

㉠ 국가안전관리기본계획을 5년마다 수립함

★
재난 및 사고 예방사업의 범위 관련 법
① 기상관측표준화법
② 농어촌정비법
③ 댐건설 및 주변지역지원 등에 관한 법률
④ 도로법
⑤ 산림기본법
⑥ 사방사업법
⑦ 어촌·어항법
⑧ 연안관리법
⑨ 지진·화산재해대책법
⑩ 하천법
⑪ 항만법

★
사방사업
국토의 황폐화를 방지하고, 산사태 등으로부터 국민의 생명과 재산을 보호하고 국토를 보전하기 위함과 공공 이익의 증진과 산업 발전을 돕는 것을 목적으로 함

★
재외공관
외교 및 영사사무를 외국에서 분장하는 대한민국 외교부의 소속기관

㉡ 중앙행정기관의 장은 국가안전관리기본계획을 이행하기 위하여 필요한 예산을 반영하는 등의 조치를 하여야 함

② **재난관리책임기관의 장이 작성하는 안전관리 업무계획 내용**

㉠ 소관 재난 및 안전관리에 관한 기본방향

㉡ 재난별 대응 시 관계기관 간의 상호협력 및 조치에 관한 사항

㉢ 소관 재난 및 안전관리를 위한 사업계획에 관한 사항

㉣ 그 밖에 재난 및 안전관리에 필요한 사항

3. 「재난 및 안전관리 기본법 시행규칙」

(1) 목적 및 긴급구조지원기관

① **목적**

「재난 및 안전관리 기본법 시행규칙」은 「재난 및 안전관리 기본법」 및 동법 시행령에서 위임된 사항과 그 시행에 필요한 사항을 규정함을 목적으로 함

② **긴급구조지원기관**

㉠ 유역환경청 또는 지방환경청

㉡ 지방국토관리청

㉢ 지방항공청

㉣ 「지역보건법」에 따른 보건소

㉤ 「지방공기업법」에 따른 지하철공사 및 도시철도공사

㉥ 「한국가스공사법」에 따른 한국가스공사

㉦ 「고압가스 안전관리법」에 따른 한국가스안전공사

㉧ 「한국농어촌공사 및 농지관리기금법」에 따른 한국농어촌공사

㉨ 그 외 11개 기관 ➔ "부록 3: 긴급구조지원기관"(57쪽) 참고

(2) 재난상황의 보고 및 대상 종류

① **재난상황의 보고 단계**

㉠ 최초보고 단계: 인명피해 등 주요 재난 발생 시 지체 없이 서면(전자문서를 포함), 팩스, 전화 중 가장 빠른 방법으로 하는 보고

㉡ 중간보고 단계: 전산시스템 등을 활용하여 재난 수습기간 중에 수시로 하는 보고

㉢ 최종보고 단계: 재난 수습이 끝나거나 재난이 소멸된 후 재난 발생의 일시·장소와 재난의 원인, 피해내용, 응급조치 사항, 대응 및 복

★ **국가안전관리기본계획**
각종 재난 및 사고로부터 국민의 생명·신체·재산을 보호하기 위하여 국가의 재난 미치 안전관리의 기본방향을 설정하는 최상위 계획임

★ **「재난 및 안전관리 기본법 시행규칙」의 목적**
약 19개의 긴급구조지원기관의 지원을 받아 동법 시행령에서 위임된 사항을 규정함

★ **재난상황 보고 단계**
3단계 보고(최초보고 단계, 중간보고 단계, 최종보고 단계)

구활동 사항, 향후 조치계획 등을 종합하여 하는 보고

② **재난상황의 보고 대상 종류**

㉠ 「산림보호법」에 따라 신고 및 보고된 산불

㉡ 국가기반시설에서 발생한 화재·붕괴·폭발

㉢ 국가기관, 지방자치단체, 공공기관, 지방공사 및 지방공단, 유치원, 학교에서 발생한 화재, 붕괴, 폭발

㉣ 「접경지역 지원 특별법」에 따른 접경지역에 있는 하천의 급격한 수량 증가나 제방의 붕괴 등을 일으켜 인명 또는 재산에 피해를 줄 수 있는 댐의 방류

㉤ 단일 사고로서 사망 3명 이상(화재 또는 교통사고의 경우에는 5명 이상을 말한다) 또는 부상 20명 이상의 재난

㉥ 「가축전염병 예방법」에 해당하는 가축의 발견

㉦ 「문화재보호법」에 따른 지정문화재의 화재 등 관련 사고

㉧ 「수도법」에 따른 상수원 보호구역의 수질오염 사고

㉨ 「수질 및 수생태계 보전에 관한 법률」에 따른 수질오염 사고

㉩ 「유선 및 도선 사업법」에 따른 유선·도선의 충돌, 좌초, 그 밖의 사고

㉪ 「화학물질관리법」에 따른 화학사고

㉫ 「지진·화산재해대책법」에 따른 지진재해의 발생

(3) 안전조치의 안내 및 재난합동조사단의 운영

① **재난문자방송에 대한 기준·운영**

㉠ 재난문자방송에는 태풍·호우·대설·산불 등의 재난이 발생할 경우에 대비한 행동요령 등이 포함되어야 함

㉡ 재난문자방송과 관계되는 재난관리책임기관의 장은 재난이 발생하거나 발생할 우려가 있을 때에는 재난정보를 중앙대책본부장에게 제공하여야 하며, 중앙대책본부장은 전기통신사업자에게 재난정보를 재난문자방송으로 송출하도록 요청할 수 있음

㉢ 재난문자방송의 기준 및 운영에 필요한 세부사항은 행정안전부장관이 정함

② **재난합동조사단의 편성 및 운영**

㉠ 중앙재난피해합동조사단(이하 "재난피해조사단"이라 한다)을 편성하는 경우에는 관계 부처 공무원 및 민간전문가를 포함시킬 수 있음

㉡ 재난피해조사단은 현지조사에 필요한 정보를 사전에 확보하기 위하여 관계 재난관리책임기관의 장에게 관련 자료를 요청할 수 있음

★
국가기관, 지방자치단체, 공공기관, 지방공사 및 지방공단, 유치원, 학교에서 발생한 화재, 붕괴, 폭발은 재난상황의 보고 대상임

★
재난문자방송에는 태풍·호우·대설·산불 등의 재난이 발생할 경우에 대비한 행동요령 등이 포함되어야 함

㉢ 재난피해조사단의 조사 시기 및 기간 등은 재난의 유형, 피해 규모 및 현지 여건에 따라 달리 정할 수 있음

㉣ 이 외의 재난피해조사단의 운영에 필요한 세부사항은 중앙대책본부장이 별도로 정함

4. 기타 관련 법, 시행령, 시행규칙

(1) 「자연재해대책법」, 시행령, 시행규칙

① **「자연재해대책법」 제정 목적**

▷ 태풍, 홍수 등 자연현상으로 인한 재난으로부터 국토를 보존하고 국민의 생명·신체 및 재산과 주요 기간시설을 보호

▷ 자연재해의 예방·복구 및 그 밖의 대책에 관하여 필요한 사항을 규정

② **「자연재해대책법 시행령」**

▷ 자연재해대책법 시행령은 「자연재해대책법」에서 위임된 사항과 그 시행에 필요한 사항을 규정함을 목적함

▷ 「자연재해대책법 시행령」 제2조에서는 「자연재해대책법」 제3조 제4항에 따른 "자연재해 예방을 위한 점검 대상 시설 및 지역"을 지정하고, 「재난 및 안전관리 기본법」 제3조 제5호에 따른 재난관리책임기관의 장은 「자연재해대책법 시행령」 제2조 제1항에 따른 점검 대상 시설 및 지역에 대하여 연중 2회 이상의 수시점검과 다음 각 호의 방법에 따른 정기점검을 하여야 함

③ **「자연재해대책법 시행규칙」**

▷ 「자연재해대책법」 및 동법 시행령에서 위임된 사항과 그 시행(자연재해의 예방 및 대비, 재해정보 및 비상지원 등, 재해복구, 방재기술의 연구 및 개발 등)에 필요한 사항을 규정함을 목적으로 함

「자연재해대책법 시행령」 제2조 제1항

① 「자연재해대책법」(이하 "법"이라 한다) 제3조 제4항에 따른 "자연재해 예방을 위한 점검 대상 시설 및 지역"은 다음 각 호와 같다. <개정 제28211호(행정안전부와 그 소속기관 직제)>

1. 법 제12조 제1항에 따라 지정·고시된 자연재해위험개선지구
2. 법 제26조 제2항 제4호에 따라 지정·관리되는 고립·눈사태·교통두절 예상지구 등 취약지구
3. 법 제33조 제1항에 따라 지정·고시된 상습가뭄재해지역

★
자연재해 예방을 위한 조치
① 자연재해 경감 협의 및 자연재해위험개선지구 정비 등
② 풍수해 예방 및 대비
③ 설해대책
④ 낙뢰대책
⑤ 가뭄대책
⑥ 재해정보 및 긴급지원

★
재난관리책임기관이란
「재난 및 안전관리 기본법」에서 대통령령이 정하는, 재난관리 업무를 수행하는 기관으로, 재난관리책임기관의 장은 상황관리를 위하여 상황실을 설치·운영할 수 있음

★
재난관리주관기관이란
재난이나 그 밖의 각종 사고에 대하여 그 유형별로 예방·대비·대응 및 복구 등의 업무를 주관하여 수행하도록 「재난 및 안전관리기본법」으로 정하는 관계 중앙행정기관

➔
재난관리책임기관과 재난관리주관기관의 차이는 "부록 1: 재난관리책임기관"(53쪽) 및 "부록 2: 재난 및 사고유형별 재난관리주관기관"(55쪽) 참고

➔
제2과목 제1편 제1장 3절 "「자연재해대책법」의 이해" 상세내용 참고

4. 제55조에 따른 방재시설
5. 그 밖에 지진·해일위험지역 등 지역 여건으로 인한 재해 발생이 우려되어 행정안전부장관이 정하여 고시하는 시설 및 지역

(2) 「시설물의 안전 및 유지관리에 관한 특별법」, 시행령, 시행규칙

① **「시설물의 안전 및 유지관리에 관한 특별법」 제정 목적**

▷ 시설물의 안전점검과 적정한 유지관리를 통하여 재해와 재난을 예방하고 시설물의 효용을 증진시킴으로써 공중의 안전을 확보하고 나아가 국민의 복리증진에 기여함을 목적으로 함

▷ 재난예방을 위한 안전조치 등을 위해서는 「시설물의 안전 및 유지관리에 관한 특별법」 제22조(시설물의 중대한 결함 등의 통보), 동법 제23조(긴급안전조치), 제24조(시설물의 보수·보강 등), 제25조(위험표지의 설치 등)에 대한 필요한 조치를 하여야 함

② **「시설물의 안전 및 유지관리에 관한 특별법 시행령」**

▷ 재난예방을 위한 안전조치 등을 위해서는 「시설물의 안전 및 유지관리에 관한 특별법 시행령」은 제18조에 따라 시설물의 중대한 결함 등의 통보에 필요한 구체적인 사항은 국토교통부장관이 정하여 고시하고, 제19조에 따라 중대한 결함 등에 대한 보수·보강조치의 이행을 완료해야 함

③ **「시설물의 안전 및 유지관리에 관한 특별법 시행규칙」**

▷ 「시설물의 안전 및 유지관리에 관한 특별법」 및 「시설물의 안전 및 유지관리에 관한 특별법 시행령」에서 위임된 사항과 그 시행에 필요한 사항을 규정함을 목적으로 함

▷ 「시설물의 안전 및 유지관리에 관한 특별법」 제2조 제5호에 따른 안전점검은 정기안전점검, 정밀안전점검으로 구분함

(3) 자연재난 구호 및 복구비용 부담기준 등에 관한 규정

① **개요**

▷ 「재난 및 안전관리 기본법」 제66조에 따라 재난복구사업의 재원 등에 대한 국가 및 지방자치단체의 부담금과 재난지원금의 부담기준에 관하여 필요한 사항을 규정함을 목적으로 함

② **적용범위**

▷ 「재난 및 안전관리 기본법」 제3조 제1호 가목에 따른 자연재난으

★
「시설물의 안전 및 유지관리에 관한 특별법 시행령」에서 구분하는 시설물의 종류
① 제1종 시설물
② 제2종 시설물
③ 제3종 시설물

★
「시설물의 안전 및 유지관리에 관한 특별법 시행규칙」 내 안전점검의 종류
① 정기안전점검
② 정밀안전점검

★
자연재난 구호 및 복구비용 부담기준 등에 관한 규정
특별시, 광역시, 특별자치시·도, 특별자치도 및 시·군·구가 부담해야 하는 복구계획의 수립·시행에 필요한 비용의 부담기준을 규정함을 목적으로 함

로 인하여 발생하는 피해의 구호 및 복구에 적용함

③ 자연재난 구호 및 복구비용 부담기준

▷ 시·군·구의 최근 3년간 평균 재정력지수가 0.3 미만인 경우: 시·도 및 시·군·구가 각각 50퍼센트를 부담

▷ 시·군·구의 최근 3년간 평균 재정력지수가 0.3 이상 0.9 미만인 경우: 시·도가 40퍼센트, 시·군·구가 60퍼센트를 부담

▷ 시·군·구의 최근 3년간 평균 재정력지수가 0.9 이상인 경우: 시·도가 30퍼센트, 시·군·구가 70퍼센트를 부담

▷ 특별자치시 및 특별자치도의 경우: 지방자치단체의 부담금 전부를 부담

(4) 사회재난 구호 및 복구비용 부담기준 등에 관한 규정

① 개요

▷ 「재난 및 안전관리 기본법」 제66조 제1항 및 제2항에 따라 사회재난으로 피해를 입은 지역의 구호 및 복구 사업에 드는 비용에 대하여 국가가 부담하거나 보조하는 기준 등을 규정함을 목적으로 함

② 적용범위

▷ 「재난 및 안전관리 기본법」 제3조 제1호 나목에 따른 사회재난 중 법 제60조 제2항에 따라 특별재난지역으로 선포된 지역의 재난에 적용함

③ 사회재난 구호 및 복구사업 비용의 부담 지원 범위 종류

▷ 생활안정지원: 사회재난으로 피해를 입은 자의 생활안정을 위한 구호 및 지원

▷ 간접지원: 재난피해자에 대하여 관계 법령 등에서 정하는 지원

▷ 피해수습지원: 사회재난 피해 수습을 위하여 실시하는 사업에 대한 지원

④ 생활안정지원 항목

▷ 사망자 및 실종자의 유족과 일상생활에 지장을 줄 정도의 부상을 당한 사람에 대한 구호

▷ 다음의 어느 하나에 해당하는 경우 해당 가구 구성원에 대한 생계비 지원

- 가구구성원 중 소득이 가장 많은 사람이 사망·실종 또는 부상을 당하여 소득을 상실한 경우
- 농업·어업·임업 및 염생산업에 피해를 입은 경우

Keyword

★
「재난 및 안전관리 기본법」 제3조 제1호 가목에 따른 자연재난
태풍, 홍수, 호우, 강풍, 풍랑, 해일, 대설, 한파, 낙뢰, 가뭄, 폭염, 지진, 황사, 조류 대발생, 조수, 화산활동, 소행성·유성체 등 자연우주물체의 추락·충돌, 그 밖에 이에 준하는 자연현상으로 인하여 발생하는 재해

★
재정력지수란
지방자치단체의 기준재정수요액 대비 기준재정수입액으로, 즉 재정력지수가 낮음은 중앙정부에 대한 의존도가 높음을 의미함

★
「재난 및 안전관리 기본법」 제3조 제1호 나목에 따른 사회재난
화재·붕괴·폭발·교통사고·화생방사고·환경오염사고 등으로 인하여 발생하는 대통령령으로 정하는 규모 이상의 피해와 에너지·통신·교통·금융·의료·수도 등 국가기반체계의 마비, 감염병 또는 가축전염병의 확산, 미세먼지 등으로 인한 피해

★
사회재난 구호 및 복구사업 비용의 부담 지원 범위 종류
① 생활안정지원
② 간접지원
③ 피해수습지원

▷ 다음의 어느 하나에 해당하는 사람에 대한 주거비 지원
  - 주택이 파손되거나 유실된 사람
  - 사회재난으로 피해가 예상되어 주거하던 곳에서 주거가 불가능하게 된 사람
- 재난 수습을 위하여 주된 거주지에서 이주하게 된 사람
▷ 주택이 파손되거나 유실된 사람 또는 주된 거주지에서 생활할 수 없게 된 사람에 대한 구호
▷ 고등학생의 수업료 면제

⑤ **간접지원 항목**

▷ 농업인·어업인·임업인 및 염생산업인에 대한 자금 융자
▷ 농업·어업·임업 및 염생산업 자금의 상환기한 연기 및 그 이자의 감면
▷ 중소기업 및 소상공인에 대한 자금 융자
▷ 주택 복구자금의 융자
▷ 국세·지방세, 건강보험료·연금보험료, 통신요금 또는 전기요금 등의 경감 또는 납부유예

⑥ **피해수습지원 항목**

▷ 공공시설의 복구
▷ 재난피해자의 수색 및 구조
▷ 오염물 및 잔해물의 방제 및 처리
▷ 합동분향소 설치·운영 등의 추모사업

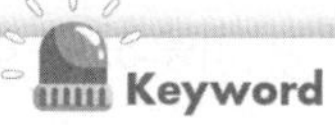

★
피해수습지원 항목
① 공공시설의 복구
② 재난피해자의 수색 및 구조
③ 오염물 및 잔해물의 방제 및 처리
④ 합동분향소 설치·운영 등의 추모사업

부록 1

재난 및 안전관리 기본법 시행령 [별표 1의2]

재난관리책임기관(제3조 관련)

〈개정 2019. 8. 27.〉

1. 재외공관
2. 농림축산검역본부
3. 지방우정청
4. 국립검역소
5. 유역환경청 또는 지방환경청
6. 지방고용노동청
7. 지방항공청
8. 지방국토관리청
9. 홍수통제소
10. 지방해양수산청
11. 지방산림청
12. 시·도의 교육청 및 시·군·구의 교육지원청
13. 한국철도공사
14. 서울교통공사
15. 대한석탄공사
16. 한국농어촌공사
17. 한국농수산식품유통공사
18. 한국가스공사
19. 한국가스안전공사
20. 한국전기안전공사
21. 한국전력공사
22. 한국환경공단
23. 수도권매립지관리공사
24. 한국토지주택공사
25. 한국수자원공사
26. 한국도로공사
27. 인천교통공사
28. 인천국제공항공사
29. 한국공항공사
30. 삭제 〈2017. 1. 6.〉
31. 삭제 〈2017. 1. 6.〉
32. 국립공원공단
33. 한국산업안전보건공단
34. 한국산업단지공단
35. 부산교통공사
36. 한국철도시설공단
37. 한국시설안전공단
38. 한국원자력연구원
39. 한국원자력안전기술원
40. 농업협동조합중앙회
41. 수산업협동조합중앙회
42. 산림조합중앙회
43. 대한적십자사
44. 「하천법」 제39조에 따른 댐 등의 설치자(관리자를 포함한다)
45. 「원자력안전법」 제20조에 따른 발전용원자로 운영자
46. 「방송통신발전 기본법」 제40조에 따른 재난방송 사업자
47. 국립수산과학원
48. 국립해양조사원
49. 한국석유공사
50. 대한송유관공사
51. 한국전력거래소
52. 서울올림픽기념국민체육진흥공단
53. 한국지역난방공사
54. 삭제 〈2017. 1. 6.〉
55. 한국관광공사
56. 국립자연휴양림관리소

57. 한국마사회
58. 지방자치단체 소속 시설관리공단
59. 지방자치단체 소속 도시개발공사
60. 한국남동발전주식회사
61. 한국중부발전주식회사
62. 한국서부발전주식회사
63. 한국남부발전주식회사
64. 한국동서발전주식회사
65. 한국수력원자력주식회사
66. 서울고속도로주식회사
67. 신공항하이웨이주식회사
68. 신대구부산고속도로주식회사
69. 천안논산고속도로주식회사
70. 공항철도주식회사
71. 서울시메트로9호선주식회사
72. 여수광양항만공사
73. 한국해양교통안전공단
74. 사단법인 한국선급
75. 한국원자력환경공단
76. 독립기념관
77. 예술의전당
78. 대구도시철도공사
79. 광주광역시도시철도공사
80. 대전광역시도시철도공사
81. 부산항만공사
82. 인천항만공사
83. 울산항만공사
84. 경기평택항만공사
85. 의정부경량전철주식회사
86. 용인경량전철주식회사
87. 신분당선주식회사
88. 부산김해경전철주식회사
89. 부산울산고속도로주식회사
90. 경수고속도로주식회사
91. 경기고속도로주식회사
92. 서울춘천고속도로주식회사
93. 인천대교주식회사
94. 경기남부도로주식회사
95. 해양환경공단
96. 가축위생방역지원본부
97. 국토지리정보원
98. 항공교통본부
99. 김포골드라인운영 주식회사
100. 경기철도주식회사
101. 주식회사에스알
102. 제1호부터 제29호까지, 제32호부터 제53호까지 및 제55호부터 제101호까지에서 규정한 사항 외에 행정안전부장관이 재난의 예방·대비·대응·복구를 위하여 특별히 필요하다고 인정하여 고시하는 기관·단체(민간단체를 포함한다) 및 민간업체. 이 경우 민간단체 및 민간업체에 대해서는 해당 단체·업체와 협의를 거쳐야 한다.

부록 2

재난 및 안전관리 기본법 시행령 [별표 1의3]

재난 및 사고유형별 재난관리주관기관(제3조의2 관련)

〈개정 2020. 1. 7.〉

재난관리주관기관	재난 및 사고의 유형
교육부	학교 및 학교시설에서 발생한 사고
과학기술정보통신부	1. 우주전파 재난 2. 정보통신 사고 3. 위성항법장치(GPS) 전파혼신 4. 자연우주물체의 추락·충돌
외교부	해외에서 발생한 재난
법무부	법무시설에서 발생한 사고
국방부	국방시설에서 발생한 사고
행정안전부	1. 정부중요시설 사고 2. 공동구(共同溝) 재난(국토교통부가 관장하는 공동구는 제외한다) 3. 내륙에서 발생한 유도선 등의 수난 사고 4. 풍수해(조수는 제외한다)·지진·화산·낙뢰·가뭄·한파·폭염으로 인한 재난 및 사고로서 다른 재난관리주관기관에 속하지 아니하는 재난 및 사고
문화체육관광부	경기장 및 공연장에서 발생한 사고
농림축산식품부	1. 가축 질병 2. 저수지 사고
산업통상자원부	1. 가스 수급 및 누출 사고 2. 원유수급 사고 3. 원자력 안전사고(파업에 따른 가동중단으로 한정한다) 4. 전력 사고 5. 전력생산용 댐의 사고
보건복지부	1. 감염병 재난 2. 보건의료 사고
환경부	1. 수질분야 대규모 환경오염 사고 2. 식용수 사고 3. 유해화학물질 유출 사고 4. 조류(藻類) 대발생(녹조에 한정한다) 5. 황사 6. 환경부가 관장하는 댐의 사고 7. 미세먼지

(이어서)

재난관리주관기관	재난 및 사고의 유형
고용노동부	사업장에서 발생한 대규모 인적 사고
국토교통부	1. 국토교통부가 관장하는 공동구 재난 2. 고속철도 사고 3. 삭제 〈2019. 8. 27.〉 4. 도로터널 사고 5. 삭제 〈2019. 8. 27.〉 6. 육상화물운송 사고 7. 도시철도 사고 8. 항공기 사고 9. 항공운송 마비 및 항행안전시설 장애 10. 다중밀집건축물 붕괴 대형사고로서 다른 재난관리주관기관에 속하지 아니하는 재난 및 사고
해양수산부	1. 조류 대발생(적조에 한정한다) 2. 조수(潮水) 3. 해양 분야 환경오염 사고 4. 해양 선박 사고
금융위원회	금융 전산 및 시설 사고
원자력안전위원회	1. 원자력 안전사고(파업에 따른 가동중단은 제외한다) 2. 인접국가 방사능 누출 사고
소방청	1. 화재·위험물 사고 2. 다중 밀집시설 대형화재
문화재청	문화재 시설 사고
산림청	1. 산불 2. 산사태
해양경찰청	해양에서 발생한 유도선 등의 수난 사고

비고: 재난관리주관기관이 지정되지 않았거나 분명하지 않은 경우에는 행정안전부장관이 「정부조직법」에 따른 관장 사무와 피해 시설의 기능 또는 재난 및 사고 유형 등을 고려하여 재난관리주관기관을 정한다.

부록 3

재난 및 안전관리 기본법 시행규칙 [별표 1]

긴급구조지원기관(제2조 관련)

〈개정 2017. 7. 26.〉

1. 유역환경청 또는 지방환경청
2. 지방국토관리청
3. 지방항공청
4. 「지역보건법」에 따른 보건소
5. 「지방공기업법」에 따른 지하철공사 및 도시철도공사
6. 「한국가스공사법」에 따른 한국가스공사
7. 「고압가스 안전관리법」에 따른 한국가스안전공사
8. 「한국농어촌공사 및 농지관리기금법」에 따른 한국농어촌공사
9. 「전기사업법」에 따른 한국전기안전공사
10. 「한국전력공사법」에 따른 한국전력공사
11. 「대한석탄공사법」에 따른 대한석탄공사
12. 「한국광물자원공사법」에 따른 한국광물자원공사
13. 「한국수자원공사법」에 따른 한국수자원공사
14. 「한국도로공사법」에 따른 한국도로공사
15. 「한국공항공사법」에 따른 한국공항공사
16. 「항만공사법」에 따른 항만공사
17. 「한국원자력안전기술원법」에 따른 한국원자력안전기술원 및 「방사선 및 방사성동위원소 이용진흥법」에 따른 한국원자력의학원
18. 「자연공원법」에 따른 국립공원관리공단
19. 「전기통신사업법」 제5조에 따른 기간통신사업자로서 소방청장이 정하여 고시하는 기간통신사업자

제3장 재난예방

제1편
재난예방 및 대비대책

본 장에서는 재난예방을 위한 관련 법·제도 현황에 대한 간략한 소개와 더불어 국가안전관리 기본계획의 성격과 수립배경을 소개하였으며, 재난관리와 안전관리에 대한 용어를 구분하였다. 또한 재난예방에 대한 경각심을 지닐 수 있도록 다양한 자연재난과 사회재난에 대한 재해사례를 수집 및 분석하고, 방재시설 및 사업 위험인자 분석 및 유지관리와 관련한 평가항목을 소개하였다.

1절 재해예방 종합대책

1. 예방 관련 법·제도 현황

(1) 재난예방 관련 법 현황

① 「재난 및 안전관리 기본법」 내 재난의 예방

㉠ 재난관리책임기관의 장의 재난 예방조치
㉡ 국가기반시설의 지정 및 관리
㉢ 특정관리 대상지역의 지정 및 관리
㉣ 지방자치단체에 대한 지원
㉤ 재난방지시설의 관리
㉥ 재난안전 분야 종사자 교육
㉦ 재난예방을 위한 긴급안전점검
㉧ 재난예방을 위한 안전조치
㉨ 정부합동 안전점검 및 사법경찰관리의 직무 수행
㉩ 안전관리전문기관에 대한 자료 요구
㉪ 재난관리체계 등에 대한 평가
㉫ 재난관리 실태 공시

② 「자연재해대책법」 내 자연재해 경감 협의 및 자연재해위험개선지구 정비

㉠ 재해영향평가 등의 협의
㉡ 재해영향평가 등의 협의 대상
㉢ 재해영향평가 등의 협의내용의 이행
㉣ 개발사업의 사전 허가 등의 금지
㉤ 방재 분야 전문가의 개발 관련 위원회 참여

★
재난관리
재해예방으로부터 재해를 수습하는 데 필요한 일련의 과정

★
재해영양평가 정의
자연재해에 영향을 미치는 개발사업으로 인한 재해 유발 요인을 조사·예측·평가하고 이에 대한 대책을 마련하는 것을 말함

ⓑ 재해 원인 조사·분석

ⓢ 재해경감대책협의회의 구성

ⓞ 토지 출입

ⓙ 자연재해위험개선지구의 지정

ⓒ 자연재해위험개선지구 정비(사업)계획의 수립

ⓚ 토지 등의 수용 및 사용

ⓣ 자연재해위험개선지구 내 건축, 형질 변경 등의 행위 제한

ⓟ 자연재해위험개선지구 정비사업의 분석·평가

ⓗ 자연재해저감 종합계획의 수립

③ 「**자연재해대책법**」 **내 풍수해 예방**

㉠ 지역별 방재성능목표 설정·운용

㉡ 방재시설에 대한 방재성능 평가

㉢ 방재기준 가이드라인의 설정 및 활용

㉣ 수방기준의 제정·운영

㉤ 지구단위 홍수방어기준의 설정 및 활용

㉥ 우수유출저감대책 수립

㉦ 내풍설계기준의 설정

㉧ 각종 재해지도의 제작·활용, 재해 상황의 기록 및 보존, 침수흔적도 등 재해정보의 활용

㉨ 홍수통제소의 협조

④ 「**자연재해대책법**」 **내 설해 예방**

㉠ 설해의 예방 및 경감대책

㉡ 상습설해지역의 지정

㉢ 상습설해지역 해소를 위한 중·장기 대책

㉣ 내설설계기준의 설정

㉤ 건축물관리자의 제설 책임

㉥ 설해 예방 및 경감대책 예산의 확보

⑤ 「**자연재해대책법**」 **내 가뭄 예방**

㉠ 가뭄 방재를 위한 조사·연구

㉡ 가뭄 극복을 위한 제한급수·발전

㉢ 수자원관리자의 의무

㉣ 가뭄 극복을 위한 시설의 유지·관리

㉤ 상습가뭄재해지역 해소를 위한 중·장기 대책

★
「자연재해대책법」 내 자연재해의 종류
태풍, 홍수, 호우, 강풍, 풍랑, 해일, 재설, 낙뢰, 가뭄, 지진, 황사, 조류 대발생, 조수 등

⑥ 「시설물의 안전 및 유지관리에 관한 특별법」 내 재난예방을 위한 안전조치

㉠ 시설물의 중대한 결함 통보

㉡ 긴급 안전조치

㉢ 시설물의 보수·보강

㉣ 위험표지의 설치

(2) 재난예방 관련 제도 현황

① 안전관리계획

㉠ 국가안전관리기본계획은 「재난 및 안전관리 기본법」에 따라 국무총리가 국가의 재난 및 안전관리 업무에 관한 기본계획의 수립지침을 작성하며, 부처별로 중점적으로 추진할 안전관리기본계획의 수립에 관한 사항과 국가재난관리체계의 기본방향이 포함되어 있음

㉡ 국무총리는 국가의 안전관리 업무에 관한 기본계획인 국가안전관리기본계획을 5년마다 수립하여야 함

㉢ 기본계획에는 재난에 관한 대책, 생활안전, 교통안전, 산업안전, 시설안전, 범죄안전, 식품안전, 그 밖에 이에 준하는 안전관리에 관한 대책 등에 대한 내용이 포함되어 있음

② 자연재해저감 종합계획

지역별로 자연재해의 예방 및 저감을 위하여 특별시장·광역시장·특별자치시장·도지사·특별자치도지사 및 시장·군수가 지역안전도에 대한 진단 등을 거쳐 수립한 종합계획임

③ 지진방재 종합계획

지진방재 종합계획을 수립할 경우에는 주요 철도, 도로, 항만 등의 기간적인 교통·통신시설 등의 정비에 각 시설 등의 내진설계와 네트워크 충실 등에 의해 내진성을 확보하기 위한 대책을 세우고 수도권이 해야 할 중추기능의 중요성에 비추어, 수도권에서 도시방재 구조화 대책 등 방재대책을 추진함

④ 긴급구조대응계획

㉠ 긴급구조대응계획은 「재난 및 안전관리 기본법」을 근거로 하여 긴급구조기관의 장은 재난이 발생하는 경우 긴급구조기관 및 긴급구조지원기관이 신속하고 효율적으로 긴급구조를 수행할 수 있도록 사전에 긴급구조대응계획을 수립하도록 하고 있음

㉡ 긴급구조대응계획은 긴급구조대응계획의 기본계획, 기능별 긴급구조대응계획 및 재난유형별 긴급구조대응계획 등으로 이루어져

★
재난예방 관련 계획의 종류
① 안전관리계획
② 자연재해저감 종합계획
③ 지진방재 종합계획
④ 긴급구조대응계획

있음

(3) 재난예방 관련 조직 현황

① 정의

㉠ 재난관리책임기관은 「재난 및 안전관리 기본법」에 근거하여 재난의 예방·대비·대응·복구를 위하여 행하는 모든 활동을 추진하기 위하여 중앙행정기관·지방자치단체와 지방행정기관·공공기관·공공단체 및 재난관리의 대상이 되는 중요시설의 관리기관 등을 대상기관으로 지정하여 운영하고 있음

㉡ 이러한 기관은 예측이 불가능하고 다양한 재난 발생에 피해를 최소화하기 위하여 다양한 예방 활동을 실시함

② 긴급구조기관 의미와 종류

㉠ 긴급구조기관은 「재난 및 안전관리 기본법」에 근거하여 재난이 발생할 우려가 현저하거나 재난이 발생할 때 국민의 생명과 신체 및 재산의 보호를 위하여 인명구조, 응급처치 그 밖의 필요한 모든 긴급한 조치를 취하는 기관을 의미함

㉡ 긴급구조지원기관은 「재난 및 안전관리 기본법」에 근거하여 긴급구조에 필요한 인력·시설 및 장비를 갖춘 기관 또는 단체로서 긴급구조기관을 지원하는 업무를 담당함

▷ 해양 재난을 제외한 모든 재난의 긴급구조기관: 소방청, 소방본부, 소방서

▷ 해양 재난의 긴급구조기관: 해양경찰청, 지방해양경찰청, 해양경찰서

★
긴급구조기관 정의
긴급구조에 필요한 인력·시설 및 정비, 운영체계 등 긴급구조능력을 보유한 기관이나 단체로서 대통령령으로 정하는 기관과 단체를 말함

2절 국가안전관리기본계획 수립과 집행

1. 국가안전관리기본계획

(1) 법적 근거 및 정의

㉠ 법적 근거

「대한민국헌법」 제34조 제6항, 「재난 및 안전관리 기본법」 제22조 및 시행령 제26조

㉡ 정의

국가안전관리기본계획이란 각종 재난 및 사고로부터 국민의 생명·신체·재산을 보호하기 위하여 국가의 재난 및 안전관리의 기본방향을 설정하는 최상위 계획임

(2) 수립 배경 및 용어 구분

㉠ 수립 배경

▷ 국가안전관리기본계획은 도시화·인구집중, 고령화, 기후변화, 신종 감염병의 창궐 등 재난환경 변화에 대응하여 국가가 국민을 재난 및 안전사고로부터 보호하기 위함

▷ 향후 5년간 국가 재난 및 안전관리 정책을 통합적으로 운영할 수 있는 방안과 이를 이행하기 위한 중점 추진과제들을 제시하여, 중앙행정기관과 지방자치단체를 포함한 각종 재난관리책임기관들이 세부대책을 수립·운영할 수 있는 지침을 제공함

▷ 재난에 대하여 복원력을 가진 안전한 공동체 형성이 요구되며, 정부 및 공공기관 그리고 각종 민간단체와 연계된 기본계획이 필요

㉡ 용어 구분

▷ 재난관리: 재난의 예방·대비·대응 및 복구를 위하여 하는 모든 활동

▷ 안전관리: 재난이나 그 밖의 각종 사고로부터 사람의 생명·신체 및 재산의 안전을 확보하기 위하여 하는 모든 활동

2. 시·도 안전관리계획

(1) 법적 근거

▷ 행정안전부장관은 「재난 및 안전관리 기본법」 제22조 제4항에 따른 국가안전관리기본계획과 동법 제23조 제1항에 따른 집행계획에 따라 시·도의 재난 및 안전관리 업무에 관한 계획의 수립지침을 작성하여 이를 시·도지사에게 시달하여야 함

▷ 시·도의 전부 또는 일부를 관할구역으로 하는 「재난 및 안전관리 기본법」 제3조 제5호 나목에 따른 재난관리책임기관의 장은 그 소관 재난 및 안전관리 업무에 관한 계획을 작성하여 관할 시·도지사에게 제출

(2) 집행 절차

▷ 시·도지사는 제1항에 따라 전달받은 수립지침과 제2항에 따라 제출

★ **국가안전관리기본계획 수립**
국무총리는 대통령령으로 정하는 바에 따라 국가의 재난 및 안전관리업무에 관한 기본계획(이하 "국가안전관리기본계획"이라 한다)의 수립지침을 작성하여 관계 중앙행정기관의 장에게 통보하여야 함

★ **국가안전관리기본계획에 포함되어야 할 사항**
① 재난에 관한 대책
② 생활안전, 교통안전, 산업안전, 시설안전, 범죄안전, 식품안전, 안전취약계층 안전 및 그 밖에 이에 준하는 안전관리에 관한 대책

★ 재난관리 및 안전관리

★ **시·도 안전관리계획의 법적 근거**
① 국가안전관리기본계획
② 「재난 및 안전관리 기본법」

받은 재난 및 안전관리 업무에 관한 계획을 종합하여 시·도 안전관리계획을 작성하고 시·도위원회의 심의를 거쳐 확정

▷ 시·도지사는 제3항에 따라 확정된 시·도 안전관리계획을 행정안전부장관에게 보고하고, 제2항에 따른 재난관리책임기관의 장에게 통보

3. 시·군·구 안전관리계획

(1) 법적 근거

▷ 시·도지사는 「재난 및 안전관리 기본법」 제24조 제3항에 따라 확정된 시·도 안전관리계획에 따라서 시·군·구의 재난 및 안전관리 업무에 관한 계획의 수립지침을 작성하여 시장·군수·구청장에게 시달하여야 함

▷ 시·군·구의 전부 또는 일부를 관할구역으로 하는 동법 제3조 제5호 나목에 따른 재난관리책임기관의 장은 그 소관 재난 및 안전관리 업무에 관한 계획을 작성하여 시장·군수·구청장에게 제출하여야 함

(2) 집행 절차

▷ 시장·군수·구청장은 제1항에 따라서 전달받은 수립지침과 제2항에 따라 제출받은 재난 및 안전관리 업무에 관한 계획을 종합하여 시·군·구 안전관리계획을 작성하고 시·군·구 위원회의 심의를 거쳐 확정

▷ 시장·군수·구청장은 동법 제25조 제3항에 따라 확정된 시·군·구 안전관리계획을 시·도지사에게 보고하고, 동법 제25조 제2항에 따른 재난관리책임기관의 장에게 통보

3절 재해사례 수집 및 분석

1. 법적 근거 및 기록 범위

(1) 개요

▷ 재난 및 안전관리 기본법 제70조 제1항에 따라 재난관리책임기관의 장은 다음 각 호의 사항을 기록하고, 이를 보관하여야 함. 이 경우 시장·군수·구청장을 제외한 재난관리책임기관의 장은 그 기록사항을 시장·군수·구청장에게 통보하여야 함

▷ 재난 및 안전관리 기본법 시행령 제76조(재난상황의 기록 관리)에 따라 재난관리책임기관의 장은 피해시설물별로 다음 각 호의 사항이 포

★
재난 및 안전관리 기본법 제24조(시·도 안전관리계획의 수립)
행정안전부장관은 시·도의 재난 및 안전관리업무에 관한 계획의 수립지침을 작성하여 이를 시·도지사에게 통보하여야 함

★
재난 및 안전관리 기본법 제25조(시·군·구 안전관리계획의 수립)
시·도지사는 확정된 시·도 안전관리계획에 따라 시·군·구의 재난 및 안전관리업무에 관한 계획의 수립지침을 작성하여 시장·군수·구청장에게 통보하여야 함

함된 재난상황의 기록을 작성·보관 및 관리하여야 함

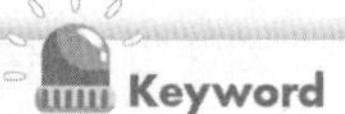

(2) 피해상황 및 대응에 대한 내용

▷ 재난상황의 피해상황 및 대응에 관련한 기록내용으로는 피해일시 및 피해지역, 피해원인, 피해물량 및 피해금액, 동원 인력·장비 등 응급조치 내용, 피해지역 사진 및 도면·위치 정보, 인명피해 상황 및 피해주민 대처 상황, 자원봉사자 등의 활동 사항을 포함해야 함

(3) 복구상황에 대한 내용

▷ 재난 및 안전관리 기본법 제59조 제1항에 따른 자체복구계획 또는 재난 및 안전관리 기본법 제59조 제4항에 따른 재난복구계획에 따라 시행하는 사업의 종류별 복구물량 및 복구금액의 산출내용, 복구공사의 명칭·위치, 공사발주 및 복구추진 현황을 기록해야 함

(4) 기타사항

▷ 그 밖에 미담·모범사례 등에 대한 내용을 기록으로 작성하여 보관·관리해야 함

▷ 시·도지사 및 시장·군수·구청장은 제1항에 따라 작성된 재난상황의 기록을 재난복구가 끝난 해의 다음 해부터 5년간 보관해야 함

▷ 재난 및 안전관리 기본법 제70조 제2항(행정안전부장관은 매년 재난상황 등을 기록한 재해연보 또는 재난연감을 작성하여야 한다)에 따라 작성하는 재해연보 및 재난연감은 책자 형태 또는 전자적 형태의 기록물로 발행할 수 있으며, 발행한 재해연보 및 재난연감은 관계 재난관리책임기관의 장에게 송부하거나 전자적 방법으로 게시하여 열람할 수 있도록 하여야 함

★ 재해연보
자연재난 피해 및 복구현황에 대한 주요 통계를 수록한 문서를 말함

2. 자연재난 사례

★ 자연재난과 사회재난

(1) 태풍

① 개요

태풍 '차바'는 2016년에 발생한 18호 태풍으로서 제주도를 지나 남해안 지역을 통하여 부산에 상륙 후 동해상으로 이동해 가면서 10월 5~6일 2일간 남해안 지방에는 강풍이 불고 많은 비가 내렸음

② 호우 및 피해 특성

▷ 태풍 '차바'가 제주도와 남해안을 거쳐 부산으로 상륙함에 따라 우리나라는 제주도와 남부지역을 중심으로 강한 풍속과 많은 강수량

이 관측되었음

▷ 10월 한반도에 상륙한 태풍 중 역대 가장 강한 태풍으로 제주도와 울산에 강한 바람과 매우 많은 비가 내렸고, 서귀포, 포항, 울산 등의 지역에서 10월 일 강수량 극값 1위가 갱신되었음

▷ 태풍 '차바'는 2016년 10월 5~6일까지 2일간 6개 지역에 피해를 줬으며, 전국적인 피해가 있었지만 주로 태풍이 통과한 남부지역의 피해가 집중되었음

▷ 태풍 '차바'의 인적 피해, 물적 피해 등으로 인하여 피해액은 2,149억 6,500만 원으로, 2016년 연간 총피해액(2,884억 원)의 74%에 해당하는 재산피해가 발생하였음

▷ 사망 및 실종자가 6명 발생하였고 이재민 6,714명, 총 2,949세대가 피해를 보았으며, 농경지 피해는 37,382㏊가 유실 또는 매몰되었음

③ **특이사항**

▷ 2016년은 10월 초까지도 일본 남동쪽 해상에 중심을 둔 북태평양 고기압이 강한 세력을 유지하여 평년의 태풍 경로(일반적으로 이 무렵 일본 남쪽 해상을 향함)와 달리 한반도 부근으로 북상하여 진행하였음

▷ 평년보다 북쪽에 치우친 장주기 파동, 지구온난화 그리고 이전의 태풍(제17호 태풍 메기)의 영향이 복합적으로 작용하여 태풍이 10월에 한반도로 북상하였음

▷ 태풍 '차바'는 피해의 원인으로는 태풍의 상륙과 만조위 시간대가 겹치면서 해안가 피해가 가중되었고, 2차적인 피해의 대표 사례로는 강풍으로 인한 정전과 침수피해가 발생함

(2) 산사태

① **개요**

▷ 2011년 7월 26~28일, 많은 지역에서 집중호우 기록을 경신했고, 수도권을 중심으로 시간당 100mm가 넘는 집중호우가 쏟아지면서 주택과 도로가 침수되며 강남에 물난리를 가져왔고 기록적인 우면산 산사태(면적 42,000m^2)가 발생함

② **피해상황**

▷ 2011년 7월 26~28일 서울 누적강수량은 587.5mm로 3일 연속 강수량이 가장 많았고, 27일에는 1시간 최다 강수량이 남현(관악

★
자연재난의 태풍 재산피해 순위
1위 2002. 8. 30. ~ 9. 1. 루사(RUSA)
2위 2003. 9. 12. ~ 9. 13. 매미(MAEMI)
3위 1999. 7. 23. ~ 8. 4. 올가(OLGA)
4위 2012. 8. 25. ~ 8. 30. 볼라벤(BOLAVEN), 덴빈(TEMBIN)
5위 1995. 8. 19. ~ 8. 30. 재니스(JANIS)
※ 행정안전부 통계자료 참고

★
산사태 발생 추이
① 전 지구촌의 기상이변으로 자연재해가 빈발화·대형화 추세임
② 산사태 등 수해로 인한 산림분야 총복구비는 전반적으로 증가 추세에 있음

구) AWS 113.0mm, 관악 AWS 111.0mm, 서초 AWS 86.0mm임

▷ 산사태로 인한 피해는 사망자 62명, 실종자 9명, 주택 침수나 산사태로 3,050여 명의 이재민이 발생함

▷ 27일 오전 8시 50분경 우면산에서 쏟아져 내린 토사로 인하여 인근의 형촌마을 60가구 가운데 30가구가 고립되고 1명이 사망, 1명이 실종됨

▷ 형촌마을은 우면산 내 크고 작은 계곡 10개가 합쳐지는 곳과 가까워 산사태와 물 피해까지 겹쳤고, 오전 한때는 사람 가슴 부근까지 물이 차올라 피해가 커졌음

▷ 방배동 남태령 전원마을에도 토사가 덮쳐 전원마을 20가구가량이 토사에 묻히면서 여러 명의 사망자가 발생함

③ 특이사항

▷ 우면산 산사태는 분명 천재였으나, 더불어 무분별한 공원과 산행로 개발, 사방구조물의 미흡, 숲 가꾸기 등의 산지관리 미흡 등으로 인하여 피해가 가중되어 인재로 이어진 경우임

▷ 우면산을 구성하고 있는 모암은 편마암류이며, 편마암류는 특성상 토심이 깊게 형성되어 산사태가 발생하기 쉬운 지질적인 조건을 형성하기 때문에, 산사태 다발지역에 대한 토양 특성 분석에 따른 위험예방과 보강을 통한 특별관리가 필요함

3. 사회재난 사례

(1) 대구 지하철 화재참사

① 개요

2003년 2월 18일 오전 대구 지하철 1호선 중앙로역에 진입한 하행선 전동차 내에서 일어난 방화로 인하여 마주 오던 상행선 전동차와 역사 전체까지 화재가 번져 대규모 인명피해가 발생했던 사건

② 피해 특성

▷ 대구 중앙로역 전동차 내부에서 화재가 진행되기 시작하였고, 승객들이 긴급히 대피하자 소화기로 객차 내 불길을 진압하려던 1079호 전동차 기관사가 미처 지하철공사 종합사령실에 화재 발생 사실을 보고하지 않은 채 대피함

▷ 종합사령실에서 뒤늦게 화재 경보를 확인했음에도 모든 전동차에 중앙로역 진입 시 서행 운행을 고지하는 수준의 미미한 대응에 그

Keyword

★
AWS(Automatic Weather System)
과거에 사람이 직접 수행하던 것을 자동으로 관측할 수 있도록 설계한 방재용 기상관측 장비를 말함

★
사회재난 사례
- 중동호흡기증후군(MERS)
- 대구 지하철 화재참사
- 태안 기름유출사건
- 낙동강 페놀오염사고
- 안동 구제역 발생
- 정보통신기반시설 파괴

쳤고, 화재로 전원 공급이 차단되면서 발차하지 못한 채, 1079호에서 번진 불길은 전체 역사로 급속히 확산

▷ 결국 전력 차단으로 출입문이 폐쇄되자 승객들이 출입문 수동개폐 방식을 인지하지 못한 탓에 초기 대피가 어려워지며 많은 인명피해가 발생

③ **특이사항**

▷ 정부는 대구 지하철 사고현장을 특별재난지역으로 선포했으며, 국내외에서 구호 성금으로 668억 원이 모금되기도 하였음

▷ 이 사고로 인하여 중앙로 일대 도로의 지반 구조물이 손상되며 2003년 2월 26일부터 버스 및 차량 통행이 일시적으로 금지되었다가 2003년 4월 10일 해제된 바 있음

▷ 사고로 운행이 중단되었던 대구 지하철 1호선은 2003년 10월 21일 전 구간 운행을 재개하고, 2003년 12월 31일 중앙로역이 10개월 만에 복구를 마치며 정상화함

(2) 태안 기름유출 사건

① **개요**

2007년 12월 7일 오전 7시 15분경 인천대교 공사에 투입됐던 해상크레인을 2척의 바지선으로 경남 거제로 예인하던 중 해상 크레인이 유조선과 충돌하였음

② **피해상황**

원유 유출량은 최종적으로 12,547kl로 판정되었으나, 갯벌의 경제적 가치 환산 등을 고려해 보면 정확한 피해규모를 예측하기 힘듦

③ **특이사항**

▷ 태안 기름유출 사건이 불러올 영향을 보면 일반적으로 소규모의 기름유출 사고는 단기에 걸쳐 자연적 치유가 가능함

▷ 태안 앞바다에서 다량(수십만 톤)의 기름이 유출될 경우는 그 피해의 범위와 치유기간이 매우 깊고 길게는 수십 년이 소요됨

★
사회재난
- 화재·붕괴·폭발·교통사고(항공사고 및 해상사고를 포함한다)·화생방사고·환경오염사고 등으로 인하여 발생하는 대통령령으로 정하는 규모 이상의 피해와 에너지·통신·교통·금융·의료·수도 등 국가기반체계(이하 "국가기반체계"라 한다)의 마비
- 「감염병의 예방 및 관리에 관한 법률」에 따른 감염병 또는 「가축전염병예방법」에 따른 가축전염병의 확산
- 「미세먼지 저감 및 관리에 관한 특별법」에 따른 미세먼지 등으로 인한 피해

★
특별재난지역
사회재난 중 대구 지하철 화재참사로 인한 사고현장의 빠른 정상화 및 복구를 위하여 정부가 지정한 제도

★
특별재난지역 피해 사례
1995년 삼풍백화점 붕괴사고, 2003년 대구 지하철 화재사고, 2012년 태풍 산바 피해

4절 방재시설 및 사업 위험인자 분석

1. 방재시설물

방재시설물은 홍수, 태풍, 해일, 가뭄, 지진, 산사태 등의 자연재해에 대비하여 재난의 발생을 억제하고 최소화하기 위하여 설치한 구조물과 그 부대시설을 의미

(1) 하천재해 방재시설

① 제방, 호안

② 댐

③ 천변저류지, 홍수조절지

④ 방수로

(2) 내수재해 방재시설

① 하수관로(우수관로)

② 배수(빗물)펌프장

③ 저류시설, 유수지

④ 침투시설

(3) 사면재해 방재시설

① 옹벽

② 낙석방지망

(4) 토사재해 방재시설

① 사방댐

② 침사지

(5) 해안재해 방재시설

① 방파제

② 방사제

③ 이안제

(6) 바람재해 방재시설

① 방풍벽

② 방풍림

③ 방풍망

★
방재시설이란
홍수, 태풍, 해일, 가뭄, 지진, 산사태 등의 자연재해에 대비하여 재난의 발생을 억제하고 최소화하기 위하여 설치한 구조물과 그 부대시설을 말함

★
하천재해 방재시설물
하천 제방, 홍수 발생으로 인한 하천시설물의 붕괴와 하천 수위 상승으로 인한 제방 범람 등의 재해를 방지하기 위한 시설물을 의미함

➔
제2과목 제1편 제3장 "방재시설물 방재기능 및 적용공법의 이해" 관련내용 참고

2. 위험인자 분석

(1) 개요

▷ 자연재해저감 종합계획 수립 시 재해취약지구의 재해 발생원인 파악을 위해서는 과거 피해현황 조사에 따른 재해 위험요인분석이 필요함

(2) 위험요인 분석을 위한 발생원인 구분

▷ 자연재해저감 종합계획 수립 시 대상 재해 유형 별 발생원인 구분에 따른 위험요인의 취약성 평가를 목적으로 위험인자를 분석함

▷ 재해 유형별 발생원인은 하천재해, 내수재해, 사면재해, 토사재해, 바람재해, 해안재해, 가뭄재해, 대설재해로 구분됨

5절 방재시설 유지관리

1. 방재시설 유지·관리 활동

(1) 개념

▷ '유지관리'란 완공된 시설물의 기능과 시설물 이용자의 편의와 안전을 높이기 위하여 시설물을 일상적으로 점검·정비하고 손상된 부분을 원상복구하며, 시간 경과에 따라 요구되는 개량·보수·보강에 필요한 활동(「시설물의 안전 및 유지관리에 관한 특별법」 제2조)

(2) 방재시설 유지관리목표 설정

▷ '방재시설'의 종류는 「재난 및 안전관리 기본법」 제29조 및 동 시행령 제37조와 「자연재해대책법」 제64조 및 동 시행령 제55조에서 정하고 있음

▷ 방재시설 유지관리계획 수립을 위한 목표 설정을 위해서는 방재시설 유지관리목표 설정요소를 파악하고, 유지관리계획의 목표기간 설정 및 방재시설 유지관리목표 설정 시 기술적 고려사항을 검토해야 함

(3) 방재시설 평가항목 및 기준 및 평가방법 등에 대한 고시

▷ 「자연재해대책법」 제64조 제2항 및 같은 법 시행령 제56조 제2항에서 행정안전부장관에게 위임한 사항으로서 방재시설의 유지·관리에 대한 평가항목·기준 및 평가방법 등 평가에 필요한 사항을 규정함을 목적으로 함

Keyword

➔

제3과목 제1편 제2장 "재해 취약성 분석·평가" 관련내용 참고

★

소하천시설 내 방재시설 평가항목

① 제방
② 호안
③ 수문
④ 배수펌프장
⑤ 저류지

★

방재시설 유지·관리란
완공된 방재시설의 기능과 성능을 보전하고 방재시설 이용자의 편의와 안전을 높이기 위하여 방재시설을 일상적으로 점검·정비하고 손상된 부분을 원상복구하며 경과시간에 따라 요구되는 방재시설의 개량·보수·보강에 필요한 활동을 하는 것을 말함

➔

제5과목 제3편 제1장 "방재시설 유지관리계획 수립" 관련내용 참고

(4) 유지관리평가 대상 방재시설

▷ 평가대상 방재시설은 크게 소하천시설, 하천시설, 농업생산기반시설, 공공하수도 시설, 항만시설, 어항시설, 도로시설, 산사태 방지시설, 재난 예·경보시설, 기타 시설로 분류

▷ 방재시설을 구성하는 세부 시설물에 대한 평가 시행

(5) 평가방법

▷ 「재난 및 안전관리 기본법」 제33조의2에 따른 재난관리체계 등에 대한 평가방법에 따라 연 1회 등 정기적으로 평가 실시

▷ 특별한 경우 행정안전부장관은 평가방법 및 시기를 별도로 정하여 평가를 시행할 수 있음

2. 방재시설 유지관리 매뉴얼의 해석 및 운용

(1) 매뉴얼 해석 및 적용 운용

▷ 중앙재난안전대책본부장은 방재기준 가이드라인 수립 후 책임기관의 장에게 권고방재시설의 기능적 취약성과 관련하여 「자연재해대책법」이 정한 방재성능목표 등을 고려함

▷ 방재성능목표는 기후 변화에 선제적이고 효과적으로 대응하기 위하여 기간별·지역별로 기온, 강우량, 풍속 등을 기초로 해석함

▷ 매뉴얼 운영자의 기술력과 상황 판단력, 의사결정력, 실천력 등에 따라 방재시설의 결함들이 해소될 수 있으므로 각종 매뉴얼을 방재시설의 상황과 조건에 적합하게 운용해야 함

(2) 방재시설 유지관리 매뉴얼 검토 순서

① 방재시설의 유형·특성 파악

② 방재시설 준공도서와 유지관리 매뉴얼 확보

③ 방재시설 관리기관으로부터 과거 유지관리 데이터 수집 및 관리 이력 검토

★
방재성능목표 정의
홍수, 호우 등으로부터 재해를 예방하기 위한 방재정책 등에 적용하기 위하여 처리 가능한 시간당 강우량 및 연속강우량의 목표를 말함

제4장

제1편
재난예방 및 대비대책

재난대비

본 장에서는 재난에 대비하기 위한 훈련계획을 수립하고 안전성 확보를 위한 구조적·비구조적 대책, 재난관리기관의 예방조치 참여 계획을 수립하여 재난방지시설의 취약성을 파악하고 재난자원관리계획 수립방안을 수록하였다. 재난이 발생하기 이전에 대응계획, 대응 자원의 보강, 재난대비훈련에 대한 이해를 돕도록 하였다.

1절 모의훈련계획 수립, 시행 및 평가

1. 재난대비

(1) 정의

① 재난 발생 시 대응을 용이하게 하고 작전능력을 향상시키기 위하여 취해지는 사전 준비활동

② 재난의 대비는 재난관리의 4단계 중 재난 발생 이전 단계의 마지막으로 재난 발생 시 대응계획 수립, 대응 자원의 보강, 재난대비훈련 등이 속함

(2) 재난 발생 시의 재난대응을 위한 활동

① 재난 발생 시 위기대응 집행 과정에서 활용하게 될 중요 자원들의 확보

② 재난 발생지역 내외에 있는 재난대응기관들의 사전 동의 확보

③ 재난으로 인한 재산상의 손실을 줄이고 주민들의 생명을 보호할 재난대응 활동가들의 훈련

④ 재난대응계획을 사전에 개발하고 재난을 관리하는 데 필요한 계획이나 경보체계 및 다른 수단 준비

⑤ 재난 발생 시 초동조치를 위한 체험, 훈련체계 마련

(3) 각 재난상황에 적절한 계획 수립

① 재난대응계획 수립활동을 통하여 재난대응 전체 주기가 관리될 수 있음

② 임무와 업무를 수행하기 위하여 계획 수립에는 정책, 계획, 절차, 상호원조와 지원협약, 전략 및 기타 준비사항뿐만 아니라 첩보와 정보의 수집과 분석을 포함

③ 계획 수립을 통해 필요능력을 분명히 정의하고, 사고 통제시간 단축 및 상황정보의 빠른 교환을 용이하게 함으로써 재난대응의 효과성 확보

★
재난대비
재난 발생 이전 마지막 단계로 사전 준비활동

★
재난관리 단계
예방, 대비, 대응, 복구

★
활동
자원 확보, 사전 동의, 훈련, 체계 마련 등이 포함

2. 재난대비훈련

(1) 방재훈련

① 기상 및 재해 유형 변화에 따른 대응능력 제고

② 실시간 재해 상황 관리로 신속한 대응

방재훈련 종류

훈련 종류	주관	훈련 시기	비고
도상 및 전산훈련	지역안전대책본부 주관하에 전·군·구 합동 실시	6월 중순(3일간)	-
지역특성훈련	자체 훈련계획에 의거	5월 중	민방위 병행

(2) 유관기관 협조체제 강화

① 중앙안전대책본부장의 요청이 있을 시 중앙행정기관장은 요청 사항에 대하여 적극 지원 협조

② 시·도(군·구) 지역 안전대책본부장은 재해 응급조치를 위하여 인력, 물자, 장비의 상호지원체계 구축

(3) 유관기관 협조지원체제 강화

① 수난 구조 및 응급복구 지원(소방서, 경찰청, 군부대)

② 구호 및 의료 활동 지원(적십자사, 의사협회 등)

(4) 예방 및 복구활동 지원

① 재해예방, 예찰, 응급조치, 복구활동 지원

② 건설 자재, 장비 지원 및 금융 지원

(5) 구조 및 구호활동 지원

① 인명구조활동 지원

② 의료·방역활동 및 약품 지원

2절 안전성 확보를 위한 구조적·비구조적 대책

1. 방재시설물의 분류

① 방재시설물에 대해서는 「자연재해대책법」, 「국토이용관리법」, 「산림법」 및 「도시계획시설 기준에 관한 규칙」 등이 있음

★ **재난대비훈련**
방재훈련, 유관기관 협조 및 지원체제 강화, 예방 및 복구활동 지원, 구조 및 구호활동 지원

★ **방재훈련 종류**
도상 및 전산훈련, 지역특성 훈련

★ **구조물적 대책**
제방, 방수로 등에 의한 하천 정비 및 개수, 홍수조절지 및 유수지, 그리고 홍수 조절용 댐과 같은 구조물에 의한 치수대책

★ **비구조물적 대책**
유역관리, 홍수예보, 홍수터 관리, 홍수보험, 그리고 홍수 방지대책 등과 같은 비구조물적인 치수대책

② 「자연재해대책법」에 제시되어 있는 시행령 제55조(방재시설)는 다음과 같음

㉠ 「소하천정비법」 제2조 제3호에 따른 소하천 부속물 중 제방·호안·보 및 수문

㉡ 「하천법」 제2조 제3호에 따른 하천시설 중 댐·하구둑·제방·호안 등 관측시설

㉢ 「도로법」 제2조 제2호에 따른 터널·교량 및 도로의 부속물 중 방설·제설시설, 토사유출·낙석 방지시설, 공동구 등

㉣ 그 밖에 행정안전부장관이 방재시설의 유지·관리를 위하여 필요하다고 인정하여 고시하는 시설

2. 시설물 점검

(1) 점검계획

하천시설물의 효과적인 점검을 위해서는 철저한 사전계획과 준비가 필요하므로 점검계획 전 사전조사가 선행되어야 하며, 조사된 자료를 토대로 체계적인 점검계획을 세워야 함

★
시설물 점검계획 수립
점검계획, 점검항목 파악

① 시설물의 환경조사: 수문·수리학적 자료 수집
② 시설물의 예비조사: 제반 시설의 관련 자료 수집
③ 시설물의 현장조사: 현장 여건 및 문제점 파악

★
점검계획 조사 종류
환경조사, 예비조사, 현장조사

★
점검계획 시 사전조사 종류에 따른 항목

점검계획 시 사전조사항목

조사 종류	조사항목
환경조사	- 시설의 위치(하천명, 하천구간, 위치좌표 등) - 지형조건, 지질조건, 기상조건, 수문·수리학적 조건, 인근지역의 변동사항 등
예비조사	- 하천기본계획, 하천대장, 관련계획 보고서 - 시공·보수도면, 기초지반 토질조사서, 준공도면 - 특별 시방서 - 주요 시공사진 및 동영상(주요 결함부) - 관리 및 선정시험 기록, 비파괴 시험자료 - 보수 및 점검 이력, 사고기록 등
현장조사	- 시설의 이용현황 - 시설의 문제점 - 시설관리자 및 주민 의견 청취 - 계측기록 등

(2) 시설물 점검항목

시설물의 점검항목 및 방법을 선정할 때에는 사전에 세운 점검계획과 기존 시설물의 점검 결과를 바탕으로 주요 손상 부위를 파악하고 결정

① 제방: 기설 제방은 대부분이 과거의 피해 상황에 따라 보축, 확폭 등 보수·보강공사가 되풀이된 결과이므로, 제방의 현 단면(높이, 둑마루 폭, 제방폭 등)을 유지

② 호안: 제방이나 구조물 주변에 예초를 하고 도보로 점검하고, 육안으로 확인하기 어려운 경우 계측기구 등을 사용하여 비탈덮기, 비탈멈춤, 밑다짐공, 석축 등을 점검

③ 바닥 다짐: 하상유지시설 및 보의 직상류에서 발생하는 국부세굴을 방지하는 역할을 하므로 세굴 등의 영향으로 바닥다짐의 저하 또는 유실 여부 확인

④ 수제: 수제공은 유수의 큰 충격을 입는 경우가 많고 손상도 다른 시설에 비해 커서 수제가 파손되거나, 유수가 하안에 영향을 주어 깊은 파임이 생기는 경우에는 그 영향이 맞은편 하안과 상·하류에 미치기 때문에 파손된 경우 즉시 보수 실시

★ 시설물별 조사항목

점검계획 시 시설물별 조사항목

시설물	조사항목
제방	- 둑마루의 요철 및 제방고의 여유 - 제방 횡단 구조물 주변 상태 - 제방 본체 굴착 및 붕괴 여부
호안	- 호안 머리 훼손 - 부속 구조물의 이상 유무 - 붕괴, 세굴, 균열, 침하, 공동 발생 여부
바닥 다짐	- 하부의 세굴 여부 - 밑다짐공의 상태

★ 시설물별 조치사항

시설물별 평상시 주의 및 조치사항

시설물	평상시 주의 및 조치사항
제방	- 홍수 시에는 제체의 균열 여부를 조사하여 충분히 이를 메우고 다져야 하며, 야생동물에 의한 구멍은 누수 파괴의 원인이 되므로 세심한 조사 후 조치
호안	- 철근 콘크리트 시설의 균열 및 이탈을 감시 - 돌쌓기 및 돌붙임에서 탁설, 배부르기, 이음눈의 탈락 등을 감시
수제	- 콘크리트 블록에서 연결 철근의 절단 여부를 점검
바닥 다짐	- 시설물의 변형 유무를 감시 - 하류부의 세굴 여부를 감시

(3) 점검일정계획 수립 시 포함내용

① 작업 현장까지의 거리와 인원, 재료와 장비를 현장까지 운반하는데 소요되는 시간과 비용

② 보수작업 실시 여부, 재료 성질, 필요장비 등에 영향을 줄 수 있는 기후조건(특히 홍수기 전·후)

③ 인력, 기술, 장비 및 적절한 재료의 가용성 여부

④ 각 단위작업의 크기와 분류, 작업 단위가 가용자원으로 실시 가능한가의 여부, 운송거리로 인한 고가의 경비 초래 등

⑤ 작업계획, 예기치 못한 사고의 영향, 요구사항의 준비에 필요한 자원 부족 등으로 인해 발생되는 문제점

⑥ 우선순위에 따른 예산배분과 예산회기 내에 수행될 수 있는 작업의 총량 등

(4) 점검장비 선정

① 홍수기 전·후 점검: 일상적 휴대장비 및 접근장비, 측량장비, 간단한 비파괴 장비 등

㉠ 일상적 휴대장비: 카메라, 깃발, 줄자, 균열게이지, 간이GPS측정기, 간이경사측정기, 간이거리측정기 등

㉡ 접근장비: 자전거, 보트, 무인비행장치, 통관조사영상장비 등

㉢ 측량장비: 거리측정기, 수준기, 경사측정기 등

㉣ 비파괴장비: 반발경도시험기, 초음파전달속도시험기, 철근탐사기, 세굴심측정장비 등

② 홍수기 중 점검: '홍수기 전·후 점검'의 장비 + 계측기 등

▷ 계측기: 간이 함수비측정장비, 전단강도측정장비, 누수측정장비 등

③ 정밀조사: '홍수기 중 점검'의 장비 + 부분파괴 점검장비 등

▷ 부분파괴 점검장비: 콘크리트코어추출기 등

(5) 점검팀 구성

① 점검팀 구성 시 고려사항

㉠ 점검팀은 유지·보수시행자가 점검일정, 점검대상 시설의 종류, 범위, 점검항목, 점검방법, 점검 시 사용장비, 점검에 필요한 가설물 등을 검토하여 인원을 구성

㉡ 시설의 종류 및 분야별 조사범위와 세부항목에 따라 팀을 구성하되, 수중조사인원도 포함할 수 있음

㉢ 유지·보수시행자는 분야별 총 소요인원을 판단하고 가용인력을

★
점검장비 선정
홍수기 전·후 점검, 홍수기 중 점검, 정밀조사에 따른 선정

★
GPS(Global Positioning System)
위성항법장치

★
시설물 점검팀 구성
점검일정, 대상 시설 종류, 범위, 항목, 방법, 사용장비, 가설물 등을 검토 후 인원 구성

판단, 점검팀의 투입계획 수립

② 점검팀 구성(제방 점검 사례): 제방 점검팀은 둑마루, 비탈면(제내지, 제외지)으로 구분하여 2~5인으로 구성

③ 제방의 점검은 조사준비단계, 조사수행단계, 결과입력 등의 순으로 수행

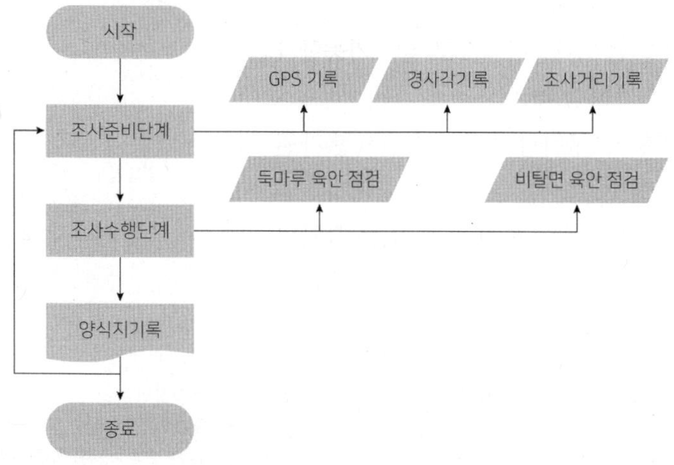

〈점검 수행절차(제방 점검 사례)〉

★
시설물 점검 수행절차
시작 → 조사준비단계 → 조사수행단계 → 양식지기록 → 종료

3절 재난관리책임기관의 재난 예방조치 참여

1. 현장조사 실시

① 지역 내 재난 취약 시설물을 선정하여 현장 답사 계획 설정

② 답사한 현장에서 하천시설물의 구조적, 피해 이력 등을 사진으로 기록

③ 참고 도서 및 주민 탐문을 실시하여 점검 내용 조사

파괴 원인 및 평가 내용 작성 예시

(제방) 파괴 원인	상태 및 안정성 평가 내용
홍수의 월류로 인한 파괴	계획 수위에 따른 제방고의 적정성
제외 측 앞비탈의 홍수에 의한 유실 파괴	호안의 설치 유무 및 그 상태
제방 비탈의 붕락에 의한 파괴	제방 비탈 경사와 토질 역학적 측면의 사면 활동 안정성
제체의 누수에 기인한 파괴	제체 저폭의 적정성 및 제방 종횡단 구조물의 누수성

★
현장조사
계획 설정, 기록, 점검 내용 조사 등

★
재난관리기관의 예방조치
현장조사, 체크리스트 작성, 점검사항에 대한 보고서 작성

2. 현장에서 세부 시설별 체크리스트 중 가능한 항목 작성

① 점검항목이나 평가방법은 '시설물의 안전 및 유지관리 실시 세부지침(Ⅰ-안전점검 등)'이나 시방서 등을 참고하여 책임기술자가 추가적으로 고려할 수 있으며, 이 경우 사유와 점검항목 평가방법의 근거를 명시하여야 함

② 책임기술자는 육안 또는 간단한 성능확인으로 안전점검이 가능하도록 점검항목을 선정

세부 시설별 체크리스트 예시

부재명 및 항목		점검사항	비고
제체	월류	계획홍수위와 제방고의 차이 확인 주변보다 낮아진 제방 부위 확인	
	활동	둑마루 종방향 균열	
	누수	제방 횡단구조물 주변 누수	
	기타	제방 내 불법경작현황	
기타 시설물	옹벽	콘크리트 균열, 박리, 층분리 등	

★
체크리스트의 항목별 점검사항 파악

3. 점검사항에 대해서 보고서 작성

점검보고서의 고찰을 통하여 시설물의 개선방안 및 재발방지대책에 대하여 제시

4절 재난방지시설의 취약성 파악과 점검, 보수 보강

★
취약성 파악
재해 유형 구분, 설계기준 및 지침서 이해

1. 예상 재해 요인 예측

(1) 재난방지시설의 취약성 파악

① 예상 재해 유형 구분

재난방지시설의 재해 유형에 따른 구분

② 시설물별 설계기준 이해

㉠ 각 재해 유형별 방재시설(하천시설, 내·배수시설, 도로·교량시설, 해안시설, 사면시설, 기타 시설)에 대한 설계기준 및 지침 이해

㉡ 수문·수리학, 지반공학, 해안공학, 방재관리, 방재성능목표 등 공

학적 해석기법 등

③ 실무 지침서 이해

개발사업 전·중·후의 홍수 유출, 토사유출, 사면 불안정 등 재해 예측 및 평가, 저감대책 수립, 협의서 작성 등 적정성 이해

(2) 예상 재해 요인 예측 및 평가

① 대상지역의 재해위험요인을 예측하기 위한 유역 및 하천현황, 기상, 수문 및 해안 특성, 지형 및 지질 등의 자료 파악

㉠ 유역 및 하천현황 조사: 발생 가능한 재해에 대한 정성적·정량적 검토를 위한 필요자료 조사

㉡ 기상, 수문 및 해상 특성 조사: 우량관측소, 기상자료, 수위관측소, 조위관측소 등 수문관측소 현황 조사

㉢ 지형 및 지질 특성 조사: 재난방지시설을 중심으로 인접지역의 표고, 경사도, 절·성토 사면 및 자연 사면과 같은 지형 특성 조사

② 예상 재해 유형 구분: 재난방지시설의 예상되는 재해에 대하여 지역, 예측 방법, 재해가 예상되는 이유를 상세히 기술

재해 유형별 검토범위

재해 유형	재해영향성 검토범위
하천재해 및 내수재해	① 계획지구외 하천의 계획홍수위와 부지고와의 관계를 검토하여 부지성토가 어느 정도 발생하는지를 파악하고 이에 대한 영향 검토 ② 계획지구내 하천이 사업지구의 절·성토에 따라 하천단면에 변화가 크게 발생하는 경우에는 사업구간 내와 사업구간 외로 구분하여 검토 ③ 하천 이설이나 복개는 원칙적으로 금지하지만 부득이하게 발생하는 경우에는 관련 내용 검토 ④ 노후화된 저수지와 같이 기존 시설물로 인한 재해가 우려되는 경우 기존 시설물 안전진단 결과 등을 검토 ⑤ 자연배수가 될 수 있는 부지고를 확보하는 것을 검토하고, 자연배제가 불가능한 경우에는 펌프장 설치방안에 대하여 검토 ⑥ 계획지구 인접 주변지역의 내수배제에 악영향을 주지 않는지를 검토 ⑦ 영구저류지의 필요성 검토
사면재해 및 토사재해	① 자연사면의 붕괴로 인한 재해 발생 가능성 검토 ② 산지부에서 발생할 수 있는 토석류와 관련하여 토지이용계획 등에 반영되도록 검토 ③ 계획지구 및 인접 주변지역의 산사태, 급경사지와 붕괴위험 등 사면재해 발생현황 검토 ④ 계획지구로 인한 주변지역의 사면재해 발생 가능성 검토 ⑤ 계획지구의 지형변화를 최소화되도록 계획되었는지를 검토 ⑥ 침사지의 필요성 검토

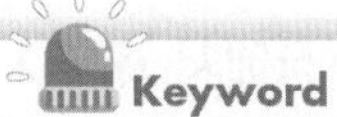

★
재해 위험 요인 예측 조사
유역 및 하천 조사, 기상 및 해상 조사, 지형 및 지질 조사

★
재해 유형 구분
예상되는 지역, 예측방법, 예상되는 이유 작성

★
재해 유형별 검토범위
하천 및 내수재해, 사면 및 토사재해, 지반 및 지진재해, 해안 및 바람재해, 기타 재해

지반재해 및 지진재해	① 예정용지 및 인접지역에서 과거 지반 불량으로 인한 지반침하 등 재해이력을 조사하여 원인을 분석하고 대책이 수립되었는지 여부 조사 ② 인접지역에서 과거 시행한 지반조사 결과 사례를 활용하여 지반 재해위험 검토 ③ 예정용지 및 인근지역의 활성단층 분포현황, 지진재해이력 등에 대해 광역적 조사
해안재해 및 바람재해	① 예정용지 내에 과거 조위상승, 해일 등 연안재해이력에 대한 조사 결과를 바탕으로 재해원인을 분석하고 분석된 원인에 대한 대책 수립 여부 조사 ② 예정용지 인근에서 발생한 과거 바람재해이력에 대한 조사결과를 바탕으로 원인 분석 ③ 예정부지에 철탑 등의 고층시설물 설치계획이 있는 경우 바람재해에 대한 위험도 검토
기타	① 계획지구 경계 지정과 관련하여 재해 측면에서 조정이 필요한 부분 검토 ② 주변지역의 장래 토지이용계획 내용에 따른 재해영향 및 저감방안 검토 ③ 주변지역 개발에 따른 대상지역 재해영향 검토

③ 시설물의 예상 재해 요인을 개발 전·중·후로 구분하여 공학적 기법으로 예측·평가

2. 위험 해소방안 제시

(1) 위험 해소방안 기본방향

① 재해를 일으킬 수 있는 모든 문제점을 구분하여 기술

② 재해에 강한 계획 및 사업으로 추진

③ 지구단위 홍수방어기준(행정안전부 고시 제2017-1호)에 의거하여 검토·적용

홍수 위험구역 취약성 기준

잠재홍수 위험도	잠재 홍수 위험구역	취약성 등	비고
높음	계획홍수량의 50%에 해당하는 수위 미만	- 취약성 등 검토 - 취약성 분석 - 과거 피해현황 등 침수구역 산정 - 홍수피해 저감능력 분석	
보통	계획홍수량의 50%에 해당하는 수위부터 계획홍수량에 해당하는 수위		
낮음	계획홍수량에 해당되는 수위 초과		

※ 제내지의 부지고에 해당하는 사항임

★
취약성 기준
홍수 위험구역(높음, 보통, 낮음)의 수위 기준

(2) 예상 재해 유형별 위험 해소방안

① 해당 구조물에 대한 발생 가능한 재해 유형 구분

② 재해 유형별 구조물에 적합한 이론 및 공학적 해석 기법의 이해

③ 구조물 취약성 분석 후 구조적·비구조적 해결방안 적용

④ 구조물의 재해영향 검토를 위하여 주변지역의 장래 토지이용계획 검토하고, 재해영향 및 저감대책을 정량적으로 검토

Keyword

★
위험 해소방안
재해 유형 구분, 이론 및 해석 기법 이해, 해결방안 적용, 재해영향 검토

5절 재난자원관리계획 수립

1. 방재자원관리계획 일반

(1) 자원관리

① 재난대응의 실행과 통제를 위하여 필요한 자원을 습득·분배·관리하기 위한 체계

② 재난대응에 필요한 모든 인적·물적·정보적 자원들에 대해 목록화하고, 필요한 자원에 대한 습득과 분배 및 재적재 절차 등을 수립

★
방재자원관리
자원의 습득·분배·관리를 위한 계획 수립

(2) 자원관리계획 수립

① 재난 유형별로 기관에 따라 관리 자원 분류

② 적정 규모, 확보 및 관리방안 등의 자원관리 원칙 세움

③ 인력, 시설, 장비, 물품·자재 측면에서 자원관리 계획 수립

(3) 방재 분야의 자원의 구분

① 인적 자원: 대응 및 복구 등 재난관리 전 단계에서 일정 수준의 전문성, 경험 또는 작업 능력을 보유한 자원

② 시설: 물리적·환경적인 시설물로서 기능 및 용도에 따라 기능적 관점에서의 시설물을 구성하는 공간

③ 장비: 대응 및 복구작업을 보조하는 장비, 공구

④ 물품, 자재: 유형, 무형의 지원 활동으로 대응 및 복구의 보조 자재 또는 공구로 소모성 자원

⑤ 금전적 자원: 재난 구호 기금, 복구 예산, 방재활동 예산 등

★
방재 분야 자원 구분
인적 자원, 시설, 장비, 물품 및 자재, 금전적 자원

지방자치단체 자원의 업무 라이브러리 예

수방·제설 자재	수방·제설 자재 확보, 비축	- 최근 10년간의 평균 소요량 산정 - 부족 수량 확보 - 위험지역 등 배치계획 수립
방재 물자 관리	수방·제설 자재 확보관리	- 보관 자재의 내구연한 및 보관상태 수시점검 - 불량 자재 폐기 처분 및 부족 자재 우기 전까지 확보 - 자재 수불대장 비치 및 관리 책임자 지정 관리
	응급복구 동원 장비 지정관리	- 장비 관리(소유)자와의 비상연락체계 점검 - 인근 도·시·군 및 민간업체와 응원체계 점검
	수난 구조용 장비 자재 확보	- 관내 유관기관, 단체의 보유 장비·자재 중 사용이 가능한 것을 사전 파악 - 관할지역 수난 구조용 장비·자재 확보 여부 확인 및 점검
방재 물자 관리	제설 장비, 인원, 자재, 배치현황 및 점검관리	- 제설 장비, 인원, 자재, 배치현황 및 자재 관리
	전기, 가스, 유류 등 에너지 공급대책 수립	- 재난대비 전기, 가스, 유류 등 에너지 공급대책 수립
	구호물자 비축 및 공급대책	- 지역별 관리 책임자 지정 및 구호물자 수불대장 작성 지시 - 변질 우려가 있는 물자는 현금으로 확보, 유사시 즉시 구입 조치

2. 방재자원관리계획

(1) 자원의 관리와 배치 파악

① 상황 분석과 자원 분석

상황 분석·자원 분석

상황 분석	자원 분석
재난의 특징과 범위, 그리고 재난현장에서 해결되어야 할 문제에 관한 정보를 분석함으로써 자원 분석의 기초를 마련해 주는 작업	제시된 문제점을 해결하기 위하여 필요한 자원이 무엇인지, 현재 어떤 자원이 배치되어 있으며, 동원될 수 있는 자원이 무엇인지를 분석하는 것

② 자원 집결지와 자원 대기소의 설치 장소

자원 집결지·자원 대기소

자원 집결지	자원 대기소
버스 터미널, 기차역, 선박 터미널, 공항, 체육관, 운동장, 그 밖에 교통수단의 접근 및 활용이 편리한 장소	현장지휘소, 인근에 위치하여 재난현장에 자원을 효율적으로 대기·배치하기 용이한 장소

Keyword

★
자원 업무별 활동 라이브러리
수방·제설자재, 방재물자 관리

★
방재 자원관리를 위한 상황 분석 및 자원 분석

★
자원 집결지와 자원 대기소의 구분

(2) 자원관리와 자원 요청 시 적절한 전략목표 수립

① 자원의 결정 시 현장지휘관의 고려사항

㉠ 자원을 어디에서 획득할 것인가?

㉡ 다른 대응기관들이 개입하여야 할 필요가 있는가?

② 자원 요청 시 포함내용

㉠ 재난 명칭

㉡ 현장 도착 보고장소

㉢ 요청 일시

㉣ 도착에 소요되는 시간

③ 재난현장 지휘체계 구성 시 고려사항

㉠ 누가 무엇을 할 것인가?

㉡ 누가 누구에게 보고할 것인가?

㉢ 어떻게 자원들이 함께 일할 것인가?

3. 소방장비 자원관리

(1) 정의

① 소방장비: 소방업무를 효과적으로 수행하기 위하여 필요한 기동장비·화재진압장비·구조장비·구급장비·보호장비·정보통신장비·측정장비 및 보조장비를 지칭함

② 소방기관: 중앙소방학교·중앙119구조본부·소방본부·소방서·지방소방학교·119안전센터·119구조대·119구급대·119구조구급센터·항공구조구급대·소방정대·119지역대 및 소방체험관 등 소방업무를 수행하는 기관을 지칭함

(2) 소방장비의 분류와 표준화

① 분류: 소방청장은 소방장비를 효율적이고 적정하게 관리하기 위하여 소방장비를 용도 및 기능 등에 따라 분류

② 목록화: 소방기관의 장은 그 기관이 보유하고 있거나 취득하려는 소방장비가 「물품목록정보의 관리 및 이용에 관한 법률」 제2조 제2호에 따른 물품목록에 포함되어 있지 아니한 경우에는 그 물품을 목록화하는 데 필요한 자료를 행정안전부령으로 정하는 바에 따라 조달청장에게 통보하여 목록화를 요청

★
자원 요청 시 포함내용
명칭, 장소, 일시, 시간

★
소방장비 분류와 표준화
소방기관의 장 및 소방청장의 역할

③ 표준화: 소방장비의 표준이 되는 규격은 「산업표준화법」에 따른 한국산업표준이 제정되어 있거나 소방청장이 지정하는 국내외 관련 기관 또는 단체에서 정한 표준이 있는 경우에는 그 표준에 따름

(3) 소방장비의 관리

★
소방장비 관리를 위한 공무원 의무, 보유 기준, 재고 관리, 관리 기록

① 소방장비관리 공무원의 의무: 소방기관의 장은 보유하고 있는 소방장비를 「자동차관리법」, 「고압가스 안전관리법」 및 「항공안전법」 등 관계 법령에서 정하는 기준에 따라 관리

② 보유 기준: 소방기관의 장은 「물품관리법」 제16조에 따른 정수책정기준 또는 「공유재산 및 물품 관리법」 제58조에 따른 물품관리기준에도 불구하고 행정안전부령으로 정하는 소방장비의 보유기준에 따라 소방장비를 관리

③ 재고 관리: 소방기관의 장은 사용빈도가 높거나 재고를 유지할 필요가 있는 대통령령으로 정하는 소방장비에 대하여는 재고를 적정하게 유지할 수 있도록 재고 관리기준을 정하여 관리

④ 관리 기록: 소방기관의 장은 보유하고 있는 소방장비의 현황 및 관리에 관한 사항을 행정안전부령으로 정하는 바에 따라 기록하여 관리

(4) 소방장비 점검 및 정비

★
소방장비 점검, 고장 등의 발생보고 및 조사, 정비

① 점검: 소방기관의 장은 소관 소방장비를 점검하고 대통령령으로 정하는 바에 따라 기록하여 관리

② 고장 등의 발생 보고 및 조사: 소방장비관리 공무원은 소방장비의 고장이 발생하였거나 불량사항을 발견한 때에는 행정안전부령으로 정하는 바에 따라 소방장비의 고장발생 등에 관하여 소방기관의 장에게 보고

③ 정비

㉠ 소방기관의 장은 「소방장비관리법」 제36조에 따른 소방장비정비센터, 대통령령으로 정하는 기관 또는 전문 정비업체 등에 의뢰하여 정비할 수 있음

㉡ 소방기관의 장은 정비가 완료된 소방장비가 적정하게 정비되었는지 확인하여야 함

제1편
재난예방 및
대비대책

적중예상문제

제1장 재난의 개념

1 '재난'이란 자연현상이나 인적 사고로 인하여 국민의 생명·신체·재산과 국가에 피해를 주거나 줄 수 있는 것으로서, 자연재난과 사회재난으로 구분한다. 이 중 자연재난에 해당되지 않는 것은?

① 황사 ② 폭염
③ 화재 ④ 한파

2 재난관리 단계에 대한 내용으로서 인간의 활동에 기인한 인적·기술적 재난에 대해서는 발생원인 및 가능성을 원천적으로 제거하고, 위험 자체를 막을 수 없는 자연적 재난에 대해서는 위험에 대한 취약요소를 사전에 제거하기 위한 대책은 어느 단계에 해당하는가?

① 예방 ② 대비
③ 대응 ④ 복구

3 재난관리의 단계를 순서대로 나열한 것은?

① 예방 → 복구 → 대비 → 대응
② 대비 → 예방 → 대응 → 복구
③ 대비 → 예방 → 복구 → 대응
④ 예방 → 대비 → 대응 → 복구

4 재난의 유형 중 자연재난에 해당하지 않는 것은?

① 호우 ② 붕괴
③ 태풍 ④ 황사

5 재난의 유형 중 사회재난에 포함하지 않는 것은?

① 해상사고 ② 화생방사고
③ 조류 대발생 ④ 미세먼지

6 재난의 특성이 아닌 것은?

① 상호작용성 ② 견고성
③ 복잡성 ④ 불확실성

7 다음은 재난의 어떤 특성을 설명하는 것인가?

> 재난이 발생하면 그 자체와 피해주민, 피해지역의 기반시설 등이 서로 악영향을 미쳐 피해가 확산되는 특성이 있다.

① 상호작용성 ② 견고성
③ 복잡성 ④ 불확실성

1. 화재는 사회재난의 일종
4. 붕괴는 사회재난의 일종
5. 조류 대발생은 자연재난의 일종
6. 재난은 크게 3가지 특성(불확실성, 상호작용성, 복잡성)으로 구분
7. 재난은 다양한 원인이 상호작용하여 그 피해가 발생 및 확산되는 특성도 있음

정답 1. ③ 2. ① 3. ④ 4. ② 5. ③ 6. ② 7. ①

8 **다음은 재난의 3가지 특성에 관한 설명이다. 빈칸에 들어갈 용어를 순서대로 옳게 나열한 것은?**

> ㉠ (   )은/는 (   )와/과 (   )이/가 복합적으로 작용하여 행정체계가 처리해야 할 업무를 사전에 예측하기 어려운 특성이 있음
> ㉡ (   )은/는 재난이 발생되기 전에는 행정체계가 해야 할 업무를 미리 파악하는 것이 불가능하다는 것이 특징임

① 불확실성 - 복잡성 - 상호작용성 - 복잡성
② 복잡성 - 상호작용성 - 불확실성 - 복잡성
③ 불확실성 - 상호작용성 - 복잡성 - 불확실성
④ 복잡성 - 상호작용성 - 복잡성-불확실성

9 **재난의 발생으로 인하여 국가의 안녕 및 사회질서의 유지에 중대한 영향을 미치는 경우 해당 지역에 선포하는 지역을 무엇이라 하는가?**

① 재난보호지역　② 피난지역
③ 특별재난지역　④ 특별대책지역

10 **재난의 예방·대비·대응·복구 등에 관한 사항을 총괄·조정하고 필요한 조치를 위하여 시·도지사가 설치하는 부서는?**

① 시·도 재난안전대책본부
② 중앙재난안전대책본부
③ 중앙 119 구조대
④ 시·군·구 재난안전대책본부

11 **재난과 재앙에 대해 올바르게 설명한 것은?**

① 재난은 재앙에 비해 면적 측면의 영향범위가 크다.
② 재난은 재앙에 비해 충격과 피해가 크다.
③ 재앙은 재난에 비해 위기관리조직의 시설이 간접적으로 타격을 받는다.
④ 재앙은 재난에 비해 피해를 회복하는 데 있어 시간적으로 오래 걸린다.

12 **재난관리 사전대비의 원칙이 아닌 것은?**

① 재난은 관리가 가능하다는 인식하에 단계적인 대비 및 대응을 통한 체계적인 관리
② 발생이 불가피한 자연재난에 대해서는 즉각적인 대응을 통하여 피해 최소화
③ 재난의 피해를 최소화하고자 사고현장의 가용한 수단을 이용한 초기진압
④ 각종 정책과 예방·대비계획을 발전시켜야 하며 실제적인 훈련, 점검 보완 등을 통하여 사전 예방

13 **재난관리 원칙에 해당되지 않는 것은?**

① 비밀보장의 원칙
② 상호협력의 원칙
③ 지휘통일의 원칙
④ 현장중심의 원칙

14 **다음은 재난관리의 어떤 원칙을 설명하는 것인가?**

> ㉠ 효율적인 재난대응을 위해서는 다양한 대응요소를 통합하고, 집중 운용할 수 있는 단일 지휘통제체제 유지가 중요
> ㉡ 중앙에서 지방 재난현장까지의 상·하 기관과 관련 유관기관 및 민간기관, NGO 등을 통합운용 실시

① 사전대비의 원칙　② 현장중심의 원칙
③ 지휘통일의 원칙　④ 상호협력의 원칙

12. 재난의 피해를 최소화하고자 사고현장의 가용한 수단을 이용한 초기진압을 하는 것은 재난관리의 현장중심의 원칙에 해당

13. 재난관리 원칙은 사전대비의 원칙, 현장중심의 원칙, 지휘통일의 원칙, 정보공유의 원칙, 상호협력의 원칙이 있음

정답 8. ② 9. ③ 10. ① 11. ④ 12. ③ 13. ① 14. ③

15 **다음은 재난관리 과정 중 어떤 단계의 특징인가?**

> 피해자의 보호 및 구호 조치, 피해상황 파악 및 응급복구, 희생자 탐색구조와 응급의료 지원, 재난피해자 수용시설의 확보 및 관리, 긴급복구계획의 수립 등의 활동을 전개한다.

① 예방 ② 대비
③ 대응 ④ 복구

16 **중앙행정기관·지방자치단체 및 재난관리책임기관 등에서는 재난관리를 위한 4가지 단계를 구분하며, 이를 옳게 나열한 것은?**

> ㉠ 대비 ㉡ 대응
> ㉢ 복구 ㉣ 예방

① ㉠ → ㉡ → ㉣ → ㉢
② ㉣ → ㉠ → ㉡ → ㉢
③ ㉣ → ㉡ → ㉠ → ㉢
④ ㉢ → ㉡ → ㉣ → ㉠

17 **에너지, 통신, 교통, 금융, 의료, 수도 등 국가기반체계의 마비와 전염병 확산 등으로 인한 재난은 무엇인가?**

① 자연재난 ② 인위재난
③ 사회재난 ④ 해외재난

18 **다음 빈칸에 공통적으로 들어갈 용어를 고르시오.**

> (   )은/는 정치·경제·사회·문화적 분야에서 상당히 광범위하게 사용되는 개념이며, 사전적으로는 "위험한 때나 고비"로 정의하고 있음

① 위기 ② 재난
③ 재앙 ④ 재해

19 **다음은 국가가 재난을 관리하는 2가지 방식에 대한 설명이다. 빈칸에 들어갈 용어를 순서대로 옳게 나열한 것은?**

> ㉠ (   )은/는 지진, 수해, 유독물, 풍수해, 설해, 화재 등 재난의 종류에 상응하여 대응방식에 차이가 있다는 것을 강조함
> ㉡ (   )은/는 재난에 대한 대응이나 긴급대응에 있어서 특히 다양한 차원에서의 결정과 각 부분이나 부서의 판단이 교차하는 가운데 통일적인 활동을 해야 함을 의미함

① 통합관리 방식 - 분산관리 방식
② 국부적 관리방식 - 분산관리 방식
③ 분산관리 방식 - 통합관리 방식
④ 통합관리 방식 - 국부적 관리방식

20 **재난관리방식 중 분산관리 방식의 단점은 무엇인가?**

① 특정 재해 유형을 한 부처가 지속적으로 담당할 경우 노하우 축적 및 전문성 제고가 어렵다.
② 복합적 재난에 대한 대처에 한계가 발생하며, 각 부처 간 업무의 중복 및 연계 미흡 가능성이 존재한다.
③ 재난 발생 시 총괄적 자원동원과 신속한 대응이 어렵다.
④ 부처이기주의 및 기존 조직들의 반발 가능성이 높다.

21 **재난 및 안전관리 기본법령상 국가기반시설의 분류로 틀린 것은?** 19년1회 출제

① 에너지 - 국외민간시설 - 원자력 - 정부중요설

19. 국가가 재난을 관리하는 방식은 2가지(분산관리 방식과 통합관리 방식)로 구분

21. 국가기반시설이란 관계 중앙행정기관의 장은 소관 분야의 기반시설 중 국가기반체계를 보호하기 위하여 계속적으로 관리할 필요가 있다고 인정되는 시설로 정의하며, 국외민간시설은 해당되지 않음

정답 15. ③ 16. ② 17. ③ 18. ① 19. ③ 20. ②, ③ 21. ①

② 에너지 - 금융 - 원자력 - 식용수
③ 교통수송 - 보건의료 - 원자력 - 환경
④ 정보통신 - 금융 - 환경 - 교통수송

제2장 법령과 제도

22 **「재난 및 안전관리 기본법」에서 정의하는 재난의 분류에 해당하지 않는 것은?**

① 자연재난 ② 인위재난
③ 사회재난 ④ 해외재난

23 **다음은 「재난 및 안전관리 기본법」에 근거하여 긴급구조기관이 아닌 것은?**

① 소방서 ② 경찰서
③ 해양경찰청 ④ 해양경찰서

24 **「자연재해대책법」상 용어의 정의로 옳지 않은 것은?**

① '재해'란 재난으로 인하여 발생하는 피해를 말한다.
② '재해지도'란 풍수해로 인한 침수흔적, 침수 예상 및 재해정보 등을 표시한 도면을 말한다.
③ '재해영향성 검토'란 자연재해에 영향을 미치는 행정계획으로 인한 재해 유발 요인을 예측·분석하고 이에 대한 대책을 마련하는 것을 말한다.
④ '방재관리대책대행자'란 재해영향성 검토 등 방재관리대책에 관한 업무를 전문적으로 대행하기 위하여 지방자치단체장이 등록한 자를 말한다.

25 **다음 「재난 및 안전관리 기본법」의 기본이념 중 국민의 책무에 해당하는 것은?**

① 재난이나 그 밖의 각종 사고로부터 국민의 생명·신체 및 재산을 보호해야 한다.
② 재난이나 그 밖의 각종 사고로부터 발생한 피해를 신속히 대응·복구하기 위한 계획을 수립해야 한다.
③ 개인 소유 나 사용하는 건물·시설 등으로부터 재난이 발생하지 않도록 노력해야 한다.
④ 재난관리책임기관의 장은 특별시·광역시·특별자치시·도와 시·군·구의 재난 및 안전관리 업무에 협조해야 한다.

26 **다음은 「재난 및 안전관리 기본법」의 기본이념이다. 빈칸에 들어갈 적정한 낱말로 모은 것을 고르시오.**

> 이 법은 (㉠) 예방하고 (㉡) 발생한 경우 그 피해를 최소화하는 것이 국가와 (㉢)의 기본적 의무임을 확인하고, 모든 국민과 국가·지방자치단체가 국민의 생명 및 신체의 안전과 재산 보호에 관련된 행위를 할 때에는 안전을 우선적으로 고려함으로써 국민이 재난으로부터 안전한 사회에서 생활할 수 있도록 함을 기본이념으로 한다.

	㉠	㉡	㉢
①	재난을	재해가	지방자치단체
②	재해를	피해가	국민
③	재해를	재해가	국민
④	재난을	재난이	지방자치단체

25. 「재난 및 안전관리 기본법」의 기본이념 중 국민의 책무는 국가와 지방자치단체가 재난 및 안전관리 업무를 수행할 때 최대한 협조하여야 하고, 자기가 소유하거나 사용하는 건물·시설 등으로부터 재난이나 그 밖의 각종 사고가 발생하지 아니하도록 노력하여야 함

정답 22. ② 23. ② 24. ④ 25. ③ 26. ④

27 「저수지·댐의 안전관리 및 재해예방에 관한 법률」 내 위험저수지·댐 정비지구 지정의 승인 기준이 아닌 것은?

① 저수지·댐이 본래의 목적과 기능을 상실하여 재해예방을 위하여 용도전환 조치가 필요한 경우
② 저수지·댐이 본래의 목적과 기능을 향상하기 위하여 복구사업이 필요한 경우
③ 저수지·댐의 안전성 확보를 위하여 정비사업이 시급하다고 판단되는 경우
④ 저수지·댐의 효율성 제고를 위하여 정비사업이 시급하다고 판단되는 경우

28 「소규모공공시설법」상 소규모 공공시설의 범위에 해당되지 않는 것은?

① 세천　② 대교량
③ 취입보　④ 낙차공

29 「소하천정비법」상 소하천정비시행계획 수립 시 소하천 선정을 위한 평가기준이다. 빈칸에 들어갈 적정한 낱말로 모은 것을 고르시오.

> 소하천정비시행계획(이하 "시행계획"이라 한다)을 수립할 때에는 소하천별로 (㉠) 예방에 대한 기여도, 주민의 (㉡), (㉢)에 대한 기여도를 평가하고, 그 평가 결과에 따른 종합순위에 따라 정비 대상이 되는 소하천을 선정하여야 한다.

	㉠	㉡	㉢
①	재해	생활환경	소득 증대
②	재난	친수환경	편의 증대
③	재해	생활환경	편의 증대
④	재난	친수환경	소득 증대

30 「재난 및 안전관리 기본법」상 자연재난으로 급경사지에서 발생하는 피해에 따른 붕괴위험지역 지정의 단계를 옳게 나열한 것은?

> ㉠ 주민 의견 수렴　㉡ 재해위험도 평가
> ㉢ 안전점검　㉣ 붕괴위험지역 지정

① ㉠ → ㉡ → ㉣ → ㉢
② ㉠ → ㉡ → ㉢ → ㉣
③ ㉢ → ㉡ → ㉠ → ㉣
④ ㉢ → ㉡ → ㉣ → ㉠

31 자연재해와 관련된 법령은?

① 「민방위기본법」　② 「재해구호법」
③ 「풍수해보험법」　④ 「소하천정비법」

32 「재난 및 안전관리 기본법」 제4조 국가 등의 책무와 관련한 내용이 아닌 것은?

① 국가와 지방자치단체는 재난이나 그 밖의 각종 사고로부터 국민의 생명·신체 및 재산을 보호할 책무가 있다.
② 재난이나 그 밖의 각종 사고를 예방하고 피해를 줄이기 위하여 노력하여야 한다.
③ 재난으로 발생한 피해를 신속히 대응·복구하기 위한 계획을 수립·시행하여야 한다.
④ 국가와 지방자치단체는 안전에 관한 정보를 적극적으로 공개할 필요는 없다.

33 소하천과 관련된 법령은?

① 「방조제 관리법」
② 「자연재해대책법」
③ 「하수도법」
④ 「소하천정비법」

28. (소규모 공공시설의 범위) 「소규모 공공시설 안전관리 등에 관한 법률」 제2조 제1항에서 "소교량, 세천, 취입보, 낙차공 등 대통령령으로 정하는 시설"이란 소교량, 세천, 취입보, 낙차공, 농로 및 마을 진입로에 해당하는 시설로서 행정안전부장관이 다음 각 호의 사항을 고려하여 고시하는 기준을 충족하는 시설을 말함

정답 27. ② 28. ② 29. ① 30. ③ 31. ③ 32. ④ 33. ④

34 다음 중 「재난 및 안전관리법」에서 재난 및 안전관리의 과학화·표준화를 위한 추진항목이 아닌 것은?

① 재난관리의 표준화
② 안전관리에 필요한 과학기술의 진흥
③ 해외선진 재난관리의 적용
④ 안전 관련 산업의 육성 및 지원

35 「재난 및 안전관리법」에서 위반행위 중 과태료 부과금액이 다른 것은?

① 재난이 발생하거나 발생할 우려가 있음에도 대피명령을 위반한 경우
② 재난이 발생하거나 발생할 우려가 있는 구역 내에서 퇴거명령을 위반한 경우
③ 재난이 발생하거나 발생할 우려가 있는 구역 내에서 대피명령을 위반한 경우
④ 재난이 발생하거나 발생할 우려가 있음에도 응급조치를 위반한 경우

36 1990년대 중반 성수대교 붕괴, 대구 지하철 공사장 도시가스 폭발사고, 삼풍백화점 붕괴를 계기로 제정된 법령은?

① 「재난구호법」
② 「재난관리법」
③ 「자연재해대책법」
④ 「재난 및 안전관리 기본법」

37 국가 차원의 재난전담관리시스템과 법령 정비의 필요성에 의해 제정되었으며, 국가재난대비 법령의 기본 틀이 되는 법령은?

① 「재난 및 안전관리 기본법」
② 「자연재해대책법」
③ 「지진·화산재해대책법」
④ 「재난관리법」

38 방재관리대책 업무내용에 포함되지 않는 것은?

① 자연재해저감 종합계획 수립
② 저수지·댐 비상대처계획 수립
③ 재해복구사업 분석·평가
④ 시설물 안전관리

39 재난 관련 지침 중 「재연재해대책법」 내에 포함된 풍수해 관련 법 조항에 해당되지 않는 것은?

① 지역별 방재성능목표 설정·운용
② 수방기준의 제정·운영
③ 우수유출저감시설 유지관리 기준 개발
④ 내풍설계기준의 설정

40 다음은 방재 관련 법령 중 어떤 법에 해당하는 내용인지 고르시오.

> 국토의 황폐화를 방지하고, 산사태 등으로부터 국민의 생명과 재산을 보호하고 국토를 보전하기 위하여 사방 사업을 효율적으로 시행함으로써 공공 이익의 증진과 산업 발전을 돕는 것을 목적으로 함

① 「사방사업법」　② 「연안관리법」
③ 「농어촌정비법」　④ 「방조제 관리법」

41 다음은 방재관리대책 업무 중 어떤 계획에 관한 설명인가?

> ㉠ 이 계획은 도지사(제주특별자치도지사를 제외한다)가 시·군 단위로 도 차원에서 협의체를 통하여 재해 유형별 위험지구를 지정함
> ㉡ 이 계획은 저감대책에 대한 합리적인 투자우선순위 및 단계별·연차별 시행계획을 수립하기 위한 도 단위 방재 분야 최상위 종합계획임

① 재해복구사업 분석·평가
② 저수지·댐 비상대처계획 수립

36. 「재난관리법」(1995. 7. 18) 제정

정답 34. ③ 35. ② 36. ② 37. ① 38. ④ 39. ③ 40. ① 41. ③

③ 자연재해저감 종합계획 수립
④ 시설물 안전관리

42 **재난 및 안전관리 기본법령상 재난 및 사고유형별 재난관리주관기관 중 풍수해(조수는 제외한다)·지진·화산·낙뢰·가뭄·한파·폭염으로 인한 재난 및 사고를 주관하는 기관은?**

① 국토교통부　　② 환경부
③ 보건복지부　　④ 행정안전부

43 **재난관리책임기관의 장이 재난을 효율적으로 관리하기 위하여 작성하는 재난유형에 따라 작성하는 매뉴얼이 아닌 것은?**

① 위기관리 표준매뉴얼
② 위기대응 실무매뉴얼
③ 위기상황 매뉴얼
④ 현장조치 행동매뉴얼

44 **사회재난 구호 및 복구비용 부담기준에 관한 규정 중 피해수습지원사업 항목이 아닌 것은?**

① 사유시설의 복구
② 재난피해자의 수색 및 구조
③ 오염물 및 잔해물의 방제 및 처리
④ 합동분향소 설치·운영 등의 추모사업

45 **재난 및 안전관리 기본법 시행령상 재난관리책임기관에 포함되지 않는 것은?**

① 한국철도공사
② 홍수통제소
③ 항공교통본부
④ 해양경찰청

46 **자연재해대책법상 자연재해저감 종합계획 수립 시 해당되지 않는 자는?**

① 도지사
② 시장
③ 군수
④ 구청장

47 **자연재해대책법령상 풍수해저감종합대책 수립 시 공간적 구분에 포함되지 않는 것은?** 19년1회 출제

① 전지역단위
② 수계단위
③ 위험지구단위
④ 재해지구단위

42. 행정안전부는 정부중요시설 사고, 공동구(共同溝) 재난(국토교통부가 관장하는 공동구는 제외한다), 내륙에서 발생한 유도선 등의 수난 사고, 풍수해(조수는 제외한다)·지진·화산·낙뢰·가뭄·한파·폭염으로 인한 재난 및 사고로서 다른 재난관리주관기관에 속하지 아니하는 재난 및 사고를 주관하는 기관임

43. 중앙부처 재난유형별 매뉴얼은 재난유형에 따라 위기관리 표준매뉴얼, 위기대응 실무매뉴얼, 현장조치 행동매뉴얼을 구분하여 작성·운용함

44. 사회재난 구호 및 복구비용 부담기준에 관한 규정 중 피해수습지원사업 항목으로는 공공시설의 복구, 재난피해자의 수색 및 구조, 오염물 및 잔해물의 방제 및 처리, 합동분향소 설치·운영 등의 추모사업이 있음

45. 해양경찰청은 해양에서 발생한 유도선 등의 수난 사고 발생 시 재난관리주관기관임

46. 자연재해저감 종합계획 수립 시 시장 중 특별자치시장 및 행정시장은 이하 제19조 및 제19조의2에 따라 제외된다.
제19조의2(우수유출저감시설 사업계획의 수립)
① 특별시장·광역시장·특별자치시장·특별자치도지사 및 시장·군수는 제19조의 우수유출저감대책에 따라 매년 다음 연도의 우수유출저감시설 사업계획을 수립하여야 함
② 시·도지사는 직접 또는 시·군 종합계획을 기초로 시·도 자연재해저감 종합계획(이하 "시·도 종합계획"이라 한다)을 수립하여 대통령령으로 정하는 바에 따라 행정안전부장관의 승인을 받아 확정하여야 한다.

47. 자연재해저감대책은 저감대책의 영향이 미치는 공간적 범위를 고려하여 전지역단위, 수계단위, 위험지구단위 저감대책으로 구분함

정답 42. ④ 43. ③ 44. ① 45. ④ 46. ④ 47. ④

48 재난 및 안전관리기본법령상 다음의 각 항목별 수립 주기로 옳은 것은? 19년1회 출제

> ㉠ 국가안전관리기본계획
> ㉡ 재난대비훈련 기본계획
> ㉢ 기존시설물의 내진보강기본계획

① ㉠ 5년, ㉡ 1년, ㉢ 5년
② ㉠ 5년, ㉡ 1년, ㉢ 3년
③ ㉠ 10년, ㉡ 3년, ㉢ 5년
④ ㉠ 10년, ㉡ 3년, ㉢ 3년

제3장 재난예방

49 재해예방으로부터 복구까지 재해를 수습하는 데 필요한 일련의 과정을 무엇이라 하는가?

① 재해관리
② 재난관리
③ 방재활동
④ 방재관리

50 중앙안전관리위원회의 목적으로 적합하지 않은 것은?

① 안전을 위한 법률 제정
② 안전관리에 필요한 사항 시행
③ 관련 부처 간의 협의 및 조정
④ 안전관리중요정책 심의 및 총괄 조정

51 다음은 재난관리 예방 활동이 아닌 것은?

① 법/제도 제·개정
② 사전재해영향성 검토협의제도
③ 유관기관과의 연락체계 구축
④ 안전문화 활동 및 홍보

52 재난예방을 위하여 재난 발생의 위험이 높다고 인정되는 시설 또는 지역에 대해 긴급안전점검과 관련이 적은 사람은 누구인가?

① 재난관리책임기관장
② 경찰서장
③ 소방청장
④ 행정안전부장관

53 사회재난의 원인별 기본법에 대한 설명으로 잘못된 것은?

① 화재폭발 사고 - 「소방기본법」
② 산업재해 - 「산업안전재해법」
③ 교통안전 - 「교통안전법」
④ 시설물 붕괴 - 「재난 및 안전관리 기본법」

54 중앙재난안전대책본부의 회의에서 다음 중 협의사항이 아닌 것은?

① 재난응급대책에 관한 사항
② 재난예방대책에 관한 사항
③ 재난복구계획에 관한 사항
④ 국고지원 및 예비비 사용에 관한 사항

48. [전항 정답 인정]
- 재난 및 안전관리 기본법 시행령상 국가안전관리기본계획 수립 시 국무총리는 법 제22조 제4항에 따른 국가안전관리기본계획을 5년마다 수립하여야 함.
- 재난 및 안전관리 기본법 시행령상 재난대비훈련 기본계획 수립 시 행정안전부장관은 제34조의9에 따른 재난대비훈련 기본계획을 매년 수립하여야 함
- 기존 시설물의 내진보강기본계획은 재난 및 안전관리 기본법령상의 계획이 아닌 지진·화산재해대책법 시행령상의 계획임. 또한, 기존 시설물의 내진보강기본계획 수립 시 행정안전부장관은 5년마다 기존시설물 내진보강기본계획(이하 "기본계획"이라 한다)을 수립하여 「재난 및 안전관리기본법」 제9조에 따른 중앙안전관리위원회에 보고하여야 함

정답 48. ①, ②, ③, ④ 49. ② 50. ① 51. ③ 52. ② 53. ④ 54. ③

55 **다음 중 재난안전대책본부에 대한 설명으로 잘못된 것은?**

① 재난안전대책본부는 전국적 범위 또는 대규모 재난의 예방·대비·대응·복구 등에 관한 사항을 총괄·조정하고 필요한 조치를 하기 위하여 사전 구성·한시 가동되는 조직이다.
② 중앙재난안전대책본부의 본부장은 안전행정부장관이며, 지역 재난안전대책본부의 본부장은 광역 및 기초지역 자치단체장이 된다.
③ 대규모 재난에 관해 범정부·범지역 차원에서 실제로 취해야 할 집행적 조치 사항을 그 대상으로 한다.
④ 중앙재난안전대책본부와 중앙사고수습본부는 업무의 연계성이 없이 별도로 구성되어 운영된다.

56 **재난예방 관련 제도 중 국가안전관리기본계획에서 국가의 재난 및 안전관리 업무에 관한 기본계획에 포함되지 않는 것은?**

① 교통안전 ② 위생안전
③ 범죄안전 ④ 식품안전

57 **재난예방 관련 제도 중 국가안전관리기본계획은 몇 년마다 수립하는가?**

① 2년 ② 3년
③ 5년 ④ 10년

58 **재난예방 관련 계획이 아닌 것은?**

① 지구단위 종합복구계획
② 자연재해저감 종합계획
③ 긴급구조대응계획
④ 지진방재 종합계획

59 **재난예방 관련 조직 중 긴급구조기관에 포함되지 않는 기관은?**

① 소방서 ② 소방본부
③ 해양경찰청 ④ 지방경찰청

60 **다음은 「대한민국헌법」 중 어떤 기본계획의 수립 배경인가?**

> ㉠ 이 계획은 각종 재난 및 사고로부터 국민의 생명·신체·재산을 보호하기 위하여 국가의 재난 및 안전관리의 기본방향을 설정하는 최상위 계획이다.
> ㉡ 이 계획은 도시화·인구집중, 고령화, 기후변화, 신종 감염병의 창궐 등 재난환경 변화에 대응하여 국가가 국민을 재난 및 안전사고로부터 보호하기 위한 목적이 있다.

① 지진방재 종합계획
② 풍수해저감종합계획
③ 국가안전관리기본계획
④ 긴급구조대응계획

61 **다음 중 하천재해 방재시설물은 어느 것인가?**

① 배수장 ② 천변저류지
③ 하수관거 ④ 방조제

55. 중앙사고수습본부는 해당 재난 분야 주무부서가 재난안전대책본부와 유기적으로 연계하여 재난관리 업무를 수행하도록 되어 있음
58. "지구단위 종합복구계획"이란 피해가 복합적으로 발생된 일정 지역을 지구단위지역으로 획정하고 시설물 간 연계를 고려하여 종합적으로 복구할 수 있도록 수립하는 계획
61. 하천재해 방재시설물은 하천 제방, 홍수 발생으로 인한 하천 시설물의 붕괴와 하천 수위 상승으로 인한 제방 범람 등의 재해를 방지하기 위한 시설물

정답 55. ④ 56. ② 57. ③ 58. ① 59. ④ 60. ③ 61. ②

62 방재시설 중 하상유지시설 유실 위험인자가 아닌 것은?

① 소류 작용에 의한 세굴
② 불충분한 근입 거리
③ 기타 하상시설의 손상
④ 파이핑 현상

63 방재시설 중 제방도로 피해 위험인자가 아닌 것은?

① 호안 내 공동 현상
② 집중호우로 인한 인접 사면 활동
③ 지표수, 지하수, 용출수에 의한 도로 절토 사면 붕괴
④ 시공 다짐 불량 등 시방서 미준수, 하천 협착부 수위 상승

64 방재시설 중 호안 유실 위험인자는 어느 것인가?

① 지표수, 지하수, 용출수에 의한 도로 절토 사면 붕괴
② 소류력, 구성 재질의 이음매 결손
③ 설계홍수량 이상에 의한 월류
④ 하천 부속 시설물과의 접속 부실 및 누수

65 「재난 및 안전관리 기본법 시행령」 제37조제1항에서 재난방지시설의 범위에 해당하지 않은 것은?

① 「소하천정비법」에 따른 소하천부속물 중 제방·호안·보 및 수문
② 「국토의 계획 및 이용에 관한 법률」에 따른 환경기초시설
③ 「하수도법」에 따른 하수도 중 하수관로 및 공공하수처리시설
④ 「항만법」에 따른 항만시설

66 사회재난 중 대구 지하철 화재참사로 인한 사고현장의 빠른 정상화 및 복구를 위하여 정부가 지정한 제도는 무엇인가?

① 특별재난지역 선포
② 재난보호지역 선포
③ 안전문화 활동 및 홍보
④ 법/제도 제·개정

67 사고현장의 빠른 정상화 및 복구를 위하여 정부가 특별재난지역으로 선포했던 재난사례가 아닌 것은?

① 1993년 서해 훼리호 침몰
② 1995년 삼풍백화점 붕괴사고
③ 2003년 대구 지하철 화재사고
④ 2012년 태풍 산바 피해지역

68 다음 중 사회재난 사례는 무엇인가?

① 2016년 차바 태풍 피해
② 2011년 우면산 산사태 피해
③ 2003년 대구 지하철 화재사고
④ 2006년 고양시 집중호우 피해

69 다음 중 자연재난 사례는 무엇인가?

① 2003년 대구 지하철 화재참사
② 2007년 태안 기름유출 사고
③ 2006년 서해대교 연쇄추돌
④ 2016년 울산 해역 지진 피해

62. 파이핑 현상은 제방 붕괴 유실 및 변형의 위험인자임
63. 호안 내 공동 현상은 호안 유실 위험인자임
65. 「국토의 계획 및 이용에 관한 법률」에서는 하천·유수지(遊水池)·방화설비 등의 방재시설을 재난방지시설로 포함한다.
67. 우리나라의 특별재난지역은 1995년 삼풍백화점 붕괴사고 시 처음으로 지정됨
68. 사회재난이란 화재, 폭발, 교통사고 등으로 인하여 대통령령으로 정하는 규모 이상으로 발생하는 재해임
69. 자연재난이란 태풍, 홍수, 호우, 지진, 황사 등의 자연현상으로 인하여 발생하는 재해임

정답 62. ④ 63. ① 64. ② 65. ② 66. ① 67. ① 68. ③ 69. ④

70 다음은 어떤 종류의 재난으로 구분되는가?

> 서울특별시 서초구 서초동에 있는 삼풍백화점에서 발생한 붕괴사고로서 건축 및 구조설계, 시공, 유지관리 등에서 문제점이 발생하여 붕괴되었다.

① 자연재난 ② 해외재난
③ 사회재난 ④ 특별재난

71 다음은 어떤 종류의 재난으로 구분되는가?

> 서울특별시의 성수동과 압구정동을 연결하는 성수대교 1,160m 중 제10번, 제11번 교각 사이 상부 트러스 48m가 붕괴되어 차량 6대가 한강으로 추락한 사고이다.

① 자연재난 ② 사회재난
③ 해외재난 ④ 특별재난

72 다음은 어떤 종류의 재난으로 구분되는가?

> 2007년 12월 인천대교 공사에 투입됐던 해상 크레인을 2척의 바지선으로 경남 거제로 예인하던 중 해상 크레인이 유조선과 충돌하였다. 그 결과 태안 앞바다에는 다량의 기름이 유출되어 단기에 해결할 수 없을 만큼의 피해가 발생하였다.

① 자연재난 ② 특별재난
③ 해외재난 ④ 사회재난

73 재난의 종류와 사례가 옳게 짝지어진 것은?

① 사회재난 - 기름유출 사고
② 사회재난 - 화재사건
③ 자연재난 - 산사태 사고
④ 자연재난 - 붕괴사고

74 재난의 종류와 사례가 옳게 짝지어진 것은?

① 1993년 서해 훼리호 침몰 - 자연재난
② 1994년 성수대교 붕괴 - 자연재난
③ 1994년 아현동 가스폭발 - 사회재난
④ 2011년 춘천 산사태 사건 - 사회재난

75 하천재해 방재시설물 중에서 제방도로의 피해를 방지하기 위한 시설물은?

① 수제 ② 천변 저류지
③ 방수로 ④ 홍수 조절댐

76 사회재난 피해사례를 옳게 고른 것은?

> ㉠ 지진해일 ㉡ 산사태
> ㉢ 건물붕괴 ㉣ 화재폭발

① ㉠, ㉡ ② ㉠, ㉢
③ ㉡, ㉢ ④ ㉢, ㉣

77 자연재해대책법상 재해예방을 위하여 방재시설의 유지·관리에 책임이 있는 자는?

① 국무총리
② 대통령
③ 재난관리책임기관의 장
④ 행정안전부장관

70. 1995년에 발생한 삼풍백화점 붕괴사고는 사회재난의 일종임
71. 1994년 10월에 발생한 성수대교 붕괴사고는 사회재난의 일종임
72. 기름유출 사고는 사회재난의 일종임
73. 산사태는 자연재난의 일종임
74. 폭발사고는 사회재난의 일종임
75. ① 수제: 호안유실 방지
② 방수로: 하도 범람 방지
③ 홍수 조절댐: 홍수피해 저감
77. 「재난재해대책법」의 제64조(방재시설의 유지·관리평가) 시 재난관리책임기관의 장은 재해예방을 위하여 대통령령으로 정하는 소방 방재시설을 성실하게 유지·관리하여야 함. 행정안전부장관은 재난관리책임기관별로 소방 방재시설의 유지·관리에 대한 평가를 할 수 있음

정답 70. ③ 71. ② 72. ④ 73. ①,②,③ 74. ③ 75. ② 76. ④ 77. ③

78 「시설물의 안전 및 유지관리에 관한 특별법 시행령」상 시설물의 중대한 결함 등의 통보에 필요한 구체적 사항의 결정에 대한 책임을 가진 자는?

① 대통령
② 국토교통부장관
③ 행정안전부장관
④ 재난관리책임기관의 장

79 다음은 어떤 종류의 재난으로 구분되는가?

> 우리나라에서는 2015년 5월 첫 감염자가 발생해 186명의 환자가 발생했으며, 이 중 38명이 사망한 바 있다. 이후 2018년 9월 3년 만에 국내에서 메르스 확진자가 발생해 전염 확산 우려를 높였으나, 이후 추가 감염자가 나오지 않으면서 발생 38일 만인 10월 16일 메르스 종료가 선언됐다.

① 자연재난 ② 특별재난
③ 해외재난 ④ 사회재난

80 재난 및 안전관리 기본법령상 재난 및 사고유형별 재난관리주관기관 중 식용수(지방 상수도를 포함한다) 사고를 주관하는 기관은? 19년1회 출제

① 국토교통부 ② 환경부
③ 보건복지부 ④ 행정안전부

81 방재시설의 유지·관리 평가항목·기준 및 평가방법 등에 관한 고시에 따른 방재시설의 유지, 관리 평가 대상 중 시설과 시설물이 올바르게 짝지어진 것은? 19년1회 출제

① 소하천시설 - 하수저수시설
② 공공하수도시설 - 호안
③ 항만시설 - 사방시설
④ 도로시설 - 토사유출·낙석방지시설

82 재난 및 안전관리 기본법령상 국가안전관리기본계획을 작성할 책임을 가진 자는 누구인가? 19년1회 출제

① 대통령
② 국무총리
③ 행정안전부장관
④ 재난관리책임기관의 장

83 2002년 태풍 "루사"가 한반도에 상륙했던 당시, 강원도 심석천에 시간당 100mm의 집중호우가 발생하였다. 심석천의 면적은 $36km^2$이고, 유출계수는 0.4라고 가정할 때, 합리식에 따른 유역출구에서의 첨두유량(m^3/s)의 값은 얼마인가? 19년1회 출제

① 100 ② 200
③ 300 ④ 400

78. 국가안전관리기본계획 수립 시 국무총리는 대통령령으로 정하는 바에 따라 국가의 재난 및 안전관리업무에 관한 기본계획(이하 "국가안전관리기본계획"이라 한다)의 수립지침을 작성하여 관계 중앙행정기관의 장에게 통보하여야 함
79. 중동호흡기증후군은 사회재난의 일종임
80. 환경부는 수질분야 대규모 환경오염 사고, 식용수 사고, 유해화학물질 유출사고, 조류 대발생(녹조에 한함), 황사, 환경부가 관장하는 댐의 사고, 미세먼지로 인한 사고에 따른 재난관리주관기관임
81. ① 소하천시설: 제방, 호안, 수문, 배수펌프장, 저류지
② 농업생산기반시설: 저수지, 배수장, 방조제, 제방, 공공하수도시설, 하수(우수)관로, 하수저류시설, 빗물펌프장
③ 항만 및 어항시설: 방파제, 방조제, 갑문, 호안
④ 도로시설: 낙석방지시설, 배수로 및 길도랑
82. 국무총리는 대통령령이 정하는 바에 의하여 국가의 안전관리업무에 관한 기본계획(국가안전관리기본계획)의 수립지침을 작성하여 이를 관계 중앙행정기관의 장에게 시달하여야 함
83. Q = 0.2778CIA
C = 0.4, I = 100mm/hr, A = $36km^2$
따라서 Q = 0.2778 × 0.4 × 100 × 36 = $400m^3/s$

정답 78. ② 79. ④ 80. ② 81. ④ 82. ② 83. ④

제4장 재난대비

84 **재난대비에 대한 설명 중 옳은 것은?**

① 재난이 발생한 직후부터 재난 발생 이전의 원상태로 회복될 때까지의 장기적 활동 과정
② 재난 발생 직후, 인명구조 및 재난 손실의 경감을 위한 일련의 활동
③ 재난 발생 시 대응을 용이하게 하는 사전 준비활동
④ 각종 재난관리계획 실행, 재난대책본부의 활동 개시, 긴급대피계획의 실천, 긴급 의약품 조달 활동 등이 포함

85 **재난 발생 시 재난대비를 위한 활동으로 거리가 먼 것은?**

① 목격자 및 현장 감독자의 협력 및 재해조사 추진
② 재난 발생 시 위기대응을 집행하는 과정에서 활용하게 될 중요 자원들의 확보
③ 재난 발생 시 초등조치를 위한 체험, 훈련체계 마련
④ 재난 발생지역 내외에 있는 재난대응기관들의 사전 동의 확보

86 **재난에 대비하기 위한 훈련 및 활동이 아닌 것은?**

① 유관기관 협조체제 강화
② 방재훈련
③ 예방 및 복구활동 지원
④ 재난지역에 대한 국고보조 지원

87 **재난에 대비한 방재훈련에 대한 내용으로 옳은 것을 모두 선택한 것은?**

> ㉠ 도상 및 전산훈련의 주관은 지방자치단체 자체 훈련계획에 따른다.
> ㉡ 도상 및 전산훈련의 시기는 6월 중순에 3일간 시행한다.
> ㉢ 방재훈련은 도상 및 전산훈련과 지역특성훈련이 있다.
> ㉣ 비상대책반을 조직하여 재해현황을 파악한다.

① ㉠, ㉡　　② ㉡, ㉢
③ ㉠, ㉡, ㉢　　④ ㉠, ㉡, ㉢, ㉣

88 **재난대비를 위한 시설물 안전점검계획 시 사전조사항목으로 옳지 않은 것은?**

① 시설물의 환경조사: 수문·수리학적 자료 수집
② 시설물의 예비조사: 제반 시설의 관련 자료 수집
③ 시설물의 피해 조사: 재난으로 발생한 피해 상황 파악
④ 시설물의 현장조사: 현장 여건 및 문제점 파악

89 **재난에 대비한 사전조사항목 중 하천 시설물 점검 대상이 아닌 것은?**

① 제방　　② 사면
③ 호안　　④ 바닥 다짐

84. 재난대비는 재난 발생 시 대응을 용이하게 하고 작전능력을 향상시키기 위하여 취해지는 사전 준비활동으로 재난 발생 시 대응계획 수립, 대응 자원의 보강, 재난대비훈련 등이 속함
85. 목격자 및 현장 감독자의 협력 및 재해조사 추진 활동은 재해복구계획의 재해조사에 해당
86. 재난지역에 대한 국고보조 지원은 재난 발생 시 원활한 복구를 위한 응급조치계획임
87. 방재훈련은 도상 및 전산훈련과 지역특성훈련으로 구분한다. 도상 및 전산훈련은 지역안전대책본부 주관하에 6월 중순에 3일간 시행하며, 지역특성훈련은 자체 훈련계획에 의거하여 5월 중 시행함
88. 시설물의 재난 피해조사는 재난대응계획에 해당함
89. 하천 시설물의 점검계획 시 사전조사항목 시설물은 제방, 호안, 바닥 다짐임

정답 84. ③ 85. ① 86. ④ 87. ② 88. ③ 89. ②

90 **재난에 대비하여 유관기관의 협조체제 및 지원 체제를 강화하기 위한 활동 중 옳은 것을 모두 선택한 것은?**

> ㉠ 중앙안전대책본부장의 요청이 있을 시 중앙 행정기관장은 요청 사항에 대하여 적극적으로 협조한다.
> ㉡ 시·도(군·구) 지역 안전대책본부장은 재해 응급조치를 위하여 인력, 물자, 장비의 상호 지원체계를 구축한다.
> ㉢ 수난 구조 및 응급복구를 지원한다.
> ㉣ 구호 및 의료 활동을 지원한다.

① ㉠, ㉡　　② ㉠, ㉢
③ ㉠, ㉡, ㉢　　④ ㉠, ㉡, ㉢, ㉣

91 **시설물 점검계획에 따른 점검장비 선정에 대한 설명 중 홍수기 전·후 점검에 해당하는 것으로 옳지 않은 것은?**

① 일상적 휴대장비
② 접근장비
③ 부분파괴 점검장비
④ 비파괴장비

92 **제방의 점검 계획 시 조사항목으로 옳지 않은 것은?**

① 둑마루의 요철 및 제방고의 여유
② 제방 횡단 구조물 주변 상태
③ 제방 본체 굴착 및 붕괴 여부
④ 야생 동물에 의한 구멍에 대한 조사

93 **재난관리책임기관의 재난 예방조치 참여활동 중 해당하는 사항이 아닌 것은?**

① 현장조사 실시
② 시설물 점검계획 수립
③ 세부 시설별 체크리스트 항목 작성
④ 점검사항에 대한 보고서 작성

94 **재난방지시설의 예상 재해에 대한 요인 예측 및 평가에 해당하는 사항이 아닌 것은?**

① 유역 및 하천현황, 기상, 수문 및 해안 특성 등의 자료를 파악한다.
② 지형 및 지질 특성 조사는 인접지역의 표고, 경사도, 절·성토 사면 및 자연 사면 조사를 포함한다.
③ 지역, 예측 방법, 재해가 예상되는 이유 등 상세히 기술한다.
④ 모든 인적·물적·정보적 자원들에 대해 목록화하고, 필요한 자원에 대한 습득과 분배 및 재적재 절차 등을 수립한다.

95 **재해 유형별 검토범위에 대한 내용 중 옳은 것을 모두 선택한 것은?**

> ㉠ 하천 및 내수재해: 계획지구외 계획홍수위와 부지고와의 관계를 검토
> ㉡ 사면 및 토사재해: 계획지구로 인한 주변지역의 재해 발생 가능성 검토
> ㉢ 지반 및 지진재해: 주변지역의 산사태, 급경사지와 붕괴위험 등 재해 발생현황 검토
> ㉣ 해안 및 바람: 과거 조위상승, 해일 등 재해 이력에 대한 조사

① ㉠, ㉡
② ㉠, ㉢

91. 부분파괴 점검장비는 정밀조사 시 점검장비에 해당함
92. 야생동물의 서식 구멍에 대한 조사 및 조치는 평상시 시설물에 대한 주의 및 조치사항임
93. 시설물의 점검계획 수립은 안전성 확보를 위한 대책임
94. ④는 방재 자원관리에 대한 설명임
95. 지반 및 지진재해는 지반침하 등 재해이력을 조사하여 원인을 분석하고 대책이 수립되었는지 여부 조사를 포함하며, 산사태 및 급경사지는 사면 및 토사재해 범위임

정답 90. ④ 91. ③ 92. ④ 93. ② 94. ④ 95. ③

③ ㉠, ㉡, ㉣
④ ㉠, ㉡, ㉢, ㉣

96 **홍수 위험구역에 대한 취약성 기준으로 '높음'에 해당하는 수위로 올바른 것은?**

① 계획홍수량의 50%에 해당하는 수위
② 계획홍수량의 60%에 해당하는 수위
③ 계획홍수량의 70%에 해당하는 수위
④ 계획홍수량의 80%에 해당하는 수위

97 **예상되는 재해에 대한 위험 해소방안으로 옳지 않은 것은?**

① 해당 구조물에 대한 발생 가능한 재해 유형을 구분한다.
② 재해 유형별 구조물에 적합한 이론 및 공학적 해석 기법에 대하여 이해한다.
③ 구조물 취약성 분석 후 구조적·비구조적 해결방안을 적용한다.
④ 시설물의 예상 재해 요인을 개발 전·중·후로 구분하여 공학적 기법으로 예측·평가한다.

98 **방재 자원관리에 대한 설명 중 옳은 것은?**

① 재해 예측 및 평가, 저감대책 수립, 협의서 작성 등 적정성을 이해한다.
② 재난대응의 실행과 통제를 위하여 필요한 자원을 습득·분배·관리하기 위한 체계를 칭한다.
③ 하천시설물의 구조적, 피해 이력 등을 사진으로 기록한다.
④ 의료·방역활동 및 약품 등을 지원한다.

99 **재난자원관리계획의 자원관리계획 수립 내용 중 옳지 않은 것은?**

① 재난 발생 시 대응계획을 수립하기 위한 자원동원체계, 현장지휘체계를 수립한다.
② 재난 유형별로 기관에 따라 관리 자원을 분류한다.
③ 적정 규모, 확보 및 관리방안 등의 자원관리 원칙을 세운다.
④ 인력, 시설, 장비, 물품·자재 측면에서 자원관리 계획을 수립한다.

100 **방재 분야의 자원에 대한 항목과 설명으로 옳지 않은 것은?**

① 인적 자원: 대응 및 복구 등 재난관리 전 단계에서 일정 수준의 전문성, 경험 또는 작업 능력을 보유한 자원
② 시설: 물리적·환경적인 시설물로서 기능 및 용도에 따라 기능적 관점에서의 시설물을 구성하는 공간
③ 금전적 자원: 유형, 무형의 지원 활동으로 대응 및 복구의 보조 자재 또는 공구로 소모성 자원
④ 장비: 대응 및 복구작업을 보조하는 장비, 공구

96. 홍수 위험구역의 취약성 기준에서 '높음'에 해당하는 수위는 계획홍수량의 50%에 해당하는 수위
97. ④는 예상 재해 요인 예측·평가에 해당
98. 방재자원관리는 재난대응의 실행과 통제를 위하여 필요한 자원을 습득·분배·관리하기 위한 체계이며, 재난대응에 필요한 모든 인적·물적·정보적 자원들에 대해 목록화하고, 필요한 자원에 대한 습득과 분배 및 재적재 절차 등을 수립하는 것을 지칭함
99. 자원동원체계, 현장지휘체계의 수립은 재난상황 시 대응계획에 대한 설명임
100. 금전적 자원은 재난 구호 기금, 복구 예산, 방재활동 예산 등을 지칭함

정답 96. ① 97. ④ 98. ② 99. ① 100. ③

101 **방재자원관리계획에 대한 설명 중 옳지 않은 것은?**

① 자원의 관리와 배치를 파악한다.
② 자원의 집결지와 자원 대기소의 설치장소는 효율적이고 접근이 용이한 장소로 선정한다.
③ 자원관리와 자원 요청 시 적절한 목표를 수립한다.
④ 재난 발생 시 위기대응을 집행하는 과정에서 활용하게 될 중요 자원들을 확보한다.

102 **방재 자원 요청 시 포함되어야 하는 내용으로 옳지 않은 것은?**

① 상황분석 평가 결과
② 재난 명칭
③ 도착에 소요되는 시간
④ 요청 일시

103 **지방자치단체 자원관리는 크게 6가지로 구분할 수 있는데, 업무 사항이 아닌 것은?**

① 수방·제설 자재 확보 관리
② 응급복구 동원 장비 지정 관리
③ 수난 구조용 장비 자재 확보
④ 재난방지시설의 관리

104 **시설물의 평상시 주의 및 조치사항으로 연결이 옳지 않은 것은?**

① 제방: 야생 동물에 의한 구멍은 누수 파괴의 원인이 되므로 세심한 조사 후 조치
② 호안: 철근 콘크리트 시설의 균열 및 이탈을 감시
③ 수제: 시설물의 변형 유무를 감시
④ 바닥다짐: 하류부의 세굴 여부를 감시

105 **하천 및 내수재해의 영향성 검토범위에 대한 설명이다. 옳지 않은 것은?**

① 부지성토가 어느 정도 발생하는지를 파악하고 영향 검토
② 사업지구의 절·성토에 따라 하천단면에 변화가 크게 발생하는 경우에는 사업구간 내와 사업구간 외로 구분하여 검토
③ 노후화된 저수지와 같이 기존 시설물로 인한 재해가 우려되는 경우 기존 시설물 안전진단 결과 등을 검토
④ 침사지의 필요성 검토

106 **지진 등으로 인해 암반사면의 파괴가 발생할 때의 거동양상으로 틀린 것은?** 19년1회 출제

① 원호파괴
② 평면파괴
③ 말뚝파괴
④ 전도파괴

101. ④는 재난 발생 시 재난대비를 위한 활동에 대한 설명임
102. 방재 자원 요청 시 포함되어야 하는 내용은 재난 명칭, 현장 도착 보고 장소, 요청 일시, 도착에 소요되는 시간임
103. 재난방지시설의 관리는 재난관리책임기관의 장이 관리하고, 행정안전부장관 또는 소방청장이 관리 실태를 점검
104. 수제의 평상시 주의 및 조치사항은 콘크리트 블록에서 연결 철근의 절단 여부를 점검임
105. ④는 사면재해 및 토사재해의 영향성 검토범위임
106. 암반사면의 일반적인 파괴형태로 원호파괴, 평면파괴, 쐐기파괴 및 전도파괴가 있음

정답 101. ④ 102. ① 103. ④ 104. ③ 105. ④ 106. ③

107 **재난 및 안전관리 기본법 시행규칙에 따른 응급조치에 사용할 장비 및 인력의 분야별 지정 대상 및 관리기준으로 옳은 것은?** 19년1회 출제

① 가스: 최소 운영재고 17.6만 톤 이상의 안전재고 유지 및 중단 없는 공급을 위한 공급능력 유지
② 항만: 컨테이너 야드 장치율 75퍼센트 미만으로 유지
③ 식용수: 정수장(광역)-1일 식용수 공급량의 50퍼센트 이상 공급능력 유지
④ 의료 서비스: 응급의료 기능 100퍼센트 유지

108 **재난 및 안전관리 기본법령상 재난 수습활동에 필요한 재난관리자원의 비축 및 관리에 대한 설명으로 틀린 것은?** 19년1회 출제

① 재난 수습활동에 필요한 재난관리자원은 재난관리책임기관에서 비축 관리해야 한다.
② 행정안전부장관, 시·도지사, 시장·군수·구청장은 재난 발생에 대비하여 응급조치에 사용할 민간분야의 장비와 인력을 지정·관리할 수 있다.
③ 재난관리자원 공동 활용시스템은 각급 재난관리책임기관의 장이 구축·운영한다.
④ 국가기반시설과 관련된 전기·통신·수도용 기자재라도 재난관리자원 공동활용시스템 구축대상에 속한다.

107. ① 가스: 최소 운영재고 19.6만 톤 이상의 안전재고 유지 및 중단 없는 공급을 위한 공급능력 유지
② 항만: 컨테이너 야드 장치율 85퍼센트 미만으로 유지
③ 식용수: 정수장(광역)-1일 식용수 공급량의 70퍼센트 이상 공급능력 유지

108. 재난 및 안전관리 기본법령상 행정안전부장관은 자원관리시스템을 공동으로 활용하기 위하여 재난관리자원의 공동활용 기준을 정하여 재난관리책임기관의 장에게 통보할 수 있음. 이 경우 재난관리책임기관의 장은 통보받은 재난관리자원의 공동활용 기준에 따라 재난관리자원을 관리하여야 함

정답 107. ④ 108. ③

제1과목

제2편
재난대응 및 복구대책 기획

제1장 재난대응 기획

제2편
재난대응 및 복구대책 기획

본 장에서는 재난 발생 직전과 직후 손실을 경감하고 재난복구의 효율을 증대시킬 방안을 수록하였다. 재해 피해예측과 안전대책 수립을 위한 리스크 평가체계와 재해 유형별 행동요령을 파악하여 재난관리체계 평가과정을 파악할 수 있도록 하였다. 응급조치 방안과 우선순위 결정을 통해 재난이 발생하였을 때 손실을 최소화할 수 있다.

1절 재난상황에 대한 인적·물적 피해 예측과 안전 대책

1. 재난대응

(1) 재난대응 정의

① 재난 발생 직전과 직후, 재난이 진행되고 있는 동안에 취해지는 인명구조와 재난 손실의 경감 및 복구의 효과성을 향상시키기 위한 일련의 활동

② 재난의 대응은 긴급구조통제단을 구성하여 긴급구조대응계획에 따라 응급대책, 현장지휘, 긴급구조활동 등을 지칭

★
재난대응
재난 발생 직후 복구의 효과를 극대화하기 위한 활동

(2) 대응

① 실제 인적 재난이 발생한 경우 재난관리기관들이 수행해야 할 각종 임무 및 기능을 적용하는 활동 과정으로 파악 가능

② 대응 단계는 예방 단계(완화 단계), 대비 단계(준비 단계)와 상호 연계함으로써 제2의 손실이 발생할 가능성을 감소시키고 복구 단계에서 발생할 수 있는 문제들을 최소화시키는 인적 재난관리의 실제 활동 국면을 의미

③ 이 단계에서는 대비 단계에서 수립된 각종 재난관리계획 실행, 재난대책본부의 활동 개시, 긴급대피계획의 실천, 긴급 의약품 조달, 생필품 공급, 피난처 제공, 이재민 수용 및 보호, 후송, 탐색 및 구조 등의 활동이 포함

④ 대응 단계는 재난관리의 전 과정 중에서 시간적으로 가장 짧지만(대개 72시간 이내) 이 활동을 위해서 오랜 시간 예방과 대비(완화와 준비)의 노력을 기울이는 만큼 중요한 단계임

★
재난대응 단계
예방 - 대비 - 대응 - 복구

2. 대응 단계 활동

① 대응 단계의 효율적 의사결정 구조의 문제와 조직 구성원들의 역할 문제 검토
② 인적 재난에 대하여 효율적으로 대응하기 위해서 유연한 의사결정 구조를 유지
③ 조직 구성원들에 대한 대응 활동의 구체적 역할을 사전에 부여
④ 특히, 인적 재난관리가 주 업무인 조직보다는 관련이 없는 조직의 경우에 인적 재난에 대비해 조직 구성원 각자의 업무를 정의하는 것이 필요함
⑤ 재난 희생자와 인적 재난관리 인력들이 일상적인 재난대응 유형에 익숙해지는 것이 필요함

3. 재난상황 시 안전대책 수립

(1) 재난 발생 시 대응계획 수립
① 대응과 단기복구체계에 대한 목표 및 절차계획 수립
② 계획 가동의 권한과 책임, 자원동원체계, 현장지휘체계 수립

(2) 통합대응계획 구성체계 수립
① 국가 수준의 계획 수립
② 광역계획: 시·도 수준의 계획
③ 지역 계획: 시·군·구 수준의 계획

(3) 기본계획, 기능별 계획, 유형별 계획 수립
① 기본계획: 대응조직체계, 작전 개념 및 절차
② 기능별 계획: 지휘통제·통신·정보·비상 공공정보
③ 유형별 계획: 지진·홍수·폭풍, 핵공격·방사능 누출사고 등

2절 재난 예·경보시스템 현장운용 지도, 관리

1. 위기예방체제

(1) 위기관리
① 예방에 해당되는 가장 중요한 단계로 해당 조직 내 리스크를 정확히 지

★
대응 활동
문제점 파악, 역할, 업무 정의 등

★
대책 수립 과정
대응계획 수립, 구성체계 수립, 유형별 계획 수립

★
재난상황 시 안전대책 수립
기본계획, 기능별 계획, 유형별 계획

★
위기예방체제
위기 관리, 평가, 분석, 리스크 관리

정하고 평가해서 통제방안 및 피해를 최소화할 수 있는 경감방안 도출

② 조직 내 업무의 중요 순위를 결정하고 업무별 목표복구시간(RTO)과 목표복구시점(RPO)을 정의한 후 규명된 위험 발생 시에 업무에 미치는 영향을 분석하여 설정된 RTO와 RPO에 준해서 복구할 수 있는 토대를 마련

(2) 취약성 및 리스크 평가

① 조직과 관련된 위험 요소를 규명하고, 조직의 자원에 영향을 끼치는 리스크 지정

② 취약성 분석, 위험 규명, 리스크 지정, 리스크 산정, 리스크 평가

(3) 비즈니스 영향력 분석

① 조직이 수행하는 업무 및 서비스를 분석하여 비즈니스 프로세스 정의

② 비즈니스 프로세스 간의 관련성을 찾아내어 프로세스가 중단되었을 때에 미치는 영향을 파악하여 우선순위 및 중요도 결정

(4) 리스크 관리

① 리스크에 대한 통제방안 및 모니터링 방안을 결정

② 수립된 통제방안에 대해 취약성이 있는지 평가 실시

③ 통제방안, 경감방안 탐구, 최적의 방안 선정 및 구현

2. 위기대비체제

(1) 위기대비

① 위기관리 1단계인 피해 저감 단계의 산출된 내용을 바탕으로 위험이 발생되었을 때 조직이 위기를 어떻게 관리해 나갈 것인가에 관한 방향을 설정하며 구체화된 계획 수립

② 계획 내용을 숙지할 수 있도록 교육과 훈련 실시

(2) 전략 수립

① 취약성 및 리스크 평가와 업무 영향력 분석

② 대응과 복구 전략, 업무 연속성 전략 개발

(3) 계획 수립

① 개발된 전략을 구체화시킬 수 있는 계획서 작성

② 특히 재난관리팀과 위기관리팀이 위험 발생 시에 상황 관리, 상황 전파, 중요 업무 재개 등에 관해 어떻게 행동할 것인가에 관한 절차 기술

★
RTO와 RPO
- RTO(Recovery Time Objectives): 목표복구시간
- RPO(Recovery Point Objectives): 목표복구시점

★
취약성 및 리스크 평가
위험 요소 규명, 리스크 지정 및 산정, 취약성 분석 및 리스크 평가

★
비즈니스 영향력
비즈니스 프로세스 정의, 우선순위 및 중요도 결정

★
비즈니스 프로세스
시간이 경과함에 따라 계속적이고 반복적으로 생기는 경영의 가치활동에 대한 과정

★
리스크 관리
통제 및 모니터링 방안 결정, 취약성 평가, 최적 방안 선정 및 구현

★
위기대비체제
위기대비, 전략 및 계획 수립, 교육훈련

(4) 교육훈련

① 수립된 계획서에 따라 교육 프로그램 목적 및 구성요소 정립

② 다양한 교육훈련 방법 개발

3. 위기대응체제

(1) 위기대응

① 발생하는 위기에 대하여 긴급으로 대처하는 긴급대응 프로세스의 핵심은 재난상황 관리

② 업무 연속성에 초점을 맞추는 위기대응 프로세스로 나눔

③ 긴급대응관리팀이 제공한 상황정보를 바탕으로 업무 연속성 계획에 따라 중요 업무 및 서비스 연속성 확보

④ 관련된 자원 조달과 지원에 대한 안 마련

(2) 긴급대응

① 위협 징후 포착 시 예·경보에 대한 방안 수립과 위기 발생 시 비상사태 관리를 위한 지시 통제 협의에 대한 조정방안을 도출하고, 그에 따른 의사결정체계 수립

② 물자 조달과 설비 지원에 대한 안을 설계하며 관련 기관과 연락 및 협조 절차를 정의하고 홍보 매체 선정

4. 위기복구체제

▷ 업무 및 서비스 우선순위에 따라 복구 및 운영방안 도출

▷ 조직에서 수행하는 모든 업무 및 외부에 제공하는 서비스 정상화

▷ 재난으로 말미암아 조직의 모든 자원에 피해를 유발하였던 내용 조사

▷ 평가를 한 결과를 바탕으로 정의된 복구 계획 절차에 따라 복구 계획

5. 기타 프로세스

(1) 개정 활동

① 훈련 및 위기관리 활동의 평가를 통하여 교훈을 위한 자료 및 지식의 축적을 위한 방법 개발

② 실패 사례를 포함하여 대응 과정을 구체적으로 평가할 수 있는 방안 설계

★ 위기대응체제
상황정보를 바탕으로 서비스 연속성 확보, 자원 조달 및 지원 안 마련

★ 긴급대응
비상사태에 대한 통제방안 도출 및 의사결정체계 수립, 관계기관 협조체계 정의

★ 위기복구체제
복구 및 운영방안 도출, 정상화, 내용 조사 및 복구 계획

(2) 행정

① 재해 전후에 소요될 자금과 상호협력 관계, 자원 동원, 위기관리평가 등과 같은 행정 업무 집행절차에 대한 계획 수립

② 회계 원칙에 맞도록 소요 자금 확보 보장 계획 수립

③ 자금 집행 권한 및 의무에 대한 내용 정의

④ 비용 산정 시 전산화·문서화 비용을 포함한 계획 수립

6. 위기관리 매뉴얼 작성

(1) 목적

① 태풍·호우로 대규모 재난사태가 발생하거나 우려될 때 산림청과 산하기관 및 지방자치단체 산림 부서의 임무·역할, 조치 사항 등과 유관기관의 협조사항 규정

② 체계적이고 신속한 대응이 이루어져 피해를 최소화하려는 목적

(2) 법적 근거

① 작성 근거: 국가위기관리기본지침(대통령 훈령 제124호)

② 적용 법령: 「재난 및 안전관리 기본법」, 「자연재해대책법」

(3) 적용범위

① 태풍·호우 재난 위기관리 업무 수행과 관련되는 산림청의 대비·대응 활동에 적용

② 태풍 및 집중호우의 발생으로 인하여 대규모 피해가 발생하거나 그러한 우려가 있을 상황에 적용

(4) 위기 형태

① 풍랑으로 인하여 해안침식, 방파제·선박 접안시설 등 어항·항만시설 파괴, 선박 파손·침몰 등 피해 발생

② 갑작스러운 기압의 급강하 등으로 해수면이 상승하여 해수가 육지로 넘쳐 들어와 농경지 침수 및 양식시설, 해안림 등 피해 발생

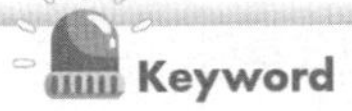

★
위기관리 매뉴얼
신속한 대응을 위하여 피해를 최소화하려는 행위

★
위기관리 매뉴얼 적용
위기관리 대비·대응 활동, 대규모 피해가 발생하거나 우려가 있는 상황

(5) 위기경보 4단계 설정기준

위기경보

구분	판단기준	활동
관심 (Blue)	- 태풍 빈발 시기 - 우리나라에 영향을 끼칠 가능성이 있는 태풍의 발생 - 호우 빈발 시기	징후 감시 활동
주의 (Yellow)	- 태풍예비특보 또는 태풍주의보가 발령되고 태풍에 의한 대규모 재난이 발생할 가능성이 나타날 때 - 호우 예비 특보 또는 호우주의보가 발령되고 호우에 의한 대규모 재난이 발생할 가능성이 나타날 때	협조체제 가동
경계 (Orange)	- 태풍경보가 발령되고 태풍에 의한 대규모 재난이 발생할 가능성이 농후할 때 - 호우경보가 발령되고 호우에 의한 대규모 재난이 발생할 가능성이 농후할 때	대비계획 점검
심각 (Red)	- 태풍경보가 발령되고 태풍에 의한 대규모 재난이 발생할 가능성이 확실할 때 - 호우경보가 발령되고 호우에 의한 대규모 재난이 발생할 가능성이 확실할 때	즉각 대응 태세 돌입

(6) 위기대응 지침 및 판단 고려요소

① 대응개념: 인명 및 재산 피해 최소화

② 대응방향

㉠ 신속한 초동 대응태세의 가동으로 인명 및 재산 피해 최소화

㉡ 유관기관 간의 공조로 신속한 응급조치 이행

③ 대응지침

㉠ 재난 발생 시 위기대응 현장조치 행동매뉴얼 자동 실행

㉡ 신속한 상황전파 및 진행상황 주시

㉢ 재난위기경보 발령에 따른 신속한 사전 대응조치 실시

(7) 위기관리 업무 수행체계

재난의 성격에 따라 태풍·호우 분야와 해일·대설 분야 등 구분하여 상황관리체계를 개별 운영

★
위기경보체계 및 판단기준
관심, 주의, 경계, 심각

★
위기경보 4단계 및 활동
- 관심(Blue): 징후 감시
- 주의(Yellow): 협조체제
- 경계(Orange): 대비계획 점검
- 심각(Red): 즉각 대응

재난관리책임기관의 재난대응 참여와 기술적 지원, 조정

1. 재해 유형별 행동요령의 작성·활동

① 재난관리책임기관의 장은 자연재해가 발생하는 경우에 대비하여 기관 및 지역 여건에 적합한 재해 유형별 상황 수습 및 대처를 위한 행동요령을 작성·활용

② 중앙본부장은 재난관리책임기관의 장이 작성한 재해 유형별 행동요령에 대하여 평가 실시

2. 재해 유형별 행동요령에 포함되어야 할 사항

(1) 재난관리책임기관의 장은 재해 유형별 행동요령을 작성

① 단계별, 유형별, 담당자별 주민 행동요령 작성

② 일반적으로 사전준비, 주의보, 특보, 재해 이후로 구분하여 유형별 행동요령 작성

재해 발생 시 행동요령

유형	행동요령
주의보	- 재해대책 관계 공무원은 비상근무체제 돌입 및 유관기관 지시 - 재해 발생 예상지역의 순찰 강화 및 유기적 대처 - 유관기관과 협조체계 구축
특보	- 안전대책 추진 - 인력배치 확인 및 재정지원 검토 - 재해상황 통보 및 홍보
이후	- 피해시설물 파악 및 개선방향 도출 - 복구대책반 구성 및 예산지원 방안 검토 - 피해시설물에 대한 재난관리 시설물 선정 및 지속적 관리

(2) 다음 각 호의 구분에 의하여 작성

① 단계별 행동요령: 재난의 예방·대비·대응·복구 단계별 행동요령

② 업무 유형별 행동요령: 재난취약시설 점검, 시설물 응급복구 등의 행동요령

③ 담당자별 행동요령: 비상근무 실무반의 행동요령 등

④ 주민 행동요령: 도시·농어촌·산간지역 주민 등의 행동요령

⑤ 그 밖에 담당부서별 행동요령 등 행정안전부장관이 필요하다고 인

★
행동요령
재해 유형별·단계별·업무 유형별 행동요령 파악

정하는 행동요령

3. 풍수해 대응활동체제의 확립

(1) 풍수해 대응활동체제

① 주무기관: 관계 중앙행정기관, 지방자치단체

② 비상근무 체제에 따라 직원의 비상소집, 재난대책본부 설치 운영, 각종 재난정보 수집과 연락 체제 확립 등 대응 조치

(2) 주민에 대한 재난 예·경보 신속 전파

① 언론매체를 통한 대국민 홍보 강화(주무기관: 관계 중앙행정기관, 재난관리책임기관, 지방자치단체)

② 기상특보, 재난 예·경보의 신속한 보도, 문자(스크롤) 방송 또는 생방송 체제로 긴급 뉴스 방송 실시

(3) 기상상황 및 재난상황의 전달

① 기상상황과 재난상황 등을 국민에게 신속히 전달(주무기관: 기상청, 관계 중앙행정기관, 지방자치단체)

② 재난 위험 요인이 있는 지역에 대한 주민 대피 조치 및 안전 대책 강구(주무기관: 지방자치단체)

(4) 인명 피해 최소화를 위한 조기 경보발령체계 가동

① 주무기관: 관계 중앙행정기관, 지방자치단체

② 강우 관측, CCTV, 이·통장 등 실시간 현장 모니터링 실시

(5) 시설물 응급복구

① 주무기관: 지방자치단체

② 응급복구를 위한 인력 확보 및 국민 생활 필수시설의 신속한 응급복구 실시

③ 침수지역 주택 등에 대한 응급조치 및 건물의 안정성을 검토

4. 가뭄 대응활동체제의 확립

(1) 가뭄 대응활동체제

① 주무기관: 관계 중앙행정기관, 재난관리책임기관, 지방자치단체

② 언론매체를 통한 대국민 홍보 강화

③ 방재 관련 유관기관과의 홍보 협조 강화

★
풍수해 대응체제
예·경보 전파, 상황 전달, 경보 발령, 응급복구

★
가뭄 대응체제
급수대책, 식수 확보, 생활용수 공급

(2) 단계별 제한급수대책 수립

① 주무기관: 관계 중앙행정기관, 지방자치단체

② 기관·자치단체별로 지역 실정에 맞는 단계별 급수대책 수립

(3) 긴급 식수원 확보 및 생활용수 공급

① 주무기관: 관계 중앙행정기관, 지방자치단체

② 「민방위기본법」에 의하여 설치된 비상 급수시설, 인근 정수장, 간이 상수도, 전용 상수도 등의 활용

③ 농업·공업·발전 용수 등 다른 수리시설 일시 전용

④ 유관기관과 협조체제 구축 및 비상 급수를 위한 시설 장비 및 인력 확보(군, 소방서 등)

5. 지진 대응활동체제의 확립

(1) 지진 상황 전파 및 대응 조치

① 주무기관: 관계 중앙행정기관, 지방자치단체

② 재난방송 실시 요청

③ 지진 상황 전파

④ 시·군·구에 신속대응 지시

(2) 구조·구급

① 주무기관: 소방청, 지방자치단체, 보건복지부, 경찰청

② 대규모 인명 피해 발생지역에 긴급 구조·구급 대원 신속 투입 및 현장 지휘소 설치

③ 차량 접근 불량지역 등에 긴급 구조·구급 활동을 위한 헬기지원체계 구축

(3) 2차 재난 방지대책 강구

① 주무기관: 행정안전부, 지방자치단체, 국토교통부, 산업통상자원부

② 시설물 추가 붕괴, 폭발·가스 누출, 위험물·독극물 취급시설 등 2차 피해 예상시설 점검 및 안전 조치

★
지진 대응체제
상황 전파, 구조 및 구급, 2차 재난 방지 대책 수립

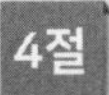

4절 상황분석 평가 관리

★
국가핵심기반의 지정
핵심기반별 연쇄효과, 필요성, 규모 및 범위, 복구의 용이성

1. 국가핵심기반의 지정 및 관리

① 관계 중앙행정기관의 장은 소관 분야의 국가핵심기반을 다음 각 호의 기준에 따라 조정위원회의 심의를 거쳐 지정할 수 있음
- 다른 국가핵심기반에 미치는 연쇄효과
- 둘 이상의 중앙행정기관의 공동 대응 필요성
- 재난이 발생하는 경우 국가안전 보장과 경제·사회에 미치는 피해 규모 및 범위
- 재난의 발생 가능성 또는 그 복구의 용이성

② 관계 중앙행정기관의 장은 제1항에 따른 지정 여부를 결정하기 위하여 필요한 자료의 제출을 소관 재난관리책임기관의 장에게 요청할 수 있음

③ 관계 중앙행정기관의 장은 소관 재난관리책임기관이 해당 업무를 폐지·정지 또는 변경하는 경우에는 조정위원회의 심의를 거쳐 국가핵심기반의 지정을 취소할 수 있음

④ 국가핵심기반의 지정 및 지정 취소 등에 필요한 사항은 대통령령으로 정함

★
특정관리대상지역 지정
재난의 발생 위험, 지속적 관리가 필요한 지역

2. 특정관리대상지역의 지정 및 관리

① 중앙행정기관의 장 또는 지방자치단체의 장은 재난이 발생할 위험이 높거나 재난예방을 위하여 계속적으로 관리할 필요가 있다고 인정되는 지역을 대통령령으로 정하는 바에 따라 특정관리대상지역으로 지정하여야 함

② 재난관리책임기관의 장은 「재난 및 안전관리 기본법」 제27조 제1항에 따라 지정된 특정관리대상지역에 대하여 대통령령으로 정하는 바에 따라 재난 발생의 위험성을 제거하기 위한 조치 등 특정관리대상지역의 관리·정비에 필요한 조치를 하여야 함

③ 중앙행정기관의 장, 지방자치단체의 장 및 재난관리책임기관의 장은 특정관리대상지역의 지정 및 조치 결과를 대통령령으로 정하는 바에 따라 행정안전부장관에게 보고하거나 통보하여야 함

④ 행정안전부장관은 특정관리대상지역의 지정 및 조치결과에 대해 통보받은 사항을 대통령령으로 정하는 바에 따라 정기적으로 또는 수시로 국무총리에게 보고하여야 함

⑤ 국무총리는 특정관리대상지역의 지정 및 조치결과에 대해 보고받은 사항 중 재난을 예방하기 위하여 필요하다고 인정하는 사항에 대해서는 중앙행정기관의 장, 지방자치단체의 장 또는 재난관리책임기관의 장에게 시정조치나 보완을 요구할 수 있음

⑥ 「재난 및 안전관리 기본법」 제27조 제1항부터 제5항까지에서 규정한 사항 외에 특정관리대상지역의 지정, 관리 및 정비에 필요한 사항은 대통령령으로 정함

3. 재난방지시설의 관리

★
재난방지시설 관리
관리 실태 점검, 보수·보강 조치

① 재난관리책임기관의 장은 관계 법령 또는 안전관리계획에서 정하는 바에 따라 대통령령으로 정하는 재난방지시설을 점검·관리하여야 함

② 행정안전부장관은 재난방지시설의 관리 실태를 점검하고 필요한 경우 보수·보강 등의 조치를 재난관리책임기관의 장에게 요청할 수 있음

③ 이 경우 요청을 받은 재난관리책임기관의 장은 신속하게 조치를 이행하여야 함

4. 재난관리체계 평가

★
재난관리체계 평가
재난 단계별 과정 평가

① 행정안전부장관은 대통령령으로 정하는 바에 따라 다음 각 호의 사항을 정기적으로 평가할 수 있음
- 대규모 재난의 발생에 대비한 단계별 예방·대응 및 복구과정
- 「재난 및 안전관리 기본법」 제25조의2 제1항 제1호에 따른 재난에 대응할 조직의 구성 및 정비 실태
- 「재난 및 안전관리 기본법」 제25조의2 제4항에 따른 안전관리체계 및 안전관리규정

② 「재난 및 안전관리 기본법」 제33조의2 제1항에도 불구하고 공공기관에 대하여 관할 중앙행정기관의 장이 평가를 하고, 시·군·구에 대하여는 시·도지사가 평가함

③ 다만, 「재난 및 안전관리 기본법」 제33조의2 제4항에 따라 우수한 기관을 선정하기 위하여 필요한 경우에는 행정안전부장관이 평가를 할 수 있음

④ 행정안전부장관은 「재난 및 안전관리 기본법」 제33조의2 제1항과 제2항 단서에 따른 평가 결과를 중앙위원회에 종합 보고함

⑤ 행정안전부장관은 필요하다고 인정하면 해당 재난관리책임기관의 장에게 시정조치나 보완을 요구할 수 있으며, 우수한 기관에 대하여 예산지원 및 포상 등 필요한 조치를 할 수 있음. 다만, 공공기관의 장 및 시장·군수·구청장에게 시정조치나 보완 요구를 하려는 경우에는 관할 중앙행정기관의 장 및 시·도지사에게 보완 요구함

5. 재난관리 실태 공시

시장·군수·구청장은 다음 각 호의 사항이 포함된 재난관리 실태를 매년 1회 이상 관할지역 주민에게 공시하여야 함

- 전년도 재난의 발생 및 수습현황
- 제25조의2 제1항에 따른 재난 예방조치 실적
- 제67조에 따른 재난관리기금의 적립현황
- 그 밖에 대통령령으로 정하는 재난관리에 관한 중요사항

Keyword

★
재난관리 실태 공시
재난 발생 및 수습현황, 예방조치, 기금현황 등

제2장

제2편
재난대응 및 복구대책 기획

재난복구 기획

본 장에서는 재난이 발생한 이후 재해조사, 복구계획 수립, 자원관리 및 지원, 현장의 위험관리 방안에 대하여 수록하였다. 재해를 복구하기 위한 인력의 구성방안과 운영조직에 대한 역할을 이해하고 수방기준, 홍수방어기준, 재해지도 제작 및 운영, 풍수해·가뭄 복구대책, 내풍설계기준 등을 파악하여 재해 발생 직후부터 정상 상태로 돌아올 때까지 재난복구활동에 대하여 이해를 돕도록 하였다.

1절 재해조사 및 복구계획

1. 재해조사

(1) 목적

재해조사는 재해의 재발을 방지하고 원인이 되었던 상태 및 행동을 조사하는 것으로 적정한 방지대책을 수립하는 것

★
재해조사
재해의 재발을 방지하고 원인이 되었던 상태 조사

(2) 재해조사의 방법

① 재해 발생 직후 재해조사 실시
② 물적 증거의 수집 및 보관
③ 재해현장의 기록 및 보관
④ 목격자 및 현장 감독자의 협력 및 재해조사 추진
⑤ 피해자의 진술 확보

★
재해조사 방법

2. 재해복구 및 계획

(1) 재해복구의 개념

① 복구는 인적 재난이 발생한 직후부터 피해지역이 재난 발생 이전의 원 상태로 회복될 때까지의 장기적 활동 과정
② 초기 회복기간으로부터 정상 상태로 돌아올 때까지 지원을 제공하는 지속적 활동

★
재해복구
재해 발생 후, 정상 상태로 돌아올 때까지의 장기적 활동

(2) 재해복구 계획

① 복구계획 수립 근거 및 절차

「자연재난 구호 및 복구비용 부담기준 등에 관한 규정」 제10조(재난

복구비용의 산정 등)

② 피해조사 단계에서 관련 전문가를 참여시켜 개선복구계획 수립

해당 분야 전문가를 사전심의 위원으로 가능한 참여시켜 피해원인, 반복피해 여부 및 복구공법 등에 대한 충분한 기술검토 등을 실시

③ 복구계획 대상

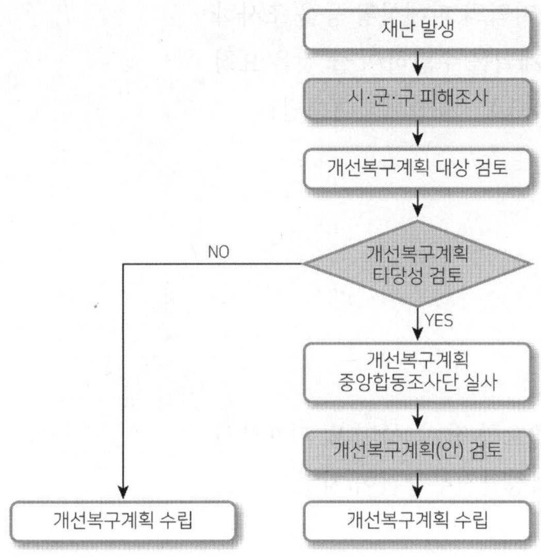

〈복구계획 대상〉

2절 지구단위종합복구계획 수립

1. 지구단위종합복구계획 수립

★
종합복구계획 수립 가능 지역

중앙대책본부장은 해당 지방자치단체의 의견을 들은 후 지방자치단체 소관 시설에 자연재해가 발생한 지역 중 다음 각 호에 해당하는 지역에 대하여 지구단위종합복구계획을 수립할 수 있음(일부개정 2020.01.29. 제16880호 「자연재해대책법」)

▷ 도로·하천 등의 시설물에 복합적으로 피해가 발생하여 시설물별 복구보다는 일괄 복구가 필요한 지역

▷ 산사태 또는 토석류로 인하여 하천 유로변경 등이 발생한 지역으로서 근원적 복구가 필요한 지역

▷ 복구사업을 위하여 국가 차원의 신속하고 전문적인 인력·기술력 등의 지원이 필요하다고 인정되는 지역

▷ 피해 재발 방지를 위하여 기능복원보다는 피해지역 전체를 조망한 예방·정비가 필요하다고 인정되는 지역

2. 지구단위종합복구계획 수립 요청

지역재난안전대책본부의 본부장은 제47조에 따라 중앙합동조사단이 편성되기 전에 미리 자연재해가 발생한 지역의 피해상황 등을 조사하여 중앙대책본부장에게 지구단위종합복구계획을 수립하여 줄 것을 요청할 수 있음(일부개정 2020.01.29. 제16880호 「자연재해대책법」)

3절 재난자원 조직화 및 배분 관리

1. 재난관리자원

재난의 수습(재난응급대책 및 복구)에 필요한 장비, 물자 및 자재로서 중요하다고 여겨지는 장비, 자재, 인력을 행정안전부장관이 지정하여 고시한 자원

(1) 재난관리자원 지정 효과

① 과거 기관별로 제각각 분류·관리하고 있던 장비·자재 등을 통일된 규칙에 따라 분류하고, 매년 기관별 비축관리계획 을 수립하여 전국의 재난관리자원을 통합적으로 관리 가능

② 모든 재난관리자원을 시스템을 통해 관리하여 체계적으로 관리 가능

(2) 재난관리자원 공동활용시스템

① 활용방안: 평상시에 지자체, 중앙부처, 민간단체에서 보유하고 있는 재난관리자원을 시스템에 등록, 지속적으로 변동사항을 현행화하고 재난 발생으로 자원이 부족할 경우 인근 기관의 보유 자원을 조회하고 지원 요청하여 현장에 자원을 투입

② 기대효과: 필요한 재난관리자원을 신속하게 파악, 현장에 지원하여 재난 시 국민의 생명과 재산피해 최소화에 기여

2. 재난자원관리 주요 업무

① 재난에 대비한 인적·물적 자원 관리체계의 구축 및 총괄

② 재난관리자원의 비축·관리계획 및 동원계획의 수립·운영

Keyword

★ 재난관리자원
자재 48종, 장비 126종, 인력 29팀(2019년 12월 기준)

★ 재난관리자원 공동활용시스템
(DRSS, Disaster Resource Sharing System)

③ 재난관리자원의 조사, 지정·고시 및 점검에 관한 사항
④ 재난관리자원 공동활용 관련 관계 부처·기관·단체와 협의에 관한 사항
⑤ 재난관리자원의 공동활용 기준 및 재난관리자원 공동활용시스템 구축·운영에 관한 사항
⑥ 중앙 및 지역민관협력위원회 운영, 재난 관련 민간단체·학회·협회·연구기관 등과의 협력체계 구축
⑦ 지방자치단체의 재난대응을 위한 민관협력활동 활성화 지원
⑧ 재난 관련 민간단체 등의 재난대응 교육훈련에 관한 사항
⑨ 재난 관련 민관협력사업 추진에 관한 사항
⑩ 재난 관련 자원봉사활동 조정 및 관리 지원

3. 재해복구 인력 구성방안

① 재해복구 인력 구성은 크게 재해복구시스템 구축을 위한 조직과 운영을 위한 조직으로 나눌 수 있음
② 재해복구시스템 구축 시 주요 구축 활동을 서비스 공급업체에 일임하더라도 향후 재해복구시스템을 운영할 담당자가 함께 적극적으로 참여를 유도함
③ 재해복구 운영조직은 재해복구계획과 관련된 팀을 나열하고 각 팀의 주요 역할과 책임을 정의하며, 향후 각 팀은 재해복구훈련 계획에 따라 훈련을 통하여 재해 선언 시 요구되는 재해복구 임무를 원활하게 수행할 수 있어야 함
④ 재해복구계획에 나타나는 조직도는 재해복구와 관련된 모든 팀을 나열하고 역할을 간략하게 설명하고, 재해복구계획서 부록에는 상세한 조직도 및 연락처를 첨부하고 최신 정보를 유지하여야 함

★
인력 구성
복구시스템 구축 조직, 운영 조직

4절 재난관리책임기관의 재난복구 참여와 기술적 지원, 조정

1. 평시 운영조직 및 역할

① 재해복구시스템 구축 시 주요 구축 활동을 서비스 공급 업체에 일임하더라도 재해복구시스템을 운영할 담당자가 함께 적극적으로 참여를 유도함

② 재해복구 운영조직은 재해복구계획과 관련된 팀을 나열하고 각 팀의 주요 역할과 책임을 정의

③ 각 팀은 재해복구훈련 계획에 따라 훈련을 통해 재해 선언 시 요구되는 재해복구 임무를 원활하게 수행할 수 있어야 함

④ 재해복구계획에 나타나는 조직도는 재해복구와 관련된 모든 팀을 나열하고 역할을 간략하게 설명

⑤ 재해복구계획서 부록에는 상세한 조직도 및 연락처를 첨부하고 최신 정보를 유지

★
복구 운영조직의 운영 및 역할, 활동 내용

평시 재해복구 운영조직 및 역할

구분	활동 내용	책임부서
재해복구시스템 총괄책임자	- 재해복구시스템 각 사안에 대한 결정 - 재해복구시스템 관리 및 운영 총괄	-
시스템 운영 담당자	- 재해복구시스템(시스템, 네트워크, 어플리케이션 등) 운영, 관리, 보고 - 모의 재해복구훈련 수행	전산실
시설관리자	전기·항온 항습기·공조·용수 등 기반시설 관리	시설팀
보안관리자	보안정책 수립, 출입 관리, 기기나 시설 보안 관리	보안팀

2. 재해 시 운영조직 및 역할

★
재해 시 운영조직 역할
조직 간 협조, 역할 인지 및 비상상황 대처

① 각 조직 간 협조하에 복구활동을 수행

② 평시에는 본연의 업무에 임하게 되며, 재해 시 각자의 역할과 임무를 명확히 인지하여 비상상황에 대처

③ 재해 발생 시 신속하고 원활한 복구를 위해 운영조직은 다음과 같이 구성

★
재해 시 운영조직의 편성
비상대책반, 시스템 복구반, 업무 복구반, 지원부서, 공급업체

재해 시 운영조직 및 역할

구분		활동 내용	책임부서
관리조직	비상 대책반	- 비상 대책에 대한 최고 협의체 - 재해현황 파악	임원진, 전산실장 등
기술조직	시스템 복구반	- 재해 원인 및 예상 복구시간 파악 - 재해복구시스템 전환 준비 및 전환	주·재해복구센터 전산실
	업무 복구반	- 재해복구시스템 정상 유무 체크 - 가능·불가능 업무 파악, 보고	전산실
지원조직	지원부서	- 체계 적인 대외 공표 및 홍보 활동 - 긴급 물자, 필요 자원 조달 및 승인	인사·재무·보험·법무·홍보
	공급업체	- 시스템 유지 및 복구에 필요한 자원 공급 및 기술 지원	H/W 업체 S/W 업체

3. 재해복구 절차

(1) 재해 선언

① 재해로 인한 업무 중단사태가 발생하면 재해복구시스템 관련자들은 비상연락에 의거하여 신속하게 연락을 취하고 각자가 맡은 역할을 수행

② 재해에 대한 보고가 최초로 접수되면, 이를 각 복구 요원에게 통보하고, 피해정도를 파악하여 재해 선언

(2) 재해복구활동

① 재해 선언 시점부터 최단시간 내에 재해복구센터로 서비스를 전환

② 재해복구활동은 서비스의 전환을 통해 서비스가 재가동되는 것을 확인하고, 재해복구센터에서의 장기 서비스 수행을 위한 준비 및 주 센터의 복구활동을 수행하는 것을 포함

③ 전환 작업은 재해복구센터 운영자가 실시하는 것을 원칙으로 함

(3) 주 센터 복귀

① 복구활동을 통하여 주 센터가 정상화되었을 경우, 주 센터로 복귀하는 절차 수행

② 재해복구계획은 주 센터로의 복귀절차를 명시하여야 하며, 주 센터의 복구가 불가능할 경우에는 재해복구센터가 주 센터가 되고, 새로운 재해복구센터를 구축하여야 함

재해복구 절차 단계와 활동

단계	활동	구성원 임무
재해 선언	재해현황 파악	- 대책본부 구성 - 비상 통지 - 상황실 운영 - 예상 복구시간 파악
	재해복구시스템 전환 결정	- 예상 복구시간, 복귀시간을 고려하여 전환 결정 - 재해복구시스템 전환절차 통제
재해복구 활동	재해복구센터로의 서비스 전환	- 서비스 재가동 확인 - 재해복구센터에서의 장기 운영 대비
	주 센터 복구	- 복구 불능 시 조달계획 수립 - 재해복구 전환 통제 및 최종 서비스 확인 보고 - 주 센터 복귀시기 산정 및 복구센터 운영방안 마련
주 센터 복귀	주 센터로의 복귀 결정	- 복귀방안 준비 및 시기 결정 - 복귀에 따른 서비스 전환 확인 - 재해복구시스템 복귀 절차 통제

★
재해 선언
비상연락망 → 접수 → 복구 요원에게 통보 → 재해 선언

★
재해복구활동 및 주 센터 복귀
재해복구센터로 서비스 전환 → 주 센터의 복구활동 수행 → 정상화 → 주 센터 복귀

★
복구 절차 단계
재해 선언, 재해복구활동, 주 센터 복귀

★
복구 절차 단계에 따른 활동 내용 및 임무

5절 재해현장 위험관리

1. 수방기준

(1) 정의

① 소하천·하천 제방, 하수관거 등 시설물에 대하여 설계·관리자의 수해 내구성 강화 등 안전성 확보를 위한 시설 기준

② 관련 법령: 「자연재해대책법」 제17조

(2) 주요 내용

① 재해로부터 각종 시설물의 안정성 확보와 내구성 강화를 위한 수방기준을 제정하여 기준 적용 대상 시설물 설치 시 적용

② 수방기준 제정 대상: 소하천 제방, 하천 제방, 방재시설, 하수관거, 하수 종말 처리장, 저수지, 사방시설, 댐, 교량, 방파제·방사제·파제제 및 호안

(3) 행정안전부장관의 임무(역할)

수방기준 중 시설물의 수해 내구성을 강화하기 위한 수방기준은 관계 중앙행정기관의 장이 정하고, 지하 공간의 침수를 방지하기 위한 수방기준은 행정안전부장관이 관계 중앙행정기관의 장과 협의하여 정함

(4) 지방자치단체장의 임무(역할)

수방기준제정대상의 준공검사 또는 사용승인을 할 때에는 행정안전부장관이 정하는 바에 따라 수방기준 적용 여부를 확인하고, 수방기준을 충족하였으면 준공검사 또는 사용승인을 하여야 함

2. 지구단위 홍수방어기준

(1) 정의

① 상습침수지역 및 홍수피해 예상지역에 대하여 지역 특성에 맞는 홍수방어기준을 마련하기 위한 기준

② 관련 법령: 「자연재해대책법」 제18조

(2) 주요 내용

상습침수지역 등의 재해 경감을 위하여 지구단위 홍수방어기준을 정하고 각종 지역 단위 개발계획 수립 시 적용

Keyword

★
수방기준
시설물에 대한 수해 내구성 확보를 위한 기준. 수방기준을 정해야 하는 시설물 및 지하 공간은 대통령령으로 정함

★
수방기준에 따른 관계기관 및 단체의 역할

★
지구단위 홍수방어기준
홍수예상지역에 대한 방어기준

(3) 행정안전부장관의 임무(역할)

상습침수지역, 홍수피해 예상지역, 그 밖의 수해지역의 재해 경감을 위하여 필요하면 지구단위 홍수방어기준을 정함

(4) 재난관리책임기관장 및 중앙행정기관장의 임무(역할)

① 재난관리책임기관의 장은 개발사업, 자연재해위험개선지구 정비사업, 수해복구사업, 그 밖의 재해경감사업 중 대통령령으로 정하는 개발사업 등에 대한 계획을 수립할 때에는 「자연재해대책법」 제18조 제1항에 따른 지구단위 홍수방어기준을 적용함

② 중앙행정기관의 장, 시·도지사 및 시장·군수·구청장은 개발사업 등의 허가 등을 할 때에는 재해예방을 위하여 사업대상지역 및 인근지역에 미치는 영향을 분석하여 사업시행자에게 지구단위 홍수방어기준을 적용하도록 요청할 수 있음

3. 침수흔적도 등 재해지도 제작 운영

(1) 정의

① 침수피해가 발생한 경우 침수·범람 그 밖의 피해 흔적을 침수흔적도에 작성·보존하고, 각종 개발사업 시 활용 및 주민 대피용 지도 제작에 활용

② 관련 법령: 「자연재해대책법」 제21조

(2) 내용

① 지방자치단체에서는 침수흔적도를 조속히 작성하여 사전재해영향성 검토, 자연재해위험개선지구 지정, 자연재해저감 종합계획 수립 등 각종 개발계획 수립 시 검토 자료로 활용

② 재해 발생 시 신속한 주민 대피를 위한 교육, 훈련, 정보 제공 등 주민 대피에 활용할 수 있는 주민 대피용 재해정보지도 제작

(3) 행정안전부장관의 임무(역할)

관계 중앙행정기관의 장 및 지방자치단체의 장이 작성한 재해지도를 자연재해의 예방·대비·대응·복구 등 전 분야 대책에 기초로 활용하고 업무추진의 효율성을 증진하기 위한 재해지도통합관리연계시스템을 구축·운영함

(4) 지방자치단체장의 임무(역할)

침수피해가 발생하였을 때에는 침수, 범람, 그 밖의 피해 흔적을 조사하여 침수흔적도를 작성·보존하고 현장에 침수흔적을 표시·관리함

★
지구단위 홍수방어기준에 따른 관계기관 및 단체의 역할

★
침수흔적도
침수·범람 후 '한국국토정보공사'의 현장조사를 통하여 침수된 범위를 도시한 지도

★
관계 중앙행정기관의 장 및 지방자치단체의 장은 하천 범람 등 자연재해를 경감하고 신속한 주민 대피 등의 조치를 하기 위하여 대통령령으로 정하는 재해지도를 제작·활용

4. 풍수해 복구대책

(1) 복구 기본방향 결정

피해상황, 지역 특성, 관계 공공시설관리자의 의견을 수렴하여 기능 복원과 개선 복구의 기본방향을 결정(주무기관: 지방자치단체)

(2) 피해 조사 및 복구 지원

① 피해 조사 및 피해원인 분석 재난복구계획(안)의 작성을 위하여 관계 부처 공무원으로 중앙합동조사단 편성·운영(주무기관: 중앙재난안전대책본부)

② 복구비 지원(주무기관: 행정안전부)

(3) 국고의 부담 및 지원

재난복구 비용 등의 국고 부담 및 지원은 동일한 재난기간(기상특보 및 그 여파로 인한 기간 포함)에 발생한 피해액(농작물 및 동산 피해액 제외)이 기준 금액 이상에 해당하는 경우 지원(주무기관: 중앙재난안전대책본부)

(4) 풍수해 보험제도 운영 활성화

자동차 책임 보험처럼 위험도가 높은 가옥, 시설물 등에 대해서는 강제화할 수 있도록 제도 개선(주무기관: 행정안전부)

5. 가뭄 복구대책

(1) 피해 농작물에 대한 복구비 지원

피해 규모에 따라 중앙 또는 지방자치단체 지원(주무기관: 농림축산식품부)

(2) 가뭄 대책 장비 및 시설 구입비 및 동력비 등의 지원

주무기관: 관계 중앙행정기관, 지방자치단체

(3) 재난 구호 및 재난복구 비용 부담기준에 관한 규정에 의한 지원

지원 대상: 수원 확보 및 공급을 위한 소요 사업비, 양수 및 급수 장비 구입비 50% 지원(주무기관: 행정안전부)

6. 내풍설계기준

(1) 정의

건축물, 도로 부속물, 옥외 광고물 등 강풍으로 인하여 재해를 입을 우

★
풍수해 복구대책
복구 방향 설정, 조사 및 복구비 지원, 풍수해 보험 운영

★
풍수해 보험
국민은 저렴한 보험료로 예기치 못한 풍수해(태풍, 홍수, 호우, 해일, 강풍, 풍랑, 대설, 지진)에 대해 스스로 대처할 수 있도록 하는 선진국형 재난관리제도

★
가뭄 복구대책
복구비 지원, 시설 및 동력비 지원, 재난 구호 지원

★
내풍설계
강풍으로 인하여 재해를 입을 우려가 있는 시설물에 적용

려가 있는 시설물에 대한 피해 예방 설계기준

(2) 관련 법령

「자연재해대책법」 제20조

(3) 주요 내용

① 태풍, 강풍 등으로 인하여 재해를 입을 우려가 있는 시설에 대하여 내풍설계기준을 설정하여 시설물 설치 시 적용

② 내풍설계기준 적용대상 시설

③ 건축물, 공항, 유원시설, 크레인, 항만, 옥외 광고물, 송·배전시설 등

(4) 관계 중앙행정기관장의 임무(역할)

내풍설계기준을 정하였을 때에는 행정안전부장관에게 통보하여야 하며 행정안전부장관은 필요하면 보완을 요구할 수 있음

(5) 지방자치단체장의 임무(역할)

내풍설계 대상 시설물에 대하여 허가 등을 할 때에는 내풍설계기준 적용에 관한 사항을 확인하고 그 기준을 충족하였으면 허가 등을 하여야 함

7. 대설대책(설해)

(1) 정의

단시간 내에 많은 눈이 내림으로써 발생하는 재해

(2) 관련 법령

「자연재해대책법」 제26조

(3) 주요내용

① 설해 발생에 대비하여 설해 예방대책에 관한 조사 및 연구

② 설해로 인한 재해를 줄이기 위한 대책 마련

③ 설해 예방조직의 정비, 도로별 제설 및 지역별 교통대책 마련, 설해 대비용 물자와 자재의 비축·관리 및 장비의 확보

④ 고립·눈사태·교통두절 예상지구 등 취약지구의 지정·관리, 산악지역 등산로의 통제구역 지정·관리, 설해대책 교육·훈련 및 대국민 홍보, 농수산시설의 설해 경감대책 마련, 친환경적 제설대책 마련 등

(4) 관계 중앙행정기관장의 임무(역할)

① 재난관리책임기관의 장은 설해 예방 및 경감 조치를 위하여 필요하면

Keyword

★
내풍설계기준에 따른 관계기관 및 단체의 역할 파악

★
대설주의보
24시간 신적설이 5cm 이상 예상될 때

★
대설경보
24시간 신적설이 20cm 이상 예상될 때 (단, 산지는 24시간 신적설이 30cm 이상)

다른 재난관리책임기관의 장에게 협조를 요청할 수 있음

② 행정안전부장관은 환경피해를 최소화하기 위한 친환경적 제설방안의 시행을 재난관리책임기관의 장에게 권고할 수 있음

③ 행정안전부장관은 설해가 상습적으로 발생할 우려가 있는 지역을 상습설해지역으로 지정·고시하도록 해당 시장·군수·구청장에게 요청

(5) 지방자치단체장의 임무(역할)

① 시장·군수·구청장은 대설로 인하여 고립, 눈사태, 교통 두절 및 농수산시설물 피해 등의 설해가 상습적으로 발생하였거나 발생할 우려가 있는 지역을 상습설해지역으로 지정·고시

② 그 결과를 시장·도지사를 거쳐 행정안전부장관과 관계 중앙행정기관의 장에게 보고

(6) 건축물관리자의 임무(역할)

건축물의 소유자·점유자 또는 관리자로서 그 건축물에 대한 관리 책임이 있는 자는 관리하고 있는 건축물 주변의 보도, 이면도로, 보행자 전용도로, 시설물의 지붕(대통령령으로 정하는 시설물의 지붕으로 한정한다)에 대한 제설·제빙 작업을 하여야 함

★
「자연재해대책법」 제27조(건축물관리자의 제설 책임)
건축물관리자의 구체적 제설·제빙 책임 범위 등에 관하여 필요한 사항은 해당 지방자치단체의 조례로 정함

적중예상문제

제1장 재난대응 기획

1 재난대응에 대한 설명 중 옳은 것은?

① 재난이 발생한 직후부터 재난 발생 이전의 원상태로 회복될 때까지의 장기적 활동 과정을 지칭한다.
② 재난 발생 직전과 직후, 재난이 진행되고 있는 동안에 취해지는 인명구조와 재난 손실의 경감 및 복구의 효과성을 향상시키기 위한 일련의 활동이다.
③ 재난 발생 시 대응을 용이하게 하는 사전 준비활동이다.
④ 재난 발생 시 대응계획 수립, 대응 자원의 보강 등이 포함된 활동

2 재난대응 단계에서 수행하는 활동 중 옳지 않은 것은?

① 재난관리계획의 실행
② 재난대책본부의 활동 및 개시
③ 이재민 수용 및 보호
④ 피해자의 진술 확보

3 재난관리의 전 과정 중 시간적으로 가장 짧은 활동으로 이 활동을 위해서 오랜 시간 재난에 대한 노력을 기울이는 재난관리의 활동은?

① 재난예방 ② 재난대비
③ 재난대응 ④ 재난복구

4 위기예방체제에 대한 항목 중 옳지 않은 것은?

① 위기대비
② 위기관리
③ 취약성 및 리스크 평가
④ 리스크 관리

5 위기경보에서 '경계' 단계에 대한 설명으로 옳은 것은?

① 호우예비특보 또는 호우주의보가 발령되고 재난의 발생 가능성이 나타날 때
② 호우경보가 발령되고 재난의 발생 가능성이 농후할 때

1. 재난대응은 재난 발생 직전과 직후, 재난이 진행되고 있는 동안에 취해지는 인명구조와 재난 손실의 경감 및 복구의 효과성을 향상시키기 위한 일련의 활동. 재난의 대응은 긴급구조통제단을 구성하여 긴급구조대응계획에 따라 응급대책, 현장지휘, 긴급구조활동 등을 지칭함
2. 피해자의 진술 확보는 재해조사에 해당하며 재해복구계획임
3. 대응 단계는 재난관리의 전 과정 중에서 시간적으로 가장 짧지만(대개 72시간 이내) 이 활동을 위해서 오랜 시간 완화와 대비의 노력을 기울인 것이므로 중요한 단계라 할 수 있음
4. 위기예방체제는 위기관리, 취약성 및 리스크 평가, 비즈니스 영향력 분석, 리스크 관리로 구분됨
5. 위기경보 '경계' 단계는 태풍경보가 발령되고 태풍에 의한 대규모 재난이 발생할 가능성이 농후할 때, 호우경보가 발령되고 호우에 의한 대규모 재난이 발생할 가능성이 농후할 때 발령됨

정답 1. ② 2. ④ 3. ③ 4. ① 5. ②

③ 호우경보가 발령되고 재난의 발생 가능성이 확실할 때
④ 우리나라에 영향을 끼칠 가능성이 있는 태풍이 발생하였을 때

6 재해 유형별 행동요령 설명으로 옳은 것은?

① 단계별 행동요령: 재난 취약시설 점검, 시설물 응급복구 등
② 업무 유형별 행동요령: 재난의 예방, 대비, 대응, 복구 단계별 행동요령
③ 담당자별 행동요령: 재해 유형별 행동요령 작성
④ 주민 행동요령: 도시·농어촌·산간지역 주민 등의 행동요령

7 가뭄 대응활동체제 중 '긴급 식수원 확보 및 생활용수 공급'에 대한 설명이다. 괄호 안에 들어갈 적절한 설명은?

> • 주무기관: (㉠), 관계 중앙행정기관
> • (㉡) 기본법에 의하여 설치된 비상 급수시설, 인근 정수장, 간이 상수도 등 활용

	㉠	㉡
①	지방자치단체	민방위
②	지방자치단체	재난 및 안전관리
③	행정안전부	민방위
④	행정안전부	재난 및 안전관리

8 풍수해 대응활동체제를 확립하기 위한 활동으로 옳지 않은 것은?

① 주민에 대한 재난 예·경보 신속 전파
② 기상상황 및 재난상황의 전달
③ 가뭄 단계별 제한급수대책 수립
④ 조기 경보발령체계 가동

9 지진 상황에 대한 전파 및 대응 조치 활동에 대한 설명으로 옳지 않은 것은?

① 재난방송 실시 요청
② 단계별 급수대책 수립
③ 지진 상황 전파
④ 시·군·구에 신속한 대응 지시

10 풍수해 발생 시 시설물에 대한 응급복구 내용으로 옳지 않은 것은?

① 응급복구를 위한 인력 확보
② 국민 생활 필수시설의 응급복구 실시
③ 침수지역 주택 등에 대한 조치 및 안정성 검토
④ 재난관리 실태 공시

11 국가기반시설의 지정 및 관리는 조정위원회의 심의를 거쳐 지정할 수 있다. 고려사항이 아닌 것은?

① 다른 기반시설이나 체계 등에 미치는 연쇄효과

6. - 단계별 행동요령: 재난의 예방·대비·대응·복구 단계별 행동요령
 - 업무 유형별 행동요령: 재난 취약시설 점검, 시설물 응급복구 등의 행동요령
 - 담당자별 행동요령: 비상근무 실무반의 행동요령 등
 - 주민 행동요령: 도시·농어촌·산간지역 주민 등의 행동요령
7. 가뭄에 대한 '긴급 식수원 확보 및 생활용수 공급'의 주무기관은 관계 중앙행정기관과 지방자치단체이며, 「민방위기본법」에 의하여 활용됨
8. 풍수해 대응활동체제 확립을 위한 활동은 주민에 대한 재난 예·경보 전파, 기상 및 재난상황의 전달, 조기 경보발령체계 가동, 시설물 응급복구 등이 있음
9. 단계별 급수대책 수립은 가뭄에 대한 대응 활동임
10. 재난관리 실태 공시는 매년 1회 이상 관할지역 주민에게 공시하여야 하며, 전년도 재난의 발생 및 수습현황 등이 포함됨
11. 재난관리기금의 적립현황은 재난관리 실태 공시를 위한 포함사항임

정답 6. ④ 7. ① 8. ③ 9. ② 10. ④ 11. ③

② 재난이 발생하는 경우 국가안전 보장과 경제·사회에 미치는 피해 규모 및 범위
③ 재난관리기금의 적립현황
④ 재난의 발생 가능성 또는 그 복구의 용이성

12 다음은 재난방지시설의 관리에 대한 설명이다. 괄호 안에 들어갈 내용 중 옳은 것은?

> • 재난관리책임기관의 장은 관계 법령 또는 안전관리계획에서 정하는 바에 따라 대통령령으로 정하는 재난방지시설을 (㉠)한다.
> • 행정안전부장관은 재난방지시설의 관리 실태를 점검하고 필요한 경우 (㉡) 등의 조치를 재난관리책임기관의 장에게 요청할 수 있다.

	㉠	㉡
①	점검·관리	보수·보강
②	점검·관리	구호·지원
③	지휘·통제	보수·보강
④	지휘·통제	구호·지원

13 재난관리체계 평가에 대한 설명 중 옳지 않은 것은?

① 대규모 재난의 발생에 대비한 단계별 예방·대응 및 복구과정을 평가한다.
② 「재난 및 안전관리 기본법」 제25조의2 제1항 제1호에 따른 대응할 조직의 구성 및 정비 실태를 평가한다.
③ 행정안전부장관은 평가 결과를 중앙위원회에 종합 보고한다.
④ 안전점검 또는 정밀안전진단 조치를 수행한다.

14 지진 상황에 대한 구조 및 구급 활동에 대한 설명으로 옳지 않은 것은?

① 긴급 구조·구급 대원 신속 투입
② 단계별 급수대책 수립
③ 현장지휘소 설치
④ 헬기지원체계 구축

15 재난피해 조사에 대한 설명으로 옳지 않은 것은?

① 재난관리책임기관의 장은 재난으로 발생한 피해상황을 신속하게 파악하고 그 결과를 중앙대책본부장에게 통보하여야 한다.
② 중앙대책본부장은 재난피해조사단을 편성하기 위하여 관계 재난관리책임기관장에게 소속 공무원이나 직원의 파견을 요청할 수 있다.
③ 중앙대책본부장은 재난피해의 조사를 위하여 필요한 경우에는 관계 중앙행정기관 및 관계 재난관리책임기관장과 합동으로 중앙통제단을 편성하여 재난피해상황을 조사할 수 있다.
④ 피해상황 조사의 방법 및 기준 등 필요한 사항은 중앙대책본부장이 정한다.

12. 재난관리책임기관의 장은 관계 법령 또는 안전관리계획에서 정하는 바에 따라 대통령령으로 정하는 재난방지시설을 점검·관리하여야 함
행정안전부장관 또는 소방청장은 재난방지시설의 관리 실태를 점검하고 필요한 경우 보수·보강 등의 조치를 재난관리책임기관의 장에게 요청할 수 있음
13. ④는 특정 관리대상 시설 등으로부터 재난 발생의 위험성을 제거하기 위한 활동임
14. 단계별 급수대책 수립은 가뭄에 대한 대응 활동임
15. 중앙대책본부장은 제2항에 따른 재난피해조사단을 편성하기 위하여 관계 재난관리책임기관의 장에게 소속 공무원이나 직원의 파견을 요청할 수 있음

정답 12. ① 13. ④ 14. ② 15. ③

16 **재난대응 단계 활동에 대한 설명 중 옳지 않은 것은?**

① 주민들의 생명을 보호할 활동가들의 훈련
② 효율적 의사 결정 구조의 문제와 조직 구성원들의 역할 문제 검토
③ 유연한 의사 결정 구조를 유지
④ 조직 구성원들에 대한 구체적 역할을 사전에 부여

17 **재난대응 단계 활동에 대한 설명 중 옳은 것은?**

① 재난 발생지역 내외에 있는 대응기관들의 사전동의 확보
② 인적 재난에 대하여 효율적으로 대응하기 위해서 유연한 의사 결정 구조를 유지
③ 재난을 관리하는 데 필요한 계획이나 경보체계 및 다른 수단 준비
④ 재난 발생 시 초등조치를 위함 체험, 훈련체계 마련

18 **위기경보 4단계에 대한 설명이다. 경보에 따른 판단기준 및 활동으로 옳은 것을 모두 선택한 것은?**

> ㉠ 관심(Blue): 영향을 끼칠 가능성이 있는 태풍의 발생 - 징후 감시 활동
> ㉡ 주의(Yellow): 대규모 재난이 발생할 가능성이 나타날 때 - 협조체제 가동
> ㉢ 경계(Orange): 대규모 재난이 발생할 가능성이 농후할 때 - 대비계획 점검
> ㉣ 심각(Red): 대규모 재난이 발생할 가능성이 확실할 때 - 즉각 대응 태세 돌입

① ㉠, ㉡　　② ㉠, ㉡, ㉢
③ ㉠, ㉡, ㉣　　④ ㉠, ㉡, ㉢, ㉣

19 **위기대응체제에 대한 설명 중 연결이 옳지 않은 것은?**

① 위기대응 - 긴급대응 관리팀이 제공한 상황정보를 바탕으로 비즈니스 연속성 계획에 따라 중요 업무 및 서비스 연속성 확보
② 위기대응 - 관련된 자원 조달과 지원에 대한 방안 마련
③ 긴급대응 - 조직에서 수행하는 모든 업무 및 외부에 제공하는 서비스 정상화
④ 긴급대응 - 예·경보에 대한 방안 수립과 위기 발생 시 비상사태 관리를 위한 지시 통제 협의에 대한 조정방안을 도출

20 **재난 및 안전관리 기본법령상 다중이용시설 등의 위기상황 매뉴얼에 따라 주기적 훈련의 의무를 가지는 사람은?** 19년1회 출제

① 소유자·관리자 또는 점유자
② 행정안전부장관
③ 재난관리주관기관의 장
④ 시장·군수·구청장

16. ①은 재난 발생 시 재난대비에 대한 활동임
17. 재난대응 단계 활동은 실제 재난이 발생한 경우 재난관리기관들이 수행해야 할 각종 임무 및 기능을 적용하는 활동 과정임
19. 조직에서 수행하는 모든 업무 및 외부에 제공하는 서비스 정상화는 위기 복구 체제에 관련된 사항임
20. 제34조의6(다중이용시설 등의 위기상황 매뉴얼 작성·관리 및 훈련)에 따르면 소유자·관리자 또는 점유자는 대통령령으로 정하는 바에 따라 위기상황 매뉴얼에 따른 훈련을 주기적으로 실시하여야 한다. 다만, 다른 법령에서 위기상황에 대비한 대응계획 등의 훈련에 관하여 규정하고 있는 경우에는 그 법령에서 정하는 바에 따름

정답 16. ① 17. ② 18. ④ 19. ③ 20. ①

21 **재난 및 안전관리 기본법령상 재난의 대응활동에 해당하는 것은?** 19년1회 출제

① 긴급통신수단 확보
② 위기경보의 발령
③ 안전점검
④ 특별재난지역 선포

22 **중앙재난안전대책본부 구성 및 운영 등에 관한 규정에 따라 상황판단회의에서 판단하는 사항으로 틀린 것은?** 19년1회 출제

① 재난사태 선포 필요성 여부
② 재난관리책임기관의 협력에 관한 사항
③ 지역 안전문화 활성화에 관한 사항
④ 재난관리책임기관 직원의 파견 범위

23 **재난 및 안전관리법령상 위기경보의 구분에 포함되지 않는 것은?** 19년1회 출제

① 관심　　② 주의
③ 경계　　④ 경보

24 **밀도가 1,030kg/m^{3}이고 체적탄성계수가 2.34GPa인 바닷물 속에서의 음속(m/s)은 얼마인가?** 19년1회 출제

① 47.7　　② 1,066
③ 1,507　　④ 2,131

제2장 재난복구 기획

25 **재난복구에 대한 설명 중 옳은 것은?**

① 재난 발생 직전과 직후, 재난이 진행되고 있는 동안에 취해지는 인명구조와 재난 손실의 경감 및 복구의 효과성을 향상시키기 위한 일련의 활동이다.
② 재난이 발생한 직후부터 재난 발생 이전의 원상태로 회복될 때까지의 장기적 활동 과정을 지칭한다.
③ 재난 발생 시 대응을 용이하게 하는 사전 준비활동이다.
④ 재난 발생 시 대응계획 수립, 대응 자원의 보강 등이 포함된 활동

26 **초기 회복기간으로부터 정상 상태로 돌아올 때까지 지원을 제공하는 지속적 활동을 의미하는 재난의 유형은 무엇인가?**

① 재난예방　　② 재난대비
③ 재난대응　　④ 재난복구

---

21. ① 긴급통신수단 확보 - 재난대비
② 위기경보의 발령 - 재난대응
③ 안전점검 - 재난예방
④ 특별재난지역 선포 - 재난복구

22. ① 행정안전부장관은 사회적 재난상황과 관련하여 상황판단 회의를 개최하여 중앙대책본부의 운영여부·시기 및 중앙대책본부회의의 소집 등을 결정할 수 있음
② 행정안전부장관은 대통령실, 국가정보원의 관계자 및 그 밖의 외부전문가를 상황판단회의에 참석시켜 자문을 구할 수 있음
④ 상황판단회의는 행정안전부 및 사회적 재난 관련 중앙행정기관의 고위공무원단에 속하는 공무원과 그 밖에 행정안전부장관이 필요하다고 인정하는 사람으로 구성함

23. 위기경보는 관심(Blue) - 주의(Yellow) - 경계(Orange) - 심각(Red)으로 구분됨

24. 음속 = $\sqrt{\dfrac{\text{체적탄성계수}}{\text{밀도}}}$
밀도 = 1,030kg/m^3
체적탄성계수 = 2.34GPa = 2.34×10^9kg/m·s^2
따라서 음속 = $\sqrt{\dfrac{2.34 \times 10^9}{1030}}$ = 1,507m/s

25. 재난복구는 인적 재난이 발생한 직후부터 피해지역이 재난 발생 이전의 원상태로 회복될 때까지의 장기적 활동 과정으로 초기 회복기간으로부터 정상 상태로 돌아올 때까지 지원을 제공하는 지속적인 활동을 의미함

26. 재난복구는 인적 재난이 발생한 직후부터 피해지역이 재난 발생 이전의 원상태로 회복될 때까지의 장기적 활동 과정으로 초기 회복기간으로부터 정상 상태로 돌아올 때까지 지원을 제공하는 지속적인 활동을 의미함

정답 21. ② 22. ③ 23. ④ 24. ③ 25. ② 26. ④

27 **재해조사 목적에 대한 설명 중 옳지 않은 것은?**

① 재해의 재발을 방지하고 원인이 되었던 상태 및 행동을 조사하는 것
② 적정한 방지대책을 수립하는 것
③ 재난 발생 직후 실시
④ 대응능력을 향상시키기 위한 사전 준비활동

28 **재해 조사방법에 대한 설명 중 옳지 않은 것은?**

① 예상 재해 유형 구분
② 재해 발생 직후 재해조사 실시
③ 물적 증거의 수집 및 보관
④ 피해자의 진술 확보

29 **지구단위 종합복구계획 수립을 위한 지역설정 중 고려사항이 아닌 것은?**

① 도로·하천 등의 시설물에 복합적으로 피해가 발생하여 시설물 복구보다는 일괄 복구가 필요한 지역
② 산사태 또는 토석류로 인하여 하천 유로 변경 등이 발생한 지역으로서 근원적 복구가 필요한 지역
③ 피해 재발 방지를 위하여 기능 복원보다는 피해지역 전체를 조망한 예방·정비가 필요하다고 인정되는 지역
④ 구조물의 재해영향 검토를 위한 주변지역

30 **지구단위 종합복구계획 수립 시 역할에 대한 설명 중 옳지 않은 것은?**

① 중앙대책본부장: 지구단위 종합복구계획 수립지역 설정
② 중앙대책본부장: 관계 재난관리책임기관의 장에게 소속 공무원이나 직원의 파견을 요청
③ 지역대책본부장: 자연재해가 발생한 지역의 피해상황 등을 조사
④ 지역대책본부장: 중앙대책본부장에게 지구단위 종합복구계획을 수립 요청

31 **재해복구 인력 구성방안 내용 중 옳은 것을 모두 선택한 것은?**

> ㉠ 재해복구시스템 구축을 위한 조직과 운영을 위한 조직으로 구분할 수 있다.
> ㉡ 재해복구시스템 구축 시 주요 구축 활동을 서비스 공급업체에 일임하더라도 재해복구 훈련을 수행한다.
> ㉢ 재해복구계획의 조직도는 재해복구와 관련된 모든 팀을 나열하고 역할을 간략하게 설명한다.

27. 재난 발생 시 대응을 용이하게 하고 작전능력을 향상시키기 위하여 취해지는 사전 중비 활동은 재난대비에 해당함

28. 재해조사의 방법으로는 재해 발생 직후 재해조사 실시, 물적 증거의 수집 및 보관, 재해현장의 기록 및 보관, 목격자 및 현장 감독자의 협력 및 재해조사 추진, 피해자의 진술 확보 등이 있음

29. 지구단위 종합복구계획은 다음에 해당하는 지역에 대하여 수립함
- 도로·하천 등의 시설물에 복합적으로 피해가 발생하여 시설물 복구보다는 일괄 복구가 필요한 지역
- 산사태 또는 토석류로 인하여 하천 유로 변경 등이 발생한 지역으로서 근원적 복구가 필요한 지역
- 복구사업을 위하여 국가 차원의 신속하고 전문적인 인력·기술력 등의 지원이 필요하다고 인정되는 지역
- 피해 재발 방지를 위하여 기능 복원보다는 피해지역 전체를 조망한 예방·정비가 필요하다고 인정되는 지역

30. 관계 재난관리책임기관의 장에게 소속 공무원이나 직원의 파견 요청은 재난피해 조사 시 수행함

31. - 재해복구 인력 구성은 크게 재해복구시스템 구축을 위한 조직과 운영을 위한 조직으로 나눌 수 있다. 재해복구시스템 구축 시 주요 구축 활동을 서비스 공급업체에 일임하더라도 향후 재해복구시스템을 운영할 담당자가 함께 적극적으로 참여를 유도함
- 재해복구 운영조직은 재해복구계획과 관련된 팀을 나열하고 각 팀의 주요 역할과 책임을 정의한다. 향후 각 팀은 재해복구훈련 계획에 따라 훈련을 통하여 재해 선언 시 요구되는 재해복구 임무를 원활하게 수행할 수 있어야 함
- 재해복구계획에 나타나는 조직도는 재해복구와 관련된 모든 팀을 나열하고 역할을 간략하게 설명하고, 재해복구계획서 부록에는 상세한 조직도 및 연락처를 첨부하고 최신 정보를 유지하여야 함

정답 27. ④ 28. ① 29. ④ 30. ② 31. ④

> ㉣ 재해복구계획서 부록에는 상세한 조직도 및 연락처를 첨부하고 최신 정보를 유지하여야 한다.

① ㉠, ㉡　　② ㉡, ㉢
③ ㉠, ㉢, ㉣　　④ ㉠, ㉡, ㉢, ㉣

32 **풍수해 복구에 대한 추진 개요 및 내용에 대한 사항 중 포함되지 않는 것은?**

① 피해자의 진술
② 발생 일시 및 장소
③ 발생원인
④ 피해 및 복구 물량

33 **평시 재해복구 운영조직의 담당자 및 역할에 대한 설명 중 옳지 않은 것은?**

① 총괄책임자: 재해복구시스템 각 사안에 대한 결정
② 운영담당자: 모의 재해복구훈련 수행
③ 시설관리자: 전기·공조·용수 등 관리
④ 보안관리자: 재해복구시스템 관리 및 보고

34 **재해 시 운영조직으로 옳지 않은 것은?**

① 관리조직
② 기술조직
③ 지원조직
④ 대응조직

35 **다음은 재해 시 운영조직의 활동 내용이다. 조직의 연결이 옳은 것은?**

> • 재해복구시스템 정상 유무 체크
> • 가능·불가능 업무 파악, 보고

① 비상대책반
② 시스템 복구반
③ 업무 복구반
④ 지원 및 공급업체

36 **재해복구 절차 단계에 대한 활동 및 임무가 잘못 연결된 것은?**

① 재해 선언 - 재해현황 파악
② 재해 선언 - 재해복구시스템 전환 결정
③ 재해복구활동 - 예상 복구시간 파악
④ 주 센터 복귀 - 복귀 절차 통제

37 **수방기준에 대한 설명 중 옳지 않은 것은?**

① 「자연재해대책법」 제17조에 의거한다.
② 각종 개발사업, 재해위험지구 정비사업, 수해 복구사업계획 수립 시 적용된다.
③ 소하천·하천 제방, 하수관거 등 시설물에 대한 안전성 확보를 위한 시설 기준이다.
④ 수해 내구성 강화를 위한 수방기준은 관계 중앙행정기관의 장이 정한다.

32. 피해자의 진술 확보는 재해조사 방법
33. 보안관리자의 활동 내용으로는 보안 정책 수립, 출입 관리, 기기나 시설 보안관리 등임
34. 재해 시 운영조직은 관리, 기술, 지원으로 구분
35. 업무 복구반의 활동내용으로는 재해복구시스템 정상 유무 체크, 가능·불가능 업무 파악, 보고가 있음
36. 재해복구활동으로는 재해복구센터로의 서비스 전환, 주 센터 복구활동이 포함되며, 구성원의 임무로는 서비스 재가동 확인, 재해복구센터에서의 장기 운영 대비, 복구 불능 시 조달계획 수립, 재해복구 전환 통제 및 최종 서비스 확인 보고 등이 있음
37. 지구단위 홍수방어기준은 재난관리책임기관(국가, 유관기관, 지방자치단체)의 장이 수립하는 각종 개발사업, 재해위험지구 정비사업, 수해 복구사업계획 수립 시 적용함

정답 32. ① 33. ④ 34. ④ 35. ③ 36. ③ 37. ②

38 **지구단위 홍수방어기준에 대한 내용 중 옳은 것을 모두 선택한 것은?**

> ㉠ 상습침수지역 및 홍수피해 예상지역에 대하여 지역 특성에 맞는 홍수방어기준을 마련하기 위한 기준
> ㉡ 관련 법령은 「자연재해대책법」 제18조
> ㉢ 상습침수지역, 홍수피해 예상지역, 그 밖의 재해 경감을 위하여 기준 설정
> ㉣ 각종 지역 단위 개발 계획 수립 시 적용

① ㉠, ㉡　　② ㉡, ㉢
③ ㉢, ㉣　　④ ㉠, ㉡, ㉢, ㉣

39 **각종 시설물의 안정성 확보와 내구성 강화를 위한 기준으로 시설물 설치 시 적용되는 기준은?**

① 지구단위 홍수방어기준
② 수방기준
③ 도시계획시설 기준
④ 방재성능목표 기준

40 **침수흔적도 등의 재해지도 제작 및 운영에 대한 내용 중 옳지 않은 것은?**

① 대상 사업에 대하여 준공 검사 또는 사용 승인의 기준이 된다.
② 각종 개발사업 시 활용하고 주민 대피용 지도 제작에 활용한다.
③ 사전재해영향성 검토, 재해위험지구의 지정, 자연재해저감 종합계획 수립 등 각종 개발계획 수립 시 검토 자료로 활용한다.
④ 지방자치단체는 재해 직후 조속히 작성한다.

41 **풍수해 복구대책과 주무기관의 연결이 잘못 연결된 것은?**

① 복구 기본방향 결정 - 지방자치단체
② 피해 조사 및 복구 지원 - 지방자치단체
③ 국고의 부담 및 지원 - 중앙재난안전대책본부
④ 풍수해 보험제도 운영 및 활성화 - 행정안전부

42 **가뭄 복구대책에 대한 항목 중 옳지 않은 것은?**

① 재해지도 제작
② 복구비 지원
③ 대책 장비 및 시설 구입비 지원
④ 재난 구호 및 재난복구 비용 지원

43 **내풍설계기준에서 지방자치단체의 임무 및 역할로 옳지 않은 것은?**

① 내풍설계 대상 시설물의 설치 시 기준을 적용
② 내풍설계 대상 시설물에 대하여 허가 등을 하는 경우 내풍설계기준 적용
③ 적용 여부를 확인하고 적합한 경우 허가 등의 조치
④ 소관시설물에 대하여 내풍설계기준을 설정

38. 지구단위 홍수방어기준은 상습침수지역 및 홍수피해 예상지역에 대하여 지역 특성에 맞는 홍수방어기준을 마련하기 위함이며 「자연재해대책법」 제18조에 의거하여 적용됨
39. 수방기준은 소하천·하천 제방, 하수관거 등 시설물에 대하여 설계·관리자의 수해 내구성 강화 등 안전성 확보를 위한 시설 기준임
40. 침수흔적도는 침수피해가 발생한 경우 침수·범람 그 밖의 피해 흔적을 침수흔적도에 작성·보존하고, 각종 개발사업 시 활용 및 주민 대피용 지도 제작에 활용되며 「자연재해대책법」 제21조에 의거하여 적용됨
41. 피해 조사 및 복구 지원은 관계 중앙행정기관에서 수행하며, 피해 조사 및 피해원인 분석 재난복구계획(안)의 작성을 위하여 관계부처 공무원으로 중앙 합동 조사단 편성·운영에 관한 사항임
42. 가뭄 복구대책은 피해 농작물에 대한 복구비 지원, 가뭄 대책 장비 및 시설 구입비 및 동력비 등의 지원, 재난 구호 및 재난복구 비용 부담기준에 관한 규정에 의한 지원에 해당됨
43. 소관시설물에 대한 설계기준 설정은 중앙행정기관장의 역할임

정답 38. ④ 39. ② 40. ① 41. ② 42. ① 43. ④

44 내풍설계기준과 관련된 내용으로 옳지 않은 것은?

① 강풍으로 인한 재해 우려가 있는 시설물에 적용
② 건축물, 공항, 유원시설, 크레인, 항만, 옥위 광고물 등이 해당
③ 주민 대피용 지도 제작에 활용
④ 중앙행정기관의 장이 설계기준 설정

45 재해 시 운영조직에 대한 역할 중 옳지 않은 것은?

① 각 조직간 협조 하에 복구활동 수행
② 평시에는 본연의 업무에 임하게 되며, 재해 시 각자의 역할과 임무를 명확히 인지하여 비상상황에 대처
③ 재해 발생 시 신속하고 원활한 복구를 위해서 운영조직 구성
④ 조직 구성원들에 대한 대응활동의 구체적 역할을 사전에 부여

46 재해현장에 대한 위험관리 기준 중 연결이 옳지 않은 것은?

① 수방기준 – 침수피해가 발생한 경우 침수·범람 그 밖의 피해 흔적을 작성·보존하기 위함
② 지구단위 홍수방어기준 – 상습침수지역 및 홍수피해 예상지역에 대하여 지역 특성에 맞는 홍수방어기준을 마련하기 위한 기준
③ 침수흔적도 제작 – 하천 범람 등 자연재해를 경감하고 신속한 주민 대피 등의 조치하기 위함임
④ 내풍설계기준 – 건축물, 도로 부속물, 옥외 광고물 등 강풍으로 인하여 재해를 입을 우려가 있는 시설물에 대한 피해 예방 설계기준

47 재난 및 안전관리 기본법령상 재난피해 조사 및 복구계획에 대한 설명으로 틀린 것은? 19년1회 출제

① 재난으로 피해를 입은 사람은 피해상황을 행정안전부령으로 정하는 바에 따라 시장·군수·구청장에게 신고할 수 있다.
② 중앙대책본부장은 재난피해의 조사를 위하여 필요한 경우에는 대통령령으로 정하는 바에 따라 관계 중앙행정기관 및 관계 재난관리책임기관의 장과 합동으로 중앙재난피해합동조사단을 편성하여 재난피해 상황을 조사할 수 있다.
③ 재난관리책임기관의 장은 특별재난지역으로 선포된 지역의 사회재난으로 인한 피해에 대하여 재난피해 조사를 마치면 지체 없이 자체복구계획을 수립·시행하여야 한다.
④ 중앙대책본부장은 재난복구사업의 지도·점검 계획을 수립하여 지도·점검 5일 전까지 대상 기관에 통지하여야 한다.

44. ③은 침수흔적도에 관련된 사항임
45. 조직 구성원들에 대한 대응활동의 구체적 역할을 사전에 부여는 대응 단계 활동에 대한 설명임
46. 수방기준은 소하천·하천 제방, 하수관거 등 시설물에 대하여 설계·관리자의 수해 내구성 강화 등 안전성 확보를 위한 시설 기준임
47. 재난관리책임기관의 장은 사회재난으로 인한 피해[사회재난 중 특별재난지역으로 선포된 지역의 사회재난으로 인한 피해(이하 이 조에서 "특별재난지역 피해"라 한다)는 제외한다]에 대하여 피해조사를 마치면 지체 없이 자체복구계획을 수립·시행하여야 함

정답 44. ③ 45. ④ 46. ① 47. ③

제1과목

제3편
비상대응 관리

제1장

대상 재난 설정

제3편
비상대응 관리

본 장에서는 저수지·댐 붕괴, 해일, 지진 및 기타 재난에 대한 피해상황을 파악하고 비상상황 시 시설물들을 관리할 수 있는 계획을 수록하였다. 다양한 재해 발생원인을 파악하여 피해상황을 조사하는 항목을 명시하였으며, 재해로 인해 피해가 우려되는 시설물에 대하여 피해 경감을 위한 계획을 수립하는 데 필요한 정보를 이해할 수 있도록 하였다.

1절 저수지·댐 붕괴와 피해상황 구성

1. 용어 정의

(1) 여수로

① 일반여수로: 저수지·댐의 저류공간에서 수용할 수 있는 용량을 초과하는 홍수량을 안전하고 효율적으로 방류할 수 있도록 만든 수로

② 비상여수로: 정상적인 설계과정에서 고려되지 않은 비상사태가 발생할 경우에 안전을 위해서 추가적으로 제공하기 위한 여수로

★
여수로
저류공간에서 수용할 수 있는 용량을 초과하는 홍수량을 방류할 수 있도록 하는 수로

(2) 저수지·댐 수위

① 최고 수위: 가능 최대홍수가 유입될 경우 상승할 수 있는 제일 높은 수위

② 계획홍수위: 계획홍수량이 유입될 때의 최고 수위

③ 상시 만수위: 이수 목적으로 활용되는 부분의 최고 수위

④ 홍수기 제한수위: 홍수기간 중에 유지할 수 있는 가장 높은 수위

★
수위
기준면에서 측정한 수면의 높이

★
저수지·댐
저수지·댐 안에 있는 물 표면의 해발고도

(3) 저수량

① 총 저수용량: 계획홍수위까지의 저수용량

② 유효저수량: 저수위에서 상시 만수위까지의 저수용량(이수용량)

③ 홍수조절용량: 홍수기 제한수위(상시만수위)에서 계획홍수위까지의 저수용량

★
저수량
저수지가 일정 수위 내에서 담아둘 수 있는 물의 양

2. 저수지·댐 붕괴 원인 및 양상

(1) 저수지·댐 붕괴 원인

① 여수로: 단면 부족, 여수로 통수능을 초과한 홍수, 부적당한 여수로의 설계 등

② 기초부: 침투, 파이핑, 초과 간극 수압, 침하, 활동, 부적절한 절토, 지진 등으로 인한 기초부 유실 등

③ 기타: 부실시공, 불량 재료, 운영 실수 등

(2) 저수지·댐 붕괴 양상

① 중력식 댐에서 전도나 활동에 의한 파괴는 기초부를 따라 발생

② 콘크리트 중력 댐에서 활동에 의한 붕괴는 기초부 내의 응력에 의해 발생

③ 아치 댐의 붕괴는 전도, 콘크리트 균열, 댐 붕괴를 야기하는 과다한 교대의 이동 및 교대의 질량의 이동 등에 의해 발생

④ 필댐

㉠ 월류, 파이핑, 활동 및 흐름 침식 등으로 인해서 붕괴가 발생

㉡ 흐르는 물의 침식작용으로 인하여 붕괴부가 확대되어 발생되는 댐 재료의 소실에 의해 붕괴형태가 정해짐

★ **전도**
외력에 의해 구조물의 모멘트가 평행상태를 유지하지 못하고 넘어지는 현상

★ **필댐**
토석재료를 완만하게 쌓아올려서 본체의 자중에 의해 저수에 의한 하중을 지탱하는 댐

★ **월류**
제방 및 댐 등에서 물이 넘쳐흐르는 현상

★ **파이핑**
유수의 작용으로 인하여 모래지반 일부에서 모래와 물의 혼합액이 파이프 형태로 분출되는 현상

2절 해일 발생과 피해상황 구성

1. 기초 조사

(1) 기초 조사

해일의 발생원인, 과거에 발생한 해일의 특성 및 피해현황, 대상 연안지역의 해일 특성, 인적·물적 피해의 양상 등을 조사

(2) 대상 연안지역 조사

① 과거 해일 조사

과거 해일 조사항목 및 목적

분야	조사항목	목적
폭풍, 지진	발생시기, 발생빈도, 주기성, 태풍, 지진 제원 등	• 대상 해일 설정 - 태풍, 지진 파악 및 제원 설정 - 과거 최대 해수위 편차 파악 • 하천에의 영향 파악 - 홍수 유량 설정 - 폭풍해일 및 홍수의 동시 유발 효과 설정 - 지진해일의 하천 역류 영향 설정 • 피해 실태 파악 - 필요 대책 검토
해일	발생빈도, 수위 변화, 수위, 침수흔적, 침수심, 침수량 등	
파동	발생빈도, 파고시간 변화, 파고치, 월파역·량 등	
홍수	강수량, 홍수 발생 시각, 하천 수위·수량 등	
인적·물적 피해	피해 규모·형태·원인, 대응 실시 사례 등	

② 자연 특성

과거 해일 조사항목 및 목적

분야	조사항목	목적
해안	지형 조건(해저·해안 지형)	- 침수역 산정 및 재해영향 파악
	기상 조건(내습 빈도, 발생빈도 등)	- 월류 및 월파 가능성 평가
	해안 조건(조위, 파랑 등)	- 피해 가능성 평가
	하천 조건	- 홍수 발생 가능성 평가
배후지역	지형	- 해일에 의한 피해 상정
	표고	- 피난 가능성 검토

③ 사회·경제 특성

사회·경제 특성 조사항목 및 목적

분야	조사항목	목적
주민	인구·세대수 및 분포, 구호가 필요한 주민 비율 및 분포, 생활 형태 및 의식, 유입·유출 인구 등	- 재해에 의한 피해 추정 - 피난 검토 및 피난 행동 곤란성 파악 - 대응 활동 정도 파악
건물	구조, 규모, 위치, 건축 연수, 용도 및 이용현황 등	- 재해에 의한 피해 추정 - 피난 검토
산업 활동	업종, 시설의 보유 상황, 시설별 생산 규모 및 종업원 수 등	

④ 토지 이용 특성

토지 이용 특성 조사항목 및 목적

분야	조사항목	목적
도시·집락 시설	항만·어항 관련 시설, 교통시설 분포 및 형태, 라이프 라인 관련 시설 분포 및 형태, 위험물질 관련 시설물, 관광자원·복지·교육시설 분포, 하천·수로 유무 등	- 재해에 의한 피해 및 요인 파악 - 피해 확대 가능성 평가
도시·지역 계획	현행의 각종 계획 및 사업의 목표·내용·기간, 계획 및 사업의 추진 상황 및 장래 계획 등	- 재해에 의한 피해 추정

★ **빈도**
어떠한 현상이 반복되는 도수

★ **월파**
파도의 쳐오름 작용에 의해 바닷물이 넘치는 현상

★ **라이프 라인**
생활을 유지하기 위한 다양한 시설

2. 해일 발생원인 및 피해상황 조사

(1) 해일 발생원인

① 서해안: 조석파금 영향 조위 증폭+하계 태풍에 의한 해일 또는 동계 계절풍에 의한 파랑 및 해일

② 남해안: 조석현상+하계 태풍에 의한 해일

③ 동해안: 동계 계절풍에 의한 해일 및 지진해일

(2) 위기유형

① 방조제 등 파손, 농작물 염해 피해

② 수산양식시설(생물) 및 어망·어구 등 피해

③ 어항시설 피해

④ 침수, 범람에 의한 해양수산시설물 피해

⑤ 선박의 직·간접 피해: 침몰·파손, 기름 유출에 의한 피해

⑥ 항만시설 피해

⑦ 항만 적재화물 피해, 해상교통 두절

3절 기타 재난 발생과 피해상황 구성

1. 설해

(1) 정의

① 농작물, 비닐하우스, 도로, 구조물 등에 많은 눈이나 눈사태로 인하여 피해를 입는 재해

② 많은 눈이 장기간 쌓여 발생하는 폭설, 적설해, 눈사태 등으로 분류

(2) 위기 유형

① 교통두절

㉠ 고속도로, 국도 등 주요 간선도로의 통행 불능

㉡ 고속철도, 철도 등의 두절

㉢ 항공기 이·착륙 제한

㉣ 도로 등의 교통두절 및 통행 불편

② 인명고립

㉠ 고속도로 등에서의 인명 고립

㉡ 도서, 산악 및 주민 산재지역의 고립

★
계절풍
계절에 따라 바람의 방향이 크게 바뀌는 바람으로 몬순이라고도 함

★
조석
지구, 달, 태양의 인력 효과로 인해 해수면의 규칙적인 승강 운동

★
설해위기 유형
교통주절, 인명고립, 산업피해

③ 산업피해

㉠ 비닐하우스, 축사 등 농업시설 파손

㉡ 수산 증·양식시설 및 어망·어구 피해

㉢ 건축물 등 주요 시설물 붕괴

㉣ 공장 붕괴 등 기업 피해

㉤ 송전탑 등의 붕괴로 인한 대규모 정전 사태

㉥ 방송시설 송출 중단

㉦ 재난방송 요청 및 홍보

(3) 전개 양상

① 대설주의보: 24시간 신적설이 5cm 이상 예상될 때

② 대설경보: 24시간 신적설이 20cm 이상 예상될 때, 산지의 경우는 30cm 이상 예상될 때

2. 낙뢰

(1) 정의

① 번개와 천둥을 동반하는 급격한 방전현상으로서 적란운 안에서 발생하며, 소나기 또는 우박을 동반함

② 낙뢰가 발생되는 원인에 따라 열뢰, 계뢰, 전도뢰로 분류

(2) 전개 양상

① 발생원인: 낙뢰 사고 발생(뇌운으로 인해 발생)

② 위기 피해 유형

㉠ 낙뢰 피해 발생

㉡ 국가기반시설 피해에 따라 전력설비 정전, 통신·교통 두절 등 연계 피해 발생

③ 국가위기 확산

전력·가스·수도·교통·통신 등 라이프라인 시설 파괴로 생존에 심각한 위협 발생

3. 가뭄

(1) 정의

① 장기간에 걸친 강우의 부족으로 인하여 야기되는 물 부족 현상

② 강수, 강설 등 자연현상이나 인위적 행위에 의해 물 공급 및 수요 간의

★
신적설
지면 또는 오래된 설면 위에 하루가 시작되고 새로 쌓인 눈

★
적란운
수직으로 발달된 구름덩이가 산이나 탑 모양을 이룬 형태

★
열뢰, 계뢰, 전도뢰
- 열뢰: 지표면의 기온이 올라가서 격렬한 상승기류를 생기게 하는 낙뢰
- 계뢰: 한랭전선이 발달한 곳에서 적란운이 발생하여 일어나는 낙뢰
- 전도뢰: 강한 차가운 공기의 유입으로 대기의 상태가 불안정해져서 일어나는 낙뢰

상호작용에 문제가 생겨 발생

③ 여러 가지 기준에 의해 기상학적·농업적·수문학적·사회경제적 가뭄으로 분류

(2) 재난 유형

① 지하수 및 토양 수분 고갈

② 농작물의 피해

③ 하천유지유량의 감소

④ 생활·농업·공업용수의 부족

(3) 전개 양상

① 주요 위기 발생요인

㉠ 기후변화에 따른 누적 강수 부족

㉡ 저수지 및 댐 저수율 저하로 용수공급 부족

② 위기 발생 징후

㉠ 농작물 시듦 등 피해 일부지역 발생

㉡ 생활·농업·공업용수 부족현상 일부지역 발생

③ 국가위기 확산

㉠ 농작물 시듦 등 피해 대규모지역 확대

㉡ 생활·농업·공업용수 부족현상 대규모지역 확대

4. 화재

(1) 정의

① 사람이 의도하지 않았거나 고의에 의해 발생하는 연소 현상으로 소화할 필요가 있는 사회재난

② 소방대상물에 따라 건축물화재, 차량화재, 선박화재, 산림화재, 특종화재 등으로 분류

③ 다중밀집시설 화재: 다중밀집시설에서 다양한 원인에 의해 발생하는 대형화재 및 당해 화재로 인한 붕괴사고

④ 산불: 산림이나 산림에 인접한 지역의 나무·풀·낙엽 등이 인위적으로나 자연적으로 발생한 불에 타는 것

(2) 다중밀집시설 화재의 전개 양상

① 다중밀집시설 내 대형화재 발생

② 인근 업소·매장·시설 등으로 재난 확산

★
가뭄 분류

① 기상학적 가뭄: 일정기간 평균 강수량보다 적은 강수량으로 인해 건조한 날이 지속

② 농업적 가뭄: 작물의 생육에 필요한 수분이 부족

③ 수문학적 가뭄: 전반적인 수자원 공급의 부족

④ 사회경제적 가뭄: 사회적으로 물의 수요가 증가하여 공급량을 초과하여 발생하는 생활·농업·공업용수 등의 부족

★
사회재난

화재·붕괴·폭발, 교통사고·화생방사고·환경오염사고 등으로 인하여 발생하는 대통령령으로 정하는 규모 이상의 피해와 국가기반체계의 마비, 감염병 또는 가축 전염병의 확산, 미세먼지 등으로 인한 피해

★
특종화재

위험물제조소, 가스제조소, 원자력발전소, 터널 등에서 발생한 화재

★
다중밀집시설

불특정 다수인 등 다중이 이용하는 시설로서 대형화재 발생 시 대규모 인명 및 재산상의 피해가 발생할 우려가 높은 시설

③ 대규모 사상자 및 재산피해 발생

(3) 산불의 전개 양상

① 대형산불: 산불이 강한 바람을 타고 확산되고 있으나 산림헬기 등 진화자원의 투입이 어려우며, 산림 내 문화재·사찰, 주변 주택, 국가기간산업시설 등 주요시설에 피해가 발생

② 동시다발 산불: 전국적으로 날씨가 매우 건조한 가운데 소각행위와 입산자 실화로 추정되는 크고 작은 산불이 동시다발적으로 발생하여 초기진화에 애로

4절 비상대처계획 수립 대상 시설물

1. 비상대처계획 기본 정보

(1) 비상대처계획 목적

「자연재해대책법」 제37조에 의거하여 태풍, 지진, 해일 등 자연현상으로 인하여 대규모 인명 또는 재산의 피해가 우려되는 다중이용시설 또는 해안지역 등에 대하여 시설물 또는 지역의 관리주체는 피해 경감을 위하여 비상대처계획을 수립해야 하며, 「저수지·댐의 안전관리 및 재해예방의 관한 법률」 제22조의2에 의거하여 저수지·댐 관리자는 저수지·댐의 재해로 발생할 수 있는 피해를 예방하고자 비상대처계획 수립

(2) 비상대처계획 수립 주체

① 중앙행정기관
② 지방자치단체
③ 재난관리책임기관의 장
④ 행정안전부장관
⑤ 저수지·댐 관리자

2. 적용범위

(1) 비상대처계획 수립 대상 시설물

① 내진설계 대상 시설물
② 해일, 하천 범람, 호우, 태풍 등으로 피해가 우려되는 시설물
③ 자연재해위험개선지구 중 비상대처계획의 수립이 필요하다고 지방

★ 비상대처계획의 기본 내용 및 적용되는 범위

★ **내진설계**
지진 발생 시 시설의 안전성을 확보하기 위한 설계

★ **자연재해위험개선지구**
상습침수 및 산사태 위험 등 지형적인 여건 등으로 인하여 재해가 발생할 우려가 있는 지역

자치단체의 장이 인정하는 지역

④ 저수지·댐

㉠ 다목적댐, 발전용댐(하천법 제26조)

㉡ 다목적댐이나 발전용댐에 해당하지 아니하는 총 저수용량 30만세제곱미터 이상인 저수지·댐(하천법 제26조, 저수지댐법 제22조의2)

㉢ 총저수용량이 20만세제곱미터 이상인 저수지(농어촌정비법 제20조)

㉣ 재해위험저수지·댐(저수지댐법 제22조의2)

(2) 해일, 하천범람, 호우, 태풍 등에 대한 비상대처계획의 포함사항

① 주민, 유관기관 등에 대한 비상연락체계

② 비상시 응급행동요령

③ 비상상황 해석 및 홍수의 전파 양상

④ 해일 피해 예상지도

⑤ 경보체계

⑥ 비상대피계획

⑦ 이재민 수용계획

⑧ 유관기관 및 단체의 공동대응체계

⑨ 그 밖에 위험지역의 교통통제 등 비상대처를 위하여 필요한 사항

(3) 저수지·댐 등에 대한 비상대처계획의 포함사항

① 저수지·댐의 일반정보, 주변환경

② 저수지·댐의 하류부 하천 및 유역의 개요

③ 저수지·댐 붕괴 위험성 평가, 홍수류 해석

④ 비상상황 시 정보 취득 및 보고 방법

⑤ 관계 기관별 책임·임무, 비상발령 및 상황관리 체계, 비상연락체계

⑥ 주민대피계획 및 위험지역의 교통통제, 비상시 응급행동요령

⑦ 이재민 수용계획에 관한 사항

⑧ 응급의료활동 및 생필품 공급

⑨ 비상대처계획의 실습 및 훈련

⑩ 홍수범람지도, 주민대피로 및 구조활동로

⑪ 그 밖에 추가피해 방지 등 비상대처를 위하여 필요한 사항

★
홍수범람지도
시간별 침수심, 면적, 위험강도 등을 기재한 지도

5절 비상상황 시 관리 대상 시설

1. 비상상황 시 관리 대상 시설물

① 댐(본댐 및 조정지댐) 및 하구둑
② 수문, 제수문, 갑문, 배수문, 여수로, 방수로 및 취·도수시설
③ 통신시설 및 댐 수문관측, 방류경보 등 시설
④ 수문조작을 위한 각종 기기·시설, 예비전원 설비
⑤ 그 밖의 부속시설

2. 시설물 안전 및 유지관리계획

(1) 안전 및 유지관리계획 개요

① 시설물의 안전점검과 적정한 유지관리를 통하여 재해와 재난을 예방하고 시설물의 효용을 증진시킴으로써 공중의 안전을 확보하고 나아가 국민의 복리증진에 기여함을 목적으로 함
② 국토교통부장관은 시설물이 안전하게 유지관리 될 수 있도록 5년마다 시설물의 안전 및 유지관리에 관한 기본계획 수립 및 시행

(2) 안전 및 유지관리 기본계획의 포함사항

① 기본목표 및 추진방향
② 안전 및 유지관리체계의 개발, 구축 및 운영
③ 정보체계의 구축 및 운영
④ 필요한 기술의 연구 및 개발
⑤ 필요한 인력의 양성

(3) 시설물 관리계획의 포함사항

① 시설물의 적정한 안전과 유지관리를 위한 조직·인원 및 장비의 확보
② 긴급상황 발생 시 조치체계에 관한 사항
③ 시설물의 설계·시공·감리 및 유지관리 등에 관한 설계도서 수집 및 보존
④ 안전점검 또는 정밀안전진단의 실시
⑤ 보수·보강 등 유지관리 및 그에 필요한 비용

Keyword

★
제수문
하천에서 홍수에 대비한 방수로의 수량을 조절하는 수문

★
갑문
보의 상하류 사이에서 선박을 통과시키기 위해 수위를 조정하는 장치

★
「시설물의 안전 및 유지관리에 관한 특별법」 제5조에 따라 시행

★
정밀안전진단
시설물의 구조적 안전성 및 결함의 원인 등을 조사·평가

제2장 비상상황 관리계획 수립

제3편
비상대응 관리

본 장에서는 비상상황 시 발생하는 상황 및 대책방안과 비상대응기관 및 유관기관의 임무를 비상상황 단계별로 구분하여 작성하였다. 관심/주의/경계/심각 단계에 따라 나타나는 현상과 이와 관련된 기관들의 대책방안을 기술하였으며, 비상상황 시 정보 취득방안 및 상황관리체계에 대하여 기술하였다.

1절 위기경보 수준에 따른 단계별 대책 수립

1. 위기경보 발령 및 재난관리

(1) 위기경보의 발령

① 재난관리주관기관의 장은 재난에 대한 징후를 식별하거나 재난발생이 예상되는 경우에는 그 위험수준, 발생 가능성 등을 판단하여 그에 부합되는 조치를 할 수 있도록 위기경보 발령

② 다수의 재난관리주관기관이 관련되는 재난에 대해서는 관계 재난관리주관기관의 장과 협의하여 행정안전부장관이 위기경보 발령

③ 위기경보는 재난 피해의 전개 속도, 확대 가능성 등 재난상황의 심각성을 종합적으로 고려하여 관심·주의·경계·심각으로 구분

★
「재난 및 안전관리 기본법」 제38조에 의거하여 재난관리주관기관의 장이 위기경보 발령

(2) 위기경보 수준

① 위기경보 단계
관심(Blue) → 주의(Yellow) → 경계(Orange) → 심각(Red)

② 관심: 위기징후와 관련된 현상이 나타나고 있으나 그 활동수준이 낮아서 국가 위기로 발전할 가능성이 적은 상태

③ 주의: 위기징후의 활동이 비교적 활발하여 국가 위기로 발전할 수 있는 일정 수준의 경향이 나타나는 상태

④ 경계: 위기징후의 활동이 활발하여 국가 위기로 발전할 가능성이 농후한 상태

⑤ 심각: 위기징후의 활동이 매우 활발하여 국가 위기의 발생이 확실시되는 상태

★
비상상황 단계
관심단계 → 주의단계 → 경계단계 → 심각단계

(3) 재난관리 단계

① 예방: 위기 요인을 사전에 제거하거나 감소시킴으로써 위기 발생 자체를 억제하거나 방지하기 위한 일련의 활동

② 대비: 위기 상황 하에서 수행해야 할 제반 사항을 사전에 계획·준비·교육·훈련함으로써 위기대응능력을 제고시키고 위기 발생 시 즉각적으로 대응할 수 있도록 태세를 강화시켜 나가는 일련의 활동

③ 대응: 위기 발생 시 국가의 자원과 역량을 효율적으로 활용하고 신속하게 대처함으로써 피해를 최소화하고 추가적인 위기 발생 또는 위기의 확대 가능성을 감소시키는 일련의 활동

④ 복구: 위기로 인해 발생한 피해를 위기 이전의 상태로 회복시키고, 평가 등에 의한 제도 개선과 운영체계 보완을 통해 재발을 방지하며 위기관리 능력을 강화하는 일련의 활동

(4) 비상상황

① 대규모 피해 발생 우려로 일상적 대응보다 훨씬 강화된 조치나 특별한 의사결정이 요구되는 상황

② 비상상황은 진행양상과 대처내용에 따라 결과수습형, 완만진행형, 순간증폭형으로 구분

㉠ 결과수습형: 상황 발생 자체가 이미 대규모 피해로 나타난 유형

㉡ 완만진행형: 상황이 서서히 진행되면서 심각성도 점차적으로 증가하는 유형

㉢ 순간증폭형: 발생 초기에는 저강도 수준이었으나, 대응 과정에서 심각한 상황으로 급변하면서 중대 재난으로 귀결될 수 있는 유형

2. 저수지·댐 붕괴 상황에 대한 위기경보

현재 총 40여 개의 재난에 대해 각각 위기경보 수준에 따른 판단기준 및 대책을 제시하고 있으며, 본 장에서는 저수지·댐 붕괴 상황에 대한 위기경보 판단기준 및 대책을 예시로 수록함

(1) 비상상황 단계별 징후(각 단계별 비상발령 기준)

① 관심(Blue) 단계

㉠ 저수지·댐 수위가 계획홍수위를 초과할 것으로 예상되거나, 저수지·댐 수위가 계획홍수위에 도달하였으나 저수지·댐 관측 유입량이 감소하는 경우

㉡ 지진 발생 등으로 저수지·댐 제체 일부 손상 발생 예상

★
재난관리 단계
예방, 대비, 대응, 복구

★
비상상황 진행양상 구분
결과수습형, 완만진행형, 순간증폭형

ⓒ 저수지·댐 붕괴 등 농업생산기반시설 및 댐에 직접적인 피해는 예상되지 않으나, 평상 시 노후시설에 대한 점검 및 기상상황에 따른 사전점검·정비가 필요한 단계

② **주의(Yellow) 단계**

ⓐ 저수지·댐 제체 일부 손상 발생하여 누수량 급증 관측

ⓑ 저수지·댐 수위가 위험 수준(계획홍수위)을 초과하고, 저수지·댐 관측 유입량이 지속 상승하는 경우

ⓒ 저수지·댐의 구조적 변화가 일부 있으나 붕괴는 예상되지 않는 경우

③ **경계(Orange) 단계**

ⓐ 저수지·댐 수위가 최고수위에 도달하거나 월류 예상될 경우

ⓑ 저수지·댐 붕괴를 유발할 수 있는 손상 발생

▷ 저수지·댐 제체 손상 및 명확한 누수 발생

▷ 여수로 이상(여수로가 막히거나 정상 방류 불가)

ⓒ 저수지·댐 붕괴가 결과적으로 일어날 수 있으나, 붕괴발생 전 상황(대책을 강구할 시간적 여유 있음)

ⓓ 붕괴사고로 인적·물적 피해가 발생하였으나, 피해정도가 경미하고 자체 대응·복구가 가능한 경우

ⓔ 기타 저수지·댐 붕괴를 유발할 수 있는 상황 발생

④ **심각(Red) 단계**

ⓐ 월류 발생 또는 저수지·댐 제체 붕괴 시작

ⓑ 저수지·댐 제체 또는 여수로의 위험한 손상 발생

▷ 저수지·댐 붕괴가 임박하여 붕괴 발생상황(지속적 침식, 사면 붕괴, 기타)

ⓒ 저수지·댐 붕괴사고로 인명 또는 물적 피해가 발생하였으며, 피해가 확대 발전 가능한 경우

ⓓ 저수지·댐 및 양안에 결함이 확대 진행으로 제체의 과잉침윤과 하류측 기초부의 침식을 유발하고 있는 확실한 균열 발생

(2) 비상상황 단계별 대책수립

① **관심(Blue) 단계**

ⓐ 강우 상황 관측 및 주시

ⓑ 저수지·댐 수위 관측 및 주시

ⓒ 관계기관 간 비상체계 구축

★
가능 최대홍수량
발생 가능한 가장 극심한 기상상태에서 발생한 호우로 인하여 예상되는 가장 큰 홍수량

★
상황실
행정 또는 작정상 계획, 상황판 등을 갖추어 전반적인 상황을 파악할 수 있도록 마련

② 주의(Yellow) 단계

㉠ 시설관리자, 지자체, 직속 상급기관, 중앙부처에 통보 및 보고

㉡ 비상대책본부 설치, 자체 상황실 설치

㉢ 상황 주시 및 동향 관측

㉣ 관계기관 비상연락망 점검

㉤ 유관기관 협조·확인 사항 점검

③ 경계(Orange) 단계

㉠ 지체 없이 시설관리자, 지자체, 직속 상급기관, 중앙부처에 통보 및 보고

㉡ 자동우량 경보시설, 자동음성 통보시스템, TV재해경보 방송수신기, RDS 재해경보 방송시스템, 재해문자 전광판 등 예·경보시스템을 이용한 상황 전파 및 경보 발령

㉢ 시간적 여유가 없는 저수지 직하류 인접 주민들의 대피를 위해 주민대표를 통해 우선 연락

㉣ 저수지·댐 하류부 주민들에게 확성기 및 사이렌, 라디오, TV 등을 이용하여 비상상황을 전달

㉤ 이상 징후 감시 활동 지속

㉥ 비상사태 대비 사전 점검

㉦ 유관기관 협조·확인 사항 점검

㉧ 지역주민 대비사항 재확인

④ 심각(Red) 단계

㉠ 빠른 경보 조치와 위험지역으로부터의 신속한 대피

㉡ 위험지역으로의 진입 차단

㉢ 붕괴의 응급복구 경보

㉣ 자동우량 경보시설, 자동음성 통보시스템, TV재해경보 방송수신기, RDS 재해경보 방송시스템, 재해문자 전광판 등 예·경보시스템을 이용한 상황 전파 및 경보 발령

㉤ 시간적 여유가 없는 저수지 직하류 인접 주민들의 대피를 위해 주민대표를 통해 우선 연락

㉥ 저수지·댐 하류부 주민들에게 확성기 및 사이렌, 라디오, TV 등을 이용하여 비상상황을 전달

㉦ 이상 징후 감시 활동 지속

㉧ 비상사태 대비 사전 점검

㉨ 유관기관 협조·확인 사항 점검

㉩ 지역주민 대비사항 재확인

2절 비상상황 시 정보 취득과 보고방법

1. 비상상황 정보 취득

(1) 상황근무자

① 종합상황실 및 당직실에 근무하는 자로서 충무계획 및 훈령과 당직근무명령에 따라 교대로 근무하는 자

② 상황근무자 임무

㉠ 실시간 사고 상황 모니터링 실시, 사고 상황파악·보고, 소관부서 및 유관기관 전파

㉡ 각종 재난정보 수집·분석 및 통계 작성

㉢ 정기·수시 상황보고서 작성 및 상황실 근무 결과보고(상황근무일지) 기록 유지

㉣ 비상연락망 구축 및 정비·관리

㉤ 시스템 점검·정비·연계 등 관리에 관한 사항

㉥ 비상상황 발생 시 국가안전관리집행계획 및 위기대응 매뉴얼 등에 의한 관계 부처 간 협조체제 구축 및 초동대처 등 조치

㉦ 비상시 사고수습 주무과장 등 관계부서 관계관 비상소집 및 상황대응조치 협조체제 운영

㉧ 상황판단 회의 개최 건의 및 회의·분석자료 작성

㉨ 경보발령 평가 회의 개최, 비상소집 및 중앙사고수습본부 설치 등 건의

㉩ 중앙사고수습본부 설치 시 상황지원 및 협조체제

㉪ 상황실 물품·장비·문서관리 등 그 밖에 상황실 운영에 필요한 사항

(2) 비상상황 정보 관리

① 상황근무자는 전자상황네트워크·방송·인터넷·재난관리기관 등을 통해 각종 재난정보 파악 및 분석

② 상황근무자는 지속적인 상황관리를 위하여 해당 기관으로 하여금 파급피해·영향, 향후 전망 및 조치사항 등 관련 상황정보를 상황 종료시까지 통보할 수 있도록 요청

Keyword

★
모니터링
안건 상황 및 사건을 수시로 체크하여 안건을 관리하는 것

3절 비상 단계별 비상대응기관의 책임과 임무

1. 위기관리 기구의 책임 및 임무

(1) 국가안보실(국가위기관리센터)

① 재난 분야 위기 초기상황 파악, 보고 및 전파
② 재난상황 총괄·조정 및 초기·후속 대응반 운영
③ 재난안전관리 정책 총괄

(2) 대통령비서실(소관 비서실)

① 재난 분야별 정책 대응 및 홍보방향 제시
② 재난 분야별 후속대응 및 복구

(3) 중앙안전관리위원회

① 재난관리에 있어 국가차원의 중요정책 조정·심의

(4) 중앙재난안전대책본부(국무총리 또는 행정안전부장관)

① 대규모 재난의 대응·복구 등에 관한 사항의 총괄·조정
② 관계 재난관리책임기관의 장에게 행정 및 재정상의 조치, 소속 직원의 파견, 그밖에 필요한 지원 요청
③ 재난예방 및 응급대책 등 재난대비계획 수립
④ 재난 분야 재난징후 목록 및 상황정보 종합·관리
⑤ 재난사태 선포 및 특별재난지역 선포 건의
⑥ 재난현장 대응활동 종합 및 조정
⑦ 상황판단회의(자체위기평가회의)를 통해 중앙재난안전대책본부 설치
⑧ 주관기관 요청 시 중앙재난안전대책본부 가동 및 수습지원단 파견 조치
⑨ 중앙사고수습본부와의 협업, 지원 및 총괄·조정

(5) 수습지원단

① 지역대책본부장 등 재난 발생지역의 책임자에 대하여 사태수습에 필요한 기술자문·권고 또는 조언
② 중앙대책본부장에 대하여 재난수습을 위한 재난현장 상황, 재난발생의 원인, 행정적·재정적 조치사항 및 진행상황 등에 관한 보고

(6) 지역재난안전대책본부(지방자치단체장)

① 지역재난상황 총괄 및 사고수습체계 구축
② 재난현장 총괄·조정 및 지원을 위한 재난현장 통합 지원본부 설치·운영

Keyword

★
국가위기관리센터
위기 관련 상황 관리·대응에 관한 업무를 담당하기 위한 국가안보실 소속기관

★
재난관리주관기관
재난 또는 각종 사고에 대하여 유형별로 예방·대비·대응·복구 등의 업무를 주관하여 수행하도록 대통령령으로 정하는 관계 중앙행정기관(국토교통부, 환경부, 농림축산식품부 등)

③ 지역 내 재난관리책임기관의 장에게 행·재정상의 조치 및 업무협조 요청
④ 생활안전지원, 응급복구, 의료·교통, 물자지원
⑤ 지역사고수습본부와의 원활한 협조체계 유지

(7) 중앙사고수습본부(재난관리주관기관의 장)

① 재난정보 수집·전파, 상황관리, 재난발생 시 초동 조치 및 사고수습
② 재난 수습 총괄 조정 및 언론 대응
③ 피해상황 조사 및 종합상황 관리
④ 관계 재난관리책임기관의 장에게 행·재정상의 조치, 소속 직원의 파견, 그밖에 필요한 지원 요청
⑤ 재난수습에 필요한 범위에서 시·도지사 및 시장·군수·구청장 지휘
⑥ 피해민 지원 대책 강구

(8) 중앙긴급구조통제단(소방청장)

긴급구조에 관한 사항의 총괄·조정, 긴급구조기관 및 긴급구조지원 기관이 행하는 긴급구조활동의 역할 분담 및 지휘통제 담당

(9) 지역긴급구조통제단(소방본부장 또는 소방서장)

지역별 긴급구조에 관한 사항의 총괄·조정, 당해 지역에 소재하는 긴급구조기관 및 긴급구조지원 기관간의 역할 분담과 재난현장에서의 지휘·통제 담당

(10) 중앙구조본부(해양경찰청장)

① 해수면에서의 수난구호에 관한 사항의 총괄·조정
② 수난구호 협력기관과 수난 구호 민간단체 등이 행하는 수난구호활동의 역할 조정과 지휘·통제
③ 수난구호활동의 국제적인 협력

(11) 광역구조본부(지방해양경찰청장)

① 해역별 수난구호에 관한 사항의 총괄·조정
② 해당 지역에 소재하는 수난구호 협력기관과 수난 구호 민간단체 등이 행하는 수난구호활동의 역할 조정과 수난현장에서의 지휘·통제
③ 관할 해역의 수난구호활동과 관련하여 타국 구조조정본부 간 국제적인 협력

★ **중앙사고수습본부**
「재난 및 안전관리 기본법」 제15조의2 및 동법 시행령 제21조에 따라 운영하여 재난의 대응·복구 수행

★ **중앙긴급구조통제단**
「재난 및 안전관리 기본법」 제49조, 같은 법 시행령 제54조·제55조 및 「긴급구조 대응활동 및 현장지휘에 관한 규칙」 제12조·제15조에 따라 구성

★ **구조조정본부(Rescue coordination Center, RCC)**
SAR(Search And Rescue) 업무를 조정하고 통제하기 위해 설치된 기관

(12) 지역구조본부(해양경찰서장)

① 관할 해역 내 해양사고 발생 시 수색구조활동에 관한 직접적인 지휘 책임 및 권한을 가지고 수색구조대의 효율적 운영

② 해상에서 수난구호를 효율적으로 수행하기 위한 구조대 편성 및 운영

③ 해상 응급환자 처치 및 의료기관 긴급이송을 위한 구급대 편성·운영

4절 비상 단계별 비상발령 절차와 상황관리체계

1. 위기경보 발령 절차

① 재난관리주관기관의 장 및 행정안전부장관은 비상상황 정보를 바탕으로 위기발생이 예상되는 경우, 상황판단회의(자체위기평가회의)를 거쳐 위기경보 발령

② 위기평가는 상황의 심각성, 시급성, 확대 가능성, 전개속도, 지속시간, 파급효과, 국내·외 여론, 정부의 대응능력 등을 종합적으로 고려

③ 주관기관은 범정부 차원의 조치가 요구되는 시각경보 발령 시에는 행정안전부와 사전 협의

④ 위기경보 발령 시 국가안보실, 관련기관에 신속히 통보

⑤ 중앙사고수습본부장은 위기단계 임무와 역할의 규정에도 불구하고 상황판단회의를 통해 중앙사고수습본부 운영을 탄력적으로 할 수 있음

⑥ 유관기관은 적절한 경보 발령이 이루어질 수 있도록 위기 징후와 관련된 자료 및 정보를 해당기관에 제공

⑦ 위기경보 수준에 따라 주관기관은 소관 시설·업무 및 법령과 관련된 재난이나 그 밖의 각종 사고에 대한 예방·대비·대응 및 복구 등의 활동을 주관하여 수행하고, 중앙사고수습본부 운영

★
비상상황 관련 기관 간의 보고 및 관리 체계

★
위기평가 시 고려사항
상황의 심각성, 시급성, 확대 가능성, 전개속도, 지속시간, 파급효과, 국내·외 여론, 정부의 대응능력 등

2. 비상상황 관리체계

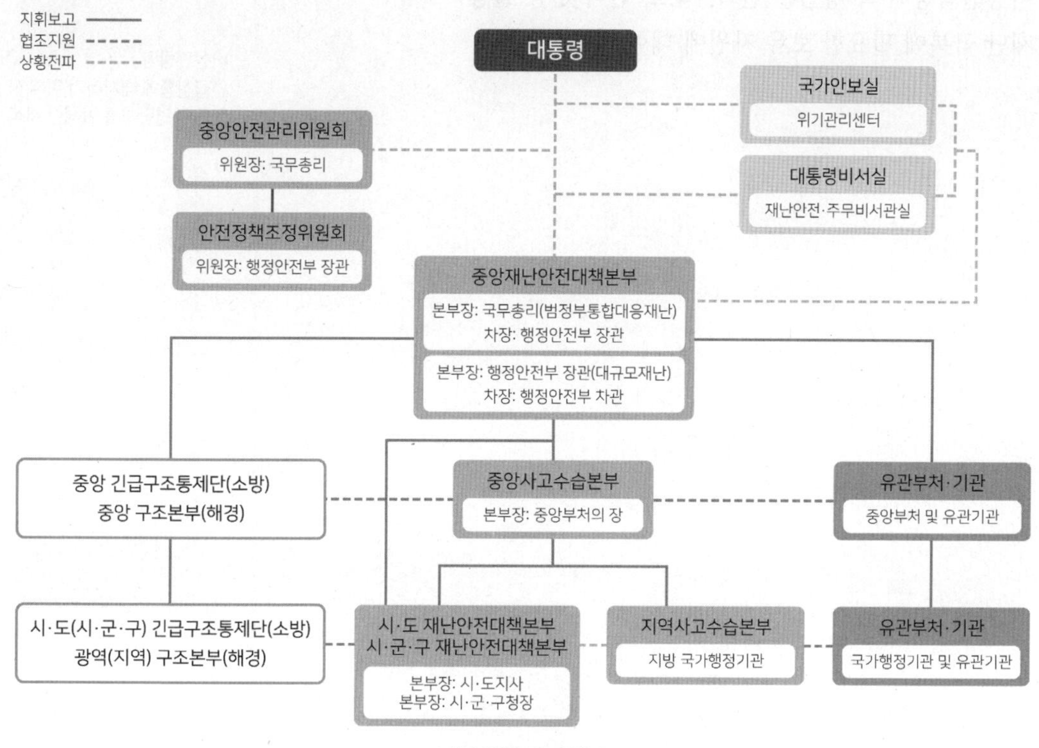

〈비상상황 관리체계〉

5절 비상상황 시 유관기관의 협조체제

1. 지원기관 및 보유자원 정보

(1) 지원기관 기본 정보

인력 상황, 비상연락망, 근무 형태, 담당 역할 및 임무, 업무협조체계 등

(2) 보유자원 현황

수방 자재 및 장비, 주민대피 장비, 응급의료 자재 및 장비, 생필품, 긴급동원업체 및 동원장비 등

2. 지원기관 협조체계

① 기관 간의 협조체계 구축 및 지속적인 모니터링
② 유관기관 간의 협조체계 구축에 관한 협정 체결

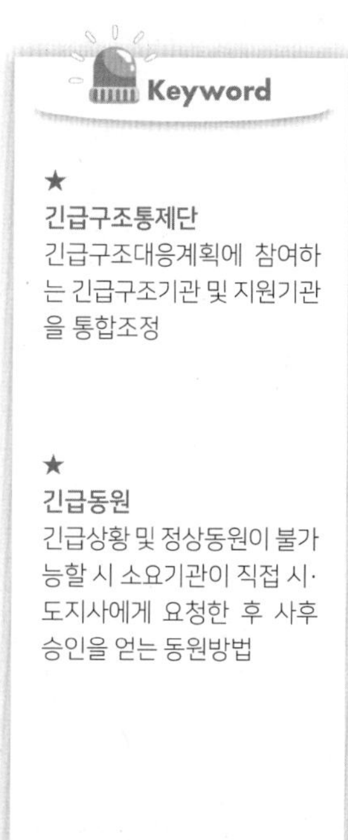
Keyword

★
긴급구조통제단
긴급구조대응계획에 참여하는 긴급구조기관 및 지원기관을 통합조정

★
긴급동원
긴급상황 및 정상동원이 불가능할 시 소요기관이 직접 시·도지사에게 요청한 후 사후 승인을 얻는 동원방법

③ 협조체계 구축을 위한 비상연락망 구축 및 최소 연 1회 이상 점검
④ 비상연락망 구축 방법은 전화, 팩스, 인터넷 등 활용
⑤ 재난 극복에 필요한 보유 자원에 대한 정보 공유

★
비상연락망
긴급상황에 대처하기 위해 직원들의 연락처를 기재한 서식

제3장

제3편
비상대응 관리

대피계획 수립

본 장에서는 피해 예상지역으로부터 주민들이 대피할 수 있는 방안 및 비상대처방안을 수록하였다. 다양한 재난에 대한 비상대처계획에 포함되어 있는 대피계획의 내용 중 지진해일 대비 주민대피계획 수립 지침에서 명시하고 있는 침수피해지역에서의 대피계획에 대해 서술하였다.

1절 피해 예상지역 주민현황

★
지진해일 대비 주민대피계획 수립 지침 의 제3조, 제4조에서 주민대피지구 지정에 대해 세부적인 지침을 정함

★
재해약자
재난약자라고도 하며, 경제적·환경적·신체적 이유로 인해 안전환경 유지 불가, 신속한 대피 어려움 등 재난취약성을 갖는 자로서, 고령자, 장애인, 외국인, 유아, 임산부 등이 있음

1. 주민대피지구

(1) 주민대피지구 지정

① 침수피해를 입었던 지역이나 침수피해가 발생할 가능성이 높은 지역을 대상으로 지역주민 인명피해가 우려되는 지역

② 예상피해 범위, 이재민 수, 대피장소, 재해약자 수 등을 고려하여 지정

(2) 주민대피지구 해제

① 주민대피지구 지정이 필요 없다고 인정되는 경우 지구 내 주민 및 관계 전문가의 의견을 수렴하여 주민대피지구 지정 해제

② 주민대피지구 지정 및 해제된 경우 고시한 결과를 홈페이지 등에 게시하여 내용 통보

2. 피해 예상지역 주민현황

(1) 주민현황 파악

① 비상상황 시 피해 예상지역의 주민현황을 파악

② 가구 수 및 거주 주민 수 파악

③ 해당 시·도와 시·군·구 및 하천별로 인구현황 파악

(2) 국가 주요 시설 파악

① 비상시 피해가 우려되는 주요 인구 밀집 시설물 파악

② 학교, 병원, 아파트, 공장, 사회복지시설, 체육관, 관공서 발전소, 사회기반시설 등

2절 주민대피계획 수립 및 유도방안

1. 주민대피계획 수립

① 피해 예상지역 주민들의 비상시 대피 의무화
② 환자, 노약자, 장애인 등 취약계층의 대피 유도방안 강구
③ 비상시 홍수 예·경보의 사각지대에 위치한 주민에 대한 이주를 권유할 수 있는 제도 마련
④ 주민에 대한 대피는 시·도 재난안전대책본부의 책임하에 시·군·구 재난안전대책본부에서 관할 수행
⑤ 비상 단계를 통보받은 시·도 및 시·군·구 재난안전대책본부는 산하 긴급구조통제단과 유관기관의 협조를 받아 주민들을 대피장소로 유도

2. 주민대피 유도방안

① 해당 시·도 재해대책본부는 주민들에게 비상상황에 대한 경보를 발령하고, 유관기관에 협력을 요청하여 주민 대피 계도
② 주민들에게 지정된 대피장소, 대피로, 우회도로 등을 사전 홍보
③ 범람 예상지역의 낚시꾼, 야영객, 관광객 등은 사전 대피 유도
④ 학교는 학교장 책임하에 담당 교사 중심으로 학생 대피
⑤ 읍·면·동사무소 관계직원은 유관기관과 상호협조망을 구축하여 주민들을 대피시킴

3절 대피방법과 장소, 대피수단

1. 대피방법 및 수단

(1) 대피방법

① 주민대피는 가급적 도보로 이동
② 저수지·댐의 비상상황 시 시간적 여유가 없는 지역은 우선 가까운 높은 지대로 급히 대피한 후 지정된 대피장소로 이동

(2) 대피수단

① 도보를 원칙으로 하며 대피장소로 신속하고 안전하게 대피할 수 있는 경로 선택 및 지정

Keyword

★
「지진·화산재해대책법 시행령」 제10조의2 제1항에 따른 지진해일 대비 주민 대피계획의 수립·추진에 필요한 지침 마련

★
「지진·화산재해대책법」 제10조의2 제14항 및 같은 법 시행령 제9조의2 제1항에 따라 지역대책본부의 본부장이 지진해일 대비 주민 대피계획 수립

★
대피안내요원
지진해일 발생 시 대피지구 내에서 지역주민과 관광객 등을 신속하게 대피할 수 있도록 안내하는 사람

② 필요한 경우에는 응급지원 차량 및 자가 차량 이용

2. 대피장소 및 경로

(1) 대피장소의 지정

① 도보로 대피가 가능한 장소로 지정

② 긴급대피를 위한 1차 대피 장소와 장기간의 구호활동을 위한 특수 대피장소로 구분하여 지정·운영

③ 우선적으로 공공시설을 이용하되, 공공시설이 없는 경우 민간시설을 지정

④ 대피장소로 지정하는 경우에는 소유자 또는 관리자와 사전 협의 또는 동의를 받아 지정하고, 지정·해제한 경우에는 지정·해제 사실 통보

⑤ 대피장소 및 대피인원 임시주거시설의 규모를 고려하여 적정하게 배치

⑥ 주민대피로 및 대피장소는 비상대처계획도 작성

대피 장소 설치의 일반적 기준

구분	내용
설치 위치	보행거리로 1km 이내에 지정·설치
지정 대상	초·중등학교, 시·군·구 마을회관 등 공공시설, 교회 등 우선 지정
규모	대피장소의 규모는 대상시설의 대피자 적정 수용규모를 감안하여 지정하되 보통 1,000명 이하로 지정

(2) 대피경로의 지정

① **대피경로는 다음 사항을 포함하여 지정**

㉠ 대피경로 기준은 주 대피경로와 보조 대피경로로 구분

▷ 주 대피경로: 침수대상지역에서 대피장소로 이동하는 주 이동경로

▷ 보조 대피경로: 침수대상지역 내 주택에서 주 대피경로로 이동하는 경로

㉡ 가급적 침수 이력이 없는 도로 및 폭이 넓은 도로 선택하고, 가능한 예상 범람지역을 우회하여 지정

㉢ 낮은 곳에서 높은 곳으로 이동 원칙, 주민들이 익숙한 도로 선택

㉣ 대피 장소까지 최단 이동 경로를 이용하여 대피 가능하도록 지정

㉤ 관광지 등 지역 특성을 반영하여 지정하는 것이 원칙

★
대피경로의 구분
주 대피경로/보조 대피경로

대피경로 기준

구분	성격	비고
주 대피경로	침수예상지역에서 대피장소로 이동하는 주 이동 경로	도로폭 8m 이상
보조 대피경로	침수예상지역 내 주택에서 주 대피경로로 이동하는 경로	도로폭 8m 미만

② **대피경로 선정 시 유의 사항**

㉠ 홍수에 의해 침수 우려가 있는 도로, 철도, 교량, 터널, 하천, 급한 경사지는 피함

㉡ 주택이 밀집되어 있어 대피행동에 장애가 되는 도로는 피함

㉢ 하천 제방의 붕괴나 산사태의 위험 등이 있는 도로는 피함

㉣ 현장에서 도보를 통한 실사를 실시하여 문제 발생 여부 확인

4절 비상대처 방안

1. 비상조치계획

★ 비상시 신속히 효율적으로 대처하기 위한 비상조치계획 및 비상대처계획 기본사항

(1) 비상조치계획 목적

① 초기에 비상사태를 진압하여 재난 및 재해의 확산 방지

② 비상상황 발생 시 치밀한 사전준비 및 신속한 사후 조치를 통하여 인적·물적·환경적 피해를 최소화

(2) 비상조치계획 포함내용

① 주민홍보계획

② 비상대피 후 임무 및 절차

③ 피해자 구조·응급조치 절차

④ 외부기관과의 통신 및 협력체제

⑤ 비상시 대피절차와 비상대피로 지정

⑥ 비상상황 발생 시 통제조직 및 업무분장

⑦ 비상상황 종료 후 오염물질 제거 등 수습 절차

(3) 비상상황 종류별 대응방법

① 1단계

㉠ 실질적인 피해를 동반하지 않은 사고일 때의 등급

㉡ 해당 현장 대책반 및 지원반의 취약시설 점검 강화

② 2단계

㉠ 실질적인 사고를 동반하지만 국소시설에 발생하여 외부 협조 없이 문제 처리 가능한 상태일 때의 등급

㉡ 해당 현장 대책반 및 지원반과 협력업체의 비상체제 전환 준비

③ 3단계

㉠ 천재지변 등 대형 사고로 확대된 경우일 때의 등급

㉡ 비상대책반 및 협력업체 유관기관과 비상체제 가동

2. 비상대피계획

(1) 비상대피계획 목적

비상상황의 통제 및 억제를 통하여 비상상황의 발생·확대 전파를 저지하고 그로 인한 인명피해 최소화

(2) 비상대피계획 준비사항

① 경보발령 절차

② 대피절차와 대피장소 결정

③ 대피장소별 담당자 지정 및 담당자 책임사항 지정

④ 비상통제센터 위치 및 보고체계 확립

⑤ 외부 비상조치기관과의 연락수단 및 통신망 확보

Keyword

★

비상상황 종류

- 1단계: 실질적인 피해를 동반하지 않은 사고
- 2단계: 국소시설에 실질적인 사고가 발생하지만 외부 협조 없이 처리 가능 상태
- 3단계: 대형 사고로 확대된 상태

★

비상상황 발생 시 즉시 대응할 수 있도록 관련기관에서 비상체제 운영

★

천재지변

자연현상에 의해 발생하는 불가피한 사고

적중예상문제

제1장 대상 재난 설정

1 댐 및 저수지 수위에 관한 설명으로 틀린 것은?

① 가능 최대홍수가 유입될 경우 상승할 수 있는 가장 높은 수위는 최고 수위이다.
② 계획홍수량이 유입될 때의 최고 수위는 계획홍수위이다.
③ 이수 목적으로 활용되는 부분의 최고 수위는 상시 만수위이다.
④ 홍수기간 중에 발생할 수 있는 최고 수위는 홍수기 제한수위이다.

2 댐 종류 중 토석재료를 완만하게 쌓아 올려서 본체의 자중에 의해 저수에 의한 하중을 지탱하는 댐은?

① 중력식 댐　② 콘크리트 중력 댐
③ 아치 댐　④ 필 댐

3 해일 특성에 대한 조사항목으로 옳은 것은?

㉠ 지진 제원	㉡ 발생빈도
㉢ 강수량	㉣ 연안에서의 침수흔적

① ㉠, ㉡　② ㉠, ㉢
③ ㉡, ㉣　④ ㉢, ㉣

4 대상 연안지역의 특성을 조사하기 위한 목적으로 옳은 것은?

① 홍수 발생 가능성을 평가하기 위하여 해안의 하천 조건 조사
② 해일 대응 활동의 정도를 파악하기 위하여 해안의 지형 조건 조사
③ 해일 피해 확대의 가능성을 평가하기 위하여 주민의 생활 형태 조사
④ 월류 및 월파의 가능성을 평가하기 위하여 위험물질 관련 시설의 분포 조사

5 각 해안의 해일 발생원인으로 옳은 것을 모두 선택한 것은?

㉠ 서해안: 조위 증폭+하계 태풍에 의한 해일
㉡ 남해안: 조석현상+동계 계절풍에 의한 파랑
㉢ 동해안: 지진해일
㉣ 동해안: 하계 태풍에 의한 해일

① ㉠, ㉡　② ㉠, ㉢
③ ㉡, ㉣　④ ㉢, ㉣

6 여러 가지 재난에 대한 설명으로 틀린 것은?

① 설해는 농작물에 많은 눈이 장기간 쌓여 발생하는 재해

1. 홍수기 제한수위는 홍수기간 중에 유지해야 하는 최고 수위
3. 지진 제원은 지진 특성, 강수량은 홍수 특성을 의미함
5. 남해안은 조속현상과 하계 태풍에 의한 해일이며, 동해안은 동계 계절풍에 의한 해일 및 지진해일 발생
6. 화재는 사회재난에 속함

정답 1. ④ 2. ④ 3. ③ 4. ① 5. ② 6. ④

② 낙뢰는 번개와 천둥을 동반하는 급격한 방전현상으로 인한 재해
③ 가뭄은 장기간에 걸친 강우의 부족으로 물 공급 및 수요에 문제가 발생하는 재해
④ 화재는 사람의 고의에 의해 발생하는 연소현상으로 소화할 필요가 있는 자연재해

7 재해·재난에 대한 피해상황 구성 시 포함되어야 할 사항을 모두 선택한 것은?

㉠ 피해일시 및 지역 ㉡ 피해원인 ㉢ 응급조치 내용 ㉣ 피해복구 방안

① ㉠, ㉡ ② ㉠, ㉢
③ ㉠, ㉡, ㉢ ④ ㉡, ㉢, ㉣

8 「자연재해대책법」 제37조에 의거하여 지진 및 해일 등으로 인하여 인명 또는 재산의 피해가 우려되는 시설물에 대하여 지역의 관리주체가 이러한 피해를 경감하기 위하여 수립하는 계획은?

① 비상대처계획
② 자연재해위험개선지구 정비계획
③ 재해복구계획
④ 방재기술 진흥계획

9 비상대처계획 수립 대상 시설물 및 지역이 아닌 것은?

① 지진으로 인한 재해가 우려되는 시설
② 해일로 인한 피해가 우려되는 지역
③ 총 저수용량 100,000m^3 이상인 댐
④ 자연재해위험개선지구 중 비상대처계획을 수립해야 하는 지역

10 댐 및 저수지의 관리주체가 수립하는 비상대처계획에 포함되어야 할 사항으로 옳은 것은?

㉠ 해일 피해 예상지도 ㉡ 피해복구계획 ㉢ 비상대처계획의 실습 및 훈련 ㉣ 홍수범람지도

① ㉠, ㉡ ② ㉠, ㉢
③ ㉡, ㉣ ④ ㉢, ㉣

11 해일 및 태풍 등으로 피해가 우려되는 시설물 또는 지역에 대해 비상대처계획을 수립하는 주체로 틀린 것은?

① 재난 관련 시민단체의 장
② 지방자치단체
③ 재난관리책임기관의 장
④ 행정안전부장관

12 해일, 호우 및 태풍 등으로 피해가 우려되는 시설물 또는 지역에 대한 비상대처계획을 수립할 때 포함되어야 할 사항으로 틀린 것은?

① 해일 피해 예상지도
② 이재민 수용계획
③ 비상시 응급행동요령
④ 홍수범람지도

7. 재해·재난에 대한 피해상황 구성 시 피해복구 방안이 아닌 피해복구에 따른 기대효과가 포함됨
9. 비상대처계획 수립 대상 시설물은 총 저수용량 300,000m^3 이상인 저수지·댐 포함(하천법, 저수지댐법)
총 저수용량 200,000m^3 이상인 저수지(농어촌 정비법)
10. 해일 피해 예상지도는 해일에 대한 비상대처계획 포함사항
11. 비상대처계획 수립 주체는 중앙행정기관, 지방자치단체, 재난관리책임기관의 장 및 행정안전부장관임
12. 홍수범람지도는 댐 및 저수지를 대상으로 하는 비상대처계획 포함사항

정답 7. ③ 8. ① 9. ②, ③ 10. ④ 11. ① 12. ④

13 **저수지·댐 등에 대한 비상대처계획에 포함되어야 할 사항으로 틀린 것은?**

① 저수지·댐 경보체계
② 저수지·댐 붕괴 위험성 평가
③ 주민대피계획
④ 응급의료 활동

14 **비상상황 시 관리 대상 시설물로 틀린 것은?**

① 하구둑
② 여수로
③ 고속도로
④ 수문조작 기계설비

15 **시설물이 안전하게 유지·관리될 수 있도록 5년마다 시설물의 안전 및 유지관리에 관한 기본계획을 수립 및 시행하는 주체는?**

① 행정안전부장관
② 국토교통부장관
③ 환경부장관
④ 재난안전대책본부장

16 **시설물 관리계획의 포함사항으로 틀린 것은?**

① 조직·인원 및 장비의 확보
② 긴급상황 발생 시 조치체계에 관한 사항
③ 안전점검 또는 정밀안전진단의 실시
④ 필요한 인력 양성

17 **시설물 안전 및 유지관리 기본계획의 포함사항으로 옳은 것은?**

> ㉠ 안전점검 또는 정밀안전진단 계획
> ㉡ 기본목표 및 추진방향
> ㉢ 긴급상황 발생 시 조치체계에 관한 사항
> ㉣ 정보체계의 구축 및 운영

① ㉠, ㉡　　② ㉠, ㉢
③ ㉡, ㉣　　④ ㉢, ㉣

18 **댐 붕괴 양상에 대한 설명으로 틀린 것은?**

① 중력식 댐에서는 기초부를 따라 발생하는 활동에 의해 붕괴
② 콘크리트 중력 댐에서는 흐르는 물의 침식작용으로 인해 붕괴
③ 아치 댐에서는 과다한 교대의 질량 이동에 의해 붕괴
④ 필 댐에서는 파이핑 현상에 의해 붕괴

19 **다차원 홍수피해 산정방법(MD-FDA: Multi-Dimensional Flood Damage Analysis)을 이용한 이재민 피해액 산정식에서 ( ) 안에 알맞은 단어는?** 19년1회 출제

> 이재민 피해액 = 침수면적당 발생 이재민(명/ha) × 대피일(일) × ( ) × 침수면적(ha)

① 주거지역침수편입률
② 소비자물가지수
③ 건축형태별 연면적 비율(m^2/개수)
④ 일평균 국민소득(원/명, 일)

16. 필요한 인력 양성은 안전 및 유지관리 기본계획 포함사항
17. 안전점검 또는 정밀안전진단 계획과 긴급사항 발생 시 조치체계에 관한 사항은 시설물 관리계획 포함사항
18. 콘크리트 중력 댐에서는 기초부 내의 응력에 의해 활동이 발생하여 붕괴됨. 흐르는 물의 침식작용으로 붕괴가 발생하는 것은 필 댐임
19. 이재민 피해액 = 침수면적당 발생 이재민(명/ha) × 대피일수(일) × 일평균 국민소득(원/명, 일) × 침수면적(ha)

정답 13. ① 14. ③ 15. ② 16. ④ 17. ③ 18. ② 19. ④

제2장 비상상황 관리계획 수립

20 위기경보 수준에 따른 징후에 대한 설명으로 틀린 것은?

① 홍수로 인하여 댐 수위가 계획홍수위를 초과할 것으로 예상되는 경우 관심 단계 발령
② 저수지 제체 일부 손상 발생하여 누수량 급증 관측 시 주의 단계 발령
③ 지속적 침식 등 댐 붕괴 임박한 상황 발생 시 경계 단계 발령
④ 댐 월류 발생 시 심각 단계 발령

21 저수지·댐 붕괴상황에서 국가위기관리 기본지침에 따라 위기경보 중 주의 단계 판단기준으로 옳은 것은?

> ㉠ 댐의 구조적 변화 일부 있으나 붕괴는 예상되지 않는 경우
> ㉡ 댐 월류 발생
> ㉢ 댐 수위의 계획홍수위 초과 및 유입량 지속적 증가
> ㉣ 댐 기초부 침식을 유발하는 확실한 균열 발생

① ㉠, ㉡　　② ㉠, ㉢
③ ㉡, ㉣　　④ ㉢, ㉣

22 위기경보 단계별 대책에 대한 설명으로 틀린 것은?

① 관심 단계 시 붕괴 응급복구 경보 발령
② 주의 단계 시 비상상황 주시 및 동향 관측
③ 경계 단계 시 예·경보시스템을 이용하여 상황 전파
④ 심각 단계 시 비상사태 대비 사전 점검

23 위기경보 중 경계 단계에서 심각 단계로 넘어갈 경우 추가대책 방안의 설명으로 옳은 것은?

① 중앙부처에 해당 사항을 즉시 통보한다.
② 붕괴에 대한 응급복구 경보를 발령한다.
③ 비상사태에 대비하여 사전 점검을 실시한다.
④ 이상 상황에 대한 감시 활동을 지속한다.

24 재난상황의 보고자가 재난 수습기간 중 비상상황에 따라 재난상황에 대해 수시로 실시하는 보고는?

① 징후보고
② 발생보고
③ 중간보고
④ 최종보고

25 비상상황에 대한 위기경보 중 심각 단계 발령 시 실시해야 할 비상대응기관별 임무에 대한 설명으로 옳은 것은?

① 행정안전부는 국가위기평가회의를 운영한다.
② 국토교통부는 중앙재난안전대책본부 운영을 강화한다.
③ 기상청은 저수지 및 댐의 홍수 조절을 시행한다.
④ 홍수통제소는 댐에 대한 재난 경보방송을 실시한다.

26 재난 발생이 예상되는 경우 그 위험수준 및 발생 가능성을 판단해 위기경보를 발령하는 주체는?

① 행정안전부장관
② 재난관리주관기관의 장
③ 시·도지사
④ 시장·군수·구청장

20. 지속적 침식 등 댐 붕괴 임박한 상황은 심각 단계에 대한 설명
21. 댐 월류 현상 및 댐 기초부 침식을 유발하는 균열은 심각 단계의 판단기준
22. 붕괴 응급복구 경보는 심각 단계에 대한 대책

정답 20. ③ 21. ② 22. ① 23. ② 24. ③ 25. ④ 26. ②

27 **비상상황에 대한 위기경보 중 관심 단계 발령 시 국토교통부의 책임 및 임무로 틀린 것은?**

① 위기관리 상황실 상시 가동
② 비상상황 응급복구대책 수립
③ 복구를 위한 인적·물적 자원현황 확인
④ 관심 단계 경보 발령

28 **비상상황 시 유관기관의 협조체계를 구축하기 위하여 지원기관에 대해 기본적으로 명시해야 하는 사항으로 옳은 것은?**

㉠ 생필품 확보 상황	㉡ 인력 상황
㉢ 재난 피해 면적	㉣ 근무 형태

① ㉠, ㉡　　② ㉠, ㉢
③ ㉡, ㉣　　④ ㉢, ㉣

29 **비상상황 시 유관기관과의 협조체계에 대한 설명으로 틀린 것은?**

① 유관기관 간의 협조체계 구축에 관한 협정을 체결한다.
② 각 기관별 보유 자원에 대한 정보를 공유한다.
③ 비상연락망은 전화, 팩스를 이용하여 구축한다.
④ 협조체계를 위한 비상연락망을 구축하고 최소 월 1회 이상 점검한다.

30 **다음 내용의 ( )에 들어갈 단어로 옳은 것은?**

> 홍수로 인하여 댐 수위가 (㉠)에 도달하였으나 댐 관측 유입량은 (㉡)하였을 때 비상상황 단계 중 관심단계를 발령한다.

	㉠	㉡
①	계획홍수위	증가
②	계획홍수위	감소
③	최고수위	증가
④	최고수위	감소

31 **재난관리주관기관의 장은 재난이 발생하거나 발생할 우려가 있는 경우에 재난상황을 효율적으로 관리하고 재난을 수습하기 위하여 설치하는 기구의 명칭으로 옳은 것은?** 19년1회 출제

① 중앙재난안전대책본부
② 통합지원본부
③ 중앙사고수습본부
④ 지역재난안전대책본부

27. 행정안전부는 관심 단계 발령 시 위기관리 상황실 상시 가동
28. 생필품은 보유자원 현황에 포함됨
29. 협조체계를 위한 비상연락망 구축 시 최소 연 1회 이상 점검
31. ① 중앙재난안전대책본부: 대규모 재난의 대응·복구 등에 관한 사항을 총괄·조정하고 필요한 조치를 하기 위하여 행정안전부에 설치
② 통합지원본부: 시·군·구대책본부의 장이 재난현장의 총괄·조정 및 지원을 위하여 설치하며, 관련된 자세한 사항은 해당 지방자치단체의 조례로 정함
④ 지역재난안전대책본부: 해당 관할 구역에서 재난의 수습 등에 관한 사항을 총괄·조정하고 필요한 조치를 하기 위하여 설치

정답 27. ① 28. ③ 29. ④ 30. ② 31. ③

제3장 대피계획 수립

32 침수피해를 입었던 지역이나 침수피해가 발생할 가능성이 높은 지역을 대상으로 지역주민 인명피해가 우려되는 지역을 대상으로 예상피해 범위, 이재민 수, 대피장소 등을 고려하여 지정하는 지구는?

① 주민대피지구
② 비상급수 대상지역
③ 자연재해위험개선지구
④ 댐 붕괴위험지역

33 주민대피지구에 대한 설명으로 틀린 것은?

① 침수피해가 발생할 가능성이 높은 지역으로 지역주민 인명피해가 우려되는 지역
② 주민대피지구 지정 필요성이 없어진 경우 행정안전부에서 독단적으로 해제
③ 이재민 수 및 대피장소를 고려하여 지정
④ 주민대피지구가 해제된 경우 고시된 결과를 주민에게 홍보

34 재해피해예상지역에 대하여 파악해야 할 항목으로 옳은 것은?

㉠ 비상시 모든 지역의 주요 인구 밀집 시설물 ㉡ 피해예상지역 주민현황 ㉢ 시·도별 하천현황 ㉣ 학교 및 병원 등 사회기반시설

① ㉠, ㉡　　② ㉠, ㉢
③ ㉡, ㉣　　④ ㉢, ㉣

35 주민에 대한 대피계획을 직접 수행하는 기관으로 옳은 것은?

① 행정안전부
② 시·도 재난안전대책본부
③ 시·군·구 재난안전대책본부
④ 긴급구조통제단

36 주민대피계획에 대한 설명으로 틀린 것은?

① 취약계층에 대한 대피 유도방안 강구
② 피해 예상지역 주민들의 비상시 대피 의무화
③ 주민에 대한 대피는 시·군·구 재난안전대책본부에서 관할 수행
④ 경계 단계를 통보받은 재난안전대책본부는 유관기관의 협조를 받아 주민들을 대피장소로 유도

37 대피장소 지정에 대한 설명으로 옳은 것은?

① 대피대상지역에서 차량을 이용하여 대피 가능한 장소로 지정
② 주민대피로 및 대피장소는 비상대처계획도 작성
③ 대피장소는 민간시설을 우선적으로 지정
④ 긴급대피를 위한 특수 대피장소 지정

38 대피장소로 대피하는 방법에 대한 설명으로 틀린 것은?

① 주민대피는 가급적 도보로 이동
② 비상상황 시 시간적 여유가 없는 경우 우선 가까운 높은 지대로 대피

33. 주민대피지구 지정이 필요 없어진 경우 주민 및 관계 전문가와 상의 후 지정 해제
34. 피해예상지역에 대하여 비상시 피해가 우려되는 시설물, 피해예상지역 및 시·도별 주민현황, 사회기반시설 등을 파악해야 함
36. 비상 단계를 통보받은 재난안전대책본부는 유관기관의 협조를 받아 주민들의 대피 유도
38. 대피 시 필요한 경우에는 응급지원 차량 및 자가 차량 이용 가능

정답 32. ① 33. ② 34. ③ 35. ③ 36. ④ 37. ② 38. ③

③ 대피 시 모든 차량 이용 제한
④ 도보를 원칙으로 하되, 대피장소로 신속하고 안전하게 대피할 수 있는 다른 경로도 선택 가능

39 **침수예상지역에서 대피장소로 이동하는 경로는?**

① 주 대피경로
② 보조 대피경로
③ 최단 이동경로
④ 응급 대피경로

40 **실질적인 사고를 동반하지만, 국소시설에 발생하여 외부 협조 없이 문제 처리가 가능한 상태이며 비상체제 전환을 준비하는 비상조치계획의 단계는?**

① 1단계 ② 2단계
③ 3단계 ④ 4단계

41 **비상대피계획 준비사항에 포함되는 것으로 옳은 것은?**

> ㉠ 주민홍보계획
> ㉡ 대피장소 및 대피절차
> ㉢ 피해자 구급·응급조치 절차
> ㉣ 비상통제센터 위치 및 보고체계

① ㉠, ㉡ ② ㉠, ㉢
③ ㉡, ㉣ ④ ㉢, ㉣

42 **비상조치계획의 포함내용으로 틀린 것은?**

① 주민홍보계획
② 피해자 응급조치 절차
③ 경보발령 절차
④ 비상상황 종료 후 오염물질 제거 조치

43 **주민대피계획 수립 및 유도방안에 대한 설명으로 옳은 것은?** 19년1회 출제

① 특별재난지역이 선포되면 위험구역설정과 대피명령, 해당 지역 여행 등 이동 자제 권고 대상이 된다.
② 재난관리 기금으로 강제 대피명령 또는 퇴거명령을 이행하는 주민에게 임대주택 이주지원은 가능하나 주택 임차비용 지원은 불가하다.
③ 사람의 생명 또는 신체에 대한 위해 방지를 위하여 사람과 선박·자동차 등의 대피명령권한은 지역통제단장의 고유 권한이다.
④ 시·도 및 시·군·구 재난 예보·경보체계 구축사업 시행계획에 대피계획 등과 연계한 재해예방 활동을 반영하여야 한다.

41. 주민홍보계획 및 피해자 구급·응급조치 절차는 비상대처계획 포함사항
42. 경보발령 절차는 비상대피계획의 준비사항임

43. ① 특별재난지역은 중앙본부장이 건의하여 대통령이 선포하며, 재난으로 인한 피해의 효과적인 수습 및 복구를 위하여 응급대책·행정·금융·의료상의 특별지원을 할 수 있음. 또한, 선포된 경우 재난복구계획을 수립·시행할 수 있음. 위험구역설정과 대피명령, 해당 지역 여행 등 이동 자제 권고 대상이 되는 지역은 재난사태가 선포된 경우임
② 재난관리 기금으로 강제 대피명령 또는 퇴거명령을 이행하는 주민에 대한 임대주택으로의 이주 지원 및 주택 임차비용 융자 지원 가능
③ 지역통제단장과 함께 시장·군수·구청장은 재난이 발생하거나 발생할 우려가 있는 경우에 해당 지역에 있는 자에게 대피 명령이 가능함

정답 39. ① 40. ② 41. ③ 42. ③ 43. ④

44 재해구호법령상 구호에 대한 설명으로 옳은 것은? 19년1회 출제

① 구호기관은 타인 소유의 토지 또는 건물 등으로 구호활동을 할 수 없다.
② 장례의 지원에 있어 재해로 사망한 사람의 연고자에게는 특별한 장례비를 지급하지 않는다.
③ 구호기관은 이재민에게 현금을 지급하여 구호할 수 있다.
④ 구호기간은 이재민의 피해정도 및 생활정도 등을 고려하여 6개월 이내로 하며, 그 기간을 연장할 수 없다.

44. ① 구호기관은 타인 소유의 토지 및 건물의 소유지 또는 관리자와 사전 협의를 통해 구호활동 수행
② 장사의 지원에 있어 재해로 사망한 사람의 연고자가 있는 경우 행정안전부장관이 정하여 고시하는 기준에 따라 연고자에게 장례비 지급
④ 구호기간은 이재민의 피해 및 생활정도 등을 고려하여 6개월 이내로 하며, 구호기관이 이재민의 주거 안정을 위하여 필요하다고 인정하는 경우에는 구호기간을 연장할 수 있음

정답 44. ③

제2과목

방재 시설

제1편 방재시설 특성 분석

제2편 방재시설계획

제3편 방재시설 조사

제4편 방재 기초자료 조사

제2과목

제1편
방재시설 특성 분석

제1장

제1편
방재시설 특성 분석

방재법령의 이해

본 장에서는 방재분야에 대한 법령을 이해하기 위해 방재시설과 관련된 법령의 목적과 구성을 살펴보고, 여러 가지 기준과 지침에서 다루고 있는 방재시설을 이해할 수 있다. 또한, 1967년 풍수해대책법으로 제정된 이후 1995년 명칭이 변경된 자연재해대책법에 대한 개념과 구성을 다루었다.

1절 방재시설 관련 법령의 이해

1. 방재시설 관련 법령의 종류

(1) 「재난 및 안전관리 기본법」

① 법의 목적

㉠ 각종 재난으로부터 국토를 보존하고 국민의 생명·신체 및 재산을 보호하기 위하여 국가와 지방자치단체의 재난 및 안전관리체제를 확립

㉡ 재난의 예방·대비·대응·복구와 안전문화 활동, 그 밖에 재난 및 안전관리에 필요한 사항을 규정

② 법의 기본이념

㉠ 재난을 예방하고 재난이 발생한 경우 그 피해를 최소화하는 것이 국가와 지방자치단체의 기본적 의무임을 확인

㉡ 모든 국민과 국가·지방자치단체가 국민의 생명 및 신체의 안전과 재산 보호에 관련된 행위를 할 때에는 안전을 우선적으로 고려함으로써 국민이 재난으로부터 안전한 사회에서 생활할 수 있도록 함

(2) 「자연재해대책법」

① 법의 목적

㉠ 태풍, 홍수 등 자연현상으로 인한 재난으로부터 국토를 보존하고 국민의 생명·신체 및 재산과 주요 기간시설을 보호

㉡ 자연재해의 예방·복구 및 그 밖의 대책에 관하여 필요한 사항을 규정

★
방재시설과 관련된 주요 법령
「재난 및 안전관리 기본법」과 「자연재해대책법」

★
「재난 및 안전관리 기본법」의 목적
- 국토 보존
- 국민의 생명·신체 및 재산 보호
- 국가와 지방자치단체의 재난 및 안전관리체제를 확립
- 재난의 예방·대비·대응·복구와 안전문화 활동

★
「자연재해대책법」의 목적
- 국토 보존
- 국민의 생명·신체 및 재산 보호
- 주요 기간시설 보호

2. 방재시설 관련 법령의 구성

(1) 「재난 및 안전관리 기본법」

① 구성

㉠ 「재난 및 안전관리 기본법」(10장 82조로 구성)

㉡ 「재난 및 안전관리 기본법 시행령」(8장 89조로 구성)

㉢ 「재난 및 안전관리 기본법 시행규칙」(21조로 구성)

② 방재시설 관련 조항

㉠ 「재난 및 안전관리 기본법」

▷ 제29조 재난방지시설의 관리

▷ 제62조 비용 부담의 원칙

㉡ 「재난 및 안전관리 기본법 시행령」

▷ 제37조 재난방지시설의 범위

▷ 제74조 재난관리기금의 용도

③ 방재시설 관련 법령

㉠ 「소하천정비법」

소하천의 정비·이용·관리 및 보전에 관한 사항을 규정하여 재해를 예방하고 생활환경을 개선하고자 함

㉡ 「하천법」

하천의 지정·관리·사용 및 보전 등에 관한 사항을 규정함으로써 하천사용의 이익을 증진하고 하천을 자연친화적으로 정비·보전하며 하천의 유수로 인한 피해를 예방하고자 함

㉢ 「수자원의 조사·계획 및 관리에 관한 법률」

수자원의 조사, 수자원계획의 수립·집행 및 수자원 관리의 효율화에 필요한 사항을 정함으로써 수자원의 효율적 보전·이용·개발 및 물 관련 재해의 경감·예방을 하고자 함

㉣ 「국토의 계획 및 이용에 관한 법률」

국토의 이용·개발과 보전을 위한 계획의 수립 및 집행 등에 필요한 사항을 정하여 공공복리를 증진시키고 국민의 삶의 질을 향상시키고자 함

㉤ 「하수도법」

하수도의 설치 및 관리의 기준 등을 정함으로써 하수의 범람으로 인한 침수피해를 예방하고 지역사회의 건전한 발전과 공중위생의 향

「재난 및 안전관리 기본법」의 구성
- 제1장 총칙
- 제2장 안전관리기구 및 기능
- 제3장 안전관리계획
- 제4장 재난의 예방
- 제5장 재난의 대비
- 제6장 재난의 대응
- 제7장 재난의 복구
- 제8장 안전문화 진흥
- 제9장 보칙
- 제10장 벌칙

➔
제2과목 제1편 제1장 2절 "방재시설 관련 기준과 지침" 참고

방재시설 관련법
소하천정비법, 하천법, 수자원의 조사·계획 및 관리에 관한 법률, 국토의 계획 및 이용에 관한 법률, 하수도법, 농어촌정비법, 사방사업법, 댐건설 및 주변지역지원 등에 관한 법률, 어촌·어항법, 도로법, 항만법

상에 기여하며 공공수역의 수질을 보전하고자 함

ⓑ 「농어촌정비법」

농업생산 기반, 농어촌 생활환경, 농어촌 관광휴양자원 및 한계농지 등을 종합적·체계적으로 정비·개발하여 농수산업의 경쟁력을 높이고 농어촌 생활환경 개선을 촉진하고자 함

ⓢ 「사방사업법」

국토의 황폐화를 방지하고 산사태 등으로부터 국민의 생명과 재산을 보호하고 국토를 보전하기 위하여 사방사업을 효율적으로 시행하고자 함

ⓞ 「댐건설 및 주변지역지원 등에 관한 법률」

댐의 건설·관리, 댐건설 비용의 회전활용, 댐건설에 따른 환경대책, 지역주민에 대한 지원 등을 규정함으로써 수자원을 합리적으로 개발·이용하고자 함

ⓙ 「어촌·어항법」

어촌의 종합적이고 체계적인 정비 및 개발에 관한 사항과 어항의 지정·개발 및 관리에 관한 사항을 규정하고자 함

ⓒ 「도로법」

도로망의 계획 수립, 도로 노선의 지정, 도로공사의 시행과 도로의 시설 기준, 도로의 관리·보전 및 비용 부담 등에 관한 사항을 규정하고자 함

ⓚ 「항만법」

항만의 지정·개발·관리·사용 및 재개발에 관한 사항을 정함으로써 항만과 그 주변지역 개발을 촉진하고 효율적으로 관리·운영하고자 함

(2) 「자연재해대책법」

① 구성

㉠ 「자연재해대책법」(7장 79조로 구성)

㉡ 「자연재해대책법 시행령」(6장 75조로 구성)

㉢ 「자연재해대책법 시행규칙」(6장 32조로 구성)

② 방재시설 관련 조항

㉠ 「자연재해대책법」

▷ 제16조의5 방재시설에 대한 방재성능 평가 등

▷ 제61조 방재신기술의 지정·활용 등

▷ 제64조 방재시설의 유지·관리평가

Keyword

★
자연재해대책법의 구성
- 1장 총칙
- 2장 자연재해의 예방 및 대비
- 3장 재해정보 및 비상지원 등
- 4장 재해복구
- 5장 방재기술의 연구 및 개발
- 6장 보칙
- 7장 벌칙

➔
제2과목 제1편 제1장 2절 "방재시설 관련 기준과 지침" 참고

㉡ 「자연재해대책법 시행령」

▷ 제14조의6 방재시설에 대한 방재성능 평가 등

▷ 제55조 방재시설

▷ 제56조 방재시설의 유지·관리평가

㉢ 「자연재해대책법 시행규칙」

▷ 제8조 재난대응시스템의 구축·운영 등

③ 방재시설 관련 법령

㉠ 「소하천정비법」

㉡ 「국토의 계획 및 이용에 관한 법률」

㉢ 「하수도법」

㉣ 「농어촌정비법」

㉤ 「사방사업법」

㉥ 「댐건설 및 주변지역지원 등에 관한 법률」

㉦ 「도로법」

㉧ 「항만법」

㉨ 「어촌·어항법」

2절 방재시설 관련 기준과 지침

1. 방재시설 관련 기준

(1) 「재난 및 안전관리 기본법」

① 법령 내 재난방지시설

「재난 및 안전관리 기본법 시행령」 제37조(재난방지시설의 범위)에서는 법 제29조 제1항의 '대통령령으로 정하는 재난방지시설'을 다음 표와 같이 정의

「재난 및 안전관리 기본법 시행령」의 재난방지시설

법	조항	내용
소하천정비법	제2조 제3호	소하천 부속물 중 제방·호안·보 및 수문
하천법	제2조 제3호	하천시설 중 댐·하구둑·제방·호안·수제·보·갑문·수문·수로터널·운하
수자원의 조사·계획 및 관리에 관한 법률 시행령	제2조 제2호	수문조사시설 중 홍수 발생의 예보를 위한 시설

Keyword

★ 법령별로 지정된 재난방지시설 확인

법	조항	내용
국토의 계획 및 이용에 관한 법률	제2조 제6호	마목에 따른 방재시설(하천·유수지·방화설비 등)
하수도법	제2조 제3호	하수도 중 하수관로 및 공공하수처리시설
농어촌정비법	제2조 제6호	농업생산기반시설 중 저수지, 양수장, 우물 등 지하수 이용시설, 배수장, 취입보, 용수로, 배수로, 웅덩이, 방조제, 제방
사방사업법	제2조 제3호	사방시설
댐건설 및 주변지역지원 등에 관한 법률	제2조 제1호	댐
어촌·어항법	제2조 제5호	다목(4)에 따른 유람선·낚시어선·모터보트·요트 또는 윈드서핑 등의 수용을 위한 레저용 기반시설
도로법	제2조 제2호	도로의 부속물 중 방설·제설시설, 토사유출·낙석방지시설, 공동구
도로법 시행령	제2조 제2호	터널·교량·지하도 및 육교
재난 및 안전관리 기본법	제38조	재난 예보·경보시설
항만법	제2조 제5호	항만시설
기타	-	행정안전부장관이 정하여 고시하는 재난을 예방하기 위하여 설치한 시설

② **법 제29조 재난방지시설의 관리에 관한 규정**

㉠ 재난관리책임기관의 장은 관계 법령 또는 제3장의 안전관리계획에서 정하는 바에 따라 대통령령으로 정하는 재난방지시설을 점검·관리하여야 함

㉡ 행정안전부장관은 재난방지시설의 관리 실태를 점검하고 필요한 경우 보수·보강 등의 조치를 재난관리책임기관의 장에게 요청할 수 있음

㉢ 이 경우 요청을 받은 재난관리책임기관의 장은 신속하게 조치를 이행하여야 함

③ **법 제62조 비용 부담의 원칙에 관한 규정**

㉠ 재난관리에 필요한 비용은 그 시행의 책임이 있는 자(제29조 제1항에 따른 재난방지시설의 경우에는 해당 재난방지시설의 유지·관리 책임이 있는 자를 말한다)가 부담

㉡ 제46조에 따라 시·도지사나 시장·군수·구청장이 다른 재난관리책임기관이 시행할 재난의 응급조치를 시행한 경우 그 비용은 그 응급조치를 시행할 책임이 있는 재난관리책임기관이 부담

★
재난관리 비용 부담
재난방지시설의 유지·관리 책임자, 응급조치 시 시행 책임이 있는 재난관리책임기관

④ **법 제70조 재난상황의 기록 관리**

㉠ 재난관리책임기관의 장은 다음 각 호의 사항을 기록하고, 보관하여야 하며, 기록사항을 시장·군수·구청장에게 통보하여야 함

▷ 소관 시설·재산 등에 관한 피해상황을 포함한 재난상황

▷ 재난원인조사(재난관리책임기관의 장이 실시한 재난원인조사에 한정한다) 결과

▷ 개선권고 등의 조치결과

▷ 그 밖에 재난관리책임기관의 장이 기록·보관이 필요하다고 인정하는 사항

㉡ 행정안전부장관은 매년 재난상황 등을 기록한 재해연보 또는 재난연감을 작성하여야 함

㉢ 행정안전부장관은 재난관리책임기관의 장에게 관련 자료의 제출을 요청할 수 있으며, 요청을 받은 재난관리책임기관의 장은 요청에 적극 협조하여야 함

㉣ 재난관리주관기관의 장은 재난수습 완료 후 수습상황 등을 기록한 재난백서를 작성하여야 함

㉤ 재난관리주관기관의 장은 재난백서를 신속히 국회 소관 상임위원회에 제출·보고하여야 함

㉥ 재난상황의 작성·보관 및 관리에 필요한 사항은 대통령령으로 정함

(2) 「자연재해대책법」

① 「자연재해대책법 시행령」 제14조의6(방재시설에 대한 방재성능 평가 등)에서는 법 제16조의5 제1항의 "대통령령으로 정하는 방재시설"을 「국토의 계획 및 이용에 관한 법률」 제36조 제1항 제1호에 따른 도시지역에 있는 다음 표의 시설들로 정의

「국토의 계획 및 이용에 관한 법률」에 따른 도시지역의 방재시설

법	조항	내용
소하천정비법	제2조 제3호	소하천 부속물 중 제방
국토의 계획 및 이용에 관한 법률	제2조 제6호	마목에 따른 방재시설 중 유수지
하수도법	제2조 제3호	하수도 중 하수관로
동법 시행령	제55조 제12호	행정안전부장관이 고시하는 시설 중 행정안전부장관이 정하는 시설

★
대통령령으로 정한 도시지역 방재시설
제방, 유수지, 하수관로, 행정안전부장관이 정하는 시설(소하천 배수펌프장, 하수저류시설, 빗물펌프장, 도로의 배수로 및 길도랑, 우수유출저감시설 등)

★
국토의 계획 및 이용에 관한 법률에 따른 도시지역의 방재시설
소하천의 제방, 유수지, 하수관로, 행정안전부장관이 정하는 시설

② 「자연재해대책법 시행령」 제15조(수방기준의 제정 대상 시설물 등)에서는 법 제17조 제2항에 따라 수방기준을 제정하여야 하는 대상 시설물로 다음과 같이 지정

㉠ 수해내구성 강화를 위하여 수방기준을 제정하여야 하는 시설물

㉡ 지하공간의 침수 방지를 위하여 수방기준을 제정하여야 하는 대상 시설물

수해내구성 강화를 위한 수방기준 제정 대상 시설물

법	조항	내용
소하천정비법	제2조 제3호	소하천 부속물 중 제방
하천법	제2조 제3호	하천시설 중 제방
국토의 계획 및 이용에 관한 법률	제2조 제6호	마목에 따른 방재시설 중 유수지
하수도법	제2조 제3호	하수도 중 하수관로 및 공공하수처리시설
농어촌정비법	제2조 제6호	농업생산기반시설 중 저수지
사방사업법	제2조 제3호	사방시설 중 사방사업에 따라 설치된 공작물
댐건설 및 주변지역지원 등에 관한 법률	제2조 제1호	댐 중 높이 15m 이상의 공작물 및 여수로, 보조댐
도로법 시행령	제2조 제2호	교량
항만법	제2조 제5호	방파제, 방사제, 파제제 및 호안

★
수해내구성 강화를 위한 수방기준 제정 대상 시설물
제방, 유수지, 하수관로 및 공공하수처리시설, 저수지, 사방사업 공작물, 높이 15m 이상의 공작물, 여수로, 보조댐, 교량, 방파제, 방사제, 파제제, 호안

지하공간의 침수 방지를 위한 수방기준 제정 대상 시설물

법	조항	내용
국토의 계획 및 이용에 관한 법률 시행령	제2조 제2항	지하도로, 지하광장
국토의 계획 및 이용에 관한 법률	제2조 제9호	공동구
시설물의 안전 및 유지관리에 관한 특별법	제7조	1종 시설물·2종 시설물 중 지하도 상가
시설물의 안전 및 유지관리에 관한 특별법 시행령	제4조	
대도시권 광역교통관리에 관한 특별법	제2조 제2호	도시철도 또는 철도
건축법 시행령 별표 1	제3호	변전소 중 지하에 설치된 변전소
건축법	제11조 제29조	건축허가 또는 건축협의 대상 건축물 중 바닥이 지표면 아래에 있는 건축물로서 행정안전부장관이 침수피해가 우려된다고 인정하여 고시하는 지역의 건축물

★
지하공간 침수방지를 위한 수방기준 제정 대상 시설물
지하도로, 지하광장, 공동구, 지하도 상가, 도시철도(철도), 지하변전소, 바닥이 지표면 아래에 있어 침수 우려가 인정되는 지역의 건축물

③ 「자연재해대책법 시행령」 제55조(방재시설)에서는 법 제64조 제1항에서 "대통령령으로 정하는 재난방지시설"을 정의

㉠ 「재난 및 안전관리 기본법 시행령」 제37조(재난방지시설의 범위)의 시설물과 동일

㉡ 다음 법령의 시설물은 다르게 제시

▷ 「항만법」 제2조 제5호 가목 (2)에 따른 방파제·방사제·파제제 및 호안

▷ 「어촌·어항법」 제2조 제5호 가목 (1)에 따른 방파제·방사제·파제제

제2과목 제1편 제1장 2절 "「재난 및 안전관리 기본법 시행령」의 재난방지시설" 표 참고

④ 법 제16조의5 방재시설에 대한 방재성능 평가 등에서의 규정

㉠ 특별시장·광역시장·시장 및 군수는 해당 특별시·광역시·시 및 군에 있는 제64조에 따른 방재시설 중 대통령령으로 정하는 방재시설의 성능이 지역별 방재성능목표에 부합하는지를 평가하고, 방재성능목표에 부합하지 아니하는 경우에는 방재성능을 향상시킬 수 있는 통합 개선대책을 수립·시행하여야 함

㉡ 방재시설에 대한 방재성능 평가 및 통합 개선대책의 수립·시행에 필요한 사항은 대통령령으로 정함

⑤ 법 제61조 방재신기술의 지정·활용 등에서의 규정

정부는 방재시설을 설치하는 공공기관에 대하여 방재신기술을 우선 활용할 수 있도록 적절한 조치를 하여야 함

⑥ 법 제64조 방재시설의 유지·관리평가에서의 규정

㉠ 재난관리책임기관의 장은 재해예방을 위하여 대통령령으로 정하는 소관 방재시설을 성실하게 유지·관리하여야 함

㉡ 행정안전부장관은 재난관리책임기관별로 소관 방재시설의 유지·관리에 대한 평가를 할 수 있음

㉢ 제1항과 제2항에 따른 방재시설의 관리 및 평가에 필요한 사항은 대통령령으로 정함

⑦ 영 제56조 방재시설의 유지·관리평가에서의 규정

㉠ 법 제64조에 따른 방재시설의 유지·관리평가는 다음 각 호의 구분에 따름

▷ 방재시설에 대한 정기 및 수시 점검사항의 평가

▷ 방재시설의 유지·관리에 필요한 예산·인원·장비 등 확보사항의 평가

▷ 방재시설의 보수·보강계획 수립·시행사항의 평가
▷ 재해 발생 대비 비상대처계획의 수립사항 평가

ⓒ 방재시설의 유지·관리평가는 연 1회 실시하되, 평가항목·평가기준 및 평가방법 등 평가에 필요한 사항은 행정안전부장관이 정하여 고시함

★
행정안전부장관이 정하는 방재성능평가 시설
배수펌프장, 하수저류시설, 빗물펌프장, 배수로 및 길도랑, 우수유출저감시설, 고지배수로

(3) 행정안전부장관이 정하는 방재성능평가 대상 시설

① 이 고시는 「자연재해대책법 시행령」 제14조의3 제1항 제4호에서 행정안전부장관에게 위임한 방재성능평가 대상 시설을 정함을 목적으로 함
② 제2조에서는 「자연재해대책법 시행령」 제14조의3 제1항 제4호에 따른 대상시설을 다음과 같이 지정

행정안전부장관이 정하는 방재성능평가 대상 시설

법	조항	내용
소하천정비법	제2조 제3호	소하천 부속물 중 배수펌프장
하수도법	제2조 제3호	하수도 중 하수저류시설과 그 밖의 공작물·시설 중 빗물펌프장
도로법	제2조 제2항	도로시설 중 배수로 및 길도랑
자연재해대책법	제2조 제6호	우수유출저감시설
재해예방을 위한 고지배수로 운영관리 지침		고지배수로

★
방재시설의 정의
재난의 발생을 억제하고 최소화하기 위하여 설치한 구조물과 그 부대시설

(4) 방재시설의 유지·관리 평가항목·기준 및 평가방법 등에 관한 고시

① 이 고시는 「자연재해대책법」 제64조 제2항 및 동법 시행령 제56조 제2항에서 행정안전부장관에게 위임한 사항으로서 방재시설의 유지·관리에 대한 평가항목·기준 및 평가방법 등 평가에 필요한 사항을 규정함을 목적으로 함
② 제1조의2(정의) 제1항에서는 "방재시설"을 홍수, 태풍, 해일, 가뭄, 지진, 산사태 등의 자연재해에 대비하여 재난의 발생을 억제하고 최소화하기 위하여 설치한 구조물과 그 부대시설로 정의
③ 2항에서는 "유지·관리"를 완공된 방재시설의 기능과 성능을 보전하고 방재시설 이용자의 편의와 안전을 높이기 위하여 방재시설을 일상적으로 점검·정비하고, 손상된 부분을 원상복구하며, 경과시간에 따라 요구되는 방재시설의 개량·보수·보강에 필요한 활동을 하는 것으로 정의
④ 방재시설의 유지·관리를 위한 평가대상 시설은 중앙행정기관 및 공공기관 그리고 지방자치단체로 구분하여 다음과 같이 정의

방재시설의 유지·관리를 위한 평가대상 시설

구분	중앙·공공	시·도, 시·군·구
소하천시설	-	제방, 호안, 보, 수문, 배수펌프장
하천시설	댐, 하구둑, 제방, 호안, 수제, 보, 갑문, 수문, 수로터널, 운하, 관측시설	
농업생산 기반시설	저수지, 양수장, 관정, 배수장, 취입보, 용수로, 배수로, 유지, 방조제, 제방	-
공공하수도 시설	-	하수(우수)관로, 공공하수처리시설, 하수저류시설, 빗물펌프장
항만시설	방파제, 방사제, 파제제, 호안	
어항시설	방파제, 방사제, 파제제	
도로시설	방설·제설시설, 토사유출·낙석방지시설, 공동구, 터널·교량·지하도, 육교, 배수로 및 길도랑	
산사태 방지시설	사방시설	
재난 예·경보시설	재난 예·경보시설	
기타 시설	-	우수유출저감시설, 고지배수로

2. 방재시설 관련 지침

(1) 자연재해저감 종합계획

① 목적

지방자치단체의 인문·지형적 여건과 자연재해로 인한 피해를 비롯한 관련계획을 종합적으로 검토하여 효율적인 저감대책을 마련하고 실행방안을 제시하여 자연재해로부터 지방자치단체의 안전을 확보

② 법적 근거

「자연재해대책법」 제16조, 같은 법 시행령 제13조, 같은 법 시행규칙 제4조의5에 따라 특별시장·광역시장·특별자치시장·도지사·특별자치도지사 및 시장·군수가 수립

③ 수립권자

㉠ 계획 수립대상 행정구역을 관할하는 기관장이 수립

▷ 도 계획: 도지사

▷ 특별시·광역시·특별자치시·특별자치도 계획: 특별시장, 광역시장, 특별자치시장, 특별자치도지사

Keyword

★ **방재시설의 유지·관리를 위한 시설 구분**
중앙행정기관 및 공공기관, 지방자치단체

▷ 시·군 계획: 시장·군수

㉡ 특별시장·광역시장·특별자치시장·도지사·특별자치도지사 및 시장·군수는 법 제38조 및 영 제32조의2에 따라 자연재해저감 종합계획 수립분야 방재관리대책대행자로 행정안전부에 등록한 자가 기초조사, 분석, 서류작성 등 자연재해저감 종합계획(안) 작성 대행하도록 할 수 있으며, 이 경우 등록된 기술 인력이 참여하도록 해야 함

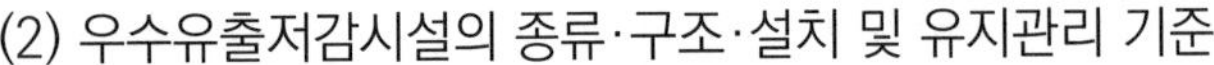

(2) 우수유출저감시설의 종류·구조·설치 및 유지관리 기준

① 목적

강우 시 우수의 직접 유출을 억제하기 위하여 인위적으로 우수를 지하에 침투시키거나 저류시키는 시설에 관한 종류·구조·설치 및 유지관리 기준을 정하여 재해를 경감시키고자 함

② 법적 근거

「자연재해대책법」 제19조 및 동법 시행령 제16조에 따라 특별시장·광역시장·특별자치시장·특별자치도지사 및 시장·군수가 5년마다 수립

③ 적용범위

㉠ 개발사업에 따른 우수유출저감대책 수립 및 사전재해영향성 검토

㉡ 자연재해저감 종합계획 수립

㉢ 자연재해위험지구정비사업

㉣ 재해위험개선사업

㉤ 재해복구사업

㉥ 기존 도시에 대한 침수피해 예방 등 도시방재성능 상향을 위한 우수유출저감대책 수립 시

3절 「자연재해대책법」의 이해

1. 「자연재해대책법」의 개념

(1) 법의 목적

재난으로부터 국토를 보존하고 국민의 생명·신체 및 재산과 주요 기간시설을 보호하기 위하여 자연재해의 예방·복구 및 그 밖의 대책에 관하여 필요한 사항을 규정

★
「자연재해대책법」의 목적
국토 보존, 국민의 생명·신체 및 재산 보호, 주요 기간시설 보호

(2) 재난관리책임기관장의 업무범위

(법 제3조 책무) 기본법 제3조 제5호에 따라 자연재해 예방을 위하여 다음 표와 같은 소관 업무에 해당하는 조치를 하여야 함

재난관리책임기관장의 소관 업무

업무 대상	세부 내용
자연재해 경감 협의 및 자연재해위험개선지구 정비 등	- 자연재해 원인 조사 및 분석 - 자연재해위험개선지구 지정·관리 - 자연재해저감 종합계획 및 시행계획의 수립
풍수해 예방 및 대비	- 수방기준 제정·운영 - 우수유출저감시설 설치 기준 제정·운영 - 내풍설계기준 제정·운영 - 그 밖에 풍수해 예방에 필요한 사항
설해대책	- 설해 예방대책 - 각종 제설자재 및 물자 비축 - 그 밖에 설해 예방에 필요한 사항
낙뢰대책	- 낙뢰피해 예방대책 - 각 유관기관 지원·협조체제 구축 - 그 밖에 낙뢰피해 예방에 필요한 사항
가뭄대책	- 상습가뭄재해지역 해소를 위한 중·장기대책 - 가뭄 극복을 위한 시설 관리·유지 - 빗물 모으기 시설을 활용한 가뭄 극복대책 - 그 밖에 가뭄대책에 필요한 사항
재해정보 및 긴급지원	- 재해예방 정보체계 구축 - 재해정보 관리·전달체계 구축 - 재해 대비 긴급지원체계 구축 - 비상대처계획 수립
그 밖에 자연재해 예방을 위하여 재난관리책임기관의 장이 필요하다고 인정하는 사항	

2. 「자연재해대책법」의 구성

(1) 자연재해의 예방 및 대비

① 자연재해 경감 협의 및 자연재해위험개선지구 정비 등

㉠ 재해영향평가 등 제도

㉡ 자연재해위험개선지구 제도

㉢ 자연재해저감 종합계획 제도

② 풍수해

㉠ 방재성능 평가제도

㉡ 방재기준 가이드라인

★ **재난관리책임기관장의 업무 대상**
자연재해 경감 협의 및 자연재해위험개선지구 정비 등, 풍수해 예방 및 대비, 설해대책, 낙뢰대책, 가뭄대책, 재해정보 및 긴급지원, 그 밖에 기관장이 인정하는 필요사항

★ **「자연재해대책법」의 구성**
자연재해의 예방 및 대비, 재해정보 및 비상지원 등, 재해복구, 방재기술의 연구 및 개발

㉢ 수방기준의 제정·운영
㉣ 지구단위 홍수방어제도
㉤ 우수유출저감대책
㉥ 내풍설계기준 설정
㉦ 재해지도의 제작 및 재해 상황의 기록

③ **해일피해**

㉠ 해일위험지구의 지정
㉡ 해일피해경감계획의 수립·추진 등

④ **설해**

㉠ 설해의 예방 및 경감 대책
㉡ 상습설해지역 지정 및 대책
㉢ 내설설계기준 설정

⑤ **가뭄**

㉠ 가뭄 방재를 위한 조사·연구
㉡ 수자원관리자의 의무
㉢ 가뭄 극복을 위한 시설의 유지·관리 및 대책

(2) 재해정보 및 비상지원 등

① 재해정보체계 및 긴급지원체계의 구축
② 각종 시설물 등의 비상대처계획 수립
③ 방재관리대책 업무 제도
④ 재해 유형별 행동요령의 작성·활용

(3) 재해복구

① 재해복구계획의 수립·시행
② 재해대장
③ 지구단위 종합복구계획 수립
④ 중앙합동조사단 제도
⑤ 재해복구사업 제도

(4) 방재기술의 연구 및 개발

① 방재기술의 연구·개발 및 방재산업의 육성
② 방재신기술 제도
③ 국제공동연구의 촉진

3. 「자연재해대책법」의 용어

① 재해: 「재난 및 안전관리 기본법」 제3조 제1호에 따른 재난으로 인하여 발생하는 피해

② 자연재해: 기본법 제3조 제1호 가목에 따른 자연재난으로 인하여 발생하는 피해

③ 풍수해: 태풍, 홍수, 호우, 강풍, 풍랑, 해일, 조수, 대설, 그 밖에 이에 준하는 자연현상으로 인하여 발생하는 재해

④ 재해영향성 검토: 자연재해에 영향을 미치는 행정계획으로 인한 재해 유발 요인을 예측·분석하고 이에 대한 대책을 마련하는 것

⑤ 재해영향평가: 자연재해에 영향을 미치는 개발사업으로 인한 재해 유발 요인을 조사·예측·평가하고 이에 대한 대책을 마련하는 것

⑥ 자연재해저감 종합계획: 지역별로 자연재해의 예방 및 저감을 위하여 특별시장·광역시장·특별자치시장·도지사·특별자치도지사 및 시장·군수가 지역안전도에 대한 진단 등을 거쳐 수립한 종합계획

⑦ 우수유출저감시설: 우수의 직접적인 유출을 억제하기 위하여 인위적으로 우수를 지하로 스며들게 하거나 지하에 가두어 두는 시설

⑧ 수방기준: 풍수해로부터 시설물의 수해 내구성을 강화하고 지하공간의 침수를 방지하기 위하여 관계 중앙행정기관의 장 또는 행정안전부장관이 정하는 기준

⑨ 침수흔적도: 풍수해로 인한 침수 기록을 표시한 도면

⑩ 재해복구보조금: 중앙행정기관이 재해복구사업을 위하여 특별시·광역시·특별자치시·도·특별자치도 및 시·군·구(자치구를 의미)에 지원하는 보조금

⑪ 지구단위 홍수방어기준: 상습침수지역이나 재해위험도가 높은 지역에 대하여 침수피해를 방지하기 위하여 행정안전부장관이 정한 기준

⑫ 재해지도: 풍수해로 인한 침수흔적, 침수 예상 및 재해정보 등을 표시한 도면

⑬ 방재관리대책대행자: 재해영향성 검토 등 방재관리대책에 관한 업무를 전문적으로 대행하기 위하여 제38조 제2항에 따라 행정안전부장관에게 등록한 자

⑭ 지역안전도 진단: 자연재해 위험에 대하여 지역별로 안전도를 진단하는 것

⑮ 방재기술: 자연재해의 예방·대비·대응·복구 및 기후변화에 대한 신속하고 효율적인 대처를 통하여 인명피해와 재산피해를 최소화시킬

★
재난
국민의 생명·신체·재산과 국가에 피해를 주거나 줄 수 있는 것으로 '자연재난'과 '사회재난'으로 구분

★
자연재난
태풍, 홍수, 호우, 강풍, 풍랑, 해일, 대설, 한파, 낙뢰, 가뭄, 폭염, 지진, 황사, 조류 대발생, 조수, 화산활동, 소행성·유성체 등 자연우주물체의 추락·충돌, 그 밖에 이에 준하는 자연현상으로 인하여 발생하는 재해

★
사회재난
화재·붕괴·폭발·교통사고(항공사고 및 해상사고를 포함)·화생방사고·환경오염사고 등으로 인하여 발생하는 대통령령으로 정하는 규모 이상의 피해와 에너지·통신·교통·금융·의료·수도 등 국가기반체계의 마비, 감염병 또는 가축전염병의 확산, 미세먼지 등으로 인한 피해

수 있는 자연재해에 대한 예측·규명·저감·정보화 및 방재 관련 제품 생산·제도·정책 등에 관한 모든 기술

⑯ 방재산업: 방재시설의 설계·시공·제작·관리, 방재제품의 생산·유통, 이와 관련된 서비스의 제공, 그 밖에 자연재해의 예방·대비·대응·복구 및 기후변화 적응과 관련된 산업

제2장

재해 특성의 이해

제1편
방재시설 특성 분석

본 장에서는 하천재해, 내수재해, 사면재해, 토사재해, 해안재해, 바람재해로 구분되는 재해 종류별 특성을 제시하였으며, 지역별 재해의 특성을 이해하기 위해 도시지역, 산지지역, 농어촌지역, 해안지역으로 구분하였다. 또한 재해가 발생한 지역적 특성을 이해하기 위해 필요한 요소들과 재해가 발생한 지역별 그리고 유형별 특성에 맞는 방재시설을 구분할 수 있다.

1절 재해 종류별 특성의 이해

1. 하천재해

(1) 개념

홍수 발생 시 하천 제방, 낙차공, 보 등 수공구조물의 붕괴와 홍수위의 제방 범람 등으로 인하여 발생하는 재해

(2) 발생원인

① 집중호우로 인한 유량 급증
② 합류부와 만곡부 침식
③ 수위 급상승에 따른 제방 유실 및 붕괴
④ 제방 여유고 부족에 따른 하천 월류
⑤ 급속한 도시개발에 따른 유출량 증가

〈하천재해 사례〉

Keyword

★
재해 종류별 분류
하천재해, 내수재해, 사면재해, 토사재해, 해안재해, 바람재해

★
하천재해 개념
홍수로 인한 하천 수공구조물의 붕괴와 제방 범람 등으로 인한 재해

(3) 재해 특성

① 호안의 유실

② 제방의 붕괴, 유실 및 변형

③ 하상안정시설의 유실

④ 제방도로의 피해

⑤ 하천 횡단구조물의 피해

2. 내수재해

(1) 개념

본류 외수위 상승, 내수지역 홍수량 증가 등으로 인한 내수배제 불량으로 인명과 재산상의 손실이 발생되는 재해

★
내수재해 개념
내수배제 불량으로 인한 재해

(2) 발생원인

① 외수 증가에 따른 우수 및 하수의 역류

② 도시개발에 따른 유출량 증가

③ 배수로 및 하수도의 배수 능력 부족

(3) 재해 특성

① 우수관거 관련 문제로 인한 피해

② 외수위 영향으로 인한 피해

③ 우수유입시설 문제로 인한 피해

④ 빗물펌프장 시설 문제로 인한 피해

⑤ 노면 및 위치적 문제에 의한 피해

⑥ 2차적 침수피해 증대 및 기타 관련 피해

3. 사면재해

(1) 개념

호우 시 산지사면에서 발생하는 붕괴 및 낙석에 의한 피해를 발생시키는 재해

(2) 발생원인

① 자연사면의 불안정

② 인공사면의 시공 불량 및 시설정비 미비

③ 배수 불량 및 유지관리 미흡

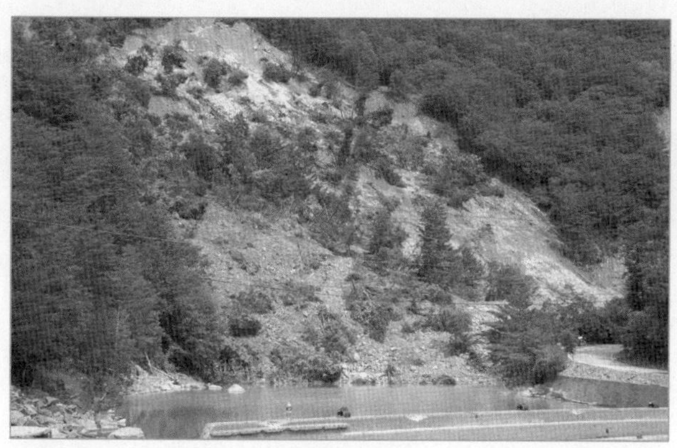

〈사면재해 사례〉

④ 집중호우에 의한 사면의 활동 및 낙석 발생
⑤ 급경사지 주변에 피해유발시설 배치

(3) 재해 특성

① 지반 활동으로 인한 붕괴
② 절개지, 경사면 등의 배수시설 불량에 의한 사면붕괴
③ 옹벽 등 토사유출 방지시설의 미비로 인한 피해
④ 사면의 과도한 굴착 등으로 인한 붕괴

4. 토사재해

(1) 개념

유역 내 하천시설 및 공공·사유시설 등이 과다한 토사유출로 인하여 침수 및 매몰 등의 피해를 유발하는 재해

〈토사재해 사례〉

★
사면재해 개념
호우 시 산지사면에서 발생하는 재해

★
토사재해 개념
호우 시 과다한 토사유출로 인해 발생하는 재해

(2) 발생원인

① 강우의 강도와 빈도의 증가
② 집중호우로 인한 토사유출
③ 급경사지 붕괴로 인한 토사유출

(3) 재해 특성

① 산지 침식 및 홍수피해
② 하천 통수능 저하 및 하천시설 피해
③ 도시지역 내수침수
④ 저수지의 저수능 저하 및 이·치수 기능 저하
⑤ 하구폐쇄로 인한 홍수위 증가
⑥ 농경지 및 양식장 피해

5. 해안재해

(1) 개념

파랑, 해일, 지진해일, 고조위 등에 의한 해안침수, 항만 및 해안시설 파손, 급격한 해안 매몰 및 침식 등을 발생시키는 재해

(2) 발생원인

① 태풍으로 인한 해일 발생
② 지진으로 인한 해일 발생
③ 설계파를 초과하는 외력의 발생

(3) 재해 특성

① 파랑·월파에 의한 해안시설 피해
② 해일 및 월파로 인한 내측 피해
③ 하수구 역류 및 내수배제 불량으로 인한 침수
④ 해안침식

6. 바람재해

(1) 개념

바람에 의해 인명피해나 공공시설 및 사유시설의 경제적 손실이 발생하는 재해

★
해안재해 개념
해안침수 및 침식, 항만 및 해안시설의 파손을 일으키는 재해

★
바람재해 개념
태풍이나 강풍에 의해 발생하는 재해

(2) 발생원인

태풍이나 강풍에 의해 발생

(3) 재해 특성

① 건물의 전도 및 부착물의 이탈 및 낙하
② 건물 유리창의 파손
③ 송전탑 및 전선 등의 전력·통신시설의 파손
④ 도로 및 교통시설물의 파괴
⑤ 비닐하우스 등 농작 시설물의 파괴

7. 가뭄재해

(1) 개념

가뭄으로 인한 물 부족으로 생활·공업·농업용 용수공급률 저하로 발생하는 산업 및 생활상의 피해를 발생시키는 재해

(2) 발생원인

가뭄에 의해 발생

(3) 재해 특성

① 생활·공업용수 제한 공급 또는 공급 중단으로 인한 산업 및 생활상의 피해 발생
② 농업용수 공급중단 등으로 인한 농작물 피해 발생

8. 대설재해

(1) 개념

대설로 인한 교통 두절, 고립, 농·축산시설 및 PEB(Pre-Engineered Building)·천막구조 시설물 붕괴 등에 의한 인명피해나 공공시설 또는 사유시설의 경제적 손실이 발생하는 재해

(2) 발생원인

대설에 의해 발생

(3) 재해 특성

① 대설로 인한 취약도로 교통두절 및 고립피해 발생
② 농·축산 시설물 붕괴피해

Keyword

★
가뭄재해 개념
가뭄으로 인한 산업 및 생활상의 피해가 발생하는 재해

★
대설재해 개념
대설로 인한 인명피해나 경제적 손실이 발생하는 재해

③ PEB(Pre-Engineered Building) 구조물, 천막구조물 등 가설시설물 붕괴피해
④ 기타 시설 피해 등

Keyword

2절 지역별 재해 특성의 이해

1. 도시지역의 재해 특성

★
지역 특성별 분류
도시지역, 산지지역, 농어촌지역, 해안지역

(1) 도시지역의 개념
① 인구와 산업이 밀집되어 있거나 밀집이 예상되어 그 지역에 대하여 체계적인 개발·정비·관리·보전 등이 필요한 지역
② 도시지역의 구분
㉠ 주거지역
㉡ 상업지역
㉢ 공업지역
㉣ 녹지지역

(2) 재해 특성
① 도시화에 따른 강우 유출량 증가
② 집중호우로 인한 내수침수피해 다수 발생
③ 내수침수 시 차량 및 지하시설물의 피해 발생
④ 경제가치가 높아짐에 따른 피해규모 급증
⑤ 산지와 인접한 도심지에서는 산사태, 토석류로 인한 재해 발생

★
도시지역 지해 특성
하천재해와 내수재해 그리고 위치에 따라 산지재해와 토사재해가 발생

2. 산지지역의 재해 특성

(1) 산지지역의 개념
① 고도가 비교적 높고 경사가 가파른 사면을 가진 지역
② 산지지역의 구분
㉠ 보전산지
▷ 임업용 산지
▷ 공익용 산지
㉡ 준보전산지

〈산지 피해 사례〉

(2) 재해 특성

① 집중호우 시 산사태와 토석류 발생

② 산사태로 인한 다량의 토사와 유목 발생

③ 하천 통수 단면 부족으로 인한 하천범람 발생

④ 교각 단면 증가로 인한 월류 발생

★
산지지역 재해 특성
산사태와 토석류 발생으로 인해 하천재해 및 토사재해 유발 가능

3. 농어촌지역의 재해 특성

(1) 농어촌지역의 개념

① 읍·면의 지역

② ①항 외의 지역 중 그 지역의 농어업, 농어업 관련 산업, 농어업 인구 및 생활여건 등을 고려하여 농림축산식품부장관이 해양수산부장관과 협의하여 고시하는 지역

(2) 재해 특성

① 집중호우 시 농경지 침수 및 농작물 피해 발생

② 강풍 및 대설로 인하여 비닐하우스와 같은 구조물 피해 발생

★
농어촌지역 재해 특성
지역적 위치에 따라 하천재해, 산지재해, 토사재해 등 발생

〈농어촌 피해 사례〉

③ 산지 인근지역에서는 산사태로 인한 피해 발생
④ 하천 인근지역에서는 하천범람으로 인한 피해 발생

4. 해안지역의 재해 특성

(1) 해안지역의 개념

바다에 근접하여 있거나 바다와 맞닿아 있는 지역

(2) 재해 특성

① 태풍 발생 시 해일 및 바람 피해 발생
② 만조 시 홍수위 증가로 인한 하천범람 피해 발생
③ 선박사고로 인한 유류유출 피해 발생
④ 기온 상승 시 적조 발생
⑤ 해저지진 발생 시 쓰나미 발생

★
해안지역 재해 특성
해일 및 바람재해, 만조로 인한 하천재해 그리고 바다에서 발생하는 재해

3절 재해발생지역의 자연 특성 이해

★
기후는 30년 이상의 긴 기간에 대한 기상현상

★
기상은 대기에서 발생하는 물리현상

1. 기후 및 기상

(1) 기후

① 개념

㉠ 일정 기간 특정 지역에서의 기상현상의 평균상태를 의미

㉡ 일반적으로 30년간의 평균을 이용

㉢ 기후요소

▷ 기온, 강수량, 바람, 일사, 습도, 운량, 일조, 증발량 등

㉣ 기후인자

▷ 기후요소에 영향을 미쳐 기후의 지역차를 발생시키는 원인

▷ 위도, 해발고도, 토지의 성질, 지형, 해륙의 분포 및 해류 등

② 계절별 기후

㉠ 봄

▷ 온난건조

▷ 꽃샘추위

▷ 건조하여 산불과 가뭄이 자주 발생

▷ 황사현상

㉡ 여름

▷ 오호츠크해 기단과 북태평양 기단의 충돌로 장마 발생

▷ 고온다습

▷ 남고북저형 기압

▷ 집중호우

㉢ 가을

▷ 이동성 고기압

▷ 맑은 날씨

㉣ 겨울

▷ 한랭건조한 시베리아 기단 영향

▷ 서고동저형 기압

▷ 강한 북서풍과 한파

▷ 삼한사온 현상

(2) 기상

① 개념

㉠ 대기에서 발생하는 여러 가지 물리현상

㉡ 기압, 기온, 습도, 증기압, 이슬점 온도, 상대습도, 풍향, 풍속, 강수량, 눈덮임, 구름, 대기의 투명도, 증발량, 일조시간, 일사량, 강수현상, 응결현상, 동결현상, 빛 현상, 소리현상 및 기타 현상 등

② 기상의 3요소

기온, 강수량, 바람

★
기상의 3요소
기온, 강수량, 바람

2. 토질 및 지질

(1) 토질

① 개념

㉠ 일정한 범위의 흙이 지니고 있는 성질

㉡ 흙의 조성, 구조, 물성, 역학적 성질, 압밀 등

② 지형별 토양 특성

㉠ 평탄지 토양
- ▷ 급경사지 토양에 비해 토양 수분함량이 높음
- ▷ 토양배수 등급이 낮음

㉡ 급경사지 토양
- ▷ 토양 침식이 심함
- ▷ 토심이 얕게 형성

(2) 지질

① 개념

지각을 구성하고 있는 여러 가지 암석이나 지반의 성질 또는 상태

② 한반도 지질의 특성

㉠ 화성암과 변성암이 약 2/3 구성

㉡ 퇴적암이 약 1/3 구성

㉢ 암석의 연령은 약 30억 년에서부터 수천 년까지 다양

㉣ 선캄브리아대의 암석이 약 43%

㉤ 중생대의 암석이 약 40%

3. 산림

(1) 개념

산지와 그 위에서 자라는 입목 · 죽 등을 포괄하는 의미

(2) 소유자에 따른 구분

① 국유림: 국가가 소유하는 산림

② 공유림: 지방자치단체나 그 밖의 공공단체가 소유하는 산림

③ 사유림: 국유림과 공유림 외의 산림

(3) 목적에 따른 구분

① **도시림**

㉠ 도시에서 국민 보건 휴양·정서 함양 및 체험 활동 등을 위하여 조성·관리하는 산림 및 수목

㉡ 면 지역과 「자연공원법」에 따른 공원구역 및 공원보호구역은 제외

② **생활림**

마을숲 등 생활권 주변지역 및 초·중학교와 그 주변지역에서 국민들에게 쾌적한 생활환경과 아름다운 경관의 제공 및 자연학습교육 등을 위하여 조성·관리하는 산림

③ **채종림**

종자생산을 목적으로 하는 임야지

④ **시험림**

병해충에 저항성이 있는 임목이 있는 산림이나 임업 시험용으로 사용하기에 적합한 산림

★
소유자에 따른 산림 구분
국유림, 공유림, 사유림

★
목적에 따른 산림 구분
도시림, 생활림, 채종림, 시험림

4절 재해지역 및 유형별 특성에 따른 방재시설

1. 지역 특성에 따른 방재시설

★
지역적 특성에 따른 발생가능 재해를 이해하고, 재해 종류별 방재시설을 검토

(1) 도시지역 방재시설

① 제방

② 홍수방어벽

③ 배수 및 빗물 펌프장

④ 배수로 및 우수관로

(2) 산지지역 방재시설

① 사방댐

㉠ 중력식 사방댐(콘크리트 사방댐)

㉡ 버팀식 사방댐(버트리스 사방댐, 스크린 사방댐)

㉢ 복합식 사방댐(다기능 사방댐)

② 침사지

③ 옹벽

④ 낙석방지망

(3) 농어촌지역 방재시설

① **홍수 대책**

㉠ 배수 및 빗물 펌프장

㉡ 배수로

② **폭염 대책**

㉠ 환기 및 송풍시설

㉡ 미스트 분사 냉각팬

③ **가뭄 대책**

㉠ 저수지 건설

㉡ 지하수 개발

㉢ 빗물 저장소

(4) 해안지역 방재시설

① 방파제

② 방사제

③ 이안제

2. 재해 유형에 따른 방재시설

(1) 하천재해 방재시설

① 제방, 호안

② 댐

③ 천변저류지, 홍수조절지

④ 방수로

⑤ 배수펌프장

★
재해 종류별 피해 예방을 위한 다양한 방재시설을 검토

(2) 내수재해 방재시설

① 하수관로(우수관로)

② 빗물펌프장

③ 저류시설, 유수지

④ 침투시설

(3) 사면재해 방재시설

① 옹벽

② 낙석방지망

(4) 토사재해 방재시설

① 사방댐

② 침사지

(5) 해안재해 방재시설

① 방파제

② 방사제

③ 이안제

(6) 바람재해 방재시설

① 방풍벽

② 방풍림

③ 방풍망

제3장

제1편
방재시설 특성 분석

방재시설물 방재기능 및 적용공법의 이해

본 장에서는 방재시설물에 대한 방재기능을 이해하고, 이를 위한 적용공법을 다루고 있다. 하천방재시설물로는 댐, 하천제방, 천변저류지, 방수로가 있으며, 내수방재시설물에는 유하시설, 저류시설, 침투시설이 있다. 그 외 사면방재, 토사방재, 해안방재, 바람방재, 기타 방재시설물에 대한 방재기능과 적용공법을 이해할 수 있다.

▷ 방재시설물은 홍수, 태풍, 해일, 가뭄, 지진, 산사태 등의 자연재해에 대비하여 재난의 발생을 억제하고 최소화하기 위하여 설치한 구조물과 그 부대시설을 의미

▷ 「자연재해대책법」 제64조 제1항의 "대통령령으로 정하는 재난방지시설"을 동법 시행령 제55조에서 제시

▷ 「자연재해대책법 시행령」에서는 도시지역의 방재시설, 수해내구성 강화와 지하공간의 침수 방지를 위하여 수방기준을 제정해야 하는 대상 시설물을 명시

▷ 방재시설의 유지·관리 평가항목·기준 및 평가방법 등에 관한 고시에서는 중앙행정기관 및 공공기관 그리고 지방자치단체별로 방재시설의 유지·관리를 위한 평가대상 시설을 명시

Keyword

➔
제2과목 제1편 제1장 2절 "방재시설 관련 기준과 지침" 참고

1절 하천방재시설물의 방재기능 및 적용공법

1. 하천방재시설물의 개념

(1) 시설물의 정의

하천의 기능을 보전하고 효용을 증진하며 홍수피해를 줄이기 위한 시설물

(2) 하천시설물의 종류

① 제방·호안·수제 등 물길의 안정을 위한 시설

② 댐·하구둑·홍수조절지·저류지·지하하천·방수로·배수펌프장·수문 등 하천 수위의 조절을 위한 시설

➔
「하천법」 제2조 제3호 참고

★
「하천법」에서의 하천시설
하천 기능을 보전하고 효용을 증진하며 홍수피해를 줄이기 위하여 설치하는 시설물

③ 운하·안벽·물양장·선착장·갑문 등 선박의 운항과 관련된 시설

④ 그 밖에 대통령령으로 정하는 시설로 하천법 시행령 제2조에서는 하천관리에 필요한 보·수로터널·하천실험장, 그 밖에 법에 따라 설치된 시설로서 국토교통부장관이 고시하는 시설

2. 하천방재시설물의 방재기능

(1) 댐

① **정의**

㉠ 「하천법」, 「댐건설 및 주변지역지원 등에 관한 법률」에서 정의된 시설물

㉡ 산간계곡 또는 하천을 횡단으로 가로질러 저수, 취수, 토사유출 방지 등의 목적

㉢ 높이 15m 이상의 시설 또는 구조물의 통칭

② **분류**

㉠ 사용 목적에 따른 분류

▷ 저수, 취수, 사방댐 등의 단일목적댐

▷ 복합적인 기능을 수행하는 다목적댐

㉡ 수리구조에 따른 분류

▷ 저수위를 조절하기 위하여 수문을 적용한 가동댐

▷ 수문 없이 월류시키거나 방수로를 이용하여 조절하는 고정댐

③ **방재기능**

㉠ 홍수피해를 저감시키는 홍수조절 기능

㉡ 공공의 이익에 기여

㉢ 필요성, 경제성, 환경문제 등을 충분히 검토 후 설치

(2) 하천제방

① **정의**

㉠ 「하천법」, 「소하천정비법」 등에 관한 법률에서 정의된 시설물

㉡ 물을 일정한 유로 내로 제한하는 인공적인 성토 구조물

㉢ 장소나 목적에 따라 잔디, 돌, 콘크리트 등의 호안 공작물로 보호

② **분류**

㉠ 기능에 따른 분류

본제, 부제, 윤중제, 분류제, 도류제, 놀둑, 고규격 제방, 역류제,

Keyword

★ 댐
산간계곡 또는 하천을 횡단하여 설치한 구조물, 높이 15m 이상의 구조물

★ 제방
하도 내로 물을 흐르게 하는 인공 구조물

월류제, 횡제

㉡ 형태에 따른 분류

연속제, 산붙임제

㉢ 구조에 따른 분류

특수제, 토제

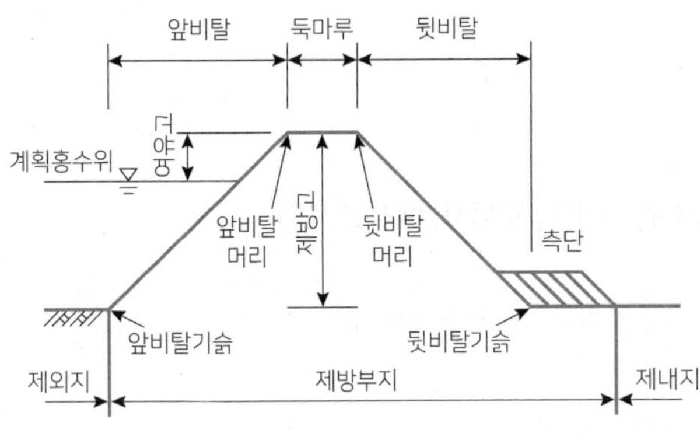

〈제방단면의 구조와 명칭〉

③ 방재기능

㉠ 홍수에 의한 범람과 침수 예방

㉡ 제내지 보호

(3) 천변(강변)저류지

① 정의

㉠ 기존의 범람지에 제방을 쌓아 홍수 시 일시적으로 물을 가두어 두는 공간

㉡ 평상시에는 농경지, 주차장, 생태습지 등으로 활용

㉢ 홍수 시 하천의 홍수량 분담을 위하여 일시적으로 저장

② 방재기능

㉠ 하도 내의 첨두홍수량을 조절

㉡ 첨두홍수위를 저감시키는 홍수 조절 기능

㉢ 하천의 월류를 대비한 보조 제방 역할 수행

㉣ 하류의 홍수피해를 예방

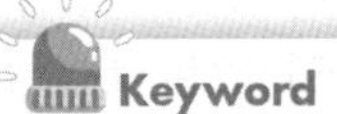

★
천변(강변)저류지의 정의
범람 가능지역에 홍수 시 일시적으로 물을 가두어 두는 공간

〈천변저류지 개념도〉

(4) 방수로

① **정의**

하천에서 흐르는 유량을 일부 분류하여 호수 또는 바다로 방출하기 위하여 조성된 인공수로

★
방수로의 정의
하천의 유량을 다른 곳으로 방출하기 위한 인공수로

② **방재기능**

㉠ 치수 공사 때 하천의 유량 조절

㉡ 홍수 때 하천범람 방지

3. 하천시설물의 적용공법

(1) 댐

① **재료와 형식에 따른 분류**

㉠ 필댐: 암석, 자갈, 토사 등의 재료들을 층다짐을 하면서 쌓아 올려 축조한 댐

㉡ 콘크리트댐

★
댐의 분류
- 필댐: 재료와 설계형식(구조)에 따라 구분
- 콘크리트댐: 형식에 따라 구분

② **필댐의 분류**

㉠ 재료에 따른 분류

▷ 흙댐

▷ 록필댐

㉡ 설계형식(구조)에 따른 분류

▷ 균일형

▷ 존(zone)형

▷ 코어(core)형

▷ 표면차수벽형

ⓒ 필댐의 장점

▷ 지형, 지질, 재료, 기초의 상태와 무관

ⓓ 필댐의 단점

▷ 홍수 월류에 대한 저항이 미흡

▷ 침하 불가피

공법에 따른 필댐의 종류

구분		설명
재료	흙댐	자연상태의 흙을 사용하여 최소의 공정으로 건설하는 가장 보편적인 형식
	록필댐	- 차수벽과 댐체의 안정을 위하여 여러 가지 크기의 돌로 이루어진 댐 - 최대 댐체 단면의 50% 이상을 다양한 크기의 돌로 축조
설계형식	균일형	제체 최대단면에서 사면보호재를 제외한 단면의 80% 이상 재료가 동일
	존형	몇 개의 존(zone)으로 이루어지며 코어형과 비슷하지만 투수계수가 높은 인근 가용재료로 불투수성부를 축조, 불투수성부 두께가 댐 높이보다 큰 형식
	코어형	불투수성 재료를 사용하는 차수 목적의 코어 최대폭이 댐 높이보다 작음
	표면차수벽형	흙 이외 차수재료로 상류 사면을 포장. 포장재는 아스팔트, 콘크리트 등

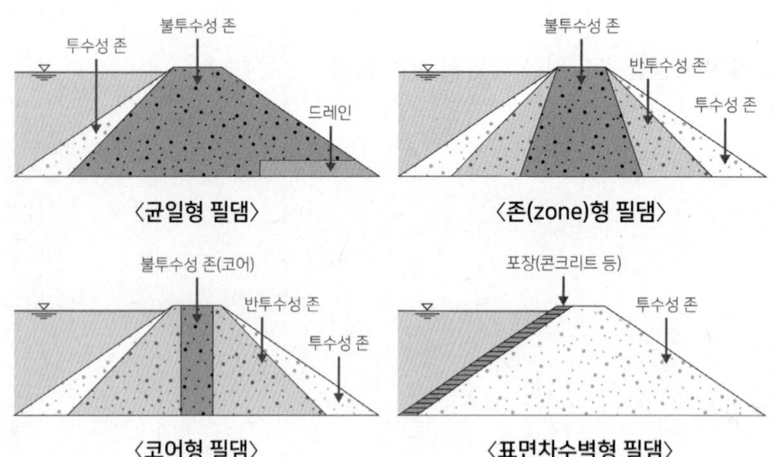

〈균일형 필댐〉 〈존(zone)형 필댐〉

〈코어형 필댐〉 〈표면차수벽형 필댐〉

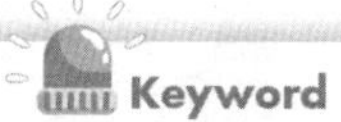

★
공법에 따른 필댐의 종류
- 재료에 따라 흙댐, 록필댐
- 설계형식에 따라 균일형, 존형, 코어형, 표면차수벽형

③ 콘크리트댐의 분류

㉠ 형식에 따른 분류
- ▷ 중력식
- ▷ 부벽식
- ▷ 중공식
- ▷ 아치식

★
형식에 따른 콘크리트댐의 분류
중력식, 부벽식, 중공식, 아치식

형식에 따른 콘크리트댐의 종류

구분	설명
중력식	댐에 작용하는 하중(물의 횡압력)을 댐의 자중에 의하여 저항하도록 만든 댐
부벽식	평판으로 된 콘크리트 슬라브 등을 부벽 등으로 지탱하도록 만든 댐
중공식	댐 내부를 중공으로(비워서) 설계한 것으로 내부를 너무 비우면 자중이 감소하여 저항하지 못하므로 경사를 두어 자중을 어느 정도 유지하도록 만든 댐
아치식 콘크리트댐	- 댐에 작용하는 횡압력을 댐의 아치모양 평면구조로 버티며 댐 하단부와 양안에서 하중을 지탱하도록 만든 댐 - 바닥과 양안부에 가해지는 힘이 크므로 주로 암반층에 설치 가능

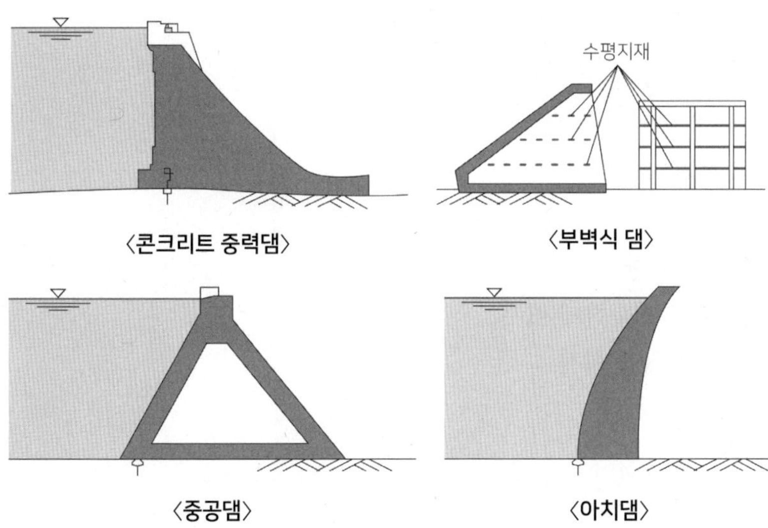

〈콘크리트 중력댐〉 〈부벽식 댐〉

〈중공댐〉 〈아치댐〉

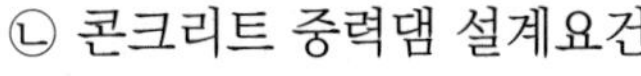
㉡ 콘크리트 중력댐 설계요건
- ▷ 안전성과 목적에 맞는 기능 확보
- ▷ 댐이 구축된 이후 주변지역에 미치는 영향을 고려하여 경제적이면서도 환경에 부합되도록 설계
- ▷ 기초암반 등의 지질조건이 양호한 곳을 댐 설치 지역으로 선정

㉢ 콘크리트 중력댐 장점

▷ 지형적인 면에서 제약이 작은 댐의 형식

▷ 제체의 축조에 사용될 골재(자갈, 모래 등)의 취득이 용이

(2) 제방

① **침투에 대한 제방의 보강공법 선정기준**

㉠ 홍수 특성

㉡ 축제 이력

㉢ 토질 특성

㉣ 배후지의 토지 이용 상황

㉤ 효과의 확실성

㉥ 경제성 및 유지관리 등

침투에 대한 제방의 보강공법

구분	공법	설명
제체 침투	- 단면확대공법	- 제체 동수경사 저감 및 경사면 파괴 활동 안전성 증가
	- 앞비탈면 피복공법	- 강우나 하천수의 제체 내 침투를 방지하거나 억제
기초 지반 침투	- 차수공법	- 기초지반에 차수벽을 설치하여 침투파괴를 방지
	- 피복공법	- 제외지 쪽 고수부 표층을 불투수성 재료로 피복 - 침투유로의 연장을 통한 침투압을 저감

② **침투에 의한 제방의 피해 방지 조건**

㉠ 제체는 전단강도가 큰 재료를 사용

㉡ 제체 내 강우 및 하천수 유입을 차단

㉢ 제체 내 침투한 강우나 하천수는 신속하게 배수

㉣ 제체 및 기초지반의 동수경사를 작게 설계

(3) 천변(강변)저류지

① **천변저류지 선정기준**

㉠ 지형 특성을 고려한 적지 분석

㉡ 홍수 조절 기능과 같은 수리 특성 분석

㉢ 식생태 분석 등

② **천변(강변)저류지는 활용 목적에 따른 분류**

㉠ 보호구역: 비홍수기에 습지와 같은 생태적으로 중요한 기능과 가치가 있는 경우

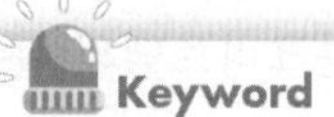

★
침투에 대한 제방 보강공법
단면확대공법, 앞비탈면 피복공법, 차수공법, 피복공법

★
천변(강변)저류지의 분류
보호구역, 완충구역, 활동구역

㉡ 완충구역: 비홍수기에 농경지로 사용하다가 홍수기에 홍수조절 기능을 통하여 첨두홍수량을 저류하는 환충지역의 역할을 하는 경우

㉢ 활동구역: 비홍수기에 체육공원, 주차장 등 주민들의 여가활동이나 친수공간 등으로 활용하는 경우

(4) 방수로

① 설치 위치에 따른 분류

㉠ 지상방수로

㉡ 지하방수로

② 방류장소, 방류비율 그리고 방류되는 흐름상태에 따라 다음과 같이 구분

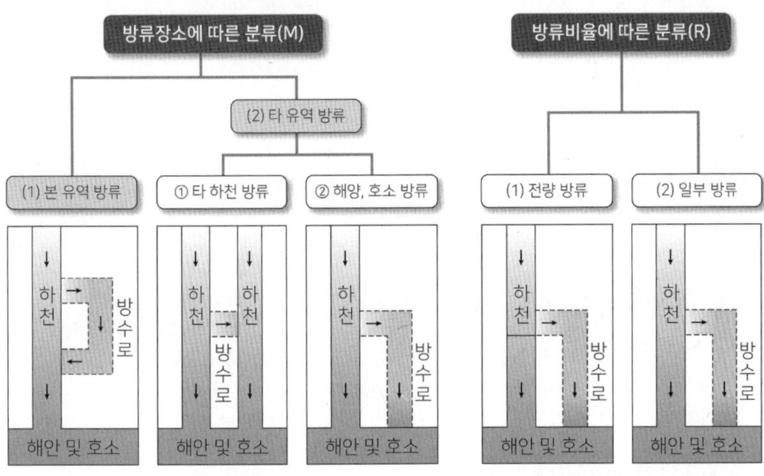

〈방류장소에 따른 분류〉 〈방류비율에 따른 분류〉

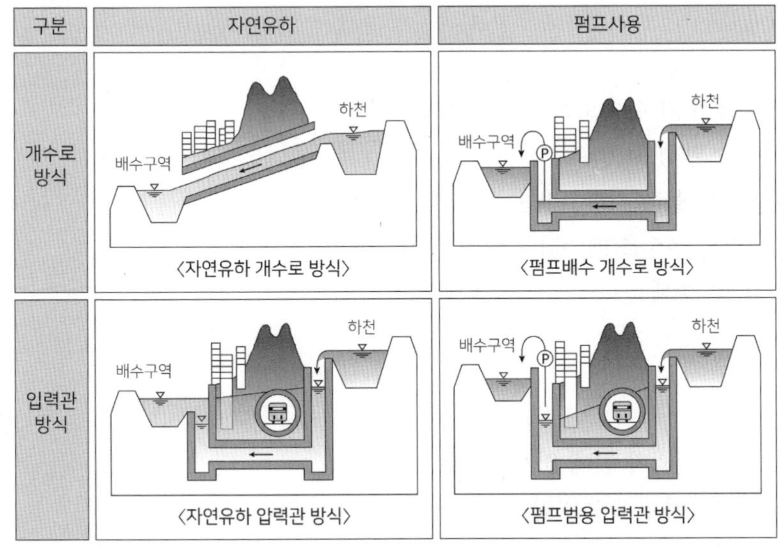

〈흐름상태에 따른 분류〉

Keyword

2절 내수방재시설물의 방재기능 및 적용공법

1. 내수방재시설물의 개념

(1) 시설물의 정의

내수배제 불량으로 발생되는 인명피해 및 재산피해를 방지하거나 저감하기 위한 시설물

(2) 내수배제 시설물의 종류

① 유하시설
② 저류시설
③ 침투시설

2. 내수방재시설물의 방재기능

(1) 유하시설

① **정의**

집중호우로 인하여 발생한 우수를 하천에 직접 방류시키기 위한 시설물

② **종류**

㉠ 하수관로(우수관로)
㉡ 빗물펌프장
㉢ 고지배수로
㉣ 배수로 및 길도랑

③ **유하시설의 기능**

㉠ 하천의 수위가 높아지면 하천수가 배수로를 타고 지표면이 낮은 지역으로 역류해 내수침수가 발생
㉡ 이를 방지하기 위하여 하천 수문을 설치하고 배수펌프장이나 빗물펌프장으로 집수된 내수지역의 우수를 배수펌프를 이용하여 하천으로 강제 배출시키는 기능을 수행

★
내수배제 불량 원인
하천의 홍수위 증가, 내수지역의 유출량 증가 등

(2) 저류시설

① **정의**

㉠ 우수가 유수지 및 하천으로 유입되기 전에 일시적으로 저류시켜 바깥 수위가 낮아진 후에 방류하여 유출량을 감소시키거나 최소화하기 위하여 설치하는 시설물

㉡ 유입시설, 저류지, 방류시설 등의 시설을 의미

② **사용 용도에 따른 분류**

㉠ 침수형 저류시설
- ▷ 공원, 운동장, 주차장 등 평상시 일반적인 용도로 사용
- ▷ 폭우 시 우수가 차오르도록 고안된 시설
- ▷ 상대적으로 저지대에 배치된 공공시설물

㉡ 전용 저류시설
- ▷ 지하저류지와 같이 평상시 빈 공간으로 유지
- ▷ 강우 시 우수를 저장하기 위하여 인위적으로 설치된 시설

③ **장소에 따른 분류**

㉠ 지역 외(Off-site) 저류
- ▷ 현 시점에서 발생하는 초과우수 유출량을 저감시키기 위한 시설
- ▷ 대부분 공공 목적으로 설치
- ▷ 해당 배수구역의 홍수유출 해석에 의하여 시설 규모를 결정

㉡ 지역 내(On-site) 저류
- ▷ 개발로 인하여 증가되는 우수유출량을 상쇄시키기 위한 시설
- ▷ 홍수유출 해석 없이 개발로 인한 우수의 직접유출 증가량을 당해지역에서 저류 또는 침투시킴

④ **지역 외 저류시설 기능**
- ▷ 배수구역 내 저지대의 침수 방지
- ▷ 비용대비 최대 효과
- ▷ 배수구역 내 다른 홍수방어시설과 연계

⑤ **저류시설의 종류**

㉠ 쇄석공극 저류시설
㉡ 운동장 저류
㉢ 공원 저류
㉣ 주차장 저류
㉤ 단지 내 저류
㉥ 건축물 저류
㉦ 공사장 임시저류지
㉧ 유지·습지 등 자연형 저류시설

★
저류시설 구성
유입시설, 저류지, 방류시설

★
장소에 따른 저류시설 분류
지역 외 저류, 지역 내 저류

★
「자연재해대책법」에서 우수유출저감시설 중 저류시설에 대한 종류로써 제안

(3) 침투시설

① 정의

우수의 직접유출량을 감소시키기 위하여 지반으로 침투를 용이하게 하거나 저류하도록 만든 시설

② 침투시설의 종류

㉠ 침투통
㉡ 침투측구
㉢ 침투트렌치
㉣ 투수성 포장
㉤ 투수성 보도블록

③ 침투시설의 기능

㉠ 토양에서의 여과, 흡착 작용에 의하여 비점오염 감소
㉡ 대부분 지역 내(On-site)에서 발생한 우수 유출량을 해당 지역에서 침투

3. 내수방재시설물의 적용공법

(1) 유하시설

① 배수장에서 사용되는 펌프 본체 분류

㉠ 사류
㉡ 축류
㉢ 와권형

② 저양정의 양·배수 펌프 분류

㉠ 사류형
㉡ 축류형

③ 축 형식에 따른 펌프 분류

㉠ 횡축
㉡ 입축
㉢ 사축형

④ 빗물펌프장의 특징

㉠ 관거를 통하여 유입된 빗물에 협착물과 유사가 함유
㉡ 집수정에 집수시킨 후 하천으로 배출됨에 따라 입축형이 많이 사용
㉢ 양정이 7~8m 이상인 경우가 대부분이므로 사류 펌프 사용

★
「자연재해대책법」에서 우수유출저감시설 중 침투시설에 대한 종류로써 제안

★
빗물펌프장의 특징
빗물에 협착물과 유사 함유, 입축형 및 사류 펌프 사용, 양정고는 7~8m 이상

(2) 저류시설

① **우수유출 목표저감량의 발생원인**

㉠ 강우 증가와 불투수면적 증가로 인하여 발생

㉡ 하도의 용량부족으로 더 이상 부담할 수 없는 유출 증가량

② **우수유출 목표저감량의 배분**

㉠ 지역 외 저감시설

▷ 해당 지역 외에서 발생하는 초과유출량을 저류할 수 있는 기능 수행

▷ 지역 외 우수유출저감시설의 규모계획

- 해당 배수구역의 계획강우 빈도와 계획방류 빈도를 결정
- 첨두홍수량 저감효과 확인

▷ 위치 선정 조건

- 설치지점의 부지면적을 고려한 충분한 저류용량 확보가 가능한 지역
- 설치 시 저감효과가 우수하며, 침수피해 저감효과가 있는 지점
- 현지 여건상 시공 및 교통처리에 큰 문제가 없는 지점

▷ 위치 회피 조건

- 지대가 주변보다 높은 지역
- 설치지점의 대상유역 면적이 매우 협소하여 설치효과가 미미한 지역
- 사유지인 지역

〈저류시설의 종류〉

자료: 우수유출저감시설의 종류·구조·설치 및 유지관리 기준

㉡ 지역 내 저감시설

▷ 증가되는 우수유출량을 해당 지역 내에서 저류할 수 있는 기능 수행

▷ 침투시설 또는 저류시설의 형태로 설치

▷ 지역 내 우수유출저감시설의 계획 시 고려사항

- 해당 지역의 개발로 인한 유출계수 증가량
- 해당 지역의 확률강우량
- 해당 지역의 경사도 및 하부지반의 침투능(침투시설의 경우)

(3) 침투시설

① 침투시설의 규모 계획 시 고려사항

㉠ 투수성 보도블록, 침투집수정, 침투트렌치에 대한 유출저감량은 CN을 적용하여 산정

▷ 투수성 보도블록은 개발계획 수립 시 최악의 유출 상황을 모의할 수 있도록 AMC-III 조건을 사용

▷ 침투트렌치는 단위길이 10m당 배수구역 면적 130m^{2}를 기준으로 함

▷ 침투집수정은 1개소당 배수구역 면적 130m^{2}를 기준으로 하며, 개발계획 수립 시는 AMC-Ⅲ 조건하에서 CN을 적용

㉡ 침투시설 규모의 설정

▷ 설계침투량(m^3/hr) = 단위설계침투량 × 시설 설치 수량

▷ $설계침투강도(mm/hr) = \frac{설계침투량(m^3/hr)}{집수면적(ha)\times 10}$

㉢ 침투시설의 경우 최소 설계 침투강도 10mm/hr를 만족하도록 설치

② 침투통 설치 시 고려사항

㉠ 우수관경 300mm 이하의 집수정(침투통) 대상 고려사항

▷ 적용대상 집수정의 범위

▷ 위치선정 및 설치 규모

▷ 위치선정 시 주의사항

▷ 유속 및 경사

▷ 매설 심도

▷ 기타

㉡ 우수관로의 유속 기준

▷ 관내 침전을 방지하기 위한 목적

★
침투시설 주요사항
AMC-III 조건의 CN, 침투트렌치의 배수구역은 130m^2/10m, 침투집수정은 130m^2/개소

★
AMC(선생토양함수조건)
5일 또는 30일 선행 강우량에 의한 유역의 초기 토양수분량을 나타내는 지표로써 선행토양함수조건을 의미

★
CN(유출곡선지수)
미계측 유역의 토양특성과 식생피복상태 및 선행강수조건 등에 따라 유효우량을 추정하는 인자

★
최소 설계 침투강도
10mm/hr

★
우수관로 주요사항
관내 침전 방지, 유속은 최소 0.8m/sec, 최대 3.0m/sec, 최대유속 초과 시 단차공 설치

▷ 계획우수량에 대하여 최소 0.8m/sec, 최대 3.0m/sec의 유속 유지

▷ 관로의 유속이 3.0m/sec를 초과할 경우에는 적절한 단차공을 설치

㉢ 관로의 토피 기준

▷ 도로부의 경우, 관 상단으로부터 1.2m 이상 확보

▷ 보도부의 경우는 1.0m 이상 확보

▷ 연락관의 경우는 관 상단으로부터 0.6m 이상 확보

③ 침투트렌치 설치 시 고려사항

㉠ 우수관로 직경 300mm 이하의 투수관(침투트렌치) 대상 고려사항

▷ 적용대상 우수관

▷ 시설의 일반구조

▷ 위치선정

▷ 매설 심도

▷ 유속 및 경사

▷ 침투트렌치의 연장

▷ 침투트렌치의 종단계획

㉡ 침투트렌치의 최대 연장

청소 등의 유지관리를 고려하여 표준은 관경의 120배 이하

3절 사면방재시설물의 방재기능 및 적용공법

1. 사면방재시설물의 개념

(1) 시설물의 정의

불안정한 자연 사면이나 인공사면의 시공 불량, 정비 미비, 유지·관리 미흡 등에 의해 발생 가능한 사면 붕괴, 낙석에 의한 피해를 줄이고자 설치하는 시설물

(2) 사면방재시설물의 종류

① 옹벽

② 낙석방지망

★
사면방재시설물
사면 붕괴나 낙석에 의한 피해를 예방하기 위한 시설물

2. 사면방재시설물의 방재기능

(1) 옹벽

① 정의

경사가 급한 사면에서 발생할 수 있는 지반의 붕괴를 막기 위한 구조물

② 종류

㉠ 구조물의 재료에 따른 분류

- ▷ 철근 콘크리트
- ▷ 무근 콘크리트
- ▷ 벽돌, 석조

㉡ 구조 형태에 따른 분류

- ▷ 중력식
- ▷ L자형
- ▷ T자형
- ▷ 부벽식

③ 옹벽의 기능

㉠ 급경사지의 토사 붕괴 방지

㉡ 경사지에 대지 조성

㉢ 땅깎기 또는 흙쌓기한 비탈면의 붕괴 방지

(2) 낙석방지망

① 정의

절개지 사면에서 낙석 발생 가능성이 있을 경우 방지망을 덮어 낙석을 예방하는 구조물

② 낙석방지망의 기능

㉠ 사면에서 분리되어 낙하하는 암석의 운동에너지를 방지망의 포획 효과에 의해 억제

㉡ 낙하하는 낙석이 도로 쪽으로 튀지 않고 방지망 하부로 흘러내리도록 유도

㉢ 절개면에서 분리된 낙석이 절개면과 방지망 사이의 마찰에 의해 붙잡아 두는 역할

3. 사면방재시설물의 적용공법

(1) 안전율에 대한 적용공법의 종류

① 안전율 유지법

㉠ 배수공

㉡ 블록공

㉢ 피복공

㉣ 표층 안정공

② 안전율 증가법

㉠ 말뚝공법

㉡ 앵커공법

㉢ 옹벽공

㉣ 절토공

㉤ 압성토공

(2) 옹벽

① 옹벽 설계 시 주의점

㉠ 옹벽 자체에 지나친 응력이 생기지 않도록 합리적인 재료를 선택

㉡ 옹벽이 넘어지지 않게 해야 함

㉢ 지반의 허용 지내력 이상의 응력이 생기지 않도록 해야 함

㉣ 옹벽 뒤 흙이 옹벽과 함께 미끄러지는 활출이 발생하지 않아야 함

② 옹벽 시공 시 고려사항

㉠ 적재하중(주동토압)

옹벽 뒷면의 흙이나 위의 구조물이 옹벽을 넘어뜨리거나 앞으로 밀어내려는 힘

㉡ 수동토압

- ▷ 옹벽 앞면에서 주동 토압을 받는 옹벽의 움직임을 저지하는 흙의 저항력
- ▷ 지반의 지지력

㉢ 지질의 특성

㉣ 지하수의 위치

㉤ 옹벽의 형태

㉥ 옹벽의 구축 재료

★
옹벽 시공 시 고려사항
적재하중(주동토압), 수동토압, 지질 특성, 지하수 위치, 옹벽 형태, 옹벽 재료

(3) 낙석방지망

① **종류**

㉠ 포켓식 낙석방지망

㉡ 비포켓식 낙석방지망

② **공법별 특징**

㉠ 포켓식 낙석방지망

▷ 기둥 로프, 지주, 철망과 와이어 로프 등으로 구성

▷ 낙하하는 낙석을 철망에 충돌시켜 낙석이 낙석방지망 하부로 흘러내리게 유도

㉡ 비포켓식 낙석방지망

▷ 낙석방지망을 절개면에 부착하여 고정

▷ 절개면에서 분리된 낙석이 절개면과 방지망과의 마찰로 인하여 절개면과 방지망 사이에 붙잡혀 낙하하지 않도록 함

4절 토사방재시설물의 방재기능 및 적용공법

1. 토사방재시설물의 개념

(1) 시설물의 정의

토사유출로 인하여 하천시설 및 공공·사유시설의 침수나 매몰 등의 피해를 저감시키고 예방하기 위한 시설물

(2) 토사방재시설물의 종류

① 사방댐

② 침사지

2. 토사방재시설물의 방재기능

(1) 사방댐

① **정의**

㉠ 토사의 유실이 심하고 경사가 급한 하천에서 토사가 하류로 흘러가지 못하도록 인공적으로 설치한 댐

㉡ 토석류나 유목의 유하를 억제하여 하류지역의 피해 발생을 예방

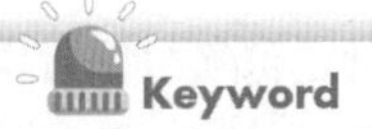

★
토사방재시설물
토사유출에 의한 피해를 예방하기 위한 시설물

〈버트리스 사방댐〉

자료: 산림청

Keyword

② **형태와 재료에 따른 종류**

㉠ 콘크리트 사방댐

㉡ 스크린 사방댐

㉢ 슬릿 사방댐

㉣ 버트리스 사방댐

③ **방재기능**

㉠ 콘크리트 사방댐: 상류에서 발생된 산사태와 토석류를 댐에 가두어 하류의 피해를 예방

㉡ 스크린 사방댐: 강재를 사용하여 스크린 모양으로 조립한 투과형 사방댐으로 홍수 시 급격한 토사의 유출을 방지하고, 평상시에는 퇴적된 토사를 하류로 서서히 흘려보내는 기능

㉢ 슬릿 사방댐: 콘크리트 기초 위에 설치하여 주로 암석을 차단하고 물과 토사는 투과시키는 기능

㉣ 버트리스 사방댐: 산사태나 토석류에 의하여 발생된 유목 등으로 인하여 하도의 유로가 변경되거나 교량에 걸려 통수능을 저하시켜 발생될 수 있는 피해를 방지

★
사방댐 종류
콘크리트 사방댐, 스크린 사방댐, 슬릿 사방댐, 버트리스 사방댐

(2) 침사지

① **정의**

지표 유출수에 포함된 부유 유사를 제거하기 위한 시설물

② **침사지의 구성**

㉠ 유입조절부

㉡ 침전부

㉢ 퇴사저류부

★
침사지 구성
유입조절부, 침전부, 퇴사저류부, 유출조절부

㉣ 유출조절부

③ 침사지의 기능

㉠ 용수 내 토사를 침전시키는 기능

㉡ 토사퇴적 방지로 인한 통수능 저하 예방

㉢ 수로 구조물 보호 기능

3. 토사방재시설물의 적용공법

(1) 사방댐

① 설치 유형과 목적에 따라 다음과 같이 분류

사방댐의 설치 목적에 따른 분류

유형	목적	종류
중력식	토석차단	콘크리트댐, 전석댐, 블록댐
버팀식	유목차단	버트리스댐, 스크린댐, 슬릿트댐, 그리드댐
복합식	토석 및 유목차단	다기능댐, 빔크린댐, 쉘댐, 철강재틀댐, 에코필라댐

② 사방댐의 위치

㉠ 상류부가 넓고 댐 위치의 계류폭이 좁은 곳

㉡ 지류의 합류점 부근에서는 합류점의 직하류부

㉢ 암반이 노출되어 있거나 지반이 암반일 가능성이 높은 곳

㉣ 붕괴지의 하부 또는 다량의 계상퇴적물이 존재하는 지역의 직하류부

(2) 침사지

① 설계순서

㉠ 필요성 및 설계개념 선정

㉡ 침사지 형태 및 위치 선정

㉢ 배수구역 특성 파악

㉣ 퇴적 유사량(부피) 결정

㉤ 침사지 둑의 높이 결정

㉥ 주 여수로 크기 및 비상여수로 폭 결정

㉦ 둑과 여수로의 보호장치 결정

② 퇴적(침전) 유사량 결정 요소

㉠ 유역의 토양손실량

▷ 원단위법

★
사방댐의 유형별 목적
중력식 - 토석 차단, 버팀식 - 유목 차단, 복합식 - 토석 및 유목 차단

★
침사지 유사량 결정
토양손실량, 유사전달률, 침사지 포착률, 퇴적토 단위중량

▷ 수정범용토양손실공식(RUSLE; Revised Universal Soil Loss Equation)

㉡ 유사전달률

㉢ 침사지 포착률

㉣ 퇴적토 단위중량

5절 해안방재시설물의 방재기능 및 적용공법

1. 해안방재시설물의 개념

(1) 시설물의 정의

태풍, 폭풍으로 인한 해일, 지진으로 인한 해일, 연안 파랑 등 연안지역에서의 해안 침수, 항만시설 붕괴 등의 재해를 방지하기 위한 시설물

(2) 해안방재시설물의 종류

① 방파제

② 방사제

2. 해안방재시설물의 방재기능

(1) 방파제

① 정의

㉠ 바다로부터 파랑의 침입을 방지하고 항구 내 수면을 안정시키기 위하여 해안에 쌓은 둑 형태의 시설물

㉡ 이안제: 해빈을 보호하기 위하여 해안선에서 어느 정도 떨어진 위치에 해안선과 평행하게 설치되는 방파제

② 재료와 형식에 따른 종류

㉠ 직립제: 콘크리트 덩어리로 직립벽을 쌓은 것

㉡ 경사제: 사석·블록 등을 경사지게 쌓은 것

㉢ 혼성제: 아랫부분은 경사제로 윗부분은 직립제로 쌓은 것

㉣ 소파블록 피복제: 직립제 또는 혼성제의 전면에 소파블록을 설치한 것

㉤ 중력식 특수방파제

▷ 직립소파 블록제

★
해안방재시설물
연안지역에서 발생하는 재해를 예방하기 위한 시설물

★
방파제 종류
직립제, 경사제, 혼성제, 소파블록 피복제, 중력식 특수방파제

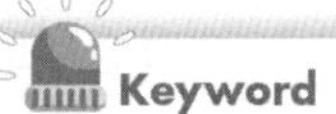

▷ 소파 케이슨제
▷ 상부사면 케이슨제

③ **방재기능**

㉠ 파도에 대한 항구 보호
㉡ 침식의 위험에 노출된 해안 보호
㉢ 파랑에 대한 내항을 보호

(2) 방사제

① **정의**

㉠ 바닷속 모래가 항내 또는 항로에 침입하는 것을 방지하기 위하여 설치하는 시설물
㉡ 해안으로부터 바다 쪽으로 거의 직각으로 설치하는 구조물

② **방재기능**

㉠ 해안선의 침식 방지
㉡ 얕은 수심 속 모래의 이동 방지
㉢ 해안 수심 저하 방지

3. 해안방재시설물의 적용공법

(1) 방파제

① **설계인자**

㉠ 제고, 제체의 상부폭, 하부폭 결정
㉡ 사면 기울기 선정
㉢ 소파제 중량 결정
㉣ 케이슨 규격 결정

② **수심에 따른 기준**

㉠ 수심이 13~15m보다 얕을 경우 경사제가 유리
㉡ 15m보다 깊을 경우 혼성제가 유리

③ **외력의 종류**

㉠ 파력
㉡ 정수압
㉢ 부력
㉣ 자중
㉤ 기타(풍압력, 동수압, 표류물의 충격력, 토압 등)

6절 바람방재시설물의 방재기능 및 적용공법

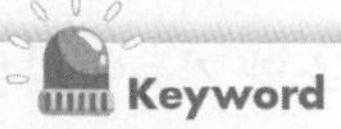

★
바람방재시설물
태풍이나 강풍에 의한 피해를 예방하기 위한 시설물

1. 바람방재시설물의 개념

(1) 시설물의 정의

태풍과 강풍에 의한 공공 및 사유시설물이나 인명 피해를 방지하고, 대기 오염, 황사와 같은 토사 및 먼지 이동 등의 공해를 방지하기 위한 시설물

(2) 바람방재시설물의 종류

① 방풍벽

② 방풍림

③ 방풍망

2. 바람방재시설물의 방재기능

(1) 방풍벽

① 정의

강풍에 의한 피해를 저감하기 위하여 설치되는 시설물

② 시공방법과 용도에 따른 분류

㉠ 수평 방풍벽

㉡ 수직 방풍벽

㉢ 원형 방풍벽

③ 재료에 따른 분류

㉠ 콘크리트 방풍벽

㉡ 플라스틱 방풍벽

㉢ 자연 방풍벽

④ 방재기능

㉠ 강풍을 우회 혹은 차단하여 속도를 감소

㉡ 교량에서 강풍 차단

㉢ 자동차 소음 방지

(2) 방풍림

① 정의

해안가나 바람이 많은 곳에 강풍을 막기 위하여 조성된 산림

② **장소와 기능에 따른 분류**

㉠ 내륙 방풍림

㉡ 해안 방풍림

③ **방재기능**

㉠ 농작물의 바람피해를 방지

㉡ 과수원이나 목장, 가옥을 보호

㉢ 풍속 감소

㉣ 바람에 실려 오는 미세먼지나 오염물질 차단

3. 바람방재시설물의 적용공법

(1) 방풍벽 성능 기준

① 교량부에서 방풍벽 높이의 80%까지 풍속이 50% 감소

② 도로의 방풍벽 높이는 도로폭의 1/8

③ 방풍벽 내부풍속은 외부풍속의 50% 이하

④ 방풍벽에 작용하는 풍압계수는 약 0.8

(2) 방풍림 설치 기준

① 방풍림의 너비는 20~40m

② 풍향의 직각 방향으로 설치

③ 방풍림 사이의 간격은 수고의 20배 정도

7절 가뭄방재시설물의 방재기능 및 적용공법

1. 가뭄방재시설물의 개념

(1) 시설물의 정의

물 부족으로 인해 발생 가능한 피해를 방지하기 위한 시설물

(2) 가뭄방재시설물의 종류

① 빗물이용시설

② 저수지

2. 가뭄방재시설물의 방재기능

(1) 빗물이용시설

① 정의

빗물을 모아 생활용수·조경용수·공업용수 등으로 이용할 수 있도록 처리하는 시설

② 시설의 구성에 따른 종류

㉠ 집수시설
- ▷ 건축지붕면
- ▷ 홈통받이
- ▷ 집수관

㉡ 처리시설
- ▷ 침전조
- ▷ 초기빗물 처리장치
- ▷ 여과조

㉢ 저류시설
- ▷ 중소형 저류조
- ▷ 운동장 저류
- ▷ 빗물 연못

㉣ 송수 및 배수시설
- ▷ 급수펌프
- ▷ 상수보급설비
- ▷ 급수관

③ 방재기능

㉠ 물 부족에 따른 가뭄피해 저감
㉡ 빗물의 유출 억제
㉢ 빗물의 침투와 저류 증가
㉣ 유출량 감소로 인한 홍수 예방

(2) 저수지

① 정의

흐르는 물을 인공적으로 가두어 하천의 수량을 저장하는 시설물

★
빗물이용시설의 구성
집수시설, 처리시설, 저류시설, 송수 및 배수시설

② 저수지의 구성

㉠ 제당(댐)

㉡ 여수토

㉢ 취수시설

㉣ 수문시설

③ 저수지의 기능

㉠ 가뭄 시 지표수 용수원으로 공급

㉡ 유량조절을 통한 수력 발전

㉢ 생활용수 및 공업용수로 사용

㉣ 홍수조절 기능

3. 가뭄방재시설물의 적용공법

(1) 빗물이용시설

① 계획 및 설계 시 고려사항

㉠ 입지적 여건

▷ 지역 구분(도시, 농촌 및 도서지역)

▷ 가뭄·침수피해 이력

▷ 방류 하천 및 하수도 계획

▷ 생태 환경 및 자연경관 자원

㉡ 지형적 여건

▷ 표고 및 경사

▷ 토질 및 지하수위

㉢ 지역사회의 수용 가능성

② 빗물이용시설의 설치 대상

㉠ 지붕 면적이 1,000m^2 이상인 다음 시설물

▷ 지붕 있는 운동장 또는 체육관

▷ 공공업무시설

▷ 공공기관의 청사

㉡ 10,000m^2 이상인 공동주택

㉢ 5,000m^2 이상인 학교

㉣ 100,000m^2 이상인 골프장

㉤ 3,000m^2 이상의 매장면적을 가진 대규모 점포

③ 빗물저류조의 종류

㉠ 콘크리트형 빗물저류조
  ▷ 현장 타설식 콘크리트 저류조
  ▷ 프리캐스트 콘크리트 저류조

㉡ 플라스틱형 빗물저류조
  ▷ 소규모용 플라스틱 저류조
  ▷ 대규모용 플라스틱 저류조

(2) 저수지

① 저수지 계획 시 고려사항
㉠ 저수지의 용량
㉡ 집수량
㉢ 위치
㉣ 축제 재료
㉤ 축조 방식

8절 대설방재시설물의 방재기능 및 적용공법

1. 대설방재시설물의 개념

(1) 시설물의 정의
대설로 인해 발생 가능한 피해를 방지하기 위한 시설물

(2) 대설방재시설물의 종류
① 도로 염수분사장치
② 도로 열선설치

2. 대설방재시설물의 방재기능

(1) 도로 염수분사장치 및 열선설치

① 정의
대설 등의 현상으로 교통사고를 막기 위한 시설로서 도로 노면의 결빙 발생 시 염수액을 분사 또는 열선에 의한 결빙 방지 시설

② 설치 대상지역

㉠ 제설취약구간

㉡ 터널 입·출입부

㉢ 교량구간

㉣ 도로선형상 음지구간

㉤ 미끄럼 교통사고 발생 다발지역 등

3. 대설방재시설물의 적용공법

(1) 도로 염수분사장치

① 도로 하부나 측면에 노즐을 설치하여 염수 분사

② 도로의 폭을 고려한 염수분사장치 설치

(2) 도로 열선설치

표면 아래에 전열선을 설치하여 지열 또는 전기저항을 통해 융설

적중예상문제

제1장 방재법령의 이해

1 「자연재해대책법」의 목적을 올바르게 고른 것은?

㉠ 재난으로부터 국토를 보존 ㉡ 국민의 생명·신체 및 재산 보호 ㉢ 재난으로 인한 피해 최소화 ㉣ 주요 기간시설 보호 ㉤ 안전문화 활동 보장

① ㉠, ㉡, ㉢　② ㉡, ㉢, ㉣
③ ㉠, ㉡, ㉣　④ ㉢, ㉣, ㉤

2 「재난 및 안전관리 기본법」의 내용이 아닌 것은?

① 재난 및 안전관리 사항 규정
② 재난의 예방, 대비, 대응, 복구
③ 안전문화 진흥
④ 재해정보 및 비상지원

3 「자연재해대책법」의 내용이 아닌 것은?

① 안전관리기구 및 기능
② 자연재해의 예방 및 대비
③ 재해정보 및 비상지원
④ 방재기술의 연구 및 개발

4 「자연재해대책법 시행령」 제14조의6에서 명시된 방재시설의 방재성능 평가에 대한 관련 법령이 아닌 것은?

① 하수도법
② 소하천정비법
③ 국토의 계획 및 이용에 관한 법률
④ 농어촌정비법

5 「재난 및 안전관리 기본법 시행령」의 대통령령으로 정하는 재난방지시설 중 댐, 하구둑, 제방, 호안, 보, 수문, 운하 등을 명시한 법은?

① 「소하천정비법」
② 「하천법」
③ 「국토의 계획 및 이용에 관한 법률」
④ 「농어촌정비법」

6 「자연재해대책법 시행령」에서 수해내구성 강화를 위한 수방기준 제정 대상 시설물을 올바르게 고른 것은?

㉠ 제방	㉡ 유수지
㉢ 수제	㉣ 지하도로
㉤ 15m 이상의 댐	

① ㉠, ㉡, ㉤　② ㉡, ㉢, ㉣
③ ㉠, ㉢, ㉣　④ ㉡, ㉣, ㉤

1. ㉢, ㉤은 「재난 및 안전관리 기본법」의 기본이념과 목적에 해당
2. 재해정보 및 비상지원은 「자연재해대책법」의 제3장에 해당
3. 안전관리기구 및 기능은 「재난 및 안전관리 기본법」의 제2장에 해당
6. ㉢, ㉣은 지하공간의 침수 방지를 위한 수방기준 제정 대상 시설물임

정답 1. ③ 2. ④ 3. ① 4. ④ 5. ② 6. ①

7 「자연재해대책법 시행령」에서 지하공간의 침수 방지를 위한 수방기준 제정 대상 시설물을 올바르게 고른 것은?

> ㉠ 지하도로　　㉡ 배수펌프장
> ㉢ 도시철도　　㉣ 변전소
> ㉤ 하수관로

① ㉠, ㉡, ㉤　　② ㉡, ㉢, ㉣
③ ㉠, ㉢, ㉣　　④ ㉡, ㉣, ㉤

8 「자연재해대책법 시행령」 제55조에서 명시한 방재시설에 해당하지 않는 것은?

① 상수관로 및 하수관로
② 사방시설
③ 터널·교량·지하도 및 육교
④ 재난 예보·경보시설

9 자연재해대책법령상 방재시설현황 조사와 관련이 없는 시설은? 19년1회 출제

① 제방
② 재난 예·경보시설
③ 방파제
④ 정수처리시설

10 「자연재해대책법 시행령」 제55조에서 명시한 방재시설과 관련 법이 적절하지 않는 것은?

① 소하천정비법 - 소하천 부속물 중 제방·호안·보 및 수문
② 사방사업법 - 사방시설
③ 수자원의 조사·계획 및 관리에 관한 법률 시행령 - 재난 예보·경보시설
④ 항만법 - 항만시설

11 「자연재해대책법 시행령」에서 행정안전부장관에게 위임한 방재성능평가 대상 시설이 아닌 것은?

① 저수지
② 빗물펌프장
③ 우수유출저감시설
④ 고지배수로

12 「재난 및 안전관리 기본법」에서 대통령령으로 정하는 재난방지시설 점검·관리의 책임은 누구에게 있는가?

① 대통령
② 행정안전부장관
③ 재난관리책임기관의 장
④ 시설 관리인

13 「재난 및 안전관리 기본법」에 대한 내용 중 빈칸에 적절한 용어를 고르시오.

> (㉠)은 재난방지시설의 관리 실태를 점검하고 필요한 경우 보수·보강 등의 조치를 (㉡)에게 요청할 수 있다. 이 경우 요청을 받은 (㉡)은 신속하게 조치를 이행하여야 한다.

① ㉠ 행정안전부장관
　㉡ 재난관리책임기관의 장
② ㉠ 대통령
　㉡ 재난관리책임기관의 장

7. ㉡, ㉤은 수해내구성 강화를 위한 수방기준 제정 대상 시설물임
8. 하수도법에서 하수도 중 하수관로 및 공공하수처리시설은 해당되나, 상수관로는 해당되지 않음
9. 방재시설현황 조사대상물은 자연재해대책법 시행령 제55조(방재시설)에서 명시하고 있으며, 정수처리시설은 대상이 아님
10. 수자원의 조사·계획 및 관리에 관한 법률 시행령에는 수문조사시설 중 홍수 발생의 예보를 위한 시설이 해당하며, 재난 예보·경보시설은 재난 및 안전관리 기본법에 해당함
11. 행정안전부장관이 정하는 방재성능 평가시설은 배수펌프장, 하수저류시설, 빗물펌프장, 배수로 및 길도랑, 우수유출저감시설, 고지배수로
12. 「재난 및 안전관리 기본법」 제29조 ①항 재난방지시설의 관리에 관한 규정에서 명시

정답 7. ③ 8. ① 9. ④ 10. ③ 11. ① 12. ③ 13. ①

③ ㉠ 행정안전부장관
　㉡ 지자체장
④ ㉠ 대통령
　㉡ 지자체장

14 **「재난 및 안전관리 기본법」에서 재난상황의 기록 관리에 대한 재난관리책임기관장의 업무범위가 아닌 것은?**

① 재난원인조사 결과의 기록 보관
② 재해연보 또는 재난연감 작성
③ 재난백서 작성
④ 국회 소관 상임위원회에 재난백서 제출 보고

15 **재난 및 안전관리 기본법령상 재난관리책임기관의 장이 기록 및 보관하여야 하는 사항이 아닌 것은?** 19년1회 출제

① 소관 시설·재산 등에 관한 피해 상황을 포함한 재난상황
② 재난원인조사 결과
③ 향후 조치계획
④ 개선권고 등의 조치결과

16 **재난방지시설에 대한 재난관리 비용은 누가 부담하여야 하는가?**

① 지자체장
② 행정안전부
③ 보험회사
④ 재난관리책임기관

17 **지자체장이 실시한 재난방지시설에 대하여 소요된 비용을 재난관리책임기관이 부담하여야 하는 경우는 다음 중 무엇인가?**

① 예방대책　② 항구복구
③ 응급조치　④ 사전조치

18 **「자연재해대책법」에서 명시된 재난관리책임기관의 장의 소관 업무가 아닌 것은?**

① 자연재해위험개선지구 정비
② 낙뢰대책
③ 한파대책
④ 풍수해 예방 및 대비

19 **자연재해대책법에서 정의하는 풍수해에 속하지 않는 재해는?**

① 태풍　② 해일
③ 지진　④ 대설

제2장 재해 특성의 이해

20 **재해 종류와 특성이 잘못 연결된 것은?**

① 하천재해 - 호안 유실
② 내수재해 - 제방도로 피해
③ 토사재해 - 하천 통수능 저하
④ 해안재해 - 해안침식

21 **하천재해의 특성이 아닌 것은?**

① 제방의 붕괴, 유실
② 하상안정시설 및 호안의 유실

14. 재해연보 또는 재난연감의 작성은 행정안전부장관의 업무
15. 재난 및 안전관리 기본법 제70조(재난상황의 기록 관리)에 대한 사항
16. 「재난 및 안전관리 기본법」 제62조 비용 부담의 원칙에서 재난관리책임기관으로 명시
17. 「재난 및 안전관리 기본법」 제62조 비용 부담의 원칙에서 응급조치일 경우 해당
18. 재난관리책임기관자의 업무 대상은 자연재해 경감 협의 및 자연재해위험개선지구 정비, 풍수해 예방 및 대비, 설해대책, 낙뢰대책, 가뭄대책, 재해정보 및 긴급지원
20. 내수재해는 내수배제 불량으로 인한 피해를 의미하며, 제방도로 피해는 하천재해에 해당
21. 내수배제 불량으로 인한 피해는 내수재해에 해당

정답 14. ② 15. ③ 16. ④ 17. ③ 18. ③ 19. ③ 20. ② 21. ③

③ 내수배제 불량으로 인한 제내지침수
④ 제방도로 및 교량의 피해

22 **하천의 제방이 파괴되는 원인으로 틀린 것은?**

19년1회 출제

① 하천 호안의 유실로 인한 세굴
② 설계홍수량을 상회하는 이상홍수 발생
③ 지진이나 상류의 댐 파괴
④ 제외지의 배수펌프 고장

23 **토사재해의 특성이 아닌 것은?**

① 가옥 매몰
② 하천 통수능 저하
③ 저수지 저수능 저하
④ 외수 증가로 인한 하수 역류

24 **재해의 발생원인이 올바르게 연결된 것은?**

> ㉠ 하천재해 - 유출량 증가
> ㉡ 내수재해 - 제방 여유고 부족
> ㉢ 사면재해 - 사면 배수 불량
> ㉣ 토사재해 - 하수도의 배수용량 부족

① ㉠, ㉢ ② ㉡, ㉢
③ ㉠, ㉣ ④ ㉡, ㉣

25 **산지지역에서 발생 가능한 재해 특성을 모두 고른 것은?**

> ㉠ 토석류 발생
> ㉡ 하천 통수 단면 부족
> ㉢ 유목으로 인한 교각 단면 증가
> ㉣ 토사 발생에 따른 하상고 저하

① ㉠, ㉡, ㉢ ② ㉠, ㉡, ㉣
③ ㉠, ㉢, ㉣ ④ ㉡, ㉢, ㉣

26 **다음 중 여름철 기후 특성에 해당하는 것은?**

① 온난건조 ② 고온다습
③ 한랭건조 ④ 삼한사온

27 **다음 중 유출이 많이 발생할 수 있는 토질 특성은?**

> ㉠ 경사가 완만한 토양
> ㉡ 배수가 잘되는 토양
> ㉢ 흙 입자 간 공극이 적은 토양
> ㉣ 수분 함유량이 높은 토양

① ㉠, ㉡ ② ㉢, ㉣
③ ㉠, ㉢ ④ ㉡, ㉣

28 **다음 중 도시지역에서 설치 가능한 방재시설이 아닌 것은?**

① 하천 제방 ② 배수펌프장
③ 사방댐 ④ 우수관로

29 **재해 종류에 따른 방재시설물이 올바르게 연결된 것은?**

> ㉠ 하천재해 - 홍수조절지
> ㉡ 내수재해 - 빗물펌프장
> ㉢ 사면재해 - 방사제
> ㉣ 토사재해 - 낙석방지망
> ㉤ 바람재해 - 방풍벽

① ㉠, ㉡, ㉢ ② ㉡, ㉢, ㉤
③ ㉠, ㉢, ㉣ ④ ㉠, ㉡, ㉤

22. 배수펌프의 고장은 내수재해의 피해원인
23. 외수 증가로 인한 하수 역류는 내수재해
24. 제방 여유고 부족은 하천재해의 원인이며, 하수도의 배수용량 부족은 내수재해의 원인
25. 토사 발생 시 하상고는 증가하게 되며, 이로 인하여 하천범람 발생 가능
26. 여름철은 고온다습하며, 남고북저형 기압이 형성되며, 집중호우와 장마가 발생
27. 경사가 급하고, 배수가 불량한 토양의 유출률이 높음
28. 사방댐은 산지지역에서 토사재해를 방지하기 위한 시설물
29. 방사제는 해안재해의 방재시설이며, 낙석방지망은 사면재해의 방재시설

정답 22. ④ 23. ④ 24. ① 25. ① 26. ② 27. ② 28. ③ 29. ④

제3장 방재시설물 방재기능 및 적용공법의 이해

30 방재시설의 조사, 계획, 설계, 시공 및 유지관리를 효율적으로 수행하기 위한 재해 유형을 구분하여 시행한다. 자연재해와 관련한 재해 유형 분류에 해당되지 않는 것은?

① 하천재해 ② 내수재해
③ 사면재해 ④ 환경재해

31 하천의 수위 상승에 의한 월류 혹은 범람으로 인한 홍수 재해를 방지하고자 설치하는 하천방재시설물이 아닌 것은?

① 댐 ② 제방
③ 빗물펌프시설 ④ 천변저류지

32 하천방재시설물 중 그림 상 표시된 제방의 명칭은?

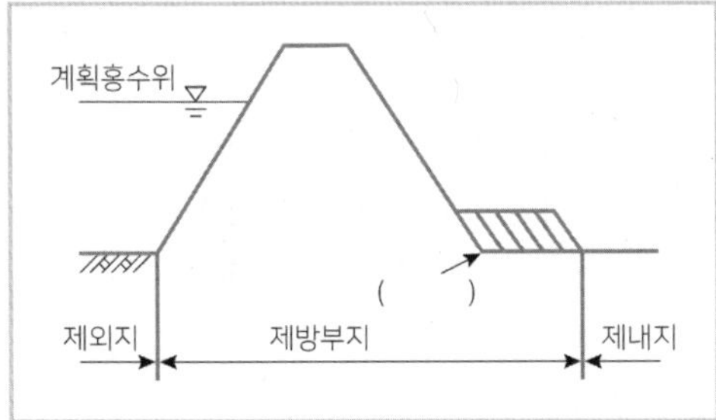

① 제방고 ② 측단
③ 뒷비탈기슭 ④ 둑마루

33 하천방재시설물 중 하나인 댐에 대한 설명이 아닌 것은?

① 하천을 횡단하여 설치한 구조물
② 높이 10m 이상의 시설 또는 구조물
③ 홍수피해 저감을 위한 홍수 조절기능
④ 가동댐과 고정댐으로 구분

34 설계형식에 따른 필댐의 분류가 아닌 것은?

① 아치형 ② 존형
③ 코어형 ④ 표면차수벽형

35 하천 제방의 침투에 대한 보강 선정기준이 아닌 것은?

① 홍수 특성 ② 축제 이력
③ 경제성 ④ 홍수보험

36 하천 제방의 침투에 대한 보강공법이 아닌 것은?

① 단면확대공법 ② 앞비탈면 피복공법
③ 보오링공법 ④ 차수공법

37 천변저류지의 기능이 아닌 것은?

① 하도 첨두홍수량 조절
② 다른 유역으로 유량 방출
③ 홍수조절 기능
④ 하류 홍수피해 예방

38 천변저류지의 분류 중 비홍수기에 농경지로 사용하다가 홍수기에 홍수조절 기능을 통하여 첨두홍수량을 저류하는 역할을 하는 것은?

① 보호구역 ② 완충구역
③ 활동구역 ④ 안심구역

30. 이 외에 토사재해, 해안재해, 바람재해 및 기타 재해로 구분
31. 펌프시설은 내수방재시설물에 해당
33. 댐은 높이 15m 이상의 구조물
34. 아치형은 콘크리트댐의 종류
35. 이 외에도 토질 특성, 배후지의 토지 이용 상황, 효과의 확실성 등이 있음
37. 하천의 유량을 분류하여 방출하는 인공수로는 방수로
38. 천변저류지는 보호구역, 완충구역, 활동구역으로 구분. 보호구역은 생태적으로 중요 기능과 가치가 있는 경우에 해당하며, 활동구역은 비홍수기에 주민들의 여가활동이나 친수구역으로 활용되는 경우에 해당

정답 30. ④ 31. ③ 32. ③ 33. ② 34. ① 35. ④ 36. ③ 37. ② 38. ②

39 내수방재시설물에 속하지 않는 것은?

① 투수성 보도블록
② 유수지
③ 사방댐
④ 배수펌프장

40 내수방재시설물인 저류시설에 속하지 않는 것은?

① 유입시설 ② 저류지
③ 방류시설 ④ 취수시설

41 다음은 무엇에 관한 설명인가?

- 공원, 운동장, 주차장 등 평상시 일반적인 용도로 사용
- 폭우 시 우수가 차오르도록 고안된 시설
- 상대적으로 저지대에 배치된 공공시설물

① 침수형 저류시설
② 투과형 저류시설
③ 전용 저류시설
④ 지하 저류시설

42 빗물펌프장의 특징이 아닌 것은?

① 유입 빗물에 협착물과 유사 함유
② 펌프는 사축형 주로 이용
③ 양정은 주로 7~8m 이상
④ 펌프는 사류형, 축류형, 와권형으로 분류

43 지역 내 우수유출저감시설의 계획 시 고려사항이 아닌 것은?

① 유출계수 증가량 ② 확률강우량
③ 지역 경사도 ④ 배수용량

44 「자연재해대책법」에서 제안하고 있는 우수유출저감시설 중 저류시설이 아닌 것은?

① 운동장 저류
② 공사장 임시저류지
③ 투수성 포장 저류
④ 자연형 저류시설

45 「자연재해대책법」에서 제안한 우수유출저감시설 중 침투시설이 아닌 것은?

① 빗물받이 ② 침투트렌치
③ 투수성 보도블럭 ④ 침투측구

46 다음은 침투시설에 대한 설명이다. 빈칸에 적절한 값은?

- 침투트렌치는 단위길이 (㉠)m당 배수구역 면적 (㉡)m^2을 기준
- 침투집수정은 (㉢)개소당 배수구역 면적 (㉡)m^2을 기준

① ㉠ 1 ㉡ 130 ㉢ 1
② ㉠ 1 ㉡ 100 ㉢ 10
③ ㉠ 10 ㉡ 130 ㉢ 1
④ ㉠ 10 ㉡ 100 ㉢ 10

47 다음은 침투통의 우수관로에 대한 설명이다. 빈칸에 적절한 값은?

- 계획우수량에 대하여 최소 (㉠)m/sec, 최대 (㉡)m/sec의 유속 유지
- 관로의 유속이 (㉡)m/sec를 초과할 경우 적절한 단차공 설치

① ㉠ 0.5 ㉡ 3.0 ② ㉠ 0.5 ㉡ 5.0
③ ㉠ 0.8 ㉡ 3.0 ④ ㉠ 0.8 ㉡ 5.0

39. 사방댐은 토사방재시설물
42. 빗물펌프장에서는 입축형이 주로 사용됨
44. 투수성 포장은 우수유출저감시설 중 침투시설에 해당
45. 이 외 침투통, 투수성 포장이 있음

정답 39. ③ 40. ④ 41. ① 42. ② 43. ④ 44. ③ 45. ① 46. ③ 47. ③

48 **침수지역의 배수를 위한 펌프의 설치를 위해 직경 0.2m의 배수관을 연결하였다. 배출량 0.20 m^3/s가 되기 위한 배수관의 단면평균유속(m/s)은 얼마인가?** 19년1회 출제

① 6.37 ② 6.82
③ 7.29 ④ 7.61

49 **재해 피해를 저감하기 위한 시설물 공법 중 잘못 기술된 내용은?**

① 필댐은 지형, 지질, 재료, 기초의 상태에 따라 구애받지 않는 장점을 가지고 있다.
② 천변저류지는 하천에서의 월류를 대비하기 위한 보조 제방 역할까지 수행해야 한다.
③ 침투트렌치, 투수성 포장 등은 우수를 침투시키거나 저류시키는 시설물로서 비점오염을 줄이는 기능도 수행한다.
④ 수문은 재해위험을 줄이기 위한 목적에 맞추어 무조건 제외지 측에 설치해야 한다.

50 **다음의 재해 유형별 방재시설물의 방재기능에 대한 설명으로 잘못 설명된 것은?**

① 제방은 유수의 원활한 소통 유지 및 제내지를 보호하기 위하여 하천을 따라 설치한 구조물로 홍수범람 및 침수를 예방한다.
② 배수펌프장은 하천변 저지대의 침수방지를 위하여 설치하는 강제배제시설이다.
③ 사방댐은 소하천 상류부의 계곡 등을 가로막아 이수목적의 취수를 위하여 축조한 구조물이다.
④ 방수로는 강의 일부를 분류하여 호수나 바다로 방출하여 유량을 조절하고, 홍수가 하도 밖으로 범람하는 것을 방지한다.

51 **홍수방어 대책 중 구조적 대책에 해당되지 않는 것은?**

① 하천정비 및 하도개수
② 저수지 및 유수지
③ 제방
④ 홍수 예·경보시설

52 **사방댐의 목적과 종류를 적절히 나타내지 않은 것은?**

① 토석 차단 - 콘크리트 사방댐
② 유목 차단 - 슬릿 사방댐
③ 토석 차단 - 버트리스 사방댐
④ 유목 차단 - 다기능 사방댐

53 **다음 기능은 어떤 방재시설물에 대한 설명인가?**

- 급경사지의 토사 붕괴 방지
- 경사지에 대지 조성
- 땅깎기 또는 흙쌓기한 비탈면의 붕괴 방지

① 낙석방지망 ② 옹벽
③ 사방댐 ④ 배수로

54 **사면방재시설물인 옹벽 시공 시 고려사항이 아닌 것은?**

① 적재하중 ② 지하수 위치
③ 옹벽 형태 ④ 토양 성분

48. Q = AV

$A = \frac{\pi 0.2^2}{4}$ m^2, $Q = 0.2m^3/s$을 대입하면

$0.2 = \frac{\pi 0.2^2}{4} \cdot V$

따라서 유속(V)은 6.37m/s

50. 사방댐은 토석류나 유목의 유하를 억제하여 하류지역의 피해 발생을 예방하기 위하여 설치

51. 홍수 예·경보시설은 비구조적 대책

52. - 중력식 사방댐은 토석 차단을 목적으로 하며, 콘크리트댐, 전석댐, 블록댐 등이 있음
- 버팀식 사방댐은 유목 차단을 목적으로 하며, 버트리스댐, 스크린댐, 슬리트댐, 그리드댐 등이 있음

정답 48. ① 49. ④ 50. ③ 51. ④ 52. ③ 53. ② 54. ④

55 **사면재해 피해저감을 위한 보호공법적용으로 틀린 것은?** 19년1회 출제

① 성토사면에 씨드스프레이 공법을 적용하였다.
② 절토사면에 씨드스프레이 공법을 적용하였다.
③ 암반사면에 철망을 설치하고 녹생토(건식) 공법을 적용하였다.
④ 암반사면에 줄떼와 평떼공법을 병행하여 적용하였다.

56 **다음 중 침사지의 구성요소가 아닌 것은?**

① 유입조절부 ② 침전부
③ 월류부 ④ 퇴사저류부

57 **다음 중 침사지의 기능이 아닌 것은?**

① 토사 침전 기능
② 유로 변경 기능
③ 통수능 저하 예방 기능
④ 수로 구조물 보호 기능

58 **침사지의 퇴적 유사량 결정에 사용되는 요소가 아닌 것은?**

① 침사지 크기
② 유역 토양손실량
③ 침사지 포착률
④ 퇴적토 단위중량

59 **침투통 설치 시 필요한 관로의 토피 기준을 나타내고 있다. 올바르게 나타낸 것은?**

- 도로부의 경우 관 상단으로부터 (㉠)m 이상 확보
- 보도부의 경우 관 상단으로부터 (㉡)m 이상 확보
- 연락관의 경우 관 상단으로부터 (㉢)m 이상 확보

① ㉠ 1.0 ㉡ 0.5 ㉢ 1.2
② ㉠ 1.0 ㉡ 1.0 ㉢ 1.2
③ ㉠ 1.2 ㉡ 0.5 ㉢ 0.6
④ ㉠ 1.2 ㉡ 1.0 ㉢ 0.6

60 **해안방재시설물의 방재기능에 대한 설명 중 옳지 않은 것은?**

① 방파제는 파도로부터 항구를 보호한다.
② 이안제는 해안선과 직각으로 설치하여 해빈을 보호한다.
③ 방사제는 해안선의 침식과 모래의 이동을 방지한다.
④ 방파제는 파랑으로부터 내항을 보호한다.

61 **다음 중 방파제의 방재기능이 아닌 것은?**

① 파도에 대한 항구 보호
② 침식에 노출된 해안 보호
③ 파랑에 대한 내항 보호
④ 해안침식 방지를 통한 모래 보호

55. 줄떼와 평떼는 성토면과 절토면을 보호하기 위한 공법
56. 이 외에 유출조절부가 있음
58. 이 외에 유사전달률이 있음
60. 이안제는 해안선에서 어느 정도 떨어진 위치에 해안선과 평행하게 설치
61. 해안선의 침식 방지와 모래 이동 방지는 방사제의 방재기능

정답 55. ④ 56. ③ 57. ② 58. ① 59. ④ 60. ② 61. ④

62 **다음 중 방파제 설계에 고려되는 외력을 모두 고른 것은?**

㉠ 파력	㉡ 정수압	㉢ 항력
㉣ 저항력	㉤ 부력	㉥ 자중

① ㉠, ㉡, ㉤
② ㉠, ㉢, ㉣, ㉤
③ ㉠, ㉡, ㉤, ㉥
④ ㉡, ㉢, ㉣, ㉤, ㉥

63 **바람방재시설물 중 방풍림에 대한 설치 기준에 대한 설명이다. 빈칸에 적절한 값은?**

- 방풍림의 너비는 (㉠)m
- 풍향의 직각 방향으로 설치
- 방풍림 사이의 간격은 수고의 (㉡)배 정도

① ㉠ 5~25 ㉡ 5
② ㉠ 10~30 ㉡ 10
③ ㉠ 15~35 ㉡ 15
④ ㉠ 20~40 ㉡ 20

64 **빗물이용시설에 대한 구성요소가 아닌 것은?**

① 집수시설 ② 처리시설
③ 침전시설 ④ 배수시설

65 **빗물이용시설에 대한 방재기능으로 적절하지 않는 것은?**

① 가뭄피해 저감
② 빗물의 유출 억제
③ 빗물로 인한 비점오염원 감소
④ 유출량 감소로 인한 홍수 예방

66 **다음 중 빗물이용시설이 필요한 설치 대상이 아닌 것은?**

① 지붕면적이 1,000m^2 이상인 공공기관 청사
② 10,000m^2 이상인 공동주택
③ 5,000m^2 이상인 학교
④ 100,000m^2 이상인 아파트 단지

67 **흐르는 물을 인공적으로 가두어 물을 저장하는 시설물인 저수지의 구성요소가 아닌 것은?**

① 제당 ② 발전시설
③ 취수시설 ④ 수문시설

68 **저수지 계획 시 고려사항이 아닌 것은?**

① 저수지 용량 ② 저수지 위치
③ 저수지 수질 ④ 축제 재료

62. 방파제 설계 시 고려하는 외력은 파력, 정수압, 부력, 자중, 기타(풍압력, 동수압, 충격력, 토압 등)
64. 빗물이용시설은 집수시설, 처리시설, 저류시설, 송수 및 배수시설로 구성
65. 빗물이용시설로 인한 방재기능은 이 외에 빗물의 침투와 저류 증가가 있음
66. 이 외의 빗물이용시설이 필요한 시설은 지붕면적이 1,000m^2 이상인 지붕 있는 운동장 또는 체육관 및 공공업무시설, 100,000m^2 이상인 골프장, 3,000m^2 이상의 매장면적을 가진 대규모 점포
67. 저수지는 제당(댐), 여수토, 취수시설, 수문시설로 구성
68. 저수지는 저수지 용량, 집수량, 위치, 축제 재료, 축조 방식 등을 고려하여 계획

정답 62. ③ 63. ④ 64. ③ 65. ③ 66. ④ 67. ② 68. ③

제2과목

제2편
방재시설계획

제1장

제2편
방재시설계획

재해 유형별 피해원인 분석

본 장에서는 하천재해, 내수재해, 사면재해, 토사재해, 해안재해, 바람재해, 기타 재해에 대한 피해유형과 발생 가능한 피해의 종류를 이해하고, 피해 종류별로 발생원인을 자세히 나타내고 있다.

1절 하천재해의 피해원인

★
하천재해
하천 구조물 붕괴 및 제방 범람 또는 붕괴로 발생하는 재해

★
하천재해의 종류 7가지 확인

1. 하천재해의 피해 유형

(1) 하천재해 개념

① 홍수 발생 시 하천 제방, 호안, 수공구조물(통관, 통문, 수문, 펌프장 등), 하천 횡단시설물(교량, 보, 낙차공 등)의 붕괴

② 하천 수위 상승으로 인한 제방 범람 또는 붕괴로 발생하는 재해

(2) 하천재해 피해 종류

① 하천범람

② 제방 유실·변형·붕괴

③ 호안유실

④ 하상안정시설 파괴

⑤ 하천 횡단구조물 파괴

⑥ 제방도로 파괴

⑦ 저수지·댐 붕괴

2. 하천재해의 피해원인

(1) 하천범람의 원인

① 하폭 부족

② 제방고 및 제방여유고 부족

③ 본류하천의 높은 외수위에 의한 지류하천 홍수소통 불량

④ 토석류, 유송잡물 등에 의한 하천 통수단면적 감소

⑤ 교량 경간장 및 형하여유고 부족으로 막힘 현상 발생

⑥ 교량 부분이 인근 제방보다 낮음으로 인한 월류 및 범람
⑦ 하천구역의 다른 용도 사용
⑧ 인접 저지대의 높은 토지이용도
⑨ 상류댐 홍수조절능력 부족
⑩ 계획홍수량 과소 책정

(2) 제방 유실, 변형 및 붕괴의 원인

① 파이핑 및 하상세굴, 세굴 등에 의한 제방 기초 유실
② 만곡부의 유수나 유송잡물 충격
③ 소류력에 의한 제방 유실
④ 제방과 연결된 구조물 주변 세굴
⑤ 하천시설물과의 접속 부실 및 누수
⑥ 하천횡단구조물 파괴에 따른 연속 파괴
⑦ 제방폭 협소, 법면 급경사에 의한 침윤선 발달
⑧ 제체의 재질 불량, 다짐 불량
⑨ 하천범람에 의한 제방 붕괴

(3) 호안유실의 원인

① 호안 강도 미흡 또는 연결 불량
② 소류력, 유송잡물에 의한 호안 유실, 이음매 결손, 흡출 등
③ 호안내 공동 발생
④ 호안 저부 손상

〈호안 유실로 인한 제방붕괴 사례〉

(4) 하상안정시설 파괴의 원인

① 소류력에 의한 세굴
② 근입깊이 불충분

★
하상안정시설
하상세굴, 하상 저하 및 국부 세굴을 방지하거나 구조물의 보호를 위하여 설치하는 시설

(5) 하천 횡단구조물 파괴의 원인

① 교량 경간장 및 형하여유고 부족

② 기초세굴 대책 미흡으로 인한 교각 침하 및 유실

③ 만곡 수충부에서의 교대부 유실

④ 교각부 콘크리트 유실

⑤ 날개벽 미설치 또는 길이 부족 등에 의한 사면토사 유실

⑥ 교대 기초세굴에 의한 교대 침하, 교대 뒤채움부 유실 파손

⑦ 유사 퇴적으로 인한 하상 바닥고 상승

⑧ 도로 노면 배수능력 부족

〈하천 횡단구조물의 피해 사례〉

(6) 제방도로 파괴의 원인

① 제방 유실 변형, 붕괴

② 집중호우로 인한 인접사면의 활동

③ 지표수, 지하수, 용출수 등에 의한 도로 절토사면 붕괴

④ 시공다짐 불량

⑤ 하천 협착부 수위 상승

★
하천 횡단구조물
보, 하상유지공(낙차공), 교량과 같은 수공 구조물

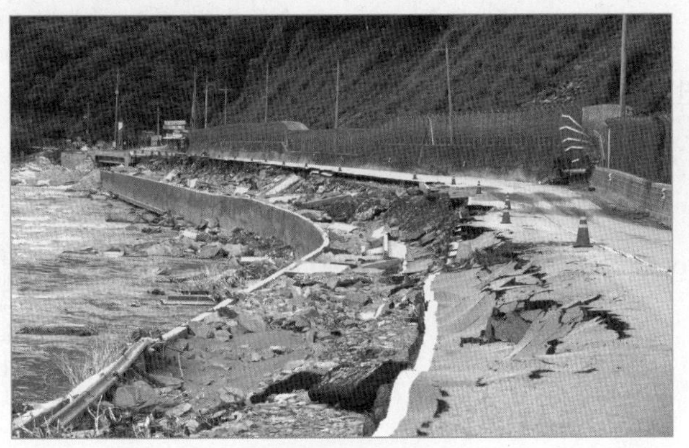

〈제방도로 피해 사례〉

2절 내수재해의 피해원인

1. 내수재해의 피해 유형

(1) 내수재해 개념

① 하천의 외수위 상승 또는 내수지역의 홍수량 증가가 원인

② 내수 배제 불량으로 인하여 인명과 재산상의 손실이 발생되는 재해

③ 침수피해 형태로 발생

★
내수재해
본류 외수위 상승, 내수지역 홍수량 증가 등으로 발생하는 내수배제 불량으로 인한 재해

(2) 내수재해 피해 종류

① 우수유입시설 문제로 인한 피해

② 우수관거시설 문제로 인한 피해

③ 배수펌프장 시설 문제로 인한 피해

④ 외수위로 인한 피해

⑤ 노면 및 위치적 문제에 의한 피해

⑥ 이차적 침수피해 증대 및 기타 관련 피해

★
내수재해의 종류 6가지 확인

2. 내수재해의 피해원인

(1) 우수유입시설 문제의 원인

① 빗물받이 시설 부족 및 청소 불량

② 지하공간 출입구 빗물유입 방지시설 미흡

(2) 우수관거시설 문제의 원인

① 우수관거 및 배수통관의 통수단면적 부족

② 역류 방지시설 미비

③ 계획홍수량 과소 책정

(3) 빗물펌프장(배수펌프장)시설 문제의 원인

① 배수펌프장 용량 부족

② 배수로 미설치 및 정비 불량

③ 펌프장 운영 규정 미비

④ 설계기준 과소 적용(재현기간, 임계지속기간 적용 등)

(4) 외수위로 인한 피해의 원인

① 외수위로 인한 내수배제 불량

② 하천단면적 부족 또는 교량설치 부분의 낮은 제방으로 인한 범람

(5) 노면 및 위치적 문제에 의한 피해의 원인

① 인접지역 공사나 정비 등으로 인한 지반고의 상대적인 저하

② 철도나 도로 등의 하부 관통도로의 통수단면적 부족

(6) 2차적 침수피해 증대 및 기타 관련 피해의 원인

① 토석류에 의한 홍수소통 저하

② 지하수 침입에 의한 지하 침수

③ 지하공간 침수 시 배수계통 전원 차단

④ 선로 배수설비 및 전력시설 방수 미흡

⑤ 지중 연결부 방수처리 불량

⑥ 침수에 의한 전기시설 노출로 감전 피해

⑦ 다양한 침수 상황에 대한 발생유량 사전예측 및 대피체계 미흡

★

빗물펌프장(배수펌프장)
하천 수위 증가나 집중호우 시 저지대 침수 방지를 위하여 빗물을 강제로 강으로 퍼내는 시설

3절 사면재해의 피해원인

★
사면재해
자연 또는 인공 급경사지에서 발생하는 지반 붕괴로 인한 재해

★
사면재해의 종류 6가지 확인

1. 사면재해의 피해 유형

(1) 사면재해 개념

호우 시 자연 또는 인공 급경사지에서 발생하는 지반의 붕괴로 인한 재해

(2) 사면재해 피해 종류

① 지반활동으로 인한 붕괴
② 사면의 과도한 절토 등으로 인한 붕괴
③ 절개지, 경사면 등의 배수시설 불량에 의한 붕괴
④ 토사유출 방지시설의 미비로 인한 피해
⑤ 급경사지 주변에 위치한 시설물 피해
⑥ 유지관리 미흡으로 인한 피해

2. 사면재해의 피해원인

(1) 지반활동으로 인한 붕괴의 원인

① 기반암과 표토층의 경계에서 토석류 발생
② 집중호우 시 지반포화로 인한 사면 약화 및 활동력 증가
③ 개발사업에 따른 지반 교란
④ 사면 상부의 인장균열 발생
⑤ 사면의 극심한 풍화 및 식생상태 불량
⑥ 사면의 절리 및 단층 불안정

〈지반 활동으로 인한 붕괴 사례〉

(2) 사면의 과도한 절토 등으로 인한 붕괴의 원인

① 사면의 과도한 절토로 인한 사면의 요철현상

② 사면 상하부의 절토로 인한 인장균열

③ 사면의 부실시공

(3) 절개지, 경사면 등의 배수시설 불량에 의한 붕괴의 원인

① 배수시설 불량 및 부족

② 배수시설 유지관리 미흡

③ 배수시설 지표면과 밀착 부실

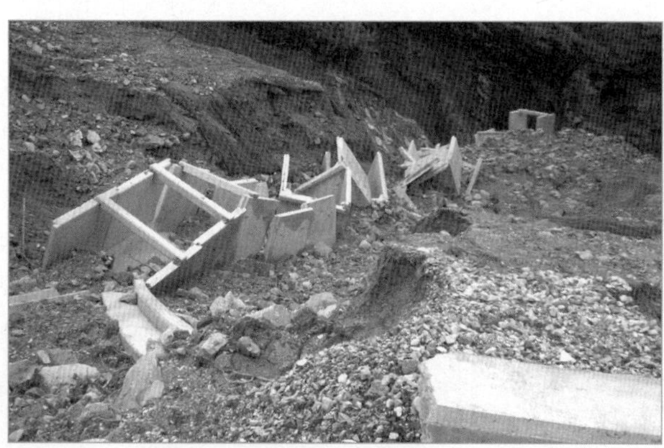

〈배수시설 불량으로 인한 피해 사례〉

(4) 토사유출방지시설의 미비로 인한 피해의 원인

① 노후 축대시설 관리 소홀 및 재정비 미흡

② 사업주체별 표준경사도 일률 적용

③ 옹벽 부실시공

(5) 급경사지 주변에 위치한 시설물 피해의 원인

① 사면 직하부 주변에 취락지, 주택 등 생활공간 입지

② 사면주변에 임도, 송전탑 등 인공구조물 입지

③ 노후주택의 산사태 피해위험도 증대

④ 사면접합부의 계곡 유무

(6) 유지관리 미흡으로 인한 피해의 원인

① 토사유출이나 유실 사면붕괴 발생 시 도로 여유폭 부족

② 도로, 철도 등의 노선 피해 시 상황전파시스템 미흡

③ 위험도에 대한 인식 부족, 관공서의 대피지시 소홀

〈급경사지 주변 피해 사례〉

4절 토사재해의 피해원인

1. 토사재해의 피해 유형

(1) 토사재해 개념

① 유역 내 과다한 토사유출 등이 원인

② 토사에 의해 하천시설이나 공공·사유시설 등의 침수 또는 매몰 등의 피해가 발생되는 재해

★
토사재해
토사유출에 의해 하천시설이나 공공·사유시설 등의 피해가 발생하는 재해

(2) 토사재해 피해 종류

① 산지침식 및 홍수피해 가중

② 하천 통수단면적 잠식

③ 도시지역 내수침수 가중

④ 저수지 저류능력, 이수기능 저하

⑤ 하구폐쇄로 인한 홍수위 증가

⑥ 주거지 및 농경지 피해

⑦ 양식장 피해

★
토사재해의 종류 7가지 확인

2. 토사재해의 피해원인

(1) 산지침식 및 홍수피해 가중의 원인

① 토양침식에 따른 유출률 증가 및 도달시간 감소

② 침식확대에 의한 피복상태 불량화 및 산지 황폐화

③ 토사유출에 의한 산지 수리시설 유실

(2) 하천 통수단면적 잠식의 원인

① 토석류의 퇴적에 따른 하천의 통수단면적 잠식

〈토사 퇴적에 의한 피해사례〉

(3) 도시지역 내수침수 가중의 원인

① 상류유입 토사에 의한 우수유입구 차단

② 토사의 퇴적으로 인한 우수관거 내수배제 불량

(4) 저수지의 저류능력, 이수기능 저하의 원인

① 유사 퇴적으로 저수지 바닥고 상승 및 저류능력 저하

② 저수지 바닥고 상승에 따른 이수기능 저하

(5) 하구폐쇄로 인한 홍수위 증가의 원인

① 하류로 이송된 토사의 하구부 퇴적에 의한 하구폐쇄, 상류부 홍수위 증가

(6) 주거지 및 농경지 피해의 원인

① 홍수 시 토사의 유입에 의한 주거지, 농경지 피해

(7) 양식장 피해의 원인

① 홍수 시 토사의 유입에 의한 양식장 피해

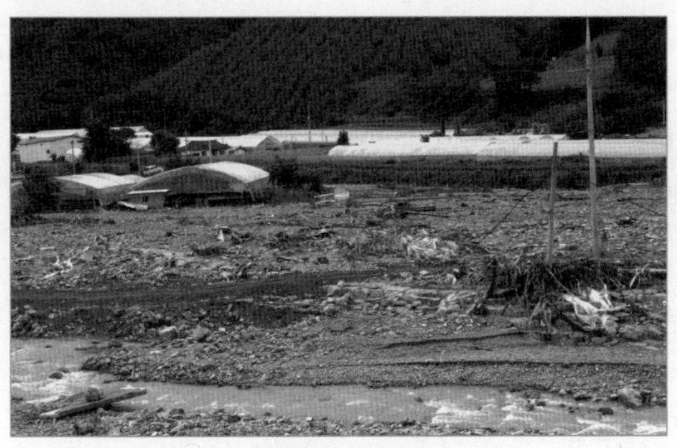

〈농경지 피해 사례〉

5절 해안재해의 피해원인

1. 해안재해의 피해 유형

(1) 해안재해 개념

① 파랑, 해일, 지진해일, 고조위 등에 의해 발생

② 해안침수, 항만 및 해안시설 파손, 급격한 해안 매몰 및 침식 등을 발생시키는 재해

★ 해안재해
해안 지역에서 발생하는 재해

(2) 해안재해 피해 종류

① 파랑·월파에 의한 해안시설 피해

② 해일 및 월파로 인한 내측 피해

③ 하수구 역류 및 내수배제 불량으로 인한 침수

④ 해안침식

★ 해안재해의 종류 4가지 확인

2. 해안재해의 피해원인

(1) 파랑·월파에 의한 해안시설 피해의 원인

① 파랑의 반복충격으로 해안구조물 유실 및 파손

② 월파에 의한 제방의 둑마루 및 안쪽 사면 피해

③ 테트라포트(TTP) 이탈 등 방파제 및 호안 등의 유실

④ 제방 기초부 세굴·유실 및 파괴·전괴·변이

⑤ 표류물 외력에 의한 시설물 피해

⑥ 표류물 퇴적에 의한 해상교통 폐쇄

★ 파랑(wave)
풍파와 너울의 총칭

★ 월파
파랑이 제방과 같은 해안 시설물을 넘어 들어오는 경우

⑦ 밑다짐공과 소파공 침하·유실
⑧ 월파로 인한 해안 도로 붕괴, 침수 등
⑨ 표류물 퇴적에 의한 항만 수심 저하
⑩ 국부세굴에 의한 항만 구조물 기능 장애
⑪ 기타 해안시설 피해 등

(2) 해일 및 월파로 인한 내측 피해의 원인
① 월파량 배수불량에 의한 침수
② 월류된 해수의 해안 저지대 집중으로 인한 우수량 가중
③ 위험한 지역 입지
④ 해일로 인한 임해선 철도 피해
⑤ 주민 인식 부족 및 사전대피체계 미흡
⑥ 수산시설 유실 및 수산물 폐사
⑦ 기타 해일로 인한 시설 피해 등

(3) 하수구 역류 및 내수배제 불량으로 인한 침수의 원인
① 만조 시 매립지 배후 배수로 만수
② 바닷물 역류나 우수배제 지체
③ 기타 침수피해 등

(4) 해안침식의 원인
① 높은 파고에 의한 모래 유실 및 해안침식
② 토사준설, 해사채취에 의한 해안토사 평형상태 붕괴
③ 해안구조물에 의한 연안표사 이동
④ 백사장 침식 및 항내 매몰
⑤ 해안선 침식에 따른 건축물 등 붕괴
⑥ 댐, 하천구조물, 골재 채취 등에 의한 토사공급 감소
⑦ 기타 해안침식 피해 등

6절 바람재해의 피해원인

1. 바람재해의 피해 유형

(1) 바람재해 개념
바람에 의해 인명피해나 공공시설 및 사유시설의 경제적 손실이 발생

★
바람재해
바람에 의해 인명피해나 공공 및 사유시설의 피해가 발생하는 재해

하는 재해

(2) 바람재해 피해 종류

① 강풍에 의한 피해

② 빌딩 피해

2. 바람재해의 피해원인

(1) 강풍에 의한 피해의 위험요인

① 송전탑 등 전력 통신시설 파괴 및 정전, 화재 등 2차 피해 발생

② 대형 광고물, 건물 부착물, 유리창 등 붕괴 이탈 낙하

③ 경기장 지붕 등 막구조물 파괴

④ 현수교 등 교량의 변형 파괴 붕괴

⑤ 도로표지판 등 도로 시설물 파괴

⑥ 삭도, 궤도 등 교통시설의 파괴

⑦ 유원시설 및 유 도선 등 각종 선박 파괴

⑧ 교통신호등, 교통안전시설 파손

⑨ 차량 피해, 가설물 붕괴 및 대형 건설 장비 등의 전도

⑩ 기타 시설 피해 등

(2) 빌딩 피해의 위험요인

① 국지적 난류에 의해 간판 등이 날아가거나 전선 절단 등의 피해

7절 가뭄재해의 피해원인

1. 가뭄재해의 피해 유형

(1) 가뭄재해 개념

① 오랫동안 비가 오지 않아서 물이 부족한 상태 또는 장기간에 걸친 물 부족으로 나타나는 기상재해

② 수자원이 평균보다 적어서 정상적인 사회생활을 하는 데 불편이나 피해를 유발

(2) 가뭄재해 피해 종류

① 생활용수 부족에 의한 식수난 발생 등의 불편 초래

Keyword

★
가뭄재해
수자원 부족에 의해 피해가 발생하는 재해

② 공업용수 부족에 의한 조업중단 등의 산업활동 지장 초래
③ 농업용수 부족에 의한 농작물 피해 발생

2. 가뭄재해의 피해원인

(1) 생활·공업용수 제한 공급 또는 공급 중단으로 인한 산업 및 생활상의 피해 발생

(2) 농업용수 공급중단 등으로 인한 농작물 피해 발생

8절 대설재해의 피해원인

1. 대설재해의 피해 유형

(1) 대설재해 개념
농작물, 교통기관, 가옥 등이 대설에 의해 입는 재해

(2) 대설재해 피해 종류
① 도로결빙에 의한 교통사고 발생
② 교통 두절에 의한 고립피해 발생
③ 시설물 붕괴 등의 시설 피해 발생

2. 대설재해의 피해원인

(1) 대설로 인한 취약도로 교통 두절 및 고립피해 발생

(2) 농·축산 시설물 붕괴 피해

(3) PEB(Pre-Engineered Building) 구조물, 천막구조물 등 가설시설물 붕괴 피해

(4) 기타 시설 피해 등

Keyword

★
대설재해
농작물, 교통기관, 가옥 등이 대설에 의해 입는 재해

★
대설재해 피해원인 확인

9절 기타 재해의 피해원인

1. 기타 재해의 피해 유형

(1) 기타 재해 개념

댐·저수지 및 사방댐 등 시설물의 노후화 및 능력부족으로 인해 발생하는 재해

(2) 기타 재해 피해 종류

① 댐·저수지의 노후화 및 여수로 능력부족에 의한 피해
② 사방댐의 노후화에 의한 피해
③ 교량의 노후화에 의한 피해

2. 기타 재해의 피해원인

(1) 댐·저수지 붕괴피해의 위험요인

① 계획홍수량을 초과하는 이상호우에 대한 방류시설 미비
② 균열 및 누수구간 발생, 여수로 및 방수로 시설 파손
③ 안전관리 소홀

(2) 기타 시설물 붕괴피해의 위험요인

① 사방댐 노후화에 의한 시설물 파손
② 교량 노후화에 의한 시설물 파손

제2장 방재시설별 재해취약요인 분석

제2편
방재시설계획

본 장에서는 하천 및 소하천 부속물, 하수도 및 펌프장, 농업생산기반시설, 사방시설, 사면재해 방지시설, 도로시설, 항만 및 어항시설 등과 같은 방재시설에 대한 개념을 이해하고, 각 시설물에서 재해가 일어날 수 있는 취약요인을 제시하고 있다.

1절 하천 및 소하천 부속물 재해취약요인 분석

1. 하천 및 소하천 부속물의 개념

(1) 하천 부속물의 정의

① 「하천법」에 의해 하천 관리를 위하여 설치된 시설물 또는 공작물

② 하천의 기능을 보전하고 효용을 증진하며 홍수피해를 줄이기 위한 시설물

(2) 소하천 부속물의 정의

「소하천정비법」에 의해 소하천의 이용과 관리를 위하여 설치된 시설물 또는 공작물

2. 하천 및 소하천 부속물의 재해취약요인

(1) 하천 및 소하천 부속물의 피해 사례

① 호안의 유실

② 제방의 붕괴, 유실 및 변형

③ 하상안정시설의 유실

④ 하천 횡단구조물의 피해

(2) 하천 및 소하천 부속물의 재해취약요인

① 제방 및 호안

㉠ 제체의 누수 또는 파이핑

㉡ 제체의 재료 또는 다짐 불량

㉢ 지반의 침하 또는 활동

Keyword

★
「하천법」에 의한 하천 부속물
제방, 호안, 수제, 댐, 하구둑, 홍수조절지, 저류지, 방수로, 배수펌프장, 수문, 운하, 선착장, 갑문 등

★
「소하천정비법」에 의한 소하천 부속물
제방, 호안, 보, 수문, 배수펌프장, 저수지, 저류지 등

〈제체 누수로 인한 제방붕괴 사례〉

㉣ 설계량을 초과하는 홍수
㉤ 유송잡물이나 유수에 의한 충격
㉥ 하천 부속 시설물과의 접속 부실 및 누수
㉦ 제방과 호안 재료의 노후화
㉧ 호안의 내부 공동현상
㉨ 호안의 저부(기초) 손상

② **보 및 낙차공과 같은 하천 횡단구조물**

㉠ 유수에 의한 세굴
㉡ 구조물의 균열 및 파손
㉢ 바닥 보호공의 유실 및 세굴
㉣ 호안과의 접속부 부실 및 누수

③ **교량과 같은 하천 횡단구조물**

㉠ 기초 세굴심 부족에 의한 하상세굴
㉡ 토사 퇴적, 유송잡물에 의한 통수능 저하

〈하상세굴에 의한 교각 침하 사례〉

★
「하수도법」에 의한 시설
하수관로, 공공하수처리시설, 간이공공하수처리시설, 하수저류시설, 분뇨처리시설, 배수설비, 개인하수처리시설 등

㉢ 유수 충격에 의한 교각 및 교대 콘크리트 유실
㉣ 여유고, 경간장 등 설계기준 미준수

Keyword

2절 하수도 및 펌프장 재해취약요인 분석

1. 하수도 및 펌프장의 개념

(1) 하수도의 정의
① 하수와 분뇨를 유출 또는 처리하기 위하여 설치되는 공작물과 시설물
② 가정에서 배출되는 생활 오수나 공장의 폐수, 빗물 등을 배수하기 위하여 설치되는 공작물과 시설물

(2) 펌프장의 정의
① 자연 경사에 의해 하수를 유하시키기 어려운 경우 설치하는 양수시설
② 집중호우 시 저지대에 물이 차는 것을 방지하기 위하여 하천으로 강제 배수하는 시설

2. 하수도 및 펌프장의 재해취약요인

(1) 하수도 및 펌프장 피해 사례
① 저지대 침수
② 하수 역류
③ 지하공간 침수

(2) 하수도 및 펌프장 재해취약요인
① 하수도
② 설계량을 초과하는 강우
③ 하수관로의 파손, 부식 및 마모
④ 지반의 침하
⑤ 관로 내 유속의 크기
⑥ 관로 내 침전물
⑦ 하천 수위(외수위) 증가
⑧ 펌프장
⑨ 계획하수량을 초과하는 용량
⑩ 펌프장의 노후화

⑪ 펌프장 고장 및 운영 미숙

⑫ 배수로 정비 불량

3절 농업생산기반시설 재해취약요인 분석

1. 농업생산기반시설의 개념

(1) 농업생산기반시설의 정의

① 농업생산 기반 정비사업으로 설치되거나 그 밖에 농지 보전이나 농업생산에 이용되는 시설물 및 그 부대시설

② 농수산물의 생산·가공·저장·유통시설 등에 필요한 영농시설

★
「농어촌정비법」에 의한 농업생산기반시설
저수지, 양수장, 관정, 배수장, 취입보, 용수로, 배수로, 유지(웅덩이), 도로, 방조제, 제방 등

2. 농업생산기반시설의 재해취약요인

(1) 농업생산기반시설 피해 사례

① 저수지 누수 및 붕괴

② 제방의 누수 및 붕괴

③ 용수로, 배수로 등 관로시설의 파손

(2) 농업생산기반시설 재해취약요인

① 저수지

㉠ 제당이나 기초의 누수나 침식

㉡ 취수구나 여수로의 침전물이나 부유잡목에 의한 장애

㉢ 유사퇴적에 따른 저수지 바닥고 상승

㉣ 저류량을 초과하는 홍수량의 유입

㉤ 상류 유역 개발에 따른 유출량 증가

㉥ 수문의 고장 및 오작동

② 제방

㉠ 제체의 누수 또는 파이핑

㉡ 제체의 재료 또는 다짐 불량

㉢ 지반의 침하 또는 활동

㉣ 설계량을 초과하는 홍수

㉤ 유송잡물이나 유수에 의한 충격

㉥ 하천 부속 시설물과의 접속 부실 및 누수

ⓢ 제방 재료의 노후화

③ **용수로, 배수로 등 관로시설**

㉠ 토사 퇴적에 의한 통수능 저하

㉡ 관로 내 유속의 크기

㉢ 통수능을 초과하는 유입량

㉣ 지반의 침하

㉤ 관로의 파손, 부식 및 마모

4절 사방시설 재해취약요인 분석

1. 사방시설의 개념

(1) 사방시설의 정의

① 황폐지를 복구하기 위하여 설치하는 공작물

② 산지의 붕괴, 토석·나무 등의 유출 또는 모래의 날림 등을 방지 또는 예방하기 위하여 설치하는 공작물

③ 파종·식재된 식물

④ 경관의 조성이나 수원의 함양을 위하여 설치하는 식물

★
「사방사업법」에서 사방시설인 식물
사방사업의 시행 전부터 사방사업의 시행지역에서 자라고 있는 식물도 포함

2. 사방시설의 재해취약요인

(1) 사방시설 피해 사례

① 사방댐 토사 매몰

② 사방댐 붕괴

③ 방풍림의 전도

(2) 사방시설 재해취약요인

① **사방댐**

㉠ 토사 준설과 같은 유지관리 미비

㉡ 설계량을 초과하는 토석류의 유입

㉢ 토석류 유하에 따른 충격량

㉣ 구조물의 균열 및 파손

㉤ 지반의 침하 또는 활동

㉥ 기초 설계 및 시공 부실

〈과도한 토석류의 유입 사례〉

② **방풍림**

㉠ 가뭄

㉡ 인위적인 벌목

㉢ 해안침식

5절 사면재해 방지시설 재해취약요인 분석

1. 사면재해 방지시설의 개념

(1) 사면재해 방지시설의 정의

① 자연비탈면이나 인공비탈면과 같은 급경사지에서 발생 가능한 재해를 방지하기 위한 시설물

② 사면 보강을 위한 구조물과 사면 보호를 위한 구조물로 구분

★
사면재해 방지시설
옹벽, 석축, 낙석방지망, 록 앵커, 록 볼트, 소일 네일링 등

2. 사면재해 방지시설의 재해취약요인

(1) 사면재해 방지시설 피해 사례

① 사면 붕괴

② 토석류 발생

③ 사면 붕괴로 인한 하천 폐색

④ 저수지 사면 붕괴에 따른 저수지 월파 발생

(2) 사면재해 방지시설 재해취약요인

① **옹벽 및 석축**

㉠ 집중호우로 인한 지반의 활동력 증가
㉡ 사면의 풍화 및 식생 발달
㉢ 사면 배수시설 미흡 및 유지관리 불량
㉣ 설계량을 초과하는 붕괴량
㉤ 사면 위 인공구조물의 시공
㉥ 시설물의 관리 소홀 및 재정비 미흡
㉦ 시설물의 부실시공

② **낙석방지망**

㉠ 설계 강도를 초과하는 낙석 발생
㉡ 낙석방지망의 재료 부실 및 제품 불량
㉢ 낙석방지망 고정부의 노후화
㉣ 시설물의 부실시공

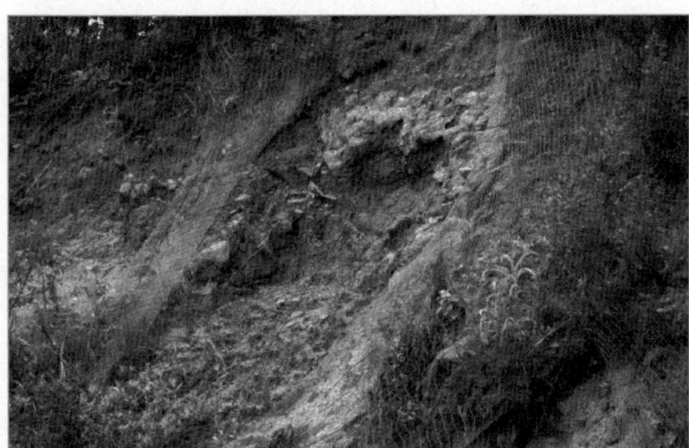

〈낙석방지망의 부실 사례〉

6절 도로시설 재해취약요인 분석

1. 도로시설의 개념

(1) 도로시설의 정의

① 도로기반시설물은 「도로법」 제2조의 규정에 의한 도로 및 공공측량의작업규정 세부기준 제297조에 의한 지하시설물을 의미

② 도로의 부속물은 도로의 편리한 이용과 안전 및 관리를 위하여 설치하

★
「도로법」의 도로
차도, 보도, 자전거도로, 측도, 터널, 교량, 육교 등과 도로 부속물

는 시설 또는 공작물

㉠ 주차장, 버스정류시설, 휴게시설 등 도로이용 지원시설

㉡ 시선유도표지, 중앙분리대, 과속방지시설 등 도로안전시설

㉢ 통행료 징수시설, 도로관제시설, 도로관리사업소 등 도로관리시설

㉣ 도로표지 및 교통량 측정시설 등 교통관리시설

㉤ 낙석방지시설, 제설시설, 식수대 등 도로에서의 재해예방 및 구조활동, 도로환경의 개선·유지 등을 위한 도로부대시설

㉥ 그 밖에 도로의 기능 유지 등을 위한 시설

2. 도로시설의 재해취약요인

(1) 도로시설 피해 사례

① 도로 침수 및 파손

② 도로 유실

③ 도로 소성변형

④ 포트홀

⑤ 컬러포장의 탈리 및 탈색

⑥ 도로 부속물의 파손

(2) 도로시설 재해취약요인

① **제방도로**

㉠ 도로의 침수

㉡ 제체의 누수 또는 파이핑

㉢ 제체의 재료 또는 다짐 불량

㉣ 지반의 침하 또는 활동

㉤ 설계량을 초과하는 홍수

㉥ 유송잡물이나 유수에 의한 충격

㉦ 하천 부속 시설물과의 접속 부실 및 누수

㉧ 제방과 호안 재료의 노후화

② **일반도로 및 도로 부속물**

㉠ 도로배수시설 용량 부족

㉡ 도로배수시설 집수구 막힘

㉢ 도로 재료 불량

㉣ 폭우와 폭설의 빈발

㉤ 도로 기층 재료의 물성 약화 및 노후화

ⓑ 과중차량의 통행

ⓢ 여름철 고온현상

〈도로 침수에 의한 피해 사례〉

〈하천 유수에 의한 피해 사례〉

7절 항만 및 어항시설 재해취약요인 분석

1. 항만 및 어항시설의 개념

(1) 항만시설의 정의

① 항만구역 안과 밖에 있는 다음의 시설

② 기본시설

㉠ 수역시설: 항로, 정박지, 선유장 등

㉡ 외곽시설: 방파제, 방사제, 방조제, 도류제, 갑문, 호안 등

㉢ 임항교통시설: 도로, 교량, 철도, 궤도, 운하 등

★
「항만법」에서의 항만
선박의 출입, 사람의 승선·하선, 화물의 하역·보관 및 처리, 해양친수 활동 등을 위한 시설과 부가가치 창출을 위한 시설이 갖추어진 곳

㉣ 계류시설: 안벽, 물양장, 잔교, 선착장 등

③ **기능시설**

㉠ 항행 보조시설: 항로표지, 신호, 조명 등

㉡ 하역시설: 하역장비, 화물 이송시설, 배관시설 등

㉢ 유통시설과 판매시설

㉣ 선박보급시설

㉤ 공해방지시설

④ **지원시설**

⑤ **항만친수시설**

⑥ **항만배후단지**

(2) 어항시설의 정의

① **어항구역 안과 밖에 있는 다음의 시설**

② **기본시설**

㉠ 외곽시설: 방파제, 방사제, 파제제, 방조제, 도류제, 수문, 갑문, 호안, 둑, 돌제, 흉벽 등

㉡ 계류시설: 안벽, 물양장, 잔교, 선착장, 선양장 등

㉢ 수역시설: 항로, 정박지, 선회장 등

③ **기능시설**

㉠ 수송시설: 철도, 도로, 다리, 주차장 등

㉡ 항행보조시설

㉢ 어선·어구 보전시설

㉣ 보급시설

㉤ 수산물 처리·가공시설

㉥ 어업용 통신시설

㉦ 해양수산 관련 공공시설

㉧ 어항정화시설

㉨ 수산자원 육성시설

④ **어항편익시설**

㉠ 복지시설

㉡ 문화시설

㉢ 레저용 기반시설

㉣ 관광객 이용시설

★
「어촌·어항법」에서의 어항
천연 또는 인공의 어항시설을 갖춘 수산업 근거지로서 국가어항, 지방어항, 어촌정주어항, 마을공동어항으로 구성

ⓜ 휴게시설

ⓑ 주민편익시설

2. 항만 및 어항시설의 재해취약요인

(1) 항만 및 어항시설 피해 사례

① 해안구조물 유실 및 파손

② 방파제 및 호안 등의 유실 및 파손

③ 항만 시설물의 파손

④ 어항 시설물의 파손

⑤ 해상교통의 폐쇄

⑥ 해안 도로의 침수 및 붕괴

⑦ 해안선의 침식으로 인한 수목 및 건축물 붕괴

(2) 항만 및 어항시설 재해취약요인

① 파랑 및 월파에 의한 반복적 충격

② 제방 기초부 세굴·유실 및 파괴·전괴·변이

③ 표류물의 지속적 충격 및 퇴적

④ 국부적 세굴에 의한 항만 구조물의 기능 장애

⑤ 근고공의 세굴

Keyword

제3장

제2편
방재시설계획

재해 유형별 방재시설계획 수립

본 장에서는 하천재해, 내수재해, 사면재해, 토사재해, 해안재해와 관련된 방재시설물에 대한 주요 설계기준과 설계요소를 다루고 있으며, 방재시설물의 계획 수립을 위한 절차와 조사대상을 제시하고 있다. 또한, 방재시설 설치에 필요한 소요사업비 산정을 위해 방재관리대책 업무의 대행비용과 자연재해저감 종합계획에서 제시된 관련 사업비의 산출 기준과 절차를 이해할 수 있다.

1절 재해 유형별 설계기준 및 저감방안

1. 하천재해

(1) 하천 분류

① 국가하천

㉠ 유역면적 합계가 $200km^2$ 이상인 하천

㉡ 다목적댐의 하류 및 댐 저수지로 인한 배수영향이 미치는 상류의 하천

㉢ 유역면적 합계가 $50km^2$ 이상이면서 $200km^2$ 미만인 하천으로서 다음 각 목의 어느 하나에 해당하는 하천

▷ 인구 20만 명 이상의 도시를 관류하거나 범람구역 안의 인구가 1만 명 이상인 지역을 지나는 하천

▷ 다목적댐, 하구둑 등 저수량 500만km^3 이상의 저류지를 갖추고 국가적 물 이용이 이루어지는 하천

▷ 상수원보호구역, 국립공원, 유네스코생물권보전지역, 문화재보호구역, 생태·습지보호지역을 관류하는 하천

㉣ 범람으로 인한 피해, 하천시설 또는 하천공작물의 안전도 등을 고려하여 대통령령으로 정하는 하천

② 지방하천

㉠ 지방의 공공이해와 밀접한 관계가 있는 하천

㉡ 시·도지사가 그 명칭과 구간을 지정한 하천

③ 소하천

㉠ 「하천법」의 적용 또는 준용을 받지 아니하는 하천

★
하천방재시설물
하천의 기능을 보전하고 효용을 증진하며 홍수피해를 줄이기 위한 시설물

★
하천의 분류 및 개념
국가하천, 지방하천, 소하천

㉡ 「소하천정비법」 제3조에 따라 그 명칭과 구간이 지정·고시된 하천

(2) 하천시설물 관련 설계기준

① 하천 설계기준
② 소하천 설계기준
③ 댐 설계기준
④ 구조물기초 설계기준

(3) 하천시설물 관련 설계요소

① **기본홍수량**

홍수방어시설의 홍수조절계획을 반영하지 아니한 자연 상태의 홍수량

② **현재홍수량**

확률강우량 30년 빈도에 의한 홍수량을 기준으로 하며, 상·하류 하천의 계획빈도, 지역특성, 지방자치단체 여건 등을 고려하여 홍수량 빈도를 상회하여 설정 가능

③ **계획홍수량**

기본홍수량을 하도 및 홍수 조절댐 등에 합리적으로 배분하여 하천시설물의 설치계획이 적절히 이루어지도록 하기 위한 홍수량

④ **설계홍수량**

수공구조물 설계를 위하여 결정된 홍수량으로 하천시설물의 설계를 위한 계획홍수량과 동일한 개념

⑤ **계획홍수위**

각종 하천부속물의 설치계획을 수립함에 있어서 기준이 되는 홍수량의 수위

⑥ **설계빈도**

수리 구조물 설계 시 규모를 결정하기 위한 기준으로서 확률적으로 접근해 산출한 수문량의 발생빈도

(4) 제방의 주요 설계기준

① **제방설계 시 고려사항**

㉠ 하도와 제내지 상황
㉡ 사회경제적 여건
㉢ 하천환경
㉣ 축제재료 및 원지반 상태

Keyword

➔
하천방재시설물 종류
제2과목 제1편 제3장 1절 "하천방재시설물의 방재기능 및 적용공법" 참고

★
홍수량 종류
기본홍수량, 현재홍수량, 계획홍수량, 설계홍수량

★
국가하천 설계빈도
100~200년

★
지방하천 설계빈도
50~200년

② 제방고의 설계기준

㉠ 제방고의 기준은 계획홍수위

㉡ 제방 둑마루 표고는 계획홍수위에 여유고를 더한 표고

★
제방고와 둑마루 표고는 동일하며, 계획홍수위에 여유고를 더한 표고

★
계획홍수량에 따른 제방 여유고 확인

계획홍수량에 따른 제방 여유고

계획홍수량(m^3/sec)	여유고(m)
200 미만	0.6 이상
200 이상 ~ 500 미만	0.8 이상
500 이상 ~ 2,000 미만	1.0 이상
2,000 이상 ~ 5,000 미만	1.2 이상
5,000 이상 ~ 10,000 미만	1.5 이상
10,000 이상	2.0 이상

③ 둑마루 폭의 설계기준

㉠ 하천 제방의 최상부 폭

㉡ 적정 둑마루 폭의 확보 목적

▷ 침투수에 대한 안전의 확보

▷ 평상시 하천 순시

▷ 홍수 시의 방재활동

▷ 친수 및 여가공간 마련

★
계획홍수량에 따른 제방 둑마루 폭 확인

계획홍수량에 따른 둑마루 폭(하천)

계획홍수량(m^3/sec)	둑마루 폭(m)
200 미만	4.0 이상
200 이상 ~ 5,000 미만	5.0 이상
5,000 이상 ~ 10,000 미만	6.0 이상
10,000 이상	7.0 이상

계획홍수량에 따른 둑마루 폭(소하천)

계획홍수량 (m^3/sec)	둑마루 폭(m)
100 미만	2.5 이상
100 이상 ~ 200 미만	3.0 이상
200 이상 ~ 500 미만	4.0 이상

(5) 저감방안

① 사업지구 내 하천과 하류 하천간의 설계빈도의 차이, 개수 여부에 따른 문제점을 도출하고 개선방안을 제안

② 하천의 선형을 변경하는 경우 직강화 방지와 동일 단면 이상으로 개선하도록 제안

③ 하천은 이설을 최대한 지양하도록 하고 부득이한 경우에는 수리특성 변화와 안정하상 형성과 관련된 부분을 고려하도록 제안

2. 내수재해

(1) 내수시설물 관련 설계기준

① 하수도 설계기준

② 지역별 방재성능목표 설정·운영 기준

③ 우수유출저감시설의 종류·구조·설치 및 유지관리 기준

④ 지하공간 침수방지를 위한 수방기준

⑤ 구조물기초 설계기준

(2) 내수시설물 관련 설계요소

① 일반 기준

㉠ 계획빈도의 홍수량에 의하여 제내지가 침수되지 않도록 설계

㉡ 도시구간 등에서는 내수배제시설 설계 시 환경을 고려하여 설계

② 배수펌프장의 설계기준

㉠ 제방으로부터 이격 거리

㉡ 펌프장 지반고

㉢ 토출암거 설치 시 수격작용 영향

㉣ 배수용량

㉤ 정전 사고 대책

㉥ 소음 방지 대책

③ 유수지의 설계기준

㉠ 유수지의 계획홍수위와 저수위 결정 요소

▷ 유수지 규모

▷ 유역의 지형

▷ 배출 하도의 계획홍수위

▷ 평수위

㉡ 유수지의 수문 운영기준

▷ 외수위가 높을 경우 수문을 닫아 계획 내수유입량을 저류 가능

▷ 외수위가 낮아진 후 수문을 열어 내수유입량을 전량 배제 가능

㉢ 사업지구 내 유수지의 설치기준

▷ 방류지점에 인접

▷ 대부분의 유출수가 저류시설에 유입될 수 있도록 계획

Keyword

★
유수지 계획홍수위는 주변 최저 지반고보다 낮게 설정

▷ 구조상 안전한 장소에 설치
▷ 성토면 위 설치 시 성토사면의 침식과 활동 검토
▷ 절토면 위 설치 시 지층, 침투수에 따른 침식과 활동 주의

④ 우수유출저감시설의 설계기준

㉠ 저감목표에 따른 분류

▷ 현 시점에서 발생하는 초과우수 유출량을 저감시키기 위한 시설
- 공공 목적으로 설치
- 지역 외(Off-site) 저류시설의 형태로 설치
- 홍수유출 해석에 의하여 시설 규모를 결정

▷ 개발로 인하여 증가되는 우수유출량을 상쇄시키기 위한 시설
- 지역 내(On-site) 저류시설의 형태로 설치
- 홍수유출 해석하지 않음
- 우수의 직접유출 증가량을 당해지역에서 저류 또는 침투시킴

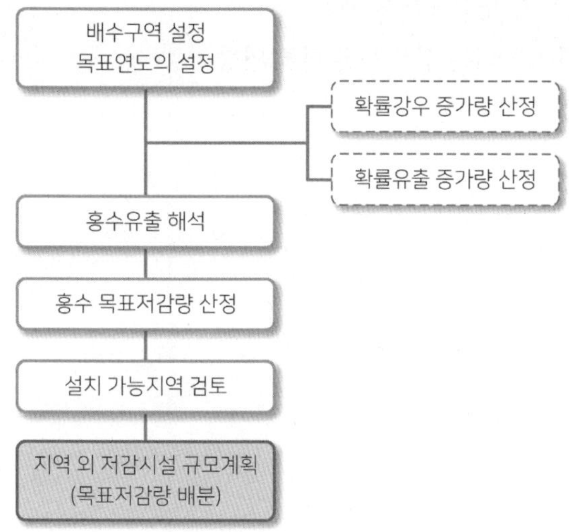

〈지역 외 저류시설계획 절차〉

자료: 우수유출저감시설의 종류·구조·설치 및 유지관리 기준

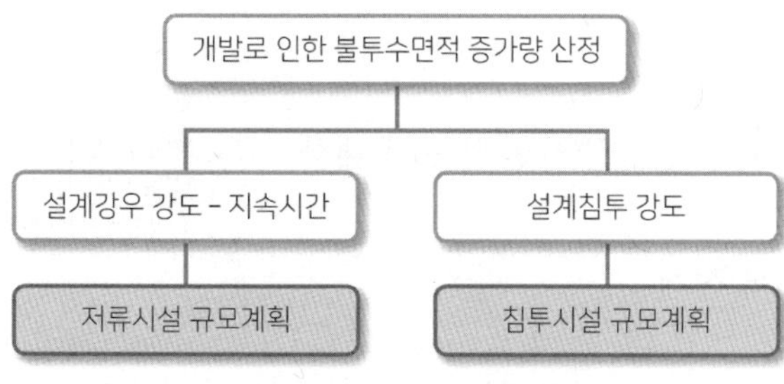

〈지역 내 저류시설계획 절차〉

자료: 우수유출저감시설의 종류·구조·설치 및 유지관리 기준

★
우수유출저감시설
우수의 직접유출량을 저감시키거나 첨두 유출시간을 지연시키기 위하여 설치하는 시설

㉡ 우수유출저감대책의 고려사항

▷ 배수구역의 설정, 목표연도 설정

▷ 목표연도 확률강우량 결정(확률강우량 증가추이 적용)

▷ 목표연도 불투수면적 비율 결정(불투수면적 증가추이 적용)

▷ 홍수유출 해석(우수유출 목표저감량 결정)

▷ 설치 가능지역의 검토

▷ 저감시설 규모계획(목표저감량 배분)

▷ 불투수면적 증가에 따라 증가하는 우수의 직접유출량 저감을 위한 저류 및 침투량 결정

(3) 저감방안

① 방재성능목표 강우량을 적용하여 사업지구 주변지역의 방재성능을 평가한 후 필요시 대안을 제시

② 설계빈도 보다 높은 강우량(기왕최대강우량, 100년 빈도 강우량 등)을 적용하여 침수해석을 실시하고 필요시 보완대책을 제시

③ 사업지구 우수관거가 하류 우수관거에 접합되는 경우 등은 하류 영향을 고려한 분석을 제안

3. 사면재해

(1) 사면방재시설물 관련 설계기준

① 건설공사비탈면 설계기준

② 급경사지 재해위험도 평가기준

③ 구조물기초 설계기준

④ 농어촌도로의 구조·시설 기준에 관한 규칙

⑤ 도로의 구조·시설에 관한 규칙

⑥ 도로옹벽 표준도(설계기준 및 표준도)

(2) 사면방재시설물 관련 설계요소

① 옹벽의 일반 기준

㉠ 활동, 전도, 지지력과 침하 및 전체적인 안정성(사면 활동)에 대하여 안정하게 설계

㉡ 상재하중, 자중 및 토압에 견디도록 설계

★ 옹벽 설계기준
활동, 전도, 지지력, 침하, 전체적인 안정성(사면활동)

★ 옹벽에 가해지는 외력
상재하중, 자중, 토압

② 옹벽의 설계기준

㉠ 옹벽의 형식 결정 조건

▷ 지형조건

▷ 기초지반의 지지력

▷ 배면지반의 종류, 경사, 시공여부 및 상재하중

▷ 경제성

▷ 시공성

▷ 유지관리의 용이성

㉡ 옹벽 구조물의 안정 조건

▷ 활동에 대한 안전율은 1.5(지진 시 토압에 대해서는 1.2) 이상

▷ 옹벽 전면 흙의 수동토압을 활동 저항력에 포함할 경우 활동 안전율은 2.0 이상

▷ 옹벽 저판의 깊이는 동결심도보다 깊어야 하며, 최소 1m 이상

▷ 활동에 대하여 불안정할 경우 활동 방지벽 또는 횡방향 앵커 등 설치

▷ 전도에 대한 저항모멘트는 전도모멘트의 2.0배 이상

▷ 기초지반의 최대압축응력은 기초지반의 허용 지지력 이하

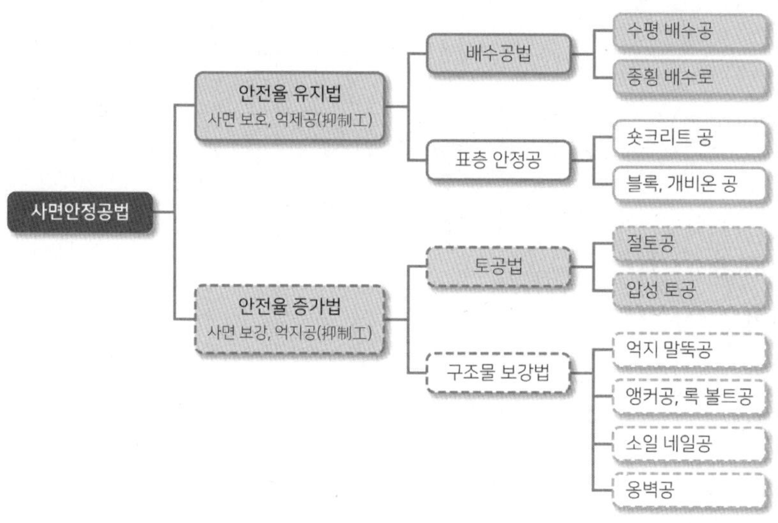

〈사면안정공법의 종류〉

(3) 저감방안

① 사업지구 내 설치예정인 인공사면, 옹벽 및 축대 등이 안정성 검토에서 안정성을 확보하였다고 하더라도 사면기울기, 높이 등에서 조정이 필요한 부분은 조정을 제안

② 자연사면, 인공사면, 옹벽 및 축대 등이 개발(굴착, 성토 등)에 의해 변위의 문제가 우려되는 경우에는 개발로 인한 이들의 변형(거동)을 포함하는 안정성 검토를 제안

③ 사면, 옹벽 및 축대 등의 배수처리 등에 대한 보완이 필요한 내용을 제안

4. 토사재해

(1) 토사방재시설물 관련 설계기준

① 사방시설 기준

② 사방사업의 설계·시공 세부기준

③ 구조물기초 설계기준

(2) 토사방재시설물 관련 설계요소

① 사방시설의 일반 기준

㉠ 사방시설은 토사량을 결정하는 지점인 계획기준점의 상류에 설치

㉡ 토사의 생산 및 유출에 의한 토사재해를 방지

㉢ 자체 붕괴로 인한 피해를 최소화하는 구조물

② 사방시설의 구조

㉠ 계획 토사량 억제

㉡ 유수에 안전

㉢ 자연 생태계 환경을 보호

③ 사방댐의 설계기준

㉠ 댐 형식 결정 요소

▷ 설치 위치의 지형 및 지질

▷ 댐 목적에 대한 적합성

▷ 자연친화성

▷ 경제성

▷ 안전성

㉡ 설계 순서

댐 형식 결정 → 물넘이와 본체 → 기초 → 댐어깨

④ 침사지의 일반 기준

㉠ 퇴적(침전) 유사량의 결정 요소

▷ 토양손실량

▷ 유사전달률

Keyword

★
퇴적 유사량 = 유역 토양손실량 × 유사전달률 × 침사지 포착률/침사지 내 퇴적토 단위중량

★
토양손실량
RUSLE 방법 또는 원단위법으로 산정

▷ 침사지 포착률

▷ 침사지 내 퇴적토 단위중량

㉡ 침사지 설계 순서

필요성 확인 → 설계개념 선정 → 침사지 형태 선정 → 침사지 위치 선정 → 배수구역의 특성 파악 → 퇴적 유사량(부피) 결정 → 침사지 둑의 높이 결정 → 주 여수로 크기 결정 → 비상여수로 폭의 결정 → 둑과 여수로의 보호장치 결정

(3) 저감방안

① 자연유역의 사면붕괴 등으로 인한 토사 발생으로 피해가 예상되는 지점을 조사하여 선정

② 토사로 인한 피해 예방을 위하여 사방시설을 설치하도록 제안

③ 설치되는 사방시설 내에 유수, 토석 및 유송잡물이 채워졌을 때 사방시설 자체의 안정성이 우려되는 경우에는 사방시설의 구조안정성 검토를 제안

5. 해안재해

(1) 해안방재시설물 관련 설계기준

① 하천 설계기준

② 항만 및 어항 설계기준

③ 구조물기초 설계기준

(2) 해안방재시설물 관련 설계요소

① 항만 시설물의 공사용 기준면

㉠ 항만 시설물의 계획, 설계 및 공사 시 기본이 되는 기준면

㉡ 기본수준면

② 항만시설의 설계조위

㉠ 천문조와 폭풍해일, 지진해일 등에 의한 이상조위의 실측값 또는 추산값에 기초하여 결정

㉡ 구조물이 가장 위험하게 되는 조위

③ 방파제 설계를 위한 기본조건

㉠ 항내 정온도

㉡ 바람

㉢ 조위

Keyword

★
정온도
항만의 정박지가 방파제 밖의 파도로부터 막혀 있는 정도로 정박지 안과 밖의 파고 비

㉣ 파랑

㉤ 수심 및 지반조건

㉥ 친수성 및 친환경성

④ 파랑에 관한 항내 교란파 원인

㉠ 항입구 침입파

㉡ 항내로의 전달파

㉢ 반사파

㉣ 장주기파

㉤ 부진동

(3) 저감방안

① 과거 조위상승, 해일(지진, 태풍) 등 연안재해이력에 대한 조사결과를 바탕으로 재해별 원인을 분석 및 관련대책 수립 여부를 조사하고 위험요소에 대한 저감방안을 수립하거나 조정이 필요한 내용을 제안

② 재해영향 예측 및 평가를 통해 예상된 연안재해에 대한 방재계획을 서술

③ 연안침수가능성을 분석하고 필요시 보완대책을 제안

④ 폭풍(또는 지진)해일 등 조위상승에 따른 재해유발 가능성을 분석하고 필요시 보완대책을 제안

2절 재해 유형별 방재시설계획 수립

1. 하천방재시설물의 계획 수립

(1) 계획 수립절차

① 하천방재시설물의 설치 목적, 규모, 위치 등 파악

② 관련 상위 계획 수집 및 분석

㉠ 하천기본계획

㉡ 소하천정비종합계획

㉢ 자연재해저감 종합계획

③ 하천재해 관련 설계기준과 법규 수집 및 분석

㉠ 하천 설계기준

㉡ 소하천 설계기준

㉢ 댐 설계기준

㉣ 구조물기초 설계기준

④ 계획홍수위 산정

㉠ 흐름 종류(등류, 부등류) 결정

㉡ 하도 조도계수 결정

㉢ 기점 홍수위 결정

㉣ 하천구조물로 인한 수위 상승고 결정

⑤ 하천방재시설물의 설계 방침 결정

㉠ 시설물의 성능목표 결정

㉡ 구조적 형식 결정

㉢ 구조적 안정성 결정

(2) 계획 수립을 위한 조사대상

① 제방 및 제방 구성요소(호안, 근고공 등)

② 하천 수공 구조물(통관, 통문, 수문, 펌프장 등)

③ 하천 횡단시설물(교량, 각종 보 등)

④ 시설물의 외관상 문제점(유실, 침하, 변형, 손실, 균열, 부식 등)

2. 내수방재시설물의 계획 수립

(1) 계획 수립절차

① 내수방재시설물의 설치 목적, 규모, 위치 등 파악

② 관련 상위 계획 수집 및 분석

㉠ 하수도정비기본계획

㉡ 하천기본계획

㉢ 자연재해저감 종합계획

③ 내수재해 관련 설계기준과 법규 수집 및 분석

㉠ 하수도 설계기준

㉡ 지역별 방재성능목표 설정·운영 기준

㉢ 우수유출저감시설의 종류·구조·설치 및 유지관리 기준

㉣ 지하공간 침수방지를 위한 수방기준

㉤ 구조물기초 설계기준

④ 설계홍수량을 토대로 유출량 결정

㉠ 하수도 시뮬레이션 모델 구축

㉡ 내수침수지역 특성 분석

★
계획홍수위
각종 하천부속물의 설치계획을 수립함에 있어서 기준이 되는 홍수량의 수위

⑤ 내수방재시설물의 설계 방침 결정

㉠ 시설물의 성능목표 결정

㉡ 시설물의 용량과 배치 등 결정

㉢ 시설물 조합에 따른 효과 검토

(2) 계획 수립을 위한 조사대상

① 관로 특성과 연계한 배수 구역

② 하천 홍수위와 연계한 배수 구역

③ 도시지역 유출 특성

(3) 배수관망 설계 모형의 종류

① RRL 모형

② ILLUDAS 모형

③ STORM 모형

④ MOUSE 모형

⑤ SWMM 모형, XP-SWMM 모형

⑥ FFC 모형

3. 사면방재시설물의 계획 수립

(1) 계획 수립절차

① 사면방재시설물의 설치 목적, 규모, 위치 등 파악

② 관련 상위 계획 수집 및 분석

㉠ 자연재해저감 종합계획

㉡ 지역 안전도 진단

③ 사면재해 관련 설계기준과 법규 수집 및 분석

㉠ 건설공사비탈면 설계기준

㉡ 급경사지 재해위험도 평가기준

㉢ 구조물기초 설계기준

㉣ 농어촌도로의 구조·시설 기준에 관한 규칙

㉤ 도로의 구조·시설에 관한 규칙

㉥ 도로옹벽 표준도(설계기준 및 표준도)

④ 사면 위험성 분석

㉠ 사면 규모와 토양, 식생 분석

㉡ 암반 불연속면 조건 분석

★
도시유출모형 작업 순서
지형자료 구축 → 해석 모델 입력자료 구축 → 모델 해석 → 침수구역도 작성 → 내수재해 시설물 설계

★
사면안정해석은 크게 토사 사면안정해석과 암반 사면안정해석으로 구분

㉢ 유출 및 배수상태 분석

㉣ 토사유출 시 영향 분석

⑤ 사면방재시설물의 설계 방침 결정

㉠ 시설물의 성능목표 결정

㉡ 사면 경사 및 최소 안전율 결정

㉢ 사면 안정조건 결정

(2) 계획 수립을 위한 조사대상

① 표고 분포, 경사 분포와 같은 지형 자료

② 지반의 지질 자료

③ 파괴 범위와 활동 방향

④ 파괴 심도 및 지하수위

⑤ 해당 지역의 사회간접자본시설 현황

★ **암반사면의 거동 양상**
원호파괴, 평면파괴, 전도파괴, 쐐기파괴

사면재해의 거동 양상

유형	개념도	설명
낙하		비탈면으로부터 암석이나 바위가 분리되어 떼어지는 현상
전도		경사면의 끝에서부터 불연속면의 내부 수압 및 중력에 의해 암석이 넘어지는 현상
흐름		포화된 물질이 흘러내리는 현상으로 토석류, 퇴적토사태, 이토류, 포행 등
활동		아래로 오목한 활동 토체의 파괴면이 회전하며 이동하는 현상
		활동 토체가 거의 평면으로 이동하며 소규모 회전활동도 같이 발생
측방유동		전단 혹은 인장 균열로 토체가 측면으로 확장되는 현상으로 액상화 등에 의해 발생

4. 토사방재시설물의 계획 수립

(1) 계획 수립절차

① 토사방재시설물의 설치 목적, 규모, 위치 등 파악

② 관련 상위 계획 수집 및 분석

㉠ 자연재해저감 종합계획

㉡ 지역 안전도 진단

③ 토사재해 관련 설계기준과 법규 수집 및 분석

㉠ 사방시설기준

㉡ 사방사업의 설계·시공 세부기준

㉢ 구조물기초 설계기준

④ 취약도 분석을 토대로 토사량 결정

㉠ 토사 붕괴 취약성 분석

㉡ 토양침식 모델을 통한 토사유출량 분석

⑤ 토사방재시설물의 설계 방침 결정

㉠ 재해 특성에 따른 방재시설물의 종류 결정

㉡ 시설물의 성능목표 결정

㉢ 시설물의 용량과 배치 등 결정

㉣ 시설물 조합에 따른 효과 검토

(2) 계획 수립을 위한 조사대상

① 표고 분포, 경사 분포와 같은 지형 자료

② 지반의 지질 및 토양 자료

③ 토지이용현황 자료

④ 강우관측소 현황 및 관측 자료

⑤ 해당 지역의 사회간접자본시설 현황

(3) 토사재해위험지구의 구분

① 전지역단위

② 수계단위

③ 위험지구단위

★
토사재해위험지구
전지역단위, 수계단위, 위험지구단위

(4) 토양침식 모형의 종류

① **경험적 산정 기법**

▷ PSIAC
▷ USLE
▷ RUSLE
▷ MUSLE

② **물리적 모형**

▷ 비유사량 및 원단위법
▷ AGNPS
▷ GREAMS
▷ GUESS
▷ 총유사량법

5. 해안방재시설물의 계획 수립

(1) 계획 수립절차

① **해안방재시설물의 설치 목적, 규모, 위치 등 파악**

② **관련 상위 계획 수집 및 분석**

㉠ 자연재해저감 종합계획
㉡ 지역 안전도 진단

③ **해안재해 관련 설계기준과 법규 수집 및 분석**

㉠ 하천 설계기준
㉡ 항만 및 어항 설계기준
㉢ 구조물기초 설계기준

④ **기상조건을 고려한 설계 해수면 결정**

㉠ 해양 관측자료 분석
㉡ 파랑, 해빈류 등 해수면 변화자료 분석

⑤ **해안방재시설물의 설계 방침 결정**

㉠ 시설물의 성능목표 결정
㉡ 구조물의 전도, 활동, 지지력, 침투 등 안정성 판단
㉢ 시설물의 용량과 배치 등 결정
㉣ 시설물 조합에 따른 효과 검토

(2) 계획 수립을 위한 조사대상

① 폭풍해일, 지진해일과 같은 기상 외력

② 파랑과 조위 현황

③ 해안침식 현황

④ 연안의 사회적·자연적 특성

(3) 해안방재시설의 종류

① 침식 대책시설

② 폭풍해일 및 파랑 대책시설

③ 지진해일 대책시설

④ 비사·비말 대책시설

⑤ 해안환경 창조시설

⑥ 하구처리시설

★
해안재해 위험도 분석 순서
기초 자료 조사 → 현장조사 → 수치모형 실험 및 수리모형 실험 → 장기 모니터링

제4장

제2편
방재시설계획

방재시설 중장기 계획 수립

본 장에서는 방재시설에 대한 국가방재시스템의 패러다임과 6대 핵심 전략을 이해하고, 자연재해저감 종합계획에서 다루고 있는 방재 분야 예방투자 실태와 문제점 그리고 투자 운선순위 선정 시 고려사항 등에 대해 다루고 있다.

1절 방재시설 중·장기 정책의 이해

★
"신국가방재시스템 백서"(소방방재청, 2007)

★
신국가방재시스템에서는 6대 핵심전략과제와 137개의 세부 실천과제 도출

1. 신국가방재시스템의 이해

(1) 3대 기본방향

① 국가방재제도 인프라 선진화
② 지방방재 현장 인프라 확충
③ 국민 자율방재역량 강화

(2) 4대 기본전략

① 예방방재
② 과학방재
③ 통합방재
④ 자율방재

2. 국가방재시스템 패러다임의 변화

국토방재 구조 패러다임

분야별		과거 및 현재	미래
국토관리계획	방재설계	단편적, micro	종합적, macro
	감시/관측	경험적, macro	과학적, micro
	SOC 건설	기능 위주	기능 강화 + 방재 개념
방재예산		복구 중심, 비용 개념	예방 중심, 투자 개념
		부처별 예방사업	범정부적 종합예방사업
		기능 확보 위주의 사업	기능 확보 + 경영수익사업

취약지역 관리	물리적 개선사업	물리적 개선사업 + 이주대책
	국지적 시설 개선	광역적 원인 해소
피해복구	단순복구	예방복구
	시설별 개별복구	지구단위 종합복구
	부처별 개별복구상황 관리	방재청 중심 통합복구상황 관리
	공급자 중심 재해구호	수호자 중심 재해구호

방재행정 패러다임

분야별	과거 및 현재	미래
행정관리	분산적 재난관리	통합적 재난관리
	민·관 연계 미흡	민·관 연계 강화
행정기반	단순 전통적 토목사업 위주	첨단기술 결합 방재사업 중심
	피해 무상지원 체제	자기책임형 피해관리 체제 (풍수해보험 등)

3. 국가방재시스템의 핵심전략

Keyword

★ 신국가방재시스템의 6대 핵심전략과제에 해당

(1) 방재시설 관리시스템 선진화

① 통합적 방재시설 관리시스템 구축

② 국토방재기준체계 재설정

(2) 반복재해 차단 예방복구 제도화

① 피해원인 관리형 예방복구 전환

② 예방복구시스템 구축의 법적 제도화

(3) 통합적 재난관리체계 개편

① 국가방재계획·조직 관리 통합 조정력 강화

② 재난관리 단계별 통합관리체계화

(4) 계획예방투자 확대

① 안정적 예방투자 재원 확보

② 예방투자 관리시스템 구축

(5) 과학방재체제 강화

① 과학방재 R&D 투자 확충

② 과학적 재난관리시스템 구축

(6) 자율·책임형 방재역량 증강

① 재난관리평가체계 강화

② 재난관리공사 제도 도입

③ 국민 참여 자율방재관리 환경 조성

Keyword

2절 자연재해저감 종합계획에 근거한 중장기 계획 수립

1. 방재 분야 예방투자 실태 및 문제점

(1) 방재사업 예산 수요 및 투자 실태

① 국토교통부 등 7개 부처 방재사업 수요(2007~2016): 총 87조 3,801억 원

② 부처 전체 투자 매년 약 3조 원 → 전체 사업수요 약 87조 원 투자에 29년 이상 소요

(2) 주요 방재시설 인프라 부족 및 노후화 등으로 재해 위험성 증가

① 지방하천 및 소하천의 정비율 저조로 홍수피해의 대부분 차지

㉠ 국가하천 정비율: 96.2%

㉡ 지방하천 정비율: 74.6%

㉢ 소하천 정비율: 45.4%

★ 하천 정비율은 2018년 11월 기준

② 우리나라의 사방댐 설치는 일본의 12.5% 수준

㉠ 일본: 사방댐 2.4개소/산림 1,000ha

㉡ 한국: 사방댐 0.3개소/산림 1,000ha

③ 30년 이상 경과한 노후 저수지 다수 존재(1.6만 개소)

(3) 지방관리시설에 대한 예방투자 미흡

① 매년 지방관리시설 피해복구비는 국가시설의 3.1배

② 예방사업 투자는 국가시설의 0.7배

③ 예방투자의 상대적 불균형 초래

2. 방재시설 분야의 투자우선순위 고려사항

(1) 정책 방향 조사를 통한 검토

① 기후 변화에 대응하는 방재 기반 우선

② 자연재해 예방사업 위주

(2) 방재시설 분야의 투자우선순위 결정 방향

① 지역별 특성에 부합하는 평가항목을 개발하여 합리적인 평가를 실시

② 평가항목은 경제성 측면뿐만 아니라 경제성 외적 측면에서의 정책 판단을 위하여 대상지역에 따라서 면밀하게 고려하여 설정

③ 평가항목의 선정

㉠ 기본적 평가항목

㉡ 부가적 평가항목

㉢ 개괄적 우선순위를 선정 후, 각 평가항목 간의 상대적 가치를 고려하여 가중치를 부여

④ 투자우선순위 및 단계별 추진계획 수립

㉠ 구조적 대책

㉡ 비구조적 대책

(3) 투자우선순위 결정절차

① 기본적 평가항목

㉠ 비용편익비(B/C)

㉡ 피해이력지수

㉢ 재해위험도

㉣ 주민불편도

㉤ 지구지정 경과연수

② 부가적 평가항목(정책적 평가)

㉠ 지속성

▷ 주민참여도

▷ 민원우려도

㉡ 정책성

▷ 정비사업 추진의지

▷ 사업의 시급성

㉢ 준비도

▷ 자체설계 추진 여부

③ 우선순위 결정기준

▷ 재해위험도 〉 피해이력지수 〉 주민불편도 〉 지구지정 경과연수 〉 비용편익비(B/C)

★
투자우선순위 결정을 위한 평가항목은 기본적 평가항목과 부가적 평가항목으로 구분

★
비용편익비(B/C)는 개선법(회귀분석법)을 채택

★
- B/C > 1 비용에 비해 더 큰 편익, 즉 효율적인 투자
- B/C < 1 비용에 비해 낮은 편익, 즉 비효율적인 투자

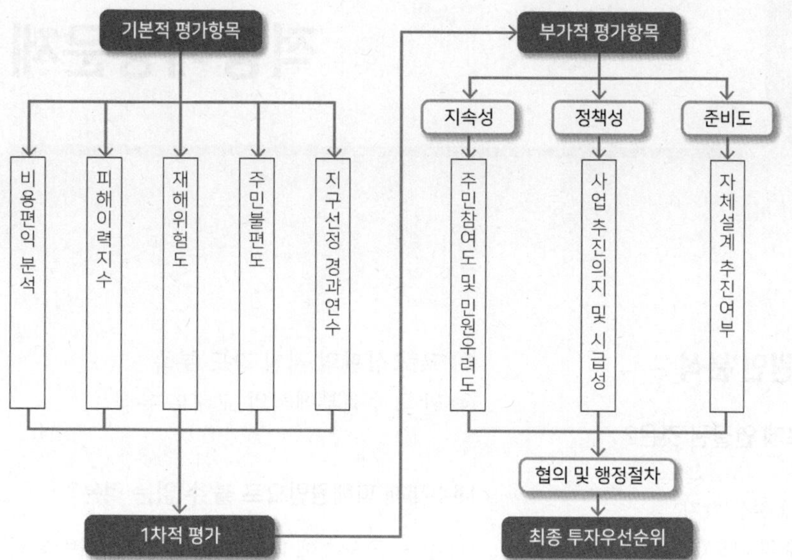

〈투자우선순위 결정절차〉

자료: 자연재해저감 종합계획 수립지침

Keyword

적중예상문제

제1장 재해 유형별 피해원인 분석

1 재해의 피해원인이 올바르게 연결된 것은?

> ㉠ 하천재해 - 호안 내 공동현상 방지
> ㉡ 내수재해 - 하천 외수위의 과도한 상승
> ㉢ 사면재해 - 절개지의 배수시설 불량
> ㉣ 토사재해 - 토양침식에 따른 하도 퇴적

① ㉠, ㉢　　② ㉡, ㉢, ㉣
③ ㉠, ㉢, ㉣　　④ ㉠, ㉡, ㉢, ㉣

2 하천재해의 직접적인 피해원인이 아닌 것은?

① 높은 유속 및 소류력에 따른 제방유실 및 제방붕괴
② 제방고가 부족하여 발생한 월류에 따른 토사제방의 붕괴
③ 제방 내 배수 구조물의 하천수 침투와 공동현상
④ 우수관거 월류 및 배수펌프장의 침수

3 하천 횡단구조물의 피해원인이 아닌 것은?

① 교각 기초의 세굴심 부족
② 유사 퇴적으로 인한 하상 바닥고 상승
③ 교량 상판의 저침 강도 부족
④ 만곡 수충부에서의 교대부 유실

4 내수재해 피해원인으로 볼 수 없는 것은?

① 수위 급상승에 따른 제방유실 및 제방붕괴에 의한 하천수의 유입
② 각종 개발로 인한 배수로, 하수도 및 내수배재 능력 부족
③ 빗물펌프장의 용량 부족
④ 하구폐쇄로 인한 홍수위 증가

5 하천 외수위의 증가와 여유고 부족으로 인하여 발생할 수 있는 재해를 모두 고른 것은?

① 하천재해, 내수재해
② 내수재해, 사면재해
③ 사면재해, 토사재해
④ 토사재해, 해안재해

6 내수재해로 인해 발생 가능한 피해가 아닌 것은?

① 우수관거 관련 문제로 인한 피해
② 산지 침식으로 인한 피해
③ 외수위 영향으로 인한 피해
④ 빗물펌프장 시설 문제로 인한 피해

1. 호안 내 공동현상은 하천재해의 원인
2. 우수관거 월류 및 배수펌프장의 침수는 내수재해의 원인
4. 하구폐쇄로 인한 홍수위 증가는 하천재해 및 내수재해를 유발함
5. 하천의 외수위 증가와 여유고 부족은 하천재해를 일으킬 수 있으며, 배수 불량 또는 하천범람으로 인하여 내수재해도 일으킬 수 있음
6. 산지 침식으로 인한 피해는 토사재해의 피해 유형임

정답 1. ② 2④ 3. ③ 4. ① 5. ① 6. ②

7 내수재해의 원인 중 빗물펌프장의 시설 문제로 인한 피해의 원인이 아닌 것은?

① 빗물펌프장의 용량 부족
② 배수로 정비 불량
③ 펌프장 운영규정 미비
④ 지하공간에 대한 침수

8 사면재해 피해원인으로만 볼 수 없는 것은?

① 집중호우에 의한 활동 파괴 및 낙석 발생
② 지형 및 지질학적 특성을 고려하지 않은 사면 설계
③ 집중호우로 촉발되는 토사의 흐름
④ 절개면의 경사도 안정 확보 미비

9 다음은 어떠한 재해의 피해 유형을 나타내는가?

- 지반 활동으로 인한 붕괴
- 절개지, 경사면 등의 배수시설 불량에 의한 피해
- 토사유출 방지시설의 미비로 인한 피해

① 하천재해 ② 내수재해
③ 사면재해 ④ 토사재해

10 다음은 어떠한 재해의 피해 유형을 나타내는가?

- 하천 통수단면적 잠식
- 도시지역 내수침수피해
- 저수지의 저수능 저하
- 하구폐쇄에 따른 홍수위 증가로 인한 피해

① 하천재해 ② 내수재해
③ 사면재해 ④ 토사재해

11 해안재해에서 해안침식피해의 원인을 모두 나타낸 것은?

㉠ 높은 파고에 의한 모래 유실
㉡ 해안토사 평형상태 붕괴
㉢ 월파 시 내측 배수 불량
㉣ 해안구조물에 의한 연안표사 이동
㉤ 해안 표류물의 퇴적

① ㉠, ㉡, ㉣ ② ㉠, ㉢, ㉤
③ ㉡, ㉢, ㉣ ④ ㉡, ㉣, ㉤

12 다음 중 하천재해에 해당하는 피해 종류가 아닌 것은?

① 제방범람 및 붕괴
② 호안유실
③ 하천 횡단구조물 유실
④ 우수유출저감시설 기능상실

13 다음 중 토사재해에 해당하는 피해 종류가 아닌 것은?

① 낙석 발생
② 하천 통수단면적 잠식
③ 산지 침식 및 홍수피해 가중
④ 저수지 저류능력, 이수기능 저하

14 토사재해로 인한 위험 요인으로 틀린 것은?

19년1회 출제

① 산지 침식 및 홍수피해
② 하천시설 피해
③ 하천 통수능 증대
④ 저수지의 저수능 저하

7. 지하공간에 대한 침수는 내수재해의 2차적 침수피해 증대 및 기타 관련 피해의 원인 중 하나임
8. 토사의 유출은 하천의 통수능을 저하시켜 토사재해를 유발함
11. 이 외에도 토사준설, 해사채취 등에 의한 토사공급 감소 등이 있음
12. 우수유출저감시설 기능상실은 내수재해의 위험요인에 해당
13. 낙석 발생은 사면재해에 대한 위험요인에 해당
14. 토사재해는 하천 통수능을 저하시킴

정답 7. ④ 8. ③ 9. ③ 10. ④ 11. ① 12. ④ 13. ① 14. ③

15 **다음 중 해안재해에 해당하는 피해 종류인 것은?**

① 강풍으로 인한 해안 시설물 피해
② 산지 침식 및 홍수피해
③ 하수구 역류 및 내수배재 불량으로 인한 침수
④ 하상안정시설의 유실 및 제방도로의 피해

제2장 방재시설별 재해취약요인 분석

16 **다음 중 하천 및 소하천 부속물의 피해 사례가 아닌 것은?**

① 호안의 유실
② 하상안정시설의 유실
③ 용수로, 배수로 등 관로시설의 파손
④ 하천 횡단구조물의 피해

17 **다음은 무엇에 관한 설명인가?**

> • 「하천법」에 의해 하천 관리를 위하여 설치된 시설물 또는 공작물
> • 하천의 기능을 보전하고 효용을 증진하며 홍수피해를 줄이기 위한 시설물

① 하천 기반시설
② 하천 부속물
③ 하천 정비물
④ 하천 보호시설

18 **하천 부속물 중 보 및 낙차공과 같은 하천 횡단구조물의 재해취약요인이 아닌 것은?**

① 유수에 의한 세굴
② 토사 퇴적, 유송잡물에 의한 통수능 저하
③ 구조물의 균열 및 파손
④ 바닥 보호공의 유실 및 세굴

19 **하천 부속물 중 교량과 같은 하천 횡단구조물의 재해취약요인이 아닌 것은?**

① 형하고와 경간장의 과대 설계
② 기초 세굴심 부족에 의한 하상세굴
③ 토사 퇴적, 유송잡물에 의한 통수능 저하
④ 유수 충격에 의한 교각 및 교대 콘크리트 유실

20 **하천부속물의 재해취약요인을 분석하기 위해 현지조사를 실시할 때 조사사항이 아닌 것은?**

19년1회 출제

① 하천부속물의 노후화상태
② 시설물의 작동여부
③ 주민 탐문조사
④ 시설물의 편의성 및 이용도

21 **농업생산기반시설인 저수지와 제방의 재해취약요인이 아닌 것을 모두 고른 것은?**

> ㉠ 제체의 누수나 침식
> ㉡ 제체의 재료 또는 다짐 불량
> ㉢ 토사 퇴적에 의한 통수능 저하
> ㉣ 설계량을 초과하는 홍수량의 유입
> ㉤ 수문의 고장 및 오작동

① ㉠, ㉡
② ㉡, ㉣
③ ㉢, ㉤
④ 해당사항 없음

15. 해안재해 피해 종류는 파랑·월파에 의한 해안시설 피해, 해일 및 월파로 인한 내측 피해, 하수구 역류 및 내수배제 불량으로 인한 침수 그리고 해안침식 등이 있음
16. 용수로, 배수로 등 관로시설의 파손은 농업생산기반시설에 대한 피해 사례임
17. 「하천법」에 의한 하천 부속물은 제방, 호안, 수제, 댐, 하구둑, 홍수조절지, 저류지, 방수로, 배수펌프장, 수문, 운하, 선착장, 갑문 등이 있음
18. 토사 퇴적, 유송잡물에 의한 통수능 저하는 교량과 같은 횡단구조물의 재해취약요인임

정답 15. ③ 16. ③ 17. ② 18. ② 19. ① 20. ④ 21. ④

22 **농업생산기반시설인 용수로와 배수로와 같은 관로시설의 재해취약요인이 아닌 것은?**

① 토사 퇴적에 의한 통수능 저하
② 통수능을 초과하는 유입량
③ 관로의 부식 및 마모
④ 하천 부속 시설물과의 접속 부실 및 누수

23 **다음 중 방재시설별 재해취약요인이 올바르게 연결된 것은?**

> ㉠ 낙차공 - 형하고 설계기준 미준수
> ㉡ 하수도 - 관로 내 침전물
> ㉢ 펌프장 - 운영 미숙
> ㉣ 사방댐 - 인위적인 벌목
> ㉤ 제방도로 - 지반의 침하

① ㉠, ㉡, ㉢　　② ㉡, ㉢, ㉤
③ ㉢, ㉣, ㉤　　④ ㉠, ㉢, ㉣

24 **다음 중 방재시설별 재해취약요인이 올바르게 연결되지 않은 것은?**

① 사방댐 - 토석류 유하에 따른 충격량
② 옹벽 - 사면의 풍화 및 식생 발달
③ 제방도로 - 포트홀 발생
④ 항만 - 표류물의 지속적 충격 및 퇴적

제3장 재해 유형별 방재시설계획 수립

25 **하천 횡단구조물(교량)의 피해저감대책으로 바르지 않은 것은?**

① 제방고와 교량포장 상단을 일치시켜 원활한 통행성 확보
② 세굴심을 고려한 기초근입 깊이 결정 및 세굴방지시설 설치
③ 설계홍수량을 고려한 경간장 확보
④ 제방비탈사면과 교각 간의 최소 이격거리 확보

26 **지하공간의 침수피해 대책으로 적절치 않는 것은?**

① 배수설비 용량 확대 및 비상전원 확보
② 지하공간의 입구 차수판 및 침수방지턱 설치 의무화
③ 대피 및 방송 등 행동매뉴얼 구축 및 모의훈련 실시
④ 직상류측 저류지 기능을 겸하는 침사지 설치

27 **다음은 제방고의 설계기준에 대한 설명이다. 빈칸에 알맞은 말은?**

> 제방고의 기준은 (㉠)이며, 제방 둑마루 표고는 (㉠)에 (㉡)을(를) 더한 표고를 의미한다.

① ㉠ 평균해수면　㉡ 여유고
② ㉠ 평균해수면　㉡ 지반고
③ ㉠ 계획홍수위　㉡ 여유고
④ ㉠ 계획홍수위　㉡ 지반고

28 **다음 중 하도의 유량 규모에 따른 여유고가 잘못 연결된 것은?**

① $200m^3/s$ - 0.6m 이상
② $500m^3/s$ - 1.0m 이상
③ $5,000m^3/s$ - 1.5m 이상
④ $15,000m^3/s$ - 2.0m 이상

22. 하천 부속 시설물과의 접속 부실 및 누수는 제방에 대한 재해취약요인에 해당
23. 형하고 설계기준 미준수는 교량, 인위적인 벌목은 방풍림에 대한 재해취약요인임
24. 포트홀 발생은 도로시설의 피해 사례에 해당함
28. $200m^3/s$ 미만은 0.6m 이상이며, $200m^3/s$ 이상 $500m^3/s$ 미만은 0.8m 이상 여유고를 확보해야 함

정답 22. ④ 23. ② 24. ③ 25. ① 26. ④ 27. ③ 28. ①

29 둑마루 폭 설계 시 적정 둑마루 폭을 확보하기 위한 목적이 아닌 것은?

① 평상시 하천 순시
② 홍수 시 인명구조
③ 침투수에 대한 안전 확보
④ 친수 및 여가공간 마련

30 재해영향평가 등의 협의 실무지침 상 하천재해에 대한 저감방안이 아닌 것은?

① 방재성능목표 강우량을 적용하여 사업지구 주변지역의 방재성능을 평가한 후 필요시 대안을 제시
② 사업지구 내 하천과 하류 하천간의 설계빈도의 차이, 개수 여부에 따른 문제점을 도출하고 개선방안을 제안
③ 하천의 선형을 변경하는 경우 직강화 방지와 동일 단면 이상으로 개선하도록 제안
④ 하천은 이설은 최대한 지양하도록 하고 부득이한 경우에는 수리특성변화와 안정하상 형성과 관련된 부분을 고려하도록 제안

31 다음은 어떤 시설물에 대한 설계기준을 나타내고 있는가?

- 제방으로부터의 이격 거리
- 토출암거 설치 시 수격작용 영향
- 정전 사고 대책
- 배수용량

① 수문 ② 배수펌프장
③ 침전지 ④ 발전시설

32 유수지의 계획홍수위는 주변 최저 지반고와 비교하였을 때 어떻게 설정하여야 하는가?

① 유수지의 계획홍수위가 낮게 설정
② 유수지의 계획홍수위가 높게 설정
③ 유수지의 계획홍수위와 같게 설정
④ 고려 대상이 아님

33 다음 중 유수지의 설계기준에 해당하지 않는 것은?

① 유수지의 계획홍수위와 저수위 결정 요소
② 유수지의 배수로 크기
③ 유수지의 수문 운영 기준
④ 사업지구 내 유수지의 설치 기준

34 우수유출저감대책 수립 시 고려해야 할 사항이 아닌 것은?

① 배수구역의 설정 및 목표연도 설정
② 홍수유출 해석
③ 하천홍수위 해석
④ 저감시설 규모계획

35 재해영향평가 등의 협의 실무지침상 다음은 어떤 재해에 대한 저감방안인가?

- 방재성능목표 강우량을 적용하여 사업지구 주변지역의 방재성능을 평가한 후 필요시 대안을 제시한다.
- 설계빈도보다 높은 강우량(기왕최대강우량, 100년 빈도 강우량 등)을 적용하여 침수해석을 실시하고 필요시 보완대책을 제시한다.

① 하천재해 ② 내수재해
③ 사면재해 ④ 지반재해

29. 이 외에도 홍수 시 방재활동을 하기 위하여 충분한 둑마루 폭을 설계하여야 함
30. 방재성능목표 강우량을 적용하여 사업지구 주변지역의 방재성능을 평가한 후 필요시 대안을 제시하는 것은 내수재해
31. 배수펌프장의 설계기준은 이 외에도 펌프장 지반고, 소음방지 대책 등이 있음
34. 이 외에도 목표연도 확률강우량 및 불투수면적 비율 결정, 설치 가능지역 검토, 불투수면적 증가에 따라 증가하는 저류 및 침투량 결정 등이 있음

정답 29. ② 30. ① 31. ② 32. ① 33. ② 34. ③ 35. ②

36 **재해영향평가 등의 협의 실무지침상 내수재해 저감을 위해 검토해야 하는 강우량 기준이 아닌 것은?**

① 50년 빈도
② 방재성능목표 강우량
③ 기왕최대강우량
④ 설계빈도보다 높은 강우량

37 **재해영향평가 등의 협의 실무지침상 사면재해 저감방안의 기본방향으로 틀린 것은?** 19년1회 출제

① 사업지구 내 설치예정인 인공사면, 옹벽 등이 안정성을 확보하였다고 하더라도 조정이 필요한 부분은 조정을 제안한다.
② 자연사면, 인공사면, 옹벽 등이 개발에 의해 변위에 문제가 우려되는 경우에는 개발로 인한 이들의 변형을 포함하는 안정성 검토를 제안한다.
③ 사면, 옹벽 및 축대 등의 배수처리 등에 대한 보완이 필요한 내용을 제안한다.
④ 토사로 인한 피해 예방을 위하여 사방시설을 설치하도록 제안한다.

38 **사면방재시설물인 옹벽 설계 시 요구되는 일반 기준이 아닌 것은?**

① 활동
② 전도
③ 지지력과 침하
④ 압축

39 **다음은 사면방재시설물인 옹벽 구조물의 안정 조건에 대한 설명이다. 빈칸에 알맞은 말은?**

> 활동에 대한 안전율은 (㉠) 이상이며, 옹벽 저판의 깊이는 동결심도보다 최소 (㉡)m 이상이어야 하며, 전도에 대한 저항모멘트는 전도모멘트의 (㉢)배 이상이어야 한다.

① ㉠ 1.0 ㉡ 1.0 ㉢ 1.0
② ㉠ 1.5 ㉡ 1.0 ㉢ 2.0
③ ㉠ 1.0 ㉡ 1.5 ㉢ 2.0
④ ㉠ 1.5 ㉡ 1.5 ㉢ 1.0

40 **다음 중 사방댐 설계 순서로 올바른 것은?**

> ㉠ 물넘이와 본체 ㉡ 기초
> ㉢ 댐 어깨 ㉣ 댐 형식 결정

① ㉠ → ㉡ → ㉢ → ㉣
② ㉠ → ㉣ → ㉡ → ㉢
③ ㉣ → ㉢ → ㉠ → ㉡
④ ㉣ → ㉠ → ㉡ → ㉢

41 **항만 시설물의 계획, 설계 및 공사 시 기본이 되는 기준면은?**

① 공사용 기준면
② 설계용 기준면
③ 추정기준면
④ 평균기준면

37. 토사로 인한 피해 예방을 위하여 사방시설을 설치하도록 제안하는 것은 토사재해에 대한 저감방안

38. 이와 함께 전체적인 안정성(사면 활동)에 대하여 안정하게 설계하여야 함

39. 공사용 기준면이며, 기본수준면이라고도 함

정답 36. ① 37. ④ 38. ④ 39. ② 40. ④ 41. ①

42 **해안방재시설물 중 항만시설의 설계조위에 대한 올바른 설명은?**

> ㉠ 마루 높이의 경우 월파량이 최소가 되는 조위
> ㉡ 천문조와 이상조위의 실측값으로부터 결정
> ㉢ 구조물이 가장 안전하게 되는 조위
> ㉣ 구조물이 가장 위험하게 되는 조위

① ㉠, ㉢　　② ㉠, ㉣
③ ㉡, ㉢　　④ ㉡, ㉣

43 **해안방재시설물 중 방파제 설계를 위한 기본조건이 아닌 것은?**

① 항내 유속　　② 항내 정온도
③ 조위　　④ 수심 및 지반조건

44 **하천방재시설물의 계획 수립을 위하여 필요한 계획홍수위 산정 시 결정 사항이 아닌 것은?**

① 흐름 종류(정상류, 부정류) 결정
② 하도 조도계수 결정
③ 기점 홍수위 결정
④ 하천구조물로 인한 수위 상승고 결정

45 **내수방재시설물의 설계 방침에 필요한 결정사항이 아닌 것은?**

① 시설물의 성능목표 결정
② 시설물의 재질 결정
③ 시설물의 용량과 배치 등 결정
④ 시설물 조합에 따른 효과 검토

46 **내수방재시설물의 계획 수립을 위하여 필요한 조사대상이 아닌 것은?**

① 관로 특성과 연계한 배수 구역
② 하천 홍수위와 연계한 배수 구역
③ 배수관망 해석을 위한 모형
④ 도시지역 유출 특성

47 **사면방재시설물의 설계를 위하여 사면 위험성 분석을 할 경우 필요 대상이 아닌 것은?**

① 사면 규모와 토양, 식생 분석
② 암반 불연속면 조건 분석
③ 유출 및 배수상태 분석
④ 옹벽 시설물의 상태 분석

48 **다음은 사면재해에서 발생 가능한 사면의 거동 양상을 설명하고 있다. 올바른 것은?**

① 낙하 - 아래로 오목한 활동 토체의 파괴면이 회전하며 이동하는 현상
② 전도 - 비탈면으로부터 암석이나 바위가 분리되어 떼어지는 현상
③ 흐름 - 포화된 물질이 흘러내리는 현상
④ 활동 - 경사면의 끝에서부터 불연속면의 내부 수압 및 중력에 의해 암석이 넘어지는 현상

49 **방재시설계획을 수립하기 위하여 재해 유형별로 사용되는 모형이나 방법이 올바르게 연결된 것은?**

① 하천방재 - Bishop 간편법
② 내수방재 - ILLUDAS 모형

42. ㉠ 마루 높이는 월파량이 최대가 되는 조위를 설계조위로 선정하며, ㉡ 천문조와 폭풍해일, 지진해일 등에 의한 이상조위의 실측값 또는 추산값에 기초하여 결정하거나 ㉣ 구조물이 가장 위험하게 되는 조위를 선정
43. 이 외에도 파랑, 친수성 및 친환경성이 있음
44. 흐름의 종류는 등류와 부등류를 결정함
47. 이 외에도 토사유출 시 영향 분석이 필요함
48. 낙하 - 비탈면으로부터 분리, 떼어지는 현상, 전도 - 경사면의 끝에서부터 암석이 넘어지는 현상, 활동 - 활동 토체의 파괴면이 회전하며 이동하는 현상
49. HEC-RAS 모형은 하천 수리해석 모형이며, RUSLE 해석은 토사유출량 산정방법이며, Bishop 간편법은 사면해석방법으로 사용됨

정답 42. ④ 43. ① 44. ① 45. ② 46. ② 47. ④ 48. ③ 49. ②

③ 토사방재 - HEC - RAS 모형
④ 사면방재 - RUSLE 해석

50 **해안방재시설물에 대한 계획 수립을 위하여 필요한 조사대상이 아닌 것은?**

① 시설물의 방재성능목표
② 파랑과 조위 현황
③ 해안침식 현황
④ 연안의 사회적·자연적 특성

제4장 방재시설 중장기 계획 수립

51 **최근 재해의 다양성과 대형화에 따라 지역적 홍수피해 잠재성을 고려한 선택적 홍수방어 전략이 필요하며 구조적 대책 및 개별 방지대책의 한계성에 따라 비구조적 대책을 포함한 공간계획로 종합 및 통합적 대책이 필요하게 되었다. 다음 중 비구조적 대책이 아닌 것은?**

① 홍수조절지 건설
② 비상대처계획의 수립
③ 댐군의 연계조정룰 개발
④ 재해지도 작성

52 **다음 중 최근 재해예방을 위한 방재 분야 최상위 계획은 무엇인가?**

① 유역종합치수계획
② 하천기본계획
③ 하수도정비기본계획
④ 자연재해저감 종합계획

53 **2007년 수립된 신국가방재시스템의 3대 기본 방향이 아닌 것은?**

① 국가방재 제도 인프라 선진화
② 지방방재 현장 인프라 확충
③ 국민 자율방재역량 강화
④ 통합적 재난관리체계 개편

54 **2007년 수립된 신국가방재시스템의 4대 기본 전략이 아닌 것은?**

① 예방방재 ② 과학방재
③ 개별방재 ④ 자율방재

55 **2007년 수립된 신국가방재시스템의 6대 핵심 전략과제에 해당하지 않는 것은?**

① 방재시설 관리시스템 선진화
② 통합적 재난관리체계 개편
③ 과학방재체제 강화
④ 항구복구를 통한 재난 방지

56 **방재시설 분야의 투자우선순위 결정을 위하여 평가항목에 대한 선정은 기본적 평가항목과 부가적 평가항목이 있다. 각 평가 요소가 올바르게 연결된 것은?**

㉠ 지속성	㉡ 비용편익비
㉢ 피해이력지수	㉣ 준비도
㉤ 재해위험도	㉥ 주민불편도
㉦ 융통성	㉧ 정책성

① 기본적 - ㉠, ㉡, ㉣ 부가적 - ㉡, ㉢, ㉤
② 기본적 - ㉢, ㉤, ㉥ 부가적 - ㉠, ㉣, ㉧

50. 이 외에도 폭풍해일, 지진해일과 같은 기상 외력이 있음
51. 홍수조절지는 구조적 대책에 해당
52. 자연재해저감 종합계획의 목적은 자연재해 위험요인으로부터 피해 예방을 위한 지역별 방재 분야 최상위 종합계획을 수립하기 위한 것이며, 174개 지자체에서 10년마다 재수립해야 하며, 자연재해위험개선지구 선정, 저감대책 및 시행계획 수립, 투자우선순위 결정 등을 수립해야 함
54. 이 외에 통합방재가 있음
55. 이 외에 반복재해 차단 예방복구 제도화, 계획예방투자 확대, 자율·책임형 방재역량 증강 등이 있음
56. 기본적 평가항목은 비용편익비(B/C), 피해이력지수, 재해위험도, 주민불편도, 지구지정 경과연수이며, 부가적 평가항목은 지속성, 정책성, 계획성

정답 50. ① 51. ① 52. ④ 53. ④ 54. ③ 55. ④ 56. ②

③ 기본적 - ㉡, ㉣, ㉦ 부가적 - ㉢, ㉧, ㉦
④ 기본적 - ㉣, ㉥, ㉧ 부가적 - ㉢, ㉤, ㉦

57 **방재시설 분야의 투자우선순위 결정을 위한 기본적 평가항목이 아닌 것은?**

① 피해이력지수 ② 주민참여도
③ 주민불편도 ④ 비용편익비

58 **도 풍수해저감종합계획 세부수립기준상 평가항목은 광역차원 기본적 평가항목과 부가적 평가항목으로 구분할 때 기본적 평가항목에 해당하지 않는 것은?** 19년1회 출제

① 효율성 ② 형평성
③ 긴급성 ④ 계획성

59 **방재시설 분야의 투자우선순위 결정을 위한 부가적 평가항목과 세부요소가 올바르게 연결된 것은?**

① 지속성 - 주민참여도
② 정책성 - 자체설계 추진 여부
③ 정책성 - 민원우려도
④ 준비도 - 사업의 시급성

60 **자연재해저감 종합계획 수립지침에서 투자우선순위 결정을 위한 부가적 평가항목이 아닌 것은?**

① 긴급성 ② 지속성
③ 정책성 ④ 준비도

61 **방재시설 분야의 투자우선순위 결정을 위한 기본적 평가항목의 우선순위가 올바르게 제시된 것은?**

① 주민불편도 〉 재해위험도 〉 피해이력지수 〉 지구지정 경과연수
② 재해위험도 〉 주민불편도 〉 비용편익비 〉 피해이력지수
③ 지구지정 경과연수 〉 피해이력지수 〉 비용편익비 〉 주민불편도
④ 재해위험도 〉 주민불편도 〉 지구지정 경과연수 〉 비용편익비

62 **자연재해저감 종합계획 수립지침에서 투자우선순위 결정을 위한 비용편익비(B/C) 산정을 위해 사용하는 방법은?**

① 간편법 ② 개선법
③ 다차원법 ④ 위험도지수법

63 **치수개선사업 대상지 가, 나, 다 3개 지구의 우선순위 결정을 위한 비용편익비(B/C) 산정결과가 다음과 같을 때의 경제성 순위로 옳은 것은?**
19년1회 출제

구분	편익비	비용비
가	0.5	1.5
나	0.6	2.1
다	0.7	1.8

① 가 〉 나 〉 다 ② 나 〉 다 〉 가
③ 다 〉 가 〉 나 ④ 가 〉 다 〉 나

57. 기본적 평가항목은 비용편익비(B/C), 피해이력지수, 재해위험도, 주민불편도, 지구지정 경과연수
58. 자연재해저감 종합계획 수립지침(2019. 06.)에 따르면, 기본적 평가항목은 비용편익비(B/C), 피해이력지수, 재해위험도, 주민불편도, 지구지정 경과연수로 구분
59. 부가적 평가항목(정책적 평가)은 지속성(주민참여도 및 민원우려도), 정책성(정비사업 추진의지 및 사업의 시급성), 준비도(자체설계 추진 여부)로 구분
61. 재해위험도 〉 피해이력지수 〉 주민불편도 〉 지구지정 경과연수 〉 비용편익비(B/C)
62. 개선법은 회귀분석법이라고도 함
63.

구분	편익비	비용비	편익/비용
가	0.5	1.5	0.33
나	0.6	2.1	0.29
다	0.7	1.8	0.39

따라서 다(0.39) 〉 가(0.33) 〉 나(0.29)

정답 57. ② 58. ④ 59. ① 60. ① 61. ④ 62. ② 63. ③

제2과목

제3편
방재시설 조사

제1장

제3편
방재시설 조사

방재시설 자료 조사

본 장에서는 재난과 관련된 법령과 방재시설물과 관련된 법령을 살펴보고, 방재시설 자료와 관련된 문헌자료의 수집 범위를 자세히 나타내고 있다. 또한, 자연재해저감 종합계획과 같이 법적 수립이 요구되는 방재 관련 계획을 제시하였으며, 시설 정비와 관련된 여러 가지 관리계획들을 자세히 정리하였다.

1절 방재정책 자료 수집 및 분석

1. 재난 관련 법령

(1) 헌법(제34조)

① 국가는 재해를 예방

② 재해의 위험으로부터 국민을 보호하기 위하여 노력

(2) 「정부조직법」

① 제1조(목적)

국가행정기관의 설치·조직과 직무범위의 대강을 정함

② 제34조(행정안전부)

행정안전부장관은 안전 및 재난에 관한 정책의 수립·총괄·조정, 비상대비, 민방위 및 방재에 관한 사무를 관장

(3) 「재난 및 안전관리 기본법」

① 제1조(목적)

㉠ 각종 재난으로부터 국토를 보존하고 국민의 생명·신체 및 재산을 보호하기 위하여 국가와 지방자치단체의 재난 및 안전관리체제를 확립

㉡ 재난의 예방·대비·대응·복구와 안전문화 활동, 그 밖에 재난 및 안전관리에 필요한 사항을 규정

② 제2조(기본이념)

㉠ 재난이 발생한 경우 그 피해를 최소화하는 것이 국가와 지방자치단체의 기본적 의무임을 확인

㉡ 모든 국민과 국가·지방자치단체가 국민의 생명 및 신체의 안전과

★
재난
국민의 생명·신체·재산과 국가에 피해를 주거나 줄 수 있는 자연재난이나 사회재난을 의미

★
자연재난
태풍, 홍수, 호우, 강풍, 한파 등과 같은 자연현상

★
사회재난
화재, 붕괴, 폭발, 교통사고, 환경오염 사고 등

★
재해
재난으로 인하여 발생하는 피해

재산 보호에 관련된 행위를 할 때에는 안전을 우선적으로 고려

㉢ 국민이 재난으로부터 안전한 사회에서 생활할 수 있도록 함

③ 제6조(재난 및 안전관리 업무의 총괄·조정)

행정안전부장관은 국가 및 지방자치단체가 행하는 재난 및 안전관리 업무를 총괄·조정

④ 주요 내용

㉠ 안전관리기구 및 기능(제2장)

▷ 중앙안전관리위원회 등

▷ 중앙재난안전대책본부 등

▷ 재난안전상황실 등

㉡ 안전관리계획(제3장)

▷ 국가안전관리기본계획의 수립 등

▷ 시·도안전관리기본계획의 수립 등

▷ 시·군·구안전관리기본계획의 수립 등

㉢ 재난의 예방(제4장)

㉣ 재난의 대비(제5장)

㉤ 재난의 대응(제6장)

㉥ 재난의 복구(제7장)

㉦ 안전문화 진흥(제8장)

(4) 「자연재해대책법」

① 제1조(목적)

㉠ 태풍, 홍수 등 자연현상으로 인한 재난으로부터 국토를 보존하고 국민의 생명·신체 및 재산과 주요 기간시설을 보호

㉡ 자연재해의 예방·복구 및 그 밖의 대책에 관하여 필요한 사항을 규정

② 제3조(책무)

㉠ 자연재해 경감 협의 및 자연재해위험개선지구 정비 등

㉡ 풍수해 예방 및 대비

㉢ 설해대책

㉣ 낙뢰대책

㉤ 가뭄대책

㉥ 재해정보 및 긴급지원

㉦ 그 밖에 자연재해 예방을 위하여 재난관리책임기관의 장이 필요하다고 인정하는 사항

★
행정안전부장관이 국가 및 지방자치단체의 재난 및 안전관리 업무 총괄

(5) 자연재해대책 관련 법령

① 「소하천정비법」

② 「급경사지 재해예방에 관한 법률」

③ 「저수지·댐의 안전관리 및 재해예방에 관한 법률」

④ 「지진·화산재해대책법」

⑤ 「재해위험 개선사업 및 이주대책에 관한 특별법」

⑥ 「재해경감을 위한 기업의 자율활동 지원에 관한 법률」

⑦ 「풍수해보험법」

⑧ 「재해구호법」

⑨ 「자연재난 구호 및 복구 비용 부담기준 등에 관한 규정」

2. 방재시설물 관련 법령

(1) 「자연재해대책법 시행령」(제55조)의 법 및 방재시설

① **「소하천정비법」**

제2조 제3호에 따른 소하천 부속물 중 제방·호안·보 및 수문

② **「하천법」**

제2조 제3호에 따른 하천시설 중 댐·하구둑·제방·호안·수제·보·갑문·수문·수로터널·운하 및 관측시설

③ **「국토의 계획 및 이용에 관한 법률」**

제2조 제6호 마목에 따른 방재시설

④ **「하수도법」**

제2조 제3호에 따른 하수도 중 하수관로 및 하수종말처리시설

⑤ **「농어촌정비법」**

제2조 제6호에 따른 농업생산기반시설 중 저수지, 양수장, 관정 등 지하수 이용시설, 배수장, 취입보, 용수로, 배수로, 유지, 방조제 및 제방

⑥ **「사방사업법」**

제2조 제3호에 따른 사방시설

⑦ **「댐건설 및 주변지역지원 등에 관한 법률」**

제2조 제1호에 따른 댐

⑧ **「도로법」**

제2조 제2호에 따른 도로의 부속물 중 방설·제설시설, 토사유출·낙석 방지시설, 공동구, 동법 시행령 제2조 제2호에 따른 터널·교량·지하도

Keyword

★
「재난 및 안전관리 기본법 시행령」 제37조(재난방지시설의 범위)의 시설물과는 「항만법」, 「어촌·어항법」의 시설물만 다름

및 육교

⑨ **「재난 및 안전관리 기본법」**

제38조에 따른 재난 예보·경보시설

⑩ **「항만법」**

제2조 제5호 가목 (2)에 따른 방파제·방사제·파제제 및 호안

⑪ **「어촌·어항법」**

제2조 제5호 가목 (1)에 따른 방파제·방사제·파제제

★
「재난 및 안전관리 기본법 시행령」
- 「항만법」에서 항만시설로 명시
- 「어촌·어항법」에서 유람선·낚시어선·모터보트·요트 또는 윈드서핑 등의 수용을 위한 레저용 기반시설로 명시

2절 문헌자료 수집 및 분석

1. 일반현황 조사

(1) 행정현황

(2) 인문현황

(3) 자연현황

★
일반현황 조사항목
행정현황, 인문현황, 자연현황

2. 행정현황 조사

(1) 개념

① 각종 계획의 수립 대상지역을 명확히 구분하고 정의하기 위함

② 공간적인 범위와 구성요소를 조사

(2) 조사대상

① **지역 연혁**

조사대상지역의 연혁 조사

② **행정구역현황**

㉠ 대상지역의 행정구역 및 면적

㉡ 도시화 구역 등

3. 인문현황 조사

(1) 개념

① 재해 발생 요인과 예상 피해 규모에 영향을 미치는 인위적인 요인을 조사 및 분석

② 재해저감대책 수립의 기초 자료로 활용

(2) 조사대상

① 인구현황

㉠ 행정구역별 인구수 및 인구밀도

㉡ 인구분포현황

㉢ 안전취약계층 분포현황 등

② 산업현황

㉠ 산업별 종사자 수

㉡ 종사자 분포현황 등

③ 문화재현황

관할 행정구역별 문화재 분포현황

4. 자연현황 조사

(1) 개념

① 조사대상지역의 자연 특성이 자연재해와의 연관성을 파악할 수 있도록 조사 및 분석

② 과거 발생한 재해 유형별로 자연 특성 분석

(2) 조사대상

① 하천현황

㉠ 하천수계현황

㉡ 기하학적 특성 등

② 지형현황

㉠ 표고 분석

㉡ 경사 분석

㉢ 절·성토 사면 분석

㉣ 자연사면 분석

③ 지질 및 토양현황

㉠ 지질현황

㉡ 수문학적 토양현황 등

Keyword

★
인문현황 조사항목
인구현황, 산업현황, 문화재현황

★
안전취약계층
13세 미만 어린이, 65세 이상 노인, 장애인

④ **기상현황**

㉠ 수문관측소 현황

㉡ 기상관측소 현황

㉢ 기상 특성

㉣ 강우 특성

㉤ 바람 특성

㉥ 태풍 기상현황 등

⑤ **해상현황**

㉠ 해안선현황

㉡ 파랑, 조류, 조위 등 해상 특성

3절 방재계획 자료 수집 및 분석

1. 방재 관련 계획

(1) 자연재해저감 종합계획

① **개요**

㉠ 시장·군수는 자연재해의 예방 및 저감을 위하여 10년마다 시·군 자연재해저감 종합계획을 수립하여 시·도지사를 거쳐 행정안전부장관의 승인을 받아 확정

㉡ 시·도지사는 직접 또는 시·군 종합계획을 기초로 시·도 자연재해저감 종합계획을 수립하여 행정안전부장관의 승인을 받아 확정

㉢ 시장·군수 및 시·도지사는 각각 시·군 종합계획 및 시·도 종합계획을 수립한 날부터 5년이 지난 경우 그 타당성 여부를 검토하여 필요한 경우에는 그 계획을 변경

② **주요 내용**

㉠ 지역적 특성 및 계획의 방향·목표에 관한 사항

㉡ 유역현황, 하천현황, 기상현황, 방재시설현황 등 재해 발생현황 및 재해 위험요인 실태에 관한 사항

㉢ 자연재해복구사업의 평가·분석에 관한 사항

㉣ 지역별·주요 시설별 자연재해 위험 분석에 관한 사항

㉤ 법 제18조의 지구단위 홍수방어기준을 적용한 저감대책에 관한 사항

★
기상청의 자동기상관측소 (AWS) 자료 조사

★
관련 법령
「자연재해대책법」

★
자연재해저감 종합계획은 10년마다 수립 후 5년 경과 시 타당성 여부 검토

ⓑ 자연재해 저감을 위한 자연재해위험개선지구 지정 및 정비에 관한 사항

ⓢ 자연재해 예방 및 저감을 위한 종합대책 등에 관한 사항

(2) 자연재해위험개선지구 정비계획

① 개요

㉠ 시장·군수·구청장은 상습침수지역, 산사태위험지역 등 지형적인 여건 등으로 인하여 재해가 발생할 우려가 있는 지역을 자연재해위험개선지구로 지정·고시

㉡ 자연재해위험개선지구 정비계획을 5년마다 수립하고 시·도지사에게 제출

② 주요 내용

㉠ 자연재해위험개선지구의 정비에 관한 기본 방침

㉡ 자연재해위험개선지구 지정현황 및 연도별 지구 정비에 관한 사항

㉢ 재해예방 및 자연재해위험개선지구의 점검·관리에 관한 사항

㉣ 그 밖에 자연재해위험개선지구의 정비 등에 관하여 대통령령으로 정하는 사항

(3) 우수유출저감대책

① 개요

㉠ 우수의 침투 또는 저류를 통한 재해의 예방을 위하여 우수유출저감대책을 5년마다 수립

㉡ 특별시장·광역시장 등은 행정안전부장관에게 제출

㉢ 시장·군수는 시·도지사를 거쳐 행정안전부장관에게 제출

② 주요 내용

㉠ 우수유출 저감목표와 전략

㉡ 우수유출저감대책의 기본 방침

㉢ 우수유출저감시설의 연도별 설치에 관한 사항

㉣ 우수유출저감시설 설치를 위한 재원대책

㉤ 재해의 예방을 위한 우수유출저감시설 관리방안

ⓑ 유휴지, 불모지 등을 이용한 우수유출저감대책

(4) 지구단위 홍수방어기준

① 개요

㉠ 상습침수지역, 홍수피해 예상지역, 그 밖의 수해지역의 재해 경감

★
관련 법령
「자연재해대책법」

★
자연재해위험개선지구 정비계획은 5년마다 수립

★
관련 법령
「자연재해대책법」

★
5년마다 수립

★
관련 법령
「자연재해대책법」

을 위하여 필요하면 지구단위 홍수방어기준 설정

ⓛ 개발사업, 자연재해위험개선지구 정비사업, 수해복구사업, 그 밖의 재해경감사업 중 대통령령으로 정하는 개발사업 등에 대한 계획을 수립할 때 지구단위 홍수방어기준을 적용

(5) 소규모 위험시설 정비계획

① 개요

㉠ 관리청은 관할구역의 재해예방 및 체계적인 소규모 위험시설의 정비를 위하여 소규모 위험시설 정비 중기계획을 5년마다 수립

ⓛ 소규모 위험시설 정비의 우선순위를 포함

ⓒ 행정안전부장관은 중기계획에 대하여 필요하다고 인정되는 때에는 관리청에게 중기계획의 수정 또는 보완을 요구

ⓔ 특별자치시장·특별자치도지사는 행정안전부장관에게, 시장·군수·구청장은 시·도지사에게 각각 제출

② 주요 내용

㉠ 연도별 정비계획

ⓛ 정비에 필요한 예상 사업비

ⓒ 정비효과에 관한 사항

ⓔ 그 밖에 재해예방 및 소규모 위험시설의 정비를 위하여 행정안전부장관이 필요하다고 인정하여 고시하는 사항

2. 시설 정비 관련 계획

(1) 하천기본계획

① 개요

㉠ 하천관리청은 그가 관리하는 하천에 대하여 하천의 이용 및 자연친화적 관리·보전에 필요한 기본적인 사항 등을 내용으로 하는 10년 단위의 하천기본계획을 수립

ⓛ 수립된 날부터 5년마다 타당성을 검토하여 필요한 경우에는 계획 변경

② 주요 내용

㉠ 하천기본계획의 목표

ⓛ 하천의 개황에 관한 다음 각 목의 사항

▷ 유역의 특성 등 일반현황

★
관련 법령
「소규모 공공시설 안전관리 등에 관한 법률」

★
5년마다 수립

★
관련 법령
「하천법」

★
10년 단위로 관리계획 수립 후 5년마다 타당성 검토

▷ 강우·기상 등 자연조건
▷ 하천의 수질 및 생태
▷ 수해 및 가뭄의 피해현황
▷ 하천수의 이용현황
▷ 하천유역의 지형·지물 등을 파악하기 위한 측량기준점에 관한 사항

ⓒ 제방·댐·저류지·홍수조절지·방수로 등 홍수방어시설의 홍수방어 계획
ⓓ 토지이용계획 등에 따른 홍수방어계획
ⓔ 홍수방어계획의 연차별 시행방안
ⓕ 하천공사의 시행에 관한 다음 각 목의 사항
▷ 기본홍수량 및 홍수량의 배분에 관한 사항
▷ 계획홍수량
▷ 계획홍수위
▷ 계획하폭 및 그 경계
▷ 하도와 유황의 개선

ⓖ 하천구역 및 홍수관리구역의 결정을 위한 기초자료의 제공에 관한 사항
ⓗ 자연친화적 하천 조성에 관한 사항
ⓘ 법 제84조 제1항에 따른 폐천부지 등의 보전 및 활용에 관한 사항
ⓙ 그 밖에 하천의 환경보전과 적절한 이용에 관한 사항

(2) 소하천정비종합계획

① 개요

㉠ 관리청은 행정안전부령으로 정하는 바에 따라 소하천 등 정비 방향의 지침이 될 소하천정비종합계획을 10년마다 수립
㉡ 수립된 연도로부터 5년마다 타당성을 검토하여 필요한 경우에는 계획 변경

② 주요 내용

㉠ 소하천 등 정비에 관한 기본 방침
㉡ 수계별 소하천망의 구성
㉢ 재해예방 및 환경개선과 수질보전에 관한 사항
㉣ 소하천 등의 다목적 이용과 주민의 소득 증대에 관한 사항
㉤ 그 밖에 대통령령으로 정하는 사항

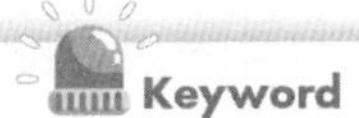

★
관련 법령
「소하천정비법」

★
10년 단위로 관리계획 수립 후 5년마다 타당성 검토

(3) 유역하수도정비기본계획

① 개요

㉠ 유역환경청장 또는 지방환경청장은 공공하수도의 중복 설치 방지와 효율적인 운영·관리를 위하여 국가하수도종합계획을 바탕으로 환경부령으로 정하는 권역별로 하수도의 설치 및 통합 운영·관리에 관한 20년 단위의 계획을 수립

㉡ 수립된 날부터 5년마다 타당성을 검토하여 필요한 경우에는 계획 변경

② 주요 내용

㉠ 수질관리 목표에 관한 사항
㉡ 제7조 제1항 단서에 따른 방류수 수질 기준의 설정에 관한 사항
㉢ 하수도의 통합 운영·관리 전략에 관한 사항
㉣ 하수처리시설 및 하수관로 배치에 관한 사항
㉤ 하수처리구역 및 하수도 설치 우선순위에 관한 사항
㉥ 하수도 관련 사업 시행에 드는 비용의 산정 및 재원 조달에 관한 사항

(4) 사방사업 기본계획

① 개요

산림청장은 사방사업을 계획적·체계적으로 추진하기 위하여 5년마다 수립

② 주요 내용

㉠ 사방사업의 기본목표 및 추진방향
㉡ 사방기술의 개발 촉진 및 그 활용을 위한 사항
㉢ 사방사업 대상지 및 사후관리에 관한 사항
㉣ 사방사업 기술인력의 육성에 관한 사항
㉤ 사방기술의 국제교류 확대에 관한 사항
㉥ 그 밖에 산림청장이 필요하다고 인정하는 사항

★
관련 법령
「하수도법」

★
20년 단위로 계획 수립 후 5년마다 타당성 검토

★
국가하수도종합계획은 10년 단위로 수립 후 5년마다 타당성 검토

★
관련 법령
「사방사업법」

★
5년마다 수립

제2장

제3편
방재시설 조사

방재시설 피해현장 조사

본 장에서는 방재시설에 대한 피해현황을 조사하기 위해 필요한 공간정보의 수집, 지반조사, 지형조사, 수문조사, 산림조사에 대한 개념과 내용을 다루고 있으며, 피해지역에 대한 실제 조사를 위한 절차와 요령 그리고 재해 종류별 조사가 필요한 대상과 조사내용을 자세히 다루고 있다.

1절 방재시설 피해현장 공간정보 수집

1. 현장측량 자료 수집

(1) 측량 개념

① 지표면의 여러 지점들의 위치, 모양, 면적, 방향 등을 측정하여 표나 그림으로 나타내는 기술

② 특정 대상지역의 공간 위치를 결정하는 기법

③ 관측 요소

④ 거리

⑤ 각

⑥ 높이차

⑦ 시간

(2) 측량 종류

① **지형 측량**

지형도 제작을 위하여 지형의 기복과 지형지물의 위치를 도면에 표시하기 위한 세부 측량

② **사진 측량**

㉠ 사진 촬영물을 통하여 지형지물의 상태와 자연현상을 저장·측정하고 분석을 통하여 정보를 얻을 수 있는 측량 기법

㉡ 수치 영상으로부터 사진 측량의 결과를 얻을 수 있는 수치사진 측량을 통하여 실시간 처리비용 절감, 작업 속도 향상

③ **레이저 스캐너**

㉠ 레이저를 피사체에 발사하여 되돌아오는 시간을 측정하여 측정 대

Keyword

★
지형도는 지형지물을 일정한 축척과 도식으로 그린 것

상의 3차원 정보를 얻는 방법

ⓛ 디지털 카메라에 비해 많은 측정 및 분석 시간이 소요되지만, 대량의 디지털 정보를 얻을 수 있음

2. 수치 지도 자료 수집

(1) 수치 지도 개념

① 지형지물에 대한 위치와 형상을 좌표 데이터로 나타내어 전산 처리가 가능한 형태로 표현한 지도

② 자동화된 시스템에 의하여 중·대축척인 지형도나 현황도를 작성하여 수치화한 지도

③ 지표면, 지하, 수중 및 공간의 위치와 지형지물 및 지명 등의 각종 지형 공간정보를 전산시스템을 이용하여 일정한 축척에 의하여 디지털 형태로 나타낸 것

④ DEM(Digital Elevation Model, 수치표고 모델): 형태로 공간상에 나타나는 지형 기복을 2차원 또는 3차원으로 평면상에 연속적으로 표현한 것

⑤ DSM(Digital Surface Model, 수치표면 모델): 인공지물과 식생을 포함한 지표면의 표고를 연속적으로 표현한 것

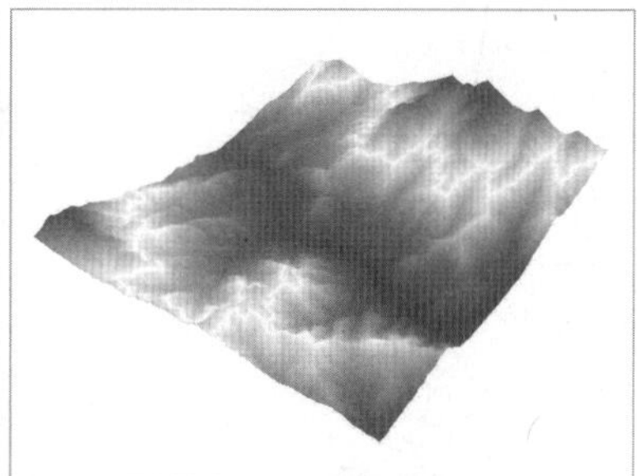

〈지형도와 DEM 자료〉

(2) 수치 지도 특징

① **장점**

㉠ 종이 지도에 비해 저가이면서 빠른 방법으로 수치 지도 제작 가능

ⓛ 종이 지도에 비해 축척의 변환, 투영법 변환, 주변 지도와 해당 지역의 통합이나 출력이 용이

ⓒ 종이 지도는 날씨에 의한 신축이나 변형, 왜곡 현상 등이 자주 발생하지만 수치 지도는 이러한 현상이 거의 없음

Keyword

★ 수치 지도의 공간정보는 점, 선 그리고 면으로 구성

★
수치 지도 제작 소프트웨어
AutoCAD, ArcView, ArcGIS 등

② 단점

㉠ 수치 지도의 구축에 필요한 시스템 구축비 및 제작비의 초기 투자 필요

㉡ 제작 과정에서 필요 장비와 소프트웨어, 전문적인 지식이 필요

(3) 방재 분야 활용

① 모든 시설물의 위치정보에 대한 기본 맵으로 활용

② 방재시설이 위치하고 있는 지역의 지형정보를 함께 제공

③ 기간별 지도의 중첩 표현을 통하여 시설물 주변 지형 변화 확인이 용이하여 유지관리 분야에 활용도가 높음

3. 항공사진 자료 수집

(1) 항공사진 개념

① 비행경로를 따라 이동하는 비행체에서 지표면을 촬영한 사진

② 항공사진을 이용한 사진 측량을 항공사진 측량 또는 사진 측량이라 함

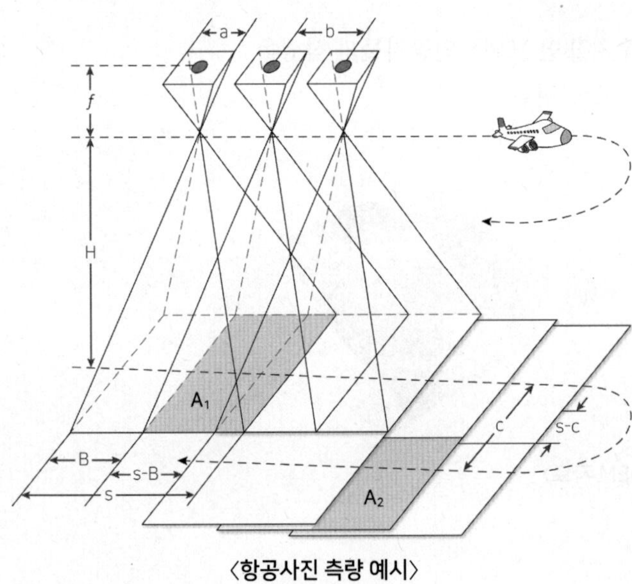

〈항공사진 측량 예시〉

자료: NCS 방재시설조사

(2) 항공사진 특징

① 장점

㉠ 위성 측량에 비해 임의의 공간과 시간을 특정 목적에 부합되게 항공 측량을 통하여 취득할 수 있어 활용도가 높음

㉡ 대규모 지역에 대한 정보 취득이 용이

② **단점**

㉠ 과거 촬영한 사진의 확보가 어려움

㉡ 항공기 운영에 따른 고비용 문제가 있으나, 최근 드론 이용을 통하여 해결

㉢ 항공사진 분석을 위하여 소프트웨어와 전문적인 지식이 필요

(3) 방재 분야 활용

① 피해지역에 대한 항공사진 촬영을 통하여 재해현황을 쉽게 파악 가능

② 소규모 피해지역일 경우 드론을 이용하여 촬영

2절 방재시설 피해현장 지반조사

1. 지반조사 개념

(1) 정의 및 목적

① 사면 설계 및 안정 해석에 필요한 각종 자료와 정보를 얻기 위하여 실시

② 토목구조물, 농업생산기반시설, 건축구조물 및 공작물 등과 그 기능을 보조하는 부대시설 등의 설계 및 시공에 필요한 지반정보 획득

(2) 지반조사 절차

① **예비조사**

㉠ 부지계획에 따라 주변과의 영향을 고려한 사면의 형성계획을 수립

㉡ 본조사 계획을 설정하기 위하여 실시

② **본조사**

사면의 구체적인 설계와 시공계획을 수립하기 위하여 실시

③ **추가(보완)조사**

㉠ 설계를 보완하기 위하여 추가로 실시

㉡ 설계 단계에서 확인하지 못한 사항을 시공 단계에서 확인하기 위하여 실시

(3) 지반조사 수행 조건

① 구조물의 변형이나 손상이 발생한 경우

② 주변 환경의 변화로 구조물 안전에 문제가 있다고 판단될 경우

★
지반조사의 구성
문헌 조사, 현지답사, 지반조사 및 시험

③ 공사로 인한 누수 또는 지하수위 저하 등의 원인에 의해 지반공동 및 지반함몰이 있을 것으로 예상되거나 발생한 경우

2. 지반조사 내용

(1) 지반조사 방법

① 지표 지질 조사

㉠ 지반 붕괴지역 주변의 정보 수집

㉡ 조사 측선 결정을 위하여 실시

㉢ 조사내용

▷ 균열 위치 ▷ 균열 유형
▷ 이동 방향 ▷ 용수 위치
▷ 습지 위치 ▷ 함몰지
▷ 지형의 단차 ▷ 식생현황

② 물리 탐사

㉠ 지반 붕괴 범위를 예측하기 위하여 실시

㉡ 종단 및 횡단 방향의 붕괴 예상심도를 확인할 수 있도록 측선 설정

③ 시추 조사

㉠ 붕괴 규모에 따라 붕괴 범위 외부와 내부의 주요 위치에서 실시

㉡ 붕괴 범위와 심도 확인

④ 지하수 조사

㉠ 지반의 지하수 위치, 유동 상황, 수질 확인

㉡ 지하수 검층, 전기 탐사, 수질 조사 등 실시

⑤ 기상 자료

㉠ 강우로 인한 우수 침투에 의해 피해 발생

㉡ 강우 자료와 피해 발생 시기를 비교하여 원인 규명

⑥ 변위 측정

㉠ 지반의 미세한 이동을 측정하여 붕괴 진행상황 파악

㉡ 지표면에 변위측정시스템 또는 지중 변위측정시스템 설치

(2) 지반조사 보고서 수록 내용

① 조사명

② 조사위치

③ 조사목적 및 조사범위

Keyword

★
지반조사 방법
지표 지질 조사, 물리 탐사, 시추 조사, 지하수 조사, 기상 자료, 변위 측정

④ 조사기간
⑤ 조사위치 평면도
⑥ 토질종단도
⑦ 토질주상도
⑧ 토질시험 성과표
⑨ 현장조사 및 원위치시험 성과

3절 방재시설 피해현장 지형조사

1. 지형조사 개념

(1) 정의 및 목적
① 지표면의 형태적 특성을 조사하는 것
② 재해 현장의 지형조사를 통하여 재해 발생원인 분석을 위하여 실시

2. 지형조사 내용

(1) 등고선 조사
① 국가 수치 지도 활용
② 1:5,000, 1:25,000 또는 1:50,000 지형도 활용

★
지형도는 국토지리정보원의 국토정보맵을 이용

(2) 경사 분석
① 피해대상지역에 대한 경사도 분석
② 방위, 범례 및 축척을 함께 제시
③ 경사 분석 후 구성비에 대한 결과 제시

(3) 표고 분석
① 피해대상지역에 대한 표고도 분석
② 방위, 범례 및 축척을 함께 제시
③ 표고 분석 후 구성비에 대한 결과 제시

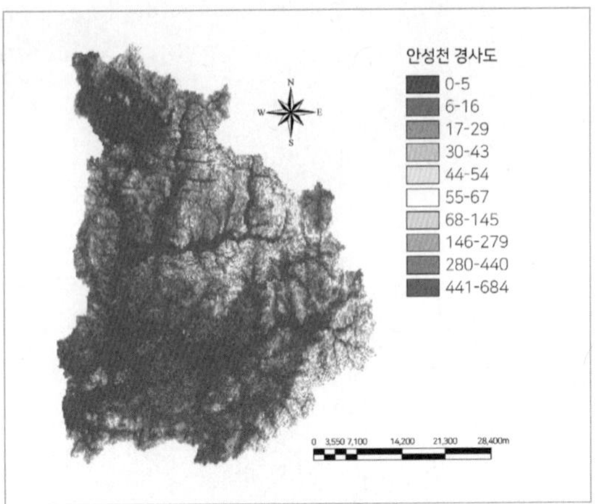

〈안성천 유역의 경사도〉

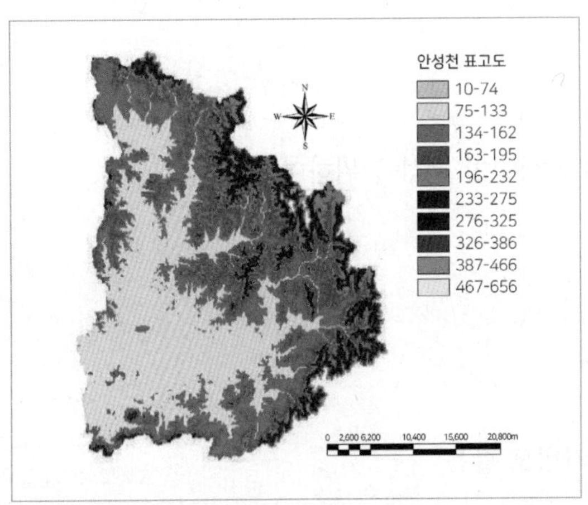

〈안성천 유역의 표고도〉

4절 방재시설 피해현장 수문조사

1. 수문조사 개념

(1) 정의 및 목적

① 하천·호수·늪의 수위, 유량, 유사량 및 하천유역의 강수량, 증발산량, 토양수분 함유량에 관하여 과학적인 방법으로 관찰·측정·조사·분석하는 것

② 강우나 하천 유량 또는 홍수위와 관련하여 발생한 재해에 대한 원인 분석을 위하여 실시

★
유량은 취수량, 방류수량을 포함

(2) 수문관측소 종류

① 기상관측소

② 우량관측소

③ 수위관측소

④ 조위관측소

(3) 수문관측소 현황

① 우량관측소

관측소명, 관측종별, 주소, 경도, 위도, 표고, 관측 개시연도, 관할청 등을 표로 제시

② 수위관측소

관측소명, 수계명, 하천명, 관측종별, 주소, 경도, 위도, 관측 개시연도, 조석영향, 영점표고 등을 표로 제시

③ 조위관측소

관측소명, 주소, 경도, 위도, 관측 개시연도, 조위표 등을 표로 제시

2. 수문관측소 수집 자료

(1) 기상관측소

① 정상년 기상 자료

㉠ 월별 기온

㉡ 풍속

㉢ 상대습도

㉣ 증발량

㉤ 강수량

㉥ 결빙일수

㉦ 강설일수

㉧ 안개일수

② 강우관측소

㉠ 시 강우량

㉡ 월 강수량

㉢ 연 강수량

★
관할청은 기상청, 국토교통부, 한국수자원공사 등이 있음

★
정상년은 30년 평균을 의미

(2) 수위관측소

① 수위 자료

② 수위-유량관계곡선(rating curve)

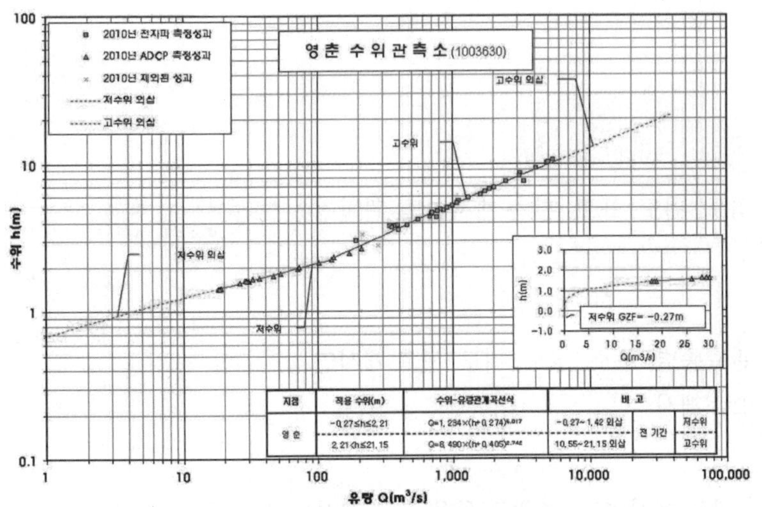

〈영춘수위관측소의 수위-유량관계곡선〉

③ 홍수량 자료

시간대별 수위 자료와 수위-유량관계곡선을 이용하여 홍수량 산정

(3) 조위관측소

① 조석

㉠ 검조소의 관측자료

㉡ 조석표, 조위표, 고극조위 등을 도표로 제시

② 조류

③ 파랑

5절 방재시설 피해현장 산림조사

1. 산림조사 개념

(1) 정의 및 목적

① 산림 자원에 대한 정보를 체계적으로 수집하여 분석하는 것

② 재해 발생 가능지역의 임상과 토심을 조사

★

수위-유량관계곡선

하천의 임의 지점에 대한 수위와 유량의 관계를 나타내는 곡선이며, 일반적으로 수위를 세로축에, 유량을 가로축에 표시

③ 토사 재해나 사면 재해를 예방하고 발생 가능성을 파악하거나 발생원인분석을 위하여 실시

2. 산림조사 절차

① 표본설계
② 현지조사
③ 자료분석
④ 보고서 작성

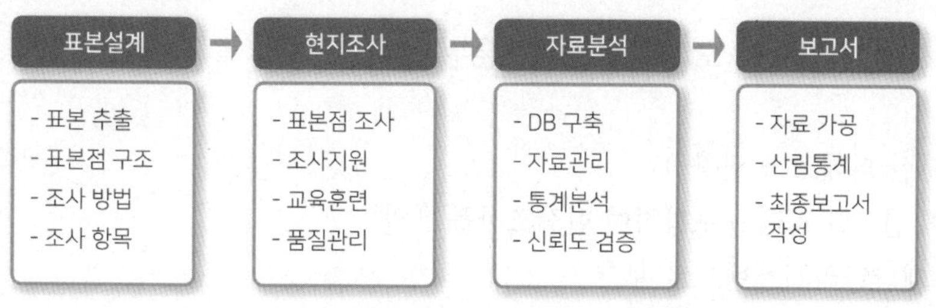

〈산림조사계획〉

3. 산림조사 내용

(1) 토심조사 방법

① 사면 인근에 토양 단면의 파악이 용이한 곳에서 조사
② 주변에 붕괴지가 있는 경우
　㉠ 붕괴지의 암반 노출 부분까지의 깊이를 파악
　㉡ 인근의 절개지 단면을 조사
③ 토양 단면의 파악이 어려울 경우 산림 입지도에서 토심 조사

(2) 토심과 산사태 관계

① 토심이 깊을수록 중력에 의해 하부로 미끄러지려는 힘이 강해 산사태 발생 위험이 높음
② 토양 침식은 토심이 얕은 지역에서도 발생
③ 산사태는 토심이 깊은 지역에서 더 잘 발생하며 토사유출량이 많음
④ 토심이 1m 이상 되는 지역
　㉠ 뿌리의 긴박력에 의하여 산사태를 방지할 수 있는 기능이 거의 없음
　㉡ 산사태 방지를 위한 구조물 설치 필요

Keyword

★
토양 단면의 깊이는 cm 단위로 표시

6절 피해지역 조사

Keyword

1. 관련 법령

(1) 자연재난조사 및 복구계획 수립 요령

① 목적(제1조)

재난 구호 및 재난복구 비용 등을 국고나 지방비 등으로 지원하기 위한 피해조사 및 복구계획 수립에 필요한 사항을 규정

② 피해조사 절차(제3조)

㉠ 사유시설 피해와 공공시설 피해는 시·도 재난안전대책본부장의 권한과 책임하에 조사

★ 사유시설 피해는 산사태 피해 제외

㉡ 지방자치단체의 사유시설 피해조사 절차

▷ 읍·면·동장은 주민이 신고한 피해를 포함하여 현장조사를 매일 실시하여 시·군·구 재난관리시스템으로 보고

▷ 시·군·구청의 소관부서에서는 현장 확인을 거쳐 시·군·구 재난관리시스템에서 확정

㉢ 지방자치단체의 공공시설 피해조사 절차

▷ 시장·군수·구청장 소관시설에 대하여는 읍·면·동장의 피해 보고를 토대로 시·군·구청의 소관부서에서 현장을 조사하여 시·군·구 재난관리시스템에 입력

▷ 시장·군수·구청장 소관 외 시설은 소관시설의 재난관리책임기관의 장이 현장을 조사하여 재해대장을 작성 후 관할 시장·군수·구청장에게 통보

③ 피해조사 요령

㉠ 피해조사는 현지답사 후 시설별로 조사하고 개소별로 피해액을 산정

㉡ 항구복구계획과 상관없이 순수한 피해 부분에 대해서만 피해물량 및 피해 금액 산정

㉢ 하천 내 하상퇴적으로 통수 단면이 감소한 경우 퇴적토량을 계상

㉣ 세부공종별로 산출기초를 작성하여 재해대장에 기재 또는 별지로 첨부

㉤ 「국고지원에서 제외되는 재난복구 비용 등」에서 정한 피해시설은 조사대상에서 제외

㉥ 시설물 노후 및 관리소홀로 인한 재난지구는 대상에서 제외

㉦ 도로대장, 하천 기성제 대장 및 각종 시설물 관리대장 등을 참조하

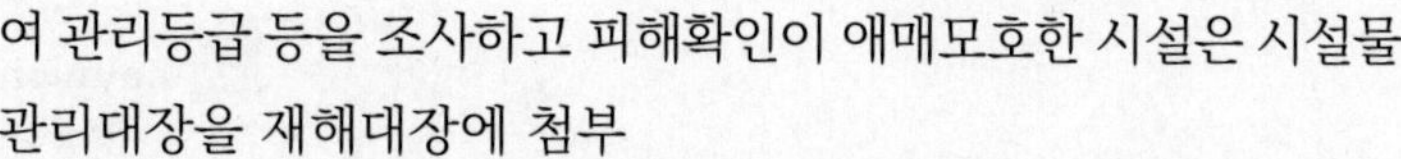

여 관리등급 등을 조사하고 피해확인이 애매모호한 시설은 시설물 관리대장을 재해대장에 첨부

ⓞ 피해 전경을 가능한 자세히 촬영하여 향후 기록보존을 할 수 있도록 하고 하천제방 피해 등 피해 연장이 긴 지구는 가능한 한 연속사진 촬영

ⓩ 공사 하자기간 내 시설물은 부실시공으로 인한 하자 여부를 엄밀히 검토한 후 지원 여부 결정

ⓒ 피해 현지조사 양식은 붙임을 참조하여 사전에 별도 작성 비치

④ **피해액 산정**

시설별 세부공종별 피해물량 × 기준단가

⑤ **피해조사 내용**

㉠ 피해 발생일시

㉡ 피해원인

㉢ 피해발생 시·군·구

㉣ 현 기상상황

㉤ 피해개요 및 면적, 피해액

㉥ 응급조치 상황

㉦ 기타 사항 등

2. 재해 종류별 피해지역 조사

(1) 하천재해

① **조사대상**

㉠ 재해 발생 하천과 범람원을 합친 영역

㉡ 제방, 호안, 하천수공 구조물, 하천 횡단시설물 등

② **조사내용**

㉠ 시설물의 유지관리 측면에서의 외관상 문제점

▷ 유실
▷ 침하
▷ 변형
▷ 손실
▷ 균열
▷ 부식

★
하천재해 위험요인
- 통수 단면 부족
- 만곡부 및 수충부 형성
- 제방의 누수와 침하
- 콘크리트 구조물의 균열 및 파손 상태
- 접속부 상태 등

㉡ 토지이용현황
- ▷ 지목별 면적
- ▷ 지목별 분포

㉢ 하천현황
- ▷ 수계현황
- ▷ 기하학적 특성

㉣ 지형현황
- ▷ 표고 분석
- ▷ 경사 분석
- ▷ 절·성토 사면 분석
- ▷ 자연사면 분석

㉤ 지질 및 토양현황
- ▷ 지질현황
- ▷ 수문학적 토양현황

㉥ 기상현황
- ▷ 수문관측소 현황
- ▷ 유·무인 기상관측소 현황
- ▷ 기상 특성
- ▷ 강우 특성
- ▷ 바람 특성
- ▷ 태풍 기상 특성

(2) 내수재해

① 조사대상

㉠ 하천의 범람, 제방의 붕괴, 역류 등으로 인한 외수 피해

㉡ 배수로, 하수도 및 펌프장의 내수배제 능력 부족으로 인한 피해

㉢ 내수 배수 계통도(또는 관망도)

② 조사내용

㉠ 피해 사례 탐문 조사

㉡ 침수지대 특성 분석

㉢ 주요 하수관 조사

㉣ 하천 연계지점 조사

㉤ 펌프장 조사

★
내수재해 위험요인
- 통수 능력
- 파손 정도
- 이음부 상태
- 침전 상태 등

㉥ 하수관 내 잡물 퇴적 상황

(3) 사면재해

① **조사대상**

㉠ 자연 사면

㉡ 인공 사면

② **조사내용**

㉠ 과거 재해 이력

㉡ 사면의 정량적 특성

㉢ 사면의 정성적 특성

㉣ 사면 인근의 구조물 상태

(4) 토사재해

① **조사대상**

토사 붕괴

② **조사내용**

㉠ 자연현황

㉡ 과거 재해 이력

㉢ 복구현황

㉣ 피해원인 및 특성

(5) 해안재해

① **조사대상**

㉠ 해안침식

㉡ 폭풍해일에 의한 재해

㉢ 지진해일에 의한 재해

㉣ 고파에 의한 재해

㉤ 유류유출에 의한 재해

② **조사내용**

㉠ 재해 피해현장 조사

㉡ 과거 현장 자료 수집

㉢ 시계열적 변화 양상 조사

㉣ 복구현황

★
사면재해 위험요인
옹벽, 사방댐 배수시설의 구조 및 기능적 측면

★
토사재해 위험요인
- 침식, 토사유출 가능성
- 방재시설의 구조 및 기능적 측면

★
해안재해 위험요인
- 시설물의 세굴
- 콘크리트 구조물의 부식 및 파손
- 갑문의 작동시설 부식 및 노후화 등

(6) 바람재해

① **조사대상**

㉠ 과거 바람재해가 발생된 지역

㉡ 바람재해의 위험에 노출되어 있거나 잠재성이 있다고 예상되는 지역

② **조사내용**

㉠ 시설물의 유지관리 측면에서의 외관상 문제점

▷ 기준 미달

▷ 유실

▷ 침하

▷ 변형

▷ 균열

▷ 부식

★

바람재해 위험요인

- 시설물의 부착강도 저하
- 이음부 상태
- 균열 및 노후화

적중예상문제

제1장 방재시설 자료 조사

1 다음과 같이 재해에 대한 국가의 역할을 명시하고 있는 법은?

> 국가는 재해를 예방하고 그 위험으로부터 국민을 보호하기 위하여 노력하여야 한다.

① 「헌법」
② 「민법」
③ 「재난 및 안전관리 기본법」
④ 「자연재해대책법」

2 다음은 「재난 및 안전관리 기본법」의 기본이념에 대한 설명이다. 빈칸에 알맞은 말은?

> • 재난이 발생한 경우 그 (㉠)을(를) 최소화하는 것이 국가와 지방자치단체의 기본적 의무임을 확인
> • 모든 국민과 국가·지방자치단체가 국민의 생명 및 신체의 안전과 재산 보호에 관련된 행위를 할 때에는 (㉡)을(를) 우선적으로 고려

① ㉠ 피해 ㉡ 안전
② ㉠ 인명피해 ㉡ 안전
③ ㉠ 재산피해 ㉡ 인명피해
④ ㉠ 사망사고 ㉡ 인명피해

3 다음 중 안전 및 재난에 관한 정책의 수립·총괄·조정, 비상대비, 민방위 및 방재에 관한 사무 관장은 누구의 역할인가?

① 대통령
② 국무총리
③ 행정안전부장관
④ 지자체장

4 다음과 같은 재해대책에 대한 소관 업무의 조치를 명시한 법령은?

> • 자연재해 경감 협의 및 자연재해위험개선지구 정비 등
> • 풍수해 예방 및 대비
> • 설해대책
> • 낙뢰대책
> • 가뭄대책

① 「헌법」
② 「재난 및 안전관리 기본법」
③ 「자연재해대책법」
④ 「풍수해보험법」

1. 「대한민국 헌법」 제34조에 명시
2. 「재난 및 안전관리 기본법」 제2조에 명시
3. 「정부조직법」 제34조에 명시

정답 1. ① 2. ① 3. ③ 4. ③

5 다음 중 「자연재해대책법 시행령」 제55조에 규정된 관련 법령 및 방재시설에 해당되지 않는 것은?

① 「소하천정비법」에 따른 제방, 호안, 보, 수문
② 「국토의 계획 및 이용에 관한 법률」에 따른 방재시설
③ 「항만법」에 따른 방파제, 방사제, 파제제 및 호안
④ 「상수도법」에 따른 다목적댐, 홍수조절댐

6 다음 중 방재시설의 자료 조사와 관련하여 적정하지 않은 것은?

① 방재시설 관련 방재정책 자료를 수집하여 분석
② 방재시설 관련 방재계획 자료를 수집하여 분석
③ 방재시설은 주민 탐문조사를 원칙
④ 방재시설 설치지역·피해지역 공간정보 자료수집 및 적용성을 검토

7 방재시설이 위치한 지역의 자연현황 조사대상이 아닌 것은?

① 하천현황 ② 지형현황
③ 기상현황 ④ 산업현황

8 다음 중 안전취약계층에 해당하지 않는 것은?

① 장애인 ② 13세 미만 어린이
③ 임산부 ④ 65세 이상 노인

9 자연재해저감 종합계획 세부수립기준상의 안전취약계층의 정의로 옳은 것은? 19년1회 출제

① 10세 이하 어린이, 60세 이상 노인
② 13세 미만 어린이, 65세 이상 노인
③ 13세 미만 어린이, 60세 이상 노인
④ 10세 이하 어린이, 65세 이상 노인

10 다음은 자연재해저감 종합계획에 대한 설명이다. 빈칸에 대한 설명이 올바르게 연결된 것은?

> 시장·군수는 자연재해의 (㉠) 및 저감을 위하여 (㉡)마다 시·군 자연재해저감 종합계획을 수립하여 (㉢)을(를) 거쳐 (㉣)의 승인을 받아 확정

① ㉠ - 예방
② ㉡ - 5년
③ ㉢ - 행정안전부장관
④ ㉣ - 대통령

11 자연재해저감 종합계획의 최초 계획수립 후, 계획의 타당성을 재검토하고 이를 정비하는 주기는 얼마인가? 19년1회 출제

① 1년 ② 3년
③ 5년 ④ 7년

12 자연재해위험개선지구 정비계획의 수립 주기는?

① 2년 ② 5년
③ 10년 ④ 필요시

5. 「상수도법」에는 해당 시설이 없으며, 「하수도법」에는 하수관로 및 하수종말처리시설이 있음
6. 방재시설은 문헌자료 수집도 가능
7. 자연현황 조사대상으로 하천현황, 지형현황, 지질 및 토양현황, 기상현황, 해상현황 등이 있음
9. 안전재해취약계층은 13세 미만 어린이, 65세 이상 노인, 장애인
10. 시장·군수는 자연재해의 예방 및 저감을 위하여 10년마다 시·군 자연재해저감 종합계획을 수립하여 시·도지사를 거쳐 행정안전부장관의 승인을 받아 확정
11. 자연재해저감 종합계획은 10년마다 수립 후 5년 경과 시 타당성 여부 검토

정답 5. ④ 6. ③ 7. ④ 8. ③ 9. ② 10. ① 11. ③ 12. ②

13 방재시설에 대한 계획과 관련 법령이 올바르게 연결된 것은?

> ㉠ 우수유출저감대책 - 「환경정책기본법」
> ㉡ 자연재해저감 종합계획 - 「자연재해대책법」
> ㉢ 하천기본계획 - 「하천법」
> ㉣ 소하천정비종합계획 - 「수자원의 조사·계획 및 관리에 관한 법률」
> ㉤ 소규모 위험시설 정비계획 - 「재난 및 안전관리 기본법」

① ㉠, ㉢ ② ㉡, ㉣
③ ㉡, ㉢ ④ ㉣, ㉤

14 우수유출저감대책과 소규모 위험시설 정비계획의 수립 주기는 각각 얼마인가?

① 5년, 5년 ② 5년, 10년
③ 10년, 5년 ④ 10년, 10년

15 우수유출저감시설이 아닌 것은? 19년1회 출제

① 침투트렌치
② 침사지
③ 투수성 포장
④ 공사장 임시저류지

16 소규모 위험시설의 정비를 5년마다 수립하도록 한 소규모 위험시설 정비계획에 관한 법령은?

① 「자연재해대책법」
② 「재난 및 안전관리 기본법」
③ 「수자원의 조사·계획 및 관리에 관한 법률」
④ 「소규모 공공시설 안전관리 등에 관한 법률」

제2장 방재시설 피해현장 조사

17 다음 중 수치 지도에 대한 장점이 아닌 것은?

① 종이 지도에 비해 저가이면서 빠른 방법으로 수치 지도 제작 가능
② 축척의 변환, 투영법 변환 용이
③ 날씨에 의한 신축이나 변형이 없음
④ 시스템 구축비와 고가의 장비와 소프트웨어가 필요

18 측량의 관측요소가 아닌 것은?

① 거리 ② 범위
③ 각도 ④ 높이차

19 자연재해의 예방·대비 단계의 방재활동을 위하여 제작되어야 할 GIS 데이터가 아닌 것은?

① 재난흔적도
② 실시간 피해지도
③ 재난예상도
④ 재난 대피지도

20 다음 중 재해지도에 해당되지 않는 것은?

① 침수흔적도
② 재해정보지도
③ 해안침수예상도
④ 산사태발생위치도

13. 우수유출저감대책 - 「자연재해대책법」, 소하천정비종합계획 - 「소하천정비법」, 소규모 위험시설 정비계획 - 「소규모 공공시설 안전관리 등에 관한 법률」
15. 우수유출저감시설은 저류시설과 침투시설로 구분되며, 토사방재시설물에 해당
17. 수치 지도의 단점으로 시스템 구축비와 제작비의 초기 투자가 필요하며, 장비와 소프트웨어 및 전문 지식이 필요
18. 측량의 관측요소는 거리, 각, 높이차, 시간이 있음

정답 13. ③ 14. ① 15. ② 16. ④ 17. ④ 18. ② 19. ② 20. ④

21 **다음 설명 중 틀린 것은?**

① 국가재난관리정보시스템(NDMS)에서 전국 단위 12종의 재난 관련 시스템 정보들을 종합하여 전 국민에게 온라인으로 제공
② 산사태정보시스템에서는 전 국민을 대상으로 위성/기본지도 및 지적도 위에 산사태 위험을 1~5등급으로 나누어 제공
③ 하천관리정보시스템(RIMGIS)은 전국 국가하천에 대한 공간정보 및 관련 정보를 구축하여 전 국민에게 온라인으로 제공
④ 국가재난정보센터는 '주간 안전사고 위험예보'를 공간정보화하여 온라인으로 제공

22 **다음 중 지반조사가 필요한 조건이 아닌 것은?**

① 구조물의 변형이나 손상이 발생하는 경우
② 구조물에 정기적인 진동이 발생하는 경우
③ 주변 환경의 변화로 구조물 안전에 문제가 있다고 판단될 경우
④ 지반공동 및 지반함몰이 있을 것으로 예상되는 경우

23 **다음 중 지반조사 시 지표지질 조사에서 필요한 조사내용을 모두 고른 것은?**

㉠ 균열 시점	㉡ 균열 유형
㉢ 균열 크기	㉣ 습지 위치
㉤ 지형 단차	㉥ 토질 종류

① ㉠, ㉡, ㉣　　② ㉡, ㉣, ㉤
③ ㉢, ㉤, ㉥　　④ ㉠, ㉢, ㉥

24 **다음 중 방재시설 피해현장의 수문조사에 필요한 항목이 아닌 것은?**

① 하천 수위
② 유사량
③ 토양 전기전도도
④ 증발산량

25 **수문자료에서 정상년 자료는 몇 년 평균을 의미하는가?**

① 10년　　② 30년
③ 50년　　④ 100년

26 **다음 중 토심과 산사태와의 관계를 올바르게 설명하고 있는 것은?**

① 토심이 깊을수록 산사태 발생 위험은 낮아짐
② 토양 침식은 토심이 깊은 지역에서만 발생
③ 토심이 얕은 지역에서 토사유출량이 많음
④ 토심이 1m 이상인 지역은 뿌리의 긴박력에 의한 산사태 방지 기능이 거의 없음

27 **자연재난으로 인한 피해조사 절차를 올바르게 설명한 것은?**

① 사유시설과 공공시설 피해는 시·도 재난안전대책본부장의 권한과 책임하에 조사

21. NDMS 자료는 온라인으로 제공되지 않음
23. 지반조사의 지표지질 조사는 균열 위치, 균열 유형, 이동 방향, 용수 위치, 습지 위치, 함몰지, 지형 단차, 식생현황 등에 대하여 이루어짐
24. 수문조사는 하천·호수·늪의 수위, 유량, 유사량 및 하천유역의 강수량, 증발산량, 토양수분 함유량에 대하여 이루어짐
26. 토심이 깊을수록 중력에 의해 하부로 미끄러지려는 힘이 강해 산사태 발생 위험이 높으며, 토양 침식은 토심이 얕은 지역에서도 발생함. 토심이 깊은 지역에서 산사태가 더 잘 발생하며 토사유출량도 많음
27. - 지방자치단체의 사유시설 피해조사는 읍·면·동장이 현장조사를 매일 실시하여 시·군·구 재난관리시스템으로 보고
- 지방자치단체의 공공시설 피해조사는 시장·군수·구청장 소관시설에 대하여는 읍·면·동장의 피해 보고를 토대로 시·군·구청의 소관부서에서 현장을 조사하여 시·군·구 재난관리시스템에 입력
- 피해액은 시설별 세부공종별 피해물량에 기준 단가를 곱하여 산정

정답 21. ① 22. ② 23. ② 24. ③ 25. ② 26. ④ 27. ①

② 지방자치단체의 사유시설 피해조사는 시·군·구청장이 조사하여 시스템에 입력
③ 지방자치단체의 공공시설 피해조사는 시장·군수·구청장 소관시설에 대하여 읍·면·동장이 피해 보고를 입력
④ 피해액은 시설별 세부공종별 피해물량에 복구단가를 곱하여 산정

28 다음은 자연재난조사 시 지방자치단체의 사유시설에 대한 피해조사 절차를 설명하고 있다. 빈칸에 대한 설명으로 올바른 것은?

> • (㉠)은 주민이 신고한 피해를 포함하여 현장조사를 (㉡) 실시하여 시·군·구 재난관리시스템으로 보고
> • 시·군·구청의 소관부서에서는 현장 확인을 거쳐 시·군·구 재난관리시스템에서 확정

① ㉠ 읍·면·동장 ㉡ 매일
② ㉠ 읍·면·동장 ㉡ 1주일마다
③ ㉠ 시장·군수·구청장 ㉡ 매일
④ ㉠ 시장·군수·구청장 ㉡ 1주일마다

29 다음은 자연재난조사 시 지방자치단체의 공공시설에 대한 피해조사 절차를 설명하고 있다. 빈칸에 대한 설명으로 올바른 것은?

> • 시장·군수·구청장 소관시설에 대하여는 읍·면·동장의 피해 보고를 토대로 시·군·구청의 소관부서에서 현장을 조사하여 시·군·구 재난관리시스템에 입력
> • 시장·군수·구청장 소관 외 시설은 소관시설의 (㉠)이(가) 현장을 조사하여 재해대장을 작성 후 관할 (㉡)에게 통보

① ㉠ 현장책임자
㉡ 행정안전부장관
② ㉠ 재난관리책임기관의 장
㉡ 행정안전부장관
③ ㉠ 현장책임자
㉡ 시장·군수·구청장
④ ㉠ 재난관리책임기관의 장
㉡ 시장·군수·구청장

30 다음 중 하천재해의 방재시설 피해현장에 대한 조사내용이 아닌 것은?

① 하천시설의 결함 및 파손 상태
② 하천공사현장 피해현황
③ 하도 내 체육시설 및 편의시설 피해현황
④ 홍수 소통 관련 지장물 피해현황

31 다음은 하천재해 피해지역 조사에서 시설물에 대한 유지관리 측면에서 외관상 문제점 조사에 필요한 항목들을 나타내고 있다. 이 가운데 해당하지 않는 것을 올바르게 나타낸 것은?

㉠ 유실	㉡ 팽창
㉢ 침하	㉣ 부식
㉤ 변색	㉥ 변형

① ㉠, ㉣ ② ㉢, ㉤
③ ㉣, ㉥ ④ ㉡, ㉤

32 다음 중 내수재해 피해지역에 대한 조사내용이 아닌 것은?

① 하수관 조사
② 펌프장 조사
③ 하수관 내 잡물 퇴적 상황
④ 하천 퇴적 상황

31. 하천시설물의 유지관리 측면 상 외관상 문제점 점검은 유실, 침하, 변형, 손실, 균열, 부식에 대해 조사

32. 이 외에 피해 사례 탐문 조사, 침수지대 특성 분석, 하천 연계 지점 조사 등이 있음

정답 28. ① 29. ④ 30. ③ 31. ④ 32. ④

33 다음 중 내수재해의 2차적 위험요인에 대한 조사내용이 아닌 것은?

① 맨홀뚜껑 유실에 따른 인명피해 우려
② 선로 배수설비 및 전력시설 방수 미흡
③ 전기시설 노출로 감전 우려
④ 하천수 역류 방지시설 미비

34 다음 중 사면재해의 지반 활동으로 인한 붕괴 위험요인에 대한 조사내용이 아닌 것은?

① 개발사업에 따른 지반교란
② 사면의 극심한 풍화 및 식생상태 불량
③ 토석류의 퇴적에 따른 통수 단면적 잠식
④ 절리 및 단층 불안정

33. 하천수 역류 방지시설 미비는 직접 피해를 유발하는 대상

정답 33. ④ 34. ③

제2과목

제4편
방재 기초자료 조사

제1장

제4편
방재 기초자료 조사

기초자료 조사계획 수립

본 장에서는 방재시설계획 수립에 필요한 기초자료의 종류와 범위 그리고 필요 인력의 투입량과 작업수행 공정계획에 대한 업무범위를 다루고 있다. 또한, 재해요인 분석에 필요한 자료를 기상 및 수문, 방재시설, 해양 및 해안시설로 구분하여 조사대상을 나타내었으며, 재해이력과 재해저감사례 분석을 위한 조사자료와 분석 기준을 이해할 수 있다.

1절 기초자료의 종류 및 범위

1. 기초조사

(1) 자료 조사

① 일반현황 조사

② 풍수해현황 조사

③ 관련 계획 조사

(2) 설문조사

① 풍수해 우려지역 주민(통장, 이장 등)

② 지자체 담당 공무원 대상

(3) 현장조사

2. 일반현황 조사

(1) 행정현황

① 지역 연혁

② 행정구역현황

(2) 인문현황

① 인구현황

② 산업현황

③ 문화재현황

★
자료 조사는 과거 10년 이상의 기간에 대하여 실시

(3) 자연현황

① 토지이용현황

② 지형현황

③ 지질 및 토양현황

④ 기상현황

⑤ 해상현황

(4) 방재현황

① 재해관련지구 지정현황

② 방재시설현황

3. 풍수해현황 조사

(1) 연도별 풍수해현황

① 연도별 풍수해 피해현황

② 연도별 풍수해 복구현황

(2) 풍수해별 현황

① 기상 및 해상현황

② 홍수유출 특성

③ 해상 및 태풍 특성

④ 피해원인 및 특성

⑤ 풍수해 특성 종합

4. 관련 계획 조사

(1) 방재 관련 계획

① 안전관리계획

② 유역종합치수계획

③ 수해 방지 종합대책

④ 지구단위 홍수방어기준

⑤ 지역 안전도 진단

⑥ 재해복구사업 분석 평가

⑦ 재해지도

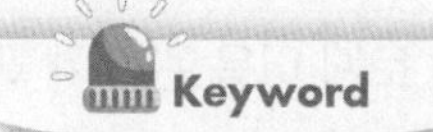

(2) 토지 이용 관련 계획

① 도시기본계획상의 토지이용계획

② 도시관리계획

③ 개발사업, 정비사업 등에 관한 계획

④ 각종 토지 이용 변화를 수반하는 개발계획

(3) 시설정비 관련 계획

① 하천기본계획 등 각종 시설 관련 기본계획

② 시설 정비 관련 계획과의 연관성 검토

(4) 국가단위 관련 계획

① 도로, 하천 등 기간산업 관련 계획 등

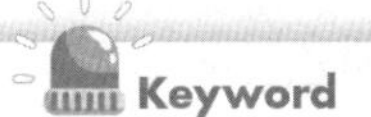

5. 재해영향평가의 기초현황 조사

(1) 기초현황 조사의 기본방향

(2) 유역 및 배수계통 조사

① 유역 조사

② 배수계통 조사

(3) 수문 특성 조사

① 수문관측소 현황 조사

② 수문관측소 자료 조사

(4) 토양, 지질 및 지반현황 조사

① 토양 및 지질현황 조사

② 사면현황 조사

③ 지반현황 조사

- ▷ 재해 발생현황 조사
- ▷ 재해관련지구 지정현황 조사
- ▷ 방재시설현황 조사
- ▷ 관련 계획 조사

2절 인력투입량 및 작업수행 공정계획

Keyword

1. 인력투입량

(1) 기술자의 구분 및 등급

① 기술계 엔지니어링 기술자

② 숙련기술계 엔지니어링 기술자

기술계 엔지니어링 기술자의 등급 기준

기술등급 \ 구분	국가기술자격자	학력자
기술사	기술사	
특급기술자	기사 10년 이상 산업기사 13년 이상	
고급기술자	기사 7년 이상 산업기사 10년 이상	
중급기술자	기사 4년 이상 산업기사 7년 이상	
초급기술자	기사, 산업기사 2년 이상	석사, 학사, 전문대졸 3년 이상

자료: 「방재 분야 표준품셈」

★
엔지니어링 기술자 등급의 적용기준은 2013년 1월 1일 이후부터임

숙련기술계 엔지니어링 기술자의 등급 기준

기술등급 \ 구분	국가기술자격자	학력자
고급 숙련기술자	기능장, 산업기사 4년 이상, 기능사 7년 이상, 기능사보 10년 이상	
중급 숙련기술자	산업기사, 기능사 3년 이상, 기능사보 5년 이상	
초급 숙련기술자	기능사, 기능사보 2년 이상	고졸 1년 이상

자료: 「방재 분야 표준품셈」

(2) 「방재 분야 표준품셈」의 소요인력 기준

① 대상 업무

㉠ 재해영향평가 등의 협의

㉡ 자연재해저감 종합계획

㉢ 저수지·댐 비상대처계획

㉣ 재해복구사업의 평가·분석
㉤ 자연재해위험개선지구 정비·실시계획
㉥ 자연재해위험개선지구 정비사업 분석·평가
㉦ 우수유출저감대책 수립

② **소요인력 원단위 기준수량**

㉠ 재해영향성 검토 대상인 행정계획 중 시·군·구 단위 이상 계획
▷ 행정구역 면적 100km^2

㉡ 그 외의 재해영향성 검토 대상인 행정계획
▷ 면적 100,000m^2
▷ 길이 10km

㉢ 재해영향평가 대상인 개발사업의 하한기준
▷ 계획(사업)대상 면적 50,000m^2
▷ 길이 10km

㉣ 소규모 재해영향평가 대상인 개발사업의 상한 기준
▷ 계획(사업)대상 면적 50,000m^2
▷ 길이 10km

재해영향평가 개발사업의 소요인력 예시

구분	단위	소요인력(인·일)					
		기술사	특급 기술자	고급 기술자	중급 기술자	초급 기술자	중급 숙련 기술자
1. 작업계획 수립	1식	0.10	0.20	0.20	0.10	0.00	0.00
2. 사업의 개요		0.00	0.00	0.17	0.17	0.40	0.40
가. 사업 배경과 목적	1식	0.00	0.00	0.03	0.03	0.05	0.05
나. 사업 내용	1식	0.00	0.00	0.10	0.10	0.25	0.25
다. 사업 추진경위	1식	0.00	0.00	0.02	0.02	0.05	0.05
라. 재해영향평가 실시 근거 및 절차	1식	0.00	0.00	0.02	0.02	0.05	0.05
3. 기초현황 조사		1.80	2.75	4.30	5.45	7.40	6.55
가. 기초현황 조사의 기본방향	1식	0.20	0.55	0.60	0.80	0.90	0.40
나. 유역 및 배수계통 조사	1개소	0.35	0.40	0.70	0.90	1.35	1.35
다. 수문 특성 조사	1식	0.40	0.50	1.00	1.00	1.20	1.10
라. 토양, 지질 및 지반현황 조사	1개소	0.25	0.40	0.65	0.90	1.35	1.20
마. 재해 발생현황 조사	1개소	0.25	0.40	0.60	0.75	1.20	1.20

★
단위업무별 소요인력 = 표준 원단위 소요인력 기준량(인) × 단위업무별 보정계수(α)

➔
단위업무별 보정계수
「방재 분야 표준품셈」 또는 제2과목 제2편 제3장 "재해유형별 방재시설계획 수립" 참고

바. 재해관련지구 지정현황 조사	1식	0.10	0.10	0.15	0.30	0.20	0.20
사. 방재시설현황 조사	1개소	0.15	0.20	0.30	0.40	0.60	0.55
아. 관련 계획 조사	1개소	0.10	0.20	0.30	0.40	0.60	0.55

자료: 「방재 분야 표준품셈」

2. 공정계획

(1) 기본설계 업무범위

① 설계 개요 및 법령 등 각종 기준 검토
② 예비타당성 조사, 타당성 조사 및 기본계획 결과의 검토
③ 설계요강의 결정 및 설계지침의 작성
④ 기본적인 구조물 형식의 비교·검토
⑤ 구조물 형식별 적용공법의 비교·검토
⑥ 기술적 대안 비교·검토
⑦ 대안별 시설물의 규모, 경제성 및 현장 적용 타당성 검토
⑧ 시설물의 기능별 배치 검토
⑨ 개략공사비 및 기본공정표 작성
⑩ 주요 자재·장비 사용성 검토
⑪ 설계도서 및 개략 공사시방서 작성
⑫ 설계설명서 및 계략계산서 작성
⑬ 기본설계와 관련된 보고서, 복사비 및 인쇄비

(2) 실시설계 업무범위

① 설계 개요 및 법령 등 각종 기준 검토
② 기본설계 결과의 검토
③ 설계요강의 결정 및 설계지침의 작성
④ 구조물 형식 결정 및 설계
⑤ 구조물별 적용 공법 결정 및 설계
⑥ 시설물의 기능별 배치 결정
⑦ 공사비 및 공사기간 산정
⑧ 상세공정표의 작성
⑨ 시방서, 물량내역서, 단가 규정 및 구조 및 수리계산서의 작성
⑩ 실시설계와 관련된 보고서, 복사비 및 인쇄비

➔ 엔지니어링사업대가의 기준 참고

3절 재해요인 분석자료 조사항목

1. 기상 및 수문자료 조사

(1) 기상 및 수문관측소 현황

(2) 기상 및 수문자료 조사

① 기상
② 기후
③ 강우량
④ 수위
⑤ 유량

(3) 댐 운영 자료 조사

(4) 강우량, 유출량, 수위 기록에 대한 빈도 분석

2. 방재시설 조사

★ 방재시설물의 위치, 규모, 운영 주체 등을 조사하며, 관련 계획, 공사대장, 시설물 관리대장 등을 통하여 조사

(1) 하천시설물 조사

① 하천기본계획
② 소하천정비종합계획
③ 미수립 시 현지조사

(2) 하수관거 및 내수배제시설 조사

(3) 저수지 및 댐, 사방댐 조사

(4) 하구둑 및 방조제 조사

(5) 기타 공공시설물 조사

3. 해양자료 및 해안시설 조사

(1) 조위관측소 현황

(2) 조위자료 조사

① 조석자료
② 파랑자료

(3) 해안선 침식 및 퇴사 조사

(4) 해안시설물 조사

① 방조제

② 방파제

③ 방풍림

★ 최근 10년 이상의 기간에 대한 연도별 피해 발생현황 조사

4절 재해이력 및 재해저감사례 분석

1. 재해이력 분석

(1) 풍수해현황 조사

① 현황 조사자료

㉠ 재해연보

㉡ 태풍백서

㉢ 수해백서

㉣ NDMS(국가재난정보관리시스템) 자료

② 과거 풍수해 발생현황 조사

㉠ 연도별

▷ 연도별·시설물별 피해액 현황

▷ 연도별·시설물별 복구비 현황

▷ 연도별 피해시설의 종류, 개소수, 개소수 비율, 피해액, 피해액 비율 등

▷ 연도별 피해시설 분석을 통한 지자체 재해 특성 기술

㉡ 기간별

㉢ 원인별

③ 풍수해 피해현황 조사

㉠ 인명피해 규모

㉡ 재산피해 규모

④ 풍수해 재해원인 특성 조사

㉠ 기상 특성

대상지역 및 주변지역에 재해기간 동안 발생한 최대강우량 및 일 최대강우량, 최대풍속, 순간 최대풍속, 풍향, 최심적설 및 신적설 등을 조사하고 기술

㉡ 강우 특성

지역별로 설정·공표한 방재성능 목표강우량과 「확률강우량도 개선 및 보완 연구」에서 제시한 대상지역의 확률강우량 산정 결과 등을 바탕으로 주요 풍수해 기간 동안 발생한 강우 지속기간별 최대강우량을 조사하여 확률강우량의 재현기간과 비교·검토하여 기술

㉢ 홍수유출 특성

연도별 관측소별 수위-유량 관계곡선식을 채택하여 관측소별 시간에 따른 수위를 유량으로 환산하여 산정된 홍수량과 하천의 계획홍수량을 비교·검토하여 기술

㉣ 해일내습 특성

기간별로 발생한 피해(침수, 항만·방파제·해안도로 등 해안의 인공 시설물 세굴 또는 파괴, 해안침식 등) 현황 및 해일 발생원인(태풍, 폭풍해일, 지진해일, 고조위·고파랑 등)을 분석하여 기술

㉤ 대설 특성

기간별로 발생한 피해현황 및 기상현황, 취약 시설물 현황, 제설장비 보유 현황 등을 조사하고 원인을 분석하여 기술

㉥ 가뭄 특성

기간별로 발생한 피해현황 및 지속기간별(연·월·일별) 강수량 자료, 용수공급시설의 저수율 자료, 지하수 이용 실태 등을 조사하고 원인을 분석하여 기술

⑤ **풍수해 복구현황 조사**

㉠ 과거 발생한 주요 풍수해에 대하여 복구현황 기술

㉡ 복구공사를 완료한 지역·시설에 대하여는 재해복구사업의 분석·평가 결과를 활용하여 잔존위험이 있는지를 조사

- ▷ 기능복원만 시행되었거나 복구공사를 완료하지 않은 지역·시설에 대해서는 잠재위험이 있는지 여부를 조사하여 풍수해 위험지구 후보지 선정 시 반영

㉢ 복구현황에 대한 주요 조사내용

- ▷ 피해 당시의 피해상황
- ▷ 시설물별 피해원인
- ▷ 선정된 복구공법
- ▷ 기능 또는 개선복구사업에 대한 잔존위험 여부
- ▷ 복구 시설물의 유지관리 상태 등

Keyword

★
복구현황은 개선복구비 10억 원 이상을 대상으로 함

㉣ 법에 따라 재해복구 분석평가를 실시한 경우와 개선복구 공사를 시행한 경우만을 대상으로 함

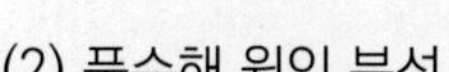

(2) 풍수해 원인 분석

① 재해 유형별 피해 특성 분석

② 피해지역 특성 분석

㉠ 지형 특성

㉡ 하도 특성

㉢ 수리 특성

㉣ 강우 및 유출 특성

③ 기존 시설물 운용현황 분석

2. 재해저감사례 분석

(1) 재해현황 조사자료

① 재해연보

② 태풍백서

③ 수해백서

④ NDMS 자료

(2) 재해저감 분석 기준

① 지역별 재해 발생 건수

② 지역별 재해 피해액

(3) 재해저감사례 조사항목

① 재해 종류

② 재해저감시설 현황

③ 재해저감 효과

제2장

자연현황 조사

제4편
방재 기초자료 조사

본 장에서는 방재시설이 위치한 지역의 자연현황을 조사하기 위해 필요한 자연현황에 대한 조사목적과 대상, 토지이용현황 및 계획에 대한 조사자료와 대상 그리고 지형·지질·하천현황에 대한 조사항목과 방법을 제시하고 있다.

1절 자연현황 조사

1. 자연현황 조사목적 및 방법

(1) 조사목적

① 지형, 지질, 하천 특성 등 물리적으로 재해에 취약한 요인을 가지고 있는 지역을 파악하고자 함

② 이미 파악된 재해위험지역과 향후 재해가 발생할 위험지역을 예측 및 특정하고자 함

(2) 조사방법

① 재해 유형별로 조사

② 취약한 자연 환경을 가지고 있는 지역의 공간적 범위를 제시할 수 있도록 구체적으로 시행

2. 자연현황 조사대상 및 활용

(1) 조사대상

① 토지이용현황 및 계획 조사

② 유역 및 하천현황 조사

③ 지형현황 조사

④ 지질현황 조사

⑤ 토양현황 조사

⑥ 임상현황 조사

⑦ 기상 및 해상현황 조사

(2) 조사 결과의 활용

① 재해 이력 지역의 피해원인 분석

② 위험지구 후보지 및 위험지구 선정

③ 재해저감대책 수립

2절 토지이용현황 및 계획 조사

1. 조사자료 및 대상

(1) 조사자료

① 수치토지피복도(수치토지이용도)

㉠ 토지이용도는 2000년도 초반에 제작

㉡ 토지피복도는 매년 제작하여 토지 이용의 변화 파악 가능

② 통계연보

③ 도시기본계획

④ 개발계획서

⑤ 수치지형도

⑥ 지적도

★
토지이용현황은 최근 10년간 변화 추이를 조사(토지피복도 활용)

(2) 조사대상

① 지목별 토지이용현황 조사

② 개발계획에 따른 토지이용계획

(3) 토지 이용에 따른 수치토지피복도 및 수치토지이용도의 구성

① 대분류(7가지)

㉠ 시가화 건조지역

㉡ 농업지역

㉢ 산림지역

㉣ 초지

㉤ 습지

㉥ 나지

㉦ 수역

② 중분류(토지피복도 기준 23가지)

③ 소분류(토지이용도 기준 37가지)

토지피복도 및 토지이용도 분류 기준 비교

수치토지피복도			수치토지이용도	
대분류	중분류	코드번호	세분류	코드번호
시가화 건조 지역	주거지역	110	일반주택지	3110
			고층주택지	3120
	공업지역	120	공업시설	3310
	상업지역	130	상업·업무지역	3130
	위락시설지역	140	유원지	2330
	교통지역	150	도로	3210
			철로 및 주변지	3220
			공항	3230
			항만	3240
	공공시설지역	160	발전시설	3410
			처리장	3420
			교육·군사시설	3430
			공공용지	3440
			매립지	3530
			댐	4320
농업 지역	논	210	경지정리답	1110
			미경지정리답	1120
	밭	220	보통·특수작물	1210
	하우스 재배지	230	-	-
	과수원	240	과수원·기타	1220
	기타 재배지	250	가축사육시설	3550
산림 지역	활엽수림	310	활엽수림	2220
	침엽수림	320	침엽수림	2210
	혼효림	330	혼효림	2230
초지	자연초지	410	자연초지	2110
	인공초지	420	골프장	2310
	기타 초지	430	인공초지	2120
			공원묘지	2320
습지	내륙습지	510	-	-
	연안습지	520	갯벌	4110
			염전	4120
나지	자연나지	610	채광지역	3520
			광천지	3540
	인공나지	620	암벽 및 석산	2340
			나대지 및 인공	3140
			공업나지·기타	3320
			백사장	4410
수역	내륙수	710	하천	4210
			호소	4310
	해양수	720	-	-

자료: 설계홍수량 산정요령

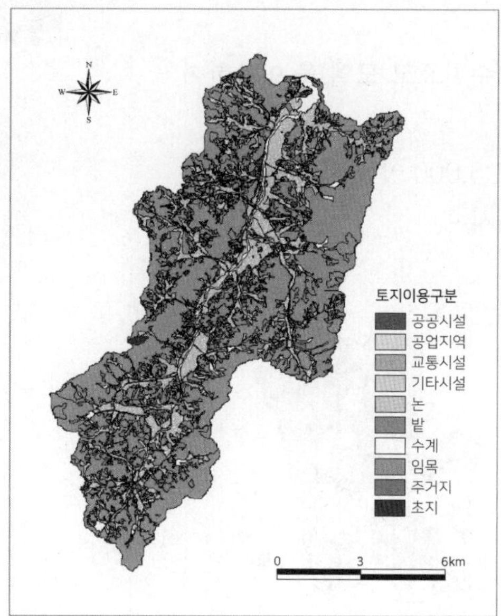

〈무한천 유역 토지이용도〉

자료: 무한천 하천기본계획

2. 개발계획 조사

(1) 목적

사업대상지의 개발과 주변 개발계획과의 재해 관련성 검토

(2) 조사자료

① 도시기본계획 자료

② 대상지 주변지역 개발계획

★ 관련 자료는 해당 지자체(시·군) 개발사업 관련 부서에서 문의

3절 지형·지질·하천현황 등 조사

1. 지형현황 조사

(1) 조사항목

① 표고 분석

② 경사 분석

③ 절·성토 사면 분석

④ 자연사면 분석

(2) 조사방법

① 국토지리정보원의 수치지형도 및 DEM(수치표고 모델)을 이용하여 분석

② 대상지역 규모에 따라 적합한 축척(최대 1:5,000 이하)의 지형도 이용

③ 대상지역에 대한 분석도와 구성도 등 제시

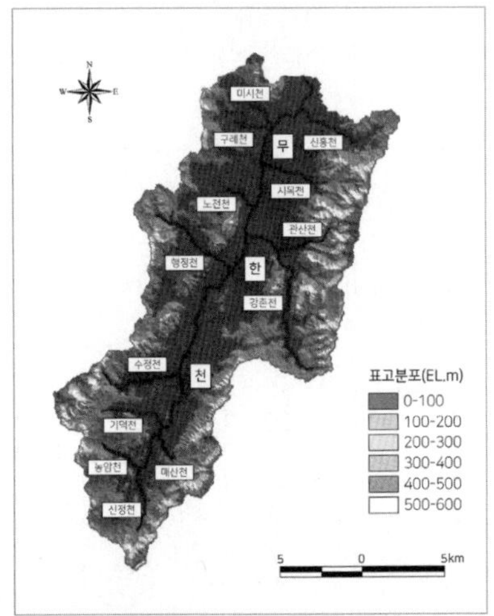

〈무한천 표고분포도〉
자료: 무한천 하천기본계획

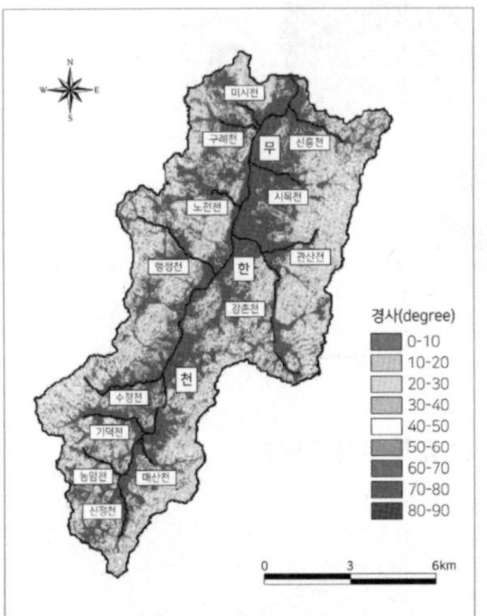

〈무한천 경사분포도〉
자료: 무한천 하천기본계획

2. 지질 및 토양현황 조사

(1) 조사항목

① 지질현황

㉠ 지질계통 암상별 특성

② 토양현황

㉠ 토양형별 면적 분포

(2) 조사방법

① 지질현황

㉠ 수치 지질도(1:50,000)에서 지질 계통과 지질을 도식화

㉡ 대상지역에 대한 지질현황의 분포와 구성도 제시

② 토양현황

㉠ 정밀토양도를 이용하여 수문학적 토양형 A, B, C, D로 분류

㉡ 대상유역의 토양형별 면적 분포와 구성도 제시

Keyword

★
지질도는 한국지질자원연구원에서 제공하는 자료 활용

★
토양 특성은 강우로 인한 유출과정에 직접적인 영향을 미치는 인자로 토양 성질에 따라 침투능이 상이하여 유효우량의 크기에 영향을 주는 중요한 인자

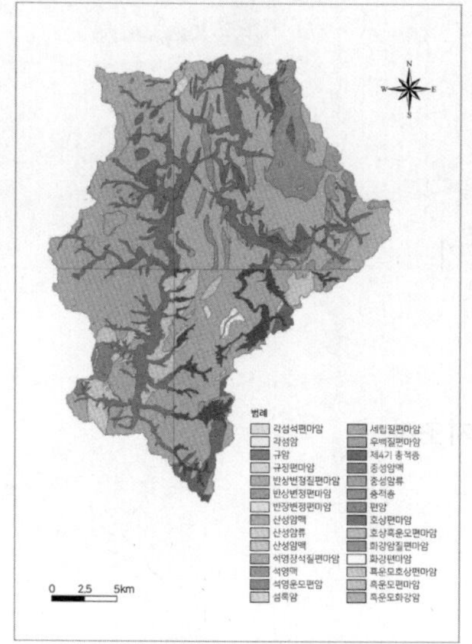

〈경안천 지질도〉
자료: 경안천 하천기본계획

〈경안천 토양도〉
자료: 경안천 하천기본계획

3. 하천현황 조사

(1) 조사항목

① **유역현황**

㉠ 유역 면적
㉡ 유로 연장
㉢ 유역 경사
㉣ 유역 평균 폭
㉤ 유역 형상계수

② **하천현황**

㉠ 하천명, 하천 등급, 시·종점에 관한 사항
㉡ 기본계획 유무, 개수현황, 유역 면적, 유로 연장, 하천 평균 폭, 하상계수 등에 관한 사항
㉢ 계획홍수량, 계획홍수위, 계획하폭, 제방고 등 하천 수리 특성에 관한 사항
㉣ 하천 홍수범람에 따른 위험지역에 관한 사항
㉤ 하천과 관련된 수공 구조물 및 횡단시설물에 관한 사항
㉥ 각종 정보를 하나로 모은 하천 정보도

Keyword

★
하천현황은 하천기본계획이나 소하천정비종합계획에서 조사

★
하천기본계획은 국가수자원관리종합정보시스템(wamis.go.kr)이나 하천관리지리정보시스템(RIMGIS; river.go.kr)에서 제공

(2) 조사방법

① **유역현황**

㉠ 대상 유역을 여러 개의 소유역으로 구분

㉡ 각 소유역에 대한 기하학적 특성을 세분하여 제시

㉢ 각 소유역은 전체 유역현황에서 확인할 수 있는 도면에 표기

② **하천현황**

㉠ 하천 관련 계획이 수립되어 있는 경우 기본계획에서 조사

㉡ 하천 관련 계획이 수립되어 있지 않은 경우 하천 측량 및 현지조사를 실시하여 도면에 제시

제3장

인문·사회현황 조사

제4편
방재 기초자료 조사

본 장에서는 방재시설이 속해 있는 행정구역에 대한 인문 및 사회현황 분석을 위한 조사대상과 산업 및 문화재현황 분석을 위한 조사대상에 대해 자세히 다루고 있다.

1절 인문·사회현황 조사

★
인구현황은 통계연보를 이용하며, 최근 10년간의 인구변화를 조사

1. 인문·사회현황 조사

(1) 인구현황

① 행정구역별 인구현황 조사
- ㉠ 가구수
- ㉡ 인구수(남, 여)
- ㉢ 인구밀도

② 유역별 인구현황 조사

(2) 행정구역 현황

① 행정구역 면적

② 행정구역 변화 과정

★
지역경제는 행정구역별 그리고 유역별 조사 가능

2. 지역경제 현황 조사

(1) 도시 내 총생산 조사

① 산업

② 도매 및 음식숙박업

③ 운수창고 및 통신업

④ 금융, 보험, 부동산임대

(2) 소득 관련 지표

① 소비자 물가지수

② 산업생산지수

③ 생산자 출하지수

(3) 유통금융 조사

① 유통현황

② 금융현황

(4) 재정 조사

① 지방세

② 예산결산 총괄

Keyword

2절 산업 및 문화재현황 조사

1. 산업현황 조사

★
산업현황은 행정구역별 그리고 유역별 조사 가능

(1) 도로현황 조사

① 포장

② 미포장

③ 포장률

(2) 교통환경 조사

① 자동차 등록대수

② 대기오염물질 배출시설

③ 수질오염물질 배출시설

(3) 산업농공단지 조사

① 단지명

② 입주업체 수

③ 가동업체 수

④ 월평균 종사자 수

⑤ 연간 생산액

(4) 광공업 조사

① 사업체 수

② 종사자 수

③ 주요 생산비

④ 부가가치

(5) 하수도 조사

① 하수처리 인구

② 보급률
③ 계획연장
④ 시설연장

(6) 주택 조사
① 종류별 주택 수
② 보급률

(7) 농업 조사
① 농가 가구 및 인구
② 경지면적
③ 경지정리 현황

2. 문화재 및 관광지 현황 조사

(1) 문화재 현황 조사
① 문화재 명칭
② 문화재 구분
㉠ 국가지정 문화재
㉡ 지방지정 문화재
㉢ 문화재 자료
㉣ 등록 문화재
㉤ 시·도 기념물
③ 문화재 지정번호
④ 문화재 소재지

(2) 관광지 현황 조사
① 관광지 현황
㉠ 관광지명
㉡ 관광지 소재지
㉢ 대상면적
㉣ 관광특구 여부
② 관광객 현황
㉠ 관광객(내국인, 외국인) 수
㉡ 관광수입

★
문화재 및 관광지 현황은 행정구역별 그리고 유역별 조사 가능

제4장

제4편
방재 기초자료 조사

방재현황 조사

본 장에서는 방재시설이 위치한 지역의 재해관련지구 지정에 대한 현황 조사를 위해 방재분야 법령에서 지정되는 재해관련지구를 법령별로 자세하게 다루고 있으며, 방재시설의 현황 조사와 유지관리 현황 조사에 필요한 조사기준과 방법, 평가 대상 등을 다루고 있다.

1절 재해관련지구 지정현황

1. 조사내용

(1) 재해관련지구의 지정현황

(2) 재해 발생원인 분석

(3) 재해대책 수립

2. 지구현황

(1) 「자연재해대책법」

① 제12조에 따른 자연재해위험개선지구
② 제25조의3에 따른 해일위험지구
③ 제26조의2에 따른 상습설해지역
④ 제33조에 따른 상습가뭄재해지역

(2) 자연재해저감 종합계획 세부수립기준
자연재해위험지구

(3) 「저수지·댐의 안전관리 및 재해예방에 관한 법률」

① 제9조에 따른 재해위험 저수지·댐
② 제12조에 따른 위험저수지·댐 정비지구

(4) 「급경사지 재해예방에 관한 법률」
제6조에 의한 붕괴위험지역

(5) 유관기관의 수해상습지 개선사업

수해상습지

(6) 산사태 발생 우려지역 조사 및 취약지역 지정관리 지침

산사태 취약지역

3. 「자연재해대책법」의 재해관련지구

(1) 자연재해위험개선지구

① 정의

㉠ 태풍·홍수·호우·폭풍·해일·폭설 등 불가항력적인 자연현상으로부터 안전하지 못하여 국민의 생명과 재산에 피해를 줄 수 있는 지역과 방재시설을 포함한 주변지역

㉡ 자연재해의 영향에 의하여 재해 우려가 있는 지역으로 노후화된 위험방재시설을 포함한 주변지역

㉢ 「자연재해대책법」 제12조에 따라 지정된 지구

② 지정기준

㉠ 집단적인 인명피해 및 재산피해가 우려되는 지역 중에서 소유자나 점유자 등의 자력에 의한 정비가 불가능한 지구

㉡ 침수, 산사태, 급경사지 붕괴(낙석을 포함) 등의 우려가 있는 지역으로 시장·군수·구청장이 방재 목적상 특별히 정비가 필요하다고 인정하는 지구

㉢ 지형적인 여건 등으로 인하여 재해가 발생할 우려가 있는 지역

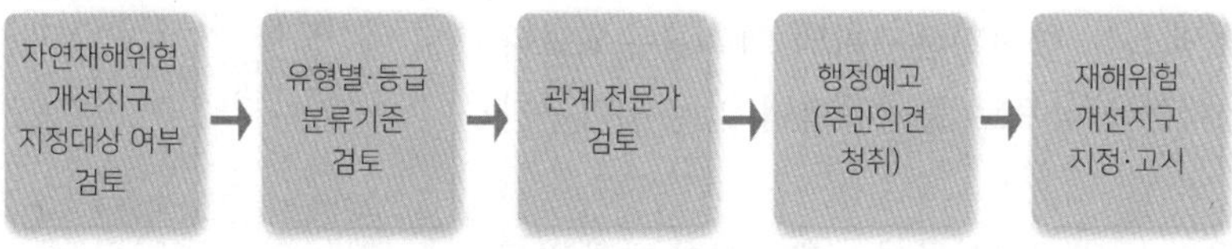

〈자연재해위험개선지구 지정절차〉

자료: 자연재해위험개선지구 관리지침

③ 종류

㉠ 침수위험지구

하천의 외수범람 및 내수배제 불량으로 인한 침수가 발생하여 인명 및 건축물·농경지 등의 피해를 유발하였거나 침수피해가 예상되는 지역

★
관련 법령
자연재해위험개선지구 관리지침

★
관련 법령
「자연재해대책법 및 시행령」

★
자연재해위험개선지구 종류
침수위험지구, 유실위험지구, 고립위험지구, 붕괴위험지구, 취약방재시설지구, 해일위험지구, 상습가뭄재해지구로 구분

★
침수피해 위험이 있는 경우도 침수위험지구에 해당

㉡ 유실위험지구

하천을 횡단하는 교량 및 암거 구조물의 여유고 및 경간장 등이 하천기본계획의 시설 기준에 미달되고 유수소통에 장애를 주어 해당 시설물 또는 시설물 주변 주택·농경지 등에 피해가 발생하였거나 피해가 예상되는 지역

㉢ 고립위험지구

▷ 집중호우 및 대설로 인하여 교통이 두절되어 지역주민의 생활에 고통을 주는 지역

▷ 우회도로가 있는 경우와 섬 지역은 제외

▷ 집중호우 및 대설로 인하여 교통 두절이 발생되었거나, 우려되는 재해위험도로 구역

㉣ 붕괴위험지구

▷ 산사태, 절개사면 붕괴, 낙석 등으로 건축물이나 인명피해가 발생한 지역 또는 우려되는 지역

▷ 주택지 인접 절개사면에 설치된 석축·옹벽 등의 구조물이 노후화되어 붕괴피해가 발생할 경우 인명 및 건축물 피해가 예상되는 지역

▷ 자연적으로 형성된 급경사지로 풍화작용, 지하수 용출, 배수시설 미비 등으로 산사태 및 토사유출 피해가 발생할 경우 인명 및 건축물 피해가 예상되는 지역

㉤ 취약방재시설지구

▷ 「저수지·댐의 안전관리 및 재해예방에 관한 법률」에 따라 지정된 재해위험 저수지·댐

▷ 기설치된 하천의 제방고가 하천기본계획의 계획홍수위보다 낮아 월류되거나 파이핑 현상으로 붕괴위험이 있는 취약구간의 제방

▷ 배수문, 유수지, 저류지 등 방재시설물이 노후화되어 재해 발생이 우려되는 시설물

▷ 자연재해저감 종합계획에 따라 침수, 붕괴, 고립 등 복합적인 위험요인으로 인하여 종합적인 정비가 필요한 지역 내 시설물

㉥ 해일위험지구

▷ 「자연재해대책법」 제25조의3에 따라 해일위험지구로 지정된 지역

▷ 지진해일, 폭풍해일, 조위상승, 너울성 파도 등으로 해수가 월

★
고립위험지구는 지구 지정일로부터 과거 10년 동안 피해가 발생했던 지역만을 대상으로 함

★
붕괴 시 인명피해 또는 직접적인 재산피해를 유발하지 않는 지역은 붕괴위험지구 지정 대상에서 제외

★
관리 부실로 인한 인위적 재난 발생 가능성이 있는 노후 복합건축물, 노후교량, 각종 공사장 등은 취약방재시설지구에서 제외

★
방재시설물은 「자연재해대책법 시행령」 제55조에 따른 방재시설을 의미

류되어 인명피해 및 주택, 공공시설물 피해가 발생한 지역

ⓢ 상습가뭄재해지구

▷ 「자연재해대책법」 제33조 및 동법 시행령 제23조에 따라 상습가뭄재해지역 중 정비가 필요한 지구

▷ 가뭄 재해가 상습적으로 발생하였거나 발생할 우려가 있는 지구

★ 건축물은 주택, 상가, 공공건축물을 의미

★ 기반시설은 공업단지, 철도, 기간도로를 의미

자연재해위험개선지구 등급분류 기준

등급별	지정기준
가 등급	- 재해 발생 시 인명피해 발생 우려가 매우 높은 지역
나 등급	- 재해 발생 시 건축물(주택, 상가, 공공건축물)의 피해가 발생하였거나 발생할 우려가 있는 지역
다 등급	- 재해 발생 시 기반시설(공업단지, 철도, 기간도로)의 피해가 발생할 우려가 있는 지역 - 농경지 침수발생 및 우려지역
라 등급	- 붕괴 및 침수 등의 우려는 낮으나, 기후변화에 대비하여 지속적으로 관심을 갖고 관리할 필요성이 있는 지역

자료: 자연재해위험개선지구 관리지침

(2) 해일위험지구

① **정의**

해일로 인하여 침수 등 피해가 예상되는 지역

② **지정기준**

㉠ 폭풍해일로 인하여 피해를 입었던 지역

㉡ 지진해일로 인하여 피해를 입었던 지역

㉢ 해일 피해가 우려되어 대통령령으로 정하는 지역

▷ 해수면 상승에 의한 하수도 역류현상 등으로 침수피해가 발생하였거나 발생할 우려가 있는 지역

▷ 태풍, 강풍 등으로 인한 풍랑으로 침수 또는 시설물 파손 피해가 발생하였거나 발생할 우려가 있는 지역

▷ 그 밖에 자연환경 등의 변화로 해일 피해가 우려되는 지역

(3) 상습설해지역

① **정의**

대설로 인하여 고립, 눈사태, 교통 두절 및 농수산 시설물 피해 등의 설해가 상습적으로 발생하였거나 발생할 우려가 있는 지역

② **지정기준**

㉠ 대설로 인하여 고립이 발생하였거나 발생할 우려가 있는 지역

㉡ 대설로 인하여 교통 두절이 발생하였거나 발생할 우려가 있는 지역

㉢ 대설로 인하여 농업 시설물에 피해가 발생하였거나 발생할 우려가 있는 지역

㉣ 그 밖에 행정안전부장관이 상습설해에 대한 대책이 필요하다고 정한 지역

(4) 상습가뭄재해지역

① **정의**

가뭄 재해가 상습적으로 발생하였거나 발생할 우려가 있는 지구

② **지정기준**

㉠ 생활용수 부족으로 인하여 급수대책이 필요한 지역

㉡ 농업용수 부족으로 인하여 급수대책이 필요한 지역

㉢ 그 밖에 행정안전부장관이 공업용수 부족 등으로 급수대책이 필요하다고 인정하여 고시하는 지역

4. 시·군 자연재해저감 종합계획 세부수립기준의 재해관련지구

(1) 자연재해위험지구

① **정의**

㉠ 자연재해저감 종합계획의 대상 자연재해 유형은 하천재해, 내수재해, 사면재해, 토사재해, 바람재해, 해안재해, 가뭄재해, 대설재해, 기타 재해 등 9개 유형

㉡ 위험지구 후보지(예비후보지 포함)는 자연재해 발생지점 또는 위험시설 등이 영향을 미칠 수 있는 범위를 하나의 지구로 정의

㉢ 자연재해위험지구는 위험지구 후보지를 대상으로 정성적 혹은 정량적 위험요인 분석을 통하여 자연재해저감대책을 수립하지 않을 경우 인명피해 또는 일정규모 이상 재산피해 발생 등이 예상되는 지구

㉣ 자연재해위험지구로 선정되기 위해서는 시·군 방재예산을 감안하여 목표년도 10년 이내에 시행 가능하여야 하며, 국비 등 지원을 포함하여 일정규모 이상인 조건을 만족시켜야 함

㉤ 위험지구 후보지 중에서 인명피해가 예상되지 않거나 피해액이 일정금액 미만인 지구를 제외한 위험지구 후보지를 자연재해위험지

★
목표년도 10년 이내 시행 가능

구 대상으로 선정

ⓑ 시행계획 수립 시 목표년도 10년 이내 시행이 가능한 지구를 자연재해위험지구로 최종 선정

ⓢ 나머지는 이후 시행할 수 있도록 자연재해 관리지구와 주민숙원사업 대상(지방자치단체 자체 예산으로 해소 가능한 일정규모 이하의 소규모 사업)으로 구분

② 위험지구 후보지 선정방법

㉠ 예비후보지 중에서 명확한 사유가 있는 위험지구 후보지를 제외하고 최대한 누락되지 않도록 위험지구 후보지를 선정

㉡ 위험도지수는 간략지수와 상세지수로 구분되며, 후보지 선정 단계에서는 간략지수를 산정하여 활용

㉢ 위험도지수 간략지수는 기초조사 및 기초분석을 통하여 조사된 피해이력, 관련계획 내용, 설문조사, 전 지역 자연재해 발생 가능성 검토내용 등을 토대로 현장조사를 실시한 후 아래 산식에 따라 산정

▷ 위험도지수(간략) = $A \times (0.6B + 0.4C) \times D$

* 여기서, A는 피해이력, B는 예상피해수준, C는 주민불편도, D는 정비 여부

㉣ 위험도지수 간략지수 산정 결과 위험도지수가 1 이하인 위험지구 예비후보지는 위험지구 후보지에서 제외

③ 위험지구 후보지 위험요인 분석

㉠ 예비후보지로부터 선정된 위험지구 후보지의 위험요인을 공학적으로 검토하여 위험지구 선정에 필요한 객관적 지표를 마련하고 저감대책 수립의 토대를 마련

㉡ 위험요인 분석은 기초현황 조사, 주민설문조사, 현장조사를 토대로 정성적 분석을 기본으로 하며, 필요시 각종 공학적 모형을 활용한 정량적 분석으로 보완

㉢ 정량적 분석은 해당 위험지구 후보지의 위험정도, 토지이용현황을 포함하여야 하며, 분석 결과는 후보지 위험도지수 산정 등에 활용

㉣ 위험도지수 상세지수는 아래 산식에 따라 산정

▷ 위험도지수(상세) = $A \times (0.6B + 0.4C)$

* 여기서, A는 피해이력 상세지수, B는 재해위험도 상세지수, C는 주민불편도 상세지수

★
위험도지수의 4가지 항목
피해이력, 예상 피해수준(재해위험도), 주민불편도, 정비 여부

ⓜ 위험요인 분석은 위험지구 후보지 전체에 대하여 실시하며, 표로 작성하며, 위험지구 선정의 주요 인자인 인명피해 및 재산피해액과 위험도지수 등을 포함

④ **위험지구 선정방법**

㉠ 위험지구 후보지 중에서 인명피해가 예상되거나 재산피해액이 상대적으로 큰 지구와 위험도지수가 상대적으로 큰 지구 등을 위험지구 대상으로 선정한 후, 목표연도 내 시행가능 여부 등을 고려하여 선정

㉡ 위험지구 후보지 중 인명피해가 예상되는 후보지와 사면재해의 경우 급경사지 재해위험도 평가결과 D·E등급이거나 D·E등급이 아니더라도 인명피해가 우려되는 후보지를 우선 고려하고 그 외의 후보지를 재산피해액 기준으로 정렬하여 재산피해액 기준 계열을 만든 다음, 위험도지수를 기준으로 후보지를 정렬하여 위험도지수 기준 계열 작성

㉢ 재산피해액 기준과 위험도지수 기준을 나란히 배치한 후, 재산피해액 기준에서 지자체 특성을 고려한 일정 재산피해액으로 두 기준에 한꺼번에 구분선을 그어 구분선 이상에 위치하는 후보지를 위험지구 대상으로 선정

㉣ 일정 재산피해액 미만이지만 위험도지수는 중위험도 이상에 해당되는 후보지는 소규모 사업이지만 위험도는 높은 경우이므로 위험지구 대상으로 추가 선정하여 관리지구로 지정하여 사업이 시행될 수 있도록 하며, 위험도지수는 저위험도에 해당되지만 일정 재산피해액 이상인 후보지는 위험지구 대상으로 추가 선정하여 위험지구 또는 관리지구로 고려

㉤ 자연재해위험지구 대상은 분석을 통하여 정해진 우선순위에 따라 시행계획 수립에서 목표년도 10년 이내에 시행할 수 있는 지구는 자연재해위험지구로 최종 선정하고 10년 이후에 시행할 수 있는 지구는 자연재해 관리지구로 구분

㉥ 자연재해위험개선지구, 급경사지붕괴위험지역, 재해위험저수지, 상습가뭄재해지역, 상습설해지역 등 기지정 재해위험지구에 해당되는 위험지구 후보지가 위험지구 선정 과정에서 제외되는 상황이 발생할 경우 정량적인 위험요인 분석 내용을 검토한 후 제외 여부를 최종 판단

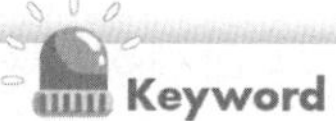

★
위험지구 선정 규모
최근 5년 이상의 시·군 방재예산을 활용하며, 가용 자료가 부족할 경우 최소 3년 이상의 조사결과를 활용

(2) 하천재해위험지구

① **위험지구 후보지 위험요인 분석**

㉠ 문헌조사 및 현장조사 내용 등에 의한 정성적 분석만으로는 위험요인을 도출하기 어려운 경우 정량적 분석기법을 적용

㉡ 위험요인 분석의 공간적 범위는 해당 하천재해위험지구 후보지의 특성 파악에 필요한 지형적 범위를 선정

▷ 위험요인 분석은 하천 자체와 하천범람 시 영향범위를 대상으로 하며, 하천 일부구간 또는 수계 전반 등 필요에 따라 위험요인 분석 범위를 달리 적용

▷ 하천재해위험지구 후보지 전체에 대하여 하천시설물 능력 검토를 통하여 하폭 및 제방고, 교량의 형하여유고 및 경간장 부족 등을 정량적으로 제시

▷ 하폭 및 제방고가 부족하여 하천범람 가능성이 높은 하천재해위험지구 후보지는 하도버퍼링, 하천모형을 통한 모의 등을 통하여 침수심, 침수면적(범위) 등을 추가로 제시

② **위험지구 선정방법**

㉠ 위험요인 분석을 통하여 산정된 위험도지수(상세)와 재산피해액 등을 토대로 위험지구 대상을 선정하고 방재예산 등을 고려하여 하천재해위험지구를 최종 선정

㉡ 위험지구 선정에서 제외된 하천재해위험지구 후보지(위험지구 대상)는 하천재해 관리지구로 선정

㉢ 하천재해위험지구 선정·제외현황은 재산피해액, 위험도지수 등 위험지구 선정과정에 사용된 주요 지표를 제시

(3) 내수재해위험지구

① **위험지구 후보지 위험요인 분석**

㉠ 문헌조사 및 현장조사 내용 등에 의한 정성적 분석만으로는 위험요인을 도출하기 어려운 경우 정량적 분석기법을 적용

㉡ 기초분석의 전 지역 자연재해 발생 가능성 검토에서 도출되는 내수재해위험지구 후보지는 분석 내용을 그대로 활용하고 그 외는 동일 모형의 동일 방법으로 분석하여 정량적 위험요인을 도출

▷ 피해발생 이력지역, 설문조사 등의 선정기준으로 선정된 내수재해위험지구 후보지는 주요 방재시설 능력검토 및 전 지역 분석 대상에 해당되지 않을 수 있으므로, 별도의 정량적 분석을

통하여 위험요인을 도출

▷ 위험요인 분석을 통하여 도출된 침수면적, 침수심 등은 인명피해, 재산피해 산정 등을 통하여 내수재해위험지구 선정 시 활용

② **위험지구 선정방법**

㉠ 위험요인 분석을 통하여 산정된 위험도지수(상세)와 재산피해액 등을 토대로 위험지구 대상을 선정하고 방재예산 등을 고려하여 내수재해위험지구를 최종 선정

㉡ 위험지구 선정에서 제외된 내수재해위험지구 후보지(위험지구 대상)는 내수재해 관리지구로 선정

㉢ 내수재해위험지구 선정·제외 현황은 하천재해에서 제시한 바와 같이 재산피해액, 위험도지수 등 위험지구 선정과정에 사용된 주요 지표를 제시

(4) 사면재해위험지구

① **위험지구 후보지 위험요인 분석**

㉠ 급경사지 재해위험도 평가기준에서 제시하고 있는 재해위험도 평가표에 의한 평가내용을 활용

㉡ 재해위험도 평가표에 의거한 평가 외에 추가적으로 자연재해 발생, 복구상태 및 효과분석, 계측자료, 유지관리상의 문제점 등을 파악하여 위험요인 분석을 보완

㉢ GIS 사면안정해석에 의하여 위험지구로 분석되는 경우와 산사태 위험등급이 높은 지구는 산사태 발생 가능성을 검토하고, 산사태 발생에 의한 사면 하부의 피해범위를 예측하여 저감대책으로 수립하여야 할 사항을 도출

▷ 사면재해의 경우에는 피해가 예상되는 영역을 포함한 전체 사면을 대상으로 함

▷ 사면재해위험지구 후보지 전체에 대하여 GIS를 이용한 산사태 위험지수를 산출하여 제시

▷ 사면재해위험지구 후보지 전체에 대하여 재해위험도 평가표를 작성하여 위험도 등급을 정량적으로 제시

② **위험지구 선정방법**

㉠ 사면재해의 경우 재해위험도 평가기준으로 D·E등급 위험지구 후보지와 D·E등급이 아니더라도 인명피해가 우려되는 위험지구 후보지를 위험지구 대상으로 분류하고 방재예산을 고려하여 사면재

해위험지구를 선정

㉡ 위험지구 선정에서 제외된 사면재해위험지구 후보지(위험지구 대상)는 사면재해 관리지구로 선정

㉢ 사면재해위험지구 선정현황은 위험지구 예비후보지 선정기준, 위험요인, 재산피해액 및 규모, 급경사지 재해위험도 평가 점수 및 등급 등 위험지구 선정과정에 사용된 주요 지표를 제시

(5) 토사재해위험지구

① 위험지구 후보지 위험요인 분석

㉠ 문헌조사 및 현장조사 내용 등에 의한 정성적 분석만으로는 위험요인을 도출하기 어려운 경우 정량적 분석기법을 적용

㉡ 현재 가장 보편적으로 사용하고 있는 모형은 원단위법이나 범용토양손실공식 등이 있으며, GIS를 이용한 토사재해 발생 가능성 분석을 실시하여 위험요인을 도출

㉢ 분석의 공간적 범위는 해당 위험지구 후보지의 토사유출 특성이 재현될 수 있는 유역이나 구역을 선정

▷ 토사재해의 경우에는 해당 토사의 발생원을 포함하는 일정 유역이나 구역을 대상으로 함

▷ 토사재해위험지구 후보지 전체에 대하여 GIS를 이용하여 토사유출량을 정량적으로 제시

② 위험지구 선정방법

㉠ 위험요인 분석을 통하여 산정된 위험도지수(상세)와 재산피해액을 등을 토대로 위험지구 대상을 선정하고 방재예산 등을 고려하여 토사재해위험지구를 선정

㉡ 위험지구 선정에서 제외된 토사재해위험지구 후보지(위험지구 대상)는 토사재해 관리지구로 선정

㉢ 토사재해위험지구 선정·제외현황은 하천재해에서 제시한 바와 같이 재산피해액, 위험도지수 등 위험지구 선정과정에 사용된 주요 지표를 제시

(6) 바람재해위험지구

① 위험지구 후보지 위험요인 분석

㉠ 문헌조사 및 현장조사 내용 등에 의한 정성적 분석만으로는 위험요인을 도출하기 어려운 경우 정량적 분석기법을 적용

㉡ 위험요인 분석의 공간적 범위는 해당 바람재해위험지구 후보지의

특성 파악에 필요한 지형적 범위를 선정

▷ 바람재해 검토대상은 태풍·강풍으로 피해를 입을 우려가 있는 영 제17조 내풍설계기준의 설정대상 시설물로 함

▷ 바람재해위험지구 후보지 전체에 대하여 GIS 기법을 이용하여 100년 빈도 지표풍속을 정량적으로 제시

▷ 분석 결과는 GIS 기법 등을 이용하여 극한 풍속에 미치는 지형 및 지표 거칠기의 정량적 영향을 최소 8개 풍향에 대하여 분석한 후 위험 지표풍속을 산출하며, 결과는 GIS 기법을 이용하여 위험요인 지도로 표출

▷ 지표풍속을 기준으로 바람재해위험지구 후보지의 풍해등급을 제시

▷ 현실적으로 수립 가능한 저감대책은 비구조적 저감대책 위주로 제한적인 점을 고려하여, 태풍 시뮬레이션이나 바람장 수치모형에 의한 분석 등 과도한 분석을 요구하는 것은 지양

▷ 다만, 상세한 공학적 분석이 필요하다고 판단되는 경우, 별도의 계획을 수립하여 진행할 수 있도록 전지역단위 비구조적 저감대책 부문에 이의 필요성을 기술하여 제안

② 위험지구 선정방법

㉠ 위험요인 분석을 통하여 산정된 위험도지수(상세)와 재산피해액 등을 토대로 위험지구 대상을 선정하고 후술되는 방재예산 등을 고려하여 바람재해위험지구를 최종 선정

㉡ 위험지구 선정에서 제외된 바람재해위험지구 후보지(위험지구 대상)는 바람재해 관리지구로 선정

㉢ 바람재해위험지구 선정·제외현황은 하천재해에서 제시한 바와 같이 재산피해액, 위험도지수 등 위험지구 선정과정에 사용된 주요 지표를 제시

(7) 해안재해위험지구

① 위험지구 후보지 위험요인 분석

㉠ 문헌조사 및 현장조사 내용 등에 의한 정성적 분석만으로는 위험요인을 도출하기 어려운 경우 정량적 분석기법을 적용

㉡ 기초분석의 전 지역 자연재해 발생 가능성 검토에서 도출되는 해안재해위험지구 후보지는 분석 내용을 활용하고 그 외는 동일 모형의 동일 방법으로 분석하여 정량적 위험요인을 도출

★
내풍설계기준의 설정 대상 시설

① 「건축법」 제2조에 따른 건축물
② 「공항시설법」 제2조 제7호 및 제8호에 따른 공항시설 및 비행장시설
③ 「관광진흥법」 제3조에 따른 유원시설업상의 안전성검사 대상 유기기구
④ 「도로법」 제2조 제2호에 따른 도로의 부속물
⑤ 「궤도운송법」 제2조 제3호에 따른 궤도시설
⑥ 「산업안전보건법」 제80조 및 제81조에 따른 유해하거나 위험한 기계·기구 및 설비
⑦ 「옥외광고물 등의 관리와 옥외광고산업 진흥에 관한 법률」 제2조 제1호에 따른 옥외광고물
⑧ 「전기사업법」 제2조 제16호에 따른 전기설비
⑨ 「항만법」 제2조 제5호에 따른 항만시설 중 고정식 또는 이동식 하역장비
⑩ 「도시철도법」 제2조 제2호에 따른 도시철도

Keyword

▷ 연안재해취약성 평가체계 분석 등과 같은 기존 국가단위 관련 계획 등의 문헌조사와 현장조사 등을 통한 정성적인 방법으로 위험요인을 파악

▷ 수치모의 필요 시 부분적으로 파랑 모의, 해일 모의 및 통계분석, 침수범위 산정을 실시하며, 침식 및 퇴적은 수치모의 정확성의 한계가 크므로 연안침식실태조사 등의 모니터링 자료를 사용

▷ 정량적인 분석이 필요한 경우에도 직접 분석을 실시하는 것은 한계가 있으므로 지양하고 국가에서 발간하는 보고서를 참고

▷ 정량적 위험요인 평가 시 국가단위에서 발간하는 공신력 있는 자료로는 태풍해일 침수예상도(국립해양조사원), 지진해일 침수예상도(국립재난안전연구원), 연안침식실태조사(해양수산부) 등

▷ 아주 특수한 경우에 한하여 자체적으로 수행하는 정량적 수치모의를 부분적으로 사용

▷ 분석의 공간적 범위는 해당 위험지구 후보지의 해안수리특성이 재현될 수 있는 구역을 선정

(8) 가뭄재해위험지구

① 위험지구 후보지 위험요인 분석

㉠ 문헌조사 및 현장조사 내용 등에 의한 정성적 분석만으로는 위험요인을 도출하기 어려운 경우 정량적 분석기법을 적용

㉡ 정량적 위험요인 분석은 용수공급 및 이용시설에 대한 위험요소 평가, 취약성 평가 및 위험도 분석을 포함하고 「지역특성을 고려한 재해영향분석기법 고도화」에서 제시된 분석기법을 참고하여 가뭄재해 유형 및 지역적 특성에 맞는 모형을 선택하여 시행

㉢ 정량적 위험도 분석이 어려울 경우 공개된 가뭄지구(가뭄정보시스템, 국토교통부) 정보를 활용하거나 새로운 방법을 이용

▷ 가뭄재해의 경우에는 각종 용수공급시설(댐, 저수지, 하천, 지하수 관정, 보, 양수장, 기타 등) 등으로 부터 생활·공업·농업용수를 공급을 받고 있는 지역 및 지구를 대상

▷ 가뭄재해위험지구 후보지 전체에 대하여 가뭄 위험요소 및 취약성 등급 산정을 통해 가뭄 위험도지수를 정량적으로 제시

▷ 가뭄에 의한 피해현황 및 원인을 피해지역, 피해 발생유형, 피해 발생원인별로 구분하여 분석하되 다음 각 사항이 포함되어야 함

- 수문·기상학적 측면에서의 원인분석

- 용수 수요 및 공급관리 측면에서의 원인분석
- 가뭄관리 체제 측면에서의 원인분석 등

② 위험지구 선정방법

㉠ 위험요인 분석을 통하여 산정된 위험도지수(상세)와 재산피해액 등을 토대로 위험지구 대상을 선정하고 후술되는 방재예산 등을 고려하여 가뭄재해위험지구를 최종 선정

㉡ 위험지구 선정에서 제외된 가뭄재해위험지구 후보지(위험지구 대상)는 가뭄재해 관리지구로 선정

㉢ 가뭄재해위험지구 선정현황은 하천재해에서 제시한 바와 같이 재산피해액, 위험도지수, 적합성(순위) 등 위험지구 선정과정에 사용된 주요 지표를 제시

(9) 대설재해위험지구

① 위험지구 후보지 위험요인 분석

㉠ 문헌조사 및 현장조사 내용 등에 의한 정성적 분석만으로는 위험요인을 도출하기 어려운 경우 정량적 분석기법을 적용

㉡ 정량적 위험요인 분석은 도로 및 취약시설(농·축산시설물, PEB (Pre-Engineered Building) 구조물, 천막구조물 등)에 대한 위험요소 평가, 취약성 평가 및 위험도 분석을 포함하고, 대설재해 위험에 대한 수문현상을 모의할 수 있는 모형을 선정하여 시행

㉢ 대설재해는 적설에 의해 발생하므로 이를 분석하기 위해서는 「지역특성을 고려한 재해영향분석기법 고도화」에서 제시된 분석기법을 참고하여 대설재해 유형 및 지역적 특성에 맞는 모형을 선택

▷ 대설재해는 대설로 인한 교통두절 및 고립 예상지역, 붕괴피해가 우려되는 취약시설(농·축산시설물, PEB 구조물, 천막구조물 등)이 분포하는 지역을 대상으로 함

▷ 대설재해위험지구 후보지 전체에 대하여 대설 위험요소 및 취약성 평가를 통하여 대설 위험등급을 제시

② 위험지구 선정방법

㉠ 위험요인 분석을 통하여 산정된 위험도지수(상세)와 재산피해액 등을 토대로 위험지구 대상을 선정하고 방재예산 등을 고려하여 대설재해위험지구를 최종 선정

㉡ 위험지구 선정에서 제외된 대설재해위험지구 후보지(위험지구 대상)는 대설재해 관리지구로 선정

ⓒ 대설재해위험지구 선정현황은 하천재해에서 제시한 바와 같이 재산피해액, 위험도지수, 적합성(순위) 등 위험지구 선정과정에 사용된 주요 지표를 제시

(10) 기타재해위험지구

① 위험지구 후보지 위험요인 분석

㉠ 문헌조사 및 현장조사 내용 등에 의한 정성적 분석만으로는 위험요인을 도출하기 어려운 경우 정량적 분석기법을 적용

㉡ 방재시설물 등은 해당 방재시설의 유지관리 실태 등을 참고하여 위험요인 분석을 실시

ⓒ 해당 방재시설에 대한 별도의 유지관리지침 및 위험요인 분석방법 등이 있을 경우 그에 따라 위험요인 분석을 실시

▷ 기타 재해는 대체로 자연재해 유형을 구분하기 어려운 소규모 시설의 비중이 높으므로 모든 시설에 대하여 정량적 분석을 의무적으로 요구하는 것은 지양

▷ 저수지의 경우, 기초분석의 전 지역 발생 가능성 검토결과를 토대로 여유고 등 시설능력 및 시설상태 평가 내용을 A~E등급으로 구분한 후 이를 종합한 안전성 검토결과를 정량적으로 제시

② 위험지구 선정방법

㉠ 위험요인 분석을 통하여 산정된 위험도지수(상세)와 재산피해액 등을 토대로 위험지구 대상을 선정하고 방재예산 등을 고려하여 기타재해위험지구를 최종 선정

㉡ 위험지구 선정에서 제외된 기타재해위험지구 후보지(위험지구 대상)는 기타재해관리지구로 선정

ⓒ 기타재해위험지구 선정현황은 하천재해에서 제시한 바와 같이 재산피해액, 위험도지수, 적합성(순위) 등 위험지구 선정과정에 사용된 주요 지표를 제시

5. 「저수지·댐의 안전관리 및 재해예방에 관한 법률」의 재해관련지구

(1) 재해위험 저수지·댐

① 정의

저수지·댐이 안전점검을 실시한 결과 재해 위험성이 높다고 판단되는 경우

② 지정기준

㉠ 정밀안전진단 결과 동법 시행령 별표 8에 따라 D등급(미흡) 또는 E등급(불량) 판정을 받은 댐

㉡ 다만, 수문학적 안전성이 부족하여 D등급 판정을 받은 댐 중에서 치수 능력을 증대하기 위한 사업이 진행 중인 댐은 제외

㉢ 저수지·댐의 상류지역에서 산사태가 발생하거나 저수지·댐에 퇴적물이 축적되어 홍수 대응능력이 부족하게 되는 등 재해가 우려되는 저수지·댐

(2) 위험저수지·댐 정비지구

① 지정기준

㉠ 저수지·댐의 안전성 확보 및 효용성 제고 등을 위하여 위험저수지·댐 정비사업이 시급하다고 판단되는 경우

㉡ 저수지·댐이 본래의 목적과 기능을 상실하여 재해예방을 위하여 다른 용도로 전환하는 등의 조치가 필요하다고 판단되는 경우

6. 「급경사지 재해예방에 관한 법률」의 붕괴위험지역

(1) 정의

① 급경사지

㉠ 택지·도로·철도 및 공원시설 등에 부속된 자연비탈면, 인공비탈면(옹벽 및 축대 등을 포함) 또는 이와 접한 산지

㉡ 대통령령으로 정하는 것

② 붕괴위험지역

붕괴·낙석 등으로 국민의 생명과 재산의 피해가 우려되는 급경사지와 그 주변 토지

(2) 지정기준

① 급경사지

㉠ 지면으로부터 높이가 5m 이상이고, 경사도가 34도 이상이며, 길이가 20m 이상인 인공 비탈면

㉡ 지면으로부터 높이가 50m 이상이고, 경사도가 34도 이상인 자연 비탈면

㉢ 그 밖에 관리기관이나 특별자치시장·시장·군수 또는 구청장(자치구의 구청장)이 재해예방을 위하여 관리가 필요하다고 인정하는

인공 비탈면, 자연비탈면 또는 산지

② **붕괴위험지역**

㉠ 관리기관은 소관 급경사지에 대하여 안전점검을 실시 후 필요시 재해위험도 평가와 주민 의견 수렴절차를 거쳐 그 지역 관할 시장·군수·구청장에게 붕괴위험지역의 지정을 요청

㉡ 요청을 받은 시장·군수·구청장은 특별한 사유가 없는 한 즉시 이를 지정·고시하여야 함

㉢ 급경사지가 「자연재해대책법」 제12조에 따라 자연재해위험개선지구로 지정·고시된 경우 붕괴위험지역으로 지정·고시된 것으로 간주

7. 수해상습지개선사업의 수해상습지

(1) 정의

① **수해상습지**

하천 미개수, 통수 단면 부족 등 외수침수로 인하여 홍수피해가 3~4년에 1회 이상 상습적으로 발생하는 지역

② **수해상습지 개선사업**

수해상습지의 외수침수를 막기 위하여 일정한 지역에 제방을 축조하는 사업

(2) 지정기준

① 지방자치단체에서 건의한 수해상습지구

② 현지 답사 시 수행 발생 및 우려가 있는 것으로 조사된 지구

③ 하천기본계획이 수립된 지역

㉠ 축제계획지구

㉡ 보축계획지구 중 계획홍수위 미달 지구

㉢ 축제와 연계된 보축 및 고수 호안

④ 수해 복구사업의 경우 원상복구 지구 등

8. 산사태 발생 우려지역 조사 및 취약지역 지정관리 지침의 산사태 취약지역

(1) 정의

① **산사태 취약지역**

㉠ 산사태(토석류 포함)로 인하여 인명피해 및 재산피해가 우려되는

지역으로 「산림보호법」 제45조의8에 따라 지정·고시한 지역

㉡ 다음 시설물은 적용 대상이 아님

▷ 「급경사지 재해예방에 관한 법률」 제2조 제1호의 급경사지 및 제2호의 붕괴위험지역

▷ 「도로법」 제10조의 도로

▷ 「시설물의 안전 및 유지관리에 관한 특별법」 제2조 제2호 및 제3호의 시설물

② 산사태 발생 우려지역

산사태로 인하여 인명피해 및 재산피해가 우려되는 지역

③ 토석류 발생 우려지역

토석류로 인하여 인명피해 및 재산피해가 우려되는 지역

(2) 실태조사 대상지

① 산사태 발생 우려지역

㉠ 산사태위험지도 1등급 분포지역

㉡ 산지 연접 인가 존재로 인명 피해가 우려되는 지역

㉢ 지역산사태예방기관에서 필요하다 판단하여 신청하는 지역 등

② 토석류 발생 우려지역

㉠ 산사태 위험지도 1·2등급지 등을 참조하여 선정

㉡ 대상지를 기준으로 계류 최하지점에서 1km 이내에 인가 등 보호대상 시설물이 위치한 경우

㉢ 「소하천정비법」에 따른 소하천이 있는 경우 도달거리까지만 적용

㉣ 사방댐, 계류보전사업 대상지

(3) 실태조사 우선순위

① 주요 보호시설 및 주택지 등 인명피해가 우려되는 지역

② 재산피해가 우려되는 지역

③ 지자체 및 지역주민 요청지역(산사태 예방을 위한 사방사업이 필요한 지역)

★
산사태는 자연적 또는 인위적인 원인으로 산지가 일시에 붕괴되는 것

★
토석류는 산지 또는 계곡에서 토석·나무 등이 물과 섞여 빠른 속도로 유출되는 것

★
주요 보호시설
병원, 양로원 등 요양시설, 유치원, 학교 및 관공서 등을 의미

2절 방재시설현황 및 유지관리현황 조사

1. 방재시설현황 조사

(1) 조사기준

① 시설의 제원

② 재해예방 능력

③ 영향범위

(2) 조사방법

① 자연재해 위험요인 분석 및 저감대책 수립 시 기초자료로 활용할 수 있도록 시설의 유지관리 및 안전성 등을 위주로 기술

② 대상지역의 주요 방재시설 위치를 쉽게 파악할 수 있도록 위치도 작성

(3) 조사대상

① **하천시설**

㉠ 「하천법」 제2조 제3호에 따른 하천시설 중에서 제방 및 호안, 교량, 보 및 낙차공 등의 시설물현황

㉡ 하천시설은 모두 하천재해위험지구 예비후보지 대상으로 선정

② **댐시설**

㉠ 「댐건설 및 주변지역지원 등에 관한 법」 제2조 제1호에 따른 높이 15m 이상의 시설물

㉡ 홍수조절댐, 다목적댐 등의 댐시설현황

㉢ 댐시설은 모두 기타재해위험지구 예비후보지 대상으로 선정

③ **우수배제시설**

㉠ 도시유역 및 농경지 유역의 우수배제시설로 구분하여 기술

㉡ 「하천법」 제2조 제3호에 따른 하천시설 중에서 배수펌프장, 「하수도법」 제2조 제3호에 따른 하수관거와 「자연재해대책법」 제2조의 제6호에 따른 도시지역 내 방재성능평가 대상 우수유출저감시설 등의 시설

㉢ 농경지 유역은 「농어촌정비법」 제2조 제6호에 따른 배수펌프장 등의 시설

㉣ 우수배제시설은 내수재해위험지구 예비후보지 대상으로 선정

㉤ 하수관거의 경우 관련계획 조사 또는 기초분석 내용을 토대로 능력이 부족한 시설에 한하여 위험지구 예비후보지 대상으로 선정

Keyword

★
방재시설의 정의
재난의 발생을 억제하고 최소화하기 위하여 설치한 구조물과 그 부대시설

④ **사방시설**

㉠ 「사방사업법」 제2조 제3호에 따른 사방사업에 따라 설치된 공작물이며, 대표적인 사방시설은 사방댐

㉡ 사방시설은 모두 토사재해위험지구 예비후보지 대상으로 선정

⑤ **농업시설**

㉠ 「농어촌정비법」 제2조 제6호에 따른 농업생산기반 정비사업으로 설치되거나 그 밖에 농지보전이나 농업 생산에 이용되는 저수지 등의 시설현황

㉡ 농업시설은 모두 기타재해위험지구 예비후보지 대상으로 바로 선정

⑥ **해안시설**

㉠ 「항만법」 제2조 제5호 가목 (2), 「어촌·어항법」 제2조 제5호 가목 1)에 따른 항만 및 어항시설에 포함된 방파제, 물양장, 안벽 등과 해안도로의 호안시설 그리고 방조제 등의 시설현황

㉡ 해안시설은 모두 해안재해위험지구 예비후보지 대상으로 선정

⑦ **기타 방재시설**

㉠ 「자연재해대책법 시행령」 제55조 제12호에서 행정안전부장관에게 위임한 방재시설의 유지·관리를 위하여 필요하다고 인정하여 고시하는 시설 중에서 계획 수립에 필요한 시설의 현황

㉡ 기타 방재시설 중 피해 이력이 있거나 심각한 피해가 우려되는 시설물은 해당 자연재해 유형별 위험지구 예비후보지 대상으로 선정

2. 방재시설 안전성 및 유지관리현황 조사

(1) 유지관리 개념

① 완공된 방재시설의 기능과 성능을 보전하고 방재시설 이용자의 편의와 안전을 높이기 위함

② 방재시설을 일상적으로 점검·정비하고 손상된 부분을 원상복구

③ 경과시간에 따라 요구되는 방재시설의 개량·보수·보강에 필요한 활동을 하는 것

(2) 평가항목

① 방재시설에 대한 정기 및 수시 점검사항

② 방재시설의 보수·보강계획 수립·시행사항

③ 재해 발생 대비 비상대처계획의 수립사항

Keyword

★
「방재시설의 유지·관리 평가항목·기준 및 평가방법 등에 관한 고시」의 제3조

(3) 평가 대상

① 중앙행정기관 및 공공기관의 방재시설

② 지방자치단체의 방재시설

★ 「방재시설의 유지·관리 평가 항목·기준 및 평가방법 등에 관한 고시」의 제2조

방재시설의 유지·관리를 위한 방재성능평가 대상 시설

구분	중앙·공공	시·도, 시·군·구
소하천시설	-	제방, 호안, 보, 수문, 배수펌프장
하천시설	댐, 하구둑, 제방, 호안, 수제, 보, 갑문, 수문, 수로터널, 운하, 관측시설	
농업생산 기반시설	저수지, 양수장, 관정, 배수장, 취입보, 용수로, 배수로, 유지, 방조제, 제방	-
공공하수도 시설	-	하수(우수)관로, 공공하수처리시설, 하수저류시설, 빗물펌프장
항만시설	방파제, 방사제, 파제제, 호안	
어항시설	방파제, 방사제, 파제제	
도로시설	방설·제설시설, 토사유출·낙석방지시설, 공동구, 터널·교량·지하도, 육교, 배수로 및 길도랑	
산사태 방지시설	사방시설	
재난 예·경보시설	재난 예·경보시설	
기타 시설	-	우수유출저감시설, 고지배수로

(4) 평가방법

① 평가는 「재난 및 안전관리 기본법」 제33조의2에 따른 재난관리체계 등에 대한 평가방법에 따라 연 1회 등 정기적으로 실시

② 행정안전부장관은 평가방법 및 시기를 별도로 정하여 평가를 실시

제5장

재해 발생현황 조사

제4편
방재 기초자료 조사

본 장에서는 과거에 발생한 재해의 발생원인과 피해 특성 분석을 위해 재해 종류별 발생원인과 재해 특성을 다루고 있으며, 과거 재해의 이력조사를 위해 필요한 조사자료와 조사내용 그리고 재해 유형별 피해 특성 분석을 위한 분석 절차와 방법을 다루고 있다.

1절 과거 재해 발생원인 및 피해 특성

1. 하천재해의 특성

(1) 발생원인

① 집중호우로 인한 유량 급증
② 합류부와 만곡부 침식
③ 수위 급상승에 따른 제방 유실 및 붕괴
④ 제방 여유고 부족에 따른 하천 월류
⑤ 급속한 도시개발에 따른 유출량 증가

(2) 재해 특성

① 하천범람
② 제방 유실·변형·붕괴
③ 호안유실
④ 하상안정시설 파괴
⑤ 하천 횡단구조물 파괴
⑥ 제방도로 파괴
⑦ 저수지·댐 붕괴

2. 내수재해

(1) 발생원인

① 외수 증가에 따른 우수 및 하수의 역류
② 도시개발에 따른 유출량 증가
③ 배수로 및 하수도의 배수 능력 부족

Keyword

★
하천재해는 홍수 발생 시 하천 제방, 낙차공, 보 등 수공구조물의 붕괴와 홍수위의 제방 범람 등으로 인하여 발생하는 재해

★
내수재해는 본류 외수위 상승, 내수지역 홍수량 증가 등으로 인한 내수배제 불량으로 인명과 재산상의 손실이 발생되는 재해

④ 배수펌프시설의 고장

(2) 재해 특성

① 우수유입시설 문제로 인한 피해
② 우수관거시설 문제로 인한 피해
③ 배수펌프장시설 문제로 인한 피해
④ 외수위로 인한 피해
⑤ 노면 및 위치적 문제에 의한 피해
⑥ 2차적 침수피해 증대 및 기타 관련 피해

3. 사면재해

(1) 발생원인

① 자연사면의 불안정
② 인공사면의 시공 불량 및 시설정비 미비
③ 배수 불량 및 유지관리 미흡
④ 집중호우에 의한 사면의 활동 및 낙석 발생
⑤ 급경사지 주변에 피해유발시설 배치

(2) 재해 특성

① 지반활동으로 인한 붕괴
② 사면의 과도한 절토 등으로 인한 붕괴
③ 절개지, 경사면 등의 배수시설 불량에 의한 붕괴
④ 토사유출 방지시설의 미비로 인한 피해
⑤ 급경사지 주변에 위치한 시설물 피해
⑥ 유지관리 미흡으로 인한 피해

4. 토사재해

(1) 발생원인

① 강우의 강도와 빈도의 증가
② 집중호우로 인한 토사유출
③ 급경사지 붕괴로 인한 토사유출

(2) 재해 특성

① 산지침식 및 홍수피해 가중
② 하천통수단면적 잠식

★
사면재해는 호우 시 산지사면에서 발생하는 붕괴 및 낙석에 의한 피해를 발생시키는 재해

★
토사재해는 유역 내 하천시설 및 공공·사유시설 등이 과다한 토사유출로 인하여 침수 및 매몰 등의 피해를 유발하는 재해

③ 도시지역 내수침수 가중
④ 저수지 저류능력, 이수기능 저하
⑤ 하구 폐쇄로 인한 홍수위 증가
⑥ 주거지 및 농경지 피해
⑦ 양식장 피해

5. 해안재해

(1) 발생원인

① 태풍으로 인한 해일 발생
② 지진으로 인한 해일 발생
③ 설계파를 초과하는 외력의 발생

(2) 재해 특성

① 파랑·월파에 의한 해안시설 피해
② 해일 및 월파로 인한 내측 피해
③ 하수구 역류 및 내수배제 불량으로 인한 침수
④ 해안침식

6. 바람재해

(1) 발생원인

태풍이나 강풍에 의해 발생

(2) 재해 특성

① 건물의 전도 및 부착물의 이탈 및 낙하
② 건물 유리창의 파손
③ 송전탑 및 전선 등의 전력·통신시설의 파손
④ 도로 및 교통시설물의 파괴
⑤ 비닐하우스 등 농작 시설물의 파괴

7. 가뭄재해

(1) 발생원인

극심한 가뭄에 의해 발생

★
해안재해는 파랑, 해일, 지진해일, 고조위 등에 의한 해안침수, 항만 및 해안시설 파손, 급격한 해안 매몰 및 침식 등을 발생시키는 재해

★
바람재해는 바람에 의해 인명피해나 공공시설 및 사유시설의 경제적 손실이 발생하는 재해

(2) 재해 특성

① 생활·공업용수 제한 공급 또는 공급 중단으로 인한 산업 및 생활상의 피해 발생

② 농업용수 공급 중단 등으로 인한 농작물 피해 발생

8. 대설재해

(1) 발생원인

대설에 의해 발생

(2) 재해 특성

① 대설로 인한 취약도로 교통 두절 및 고립피해 발생

② 농·축산 시설물 붕괴피해

③ PEB(Pre-Engineered Building) 구조물, 천막구조물 등 가설시설물 붕괴피해

④ 기타 시설 피해 등

2절 과거 재해 발생 이력조사

1. 현황 조사자료

(1) 재해연보

(2) 태풍백서

(3) 수해백서

(4) NDMS 자료

2. 과거 풍수해 발생현황 조사

★
최근 10년 이상 기간에 대한 연도별 피해 발생현황 조사

(1) 연도별

① 연도별·시설물별 피해액 현황

② 연도별·시설물별 복구비 현황

③ 연도별 피해시설의 종류, 개소수, 개소수 비율, 피해액, 피해액 비율 등

④ 연도별 피해시설 분석을 통한 지자체 재해 특성 기술

(2) 기간별

① 착수일 기준으로 최근 10년 이내 재해에 대하여 조사

② 최근 10년간 이전에 발생한 대형재해는 추가적으로 조사

(3) 원인별

3. 풍수해 피해현황 조사

(1) 인명피해 규모

(2) 재산피해 규모

4. 풍수해 재해원인 특성 조사

(1) 기상 특성

대상지역 및 주변지역에 재해기간 동안 발생한 최대강우량 및 일 최대강우량, 최대풍속, 순간 최대풍속, 풍향, 최심적설 및 신적설 등을 조사하고 기술

(2) 강우 특성

지역별로 설정·공표한 방재성능 목표강우량과 「확률강우량도 개선 및 보완 연구」에서 제시한 대상지역의 확률강우량 산정 결과 등을 바탕으로 주요 풍수해 기간 동안 발생한 강우 지속기간별 최대강우량을 조사하여 확률강우량의 재현기간과 비교·검토하여 기술

(3) 홍수유출 특성

연도별·관측소별 수위-유량 관계곡선식을 채택하여 관측소별 시간에 따른 수위를 유량으로 환산하여 산정된 홍수량과 하천의 계획홍수량을 비교·검토하여 기술

(4) 해일내습 특성

기간별로 발생한 피해(침수, 항만·방파제·해안도로 등 해안의 인공시설물 세굴 또는 파괴, 해안침식 등) 현황 및 해일 발생원인(태풍, 폭풍해일, 지진해일, 고조위·고파랑 등)을 분석하여 기술

(5) 대설 특성

기간별로 발생한 피해현황 및 기상현황, 취약 시설물 현황, 제설장비 보유현황 등을 조사하고 원인을 분석하여 기술

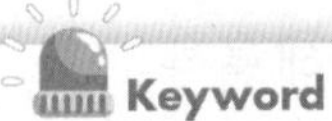

(6) 가뭄 특성

기간별로 발생한 피해현황 및 지속기간별(연·월·일별) 강수량 자료, 용수공급시설의 저수율 자료, 지하수 이용 실태 등을 조사하고 원인을 분석하여 기술

3절 재해 유형별 피해 특성 분석

1. 피해 특성 분석 절차

(1) 대상지역 설정

조사대상지역은 대상지역 및 개발로 인하여 영향을 받는 인근지역을 포함하여 설정

(2) 대상지역의 연도별 피해 발생현황 조사

① 재해대장, 재해연보 및 해당 자치 단체에서 발행한 수해백서 등의 문헌 조사 수행

② 인근지역 주민 및 관계 공무원을 대상으로 탐문 조사 수행

③ 최근 10년 이상의 피해 발생현황 조사

(3) 연도별·시설물별 복구현황 조사

① 대상지역에 해당되는 시·군 방재 관련 담당 부서 방문

② 재해 대장 및 재해복구 분석·평가 보고서 등의 문헌 조사 실시

③ 대상지역에 대한 현장 탐문조사 병행

④ 시설물별 복구현황 조사

㉠ 선정된 복구공법 조사

㉡ 복구 시설물의 유지관리 상태 조사

(4) 대상지역의 주요 재해 선정

① 최근 10년 이상의 기간 동안 발생한 재해 중 해당 지역을 대표하는 주요 재해 선정

㉠ 하천재해

㉡ 내수재해

㉢ 사면재해

㉣ 토사재해

Keyword

★ 피해 발생현황 조사는 최근 10년 이상의 자료를 대상으로 수행

★ 인명피해와 재산피해 규모로 주요 재해 선정

ⓜ 해일재해

ⓑ 바람재해

ⓢ 가뭄재해

ⓞ 대설재해

② 재해 발생 당시의 수문 특성과 피해현황 조사

㉠ 수문 특성

▷ 기상상황

▷ 강우 특성

▷ 홍수 유출 특성

▷ 해일 내습 특성

㉡ 침수 범람 특성 및 피해현황

▷ 주택 및 농경지 침수

▷ 산사태 및 토사유출

▷ 도로 유실

▷ 하천 제방 붕괴

▷ 저수지 붕괴 등

2. 피해 특성 분석

(1) 자연재해 특성 분석 내용

① 주요 자연재해 사상을 선정하여 주요내용(호우기간, 기상특성 등) 기술

② 기상개황 기술

㉠ 자연재해 발생 기간 내의 강우량, 풍속, 풍향, 적설량 등을 기술

③ 강우특성 기술

㉠ 지역별로 설정·공표한 방재성능목표와 「확률강우량도 개선 및 보완 연구」에서 제시한 대상지역의 확률강우량 산정 결과 등을 바탕으로 자연재해 기간에 발생한 강우지속기간별 최대강우량을 조사하여 확률강우량의 재현기간과 비교·검토

④ 자연재해 원인특성 분석

㉠ 해당 재해별 특성을 구분하여 분석

⑤ 피해현황 분석

㉠ 국가재난관리정보시스템(NDMS) 자료 이용

㉡ 시설물별 피해 개소수, 피해액 등의 피해현황을 조사

⑥ 복구현황 분석

㉠ 시설물별 복구 개소수, 복구액 등의 복구현황을 제시

㉡ 시설물별 복구공사(기능복원 및 개선복구) 시행에 따른 위험요인 잔존 여부 검토

⑦ 분석 내용은 위험지구 예비후보지 대상 선정에 활용

(2) 피해원인 및 규모 분석

① 현장조사를 통한 피해원인 확인

㉠ 피해 및 복구 지구(하천시설, 배수시설, 도로 및 교량, 해안시설, 사면 및 산사태, 기타 소규모 시설)에 대한 상세한 현장조사 실시를 통한 피해원인 파악

㉡ 내수 침수, 외수 침수, 토석류, 시설 규모 적정성 등 재해의 원인 기술

㉢ 하천 제방의 취약, 배수시스템 불량, 지형학적 특성 등 원인 파악

㉣ 도로 및 교량 시설의 설계기준 준용 여부 파악

㉤ 재해 대장상 피해 사진, 피해원인, 복구현황 등을 파악

② 현장조사를 통한 피해 규모 확인

㉠ 피해 및 복구 지구에 대한 상세한 현장조사 실시를 통한 피해 규모 파악

㉡ 침수흔적, 피해범위 등을 파악하여 기술

㉢ 재해 대장상 피해 사진, 피해 규모, 복구현황 등을 파악

③ 피해원인에 대한 주민 의견 조사

㉠ 피해 및 복구 지구에 대한 주민 탐문·설문 조사 실시를 통한 피해원인 파악

㉡ 피해지역의 주민 의견을 조사하여 피해상황 및 피해원인, 문제점, 개선 사항, 기타 재해 저감을 위한 시설계획 등 요구사항 정리

제6장

제4편
방재 기초자료 조사

관련 계획 조사

본 장에서는 법적 근거를 바탕으로 수립해야 하는 방재 분야의 다양한 국가단위 계획과 지역단위 계획에 대한 목적과 대상 및 수립 시기 등을 다루고 있으며, 방재시설과 관련된 토지의 이용 계획 수립 및 시설정비 관련 계획 수립을 위한 조사범위와 조사대상 및 조사내용을 제시하고 있다.

1절 방재 관련 계획

★
국가단위 계획
수해방지종합대책(2003, 국무조정실), 신국가방재시스템(2007, 소방방재청), 산림기본계획, 연안통합관리계획, 항만기본계획 등

1. 국가단위 계획

(1) 국가안전관리기본계획(2015~2019)

① 법적 근거

㉠ 「대한민국헌법」 제34조 제6항

㉡ 「재난 및 안전관리 기본법」 제22조 및 시행령 제26조

② 목적 및 성격

㉠ 각종 재난 및 사고로부터 국민의 생명·신체·재산을 보호

㉡ 국가의 재난 및 안전관리의 기본방향을 설정하는 최상위 계획

★
시설물의 안전 및 유지관리 기본계획은 4차 계획임

(2) 시설물의 안전 및 유지관리 기본계획(2018~2022)

① 법적 근거

「시설물의 안전 및 유지관리에 관한 특별법」 제3조

② 목적 및 성격

㉠ 미래 요구 대응을 위한 지속 가능한 시설물 안전관리 기반 구축

㉡ 정책·제도 선진화, 연구개발 촉진, 우수인력 양성, 효율적인 정보체계 구축을 통하여 시설물을 안전하게 유지관리

③ 대상 및 시기

㉠ SOC 시설물

㉡ 5년 단위 법정계획

(3) 산림기본계획

① **법적 근거**

「산림기본법」 제1조 및 동법 시행령 제4~6조

② **목적 및 성격**

㉠ 산림 정책의 목표와 추진 방향을 정하는 10년 단위의 계획

㉡ 지역산림계획과 국유림종합계획, 산림경영계획을 수립하는 기준

㉢ 분야별 계획 수립의 토대가 되는 최상위 계획

㉣ 산림 자원, 산림 산업, 산림 생태계, 산지 및 산촌 등에 관한 종합계획

(4) 하천유역수자원관리계획

① **법적 근거**

「수자원의 조사·계획 및 관리에 관한 법률」 제18조

② **목적 및 성격**

하천유역 내 수자원의 통합적 개발·이용, 홍수예방 및 홍수피해 최소화 등을 위한 10년 단위의 관리계획

2. 지역단위 계획

(1) 자연재해저감 종합계획

① **법적 근거**

「자연재해대책법」 제16조(자연재해저감 종합계획의 수립)

② **목적 및 성격**

㉠ 자연재해 위험요인으로부터 피해 예방을 위한 지역별 방재 분야 최상위 종합계획 수립

㉡ 태풍, 홍수, 호우, 강풍, 풍랑, 해일, 조수, 대설, 가뭄 및 그 밖의 재해에 대하여 자연재해위험개선지구 선정, 저감대책 및 시행계획 수립, 투자우선순위 결정

③ **대상 및 시기**

㉠ 174개 지자체(시·도 17개, 시·군 157개)

㉡ 10년마다 재수립

(2) 지구단위 홍수방어기준

① **법적 근거**

「자연재해대책법」 제18조(지구단위 홍수방어기준의 설정 및 활용)

★
지역단위 계획
지구단위홍수방어기준, 안전관리계획, 지역안전도 진단, 재해복구사업 분석·평가, 재해지도, 침수흔적 조사, 비상대처계획 등

★
지구단위
지리적으로 연속된 일정한 지역을 하나의 치수구역 단위로 하는 것

② 목적 및 성격

㉠ 상습침수지역이나 홍수피해 위험도가 높은 지역, 그 밖의 수해지역의 재해 경감을 위함

㉡ 개발사업과 재해사업의 계획 수립 시 지역 특성을 고려하여 설정하는 방재기준

(3) 안전관리계획

① 법적 근거

㉠ 「재난 및 안전관리 기본법」 제4조, 제25조

㉡ 동법 시행령 제29조

② 목적 및 성격

㉠ 지역 실정에 맞는 재난안전관리체계 구축으로 시민의 생명과 재산 보호

㉡ 국가안전관리기본계획(2015~2019) 집행계획 및 재난관리책임기관의 안전관리업무계획 등을 종합한 지역안전관리계획

(4) 지역안전도 진단

① 법적 근거

「자연재해대책법」 제75조의2(지역안전도 진단)

② 목적 및 성격

㉠ 자연재해 위험에 대하여 지역별로 안전도를 진단하는 것

㉡ 시·군·구별 피해 발생빈도, 피해 규모 및 피해 저감 능력 등의 분석을 통하여 지역의 재해취약요소를 도출하고 개선

㉢ 방재 정책 전반에 대한 환류체계 구축 및 지방자치단체 자율방재 역량 제고를 위하여 실시하는 제도

③ 대상 및 시기

㉠ 특별자치시·특별자치도·시·군·구

㉡ 진단은 매년

(5) 재해복구사업의 분석 및 평가

① 법적 근거

「자연재해대책법」 제57조(복구사업의 분석·평가)

★ **개발사업**
「자연재해대책법」 제5조에 의한 재해영향평가 등의 협의 대상을 의미

★ **재해사업**
재해경감사업과 재해복구사업으로 구분

② 목적 및 성격

㉠ 재해복구사업의 검증, 내실화, 복구사업 효과분석 및 향후 복구사업의 내실화 및 방재 업무의 발전적 개선을 위하여 실시하는 제도

㉡ 재해복구사업과 대규모 재해복구사업 및 지구단위 종합복구사업에 대한 효과성, 경제성 등의 분석·평가

(6) 재해지도 작성

① 법적 근거

「자연재해대책법」 제21조(각종 재해지도의 제작·활용)

② 목적 및 성격

㉠ 과거 침수지역, 침수예상지역 등을 도면에 표시

㉡ 자연재해 경감과 방재정보, 방재 교육 및 이상 시 대피 유도 등을 목적으로 작성된 지도

③ 종류

㉠ 침수흔적도

▷ 풍수해로 인한 침수피해가 발생한 지역에 대하여 침수흔적 조사 및 측량을 실시

▷ 침수구역에 대한 침수위, 침수심, 침수시간 등을 조사하여 연속지적도 및 수치지형도 등에 표시한 지도

㉡ 침수예상도

▷ 침수피해 흔적과 수문학적 인자를 고려하여 장래 침수예상지역 및 침수심 등을 예측하여 작성한 지도

▷ 홍수범람위험도와 해안침수예상도로 세분

㉢ 재해정보지도

▷ 침수흔적도와 침수예상도를 기반으로 재해 발생 시 대피 요령, 대피장소, 대피경로 등의 정보를 도면에 표시한 지도

▷ 활용 목적에 따라 피난 활용형·방재 정보형·방재 교육형 재해정보 지도로 분류

★
재해지도란 풍수해로 인한 침수흔적, 침수 예상 및 재해정보 등을 표시한 도면을 의미

★
수문학적 인자는 지진해일, 극한 강우, 저수지·댐·제방의 붕괴 및 월류, 계획홍수위 등

★
침수예상도에는 침수예상지역, 피해범위, 예상침수심 등을 분석하여 도면에 표시

2절 토지 이용 관련 계획

1. 조사방향

(1) 풍수해에 영향을 미칠 것으로 판단되는 각종 개발계획 및 사업계획 중심으로 조사

(2) 향후 10년 내에 추진할 것으로 계획되어 있는 개발계획 및 사업계획 조사

(3) 도시기본계획상의 모든 시가화 예정용지 조사

2. 조사범위

(1) 풍수해에 영향을 미칠 것으로 판단되는 각종 개발계획 및 사업계획 조사

(2) 재해영향평가 등의 협의 대상 등

(3) 방재 및 시설정비 관련 계획 부분에서 조사되는 계획은 제외

3. 조사대상

(1) 도시·군기본계획, 도시·군관리계획상의 토지이용계획

(2) 지구단위계획에 의한 개발예정지 및 기성 시가지 정비계획

(3) 개발사업, 정비사업 등에 관한 계획

① 택지 개발
② 도시 개발
③ 도시 재정비
④ 재개발·재건축
⑤ 산업단지 개발
⑥ 대규모 SOC 사업 등

(4) 각종 토지 이용 변화를 수반하는 개발계획 등

(5) 도시기본계획상의 토지이용계획을 비롯하여 토지 이용 변화를 수반하는 모든 개발사업 및 정비사업 등에 관한 계획

(6) 토지이용계획 및 개발사업지구 등의 위치도 작성

Keyword

★
풍수해저감종합계획의 목표 연도가 10년

★
1/5,000 이상 축척 도면 제시

3절 시설정비 관련 계획

1. 조사범위

(1) 대상지역에 위치한 기간시설과 관련하여 수립된 각종 정비계획, 실시계획 등을 검토·분석

① 국가·지방하천 및 소하천
② 수도 및 하수도
③ 사방댐
④ 저수지
⑤ 항만 및 연안 등

2. 조사내용

(1) 각종 시설 관련 기본계획 조사

① 하천기본계획
② 소하천정비종합계획
③ 하수도정비기본계획
④ 사방계획
⑤ 항만기본계획
⑥ 연안정비계획 등

(2) 시설정비 관련 계획과의 연관성 검토

적중예상문제

제1장 기초자료 조사계획 수립

1 다음 중 방재계획 수립을 위한 기초자료 조사 시 고려하여야 할 통계자료에 해당되지 않는 것은?

① 방재연보
② 재해연보
③ 기상연보
④ 수문연보

2 방재 기초자료 조사를 위한 대상 항목이 아닌 것은?

① 자연현황 조사
② 인문·사회현황 조사
③ 방재현황 조사
④ 재해안전도 조사

3 다음 중 자연재해와 관련한 기초조사 내용으로 바람직하지 않는 것은?

① 행정구역의 변천 및 교통지역 현황, 하천 및 수계현황, 기상개황, 태풍, 방재시설현황, 재해지구 지정 및 관리현황과 같은 지리적 특성과 기상적 특성, 재해취약 특성 등을 조사
② 방재시설은 풍수해와 직접적으로 관련되는 시설을 대상으로 크게 하천시설, 배수펌프장, 및 하수관거 등 우수배재시설, 저수지 및 댐, 기타 시설 등으로 분류하여 조사
③ 최근 5년간에 발생한 풍수해, 화재, 산불 발생현황, 이력, 특성을 조사하고 사망, 이재민, 침수면적, 건물, 선박, 농경지, 공공시설, 기타 등으로 나누어 물량과 금액을 연도별로 상세히 조사
④ 국토이용계획상의 용도별 토지면적, 도시기본계획상의 시가지개발계획, 도시기본계획상의 토지이용계획, 하천기본계획, 소하천정비종합계획, 연안정비기본계획 등의 관련 계획을 조사

4 다음 중 방재계획 수립을 위한 기초자료 조사 시 고려하여야 할 항목이 아닌 것은?

① 방재 관련 계획
② 주요 풍수해현황
③ 환경현황
④ 재해관련지구 지정현황

1. 방재연보는 존재하지 않음
2. 이 외에도 기초자료조사계획 수립, 재해 발생현황 조사, 관련 계획 조사가 있음
3. 자연재해와 관련된 자료 조사는 과거 10년 이상의 기간에 대하여 실시

정답 1. ① 2. ④ 3. ③ 4. ③

5 **방재계획 수립을 위한 기초자료는 조사 시점을 기준으로 과거 몇 년 이상의 자료에 대하여 수집을 하여야 하는가?**

① 5년 이상　② 10년 이상
③ 15년 이상　④ 20년 이상

6 **다음 중 방재 기초자료에 대한 조사 시 일반현황 조사대상이 아닌 것은?**

① 피해현황　② 인문현황
③ 자연현황　④ 방재현황

7 **방재 분야 기술계 엔지니어링 기술자의 등급 중 특급기술자에 해당하는 자격 요건은?**

① 기사 2년 이상, 산업기사 5년 이상
② 기사 5년 이상, 산업기사 10년 이상
③ 기사 10년 이상, 산업기사 13년 이상
④ 기사 12년 이상, 산업기사 15년 이상

8 **「방재 분야 표준품셈」에서 소요인력에 대한 원단위 기준 수량이 올바른 것은?**

① 재해영향성 검토 대상인 행정계획 중 시·군·구 단위 이상의 계획인 경우 행정구역 면적 1,000km^2
② 시·군·구 단위 이상 외의 재해영향성 검토 대상인 행정계획의 경우 면적 100,000m^2, 길이 10km
③ 재해영향평가 대상인 개발사업의 하한 기준은 계획(사업)대상 면적 100,000m^2, 길이 100km
④ 소규모 재해영향평가 대상인 개발사업의 상한 기준은 계획(사업)대상 면적 10,000 m^2, 길이 10km

9 **재해요인 분석을 위한 방재시설물에 대한 조사 내용이 아닌 것은?**

① 시설물의 위치
② 시설물의 공사대장
③ 시설물의 운영 주체
④ 시설물의 유지관리비

10 **재해이력 분석을 위한 풍수해현황 조사자료 대상이 아닌 것은?**

① 재해연보
② 환경백서
③ 수해백서
④ NDMS 자료

11 **풍수해에 대한 복구현황 조사대상이 아닌 것은?**

① 시설물별 피해원인
② 선정된 복구공법
③ 복구 시설물의 유지관리 상태
④ 복구 시설물의 2차 피해 가능성

6. 일반현황은 행정현황, 인문현황, 자연현황, 방재현황으로 구분하여 조사
8. - 재해영향성 검토 대상인 행정계획 중 시·군·구 단위 이상의 계획인 경우 행정구역 면적 100km^2
   - 재해영향평가 대상인 개발사업의 하한 기준은 계획(사업)대상 면적 50,000m^2, 길이 10km
   - 소규모 재해영향평가 대상인 개발사업의 상한 기준은 계획(사업)대상 면적 50,000m^2, 길이 10km
9. 방재시설물의 위치, 규모, 운영 주체 등 조사하며, 관련 계획, 공사대장, 시설물 관리대장 등을 통하여 조사
11. 이 외에도 피해 당시의 피해상황, 기능 또는 개선복구사업에 대한 잔존위험 여부 등이 있음

정답 5. ② 6. ① 7. ③ 8. ② 9. ④ 10. ② 11. ④

12 자연재해저감 종합계획 수립 시 연도별 피해현황 조사항목으로 틀린 것은? 19년1회 출제

① 연도별 시설물별 피해액 현황
② 연도별 시설물별 복구비 현황
③ 연도별 피해시설의 종류
④ 연도별 연강수량

제2장 자연현황 조사

13 다음 중 방재계획 수립을 위한 기초자료 조사 시 자연현황 조사항목이 아닌 것은?

① 하천현황
② 지형현황
③ 지질 및 토양현황
④ 자연재해저감시설 현황

14 방재시설관련 일반현황을 조사할 때 자연현황 조사 부분에 해당하지 않는 것은? 19년1회 출제

① 토지이용현황 ② 지형현황
③ 기상현황 ④ 산업현황

15 다음 중 기초자료 조사 시 자연재해관련지구 지정현황을 조사하여 방재계획 수립 시 활용하는데 이에 대한 조사내용이 아닌 것은?

① 자연재해위험개선지구 지정현황
② 급경사지 붕괴위험지역 지정현황
③ 재해위험저수지 지정현황
④ 시가화예정지구 지정현황

16 방재 기초자료인 토지이용현황을 수치토지이용도로부터 구성하고자 한다. 대분류 4가지를 모두 고른 것은?

㉠ 농업지역	㉡ 초지
㉢ 산림지역	㉣ 호소
㉤ 수역	㉥ 시가화 건조지역
㉦ 공업용지	㉧ 주택지

① ㉠, ㉢, ㉤, ㉥
② ㉡, ㉣, ㉥, ㉦
③ ㉠, ㉣, ㉤, ㉧
④ ㉡, ㉢, ㉤, ㉦

17 방재 기초자료에서 대상지역에 대한 지형현황 조사를 위한 분석항목이 아닌 것은?

① 표고 분석
② 절·성토 사면 분석
③ 자연사면 분석
④ 지질 분석

18 방재 기초자료 중 토양 특성이 영향을 미치는 수문 특성이 아닌 것은?

① 도달시간
② 유출량
③ 침투능
④ 유효우량

13. 토지이용현황 및 계획 조사, 유역 및 하천현황 조사, 지형현황 조사, 지질현황 조사, 토양현황 조사, 임상현황 조사, 기상 및 해상현황 조사 등이 있음
14. 자연현황 조사대상은 토지이용현황 및 계획 조사, 유역 및 하천현황 조사, 지형현황 조사, 지질현황 조사, 토양현황 조사, 임상현황 조사, 기상 및 해상현황 조사
16. 수치토지이용도는 대분류 4가지, 중분류 14가지, 소분류 38가지로 구성
17. 이 외에 경사 분석이 있음
18. 도달시간은 유로연장과 유역경사에 따라 결정됨

정답 12. ④ 13. ④ 14. ④ 15. ④ 16. ① 17. ④ 18. ①

19 **방재 기초자료 중 지질 및 토양현황에 대한 조사 방법을 잘못 설명하고 있는 것은?**

① 수치 지질도를 이용하여 지질현황의 분포와 구성도를 제시
② 개략토양도에서 하천 특성을 분석하여 제시
③ 정밀토양도를 이용하여 수문학적 토양형 A, B, C, D로 분류
④ 대상유역의 토양형별 면적 분포와 구성도를 제시

20 **방재 기초자료 중 하천현황에 대한 조사내용이 아닌 것은?**

① 기본계획 유무, 개수현황, 유역 면적, 유로 연장, 하천 평균 폭, 하상계수 등에 관한 사항
② 계획홍수량, 계획홍수위, 계획하폭, 제방고 등 하천 수리 특성에 관한 사항
③ 하천 무제부, 붕괴 위험도가 높은 제방 지점에 대한 위치정보
④ 하천과 관련된 수공 구조물 및 횡단 시설물에 관한 사항

21 **방재계획의 기초자료 조사 시 조사항목과 관련 자료의 연결로 틀린 것은?** 19년1회 출제

① 지질현황 - 수치지질도
② 토양특성 - 정밀토양도
③ 지형특성 - 수치지도
④ 수문현황 - 행정지도

제3장 인문·사회현황 조사

22 **다음 중 인문현황 조사에 해당하지 않는 것은?**

① 문화재현황
② 산업별 종사자 수
③ 행정구역별 인구
④ 자동차 보유현황

23 **방재 기초자료 조사에서 인구현황 조사방법에 해당하지 않는 것은?**

① 행정구역별 가구수
② 행정구역별 세대수
③ 행정구역별 인구수
④ 행정구역별 인구밀도

24 **방재 기초자료 조사에서 산업현황 조사방법에 해당하지 않는 것은?**

① 도로현황 조사
② 산업농공단지 조사
③ 하수도 조사
④ 소비자 물가 조사

25 **다음의 (   ) 안에 적합한 단어는?** 19년1회 출제

> 방재 기초자료 조사 시 인문·사회현황 조사는 (㉠)현황 조사와 (㉡)현황 조사로 구분한다.

① ㉠ 인구, ㉡ 경제
② ㉠ 인구, ㉡ 산업
③ ㉠ 산업, ㉡ 경제
④ ㉠ 산업, ㉡ 복지

20. 이 외에 하천명, 하천 등급, 시·종점에 관한 사항, 하천 홍수 범람에 따른 위험지역에 관한 사항, 각종 정보를 하나로 모은 하천 정보도 등을 조사

정답 19. ② 20. ③ 21. ④ 22. ④ 23. ② 24. ④ 25. ②

제4장 방재현황 조사

26 **취약방재시설지구 지정대상 시설물이 아닌 것은?**

① 「저수지·댐의 안전관리 및 재해예방에 관한 법률」에 따라 지정된 재해위험 저수지·댐
② 집중호우 및 대설로 인하여 교통이 두절되는 도로 시설물
③ 방재시설물이 노후화되어 재해 발생이 우려되는 시설물
④ 기설치된 제방의 홍수위가 계획홍수위보다 낮아 월류되거나 파이핑 현상으로 붕괴위험이 있는 취약구간의 제방

27 **다음 중 「자연재해대책법」에서 다루고 있는 재해 관련지구가 아닌 것은?**

① 자연재해위험개선지구
② 상습설해지역
③ 위험저수지·댐 정비지구
④ 상습가뭄재해지역

28 **「자연재해대책법」의 자연재해위험개선지구에 대한 지정기준이 아닌 것은?**

① 지형적인 여건 등으로 인하여 재해가 발생할 우려가 있는 지역
② 집단적인 인명피해 및 재산피해가 우려되는 지역 중 소유자나 점유자 등의 자력에 의한 정비가 불가능한 지구
③ 소유자나 점유자 등의 적극적인 요청이 있는 지역
④ 침수, 산사태, 급경사지 붕괴(낙석을 포함) 등의 우려가 있는 지역으로 시장·군수·구청장이 방재 목적상 특별히 정비가 필요하다고 인정하는 지구

29 **「자연재해대책법」 제12조에 따른 자연재해위험개선지구가 아닌 것은?**

① 내수위험지구
② 유실위험지구
③ 취약방재시설지구
④ 붕괴위험지구

30 **「자연재해대책법」의 자연재해위험개선지구와 설명이 올바르게 연결된 것은?**

① 붕괴위험지구 - 방재시설물이 노후화되어 재해 발생이 우려되는 시설물
② 취약방재시설지구 - 하천의 외수범람 및 내수배제 불량으로 인한 침수가 발생하여 침수피해가 예상되는 지역
③ 유실위험지구 - 교량 및 암거 구조물의 여유고 및 경간장 등이 하천기본계획의 시설기준에 미달되고 유수소통에 장애를 주는 경우
④ 침수위험지구 - 집중호우 및 대설로 인하여 교통이 두절되어 지역주민의 생활에 고통을 주는 지역

26. 집중호우 및 대설로 인하여 교통이 두절되는 도로 시설물은 고립위험지구에 해당
28. 집단적인 인명피해 및 재산피해가 우려되는 지역 중에서 소유자나 점유자 등의 자력에 의한 정비가 불가능한 지구가 해당
29. 내수위험지구는 해당되지 않으며, 이 외에 침수위험지구, 고립위험지구, 해일위험지구, 상습가뭄재해지구 등이 있음
30. - 붕괴위험지구: 산사태, 절개사면 붕괴, 낙석 등으로 건축물이나 인명피해가 발생한 지역 또는 우려되는 지역
- 취약방재시설지구: 기설치된 하천의 제방고가 하천기본계획의 계획홍수위보다 낮아 월류되거나 파이핑 현상으로 붕괴위험이 있는 취약구간의 제방이나 방재시설물이 노후화되어 재해 발생이 우려되는 시설물
- 침수위험지구: 하천의 외수범람 및 내수배제 불량으로 인한 침수가 발생하여 인명 및 건축물·농경지 등의 피해를 유발하였거나 침수피해가 예상되는 지역

정답 26. ② 27. ③ 28. ③ 29. ① 30. ③

31 **「자연재해대책법」의 자연재해위험개선지구의 등급분류 기준에 대한 설명이 올바르게 연결된 것은?**

① 가 등급 - 재해 발생 시 인명피해 발생 우려가 매우 높은 지역
② 나 등급 - 농경지 침수발생 및 우려지역
③ 다 등급 - 재해 발생 시 건축물(주택, 상가, 공공건축물)의 피해가 발생하였거나 발생할 우려가 있는 지역
④ 라 등급 - 재해 발생 시 기반시설(공업단지, 철도, 기간도로)의 피해가 발생할 우려가 있는 지역

32 **다음 중 자연재해위험개선지구의 유형이 올바르게 연결된 것은?**

① 침수위험지구 - 집중호우로 인하여 교통이 두절되어 지역주민의 생활에 고통을 주는 지역
② 유실위험지구 - 해당 시설물 또는 시설물 주변 주택·농경지 등에 피해가 발생하였거나 피해가 예상되는 지역
③ 취약방재시설지구 - 산사태, 절개사면 붕괴, 낙석 등으로 건축물이나 인명피해가 발생한 지역 또는 우려되는 지역
④ 고립위험지구 - 하천의 외수범람 및 내수배제 불량으로 인한 침수

33 **다음 중 자연재해위험개선지구의 유형이 아닌 것은?**

① 유실위험지구
② 고립위험지구
③ 노후시설지구
④ 상습가뭄재해지구

34 **다음 중 자연재해위험개선지구의 등급분류 기준에 맞는 것은?**

① 가 등급: 붕괴 및 침수 등의 우려는 낮으나 지속적으로 관심을 갖고 관리해야 하는 지역
② 나 등급: 기반시설(철도, 도로)의 피해가 발생할 우려가 있는 지역
③ 다 등급: 농경지 침수 발생 및 우려지역
④ 라 등급: 재해 발생 시 건축물의 피해가 발생하였거나 우려가 있는 지역

31. - 나 등급: 재해 발생 시 건축물(주택, 상가, 공공건축물)의 피해가 발생하였거나 발생할 우려가 있는 지역
- 다 등급: 재해 발생 시 기반시설(공업단지, 철도, 기간도로)의 피해가 발생할 우려가 있는 지역이나 농경지 침수발생 및 우려지역
- 라 등급: 붕괴 및 침수 등의 우려는 낮으나, 기후변화에 대비하여 지속적으로 관심을 갖고 관리할 필요성이 있는 지역

32. - 침수위험지구: 하천의 외수범람 및 내수배제 불량으로 인한 침수가 발생하거나 인명 및 건축물·농경지 등의 피해를 유발하였거나 침수피해가 예상되는 지역
- 취약방재시설지구: 기설치된 하천의 제방고가 하천기본계획의 계획홍수위보다 낮아 월류되거나 파이핑 현상으로 붕괴위험이 있는 취약구간의 제방
- 배수문, 유수지, 저류지 등 방재시설물이 노후화되어 재해발생이 우려되는 시설물
- 자연재해저감 종합계획에 따라 침수, 붕괴, 고립 등 복합적인 위험요인으로 인하여 종합적인 정비가 필요한 지역 내 시설물
- 고립위험지구: 집중호우 및 대설로 인하여 교통이 두절되어 지역주민의 생활에 고통을 주는 지역
- 교통 두절이 발생되었거나 우려되는 재해위험도로 구역

33. 이 외에도 침수위험지구, 취약방재시설지구, 붕괴위험지구, 해일위험지구가 있음

34. - 가 등급: 재해 발생 시 인명피해 발생 우려가 매우 높은 지역
- 나 등급: 재해 발생 시 건축물의 피해가 발생하였거나 발생할 우려가 있는 지역
- 다 등급: 재해 발생 시 기반시설의 피해가 발생할 우려가 있는 지역 그리고 농경지 침수발생 및 우려지역
- 라 등급: 붕괴 및 침수 등의 우려는 낮으나, 기후변화에 대비하여 지속적으로 관심을 갖고 관리할 필요성이 있는 지역

정답 31. ① 32. ② 33. ③ 34. ③

35 **다음은 어떠한 재해 관련 지구에 대한 설명인가?**

- 태풍·홍수·호우·폭풍·해일·폭설 등 불가항력적인 자연현상으로부터 안전하지 못하여 국민의 생명과 재산에 피해를 줄 수 있는 지역과 방재시설을 포함한 주변지역
- 자연재해의 영향에 의하여 재해 우려가 있는 지역으로 노후화된 위험방재시설을 포함한 주변지역
- 「자연재해대책법」 제12조에 따라 지정된 지구

① 자연재해위험지구
② 자연재해위험개선지구
③ 위험저수지·댐 정비지구
④ 붕괴위험지구

36 **다음 중 고립위험지구에 대한 설명으로 잘못된 것은?**

① 집중호우로 인하여 교통이 두절되어 지역주민의 생활에 고통을 주는 지역
② 섬 지역은 고려대상이 아님
③ 우회도로가 있더라도 교통이 두절된 경우
④ 대설로 인하여 교통 두절이 발생되었거나, 우려되는 재해위험도로 구역

37 **다음과 같은 위험지구 후보지에 대하여 세부 기준을 명시한 법령 또는 기준은?**

- 하천재해위험지구 후보지
- 내수재해위험지구 후보지
- 사면재해위험지구 후보지
- 토사재해위험지구 후보지

① 「자연재해대책법」
② 시·군 등 자연재해저감 종합계획 세부수립기준
③ 자연재해위험개선지구 관리지침
④ 「재난 및 안전관리 기본법」

38 **자연재해대책법령상 내풍설계기준 설정 대상시설이 아닌 것은?** 19년1회 출제

① 하수도법에 따른 하수도관로시설
② 건축법에 따른 건축물
③ 관광진흥법에 따른 유원시설상의 안전성검사 대상 유기기구
④ 도시철도법에 따른 도시철도

39 **자연재해저감 종합계획 수립 시 자연재해위험지구 후보지에 대한 위험도지수 상세지수 평가에 사용되지 않는 지수는?**

① 피해이력 상세지수
② 재해위험도 상세지수
③ 정비여부 상세지수
④ 주민불편도 상세지수

40 **자연재해저감 종합계획 수립 시 자연재해위험지구 후보지 선정에 관한 설명 중 올바른 것은?**

① 위험요인 분석은 기초현황 조사, 주민설문조사, 현장조사와 같은 정성적 분석만을 필요로 한다.
② 후보지 선정 단계에서는 위험도지수 간략지수와 상세지수를 이용한다.
③ 위험도지수 간략지수는 피해이력, 예상피해수준, 주민위험도, 정비여부를 이용한다.

36. 우회도로가 있는 경우는 제외해야 함
38. 「자연재해대책법 시행령」 제17조 내풍설계기준의 설정 대상 시설 참고
39. 정비 여부는 위험도지수 간략지수에 사용됨
40. ① 위험요인 분석은 정성적 분석과 정량적 분석 결과를 이용한다.
② 후보지 선정 단계에서는 간략지수를 이용한다.
③ 주민불편도가 사용된다.

정답 35. ② 36. ③ 37. ② 38. ① 39. ③ 40. ④

④ 위험도지수(간략) 산정 결과 위험도지수가 1 이하인 위험지구 예비후보지는 위험지구 후보지에서 제외한다.

41 시·군 자연재해저감 종합계획 수립 시 기초조사에서 고려되지 않는 방재시설은?

① 우수배제시설
② 사면시설
③ 사방시설
④ 농업시설

42 다음 중 「자연재해대책법」 제64조 제2항 및 동법 시행령 제55조, 56조에 따라 중앙행정기관 혹은 공공기관에서 유지·관리하는 방재시설이 아닌 것은?

① 산사태 방지시설
② 재난 예·경보시설
③ 농업생산기반시설
④ 우수유출저감시설

43 방재시설물에 대한 시설현황 조사를 위하여 필요한 기준이 아닌 것은?

① 시설의 제원
② 재해예방 능력
③ 복구비용
④ 영향 범위

44 「자연재해대책법 시행령」 제55조에서 명시한 방재시설현황 조사에 해당하지 않는 시설물은?

① 소하천시설물 중 호안
② 하천시설 중 수제
③ 농업생산기반시설 중 취입보
④ 상수관로 및 하수관로

45 방재시설물에 대한 안전성 및 유지관리현황 조사를 위한 평가항목이 아닌 것은?

① 방재시설에 대한 정기 및 수시 점검사항
② 방재시설의 보수·보강계획 수립·시행사항
③ 재해 발생 대비 비상대처계획의 수립사항
④ 재해 발생 대비 상황 점검자의 배정사항

46 다음 중 「자연재해대책법」 제64조 제2항 및 동법 시행령 제55조, 56조에 따라 시·도 및 시·군·구에서 유지·관리하는 방재시설이 아닌 것은?

① 제방, 호안, 보, 수문 등 소하천시설
② 저수지, 양수장 등 농업생산기반시설
③ 우수관로, 공공하수처리시설 등 공공하수도시설
④ 재난 예·경보시설

42. 우수유출저감시설은 지방자치단체에서 유지관리
44. 하수도법 제2조 제3호에 따른 하수도 중 하수관로 및 하수종말처리시설이 해당됨

46. 저수지, 양수장 등의 농업생산기반시설은 중앙·공공기관에서 유지·관리를 해야 하며, 제방, 호안 등의 소하천시설과 공공하수도시설 그리고 우수유출저감시설과 고지배수로와 같은 기타 시설은 시·도 및 시·군·구에서 유지·관리를 해야 하며, 그 외 하천시설, 항만시설, 어항시설, 도로시설, 산사태 방지시설 및 재난 예·경보시설은 중앙·공공 그리고 시·도 및 시·군·구에 공통으로 해당되는 시설물임

정답 41. ② 42. ④ 43. ③ 44. ④ 45. ④ 46. ②

제5장 재해 발생현황 조사

47 도시지역에서 내수침수 유발요인에 해당되지 않는 것은?

① 배수펌프시설 고장
② 제방붕괴
③ 하수관거 통수 단면 부족
④ 노면수 저지대 유입

48 다음 중 재해에 대한 발생원인이 잘못 연결된 것은?

① 사면재해 - 인공사면 시설정비 미비
② 토사재해 - 집중호우로 인한 토사유출
③ 하천재해 - 배수펌프시설의 고장
④ 내수재해 - 외수위 증가

49 다음 중 재해 종류에 따라 발생하는 특성이 올바르게 연결된 것은?

① 하천재해 - 하천 통수능 저하
② 내수재해 - 건물의 전도 및 부착물의 이탈
③ 사면재해 - 제방도로의 피해
④ 토사재해 - 농경지 및 양식장 피해

50 다음 중 하천재해의 피해 특성에 해당되지 않는 것은?

① 하상 퇴적으로 인한 통수능 부족
② 호안의 유실
③ 하상안정시설의 유실
④ 하천 횡단구조물의 피해

51 다음 재해 발생현황 조사내용 중 틀린 것은?

① 기상현황은 최대강우량 및 일 최대강우량, 최대풍속 등을 조사
② 시설물별 피해원인 및 복구공법, 유지관리 상태를 조사
③ 풍수해 발생지역의 위치 및 범위, 피해현황 및 원인을 조사
④ 해일내습현황은 피해현황, 조위현황, 해일 원인을 조사

52 다음 중 재해 발생 설문조사 시 바람직하지 않는 것은?

① 설문조사는 반드시 주민을 대표하는 통장, 이장을 상대로 실시
② 과거 재난이 발생했거나 재난 발생 시 예견되는 재난상황에 관해 조사
③ 과거 경험한 재해의 종류 및 발생현황에 대하여 조사
④ 우려하는 재해 징후와 향후 대책에 대한 건의사항을 조사

53 과거 발생한 재해 중 풍수해 발생현황 조사에서 대상이 아닌 것은?

① 연도별 피해액 현황
② 연도별 복구비 현황
③ 연도별 손상률 현황
④ 연도별 재해 특성

47. 제방붕괴는 하천재해의 유발요인에 해당
48. 배수펌프시설의 고장은 내수재해에 해당
49. - 하천 통수능 저하는 토사재해의 특성
- 건물의 전도 및 부착물의 이탈은 바람재해의 특성
- 제방도로의 피해는 하천재해의 특성
50. 하상 퇴적으로 인한 통수능 부족은 토사재해로 인하여 발생하는 현상임
51. 풍수해 재해원인 조사는 기상 특성, 강우 특성, 홍수유출 특성, 해일내습 특성, 대설 특성, 가뭄 특성 등에 대하여 현황을 조사 분석하며, 이를 토대로 시설물의 피해원인을 제시함
52. 재해를 경험한 주민을 대상으로 실시
53. 이 외에 연도별 피해시설의 종류, 개소수, 개소수 비율, 피해액, 피해액 비율 등이 있음

정답 47. ② 48. ③ 49. ④ 50. ① 51. ② 52. ① 53. ③

54 **다음 중 과거 재해 발생 이력조사를 통한 재해 발생 위험도 검토사항과 관련이 없는 것은?**

① 과거 재해 발생 이력조사는 최근 10년 이상의 기간을 조사
② 이력조사는 관련 문헌, 주민탐문, 현장조사 실시를 포함
③ 이력조사를 통한 재해 발생 위험도는 하천 재해 분야에 국한
④ 재해위험도는 방재성능목표와 비교 검토하여 필요시 상향 조정하여 저감대책을 강구할 수 있음

55 **다음 중 과거 재해 발생지역에 대한 피해현황 조사내용에 해당하지 않는 것은?**

① 재해대장, 재해연보 등의 문헌 조사 수행
② 상류 유역의 개발현황 조사
③ 인근지역 주민 및 관계 공무원을 대상으로 탐문 조사 수행
④ 최근 10년 이상의 피해 발생현황 조사

56 **풍수해 재해원인 특성 분석 시 조사대상이 아닌 것은?**

① 강우 특성
② 지형 특성
③ 가뭄 특성
④ 홍수 유출 특성

57 **다음 중 과거 재해 발생지역에 대한 복구현황 조사내용에 해당하지 않는 것은?**

① 방재 관련 담당 부서 방문 및 문헌 조사
② 현장 탐문 조사
③ 복구공법 및 유지관리 상태 조사
④ 재해 발생 위험도 설문

제6장 관련 계획 조사

58 **다음 중 자연재해와 관련하여 저감대책 수립 시 활용할 수 있는 기초자료 조사에 대한 관련 계획이 아닌 것은?**

① 방재 관련 계획
② 토지 이용 관련 계획
③ 수도정비 관련 계획
④ 시설정비 관련 계획

59 **다음 중 국가단위에서 수립하는 계획이 아닌 것은?**

① 국가안전관리기본계획
② 자연재해저감 종합계획
③ 산림기본계획
④ 하천유역수자원관리계획

60 **다음 중 지역단위 계획이 아닌 것은?**

① 산림기본계획
② 지구단위홍수방어기준
③ 안전관리계획
④ 지역안전도진단

56. 이 외에도 기상 특성, 해일내습 특성, 대설 특성이 있음

60. 이 외에 자연재해저감 종합계획, 재해복구사업의 분석 및 평가, 재해지도 작성 등이 있음

정답 54. ③ 55. ② 56. ② 57. ④ 58. ③ 59. ② 60. ①

61 「대한민국헌법」 제34조 제6항과 「재난 및 안전관리 기본법」 제22조 및 시행령 제26조에 의거 다음과 같은 내용을 목적으로 하고 있는 방재 관련 계획은?

> • 각종 재난 및 사고로부터 국민의 생명·신체·재산을 보호
> • 국가의 재난 및 안전관리의 기본방향을 설정하는 최상위 계획

① 시설물의 안전 및 유지관리 기본계획
② 국가안전관리기본계획
③ 하천유역수자원관리계획
④ 자연재해저감 종합계획

62 「시설물의 안전 및 유지관리에 관한 특별법」 제3조에 의거 미래 요구 대응을 위한 지속 가능한 시설물의 안전관리 기반 구축을 목적으로 하는 '시설물의 안전 및 유지관리 기본계획'의 수립은 몇 년 단위인가?

① 5년
② 10년
③ 15년
④ 필요시 임의 시기

63 자연재해 위험요인으로부터 피해 예방을 위한 지역별 방재 분야 최상위 종합계획 수립을 목적으로 하는 자연재해저감 종합계획의 법적 근거와 재수립 기준으로 맞는 것은?

① 「자연재해대책법」 - 5년
② 「자연재해대책법」 - 10년
③ 「재난 및 안전관리 기본법」 - 5년
④ 「재난 및 안전관리 기본법」 - 10년

64 상습침수지역이나 홍수피해 위험도가 높은 지역, 그 밖의 수해지역의 재해 경감을 위하여 개발사업과 재해사업의 계획 수립 시 지역 특성을 고려하여 설정하는 방재기준에 관한 것은?

① 재해복구사업의 분석 및 평가
② 자연재해저감 종합계획
③ 지구단위 홍수방어기준
④ 하천유역수자원관리계획

65 다음 중 「자연재해대책법」이 법적 근거가 아닌 것은?

① 안전관리계획
② 지역안전도 진단
③ 지구단위 홍수방어기준
④ 재해복구사업의 분석 및 평가

66 다음 중 방재 관련 계획 조사에서 토지 이용과 관련된 조사방향이 아닌 것은?

① 풍수해에 영향을 미칠 것으로 판단되는 각종 개발계획 및 사업계획 중심으로 조사
② 향후 10년 내에 추진할 것으로 계획되어 있는 개발계획 및 사업계획 조사
③ 도시기본계획상의 모든 시가화 예정용지 조사
④ 방재 및 시설정비 관련 계획 부분에서 조사되는 계획도 조사

63. 자연재해대책법 제16조 자연재해저감 종합계획의 수립에서 10년마다 재수립

65. 안전관리계획은 「재난 및 안전관리 기본법」 제4조와 제25조에 의거함

66. 토지 이용 관련 계획에 대한 조사범위에서 방재 및 시설정비 관련 계획 부분에서 조사되는 계획은 제외함

정답 61. ② 62. ① 63. ② 64. ③ 65. ① 66. ④

67 **다음은 어떤 방재관련 계획에 대한 목적을 나타내고 있는가?**

> - 자연재해 위험요인으로부터 피해 예방을 위한 지역별 방재 분야 최상위 종합계획 수립
> - 태풍, 홍수, 호우, 강풍, 풍랑, 해일, 조수, 대설, 가뭄 및 그 밖의 재해에 대하여 자연재해 위험개선지구 선정, 저감대책 및 시행계획 수립, 투자우선순위 결정

① 국가안전관리기본계획
② 하천유역수자원관리계획
③ 자연재해저감 종합계획
④ 지역안전도 진단

68 **재해복구사업의 효과성, 경제성을 평가하는 경우에 포함하여야 할 사항이 아닌 것은?** 19년1회 출제

① 지역경제의 발전성
② 신기술의 적용성
③ 지역주민 생활환경의 쾌적성
④ 재해 저감성

68. 검토사항으로 ① 재해복구사업의 해당시설별 피해원인 분석의 적정성, 사업계획의 타당성 및 공사의 적정성, ② 침수유역과 관련된 재해복구사업의 침수저감능력과 경제성, ③ 재해복구사업 계획추진과 사후관리체계 적정성, ④ 재해복구사업으로 인한 지역의 발전성과 지역주민 생활환경의 쾌적성

정답 67. ③ 68. ②

제3과목

재해 분석

제1편 재해 유형 구분 및 취약성 분석·평가

제2편 재해위험 및 복구사업 분석·평가

제3편 방재성능목표 설정

제3과목

제1편

재해 유형 구분 및 취약성 분석·평가

제1장

제1편
재해 유형 구분 및 취약성
분석·평가

재해 유형 구분

본 장에서는 재해 피해 발생 및 예상지역에 대하여 재해유형을 구분하고, 재해유형별 방재시설물에 대한 적정성 여부를 파악할 수 있도록 하였다. 재해유형에는 하천재해, 내수재해, 사면재해, 토사재해, 해안재해, 바람재해, 기타 시설물재해가 있으며, 지역특성에 따라 하천재해-내수재해, 해안재해-내수재해, 토사재해-하천재해 등의 복합재해 발생지역으로 구분할 수 있다.

1절 재해 유형 구분

1. 자연재해의 유형

(1) 재해

① 재난으로 인하여 발생하는 피해

② 재난

㉠ 국민의 생명·신체·재산과 국가에 피해를 주거나 줄 수 있는 것

㉡ 자연재난과 사회재난으로 구분

(2) 자연재해

① 자연재난으로 인하여 발생하는 피해

② 자연재난

태풍, 홍수, 호우, 강풍, 풍랑, 해일, 대설, 한파, 낙뢰, 가뭄, 폭염, 지진, 황사, 조류 대발생, 조수, 화산활동, 소행성·유성체 등 자연우주물체의 추락·충돌, 그 밖에 이에 준하는 자연현상으로 인하여 발생하는 재해

2. 자연재해저감 종합계획 수립 대상 재해 유형

(1) 하천재해

★
하천재해의 정의

① 하천재해

홍수발생 시 하천 제방, 호안, 하천 횡단구조물(낙차공, 보, 교량 등)의 붕괴와 홍수위의 제방 범람 등으로 인해 발생하는 재해

② 하천의 정의 및 구분

★
하천은 국가하천, 지방하천 및 소하천으로 구분

㉠ 하천: 하천법에 따라 그 명칭과 구간이 지정·고시된 하천으로 중요

도에 따라서 국가하천, 지방하천으로 구분

㉡ 소하천: 「하천법」의 적용 또는 준용을 받지 아니하는 하천으로서 「소하천법」에 따라 그 명칭과 구간이 지정·고시된 하천

③ 하천재해 발생 양상

㉠ 홍수 발생으로 인한 제방의 붕괴, 유실 및 변형, 호안 유실, 하상안정시설 유실, 제방도로 피해, 하천 횡단구조물(교량, 낙차공, 보) 피해 발생

㉡ 하천 수위 상승으로 인한 제방 범람으로 발생되는 재해: 도심지 및 농경지 등의 침수로 인한 인명, 재산 등의 피해 발생

(2) 내수재해

① 내수재해

㉠ 내수침수: 제내지 우수가 외수위 상승, 배수체계 불량 등에 의해 하천 및 소하천 등으로 배제되지 못하고 저류되는 침수현상

㉡ 내수재해: 내수침수에 따라 인명과 재산상의 손실이 발생하는 재해

② 내수배제 방식의 구분

㉠ 자연배제: 내수위가 외수위보다 높은 경우(외수위의 영향을 받지 않는 지역에 적용)

▷ 관련시설: 우수관로, 배수로, 고지배수로 등

㉡ 강제배제: 외수위가 내수위보다 높은 경우(외수위의 영향으로 자연배제가 불가능한 지역에 적용)

▷ 관련시설: 빗물펌프장, 외수 역류방지시설 등

㉢ 혼합배제: 자연배제 및 강제배제를 혼합하여 적용

③ 내수재해 발생 양상

㉠ 우수관로, 배수로, 고지배수로 등의 자연배제 시설물 자체의 내수배제 능력 부족에 따른 침수 발생

㉡ 외수위의 영향을 받는 지역에서 빗물펌프장, 역류방지 수문 등 강제배제 시설물의 능력 부족, 고장 및 미설치에 따른 침수 발생

(3) 사면재해

① 사면재해

호우 발생 시 자연사면의 불안정이나 인공사면의 시공 불량 및 시설 정비 미비, 유지관리 미흡 등으로 인하여 발생하는 산지 사면 붕괴 및 낙석에 의한 피해를 발생시키는 재해

★
내수재해의 정의

★
제내지
하천 제방에 의해 보호되고 있는 지역(하천을 향한 제방 안쪽 지역)

★
내수배제 관련 시설
우수관로, 배수로, 고지배수로, 빗물펌프장, 외수 역류방지시설 등

★
사면재해의 정의

② **사면재해 발생 양상**

㉠ 집중호우 등에 의한 토사사면의 붕락 또는 활동에 의한 피해 발생
㉡ 암반사면의 파괴에 따른 낙석 등의 피해 발생
㉢ 토석류, 암석과 토양 슬라이드 등과 같은 산사태에 의한 피해 발생

(4) 토사재해

① **토사재해**

유역 내의 과다한 토사유출 등이 원인이 되어 하천시설 및 공공·사유 시설의 침수 및 매몰 등의 피해를 유발하는 재해

② **토사재해 발생 양상**

㉠ 산지 침식에 따른 피복상태 불량 및 산지 황폐화 등과 같은 직접적인 피해 발생
㉡ 침식된 토사에 의한 하류지역의 하천시설, 내수배제시설 및 저수지 등의 성능저하에 따른 2차적인 피해 발생

(5) 해안재해

① **해안재해**

태풍, 폭풍해일, 지진해일, 연안파랑 등의 자연현상에 의하여 해안 침수, 항만시설 붕괴 등이 발생하는 재해

② **해안재해 발생 양상**

㉠ 표사이동수지의 불균형에 의한 광범위한 해안침식 발생
㉡ 폭풍해일 또는 고파(강풍에 의한 높은 해파)에 의한 재해
㉢ 해저 지진으로 발생한 쓰나미에 의한 재해

(6) 바람재해

① **바람재해**

태풍, 강풍 등에 의해 인명 피해나 시설의 경제적 손실이 발생하는 재해

② **바람재해 발생 양상**

대부분 강풍이 동반된 태풍에 의한 피해 발생(전체 피해의 약 60% 해당)

(7) 가뭄재해

① **가뭄재해**

오랫동안 비가 오지 않아서 물이 부족한 상태 또는 장기간에 걸친 물 부족으로 나타나는 재해

★ 토사재해의 정의

★ 해안재해의 정의

★ 바람재해 의 정의

② **가뭄재해 발생 양상**

㉠ 수자원이 평균보다 적어서 정상적인 사회생활에 불편이나 피해를 유발

㉡ 용수의 제한 공급 및 중단으로 인한 산업, 농업, 생활상의 피해를 유발

(8) 대설재해

① **대설재해**

농작물·교통기관·가옥 등이 대설에 의해 입는 재해

② **대설재해 발생 양상**

대설로 인한 교통 두절, 고립피해, 시설물 붕괴 등의 피해 발생

(9) 기타 재해

① 「자연재해대책법 시행령」 제55조에서 정하는 방재시설의 노후로 인하여 발생할 수 있는 재해 등

② 하천의 홍수위 저감을 위하여 설치된 우수유출저감시설 중 저류지 및 저류조 등에 의해 발생할 수 있는 재해

2절 복합재해 발생지역

1. 자연재해저감 종합계획 수립 시 고려사항

(1) 복합재해 발생지역 검토

① 하천 및 내수재해 발생지역: 하천의 홍수위와 하수관망의 방재성능 차이로 인하여 발생할 수 있는 위험요인 검토

② 해안 및 내수재해 발생지역: 해안의 이상 해수위, 토지 이용 변화로 인하여 발생할 수 있는 위험요인 분석

③ 토사 및 하천재해 발생지역: 산지에서 발생하는 토석류와 하천의 하상 변화 과정에서 발생할 수 있는 위험요인 분석

(2) 지역의 통합 방재성능 구현

① 동일한 지역 내 통합 방재성능 구현을 위한 시설물별 성능목표 설정

② 통합 방재성능 달성방안 제시

Keyword

➔
「자연재해대책법 시행령」 제55조에 의한 방재시설
제3과목 제2편 제1장 9절 "기타재해위험지구 후보지 선정" 참고

★
복합재해 유형
하천/내수재해, 해안/내수재해, 토사/하천재해 등

2. 하천 및 내수재해 발생지역

(1) 발생지역

① 인접한 하천의 계획홍수위보다 지반고가 낮아 하천의 수위 상승에 따라 내수의 자연배제가 어려운 지역

② 방류되는 하천의 계획홍수위보다 낮은 기점수위 조건으로 빗물펌프장, 고지배수로 및 우수관로 등의 내수배제시설이 설치된 지역

(2) 재해 발생원인

① 방류되는 하천의 계획홍수위보다 낮은 기점수위 조건으로 내수배제시설이 설계된 경우 하천의 계획홍수위 발생에 따른 내수배제시설의 성능저하

② 방류되는 하천의 교량 경간장 부족, 토사퇴적, 하천정비사업 미시행 등에 의해 하천의 이상 홍수위(계획홍수위보다 높은 수위) 발생에 따른 내수배제시설의 성능저하

3. 해안 및 내수재해 발생

(1) 발생지역

① 바다로 내수를 방류하는 해안가 저지대 지역

② 조위의 영향을 받는 하천으로 내수를 방류하는 저지대 지역

(2) 재해 발생원인

내수배제시설의 설계조건 이상의 해수위 발생에 따른 내수배제 불량

4. 토사 및 하천재해 발생

(1) 발생지역

① 급경사 유역을 관류하는 하천 구간

② 피복 상태가 불량하거나 사방시설이 미설치된 산지하천 구간

(2) 재해 발생원인

① 산지 침식 등으로 인하여 침식된 토사가 하류지역의 하천에 퇴적되어 하천의 통수면적 감소

② 토석류의 발생에 의한 하천 기능 상실

★
하천·내수재해
내수배제지역의 낮은 지반고로 인하여 하천의 홍수위 영향을 받아 복합재해 발생

★
해안·내수재해
내수배제지역의 낮은 지반고로 인하여 조위의 영향을 받아 복합재해 발생

★
토사·하천재해
유역에서 발생한 토사의 하천 유입에 따른 복합재해 발생

제2장

제1편
재해 유형 구분 및 취약성
분석·평가

재해취약성 분석·평가

본 장에서는 재해취약지구의 재해 발생원인을 파악하기 위한 과거 피해현황의 조사방법 및 재해 발생원인 분석방법, 수문·수리학적 원인 분석방법을 수록하였다. 분석된 재해취약지구에 대한 취약요인은 향후 공학적, 기술적 평가를 통하여 적정 저감대책을 수립하기 위한 기초자료로 활용된다.

1절 재해 발생원인

1. 하천재해 발생원인

(1) 하천범람의 위험요인

① 하폭 부족
② 제방고 및 제방여유고 부족
③ 본류하천의 높은 외수위에 의한 지류하천 홍수소통 불량
④ 토석류, 유송잡물 등에 의한 하천 통수단면적 감소
⑤ 교량 경간장 및 형하여유고 부족으로 막힘 현상 발생
⑥ 교량 부분이 인근 제방보다 낮음으로 인한 월류 및 범람
⑦ 하천구역의 다른 용도 사용
⑧ 인접 저지대의 높은 토지이용도
⑨ 상류댐 홍수조절능력 부족
⑩ 계획홍수량 과소 책정

(2) 제방 유실, 변형 및 붕괴의 위험요인

① 파이핑 및 하상세굴, 세굴 등에 의한 제방 기초 유실
② 만곡부의 유수나 유송잡물 충격
③ 소류력에 의한 제방 유실
④ 제방과 연결된 구조물 주변 세굴
⑤ 하천시설물과의 접속 부실 및 누수
⑥ 하천횡단구조물 파괴에 따른 연속 파괴
⑦ 제방폭 협소, 법면 급경사에 의한 침윤선 발달
⑧ 제체의 재질 불량, 다짐 불량

★
하천범람 위험요인
하폭·제방고·제방여유고 부족, 토석류에 의한 홍수소통 불량(토사퇴적), 설계기준 미달 교량, 설계량 초과 홍수, 하천정비사업 미시행 등

★
제방관련 위험요인
파이핑, 세굴, 소류력에 의한 제방 유실 등

⑨ 하천범람에 의한 제방 붕괴

(3) 호안유실의 위험요인

① 호안 강도 미흡 또는 연결 불량
② 소류력, 유송잡물에 의한 호안 유실, 이음매 결손, 흡출 등
③ 호안 내 공동 발생
④ 호안 저부 손상

(4) 하상안정시설 파괴의 위험요인

① 소류력에 의한 세굴
② 근입깊이 불충분

(5) 하천 횡단구조물 파괴의 위험요인

① 교량 경간장 및 형하여유고 부족
② 기초세굴 대책 미흡으로 인한 교각 침하 및 유실
③ 만곡 수충부에서의 교대부 유실
④ 교각부 콘크리트 유실
⑤ 날개벽 미설치 또는 길이 부족 등에 의한 사면토사 유실
⑥ 교대 기초세굴에 의한 교대 침하, 교대 뒤채움부 유실·파손
⑦ 유사 퇴적으로 인한 하상 바닥고 상승
⑧ 도로 노면 배수능력 부족

(6) 제방도로 파괴의 위험요인

① 제방 유실·변형, 붕괴
② 집중호우로 인한 인접사면의 활동
③ 지표수, 지하수, 용출수 등에 의한 도로 절토사면 붕괴
④ 시공다짐 불량
⑤ 하천 협착부 수위 상승

2. 내수재해 발생원인

(1) 우수유입시설 문제로 인한 피해의 위험요인

① 빗물받이 시설 부족 및 청소 불량
② 지하공간 출입구 빗물유입 방지시설 미흡

(2) 우수관거시설 문제로 인한 피해의 위험요인

① 우수관거 및 배수통관의 통수단면적 부족

Keyword

★
호안유실 위험요인
소류력, 호안 내 공동 발생, 호안 저부 손상 등

★
하상안정시설 파괴의 위험요인
세굴

★
횡단구조물 파괴의 위험요인
설계기준 미달, 기초세굴 대책 미흡 등

★
제방도로 파괴의 위험요인
제방 유실·변형·붕괴, 인접사면의 활동, 하천 협착부 수위 상승 등

★
내수재해 발생원인
설계기준 이상의 이상호우, 관거의 용량 부족, 외수위 상승, 역류방지시설 미비, 강제배제시설(펌프장, 유수지, 역류방지 수문) 부족 등

② 역류 방지시설 미비
③ 계획홍수량 과소 책정

(3) 빗물펌프장 시설문제로 인한 피해의 위험요인
① 빗물펌프장 또는 배수펌프장의 용량 부족
② 배수로 미설치 및 정비 불량
③ 펌프장 운영 규정 미비
④ 설계기준 과소 적용(재현기간, 임계지속기간 적용 등)

(4) 외수위로 인한 피해의 위험요인
① 외수위로 인한 내수배제 불량
② 하천단면적 부족 또는 교량설치 부분의 낮은 제방으로 인한 범람

(5) 노면 및 위치적 문제에 의한 피해의 위험요인
① 인접지역 공사나 정비 등으로 인한 지반고의 상대적인 저하
② 철도나 도로 등의 하부 관통도로의 통수단면적 부족

(6) 2차적 침수피해 증대 및 기타 관련 피해의 위험요인
① 토석류에 의한 홍수소통 저하
② 지하수 침입에 의한 지하 침수
③ 지하공간 침수 시 배수계통 전원 차단
④ 선로 배수설비 및 전력시설 방수 미흡
⑤ 지중 연결부 방수처리 불량
⑥ 침수에 의한 전기시설 노출로 감전 피해
⑦ 다양한 침수 상황에 대한 발생유량 사전예측 및 대피체계 미흡

3. 사면재해 발생원인

(1) 지반활동으로 인한 붕괴의 위험요인
① 기반암과 표토층의 경계에서 토석류 발생
② 집중호우 시 지반포화로 인한 사면 약화 및 활동력 증가
③ 개발사업에 따른 지반 교란
④ 사면 상부의 인장균열 발생
⑤ 사면의 극심한 풍화 및 식생상태 불량
⑥ 사면의 절리 및 단층 불안정

★
사면재해 발생원인
집중호우 시 지반의 포화, 사면의 과도한 절토, 배수시설 불량, 노후 축대, 유지관리 미흡 등

(2) 사면의 과도한 절토 등으로 인한 붕괴의 위험요인
① 사면의 과도한 절토로 인한 사면의 요철현상
② 사면 상하부의 절토로 인한 인장균열
③ 사면의 부실시공

(3) 절개지, 경사면 등의 배수시설 불량에 의한 붕괴의 위험요인
① 배수시설 불량 및 부족
② 배수시설 유지관리 미흡
③ 배수시설 지표면과 밀착 부실

(4) 토사유출방지시설의 미비로 인한 피해의 위험요인
① 노후 축대시설 관리 소홀 및 재정비 미흡
② 사업주체별 표준경사도 일률 적용
③ 옹벽 부실시공

(5) 급경사지 주변에 위치한 시설물 피해의 위험요인
① 사면 직하부 주변에 취락지, 주택 등 생활공간 입지
② 사면주변에 임도, 송전탑 등 인공구조물 입지
③ 노후주택의 산사태 피해위험도 증대
④ 사면접합부의 계곡 유무

(6) 유지관리 미흡으로 인한 피해의 위험요인
① 토사유출이나 유실·사면붕괴 발생시 도로 여유폭 부족
② 도로, 철도 등의 노선 피해 시 상황전파시스템 미흡
③ 위험도에 대한 인식 부족, 관공서의 대피지시 소홀

4. 토사재해 발생원인

(1) 산지침식 및 홍수피해 가중의 위험요인
① 토양침식에 따른 유출률 증가 및 도달시간 감소
② 침식확대에 의한 피복상태 불량화 및 산지 황폐화
③ 토사유출에 의한 산지 수리시설 유실

(2) 하천 통수단면적 잠식의 위험요인
토석류의 퇴적에 따른 하천의 통수단면적 잠식

★
토사재해 발생원인
유역의 토양침식, 하천 및 우수관로 내 토사 퇴적, 저수지 내 토사 퇴적, 하구부 토사 퇴적(하구폐쇄) 등

(3) 도시지역 내수침수 가중의 위험요인

① 상류유입 토사에 의한 우수유입구 차단

② 토사의 퇴적으로 인한 우수관거 내수배제 불량

(4) 저수지의 저류능력, 이수기능 저하의 위험요인

① 유사 퇴적으로 저수지 바닥고 상승 및 저류능력 저하

② 저수지 바닥고 상승에 따른 이수기능 저하

(5) 하구폐쇄로 인한 홍수위 증가의 위험요인

하류로 이송된 토사의 하구부 퇴적에 의한 하구폐쇄, 상류부 홍수위 증가

(6) 주거지 및 농경지 피해의 위험요인

홍수 시 토사의 유입에 의한 주거지, 농경지 피해

(7) 양식장 피해의 위험요인

홍수 시 토사의 유입에 의한 양식장 피해

5. 바람재해 발생원인

★
바람재해 발생원인
강풍에 의한 시설물 파괴 및 비산물 발생 등

(1) 강풍에 의한 피해의 위험요인

① 송전탑 등 전력·통신시설 파괴 및 정전, 화재 등 2차 피해 발생

② 대형 광고물, 건물 부착물, 유리창 등 붕괴·이탈·낙하

③ 경기장 지붕 등 막구조물 파괴

④ 현수교 등 교량의 변형·파괴·붕괴

⑤ 도로표지판 등 도로 시설물 파괴

⑥ 삭도, 궤도 등 교통시설의 파괴

⑦ 유원시설 및 유·도선 등 각종 선박 파괴

⑧ 교통신호등, 교통안전시설 파손

⑨ 차량 피해, 가설물 붕괴 및 대형 건설 장비 등의 전도

⑩ 기타 시설 피해 등

(2) 빌딩 피해의 위험요인

국지적 난류에 의해 간판 등이 날아가거나 전선 절단 등의 피해

6. 해안재해 발생원인

(1) 파랑·월파에 의한 해안시설 피해 위험요인

① 파랑의 반복충격으로 해안구조물 유실 및 파손
② 월파에 의한 제방의 둑마루 및 안쪽 사면 피해
③ 테트라포트(TTP) 이탈 등 방파제 및 호안 등의 유실
④ 제방 기초부 세굴·유실 및 파괴·전괴·변이
⑤ 표류물 외력에 의한 시설물 피해
⑥ 표류물 퇴적에 의한 해상교통 폐쇄
⑦ 밑다짐공과 소파공 침하·유실
⑧ 월파로 인한 해안 도로 붕괴, 침수 등
⑨ 표류물 퇴적에 의한 항만 수심저하
⑩ 국부세굴에 의한 항만 구조물 기능 장애
⑪ 기타 해안시설 피해 등

(2) 해일 및 월파로 인한 내측피해의 위험요인

① 월파량 배수불량에 의한 침수
② 월류된 해수의 해안 저지대 집중으로 인한 우수량 가중
③ 위험한 지역 입지
④ 해일로 인한 임해선 철도 피해
⑤ 주민 인식 부족 및 사전 대피체계 미흡
⑥ 수산시설 유실 및 수산물 폐사
⑦ 기타 해일로 인한 시설 피해 등

(3) 하수구 역류 및 내수배제 불량으로 인한 침수의 위험요인

① 만조 시 매립지 배후 배수로 만수
② 바닷물 역류나 우수배제 지체
③ 기타 침수피해 등

(4) 해안침식 위험요인

① 높은 파고에 의한 모래 유실 및 해안침식
② 토사준설, 해사채취에 의한 해안토사 평형상태 붕괴
③ 해안구조물에 의한 연안표사 이동
④ 백사장 침식 및 항내 매몰
⑤ 해안선 침식에 따른 건축물 등 붕괴
⑥ 댐, 하천구조물, 골재채취 등에 의한 토사공급 감소

★
해안재해 발생원인
파랑의 충격, 월파, 표류물, 해수의 월류에 의한 저지대 침수, 바닷물 역류에 의한 내수침수, 해안침식 등

⑦ 기타 해안침식 피해 등

7. 가뭄재해 발생원인

(1) 가뭄에 의한 피해 위험요인

① 생활·공업용수 제한 공급 또는 공급 중단으로 인한 산업 및 생활상의 피해 발생

② 농업용수 공급중단 등으로 인한 농작물 피해 발생

8. 대설재해 발생원인

(1) 대설에 의한 피해 위험요인

① 대설로 인한 취약도로 교통 두절 및 고립피해 발생

② 농·축산 시설물 붕괴피해

③ 조립식 철골건축(PEB, Pre-Engineered Building) 구조물, 천막구조물 등 가설시설물 붕괴피해

④ 기타 시설 피해 등

2절 재해취약지구 취약요인

1. 하천재해취약지구 취약요인

(1) 하천정비사업 미시행 구간

① 하천기본계획 및 소하천정비종합계획이 미수립된 지역은 하천재해 발생 위험성 높음

② 하천기본계획 및 소하천정비종합계획에서 하천개수계획을 수립하였으나 지자체의 예산 부족 등에 따라 하천정비가 미시행된 지역은 하천 자체의 통수능 부족 및 능력이 부족한 횡단구조물 등에 의해 제방의 월류 및 붕괴 등의 위험성 높음

(2) 설계기준 미달의 횡단구조물이 위치한 구간

① 하천 횡단교량의 상판 높이, 총연장, 경간장(교각간 거리) 등의 설계기준 미달

㉠ 교량의 붕괴 원인으로 작용

㉡ 홍수위 상승에 따른 하천범람 및 내수침수 유발

★
가뭄재해 발생원인
생활·공업·농업용수의 공급 중단 등

★
대설재해 발생원인
시설물 피해 및 교통 두절 등을 발생시키는 대설

★
하천재해취약요인
하천정비사업 미시행, 설계기준 미달 교량, 노후 교량 등

② 교량의 경간장의 기준 미달은 유송잡물에 의한 하천의 통수능 저하 유발
③ 노후 교량은 교량의 설계기준을 만족하더라도 붕괴의 위험성이 높음

Keyword

2. 내수재해취약지구 취약요인

★
내수재해취약요인
우수관거 능력 부족, 낮은 지반고(저지대), 펌프장 및 유수지 능력 부족 등

(1) 우수관거의 능력이 부족한 지역

① 하수도 설계기준 및 방재성능목표에 미달하는 우수관거는 내수재해에 취약

② 우수관거의 설계 당시보다 확률강우량 및 유역 내 불투수층의 증가에 따른 내수재해 발생

㉠ 확률강우량 증가에 따른 유역의 첨두홍수량 증가

㉡ 불투수층 증가에 따른 유역의 첨두홍수량 및 유출률 증가

(2) 본류 계획홍수위보다 지반고가 낮은 지역

① 본류 하천의 계획홍수위보다 지반고가 낮은 지역은 우수관로의 배수불량 및 역류에 따른 내수침수에 취약

② 낮은 지반고로 인하여 내수의 자연배제가 어려운 지역

㉠ 빗물펌프장 등의 강제배제시설을 통하여 내수 배제

㉡ 강제배제 시설물의 방재성능을 검토하여 내수재해의 취약성 파악

(3) 고지유역의 우수가 유입되는 저지지역

① 배후지 및 인근 고지유역의 우수가 노면을 따라 저지로 유입되어 우수관거로 유입 전에 침수 발생

② 반지하 주거지역, 지하주택, 지하철역 또는 도로의 지반고가 주택의 출입구보다 높은 경우 저지지역은 내수침수에 취약

3. 사면재해취약지구 취약요인

★
사면재해취약요인
급경사지, 산사태 위험도 1·2등급 지역, 노후 축대 위치 등

(1) 급경사 지역

① 급경사지에 위치한 흙은 집중호우 시 지반이 포화되어 토양 입자의 점착력이 약해지는 등의 이유로 사면 붕괴 발생

② 급경사지에 인장 균열이 생겼거나 풍화가 심할 경우, 절리나 단층이 불안정하거나 폐광, 송전탑, 인도 등 인위적 외력에 의한 불안정으로 붕괴 발생

(2) 산사태위험지역

① 산사태 위험등급 구분도에서 1등급으로 판정된 지역은 산사태 발생 위험에 취약

② 집중호우 시 토석류 발생에 취약한 지역

㉠ 강한 암반면 위에 얇은 토층이 형성되어 있는 지역

㉡ 큰 암괴가 혼합된 붕적층이 주로 형성된 지역

(3) 노후 축대가 위치한 지역

노후한 축대에 대한 정기적인 관리나 배수시설 관리가 미흡할 경우 붕괴사고 발생 가능

4. 토사재해취약지구 취약요인

(1) 급경사 하천 구간

① 급경사 하천의 경우 빠른 유속에 의해 유역의 토사가 하천으로 유입되어 하천범람 등의 피해 유발

② 하천 내에 발생하는 빠른 유속이 상류부 하상의 침식을 유발하고, 침식된 토사는 유속이 느려진 하류부에 퇴적되어 통수 단면적 저하

(2) 급경사지 하류부에 위치한 도시지역

① 유역에서 침식된 토사는 하천재해뿐만 아니라 우수관거의 통수능 저하 및 맨홀의 우수유입을 차단하여 내수침수 유발

② 지역개발 등에 따라 토지 이용의 변화가 발생한 지역

㉠ 유역 내 토사침식이 쉽게 발생

㉡ 침식된 토사의 하류지역 퇴적으로 내수침수 유발

5. 바람재해취약지구 취약요인

(1) 경량 철골조 지붕 및 외장재 설치지역

측벽의 창유리 파손 → 실내로 바람 유입 → 내압 증가 → 지붕외장재 파손

(2) 간판 등 비구조 부착물 설치지역

① 구조물 벽체에 부착 또는 돌출된 간판에 부압 작용 → 파괴 → 비산

② 비산하는 부착물은 2차적인 피해 유발

(3) 가로 시설물 설치지역

도로표지판, 가로등 및 신호등 지지대 등은 강풍 시 지지대의 하단부

★
토사재해취약요인
급경사 (소)하천의 하상침식, 우수관 거내 토사유입 등

★
바람재해취약요인
경량철골조 설치, 비구조 부착물 설치, 가로 시설물 설치, 철골구조체, 비닐하우스 등

에서 큰 휨모멘트가 발생하여 파괴될 위험성이 높음

(4) 철골 구조체 및 크레인 등의 위치 지역

① 철골 트러스 구조물은 연결된 그물망이 받는 풍하중에 의해 파괴 가능

② 크레인은 풍하중에 의한 전도의 위험성 존재

(5) 비닐하우스 설치지역

① 강풍에 의해 비닐의 찢어짐 발생

② 강풍에 의해 파이프의 구부러짐 발생

★
해안재해취약요인
인근에 건설된 항만, 어항 및 해안도로 등, 조위의 영향을 받는 저지대, 방류부 역류 방지시설 미설치 및 빗물펌프장 능력 부족 등

6. 해안재해취약지구 취약요인

(1) 해안침식 발생지역

① 항만 및 어항이 건설된 지역은 해안을 따라 평행하게 움직이는 연안표사가 저지되어 주변의 백사장 침식을 유발

② 호안 및 해안도로의 건설은 인근 해역의 파랑장 및 그에 따른 해빈류장을 변화시키며, 연안사주의 형성을 저해하여 자연의 저사기능을 파괴함으로써 외해 방향으로 표사를 유발

③ 무분별한 하구 골재 채취 및 항내준설사의 유용은 해안으로 유입되는 토사를 현저히 감소시켜 백사장 유실을 초래

④ 연안지역의 개발(배후지의 개발)은 인근 주민에 의한 인위적 해안침식 유발

(2) 대조평균만조위보다 지반고가 낮은 저지대 주거지역

① 바다 또는 조위의 영향을 받는 구간에 내수를 방류하는 저지대 지역

㉠ 높은 조위 발생 시 내수의 자연배제 불가

㉡ 외수의 역류로 침수 유발

② 우수관거의 내수배제 용량 부족, 역류 방지시설 미설치 및 빗물펌프장의 미설치 또는 배제 능력이 부족한 경우 침수 발생

③ 매립지역 중 역류 방지시설, 빗물펌프장이 설치되지 않은 경우 침수 발생

7. 가뭄재해취약지구 취약요인

(1) 수자원 부족지역

① 하천유출과 저수지 저수량의 결핍

② 용수의 수요와 공급의 불균형 지역

8. 대설재해취약지구 취약요인

(1) 취약도로 설치지역

대설 발생 시 제설장비 투입이 어렵고, 적설용해장치 등이 미설치된 도로는 교통 두절 및 고립피해 유발

(2) 취약시설 설치지역

가설시설물(PEB 구조물, 천막구조물) 및 농·축산 시설물은 대설로 인한 하중이 증가될 경우 붕괴위험이 높음

3절 과거 피해현황 및 재해 발생원인

1. 과거 피해현황 파악

(1) 과거 재해기록 조사

① **태풍, 집중호우 등의 주요 피해원인 조사**

㉠ 수해백서, 현장조사 보고서 등의 자료 조사

㉡ 기상현황, 피해상황 등을 가능한 상세히 조사

② **행정구역 및 인근지역 자연재해 발생현황 조사**

㉠ 재해연보 및 해당 자치단체에서 발행한 수해백서 등의 문헌조사

㉡ 기타 재해 이력 조사

③ 재해현황은 인명피해현황(사망, 실종, 부상), 연도별 피해현황, 최근 자연재해로 인한 피해총괄 등의 주요 항목으로 정리·수록

(2) 최근 10년간 재해 발생현황 및 복구현황 조사

최근 10년 이상의 재해 발생현황 및 복구현황 관련 자료 정리·수록

(3) 주민 탐문조사

과거 재해 발생현황에 대한 자료 조사와 더불어 피해 발생원인, 복구현황, 개선방안 등에 대한 주민 탐문조사 실시

2. 재해 발생원인 파악

(1) 재해 발생 당시의 피해현황 조사

① 현장조사 결과를 토대로 피해시설 및 침수지구의 현황 파악

★
과거 피해현황 파악방법
재해기록 조사, 재해 발생현황 조사, 재해복구현황 조사, 주민 탐문조사 등

★
최근 10년간 자료 조사

② 피해시설에 대한 피해현황과 피해액 등을 상세히 조사

③ 침수지구에 대한 침수면적, 침수심, 침수시간 등을 상세히 조사하여 재해 발생 당시 침수피해현황 파악

④ 피해시설 개소, 피해액, 복구액 등을 행정구역별, 유역단위별로 파악하여 피해가 집중된 지역 파악

(2) 재해취약요인 분석

① 피해 발생지역(유역 및 침수지구 단위)의 지형, 지질, 위치 등의 자연적 요소에 의한 취약점 분석

② 시설의 유지관리, 예방대책, 지자체의 투자현황 등을 파악하여 사회적·경제적 요인 및 재해에 대한 취약요소 분석

(3) 재해 발생원인 파악

① 강우 특성 분석

㉠ 발생한 강우의 지속기간별 강우량 산정

㉡ 하천기본계획 및 소하천정비종합계획 등에서 기분석한 유역 내 확률강우량 산정결과와 비교하여 재현기간 추정

㉢ 지역별 방재성능목표(강우량)와 비교하여 침수 원인 분석의 기초자료로 활용

② 재해현황 분석

㉠ 자연재해저감 종합계획 상 재해위험지구 지정 및 자연재해위험개선지구 지정 여부 파악

㉡ 인접 하천, 소하천의 제방 월류 및 제방 붕괴 여부 파악

㉢ 외수범람이 발생한 경우 홍수위, 홍수량, 지속기간 등의 수문 상황 파악

㉣ 제방 월류 및 제방 붕괴가 발생한 지역에 대하여 피해 발생기간 내 토석류 유입 여부 검토

㉤ 하천기본계획, 소하천정비종합계획, 자연재해위험개선지구 정비계획 등에서의 재해위험지구 정비사업의 시행 여부 파악

㉥ 하천 및 소하천의 계획홍수위와 피해지역 지반고를 비교하여 침수 발생의 외수위 영향성 검토

㉦ 배수 구조물의 역류방지시설 설치 여부 파악

★
재해 발생원인 파악
강우특성 분석, 재해위험지구 지정 여부 파악, 인근 (소)하천 현황 및 계획홍수위, 피해지역 지반고, 역류방지시설 유무 파악 등

③ 침수 재해 발생원인 파악

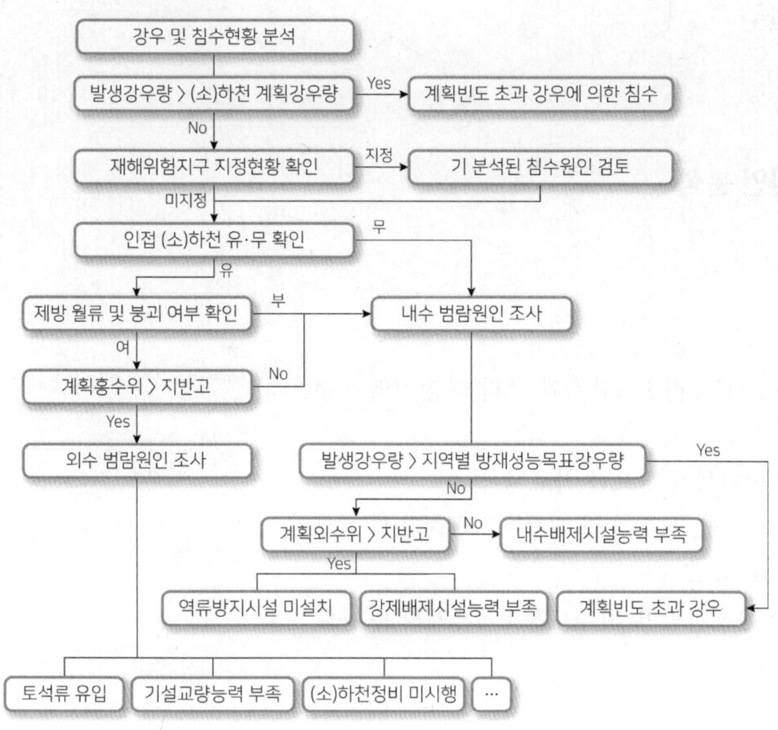

〈침수재해 발생원인 파악 흐름도〉

㉠ 자연재해저감 종합계획 상의 재해위험지구로 지정된 피해지역은 수록된 재해유발 원인을 고려하여 침수 원인을 파악

㉡ 인접한 (소)하천에 제방 월류 또는 제방 붕괴 구간이 있는 경우, (소)하천의 계획홍수위와 지반고를 참고하여 하천범람의 영향 범위를 결정하고 피해원인을 외수범람 또는 내수침수로 구분

- ▷ 피해원인이 외수범람으로 구분되는 경우: (소)하천의 제방 월류, 제방 붕괴의 원인을 토석류 유입에 따른 홍수위 상승, 능력이 부족한 교량에 의한 홍수위 상승, (소)하천 개수 미시행 등으로 구분
- ▷ 피해원인이 내수침수로 구분되는 경우: 내수배제시설의 능력 부족을 침수 원인으로 간주

㉢ 인접한 (소)하천에 제방 월류 또는 제방 붕괴 구간이 없는 경우, (소)하천의 계획홍수위와 지반고를 참고하여 외수위의 영향성 검토

- ▷ 계획홍수위보다 지반고가 낮은 경우 외수 역류 방지시설의 설치 여부, 강제배제 시설의 성능 등을 파악하여 피해원인 추정
- ▷ 계획홍수위보다 지반고가 높은 경우 내수배제시설의 능력 부족을 침수 원인으로 간주

Keyword

★ 재해위험지구 지정 당시의 재해유발원인 파악

㉣ (소)하천 등이 인접하지 않은 피해지역은 내수배제시설의 능력 부족을 침수 원인으로 간주

4절 수문·수리학적 원인 분석

1. 자료 조사

(1) 수문·수리학적 자료 조사

① 지형도, 토지이용도 등 각종 지도, 하천기본계획, 기타 해당 지역의 수문자료에 관련된 각종 보고서 조사
② 강우자료, 유량자료 등 유출해석에 필요한 자료 수집
③ 주요 수리시설, 댐 및 저류지 현황, 유수지 및 배수펌프장 현황 등 조사
④ 하천 단면 자료, 배수관망도 등 조사
⑤ 내수재해 발생지역은 기존 우수관망 및 하수도정비기본계획 등 자료 조사

(2) 재해 발생 이력 조사

① 과거에 발생했던 재해 이력을 조사(최소 10개년 이상, 최대 발생연도 포함)
② 과거 재해 이력을 분석하여 피해지역에서 과거의 피해 규모와 현재 피해 규모 비교 분석
③ 재해 이력이 있는 경우 과거 피해원인이 제거되었는지 파악하여, 현재의 피해지역 및 주요 시설이 과거의 피해현황과 유사한 피해가 반복되어 발생하였는지 파악
④ 주요 자연재해 발생연도는 해당 연도별 기상 특성 및 강우 특성, 하천 주요 수위관측소 수위현황, 피해현황, 복구현황 등을 조사

(3) 현장조사

① **피해원인 조사**

㉠ 피해 및 복구지구(하천시설, 배수시설, 도로 및 교량, 해안시설, 사면 및 산사태, 기타 소규모 시설)에 대한 상세한 현장조사 실시를 통한 피해원인 파악
㉡ 내수침수, 외수침수, 토석류, 시설 규모 적정성 등 재해의 원인 기술
㉢ 하천제방의 취약, 배수시스템 불량, 지형학적 특성 등 원인 파악

Keyword

★
수문·수리학적 원인 분석 절차

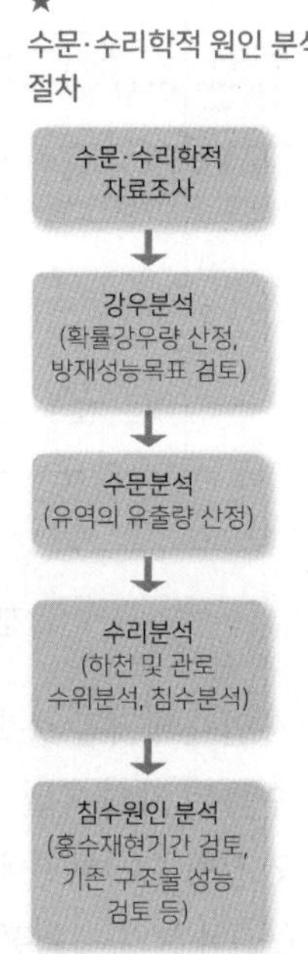

㉣ 도로 및 교량시설의 설계기준 준용 여부 파악

㉤ 재해대장상 피해사진, 피해원인, 복구현황 등을 파악

② 피해 규모 확인

㉠ 피해 및 복구지구(하천시설, 배수시설, 도로 및 교량, 해안시설, 사면 및 산사태, 기타 소규모 시설)에 대한 상세한 현장조사 시행을 통한 피해 규모 파악

㉡ 침수흔적, 피해범위 등을 파악하여 기술

㉢ 재해대장상 피해사진, 피해 규모, 복구현황 등을 파악

③ 주민 의견 조사

㉠ 피해 및 복구지구(하천시설, 배수시설, 도로 및 교량, 해안시설, 사면 및 산사태, 기타 소규모 시설)에 대한 주민 탐문조사 시행을 통한 피해원인 파악

㉡ 피해지역 주민의 의견을 조사하여 피해상황 및 피해원인, 문제점, 개선사항, 기타 재해 저감을 위한 시설계획 등 요구사항 등 정리

(4) 피해 발생 당시의 수문·수리 특성 조사

① 피해 발생 당시의 강우 특성 조사

㉠ 기상 특성

㉡ 강우분포 특성(시간 최대, 일 최대강우량 등 지속기간별 강우 특성 파악)

㉢ 태풍 또는 호우의 이동경로

㉣ 지역별 호우 원인

㉤ 방재성능목표 강우량

② 피해 발생 당시의 수위 특성 조사

㉠ 주요지점의 수위현황 및 특성

㉡ 주요지점의 수위 분석

㉢ 피해 발생지역의 흔적수위 분석

2. 강우 분석

(1) 확률강우량 산정

① 관측소의 일관성 및 강우사상의 독립성 검토

② 지속기간별 강우량 산정

③ 빈도해석 및 최적 확률분포형을 선정하여 지점확률강우량 산정

★
방재성능목표
지방지치단체의 장이 공표한 지역별 방재성능목표 강우량 (제3과목 제3편 "방재성능목표 설정" 참고)

④ 재현빈도별 강우강도식 작성

(2) 방재성능목표 강우량 확인

① 지역별 방재성능목표 강우량 확인

② 방재성능목표 강우량과 분석된 확률강우량의 비교·검토

★ 방재성능목표 검토

3. 유역의 유출량 및 홍수위 산정

(1) 유역 및 하천의 특성 조사

① 유역 면적, 유로 연장, 유역평균경사, 유역의 방향성, 유역 표고 등을 조사

② 유역 전반에 걸쳐 유출에 영향을 미치는 유역의 형상과 수계배치 조사

③ 하천 및 배수분구의 특성인자 조사

㉠ 하천의 기하학적 특성을 나타내는 인자인 하폭, 하상경사, 하천밀도, 하상계수 등을 조사 분석

㉡ 내수침수피해 지역의 배수구역, 우수관망 현황, 관로 규모, 관로 연장, 관로 경사, 배수펌프장 시설 규모 등을 조사 분석

④ 유역의 토양도 및 토지이용도 조사

㉠ 토양도 및 토지이용도는 유역의 유출률 및 침투율 산정 이용

㉡ 토지이용도로부터 유역의 표면 피복현황을 파악 및 유출률 산정에 이용

⑤ 유역 내의 유로에 대한 상태와 배수계통, 단면 형태, 조도계수, 하천환경 등에 대한 조사 분석으로 수계에 대한 전반적인 홍수 소통 능력 정도 판단

⑥ 유역 내의 건물, 공장, 도로, 유수지, 댐, 교량 등에 대한 시설의 여부 및 밀집도 등을 제시하여 유출에 영향을 미치는 정도 판단

(2) 설계강우의 지속기간

★ 임계지속기간의 정의

① 임계지속기간(목표 구조물에 가장 불리한 강우의 지속기간) 적용

② 하천제방, 배수관거, 우수관거 등의 구조물의 임계지속기간: 최대 첨두홍수량을 발생시키는 강우의 지속기간

③ 댐, 홍수조절지, 펌프장 유수지 등의 저류구조물의 임계지속기간: 최대 저류량을 발생시키는 강우의 지속기간

(3) 설계강우의 시간적 분포

① 설계강우의 시간적 분포: 해당 지역의 강우 특성을 고려하여 적정한

공식 이용

㉠ 모노노베(Mononobe) 방법: 강우의 시간분포를 임의로 배열하는 것으로 일 최대강우량을 Mononobe 공식에 대입하여 총강우량을 최대강우강도가 발생하는 위치에 따라 전방위형, 중앙집중형, 후방위형으로 나누고 시간별로 분포시키는 방법

㉡ 교호블록 방법(alternating block method)
- ▷ 강우강도-지속기간-발생빈도(IDF) 곡선 또는 강우강도식을 이용하여 설계주상도를 작성하는 방법
- ▷ 국내에서는 Blocking 방법으로도 불리고 있음

㉢ Huff 방법: 실측 강우량을 시간대별 누가곡선을 작성하여 이용하는 방법

② 국내의 수공구조물 설계에는 Huff 방법 적용

㉠ 소하천 구조물 설계: Huff 방법

㉡ 하천 구조물 설계: 수정 Huff 방법
- ▷ 기존 Huff 방법을 일부 보완하여 적용

(4) 유역의 도달시간 및 저류상수 산정

① 도달시간의 산정

㉠ 도달시간 = 지표면흐름형태의 유입시간 + 하도흐름 형태의 유하시간

㉡ 국가하천 및 지방하천의 홍수량 산정 시 도달시간의 산정
- ▷ 유역의 모든 흐름을 하도흐름 형태로 간주하여 산정(유입시간 및 유하시간을 별도 구분하지 않음)
- ▷ 서경대 공식 적용

㉢ 소하천의 홍수량 산정 시 도달시간의 산정
- ▷ 유역의 모든 흐름을 하도흐름 형태로 간주하여 산정(유입시간 및 유하시간을 별도 구분하지 않음)
- ▷ 연속형 Kraven 공식 적용

㉣ 재해영향평가등의 협의 시 도달시간의 산정
- ▷ 유입시간: 지표면흐름의 산정시간을 경험공식(Kerby 공식 등) 또는 설계기준에 따라 산정
- ▷ 유하시간: Kirpich, Rziha, Kraven I, Kraven II, 연속형 Kraven, 서경대 등의 공식 중 분석하고자 하는 지역의 흐름을 잘 반영할 수 있는 공식 적용(실무에서는 주로 연속형 Kraven 적용)

Keyword

★
Huff 방법

★
도달시간 = 유입시간 + 유하시간

➔
도달시간 산정 공식(서경대 공식, 연속형 Kraven 공식)은 제3과목 제2편 제1장 1절 "하천재해 위험요인 분석·평가" 참고

② **저류상수의 산정**

서경대 공식, Sabol 공식, 수정 Sabol 공식, Russel 공식 등을 이용하여 산정

(5) 강우-유출 모형에 의한 홍수량 산정방법

① 합리식: 첨두홍수량만 산정(유출수문곡선 작성 불가)

② 합성단위유량도법: Snyder, SCS, Clark, 시간-면적 방법

(6) 홍수위 계산

① 제방 능력 검토 등을 위한 하천의 홍수위 계산

㉠ 1차원 부등류 해석 적용

㉡ 국내에서는 HEC-RAS 모형 적용

② 단순한 우수관로 내 홍수위 계산은 등류공식 적용 가능

③ 복잡한 우수관로 내 홍수위 계산 시 주로 XP-SWMM 모형 적용

㉠ 방류지점의 기점홍수위 영향, 배수위 영향, 빗물펌프장 및 유수지와의 복합적 배수 능력 검토 시행 가능

㉡ 지표면 침수분석 가능

④ 우수관로 해석 모형

ILLUDAS, XP-SWMM 모형 등

4. 수문·수리학적 원인분석

(1) 하천재해 원인 분석

① 실제 발생한 지속기간별 강우량을 이용한 유역의 유출량을 산정하고 홍수 발생의 재현기간 판단

② 분석된 하천의 계산홍수위와 실제 흔적수위를 비교하여 홍수 발생원인 파악

③ 분석된 홍수위 발생에 따른 유속분포를 파악하여 구조물 파괴의 원인 분석

(2) 내수재해 원인 분석

① 실제 강우에 의한 우수관로 및 빗물펌프장 등의 방재성능상의 문제점 분석

② 실제 강우에 의해 분석된 침수피해 범위와 조사된 침수흔적을 비교하여 침수 발생원인 파악

③ 지역별 방재성능목표 강우량을 적용하여 유역의 방재성능 검토

★
합리식, Clark

➔
도시유출모형별 자세한 특성은 제3과목 제3편 제1장 2절 "방재시설물 특성 분석·평가 방법" 참고

★
하천의 홍수위 산정
HEC-RAS 모형 적용

★
우수관로 해석
XP-SWMM 모형 적용

적중예상문제

제1장 재해 유형 구분

1 다음 중 하천재해 발생 특성이 아닌 것은?

① 제방의 붕괴, 유실
② 하상안정시설 및 호안의 유실
③ 내수배재불량으로 인한 제내지 침수
④ 제방도로 및 교량의 피해

2 하천재해 발생 양상이 아닌 것은?

① 홍수 발생으로 인한 제방의 변형
② 홍수 발생으로 인한 교량의 붕괴
③ 하천수위 상승으로 인한 하수관거 역류
④ 하천수위 상승으로 인한 제방범람

3 다음 중 내수재해 발생원인을 모두 고르시오.

㉠ 우수관로의 내수배제 능력 부족
㉡ 외수위 상승
㉢ 역류방지시설 미설치
㉣ 빗물펌프장의 용량 부족
㉤ 교량의 경간장 부족에 따른 통수능 저하

① ㉠, ㉡ ② ㉠, ㉡, ㉢
③ ㉠, ㉡, ㉢, ㉣ ④ ㉠, ㉢, ㉣, ㉤

4 다음 중 내수재해 발생 양상이 아닌 것은?

① 배수로 월류에 의한 침수
② 빗물펌프장 능력 부족에 의한 침수
③ 역류방지 수문 미설치로 외수위 역류에 의한 침수
④ 상류유입 토사에 의한 우수 유입구 차단에 의한 침수

5 다음 중 사면재해와 관련된 내용이 아닌 것은?

① 집중호우 시 토사사면의 붕락에 의한 피해
② 암반사면의 파괴에 따른 낙석 등의 피해
③ 토석류 피해
④ 유역 내의 과다한 토사유출 피해

6 다음 중 토사재해 발생양상을 모두 고르시오.

㉠ 산지침식에 따른 산지 황폐화
㉡ 침식된 토사에 의한 하천통수능 저하
㉢ 토사사면의 붕괴에 따른 교통시설 단절
㉣ 산사태에 의한 하류부 매몰

① ㉠, ㉡ ② ㉠, ㉢
③ ㉠, ㉡, ㉢ ④ ㉠, ㉡, ㉢, ㉣

1. ③: 내수재해 발생 특성
2. ③: 내수재해 발생 양상
3. ⑤: 하천재해 발생원인
4. ④: 토사재해 발생 양상
5. ④: 토사재해 발생 양상
6. ㉢, ㉣: 사면재해 발생원인

정답 1. ③ 2. ③ 3. ③ 4. ④ 5. ④ 6. ①

7 다음 중 해안재해 발생 양상이 아닌 것은?

① 해일에 의해 월류된 해수의 해안 저지대 집중으로 인한 침수
② 월파로 인한 해안 도로 붕괴 및 침수
③ 높은 파고에 의한 모래 유실
④ 고조의 영향 구간 내 제방고 부족에 따른 집중호우 시 하천범람

8 다음 중 자연재난에 속하는 해안재해 발생양상을 모두 고르시오.

㉠ 표사이동수지의 불균형에 의한 광범위한 해안침식 발생 ㉡ 폭풍해일 또는 고파(강풍에 의한 높은 해파)에 의한 재해 ㉢ 해저 지진으로 발생한 쓰나미에 의한 재해 ㉣ 유류유출에 의한 재해

① ㉠, ㉡　　② ㉠, ㉢
③ ㉠, ㉡, ㉢　　④ ㉠, ㉡, ㉢, ㉣

9 다음 중 시·군 등 자연재해저감 종합계획 세부수립기준에서 정의한 자연재해 유형이 아닌 것은?

① 화산재해　　② 사면재해
③ 바람재해　　④ 가뭄재해

10 집중호우 시 빗물펌프장의 오작동에 의해 침수가 발생하였다면 해당되는 재해 유형은?

① 하천재해　　② 해안재해
③ 토사재해　　④ 내수재해

11 자연재해저감 종합계획 수립 시 고려하여야 할 사항으로 틀린 것은?

① 하천의 홍수위와 하수관망의 방재성능 차이로 인하여 발생할 수 있는 위험요인을 분석한다.
② 산지에서 발생하는 토석류와 하천의 하상변화 과정에서 발생할 수 있는 위험요인을 분석한다.
③ 급경사지 사면과 하천 및 내수배제 관망시설이 인접하여 발생할 수 있는 위험요인을 분석한다.
④ 해안의 이상 해수위와 토지 이용 변화로 인하여 발생할 수 있는 위험요인을 분석한다.

12 다음 중 복합재해 발생가능 지역이 아닌 것은?

① 해안가에 위치하고 있는 저지대 도심지
② 굴입하천이 관류하는 도심지
③ 지방하천이 관류하는 저지대 도심지
④ 급경사 산지지역의 하류에 위치한 소하천 관류지역

13 해안의 이상 해수위 및 토지이용변화로 인하여 발생할 수 있는 복합재해의 유형은?

① 하천 및 내수재해
② 토사 및 하천재해
③ 해안 및 내수재해
④ 토사 및 하천재해

7. - 하구의 제방고: 하천 설계기준에 따라 조위의 영향을 고려하여 결정
- 제방고 부족에 따른 하천범람: 하천재해 발생 양상

9. 시·군 등 자연재해저감 종합계획 세부수립기준에서 '자연재해 유형'을 '하천재해', '내수재해', '사면재해', '토사재해', '바람재해', '해안재해', '가뭄재해', '대설재해', '기타 재해'로 정의하고 있음

10. 빗물펌프장: 내수를 강제로 배제하는 시설

12. ① 해안재해 및 내수재해 발생가능 지역
② 하천재해 발생가능 지역
③ 하천재해 및 내수재해 발생가능 지역
④ 토사재해 및 하천재해 발생가능 지역

정답 7. ④ 8. ③ 9. ① 10. ④ 11. ③ 12. ② 13. ③

14 하천의 홍수위와 하수관망의 방재성능 차이로 인해 발생할 수 있는 복합재해의 유형은?

① 하천 및 내수재해
② 하천 및 해안재해
③ 해안 및 내수재해
④ 토사 및 하천재해

제2장 재해취약성 분석·평가

15 하천재해 발생 시 추정 가능한 발생원인이 아닌 것은?

① 우수관거의 용량 부족
② 설계량 초과 홍수에 의한 유수의 제방 월류
③ 하천정비사업의 미시행
④ 토사유입에 의한 하천의 통수능 저하

16 하천재해 발생원인이 아닌 것은?

① 홍수 예·경보 미시행
② 호안의 손상
③ 유송잡물에 의한 하천의 통수능 저하
④ 제방설계빈도를 초과하는 강우 발생

17 하천제방의 직접적인 붕괴원인이 아닌 것은?

① 세굴에 의한 제방 기초 유실
② 하천횡단구조물 파괴에 따른 연속 파괴
③ 하천범람
④ 개발사업에 따른 지반 교란

18 하천재해의 직접적인 피해원인이 아닌 것은?

① 높은 유속 및 소류력에 따른 제방유실 및 제방붕괴
② 제방고가 부족하여 발생한 월류에 따른 토사제방의 붕괴
③ 제방내 배수구조물의 하천수 침투와 공동현상
④ 우수관거 월류 및 배수펌프장의 침수

19 하천재해취약지구의 취약요인이 아닌 것은?

① 하천기본계획 또는 소하천정비종합계획 미수립
② 우수관거의 통수 능력 부족
③ 하천의 제방고 부족
④ 하천정비사업 및 소하천정비사업 미시행

20 내수재해 발생 시 추정 가능한 발생원인이 아닌 것은?

① 방재시설물의 설계빈도를 초과하는 강우 발생
② 「비상대처계획(EAP)」 미수립
③ 우수관거 경사 불량
④ 본류의 계획홍수위를 초과하는 수위 발생

21 내수재해취약지구의 취약요인이 아닌 것은?

① 본류 하천의 계획홍수위보다 낮은 지반고
② 지역별 방재성능목표 설정기준 미달
③ 우수관거 통수 능력 부족
④ 노후화된 하천 제방

15. 우수관거의 용량 부족은 내수재해의 발생원인임
16. 홍수 예·경보는 홍수 발생 시 피해를 최소화하기 위한 비구조물적 대책으로 하천재해의 유발 원인이 될 수 없음
19. 우수관거의 통수 능력 부족은 내수재해의 발생원인임
20. 「비상대처계획(EAP)」 수립은 홍수 발생 시 피해를 최소화하기 위한 비구조적 대책으로 내수재해의 발생원인이 될 수 없음
21. 제방의 노후화로 인한 붕괴는 하천재해에 해당함

정답 14. ① 15. ① 16. ① 17. ④ 18. ④ 19. ② 20. ② 21. ④

22 **내수재해 발생원인이 아닌 것은?**

① 내수침수 위험지도 미제작
② 인접 하천의 계획홍수위보다 낮은 지반고
③ 지역별 방재성능목표 설정기준에 미달하는 시설
④ 역류 방지시설 미설치

23 **사면재해의 지반활동으로 인한 붕괴 위험요인이 아닌 것은?**

① 개발사업에 따른 지반교란
② 사면의 극심한 풍화 및 식생상태 불량
③ 토석류의 퇴적에 따른 통수단면적 잠식
④ 절리 및 단층 불안정

24 **사면재해 발생 시 추정 가능한 발생원인이 아닌 것은?**

① 절토사면 배수시설 미설치
② 부적절한 비탈면 보호공법 적용
③ 기초지반의 활동
④ 비탈사면 내 침투시설 미설치

25 **급경사지 붕괴 및 산사태 발생원인이 아닌 것은?**

① 집중호우
② 배수 불량
③ 방재성능목표 미준수
④ 옹벽 등 토사유출 방지시설 미설치

26 **사면재해취약지역이 아닌 것은?**

① 강한 암반면 위에 얇은 토층이 형성되어 있는 지역
② 산림청의 산사태 위험등급 구분도에서 4·5등급으로 판정된 지역
③ 급경사 지역
④ 노후 축대가 위치한 지역

27 **토사재해 발생 위험요인이 아닌 것은?**

① 상류유입 토사에 의한 우수 유입구 차단
② 상류유입 토사의 퇴적으로 인한 하천의 통수능 저하
③ 유입 퇴적토에 의한 저수지 바닥고 상승
④ 집중호우 시 지반의 포화

28 **토사재해취약지역이 아닌 것은?**

① 급경사 소하천이 위치한 지역
② 배수시설 관리가 미흡한 축대가 위치한 지역
③ 급경사지 하류부에 위치한 해안가 도시지역
④ 최근 지역개발 등에 따라 토지 이용의 변화가 발생한 지역

29 **바람재해 발생 양상이 아닌 것은?**

① 강풍에 의한 대형 광고물 이탈
② 강풍에 의한 도로표지판 파괴
③ 강풍으로 발생한 월파에 의한 해안도로 붕괴
④ 강풍에 의한 현수교 등 교량의 변형 또는 파괴

22. - 내수침수 위험지도의 제작은 침수 발생 시 피해를 최소화하는 데 도움을 주는 비구조적 대책으로서 지도 제작의 유무와 내수재해 발생의 상관성은 없음
- 인접 하천의 계획홍수위보다 지반고가 낮은 지역은 내수의 자연배제가 어려움에 따라 빗물펌프장 등의 시설을 활용하여 강제배제가 필요하므로 내수재해에 취약하며, 이러한 지역의 경우 반드시 (하천)외수의 역류를 방지하는 시설의 설치가 필요함
- 지역별 방재성능목표 설정은 내수재해를 예방하기 위한 방재정책 등에 적용할 강우량을 설정하는 것으로 설정기준에 미달하는 시설은 내수재해의 발생원인이 됨

25. - 지역별 방재성능목표 설정·운영 기준상 방재성능목표의 적용시설은 도시지역 내 설치된 배수관련 방재시설임
- 급경사지 및 산사태 방지시설의 성능평가 또는 설계 시 방재성능목표를 적용하는 기준은 없음

26. 산사태위험지역 : 산림청의 산사태 위험등급 구분도에서 1·2등급으로 판정된 지역

27. 지반의 포화 : 사면재해 발생 위험요인

28. ②: 사면재해취약지역

29. 월파에 의한 피해: 해안재해 발생 양상

정답 22. ① 23. ③ 24. ④ 25. ③ 26. ② 27. ④ 28. ② 29. ③

30 **바람재해취약지역이 아닌 것은?**

① 경량 철골조 지붕 및 외장재 설치 지역
② 고파(강풍에 의한 높은 해파) 영향 지역
③ 간판 등 비구조 부착물 설치 지역
④ 비닐하우스 설치지역

31 **강풍으로 인해 발생할 수 있는 재해가 아닌 것은?**

① 대형 광고물 낙하
② 도로표지판 등 도로 시설물 파괴
③ 대형 건설 장비의 전도
④ 구조물의 부등침하

32 **해안침식 발생가능지역을 모두 고르시오.**

㉠ 인근에 항만 및 어항이 건설된 지역 ㉡ 인근에 호안 및 해안도로의 건설지역 ㉢ 하구 골재채취 및 항내준설사의 유용 ㉣ 연안지역의 개발(배후지의 개발)

① ㉠, ㉡ ② ㉠, ㉢
③ ㉠, ㉡, ㉢ ④ ㉠, ㉡, ㉢, ㉣

33 **해안재해 발생 위험요인이 아닌 것은?**

① 하구처리계획 미흡
② 파랑의 반복 충격
③ 월파 및 해일의 월류
④ 해안선 침식

34 **해안재해취약지역이 아닌 것은?**

① 항만 및 어항의 건설에 따른 주변의 백사장 침식 유발 지역
② 조위 영향 구간에 내수를 방류하는 저지대 지역
③ 대조평균만조위보다 지반고가 낮은 저지대 지역
④ 급경사지 하류부에 위치한 해안지역

35 **가뭄에 의한 피해 위험요인이 아닌 것은?**

① 생활용수 제한 공급에 따른 생활상의 피해 발생
② 생활용수 공급 중단에 따른 생활상의 피해 발생
③ 농업용수 공급 중단에 따른 농작물의 피해 발생
④ 유사 퇴적으로 저수지의 이수기능 저하에 의한 농작물의 피해 발생

36 **대설에 의한 피해 위험요인이 아닌 것은?**

① 융설에 의한 하류 침수피해
② 축산 시설물의 붕괴피해
③ 가설시설물 붕괴피해
④ 대설로 인한 고립피해 발생

37 **재해복구지역의 과거 재해현황 조사방법으로 거리가 먼 것은?**

① 과거 주요 피해를 발생시킨 태풍, 집중호우 등의 기상현황 및 피해상황 등을 조사
② 주민 탐문조사는 주민의 개인적 견해에 따라 실제 발생한 재해현황을 왜곡할 수 있으므로 지양
③ 행정안전부 재해연보 및 해당 지자체에서 발생한 수해백서 등의 문헌조사
④ 재해현황은 인명피해현황 및 연도별 피해현황 등을 정리

30. ②: 해안재해취약지역
33. ①: 하천재해 발생 위험요인
34. ④: 사면재해취약지역

정답 30. ② 31. ④ 32. ④ 33. ① 34. ④ 35. ④ 36. ① 37. ②

38 과거 발생한 홍수피해의 원인 파악방법이 아닌 것은?

① 발생한 강우의 재현빈도 파악
② 현재 하천 및 우수관거의 설계빈도 파악
③ 주민 탐문조사를 통한 홍수 발생 양상 파악
④ 인명대피계획 수립현황 파악

39 재해발생 당시의 피해현황을 조사하는 방법으로 틀린 것은?

① 자연재해저감 종합계획 상의 재해위험지구 지정현황 파악
② 현장조사 결과를 토대로 피해시설 및 침수지구의 현황 파악
③ 피해시설에 대한 피해현황과 피해액 등을 상세히 조사
④ 피해현황을 행정구역별 및 유역단위별로 조사하여 피해가 집중된 지역 파악

40 과거에 발생한 재해의 원인파악을 위해 재해발생 당시의 강우특성을 분석하는 방법으로 틀린 것은?

① 재해발생지역의 연평균강우량 검토
② 재해발생의 원인이 된 강우의 지속기간별 강우량 산정
③ 관련계획에서 기 분석한 확률강우량 검토
④ 지역별 방재성능목표 검토

41 특정 지역에 과거 발생한 침수피해의 재해 발생 원인 파악방법으로 틀린 것은?

① 인접 하천 및 소하천의 제방 월류 및 제방붕괴 여부 파악
② 외수범람이 발생한 경우 홍수위, 홍수량 및 지속시간 등의 수문상황 파악
③ 제방월류 및 제방붕괴가 발생한 지역에 대하여 피해 발생기간 내 빗물펌프장의 운영현황 파악
④ 자연재해저감 종합계획 상의 재해위험지구로 지정된 지역은 수록된 재해유발 원인을 고려

42 특정 지역의 과거에 발생한 침수피해의 원인분석을 위한 조사방법으로 틀린 것은?

① 주민 탐문조사를 실시하여 홍수 발생 시의 상황을 조사한다.
② 피해지역이 자연재해위험개선지구로 지정되어 있는지 조사한다.
③ 문헌조사를 실시하여 침수피해 발생 시기, 범위, 양상 등을 조사한다.
④ 피해지역의 홍수 예·경보 발령 기준을 조사한다.

38. 인명대피계획은 비구조물적 대책으로 홍수 발생 시 피해를 최소화하기 위한 목적으로 수립
39. ①: 재해발생의 원인 분석방법으로 피해현황을 조사하는 단계에서는 필요하지 않음
40. 재해발생의 특성은 재해가 발생한 당시의 단기간에 대한 강우분포를 조사하여 파악할 수 있으며, 지역의 연평균강우량으로 단기간의 강우발생 특성을 파악할 수 없음
41. 제방월류 및 제방붕괴로 인한 홍수범람이 발생한 경우 내수배제시설의 성능 및 운영현황 등의 파악은 의미 없음(제내지로의 외수유입량(홍수범람량) >> 내수발생량)
제내지 : 하천 제방에 의해 보호되고 있는 지역(하천을 향한 제방 안쪽 지역)
42. - 문헌조사 및 주민 탐문조사를 실시하여 침수 발생 당시의 상황을 파악하여 재해 발생원인 분석에 활용
- 피해지역이 자연재해위험개선지구로 지정된 경우 기조사 및 피해분석 자료를 활용
- 홍수 예·경보 발령은 홍수피해를 최소화하기 위한 비구조적 방법이며, 침수피해 원인 분석과는 상관없음

정답 38. ④ 39. ① 40. ① 41. ③ 42. ④

43 **과거 홍수피해 발생 당시 하천의 홍수위 특성을 조사하는 방법으로 틀린 것은?**

① 피해발생지역의 풍수위 조사
② 피해발생지역의 흔적수위 조사
③ 주요지점의 관측수위 조사
④ 홍수피해 발생 당시의 강우를 활용한 주요 지점의 홍수량 산정 및 홍수위 분석

44 **홍수량 산정을 위한 유역의 도달시간 산정공식이 아닌 것은?**

① KravenⅡ 공식
② Run-off 공식
③ 연속형 Kraven 공식
④ 서경대 공식

45 **홍수량 산정을 위한 유역의 저류상수 산정공식이 아닌 것은?**

① 서경대 공식　② Kerby 공식
③ Sabol 공식　④ Russel 공식

46 **특정 지역에 발생한 침수피해의 수문·수리학적 원인 분석방법이 아닌 것은?**

① 피해 유발의 원인이 된 실 강우자료를 이용한 유역의 유출량 및 홍수위 산정
② 하천 및 우수관거의 통수능 파악
③ 피해 유발의 원인이 된 집중호우의 재현 빈도 파악
④ 침수피해가 발생한 지자체의 방재성능목표 결정방법 파악

47 **합성단위도를 이용한 유역의 유출량 산정절차로 옳은 것은?**

㉠ 유역의 특성조사 ㉡ 확률강우량 산정 ㉢ 강우강도식 작성 ㉣ 유역의 도달시간 및 저류상수 결정 ㉤ 설계강우의 시간적 분포 결정 ㉥ 유역의 유출량 산정

① ㉠ - ㉡ - ㉢ - ㉣ - ㉤ - ㉥
② ㉠ - ㉢ - ㉡ - ㉣ - ㉤ - ㉥
③ ㉠ - ㉡ - ㉤ - ㉢ - ㉣ - ㉥
④ ㉠ - ㉡ - ㉣ - ㉤ - ㉢ - ㉥

48 **방재구조물의 능력 검토를 위한 강우의 지속기간 결정방법으로 틀린 것은?**

① 방재구조물별 임계지속기간 적용
② 하천제방의 능력 검토를 위한 홍수량 산정 시 최대홍수량을 발생시키는 강우의 지속기간으로 결정

43. - 풍수위는 특정 홍수발생 시 하천의 홍수위와 연관 없음
- 풍수위: 1년 중 95일은 이를 내려가지 않는 수위(일평균수위)

46. - 실 강우자료를 이용하여 유역의 유출량을 계산하는 수문분석과 하천 및 내수배제시설의 통수능을 분석하는 수리분석을 실시하여 침수피해의 원인을 분석
- 피해 유발의 원인이 된 집중호우의 지속기간별 강우량을 조사하여 재현빈도를 분석하고, 하천 또는 우수관거 등의 통수능을 파악하여 침수피해의 원인을 분석
- 해당 지자체의 방재성능 목표를 이용하여 내수배제시설 능력의 검토 및 침수피해 발생원인을 파악할 수는 있음. 방재성능목표 결정방법 파악으로 침수피해 원인을 알 수 없음

48. - 홍수 유하시설은 최대홍수량을 발생시키는 강우의 지속기간을 임계지속기간으로 결정
- 홍수 저류시설은 최대저류량을 발생시키는 강우의 지속기간을 임계지속기간으로 결정

정답 43. ① 44. ② 45. ② 46. ④ 47. ① 48. ③

③ 펌프장 유수지의 능력 검토를 위한 홍수량 산정 시 최대홍수량을 발생시키는 강우의 지속기간으로 결정
④ 홍수조절지의 능력 검토를 위한 홍수량 산정 시 최대저류량을 발생시키는 강우의 지속기간으로 결정

49 **방재구조물의 능력 검토 또는 설계 시 강우의 임계지속기간 결정방법으로 옳은 것을 모두 고르시오.**

> ㉠ 방재구조물에 가장 불리한 강우의 지속기간으로 결정
> ㉡ 우수관거(배수관거)는 최대 첨두홍수량을 발생시키는 강우의 지속시간으로 결정
> ㉢ 저류지는 최대 저류량을 발생시키는 강우의 지속기간
> ㉣ 유수지가 있는 펌프장은 유수지에 최대저류량이 발생하는 강우의 지속시간으로 결정

① ㉠, ㉡　　② ㉠, ㉡, ㉢, ㉣
③ ㉡, ㉢　　④ ㉡, ㉢, ㉣

50 **소하천의 홍수량 산정 시 적용되는 설계강우의 시간적 분포 방법은?**

① 모노노베 방법　　② Huff 방법
③ 교호블록 방법　　④ Keifer-Chu 방법

51 **국내 자연하천의 제방 능력 검토를 위한 홍수위 계산 방법은?**

① GIS 모형에 의한 1차원 부정류 해석
② HEC-RAS 모형에 의한 1차원 부등류 해석
③ XP-SWMM 모형에 의한 1차원 부정류 해석
④ XP-SWMM 모형에 의한 1차원 부등류 해석

52 **지방하천에서 발생한 홍수범람의 원인 분석방법으로 틀린 것은?**

① 재해 발생 당시의 강우를 활용한 유역의 유출량 산정
② 지역별 방재성능목표 강우량 적용
③ 재해 발생 당시의 강우에 의해 형성된 계산 홍수위와 실제 흔적수위를 비교
④ 홍수위 발생에 따른 유속분포 파악

53 **소하천에서 발생한 홍수범람의 원인 분석방법으로 틀린 것은?**

① 실제 발생한 지속기간별 강우량을 이용하여 유역의 유출량을 산정하고 홍수발생의 재현기간을 판단
② 도시지역의 경우 지역별 방재성능목표 강우량 적용
③ 재해발생 당시의 강우를 이용하여 산정한 계산홍수위와 실제 흔적수위를 비교
④ 유역 내 빗물펌프장의 방재성능 검토

54 **과거 발생한 내수재해의 원인 분석방법으로 틀린 것은?**

① 재해 발생 당시의 강우를 활용한 우수관로의 내수배제성능 검토
② 재해 발생 당시의 강우에 의해 분석된 침수범위와 조사된 침수흔적을 비교
③ 지역별 방재성능목표 강우량 적용
④ 도시유출해석 모형인 ILLUDAS 모형을 이용한 지표면 침수해석(침수범위 및 침수심

52. 지역별 방재성능목표 강우량은 소하천의 제방 능력 검토 등에 적용 ➔ 제3목 제3편 제1장 2절 1. "방재성능평가 대상 시설" 참고
53. 홍수범람은 하천재해의 한 유형이며, ④는 내수재해의 원인 분석방법으로 하천재해와는 무관함
54. 우수관거의 유출해석 및 지표면 침수해석을 동시에 수행 가능한 모형은 XP-SWMM 모형임 ➔ XP-SWMM 모형의 자세한 특성은 제3목 제3편 제1장 2절 1. "방재성능평가 대상 시설" 참고

정답 49. ② 50. ② 51. ② 52. ② 53. ④ 54. ④

산정) 실시

55 **하천재해 발생의 수문·수리학적 원인분석 절차로 옳은 것은?**

> ㉠ 하천의 홍수위 계산
> ㉡ 강우 분석(확률강우량 산정 등)
> ㉢ 강우의 시간적 분포 결정
> ㉣ 자료조사
> ㉤ 유역의 도달시간 및 저류상수 결정
> ㉥ 강우-유출모형에 의한 홍수량 산정

① ㉣ → ㉡ → ㉢ → ㉤ → ㉥ → ㉠
② ㉣ → ㉢ → ㉡ → ㉥ → ㉤ → ㉠
③ ㉣ → ㉢ → ㉡ → ㉤ → ㉥ → ㉠
④ ㉣ → ㉡ → ㉢ → ㉥ → ㉤ → ㉠

56 **도시유역의 관망해석이 가능한 강우-유출모형이 아닌 것은?**

① Clark 모형
② ILLUDAS 모형
③ SWMM 모형
④ XP-SWMM 모형

57 **직접인건비 산정을 위한 소요인력이 다음과 같을 때, 복합재해(하천, 내수) 실시설계에 있어 직접인건비 산출을 위한 기술사 소요인력(인/일)은 얼마인가? (단, 하천 실시설계 위험지구 연장은 2km이고 내수 실시설계 침수예상면적은 $3km^2$이며 펌프장이 없다고 가정한다. 지역적 특성에 따른 보정계수(α_3)는 1.0으로 가정한다)** 19년1회 출제

구분		하천실시설계	내수실시설계
단위		1km	$1km^2$
소요인력(인/일)	기술사	21.00	58.00
	특급 기술자	36.00	95.00
	고급기술자	63.00	125.00
	중급기술자	66.00	130.00
	초급기술자	61.00	110.00
	중급숙련자	10.00	15.00

① 46.00
② 58.12
③ 75.56
④ 102.70

58 **발생지역에 따른 열대성 저기압의 명칭이 옳은 것은?** 19년1회 출제

① 사이클론 - 카리브해
② 윌리윌리 - 북태평양
③ 허리케인 - 북대서양
④ 태풍 - 남태평양

56. - ILLUDAS, SWMM, XP-SWMM 등의 모형은 관망해석(수리분석) 및 유역의 홍수량 산정(수문분석) 모두 가능
- Clark의 유역추적법은 유역의 홍수량 산정방법으로 관망해석(수리분석)은 불가능

57. - 하천재해 소요인력(인/일)
소요인력 = 소요인력기준 × 하천재해 특성에 따른 보정계수(α_1)
소요인력기준 = 21(인/일)
α_1 = 위험지구 연장(km) = 2
하천재해 소요인력 = 21 × 2 = 42(인/일)
- 내수재해 소요인력(인/일)
소요인력 = 소요인력기준 × 내수재해 특성에 따른 보정계수(α_2) × 지역적 특성에 따른 보정계수(α_3)
(단, 펌프장이 없는 경우 소요인력기준의 20%만 적용)
소요인력기준 = 58(인/일) × 0.2 = 11.6(인/일)
$\alpha_2 = A^{0.3}$(A=침수예상면적) = $3^{0.3}$ = 1.39
α_3 = 1 (문제 제시)
내수재해 소요인력 = 11.6 × 1.39 × 1 = 16.12(인/일)
따라서 소요인력(인/일) = 42 + 16.12 = 58.12

58. 태풍 - 북태평양(필리핀 근해), 사이클론 - 인도양(아라비아해), 허리케인 - 북대서양(카리브해), 윌리윌리는 현재 사이클론에 포함

정답 55. ① 56. ① 57. ② 58. ③

제3과목

제2편

재해위험 및 복구사업 분석·평가

제1장

제2편
재해위험 및 복구사업
분석·평가

재해 유형별 위험 분석·평가

본 장에서는 재해위험 분석·평가방법을 재해유형별로 구분하여 작성하였다. 하천특성을 고려한 하천재해 위험요인, 우수관망현황을 고려한 내수재해 위험요인, 자연적·인위적 개발현황을 고려한 사면재해 및 토사재해 위험요인, 태풍(해일)을 고려한 해안재해 위험요인, 지형적 특성을 고려한 바람재해 위험요인의 분석·평가방법을 상세히 수록하였다.

▷ 본 장에서 재해유형별 위험분석·평가방법은 자연재해저감 종합계획 수립 대상 재해유형을 대상으로 수록하였음

▷ 자연재해위험개선지구 정비계획 수립, 우수유출저감대책 수립, 소하천정비종합계획 수립 및 재해영향성평가 등의 협의 시 해당 재해위험 분석 및 평가방법의 적용이 가능함

1절 하천재해 위험요인 분석·평가

1. 하천재해위험지구 후보지 선정

(1) 전 지역 하천재해 발생 가능성 검토

① 제방고 부족으로 인한 하천 범람이 발생할 가능성이 있는 지역 도출
  ㉠ 하도버퍼링, HEC-RAS MAPPER 등의 분석기법 적용
  ㉡ 범람에 따른 최대 침수면적(범위), 최대 침수심 등을 제시

② 하천의 계획빈도를 기준으로 전 지역 하천재해 발생 가능성 검토

③ 추가적으로 다양한 재현기간(10, 30, 50, 80, 100, 200년 빈도) 조건을 검토대상지역에 동일하게 적용하여 분석된 결과를 토대로 하천재해 발생경향 파악

④ 하천기본계획이 수립된 국가 및 지방하천을 대상으로 검토

★
전 지역 하천재해 검토방법
하도버퍼링 분석기법 적용, 하천의 계획빈도 기준으로 검토 등

(2) 예비후보지 대상 추출

① 이력 위험지구: 자연재해현황, 관련계획, 설문조사 등의 조사내용 활용

② 설문 위험지구: 설문조사의 조사내용 활용

③ 기존 자연재해저감 종합계획 위험지구: 관련계획의 조사내용 활용

④ 기타 기지정 위험지구: 관련계획의 조사내용 활용

⑤ 전 지역 재해발생 가능 지구: 기초분석의 전 지역 자연재해 발생 가능성 검토 내용 활용

(3) 예비후보지 선정

① **선정기준**

㉠ 기존 시·군 자연재해저감 종합계획의 하천재해위험지구 및 관리지구

㉡ 과거 피해가 발생한 이력지구

㉢ 설문 조사 또는 지방자치단체 담당자 의견 수렴 등을 통하여 위험요인이 존재하고 있는 것으로 판단되는 지구

㉣ 기지정 재해위험지구(자연재해위험개선지구, 지방하천 정비사업지구 등) 중에서 하천재해로 분류되는 지구

㉤ 하천기본계획이 미수립되었거나 수립되었더라도 정비계획이 미시행된 지구

㉥ 자연재해 관련 방재시설 중에서 하천재해에 해당되는 국가 및 지방하천의 시설물인 제방 및 호안, 교량, 낙차공·보 등

㉦ 주거지 및 기반시설 인근 정비계획이 수립되어 있지만 미시행된 소하천

㉧ 전 지역 발생 가능성 검토에서 위험지역으로 분류되는 지역

② **선정방법**

㉠ 자연재해 유형 구분, 중복 제외, 사업 시행 효율성을 위한 통합, 방재여건 변화 반영 등을 고려한 예비후보지 선정

㉡ 두 가지 이상의 복합재해 발생지역의 경우 주요 위험요인에 해당하는 자연재해를 위험지구의 자연재해 유형으로 결정

★
예비후보지 선정기준
과거 피해발생 지구, 설문조사 결과, 기존 관리되고 있는 재해위험지구, 하천기본계획 미수립 지역, (소)하천 정비계획 미시행 지구, 전 지역 재해발생 가능 지구 등

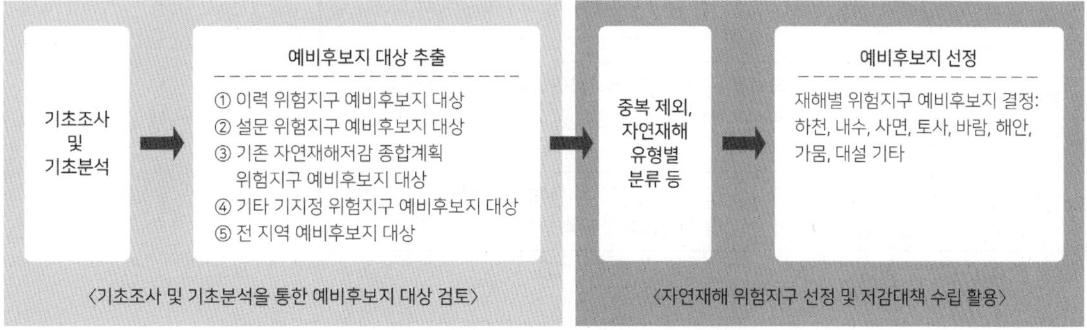

〈예비후보지 대상 추출 및 위험지구 선정 과정〉

자료: 자연재해저감 종합계획 세부수립기준

(4) 후보지 선정

① 후보지 선정방법

㉠ 위험도 지수(간략 지수)라는 정량화된 수치로 후보지 선정
▷ 간략 지수 : 위험지구 후보지 선정에 적용
▷ 상세 지수 : 위험지구 선정에 적용

㉡ 위험도 지수(간략 지수)가 1 이하인 위험지구 예비후보지는 후보지 선정에서 제외

② 간략지수 산정방법

㉠ 피해이력 및 피해발생 잠재성 관련 항목, 자연재해 발생으로 영향받는 인명피해 및 재산피해 대상 유무와 관련된 항목, 주민불편의 잠재성과 관련된 항목, 정비사업 완료 및 시설상태와 관련된 항목을 평가

㉡ 자연재해현황 조사, 주민설문조사 등 기초현황조사 통해 확인된 피해이력과 현장조사를 통해 확인된 영향범위 내 토지이용현황, 주민 거주현황, 정비사업 시행여부를 위험도 지수 산정에 활용

㉢ 위험도 지수(간략) = A×(0.6B + 0.4C)×D

* 여기서, A는 피해이력, B는 예상피해수준, C는 주민불편도, D는 정비 여부

항복별 간략지수 산정기준

항목구분	배점	피해발생 유형
피해이력(A)	1	최근 10년 내 피해이력이 없고, 피해발생 잠재성이 낮은 지역
		최근 10년 내 피해이력이 있으나, 단순피해에 해당하여 피해발생 잠재성이 낮은 지역
	2	최근 10년 내 피해이력이 있고, 피해발생 잠재성이 있는 지역
재해위험도(B)	1	영향범위 내 사유시설(농경지 등), 공공시설(도로 등), 건축물(주택, 상가, 공장, 공공건축물 등) 등이 위치하지 않아 재해발생시 피해규모가 크지 않은 것으로 예상되는 지역
		영향범위 내 사유시설, 공공시설, 건축물이 위치하나 관련계획을 통해 재해 발생 가능성이 낮은 것으로 검토된 지역(정비계획 미수립 구간 등)
	2	영향범위 내 사유시설, 공공시설, 건축물 등이 위치하고 있고 재해발생 가능성이 있어 인명 및 재산피해가 우려되는 지역

Keyword

★
위험도 지수(간략지수)

★
간략지수 산정 항목
피해이력, 재해위험도, 주민불편도, 정비 여부

★
과거 피해이력 조사는 최근 10년 내 기준

<table>
<tr><td rowspan="3">주민
불편도
(C)</td><td rowspan="2">1</td><td>영향범위 내 주민이 거주하지 않거나 도로가 위치하지 않아 재해발생시 주민불편 발생 가능성이 낮은 지역</td></tr>
<tr><td>영향범위 내 주민이 거주 또는 도로가 위치하나 재해발생 가능성이 낮아 주민불편이 예상되지 않는 지역</td></tr>
<tr><td>2</td><td>위험지구 내 주민이 거주 또는 도로가 위치하고 재해발생시 주민불편이 예상되는 지역</td></tr>
<tr><td rowspan="2">정비
여부
(D)</td><td>0</td><td>정비사업이 시행 완료되고, 시설상태 양호한 경우(단, 설계빈도가 방재성능목표보다 낮은 경우 방재성능목표를 적용하여 검토한 후 필요시 '1'로 처리)</td></tr>
<tr><td>1</td><td>정비사업이 미시행 또는 정비사업이 시행되었더라도 시설상태가 불량한 경우</td></tr>
</table>

주) 1. 과거 피해이력은 최근 10년 단위를 기준으로 하되, 일부 조정 가능
2. 단순피해란 피해범위가 한정적이고 기능상실 등에 따라 기능복원 및 보수만으로 위험요인이 해소되는 수준의 피해로 정의

자료: 자연재해저감 종합계획 세부수립기준

2. 하천 설계기준 검토

(1) 하천의 계획규모

① 국가 및 지방하천의 계획규모

국가 및 지방하천의 계획규모

하천중요도	계획규모(재현기간)	적용 하천 범위
A급 B급 C급	200년 이상 100~200년 50~200년	국가하천의 주요구간 국가하천과 지방하천의 주요구간 지방

자료: 하천 설계기준

② 소하천의 계획규모

소하천의 계획규모

구분	설계빈도(재현기간)	비고
도시 지역	50 ~ 100년	
농경지 지역	30 ~ 80년	
산지 지역	30 ~ 50년	

주) 설계강우량은 설계빈도 강우량과 각 지방자치단체의 장이 고시한 방재성능목표를 비교하여 계획

자료: 소하천 설계기준

③ 계획빈도 결정 시 고려사항

하천의 중요도 및 토지이용현황(도시화), 기왕의 홍수현황, 현지 조사에 의한 기술적 판단, 치수경제성 분석 등

Keyword

★
국가 및 지방하천의 설계
하천 설계기준 적용

★
소하천의 설계
소하천 설계기준 적용

(2) 제방단면 설계기준

① **제방단면의 설명**

㉠ 제방단면의 구조와 명칭

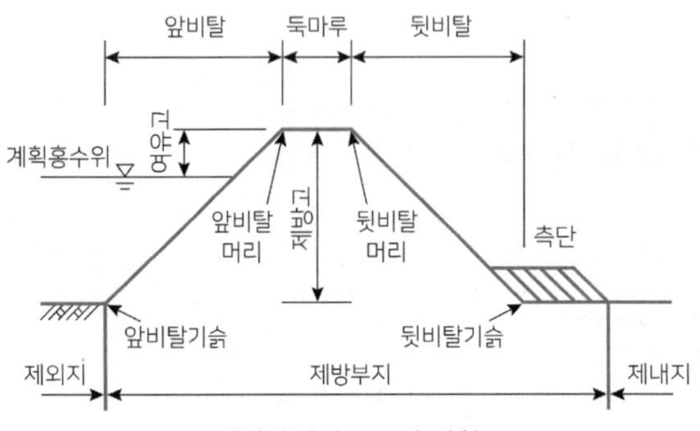

〈제방단면의 구조와 명칭〉

㉡ 굴입하도: 하도의 일정 구간에서 평균적으로 보아 계획홍수위가 제내지 지반고보다 낮거나 둑마루나 흉벽의 마루에서 제내 지반까지의 높이가 0.6m 미만인 하도

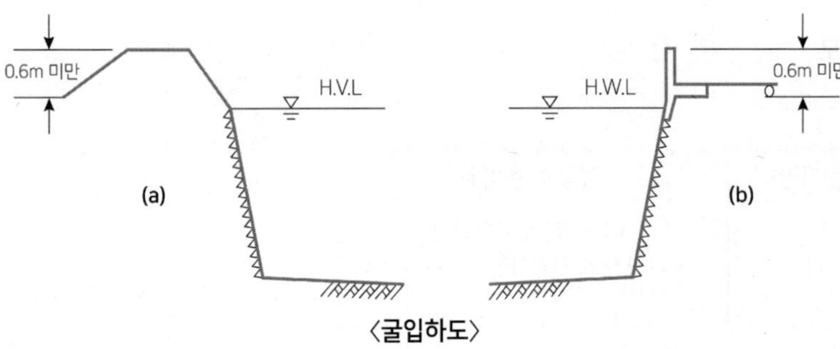

〈굴입하도〉

㉢ 완전굴입하도: 굴입하도 중 둑마루가 제내지 지반보다 낮은 하도

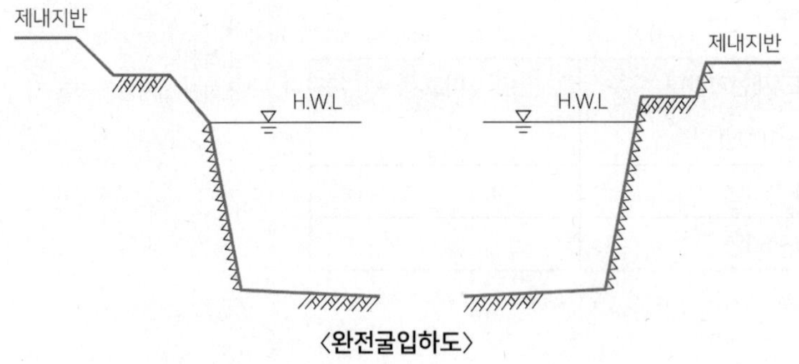

〈완전굴입하도〉

★
둑마루, 제방고, 계획홍수위, 여유고

★
굴입하도
제내지반고가 계획홍수위보다 높은 구간의 하도

② **제방고**

㉠ 제방고(둑마루 표고) = 계획홍수위+여유고

㉡ 계획홍수위: 계획하도 내 계획홍수량이 흐를 때의 수위

㉢ 여유고: 계획홍수량을 안전하게 소통시키기 위하여 하천에서 발생할 수 있는 여러 가지 불확실한 요소들에 대한 안전치로 주어지는 여분의 제방 높이

▷ 하천 설계기준

하천제방의 계획홍수량에 따른 여유고

계획홍수량(m^3/s)	여유고(m)
200 미만	0.6 이상
200 이상~500 미만	0.8 이상
500 이상~2,000 미만	1.0 이상
2,000 이상~5,000 미만	1.2 이상
5,000 이상~10,000 미만	1.5 이상
10,000 이상	2.0 이상

- 예외 규정 1: 굴입하도에서는 계획홍수량이 $500m^3/s$ 미만일 때는 규정대로 하고, $500m^3/s$ 이상일 때는 1.0m 이상을 확보
- 예외 규정 2: 계획홍수량이 $50m^3/s$ 이하이고 제방고가 1.0m 이하인 하천에서는 0.3m 이상을 확보

▷ 소하천 설계기준

소하천제방의 계획홍수량에 따른 여유고

계획홍수량(m^3/s)	여유고(m)
200 미만	0.6 이상
200 이상 ~ 500 미만	0.8 이상

- 예외 규정: 계획홍수량이 $50m^3/s$ 이하이고 제방고가 1.0m 이하인 소하천에서는 제방의 여유고를 0.3m 이상으로 결정

③ **제방의 둑마루 폭**

㉠ 침투수에 대한 안전의 확보, 평상시의 하천점검, 홍수 시의 방재활동, 친수 및 여가 공간 마련 등의 목적을 달성할 수 있도록 결정

★
제방고 = 계획홍수위 + 여유고

★
제방고는 하천의 계획홍수량에 따라 결정

㉡ 하천 설계기준

하천제방의 계획홍수량에 따른 둑마루 폭

계획홍수량(m^3/s)	둑마루 폭(m)
200 미만	4.0 이상
200 이상 ~ 5,000 미만	5.0 이상
5,000 이상 ~ 10,000 미만	6.0 이상
10,000 이상	7.0 이상

㉢ 소하천 설계기준

소하천제방의 계획홍수량에 따른 둑마루 폭

계획홍수량(m^3/s)	둑마루 폭(m)
100 미만	2.5 이상
100 이상 ~ 200 미만	3.0 이상
200 이상 ~ 500 미만	4.0 이상

④ 제방비탈경사

㉠ 하천 설계기준

▷ 제방고와 제내지반고의 차이가 0.6m 미만인 구간을 제외하고는 1:3 또는 이보다 완만하게 설치

▷ 지형 조건, 물이 흐르는 단면 유지 및 장애물 등의 이유가 있는 경우에는 1:3보다 급하게 할 수 있으며, 이 경우 계획홍수위 등을 고려하여 안정성이 확보되도록 계획

㉡ 소하천 설계기준

▷ 제방의 비탈경사는 1:2보다 완만하게 설치

▷ 현지 지형 여건 및 기존 제방과 연결 등의 사유로 부득이하게 비탈경사를 1:2보다 급하게 결정해야 하는 경우

- 제방 또는 지반의 토질 조건, 홍수 지속기간 등을 고려하여 제방 계획비탈면의 토질공학적 안정성을 검토한 후 비탈경사를 결정
- 지형조건 등에 따라 불가피하게 설치된 흉벽의 경우는 예외

(3) 하천교량 설계기준

① 교량 연장

설치지점의 계획하폭 이상을 적용

② 교량 높이

㉠ 교량 형하고 = 계획홍수위에 제방의 여유고를 더한 높이 이상으로 적용

★
둑마루 폭은 하천의 계획홍수량에 따라 결정

★
제방비탈경사의 기준 미준수 시 별도의 제방 안정성 검토 시행

★
교량 형하고 결정 방법

㉡ 교좌장치가 없는 교량의 형하고는 상부 슬래브 하단 가장 낮은 지점까지의 높이로 결정

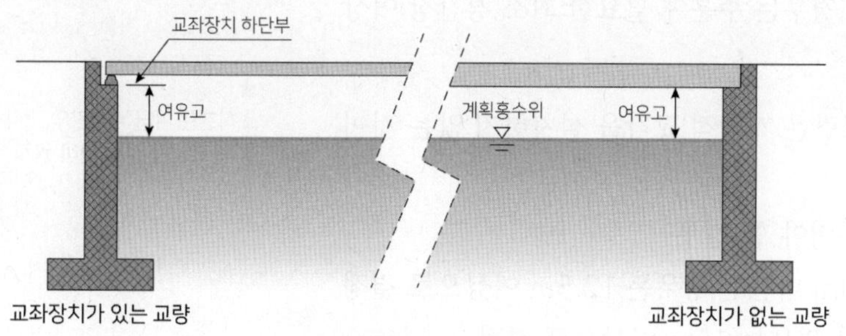

〈교량의 형하여유고〉

㉢ 아치형 교량의 여유고는 통수 단면적을 등가 환산하여 여유고를 만족시키는 높이로 결정

③ **교량 경간장**

㉠ 교량의 경간장: 교각 중심에서 인근 교각 중심까지 길이이며 또한 유수 흐름방향에 직각으로 투영한 길이

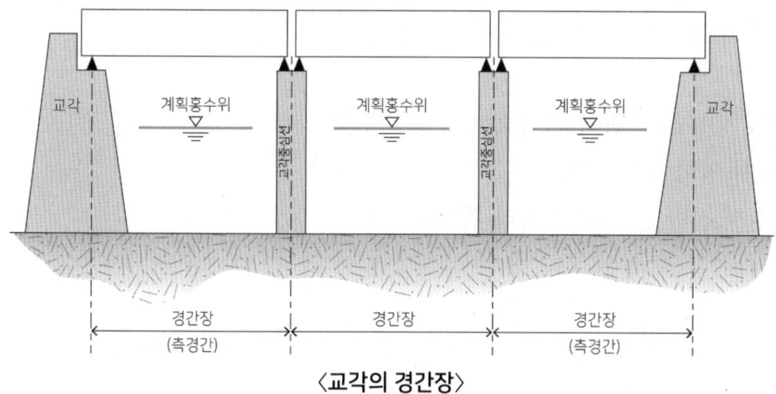

〈교각의 경간장〉

자료: 하천 설계기준

㉡ 하천 설계기준

▷ 다음 식으로 얻어지는 값 이상으로 결정

- $L = 20 + 0.005Q$(L은 경간장(m)이고 Q는 계획홍수량(m^3/s)

- 결정된 경간장이 50m를 넘는 경우에는 50m로 결정 가능

▷ 예외 규정

- 계획홍수량이 500m^3/s 미만이고 하천 폭이 30m 미만인 하천일 경우 12.5m 이상

- 계획홍수량이 500m^3/s 미만이고 하천 폭이 30m 이상인 하천일 경우 15m 이상

Keyword

★
교좌장치 유무에 따른 교량 형하고 결정기준

★
아치형 교량의 여유고 적용 기준

★
교량 경간장
교각 중심에서 인근 교각 중심까지 길이

- 계획홍수량이 500m³/s ~ 2,000m³/s인 하천일 경우 20m 이상
- 주운을 고려해야 할 경우는 주운에 필요한 최소 경간장 이상

㉢ 소하천 설계기준

▷ 소하천에 설치되는 교량은 가급적 교각을 설치하지 않는 것이 원칙

▷ 부득이하게 교각을 두어야 할 경우
- 경간장은 하폭이 30m 미만인 경우는 12.5m 이상으로 결정
- 하폭이 30m 이상인 경우는 15m 이상으로 결정

★
소하천은 가급적 교량의 교각을 설치하지 않는 것이 원칙

3. 하천재해 위험요인(위험도) 분석

(1) 분석 방향

① 기초현황 조사, 주민설문조사, 문헌조사, 현장조사 만으로는 위험요인을 도출하기 어려운 경우 정량적 분석기법 적용

② 정량적 분석

㉠ 모형 선정: 수문·수리적 현상을 모의 할 수 있는 것으로 결정

㉡ 위험분석의 공간적 범위

▷ 하천재해위험지구 후보지의 특성 파악에 필요한 지형적 범위

▷ 하천자체와 하천범람 시 영향범위 대상

▷ 하천 일부구간 또는 수계 전반 등 필요에 따라 위험요인 분석 범위를 다르게 설정

㉢ 하천시설물 능력 검토

▷ 하폭 및 제방고, 교량의 형하여유고 및 경간장 부족 등의 검토

▷ 하폭 및 제방고가 부족하여 하천범람 가능성이 높은 지구는 하도버퍼링, 하천모형에 의한 모의를 통해 침수심, 침수면적(범위) 등을 추가 제시

▷ 분석조건은 기본적으로 해당 시설물의 시설기준에 준하며, 추가로 지역별 방재성능목표 고려

▷ 하천 홍수위 통수능 검토는 해당 하천의 설계빈도를 기준으로 시행

㉣ 재해발생시 대규모 피해가 예상되는 경우에는 위험범위, 침수시간, 침수지역, 피해예상 물량 등을 판단할 수 있는 정량적 분석 실시

★
하천시설물 능력 검토방법

(2) 홍수량 산정방법

① 강우 분석

㉠ 강우관측소 선정

▷ 시우량 자료를 확보한 우량관측소 선정

▷ 홍수량 산정유역 내에 적절한 우량관측소가 없는 경우 인근 여러 우량관측소를 선정하여 티센(Thiessen)망도를 작성하여 가중 평균하는 방법 적용 또는 인근 우량관측소 중에서 하나 선정

㉡ 강우자료의 수집

▷ 수집 대상은 10분, 60분, 고정시간 2~24시간(1시간 간격, 유역면적 등에 따라 최장 지속기간 조정)의 지속기간에 대한 연최대치 강우량 자료

▷ 고정시간 강우량 자료는 환산계수를 적용하여 임의시간 강우량 자료로 환산

㉢ 확률강우량 산정

▷ 지점빈도해석 확률강우량 산정

- 소하천 유역의 확률강우량 산정에 적용
- 확률강우량 산정방법으로 확률분포함수의 매개변수 추정 방법은 확률가중모멘트법(PWM), 확률분포형은 검벨(Gumbel) 분포를 채택하는 것이 원칙

▷ 지역빈도해석 확률강우량 산정

- 국가 및 지방하천 유역의 확률강우량 산정에 적용
- 확률강우량 산정방법으로 확률분포함수의 지역 매개변수 추정 방법은 L-모멘트법, 확률분포형은 일반극치분포(GEV 분포)를 채택하는 것이 원칙

▷ 재현기간별·지속기간별 확률강우량을 산정한 후 기존 분석결과와 비교를 통하여 적정성 검토

㉣ 강우강도식 유도

▷ 강우강도: 단위시간당 강우량

▷ 임의시간 확률강우량을 산정하기 위한 강우강도식 유도

▷ 강우강도식

- 일반형(General형), 전대수다항식형 등 사용
- 분석된 확률강우량과의 정확성이 높은 강우강도식 적용

★
여러 우량관측소의 지배를 받는 지역은 Thiessen비를 적용한 가중평균 방법 적용

★
확률가중모멘트법(PWM)
Probability Weighted Moment Method

★
검벨(Gumbel) 분포

㉤ 면적 확률강우량 산정

▷ 면적확률강우량 적용의 배경

- 강우가 홍수량 산정유역 전반에 걸쳐 동일한 형태로 발생하지 않음
- 따라서 유역의 면적강우량은 관측소의 지점강우량보다 적어지는 물리적 현상을 반영하기 위하여 적용

▷ 유역면적이 25.9km^2 이상인 경우 적용

▷ 적용방법

- 관측소별 지점확률강우량 산정(관측소가 2개소 이상인 유역은 티센 방법 등으로 가중 평균한 지점평균확률강우량 산정)
- 여기에 면적우량환산계수(Area Reduction Factor, ARF)를 곱하여 면적확률강우량 산정

▷ 「한국확률강우량도 작성」에서 면적우량환산계수

- $ARF(A) = 1 - M \cdot \exp[-(aA^b)^{-1}]$

* 여기서 ARF(A)는 유역면적 A(km^2)에 따른 면적우량환산계수이며 M, a, b는 면적우량환산계수 회귀식의 회귀상수

② 설계강우의 시간분포

㉠ 설계강우의 시간분포 방법은 Huff 방법 또는 수정 Huff 방법 적용

㉡ Huff 방법 적용 시 분위는 홍수량 산정 표준지침에 따라 3분위 채택

③ 유효우량 산정

㉠ 유효우량은 NRCS의 유출곡선지수(CN) 방법 적용

㉡ 선행토양 함수조건은 유출률이 가장 높은 AMC-Ⅲ 조건을 채택하여 CN-Ⅲ를 적용

㉢ 유출곡선지수(CN) 산정방법

▷ 정밀토양도를 이용하여 유역의 수문학적 토양군(A, B, C, D 4개 종류)별 소유역 구분

▷ 토지피복도 또는 토지이용도를 이용하여 유역의 토지이용현황별 소유역 구분

▷ 수문학적 토양군별 소유역과 토지 이용별 소유역을 중첩하여 토양군별 토지 이용별 소유역 구분

▷ 홍수량산정 표준지침 등에서 제시한 유출곡선지수 기준을 이용하여 각 소유역별 유출곡선지수(CN) 산정

▷ 소유역별 CN을 면적가중 평균하여 전체 유역의 유출곡선지수(CN) 산정

★ 면적우량환산계수(ARF) 적용기준 면적 25.9 km^2 이상

★ Huff 방법에 의한 설계강우의 시간분포 결정(3분위 채택)

★ NRCS

★ 유출률의 크기 AMC-Ⅰ < AMC-Ⅱ < AMC-Ⅲ

★ 유출곡선지수(CN) 산정방법

토지이용형태에 따른 유출곡선지수(AMC-II, I_a=0.2S인 경우)

수치토지피복도		토양군				비고
중분류	코드번호	A	B	C	D	(NRCS 분류기준 등)
논	210	79	79	79	79	별도 기준(논) CN-Ⅰ, CN-Ⅲ → 70, 89 적용
		79	79	79	79	
밭	220	63	74	82	85	조밀 경작지, 등고선 경작, 불량
과수원	240	70	79	84	88	이랑 경작지, 등고선 경작, 불량
자연초지	410	30	58	71	78	초지, 등고선경작, 양호
기타초지	430	49	69	79	84	자연목초지 또는 목장, 보통
침엽수림	320	55	72	82	85	별도 기준(산림)
활엽수림	310	55	72	82	85	
혼효림	330	55	72	82	85	
골프장	420	49	69	79	84	개활지, 보통
기타초지	430	49	69	79	84	
위락시설지역	140	49	69	79	84	
기타나지	620	77	86	91	94	개발 중인 지역
주거지역	110	77	85	90	92	주거지구, 소구획 500 m² 이하
		77	85	90	92	
상업지역	130	89	92	94	95	도시지역, 상업 및 사무실지역
기타나지	620	77	86	91	94	개발 중인 지역
교통지역	150	83	89	92	93	도로, 포장도로(도로용지 포함)
		83	89	92	93	
		83	89	92	93	
		83	89	92	93	
공업지역	120	81	88	91	93	도시지구, 공업지역
기타나지	620	77	86	91	94	개발 중인 지역
공공시설지역	160	61	75	83	87	주거지구, 소구획 500~1,000 m²
		61	75	83	87	
		61	75	83	87	
		61	75	83	87	
채광지역	610	68	79	86	89	개활지, 불량
공공시설지역	160	61	75	83	87	주거지구, 소구획 500~1,000 m²
채광지역	610	68	79	86	89	개활지, 불량
기타재배지	250	68	79	86	89	자연목초지 또는 목장, 불량
연안습지	520	100	100	100	100	별도기준(수면)
내륙수	710	100	100	100	100	
공공시설지역	160	61	75	83	87	주거지구, 소구획 500~1,000 m²
기타나지	620	77	86	91	94	개발 중인 지역
하우스재배지	230	76	85	89	91	도로, 포장, 개거
내륙습지	510	100	100	100	100	별도기준(수면)
해양수	720	100	100	100	100	

자료: 홍수량산정 표준지침

④ **홍수량 산정**

㉠ Clark의 단위도법 적용

▷ 도달시간(Tc)과 저류상수(K) 등 2개의 매개변수로 홍수량 산정

- 도달시간(Tc): 유역최원점에서 유역출구점인 하도종점까지 유수가 흘러가는 시간
- 저류상수(K): 시간의 차원을 가지는 유역의 유출 특성 변수

㉡ 국가하천 및 지방하천의 홍수량 산정

▷ 홍수량 산정 시 Clark 단위도법 적용(도시하천 유역은 도시유출해석 모형의 적용 가능)

▷ Clark의 단위도법 적용을 위한 매개변수 산정방법

- 도달시간(Tc) 산정: 서경대 공식 적용

$$T_c = 0.214\ L H^{-0.144}$$

* 여기서 T_c는 도달시간(hr), L은 유로연장(km), H는 고도차(m, 유역최원점 표고와 홍수량 산정지점 표고의 고도차)

- 저류상수(K) 산정: 서경대 공식 적용

$$K = \alpha \left(\frac{A}{L^2}\right)^{0.02} T_c$$

* 여기서 K는 저류상수(hr), α는 일반적인 경우에는 1.45(기준값, 일반적인 하천), 산지 등 하천경사가 급하고 저류 능력이 적은 경우에는 1.20, 평지 등 하천경사가 완만하고 저류 능력이 큰 경우에는 1.70을 적용하는 계수, A는 유역면적(km^2), L은 유로연장(km), T_c는 도달시간(hr)

㉢ 소하천의 홍수량 산정

▷ 소하천 설계기준에 따라 Clark 단위도법 적용 원칙

▷ Clark의 단위도법 적용을 위한 매개변수 산정방법

- 도달시간(Tc) 산정: 연속형 Kraven 공식 적용

$$T_c = 16.667 \frac{L}{V}$$

* 여기서 T_c는 도달시간(min), L은 유로연장(km), V는 평균유속(m/s)

급경사부(S>3/400): $V = 4.592 - \frac{0.01194}{S}$, V_{max}=4.5 m/s

완경사부(S≤3/400): $V = 35,151.515\,S^2 - 79.393939\,S + 1.6181818$, V_{min}=1.6 m/s

- 저류상수(K) 산정: 수정 Sabol 공식 적용

$$K = \frac{T_c}{1.46 - 0.0867\frac{L^2}{A}} + t_{s-wr}$$

* 여기서 K는 T_c는 도달시간(hr), L은 유로연장(km), A는 유역면적(km^2), t_{s-wr}

★
Clark의 단위도법에 의한 홍수량 산정에 필요한 매개변수
도달시간 및 저류상수

★
도시유출해석 모형
XP-SWMM 모형 등

★
(소)하천의 홍수량 산정방법
Clark의 단위도법 적용

★
연속형 Kraven 공식

★
수정 Sabol 공식

은 유역반응시간 증가량(hr)

㉣ 홍수량 산정 모형

국내 실무에서 Clark 단위도법을 적용한 홍수량 산정에 HEC-1 또는 HEC-HMS 모형 적용

(3) 홍수위 산정방법

① 제방 등의 하천구조물 설계를 위한 하천의 홍수위 산정: 주로 1차원 부등류 계산 적용

② 홍수위 산정을 위한 자료 구축

㉠ 홍수량 자료

▷ 하천기본계획 및 소하천정비종합계획에서 산정한 홍수량을 적용

▷ 하천기본계획 및 소하천정비종합계획이 수립된 후 10년 이상 경과한 경우 필요시 최근의 확률강우량을 적용하여 재산정

㉡ 횡단면 자료

하천기본계획 및 소하천정비종합계획의 측량성과 및 하도계획사항 적용

㉢ 조도계수 산정

하천기본계획 및 소하천정비종합계획에서 결정한 값 적용

㉣ 기점홍수위

▷ 기본적으로 하천기본계획 및 소하천정비종합계획에서 결정한 값 적용

▷ 본류 하천의 홍수위가 변동된 경우 변경된 홍수위를 기점홍수위로 적용하는 등의 재검토 실시

③ 홍수위 산정 모형

국내 실무에서는 1차원 부등류 계산을 위하여 HEC-RAS 모형 적용

(4) 하천재해 위험요인(위험도) 분석

① 분석대상 하천에 설치된 구조물에 대하여 하천 설계기준 및 소하천 설계기준의 만족 여부 검토

㉠ 하천기본계획 및 소하천정비종합계획에서 계획한 하천정비사업 및 교량 등의 횡단 구조물 재설치 사업의 시행 여부 검토

㉡ 하천기본계획 및 소하천정비종합계획이 수립된 후 오랜 시간이 경과한 경우 최근의 확률강우량을 반영하여 재산정한 홍수량의 소통능력 검토

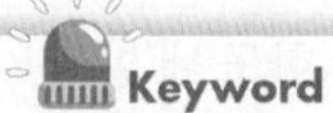

★
HEC-1, HMS 모형

★
홍수위 산정을 위한 자료 구축
홍수량, 횡단측량성과, 조도계수, 기점홍수위

★
HEC-RAS에 의한 1차원 부등류 계산

★
구조물별 설계기준 검토

★
구조물 재설치 사업의 시행여부 검토

ⓒ 하도 내 발생 가능 소류력을 고려하여 현재 설치된 호안의 적정성 검토

ⓔ 하천시설물 능력 검토를 통하여 제방여유고 및 교량의 형하고, 경간장 부족 등을 정량적으로 제시

ⓜ 제방고 부족에 따른 하천범람 가능성이 높은 지역
- ▷ 하도버퍼링, 하천모형을 통한 범람모의 실시
- ▷ 침수심, 침수면적(범위) 등을 제시

② 하천재해 발생원인 분석

ⓐ 계획홍수량에 의한 수위 분석을 실시하여 하천재해 발생원인 분석

ⓑ 과거 발생한 하천재해 발생 당시의 실제 강우량에 의한 홍수량 및 홍수위를 산정하여 하천재해 발생원인 분석

③ 하천구조물의 유지관리 상황 검토

ⓐ 호안의 변형, 손상 또는 파괴 여부 검토

ⓑ 제방의 변형, 손상 또는 붕괴 위험성 검토

ⓒ 하천횡단시설(교량, 보 및 낙차공 등)의 변형, 손상 또는 유실 여부 검토

ⓔ 만곡 수충부에 설치된 구조물 검토

ⓜ 도로가 제방의 역할을 하고 있는 경우 도로의 손상 여부 검토

ⓑ 하천 횡단구조물의 변형, 손상 또는 노후화로 인한 붕괴 위험성 검토
- ▷ 교량의 교대 및 교각의 기초 세굴에 의한 교량 파괴 가능성 검토
- ▷ 교각의 세굴방호공 검토
- ▷ 경간장이 부족한 교량의 경우 유송잡물로 인한 수위 상승 및 제방 월류 위험성 검토

④ 위험도 지수(상세지수) 산정

ⓐ 자연재해저감 종합계획 수립 시 위험지구 선정을 위한 위험지구 후보지 평가에 적용

ⓑ 위험도지수(상세지수) 산정방법
- ▷ 정량적 위험요인(위험도) 분석결과 활용
- ▷ 인명 및 재산피해 규모 산정
  - 위험지구의 영향범위 경계를 전산화(GIS)
  - 토지피복도, 도시계획도(용도지역) 등의 수치지도와 위험지구 영향범위 경계를 중첩

Keyword

★ 하천범람 모의를 통한 침수범위 제시

★ 과거 재해 발생원인 분석

★ 하천구조물의 유지관리 상황 검토

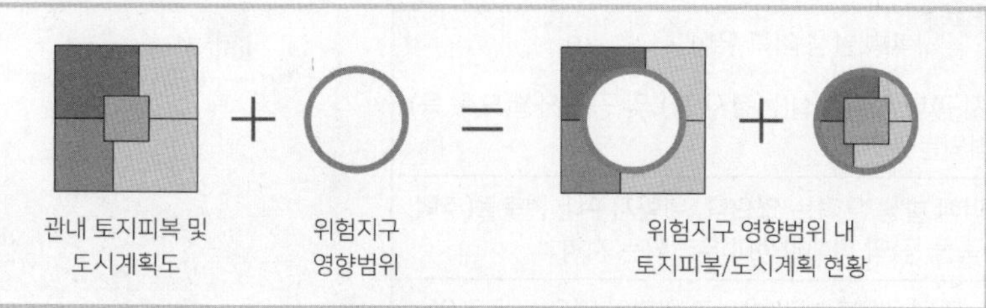

〈위험지구현황의 정량적 분석방법〉

- 위험지구 영향범위 내 인구 및 건물현황 분석를 자산가치 산정에 활용

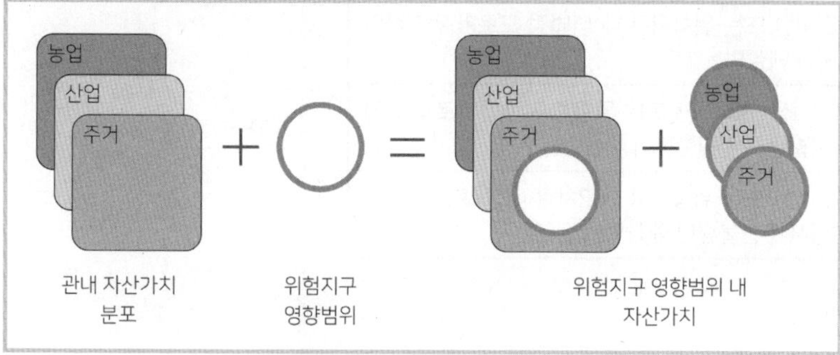

〈위험지구 자산가치 산정방법〉

▷ 피해이력, 재해위험도 및 주민불편도와 관련된 항목을 평가

▷ 위험도지수(상세지수) = A × (0.6B + 0.4C)

* 여기서, A는 피해이력, B는 재해위험도, C는 주민불편도

★
위험도지수(상세지수) 평가항목
피해이력, 재해위험도, 주민불편도

항목별 상세지수 산정기준

항목구분	배점	피해발생 이력 유형
피해이력 (A)	1	최근 10년 내 피해이력이 없고, 피해발생 잠재성이 낮은 지역
		최근 10년 내 피해이력이 있으나, 단순피해에 해당하여 피해발생 잠재성이 낮은 지역
	2	최근 10년 내 피해이력은 없으나, 피해발생 잠재성이 있는 지역
	3	최근 10년 내 피해이력(1회)이 있고, 피해발생 잠재성이 있는 지역
	4	최근 10년 내 피해이력(2회)이 있고, 피해발생 잠재성이 있는 지역
	5	최근 10년 내 피해이력(3회 이상)이 있고, 피해발생 잠재성이 있는 지역
재해 위험도 (B)	1	영향범위 내 사유시설(농경지 등), 공공시설(도로 등), 건축물(주택, 상가, 공장, 공공건축물 등) 등이 위치하지 않아 재해발생시 피해규모가 크지 않은 것으로 예상되는 지역
		영향범위 내 사유시설, 공공시설, 건축물이 위치하나 관련계획을 통해 재해 발생 가능성이 낮은 것으로 검토된 지역(정비계획 미수립 구간 등)

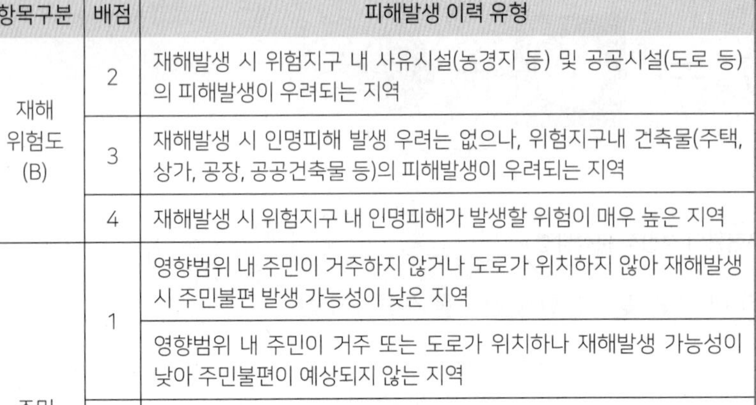

항목구분	배점	피해발생 이력 유형
재해 위험도 (B)	2	재해발생 시 위험지구 내 사유시설(농경지 등) 및 공공시설(도로 등)의 피해발생이 우려되는 지역
	3	재해발생 시 인명피해 발생 우려는 없으나, 위험지구내 건축물(주택, 상가, 공장, 공공건축물 등)의 피해발생이 우려되는 지역
	4	재해발생 시 위험지구 내 인명피해가 발생할 위험이 매우 높은 지역
주민 불편도 (C)	1	영향범위 내 주민이 거주하지 않거나 도로가 위치하지 않아 재해발생 시 주민불편 발생 가능성이 낮은 지역
		영향범위 내 주민이 거주 또는 도로가 위치하나 재해발생 가능성이 낮아 주민불편이 예상되지 않는 지역
	2	거주인구 비율이 20 미만 또는 위험지구 내 비법정 도로가 위치하여 재해발생시 주민불편이 예상되는 지역
	3	거주인구 비율이 20 이상~50 미만 또는 위험지구 내 1차로의 법정 도로가 위치하여 재해발생시 주민불편이 예상되는 지역
	4	거주인구 비율이 50 이상 또는 위험지구 내 2차로 이상의 법정 도로가 위치하여 재해발생시 주민불편이 예상되는 지역

자료: 자연재해저감 종합계획 세부수립기준

4. 하천재해위험지구 선정

(1) 위험지구 선정 관련 주요 용어 간 지위 및 포함관계

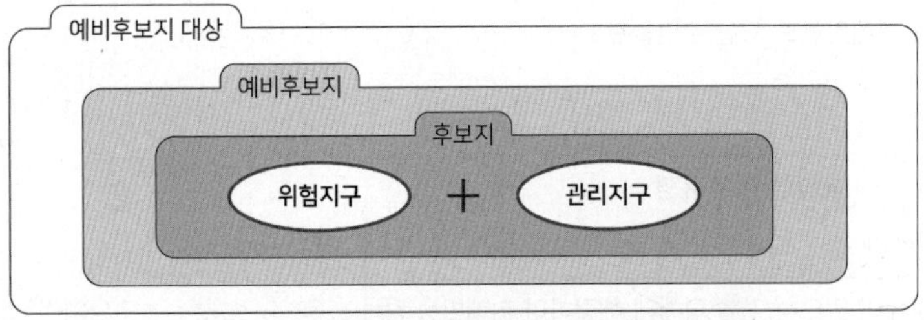

〈자연재해위험지구 선정 단계별 대상의 용어 구분〉

(2) 위험지구 선정의 기본방향

① 재해발생위험도가 높고 인명 및 재산피해 규모가 큰 지구 선정
② 사면재해의 경우 '급경사지 재해위험도 평가기준'에 따라 D·E등급으로 결정된 지구 선정
③ 위험도지수 상세지수가 큰 지구 선정
④ 방재예산을 토대로 목표연도 내 저감대책의 시행가능 여부 고려

★ **위험지구 선정방법**
인명피해 가능성과 사면재해 D등급 이하 여부를 우선 고려

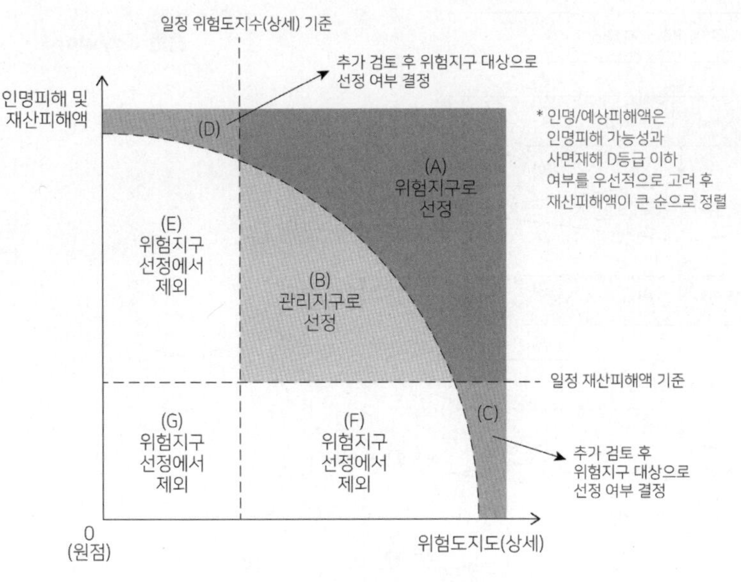

〈위험지구 선정의 기본방향〉

자료: 자연재해저감 종합계획 세부수립기준

(3) 위험지구 선정

① 위험지구 선정 절차

㉠ 기초조사 및 기초분석을 통해 예비후보지 대상 추출

㉡ 자연재해 유형별 선정지군에 따라 예비 후보지 선정

㉢ 예비후보지 별 위험도지수(간략)을 산정하여 1을 초과하는 예비 후보지를 위험지구 후보지로 선정

㉣ 후보지별 위험도지수(상세)와 인명 및 재산피해액을 산정(사면재해 후보지는 재해위험도 평가표 작성)

㉤ 위험지구 후보지를 위험지구와 관리지구로 최종 구분

▷ 인명피해 가능, 사면재해(재해위험도 평가표) D·E등급, 예상피해액 높음, 위험도지수(상세) 높음에 해당하는 후보지를 위험지구 대상으로 선정

▷ 인명피해 가능성(사면재해: 재해위험도 평가표 D·E등급), 위험도지수(상세), 예상피해액이 높은 후보지 순으로 저감대책과 사업비 산정

▷ 사업비를 순차적으로 누계 → 방재예산 등과 비교하여 목표연도 10년 내 시행이 가능한 범위까지 위험지구로 선정 → 나머지는 관리지구로 선정

★ 자연재해위험지구 선정 절차

★ 목표연도(10년) 내 시행가능 여부에 따라 위험지구 및 관리지구로 구분

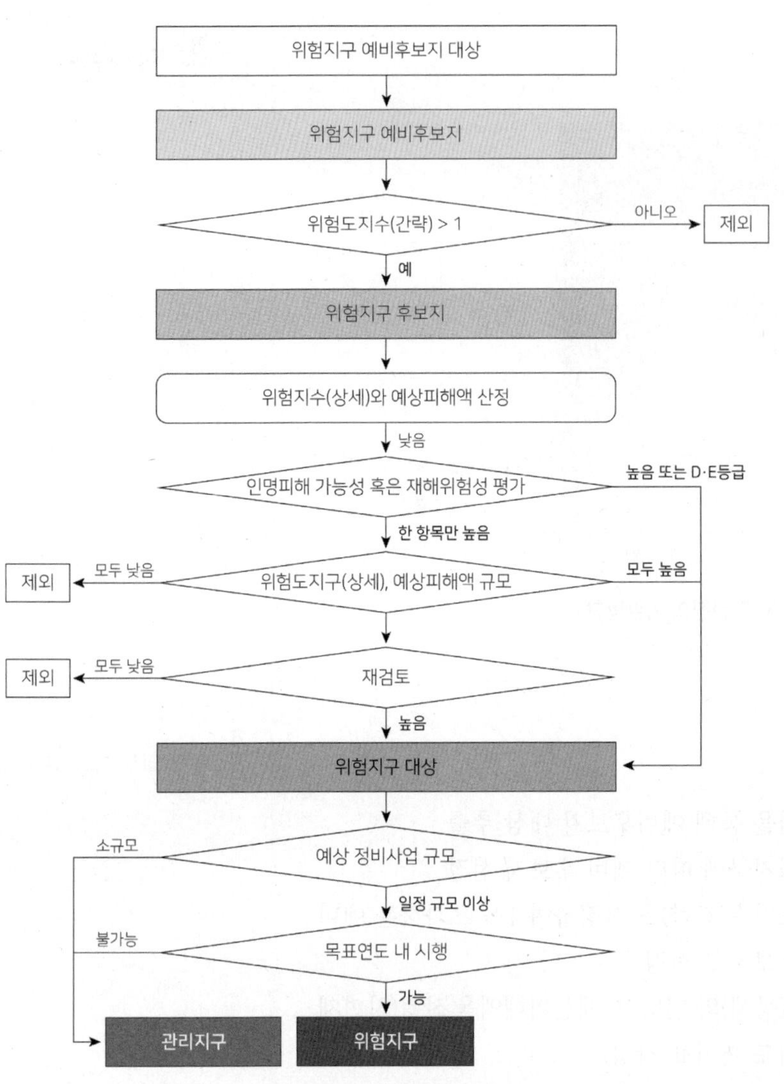

〈자연재해위험지구 선정 절차〉

자료: 자연재해저감 종합계획 세부수립기준

★ 자연재해위험지구 대상 산정 방법

② 위험지구 대상 선정

㉠ 후보지를 인명 및 재산피해 기준으로 정렬

▷ 인명피해 예상 후보지 및 사면재해 D, E등급 후보지를 선순위로 정렬 → 재산피해 후보지를 뒤이어 정렬

㉡ 후보지를 위험도지수(상세)를 기준으로 정렬

㉢ 재산피해액 기준과 위험도지수 기준을 나란히 배치 → 지자체 특성을 고려한 일정 재산피해액을 기준으로 구분선 작성 → 구분선 이상에 위치하는 후보지를 위험지구 대상으로 우선 선정

㉣ 공학적 판단에 따른 위험지구 대상 추가선정

▷ 위험도지수는 높으나 재산피해액이 낮아 제외된 후보지 추가 선정

▷ 재산피해액은 높으나 위험도지수가 낮아 제외된 후보지 추가 선정

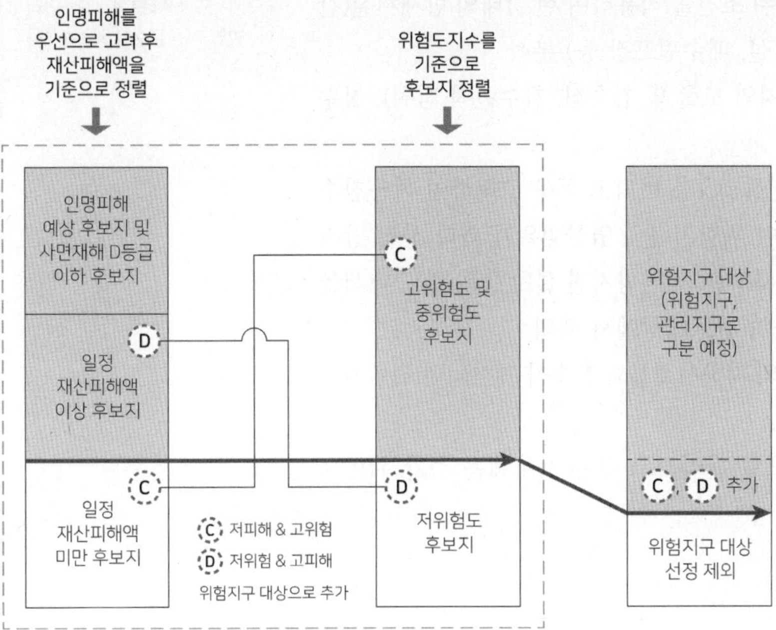

〈자연재해위험지구 대상 선정방법〉

2절 내수재해 위험요인 분석·평가

1. 내수재해위험지구 후보지 선정

(1) 전 지역 내수재해 발생 가능성 검토

① 도시유역과 농경지유역으로 구분하여 검토

② 도시유역 검토방법

㉠ 검토 대상

▷ 용도지역상 도시지역(녹지지역 제외) 및 향후 시가화 가능성이 높은 계획관리지역 중에서 하수도정비기본계획이 수립되어 있고 간선관거를 통하여 배수되는 배수분구

▷ 계획관리지역이라도 향후 도시지역(녹지지역 제외)으로 변경될 가능성이 높은 곳

▷ 과거 피해이력이 있는 지역(지선관거를 검토대상에 추가 가능)

㉡ 검토방법

▷ 유역 및 관거 유출해석모형으로 XP-SWMM 모형 적용

▷ 홍수량 산정방법으로 시간-면적 방법 적용

▷ 방재성능목표, 외수위 조건을 적용하여 현 상태의 방재시설(간선관거, 우수저류시설, 배수펌프장 등) 분석

▷ 내수재해 발생가능지역 도출 및 침수심, 침수면적(범위), 침수시간 등을 제시

▷ 차도경계석 높이, 건물의 1층 바닥고 등을 고려하여 허용침수심 30cm를 적용하여 위험지구의 영향범위가 과다 산정 방지

▷ 기존 반지하주택은 차수판, 역류방지변 설치 등의 별도 대책을 수립하는 것으로 하여 검토대상에서 제외

㉢ 지하차도, 지하보도 등의 지하시설물의 침수가 예상되어 위험지역

▷ 시설물의 조사 실시

▷ 상습침수발생지역으로 관리되고 있는 경우에는 추가 위험요인 도출

③ 농경지 유역 검토방법

㉠ 검토대상

▷ 배수펌프장이 설치되어 있거나 설치계획이 있는 지역

▷ 과거 피해이력이 있는 지역

㉡ 검토방법

▷ 홍수유출모형은 Clark 단위도법 적용

- 도달시간 산정: 연속형 Kraven 공식 적용

- 저류상수 산정: Sabol 공식 적용

▷ 배수개선 설계기준, 외수위 조건 등을 적용

▷ 침수면적(범위), 침수심 등을 제시

▷ 배수개선 설계기준 등 농림축산식품부의 기준 적용

▷ 설계빈도는 20년 이상(원예작물은 필요시 30년), 확률강우량은 임의시간 강우지속기간 48시간 강우량을 적용

▷ 논과 같이 허용침수를 허용하는 농경지는 관수(70cm)가 발생하지 않고 24시간이내 허용침수심(30cm) 이하가 되는 조건 적용

④ 추가적으로 다양한 재현기간(10, 30, 50, 80, 100, 200년 빈도) 조건을 검토대상지역에 동일하게 적용하여 분석된 결과를 토대로 내수재해 발생경향 파악

★
도시유역 검토방법
XP-SWMM 모형, 시간-면적 방법, 허용침수심 30cm 적용

★
농경지 유역 검토방법
Clark 모형, 24시간 이내 허용침수심 30cm 이하 적용

(2) 예비후보지 대상 추출

※ 제3과목 제2편 제1장 1절의 하천재해위험지구 예비후보지 대상 추출방법과 동일

(3) 예비후보지 선정

① **선정기준**

㉠ 기존 시·군 자연재해저감 종합계획의 내수재해위험지구 및 관리지구

㉡ 과거 피해가 발생한 이력지구

㉢ 설문 조사 또는 지방자치단체 담당자 의견 수렴 등을 통하여 위험 요인이 존재하고 있는 것으로 판단되는 지구

㉣ 기지정 재해위험지구(자연재해위험개선지구, 하수도정비중점관리지역 등) 중에서 내수재해로 분류되는 지구

㉤ 하수도정비기본계획에서 정비계획이 수립되었으나 미시행된 구간

㉥ 자연재해 관련 방재시설 중에서 내수재해에 해당되는 배수펌프장, 하수관거, 우수저류시설 등

㉦ 배수펌프장 등 시설능력이 부족한 시설 및 영향 지역

㉧ 전 지역 발생 가능성 검토지역 중에서 지하차도, 지하보도 등 지하시설물의 침수가 예상되어 위험지역으로 분류되는 지역

㉨ 전 지역 발생 가능성 검토에서 위험지역으로 분류되는 지역

② **선정방법**

※ 제3과목 제2편 제1장 1절의 하천재해위험지구 예비후보지 선정방법과 동일

(4) 후보지 선정

※ 제3과목 제2편 제1장 1절의 하천재해위험지구 후보지 선정방법과 동일

2. 방재성능목표 검토

(1) 방재성능목표 적용 검토

① 도시지역 내에 기설치된 방재시설에 대하여 방재성능목표를 적용하여 홍수처리 능력 등 방재성능 평가

㉠ 도시지역: 「국토의 계획 및 이용에 관한 법률」 제36조 제1항 제1호의 규정에 따른 주거지역, 상업지역, 공업지역, 녹지지역

㉡ 방재시설: 하수관로, 빗물펌프장, 배수펌프장, 우수유출저류시

★
예비후보지 선정기준
과거 피해발생 지구, 설문조사 결과, 기존 관리되고 있는 재해위험지구, 하수도정비계획 미시행된 지구, 펌프장 등 시설부족 지역, 전 지역 재해발생 가능 지구 등

★
방재성능목표 적용
도시지역의 방재시설 대상

설, 저류지, 유수지, 소하천 등

② 기설치된 방재시설의 성능평가뿐만 아니라 기존 방재시설의 신설, 증설 및 확장 또는 배수체계 개선 등의 대책수립 적용

(2) 방재성능목표 설정 검토

① 지역별 방재성능목표 설정·운영 기준에서 제시한 지역별 방재성능목표 산정결과 검토

② 해당 지자체에서 공표한 방재성능목표 검토

3. 하수도 설계기준 검토

(1) 우수유출량 산정방법

① 최대계획우수유출량의 산정은 합리식에 의하는 것이 원칙

② 수문 분석, 유역 특성 분석 등을 고려하여 수정합리식, MOUSE, SWMM 모형 등 다양한 우수유출 산정식(모형) 사용

(2) 설계빈도

① 최소 설계빈도: 지선관로 10년, 간선관로 30년, 빗물펌프장 30년

② 지역의 특성 또는 방재상 필요성, 기후변화로 인한 강우 특성의 변화 추세를 반영하여 최소 설계빈도보다 크게 결정

4. 내수재해 위험요인(위험도) 분석

(1) 분석방향

① 기초현황 조사, 주민설문조사, 문헌조사, 현장조사 만으로는 위험요인을 도출하기 어려운 경우 정량적 분석기법 적용

② 전 지역 자연재해 발생 가능성 검토에서 도출되는 내수재해위험지구 후보지는 분석 내용을 그대로 활용

③ 정량적 분석

㉠ 모형 선정: 수문·수리적 현상을 모의 할 수 있는 것으로 결정

㉡ 위험분석의 공간적 범위

▷ 기본적으로 개별 시설물과 해당 시설물의 영향범위 대상

▷ 시설물 간에 상호 영향을 미치는 경우에는 이들을 총괄할 수 있는 광역적인 위험요인 분석 시행

▷ 하천 홍수위의 영향을 받는 침수저지대 관망해석에는 하천의 수위와 관망흐름을 동시 모의

★
지역별 방재성능목표 설정·운영 기준

★
하천의 수위와 관망해석 동시 시행

★
지역별 방재성능목표 고려

㉢ 방재시설물 능력 검토

▷ 분석조건은 기본적으로 해당 시설물의 시설기준에 준하며, 추가로 지역별 방재성능목표 고려

▷ 하수관망 능력 검토 시 해당 하수관망의 설계기준을 분석조건으로 설정

㉣ 재해발생시 대규모 피해가 예상되는 경우에는 위험범위, 침수시간, 침수지역, 피해예상 물량 등을 판단할 수 있는 정량적 분석 실시

④ 위험요인 분석으로 침수면적, 침수심 등을 산정 → 인명피해, 재산피해 산정 등에 활용

(2) 우수유출량(홍수량) 산정방법

① 합리식 방법

㉠ $Q_P = \frac{1}{3.6} CIA = 0.2778\, CIA$

* 여기서, Qp는 첨두홍수량(m^3/s), 0.2778은 단위환산계수, C는 유출계수, I는 특정 강우 지속기간(일반적으로 도달시간을 지속기간으로 결정)의 강우강도(mm/hr), A는 유역면적(km^2)

㉡ 강우강도(I)

▷ 강우 지속기간: 통상 유역의 도달시간(T_c)

▷ 강우 지속기간의 강우강도: 강우강도식 또는 강우강도 - 지속기간 - 재현기간(IDF) 곡선으로부터 산정

▷ 강우강도 산정을 위한 강우 분석은 본장 '1절'에 수록된 강우 분석방법 적용

㉢ 유역면적(A): 지형도, 우수관망도 및 장래 개발계획 등을 이용하여 홍수량 산정지점별로 산정

토지이용도에 따른 합리식의 유출계수 범위

토지 이용		기본유출계수C	토지 이용			기본유출계수C
상업지역	도심지역 근린지역	0.70~0.95 0.50~0.70	차도 및 보도			0.75~0.85
			지붕			0.75~0.95
주거지역	단독주택 독립주택단지 연립주택단지 교외지역 아파트	0.30~0.50 0.40~0.60 0.60~0.75 0.25~0.40 0.50~0.70	잔디	사질토	평탄지 평균 경사지	0.05~0.10 0.10~0.15 0.15~0.20
				중토	평탄지 평균 경사지	0.13~0.17 0.18~0.22 0.25~0.35

★
합리식 방법
첨두홍수량을 단순계산하는 방법

★
강우강도(I) = 강우량(mm)÷강우 지속기간(hr)

<table>
<tr><td>산업
지역</td><td>산재지역
밀집지역</td><td>0.50~0.80
0.60~0.90</td><td rowspan="8">농
경
지</td><td>나
지</td><td colspan="2">평탄한 곳
거친 곳</td><td>0.30~0.60
0.20~0.50</td></tr>
<tr><td colspan="2">공원, 묘역</td><td>0.10~0.25</td><td rowspan="5">경
작
지</td><td rowspan="2">사
질
토</td><td>작물 있음</td><td>0.30~0.60</td></tr>
<tr><td colspan="2">운동장</td><td>0.20~0.35</td><td>작물 없음</td><td>0.20~0.50</td></tr>
<tr><td colspan="2">철로</td><td>0.20~0.40</td><td rowspan="2">점토</td><td>작물 있음</td><td>0.20~0.40</td></tr>
<tr><td colspan="2">미개발지역</td><td>0.10~0.30</td><td>작물 없음</td><td>0.10~0.25</td></tr>
<tr><td rowspan="5">도로</td><td rowspan="5">아스팔트
콘크리트
벽돌</td><td rowspan="5">0.70~0.95
0.80~0.95
0.70~0.85</td><td colspan="2">관개중인 답</td><td>0.70~0.80</td></tr>
<tr><td rowspan="2">초
지</td><td colspan="2">사질토</td><td>0.15~0.45</td></tr>
<tr><td colspan="2">점토</td><td>0.05~0.25</td></tr>
<tr><td rowspan="2">산지</td><td colspan="3">급경사 산지</td><td>0.40~0.80</td></tr>
<tr><td colspan="3">완경사 산지</td><td>0.30~0.70</td></tr>
</table>

자료: 「하천 설계기준·해설」

㉣ 유출계수(C)

▷ 유역의 형상, 지표면 피복상태, 식생 피복상태 및 개발 상황 등을 감안하여 결정

▷ 토지이용도별 유출계수로부터 홍수량 산정지점 상류 전체 유역의 면적가중평균으로 산정

$$C = \frac{\sum A_i C_i}{\sum A_i}$$

* 여기서 C는 유역의 유출계수, A_i는 토지 이용별 면적, C_i는 토지 이용별 유출계수

② 시간-면적 방법(T-A Method)

㉠ 유역의 저류효과 무시: 도달시간-면적곡선에 우량주상도를 적용하여 유출전이만 이루어진다고 가정

㉡ 각 시간별 유출량 산정식(유출수문곡선 작성식)

$$Q_j = 0.2778 \times \sum_{i=1}^{j} I_i \times A_{j+1-i}$$

* 여기서 Q_j는 시간별 유출량(m^3/s), I_i는 우량주상도의 i번째 시간구간의 강우강도(mm/hr), A는 j시간의 유역출구 유출량에 기여하는 소유역의 면적(km^2)

㉢ XP-SWMM 모형에 탑재되어 있음

(3) 관거의 수리계산 방법

① Manning의 평균유속공식

㉠ 단순 관거의 통수능 검토 등에 적용

★ 유출계수(C)

★ 시간-면적 방법에 의한 유출수문곡선 작성

★ Manning의 평균유속공식

㉡ 우수의 배제를 위한 관거는 개수로 흐름(자유표면을 가지는 흐름)으로 설계되므로 등류공식 적용 가능

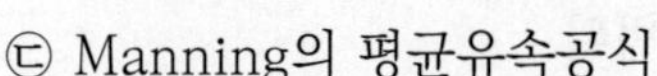

㉢ Manning의 평균유속공식

$$V = \frac{1}{n} R^{2/3} S^{1/2} = \frac{1}{n} \left(\frac{A}{P}\right)^{2/3} S^{1/2}$$

* 여기서 Q는 유량(m^3/s), A는 유수의 단면적(m^2), V는 유속(m/s), n은 관거의 조도계수, R는 경심(m), P는 윤변(m)

㉣ 등류의 계산

▷ 연속방정식에 Manning의 평균유속공식을 대입하여 계산

$$Q = AV = A\frac{1}{n} R^{2/3} S^{1/2} = A\frac{1}{n} \left(\frac{A}{P}\right)^{2/3} S^{1/2}$$

* 여기서 Q는 유량(m^3/s), A는 유수의 단면적(m^2), V는 유속(m/s), n은 관거의 조도계수, R는 경심(m), P는 윤변(m)

▷ 실무에서 등류의 유량, 등류의 수심, 평균유속 및 계획수로의 경사 등의 산정에 적용

② XP-SWMM 모형에 의한 관거 수리계산

㉠ 관거 유출해석의 기본방정식은 연속방정식과 1차원 점변부정류 방정식(St.Venant의 운동량방정식)을 적용

㉡ 주요 입력인자

▷ 상류단 경계조건: 유출수문곡선

▷ 하류단 경계조건: 기점수위 또는 수위-유량관계곡선

▷ 관거 인자: 관거의 형태, 관거의 크기(사각형관은 높이와 폭, 원형관은 직경), 관거의 길이, 관의 조도계수, 관거의 상하류단 저고 등

▷ 노드(맨홀) 인자: 노드 저고, 지표면 표고

(4) 내수재해 위험요인(위험도) 분석

① 내수재해 분석대상 유역에 설치된 방재시설물에 대하여 홍수처리 능력 평가 및 내수침수 발생 여부 검토

㉠ 「자연재해대책법 시행령」 제14조의5 규정에 따라 지방지치단체의 장이 공표한 지역별 방재성능목표 강우량 조사

㉡ 우수관거, 빗물배수펌프장, 저류지(유수지), 고지배수로 등의 방재시설별 세부 제원과 일반현황 조사

㉢ 방재시설의 유형별 방재성능평가 실시

▷ 도시 강우-유출 모형(XP-SWMM 등) 적용

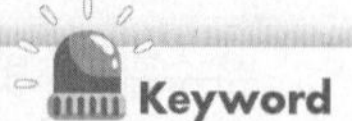

★
윤변
수로의 횡단면에서 물과 접하는 부분의 길이

★
내수재해 위험요인 분석에 XP-SWMM 모형 적용 원칙
유역의 홍수량 산정 및 관거의 수리계산 동시 수행 가능

▷ 우수관거, 빗물배수펌프장 및 유수지 등의 연계 시설물의 방재 성능평가는 각 시설물을 연계하여 동시분석 시행

㉣ 방재시설물의 성능 부족에 의해 내수침수 발생 시 침수 발생범위 및 침수심 등을 분석(XP-SWMM 모형 등 활용)

② 내수침수 발생원인 분석

㉠ 방재성능목표 강우량 및 방재시설물별 설계강우량을 적용한 강우-유출해석 실시

㉡ 과거 발생한 내수침수 발생 당시의 실제 강우량을 적용한 강우-유출해석 실시

③ 내수배제 시설물의 유지관리 상황 검토

㉠ 하수관거의 퇴적 상황 조사

㉡ 우수집수시설의 집수능력 검토

㉢ 배수펌프장의 유지관리현황 검토

④ 위험도 지수(상세지수) 산정

※ 제3과목 제2편 제1장 1절의 하천재해 위험요인(위험도) 분석에 수록된 방법과 동일

5. 내수재해위험지구 선정

※ 제3과목 제2편 제1장 1절의 하천재해위험지구 선정방법과 동일

3절 사면재해 위험요인 분석·평가

1. 사면재해위험지구 후보지 선정

(1) 전 지역 사면재해 발생 가능성 검토

① 시·군 전체 면적을 대상으로 위험도 분석 시행

② 위험도 분석 방법

㉠ 시·군 전역을 격자망으로 구성하여 격자망단위 위험도 산정

㉡ 산사태위험지 판정기준표의 인자별 위험지수 산정 및 위험등급 구분

(2) 예비후보지 대상 추출

※ 제3과목 제2편 제1장 1절의 하천재해위험지구 예비후보지 대상

★
강우-유출해석을 통한 내수침수 원인 분석

★
예비후보지 선정기준
과거 피해발생 지구, 설문조사 결과, 기존 관리되고 있는 재해위험지구, 급경사지, 산사태 위험등급 구분도 상의 1등급 지역, 전 지역 재해발생 가능 지구 등

★
산림청의 산사태 위험지도 상의 위험등급 구분범위
1등급~5등급

추출방법과 동일

(3) 예비후보지 선정

① **선정기준**

㉠ 기존 시·군 자연재해저감 종합계획의 사면재해위험지구 및 관리지구
㉡ 과거 피해가 발생한 이력지구
㉢ 설문 조사 또는 지방자치단체 담당자 의견 수렴 등을 통하여 위험요인이 존재하고 있는 것으로 판단되는 지구
㉣ 기지정 재해위험지구(자연재해위험개선지구, 급경사지 붕괴위험지역 등) 중에서 사면재해로 분류되는 지구
㉤ 「급경사지 재해예방에 관한 법률」 제2조 규정에 의한 급경사지
㉥ 산림청의 산사태 위험등급 구분도에서 1등급으로 판정된 지역에서 인명피해 시설 및 기반시설이 포함되어 있어 피해가 예상되는 지역
㉦ 전 지역 발생 가능성 검토에서 위험지역으로 분류되는 지역

② **선정방법**

※ 제3과목 제2편 제1장 1절의 하천재해위험지구 예비후보지 선정방법과 동일

(4) 후보지 선정

※ 제3과목 제2편 제1장 1절의 하천재해위험지구 후보지 선정방법과 동일

2. 사면재해 위험요인(위험도) 분석

(1) 분석방향

① 기초현황 조사, 주민설문조사, 문헌조사, 현장조사 만으로는 위험요인을 도출하기 어려운 경우 정량적 분석기법 적용
② 급경사지 재해위험도 평가기준에서 사면의 유형에 따라 작성되어 있는 "재해위험도 평가표"로 위험도 평가 수행(위험도 등급 정량적 제시)
③ "재해위험도 평가표"에 의거한 평가 외에 추가적 검토 사항
▷ 자연재해 발생, 복구상태 및 효과분석
▷ 계측자료, 유지관리상의 문제점 파악
④ 위험지구 후보지 전체에 대해 GIS를 이용한 산사태 위험지수 산출
⑤ GIS 사면안정해석에 의해 위험지구로 분석되는 경우
㉠ 산사태 위험등급이 높은 지구는 산사태 발생 가능성 검토

★
재해위험도 평가표

★
GIS 이용, 산사태 위험지수 산정

㉡ 산사태 발생에 의한 사면 하부의 피해범위 예측

(2) 급경사지 재해위험도 평가기준에 의한 위험도 평가방법

① **현장조사표 작성**

㉠ 자연비탈면 현장조사표

조사위치, 자연비탈면 현황(길이, 높이, 경사 등), 수리 특성(지하수, 계곡의 폭), 붕괴 이력, 시공현황 및 시공상태 등

㉡ 인공비탈면 현장조사표

조사위치, 자연비탈면 현황(종류, 길이, 높이, 경사 등), 지반 특성(암의 절리방향, 토사의 종류 등), 수리 특성(지하수, 계곡의 폭), 붕괴 이력, 시공현황 및 시공상태 등

㉢ 옹벽 현장조사표

조사위치, 옹벽현황(형식, 구조, 높이, 길이), 지반기초현황(침하, 활동, 세굴현황), 전면부현황(파손 및 손상, 균열, 박리, 철근 노출 등), 배출구현황 등

② **평가표 작성**

㉠ 자연비탈면 및 산지의 재해위험도 평가표

▷ 붕괴 위험성: 경사각, 높이, 종·횡단형상, 지반 변형·균열, 비탈면 계곡의 연장 및 폭, 토층심도, 상부외력, 지하수 상태, 붕괴·유실 이력, 보호시설 상태로 구분하여 평가

▷ 사회적 영향도: 주변 환경, 피해예상 인구수, 급경사지에 접한 도로의 차로 수 및 교통량, 인접 시설물과의 거리로 구분하여 평가

㉡ 인공비탈면의 재해위험도 평가표

▷ 붕괴 위험성: 비탈면 경사각, 비탈면 높이, 종·횡단형상, 지반 변형·균열, 절리 방향/흙의 강도, 비탈면 풍화도, 지하수 상태, 배수시설 상태, 표면보호공 시공상태, 붕괴·유실 이력으로 구분하여 평가

▷ 사회적 영향도: 주변 환경, 피해예상 인구수, 급경사지에 접한 도로의 차로 수 및 교통량, 인접 시설물과의 거리로 구분하여 평가

㉢ 옹벽 및 축대의 재해위험도 평가표

▷ 붕괴 위험성: 기초부현황(침하, 수평변위, 세굴), 전면부현황(파손·손상, 균열, 마모·침식, 박리·박락·층분리, 철근 노출, 전도·배부름, 백태로 구분하여 평가

★
현장조사표 작성

★
평가표 작성

▷ 사회적 영향도: 주변 환경, 피해예상 인구수, 급경사지에 접한 도로의 차로 수 및 교통량, 인접 시설물과의 거리로 구분하여 평가

③ 재해위험도 평가

㉠ 재해위험도 평가점수에 따른 재해위험 등급 판정

재해위험 등급별 평가점수

등급	재해위험도 평가점수			내용
	자연비탈면 또는 산지	인공 비탈면	옹벽 및 축대	
A	0~20	0~20	0~20	재해 위험성이 없으나 예상치 못한 붕괴가 발생하더라도 피해가 미비함
B	21~40	21~40	21~40	재해 위험성이 없으나 주기적인 관리 필요
C	41~60	41~60	41~60	재해 위험성이 있어 지속적인 점검과 필요시 정비계획 수립 필요
D	61~80	61~80	61~80	재해 위험성이 높아 정비계획 수립 필요
E	81 이상	81 이상	81 이상	재해 위험성이 매우 높아 정비계획 수립 필요

자료: 급경사지 재해위험도 평가기준의 등급별 평가점수

㉡ 평가결과 D·E등급 이상의 사면을 사면재해위험지구로 선정 (단, D·E등급이 아니더라도 인명피해 위험도에 따라 재해위험지구 선정 검토)

(3) 사면안정해석 방법

① 토사사면의 안정성 해석

㉠ 토사사면의 붕괴형태

▷ 붕락: 연직으로 깎은 비탈면의 일부가 떨어져 나와 공중에서 낙하하거나 굴러서 아래로 떨어지는 현상

▷ 활동

- 회전활동
- 병진활동
- 복합적 활동
- 유동

㉡ 한계평형해석 이론 적용

▷ 파괴가 일어나는 순간 토체의 안정성을 해석

▷ 해석을 위한 조건을 가정하여 정역학적 해를 얻음

Keyword

★
D등급 이상 사면재해위험지구 선정

★
토사사면 붕괴형태
- 붕락
- 회전활동
- 병진활동
- 복합적 활동
- 유동

㉢ 한계평형해석 방법

▷ ϕ = 0 해석법, Fellenius 방법, Bishop방법, Janbu의 방법, Spencer의 방법, Morgenstern and Price방법, 일반한계평형(GLE) 방법, 대수나선해석방법, 무한사면해석법, 흙쐐기해석법 등이 있음

▷ 실무에서 주로 Bishop의 간편법 이용

② **암반사면의 안정성 해석**

㉠ 암반사면의 붕괴형태

▷ 원형파괴, 평면파괴, 쐐기파괴, 전도파괴

㉡ 평사투영해석

▷ 불연속면(절리면)의 3차원 형태를 2차원 평면상에 투영하여 안정성 평가

▷ 대원법과 극점법 2가지 방법으로 시행

▷ 해석을 위한 절리면의 입력인자: 주향(방향), 경사 및 암반 내부 마찰각

㉢ 한계평형해석

▷ 암반블록의 자중, 절리면의 마찰각 및 점착력, 암반간극수압 등을 고려하여 발생 가능한 활동 파괴면을 따라 미끄러지려는 순간의 암반블록에 대한 안전성을 사면안전계수로 나타내는 방법

▷ 해석에 적용하는 사면의 형상

- 사면 정상부 쪽에 인장 균열이 있는 사면
- 사면 내에 인장 균열이 있는 사면
- 인장 균열이 나타나지 않는 사면

(4) 산사태 예측 및 평가방법

① **확률론적 산사태 예측 기법**

㉠ 통계적 기법을 적용한 정성적인 분석방법

㉡ 과거 발생한 산사태의 영향 인자를 규명하고 각 인자의 상호관계를 분석하여 산사태가 발생하지 않은 타 지역에 적용하여 발생 가능성을 예측하는 확률론적 해석방법

㉢ 산림청의 산사태 위험등급 구분도 개발에 적용

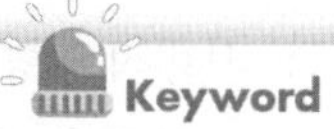
Keyword

★
Bishop의 간편법

★
암반사면의 붕괴형태
- 원형파괴
- 평면파괴
- 쐐기파괴
- 전도파괴

★
평사투영해석의 입력인자
- 주향(방향)
- 경사
- 암반 내부 마찰각

㉣ 로지스틱 회귀분석법(산사태 예측 모델)

▷ 광범위한 자연사면 분포지를 대상으로 산사태 발생 확률(0~100%)을 산정

▷ GIS 기법을 적용하여 지점별 도면 작성 가능

② 역학적 산사태 예측 기법(정량적 분석방법)

㉠ 산사태 및 사면의 안정성 판단의 정량적인 방법

㉡ 무한사면해석방법

▷ 사면안정계수(SI)의 형태로 표현

▷ SI는 안전율과 같은 개념으로 일정 범위로 분류

▷ 분석된 사면의 안전율은 GIS 기법을 적용하여 도면에 작성 가능

(5) 사면재해 위험요인(위험도) 분석

① 급경사지 재해위험도 평가기준에서 제시한 '재해위험도 평가표'에 따라 위험도 평가 수행 및 위험도 등급 제시

② ①의 평가만으로 위험성 여부가 의심되는 사면

㉠ 강우 특성, 사면 기하 특성, 사면 지반 특성, 사면 피복 특성 등 고려

㉡ 사면의 안정성 평가 시행

③ 사면 안정성 평가는 GIS 사면안정해석기법이나 사면평가 모델 적용

④ GIS를 이용한 산사태 위험지수(위험등급) 산출

⑤ GIS 사면안정해석 결과 재해위험지구 및 산사태 위험등급이 높은 지구에 대한 토석류 발생 가능성 검토

⑥ 자연재해 발생, 복구상태 및 효과분석, 계측 및 데이터, 유지관리상의 문제점 분석

⑦ 위험도 지수(상세지수) 산정

※ 제3과목 제2편 제1장 1절의 하천재해 위험요인(위험도) 분석에 수록된 방법과 동일

3. 사면재해위험지구 선정

※ 제3과목 제2편 제1장 1절의 하천재해위험지구 선정방법과 동일

★
무한사면해석방법

★
GIS를 이용한 산사태 위험지수 산출

4절 토사재해 위험요인 분석·평가

1. 토사재해위험지구 후보지 선정

(1) 전 지역 토사재해 발생 가능성 검토

① 시·군 전체 면적을 대상으로 토양침식량, 토사유출량 분석

㉠ 시·군 전역의 공간정보자료를 활용하는 토사유출모형 적용

㉡ 개정 범용토양손실공식(RUSLE) 등을 적용하여 토양침식량 산정

㉢ 소하천 또는 주요 계류 유역단위로 토사유출량 산정

㉣ 기준 이상의 토사유출이 발생하는 지역 도출

② 토사유출량 산정 지점

㉠ 소하천 또는 주요 계류의 시점부

㉡ 이외 구간에도 토사유출량이 크게 산정되는 유역은 추가 검토

③ 비토사유출량 등을 산정하여 일정기준 이상의 지역 선정

㉠ 연평균 강우침식인자를 적용한 경우의 비토사유출량 기준

★
전 지역 토사재해 검토방법
개정 범용토양손실공식 적용, 소하천 또는 주요 계류 유역단위로 토사유출량 산정 등

연평균 강우침식인자를 적용한 경우 비토사유출량 기준

구분	매우 적음	적음	약간 적음	보통	약간 심함	심함	매우 심함
토양유출량 (ton/ha/year)	0-2	2-6	6-11	11-22	22-33	33-50	50 이상

㉡ 단일호우 강우침식인자를 적용한 경우의 비토사유출량 기준

▷ 연평균 강우침식인자를 적용한 비토사유출량 기준에서 '약간 심함'의 2배 정도 적용

▷ 따라서, 단일호우 비토사유출량이 50 ton/ha/storm 이상(지역별로 ±50% 정도 조정 가능) 발생하는 지역 도출

(2) 예비후보지 대상 추출

※ 제3과목 제2편 제1장 1절의 하천재해위험지구 예비후보지 대상 추출방법과 동일

(3) 예비후보지 선정

① 선정기준

㉠ 기존 시·군 자연재해저감 종합계획의 토사재해위험지구 및 관리지구

㉡ 과거 피해가 발생한 이력지구

★
예비후보지 선정기준
과거 피해발생 지구, 설문조사 결과, 기존 관리되고 있는 재해위험지구, 토사저감시설 미비 지역, 사방댐을 포함한 야계지역, 전 지역 재해발생 가능 지구 등

㉢ 설문 조사 또는 지방자치단체 담당자 의견 수렴 등을 통하여 위험요인이 존재하고 있는 것으로 판단되는 지구
㉣ 도시 우수관망 상류단 산지접합부의 침사지 등과 같은 토사저감시설 미비로 인한 피해발생 가능지역
㉤ 계곡부 산지하천 주변의 토석류 유출로 인한 붕괴 시 영향범위 내 인명피해 시설 및 기반시설이 포함되어 있어 피해가 예상되는 지역
㉥ 과거 산불 발생지역, 채석장, 고랭지 채소밭, 벌목지, 임도, 나지 등의 하류부에 위치하여 피해가 예상되는 주거지, 하천, 저류지, 농경지, 양식장 등의 지역
㉦ 자연재해 관련 방재시설 중에서 토사재해에 해당되는 사방댐을 포함한 야계지역
㉧ 전 지역 발생 가능성 검토에서 위험지역으로 분류되는 지역

② **선정방법**

※ 제3과목 제2편 제1장 1절의 하천재해위험지구 예비후보지 선정방법과 동일

(4) 후보지 선정

※ 제3과목 제2편 제1장 1절의 하천재해위험지구 후보지 선정방법과 동일

2. 토사재해 위험요인(위험도) 분석

(1) 분석방향

① 기초현황 조사, 주민설문조사, 문헌조사, 현장조사 만으로는 위험요인을 도출하기 어려운 경우 정량적 분석기법 적용
② 분석 방법
㉠ 원단위법 또는 범용토양손실공식 적용
㉡ GIS를 이용한 토사재해 발생 가능성 분석 실시
③ 분석의 공간적 범위는 토사유출특성이 재현될 수 있도록 해당 토사의 발생원이 포함되는 유역이나 구역으로 선정

(2) 토사유출량 산정방법

① 토양침식량 및 토사유출량을 정량적으로 산정
② 국내 실무에서는 RUSLE 방법 주로 적용
③ 원단위법은 유역의 특성이 고려되지 않아 신뢰성이 부족하므로

Keyword

★
토사유출량 산정 시 RUSLE 방법 적용

RUSLE 방법과의 비교용으로 사용 가능

(3) 원단위법에 의한 토사유출량 산정

① 원단위법

㉠ 개발 특성이 비슷한 경험자료를 이용하여 단위기간 동안 단위면적에서 발생하는 토사유출량의 원단위 제시

㉡ 제시된 원단위에 유역면적을 곱하여 연간 토사유출량 산정

② 원단위법의 원단위 적용 시에는 실측자료의 일반적인 범위 고려

토사유출 원단위

토지 이용	토사유출 원단위 (m^3/ha/year)	비고
나지, 황폐지	200~400	
배벌지, 초지	15	배벌지: 모든 식재는 완료되었으나 아직 활착되지 않은 상태
택벌지	2	택벌지: 모든 식재의 활착이 어느 정도 진행된 상태
산림	1	

자료: 재해영향평가 등의 협의 실무지침

(4) RUSLE(Revised Universal Soil Loss Equation) 방법에 의한 토사유출량 산정

★ RUSLE 방법

① RUSLE(개정 범용토양손실공식)

㉠ USLE 방법을 수정 및 보완한 방법

㉡ 체적 단위 토사유출량이 아닌 중량 단위 토양침식량 산정

㉢ A = R· K· LS· C· P, A = R· K· LS· VM

* 여기서 A: 강우침식인자 R의 해당기간 중 단위면적당 토양침식량(tonnes/ha), R: 강우침식인자(107J/ha·mm/hr), K: 토양침식인자(tonnes/ ha/R), LS: 사면경사길이인자(무차원), C: 토양피복인자(무차원), P: 토양보전대책인자(무차원), VM: 토양침식조절인자(무차원)

㉣ 공식의 적용 시 토양피복인자(C)와 토양보존대책인자(P)의 곱을 미국교통연구단(TRB)에서 제안한 토양침식조절인자(VM)로 대체 가능

㉤ 각종 입력인자를 산정하는 데 사용되는 조건인 사면경사 및 지표면 상태 등이 동일한 소구역으로 구분하여 산정

★ **RUSLE 방법에 의한 토양침식량 산정에 적용되는 인자**
강우침식 인자, 토양침식 인자, 사면경사길이 인자, 토양피복 인자, 토양보전대책 인자, 토양침식조절 인자

② **토양침식량 산정**

㉠ 강우침식인자(R)

▷ 강우의 운동에너지에 의한 토양침식량의 정도를 나타내는 인자

▷ 단일호우 강우침식 인자와 연평균 강우침식 인자로 구분하여 산정

▷ 단일호우 강우침식 인자

- $R = \Sigma E \cdot I_{30},\ E = \sum e \cdot \Delta P,$

$e = 0.029[1 - 0.72\exp(-0.05 \cdot I)]$

* 여기서 R: 단일호우 강우침식인자(10^7 J/ha·mm/hr), I_{30}: 30분 강우강도(mm/hr), E: 강우총에너지(10^7 J/ha), ΔP: 강우지속 시간간격당 강우증가량(mm), e: 강우의 단위 운동에너지(10^7J/ha/mm), I: 강우강도(mm/hr)

▷ 연평균 강우침식인자는 기존 연구 결과를 이용

㉡ 토양침식인자(K)

▷ 토양의 침식성에 따른 토양침식량의 변화를 나타내는 인자

▷ 입도분포, 토양의 구조 및 유기물 함량 등과 관련 있음

▷ Wischmeier 방법으로 결정[국내 실무에서 주로 이용, 재해영향평가 등의 실무지침에서 산정방법으로 채택]

$$K = 1.32\left[\frac{2.1\times10^{-4}\cdot(12-OM)\cdot M^{1.14}+3.25(S_1-2)+2.5(P_1-3)}{100}\right]$$

$, M = (MS+VFS)\cdot(100-CL)$

* 여기서 K: 토양침식인자(tonnes/ha/R), OM: 유기물 백분율(%), M: 입경에 있어서 주종을 이루는 토립자와 토사 전체에 대한 비율에 대한 함수, S_1: 토양구조지수(1~4)로 구분, P_1: 투수 지수(1~6)로 구분, MS: 실트 백분율(%), VFS: 극세사 백분율(%), CL: 점토 백분율(%)

- 이 공식은 극세사와 실트의 구성비가 70 % 이하인 경우에 적용이 가능
- 일반적인 토양침식인자의 범위: 0.13~0.91 tonnes/ha/R

㉢ 사면경사길이인자(LS)

▷ 강우에 의한 토양침식은 경사지역의 길이와 경사도에 따라 달라짐

▷ 무차원계수인 지형인자를 도입하여 토양침식에 대한 지형의 효과 반영

▷ 무차원 사면길이인자(L)와 무차원 사면경사인자(S)의 곱으로 구성

$$L = \left(\frac{\lambda}{22.13}\right)^m,\ m = \frac{\beta}{1+\beta},\ \beta = \frac{11.16\cdot\sin\theta}{3.0\cdot(\sin\theta)^{0.8}+0.56}$$

* 여기서 λ: 평면에 투영된 사면길이(m), m: 사면경사 길이의 멱지수, β: 세류 및 세류 간 침식의 비, θ: 사면경사각(°),

- $S = 10.8 \cdot \sin\theta + 0.03$, $\sin\theta < 0.09$

$= 16.8 \cdot \sin\theta - 0.50$, $\sin\theta \geq 0.09$

* 여기서 θ는 사면경사각(°)

㉣ 토양피복인자(C), 토양보존대책인자(P)

▷ 토양피복인자(C)

- 지상인자(식물의 강우차단), 지표인자(토양의 피복), 지하인자(식물의 뿌리 등)에 따라 결정되는 무차원인자
- 보존대책이 연평균 토양손실량에 미치는 영향 또는 토양손실 잠재능이 건설 활동, 농경 활동 또는 토양 관리계획 기간 중 시간적으로 어떻게 분포되는가를 나타내는 인자
- 경작이나 피복관리가 토양침식에 미치는 영향을 반영
- Hann(1994)이 제시한 표를 이용하여 산정[국내 실무에서 주로 이용, 재해영향평가 등의 실무지침에서 산정방법으로 채택]

▷ 토양보존대책인자(P)

- 토양피복인자(C)
- 사면의 상향 및 하향 경작지로부터의 토양침식에 대한 특정 보존대책에 의한 토양침식량의 비로 정의
- 등고선 경작, 등고선 대상재배, 등고선 단구효과, 지표하 배수, 건조 농경지의 조도 효과 등을 고려
- 토양보존대책인자 값은 농경지와 목장지에 대해서만 사용되고 있으나, 건설현장과 지표면 교란지역에도 사용 가능
- Wischmeier & Smith(1994)가 제시한 표를 이용하여 산정

▷ 불확실한 인자 2가지를 곱하여 산정되는 결과(C·P)의 임의성이 매우 높으므로 후술되는 토양침식인자(VM)로 대체 가능

㉤ 토양침식조절인자(VM)

▷ 토양피복인자(C)와 토양보존대책인자(P)의 곱에 대응하는 무차원인자

▷ 미국 교통연구단(TRB, Transportation Research Board)에서 토양피복인자(C)와 토양보존대책인자(P)의 결정에 임의성이 높은 점을 개선하기 위하여 제시

▷ 미국 교통연구단(TRB)에서 제시한 토양침식조절인자(VM)의 실무 적용 시 선택 기준을 다음 표와 같이 간략화 가능[재해영향

★ C·P는 VM으로 대체 가능

평가 등의 협의 실무지침]

주요 토지 이용별 토양침식조절인자 적용기준

토지 이용	토양침식조절인자(VM)	비고
농경지	0.02	논, 밭
나지	0.80	공사장
영구초지	0.01	잔디조성(개발 후)
산림	0.01	자연상태
불투수 지역	0.00	시가지, 개발지
수면	0.00	하천, 저수지

자료: 재해영향평가 등의 협의 실무지침

③ 유사전달률 및 단위중량을 고려한 토사유출량 산정

㉠ 침사지 등의 설계에 필요한 유역출구의 체적 단위 토사유출량 산정

㉡ RUSLE에 의해 산정된 토사침식량에 유사전달률을 곱하고 단위중량을 나누어 토사유출량 산정

▷ 유사전달률 개념: RUSLE에 의해 산정된 유역의 토양침식량에서 하류로 이송된 유역출구의 토사유출량을 산정하기 위하여 도입

㉢ 유사전달률은 미국 교통연구단에서 유역면적과 유사전달률의 관계를 토립자의 크기에 따라 제시한 다음 그림을 적용하여 산정

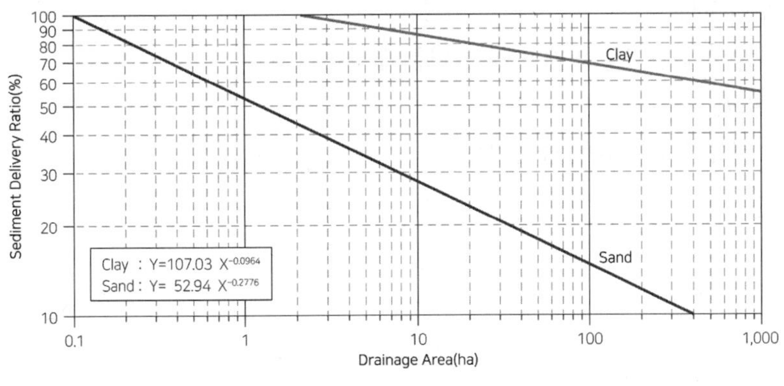

〈유사전달률 산정〉

▷ 상기 그림을 이용하여 소유역별 Sand 곡선과 Clay 곡선에 해당하는 유사전달률을 먼저 결정한 후, 대상지역의 입도분석 결과에 따라 유사전달률을 가중평균하여 소유역별 유사전달률 산정

Keyword

★ 유사전달률

★ 토사유출량 = 토사침식량 × 유사전달률

㉣ 산정된 토사유출량은 중량 단위(tonnes/year)이므로 단위중량을 산정하여 침사지 등의 용량 결정에 필요한 체적 단위(m^3/year)의 토사유출량으로 환산

▷ 단위 환산에 필요한 퇴적토의 단위중량은 Lane & Koelzer (1953)의 경험공식을 적용

$\gamma_s = 0.82 \cdot (P + 2)^{0.13}$

* 여기서 γ_s는 퇴적토의 단위중량(tonnes), P는 입경 0.05 mm 이상 모래의 구성비 (%)

★
토사유출량을 중량단위에서 체적단위로 환산

(5) 토사재해 위험요인(위험도) 분석

① 현장조사를 토대로 위험도 평가 실시

② 현장조사만으로는 평가하기 어려운 경우 정량적 분석기법 적용

㉠ GIS를 이용한 전지역단위 분석을 통한 토사유출량을 정량적으로 제시

㉡ 토사유출량 산정에 의한 하류부 토사피해 발생 가능성 검토

▷ 토석류 퇴적에 의한 하류부 하천 및 우수관로의 통수 단면적 잠식 가능성 검토

▷ 토사퇴적에 의한 저수지 바닥고 상승 및 저류 능력 저하 발생 가능성 검토

▷ 침식된 토사가 특정 지역에 퇴적되어 2차 피해 유발 가능성 분석

▷ 토사유출량의 공간적 분포와 유출경로 분석

㉢ 토사유출량 산정 결과의 적정성 검토

▷ 토사유출량은 산정 과정상에 임의성이 매우 높기 때문에 산정 결과의 적정성 검토 필요

▷ 기존 연구성과상의 토사유출량의 범위 등을 활용

③ 방재시설물의 유지관리 상황 검토

㉠ 하천양안의 침식

㉡ 토사에 의한 우수 유입구 차단

㉢ 토사의 맨홀 퇴적

㉣ 토사 퇴적에 의한 하천의 통수능 저하

㉤ 저수지의 바닥고 상승 및 저류 능력 저하

㉥ 하구부 퇴적에 의한 하구폐쇄

㉦ 농경지의 침수 및 퇴적

㉧ 양식장의 토사유입

④ 위험도 지수(상세지수) 산정

※ 제3과목 제2편 제1장 1절의 하천재해 위험요인(위험도) 분석에 수록된 방법과 동일

3. 토사재해위험지구 선정

※ 제3과목 제2편 제1장 1절의 하천재해위험지구 선정방법과 동일

5절 해안재해 위험요인 분석·평가

1. 해안재해위험지구 후보지 선정

(1) 전 지역 해안재해 발생 가능성 검토

① 조위 및 파고에 따른 설계고 부족으로 인한 해안범람 발생 가능성 검토

㉠ 저지대 지역 도출

㉡ 침수면적(범위) 및 침수심 제시

② 저지대 범람 피해양상 분석

㉠ 시·군 전역에 적용

㉡ 저지대분석 기준해면

▷ 태풍해일고(50년 빈도) + 천문조위(약최고고조위)

▷ 천문조위: 해당 시·군 인근 조위검조소의 약최고고조위

㉢ 국립해양조사원의 침수예상도 또는 국가연구기관의 자료 사용

㉣ 저지대 범람 분석은 최대와 최소의 범위로 표시

㉤ 저지대 주요검토 대상: 주거지역, 상업지역, 공업지역

(2) 예비후보지 대상 추출

※ 제3과목 제2편 제1장 1절의 하천재해위험지구 예비후보지 대상 추출방법과 동일

(3) 예비후보지 선정

① 선정기준

㉠ 기존 시·군 자연재해저감 종합계획의 해안재해위험지구 및 관리지구

㉡ 과거 피해가 발생한 이력지구

㉢ 설문 조사 또는 지방자치단체 담당자 의견 수렴 등을 통하여 위험

Keyword

★
저지대분석 기준해면 = 태풍해일고(50년 빈도) + 천문조위(약최고고조위)

★
예비후보지 선정기준
과거 피해발생 지구, 설문조사 결과, 기존 관리되고 있는 재해위험지구, 연안정비계획 미시행 지구, 해안시설물, 파랑 또는 해일 위험지역, 전 지역 재해발생 가능지구 등

요인이 존재하고 있는 것으로 판단되는 지구

㉣ 기지정 재해위험지구(자연재해위험개선지구 등) 중에서 해안재해로 분류되는 지구

㉤ 연안정비기본계획에서 정비계획이 수립되었으나 미시행된 지구

㉥ 연안침식실태조사의 침식 및 퇴적 위험지역 D등급 또는 연안재해 취약성 평가체계의 지형적 민감도, 파랑위험, 해일위험 재산경보 시스템 4~5등급인 지역

㉦ 자연재해 관련 방재시설 중에서 해안재해에 해당되는 방파제, 물양장, 안벽, 방조제 등의 해안시설물

㉧ 파랑이나 해일 위험이 우려되는 지역(인명피해 우려지역 등)

㉨ 전 지역 발생 가능성 검토에서 위험지역으로 분류되는 지역

② **선정방법**

※ 제3과목 제2편 제1장 1절의 하천재해위험지구 예비후보지 선정방법과 동일

(4) 후보지 선정

※ 제3과목 제2편 제1장 1절의 하천재해위험지구 후보지 선정방법과 동일

2. 해안재해 위험요인(위험도) 분석

(1) 분석방향

① 해안재해 검토대상 : 파랑, 월파, 해일, 사리, 해안침식 등

② 기초현황 조사, 주민설문조사, 문헌조사, 현장조사 만으로는 위험요인을 도출하기 어려운 경우 정량적 분석기법 적용

③ 전 지역 자연재해 발생 가능성 검토에서 도출되는 해안재해위험지구 후보지는 분석 내용을 그대로 활용

④ 정량적 위험요인 분석

㉠ 정량적인 분석이 필요한 경우에도 직접 분석을 실시하는 것은 지양
→ 국가에서 발간하는 보고서 참고
▷ 태풍해일 침수예상도
▷ 지진해일 침수예상도
▷ 연안침식실태조사

㉡ 아주 특수한 경우에 한하여 자체적으로 수행하는 정량적 수치모의 시행

★
해안재해 검토대상

★
해안재해 위험요인 분석
가능한 기존 국가에서 발간한 자료 이용

㉢ 필요 시 부분적으로 파랑 모의, 해일 모의 및 통계분석, 침수범위 산정

㉣ 침식 및 퇴적은 수치모의 정확성의 한계가 크므로 연안침식실태조사 등의 모니터링 자료를 사용

㉤ 분석의 공간적 범위 : 해당 위험지구 후보지의 해안수리특성이 재현될 수 있는 구역

(2) 파랑추산 방법

★
파랑추산
심해파 추정 후 해안에 도달 시 지형 등에 의한 파랑의 변형을 예측하여 추산

① **심해파 추정**

㉠ 실측값 적용

▷ 10년 이상의 실측 자료 적용

▷ 실측파고는 파의 굴절이나 천수변형 등의 영향을 받고 있기 때문에 파의 굴절계수 및 천수계수 등을 제외하여 심해파로 환산

㉡ 파랑수치 모형 적용

▷ 실측자료가 부족한 경우 적용

▷ 기상자료(태풍 또는 계절풍에 의해 큰 파고가 발생한 자료 포함) 활용

▷ 30년 이상의 기상자료를 이용하여 추산

▷ 추산한 값을 실측값으로 보정

② **이상 시 파랑의 통계분석**

㉠ 장기간의 매년 최대파고 이용

㉡ 극치통계분석

▷ 검벨(Gumbel) 분포, 와이불(Weibull) 분포 등의 방법으로 발생확률 추정

▷ 재현기간에 상응하는 확률파고(시설물의 설계파고) 결정

③ **해안지형에 의한 변형 고려**

㉠ 외해로부터 내습하는 파랑이 파랑 자료를 필요로 하는 천해지점에 도달할 때까지의 변형 고려

㉡ 천수변형, 굴절변형, 회절변형, 반사 및 쇄파 등의 고려

★
파랑 변형의 원인

(3) 월파의 검토방법

① **파랑의 쳐오름 높이 산정**

㉠ 기존 연구성과 이용

▷ 기존 연구성과(산정도표 또는 산정식)에 부합하는 제한된 조건

에 적용

▷ 불투과성인 일정한 사면경사, 피복석 사면, 테트라포트(TTP) 피복 등의 조건별 산정식 활용

ⓛ 제체 형상 및 해저형상이 복잡한 경우에 수리모형 실험으로 산정

② 월파량 산정

㉠ 기존 연구성과 이용

▷ 기존 연구성과(산정도표 또는 산정식)에 부합하는 제한된 조건에 적용

▷ 불투과성인 일정한 사면경사, 피복석 사면, 테트라포트(TTP) 피복 등의 조건별 산정식 활용

㉡ 정밀분석이 필요한 경우 수리모형실험으로 산정

▷ 실험파는 불규칙파 사용 원칙

▷ 불규칙파의 실험을 할 수 없는 경우는 규칙파의 실험으로 산정

(4) 폭풍해일 추산 방법

① 실측값 적용

㉠ 가능한 장기간(30년 이상)의 관측자료 활용

㉡ 관측자료로부터 폭풍해일 제원 결정

② 폭풍해일 추산식 적용

㉠ 기압 강하 및 바람에 의한 해면 상승 고려

㉡ 천문조위와 기상조위 차(조위편차, 해일고)를 추산

㉢ 추산식

$$\Delta h = a\Delta p + bW^2\cos\alpha + c$$

* 여기서, Δh: 최대 조위편차(cm), Δp: 최대 기압강하량(hPa), w: 최대 풍속(m/s), α: 풍향과 해안선에 직각인 선의 각도, 계수(a, b, c): 각 지점마다 과거 관측된 조위편차와 기압, 바람과의 관계로부터 결정되는 값

③ 폭풍해일 수치모형분석

㉠ 실측자료가 부족한 경우 적용

㉡ 추산식보다 정확한 산정이 필요한 경우 적용

㉢ 기압강하에 따른 해수면 상승과 바람에 의한 해면의 전단응력 고려

(5) 해안침식 검토방법

① 표사이동수지의 불균형을 발생시킨 원인 분석

㉠ 해안침식의 원인: 하천 토사공급의 불균형, 구조물 건설에 의한 평

Keyword

★
폭풍해일 최대 조위편차 추산식

형파괴, 해수면 상승, 하구 및 항내 준설토 유용, 호안·제방의 침식 촉진 효과

㉡ 우리나라 해안침식의 주요원인 : 항만 및 어항건설, 호안 및 해안도로의 건설, 무분별한 하구 골재 채취 및 항내 준설사의 유용, 배후지의 개발

② 호안, 제방, 방파제 및 도류제 등의 구조물 주변의 세굴 검토

★
해안침식의 원인

(6) 해안재해 위험요인(위험도) 분석

① 현장조사, 설문조사 및 자료 조사(관련 계획 등)에 의한 정성적 분석 실시

② 정성적 분석만으로 위험요인에 대한 판단이 어려운 경우 정량적 분석 실시

㉠ (1단계) 연안재해취약성 분석 등 기존 보고서 등의 자료를 활용하여 1차 정량적 분석 수행

㉡ (2단계) 현행 자료의 부족 및 수치모의 필요시 부분적으로 시행

▷ 고파랑 모의

▷ 파랑 모의, 해일 모의 및 통계분석, 침수범위 산정

③ 해안구조물의 유지관리 상황 검토

㉠ 방파제 및 호안의 변형, 손상 또는 파괴 여부 검토

㉡ 국부세굴에 의한 구조물의 기능 장애

㉢ 해안토사의 평형상태 검토

㉣ 해안선 침식현황 검토

④ 위험도 지수(상세지수) 산정

※ 제3과목 제2편 제1장 1절의 하천재해 위험요인(위험도) 분석에 수록된 방법과 동일

3. 해안재해위험지구 선정

※ 제3과목 제2편 제1장 1절의 하천재해위험지구 선정방법과 동일

Keyword

★
예비후보지 선정기준
과거 피해발생 지구, 설문조사 결과, 기존 관리되고 있는 재해위험지구, 내풍설계기준 미달로 인명피해 등이 예상되는 지역, 전 지역 재해발생 가능 지구 등

6절 바람재해 위험요인 분석·평가

1. 바람재해위험지구 후보지 선정

(1) 전 지역 바람재해 발생 가능성 검토

① 시·군 전체 면적을 대상으로 위험도 분석 시행

② 위험도 분석 방법

㉠ 시·군 전역을 격자망으로 구성하여 격자망의 확률풍속 산정

㉡ 시·군의 설계기본풍속 등을 초과하는 지역 도출

▷ 설계기본풍속: 도로교설계기준 및 건축구조설계기준 적용

㉢ 풍동시험 등의 과도한 분석 지양

(2) 예비후보지 대상 추출

※ 제3과목 제2편 제1장 1절의 하천재해위험지구 예비후보지 대상 추출방법과 동일

(3) 예비후보지 선정

① **선정기준**

㉠ 기존 시·군 자연재해저감 종합계획의 바람재해위험지구 및 관리지구

㉡ 과거 피해가 발생한 이력지구(시설물)

㉢ 설문 조사 또는 지방자치단체 담당자 의견 수렴 등을 통하여 위험요인이 존재하고 있는 것으로 판단되는 지구

㉣ 「자연재해대책법 시행령」 제17조 내풍설계기준의 설정대상 시설물 중에서 「시설물의 안전 및 유지관리에 관한 특별법」 제8조에 의하여 관리 중인 바람재해 제3종 시설물(스키장, 삭도·궤도, 유원시설, 대형광고시설물, 옥상 철탑, 옥외 강구조물 등) 중에서 내풍설계기준에 미달하여 인명피해 및 공공·기반시설의 피해가 예상되는 지역

㉤ 전 지역 발생 가능성 검토에서 위험지역으로 분류되는 지역

② **선정방법**

※ 제3과목 제2편 제1장 1절의 하천재해위험지구 예비후보지 선정방법과 동일

(4) 후보지 선정

※ 제3과목 제2편 제1장 1절의 하천재해위험지구 후보지 선정방법과 동일

2. 바람재해 위험요인(위험도) 분석

(1) 분석방향

① 바람재해 검토대상: 태풍·강풍으로 피해를 입을 우려가 있는 '자연재해대책법 시행령 제17조' 내풍설계기준의 설정대상 시설물

② 기초현황 조사, 주민설문조사, 문헌조사, 현장조사 만으로는 위험요인을 도출하기 어려운 경우 정량적 분석기법 적용

③ 정량적 분석방법

㉠ 공간적 범위: 위험지구 후보지의 특성 파악에 필요한 지형적 범위

㉡ 후보지 전체에 대하여 GIS 기법 이용

▷ 극한 풍속에 미치는 지형 및 지표 거칠기의 정량적 영향을 최소 8개 풍향에 대하여 분석 → 위험 지표풍속을 산출 → 위험요인 지도로 표출

▷ 100년 빈도 지표풍속을 정량적으로 제시 → 위험지구 후보지의 풍해등급제시

㉢ 태풍 시뮬레이션이나 바람장 수치모형에 의한 분석 등 과도한 분석 지양

▷ 상세한 공학적 분석이 필요하다고 판단되는 경우, 별도의 계획 수립

(2) 바람재해 위험풍속 분석방법

① 지표조도에 의한 영향 및 지형에 의한 풍속할증 영향 고려

② 지형적 국지성 강풍 발생 특성 반영

③ **위험풍속 산정절차**

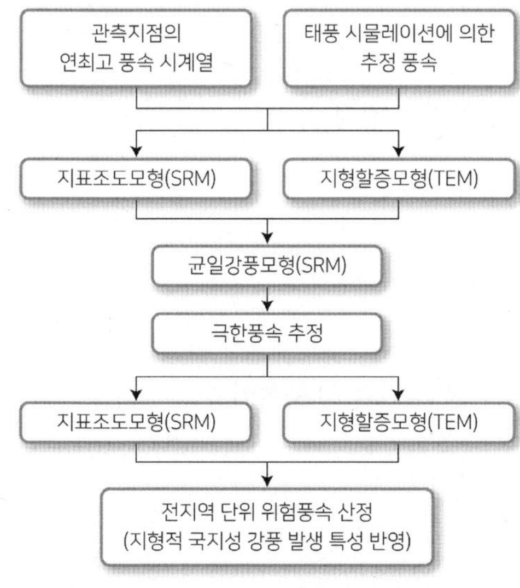

〈위험풍속 산정절차〉

Keyword

★
GIS기법을 이용한 8방향 지표풍속 검토

★
100년 빈도 지표풍속

④ **지표조도모형(SRM)**

㉠ 토지피복지도(LCM) 활용

㉡ 건축구조기준의 지표조도구분으로 지표조도에 의한 영향 평가

㉢ 풍향에 따른 지표조도 상황을 판단하기 위해서 임의 지점에서 8개 자유도 방위별로 지표조도 상황을 평가

⑤ **지형할증모형(TEM)**

㉠ 수치고도모형(DEM) 활용

㉡ 건축구조기준에서 제시하는 지형할증계수 산정 및 적용

㉢ 풍향을 고려한 8방위 자유도 고려

⑥ **균일강풍모형(HWM)**

㉠ 지표면이 수평적으로 어떤 굴곡도 없는 평지 조건

㉡ 지표조도 상황이 동일한 균일 지표면 조건

㉢ 지상 10m 높이에서의 균일풍속 산정

(3) 바람장 수치모형 분석방법

① 특정 지역의 바람재해 위험도 정밀분석 모형

② 대기의 3차원 유동해석(연속방정식과 운동량방정식의 수치해석) 방법

③ 대기유동의 난류 고려: 난류모형 적용

(4) 바람재해 위험요인(위험도) 분석

① 전지역단위 위험풍속 산정 및 위험지구 후보지 선정

② **바람재해 위험도 평가**

㉠ 지구별 위해지수 산정

▷ 산정된 위험풍속 활용

▷ 지구별 발생 가능 위험풍속에 따른 위험지수 결정

㉡ 지구별 취약지수 산정

▷ 작성된 현장조사표 활용

▷ 거주자 인구수를 고려한 취약지수 결정

③ **위험도 지수(상세지수) 산정**

※ 제3과목 제2편 제1장 1절의 하천재해 위험요인(위험도) 분석에 수록된 방법과 동일

3. 바람재해위험지구 선정

※ 제3과목 제2편 제1장 1절의 하천재해위험지구 선정방법과 동일

★
지표조도 모형, 지형할증 모형, 균일강풍 모형

★
바람장 수치모형

7절 가뭄재해 위험요인 분석·평가

1. 가뭄재해위험지구 후보지 선정

(1) 전 지역 가뭄재해 발생 가능성 검토

① 시·군 전체 면적을 대상으로 위험도 분석 시행

② 위험도 분석 방법

㉠ 「지역특성을 고려한 재해영향 분석기법 고도화」의 분석방법 적용

㉡ 가뭄재해 위험도 평가

▷ 가뭄위험요인지수와 가뭄취약지수를 곱하여 가뭄 위험도지수(DRI, Drought Risk Index) 산정

▷ 가뭄재해 위험도를 1~4등급으로 구분

▷ 가뭄위험요인지수: 가뭄지수, 광역상수도, 지방상수도, 지하수, 논의 유효저수량, 밭의 유효지하수 부존량 등을 지표로 산정

- 기상학적 가뭄지수: 표준강수지수(SPI, Standard Precipitation Index), 파머가뭄지수(PDSI, Palmer Drought Severity Index), 강수량 십분위(Deciles)
- 수문학적 가뭄지수: 지표수공급지수(SWSI, Surface Water Supply Index), MSWSI(Modified SWSI)
- 농업적 가뭄지수: 토양수분지수(SMI, Soil Moisture Index), 작물수분지수(CMI, Crop Moisture Index))

▷ 가뭄취약지수: 인구밀도, 공업용수 수요량, 논·밭의 면적 등을 지표로 산정

(2) 예비후보지 대상 추출

※ 제3과목 제2편 제1장 1절의 하천재해위험지구 예비후보지 대상 추출방법과 동일

(3) 예비후보지 선정

① 선정기준

㉠ 기존 시·군 자연재해저감 종합계획의 가뭄재해위험지구 및 관리지구

㉡ 과거 피해가 발생한 이력지구

㉢ 설문 조사 또는 지방자치단체 담당자 의견 수렴 등을 통하여 위험요인이 존재하고 있는 것으로 판단되는 지구

★
「지역특성을 고려한 재해영향 분석기법 고도화」

★
가뭄 위험도지수, 가뭄위험요인지수, 가뭄취약지수

★
가뭄지수
- 표준강수지수(SPI)
- 파머가뭄지수(PDSI)
- 강수량 십분위
- 지표수공급지수(SWSI)
- 토양수분지수(SMI)

★
예비후보지 선정기준
과거 피해발생 지구, 설문조사 결과, 기존 관리되고 있는 재해위험지구, 전 지역 재해발생 가능 지구 등

㉣ 기지정 재해위험지구(자연재해위험개선지구, 상습가뭄재해지역 등) 중에서 가뭄재해로 분류되는 지구

㉤ 전 지역 발생 가능성 검토에서 위험지역으로 분류되는 지역

② **선정방법**

※ 제3과목 제2편 제1장 1절의 하천재해위험지구 예비후보지 선정방법과 동일

(4) 후보지 선정

※ 제3과목 제2편 제1장 1절의 하천재해위험지구 후보지 선정방법과 동일

2. 가뭄재해 위험요인(위험도) 분석

(1) 분석방향

① 기초현황 조사, 주민설문조사, 문헌조사, 현장조사 만으로는 위험요인을 도출하기 어려운 경우 정량적 분석기법 적용

② 정량적 분석방법

㉠ 용수공급시설(댐, 저수지, 하천, 지하수 관정, 보, 양수장, 기타 등) 등으로 부터 생활·공업·농업용수를 공급을 받고 있는 지역 및 지구 대상

㉡ 용수공급 및 이용시설에 대한 위험요소 평가, 취약성 평가 및 위험도 분석 포함

㉢ 가뭄에 의한 피해현황 및 원인분석

㉣ 정량적 위험도 분석이 어려운 경우 가뭄지구(가뭄정보시스템) 정보의 활용 가능

(2) 가뭄의 위험등급 평가

① 가뭄위험요인지수(DHI, Drought Hazard Index) 산정

㉠ 산정방법

▷ 생활 및 공업용수부문과 농업용수 부문으로 구분하여 산정

▷ $DHI = wR + w_3R_3$

* 여기서, w는 생활용수와 공업용수에 대한 가중치로 전체 이용용수에서 생활 및 공업용수의 사용 비율을 적용하며, w_3는 농업용수에 대한 가중치로 전체 이용용수에서 농업용수의 사용 비중을 적용, R은 생활용수와 공업용수의 위험요소 등급, R_3은 농업용수의 위험요소 등급

★
가뭄지구(가뭄정보시스템) 정보를 활용한 위험도 분석 시행

★
가뭄위험요인지수(DHI) 산정
생활 및 공업용수 부문과 농업용수 부문으로 구분하여 산정

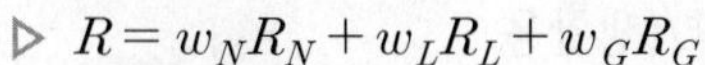

▷ $R = w_N R_N + w_L R_L + w_G R_G$

* 여기서, w_N, w_L, w_G은 광역상수도, 지방상수도, 지하수의 가중치로 각각 광역상수도의 공급비율, 지방상수도 공급 비율 지하수 공급 비율 적용, R_N, R_L, R_G은 각각 광역상수도, 지방상수도 및 지하수의 위험요소 등급

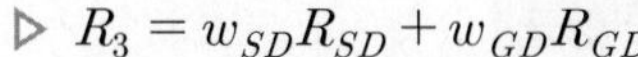

▷ $R_3 = w_{SD} R_{SD} + w_{GD} R_{GD}$

* 여기서, w_{SD}, w_{GD}는 논과 밭에 대한 가중치로, 각 면적의 비율 적용, R_{SD}는 논 면적에 대한 유효저수량의 가뭄 위험요소 등급, R_{GD}는 밭 면적에 대한 유효지하수 부존량의 가뭄 위험요소 등급

㉡ 생활 및 공업용수의 위험요소 등급 산정

▷ 광역상수도, 지방상수도, 지하수 부분으로 나눠 가뭄 위험요소 등급 구분

- 광역상수도: 댐별 기간신뢰도 분석 결과로 가뭄 위험요소 등급 구분

댐 기간신뢰도에 대한 가뭄 위험요소 등급 분류

댐 기간신뢰도	가뭄 위험수준	댐 기간신뢰도에 대한 가뭄 위험요소 등급
0.7 미만	최상	4
0.7 이상 0.8 미만	상	3
0.8 이상 0.9 미만	중	2
0.9 이상 1.0 미만	하	1
1.0	정상	0

자료: 「지역특성을 고려한 재해영향 분석기법 고도화」

- 지방상수도: 하천등급, 유역면적, 저수지 저류량과 공급량의 비율로 가뭄 위험요소 등급 구분

하천등급, 유역면적 등에 대한 가뭄 위험요소 등급 분류

하천등급	유역면적 (km^2)	저수지 저류량/공급량	가뭄 위험 수준	지방상수도에 대한 가뭄 위험요소 등급
기타	1,000 미만	0.5 미만	최상	4
지방하천 (과거 지방2급)	1,000 이상 2,000 미만	0.5 이상 1.0 미만	상	3
지방하천 (과거 지방1급)	2,000 이상 3,000 미만	1.0 이상 1.5 미만	중	2
국가하천	3,000 이상 4,000 미만	1.5 이상 2.0 미만	하	1
	4,000 이상	2.0 이상	정상	0

자료: 「지역특성을 고려한 재해영향 분석기법 고도화」

- 지하수: 지하수 안정성 검토인자(지하수 개발가능량/(생활용수 수요량+공업용수 수요량)로 가뭄 위험요소 등급 구분

지하수 안정성 검토 인자에 대한 가뭄 위험요소 등급 분류

지하수 안정성 검토 인자	가뭄 위험수준	지하수 개발가능량에 대한 가뭄 위험요소 등급
2.5 미만	최상	4
2.5 이상 5.0 미만	상	3
5.0 이상 7.5 미만	중	2
7.5 이상 10.0 미만	하	1
10.0 이상	정상	0

자료: 「지역특성을 고려한 재해영향 분석기법 고도화」

▷ 생활 및 공업용수의 위험요소 평가 인자에 대한 가중치

생활 및 공업용수의 위험요소 평가 인자에 대한 가중치

<table>
<tr><th>구분</th><th>위험요소
관련 인자</th><th colspan="3">가중치</th></tr>
<tr><td>광역상수도</td><td>댐 기간 신뢰도</td><td colspan="2">-</td><td>광역상수도 공급 비율</td></tr>
<tr><td rowspan="3">지방상수도</td><td>하천등급</td><td>0.5</td><td rowspan="2">$\frac{\text{하천수 공급량}}{\text{지방상수도 공급량}}$</td><td rowspan="3">지방상수도 공급 비율</td></tr>
<tr><td>하천의 유역면적</td><td>0.5</td></tr>
<tr><td>저수지
저류량/공급량</td><td>1.0</td><td>$\frac{\text{저수지 공급량}}{\text{지방상수도 공급량}}$</td></tr>
<tr><td>지하수</td><td>지하수
개발가능량</td><td colspan="2">-</td><td>지하수 공급 비율</td></tr>
</table>

자료: 「지역특성을 고려한 재해영향 분석기법 고도화」

▷ R에 따른 생활 및 공업용수에 대한 가뭄 위험요소 등급 분류

R에 따른 생활 및 공업용수에 대한 가뭄 위험요소 등급 분류

R	가뭄 위험수준	가뭄 위험요소 등급
4.0	최상	4
3.0 이상 4.0 미만	상	3
2.0 이상 3.0 미만	중	2
1.0 이상 2.0 미만	하	1
1.0 이하	정상	0

자료: 「지역특성을 고려한 재해영향 분석기법 고도화」

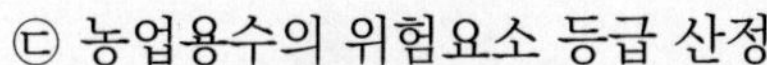

ⓒ 농업용수의 위험요소 등급 산정

▷ 논: 논 면적에 대한 유효저수량으로 산정

▷ 밭: 밭 면적에 대한 지하수 부존량으로 산정

농업용수에 대한 가뭄 위험요소 등급 분류

위험요소		가뭄 위험수준	가뭄 위험요소 등급
$\frac{\text{유효저수량}}{\text{논 면적}}$(mm)	$\frac{\text{지하수 부존량}}{\text{밭 면적}}$(m)		
100 미만	2.0 미만	최상	4
100 이상 200 미만	2.0 이상 3.0 미만	상	3
200 이상 300 미만	3.0 이상 4.0 미만	중	2
300 이상 400 미만	4.0 이상 5.0 미만	하	1
400 이상	5.0 이상	정상	0

자료: 「지역특성을 고려한 재해영향 분석기법 고도화」

▷ R_3에 따른 생활 및 공업용수에 대한 가뭄 위험요소 등급 분류

R_3에 따른 생활 및 공업용수에 대한 가뭄 위험요소 등급 분류

R_3	가뭄 위험수준	가뭄 위험요소 등급
4.0	최상	4
3.0 이상 4.0 미만	상	3
2.0 이상 3.0 미만	중	2
1.0 이상 2.0 미만	하	1
1.0 이하	정상	0

자료: 「지역특성을 고려한 재해영향 분석기법 고도화」

② 가뭄취약지수(DVI, Drought Vulnerability Index) 산정

★ 가뭄취약지수(DVI)

㉠ 산정방법

▷ 생활용수, 공업용수 및 농업용수 부문으로 구분하여 산정

▷ $DVI = w_1 V_1 + w_2 V_2 + w_3 V_3$

* 여기서, w_1, w_2, w_3: 전체 용수이용 대비 생활, 공업, 농업용수가 차지하는 상대적 비중, V_1, V_2, V_3은 생활, 공업, 농업용수에 대한 가뭄 취약성 등급

▷ $V_1 = w_P V_P + w_{PD} V_{PD}$

* 여기서, w_P, w_{PD}는 인구수와 인구밀도에 대한 가중치로 각 0.5 적용, V_P와 V_{PD}는 인구와 인구밀도에 따른 가뭄 취약성 등급

㉡ 생활용수의 취약성 등급 산정

▷ 지역별 인구수, 인구밀도로 산정

생활용수에 대한 가뭄 취약성 등급 분류

인구수(명)	인구밀도(명/km^2)	가뭄 취약성 등급
50만 이상	500 미만	4
40만 이상 50만 미만	500 이상 1,000 미만	3
30만 이상 40만 미만	1,000 이상 1,500 미만	2
30만 미만	1,500 이상	1

자료: 「지역특성을 고려한 재해영향 분석기법 고도화」

▷ V_1에 따른 생활용수에 대한 가뭄 취약성 등급 분류

V_1에 따른 생활용수에 대한 가뭄 취약성 등급 분류

V_1	가뭄 취약성 등급
4.0	4
3.0 이상 4.0 미만	3
2.0 이상 3.0 미만	2
1.0 이상 2.0 미만	1

자료: 「지역특성을 고려한 재해영향 분석기법 고도화」

㉢ 공업용수의 취약성 등급 산정

▷ 공업용수 수요량으로 산정

공업용수에 대한 가뭄 취약성 등급 분류

공업용수 수요량(m^3/day)	가뭄 취약성 등급
15만 이상	4
10만 이상 15만 미만	3
5만 이상 10만 미만	2
5만 미만	1

자료: 「지역특성을 고려한 재해영향 분석기법 고도화」

Keyword

㉣ 농업용수의 취약성 등급 산정

▷ 논과 밭을 합한 면적으로 산정

농업용수에 대한 가뭄 취약성 등급 분류

논과 밭 면적(ha)	가뭄 취약성 등급
15,000 이상	4
10,000 이상 15,000 미만	3
5,000 이상 10,000 미만	2
5,000 미만	1

자료: 「지역특성을 고려한 재해영향 분석기법 고도화」

③ 가뭄의 위험등급 평가

㉠ 가뭄위험도지수(DRI, Drought Risk Index) 산정

▷ 가뭄 위험요소 등급 및 취약성 등급 산정

DHI, DVI에 따른 가뭄 위험요소 및 취약성 등급 분류

DHI(DVI)	가뭄 위험수준	가뭄 위험요소 등급 (가뭄 취약성 등급)
4.0	최상	4
3.0 이상 4.0 미만	상	3
2.0 이상 3.0 미만	중	2
1.0 이상 2.0 미만	하	1
1.0 이하	정상	0

자료: 「지역특성을 고려한 재해영향 분석기법 고도화」

▷ 가뭄위험도지수(DRI) = 가뭄 위험요소 등급 × 가뭄 취약성 등급

㉡ 가뭄의 위험등급 평가

DRI에 따른 가뭄 위험 등급 평가

가뭄위험지수(DRI)	가뭄 위험도
2 이하	1 등급
2 초과 6 이하	2 등급
6 초과 12 이하	3 등급
12 초과 16 이하	4 등급

자료: 「지역특성을 고려한 재해영향 분석기법 고도화」

Keyword

★ 가뭄위험도지수(DRI)를 산정하여 가뭄의 위험도를 평가

(3) 가뭄재해 위험요인(위험도) 분석

① 문헌조사, 현장조사 및 자료조사(관련 계획 등)에 의한 정성적 분석 실시

② 정성적 분석만으로 위험요인에 대한 판단이 어려운 경우 정량적 분석 실시

㉠ 용수공급 및 이용시설에 대한 위험요소 평가, 취약성 평가 및 위험도 분석

▷ 가뭄 위험요소 등급 및 취약성 등급 산정을 통해 가뭄 위험도지수 제시

▷ 가뭄 위험도지수에 따른 가뭄 위험 등급 평가

㉡ 가뭄에 의한 피해현황 및 원인분석 실시

▷ 피해지역, 피해 발생유형, 피해 발생원인별로 구분하여 분석

▷ 분석 시 포함사항

- 수문·기상학적 측면에서의 원인분석
- 용수 수요 및 공급관리 측면에서의 원인분석
- 가뭄관리 체제 측면에서의 원인분석 등

③ 위험도 지수(상세지수) 산정

※ 제3과목 제2편 제1장 1절의 하천재해 위험요인(위험도) 분석에 수록된 방법과 동일

3. 가뭄재해위험지구 선정

※ 제3과목 제2편 제1장 1절의 하천재해위험지구 선정방법과 동일

8절 대설재해 위험요인 분석·평가

1. 대설재해위험지구 후보지 선정

(1) 전 지역 대설재해 발생 가능성 검토

① 시·군 전체 면적을 대상으로 위험도 분석 시행

② 위험도 분석 방법

㉠ 「지역특성을 고려한 재해영향 분석기법 고도화」의 분석방법 적용

㉡ 대설재해 위험도 평가

▷ 도로시설과 농업시설로 구분하여 평가

★ 「지역특성을 고려한 재해영향 분석기법 고도화」

★ 대설재해위험도 지수, 설해위험요인지수, 설해취약지수

▷ 설해위험요인지수와 설해취약지수를 곱하여 대설재해위험도 지수 산정

▷ 대설재해 위험도를 1~4등급으로 구분

▷ 설해위험요인지수의 산정 지표
- 도로시설: 최심신적설, 3cm 이상 강설일수 등
- 농업시설: 30년빈도 최심신적설

▷ 설해취약지수의 산정 지표
- 도로시설: 도로 환산길이(고속국도, 일반국도, 지방도 등), 도로시설물 개수 등
- 농업시설: 비닐하우스(내재해형 등록 시설) 면적

(2) 예비후보지 대상 추출

※ 제3과목 제2편 제1장 1절의 하천재해위험지구 예비후보지 대상 추출방법과 동일

(3) 예비후보지 선정

① **선정기준**

㉠ 기존 시·군 자연재해저감 종합계획의 대설재해위험지구 및 관리지구

㉡ 과거 피해가 발생한 이력지구

㉢ 설문 조사 또는 지방자치단체 담당자 의견 수렴 등을 통하여 위험요인이 존재하고 있는 것으로 판단되는 지구

㉣ 기지정 재해위험지구(상습설해지역 등) 중에서 대설재해로 분류되는 지구

㉤ 「자연재해대책법 시행령」 제22조의7에 따른 내설 설계대상 시설물이 위치한 지역

㉥ 대설재해로 인해 붕괴피해가 우려되는 공공시설물(농·축산시설물, PEB 구조물, 천막구조물 등)이 분포하는 지역

㉦ 도로·교량, 농·축업용 시설 등 내설 관련법규가 적용되는 시설물 중에서 반복피해 및 긴급복구가 필요한 시설물 등

㉧ 전 지역 발생 가능성 검토에서 위험지역으로 분류되는 지역

② **선정방법**

※ 제3과목 제2편 제1장 1절의 하천재해위험지구 예비후보지 선정방법과 동일

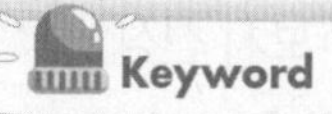

★
예비후보지 선정기준
과거 피해발생 지구, 설문조사 결과, 기존 관리되고 있는 재해위험지구, 내설 설계대상 시설물이 위치한 지역, 붕괴피해가 우려되는 시설물 지역, 전 지역 재해발생 가능 지구 등

(4) 후보지 선정

※ 제3과목 제2편 제1장 1절의 하천재해위험지구 후보지 선정방법과 동일

2. 대설재해 위험요인(위험도) 분석

(1) 분석방향

① 기초현황 조사, 주민설문조사, 문헌조사, 현장조사 만으로는 위험요인을 도출하기 어려운 경우 정량적 분석기법 적용

② 정량적 분석방법

㉠ 대상지역: 대설로 인한 교통두절 및 고립 예상지역, 붕괴피해가 우려되는 취약시설(농·축산시설물, PEB 구조물, 천막구조물 등)이 분포하는 지역

㉡ 위험요소 평가, 취약성 평가 및 위험도 분석 포함

▷ 평가시설: 도로 및 취약시설(농·축산시설물, PEB 구조물, 천막구조물 등)

㉢ 대설재해 유형 및 지역적 특성에 맞는 분석모형 적용

(2) 대설의 위험등급 평가

① 설해 위험요소 등급 평가

㉠ 도로시설

▷ 설해위험요인지수를 산정하여 도로의 설해위험요소 등급 평가

▷ 설해위험요인지수(SDRI, Snowfall Damage Risk Index) 산정

- $SDRI = S_1 \times w_1 + S_2 \times w_2$

* 여기서, S_1은 최심신적설에 대한 설해 위험요소 등급, S_2는 3cm 이상 강설일수에 대한 설해 위험요소 등급, w_1과 w_2는 가중치로 각각 0.5로 적용

▷ 최심신적설에 따른 설해 위험요소 등급(S_1), 3cm 이상 강설일수에 따른 설해 위험요소 등급(S_2) 산정

Keyword

★ 설해위험요소 등급 및 취약성 등급 평가는 도로시설 및 농업시설로 구분하여 시행

★ 설해위험요인지수(SDRI)

★ 설해취약지수(SDVI)

최심신적설 및 3cm 이상 강설일수에 따른 설해 위험요소 등급

최심신적설	3cm 이상 강설일수	설해 취약성 등급
5cm 미만	2회 미만	1
5 ~ 10cm	2 ~ 4회	2
10 ~ 20cm	4 ~ 6회	3
20cm 이상	6회 이상	4

자료: 「지역특성을 고려한 재해영향 분석기법 고도화」

▷ 도로의 설해 위험요소 등급 산정

SDRI에 따른 도로의 설해 위험요소 등급 분류

SDRI	설해 취약성 등급
1.5 미만	1
1.5 ~ 2.5 미만	2
2.5 ~ 3.5 미만	3
3.5 이상	4

자료: 「지역특성을 고려한 재해영향 분석기법 고도화」

㉡ 농업시설

▷ 최심신적설에 따라 농업시설의 설해 위험요소 등급 평가

최심신적설에 따른 농업시설의 설해 위험요소 등급 분류

최심신적설	설해 취약성 등급
20cm 미만	0
20 ~ 40cm	1
40 ~ 60cm	2
60 ~ 80cm	3
80cm 이상	4

자료: 「지역특성을 고려한 재해영향 분석기법 고도화」

② 설해 취약성 등급 평가

㉠ 도로시설

▷ 설해취약지수를 산정하여 도로의 설해위험요소 등급 평가

▷ 설해취약지수(SDVI, Snowfall Damage Vulnerability Index) 산정

- $SDVI = V_1 \times w_1 + V_2 \times w_2$

* 여기서, V_1는 도로 길이에 대한 설해 취약성 등급, V_2는 도로 시설물에 대한 설해 취약성 등급, w_1과 w_2는 가중인자로 각각 0.5 적용

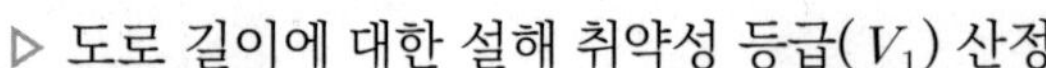

▷ 도로 길이에 대한 설해 취약성 등급(V_1) 산정

- 도로의 환산길이=w_1 × 고속도로 길이+w_2 × 일반국도 길이+w_3 × 지방도 길이

* 여기서, w_1, w_2, w_3은 고속도로 길이, 일반국도 길이, 지방도 길이에 대한 가중치

도로의 가중치 산정방법

구분	산정방법	가중치
고속도로 길이	고속도로 총연장(km)	50
일반국도 길이	일반국도 총연장(km)	30
지방도 길이	지방도 총연장(km)	20
소계(%)		100

자료: 「지역특성을 고려한 재해영향 분석기법 고도화」

환산길이에 따른 설해 취약성 등급 분류

환산길이	설해 취약성 등급
30km 미만	1
30km 이상 ~ 60km 미만	2
60km 이상 ~ 90km 미만	3
90km 이상	4

자료: 「지역특성을 고려한 재해영향 분석기법 고도화」

▷ 도로의 시설물 개수에 대한 설해 취약성 등급(V_2) 산정

환산길이에 따른 설해 취약성 등급 분류

시설물 개수	설해 취약성 등급
60개 미만	1
60개 이상 ~ 120개 미만	2
120개 이상 ~ 180개 미만	3
180개 이상	4

자료: 「지역특성을 고려한 재해영향 분석기법 고도화」

▷ 도로의 설해 취약성 등급 산정

SDVI에 따른 도로의 설해 취약성 등급 분류

SDVI	설해 취약성 등급
1.5 미만	1
1.5 ~ 2.5 미만	2
2.5 ~ 3.5 미만	3
3.5 이상	4

자료: 「지역특성을 고려한 재해영향 분석기법 고도화」

㉡ 농업시설

▷ 비닐하우스면적에 따라 농업시설의 설해 취약성 등급 평가

비닐하우스 면적에 따른 농업시설의 설해 취약성 등급 분류

비닐하우스 면적	설해 취약성 등급
500,000m^2 미만	1
500,000 ~ 1,000,000m^2 미만	2
1,000,000 ~ 1,500,000m^2 미만	3
1,500,000m^2 이상	4

자료: 「지역특성을 고려한 재해영향 분석기법 고도화」

③ 설해의 위험등급 평가

㉠ 설해위험도(SDRI, Snowfall Damage Risk Class) 산정

▷ SDRC = 설해 위험요소 등급 × 설해 취약성 등급

㉡ 설해위험도 등급 산정

SDRC에 따른 설해위험도 등급 평가

설해위험도(SDRC)	설해위험도 등급
2 이하	1 등급
2 초과 6 이하	2 등급
6 초과 12 이하	3 등급
12 초과 16 이하	4 등급

자료: 「지역특성을 고려한 재해영향 분석기법 고도화」

(3) 대설재해 위험요인(위험도) 분석

① 문헌조사, 현장조사 및 자료조사(관련 계획 등)에 의한 정성적 분석 실시

② 정성적 분석만으로 위험요인에 대한 판단이 어려운 경우 정량적 분석 실시

㉠ 도로와 취약시설(농업시설)로 구분하여 분석

★
설해위험도(SDRC)

㉡ 설해 위험요소 평가, 취약성 평가 및 위험도 등급 평가

▷ 설해 위험요소 등급 및 취약성 등급 산정을 통해 설해위험도 산정

▷ 설해위험도에 따른 설해위험도 등급 평가위험도 지수(상세지수) 산정

※ 제3과목 제2편 제1장 1절의 하천재해 위험요인(위험도) 분석에 수록된 방법과 동일

3. 대설재해위험지구 선정

※ 제3과목 제2편 제1장 1절의 하천재해위험지구 선정방법과 동일

9절 기타 재해 위험요인 분석·평가

1. 기타재해위험지구 후보지 선정

(1) 전 지역 기타 재해 발생 가능성 검토

① 기타 재해 검토 대상 방재시설

㉠ 저수지(준공 후 10년 이상 경과되고 총 저수용량 30만m^3 이상)

㉡ 사방댐 등

② 검토방법

㉠ 개별 방재시설에 대한 정성적 및 정량적 분석 실시

▷ 방재시설의 상태를 정성적으로 검토

- 제체노후, 시설균열 등의 시설상태 불량 검토

▷ 방재시설의 능력을 정량적으로 분석

㉡ 저수지의 재해 발생 가능성 검토

▷ 정밀안전진단 결과가 있는 경우, 정성·정량적 분석자료로 활용

▷ 정밀안전진단 결과가 없는 경우

- 첨두유입량과 방류시설의 방류공식을 이용한 월류수심 산정 및 여유고 검토

- 수문 등의 홍수조절시설이 있는 경우라도 홍수량, 내용적 산정 등에 불확실성이 큰 상황에서 일률적인 저수지 홍수추적을 적용하는 것은 지양

★
검토 대상 저수지(준공 후 10년 이상 경과되고 총 저수용량 30만m^3 이상)

★
제체노후, 시설균열 등의 시설상태 검토

★
정밀안전진단 결과 활용

▷ 여유고는 「댐설계기준 해설」 및 「농업생산기반정비사업계획 설계기준(필댐편)」 등의 기준 적용(단, 농업용 저수지 중 소규모댐 규격에 해당되는 경우는 소규모댐 여유고 기준 적용)

㉢ 사방댐의 재해 발생 가능성 검토

▷ 관리주체가 시설능력을 검토한 자료가 있는 경우, 해당 자료를 활용

▷ 관리주체가 시설능력을 검토한 자료가 없는 경우
- 저사용량을 개략적으로 산출(수치지도 이용)
- 저사용량과 토사유출량(토사재해 전 지역 분석 결과)을 비교하여 시설능력을 검토

㉣ 저수지 및 사방댐의 시설상태 및 시설능력 평가

▷ 「농업생산기반시설 관리규정」 안전점검표(저수지 지구)의 평가기준 적용

▷ 평가결과 D·E등급인 경우 기타 재해 발생 가능성이 높은 시설로 선정

★ 「농업생산기반시설 관리규정」 안전점검표(저수지 지구)의 평가기준

저수지 및 사방댐 시설상태 및 시설 능력 평가기준

안전등급	시설상태 및 시설능력
A (우수)	- 시설상태: 문제점이 없는 최상의 상태 - 저수지 시설능력: 검토 여유고 높이가 필댐 여유고를 만족하는 경우 - 사방댐 시설능력: 저사용량이 토사유출량보다 충분히 큰 경우
B (양호)	- 시설상태: 보조부재에 경미한 결함이 발생하였으나 기능 발휘에는 지장이 없으며 내구성 증진을 위하여 일부의 보수가 필요한 상태 - 저수지 시설능력: 검토 여유고 높이가 필댐 여유고를 만족하지 못하나 월류하지 않는 경우(하류부 피해정도가 경미) - 사방댐 시설능력: 저사용량이 토사유출량과 같은 경우
C (보통)	- 시설상태: 주요부재에 경미한 결함 또는 보조부재에 광범위한 결함이 발생하였으나 전체적인 시설물의 안전에는 지장이 없으며, 주요부재에 내구성, 기능성 저하 방지를 위한 보수가 필요하거나 보조부재에 간단한 보강이 필요한 상태 - 저수지 시설능력: 검토 여유고 높이가 필댐 여유고를 만족하지 못하나 월류하지 않는 경우(하류부 피해정도가 중대) - 사방댐 시설능력: 저사용량이 토사유출량보다 작은 경우(부족량 약 50 ton/ha/storm 미만)
D (미흡)	- 시설상태: 주요부재에 결함이 발생하여 긴급한 보수·보강이 필요하며 사용제한 여부를 결정하여야 하는 상태 - 저수지 시설능력: 댐월류가 발생하는 경우(하류부 피해정도가 경미) - 사방댐 시설능력: 저사용량이 토사유출량보다 작은 경우(부족량 약 50 ton/ha/storm 이상)

E (불량)	- 시설상태: 주요부재에 발생한 심각한 결함으로 인하여 시설물의 안전에 위험이 있어 즉각 사용을 금지하고 보강 또는 개축을 하여야 하는 상태 - 저수지 시설능력: 댐월류가 발생하는 경우(하류부 피해정도가 중대) - 사방댐 시설능력: 저사용량이 토사유출량보다 작은 경우(부족량 50 ton/ ha/storm 이상)

자료: 자연재해저감 종합계획 세부수립기준

(2) 예비후보지 대상 추출

※ 제3과목 제2편 제1장 1절의 하천재해위험지구 예비후보지 대상 추출방법과 동일

(3) 예비후보지 선정

① **선정기준**

㉠ 기존 시·군 자연재해저감 종합계획의 기타재해위험지구 및 관리지구

㉡ 과거 피해가 발생한 이력지구(시설물)

㉢ 설문 조사 또는 지방자치단체 담당자 의견 수렴 등을 통하여 위험요인이 존재하고 있는 것으로 판단되는 지구

㉣ 기지정 재해위험지구(자연재해위험개선지구, 재해위험저수지 등) 중에서 기타 재해로 분류되는 지구

㉤ 자연재해 관련 방재시설 중에서 자연재해 유형이 국한되지 않는 댐, 농업시설 등에 해당되는 댐, 저수지 등

㉥ 「자연재해대책법 시행령」 제55조에서 정의하는 방재시설 중에서 노후로 인하여 자연재해를 야기할 우려가 있는 시설

㉦ 전 지역 발생 가능성 검토에서 위험지역으로 분류되는 지역

② **「자연재해대책법 시행령」 제55조에서 정의하는 방재시설**

㉠ 「소하천정비법」 제2조 제3호에 따른 소하천부속물 중 제방·호안·보 및 수문

㉡ 「하천법」 제2조 제3호에 따른 하천시설 중 댐·하구둑·제방·호안·수제·보·갑문·수문·수로터널·운하 및 관측시설

㉢ 「국토의 계획 및 이용에 관한 법률」 제2조 제6호 마목에 따른 방재시설

㉣ 「하수도법」 제2조 제3호에 따른 하수도 중 하수관로 및 하수종말처리시설

㉤ 「농어촌정비법」 제2조 제6호에 따른 농업생산기반시설 중 저수지, 양수장, 관정 등 지하수이용시설, 배수장, 취입보, 용수로, 배수로, 유지, 방조제 및 제방

Keyword

★
예비후보지 선정기준
과거 피해발생 지구, 설문조사 결과, 기존 관리되고 있는 재해위험지구, 전 지역 재해발생 가능 지구 등

★
방재시설의 종류

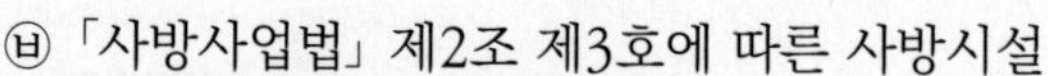

㉥ 「사방사업법」 제2조 제3호에 따른 사방시설

㉦ 「댐건설 및 주변지역지원 등에 관한 법률」 제2조 제1호에 따른 댐

㉧ 「도로법」 제2조 제2호에 따른 도로의 부속물 중 방설·제설시설, 토사유출·낙석 방지 시설, 공동구, 같은 법 시행령 제2조 제2호에 따른 터널·교량·지하도 및 육교

㉨ 「재난 및 안전관리 기본법」제38조에 따른 재난 예보·경보시설

㉩ 「항만법」 제2조 제5호 가목 (2)에 따른 방파제·방사제·파제제 및 호안

㉪ 「어촌·어항법」 제2조 제5호 가목 1)에 따른 방파제·방사제·파제제

㉫ 그 밖에 행정안전부장관이 방재시설의 유지관리를 위하여 필요하다고 인정하여 고시하는 시설

③ **위험지구 예비후보지 선정방법**

※ 제3과목 제2편 제1장 1절의 하천재해위험지구 예비후보지 선정방법과 동일

(4) 후보지 선정

※ 제3과목 제2편 제1장 1절의 하천재해위험지구 후보지 선정방법과 동일

2. 기타 재해 위험요인(위험도) 분석

(1) 현장조사 등을 토대로 위험요인 분석

① 기초현황 조사, 주민설문조사, 문헌조사, 현장조사 등에 의한 정성적 분석 실시

② 해당 시설물의 유지관리 실태 검토

(2) 정량적 분석기법 적용

① 방재시설에 대한 별도의 유지관리지침 및 위험요인 분석방법이 있는 경우 반영 가능

② 전 지역 발생 가능성 검토결과를 토대로 여유고 등 시설능력 및 시설상태 평가 내용을 A~E등급으로 구분

③ 위험도 지수(상세지수) 산정

※ 제3과목 제2편 제1장 1절의 하천재해 위험요인(위험도) 분석에 수록된 방법과 동일

3. 기타재해위험지구 선정

※ 제3과목 제2편 제1장 1절의 하천재해위험지구 선정방법과 동일

제2장

제2편
재해위험 및 복구사업
분석·평가

재해복구사업 분석·평가

본 장에서는 기 시행된 재해복구사업에 대한 분석·평가방법을 수록하였다. 「재해복구사업 분석·평가 매뉴얼」에 기초하여 재해복구사업에 대한 재해저감성 평가, 지역경제발전성 평가, 지역주민생활 쾌적성 평가방법을 상세히 작성하였다. 또한, 재해복구사업 분석·평가의 목적, 대상시설 등의 일반사항도 함께 수록하여 수험생의 이해를 도왔다.

1절 재해복구사업 분석·평가 일반사항

1. 분석·평가의 목적 및 대상시설

★ 분석·평가의 목적

(1) 목적

① 복구과정 및 복구비 집행에 대한 검증
② 사업시행 효과에 대한 분석·평가를 통하여 사업의 효율성, 투명성 및 활용성 증진
③ 재해복구사업의 일관성 유지
④ 방재 관련 제도 전반에 대한 환류(feedback) 기능 강화

★ 평가대상 사업의 기준

(2) 평가대상 및 평가제외 기준

① **평가대상 사업**

㉠ 「자연재해대책법」 제46조 제2항에 따라 확정·통보된 재해복구계획 기준으로 공공시설의 복구비(용지보상비는 제외한다)가 300억 원 이상인 시·군·구의 사업
㉡ 천 동 이상의 주택이 침수된 시·군·구에 대한 복구사업으로서 행정안전부가 그 효과성, 경제성 등을 분석·평가하는 것이 필요하다고 인정하는 시·군·구의 사업

② **평가대상 시설**

하천, 배수시설, 도로·교량, 해안시설, 사면, 기타

평가대상 시설의 분류

평가대상 시설 구분		유형별	평가대상 시설
공공 시설	하천편	하천	하천, 소하천
	배수시설편	수도	상하수도
		배수	배수펌프장, 양수장, 배수로, 배수문
	도로·교량편	도로, 교량	도로, 교량, 철도, 농어촌도로
	해안시설편	어항, 항만	어항, 항만시설, 방파제, 방조제
	사면편	사방, 사면	사방, 사면, 산사태, 임도
	기타편	기타	문화재, 공원, 관광지, 환경기초시설, 수리시설 등 소규모 구조물

(3) 평가 제외 기준

① 가드레일, 도로표지판 등과 같이 독립적인 시설로서 재해 경감에 영향이 없는 시설

② 평가대상 시설 중 재해복구비가 5천만 원 이하 단순 기능 복원시설

③ 학교, 군사·문화재시설 등 기반시설이 아닌 시설

④ 단, 피해원인 분석이 필요한 주요 유역 및 배수구역에 대해서는 평가대상 시설물에서 제외된 피해시설도 선별하여 선정

2. 분석·평가결과의 활용

(1) 분석·평가결과는 아래와 같은 방재 관련 계획 및 기준 등에 반영·활용

① 시·군 자연재해저감 종합계획 수립

② 지구단위 홍수방어기준의 설정 및 활용

③ 우수유출저감대책 수립 및 우수유출저감시설 기준의 제정·운영

④ 자연재해위험개선지구 지정

⑤ 지역안전도 진단

⑥ 소하천정비중기계획 수립

⑦ 지역별 방재성능목표 설정·운영

(2) 재해복구사업과 연계하여 환류(feedback) 기능 강화

★
평가대상 공공시설
하천, 배수시설, 도로·교량, 해안시설, 사면시설 등

★
평가대상에서 학교, 군사·문화재 시설 등 제외

★
방재 관련 계획

★
재해복구사업의 환류기능 강화

3. 평가방법

(1) 평가기법

① 재해저감성 평가

㉠ 단일 또는 중복되는 재해복구사업 시행지구에 대하여 수계·유역 및 배수구역별로 복구사업 시설물과 기존 시설물에 대한 통합방재 성능을 종합평가

㉡ 내수침수지구는 지역별 방재성능목표 강우량을 적용하여 복구 전·후의 재해저감 효과 평가

㉢ 재해유발 원인과 개선방안 제시

② 지역경제 발전성 평가

㉠ 경제적 측면에 대한 평가

㉡ 평가항목: 지역 생산성 향상, 지역산업의 활성화 정도, 지역 경제적 파급효과, 낙후지역 개선효과 등

③ 지역주민생활 쾌적성 평가

㉠ 재해복구사업의 주거환경, 인문·사회·환경 등 지역주민 생활환경 개선과 향상에 기여도 평가

㉡ 주민설문조사기법 적용

(2) 평가기준

㉠ 재해 유형별 지구단위, 유역 또는 수계단위로 구분하여 평가

㉡ 해당 방재 분야 관련 전문가의 객관적인 판단근거에 따라 정성적·정량적으로 평가

4. 평가절차

(1) 관련 자료의 조사 단계

① 재해현황: 과거 재해 이력 조사, 재해대장, 상황일지, 피해현황 및 복구비 지급현황 등

② 행정자료: 유관기관 등의 행정자료 조사

③ 관련 계획: 공사 관련 계획(조사, 설계, 시공), 관련 기본계획(하천, 소하천, 하수도, 사면, 연안정비, 산사태 등) 등

(2) 현장조사 단계

① 현장조사표 기록: 평가 등급에 해당하는 방재 분야 관련 기술자가 현

★
재해저감성 평가, 지역경제 발전성 평가, 지역주민생활 쾌적성 평가

장에서 조사·작성

(3) 현황분석 단계

① 일반 특성 분석: 일반적인 현황, 하천 및 수계현황 조사, 토지이용현황, 기후 및 기상현황, 사회기반시설 현황

② 과거 재해기록 분석: 최근 10년간 재해피해액·복구비 현황 조사 및 주민탐문 조사(필요시)를 포함

③ 수문·수리현황 분석: 강우량(지속기간별) 조사, 흔적수위 및 수위관측소 수위기록 조사, 유출 특성 등 수문·수리적 현황 조사

(4) 원인분석 단계

① 재해 발생 당시의 피해현황 분석: 재해 발생 당시 주요 피해상황, 행정구역별 피해상황, 공공시설 피해상황으로 구분 후 행정구역별·수계별 피해상황 조사 및 분석, 시설물별 피해상황 조사 및 분석, 침수구역별 피해상황 조사 및 분석

② 재해취약요인 분석: 연적 요인, 사회적 요인 및 경제적 요인 분석

③ 수문·수리학적 원인분석: 관련 자료 조사, 현장조사를 토대로 재해 발생 당시 수문·수리적 특성 분석, 수문·수리학적 원인분석 실시

(5) 분석·평가 단계

① 재해저감성 평가

② 지역경제 발전성 평가

③ 지역주민생활 쾌적성 평가

(6) 종합평가 및 활용방안 제시

★ 현황분석 방법

★ 원인분석 방법

★ 분석평가방법

2절 재해저감성 평가

1. 평가 내용

(1) 평가방법

① 사업의 적절성 및 사업으로 인한 재해저감 효과를 평가

② 재해복구사업 시행지구에 대한 수계 및 유역단위 분석, 지구단위별로 분석 시행

③ 통합방재성능 평가: 복구사업에 의한 시설물뿐만 아니라, 동일 배수

구역의 기존시설물(하천, 배수시설, 도로·교량, 해안시설, 사면 등)에 대한 통합방재성능 평가

(2) 지역별 방재성능목표 적용

① 내수침수지구에 대하여 지역별 방재성능목표 강우량(과업기간 중 재해 발생과 유사한 실 호우사상 발생 시 이를 포함)을 적용하여 평가

② 재해저감 효과를 정량적으로 평가

(3) 개선방안 제시

① 해당 지구에 대한 피해유발 원인 및 도시방재성능목표를 달성하기 위한 구조적·비구조적 개선방안 제시

② 소관시설 담당부처와의 협의내용을 토대로 개선방안 작성

③ 잔존 위험성에 대한 저감대책 제시

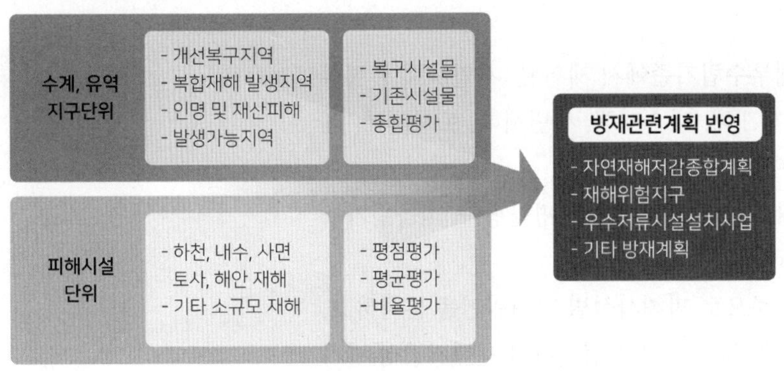

〈재해저감성 평가 흐름도〉

2. 수계 및 유역단위 재해저감성 평가

(1) 평가방향

① 수계(유역) 전체에서 발생하는 하천, 산사태, 도로 및 교량 등의 피해유형 파악

② 수계(유역)에 피해를 유발시키는 요인 확인 및 저감방안 수립

③ 수계 및 유역전반에 걸쳐 일관되게 복구계획을 수립하여 향후 집중호우 및 태풍 등의 자연재해 발생 시 피해를 효과적으로 저감

(2) 평가를 위한 지역 구분

① 개선복구사업 실시지역(대규모 복구사업, 지구단위 복구사업 포함)

② 복합재해 발생유역

③ 피해시설 상·하류의 인명 및 재산피해 발생 우려지역

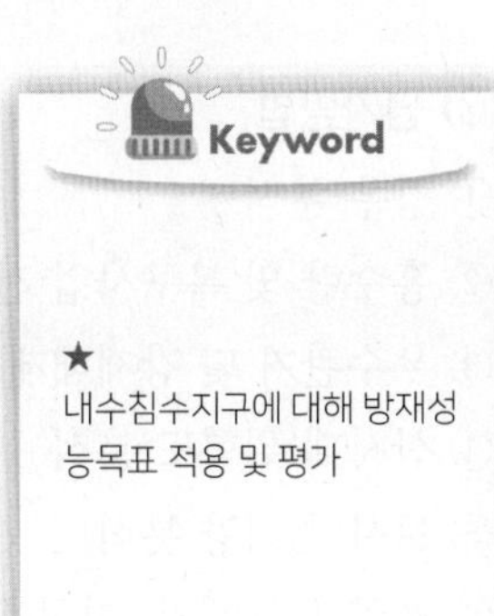

★
내수침수지구에 대해 방재성능목표 적용 및 평가

★
재해저감성 평가에 개선방안 제시 포함

(3) 평가방법

① 강우 분석
② 홍수량 및 복구사업 전·후 홍수위 분석
③ 우수관거 및 강제배제시설(배수펌프장 등) 능력 검토
④ 산사태 위험도 분석
⑤ 토사 침식량 분석
⑥ 해안재해(해일, 침식 등) 위험도 분석
⑦ 내수침수지구는 방재성능목표 강우량을 적용한 분석 시행
⑧ 구조적·비구조적 개선방안 제시
⑨ 복구사업이 미진한 수계(유역)에 대해서는 복구사업 수립 방향 제시

3. 피해시설별 재해저감성 평가

(1) 평가방향

① 자연재해저감 종합계획 세부수립기준에서 제시된 "자연재해 유형별 위험요인"을 기준으로 하천재해, 내수재해, 사면재해, 토사재해, 해안재해, 기타 재해로 구분하여 평가
② 재해유형별 위험요인의 해소정도를 평점평가, 평균평가, 비율평가를 통해 피해시설에 대한 재해저감성 평가 실시
③ 재해유형별 위험요인을 기준으로 피해시설별 피해원인을 분석하고, 복구사업으로 인한 위험요인 해소 여부를 검토하여 재해저감성 평가
④ 재해위험요인이 상존하는 경우는 이에 대한 저감대책을 수립하여 방재관련 계획 등에 반영될 수 있도록 연계방안 제시

(2) 하천재해 위험요인

① 하천재해를 호안유실, 제방붕괴, 유실 및 변형, 하상안정시설 유실, 제방도로 피해, 하천 횡단구조물 피해 등 5가지로 구분

Keyword

★
하천재해 위험요인

② 하천재해 위험요인(피해원인)

하천재해 피해원인

구분(기호)	피해원인
호안유실 (RA)	- 호안 구성 재질의 강도가 낮거나 연결 방법 등 불량 - 소류력, 유송잡물에 의한 호안 유실, 구성 재질의 이음매 결손, 흡출 등 - 호안 내 공동현상 - 호안 저부(기초) 손상 - 기타 호안의 손상
제방붕괴, 유실 및 변형 (RB)	- 설계량 초과 홍수에 의한 유수의 제방 월류·붕괴 - 협착부 수위 상승에 의한 유수의 제방 월류 - 파이핑 현상 - 하상세굴 - 제방과 연결된 구조물 주변 세굴 - 유송잡물이나 유수 충격 - 제체 내 잔류 배수압 등의 영향 - 제체의 재질 불량, 다짐 불량 - 세굴 등에 의한 제방 근고공 유실 등 - 제방폭 협소, 법면 급경사에 의한 침윤선 등 발달 - 하천 횡단구조물 파괴에 따른 연속적 파괴 - 하천 부속 시설물과의 접속 부실 및 누수 - 제방의 불안정 상태에서 하천 수위 상승 - 기타 제방의 손상
하상안정시설 유실 (RC)	- 소류작용에 의한 세굴 - 불충분한 근입거리 - 기타 하상시설의 손상
제방도로 피해 (RD)	- 집중호우로 인한 인접 사면 활동 - 지표수, 지하수, 용출수에 의한 도로 절토사면 붕괴 - 시공다짐 불량 등 시방서 미준수 - 하천 협착부 수위 상승 - 설계홍수량 이상에 의한 월류 - 제방의 제반 붕괴·유실·변형 현상에 기인한 피해 - 기타 제방도로의 손상
하천 횡단 구조물 피해 (RE)	- 기초 세굴심 부족에 의한 하상세굴이 원인이 되는 교각 침하 및 유실 - 만곡 수충부에서의 교대부 유실 - 토석, 유송잡물 또는 경간장 부족에 의한 통수능 저하 - 교각에의 직접 충격에 의한 교각부 콘크리트 유실 - 날개벽 미설치 또는 길이 부족에 의한 사면토사 유실 - 교량 교대부 기초 세굴에 의한 교대 침하, 교대 뒤채움부 유실·파손 - 교량 상판 여유고 부족 - 유사 퇴적으로 인한 저수지 바닥고 상승 - 취수구 폐쇄 등에 의한 이수 시설물 피해 - 노면 배수 및 횡배수관 능력 부족 - 시방서 미준수 등 - 기타 하천 횡단구조물의 손상

자료: 「재해복구사업 분석·평가 매뉴얼」

(3) 내수재해 위험요인

① 우수관거 관련 문제로 인한 피해, 외수위 영향으로 인한 피해, 우수유입시설 문제로 인한 피해, 빗물펌프장 시설 문제로 인한 피해, 노면 및 위치적 문제에 의한 피해, 이차적 침수피해 증대 및 기타 관련 피해 등 6가지로 구분

② 내수재해 위험요인(피해원인)

내수재해 피해원인

구분(기호)	피해원인
우수관거 관련 문제로 인한 피해 (IA)	- 설계홍수량을 초과하는 이상호우 - 우수관거의 용량 부족 - 관거 합류부 문제 - 상수관 파열로 인한 침수 - 역류 방지시설 미비 - 기타 우수관거 준설 등 유지관리 미흡 등
외수위 영향으로 인한 피해 (IB)	- 하천 외수위 상승으로 인한 역류 - 하천 여유고 부족이나 통수능 부족으로 인한 범람 - 교량 부분이 인근 제방보다 낮음으로 인한 월류·범람 - 기타 외수위 영향 등
우수유입시설 문제로 인한 피해 (IC)	- 빗물받이 시설 부족 - 빗물받이 청소 불량 및 악취 방지시설 등의 관리 소홀 - 지하공간 출입구 빗물유입 방지시설 미흡 - 기타 우수유입시설 관리 미흡 등
빗물펌프장 시설 문제로 인한 피해 (ID)	- 빗물펌프장 용량 부족 - 배수로 정비 불량 - 실제 상황을 고려하지 않은 펌프장 운영 또는 운영 미숙 - 기타 전기용량 부족 등 빗물펌프장 시설 미비 등
노면 및 위치적 문제에 의한 피해 (IE)	- 도로 지반고가 주택 출입구보다 높은 경우 - 인접 지역 공사나 정비 등으로 인한 지반고 상대적인 저하 - 철도나 도로노선 등의 하부 관통도로에 우수 집중 - 기타 지하건물 설치 등
이차적 침수 피해 증대 및 기타 관련 피해 (IF)	- 토석류에 의한 하천의 홍수 소통 능력 저하 - 지하공간 침수 시 배수계통 전원 차단 - 다양한 침수 상황에 대한 발생유량 사전예측 및 대피체계 미흡 - 빗물유입 방지시설 설치 미흡 - 지하공간 침수 등에 대한 위험성 인식 부재 - 지하수 침입에 의한 지하 침수 - 선로 배수설비 및 전력시설 방수 미흡 - 지중 연결 부위 방수처리 불량 - 도로 침하 및 붕괴 - 침수에 의한 전기시설 노출로 감전 피해 - 기타 하수도 및 맨홀 매몰 등

자료: 「재해복구사업 분석·평가 매뉴얼」

★
내수재해 위험요인

(4) 사면재해 위험요인

① 지반 활동으로 인한 붕괴, 절개지 경사면 등의 배수시설 불량에 의한 사면붕괴, 옹벽 등 토사유출 방지시설의 미비로 인한 피해, 사면의 과도한 굴착 등으로 인한 붕괴, 급경사지 주변에 피해유발시설 배치, 유지관리 미흡으로 인한 피해 가중 등 6가지로 구분

② 사면재해 위험요인(피해원인)

사면재해 피해원인

구분(기호)	피해원인
지반 활동으로 인한 붕괴 (ShA)	- 기반암과 표토층의 경계에서 토석류 발생 - 집중호우 시 지반의 포화로 인한 사면약화 및 사면 활동력 증가 - 지반 교란 행위 - 사면 상부의 인장 균열 발생 - 사면의 극심한 풍화 - 사면의 식생상태 불량 - 사면의 절리 및 단층의 불안정 - 기타 사면의 불안정에 의한 붕괴 등
절개지, 경사면 등의 배수시설 불량에 의한 사면붕괴 (ShB)	- 기존 배수시설 불량 - 배수시설의 유지관리 소홀 - 배수시설의 지표면과 밀착시공 부실이나 과도한 호우 - 기타 배수시설 부족 등
옹벽 등 토사유출 방지시설의 미비로 인한 피해 (ShC)	- 옹벽 등 토사유출 방지시설 미설치 - 노후 축대시설 관리 소홀 및 재정비 미흡 - 사업 주체별 표준경사도 일률 적용 - 시행주체의 단순시방 기준 적용 혹은 시방서 미준수 - 기타 옹벽의 부실시공 등
사면의 과도한 굴착 등으로 인한 붕괴 (ShD)	- 사면의 과도한 굴착으로 사면의 배부름 또는 오목현상 발생 - 사면 상하부의 굴착으로 인장 균열 발생 - 기타 사면의 부실시공 등
급경사지 주변에 피해유발시설 배치 (ShE)	- 사면 직하부 주변에 취락지, 주택 등 생활공간 입지 - 사면 주변에 임도, 송전탑 등 인공구조물 설치 - 노후화된 주택의 산사태 저지 능력 위험 - 사면 접합부에 하천 유무 - 기타 피해유발시설 설치
유지관리 미흡으로 인한 피해 가중 (ShF)	- 토사유출이나 유실·사면붕괴 발생 시 도로 여유폭 부족 - 도로나 철도 노선 피해 시 상황전파 지연, 교통통제 미비 및 복구 지연 - 위험성에 인식 부족, 관공서의 대피 지시 소홀 - 기타 유지관리 미흡 등

자료: 「재해복구사업 분석·평가 매뉴얼」

★
사면재해 위험요인

(5) 토사재해 위험요인

① 산지 침식 및 홍수피해, 하천시설 피해, 도시지역 내수침수, 하천 통수능 저하, 저수지의 저수능 저하 및 이·치수 기능 저하, 하구폐쇄로 인한 홍수위 증가, 농경지 피해, 양식장 피해 등 8가지로 구분

② 토사재해 위험요인(피해원인)

★
토사재해 위험요인

토사재해 피해원인

구분(기호)	피해원인
산지 침식 및 홍수피해(SdA)	- 토양침식으로 유출률과 유출속도 증가, 하류부 유출량 증가 - 침식확대에 의한 피복상태 불량 및 산지 황폐화
하천시설 피해(SdB)	- 홍수량에 의해 하천양안 침식
도시지역 내수침수(SdC)	- 상류유입 토사에 의한 우수 유입구 차단 - 우수관로로 유입된 토사의 맨홀 퇴적
하천 통수능 저하(SdD)	- 상류유입 토사의 퇴적으로 인한 통수능 저하
저수지의 저수능 저하 및 이·치수 기능 저하(SdE)	- 유사 퇴적으로 저수지 바닥고 상승 및 저류 능력 저하 - 저수지 바닥고 상승에 따른 이수 시설물 피해
하구폐쇄로 인한 홍수위 증가(SdF)	- 하류로 이송된 토사의 하구부 퇴적에 의한 하구폐쇄, 상류부 홍수위 증가
농경지 피해(SdG)	- 홍수에 의해 이송된 토사가 농경지 침수·퇴적
양식장 피해(SdH)	- 홍수 시 토사의 해양 유입에 인한 양식장 피해

자료: 「재해복구사업 분석·평가 매뉴얼」

(6) 해안재해 위험요인

★
해안재해 위험요인

① 파랑·월파에 의한 해안시설 피해, 해일 및 월파로 인한 내측 피해, 하수구 역류 및 내수배제 불량으로 인한 침수, 해안침식 피해 등 4가지로 구분

② 해안재해 위험요인(피해원인)

해안재해 피해원인

구분(기호)	피해원인
파랑·월파에 의한 해안시설 피해(SeA)	- 파랑의 반복 충격으로 해안구조물 유실 및 파손 - 월파에 의한 제방의 둑마루 및 안쪽 사면 피해 - 테트라포트(TTP) 이탈 등 방파제 및 호안 등의 유실 - 제방 기초부 세굴·유실 및 파괴·전괴·변이 - 표류물 외력에 의한 시설물 피해 - 표류물 퇴적에 의한 해상교통 폐쇄 - 밑다짐공과 소파공 침하·유실 - 월파로 인한 해안 도로 붕괴, 침수 등

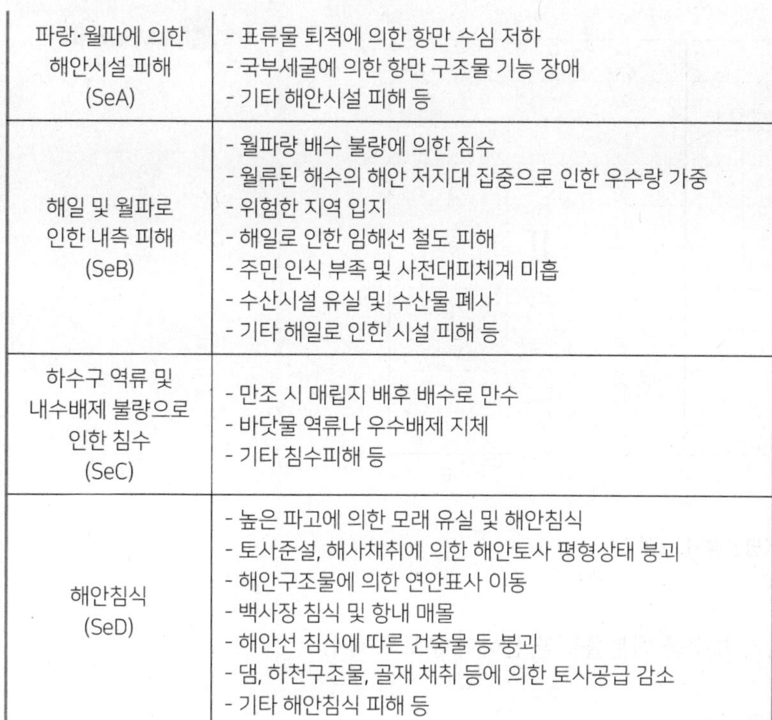

파랑·월파에 의한 해안시설 피해 (SeA)	- 표류물 퇴적에 의한 항만 수심 저하 - 국부세굴에 의한 항만 구조물 기능 장애 - 기타 해안시설 피해 등
해일 및 월파로 인한 내측 피해 (SeB)	- 월파량 배수 불량에 의한 침수 - 월류된 해수의 해안 저지대 집중으로 인한 우수량 가중 - 위험한 지역 입지 - 해일로 인한 임해선 철도 피해 - 주민 인식 부족 및 사전대피체계 미흡 - 수산시설 유실 및 수산물 폐사 - 기타 해일로 인한 시설 피해 등
하수구 역류 및 내수배제 불량으로 인한 침수 (SeC)	- 만조 시 매립지 배후 배수로 만수 - 바닷물 역류나 우수배제 지체 - 기타 침수피해 등
해안침식 (SeD)	- 높은 파고에 의한 모래 유실 및 해안침식 - 토사준설, 해사채취에 의한 해안토사 평형상태 붕괴 - 해안구조물에 의한 연안표사 이동 - 백사장 침식 및 항내 매몰 - 해안선 침식에 따른 건축물 등 붕괴 - 댐, 하천구조물, 골재 채취 등에 의한 토사공급 감소 - 기타 해안침식 피해 등

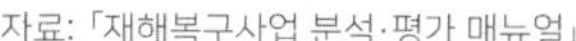
자료: 「재해복구사업 분석·평가 매뉴얼」

(7) 기타 시설물 재해

① 기타 시설물(도로·교량, 저수지, 소규모 구조물 등)에 대한 재해는 시설물의 설계기준에 부합되는지의 여부를 정성적·정량적으로 검토·분석하여 복구사업으로 인한 재해저감성 평가

② 재해위험요인이 상존하는 경우 저감대책 수립

4. 평가분석 방법

(1) 평가그래프 작성방법

① 평가 집계표에 따라 X축은 등급별[매우 잘됨(A), 잘됨(B), 보통(C), 부족(D), 매우부족(E)]로 표시하고, Y축은 평가된 등급별 개수를 백분율로 표시하여 '평균 평가 그래프' 작성

② 그래프 상에 평점을 표시하고 C등급의 중간점을 기준점으로 하여 좌측의 평균 이상을 Ⅰ, 우측의 평균 이하를 Ⅱ로 구분하여 그 비율을 나타내어 평가결과 그래프 완성

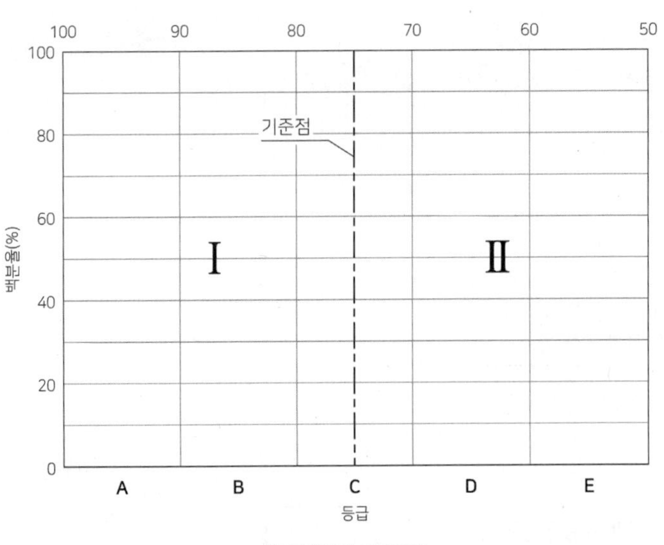

〈평균평가 그래프〉

자료: 「재해복구사업 분석·평가 매뉴얼」

③ 비율평가 그래프: 등급별 평가 개수를 백분율로 환산하여 분포도 작성

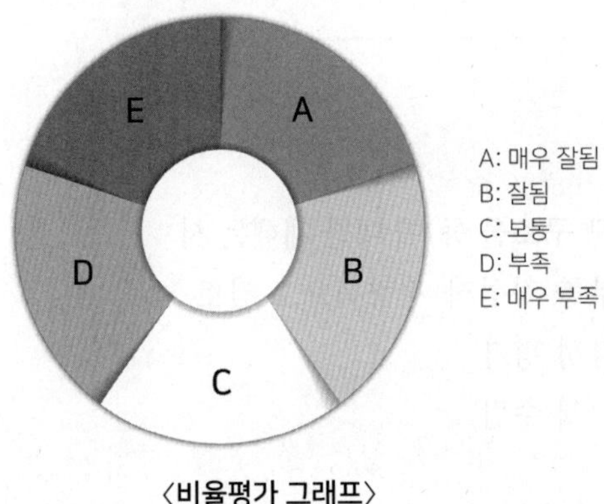

〈비율평가 그래프〉

(2) 평가분석

① 재해 유형별(하천, 내수, 사면, 토사, 해안, 기타)로 평가 내용을 집계한 후 평점평가, 평균평가, 비율평가 등의 분석방법 적용

재해 유형별 저감성 평가표

수계	구분 번호	시설명	피해원인 (기호)			저감성 평가					평가 의견
						A	B	C	D	E	

주) A: 매우 잘됨, B: 잘됨, C: 보통, D: 부족, E: 매우 부족(단, 사면재해는 별도의 평가표에 따름)

★ 평가분석방법

평점평가, 평균평가, 비율평가

② 평균평가

㉠ 평균이상평가: 전체(Ⅰ+Ⅱ)에 대한 평균 이상(Ⅰ)의 비율 평가

㉡ 비중평가: 평균 이하에 대한 평균 이상의 비율 평가

평균평가 평가기준

구분	평균 이상	평균	평균 이하	비고
평균평가(Ⅰ) 판정 기준	0.55 이상	0.55 미만~0.45 이상	0.45 미만	Ⅰ/(Ⅰ+Ⅱ)
평균평가(Ⅱ) 판정 기준	1.22 이상	1.22 미만~0.82 이상	0.82 미만	Ⅰ/Ⅱ

③ 평점평가: 평가된 등급별 개수에 등급별 점수[매우 잘됨(95), 잘됨(85), 보통(75), 부족(65), 매우 부족(55)]를 곱하여 총 개수로 나눈 산술평균값 평가

평점평가 평가기준

구분	매우 잘됨 (A등급)	잘됨 (B등급)	보통 (C등급)	부족 (D등급)	매우 부족 (E등급)
등급별 배점	95	85	75	65	55
평균평점에 따른 판정 기준	90 이상	90 미만~80	80 미만~70	70 미만~60	60 미만

④ 비율평가: 평가집계표에서 매우 잘됨(A등급)과 잘됨(B등급)의 개수의 합의 전체에 대한 비율과 부족(D등급)과 매우 부족(E등급)의 개수의 합의 전체에 대한 비율의 크기를 비교하여 잘됨과 못됨으로 구분

(3) 내수침수지구 재해저감성 평가

① 내수침수지구에 대한 재해복구사업 저감효과 산정은 복구사업 시행이 침수피해 저감에 기여하는 정도 분석

② 저감효과 산정(방재성능목표 고려) → 피해현황 정리 → 자산 및 피해액 조사 → 복구효율 분석 → 재해저감성 평가 순으로 시행

㉠ 저감효과(저감량) 산정

▷ 분석방법

- 재해가 발생하기 전의 침수저감시설과 재해복구사업으로 시공된 침수저감시설을 대상으로 분석
- 침수피해 저감량을 정량적 산정: 계획강우량 또는 피해 발생 시의 강우량에 대한 수문·수리 분석을 수행
- 방재성능목표 강우량 적용

★ 내수침수지구 재해저감성 평가 순서

- 저감대책(안) 도출
▷ 설계강우량의 빈도: 침수피해 시설의 계획빈도 적용
▷ 침수저감량을 침수면적-침수심-침수시간의 관계로 설정

㉡ 피해현황 정리
해당 침수지구 피해개소별 피해액과 복구비 지급현황 조사·정리

㉢ 자산 및 피해액 조사
▷ 자산조사: 「치수사업 경제성 분석방법 연구(다차원 홍수피해 산정방법)」 등에 의거하여 실시
▷ 자료 조사: 수치 지도(1:5,000)에서 자료를 추출하여 침수면적 산정
▷ 피해액조사: 범람도 및 침수흔적도와 각종 통계자료를 수집·분석하여, 「치수사업 경제성 분석방법 연구(다차원 홍수피해 산정방법)」에 의거하여 다음과 같은 4개 항목에 대하여 실시
- 인명 피해액, 이재민피해액, 공공시설 피해액, 일반자산 피해액(건물, 건물내용물, 농경지, 농작물, 사업체 유형자산 및 재고자산)

㉣ 복구효율 분석
▷ 복구비
- 잔존가치의 고려, 유지관리비의 산정, 총 복구비용의 현재가치화 산정 순으로 계산
- 「치수사업 경제성 분석방법 연구(다차원 홍수피해산정방법)」의 기본식 등을 사용
▷ 복구효율 분석: 치수사업의 공공적 특성을 고려하여 개수대상 구간 및 지역의 효율성, 형평성, 일관성을 종합적으로 고려할 수 있는 방법으로 통합지표 산정

➔
피해액 및 복구비 산정의 자세한 방법은 제5과목 제1편 및 제2편 참고

구분		방법
효율성	복구액편익비(B/C)	해당 지구의 B/C를 전국 평균으로 나눈 값
형평성	하천 개수율(수계)	해당 지구가 속해 있는 수계의 개수율을 전국 평균 개수율로 나눈 값의 역수
	하천 개수율(시·도)	해당 지구가 속해 있는 시·도의 개수율을 전국 평균 개수율로 나눈 값의 역수
	홍수 발생빈도	해당 지구의 최근 10년간의 홍수 발생빈도를 전국 평균으로 나눈 값
	최대 홍수피해액	해당 지구의 최근 10년간의 최대 홍수피해액을 전국 평균으로 나눈 값
일관성	제1지류 여부, 인접구간 여부	두 개의 기준 중 하나에 해당되면 1, 해당되지 않으면 0

자료: 「재해복구사업 분석·평가 매뉴얼」

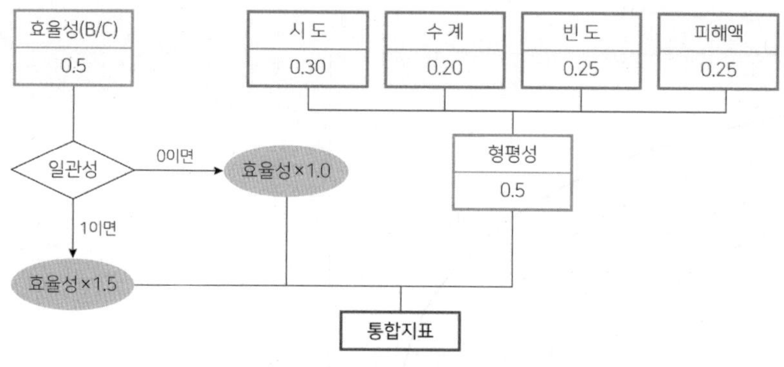

〈통합지표 도출절차〉

자료: 「재해복구사업 분석·평가 매뉴얼」

ⓜ 재해저감성 평가

▷ 복구액편익비(B/C) 평가

- 평가기준식을 이용하여 침수지구의 B/C에 대한 침수저감비율을 그래프로 작성
- 그래프의 Y축은 $\frac{B/C}{1.4}$ 로 무차원화하여 B/C에 대한 값을 부여하고, B/C가 1.4보다 큰 값은 1.00으로 나타냄
- 그래프의 X축은 침수저감비율(=예상침수 저감면적/침수 발생면적) 표시

B/C	0.0	0.1	0.2	0.3	0.4	0.5	0.6	0.7	0.8	0.9	1.0	1.1	1.2	1.3	1.4
(B/C)/ 1.4	0.00	0.07	0.14	0.21	0.29	0.36	0.43	0.50	0.57	0.64	0.71	0.79	0.86	0.93	1.00

자료: 「재해복구사업 분석·평가 매뉴얼」

내수침수 재해저감성 평가기준

평가기준	등급
$0.9^2 \le Y^2+X^2$	A (매우 잘됨)
$0.8^2 \le Y^2+X^2 < 0.9^2$	B (잘됨)
$0.7^2 \le Y^2+X^2 < 0.8^2$	C (보통)
$0.6^2 \le Y^2+X^2 < 0.7^2$	D (부족)
$Y^2+X^2 < 0.6^2$	E (매우 부족)

자료: 「재해복구사업 분석·평가 매뉴얼」

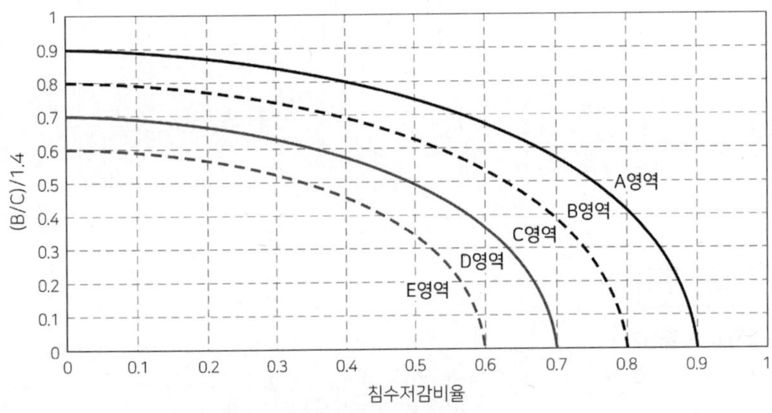

〈내수침수 재해저감성 평가 그래프〉
자료: 「재해복구사업 분석·평가 매뉴얼」

(4) 재해 유형별 복구사업 전·후 효과분석 및 개선방안 도출

① 복구사업 전·후 효과분석 및 개선방안 도출 수행 순서

㉠ 수계 및 유역단위 분석, 지구단위별로 구분하여 분석

㉡ 복구사업에 의한 시설물 및 동일 배수구역의 기존 시설물(하천, 배수시설, 도로·교량, 해안시설, 사면 등)에 대한 통합방재성능 평가(방재성능목표 강우량)

㉢ 복구사업 전·후의 재해저감 효과를 정성적·정량적으로 실시

㉣ 재해위험이 잔존하는 지구는 구조물적·비구조물적 개선방안 제시

② 고려사항

㉠ 재해복구사업 시행지구는 수계 및 유역단위 분석, 지구단위로 구분

㉡ 현장조사 및 피해원인 조사결과를 토대로 사회적 취약성(인구, 건물, 공공시설 입지 등)을 고려하여 위험 정도, 저감대책의 필요성 등에 대한 검토 수행

㉢ 재해위험요인 분석

▷ 정성적 분석과 정량적 분석으로 구분 실시

▷ 해당 지구의 지형 특성 및 토지 이용 특성을 고려

▷ 기존 시설물과 복구 시설물을 종합하여 동일 기상(강우, 태풍, 해일 등), 방재성능목표 강우량 등을 적용 실시

▷ 정량적 분석

- 개별 시설물과 해당 시설물의 영향범위를 대상으로 실시
- 시설물 간에 상호 영향을 미치는 경우 이들을 총괄할 수 있는 위험요인 분석 실시
- 분석 조건: 해당 시설물의 시설 기준, 지역별 방재성능목표 고려

③ 복구사업 전·후 효과분석을 위한 공간적 범위 설정

㉠ 하천재해

▷ 하천과 해당 범람원을 합친 영역 대상

▷ 하천의 일부 구간의 분석으로 가능한 경우는 일부 구간에 한하여 분석

▷ 수계 전반의 분석이 필요한 경우는 분석 범위를 수계 전체로 결정

㉡ 내수재해

▷ 내수재해가 우려되는 배수체계 영역 대상

▷ 하천 홍수위의 배수 영향을 고려할 경우 하천의 일부도 포함 가능

㉢ 토사재해: 토사의 발생원을 포함하는 일정 유역(구역) 대상

㉣ 사면재해: 피해가 예상되는 영역을 포함한 전체 사면 대상

㉤ 해안재해

▷ 시설물에 영향을 미치는 해당 외력(파랑, 연안류, 해일, 표사 등)을 모의할 수 있는 공간영역 대상

▷ 해수 범람으로 인한 도심지 침수분석에는 범람이 예상되는 도심지 영역포함

④ 복구사업 전·후 효과분석

㉠ 복구사업 전·후로 구분하여 효과분석 실시

㉡ 정량적 분석 실시

▷ 하천 홍수위 저감효과, 내수침수 저감량, 사면붕괴 및 토사재해로 인한 안정성 확보 여부, 연안지역의 해일 등에 의한 방파제 안정성 등

▷ 복합재해 위험이 예상되는 지구는 관련된 개별 위험요인에 대한 분석 수행 후 최대위험요인 적용

▷ 분석은 해당 하천 또는 도시지역 우수관로의 설계빈도를 고려(설계빈도 이하 및 이상의 강우조건 적용)

▷ 대규모 피해가 예상되는 지구는 정량적 위험요인 분석을 실시하여 위험범위, 침수시간, 침수지역, 피해예상 물량 등을 분석

▷ 지역의 방재성능목표 고려

㉢ 재해 유형별 효과분석의 기법 및 모형은 수문·수리적, 구조적 현상 모의가 가능한 방법 적용

⑤ **개선방안 도출 및 시행방안 제시**

㉠ 개선방안 도출

▷ 재해저감성 평가 결과 복구사업 지역의 기존 및 복구 시설물에 대한 재해 위험성이 상존하는 경우 도출

▷ 인명 및 재산상의 피해가 예상되어 개선할 필요가 있는 경우 도출

㉡ 개선방안

▷ 타 사업에 반영되어 시행될 수 있도록 구체적으로 제시

▷ 반영 가능한 타 사업

- 자연재해저감 종합계획, 우수유출저감시설 설치사업, 재해위험지구 정비사업 등 방재 관련 계획
- 하천기본계획, 소하천정비계획, 하수도정비기본계획, 연안정비기본계획, 산림 관련 계획 등 시설별 부문계획

3절 지역경제 발전성 평가

1. 평가 내용

(1) 평가목적

① 지역경제 성장 및 경제적 파급효과 평가

② 재해복구사업이 지역경제 발전에 기여한 효과 평가

Keyword

★
정량적 위험요인 분석
지속기간별 강수량을 이용한 확률빈도 해석 결과와 기왕최대강수량, 방재성능목표 강우량을 이용하여 하천재해 및 내수재해 등을 분석하는 것

★
개선방안 반영 가능한 타 사업의 종류
- 자연재해저감 종합계획
- 우수유출저감시설 설치사업
- 재해위험지구 정비사업
- 하천기본계획
- 하수도정비기본계획 등

(2) 평가방법

① 단기 효과 평가: 복구비 집행 효과, 기반시설 정비효과 평가

② 중장기 효과 평가: 지역 성장률, 지역경제 파급효과 등

지역경제 발전성 평가기법

대분류	중분류	소분류
복구비 집행 및 기반시설 정비효과 평가	복구비 집행효과	- 공사참여율(재해지역) - 설계참여율(재해지역)
	기반시설 정비효과	- 하천 개수율(재해지역) - 도로 포장률(재해지역) - 관거 정비율(재해지역) - 사방시설 정비율(재해지역) - 해안시설 정비율(재해지역) - 자연재해위험지구 정비율(재해지역) - 과거 방재, 치수 관련 예산(재해지역)
지역 성장률 평가	인구변화율	- 3, 5, 10년 이동평균 변화율 비교(재해지역 + BM)
	고용변화율	- 3, 5, 10년 이동평균 변화율 비교(재해지역 + BM)
	지역사회 성장률	- 지자체 평균 소득 자료(재해지역+BM) - 지가 상승률(재해지역+BM)
	지역낙후 개선효과	- KDI 지역낙후도 산정방법 활용 (재해지역 + 광역 + BM)
	지역경제 성장률	- 지자체 평균소득(GRDP) - 3, 5, 10년 이동평균 변화율 비교(재해지역 + BM)
지역경제 파급효과 평가	투입산출모형	- 재해지역의 지역산업연관표 작성 - 생산 유발효과(재해지역) - 고용 유발효과(재해지역) - 소득 유발효과(재해지역)

주) BM: 벤치마크 설정
자료: 「재해복구사업 분석·평가 매뉴얼」

2. 단기효과 분석

(1) 비교대상지역 선정

① 도시화율을 비교대상의 선정기준으로 사용

㉠ 도시화율: 전체 인구에 대한 도시계획 구역 내 거주인구에 대한 비율

㉡ 유사한 도시계획 분류 내에 거주하는 인구 구성이 유사할 경우 비교 도시 간의 특성이 같음

㉢ 재해피해 및 복구사업에 따른 경제적 성과를 파악하는 데 유의한 결과 제공

★
지역경제 발전성 평가기법
- 단기 효과: 복구비 집행 및 기반시설 정비효과 평가
- 중장기 효과: 지역 성장률 평가, 지역경제 파급효과 등

(2) 복구비 집행 및 기반시설 정비효과 평가

Keyword

① 복구사업 시행으로 시·군·구 기반시설 정비율 향상과 복구비가 해당 시·군·구 관내업체에 직접적으로 투입되었는가를 분석

② **평가항목**

복구비 집행 및 기반시설 정비효과 평가항목

평가항목	평가요소	평가방법
복구비 집행효과	- 재해복구공사 시 관내업체의 참여 정도 공사참여율 = 관내 회사 공사비/전체 공사비 - 재해복구설계 시 관내업체의 참여 정도 설계참여율 = 관내 회사 설계비/전체 설계비	- 관내업체가 수행한 공사비와 설계비의 백분율 비교
기반시설 정비효과	- 하천 개수율(수해복구공사 실시 익년도 포함, 과거 10년 정도) - 도로 포장률(상동) - 관거 정비율(상동) - 사방시설 정비율(상동) - 해안시설 정비율(상동) - 자연재해위험지구 정비율(상동) - 과거 방재·치수 관련 예산(상동)	- 과거의 증감률과 수해복구공사 후의 증감률의 상대비교

자료: 「재해복구사업 분석·평가 매뉴얼」

③ **평가기준**

복구비 집행 및 기반시설 정비효과 평가기준

평가항목		평가기준(%)						가중치
		매우 잘됨	잘됨	보통	부족	매우 부족	제외/누락	
복구비 집행 효과	- 재해복구공사 시 관내업체의 참여 정도 공사참여율 = 관내 회사 공사비/전체 공사비	> 90	> 80	> 70	> 60	> 50	-	
	- 재해복구설계 시 관내업체의 참여 정도 설계참여율 = 관내 회사 설계비/전체 설계비	> 90	> 80	> 70	> 60	> 50	-	
기반 시설 정비 효과	- 하천 개수율	> 20	> 15	> 10	> 5	> 3	-	
	- 도로 포장률	> 5	> 4	> 3	> 2	> 1	-	
	- 관거 정비율	> 5	> 4	> 3	> 2	> 1	-	
	- 사방시설 정비율	> 5	> 4	> 3	> 2	> 1	-	
	- 해안시설 정비율	> 5	> 4	> 3	> 2	> 1	-	

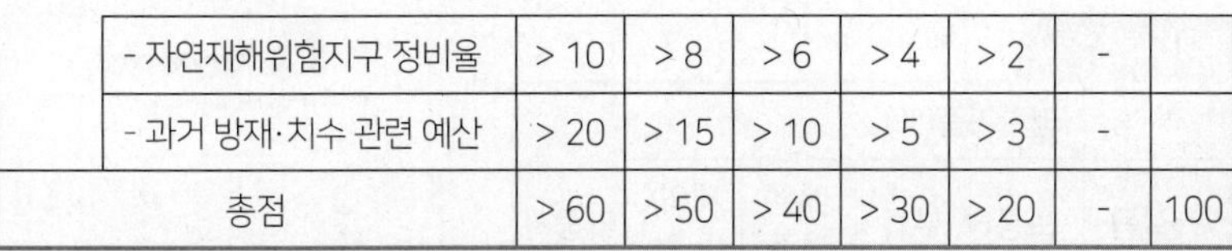

	- 자연재해위험지구 정비율	> 10	> 8	> 6	> 4	> 2	-	
	- 과거 방재·치수 관련 예산	> 20	> 15	> 10	> 5	> 3	-	
총점		> 60	> 50	> 40	> 30	> 20	-	100

주) '가중치'는 복구비의 비중이나 중요도에 따라 결정
자료: 「재해복구사업 분석·평가 매뉴얼」

④ 복구비 집행 및 기반시설 정비효과 분석

㉠ 복구비 집행 효과분석

▷ 설계 및 공사에 참여한 건설업체의 주소지 조사

▷ 재해복구사업 시 평가대상지역 관내 설계사와 건설사의 참여도 조사(건수와 금액을 표 및 분포도로 제시)

▷ 지역에 미치는 영향은 설계비보다는 공사비의 비중이 큼

▷ 전체 공사비 대비 해당 시·군·구 관내업체의 복구공사 수행 비율을 분석·평가

설계용역 및 복구공사의 수주현황(예시)

설계용역의 수주분포	설계회사		설계비	
	건수	비율(%)	금액(천 원)	비율(%)
A지역 업체	62	86.1	933,204	55.8
A지역 외 업체	10	13.9	738,575	44.2

복구공사의 수주분포	시공회사		공사비	
	건수	비율(%)	금액(천 원)	비율(%)
A지역 업체	195	82.6	15,456,241	52.9
A지역 외 업체	41	17.4	13,777,398	47.1

자료: 「재해복구사업 분석·평가 매뉴얼」

㉡ 기반시설 정비효과 분석

▷ 분석대상 항목: 하천 개수율, 도로 포장률, 하수관거 정비율, 사방시설 정비율

▷ 분석방법: 각 기반시설의 정비율 향상 정도 분석

⑤ 평가결과

복구비 집행 및 기반시설 정비가 지역발전에 미치는 기여도를 항목별 평가에 가중치를 곱해 총점 산정

★
기반시설 정비효과 분석대상 항목
하천 개수율, 도로 포장률, 하수관거 정비율, 사방시설 정비율 등

복구비 집행 및 기반시설 정비효과 평가기준

평가항목		평가기준(%)						가중치
		매우 잘됨	잘됨	보통	부족	매우 부족	제외/누락	
평점		20점	17점	14점	11점	8점	0점	
복구비 집행효과	설계 참여율	> 90	> 70	> 50	> 30	> 10	-	20
	공사 참여율	> 90	> 70	> 50	> 30	> 10	-	45
기반시설 정비효과	하천 개수율	> 20	> 15	> 10	> 5	> 3	-	10
	도로 포장률	> 5	> 4	> 3	> 2	> 1	-	10
	관거 정비율	> 5	> 4	> 3	> 2	> 1	-	10
	사방시설 정비율	> 5	> 4	> 3	> 2	> 1	-	5
총점		> 85	> 70	> 50	> 30	> 15	-	100

자료: 「재해복구사업 분석·평가 매뉴얼」

3. 중장기 효과 분석

(1) 지역성장률 평가

① 평가방법

㉠ 평가항목: 인구변화율, 고용변화율, 지역사회 성장률 및 지역경제 성장률 등

★ 지역성장률 평가항목

㉡ 평가방법

▷ 평가대상지역 및 비교대상지역에 대한 평가항목 산출

▷ 평가대상지역과 비교대상지역의 비교·평가

② 평가항목 산출방법

㉠ 인구변화율: 재해복구 이전 10년 전부터 인구변화율을 3, 5, 10년 이동평균 변화율 산정

㉡ 고용변화율: 재해복구 이전 10년 전부터 고용변화율을 3, 5, 10년 이동평균 변화율 산정

㉢ 지역사회 성장률

▷ 지방자치단체의 평균 소득 = 지역 내 총생산/인구×100

▷ 지가 변동률 = [(올해 지가-전년 지가)/전년 지가]×100

▷ 지역 낙후도

- 산정방법: KDI 방식을 수정·보완하여 사용
- 평가대상지역, 비교대상지역 및 광역단체(도)의 지역낙후도 지수를 비교하여 평가

지역낙후도 산정방법

평가부문	지표	측정방법(조작적 정의)	가중치
인구	인구증가율	최근 5년간 연평균 인구 증가율	8.9
산업	제조업 종사자 비율	(제조업 종사자 수/인구) × 100	13.1
지역기반시설	도로율	(법정 도로연장/행정구역 면적) × 100	11.7
교통	승용차 등록대수	(승용차등록대수/인구) × 100	12.4
보건	인구당 의사 수	(의사 수/인구) × 100	6.3
	노령화 지수	(65세 이상 / 0~14세 인구) × 100	4.4
행정 등	재정 자립도	재정자립도: 최근 3년 평균	29.1
	도시적 토지 이용 비율	도시화율	14.2

자료: 「재해복구사업 분석·평가 매뉴얼」

(2) 지역경제 파급효과 평가

① 재해 지자체 예산 대비 재해복구예산 규모 비교

② 미시 고용효과분석

㉠ 해당 시·군·구내의 고용창출인력을 산정하여 분석

㉡ 고용창출인력 = 설계인력 + 시공인력

▷ 설계인력 = (총인건비/1인당 평균인건비)/설계기간

- 총인건비 = 총설계비 × 건설부문 요율

  * 여기서 건설부문 요율 = 7.93~12.75%(엔지니어링사업대가의 기준의 요율 적용)

- 1인당 평균인건비=(0.34 × 중급 노임단가) + (0.70 × 중급 기능사 노임단가)

  * 여기서 기술자 노임단가는 한국엔지니어링협회 공표자료 적용

- 설계 기간 = 용역완료 일자 - 용역착수 일자(설계 기간을 파악하기 어려운 경우 평균으로 일괄 적용)

▷ 시공인력 = (총인건비/1인당 평균인건비)/시공기간

- 총인건비 = 총시공액 × 인건비 비중

  * 여기서 인건비 비중은 대한건설협회의 '완성공사 원가통계' 자료 적용

- 1인당 평균인건비: 대한건설협회의 '건설업 임금 실태 조사 보고서: 노임단가' 전체 직종 평균임금 적용

- 시공기간 = 용역 완료 일자 - 용역착수 일자(시공기간을 파악하기 어려운 경우 평균으로 일괄 적용)

③ **산업연관 효과분석: 거시분석 모형**

㉠ 산업연관 효과: 복구사업 예산 투입으로 타 산업의 신규고용 창출 효과

㉡ 분석모형(투입산출 모형)

$X = (I - A)^{-1} \times D$

$V = P \cdot A_v$

$E = V \cdot L_v$

* 여기서, X = 복구사업으로 인하여 장기적으로 유발되는 생산액, I = 항등행렬, A = 투입계수, D = 복구사업의 부문별 예산, V = 복구사업으로 인하여 장기적으로 유발되는 부가가치, A_v = 부가가치 부문 투입계수, E = 복구사업으로 인하여 발생하는 신규고용증가, L_v = 부가가치 100만 원당 취업자 수

㉢ 분석모형의 적용

▷ 한국은행의 '다지역 산업연관 모형'에 기초한 '지역산업연관표' 작성

▷ 지역의 산업별 생산유발 효과, 수입 및 부가가치 유발 효과, 고용유발 효과를 산정하여 평가

4절 지역주민생활 쾌적성 평가

1. 평가 내용

(1) 평가목적

① 재해복구사업이 주거환경, 인문·사회환경 등 지역주민 생활환경 개선 및 향상에 기여한 정도 평가

② 재해복구사업으로 얻는 직·간접 효과 및 파급효과에 대한 지역주민 만족도 측정(설문조사)

③ 주민생활 쾌적성 향상과 삶의 질 개선 정도 분석·평가

★ 주민 생활환경 개선, 주거환경에 미치는 영향 평가

(2) 설문조사 방법

① 피해시설 및 피해지구를 중심으로 주민설문조사 실시

② 전화, 설문, 면접, 인터넷 등의 방법 적용

③ 조사항목: 사업정보 항목(7개), 사업 추진 평가항목(25개), 주민민원 처리 항목(4개), 조사 일반사항 항목(10개)

2. 평가방법

(1) 평가기준

주민설문조사 평가기준

구분	매우 만족	만족	보통	불만	매우 불만
분위	100 ≥ X ≥ 80	80 > X ≥ 60	60 > X ≥ 40	40 > X ≥ 20	20 > X ≥ 0

자료: 「재해복구사업 분석·평가 매뉴얼」

(2) 설문조사 평가방법

① 설문조사 항목별 점수(가중치) 결정

② 설문조사 항목별 평균점수 = 항목별 점수(가중치) × 응답자의 항목별 평균 만족도

③ 총점수 = 설문조사 항목별 평균점수 합산

(3) 보완 및 개선사항 제시

① 복구사업 시 보완 및 개선되어야 할 사항 제시

② 보완 및 개선 사항(예시)

㉠ 피해가 재발하지 않도록 예방 차원의 사업 시행

㉡ 피해원인을 정확히 조사·분석하여 복구사업 실시

㉢ 소규모 기능복원사업은 읍·면 단위로 설명회를 개최하여 참여율과 의견수렴 개선

(4) 타 지역 주민만족도 및 방재정책 설문사례와 비교

① 기조사된 타 지역의 주민만족도와 비교 검토 실시

② 기조사된 방재정책 설문사례와 비교 검토 실시

5절 재해복구사업의 목표 달성도 측정

1. 재해복구사업의 단계별 평가

(1) 재해복구사업 재해저감성 평가 단계

① 재해복구사업에 의한 재해피해 가능성의 감소 평가

㉠ 수계 및 유역 단위 재해저감성 평가(개선복구사업 지역, 복합재해 발생지역, 피해시설 상·하류의 인명 및 재산피해 발생 우려지역)

㉡ 시설별(하천재해, 내수재해, 사면재해, 토사재해, 해안재해, 기타 재해) 재해저감성 평가

② **통합방재성능의 증가를 정량적으로 평가**

㉠ 내수침수 발생지역의 방재성능목표 강우량을 적용한 시설 규모의 적정성 평가

㉡ 통합방재성능 구현을 위한 개선방안 도출 사항 평가

(2) 재해복구사업 지역경제 발전성 평가 단계

① 지역경제 성장 및 경제적 파급효과로 지역경제 발전에 기여도를 정량적으로 평가

② 단기 효과 및 중장기 효과를 구분하여 평가

㉠ 단기 효과: 복구비 집행 및 기반시설 정비효과

㉡ 중장기 효과: 지역경제 성장률, 지역경제 파급효과, 지역 낙후도 개선 효과 등

(3) 재해복구사업 지역주민생활 쾌적성 평가 단계

① 주거환경, 인문·사회환경 등 지역주민 생활환경 개선 및 향상에 기여한 정도 평가

② 평가항목

㉠ 재해 경험, 재해복구사업 설명회의 적정성

㉡ 재해복구계획 수립 시 주민 의견 수렴 절차의 적정성

㉢ 재해복구사업 전·후 만족도

㉣ 재해복구사업으로 인한 재산상 피해 및 불편사항

㉤ 재해복구사업에 대한 느낌 및 만족도

2. 종합평가

(1) 재해복구사업의 종합평가

① 재해저감성, 지역경제 발전성 평가, 지역주민생활 쾌적성 평가를 취합한 종합평가 시행

② 단계별 평가결과에 영향을 미친 주요 원인 파악

③ 평가결과에 따른 문제점 도출 및 개선방안 마련

(2) 종합평가 결과표 작성

① 평가단계별 평가결과, 문제점 및 개선방안 작성

② 단계별 평가결과를 정량적 및 정성적으로 작성

Keyword

③ 피해시설별(재해 유형별) 평가는 지역 특성에 따라 하천, 내수, 사면, 토사, 해안, 기타 재해로 구분하여 작성

6절 재해복구사업의 개선방안

1. 개선방안

(1) 개선방안 작성 방향

① 재해저감성 평가 결과 재해 위험성이 잔존하는 경우 개선방안을 제시
- ㉠ 시설물별 개선방안 제시
- ㉡ 구조물적·비구조물적 개선방안 제시

② 지역 발전성과 지역주민 생활환경 쾌적성 향상방안 제시

③ 유역, 수계 및 배수구역의 통합 방재성능 효과 향상방안 제시

④ 공법, 사업비 등을 구체적으로 제시

⑤ 소관시설 담당부처와 협의내용을 토대로 작성

★
재해복구사업의 개선방안 작성 방향

(2) 문제점 및 개선방안

① 복구계획 수립 단계
- ㉠ 피해원인 분석의 문제점 파악 및 개선방안 제시

피해원인 분석의 예상 문제점 및 개선방안(예시)

문제점	개선방안
지역 내 방재 분야 전문인력 부족	방재 전문인력의 협조, 체계 구축
피해시설 위주의 조사로 원인분석에 한계	유역 차원, 상하류 연계성 등의 원인 규명
피해유발 실측 강우에 의한 피해원인 분석 미비	피해유발 실측 강우를 적용한 피해원인 분석 실시
피해시설 위치 부정확	정확한 위치를 파악할 수 있는 장비(GPS) 활용 및 피해 발생현황의 영상 기록
재해 이력 조사 및 과거 재해자료 분산	재해 이력 및 재해 관련 자료 통합관리 구축

㉡ 복구계획 수립의 문제점 파악 및 개선방안 제시

복구계획 수립의 예상 문제점 및 개선방안(예시)

문제점	개선방안
복구비, 복구기간 부족으로 기능복원	(소)하천기본계획 반영한 개선복구계획 수립
주변 경관 및 생태 측면 고려 부족	자연친화적 복구계획, 식생활착이 가능한 공법 선정
(소)하천기본계획 미수립 혹은 정비후 10년 이상 경과	(소)하천기본계획 재수립을 통한 개선복구계획 수립
하도 내 토사퇴적	토사유입방지대책 수립
만곡부 외측 수충부 구간 및 구조물 직하류부 세굴 발생	호안 기초세굴 방지계획 수립
사면 식생활착 불량 및 배수시설 미설치	식생이 활착될 수 있도록 관리, 배수시설 설치
이상파랑 내습 시 해안구조물 저부 국부세굴 발생	설계파고 상향 조정 및 세굴방지공 설치
산사태 위험도, 토사 침식량 등 유역 차원의 검토 미흡	산사태 발생위험, 비토사 유출량 검토를 실시하여 재해예방 차원의 저감대책 수립

② 복구사업 추진 단계의 문제점 파악 및 개선방안 제시

복구사업 추진 단계의 예상 문제점에 대한 개선방안(예시)

문제점	개선방안
공사감독 건수 과다	책임감리 또는 수계별·권역별 통합감리 추진
주민홍보 부족	언론 및 이해관계 주민들에 대하여 설명회, 인터넷을 통한 사전홍보 및 협조 유도, 공사안내판 설치
계획수립 및 설계 단계의 예산 절감을 위한 노력 다소 부족	CM 방식을 채택하여 품질, 비용, 공기 등의 목표를 효과적으로 달성
환경성 고려 다소 미흡	자연친화적인 공법을 선정하여 복구사업 시행

③ **사후 영향 단계의 문제점 파악 및 개선방안 제시**

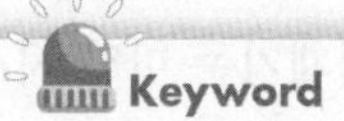

사후 영향 단계의 예상 문제점에 대한 개선방안(예시)

문제점	개선방안
지역 내 업체의 복구사업 참여 미흡	지역 내 업체의 설계 및 공사 참여율 증대 방안 수립
참여 및 사업효과 홍보 부족	재해복구사업 시 지역주민의 참여 기회 확대 및 공사에 따른 효과 홍보 실시

2. 활용방안

(1) 활용 방향

★
활용 방향
관련 제도 개선, 방재 인프라 구축, 방재 관련 제도 환류 기능 강화

① **방재 관련 사업의 발전적 방안 모색**

㉠ 평가제도의 효용성과 활용성 증진

㉡ 관련 제도 개선에 필요한 기초자료로 활용

㉢ 장래 선진방재 및 과학방재를 위한 방재 인프라 구축에 활용

② **관련 계획 및 기준 등과 연계(방재 관련 제도 전반에 대한 환류 기능 강화)**

㉠ 자연재해저감 종합계획 등 관련 계획에 반영 및 기준의 연계

㉡ 방재 관련 계획 및 기준 등과 연계하여 환류 기능 강화

㉢ 방재 관련 계획

★
방재 관련 계획

- ▷ 시·군 자연재해저감 종합계획 수립
- ▷ 지구단위 홍수방어기준의 설정 및 활용
- ▷ 우수유출저감대책 수립 및 우수유출저감시설 기준의 제정·운영
- ▷ 자연재해위험개선지구 지정
- ▷ 지역안전도 진단
- ▷ 소하천정비중기계획 수립
- ▷ 지역별 방재성능목표 설정·운영

③ 재해위험지구 및 재해취약지구 감소

④ 지역경제 활성화를 통한 지역경제 발전

⑤ 지역주민 생활 쾌적성(주민만족도) 향상

⑥ 재해복구사업 사전 및 사후효과 홍보

(2) 직접활용 방안

① **피해시설의 DB 구축으로 중복피해를 조회하여 복구계획 시 참조**

현장조사표에 기술 및 삽입된 좌표, 위치도 등을 참고하여 향후 중복피해 발생 시 개선복구 시행으로 안정성 확보

② 설계기준 미달 시설물의 우선 복구계획 수립

㉠ 기능복원으로 복구된 시설물에 대한 사업비 확보, 우선 복구계획 수립

㉡ 설계기준에 부합한 복구계획 수립으로 피해 재발 방지

③ 평가대상 시설 재정비 시 미비점 보완

㉠ 분석·평가 자료를 이용하여 피해시설의 미비점 보완

㉡ 분석·평가 자료를 이용하여 인근지역의 재정비 시 미비점 보완

④ 복구비 부족으로 미복구된 시설을 파악하여 복구계획 수립

⑤ 수계 및 유역 차원의 피해 발생원인 분석결과 활용

㉠ 수계 및 유역의 피해원인 분석결과를 이용하여 하류부 피해 예측

㉡ 기분석된 결과를 복구계획 수립 시 활용

⑥ 지역경제 활성화를 통한 지역경제 발전 도모

재해예방사업 등 지속적인 사업비 확보와 사업시행을 통한 지역경제 발전 도모

⑦ 지역주민 생활 쾌적성(주민만족도) 향상에 활용

향후 재해복구사업의 계획성, 적정성, 집행성 등의 개선을 통하여 지역주민의 신뢰도 및 만족도 향상 도모

(3) 관련 계획 연계방안

★
방재 분야 관련 계획

① 방재 분야 계획과의 연계방안

㉠ 자연재해저감 종합계획에 반영

▷ 계획의 재수립 시 유역별 피해 특성 및 피해원인 분석결과 활용

▷ 재해저감성 평가 시 도출된 개선방안 중 복합재해 발생지역에 대한 사항 활용

㉡ 자연재해위험개선지구 정비계획

▷ 재해위험이 잔존하는 지구의 자연재해위험개선지구 지정 등에 활용

▷ 재해 이력 및 복구계획을 향후 지속적이고 체계적인 관리자료로 활용

㉢ 재해지도 작성·활용

▷ 침수예상도 및 재해정보지도 작성 시 조사된 피해시설 위치도 등을 활용

㉣ 재해영향성 평가 등의 협의

▷ 재해영향성 평가 시 입지선정, 자연재해 특성 반영 등에 활용

▷ 위험잔존지역의 개발제한 또는 개선방안 수립 작성에 활용

㉤ 지구단위 홍수방어기준

▷ 피해시설이 집중적으로 분포하고 있으며, 연쇄적인 피해전파의 양상이 파악되는 지역의 피해양상 파악에 활용

▷ 지역적인 특성 및 피해 특성을 반영한 홍수방어기준 작성에 활용

㉥ 기타 방재 관련 계획과 연계 활용

▷ 수방기준, 우수유출저감시설계획, 지역안전도 진단 등의 자료로 활용

㉦ 복구계획 수립 시 활용

▷ 지역 특성에 적절한 복구계획 수립자료로 활용

- 하천재해: 호안유실, 제방 붕괴, 유실 및 변형 등
- 사면재해: 지반 활동으로 인한 붕괴, 절개지, 경사면 등의 배수시설 불량 등
- 토사재해: 저수지 상류 토사유출에 의한 저수지 기능 저하 등

② 다른 분야 계획과의 연계방안

㉠ 다른 분야 계획 수립 시 재해복구사업의 분석·평가결과를 반영하여 수립

▷ 다른 분야 계획: 유역종합치수계획, 특정하천유역치수계획, 하천기본계획, 소하천정비종합계획, 하수도정비기본계획 등

㉡ 도시계획 수립 시 입지선정, 자연재해 특성 반영 등에 활용

㉢ 도시개발사업 추진 시 입지선정, 자연재해 특성 반영 등에 활용

★
연계 가능한 다른 분야 계획

적중예상문제

제1장 재해 유형별 위험 분석·평가

1 시·군 자연재해저감 종합계획 수립 시 전 지역 하천재해 발생 가능성 검토방법이 아닌 것은?

① 하천의 계획빈도를 기준으로 검토
② 하도버퍼링 분석기법 적용
③ 제방고 부족으로 인한 예상 범람범위 및 최대침수심 등을 제시
④ 도시유역과 농경지유역으로 구분하여 검토

2 시·군 자연재해저감 종합계획 수립 시 적용되는 위험도지수(간략지수)에 대한 내용이 아닌 것은?

① 자연재해위험지구 후보지 중에서 위험도지수(간략 지수)가 1이상인 지구를 최종 위험지구로 선정한다.
② 위험도 지수(간략) 산정식은 A×(0.6B + 0.4C)×D이다.(여기서, A는 피해이력, B는 예상피해수준, C는 주민불편도, D는 정비 여부)
③ 위험도 지수 산정에 활용되는 과거 피해이력은 최근 10년 단위를 기준으로 한다.
④ 자연재해현황 조사, 주민설문조사 등 기초현황조사 통해 확인된 피해이력과 현장조사를 통해 확인된 영향범위 내 토지이용현황, 주민 거주현황, 정비사업 시행 여부를 위험도 지수 산정에 활용한다.

3 시·군 자연재해저감 종합계획 수립 시 자연재해위험지구 선정방법으로 틀린 것은?

① 재해발생위험도가 높고 인명 및 재산피해 규모가 큰 지구를 자연재해위험지구로 선정
② 사면재해의 경우 '급경사지 재해위험도 평가기준'에 따라 A·B등급으로 결정된 지구를 자연재해위험지구로 선정
③ 위험도지수 상세지수가 큰 지구를 자연재해위험지구로 선정
④ 방재예산을 토대로 목표연도 내 저감대책의 시행가능 여부를 고려하여 자연재해위험지구를 선정

4 시·군 자연재해저감 종합계획 수립 시 위험지구 선정에 적용되는 위험도지수 상세지수의 산정항목이 아닌 것은?

① 피해이력 ② 정비 여부
③ 재해위험도 ④ 주민불편도

5 하천재해 위험요인 분석·평가 시 고려사항이 아닌 것은?

① 유역의 내수배제시스템
② 현장조사 시 작성된 조사표
③ 교량의 설계기준
④ 현재 설치된 제방의 설계빈도

4. 정비여부는 위험도지수(간략지수) 산정에만 포함되는 항목 위험도지수(상세지수) 산정에서는 제외

5. 유역의 내수배제시스템은 내수재해 위험요인 분석·평가 시 고려

정답 1. ④ 2. ① 3. ② 4. ② 5. ①

6 **자연재해저감 종합계획 수립 시 하천재해위험지구 예비후보지 선정기준이 아닌 것은?**

① 능력이 부족한 빗물펌프장 등의 방재시설 및 영향지구
② 과거 하천재해가 발생한 이력이 있는 지구
③ 자연재해위험개선지구 중 침수·유실 위험지구
④ 전 지역 발생 가능성 검토에서 하천재해위험지역으로 분류되는 지구

7 **하천재해 위험요인 분석·평가방법이 아닌 것은?**

① 현장조사를 통한 위험요인 분석
② 하천시설물의 설계기준보다 큰 재현기간에 대한 위험요인 분석 시행
③ 시설물 간에 상호 영향을 미치는 경우에는 이들을 총괄할 수 있는 종합적이고 광역적인 위험요인 분석 시행
④ 분석의 공간적 범위는 하천재해위험지역의 수리 특성이 재현될 수 있는 구역으로 설정

8 **하천의 제방과 관련된 용어에 대한 설명으로 틀린 것은?**

① 계획홍수위: 계획하도 내 계획홍수량이 흐를 때의 수위
② 제방비탈경사: 일반적으로 지방하천은 1:3, 소하천은 1:2 보다 완만하게 설치하도록 규정하고 있으며, 이보다 급하게 계획되는 경우 별도의 제방안정성 검토가 필요함
③ 제방고: 제방의 둑마루 표고를 의미하며, 계획홍수위와 동일한 높이로 규정
④ 제방의 둑마루 폭: 제체내 침투에 대한 안전성 확보 등을 위해 홍수량의 규모에 따라 둑마루 폭을 일정 이상으로 규정

9 **계획홍수위 EL.12.00m, 홍수량에 따른 제방여유고 1.00m인 하천지점의 계획제방고가 EL. 13.00m인 경우 동일지점에 설치된 교좌장치가 없는 교량의 형하고 검토방법으로 옳은 것은?**

① 교량 상부 슬래브의 상단고가 계획제방고와 동일한지 검토
② 교량 상부 슬래브의 상단고가 계획제방고 이상인지 검토
③ 교량 상부 슬래브의 하단고가 계획제방고와 동일한지 검토
④ 교량 상부 슬래브의 하단고가 계획제방고 이상인지 검토

10 **하천을 횡단하는 교량에 교좌장치가 있는 경우 교량 형하고 결정기준으로 옳은 것은?**

① 교좌장치 상단부
② 교좌장치 하단부
③ 상부 슬래브 상단부
④ 상부 슬래브 하단부

11 **지방하천의 교량 능력 평가방법으로 틀린 것은?**

① 교량의 연장은 설치되는 지점에 하천의 계획하폭 이상인지 검토한다.
② 아치형 교량의 형하고는 일반교량의 형하고 기준에 0.3m를 더하여 검토한다.
③ 교량 경간장의 능력 검토 시 유수 흐름방향에 직각으로 투영한 길이를 적용한다.
④ 교량의 형하고는 계획홍수위에 제방의 여유고를 더한 높이 이상인지 검토한다.

6. ①은 내수재해위험지구 예비후보지 선정기준임
7. 하천재해 위험요인 분석·평가는 설계기준상의 계획빈도를 기준으로 실시
8. 제방고(둑마루 표고) = 계획홍수위 + 여유고
11. 아치형 교량의 여유고는 통수단면적을 등가환산하여 여유고를 만족시키는 높이로 결정

정답 6. ① 7. ② 8. ③ 9. ④ 10. ② 11. ②

12 **하천 설계기준에서 제시하고 있는 제방의 여유고 결정 방법이 아닌 것은?**

① 기본적으로 하천의 계획홍수량에 따라 제방의 여유고를 결정

② 굴입하도에서 하천의 계획 홍수량이 500m^3/s 이상일 때는 1.0m 이상을 확보

③ 계획홍수량이 50m^3/s 이하이고 제방고가 1.0m 이하인 하천에서는 0.3m 이상을 확보

④ 완전굴입하도는 홍수량과 관계없이 0.6m 이상을 확보

13 **하천 설계기준에서 제시하고 있는 하천의 계획빈도 결정 방법이 아닌 것은?**

① 국가하천의 제방 설계빈도는 200년으로 결정

② 하천 제내 측의 도시화를 고려하여 결정

③ 하천사업의 치수경제성 분석결과를 고려하여 결정

④ 수문설계자의 공학적 판단과 경험을 바탕으로 결정

14 **소하천 설계기준에서 제시한 도시지역을 관류하는 소하천의 치수계획 수립을 위한 설계빈도의 설정 범위로 옳은 것은?**

① 30~50년 ② 30~80년

③ 50~100년 ④ 80~150년

15 **소하천 설계기준에서 제시하고 있는 교량의 경간장 결정 방법이 아닌 것은?**

① 소하천에 설치되는 교량은 가급적 교각을 설치하지 않는 것이 원칙

② 하폭이 30m 미만인 경우 경간장은 12.5m 이상으로 결정

③ 하폭이 30m 이상인 경우 15m 이상으로 결정

④ 다음 식으로 얻어지는 값 이상으로 결정 L=20+0.005Q[L은 경간장(m)이고 Q는 계획홍수량(m^3/s)]

16 **소하천 유역의 홍수량 산정을 위한 강우 분석방법으로 틀린 것은?**

① 유역 내 적용 가능한 우량관측소가 없는 경우 인근 여러 우량관측소를 선정하여 티센망도를 작성하여 가중 평균하는 방법 적용

② 고정시간 강우 자료는 환산계수를 적용하여 임의시간 강우량 자료로 환산

③ 확률강우량 산정에 적용할 확률분포형의 매개변수 추정 방법으로 확률가중모멘트법(PWM)을 적용

④ 확률강우량 산정을 위한 확률분포형으로 와이블(Weibull) 분포를 채택

17 **강우가 홍수량 산정유역 전반에 걸쳐 동일한 강도로 발생하지 않는 물리적 현상을 고려하기 위한 변수는?**

① 면적우량환산계수

② 유출곡선지수

12. 완전굴입하도에 대한 여유고 결정기준은 설계기준 상에 규정된 내용이 없으므로 굴입하도와 동일 조건의 여유고 적용

13. - 수문학적 설계 규모는 수문설계자의 공학적 판단과 경험을 바탕으로 결정
- 하천 제방의 설계빈도는 하천 등급에 따라 결정하되 제내지의 도시화, 치수경제성 분석결과 등을 고려
- 특정 수공구조물의 설계빈도를 일률적으로 100년 또는 200년 등으로 결정하는 것은 바람직하지 않음

14. 소하천 설계기준에 따라 소하천의 설계빈도는 도시 지역은 50~100년, 농경지 지역은 30~80년, 산지 지역은 30~50년으로 결정

15. L=20+0.005Q: 하천 설계기준 상의 교량 경간장(L) 결정기준

16. 소하천 설계기준에서 제시한 확률강우량 산정에 적용할 확률분포형으로 검벨(Gumbel) 분포를 제시함

정답 12. ④ 13. ① 14. ③ 15. ④ 16. ④ 17. ①

③ 유출계수
④ 고정시간-임의시간 환산계수

18 면적우량환산계수의 적용기준으로 옳은 것은?

① 유역면적이 2.59km^2 이하
② 유역면적이 2.59km^2 이상
③ 유역면적이 25.9km^2 이하
④ 유역면적이 25.9km^2 이상

19 소하천 유역의 유출량 산정을 위한 강우 분석 절차로 옳은 것은?

> ㉠ 강우자료의 수집
> ㉡ 고정시간-임의시간 환산계수 적용
> ㉢ 지점빈도해석
> ㉣ 강우강도식 유도
> ㉤ 면적확률강우량 산정

① ㉠ - ㉢ - ㉣ - ㉡ - ㉤
② ㉠ - ㉡ - ㉣ - ㉢ - ㉤
③ ㉠ - ㉡ - ㉢ - ㉣ - ㉤
④ ㉠ - ㉡ - ㉢ - ㉤ - ㉣

20 소하천의 홍수량 산정 시 적용하는 강우의 시간분포 방법은?

① Huff 방법
② Blocking 방법
③ 모노노베 방법
④ 연속형 Kraven 방법

21 강우-유출해석에 의한 소하천 유역의 홍수량 산정에 적용할 유효우량 산정방법으로 틀린 것은?

① NRCS의 유출곡선지수(CN) 방법 적용
② 선행토양 함수조건은 유출률이 가장 높게 나타나는 AMC-Ⅰ을 적용
③ 각 소유역별 CN을 산정 후 면적가중 평균하여 홍수량 산정유역 전체의 유출곡선지수(CN)를 산정
④ 수문학적 토양군별 소유역과 토지 이용별 소유역을 중첩하여 토양군별 토지 이용별 소유역을 구분한 후 유출곡선지수(CN)를 산정

22 소하천 유역의 홍수량 산정방법으로 적용하는 Clark의 단위도법에 대한 내용이 아닌 것은?

① 도달시간(Tc)과 저류상수(K) 등 2개의 매개변수로 홍수량 산정
② 매개변수 중 도달시간(Tc)은 유역 최원점에서 유역출구점인 하도종점까지 유수가 흘러가는 시간을 의미
③ 도달시간의 산정방법으로 수정 Sabol 공식 적용
④ 매개변수 중 유역저류상수(K)는 시간의 차원을 가지는 유역의 유출 특성 변수

23 Clark의 단위도법에 의한 홍수량 산정 시 유역의 도달시간 산정방법인 연속형 Kraven 공식에 대한 내용이 아닌 것은?

① 도달시간(T_c) $= 16.667\dfrac{L}{V}$[여기서 L은 유로연장(km), V는 평균유속(m/s)]

21. 선행토양함수조건은 유출률이 가장 높은 AMC-Ⅲ조건을 채택하여 CN-Ⅲ를 적용(참고: 유출률의 크기 AMC-Ⅰ < AMC-Ⅱ < AMC-Ⅲ)
22. 소하천의 홍수량 산정 시 저류상수(K)의 산정방법으로 수정 Sabol 공식 적용
23. 연속형 Kraven 공식의 적용 시 평균유속은 급경사부(S > 3/400)와 완경사부(S ≤ 3/400)로 구분하여 각 산정공식에 따라 결정하며, 최대값은 4.5m/s 및 최소값은 1.6m/s로 제한하였음

정답 18. ④ 19. ③ 20. ① 21. ② 22. ③ 23. ③

② 산정 시 적용되는 평균유속의 최댓값은 4.5m/s로 제한
③ 1/200 〈 경사(S) 〈 1/100인 구간의 평균유속은 3.0m/s로 결정
④ 산정 시 적용되는 평균유속의 최솟값은 1.6m/s로 제한

24 **국내 자연하천유역(비도시유역)의 홍수량 산정 방법은?**

① ILLUDAS 방법
② Clark 방법
③ 시간-면적 방법
④ Run-off 방법

25 **지방하천 제방의 둑마루표고 검토 시 기준이 되는 값은?**

① 지방하천의 계획홍수위
② 지방하천의 계획홍수위 + 계획홍수량에 따른 여유고
③ 지방하천의 계획홍수위 + 0.2m
④ 지방하천의 계획홍수위 + 0.3m

26 **아래 특정유역의 토지이용별 정보를 이용하여 NRCS방법에 의한 유효우량을 산정하고자 한다. 전체 면적 3.0km^{2}에 대한 AMC-Ⅱ 조건의 유출곡선지수(CN)는?**

토지이용	면적(km^2)	CN
주거지역	1.0	85
논	0.7	79
활엽수림	1.3	69

① 69.0 ② 76.7
③ 77.7 ④ 85.0

27 **시·군 자연재해저감 종합계획 수립 시 내수재해 위험지구 예비후보지 선정 대상이 아닌 것은?**

① 기존 시·군 자연재해저감 종합계획의 내수재해위험지구 및 관리지구
② 주거지 및 기반시설 인근 정비계획이 수립되어 있지만 미시행된 소하천
③ 전 지역 발생 가능성 검토지역 중에서 지하차도, 지하보도 등 지하시설물의 침수가 예상되어 위험지역으로 분류되는 지역
④ 자연재해 관련 방재시설 중에서 내수재해에 해당되는 배수펌프장, 하수관거, 우수저류시설 등

28 **시·군 자연재해저감 종합계획 수립 시 도시유역을 대상으로 전 지역 내수재해 발생 가능성 검토를 실시하고자 한다. 이와 관련된 내용으로 틀린 것은?**

① 유역 및 관거 유출해석모형으로 XP-SWMM 모형 적용
② 홍수량 산정방법으로 Clark의 유역추적법 적용
③ 차도경계석 높이, 건물의 1층 바닥고 등을 고려한 허용침수심 30cm를 적용하여 위험지구의 영향범위가 과다 산정되는 것을 방지
④ 기존 반지하주택은 차수판, 역류방지변 설치 등의 별도 대책을 수립하는 것으로 하여 검토대상에서 제외

26. (1.0 × 85 + 0.7 × 79 + 1.3 × 69) / 3.0 = 76.7
27. ②는 하천재해위험지구 예비후보지
28. ②는 농경지유역 전 지역 내수재해 발생 가능성 검토방법

정답 24. ② 25. ② 26. ② 27. ② 28. ②

29 **내수재해 위험요인 분석·평가 시 고려사항이 아닌 것은?**

① 지역별 방재성능목표 설정기준
② 방류구에 위치하는 하천의 계획홍수위
③ 홍수 예·경보의 발령 기준
④ 제내지측 지반고

30 **자연재해저감 종합계획 수립 시 내수재해위험지구 예비후보지 선정기준이 아닌 것은?**

① 설문조사에 의해 위험요인이 존재하는 것으로 판단된 지구
② 자연재해위험개선지구 중 유실위험지구
③ 하천재해 전 지역 분석 시 도출된 외수위에 영향을 받는 저지대 지구
④ 우수배제시설 설치지구

31 **내수재해 위험요인 분석·평가방법이 아닌 것은?**

① 현장조사를 통한 위험요인 분석
② 기존 빗물펌프장 오작동 등의 가상의 시나리오 적용
③ 저지대 침수위험요인 분석 시 외수위 고려
④ 분석의 공간적 범위는 내수재해위험지역의 수리 특성이 재현될 수 있는 구역으로 설정

32 **내수재해위험요인 분석에 대한 설명으로 틀린 것은?** 19년1회 출제

① 내수재해위험지구 선정을 위한 위험요인 분석은 시·군 종합계획의 분석결과를 활용할 수 있다.
② 지역별 방재성능목표가 고려되지 않은 시·군 종합계획의 분석결과는 방재성능목표를 고려하여 재검토하여야 한다.
③ 위험요인 분석은 기초조사 및 현장조사 등을 토대로 하며, 현장조사만으로는 위험요인을 평가하기 어려운 경우 통계자료에 의거한 정량적 분석기법을 적용한다.
④ 정량적 위험요인 평가를 위한 모형 선정에 있어서는 어떠한 모형이라도 무방하나, 분석하고자 하는 수문·수리적 현상을 모의할 수 있는 것이어야 한다.

33 **유역 최원점에서 유역 출구점인 하도종점까지 유수가 흘러가는 시간으로 합리식에서 최적 강우 지속기간으로 채택하는 것은?**

① 도달시간(time of concentration)
② 지체시간(lag time)
③ 기저시간(base time)
④ 첨두시간(peak time)

34 **120분 동안 100mm의 강우가 내렸다면 강우강도는?**

① 0.83mm/hr
② 8.33mm/hr
③ 50.00mm/hr
④ 100.00mm/hr

29. - 내수재해 위험요인 분석 · 평가: 현재 설치된 방재시설물의 성능 평가
- 홍수예 · 경보의 시행은 이상홍수시의 피해를 최소화하기 위한 비구조물적 대책임

30. ②는 하천재해위험지구 예비후보지 선정기준임

31. 내수재해 위험요인 분석·평가 시 시설물의 고장(오작동)은 가정하지 않음

32. 내수재해 위험요인 분석은 현장조사 등을 토대로 시행하며, 현장조사만으로는 위험요인을 평가하기 어려운 경우 정량적 분석기법을 활용하여 위험요인을 분석

34. 강우강도 $(I) = \frac{100mm}{2hr} = 50mm/hr$

정답 29. ③ 30. ② 31. ② 32. ③ 33. ① 34. ③

35 합리식 방법에 의한 유역의 유출량 산정 시 적용되는 유출계수(C)에 대한 설명으로 틀린 것은?

① 유역 내 지표면의 피복상태를 고려하여 결정
② 공원지역이 도로지역의 유출계수 보다 크도록 결정
③ 홍수량 산정 대상유역 내 각 토지이용별 유출계수를 결정 후 전체유역에 대한 면적가중평균으로 산정
④ 유역 내 토지개발상황을 고려하여 결정

36 시간-면적 방법(T-A Method)에 의한 다음 유역의 유출수문곡선 작성을 위한 시간별 유출량 산정식은? (단, Q_j는 시간별 유출량(m^3/s), I_i는 우량주상도의 i번째 시간구간의 강우강도 mm/ hr), A_j는 유역 출구에서 j시간의 유출량에 기여한 시간구간별 면적(m^2))

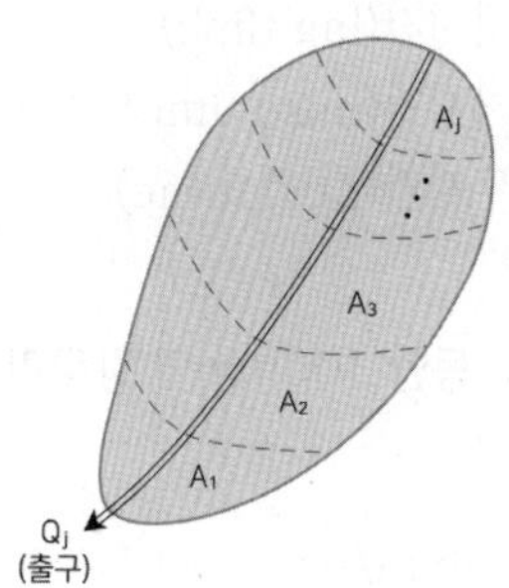

① $Q_j = 0.2778 \times \sum_{i=1}^{j} I_i \times A_{j+1-i}$

② $Q_j = \sum_{i=1}^{j} I_i \times A_{j+1-i}$

③ $Q_j = \frac{1}{36} \times \sum_{i=1}^{j} I_i \times A_j$

④ $Q_j = \sum_{i=1}^{j} I_i \times A_j$

37 유역면적 0.5km², 유출계수 0.6, 도달시간이 20분인 유역의 합리식에 의한 홍수량을 산정한 결과는? (단, 강우강도식 $I = \frac{6630}{t+37} mm/hr$)

① $0.1m^3/s$ ② $9.7m^3/s$
③ $14.8m^3/s$ ④ $26.9m^3/s$

38 XP-SWMM 모형의 내용이 아닌 것은?

① 내수침구 위험지도 작성에 활용할 수 있다.
② 내수배제 관망의 배수위 계산이 가능하다.
③ TUFLOW 모형과 결합되어 월류수에 의한 지표면의 2차원 흐름모의가 가능하다.
④ 빗물펌프장의 성능평가 시 유수지와의 연계모의는 가능하나 배수관망과의 연계모의는 불가능하다.

39 XP-SWMM 모형에 의한 관거유출 및 내수침수 해석 시 모형의 입력인자가 아닌 것은?

① 유역의 유출수문곡선
② 기점수위
③ 관의 조도계수
④ 제방의 파괴 조건

40 빗물펌프장 및 유수지 등의 설계 시 적용 가능 홍수량 산정방법이 아닌 것은?

① 합리식 방법
② 비선형저수지 방법
③ 시간-면적 방법
④ Clark의 유역추적법

35. 유출계수는 지표면의 불투수율이 높을수록 커지므로 도로지역이 공원지역 보다 유출계수가 큼

37. 합리식 : $Q_P = \frac{1}{3.6} CIA = 0.2778\, CIA$

$$Q_p = \frac{1}{3.6} \times 0.6 \times (\frac{6630}{20+37}) \times 0.5 = 9.7m^3/s$$

38. XP-SWMM 모형은 빗물펌프장, 유수지, 배수관망 및 고지배수로 등의 연계모의 가능

39. 제방의 파괴 조건은 외수의 홍수 범람해석 시 예상되는 파제의 형상, 높이, 폭 등을 결정하는 것으로 관거유출 해석 및 내수침수해석과는 무관함

40. 합리식은 첨두홍수량 만을 단순 계산하는 방법으로 유출수문곡선 작성이 불가능하며, 따라서 빗물펌프장 및 유수지 설계에 적용 불가능함

정답 35. ② 36. ① 37. ② 38. ④ 39. ④ 40. ①

41 유역면적 0.25km^2, 유출률 0.7인 유역의 6시간 동안의 확률강우량 300mm를 배제할 수 있는 배수통관의 최소 단면적은? (단, 배수통관 내 유속은 2.0m/s, 6시간 강우 배제, 배수통관의 여유율 20% 가정, 합리식에 의한 유역의 유출량 산정)

① 1.22m^2 ② 1.46m^2
③ 5.25m^2 ④ 8.75m^2

42 면적 0.54km^2, 유출률 0.65인 유역의 2시간 동안의 확률강우량 200mm를 배제할 수 있는 배수통관의 단면적(m^2)은 얼마인가? (단, 배수통관 내 유속은 2.5m/s, 2시간 강우배제, 토사유입에 따른 배수단면적 감소를 고려한 여유율 20%를 적용하며, 홍수량 산정방법은 합리식을 적용한다.) 19년1회 출제

① 3.90 ② 4.68
③ 9.36 ④ 16.85

43 폭 2.0m, 높이 1.0m인 Box형 우수관거에 수심 0.8m가 형성되었을 때의 평균유속을 산정한 것은? (단, 관거경사 0.003, 관거조도 0.018, manning의 평균유속 공식 적용)

① 0.18 m/s ② 1.77 m/s
③ 1.92 m/s ④ 2.06 m/s

44 자연재해저감 종합계획 수립 시 사면재해위험지구 예비후보지 선정기준이 아닌 것은?

① 도시 및 택지개발, 단지 조성, 도로 건설, 골프장 건설 등의 개발사업이 공사 중 중단된 지역 하류부 지역
② 과거 피해가 발생한 이력이 있는 지구
③ 전 지역 발생 가능성 검토에서 사면재해위험지역으로 분류되는 지구
④ 산림청의 산사태 위험등급 구분도에서 1등급으로 판정된 지구에서 인명피해가 예상되는 지구

45 사면재해 위험요인 분석·평가 시 고려사항이 아닌 것은?

① 사면경사각
② 붕괴·유실 이력
③ 지역별 방재성능목표 설정기준
④ 사면의 지반기초현황

46 사면재해 위험도 평가를 위한 자연비탈면의 재해위험도 평가표 작성 항목이 아닌 것은?

① 지하수 상태
② 붕괴 및 유실 이력
③ 급경사지에 접한 도로의 차로 수 및 교통량
④ 비탈면 풍화도

41. - 홍수량(Q) = (1 ÷ 3.6) × 유출률(C) × 강우강도(I) × 유역면적(A) = (1/3.6) × 0.7 × 300mm/6hr × 0.25km^2= 2.43m^3/s
- 배수통관 소요단면적 = Q ÷ V × 1.2(여유율) = 2.43m^3/s ÷ 2.0m/s × 1.2 = 1.46m^2

42. - 합리식: 홍수량(Q) = 0.2778CIA
C = 0.65, I = $\frac{200}{2}$ mm/hr, A=0.54km^2
Q = 0.2778 × 0.65 × 100 × 0.54 = 9.76m^3/s
- 배수통관단면적(여유율 20% 고려)
1.2 × Q = AV
Q = 9.76m^3/s , V = 2.5m/s 이므로
A = 4.68m^2

43. $V=\frac{1}{n}R^{\frac{2}{3}}S^{\frac{1}{2}}$
$=\frac{1}{0.018}\times(\frac{A}{P})^{\frac{2}{3}}\times 0.003^{\frac{1}{2}}=1.77m/s$
통수 단면적(A) = 2.0m×0.8m = 1.6m^2
윤변(P) = 2.0m+0.8m×2 = 3.6m

44. ①은 토사재해위험지구 후보지 선정기준임

45. 지역별 방재성능목표 설정기준은 내수재해 위험요인 분석·평가 시 고려

46. ④는 인공비탈면의 재해위험도 평가표 작성 항목임

정답 41. ② 42. ② 43. ② 44. ① 45. ③ 46. ④

47 **자연재해저감 종합계획 수립 시 '급경사지 재해위험도 평가기준'에 의한 재해위험도 평가결과를 활용한 사면재해위험지구 지정 방법으로 옳은 것은?**

① 평가결과 A~B등급의 사면을 사면재해위험지구 대상으로 우선 고려한다.
② 평가결과 A~C등급의 사면을 사면재해위험지구 대상으로 우선 고려한다.
③ 평가결과 C~E등급의 사면을 사면재해위험지구 대상으로 우선 고려한다.
④ 평가결과 D~E등급의 사면을 사면재해위험지구 대상으로 우선 고려한다.

48 **토사사면의 활동 붕괴형태가 아닌 것은?**

① 회전활동 ② 병진활동
③ 평면활동 ④ 유동

49 **암반비탈면의 파괴형태가 아닌 것은?**

① 원형파괴 ② 유동파괴
③ 쐐기파괴 ④ 전도파괴

50 **평사투영해석법을 사용한 안전성 평가 해석을 수행하는 파괴의 종류가 아닌 것은?**

① 평면파괴 ② 쐐기파괴
③ 병진파괴 ④ 전도파괴

51 **3차원에 놓인 불연속면이나 절개면을 2차원적인 평면상에 투영하여 암반사면의 안정성을 해석하는 방법은?**

① 평사투영해석 ② 한계평형해석
③ 평면파괴해석 ④ 원형파괴해석

52 **평사투영해석을 위한 암반 절리면의 입력인자가 아닌 것은?**

① 주향(방향) ② 경사
③ 내부 마찰각 ④ 암반간극수압

53 **사면재해 위험도 평가기법이 아닌 것은?**

① 한계평형해석 방법
② 로지스틱 회귀분석 방법
③ RUSLE 방법
④ 무한사면해석 방법

54 **사면재해 위험요인 분석·평가방법이 아닌 것은?**

① 토사사면의 안정성 해석 기법으로 Bishop의 간편법을 적용한다.
② 사면재해 위험도 평가를 위한 현장조사표를 작성한다.
③ 산사태 위험등급이 높은 지구는 토석류 발생 가능성 검토를 시행한다.
④ 위험도 분석의 대상은 인공비탈면 및 옹벽으로 하고 자연비탈면은 제외한다.

55 **산림청에서 운영하는 산사태 위험도의 등급 구분으로 옳은 것은?** 19년1회 출제

① 1등급~3등급 ② 1등급~4등급
③ 1등급~5등급 ④ 1등급~10등급

56 **산림청에서 운영하는 산사태정보시스템에서 제공되는 자료이며, 산사태 발생 가능성을 판단할 수 있는 도면의 명칭은?**

① 토석류 위험지도 ② 급경사지 위험지도
③ 산사태 위험지도 ④ 산사태 취역지역도

48. ③은 암반비탈면의 파괴형태임
49. ②는 토사비탈면의 파괴형태임
50. 평사투영해석법은 암반사면의 안정성 평가방법으로 병진활동은 암반이 아닌 토사사면의 붕괴형태임
53. ③은 토사재해 위험도 평가기법임
54. 위험도 분석의 대상은 자연비탈면, 인공비탈면 및 옹벽 등을 포함

정답 47. ④ 48. ③ 49. ② 50. ③ 51. ① 52. ④ 53. ③ 54. ④ 55. ③ 56. ③

57 사면재해 위험요인 분석·평가방법이 아닌 것은?

① 급경사지 재해위험도 평가기준에서 제시한 "재해위험도 평가표"에 따라 위험도 평가
② GIS를 이용한 전지역단위 토사유출량 산출
③ GIS를 이용한 산사태 위험지수(위험등급) 산출
④ 산사태 위험등급이 높은 지구에 대한 토석류 발생 가능성 검토

58 시·군 자연재해저감 종합계획 수립 시 전 지역 토사재해 발생 가능성 검토방법으로 틀린 것은?

① 시·군 전체 면적을 대상으로 토양침식량, 토사유출량 분석
② 정밀분석을 위해 원단위법을 적용하여 토양침식량 산정
③ 소하천 또는 주요 계류 유역단위로 토사유출량 산정
④ 비토사유출량 등을 산정하여 일정기준 이상의 지역을 토사재해 예비후보지로 선정

59 토사재해 위험요인 분석·평가 시 고려사항이 아닌 것은?

① 기존 사방시설의 재해저감 능력
② 우수관로에 유입된 토사의 퇴적
③ 토사유입에 따른 하류 하천의 통수 단면적 감소
④ 하상세굴에 의한 교량의 붕괴 가능성

60 자연재해저감 종합계획 수립 시 토사재해위험지구 예비후보지 선정기준이 아닌 것은?

① 설문조사에 의해 위험요인이 존재하는 것으로 판단된 지구
② 자연재해위험개선지구 중 붕괴위험지구
③ 사방댐을 포함한 야계지역
④ 도시 우수관망의 상류단 산지접합부의 토사저감을 위한 시설의 미비로 인한 피해 발생 가능지역

61 원단위법을 이용하여 면적이 $3km^2$인 유역의 연간 토사유출량을 산정한 것은?(단, 원단위는 $2m^3/ha/year$임)

① $0.01m^3$ ② $0.67m^3$
③ $6.00m^3$ ④ $600.00m^3$

62 다음 중 토사유출해석 방법이 아닌 것은?

① 원단위법
② 합리식 방법
③ RUSLE 방법
④ MUSLE 방법

63 정량적 토사재해 위험도 분석에 사용되는 RUSLE 방법의 토양침식량 산정 인자가 아닌 것은?

① R(강우침식인자)
② Q(유출침식인자)
③ K(토양침식인자)
④ VM(토양침식조절인자)

57. ②는 토사재해 위험요인 분석·평가방법임
58. 범용토양손실공식(USLE) 등을 적용하여 토양침식량 산정
59. 하상세굴이 원인이 되는 교량의 붕괴는 하천재해 유형임
60. ②는 사면재해위험지구 예비후보지 선정기준임
61. - 유역면적 $3km^2$ = 300ha
- 연간 토사유출량 = 원단위 × 유역면적
62. - 합리식 방법은 유역의 홍수량(유출량) 산정방법임
- MUSLE(Modified Universal Soil Loss Equation, 수정범용토양유실공식) 방법은 단일강우사상에 대한 토사침식량 산정방법임

정답 57. ② 58. ② 59. ④ 60. ② 61. ④ 62. ② 63. ②

64 **RUSLE 공식에 따른 연평균 토사 유실량은 다음과 같이 산정한다. 다음 RUSLE 공식에 사용되고 있는 인자에 대한 설명으로 틀린 것은?**

19년1회 출제

RUSLE(A) = R × K × LS × C × P

① R: 강우침식 인자
② K: 토양침식 인자
③ LS: 지형 인자
④ C: 유출인자

65 **개정 범용토양손실공식(RUSLE)의 적용 시 토양피복인자(C)와 토양보전대책인자(P)의 곱으로 표현되는 인자는 무엇인가?**

① 토양침식조절인자(VM)
② 강우침식인자(R)
③ 토양침식인자(K)
④ 지형인자(LS)

66 **토사유출량 산정방법 중 RUSLE 방법의 토양피복인자와 관련이 없는 것은?**

① 지형인자 ② 지상인자
③ 지표인자 ④ 지하인자

67 **토사재해 위험요인 분석·평가방법으로 틀린 것은?**

① 토사유출량 산정에 RUSLE 방법보다 정밀하고 유역 특성을 고려할 수 있는 원단위법을 적용
② 분석의 공간적 범위는 해당 후보지의 토사 유출 특성이 재현될 수 있도록 해당 토사의 발생원이 포함되는 유역이나 구역으로 선정
③ 현장조사를 토대로 위험요인 분석 시행
④ 현장조사만으로 정량적 위험요인 평가가 어려운 경우 정량적 분석기법 적용

68 **토사재해 위험요인 분석을 위한 토사유출량 산정방법에 대한 내용으로 틀린 것은?**

① 토사유출량 산정을 위해 국내 실무에서는 주로 RUSLE 방법을 적용한다.
② 원단위법은 토양침식량에 유사전달률을 곱하여 토사유출량을 정량적으로 산정하는 방법이다.
③ RUSLE 방법에 의한 토양침식량 산정에 적용되는 인자는 강우침식인자, 토양침식인자, 토양피복인자 등이다.
④ 원단위법은 유역의 특성이 고려되지 않아 신뢰성이 낮다.

69 **토사재해 위험요인 분석·평가방법이 아닌 것은?**

① 현장조사를 토대로 위험도 평가 실시
② 원단위법 또는 개정 범용토양손실공식(RUSLE)을 적용한 토사유출량 산정으로 토사재해 발생 가능성 검토
③ 유역의 산간지에서 발생하는 토사재해 위험과 소규모 개발지 등에서 발생하는 토사재해로 구분하여 분석·평가
④ GIS를 이용한 토사재해 발생 가능성의 전지역단위 분석 지양

64. C: 토양피복인자
66. 지형인자는 사면경사길이인자(LS)와 관련 있음
68. 원단위법은 제시된 원단위에 유역면적을 곱하여 연간 토사유출량을 산정하는 방법임
69. - 현장조사만으로 위험도 평가가 어려운 경우
- GIS를 이용한 전지역단위 분석을 통한 토사유출량을 정량적으로 제시

정답 64. ④ 65. ① 66. ① 67. ① 68. ② 69. ④

70 **시·군 자연재해저감 종합계획 수립 시 전 지역 해안재해 발생 가능성 검토방법으로 천문조위( )에 50년 빈도 태풍해일고를 더한 높이를 저지대 분석 기준해면으로 적용한다. 여기서 ( )에 들어가는 천문조위는?**

① 약최고고조위 ② 대조평균고조위
③ 평균고조위 ④ 고극조위

71 **자연재해저감 종합계획 수립 시 해안재해 위험요인 분석방법이 아닌 것은?**

① 해안재해 위험요인 분석의 공간적 범위는 해안수리특성이 재현될 수 있는 구역으로 한다.
② 현장조사만으로 위험요인을 평가하기 어려운 경우 정량적 분석기법을 활용한다.
③ 해안재해 검토대상은 파랑, 월파, 해일, 사리, 해안침식이다.
④ 재해저감시설의 능력 검토기준은 설계기준보다 높게 설정한다.

72 **해안재해 위험요인 분석 시 수치모형실험의 분석항목이 아닌 것은?**

① 파랑분석 ② 폭풍해일 분석
③ 침·퇴적 분석 ④ 오염원 이동분석

73 **해안재해 위험요인 분석·평가 시 고려사항이 아닌 것은?**

① 파랑·월파에 의한 해안시설 피해
② 해안침식
③ 해일 및 월파로 인한 내측 피해
④ 고조의 영향 구간 내 제방고 부족에 따른 집중호우 시 하천범람

74 **자연재해저감 종합계획 수립 시 해안재해위험지구 예비후보지 선정기준이 아닌 것은?**

① 지자체 담당자 탐문조사에 의해 위험요인이 존재하는 것으로 판단된 지구
② 자연재해위험개선지구 중 해안침식 위험지구
③ 파랑이나 해일 위험이 우려되는 지역
④ 연안정비 기본계획에서 정비계획이 수립되었으나 미시행된 지구

75 **국내에서 발생하는 해안침식의 인위적인 원인이 아닌 것은?**

① 항만 및 어항 건설
② 항내 준설사의 유용
③ 해수욕장의 인위적인 모래 공급
④ 배후지의 개발

76 **자연재해저감 종합계획 수립 시 '시·군 등 자연재해저감 종합계획 세부수립기준'에 따른 해안재해 위험요인 분석대상을 모두 고르시오.**

㉠ 파랑	㉡ 월파
㉢ 지진해일	㉣ 폭풍해일
㉤ 사리	㉥ 해안침식

① ㉠, ㉡, ㉢, ㉣
② ㉠, ㉡, ㉢, ㉣, ㉥
③ ㉠, ㉡, ㉢, ㉣, ㉤, ㉥
④ ㉡, ㉢, ㉤, ㉥

71. 재해저감시설의 능력검토는 설계기준에 맞추어 시행
73. - 하구의 제방고 : 하천 설계기준에 따라 조위의 영향을 고려하여 결정
- 제방고 부족에 따른 하천범람은 하천재해 위험요인 분석·평가 시 고려사항임
74. 자연재해위험개선지구의 유형은 침수위험지구, 유실위험지구, 고립위험지구, 취약방재시설지구, 붕괴위험지구, 해일위험지구, 상습가뭄재해지구로 구분

정답 70. ① 71. ④ 72. ④ 73. ④ 74. ② 75. ③ 76. ③

77 **바람재해 위험요인 분석·평가 시 고려사항이 아닌 것은?**

① 강풍에 의한 댐의 저수지 수위 상승
② 강풍에 의한 현수교 등 교량의 붕괴
③ 강풍에 의한 교통신호등 및 교통안전시설 파손
④ 강풍에 의한 대형광고물 및 건물 부착물 낙하

78 **폭풍해일에 의한 최대 조위편차를 추산하는 식으로 맞는 것은?[단, $\triangle h$: 최대 조위편차(cm), $\triangle p$: 최대 기압강하량(hPa), W: 최대 풍속(m/s), α: 풍향과 해안선에 직각인 선의 각도, 계수(a, b, c): 지점마다 과거 관측된 조위편차와 기압, 바람과의 관계로부터 결정되는 값]**

① $\Delta h = a\Delta p + bW^2\cos\alpha + c$

② $\Delta h = a\Delta p + \dfrac{bW^2\cos\alpha}{h^{\frac{1}{2}}} + c$

③ $\Delta h = a\Delta p + b(W\cos\alpha)^2 + c$

④ $\Delta h = a\Delta p + \dfrac{b(W\cos\alpha)^2}{h^{\frac{1}{2}}} + c$

79 **외해로부터 내습하는 파랑이 천해지점에 도달할 때까지 발생하는 변형의 주요 원인이 아닌 것은?**

① 천수변형 ② 굴절
③ 반사파 ④ 진행파

80 **자연재해저감 종합계획 수립 시 바람재해위험지구 예비후보지 선정기준이 아닌 것은?**

① 과거 바람재해가 발생한 이력이 있는 지구
② 자연재해위험개선지구 중 해일위험지구
③ 전 지역 발생 가능성 검토에서 바람재해위험지역으로 분류되는 지역
④ 기존 시·군 자연재해저감 종합계획의 바람재해 관리지구

81 **자연재해저감 종합계획 수립 시 전지역단위 바람재해 위험풍속 산정에 활용되는 모형이 아닌 것은?**

① 바람장수치모형 ② 지형할증모형
③ 지표조도모형 ④ 균일강풍모형

82 **자연재해저감 종합계획 수립 시 바람재해 위험요인 분석방법으로 옳은 것을 모두 고르시오.**

> ㉠ 바람재해위험지구 후보지 전체에 대하여 GIS 기법을 이용하여 100년 빈도 지표풍속을 정량적으로 제시한다.
> ㉡ 지표풍속을 기준으로 바람재해위험지구 후보지의 풍해등급을 제시한다.
> ㉢ GIS 기술을 이용하여 극한 풍속에 미치는 지형 및 지표 거칠기의 정량적 영향을 최소 4개 풍향에 대하여 분석하여 위험 지표풍속을 산출한다.
> ㉣ 바람장 수치모형을 이용하여 전 지역 바람재해 위험도 분석을 시행한다.

① ㉠, ㉡ ② ㉠, ㉢
③ ㉡, ㉢ ④ ㉢, ㉣

80. ②는 해안재해위험지구 예비후보지 선정기준임
81. 바람장수치모형의 분석은 자연재해저감 종합계획 수립 대상 시·군의 전지역단위가 아닌 특정 지역의 바람재해 위험도 정밀분석을 목적으로 시행
82. - GIS 기술을 이용하여 극한 풍속에 미치는 지형 및 지표 거칠기의 정량적 영향을 최소 8개 풍향에 대하여 분석하여 위험 지표풍속을 산출함
- 바람장 수치모형 분석방법을 특정지역의 바람재해 위험도 정밀분석에 적용

정답 77. ① 78. ① 79. ④ 80. ② 81. ① 82. ①

83 **다음 중 가뭄의 심도를 표현하는 가뭄지수(Drought Index)가 아닌 것은?**

① 파머 가뭄지수(PDSI)
② 지표수 공급지수(SWSI)
③ 작물 수분지수(CMI)
④ 하천 유지유량지수(IFI)

84 **「자연재해대책법 시행령」 제55조에서 정의한 방재시설로 적정하지 않은 것은?**

① 댐, 제방·호안·보 및 수문
② 저수지, 양수장, 관정 등 지하수이용시설, 배수장, 취입보, 용수로, 유지
③ 터널·교량 및 도로의 부속물 중 방설·제설시설, 토사유출·낙석 방지 시설, 공동구, 지하도 및 육교
④ 재난 예보·경보시설, NDMS(국가재난관리시스템)

85 **자연재해저감 종합계획 수립 시 기타 재해 위험요인 분석·평가 대상시설 중 해당 법령과 방재시설이 잘못된 것은?**

① 「농어촌정비법」에 따른 농업생산기반시설 중 저수지
② 「하천법」에 따른 하천시설 중 댐
③ 「재난 및 안전관리 기본법」에 따른 재난 예·경보시설
④ 「소하천정비법」에 따른 사방시설

86 **기타 재해 중 저수지재해의 위험요인 분석·평가 방법이 아닌 것은?**

① 여수로 능력 검토 실시
② 제체의 균열 또는 침하상태 검토
③ 여수로 방류에 따른 하류부의 내수침수피해 유발 검토
④ 감세공의 유지관리 상황 검토

87 **자연재해저감 종합대책의 사업 추진계획 수립 시 검토 대상이 아닌 것은?** 19년1회 출제

① 정비사업의 투자우선순위
② 풍수해저감 신기술을 통한 예산절감 여부
③ 재원확보 대책 및 연차별 투자계획
④ 지역주민의 의견수렴 및 사업효과 등 기타 필요한 사항

88 **자연재해대책법에서 매년 시행하도록 규정하는 것은?** 19년1회 출제

① 자연재해위험개선지구 정비계획 수립
② 시·군·구 자연재해저감 종합계획 수립
③ 우수유출저감대책 수립
④ 지구단위 홍수방어기준 설정

제2장 재해복구사업 분석·평가

89 **재해복구사업 분석·평가의 목적이 아닌 것은?**

① 복구과정 및 복구비 집행에 대한 검증
② 재해복구사업의 일관성 유지

85. 사방시설은 「사방사업법」에서 정의하고 있음
86. 하천의 수위 상승에 따른 내수침수피해 발생은 내수재해 위험요인 분석·평가 내용임
87. 자연재해저감 종합계획의 사업 추진계획 수립 시 검토사항 : 정비사업의 투자우선순위, 다른 사업과의 중복 또는 연계성, 재원확보 대책 및 연차별 투자계획, 지역주민의 의견수렴 및 사업효과 등 기타 필요한 사항, 사업시행방법의 구체성
88. [전항 정답 인정]
자연재해대책법에서 매년 수립토록 규정한 계획 : 자연재해위험개선지구 정비사업계획, 자연재해저감 시행계획(풍수해저감 시행계획), 우수유출저감시설 사업계획
※ 주어진 지문에 정답이 없어 모두 정답 처리함
89. 재해복구사업 분석·평가결과를 지역안전도 진단 시 활용 가능

정답 83. ④ 84. ④ 85. ④ 86. ③ 87. ② 88. ①, ②, ③, ④ 89. ④

③ 방재 관련 제도 전반에 대한 환류(feed back) 기능 강화
④ 지역안전도 진단

90 **재해복구사업 분석·평가의 목적에 맞지 않는 것은?**

① 재해복구사업의 효율성 및 투명성 증진
② 지역의 기반시설 정비에 따른 지역주민 생활환경 개선 평가
③ 재해복구 기술 및 공법 개발
④ 시·군 자연재해저감 종합계획 수립에 반영 및 활용

91 **재해복구사업 시행지역의 과거 재해현황 조사방법이 아닌 것은?**

① 과거 주요 피해를 발생시킨 태풍, 집중호우 등의 기상현황 및 피해상황 등을 조사
② 주민 탐문조사는 주민의 개인적 견해에 따라 실제 발생한 재해현황을 왜곡할 수 있으므로 지양
③ 재해연보 및 해당 지자체에서 발생한 재해대장 등의 문헌조사
④ 재해현황은 인명피해현황 및 연도별 피해현황 등을 정리

92 **재해복구사업 분석·평가의 재해저감성 평가 시 재해복구지역의 수문·수리현황 분석방법이 아닌 것은?**

① 평가대상지역 내 또는 인근에 설치된 수위 및 유량관측소의 기록 조사
② 평가대상지역 내 또는 인근의 강우관측소 및 관측소의 장·단기 강우기록 조사
③ 피해 발생 당시의 흔적수위 자료 조사
④ 평가대상지역의 유황곡선 조사

93 **재해복구사업 분석·평가 사항이 아닌 것은?**

① 재해복구사업의 재해 경감 기능을 분석·평가
② 지역의 기반시설 정비에 따른 지역주민 편의성 및 안전복지 증진에 기여 평가
③ 지역경제 활성화에 미치는 영향 분석
④ 제작된 홍수위험지도의 효과분석

94 **재해복구사업 분석·평가 대상 사업을 결정하는 기준으로 옳은 것은?**

① 「자연재해대책법」 제46조 제2항에 따라 확정·통보된 재해복구계획 기준으로 공공시설의 복구비(용지보상비 제외)가 300억 원 이상인 시·군·구의 사업
② 「자연재해대책법」 제46조 제2항에 따라 확정·통보된 재해복구계획 기준으로 공공시설의 복구비(용지보상비 포함)가 300억 원 이상인 시·군·구의 사업
③ 「자연재해대책법」 제46조 제2항에 따라 확정·통보된 재해복구계획 기준으로 공공시설의 복구비(용지보상비 제외)가 100억 원 이상인 시·군·구의 사업
④ 「자연재해대책법」 제46조 제2항에 따라 확정·통보된 재해복구계획 기준으로 공공시설의 복구비(용지보상비 포함)가 100억 원 이상인 시·군·구의 사업

91. 과거 재해기록 및 현황 조사방법으로 필요하면 주민 탐문조사 시행
92. 유황 곡선은 하천의 일평균유량을 1년에 걸쳐서 크기순으로 나열하여 얻는 곡선 이수계획 수립 시 활용
93. 홍수위험지도의 제작은 비구조물적 대책으로 재해복구사업 시 별도로 제작하지 않으므로 분석·평가 사항에 해당되지 않음

정답 90. ③ 91. ② 92. ④ 93. ④ 94. ①

95 **재해복구사업의 분석·평가 대상 시설은 공공시설을 6가지로 구분하고 있는데, 그 시설이 아닌 것은?**

① 하천 ② 배수시설
③ 도로·교량 ④ 교육

96 **재해복구사업의 분석·평가 대상 시설이 아닌 것은?**

① 하천 ② 군사
③ 사면 ④ 해안시설

97 **재해복구사업의 분석·평가 대상 시설이 아닌 것은?**

① 학교 ② 도로
③ 소하천 ④ 사방

98 **재해복구사업의 분석·평가결과로 도출된 개선방안을 활용하는 사업이 아닌 것은?**

① 자연재해저감 종합계획
② 수자원장기종합계획
③ 재해위험지구 정비사업
④ 사전재해영향성 검토협의

99 **재해복구사업의 분석·평가결과로 도출된 개선방안을 활용하는 사업이 아닌 것은?**

① 지구단위 홍수방어기준의 설정 및 활용
② 지역안전도 진단
③ 소하천정비중기계획 수립
④ 저수지 비상대처계획 수립

100 **재해복구사업의 분석·평가기준일로 옳은 것은?**

① 재해복구사업을 시행한 다음 연도 말일
② 재해복구사업을 시행한 연도 말일
③ 재해복구사업 완료 후 만 1년이 되는 날
④ 재해복구사업 완료 후 만 2년이 되는 날

101 **재해복구사업의 분석·평가에 대한 내용으로 옳은 것을 모두 선택한 것은?**

> ㉠ 시·군·구청장이 직접 분석·평가를 수행하기 곤란한 경우에는 행정안전부장관에게 등록한 방재관리대책대행자로 하여금 기초조사, 분석, 서류 작성 등의 업무를 대행하게 할 수 있다.
> ㉡ 재해복구사업 평가 업무를 수행하기 위해서는 방재 분야 전문가와 인문·사회·경제·환경 분야 전문가 및 행정안전부 복구담당자 등 관련 전문가가 참여해야 한다.
> ㉢ 재해복구사업 분석·평가의 적정성에 관한 시·군·구의 자문에 응하기 위하여 시·군·구에 분석·평가위원회를 둔다.
> ㉣ 학교, 군사·문화재시설 등 기반시설이 아닌 시설을 평가에서 제외한다.

① ㉠, ㉡ ② ㉠, ㉢
③ ㉠, ㉡, ㉢ ④ ㉠, ㉡, ㉢, ㉣

102 **재해복구사업의 주요 분석·평가 기법이 아닌 것은?**

① 재해저감성 평가
② 지역경제 발전성 평가
③ 지역주민생활 쾌적성 평가
④ 이상기후 대비 가능성 평가

98. 수자원장기종합계획은 수자원의 안정적인 확보와 하천의 효율적인 이용, 개발 및 보전을 위해 수립하며, 재해복구 및 예방 사업과는 무관함

정답 95. ④ 96. ② 97. ① 98. ② 99. ④ 100. ① 101. ④ 102. ④

103 재해복구사업의 재해저감성 평가기법이 아닌 것은?

① 단일 또는 중복되는 재해복구사업 시행 지구에 대하여 수계·유역 및 배수구역별로 복구사업 시설물과 기존 시설물에 대한 통합방재 성능을 종합평가한다.
② 내수침수지구는 지역별 방재성능목표 강우량을 적용하여 복구 전·후의 재해저감 효과를 평가한다.
③ 재해유발 원인과 개선방안을 제시한다.
④ 주민설문조사를 실시하여 재해저감성 평가에 반영한다.

104 재해복구사업의 분석·평가방법 중 재해저감성 평가에 대한 내용으로 틀린 것은?

① 자연재해저감 종합계획 세부수립기준에서 제시된 "자연재해 유형별 위험요인"을 기준으로 하천재해, 내수재해, 사면재해, 토사재해, 해안재해, 기타 재해로 구분하여 평가
② 재해복구사업으로 재해 위험요인 해소 여부를 검토하여 재해저감성 평가
③ 재해유형별 위험요인의 해소정도를 기반시설 정비효과 평가, 지역경제 성장률 평가, 지역경제 파급효과 평가를 통해 피해시설에 대한 재해저감성 평가 실시
④ 재해위험요인이 상존하는 경우는 이에 대한 저감대책을 수립하여 방재관련 계획 등에 반영될 수 있도록 연계방안 제시

105 재해복구사업의 분석·평가방법 중 내수침수지구 재해저감성 평가 순서로 옳은 것은?

> ㉠ 복구효율 분석
> ㉡ 피해현황 정리
> ㉢ 자산 및 피해액 조사
> ㉣ 저감효과 산정(방재성능목표 고려)
> ㉤ 재해저감성 평가

① ㉠ → ㉡ → ㉢ → ㉣ → ㉤
② ㉣ → ㉡ → ㉢ → ㉠ → ㉤
③ ㉣ → ㉠ → ㉢ → ㉡ → ㉤
④ ㉣ → ㉡ → ㉠ → ㉢ → ㉤

106 재해복구사업의 분석·평가방법 중 내수침수지구 재해저감성 평가의 저감효과(저감량) 산정방법으로 틀린 것은?

① 재해가 발생하기 전의 침수저감시설과 재해복구사업으로 시공된 침수저감시설을 대상으로 저감효과 분석 수행
② 계획강우량 또는 피해 발생시의 강우량에 대한 수문 · 수리 분석 수행
③ 도시지역은 방재성능목표 강우량 적용
④ 설계강우량의 빈도는 본류 하천의 계획빈도 적용

107 재해복구사업의 분석·평가방법 중 내수침수지구 재해저감성 평가의 복구효율 분석 시 고려사항이 아닌 것은?

① 경관성 ② 효율성
③ 형평성 ④ 일관성

103. 재해저감성 평가는 「재해복구사업 분석·평가 매뉴얼」에 제시된 객관적인 평가방법으로 재해저감 효과를 정량적으로 평가하는 방법으로 주민설문조사는 실시하지 않음
104. ③은 지역경제 발전성 평가방법임
106. 내수침수지구의 재해 저감효과 산정에 설계강우량의 빈도는 침수피해 시설의 계획빈도를 적용함

정답 103. ④ 104. ③ 105. ② 106. ④ 107. ①

108 **재해복구사업의 분석·평가 기법 및 기준으로 옳은 것을 모두 선택한 것은?**

> ㉠ 재해복구사업의 주요 분석·평가 기법은 재해저감성 평가, 지역경제 발전성 평가, 지역주민생활 쾌적성 평가이다.
> ㉡ 재해복구사업지역의 지역 여건 및 재해 특성을 고려하여 재해 유형별 지구단위, 유역 또는 수계단위로 구분하여 평가한다.
> ㉢ 재해복구사업지역의 재해저감성을 평가한 결과 잔존 위험성이 존재하는 경우에는 평가지역을 자연재해위험개선지구로 지정한다.
> ㉣ 해당 방재 분야 관련 전문가의 객관적인 판단 근거에 따라 정성적·정량적으로 평가한다.

① ㉠, ㉡, ㉣　　② ㉠, ㉢, ㉣
③ ㉡, ㉢, ㉣　　④ ㉠, ㉡, ㉢, ㉣

109 **재해복구사업의 재해저감성 평가 내용이 아닌 것은?**

① 복구사업의 적정성 분석
② 잔존 위험성에 대한 저감대책 제시
③ 복구사업으로 인한 효과의 정량적 제시
④ 설계기준을 상회하는 이상강우 발생에 대비할 수 있는 재해저감대책 제시

110 **다음의 하천재해 저감성평가 집계표를 이용하여 재해복구사업 분석 및 평가의 평가기법 중 재해저감성평가의 비율평가를 실시한 결과로 옳은 것은?** 19년1회 출제

구분	평가결과				
	매우 잘됨 (A등급)	잘됨 (B등급)	보통 (C등급)	부족 (D등급)	매우 부족 (E등급)
OO하천 수계	3개소	26개소	42개소	8개소	2개소

① A(3.7%) 〉 E(2.5%)이므로 잘됨
② A+B(33.3%) 〉 D+E(12.3%)이므로 잘됨
③ A+B(33.3%) 〉 C+D+E(64.2%)이므로 부족
④ A+B+C(87.7%) 〉 D+E(12.3%)이므로 잘됨

111 **재해복구사업의 분석·평가방법 중 재해저감성 평가에 대한 내용이 아닌 것은?**

① 재해복구사업으로 인하여 기반시설의 정비율 향상 정도 평가
② 수계, 유역 및 배수 구역별로 지역별 방재성능목표 강우량을 적용하여 평가
③ 복구 전·후의 재해저감효과를 정성·정량적으로 분석·평가
④ 재해유발 원인과 개선방안 제시

112 **다음 특정 지역의 집계표를 이용하여 재해복구사업 분석·평가의 평가기법 중 재해저감성 평가의 비율평가를 실시한 결과로 옳은 것은?**

평가결과				
매우 잘됨 (A등급)	잘됨 (B등급)	보통 (C등급)	부족 (D등급)	매우 부족 (E등급)
1개소	3개소	7개소	2개소	1개소

① A(21.4%) 〉 E(14.3%)이므로 잘됨
② A+B(28.6%) 〉 D+E(21.4%)이므로 잘됨
③ A+B(28.6%) 〈 C+D+E(71.4%)이므로 못됨
④ A+B+C(78.6%) 〉 D+E(21.4%)이므로 잘됨

110. [전항 정답 인정]
비율평가 : A+B(35.8%) > D+E(12.3%) 이므로 잘됨
※ 주어진 지문에 정답이 없어 모두 정답 처리함
111. ①은 지역경제 발전성 평가에 대한 내용임
112. 비율평가는 평가집계표에서 매우 잘됨(A등급)과 잘됨(B등급)의 개수의 합의 전체에 대한 비율과 부족(D등급)과 매우 부족(E등급)의 개수의 합의 전체에 대한 비율의 크기를 비교하여 잘됨과 못됨으로 구분

정답 108. ① 109. ④ 110. ①, ②, ③, ④ 111. ① 112. ②

113 **재해복구사업 분석·평가의 지역경제 발전성 평가 내용이 아닌 것은?**

① 복구비 집행 및 기반시설 정비효과
② 지역성장률
③ 지역경제 파급효과
④ 지역명소로서의 활용성

114 **재해복구사업 분석·평가 중 지역경제 발전성 평가의 단기효과 평가항목으로 맞는 것은?**

> ㉠ 복구비 집행효과
> ㉡ 기반시설 정비효과
> ㉢ 지역성장률
> ㉣ 지역경제 파급효과

① ㉠, ㉡　② ㉠, ㉢
③ ㉡, ㉢　④ ㉢, ㉣

115 **재해복구사업 분석·평가의 지역성장률 평가항목이 아닌 것은?**

① 하천 개수율　② 인구변화율
③ 고용변화율　④ 지역 낙후도

116 **재해복구사업의 지역경제파급효과 평가방법 중 산업연관 효과분석의 평가항목이 아닌 것은?**

① 생산 유발효과
② 인구 증가효과
③ 수입 및 부가가치 유발효과
④ 고용 유발효과

117 **재해복구사업 분석·평가 시 재해복구사업의 목표 달성도 평가방법이 아닌 것은?**

① 통합방재성능의 개선 평가
② 지역경제발전에 기여한 정도를 평가
③ 지역주민 생활환경 개선 및 향상에 기여한 정도를 평가
④ 관련 계획과의 연계성 평가

118 **재해복구사업의 지역주민 생활 쾌적성 평가 내용이 아닌 것은?**

① 지역 낙후 개선 효과
② 주거환경에 미치는 영향 평가
③ 주민설문조사를 통하여 평가 실시
④ 주민 생활환경 개선에 기여도 평가

119 **자연재해대책법령상 지역경제 발전성 평가 및 주민생활 쾌적성 평가에 대한 내용으로 틀린 것은?** 19년1회 출제

① 지역주민생활 쾌적성 평가는 재해복구사업이 지역주민 생활환경개선 및 향상에 기여한 정도를 평가한 것이다.
② 지역경제 발전성 평가는 재해복구사업이 지역경제 발전에 기여한 효과를 평가한 것이다.
③ 지역경제 발전성 평가는 단기효과보다는 중장기효과만을 분석·평가 한다.
④ 지역주민생활 쾌적성 평가 중 주민설문조사 결과에 대한 평가는 지역적 특성을 살린 평가가 되도록 한다.

115. - 지역성장률 평가항목: 인구변화율, 고용변화율, 지역사회 성장률, 지역 낙후도, 지역경제성장률
- 하천 개수율은 기반시설 정비효과의 평가항목

116. 인구 증가효과는 지역성장률의 평가항목임

117. 재해복구사업 분석·평가 기법: 재해저감성 평가, 지역경제 발전성 평가, 주민생활 쾌적성 평가

118. 지역 낙후 개선효과의 평가는 지역경제 발전성 평가기법임

119. 지역경제 발전성 평가는 단기효과 및 중장기 효과로 구분하여 평가

정답 113. ④ 114. ① 115. ① 116. ② 117. ④ 118. ① 119. ③

120 **재해복구사업 분석·평가를 통하여 도출된 문제점에 대한 개선방안 및 활용방안이 아닌 것은?**

① 지역 발전성과 지역주민 생활환경 쾌적성 향상방안 제시
② 재해예방사업의 투자우선순위, 자연재해저감 종합계획 등 관련 계획 및 기준의 연계방안 제시
③ 방재성능목표의 설정 및 공표
④ 재해복구사업 시행에 따른 각 시설물별 개선방안 제시

121 **재해복구사업 분석·평가로부터 도출된 개선방안의 활용 방법이 아닌 것은?**

① 방재사업 관련 제도 개선에 필요한 기초자료로 활용
② 장래 선진방재, 과학방재를 위한 인프라 구축에 활용
③ 자연재해위험개선지구 지정에 활용
④ 수자원장기종합계획 수립에 활용

122 **재해복구사업 추진단계에 대한 평가자료에 관한 설명으로 틀린 것은?** 19년1회 출제

① 연계성: 재해복구사업을 추진하면서 업무 추진 주체간에 분담체제 및 업무협조가 효율적으로 진행되었는가를 나타내는 것으로, 복구 담당 부서의 인력 및 전문성이 있는 조직체제, 방재분야 관련전문가로 구성된 복구사업 자문위원회 운영 등이라 할 수 있다.
② 합리성: 전문가의견 수렴이 합리적인 절차에 따라 반영·시행하였는가를 나타내는 지표로써, 전문가 자문회의 개최횟수와 공청회 의견 수렴 정도, 인터넷 게시판 운영 등이 사업의 합리성을 평가할 수 있는 지표이다.
③ 적정성 평가: 재해복구사업 계획서와 일치되는 사업진행, 공기준수, 예산절감, 설계도서에 의한 사업진행 등 사업 추진의 적정성 등이 평가지표이다.
④ 환경성 평가: 자연친화성에 대한 평가로 생태계보전, 생태계복원, 친환경 공법적용, 주변경과 및 환경을 고려한 복구계획 등이 주요 평가지표이다.

123 **자연재해대책법령상 용어의 정의로 틀린 것은?** 19년1회 출제

① 재해복구사업이란 공공시설과 사유시설의 구분없이 피해조사와 복구계획을 확정·시행할 예정인 사업을 말한다.
② 재해복구사업 분석·평가란 통합 방재성능을 향상시킬 수 있는 개선대책을 수립할 수 있도록 유기적이고 종합적으로 분석·평가하는 것을 말한다.
③ 지역주민 쾌적성 평가란 재해복구사업으로 인하여 지역 생산성 향상, 지역산업의

120. 방재성능목표는 지역의 특성 및 경제적 여건 등을 반영하여 설정하나 단순히 재해복구사업의 문제점에 대한 개선을 위하여 조정하지는 않음
121. - 재해저감성 평가를 통하여 재해 위험성이 상존하는 경우 개선방안을 도출
- 개선방안의 연계 가능 방재 관련 계획: 자연재해저감 종합계획, 우수유출저감시설 설치사업, 재해위험지구 정비사업 등
- 개선방안 연계 가능 시설별 부문계획: 하천기본계획, 소하천정비계획, 하수도정비기본계획, 연안정비기본계획, 산림 관련 계획 등
122. 합리성: 주민의견 수렴이 합리적인 절차에 따라 반영·시행되었는가를 나타내는 지표로써, 주민설명회 개최횟수와 주민의견 수렴 정도, 인터넷 게시판 운영 등이 사업의 합리성을 평가할 수 있는 지표이다.
123. - 재해복구사업이란 하천, 도로 등의 공공시설과 주택침수, 농경지 유실 등 사유시설로 구분하여 피해조사와 복구계획을 확정·시행한 사업을 말한다.
- 지역주민 쾌적성 평가란 재해복구사업이 주거환경, 인문·사회환경 등 지역주민 생활환경 개선 및 향상에 기여한 정도를 평가하는 것을 말한다.

정답 120. ③ 121. ④ 122. ② 123. ①, ③

활성화 정도 등에 대한 평가를 말한다.

④ 재해저감성 평가란 복구 전·후의 재해저감효과를 정성·정량적으로 분석하고, 재해유발 원인과 개선방안을 제시하는 평가를 말한다.

124 재해위험 개선지구 정비사업과 관련하여 시장·군수·구청장은 몇 년마다 정비계획의 타당성을 재검토하여 정비계획을 재정비해야 하는가? 19년1회 출제

① 3년　　② 5년
③ 7년　　④ 10년

125 시·군·구청장은 재해복구사업 분석평가를 통해 도출된 문제점에 대하여 개선방안과 활용방안을 제시하여야 하는데, 그 방안으로 틀린 것은?

① 해당 지자체에 적합한 지역별 방재성능목표 강우량의 설정방안

② 지역발전성과 지역주민 생활환경의 쾌적성 향상방안

③ 유역·수계 및 배수구역의 통합 방재성능효과 향상방안

④ 재해복구사업 시행에 따른 각 시설물별 개선방안

124. 자연재해대책법에서 자연재해위험 개선지구 정비계획을 5년 마다 수립토록 규정

정답 124. ② 125. ①

제3과목

제3편
방재성능목표 설정

제1장

제3편
방재성능목표 설정

방재성능목표 설정

방재성능목표 설정은 특별시장·광역시장·시장 및 군수가 시행하는 관할 지역 내 방재시설의 성능이 지역별 방재성능목표에 부합하도록 설정하는 것이다. 본 장에서는 방재시설물의 특성을 이해하고 시설물의 방재성능 분석·평가방법을 수록하였으며, 지역별 통합방재성능 평가방법을 상세히 작성하였다.

1절 방재성능목표

1. 지역별 방재성능목표 설정

(1) 지역별 방재성능목표

① 「자연재해대책법 시행령」 제14조의5 규정에 따라 지방지치단체의 장이 공표한 지역별 방재성능목표 강우량

② 배수구역 내 처리 가능한 방재성능목표를 지역별로 설정·운용

③ 홍수, 호우 등으로부터 재해를 예방하기 위한 방재정책에 적용할 강우량의 목표(시간당 강우량 및 연속강우량의 목표)

★
지역별 방재성능목표

(2) 방재성능목표 설정의 목적

① 도시지역의 홍수, 호우 등에 의한 재해예방

② 지역별 통합 방재성능 구현

㉠ 모든 방재시설물의 설계기준을 동일하게 설정하여 유기적인 배수시스템 운영

㉡ 최근 강우자료를 반영한 확률강우량 산정 결과 적용

㉢ 기존 배수 능력이 부족한 시설물의 성능 개선

㉣ 자연배수 취약지역의 침수 발생위험 해소

★
목적
도시지역의 홍수, 호우 등에 의한 재해 예방

(3) 방재성능목표의 적용

① 도시지역 내에 기설치된 방재시설에 대한 방재성능 평가에 적용

② 도시기반 계획 수립 시 계획 방재시설의 방재성능목표 부합 여부 평가

③ 방재시설의 개선대책 및 방재정책 수립 시 방재성능목표 적용

★
방재성능평가
도시지역 대상

2. 지역별 방재성능목표 설정 기준

(1) 개요

① 「자연재해대책법」 제16조의4에 따른 지역별 방재성능목표 설정 기준을 정하는 데 필요한 사항을 규정함에 목적을 둠

② 행정안전부에서 발간한 「지역별 방재성능목표 설정 기준」의 내용을 준거하여 작성

③ 지역별(238개) 방재성능목표 강우량 산정과정은 다음과 같음

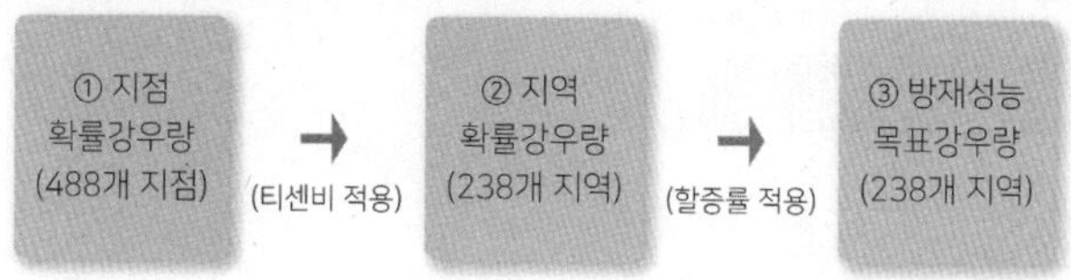

★ 확률강우량 산정 지속기간
1시간, 2시간 및 3시간

(2) 지점 확률강우량 산정

① 기상청(기상자료개방포털) 종관기상관측(ASOS) 69개소 및 방재기상관측(AWS) 419개소 강우관측자료 취득(관측기간: 관측개시일~2021)

② 지점별 관측자료를 활용하여 재현기간 30년 빈도의 확률강우량 산정(시간당, 2시간 연속 및 3시간 연속 확률강우량을 각각 산정)

★ 재현기간 30년 확률강우량 산정

(3) 지역 확률강우량 산정

★ 티센면적비 적용

① 기상관측소 488개 지점을 기준으로 전국을 488개 티센망으로 구성

② 전 국토를 238개 지역으로 구분하여 티센면적비 산정

③ 지점 강우량과 티센면적비를 적용하여 238개 지역 재현기간 30년 빈도 상당의 확률강우량(1, 2, 3시간) 산정

(4) 지역별 방재성능목표 강우량 산정

① 기상청(기후정보포털)에서 제공하는 기후변화 시나리오 기초자료(CMIP6, 2022) 취득

② 488개 지점(ASOS 69, AWS 419)에 대한 미래 기후변화 할증률 산정

③ 지점 할증률과 티센면적비를 적용, 238개 지역 기후변화 할증률 산정

④ 군집화 기법을 통해 지역별 기후변화 할증률을 5단계로 구분

할증률	기존	기본 5%		관심 8%	주의 10%	
	변경	기본 0%	관심 5%	주의 8%	경계 12%	심각 15%
	구간 (평균)	-3.7~0% (-1.4%)	0~5.2% (3.0%)	5.5~9.7% (7.9%)	9.8~13.5% (11.7%)	13.9~18.6% (15.9%)
	지자체수	21	87	55	54	21

⑤ 지역별 확률강우량에 할증률 적용 후 1mm 단위로 절상

확률강우량 및 기후변화 할증률을 적용한 방재성능목표 산정(예시)

• 확률강우량(세종시, mm)

22년 ASOS			22년 ASOS+AWS			비고
1시간	2시간	3시간	1시간	2시간	3시간	
75.4	110.4	134.7	78.5	115.5	137.9	

• 기후변화 할증률(세종시, %)

22년 ASOS	22년 ASOS+AWS	비고
12	15	

• 방재성능목표 강우량(세종시, mm)

22년 ASOS			22년 ASOS+AWS			비고
1시간	2시간	3시간	1시간	2시간	3시간	
85	124	151	91	133	159	심각

•22년 ASOS 1시간의 경우

- 방재성능목표 = 75.4mm + (75.4mm × 12%) = 85mm(1mm 단위 절상)

•22년 ASOS+AWS 2시간의 경우

- 방재성능목표 = 115.5mm + (115.5mm × 15%) = 133mm(1mm 단위 절상)

(5) 추계학적 할증률

① 향후 기왕 최대강우량을 갱신하는 극한 강우 발생에 따른 영향을 반영하기 위한 추계학적 할증률 산정 기준 마련

② 금회 방재성능목표 설정 기준값에는 2022년 극한강우가 반영되지 않아 집중호우(8월), 태풍 힌남노(9월)로 인한 피해 발생 지역 등 극한강우 반영이 필요한 지역에 적용

★
기후변화 할증률
기본, 관심, 주의, 경계 및 심각으로 구분

★
추계학적 할증률

구분	기왕최대강우량 대비				
	10% 갱신	20% 갱신	30% 갱신	40% 갱신	50% 갱신
향후 1회	5%	7%	8%	9%	10%
향후 2회	11%	15%	19%	23%	27%
향후 3회	17%	24%	33%	42%	52%

추계학적 할증률의 적용(예시)

- 기왕 최대강우량을 10% 단위로 갱신하는 경우에 대한 할증률을 제시하였고, 중간값에 대해서는 역거리가중평균법으로 산정 가능
- △△군의 기왕최대강우량을 16% 초과하는 경우 10%, 20%와의 편차가 각각 6%, 4%이므로 역거리 가중치는 (1/6) : (1/4) = 2 : 3
  ∴ 추계학적 할증률 = 5% × (2/5) + 7% × (3/5) = 6.2%

(6) 지역별 방재성능목표 적용 시 고려사항

① 특별·광역시의 區단위 세분화를 통한 지역의 세부적인 공간적 특성을 반영하기 위해 종관기상관측(ASOS)과 방재기상관측(AWS) 자료를 활용하여 산정한 값을 모두 제시하였으며, 해당 지자체에서 지역 특성을 고려하여 각각의 기준값의 타당성 검토 후 적용 여부를 결정

② 방재성능목표 기준값이 2017년 보다 감소한 지역은 현행 유지 권고

③ 제주도의 경우 산지와 평지의 강우 특성이 다르고, 산지의 강우량이 평지에 영향을 주지 않는 지역 특성을 감안하여 ASOS값 사용 권고

④ 집중호우로 인한 피해 지역 등 2022년 극한강우의 반영이 필요한 지역에 대해 추계학적 할증률 적용 권고

⑤ 추계학적 할증률 적용 후에도 방재성능목표가 '17년보다 감소하는 지역은 현행('17년 ASOS 기준값) 유지 수준으로 공표·운영

(7) 지역별 방재성능목표 공표

① 방재성능목표 설정 기준을 통보받은 지방자치단체의 장은 해당 지역에 대한 10년 단위의 방재성능목표를 설정·공표하여야 함

② 지역별 방재성능목표 공표 후 5년마다 그 타당성 여부를 검토하여 필요한 경우에는 설정된 방재성능목표를 변경·공표하여야 함

③ 지역별 방재성능목표를 공표하려는 경우에는 해당 지방자치단체의 공보 또는 인터넷 홈페이지에 공고하여야 함

(8) 지역별 방재성능목표 활용

① 지자체에서 공표한 "방재성능목표 설정 기준"보다 방재시설의 설계

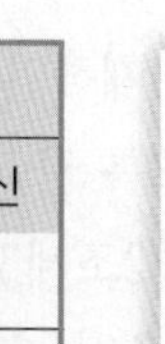

Keyword

★
10년 단위 설정·공표 및 5년마다 타당성 여부 검토

빈도가 낮은 경우에는 재해안정성 확보 차원에서 방재성능목표 설정 기준을 우선 적용하도록 권고

▷「소하천정비법」 제2조제3호에 따른 소하천부속물 중 제방

▷「국토계획법」 제2조제6호마목에 따른 방재시설 중 유수지

▷「하수도법」 제2조제3호에 따른 하수도 중 하수관로

▷「자연재해대책법」 제55조제12호에 따라 행정안전부장관이 고시하는 시설 중 행정안전부장관이 정하는 시설

② 기설치된 방재시설이 방재성능목표 설정 기준에 부합하지 않는 경우에는 방재성능 향상을 위한 개선대책*을 수립·시행하여야 함

▷ 내수침수 등 피해가 우려되는 경우 저류시설, 침투시설, 펌프시설 등 방재성능 개선을 위한 구조적 대책

▷ 구조적 대책의 즉시 이행이 어렵거나 불가항력적인 상황인 경우 예·경보시설 설치, 사전대피체계 구축 등 비구조적 대책

2절 방재시설물 특성 분석·평가방법

1. 방재성능평가 대상 시설

(1) 대상지역: 도시지역

① 주거지역: 거주의 안녕과 건전한 생활환경의 보호를 위하여 필요한 지역

② 상업지역: 상업이나 그 밖의 업무의 편익을 증진하기 위하여 필요한 지역

③ 공업지역: 공업의 편익을 증진하기 위하여 필요한 지역

④ 녹지지역: 자연환경·농지 및 산림의 보호, 보건위생, 보안과 도시의 무질서한 확산을 방지하기 위하여 녹지의 보전이 필요한 지역

★ 대상지역
주거지역, 상업지역, 공업지역, 녹지지역

(2) 대상시설

①「소하천정비법」 제2조 제3호에 따른 소하천 부속물 중 제방

②「국토의 계획 및 이용에 관한 법률」 제2조 제6호 마목에 따른 방재시설 중 유수지

③「하수도법」 제2조 제3호에 따른 하수도 중 하수관로

④ 행정안전부장관이 정하는 방재성능평가 대상 시설(행정안전부 고시)

㉠「소하천정비법」 제2조 제3호에 따른 소하천 부속물 중 배수펌프장

★ 대상시설
소하천 제방, 유수지, 하수관로, 배수펌프장, 빗물펌프장, 배수로, 우수유출저감시설, 고지배수로

㉡ 「하수도법」 제2조 제3호에 따른 하수도 중 하수저류시설과 그 밖의 공작물·시설 중 빗물펌프장
㉢ 「도로법」 제2조 제2항에 따른 도로시설 중 배수로 및 길도랑
㉣ 「자연재해대책법」 제2조 제6호에 따른 우수유출저감시설
㉤ 재해예방을 위한 고지배수로 운영관리 지침에 따른 고지배수로

2. 방재성능평가 대상 시설물의 특성 이해

(1) 소하천 제방

① 소하천 유수의 원활한 소통을 위하여 설치하는 구조물
② 소하천 설계기준을 고려한 방재성능평가 시행 필요

(2) 유수지

① 유역에서 발생한 유출수를 일시적으로 저류하는 시설물
② 주로 빗물펌프장과 연계 설치하여 운영
③ 유출수 저류에 따른 하류지역의 방재시설 및 빗물펌프장의 부담 경감 목적

★
유수지 설치
빗물펌프장의 부담 경감

(3) 하수관로

① 우수 및 하수의 원활한 배제를 위하여 설치한 관로(합류식 관로)
② 하수도시설 기준을 고려한 방재성능평가 시행 필요

(4) 소하천 배수펌프장

① 소하천의 제방에 수문 등이 설치된 배수펌프장
② 소하천의 수위조절을 위한 시설

(5) 빗물펌프장

① 방류수역의 외수위 상승에 따라 내수의 자연배제가 어려운 지역에 설치하는 강제배제시설
② 유수지와 함께 설치 시 유수지의 저류용량이 증가할수록 소요 펌프용량은 감소

★
빗물펌프장
강제배제시설

(6) 도로의 배수로 및 길도랑

① 도로의 노면 및 인접 지역의 우수처리를 위한 시설
② 도로설계 시 매닝(Manning)의 평균유속공식을 적용하여 소요 통수단면 결정

(7) 우수유출저감시설

① 강우 시 우수의 직접 유출을 억제하기 위하여 인위적으로 우수를 지하에 침투시키거나 저류시키는 시설

② 우수유출저감시설의 분류 및 종류

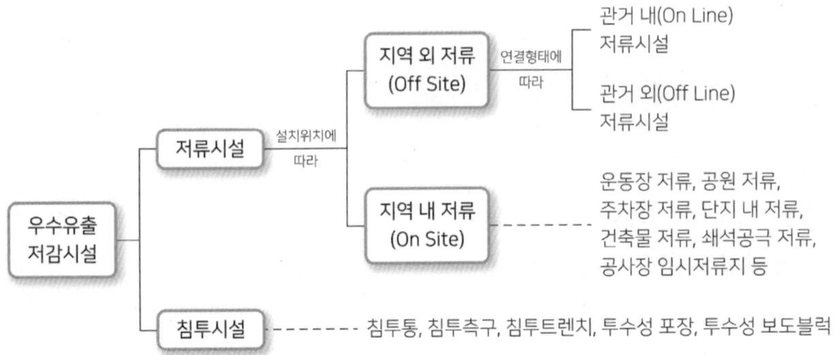

〈우수유출저감시설의 종류〉

③ 지역 외 저류시설의 특성

지역 외 저류시설 연결방식별 특성

구분	On-line 저류방식	Off-line 저류방식
특성	- 관거 또는 하도 내 저류시설 설치 - 모든 빈도에 대하여 유출저감 가능 - 첨두홍수량 감소 및 첨두 발생시간 지체 - Off-line에 비해 상대적으로 큰 설치 규모	- 관거 외 저류시설 설치 - On-line에 비해 상대적으로 적은 설치 규모 - 첨두홍수량 감소 - 저빈도의 홍수에 대하여 저감효과 미흡
모식도		
유출저감효과 그래프	유량(cms), Q_{after}, Q_{before}, On-line형일 경우의 저류지 저류용량, 방류 수문곡선(Q_2), 개발 후 수문곡선(Q_1), 개발 전 수문곡선, t_0, 시간(hr)	유량(cms), Q_{after}, Q_{before}, 개발 후 수문곡선, On-line형일 경우의 저류지 저류용량, 하류부 수문곡선, 개발 전 수문곡선, 시간(hr)

자료: 우수유출저감시설의 종류·구조·설치 및 유지관리 기준

★ 저류시설, 침투시설

★ 지역 외 저류(Off-site), 지역 내 저류(On-site)

★ 관거 내(On-line) 저류, 관거 외(Off-line) 저류

★ On-line, Off-line 저류시설의 특성 비교

지역 외 저류시설 구조형식별 특성

형식	구조의 개념	특성
댐식 (제고 15m 미만)	제방, HWL, 방류관	- 주로 구릉지를 이용해 설치하는 방법 - 방재조절지나 유말조절지에서 댐식을 많이 이용
굴착식	HWL, 도로, 우수관	- 평탄한 지역을 굴착하여 우수를 저류하는 형식 - 계획수위고(HWL)는 주위 지반고 이하로 설정
지하식	방류수로, 우수관, 저류조, 배수펌프	- 지하저류조, 매설관 등에 우수를 저류시키는 형식 - 연립주택의 지하에 설치

자료: 우수유출저감시설의 종류·구조·설치 및 유지관리 기준

(8) 고지배수로

① 고지유역의 유출수를 (소)하천 및 바다로 직방류하는 시설

② 홍수 시 상·하류단의 수두차에 의한 배수시설

③ 저지유역 하수관로 및 강제배제시설의 부담 경감 목적

④ 강제배제시설 설치 및 하수관로 정비계획 수립 시 고지배수로 설치 계획과의 경제성, 시공성 등의 비교 검토 필요

3. 방재시설물 분석·평가방법

(1) 홍수유출량 산정방법(도시 강우-유출 해석방법)

① 합리식 방법

㉠ 도시지역의 계획 강우강도와 유역면적 및 유출계수를 곱하여 유역의 첨두홍수량 산정

㉡ 합리식의 기본가정

▷ 도달시간: 유역 내 가장 먼 지점에서부터 설계지점까지 물이 유입하는 데 소요되는 시간

▷ 도달시간 내에서 강우 강도는 변하지 않음

★ 지역 외 저류시설의 형식별 분류

★ 수두차에 의한 배수

★ 강제배제시설 부담 경감

★ 합리식의 한계
유출수문곡선 작성 불가(첨두홍수량만 산정 가능)

▷ 유역 도달시간과 동일한 지속기간을 갖는 강우 조건에서 최대 홍수 발생

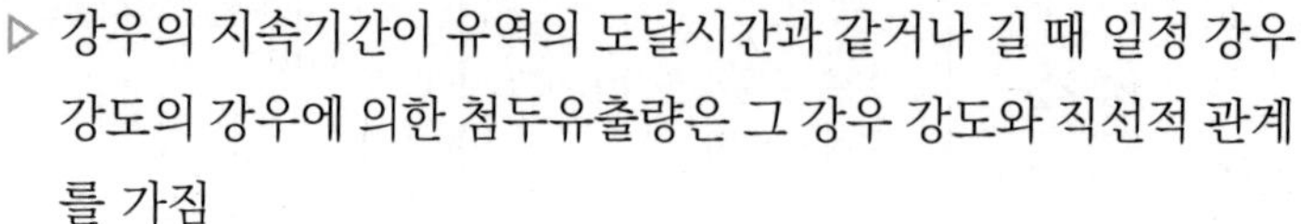

▷ 강우의 지속기간이 유역의 도달시간과 같거나 길 때 일정 강우 강도의 강우에 의한 첨두유출량은 그 강우 강도와 직선적 관계를 가짐

▷ 첨두유출량의 발생확률은 주어진 도달시간에 대응하는 강우 강도의 발생확률과 동일

▷ 유출계수

- 각각 다른 발생확률을 갖는 강우-유출 사상과 관계없이 동일
- 동일한 유역에 내리는 모든 강우에 대하여 동일

ⓒ 합리식에 의한 첨두홍수량의 산정방법

▷ $Q_P = \frac{1}{3.6} CIA = 0.2778\,CIA$

* 여기서 Q_P는 첨두홍수량(m^3/s), 0.2778은 단위환산계수, C는 유출계수, I는 특정 강우 지속기간(일반적으로 도달시간을 지속기간으로 결정)의 강우강도(mm/hr), A는 유역면적(km^2)

② **RRL 모형 방법**

㉠ 도시지역의 불투수 지역에서 계획 강우강도 주상도와 유역면적을 곱하여 유역의 유출수문곡선 작성방법

ⓛ RRL 모형의 기본가정

▷ 소유역에서의 직접 연결된 불투수지역만 주요 강우기간 동안 직접 유출에 기여하므로 유출계수는 1.0

▷ 유역의 도달시간을 강우 지속기간으로 가정

▷ 관거 내 흐름을 정상등류로 가정하여 유출량을 Manning 공식으로 계산

ⓒ RRL 모형에 의한 시간별 유출량 계산방법

▷ $Q_j = 0.2778 \times \sum_{i=1}^{j} I_i \times A_{j+1-i}$

* 여기서 Q_j는 시간별 유출량(m3/s), I_i는 우량주상도의 I번째 시간구간의 강우강도(mm/hr), A는 j시간의 유역출구 유출량에 기여하는 소유역의 면적(km^2)

Keyword

★
Q=0.2778CIA

★
유출계수
1.0

★
RRL 모형 유출해석 방법 =
시간-면적 방법

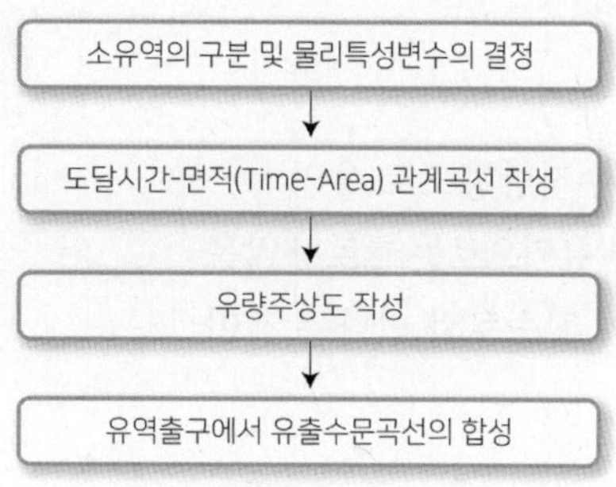

〈RRL 모형에 의한 유출수문곡선 작성 과정〉

③ **ILLUDAS 모델 방법**

㉠ RRL 모델 보완(간접연결 불투수지역을 추가 고려)하여 유역의 유출수문곡선 작성

㉡ ILLUDAS 모형의 기본가정

▷ 단위 계산시간에서의 도달시간-누가면적 관계를 선형으로 가정

▷ 간접연결 불투수지역은 투수지역에 둘러싸여 있고 간접연결 불투수지역의 총 유출용적은 투수지역에 균등하게 배분할 수 있는 것으로 가정

㉢ ILLUDAS 모형의 유출계산방법

▷ 배수구역을 여러 개의 소유역으로 분할 후 각 배수구역에서의 투수지역 및 불투수지역에 대한 유출수문곡선 산정

▷ 산정된 각 유역의 수문곡선을 이용하여 하류방향의 관로를 따라 추적·합성하여 하류지점에서의 총 유출수문곡선 산정

㉣ 우수관거 및 저류지의 성능평가 및 설계 가능

④ **XP-SWMM 모형 방법**

㉠ 도시지역의 강우에서 유출까지 모든 조건에 대한 해석 실시 가능

▷ 수리구조물로 인한 월류, 배수효과, 압력류, 지표면 저류 등의 수리현상을 동시 모의 가능

㉡ Runoff 블록, Transport 블록, Extran 블록을 조합하여 부정류 해석 실시

㉢ XP-SWMM 모형의 기본가정

▷ 소유역

- 강우는 공간적으로 균등하게 분포
- 강우지속기간은 도달시간을 초과
- 유출은 주로 지표면 유출로 구성

★
XP-SWMM
월류, 배수효과, 압력류, 지표면 저류 모의 가능

▷ 분할된 소유역

- 각 소유역은 유사한 지표면 특성을 가짐
- 지표면 흐름이 집수로에 유입할 때 수직방향으로 유입
- 소유역 유출은 집수로에 유입되며 다른 유역으로는 흐르지 않음
- 지표면 유로의 길이는 지표면 흐름이 집수로와 만나는 길이

㉣ 유출해석 절차

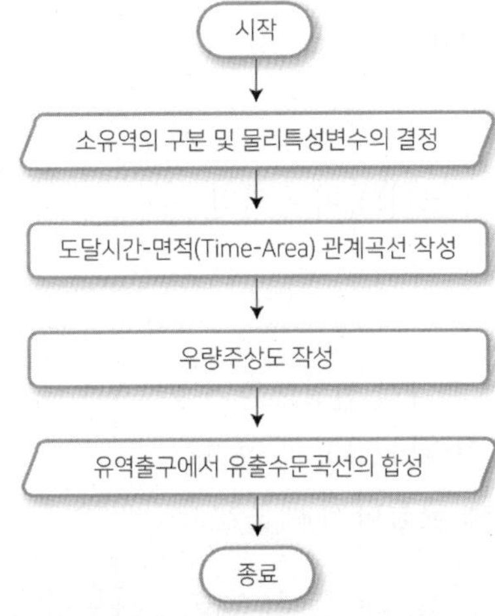

〈XP-SWMM 모형의 유출해석 절차〉

(2) 도시 강우-유출 모형의 적용

① 관로의 저류효과와 수리학적 배수 영향, 지형여건 등을 종합적으로 고려하여 분석 모형 선택

② 실무에서는 침수시간·침수심·침수범위를 시·공간적으로 제시할 수 있는 XP-SWMM 모형을 주로 적용

③ 지형 여건 등을 종합적으로 고려

④ 입력자료가 부족할 경우 합리식 및 RRL 모형 적용

★ XP-SWMM 모형 주로 이용

3절 지역별 통합 방재성능 평가

1. 지역별 방재성능 평가방법

(1) 방재성능 평가

① 도시지역에 설치된 방재시설 대상

② 방재시설의 성능이 해당 지방자치단체에서 설정·공표한 「지역별 방

재성능목표」에 부합 여부를 정량적으로 분석

③ 재해 위험성 및 취약성 평가

(2) 연계 검토 및 활용하여야 하는 관련 제도

①「자연재해대책법」 제16조의4 제2항에 따른 방재성능목표

②「자연재해대책법」 제19조에 따른 우수유출저감대책

③「하수도법」 제6조에 따른 하수도정비기본계획

④ 하수도설계기준

⑤ 행정안전부장관이 정하는 방재성능 평가대상 시설(행정안전부 고시)

⑥ 재해예방을 위한 고지배수로 운영관리 지침(행정안전부 훈령)

⑦「자연재해대책법」 제16조에 따른 자연재해저감 종합계획

2. 지역별 통합 방재성능 평가 절차

(1) 지역별 방재성능목표 및 방재시설 제원 조사

① 해당 지역의 방재성능목표(지속기간 1시간, 2시간, 3시간 강우량) 확인

② 유역 면적과 하수관로·수로·배수펌프장·유수지·우수유출저감시설 등의 방재시설별 세부 제원과 일반현황을 조사

(2) 홍수유출량 산정

도시 강우-유출 모델을 활용 지속기간별 방재성능목표 강우량을 적용하여 홍수유출량을 산정

(3) 방재성능 평가 실시

① 산정된 홍수유출량에 대한 방재시설의 홍수처리 능력 평가

② 지구별·방재시설별 내수침수 발생 여부 검토

③ 유출모의 결과표, 침수위험도, 방재성능 평가표 등 작성

★
연계 검토 및 활용하여야 하는 관련 제도의 종류

★
방재성능목표의 지속기간 1시간, 2시간, 3시간

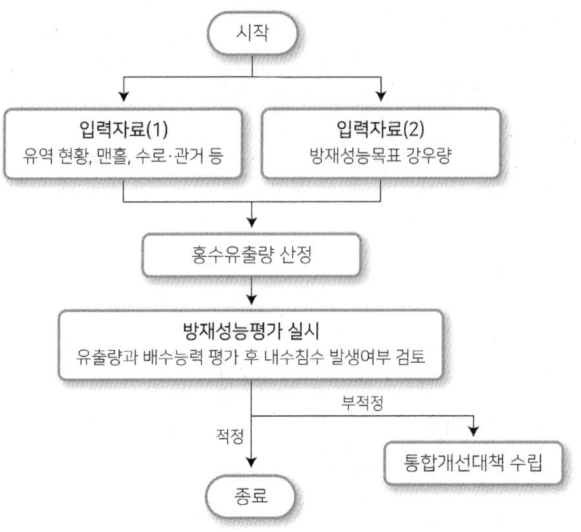

〈방재성능 평가 절차도〉

4절 방재성능 분석 취약성 평가

1. 하수관거의 방재성능 분석 및 취약성 평가

(1) 하수관거 현황 조사

① 하수관로 제원 조사: 지반고, 바닥고, 관경, 연장 등

② 하수관망도 작성

(2) 1차 모의: 강우-유출모의 및 하수관로의 설계빈도 적정성 검토

① 지방자치단체에서 설정·공표한 1시간 강우 지속기간의 방재성능목표 강우량 적용

② 하수관로 현황 및 방재성능목표를 입력하여 도시유출 모델 모의

③ 홍수량 산정방법은 시간-면적 방법(T-A Method) 등으로 설정

④ 강우-유출모의 결과 침수 발생 시 침수위험도 작성

⑤ 하수관거의 통수능을 확보할 수 있는 설계빈도 조정 및 재모의

㉠ 해당 지방자치단체의 하수도정비기본계획 수립 시 반영한 설계빈도 적용

㉡ 하수관로 정비(신설·확장 등) 계획 규모 기준 적용

(3) 2차 모의: 강우-유출모의

① 1차 모의결과 침수가 발생하지 않을 경우 실시

② 하류단 경계조건에 기점수위(방류부의 하천, 저수지 등의 수위 등) 적용

★
(소)하천으로 방류 시 관로유출해석을 위한 기점홍수위는 (소)하천의 계획홍수위 등을 적용

(4) 하수관로의 방재성능 분석 및 취약성 평가

① 하수관로, 배수펌프장 및 연계 방재시설의 설계빈도 검토

② 강우-유출모의 결과를 토대로 하수관로 방재성능 평가표 작성

③ 2차 모의결과 침수 발생 여부에 따라 기존 시설 유지 또는 배수펌프장·우수유출저감시설·고지배수 등의 방재시설 추가 설치 검토

④ 2차 모의결과, 침수 미발생 시 방재성능 및 방재시설현황 양호

⑤ 펌프장·우수유출저감시설·고지배수 등의 방재시설 추가 설치 검토

2. 배수펌프장의 방재성능 분석 및 취약성 평가

(1) 배수펌프장 현황 조사

① 배수펌프장 제원 조사: 배수 면적, 배수량, 운영조건 등

② 연계 유수지 제원 조사: 유수지 면적, 유수지 용량, 표고별 저류량 등

(2) 1차 모의: 강우 유출모의 및 펌프장 설계빈도 적정성 검토

① 지방자치단체에서 설정·공표한 강우 지속기간별 방재성능 목표 강우량 적용

② 펌프장 현황 및 방재성능 목표를 입력하여 강우-유출 모델 모의

③ 대상 펌프장을 제외한 하수관로·저류시설 등 방재시설 입력 제외

㉠ 하수관로 내 저류효과 무시

㉡ 유역에서 발생하는 총유출량에 대한 배수펌프 용량의 적정성 평가 목적

④ 홍수량 산정방법은 시간-면적 방법(T-A Method) 등으로 설정

⑤ 하수관로 구역 내 범람되는 정도와 펌프장 인근에서의 유출수문곡선과 펌프 능력을 비교하여 펌프장 인근에 범람되는 유출량 산정

⑥ 도시 강우-유출 모의결과 유수지 및 펌프 용량 부족 시 설계빈도 평가 후 설계빈도에 해당하는 펌프 용량 증설 및 유수지 확장 대책 검토

(3) 2차 모의: 강우-유출모의

① 1차 모의결과 침수 미발생 시 실시

② 하류단 경계조건에 기점수위(방류부의 하천, 저수지 등의 수위) 적용

(4) 펌프장의 방재성능 분석 및 취약성 평가

① 펌프-조정지(유수지) 및 연계 방재시설의 설계빈도 동일 유·무 평가

② 강우-유출모의 결과를 토대로 펌프장 방재성능 평가표 작성

③ 2차 모의결과, 침수 발생 여부에 따라 기존시설 유지 또는 저류지 배수

★
하수관로 내 저류효과 무시

★
시간-면적 방법

★
하류단 경계조건으로 방류부 하천의 계획홍수위 등 적용

펌프 등 방재시설의 신설(증설) 검토

④ 2차 모의결과, 침수 미발생 시 방재성능 및 방재시설현황 양호

Keyword

3. 저류시설의 방재성능 분석 및 취약성 평가

(1) 저류시설현황 조사

① 우수유출저류시설 및 유수지 등의 저류시설현황 조사

② 저류시설 제원 조사: 바닥고, 제방고, 계획홍수위, 사수위, 저수위, 유역면적, 관개면적, 만수면적, 총저수량, 표고별 저류량 등

(2) 1차 모의: 강우-유출 모의 및 저류시설 설계빈도 적정성 검토

① 지방자치단체에서 설정·공표한 강우 지속기간별 방재성능목표 강우량 적용

② 저류시설현황 및 방재성능목표를 입력하여 강우-유출 모델 모의

③ 저류시설을 제외한 하수관거·펌프장 등의 방재시설 입력 제외

㉠ 하수관로 내 저류효과 무시

㉡ 유역에서 발생하는 총유출량에 대한 저류지 용량의 적정성을 평가 목적

④ 홍수량 산정방법은 시간-면적 방법(T-A Method) 등으로 설정

⑤ 저류시설 구역 내 및 인근지역에 범람되는 유출량 산정

⑥ 설계빈도에 대한 저류시설 용량 부족 시 대책 검토

㉠ 저류시설 용량 증설, 구조, 형식 변경 등 검토

㉡ 방류구 확장 등 검토

★ 저류시설의 성능평가 또는 계획 시 최대 저류량이 발생하는 강우의 지속기간을 임계지속기간으로 결정함

(3) 2차 모의: 강우-유출모의

① 1차 모의결과 침수 미발생 시 실시

② 하류단 경계조건에 기점수위(방류부의 하천, 저수지 등의 수위) 적용

(4) 저류시설의 방재성능 분석 및 취약성 평가

① 하수관거-펌프 및 연계 방재시설의 설계빈도 동일 유·무 평가

② 강우-유출모의 결과를 토대로 저류시설 방재성능 평가표 작성

③ 2차 모의결과 침수 발생 여부에 따라 기존 시설 유지 또는 배수펌프장·우수유출저감시설·고지배수 등의 방재시설 추가 설치 검토

④ 2차 모의결과, 침수 미발생 시 방재성능 및 방재시설현황 양호

4. 기타 방재시설의 방재성능 분석 및 취약성 평가

Keyword

(1) 강우-유출모의 실시

① 소하천 제방, 고지배수로 등의 기타 방재시설물의 성능평가 시 적용

② 방재성능목표에 대한 대상지역의 강우-유출모의 실시

(2) 유출모의 결과표 작성

① 침수심, 침수면적 등을 제시

② 통합 개선대책 수립에 따른 효과 비교·검토에 활용

강우-유출 모델에 의한 침수심 및 침수면적현황(예시)

침수심(m)	구성비(%)	면적(m^2)
0~0.3	80	280,090
0.3~0.6	10	35,011
0.6~0.9	8	28,009
0.9 이상	2	7,002

(3) 침수위험도 작성

① 침수위험지역 관리 및 개선대책 수립 시 통일성을 확보하기 위하여 작성

② 재해지도 작성기준 등에 관한 지침에 따라 구체적으로 작성

㉠ 기준이 되는 도면은 수치 지도(1/1,000~1/5,000) 이용

㉡ 유역계 및 외수위 영향을 주는 하천 등 유역 일반현황 표기

㉢ 침수심별(0.3m 간격) 침수구역 표기

㉣ 현재의 우수관로 및 배수시설(배수펌프장, 저류시설 등) 표기

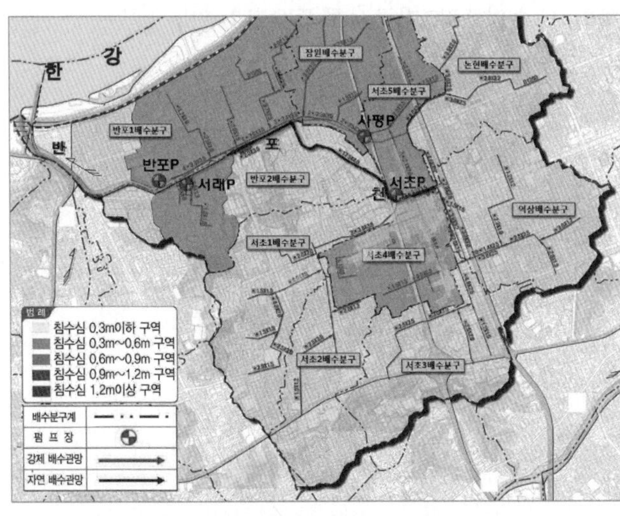

〈침수위험도 작성(예시)〉(지선, 간선 등 모두 작성)

(4) 방재성능 평가표 작성

① 침수 원인 및 방재시설 등 종합적인 여건 고려

② 방재시설의 성능을 향상시킬 수 있는 통합 개선대책의 수립의 기초자료로 활용

방재성능 평가표 작성(예시)

구분	내용	비고
방재성능목표	- 1시간 강우량: 000mm, 2시간 강우량: 000mm, 3시간 강우량: 000mm	
강우-유출 모델	- 합리식, SWMM, RRL, ILLUDAS 등 ·0000의 사유로 0000 모델 활용하여 유출해석	
침수지역 및 피해현황	- ○○시·도 ○○시·군·구 ○○로 000 - 침수시간: 0시간 0분, 최대 침수심: 기준점에서 0.0m	
침수 원인	- 통수 능력 부족과 역경사로 인한 내수침수(하수관거) - 수문 및 배수구의 단면 부족(소하천) - 펌프 용량 초과(펌프장) - 저류용량 초과(저류시설)	
특이사항	- 00건물 0.0m까지 침수 - 000번지 일원 000가구 0.0m 침수 등	

자료: 지역별 방재성능목표 설정·운영 기준

③ 작성 시 유의사항

㉠ 해당 지역 방재성능목표를 구체적으로 기록

㉡ 강우-유출모의를 위한 모델 및 사유를 기록

㉢ 침수 위치와 유출 모델에 의해서 모의된 침수면적, 침수시간, 최대 침수심, 최대 침수심 발생시간 등을 구체적으로 기록

㉣ 침수 발생원인을 하수관로, 소하천, 배수펌프장, 저류시설 등으로 구분하여 침수지구별로 구체적으로 기록

㉤ 과거 침수 발생 사례를 조사, 침수피해현황을 구체적으로 기록

Keyword

★
방재성능평가표 작성방법

제2장

방재성능개선대책 수립

제3편
방재성능목표 설정

본 장에서는 방재성능목표의 타당성 제시 및 설정방법을 수록하였다. 방재성능목표를 이해하고 강우-유출해석 관련 지식을 습득하여 방재성능 구현을 위한 최적 시설물 조합 및 규모 선정 기술 방법에 대하여 기술하였다. 이를 통해 최종적으로 방재시설물의 개선대책을 수립할 수 있도록 하였다.

1절 방재성능목표의 타당성

1. 지자체의 방재성능목표 설정 및 공표

(1) 방재성능목표 설정

① 지방자치단체의 장(특별시장·광역시장·시장 및 군수)이 설정

② 설정 방법

㉠ 방재정책 추진 시 활용할 10년 단위 방재성능목표 설정

㉡ 행정안전부장관이 제시한 방재성능목표 설정기준 적용 원칙

▷ 지역 특성 및 경제적 여건 등을 고려한 방재정책 실현 가능성 등을 검토하여 필요하다고 인정되는 경우 제외

★ 방재성능목표 설정 방법

(2) 방재성능목표 공표

① 지방자치단체의 공보 또는 인터넷 홈페이지에 공고하여 공표

② 공표한 날부터 5년마다 타당성 여부 검토 후 필요한 경우 설정·공표된 방재성능목표 변경

③ 기설정·공포된 방재성능목표를 변경하는 경우에도 공보 또는 홈페이지에 공고하여 공표

★ 방재성능목표의 공표 및 변경 방법

2. 방재성능목표의 타당성 검토

(1) 방재성능목표의 타당성 검토 시 고려사항

① 강우 특성: 기후변화에 의한 강우량 증가 고려

② 지역 특성: 배수 유역 및 배수시설 특성 등의 반영

③ 목표달성의 효율성: 설정 기간 중 방재성능목표 달성의 용이성

④ 목표의 실현 가능성: 방재성능목표 달성을 위한 도시별 투자 여력

★ 방재성능목표의 타당성 검토 시 고려사항

(2) 방재성능목표 타당성 검토절차

① **강우 기준의 범위 설정**

㉠ 과거 주요 호우의 발생 규모 분석
- ▷ 과거 주요 수해를 발생시킨 호우의 빈도규모 분석
- ▷ 과거 발생한 1, 2, 3시간 최대강우량의 재현빈도 등의 검토

㉡ 강우량 변동추세 분석
- ▷ 과거 1시간 최대강우량의 변동추세 분석
- ▷ 향후 10년 및 30년 후의 강우량 추정
- ▷ 과거 평균 강우량에 대한 증가율 계산

㉢ 강우 기준의 범위 설정
- ▷ 현재 관거의 설계강우량 기준
- ▷ 향후 10년 후 1시간 최대강우량의 평균 증가율을 고려하여 설정

② **지역 특성 고려**

㉠ 지역의 강우 특성 분석
- ▷ 강우관측자료로부터 특정 지속기간 강우량(예 1시간 50mm) 이상 발생횟수 조사
- ▷ 과거 발생한 1, 2, 3시간 최대강우량의 발생빈도

㉡ 지역 특성 검토
- ▷ 배수 유역 및 배수시설 특성 등의 고려
  - 펌프장 및 유수지 유무
  - 저지대 파악 및 과거 침수피해현황 파악
- ▷ 연평균 침수동 수, 침수면적, 침수피해액 등의 고려
- ▷ 불투수 면적률 등의 고려

㉢ 목표달성의 효율성 검토
- ▷ 설정기간 중 방재성능목표 달성의 용이성 검토
- ▷ 우수관거 보급률 등의 고려

㉣ 목표의 실현 가능성 검토
- ▷ 방재성능목표 달성을 위한 도시별 투자 여력 검토
- ▷ 해당 지자체의 재정력 지수 등의 고려

③ **방재성능목표의 타당성 검토**
- ▷ 강우 기준 범위 내에서 지역 특성을 반영한 목표강우량 산정
- ▷ 방재성능목표 강우량과의 비교 및 타당성 검토

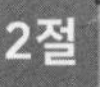

2절 방재시설물의 개선대책

1. 통합 개선대책 수립 방향

(1) 기본방향

① 1차적으로, 유하시설(하수관로 등)은 하수도정비기본계획에서 제시한 통수 단면적 기준으로 확장 또는 신설

② 확장(신설)한 유하시설의 처리 능력을 초과하는 홍수량 처리 방법

㉠ 저류시설 설치

㉡ 배수펌프장 신설 또는 증설

③ 저류시설 또는 배수펌프장 설치(신설·증설)가 어려운 지역의 대책수립 방법

㉠ 유역 대책시설(녹지공간·침투시설) 설치

㉡ 예·경보시스템 도입 등 비구조적 대책 수립

④ 「하수도법」에 따른 하수도기본계획과의 연계성 검토

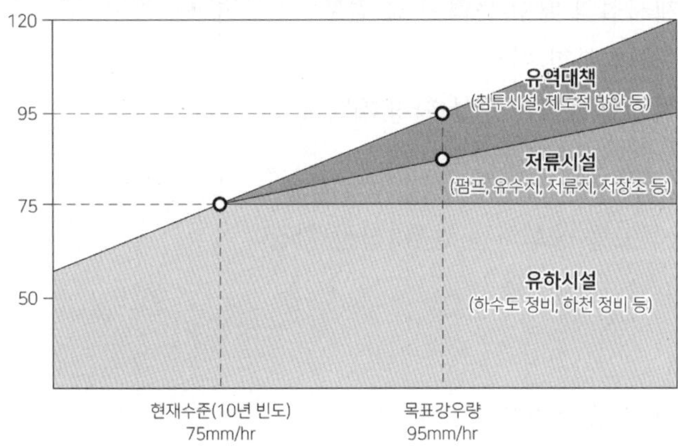

〈통합 개선대책 수립을 방재시설의 홍수 분담방안(예시)〉

(2) 포함되어야 할 사항

① 방재성능 평가 결과에 관한 사항

② 방재성능 향상을 위한 개선대책에 관한 사항

③ 개선대책에 필요한 예산 및 재원 대책

④ 방재시설의 경제성·시공성 등을 고려한 연차별 정비계획

⑤ 그 밖에 행정안전부장관이 정하는 사항

★
통합 개선대책 수립에 포함되어야 할 사항

2. 개선대책 수립절차

(1) 추가 방재시설 설치 위치 및 규모 결정

① 설치 위치 선정: 지역의 실정, 지형적 특성, 인구·건물 분포, 공공시설 입지 등 고려

② 1차적으로 유하시설의 규모 결정

㉠ 유하시설의 신설·확장 규모 결정

㉡ 하수관로는 하수도정비기본계획 상의 계획 규모 적용

③ 저류시설의 규모 및 위치를 결정

㉠ 유하시설의 성능 부족을 해소할 수 있는 저류시설의 규모 및 위치 결정

㉡ 유하시설의 사업비와 비교 후 결정

④ 현지 여건상 유하시설 설치가 불가능할 경우 저류시설·배수펌프장 설치 위치 및 규모 결정

(2) 개선 방재시설 방재성능과 방재성능목표와 비교

① 기존 방재시설과 개선 계획한 방재시설의 배수 능력 비교 검토

② 개선 방재시설 성능의 방재성능목표에 부합 여부 검토

③ 개선 방재시설이 방재성능목표를 달성할 때까지 신설·확장 계획 조정

(3) 개선 방재시설 사업비 및 부담량 결정

개선 방재시설의 성능이 방재성능목표를 상회하는 경우: 신설·확장 시설 확정 후 사업비 및 부담량 결정

(4) 방재시설 평가지수 산정

① 평가지수는 방재시설의 개선사업비와 홍수 부담량으로 결정

② 평가지수(원/m^3) = 방재시설 개선사업비/홍수 부담량

(5) 사업 최적안 결정

① 개선대책 수립절차 적용

② 톤당 처리하는 비용이 낮은(작은 평가지수) 사업을 우선순위로 선정

★
개선대책 수립절차

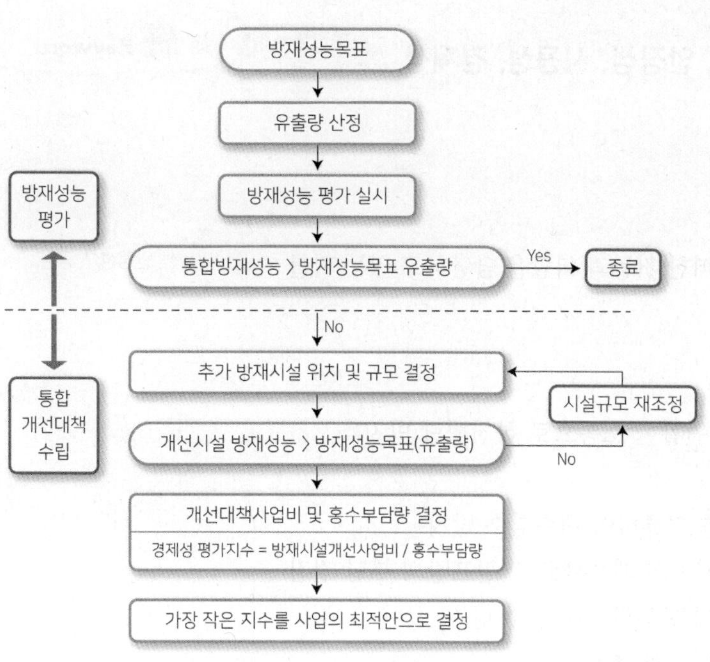

〈통합 개선대책 수립 흐름도〉

3. 개선대책 수립 내용

(1) 방재성능 평가 결과에 관한 사항 작성

① 방재성능 평가표의 침수지역 및 침수 원인 등을 활용

② 방재성능 평가표: 방재성능 목표의 홍수유출량 처리 능력을 평가한 결과

(2) 방재성능 향상을 위한 개선대책 수립

① 구조물적 개선대책 수립

㉠ 평가지수가 낮은 사업지구 선정

㉡ 방재시설 간의 통합 연계한 구조물적 개선대책 수립

㉢ 소하천정비종합계획, 하수도정비기본계획 등 관련 계획 반영

② 비구조물적 개선대책 수립

㉠ 여건상 구조적 개선대책 수립이 불가능한 지역 대상

㉡ 재난 예·경보시스템, 재해지도 작성·배포, 방재교육 실시 등의 대책 수립

③ 자연재해저감 종합계획과의 연계방안(내수재해위험지구로 관리) 제시

Keyword

3절 방재시설물의 기능성, 안정성, 시공성, 경제성

★
기능성, 안정성, 시공성, 경제성

1. 방재시설물의 기능성

(1) 기능성

방재시설물이 재해경감에 어떠한 기능과 역할을 담당하고 있는 지를 분석·평가하는 것

(2) 방재시설물별 기능

① 소하천 제방: 소하천 유수의 원활한 소통으로 하천범람 방지

② 유수지

㉠ 유역에서 발생한 유출수를 저류하여 내수침수 방지

㉡ 유출수 저류에 따른 하류지역의 배수관로 및 펌프장의 부담 경감

③ 하수관로: 우수의 원활한 배제를 통한 내수침수 방지

④ 소하천 배수펌프장: 소하천의 수위 조절

⑤ 빗물펌프장

㉠ 내수의 자연배제가 어려운 지역에 설치하여 저지대의 내수침수 방지

㉡ 연결된 유수지의 저류용량과 소요 펌프 용량은 반비례 관계

⑥ 도로의 배수로 및 길도랑: 원활한 우수처리를 통한 도로침수 방지

⑦ 우수유출저감시설: 우수를 지하에 침투 또는 저류시켜 하류부 방재시설의 부담 경감

⑧ 고지배수로: 하류부 저지유역 하수관로 및 강제배제시설의 부담 경감

(3) 내수침수저감 방법에 따른 분류

① 유하시설

㉠ 자연배제시설: 하수관로, 고지배수로, 도로의 배수로 및 길도랑

㉡ 강제배제시설: 빗물펌프장

② 저류시설: 유수지, 관거 내·외(On-line, Off-line) 저류지, 유역 내 저류시설

③ 침투시설: 침투통, 침투측구, 침투트렌치, 투수성 보도블록, 투수성 포장

2. 방재시설물의 안정성

(1) 안정성

재해로 인한 안전 확보 여부 및 재해 재발 방지 여부를 정성적·정량적으로 평가하는 것

(2) 시설물 본체의 역학적 안정성

① 토질조사를 통한 구조물 본체의 전도, 활동 및 침하 등의 검토

② 소하천 제방: 제체의 침투에 대한 안정성 추가 검토

(3) 연속강우에 대한 안정성

① 관거 외(Off-line) 저류시설의 연속강우 대응성 검토

② 연속강우에 대응 가능한 유수지 및 빗물펌프 용량 검토

(4) 수리계산상의 안정성

① **고지배수로**

㉠ 상류단과 하류단의 수두차에 의한 배수효과 계산

㉡ 수치모의에 의한 계산 결과의 신뢰성 부족

② **관거 외 저류시설**

㉠ 저류지 유입량 계산 시 경험공식 적용

㉡ 저류지 유입부의 제원 및 관거 규모 등에 따라 유입량의 변동성 큼

㉢ 개발된 경험공식의 신뢰성 부족

3. 방재시설물의 시공성

(1) 시공성

방재시설물에 최적화된 기획, 설계, 유지관리 등에 이르기 위한 시공 능력을 평가하는 것

(2) 시설물 설치 가능 대상지 검토

① 방재시설물 본체의 설치가 가능한 대상지 검토

② 저류시설 및 고지배수로의 유입부 및 유출부 설치가 가능한 대상지 검토

(3) 현장 여건 고려

① 지하매설물 및 지장물의 위치

② 터파기 및 차수공법의 적용성 검토

③ 시공에 따른 인근 구조물에 영향성

④ 건설장비 진입의 용이성

⑤ 상부구조물을 고려한 지하구조물 설치 공법

(4) 민원 발생의 가능성 검토

① 공사 중 소음 및 진동 발생

② 교통 불편 및 도로 침하
③ 상가 영업권 방해
④ 보상 및 수용 관련 민원
⑤ 지장물 이설 및 훼손

4. 방재시설물의 경제성

(1) 경제성

계획하고 있는 사업의 경제적 효율성을 분석하여 투자의 타당성을 검토하는 것

(2) 방재시설물 설치의 B/C(Benefit-Cost ratio) 산정

★
경제성 분석 시 소요사업비 산정 항목

① 소요사업비 산정

㉠ 개략 공사비 산정
㉡ 토지보상지 산정
㉢ 토질조사비 고려

② 편익의 산정

㉠ 타 방재시설물과의 연계 운영 고려
㉡ 침수저감 효과에 따른 편익 산정

(3) 경제성 검토

① 방재성능개선대책별 경제성(B/C) 비교
② 필요시 순현가(NPV: Net Present Value) 및 내부수익률(IRR: Internal Rate of Return) 추가 비교

제3장

제3편
방재성능목표 설정

방재성능개선대책 시행계획 수립

본 장에서는 방재성능개선대책의 시행계획 수립방법을 수록하였다. 계획된 방재시설물 개선대책으로 방재성능 목표 대비 구현 정도 및 경제성을 평가함으로써 개선대책 시행계획을 수립할 수 있다. 또한, 방재성능 목표 제고에 필요한 재정적 수요를 판별하고, 방재성능향상 대책을 제시할 수 있도록 하였다.

1절 방재성능목표 달성 평가

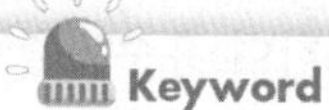

★
유하시설, 저류시설, 유역대책 계획지역의 특성 구분

1. 통합 개선대책 유형 구분

(1) 유하시설(하수관로 등) 개선 계획 지역

① 유하시설 개선으로 방재성능 목표의 달성 가능지역

② 저류시설 및 유역대책 계획 불필요 지역

(2) 저류시설 개선 계획 지역

① 유하시설 개선보다 저류시설의 개선이 경제적인 지역

② 상류부의 저류시설 설치에 따른 하류부 유하시설의 성능 부족 해소 가능지역

③ 기존 유하시설 방재성능 포함

(3) 유역대책 개선 계획 지역

① 유역대책 개선에 따른 유하시설의 성능 부족 해소 가능지역

② 기존 유하시설 방재성능 포함

(4) 유하시설 및 저류시설 조합 개선 계획 지역

① 개선된 유하시설의 성능 부족을 저류시설의 성능 개선으로 해소 지역

② 기능성 및 경제성을 고려하여 적정한 비율로 배분한 지역

(5) 유하시설 및 유역대책 조합 개선 계획 지역

① 개선된 유하시설의 성능 부족을 유역대책으로 해소 지역

② 기능성 및 경제성을 고려하여 적정한 비율로 배분한 지역

(6) 유하시설, 저류시설 및 유역대책 조합 개선 계획 지역

① 개선된 유하시설의 성능 부족을 저류시설 개선 및 유역대책으로 해소 지역

② 기능성 및 경제성을 고려하여 적정한 비율로 배분한 지역

2. 방재성능목표 달성 평가

(1) 홍수유출량 산정

① 개선된 방재시설을 반영한 도시-강우유출모형 구축

② 해당 지역의 방재성능 목표(지속기간 1시간, 2시간, 3시간 강우량) 적용하여 홍수유출량 산정

(2) 방재성능 평가 실시

① 산정된 홍수유출량에 대한 개선된 방재시설의 홍수처리 능력 평가

② 지구별·방재시설별 내수침수 발생 여부 검토

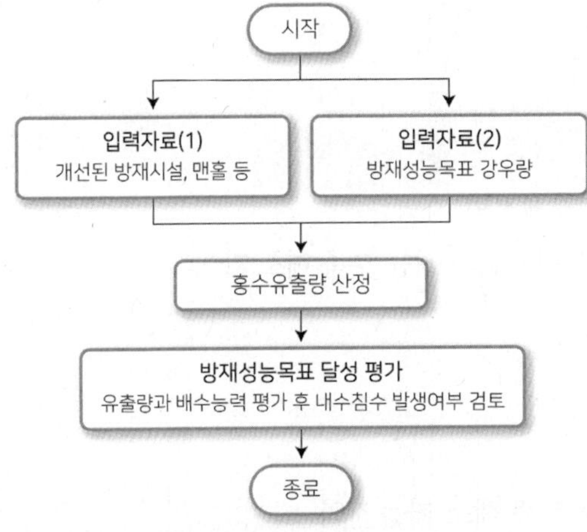

〈방재성능목표 달성 평가 절차도〉

2절 방재성능개선대책의 경제성 평가

1. 경제성 분석방법

▷ 방재성능 개선에 소요되는 사업비와 발생하는 편익을 산정하여 분석

▷ 방재사업비 = 총공사비(보상비, 공사비 등) + 유지관리 및 경상 보수 비용

★ 방재사업비 산정 항목

★ 편익 산정 항목

▷ 편익 = 인명 피해액 + 이재민 피해액 + 기타 재산피해액

2. 경제성 평가

(1) 경제성 분석의 지표
① 순현재가치(NPV, Net Present Value)
② 비용편익비(B/C, Benefits/Cost Ratio)
③ 내부수익률(IRR, Internal Rate of Return)
④ 평균수익률(ARR, Average Rate of Return)
⑤ 반환기간 산정법(PB, Pay Back period)

(2) 일반적인 경제성 평가방법
비용편익비와 순현재가치 분석방법 사용

(3) 내부수익률
비용편익비와 순현재가치 분석의 보완적 평가방법

Keyword

★
경제성 분석의 지표
순현재가치, 비용편익비, 내부수익률, 평균수익률, 반환기간 산정법

➔
경제성 분석 및 평가의 자세한 방법은 제5과목 제2편 제1장 1절 "경제성 분석의 이해" 참고

3절 개선대책 시행계획 수립 및 재원대책 마련

1. 방재성능개선대책사업 대상 선정

(1) 사업 대상 선정을 위한 평가항목
① 사업지구현황: 토지 이용 상태, 제내지(지반고) 지형조건, 불투수면적 비율 등
② 재해발생 위험성: 재해 이력 및 피해액 등
③ 경제성: 정비를 하지 않은 경우 예상되는 피해금액/개선대책(정비) 사업비
④ 기타: 시공성 및 주민호응도 등

(2) 작성방법
① 평가항목별 배점표와 가중치를 곱하여 총점수 산출
② 가점 추가 가능: 주민호응도 등의 지자체 특별가점 고려 가능

★
사업 대상 평가항목
재해 이력, 피해액, 경제성, 시공성, 주민 호응도

방재성능개선대책사업 대상 선정(예시)

구분	유형 \ 배점	1	2	3	4	5	가중치	점수	비고
사업 지구 현황	토지 이용 상태	아파트 밀집지역 공공시설 (공원, 도로 등)	아파트 밀집지역	단독주택 밀집지역 공공시설 (공원, 도로 등)	단독주택 밀집지역	국가 기반시설 밀집지역	2	10	
	제내지 지형조건	제내지 ≥ 이상홍수위	계획홍수위 ≤제내지≤ 이상홍수위	제내지 40% 미만 < 계획홍수위	제내지 40~70% < 계획홍수위	제내지 70% 이상 < 계획홍수위	2	10	외수위 조건, 외수범람 반영
	강우량 비[주1)]	5% 미만	5% 이상 ~ 15% 미만	10% 이상 ~ 15% 미만	15% 이상 ~ 20% 미만	20% 이상	6	30	방재성능 목표 반영, 내·배수 시설물, 계획강우량
	불투수성 면적비율	50% 미만	50% 이상 ~ 60% 미만	60% 이상 ~ 70% 미만	70% 이상 ~ 80% 미만	80% 이상	3	15	강우-유출 양상 반영 (토지 이용 반영)
	유역평균 경사	0.01 미만	0.01 이상 ~ 0.02 미만	0.02 이상 ~ 0.03 미만	0.03 이상 ~ 0.04 미만	0.04 이상	1	5	강우-유출 양상 반영 (첨두유량)
재해 발생 위험성	최근 10년간 재해 이력	없음	1회	2회	3회	4회	1	5	침수횟수로 대체 가능
	최근 10년간 총피해액	1억 미만	1억 원 이상 ~ 5억 원 미만	5억 원 이상 ~ 10억 원 미만	10억 원 이상 ~ 15억 원 미만	15억 원 이상	2	10	재해연보 및 현지조사
경제성	경제성	1.0 미만	1.0 이상 ~ 1.5 미만	1.5 이상 ~ 2.0 미만	2.0 이상 ~ 2.5 미만	2.5 이상	4	20	국비·지방비 지원 비율 결정 시 적용
기타 (시공성)	주민 호응도 등 지자체 특별가점	1	2	3	4	5	1	5	주민 참여도 등 자체 기준 마련 시행

주1) 강우량비: {(목표강우량-계획강우량)/계획강우량}×100

주2) 계획강우량: 시설물 준공 당시 설계강우량

자료: 지역별 방재성능목표 설정·운영 기준

2. 연차별 정비계획 수립

★
연차별 정비계획 수립방법

(1) 연차별 정비계획 수립

① 방재시설의 경제성, 시공성 등 고려

② 사업 대상 선정결과 활용

㉠ 토지 이용 상태, 경제성, 시공성 등을 고려하여 결정된 순위 고려

㉡ 높은 순위에 해당하는 지역을 최우선으로 시행토록 계획 수립

③ 타 사업과의 중복투자가 발생할 수 있는 경우 순위 조정

④ 지자체 재원 규모에 따른 연차별 정비계획 수립

⑤ 통합 개선대책 사업 대상 순위표 작성

㉠ 지구별·연차별 정비계획 수립

㉡ 개선대책 및 예산(총사업비) 결정

통합 개선대책 사업 대상 순위표 작성 관리(예)

순위	지구명	평가 결과	개선 대책	예산 (총사업비)	연차별 정비계획	사업 주체	비고 (방재성능개선대책사업 대상 선정점수)
1	00지구	00가구 침수	하수관거 00m 확대	000억 원	2019~2022	00시 00과	00점
2	…	…	…	…	…	…	…

(2) 정비계획 관리

① 방재성능 통합 개선대책 사업의 관리대장 작성 관리

㉠ 지구별 관리대장 작성 관리

㉡ 작성 항목: 현장조사, 사진·위치도, 평가결과, 개선대책, 예산 및 연차별 정비계획 등에 관한 사항

② 통합 개선대책 사업계획도 작성 관리

㉠ 전체(1/25,000) 및 지구(1/5,000)별로 작성

㉡ 기본현황, 평가결과, 개선대책, 관련 계획과의 연관도 등을 표시

3. 방재성능개선대책에 필요한 예산 및 재원 대책 마련

★
신규 예산 확보

(1) 신규 예산 확보로 방재성능 통합 개선대책 사업 추진

① 중기투자계획과 연간 예산확보 규모를 고려한 신규 예산확보

② 연차별 및 사업 주체별 신규 예산 확보

(2) 타 사업으로 방재성능개선대책 시행

① 신규 예산 마련이 불가능한 경우 시행

② 관련 타 사업을 구체적으로 명시

③ 관련 타 사업의 종류

㉠ 자연재해위험개선지구 정비사업

㉡ 우수유출저감시설 설치사업

㉢ 하수도 정비사업

㉣ 방재성능평가 대상 시설 관련 정비사업 등

★
방재성능개선대책 추진 관련 사업
자연재해위험개선지구 정비사업, 우수유출저감시설 설치사업, 하수도정비사업 등

4절 방재성능 평가결과에 따른 방재성능 향상 대책

1. 방재성능 향상 대책의 구분

(1) 유하시설 개선

① 하수도 개선

② (소)하천 정비

③ 빗물펌프장 개선

④ 고지배수로 개선

(2) 저류시설 개선

① 유수지 개선

② 관거 내·외(On·Off-line) 저류지 개선

③ 운동장, 공원, 주차장 등의 저류 기능 개선

(3) 유역대책 수립

① 구조물적 대책

㉠ 침투통, 침투측구 및 침투트렌치 설치

㉡ 투수성 포장 및 보도블록 설치

② 비구조물적 대책

㉠ 방재시설물 간 연계 운영

㉡ 집수구에 쓰레기 투척 등의 행위 제한

㉢ 제도적 정비방안 수립

2. 침수 발생원인별 방재성능 향상 대책

(1) 관거 용량 부족 대책

① 용량 부족한 관거의 증대

㉠ 하수도정비기본계획에서 제시된 규모로 결정

㉡ 방재성능목표 검토 후 필요시 규모 증대

② 하류부 용량 부족 관거의 부담 감소방안

㉠ 상류부 저류지 설치

㉡ 상류부 고지배수로 설치

㉢ 방수로(대심도터널) 설치

(2) 방류부 하천의 외수위 상승 대책

① 역류방지 수문 설치

② 배수펌프장 및 유수지 신규 설치

③ 방류부 (소)하천의 하도 확장을 통한 홍수위 저감

(3) 빗물펌프장 용량 부족 대책

① 빗물펌프의 용량 증설 또는 신규 설치

② 빗물펌프장과 연결된 유수지의 용량 증설 또는 신규 설치

③ 고지배수로 설치에 따른 고지 및 저지유역 분리

④ 방수로(대심도터널) 설치에 따른 빗물펌프의 소요 용량 감소

3. 침수 발생 위치별 방재성능 향상 대책

(1) 하류지역 침수 발생 대책

① 용량 부족한 관거의 증대

② 외수위 영향에 의한 침수 발생지역의 개선대책

㉠ 강제배제시설 개선

▷ 펌프장 및 유수지 신·증설

▷ 역류방지수문 설치

㉡ 방류부 (소)하천의 하도확장을 통한 홍수위 저감

㉢ 고지배수로 설치

㉣ 방수로(대심도 터널) 설치

(2) 중·상류지역 침수 발생 대책

① 용량 부족한 관거의 증대

★ 관거 용량 부족 대책

★ 방류부 하천의 외수위 상승 대책

★ 배수펌프장 용량 부족 해소 대책

★ 하류지역 침수발생 대책

★ 중·상류지역 침수발생 대책

② 우수저류시설 설치
③ 고지배수로 설치
④ 방수로(대심도 터널) 설치

제3편
방재성능목표 설정

적중예상문제

제1장 방재성능목표 설정

1 지역별 방재성능목표 설정·평가에 대한 내용이 아닌 것은?

① 방재성능목표 강우량을 지방자치단체의 장이 공표
② 농업지역의 방재성능목표는 농작물에 가장 큰 피해를 주는 3시간 동안의 강우량으로 설정
③ 도시지역 내 내수침수피해 발생을 방지하기 위한 목적으로 설정
④ 도시기반 계획 수립 시 계획 방재시설의 방재성능목표 부합 여·부 평가

2 지역별 방재성능목표 강우량을 설정·공표하는 지속기간이 아닌 것은?

① 1시간 ② 2시간
③ 3시간 ④ 4시간

3 지역별 방재성능목표 설정·운영 기준에서 적용한 지역별 방재성능목표 강우량의 산정방법이 아닌 것은?

① 티센면적비를 적용하여 지역별 30년 빈도의 확률강우량 산정 및 활용
② 기후변화로 예측되는 미래 강우 증가율 고려(기후변화 할증률 고려)
③ 장래 지역 내 도시개발계획 사항 고려
④ 향후 기왕 최대강우량을 갱신하는 극한 강우 발생에 따른 영향을 고려하기 위해 추계학적 할증률을 적용

4 A강우관측소(1시간 확률강우량 94.3mm, 티센면적비 80%)와 B강우관측소(1시간 확률강우량 69.3mm, 티센면적비 20%)의 지배를 받는 지역에 지속기간 1시간의 방재성능목표 강우량을 산정한 것은? (단, 지역별 방재성능목표 설정 기준에서 적용한 방법으로 산정, 기후변화 할증률 12% 적용)

① 100mm ② 101mm
③ 102mm ④ 103mm

1. 방재성능목표를 기준으로 방재성능평가를 실시하는 지역은 도시지역(주거지역, 상업지역, 공업지역, 녹지지역)으로, 농업지역에는 적용하지 않음

4. - 지역의 확률강우량 = (94.3×0.8)+(69.3×0.2) = 89.30mm
- 할증률 12% 적용 = 89.30mm+(89.30mm×0.12) = 100.02mm
- 1mm 단위로 절상 = 100.02mm → 101mm

정답 1. ② 2. ④ 3. ③ 4. ②

5 **지역별 방재성능평가 대상시설이 아닌 것은?**

① 유수지 ② 하수처리장
③ 고지배수로 ④ 빗물펌프장

6 **지역별 방재성능목표 설정·평가기준의 적용대상 시설이 아닌 것은?**

① 지방하천의 제방
② 소하천의 제방
③ 하수관로
④ 우수유출저감시설

7 **자연재해대책법령상 방재시설이 아닌 것은?** 19년1회 출제

① 소하천, 댐건설 및 주변지역지원 등에 관한 법률에 따른 소하천부속물 중 제방·호안·보 및 수문
② 국토의 계획 및 이용에 관한 법률에 따른 방재시설
③ 하수도법에 따른 하수도 중 하수관로 및 하수종말처리시설
④ 도로법에 따른 도로의 부속물 중 방설·제설 시설, 토사유출·낙석 방지 시설, 공동구

8 **지역별 방재성능목표 설정 · 평가기준의 적용대상 시설별 특성이 아닌 것은?**

① 소하천 제방 - 소하천 유수의 원활한 소통을 위해 설치하는 구조물
② 빗물펌프장 - 본류 지방하천에 홍수위 상승 시 소하천 내 하천수를 강제배제토록 설치하는 구조물
③ 우수유출저감시설 - 강우 시 우수의 직접 유출을 억제하기 위하여 인위적으로 우수를 지하에 침투시키거나 저류시키는 시설
④ 유수지 - 유역에서 발생한 유출수를 일시적으로 저류하는 시설로 주로 빗물펌프와 연계 설치 및 운영

9 **우수유출저감시설 중 유출수문곡선의 첨두구간에서 만 일시적으로 저류할 수 있는 시설은?**

① 지역 내(On-site) 저류시설
② 지역 외(Off-site) 저류시설
③ 관거 내(On-line) 저류시설
④ 관거 외(Off-line) 저류시설

10 **지역 내(On-site) 저류시설이 아닌 것은?**

① 운동장 저류 ② 공원 저류
③ 관거 내 저류 ④ 단지 내 저류

11 **지역 외(Off-site) 저류시설의 구조형식이 아닌 것은?**

① 터널식 ② 댐식
③ 굴착식 ④ 지하식

12 **도심 침수방지를 위한 우수저류조 형식으로만 짝지어진 것은?** 19년1회 출제

① 배수식, 지하식
② 지하식, 굴착식
③ 굴착식, 사방식
④ 사방식, 지하식

6. 지역별 방재성능목표의 적용대상 시설: 소하천제방, 유수지, 하수관로, 소하천의 배수펌프장, 빗물펌프장, 도로의 배수로 및 길도랑, 우수유출저감시설, 고지배수로
7. 방재시설: 소하천정비법에 따른 소하천 부속물 중 제방·호안·보 및 수문
8. 빗물펌프장은 내수(유역 내 발생한 우수)를 지방하천 및 소하천으로 자연배제하기 어려운 지역에 설치하는 강제배제시설임
9. 관거 외 저류시설은 관거 내 수위가 일정수준 이상으로 상승 시 관거에 연결된 횡월류 웨어 등을 통해 저류시설로 유입되는 방식으로 첨두 홍수량을 감소시킬 수 있음
10. 관거 내 저류시설은 지역 외(Off-site) 저류시설임
12. 우수저류시설의 구조형식 : 댐식, 굴착식, 지하식

정답 5. ② 6. ① 7. ① 8. ② 9. ④ 10. ③ 11. ① 12. ②

13 **우수유출저감시설 중 Off-line 저류시설의 특성을 모두 고른 것은?**

> ㉠ 관거 또는 하도 내에 설치
> ㉡ 모든 강우발생빈도에 대해 유출저감 가능
> ㉢ On-line 저류시설에 비해 상대적으로 적은 실치 규모 필요
> ㉣ 유출수문곡선의 첨두 구간에서 일시적으로 저류하여 유역의 첨두 홍수량 감소

① ㉠, ㉡　　② ㉠, ㉣
③ ㉡, ㉢　　④ ㉢, ㉣

14 **다음 중 합리식으로 옳은 것은? (단, Q: 첨두홍수량(m^3/s), C: 유출계수, I: 강우강도(mm/hr), A: 유역면적(km^2))**

① $Q = 0.2778\frac{1}{C}IA$

② $Q = 2.778\frac{1}{C}IA$

③ $Q = 0.2778\,CIA$

④ $Q = 2.778\,CIA$

15 **XP-SWMM 모형의 소유역에 대한 기본가정이 아닌 것은?**

① 강우는 공간적으로 균등하게 분포
② 도달시간 내에서 강우강도는 변하지 않음
③ 강우지속기간은 도달시간을 초과
④ 유출은 주로 지표면 유출로 구성

16 **XP-SWMM 모형의 기본가정 중 분할된 소유역에 대한 가정이 아닌 것은?**

① 소유역 내 직접 연결된 불투수지역만 주요 강우기간 동안 직접유출에 기여
② 각 소유역은 유사한 지표면 특성을 가짐
③ 지표면 흐름이 집수로에 유입할 때 수직방향으로 유입
④ 소유역 유출은 해당 집수로에 유입되며 다른 유역으로 흐르지 않음

17 **방재시설물 분석·평가를 위한 도시 강우-유출모형의 적용 방법이 아닌 것은?**

① 관로의 저류효과와 수리학적 배수영향 등을 종합적으로 고려하여 분석 모형 선택
② 지형 여건 등을 종합적으로 고려 분석모형 선택
③ 침수시간·침수심·침수범위를 시·공간적으로 제시할 수 있는 ILLUDAS 모형 적용
④ 분석모형의 입력자료가 부족할 경우 합리식 또는 RRL모델 적용

18 **지역별 통합 방재성능 평가의 내용으로 옳은 것은?** 19년1회 출제

① 지역별 재해에 대한 위험성과 취약성을 고려하여 평가하고 있다.
② 재해취약요인은 지형적 요인에 관한 것으로 재해위험지구, 산사태위험면적, 수계밀도, 불투수면적 비율, 급경사지 위험지구 등이 있다.

15. 유역에 발생하는 강우강도는 적용된 강우의 시간분포 방법 등에 따라 변함
16. 소유역 내 모든 지역(불투수지역 + 투수지역)이 직접유출에 기여함
17. 침수시간·침수심·침수범위를 시·공간적으로 제시할 수 있는 모형은 XP-SWMM 모형임
18. 지역별 통합 방재성능 평가는 도시지역에 설치된 방재시설을 대상으로 방재시설의 성능이 지역별 방재성능목표에 부합 여부를 검토하여 재해의 위험성 및 취약성을 평가함

정답 13. ④ 14. ③ 15. ② 16. ① 17. ③ 18. ①

③ 피해규모는 최근 30년간 재해등급별 평균 피해액을 기준으로 한다.
④ 방재성능의 지표에는 하천재해, 내수재해, 사면재해, 해안재해 등이 있다.

19 지역별 방재성능 평가방법으로 옳은 것을 모두 고르시오.

> ㉠ 산정된 유역의 홍수유출량에 대한 방재시설의 처리 능력 평가
> ㉡ 도시지역에 설치된 방재시설의 성능 평가
> ㉢ 방재시설의 성능이 해당 지방자치단체에서 설정·공표한 「지역별 방재성능목표」에 부합 여부를 정량적으로 분석 및 평가
> ㉣ 도시 강우-유출모형을 활용한 내수배제시설의 성능 분석 및 평가

① ㉠, ㉡, ㉢　② ㉠, ㉡, ㉣
③ ㉡, ㉢, ㉣　④ ㉠, ㉡, ㉢, ㉣

20 방재시설에 대한 방재성능 평가 및 통합 개선대책 수립 시 연계 검토 및 활용하여야 할 제도가 아닌 것은?

① 저수지 비상대처계획
② 자연재해저감 종합계획
③ 우수유출저감대책
④ 하수도정비기본계획

21 방재시설의 방재성능평가표 작성방법이 아닌 것은?

① 침수원인 및 방재시설 등 종합적인 여건을 고려하여 작성
② 공표된 방재성능목표 강우량의 적정성 검토결과 기록
③ 해당 지역의 방재성능목표 기록
④ 침수 발생원인을 구체적으로 기록

22 방재시설물의 통합 개선대책 수립방향으로 틀린 것은?

① 1차적으로 유하시설은 하수도정비기본계획에서 제시한 통수 단면적 기준으로 확장 또는 신설 후 방재성능검토 재시행
② 유역의 녹지공간 및 침투시설의 설치가 어려운 경우 유하시설, 저류시설 및 배수펌프장의 신·증설계획을 수립
③ 유하시설의 확장 또는 신설계획을 수립 후 부족한 방재성능을 보완하기 위해 저류시설 등의 설치계획 수립
④ 하수도법에 따른 하수도기본계획과의 연계성 검토

23 지방자치단체에서 공표한 방재성능목표의 적용 대상지역이 아닌 것은?

① 주거지역　② 상업지역
③ 녹지지역　④ 농경지역

20. 비상대처계획(Emergency Action Plan, EAP) 수립대상 저수지는 방재시설에 포함되지 않으며, 비상대처계획은 저수지의 설계빈도를 초과하는 홍수 또는 그 밖의 비상상황에 대처하기 위한 계획을 수립하는 것으로 방재시설의 성능평가와는 무관함
21. 방재성능평가표는 지역 내 설치된 방재시설의 성능을 평가하기 위해 작성하는 것으로 방재성능평가 시 이미 공표된 방재성능목표의 적정성은 평가할 필요 없음
22. 유하시설, 저류시설 및 배수펌프장의 신·증설계획을 수립하기 어려운 경우 유역 대책시설(녹지공간 및 침투시설 등) 설치계획을 수립
23. 방재성능목표 대상지역 : 주거지역, 상업지역, 공업지역, 녹지지역

정답 19. ④ 20. ① 21. ② 22. ② 23. ④

24 **도시지역에 위치한 빗물펌프장 및 유수지의 방재성능 평가에 가장 적합한 강우-유출해석 모형은 어느 것인가?**

① 합리식
② RRL 모형
③ XP-SWMM 모형
④ TANK 모형

25 **방재성능 목표달성을 위한 통합 개선대책 수립에 포함되어야 할 사항이 아닌 것은?**

① 방재성능 평가결과
② 지역의 물순환시스템 개선대책
③ 개선대책에 필요한 예산 및 재원 대책
④ 방재시설의 경제성·시공성 등을 고려한 연차별 정비계획

26 **방재성능평가 결과에 따른 방재성능향상대책에 포함되어야 할 내용으로 틀린 것은?** 19년1회 출제

① 방재성능 평가 결과에 관한 사항
② 개선대책에 필요한 예산 및 재원 대책
③ 방재성능 향상을 위한 개선대책에 관한 사항
④ 그 밖에 대통령이 정하는 사항

27 **방재성능목표 달성의 여부에 대한 평가방법으로 옳은 것은?**

① 하천으로 방류되는 하수관거의 평가 시 하류단 경계조건으로 하천의 풍수위를 적용하였는지 검토한다.
② 하수관거 등 모든 방재시설물이 방재성능목표를 만족하는지 검토한다.
③ 본류 지방하천의 제방과 방재시설의 계획빈도가 동일하게 설정되었는지 검토한다.
④ 빗물펌프장의 계획빈도가 타 방재시설보다 크게 설정되었는지 검토한다.

28 **방재시설물 중 하수관거의 방재성능 분석·평가방법이 아닌 것은?**

① 하수관거 내 발생 가능한 토사퇴적을 고려한 방재성능 분석·평가 시행
② 지역별 방재성능목표 강우량 적용
③ 하류의 배수 영향으로 발생 가능한 침수에 대한 실질적인 모의를 위하여 하류단 경계조건으로 하천의 계획홍수위 적용
④ 방재성능 분석 시 배수펌프장, 유수지 등의 연계 방재시설과 동시 분석

29 **방재시설물 중 저류시설의 방재성능 분석·평가방법이 아닌 것은?**

① 합리식에 의한 홍수량 산정
② 분석 모형으로 XP-SWMM 모형 적용
③ 지역별 방재성능목표 강우량의 적용
④ 저류시설의 최대 저류량이 발생하는 강우의 지속기간을 임계지속기간으로 결정

26. 그 밖에 행정안전부장관이 정하는 사항

27. - 풍수위는 하천의 유량 중 1년 동안 95일간은 이것을 밑돌지 않는 하천의 수위로 계획홍수위 보다 낮은 수위임
- 하수관거가 하천으로 방류되는 경우 하류단 경계조건은 하천의 계획홍수위 또는 홍수시 시간-수위곡선을 적용
- 본류 지방하천의 제방은 방재성능목표의 적용시설이 아니므로 타 방재시설과 계획빈도를 동일하게 설정하지 않음
- 방재시설의 성능평가 시 각 시설별 설계빈도를 적용하고, 방재성능목표의 만족여부를 추가로 평가

29. 합리식 모형
- 유역의 유출수문곡선(저류시설 유입수문곡선) 작성 불가
- 첨두홍수량만 산정 가능

정답 24. ③ 25. ② 26. ④ 27. ② 28. ① 29. ①

30 **빗물 배수펌프장의 방재성능 분석·평가방법이 아닌 것은?**

① 해당 지방자치단체에서 설정·공표한 방재성능목표 강우량 적용
② 하수관로 내 저류효과 무시
③ 빗물펌프장 유입수문곡선 작성에 합리식 모형 적용
④ 분석 시 적용되는 하류단 경계조건으로 방류되는 (소)하천의 시간별 수위 자료 적용

31 **방재성능분석 모형 중 배수관로의 압력류를 모의할 수 있는 것은?**

① 합리식 ② ILLUDAS
③ RRL ④ XP-SWMM

32 **지자체에서 공표되는 방재성능목표 강우량의 지속기간은 1시간, 2시간 및 3시간이다. 방재성능 평가 시 임계지속기간 산정을 위하여 지속기간 10분, 20분 및 30분 등의 확률강우량이 추가 필요한 경우 방재성능 평가방법으로 적절한 것은?**

① 확률강우량을 재산정하고, 방재성능목표 강우량을 비교하여 방재성능목표 강우량보다 큰 확률강우량이 발생하는 재현기간의 확률강우량 적용
② 지역별 방재성능목표 강우량이 재현빈도 약 30년에 해당하므로 확률강우량을 재산정 후30년 빈도의 지속기간별 확률강우량 적용
③ 강우 지속기간 1시간, 2시간 또는 3시간 중에서 임계지속기간을 결정
④ 임계지속기간을 시설의 규모별로 소규모 1시간, 중규모 2시간 및 대규모 시설은 3시간으로 결정

33 **지역별 방재성능목표 설정 시 지방자치단체가 기후변화 할증률 상향 적용 여부를 검토 후 결정할 수 있도록 권고한 할증률의 설명으로 맞는 것은?**

① 기본 할증률 5% 적용
② 관심지역 할증률 8% 적용
③ 주의지역 할증률 10% 적용
④ 경계지역 할증률 12% 적용

제2장 방재성능개선대책 수립

34 **방재성능목표 설정 및 공표방법으로 틀린 것은?**

① 행정안전부장관이 제시한 방재성능목표로 설정 및 공표
② 지역특성을 고려하여 행정안전부장관이 제시한 지역별 방재성능목표 설정기준과 다르게 설정 및 공표
③ 방재정책 추진 시 활용할 10년 단위 방재성능목표 설정
④ 방재성능목표를 공표한 날로부터 10년마다 타당성 검토 실시 및 재공표

30. 합리식 모형
- 유역의 유출수문곡선(펌프장의 유입수문곡선) 작성 불가
- 첨두홍수량만 산정 가능

31. XP-SWMM 모형: 수리구조물로 인한 월류, 배수효과, 압력류, 지표면 저류 등의 수리현상 및 관로 내 수질변화 모의 동시 수행 가능

33. - 기후변화 시나리오 분석 결과를 통해 지역별 기후변화 할증률을 5단계로 구분(기본 할증률 0%, 관심지역 할증률 5%, 주의지역 할증률 8%, 경계 12% 및 심각 15%)
- 지자체별로 할증률 상향 적용 여부를 검토 후 결정할 수 있도록 권고

정답 30. ③ 31. ④ 32. ① 33. ④ 34. ④

35 **방재시설물 중 하수관거의 성능 부족에 대한 개선대책이 아닌 것은?**

① 하수관거의 관경 증대
② 하수관거의 경사 조정
③ 상류부 우수저류시설 설치
④ 역류 방지시설 설치

36 **통합 방재성능개선대책 수립 방법이 아닌 것은?**

① 방재성능평가 결과 계획 방재시설 성능이 부족한 경우 방재시설의 계획 규모 증대 후 방재성능 분석 재시행
② 방재성능목표를 적용하여 계획 방재시설별 방재성능 평가 및 검토
③ 기존 및 계획 방재시설의 배수 능력 비교·검토
④ 기존 방재시설의 성능 평가결과 내수침수가 미소하게 발생하는 경우 비구조물적 대책 수립

37 **본류 하천의 홍수위가 제내 측 지반고보다 높아 상습 내수침수가 발생하는 지역의 방재성능개선대책이 아닌 것은?**

① 우수관거의 관경 증대
② 역류 방지시설 설치
③ 빗물펌프장 및 유수지 설치
④ 고지배수로 설치

38 **빗물 배수펌프장의 용량 부족에 의해 발생하는 내수침수의 해소 대책이 아닌 것은?**

① 빗물 배수펌프 증대
② 유수지 증대
③ 고지배수로 설치
④ 빗물 배수펌프장 유입관로 증대

39 **특정 유역의 방재성능목표 달성을 위하여 방재시설물 신설 계획 수립 시 필요한 적정성 평가항목이 아닌 것은?**

① 경제성 ② 시공성
③ 내구성 ④ 안정성

40 **방재시설물의 특성에 대한 설명으로 틀린 것은?**

19년1회 출제

① 기능성이란 방재시설물이 재해경감에 어떠한 기능과 역할을 담당하고 있는지를 분석·평가하는 것이다.
② 안정성이란 재해로 인한 안전 확보여부 및 재해 재발 방지 여부를 정성적, 정량적으로 평가하는 것이다.
③ 시공성이란 방재시설물에 최적화된 기획, 설계, 유지관리 등에 이르기 위한 시공능력을 평가하는 것이다.
④ 경제성이란 방재시설물의 붕괴 시 인명·재산 등의 돌이킬 수 없는 피해가 따르므로 가능한 한 재해복구비용을 감소시킬 수 있는 정도를 평가하는 것이다.

35. - 우수저류시설의 설치를 통해 하류지역에 설치된 하수관거의 부담 감소 가능
- 역류방지시설 설치를 통해 외수위의 역류는 방지 할 수 있으나 근본적인 하수관거의 성능 부족은 해소할 수 없음

36. 비구조물적 대책은 방재성능목표를 초과하는 강우발생 시의 대처방안으로 수립

37. - 외수위의 영향으로 내수의 자연배제가 어려운 경우 강제배제시설(빗물펌프장, 역류방지시설) 설치
- 고지배수로 설치를 통해 강제배제시설의 부담 경감 가능
- 외수위와 무관하게 단순 우수관거의 통수능이
- 부족한 경우 관거증대를 통해 방재성능 개선 가능

38. - 유수지 증대 및 고지배수로 설치를 통해 빗물펌프장의 부담 경감 가능
- 빗물펌프장 유입관로 증대는 빗물 배수펌프의 성능이 최대한 가동되지 않는 경우 시행

40. 경제성이란 계획하고 있는 사업의 경제적 효율성을 분석하여 투자의 타당성을 검토하는 것이다.

정답 35. ④ 36. ④ 37. ① 38. ④ 39. ③ 40. ④

41 **방재성능개선대책사업 대상 선정 시 고려사항이 아닌 것은?**

① 주민호응도　② 경제성
③ 재해저감성　④ 시공성

제3장 방재성능개선대책 시행계획 수립

42 **방재성능목표 달성 방법으로 저류시설의 설치계획 수립이 적합하지 않은 지역은?**

① 유하시설의 개선 보다 저류시설의 설치가 경제적인 지역
② 본류의 배수위 영향을 받는 하류부의 저지대 지역
③ 상류부의 저류시설 설치에 따른 하류부 유하시설의 성능부족 해소가 가능한 지역
④ 개선된 유하시설의 성능부족을 저류시설의 설치로 해소 가능한 지역

43 **다음 내용의 ( )에 들어갈 내용으로 옳은 것은?**

방재성능목표의 설정은 (㉠)이 실시하는 것으로, 방재정책 추진 시 활용할 (㉡) 단위의 방재성능목표를 설정하는 것이다.

① ㉠ 행정안전부장관　㉡ 10년
② ㉠ 행정안전부장관　㉡ 5년
③ ㉠ 지방자치단체의 장　㉡ 10년
④ ㉠ 지방자치단체의 장　㉡ 5년

44 **방재성능목표의 타당성 검토 시 고려사항이 아닌 것은?**

① 지역의 강우특성
② 기존 교량의 방재성능
③ 방재성능목표 달성을 위한 지역별 투자여력
④ 배수유역 및 배수시설의 특성

45 **다음 표를 참고하여 방재성능 통합 개선대책의 수립절차로 옳은 것은?**

㉠ 유출량 산정 ㉡ 개선대책 사업비 및 홍수 부담량 결정 ㉢ 기존 시설의 방재성능평가 실시 ㉣ 필요시 추가 방재시설 위치 및 규모 결정 ㉤ 방재성능목표 확인 ㉥ 사업 최적안 결정

① ㉠ → ㉢ → ㉤ → ㉣ → ㉡ → ㉥
② ㉠ → ㉢ → ㉣ → ㉡ → ㉤ → ㉥
③ ㉤ → ㉠ → ㉢ → ㉣ → ㉡ → ㉥
④ ㉤ → ㉠ → ㉢ → ㉡ → ㉣ → ㉥

46 **기존 빗물펌프장의 용량부족에 따른 침수 발생 시 개선대책으로 적절하지 않은 것은?**

① 기존 빗물펌프장의 용량 증설

41. - 사업 대상 선정 시 고려사항: 토지이용상태, 경제성, 시공성, 주민호응도, 재해이력, 피해액, 불투수비율, 유역평균경사 등
- 재해저감성: 방재성능개선대책 수립의 적정성 평가 시 고려

42. 본류의 배수위 영향을 받는 하류부 저지대 지역에 저류시설 계획 시 본류 유량의 역류 또는 자체유량의 대부분을 저류할 수 있는 규모가 큰 저류지가 필요하게 되어 경제성이 낮음. 이러한 지역에는 빗물펌프장 또는 고지배수로의 계획이 적합함

43. 방재성능목표는 방재정책 추진 시 활용할 10년 단위의 강우량을 설정·공표하는 것이며, 공표한 날부터 5년 마다 그 타당성을 검토하여 필요시 설정·공표된 방재성능목표를 변경함

44. 교량은 방재성능목표 적용 대상 시설이 아니므로 타당성 검토 시 고려사항이 아님

46. - 빗물펌프장은 강제배제시설로 외수위의 상승에 따라 저지대의 내수를 배제하지 못하는 지역에 설치
- 유수지의 용량이 커질수록 빗물펌프의 소요용량은 작아짐
- 고지배수로 설치에 따라 고지유역에서 발생한 내수를 본류 하천으로 직방류하여 빗물펌프의 소요용량은 작아짐
- 하수관거는 자연배제시설로 관거의 증대 또는 증설을 하여도 외수위에 의해 내수의 배제가 이루어지지 않으므로 개선대책이 될 수 없음

정답 41. ③ 42. ② 43. ③ 44. ② 45. ③ 46. ④

② 빗물펌프장과 연결된 유수지의 용량 증설 또는 신규 설치
③ 고지배수로 설치에 따른 고지 및 저지유역 분리
④ 하수관거의 증설

47 **방재성능개선대책 수립 방법으로 옳은 것을 모두 고르시오.**

> ㉠ (소)하천으로 유입하는 하수관거의 방재성능목표 달성 여부를 평가할 때 하류단 경계조건으로 홍수 시 (소)하천의 시간별수위곡선을 적용한다.
> ㉡ 하수관거 및 빗물펌프장의 계획빈도를 동일하게 설정한다.
> ㉢ 본류 지방하천의 제방과 방재시설의 계획빈도와 계획시설의 설계빈도를 동일하게 설정한다.
> ㉣ 빗물펌프장의 설계빈도를 타 방재시설보다 크게 설정한다.

① ㉠, ㉡
② ㉠, ㉣
③ ㉡, ㉢
④ ㉡, ㉢, ㉣

48 **방재성능개선대책의 경제성 평가 시 사업비 산정에 포함되지 않는 것은?**

① 토지보상비용
② 침수지역관리비용
③ 유지관리비용
④ 건설비용

49 **방재성능개선대책사업의 시행계획 수립 시 고려사항이 아닌 것은?**

① 사업의 경제성 및 시공성
② 주민 호응도
③ 지역의 하천 정비율
④ 과거 재해 발생 이력

50 **방재성능 향상을 위한 통합 개선대책 사업의 시행계획 수립 방법으로 옳은 것은?** 19년1회 출제

① 방재시설의 경제성, 시공성 등을 고려한 연차별 정비계획을 수립한다.
② 사업비가 작은 사업을 우선 시행할 수 있도록 수립한다.
③ 주민 숙원사업을 우선으로 시행한다.
④ 피해 발생빈도가 잦은 순으로 시행한다.

51 **지자체에서 공표한 방재성능목표의 달성을 위한 개선대책 시행의 대상사업 선정 시 고려사항이 아닌 것은?**

① 사업지구현황
② 계획강우량
③ 사업의 경제성
④ 산사태 위험성

47. - 지방하천의 제방은 방재성능목표 적용대상이 아니므로 방재시설을 지방하천 제방의 계획빈도와 동일하게 설정하지 않음
- 빗물펌프장은 방재성능목표 적용대상 시설로 타 방재시설과 동일한 방재성능목표(설계빈도) 적용
48. 침수지역관리비용: 방재성능개선대책 수립에 따라 절감되는 비용으로 간접편익으로 분류
50. 방재성능개선대책사업은 토지이용상태, 경제성, 시공성 등을 고려하여 작성된 사업 대상 선정 및 순위표를 활용하여 연차별 정비계획을 수립
51. 방재성능목표의 달성을 위한 개선사업은 홍수 및 호우 등에 의한 재해를 예방하기 위한 사업으로 산사태 발생의 위험성과는 무관함

정답 47. ① 48. ② 49. ③ 50. ① 51. ④

52 **방재성능개선대책사업의 시행계획 수립방법으로 옳은 것을 모두 고르시오.**

> ㉠ 사업의 경제성, 시공성 등을 고려하여 연차별 정비계획을 수립
> ㉡ 과거 피해 발생지역을 최우선적으로 시행
> ㉢ 사업비가 작은 사업 순으로 우선 시행
> ㉣ 주민호응도를 고려한 사업 대상 선정 및 연차별 정비계획 수립

① ㉠, ㉡
② ㉠, ㉣
③ ㉡, ㉢
④ ㉢, ㉣

53 **방재성능개선대책의 경제성 평가 시 사업비 산정에 포함하지 않는 것은?**

① 토지보상비용
② 건설비용
③ 유지관리비용
④ 민원처리비용

54 **방재성능 개선대책의 경제성 평가 시 사업비 산정에 포함되지 않는 것은?** 19년1회 출제

① 토지보상비용
② 유지관리비용
③ 폐기비용
④ 서비스 손실비용

55 **방재성능목표 달성을 위한 통합 개선대책 수립방법으로 틀린 것은?**

① 하수관로는 하수도정비기본계획에서 제시한 통수 단면적을 기준으로 확장 또는 신설계획 수립
② 방재성능목표 달성을 위한 기존 배수펌프장의 펌프 용량 증대 시 공사비가 과다하게 산정되는 경우 대안으로 고지배수로 설치 검토
③ 저류시설 또는 배수펌프장 설치가 어려운 지역은 유역대책시설로 녹지공간 및 침투시설 등의 설치 계획 수립
④ 비구조적 대책을 먼저 수립 후 부족한 부분에 대하여 구조적 대책 수립

56 **방재성능개선대책사업의 시행에 필요한 예산 및 재원 대책 마련 방법이 아닌 것은?**

① 중기투자계획과 연간 예산확보 규모를 고려한 신규예산확보로 방재성능개선대책사업을 추진한다.
② 기본적으로 신규 예산확보로 방재성능 통합 개선대책 사업을 추진한다.
③ 신규 예산확보가 어려운 경우 방재 관련 타 사업으로 방재성능개선대책을 시행한다.
④ 사업시행에 다른 혜택을 받는 시민(군민)에게 사업비의 일부를 부담시켜 조속히 사업을 시행한다.

52. 방재성능의 개선대책 사업의 연차별 시행계획 수리방법: 경제성, 시공성 등을 고려하여 순위를 결정하고, 높은 순위에 해당되는 지역을 최우선적으로 시행토록 연차별 계획 수립
54. 서비스 손실비용은 비용(사업비)이 아닌 간접편익으로 구분
55. 방재성능목표 달성을 위한 통합 개선대책 수립의 기본방향 : 저류시설 또는 배수펌프장 설치(신설·증설) 등의 구조적 대책을 먼저 수립하고 구조적 대책의 수립이 어려운 지역에 대해 예·경보시스템 도입 등 비구조적 대책을 추가로 수립

정답 52. ② 53. ④ 54. ④ 55. ④ 56. ④

57 **침수면적 0.3km^2, 사망 손실 원단위 260,000,000원/명, 부상 손실 원단위 50,000,000원/명, 침수면적당 사망 손실 인명수 5.9명/km^2, 부상 손실 인명수 0.7명/km^{2}일 때 인명손실 피해액은? (단, 개선법 적용, 홍수빈도율 0.5)**

① 235,350,000원
② 23,535,000원
③ 920,400,000원
④ 92,040,000원

58 **방재성능목표 달성을 위한 방재시설물의 설치 계획 수립 방법으로 틀린 것은?**

① 저류 시설물 계획 시 시설의 규모 및 위치를 결정하여 타 대책과 설치 효과 및 사업비 등을 비교하여 계획의 적정성 평가
② 지역의 지형 및 수리 특성 등을 고려하여 방재시설의 설치 위치 선정
③ 현지 여건상 배수펌프장의 증설이 어려운 경우 기존 하수관로의 증대 계획 수립
④ 하수관로의 규모 결정은 하수도정비기본계획에서 제시된 하수관로의 신설·확장 계획을 우선 적용

57. - 사망자 피해액 = 5.9명/km^2 × 2억 6천만 원/명 × 0.3km^2 × 0.5 = 230,100,000원
- 부상자 피해액 = 0.7명/km^2 × 5천만 원/명 × 0.3km^2 × 0.5 = 5,250,000원
- 인명피해액 = 사망자 피해액 + 부상자 피해액 = 235,350,000원

58. 배수펌프장의 설치가 필요한 지역은 지반고가 외수위(방류부 하천의 계획홍수위) 보다 낮은 지역으로 단순히 하수관로의 규모를 확대하는 방법으로는 침수해소가 어려우므로 고지배수로 설치 등의 타 방법 검토

정답 57. ① 58. ③

제4과목

재해 대책

제1편 재해저감대책 수립

제2편 재해지도 작성

제4과목

제1편

재해저감대책 수립

제1장

재해영향저감대책 수립

제1편
재해저감대책 수립

재해영향저감대책 수립은 방재안전대책 직무 수행에서 발생 가능한 재해유형에 대하여 재해영향성 분석을 근간으로 재해위험 해소 및 저감방안을 구조적 및 비구조적으로 수립하는 데 목적이 있다. 따라서 본 장에서는 개발사업에 시행에 따라 예상되는 재해요인을 개발 전·중·후로 구분하여 예측하고 예측된 위험요소를 해소할 수 있는 경제적이고 효율적인 재해영향저감대책 방안을 수록하였다.

1절 해당 지역의 예상 재해요인 예측

1. 재해영향평가 등의 협의제도 개요

(1) 용어의 정의

① 재해영향평가 등의 협의제도는 개발계획 등이 수립·허가되는 과정에서 개발행위로 인하여 유역에 미치는 재해영향을 사전에 평가하고 홍수, 내수, 사면, 지반, 지진, 해안, 바람 등 재해 유형별 피해와 피해를 유발하는 증가요인을 분석하여 그 요인들을 최소화하는 방향으로 추진하도록 하는 제도

② 재해영향평가 등의 협의 관리체계는 크게 다음과 같은 세 가지의 수단을 가지는 제도

㉠ 개발에 따른 홍수와 토사유출량의 증대로 인한 하류지역 피해 및 사면불안정으로 인한 재해요인을 최소화하는 예방적 수단

㉡ 예방적 수단에 의한 억제에도 불구하고 발생 가능한 피해는 강제적인 규제조치를 통하여 방지하는 규제적 수단

㉢ 평가를 통하여 승인된 계획을 통하여 개발이 완료된 이후 발생할 수 있는 천재지변에 의한 피해에 대해서는 분쟁조정과 피해배상의 부분을 포함하는 구제적 수단을 포함하는 제도

(2) 대상 사업의 종류 및 범위

① 재해영향평가 등의 협의는 「자연재해대책법」에 따라 국토·지역계획 및 도시의 개발, 산업 및 유통 단지 조성, 에너지 개발, 교통시설의 건설, 하천의 이용 및 개발, 산지 개발 및 골재 채취, 관광단지 개발 및 체육시설 조성, 그 밖에 자연재해에 영향을 미치는 계획 및 사업으로

★
재해영향평가 등의 협의제도
개발행위로 인한 재해영향을 사전에 평가하고, 그 요인들을 최소화하는 방안을 마련하는 제도

서 대통령령으로 정하는 계획 및 사업을 대상으로 함

② 재해영향평가 등의 협의 대상사업의 종류 및 범위는 동법 시행령 별표 1에서 규정한 사업으로 함

재해영향평가 등의 협의 대상상업의 종류 및 범위

재해영향평가 등의 협의 대상사업		사업의 종류	규모
행정계획	재해영향성 검토	47개 종류 (37개 법령)	규모에 관계없음
개발사업	재해영향평가	59개 종류 (47개 법령)	(면적) 5만m^2 이상 (길이) 10km 이상
	소규모 재해영향평가		(면적) 5천m^2 이상 5만m^2 미만 (길이) 2km 이상 10km 미만

(3) 협의절차

① 개발계획 등을 하고자 하는 행정기관 또는 사업자는 재해에 관한 영향을 검토한 내용이 포함된 해당 사업계획서를 승인기관에 제출하여야 함

② 이후 협의절차는 다음과 같은 재해영향평가 등의 협의 이행 절차도에 따름

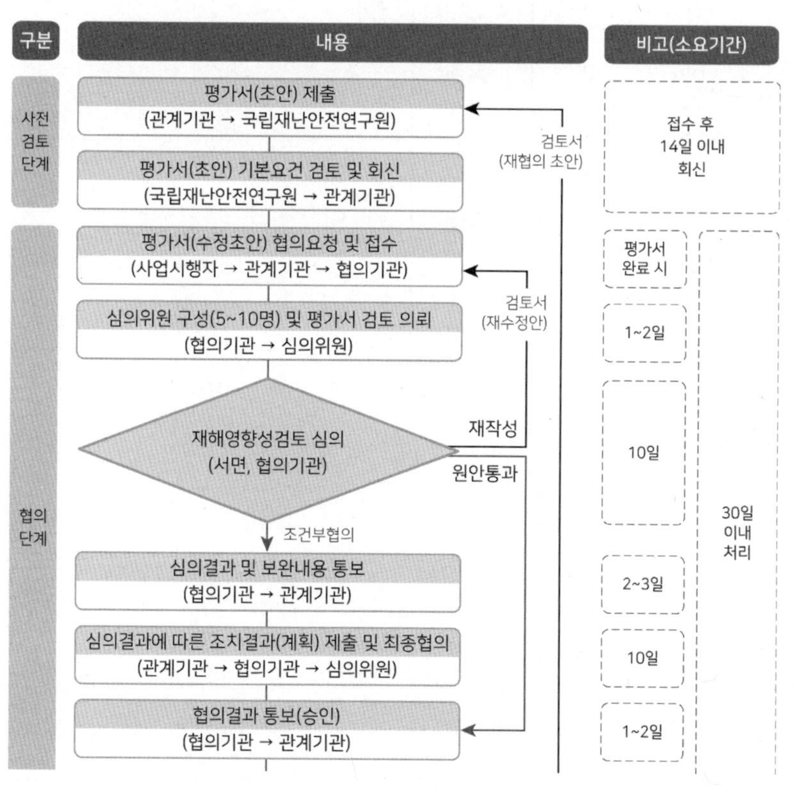

★
- 행정계획: 재해영향성 검토(규모에 관계없음)
- 개발사업: 재해영향평가, 소규모 재해영향평가(규모에 따라 구분)

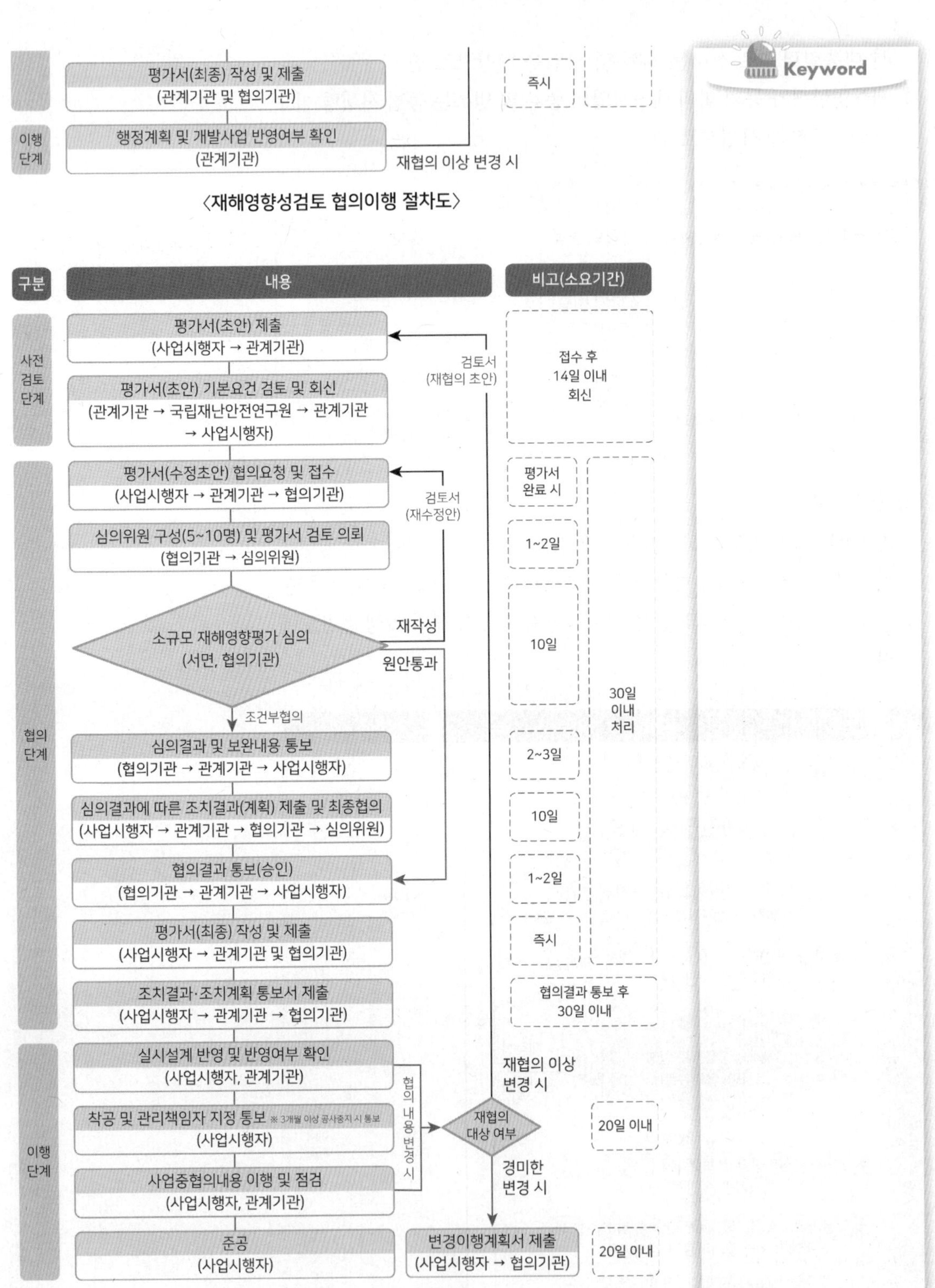

〈재해영향성검토 협의이행 절차도〉

〈소규모 재해영향평가 협의이행 절차도〉

Keyword

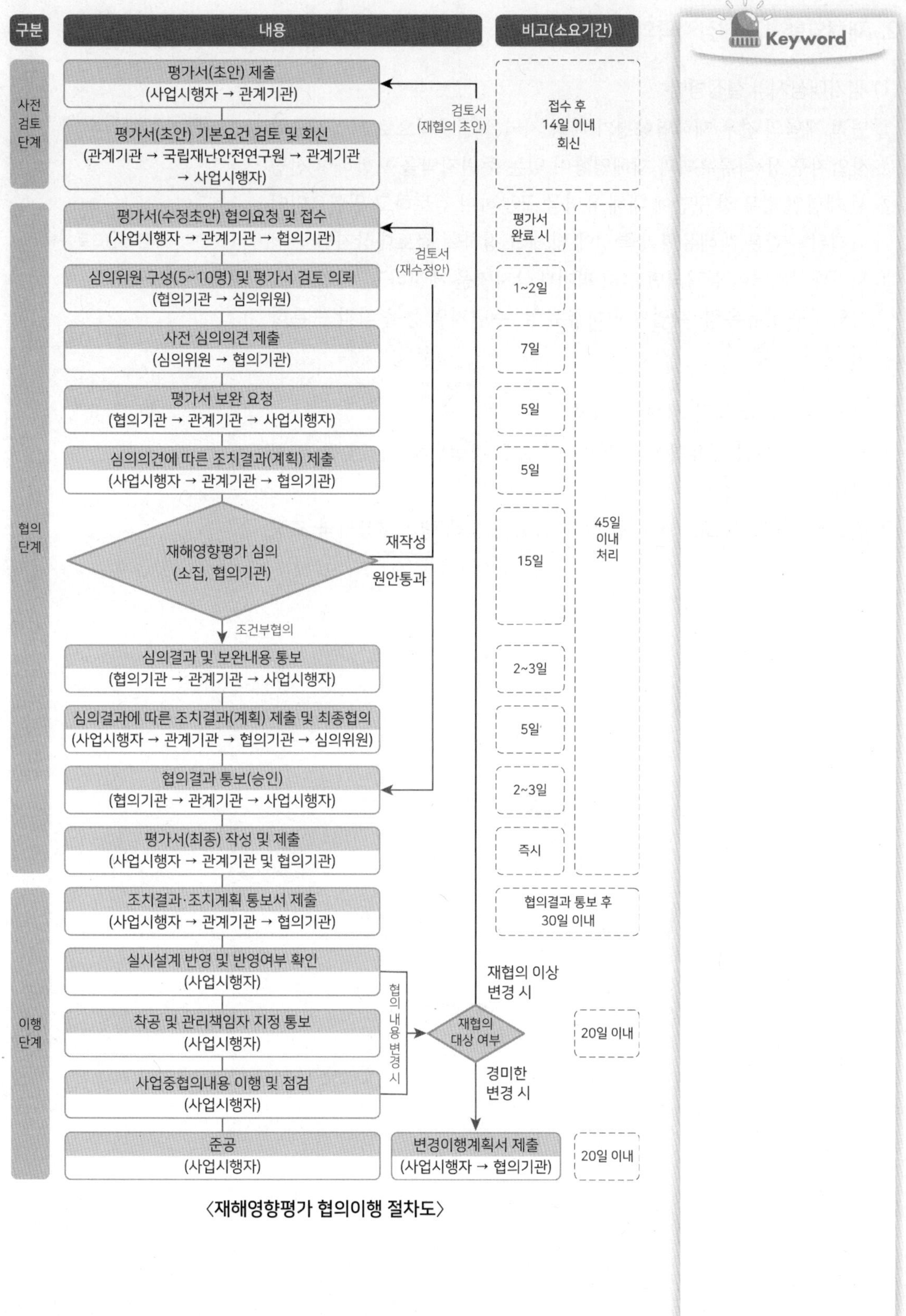

〈재해영향평가 협의이행 절차도〉

Keyword

2. 재해영향평가 대상지역의 설정

(1) 평가대상지역 설정방법

① 면적 개념의 경우 재해영향평가 대상 지역은 일반적으로 사업지구와 사업지구 상·하류유역과 재해영향이 있는 주변지역을 포함하여 선정

② 선 개념인 경우 전 구간에 대해 유역을 구분하여 검토하고 위험요인이 내재된 구간은 재해유형별 특성에 맞게 조정하여 검토대상지역 선정

③ 평가대상지역이 설정되면 전체 평가대상지역을 제시하고, 사업지구, 사업지구 상류유역, 사업지구 하류유역, 주변지역 등을 각각 구분하여 제시

(2) 면적 개념 사업 평가대상지역 설정

① 사업지구 상·하류 유역이나 주변지역 등을 광범위하게 검토한 후 평가대상지역을 설정

② 필요시 재해발생 요인에 대한 상세 검토를 통해 평가대상지역 조정

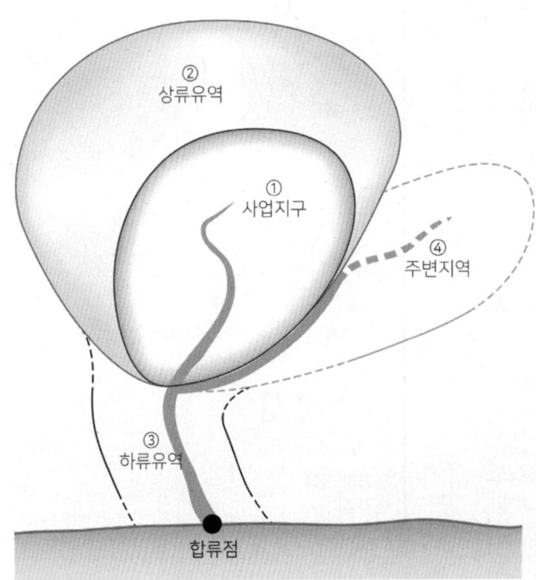

★ 재해영향평가 대상지역의 설정

★ 대상지역의 특성에 따라 면적, 선, 점 개념으로 분류

면적 개념 사업의 평가대상지역 설정방법

구분		평가 대상 지역 설정			
		사업지구 내	사업지구 외		
		① 사업지구	② 상류유역	③ 하류유역	④ 주변지역
저감대책	홍수유출량 증가량 저감	●	●	◐	○
	토사유출량 증가량 저감	●	●	×	×
	사면안정성 확보	×	●	○	○
저감방안	하천재해	●	●	◐	○
	내수재해	●	●	◐	○
	사면재해	●	×	×	×
	토사재해	●	●	○	○
	바람재해	●	×	×	×
	해안재해	●	○	◐	×
	기타 재해	●	●	○	○

주) ●는 설정, ◐는 대부분 설정, ○는 해당되는 경우만 설정, ×는 해당없음을 의미

③ **면적 개념 사업의 평가대상지역 설정에서 고려해야 할 사항**

㉠ 저감대책 측면에서 사업지구, 사업지구 상류유역, 하류유역, 주변지역 등으로 구분하여 설정한 다음, 재해유형별 저감방안 수립 측면에서 고려가 필요한 부분이 발생하면 추가로 설정

㉡ 저감대책의 사면안정성 확보 관련 평가 대상 지역 설정에서 사업지구는 실시설계에서 수행하기 때문에 제외되는 반면, 저감방안의 사면재해 평가 대상 지역 설정에서는 사업지구만으로 국한

㉢ 토사유출량 증가량 저감과 일반 토사재해는 개념이 상이하여 저감대책과 저감방안으로 완전히 구분되므로 평가대상지역도 다르게 설정

㉣ 면적으로 구분하기 곤란한 하천이나 관거 또는 해안은 선(또는 점)으로 설정

㉤ 초기에는 설정, 대부분 설정, 해당되는 경우만 설정, 해당없음 등 네 가지로 구분하여 시작하지만 최종 평가대상지역 설정 결과에는 설정과 해당없음 등 두 가지로만 구분

㉥ 하류유역이나 주변지역은 상세검토에서 저감대책이나 저감방안이 발생하는 경우에는 실선으로 표시하고 평가대상은 존재하지만

저감대책이나 저감방안이 전혀 없는 경우에는 파선으로 표시

(3) 선 개념 사업 평가대상지역 설정

① 선 개념 사업으로 구분된 경우라도 면적 개념이 포함된 지역의 경우 면적 개념 방법을 적용

② 선 개념 사업의 평가대상지역 설정은 저감대책과 저감방안으로 구분하여 설정

선 개념 사업의 평가대상지역 설정방법

구분		설정방법
저감대책	홍수유출량 증가량저감	도로 및 철도 구역만 평가대상지역으로 우선 설정(노선상의 홍수유출량 증가량 산정)
	토사유출량 증가량저감	전체 구간 및 전체 유역을 평가대상지역으로 설정하고 향후 침사지 설치 위치에 따라 구간 분리
	사면안정성 확보	자연사면 및 기존 인공사면 중 노선상에 유발하는 재해위험도가 높다고 판단되는 지역을 포함하는 유역을 평가대상지역으로 설정
저감방안	하천재해	하천 및 수로가 통과하는 지점 상·하류 구간을 포함하는 유역을 평가대상지역으로 설정
	내수재해	암거 상류 및 하류 구간을 포함하는 유역을 평가대상지역으로 설정
	사면재해	인공사면을 포함하는 유역을 평가대상지역으로 설정
	토사재해	기존 토사재해 이력이 있는 유역을 평가대상지역으로 설정
	바람재해	설계풍속 검토를 통하여 내풍설계가 필요한 지역을 평가대상지역으로 설정
	해안재해	해안재해가 예상되는 지역을 평가대상지역으로 설정
	기타 재해	저수지 붕괴 등으로 인한 피해가 예상되는 유역을 평가대상지역 으로 설정

3. 기초현황 조사

(1) 유역 및 배수계통 조사

① 유역조사

▷ 사업지구, 사업지구 상류유역, 하류유역, 주변지역으로 구분하여 조사

▷ 유역의 기하학적인 특성인자인 유역면적, 유역경사, 형상계수 등을 개발 전·중·후를 구분하여 제시

② 배수계통 조사

- ▷ 유역의 지표수 흐름의 방향을 검토할 수 있도록 유수흐름도를 개발 전·중·후로 구분하여 제시
- ▷ 사업지구 내·외 하천현황 및 저수지, 수로, 우수관거 현황을 조사하여 도표 형태로 제시
- ▷ 수지, 하천, 수로, 우수관거 등의 현황조사 결과를 토대로 배수계통도를 개발 전·중·후로 각각 제시

(2) 수문특성 조사

① 조사 대상 유역 내외의 기상관측소, 수위관측소, 조위관측소 등의 수문관측소 현황 조사

② 가급적 해당 시·군 내에 위치하는 기상관측소를 선정하며, 후술되는 강우 분석 등에 사용되는 우량관측소 선정과는 다른 개념으로 접근

(3) 토질 및 지질 현황 조사

① 지질도는 한국지질자원연구원 등 공공기관에서 제공하는 자료 활용

② 사업지구 내 지질계통 암상별 특성 등 지질현황 조사

③ 사업지구 내 지반조사 자료가 없는 경우 대상지역 인근의 지반조사 자료 최대한 조사

(4) 사면현황 조사

① 기초현황 조사의 사면현황 조사는 문헌조사에 국한

② 조사 지역은 사업지구 및 상류유역 조사

③ 사업지구, 사업지구 진입도로 등의 재해위험도가 가중되는 주변지역의 자연사면, 기존 인공사면, 옹벽 및 축대 등이 존재하는 유역을 추가 조사

(5) 재해발생 현황 조사

① 개발사업 이후에도 잔존하는 재해위험을 중점 조사

② 사업지구 및 인근 지역의 시설물정보관리종합시스템(FMS), 국가재난정보관리시스템(NDMS)에서 관리되는 재난취약요소 등을 분석하여 재해발생 이력 및 현재 상태 조사

③ 행정안전부 재해연보 및 해당 자치단체에서 발행한 수해백서, 재해지도 등 문헌조사로 최근 10년 동안 사업지역과 인근 지역에서 발생한 재해현황 조사

④ 지자체 재해대장을 활용하여 읍·면·동 위주로 사업지구와의 연관성 제시

★
재해 발생현황 조사
- 최근 10년간
- 사업대상지 현황
- 지진 발생현황
- 지역주민 설문조사 등

⑤ 인근 지역주민 대상으로 탐문조사 실시
⑥ 침수관련 재해는 침수흔적도 조사
⑦ 산사태와 토석류로 인한 피해가 발생한 지역은 현장사진에 발생시각, 발생원인, 붕괴범위(피해범위 포함) 등을 표기

(6) 재해관련 지구지정 현황 조사
① 「자연재해저감종합계획」, 지자체의 위험지역 지정·관리 정보 등 관련 자료 활용
② 관련 법령에 의하여 지정·관리되는 자연재해위험지역* 등에 대하여 개발지역과의 연관성을 고려하면서 조사

(7) 방재시설 현황 조사
「자연재해대책법 시행령」 제55조에 따른 방재시설로 「소하천정비법」, 「하천법」, 「국토의 계획 및 이용에 관한 법률」, 「하수도법」, 「농어촌정비법」, 「사방사업법」, 「댐건설 및 주변지역지원 등에 관한 법률」, 「도로법」, 「재난 및 안전관리 기본법」, 「항만법」, 「어촌·어항법」, 그 밖에 행정안전부장관이 방재시설의 유지·관리를 위하여 필요하다고 인정하여 고시하는 시설 등에서 제시하고 있는 시설물에 대하여 조사

(8) 관련계획 조사
사업지구 및 인근지역의 관련 각종 부문별 계획을 조사하여 해당 사업과 관련되는 부분 수록

(9) 드론 촬영
① 드론 촬영 사진은 사업시행자가 제공(촬영이 불가능한 제한구역 등은 사유 제시)
② 촬영일시, 촬영장소(구역) 및 추가 필요사항 등을 제시

4. 재해영향 예측 및 평가

(1) 저감대책 수립 대상 재해 유발 요인 선정 및 설계빈도 결정
① 재해영향을 예측 및 평가, 저감대책 수립 항목: 홍수유출량 증가량, 토사유출량 증가량 및 사면관련 재해위험도 증가 등 3개 항목
② 설계빈도: 영구구조물은 50년 빈도 이상, 임시구조물은 30년 빈도 이상
③ 사면관련 저감대책 수립 대상: 사업지구 외에 위치하고 있는 자연사면, 기존 인공사면, 축대 및 옹벽 등에 국한

★
관련 법령에 의하여 지정·관리되는 재해위험지역
①「자연재해대책법」: 자연재해저감 종합계획의 위험지구 및 관리지구, 자연재해위험개선지구(상습침수지구, 붕괴위험지구, 고립위험지구, 노후시설지구, 유실위험지구, 해일위험지구)
②「하천법」 및 「소하천정비법」: 국가·지방하천 및 소하천
③「급경사지 재해예방에 관한 법률」: 붕괴위험지역
④「소규모공공시설 안전관리 등에 관한 법률」: 소규모위험시설
⑤「저수지·댐의 안전관리 및 재해예방에 관한 법률」: 재해위험저수지·댐
⑥「산림보호법」: 산사태 취약지역, 산림보호구역(재해방지보호구역) 등
⑦「하수도법」: 하수도정비중점관리지역 등

★
관련 계획 조사를 통해 현황 및 문제점 파악

★
재해영향 예측 및 평가

★
설계빈도
- 영구구조물: 50년 이상
- 임시구조물: 30년 이상

④ 저감대책을 수립하지 않는 기타 재해 유발 요인
㉠ 자연재해 저감 및 방재 측면에서 검토
㉡ 재해영향 저감대책 수립 및 저감방안 중 저감방안 제안에 해당

(2) 홍수유출해석

① **강우분석**

㉠ 강우관측소 선정
- ▷ 해당 개발사업 대상지와 인접한 지역을 우선으로 하되, 해당 시·군 전체에 걸쳐 하나의 동일한 기준이 적용될 수 있도록 선정
- ▷ 사업지구 시·군 내에 충분한 시우량 자료(최소 30개년 이상)를 확보한 기상청 관할 관측소를 선정
- ▷ 사업지구와의 거리, 표고의 유사성, 충분한 시우량 자료 보유 여부, 동일 수계 여부, 내륙성 또는 해양성 구분에 따른 동일 기후 여부 등을 고려하여 선정
- ▷ 사업지구 해당 시·군 내에 적절한 우량관측소가 없는 경우 인근 우량관측소 중에서 하나를 선정하거나 여러 우량관측소를 선정하여 평균하는 방법 적용
- ▷ 제주도 등과 같이 확률강우량 산정 시 고도보정이 필요한 경우 관측소별로 확률강우량을 산정하여 등우선의 형태로 나타낸 지점평균확률강우량 산정
- ▷ 선 개념 사업에서 단일 우량관측소로 전체 구간을 대변할 수 없는 경우에는 구간별 대표 관측소 선정

㉡ 강우량 자료 수집
- ▷ 10분, 60분, 고정시간 2~24시간(1시간 간격)의 지속기간에 대한 연 최대치 강우량 수집
- ▷ 고정시간 강우량 자료는 환산계수를 적용하여 임의시간 강우량 자료로 환산하여 사용

㉢ 확률강우량 산정
- ▷ 확률강우량 산정방법으로 확률분포함수의 매개변수 추정방법은 확률가중모멘트법(PWM), 확률분포형은 검벨(Gumbel) 분포를 채택하는 것을 원칙
- ▷ 확률강우량 산정 시 재현기간은 2년, 10년, 30년, 50년, 80년, 100년을 기본으로 하며 필요시 추가
- ▷ 재해기간별·지속기간별 확률강우량을 산정한 후 기존 분석결과와

★
확률강우량 산정
- 매개변수 추정방법: PWM 채택
- 확률분포형: 검벨(Gumbel) 분포 채택

비교를 통하여 적정성을 검토

㉣ 강우강도식 유도

▷ 임의시간 확률강우량을 산정하기 위하여 강우강도식을 유도하며, 강우강도식으로 General형과 전대수다항식형 두 가지 형태를 사용

▷ 강우강도식의 채택 기준은 결정계수가 높은 방법을 채택하는 것이 일반적인 원칙이나, 소규모 유역의 설계강우의 지속기간으로 채택되는 3시간 이내 강우 지속기간의 회귀가 적절한 강우강도식을 채택

㉤ 설계강우의 시간분포

▷ 설계강우의 시간분포 방법은 Huff 방법 적용을 원칙으로 하고, Huff 방법 적용 시 분위는 「설계홍수량 산정요령」 등에서 추천하는 3분위를 채택

㉥ 유효우량 산정

▷ 유효우량은 NRCS의 유출곡선지수(CN) 방법을 사용하여 산정하고, 유출곡선지수는 개발 전·중·후에 대하여 산정하여 그 차이의 적정성을 검토

② 홍수량 산정

㉠ 도달시간 산정

▷ 도달시간은 연속형 Kraven 공식으로 산정

▷ 도달시간은 개발 전, 개발 중, 개발 후로 구분하여 산정

㉡ 저류상수 산정

▷ Clark 단위도법의 저류상수 산정에 Sabol 공식 적용(소유역 매개변수 보정량 적용)

㉢ 홍수량 산정

▷ 자연유역 모형의 홍수량 산정 방법은 Clark 단위도법, 도시유역 모형의 홍수량 산정 방법은 시간-면적 방법 적용

▷ 첨두홍수량만 산정 가능한 합리식은 수문곡선이 필요한 저감대책 수립에 부적합

▷ 임계지속기간(critical duration) 개념 적용: 강우지속기간을 10분 간격으로 분석

▷ 홍수량이 산정되면 단위면적당 홍수량인 비홍수량($m^3/s/km^2$)을 산정하여 홍수량 산정 결과의 적정성 검토

Keyword

★
시간분포
Huff 방법의 3분위 적용

(3) 토사유출 해석

① **토사유출량 산정방법 및 산정지침 선정**

㉠ 토사유출량 산정방법

▷ 토사유출량 산정방법으로 원단위법과 RUSLE 방법 등을 사용

▷ RUSLE 방법이 주로 채택되고 있으며, 원단위법은 간단한 검토 또는 RUSLE 방법과의 비교 등에 활용

㉡ 토사유출량 산정지점 선정

▷ 토사유출량 산정지점은 홍수유출량 산정지점과 최대한 일치시키고 침사지계획을 감안하여 결정

▷ 개발 전·중·후 비교를 감안하여 개발 후 우수처리계획도 사전에 고려

② **원단위법에 의한 토사유출량 산정**

㉠ 원단위법은 유역의 특성이 고려되지 않은 단순 평균값이기 때문에 산정된 토사유출량의 신뢰성이 부족하므로 RUSLE 방법과의 비교 등에 주로 사용

㉡ 원단위법의 원단위 적용 시에는 실측자료의 일반적인 범위를 고려하여 원단위를 결정

③ **RUSLE 방법에 의한 토사유출량 산정**

㉠ RUSLE 방법

▷ RUSLE 방법은 경험공식을 이용하여 중량 단위 토양침식량을 산정하고, 공식의 입력인자는 가급적 동일한 침식 특성을 가진 구역으로 세분하여 산정하며 소구역 분할도를 근거로 제시

㉡ 토양침식량 산정

▷ 강우침식인자(R), 토양침식인자(K), 지형인자(LS), 토양피복인자(C), 토양보존대책인자(P) 등의 인자를 결정하여 토양침식량을 산정

▷ 여기에서, 강우침식인자(R)는 강우의 운동에너지에 의한 토양침식량의 정도를 나타내는 인자, 토양침식인자(K)는 입도분포, 토양의 구조 및 유기물 함량 등에 관계되는 인자, 지형인자(LS)는 지형의 효과를 반영하는 무차원계수, 토양피복인자(C)는 지상 및 토양 피복, 식물의 뿌리, 지형의 특성 인자, 토양보존대책인자(P)는 침사지와 같은 통제구조물 등의 지표면에 설치된 토양보존을 위한 인자를 나타냄

Keyword

★
토사유출 해석

★
RUSLE 방법

★
토양침식량 산정

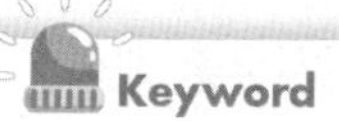

★
유사전달률

▷ 한편 불확실한 인자 두 가지를 곱하여 산정되는 결과(C·P)의 임의성이 매우 높으므로 실무에서는 미국 교통연구단(TRB)에서 제시한 토양침식조절인자(VM)의 간략화한 기준을 적용

㉢ 유사전달률 및 단위중량을 고려한 토사유출량

▷ RUSLE 방법에 의해 산정되는 것은 유역의 중량 단위 토양침식량인 반면 침사지 등의 설계에 필요한 것은 유역출구의 체적 단위 토사유출량

▷ RUSLE 방법에 의해 산정된 토양침식량에 유사전달률을 곱하고 단위중량을 나누어 토사유출량을 산정

④ 토사유출량 산정의 적정성 검토

㉠ 토사유출량은 산정 과정상에 임의성이 매우 높기 때문에 산정 결과의 적정성을 검토

㉡ 토사유출량 산정의 적정성 검토는 개발 중 비토사 유출량의 적정성과 개발면적에 국한하여 개발 전과 개발 중의 배율의 적정성을 검토

(4) 사면 재해위험도 평가

① 자연사면의 재해위험도 평가

재해위험이 예상되는 사업대상지 및 인근지역에서 자연사면의 재해위험도 평가표를 급경사지 재해위험도 평가기준에 따라 작성하여 제시

② 인공사면의 재해위험도 평가

㉠ 재해위험이 예상되는 사업대상지 및 인근지역에 존재하는 인공사면을 대상으로 재해위험도 평가표를 작성하여 제시

㉡ 사업대상지 내에서 계획하는 인공사면이 「급경사지 재해예방에 관한 법률」에 해당하는 경우 이들의 재해위험도 평가표를 급경사지 재해위험도 평가기준에 따라 작성

③ 옹벽 및 축대의 재해위험도 평가

㉠ 재해위험이 예상되는 사업대상지 및 인근지역에 옹벽 및 축대의 재해위험도 평가표를 작성하여 제시

㉡ 사업지구 내에서 계획하는 옹벽 및 축대가 급경사지관리법에 해당하는 경우 이들의 재해위험도를 예측할 수 있도록 급경사지 재해위험도 평가기준에 따라 재해위험도 평가표를 작성하여 제시

④ 토석류 재해위험도 평가

㉠ 토석류 취약지역 판정표를 작성하여 제시

㉡ 토석류 재해위험도 평가대상 선정 기준

▷ 과거 토석류가 발생한 사면

▷ 급경사지로 관리되고 있는 자연사면, 급경사지 기준에 해당되는 사면(자연사면의 경우 높이가 50m 이상이고 경사도가 34° 이상인 사면), 산사태위험지도에서 등급이 높은 (1등급 및 2등급)인 자연사면 등 3가지 조건에 하나라도 해당되며 평가 대상지역이 계곡지형 내에 위치하는 경우

▷ 황폐지화가 우려되거나 진행중 또는 이미 진행된 지역

▷ 계류의 침식 등이 우려되거나 진행중 또는 진행된 지역

▷ 계류의 경사 급한 지역 또는 토석·나무 등의 유출이 우려되거나 진행 중인 지역

(5) 사면안정해석 및 재해영향 검토

① 자연사면 사면안정해석 및 재해영향 검토

㉠ 자연사면 재해위험도 평가에서 D 등급 이하(D, E 등급)로 판정되는 경우 사면안정해석을 실시

㉡ 사면활동은 형태, 생성 메커니즘 및 매질에 따라 구분

▷ 낙반(fall): 급경사의 비탈면이나 절벽에서 암석이 파괴되어 하부로 떨어지는 형태

▷ 전도(topple): 균열에 의해 분리된 암석이 중력의 작용에 의해 전방으로 회전하면서 붕괴되는 형태

▷ 활동(slide)

- 회전(rotational): 아래로 오목한 활동토체의 파괴면이 회전하며 이동하는 현상
- 병진(translational): 활동토체가 거의 평면으로 이동하며 소규모 회전활동도 병행

▷ 퍼짐(spread): 전단 혹은 인장균열에 의해 토체가 측면으로 확장되는 현상으로 액상화 등에 의해 발생하며 국내 산지지형에 대부분 미해당

▷ 유동(flow): 포화된 물질이 흘러내리는 현상으로 토석류(debris flow), 토석 애벌란취(debris avalanche), 토류(earthflow, mudflow), 이류(mudflow) 및 포행(creep 포함)

형태에 따른 산지 붕괴의 분류(USGS, 2004)

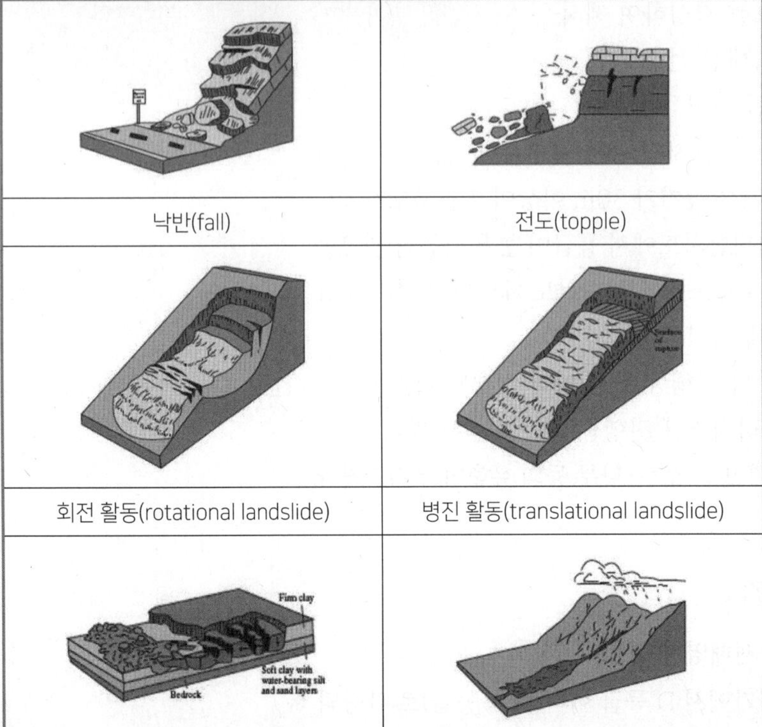

낙반(fall)	전도(topple)
회전 활동(rotational landslide)	병진 활동(translational landslide)
퍼짐(spread)	유동(flow)

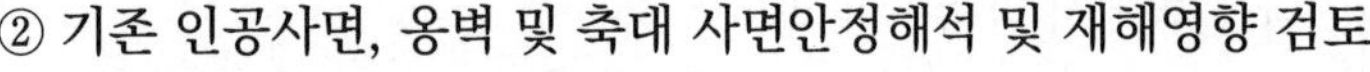

② 기존 인공사면, 옹벽 및 축대 사면안정해석 및 재해영향 검토

㉠ 기존 인공사면 재해위험도 평가 및 기존 옹벽 및 축대 재해위험도 평가에서 D 등급 이하(D, E 등급)로 판정되는 경우 사면안정해석 실시

㉡ 사면활동의 유형

▷ 토사사면: 원호활동, 비원호활동, 복합(블럭)활동, 병진활동(무한사면)

▷ 암반사면: 평면파괴, 쐐기파괴, 전도파괴, 원호파괴

③ 토석류 해석 및 재해영향 검토

토석류 재해위험도 평가에서 1등급 및 2등급으로 판정되는 경우 토석류해석을 실시

2절 예상 재해 유형별 위험 해소방안

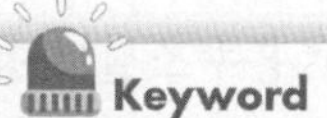

1. 저감대책 수립

(1) 개발 중 홍수 및 토사유출 저감대책

★ 개발 중 홍수 및 토사유출 저감대책

① **개발 중 배수계획 수립 및 배수계통도 작성**

㉠ 개발 중 배수계획은 가배수로와 침사지 겸 저류지 등으로 구성되며 공사단계별로 배수계획을 제시

㉡ 개발 중 배수계획은 개발로 인하여 기존 배수체계가 변경됨에 따라 침사지 겸 저류지로 유도

② **가배수로 계획**

★ 가배수로의 유속은 2.5m/s 이하로 설계

㉠ 가배수로는 Manning 공식으로 산정된 유속이 토공수로의 적정 유속인 0.8~2.5m^3/s 범위에 들어오도록 경사와 단면 계획

③ **침사지 겸 저류지 계획**

★ 임시구조물 설계빈도는 30년 이상, 가급적 2개소 이상으로 계획

㉠ 임시구조물인 경우에는 설계빈도를 30년 빈도 이상으로 결정

㉡ 영구구조물로 계속 활용되는 경우에는 설계빈도를 50년 빈도 이상으로 결정

㉢ 시공성 및 시공 시 위치이동 등을 고려하여 가급적 2개소 이상 설치

㉣ 저류공간 구성

▷ 침사지 겸 저류지 저류공간은 토사조절부와 홍수조절부로 구성되며, 방류구에서 방류가 시작되는 높이에 의해 구분

㉤ 토사조절부 용량 결정

▷ 설계 퇴적토사량은 설계안전 차원에서 유사포착률을 고려하지 않은 유입토사량 전량 채택

▷ 최소 소요 수면적은 토사조절부 설계대상 홍수량 및 침강속도 등을 고려하는 Hazen 공식으로 산정

$$A = 1.2\frac{Q}{V_s}$$

* 여기서 A: 최소 소요수면적(m^2), Q: 토사조절부 설계대상 홍수량(m^3/s), V_s: 포착 대상입경의 침강속도(m/s), "1·2": 실제 침사지의 침전효율 감소를 고려하는 보정계수

▷ 최소 소요수면적 이상으로 수면적을 결정하고 설계 퇴적토사량으로 퇴적 깊이를 산정한 다음, 침전부의 깊이를 더하여 토사조절부의 깊이 결정

㉥ 홍수조절부 용량 결정

▷ 토사조절부의 수면적 초기치를 산정하고 토사조절부의 높이를 일단 산정한 다음, 나머지 공간을 활용한 저수지 추적 실시

㉦ 최적 조합 선정을 통한 침사지 겸 저류지 제원 결정

▷ 토사조절부의 제원이 결정되면 초기에 가정한 개략 유사포착률의 적정성을 검토하기 위하여 실제 유사포착률을 산정

▷ 실제 유사포착률(trap efficiency, TE)은 토사조절부의 소요수면적, 침전대상 설계홍수량, 토립자의 침강속도, 토사조절부의 실제수면적, 토립자의 입경별 구성비 등을 토대로 다음과 같은 공식을 적용하여 산정

$$TE = \frac{A^*}{A} \times 100$$

* 여기서 TE: 유사포착률(%), A^*: 실제 수면적, A: Hazen 공식에 의한 토립자의 입경별 소요수면적(유사포착률이 100% 이상인 경우에는 100%로 처리)

▷ 계획홍수위에서 마루고까지 여유고는 침사지 겸 저류지 길이가 200m 이하이면 30cm, 200~400m이면 45cm, 400~800m이면 60cm를 적용

(2) 개발 후 홍수유출 저감대책

① 개발 후 배수계통도 작성

배수체계의 변화를 쉽게 파악할 수 있도록 개발 전·후 배수계통도 비교

② 홍수유출 저감시설 형식 구분 및 선정 방법

㉠ 홍수유출 저감시설 형식: 저류형, 침투형

㉡ 저류형은 지역 내 저류(on-site) 방식과 지역 외 저류(off-site) 방식으로 구분

㉢ 첨두홍수량 저감 시 저감효과의 정량화가 가능한 지역 외 저류 방식 우선 채택

㉣ 지역 내 저류 방식과 침투형은 유출총량을 저감하기 위해 설치

▷ 지역 내 저류 방식의 종류: 지하공간 저류, 건물지하 저류, 동간저류, 주차장 저류, 공원 저류, 운동장 저류 등

▷ 침투형 저감시설의 종류: 침투통, 침투트랜치 침투측구 등

③ 저류지 홍수조절 방식 구분 및 선정 방법

㉠ 지역 외 저류 방식의 저류지는 홍수조절 방식에 따라 하도 내 저류(on-line) 방식과 하도 외 저류(off-line) 방식으로 구분

★
개발 후 홍수유출 저감대책

★
On-site
Off-site

★
On-line
Off-line

㉡ 수리학적 안전성이 높은 하도 내 저류 방식을 우선적으로 채택, 지구특성상 불가피한 경우에 한하여 하도 외 저류 방식을 채택

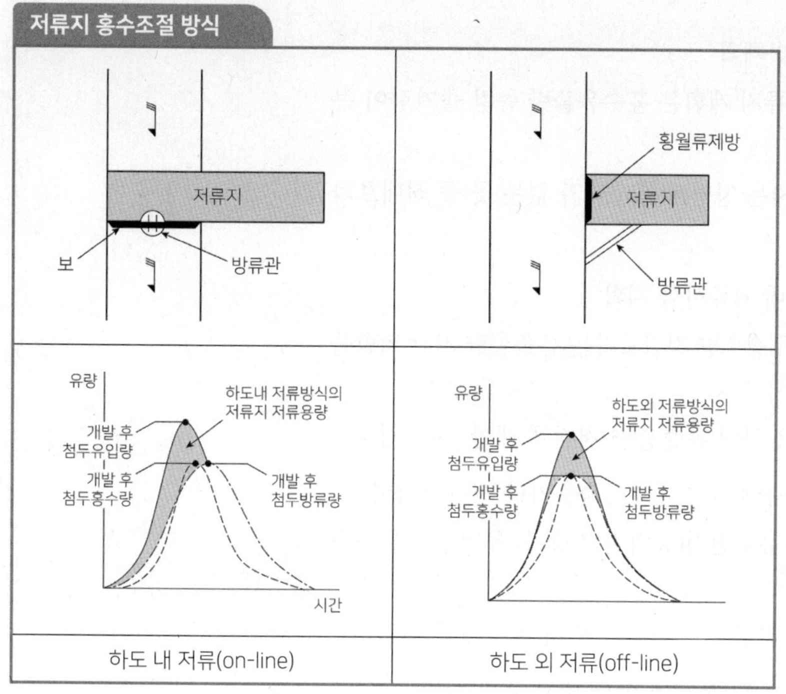

④ **하도 내 저류 방식의 저류지 계획**

㉠ 토지이용계획을 최대한 수용하여 위치 결정

㉡ (첨두홍수량 저감 측면) 본류에 설치 시 저류지 규모가 과대하다고 판단되는 경우 지류에 설치하는 방안 고려

㉢ 홍수량저감 대상면적에 따른 저류지 규모 변화, 하류수위의 영향 유무 고려

▷ 본류 설치 또는 지류 설치 방안을 채택

㉣ 유역출구점이 여러 개소로 분할되는 경우 유역별로 저류지 설치 원칙

㉤ 설계빈도인 50년 빈도뿐만 아니라 설계빈도 이하 및 이상의 빈도에 대해서도 저감효과가 만족되도록 하는 연속 재현기간기준(continuous recurrence interval criterion)을 최대한 고려

⑤ **하도 외 저류 방식의 저류지 계획**

㉠ 하도 외 저류 방식 저류지의 유입부는 횡월류웨어 형식 주로 채택

㉡ 횡월류웨어 형식을 적용한 저수지 추적 방법은 부정류해석 방법을 우선 적용

★
하도 외 저류방식 저류지는 횡월류웨어 형식 채택 및 부정류해석 방법을 적용

㉢ 설계빈도인 50년 빈도뿐만 아니라 설계빈도 이하 및 이상의 빈도에 대해서도 저감효과가 만족되도록 하는 연속 재현기간기준을 최대한 고려

⑥ 선 개념 사업의 영구저류지 계획

㉠ 선 개념 사업의 영구저류지 계획은 홍수유출량 총량 증가량이 큰 경우에 국한

㉡ 영구저류지의 계획 위치는 인명피해 우려가 없는 곳 중 최대효과 발생지점

⑦ 침투형 저감시설 및 지역 내 저류시설 계획

㉠ 지역 내 저류시설은 첨두홍수량 저감보다는 유출총량 저감 역할을 하는 시설

㉡ 유출총량 저감량을 산정하여 유출총량 저감에 대한 역할 검토

⑧ 선 개념 사업의 유역변경 등에 따른 홍수유출증가량 저감대책 수립

㉠ 배수로 및 소하천 등의 유역변경(유역면적 증가) 유역은 하류통수능 확보

㉡ 하류 통수능 확보가 곤란한 경우에는 별도의 저감대책 수립

⑨ 산지유입부 처리 계획, 성토 및 복개에 따른 대책 등의 수립

㉠ 산지지역의 홍수량이 사업지구 관거로 유입되는 경우에는 토사 및 유목 등에 의한 막힘으로 월류피해가 발생하지 않도록 대책 수립

㉡ 사업지구의 성토로 인하여 인근 지역이 저지대화되지 않도록 검토 및 대책 수립

㉢ 기존 하천은 복개를 하지 않는 것이 원칙

(3) 사면재해 저감대책

① 사면재해 저감대책 종류 및 특성

㉠ 자연사면의 산사태 및 토석류 대책시설

- 발생억제시설: 산복공사, 계곡막이 등

구분		목적	종류
산복공사	산복 기초공사	황폐된 산복비탈면을 안정시키고 침식을 억제	비탈다듬기, 땅속 흙막이, 누구막이, 산비탈 배수로
	산복 녹화공사	식생을 피복하여 토양침식을 방지하고 산림으로 복귀	산복바자얽기, 선떼붙이기, 단쌓기, 조공, 비탈덮기, 파종, 등고선구공법

Keyword

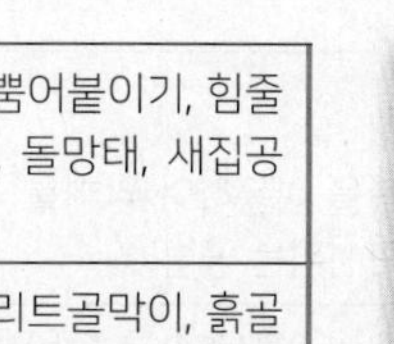

산복공사	조경사방	각종 훼손지에 대한 복구, 안정, 녹화 및 경관조성	격자틀붙이기, 뿜어붙이기, 힘줄박기, 낙석방지, 돌망태, 새집공법, 암벽녹화
계곡막이		유속을 줄여 종·횡 침식을 방지하고 토사유출 및 사면붕괴 방지	돌골막이, 콘크리트골막이, 흙골막이, 바자 기슭막이, 통나무 골막이

- 흐름완화 및 제어시설: 사방댐, 유로보강시설 등

구분		형식	주재료
유로보강시설	바닥막이	황폐계류나 야계바닥의 종침식 방지 및 바닥에 퇴적된 불안정한 토사 유실 방지	돌망태바닥막이, 돌바닥막이, 통나무바닥막이
	기슭막이	유수에 의한 횡침식 방지 및 산각의 안정을 도모	돌기슭막이, 콘크리트기슭막이, 돌망태기슭막이, 바자기슭막이
	계곡막이	유속을 줄여 종·횡 침식을 방지하고 토사유출 및 사면붕괴 방지	돌골막이, 콘크리트골막이, 흙골막이, 바자 기슭막이, 통나무 골막이

- 퇴적 및 유도 시설: 유사지(모래막이), 수림지대, 사방댐, 유도제방 등

㉡ 인공사면의 저감대책

- 표면보호공법, 구조물에 의한 보강공법, 낙석방지공법, 배수공법으로 구분

구분	종류	공법 개요
표면보호공법	식생공	비탈면 표면에 식생을 하여 우수에 의한 침식을 방지하고 풍화작용을 억제시키는 공법
	돌쌓기, 블록쌓기	경사도 1:1.0(45°)보다 급한 비탈면에 사용하며 돌이나 블록 등으로 비탈면을 덮어 풍화 및 침식을 방지하는 공법
	돌붙임, 블록붙임	경사도 1:1.0(45°)보다 완만한 비탈면에 사용하여 옹벽으로서 역할과 함께 풍화 및 침식을 방지하는 공법
	콘크리트격자	콘크리트 격자를 비탈면에 덮어 깍기비탈면의 표면붕락을 방지하는 공법
	숏크리트(shotcrete)	표면 정리 후 철망을 앵커핀으로 고정시킨 후 시멘트 모르터를 뿜칠하여 표면을 보호하는 공법
	매트리스돌망태(mattress gabion)	일정규격의 직사각형 아연도금 철망상자 속에 돌채움을 매트리스 형태로 형성하는 공법

구분	종류	공법 개요
구조물에 의한 보강공법	락볼트 (rock bolt)	강봉을 이용하여 암체를 서로 연결시켜 암반의 전단강도를 증가시키는 공법
	앵커 (anchor)	앵커의 인장력으로 암반블록이나 토체를 안정된 지반에 고정하여 안정화시키는 공법
	쏘일네일링 (soil nailing)	지중에 보강재를 좁은 간격으로 삽입하여 비탈면의 전단 강도를 증가시키는 공법
	억지말뚝	비탈면의 하중을 말뚝의 수평저항으로 저항하여 활동을 억지시키는 공법
	콘크리트 버팀벽 (buttress)	비탈면의 암 탈락에 의해 지지력이 상실된 구간에 버팀벽을 설치하여 보강하는 공법
	옹벽공법	옹벽구조물을 설치하여 옹벽이 배면토압을 부담하도록 하여 비탈면을 안정화시키는 공법
	보강토 공법	흙 비탈면 내에 보강재를 배치하여 보강재와 흙의 마찰력을 이용하여 파괴나 변형에 저항하는 공법
낙석방지공법	뜬돌제거	비탈면 상의 뜬돌, 전석이 박리 또는 낙하되지 않도록 제거하는 공법
	낙석방지망	방지망의 장력 및 자중을 이용하여 이완된 암석을 포획하거나 암석의 운동에너지를 억제하는 공법
	낙석방지울타리	지주, 와이어로프, 철망, 유연성 재료 등으로 구성된 울타리로 낙석에너지를 흡수하는 공법
	피암터널	강재, 철근콘크리트 및 PC 콘크리트 등으로 도로 위에 처마를 설치하여 낙석을 받아 막거나 계곡으로 낙하시켜 낙석에 의한 피해를 방지하는 공법
	낙석방지 옹벽	토사나 전석이 도로에 유입되는 것을 방지하기 위해 비탈면 앞에 옹벽을 설치하는 공법
	조합 공법	여러 낙석방지공법을 조합하여 시공하는 공법
배수공법	산마루측구	비탈면상부에 U형 수로 등의 배수로를 설치하여 강우나 강설에 의해 지표수가 비탈면 내로 침투하는 것을 방지하는 공법
	소단측구	비탈면 내에 흐르는 빗물이나 용수에 의한 침식을 방지하기 위하여 소단에 콘크리트구조물의 측구를 설치하여 종단경사에 따라 배수처리를 실시하는 공법
	도수로	산마루측구와 소단측구 등을 따라 유입된 물을 수로 또는 도로외부로 유출시키기 위해 비탈면의 종방향으로 U형 수로 등의 배수로를 설치하는 공법
	수평배수공	지하수위 저하와 유도배수를 위해 횡방향공을 굴착하고 유공관등을 삽입하여 배수하는 공법(규모가 큰 지반활동지대에서는 배수터널이나 여러 본의 배수공을 조합하여 시공)

구분	종류	공법 개요
배수공법	집수정	지하수량이 풍부하여 수평배수공으로 배수가 곤란한 경우 집중적으로 지하수를 집수하기 위해 우물형태의 구조물을 설치하여 지하수를 배제하는 공법
	맹암거	지표수가 지반내로 유입되어 수압이 작용하는 조건의 지반인 경우 지반 내에 투수성재료를 매입하여 지표수를 유도하여 지하수압을 줄이는 공법
하중경감공법	경사완화공법	비탈면의 경사를 완화시켜 안정성을 증대시키는 공법

2. 재해유형별 저감방안 반영

(1) 하천재해

① 하천 지반고가 낮아서 자연방류가 불가능한 경우, 내수배제가 충분하지 못하여 내수침수 발생가능성이 있다고 판단되는 경우에는 펌프용량 상향, 지반고 상향 등의 저감방안 제안

② 하류 하천이 사업지구 내 하천보다 설계빈도가 낮거나 개수가 되지 않아서 사업지구 하류 통수능 부족에 따른 문제가 있는 경우 저감방안 제안

③ 하천 복개, 선형 변경, 하천 이설 등은 지양, 불가피한 경우 수리특성변화와 안정하상 형성과 관련된 부분을 고려하는 것을 저감방안으로 제안

④ 하천 계획빈도, 계획홍수량, 계획하폭, 여유고, 둑마루폭, 비탈경사, 호안공 등의 항목을 검토한 후 적정하지 않는 경우에는 개선방안을 저감방안으로 제안

(2) 내수재해

① 설계빈도보다 높은 강우량(기왕최대강우량, 100년 빈도 강우량 등)을 적용하여 침수해석을 개략적으로 실시하고 필요시 보완대책을 제시하는 저감방안 제안

② 사업지구 우수관거가 하류 우수관거에 접합되는 경우 하류 우수관거의 통수능력을 검토하고 필요시 관거정비 계획을 저감방안으로 제안

③ 외수위가 있는 경우에는 외수위를 고려한 분석을 실시하도록 저감방안 제안

④ 도로 및 철도의 측구, 배수암거 등의 배수 관련 문제도 내수재해에서 저감방안으로 제안

★
재해유형별 저감방안 반영

★
내수재해
분석 시 방재성능목표 강우량 고려

(3) 사면재해

① 사업지구 내 인공사면, 옹벽, 축대, 임시 절·성토사면, 배후사면 등에 대한 저감방안 제안 항목
  ▷ 자연재해 저감 및 방재측면의 안정성
  ▷ 원활한 배수처리 여부
  ▷ 임시 절·성토 사면 등을 포함한 사면의 개발사업 중 임시보호 및 보강조치

(4) 토사재해

① 사업지구 내 토사재해 저감계획 및 저감시설이 충분한지를 검토하고 필요시 보완을 요구하는 것을 저감방안으로 제안
② 임시침사지 및 저류지를 사방댐으로 존치하여 활용하는 것이 필요하다고 판단되는 경우 존속시키는 것을 저감방안으로 제안

(5) 바람재해

① 과거 태풍내습 및 피해 발생빈도가 높은 지역인 경우 과거 태풍강도(최대풍속, 최대순간풍속, 중심기압) 및 빈도, 강풍이력 등을 검토
② 지형 및 지리적 특성을 고려하여 바람재해에 대한 예측 및 대책 제안
③ 사업지구의 풍속지도는 자연재해저감 종합계획에서 작성된 전 지역 단위 바람재해 발생가능성 검토 이용
④ 해안, 산지지역 부근 사업지구는 국지순환풍의 영향을 고려하여 해륙풍, 산곡풍의 영향에 대해 검토 및 대책 제안
⑤ 풍진동을 고려하여야 하는 대규모 교량 등의 경우에는 내풍 설계기준에 따라 설계되었는지 검토하고 추가적인 대책을 저감방안으로 제안

(6) 해안재해

① 상습피해지역 및 피해우려지역에 대한 조사와 피해방지계획 수립여부 등을 근거로 파랑, 해일 등 위험요소에 대한 발생원인과 우선순위 평가
② 폭풍(지진) 해일, 너울성 파랑 내습 등에 대한 해안 구조물, 연안 시설물 등에 대한 해안재해 저감방안 제안
③ 해수 내습 영향을 최소화할 수 있는 저감방안 제안
④ 지반이 낮은 지역은 방류구의 위치변경, 유수지 설치 및 확대, 펌프 등의 기계식 배제계획, 해수역류방지시설계획 등 저감방안 제안
⑤ 폭풍(지진)해일에 대한 사업지구 내 연안구조물, 연안시설물 등에 대한 안전성 검토 및 대책 수립의 필요성 제안

★
파랑, 해일 등에 의한 위험요소 및 발생원인 파악

⑥ 해수범람 예상저지대는 다목적 유수지, 공원, 체육시설 등을 조성하여 조위상승에 따른 내수배제 불량 시 유수기능을 높이도록 제안

(7) 기타 재해

① 상류에 노후 저수지가 위치한 경우 비상대처계획(EAP) 수립대상 여부를 확인

▷ 수립된 비상대처계획(EAP)이 보완이 필요하거나, 미수립된 경우 저수지 붕괴 시 피해발생 유형에 대해 검토하고 피해를 최소화하는 방안 제안

② 상류 저수지의 안전진단 결과 상 보수·보강 필요시 저감방안으로 제안

③ 상류 저수지의 안전진단 결과가 없는 경우 시설물 안전진단 실시 제안

④ 저수지 붕괴 시 피해발생 유형에 대한 검토 실시, 피해 최소화 방안 제안

3절 구조적·비구조적 재해저감대책

1. 구조적 재해저감대책

(1) 개발 중 홍수 및 토사유출 저감대책

① 개발 중 배수계획 수립 및 배수계통도 작성

㉠ 개발 중 배수계획은 가배수로와 침사지 겸 저류지 등으로 구성되며, 개발로 인한 배수체계의 변화를 쉽게 파악할 수 있도록 개발 전·중의 배수계통도를 작성하여야 하며, 아울러 발생되는 토사를 가배수로를 통해서 침사지 겸 저류지로 유도

㉡ 침사지 겸 저류지는 가배수로 배치계획을 고려하여 결정하고 가배수로의 적정 유속은 0.8~2.5m/s이며, 침사지 겸 저류지로 연결되도록 배치계획을 수립

㉢ 개발 중은 각종 공사로 유로 및 경사의 변화로 인하여 재해가중요인을 가장 큰 기준으로 설정

② 침사지 겸 저류지 설계

㉠ 침사지 겸 저류지가 임시구조물인 경우에는 설계빈도를 30년 빈도 이상으로 결정하며, 영구구조물로 계속 활용되는 경우에는 설계빈도를 50년 빈도 이상으로 결정

Keyword

★
구조적 재해저감대책

★
가배수로 적정 유속은 0.8~2.5m/s

★
- 임시구조물 30년
- 영구구조물 50년

Keyword

㉡ 침사지 겸 저류지는 개발지구를 포함하는 모든 유출구에 설치하여야 하며, 설치 위치 및 개소수는 배수계획에 따라 달라지지만 시공성 및 시공 시 위치이동 등을 고려하여 가급적 2개소 이상을 설치하여야 한다. 한편, 위치이동을 할 경우에는 다른 위치에 대체 침사지 겸 저류지를 설치한 후 폐쇄하여야 하는 원칙을 준수하도록 명기

㉢ 침사지 겸 저류지 저류공간은 토사조절부와 홍수조절부로 구성되며, 방류구에서 방류가 시작되는 위치에 의해 구분되고, 방류시설의 형식에는 연직관, 수평관, 웨어 등이 있으며 경사 등 지형 여건에 따라 적절한 형식을 결정

㉣ 토사유출량과 홍수유출량 저감을 효율적으로 만족시키는 최적 조합으로 침사지 겸 저류지의 제원을 결정

㉤ 초기 토사조절부를 결정하고 이를 토대로 초기 홍수조절부를 결정한 다음, 적절하지 않을 경우 토사조절부의 면적 및 높이의 조합을 재설정하고 시행착오 방법으로 최적 조합을 도출

㉥ 설계 퇴적토사량은 설계안전 차원에서 유사포착률을 고려하지 않은 유입토사량 전량을 채택하고, 최소 소요 수면적은 토사조절부 설계대상 홍수량 및 침강속도 등을 고려하는 Hazen 공식으로 산정

㉦ 최소 소요 수면적 이상으로 수면적을 결정하고 설계 퇴적토사량으로 퇴적 깊이를 산정한 후 침전부의 깊이를 더하여 토사조절부의 깊이를 결정

㉧ 홍수조절부의 용량 결정 방법은 토사조절부의 수면적 초기치를 산정하고 이에 따른 토사조절부의 높이를 일단 산정한 다음, 침사지 겸 저류지의 나머지 공간을 활용한 저수지 추적을 실시한 후 여러 조건을 만족시키는 최적 조합을 찾아가는 방식을 적용

㉨ 저수지 추적 시에는 방류시설의 형태(연직관, 수평관, 웨어 등)에 따라 적절한 수리계산 방법을 적용

㉩ 설계상의 많은 가정과 시행착오 방법을 적용하여 각종 제약조건을 만족시키는지 여부를 검토하여 최종 침사지 겸 저류지의 제원을 결정하고, 실제 유사포착률을 산정하여 침사지에서 최종적으로 포착할 수 있는 정도(%)를 제시

(2) 개발 후 홍수유출 저감대책

① 개발 후 배수계통도 작성

개발 전·후의 배수계통 변화를 객관적으로 파악할 수 있도록 제시하고, 개발 후 배수계통도는 우수관거 배치와 저감시설 등을 포함시켜 작성

하여 우수관거의 배치계획과 저감시설의 위치와 규모 등을 파악

② **홍수유출 저감시설 형식 구분 및 선정방법**

㉠ 홍수유출 저감시설 형식은 저류형과 침투형으로 구분되며, 저류형은 지역 내 저류(On-site) 방식과 지역 외 저류(Off-site) 방식으로 구분

㉡ 형식 선정은 저감효과의 정량화가 가능한 지역 외 저류방식의 저류지를 우선적으로 선정하여 첨두홍수량의 저감에 주력하며, 지역 내 저류방식과 침투형 등을 적용하여 유출총량 저감에 기여

③ **저류지 홍수조절방식 구분 및 선정방법**

㉠ 지역 외 저류방식의 저감시설인 저류지의 경우 홍수조절방식에 따라 하도 내 저류(On-line) 방식과 하도 외 저류(Off-line) 방식으로 구분

㉡ 수리학적 안전성이 높은 하도 내 저류방식을 우선적으로 채택하는 것을 원칙으로 하되 불가피한 경우에 한하여 하도 외 저류방식을 채택

④ **하도 내 저류방식의 저류지 계획**

㉠ 하도 내 저류방식 저류지의 경우 일방적으로 하류단에 설치하는 것을 지양하고 토지이용계획을 최대한 수용하면서 가급적 중류부에 계획

㉡ 저류지 위치에 따른 홍수량 저감 대상면적에 따라 저류지의 규모가 크게 변동되는 점을 고려하여 본류 설치 또는 지류 설치방안을 채택하고, 또한 하류 수위의 영향 유무도 고려

㉢ 유역출구점이 여러 개소로 분할되는 경우 유역별로 모두 저류지를 설치하는 것이 원칙이지만, 이를 준수하는 것이 곤란한 경우에는 홍수량이 증가하지 않을 정도의 유역변경으로 유역면적을 감조정하고, 저류지를 설치하는 유역에는 유역변경으로 증가되는 면적까지 포함하여 저류지를 계획하는 방식으로 저류지 개소수를 줄이는 것을 고려

⑤ **하도 외 저류방식의 저류지 계획**

하도 외 저류(Off-line) 방식 저류지의 경우 유입부는 횡월류웨어 형식을 주로 채택하고, 횡월류웨어 형식을 적용한 저수지 추적 방법은 부정류해석 방법을 우선적으로 적용

★
저류형은 On-site와 Off-site로 구분

⑥ **침투형 저감시설 및 지역 내 저류시설 계획**

㉠ 저류지와 같은 저류시설은 첨두홍수량은 저감시킬 수 있지만 유출총량을 감소시키는 기능은 미약하다. 반면, 침투시설은 토지의 침투 능력에 따라 지하로 침투시켜 우수의 다목적 이용이 가능하게 하며, 지역 내 저류시설은 첨두홍수량 저감보다는 유출총량 저감이 주 목적

㉡ 침투형 저감시설은 침투통, 침투트렌치, 침투측구 및 투수성 포장 등을 설치하여 침투율을 증가시키는 방법

㉢ 지역 내 저류시설은 지하공간 저류, 건물지하 저류, 동간 저류, 주차장 저류, 공원 저류, 운동장 저류 등을 통하여 유수의 이동을 최소한으로 억제하고 비가 내린 그 지역에서 우수를 저류하는 방법

㉣ 침투형 저감시설 및 지역 내 저류시설에 의한 유출총량 저감량을 산정하여 유출총량 저감에 대한 역할을 검토

⑦ **산지유입부 처리계획, 성토 및 복개에 따른 대책 등의 수립**

㉠ 산지지역의 홍수량이 사업대상지로 유입되는 경우 토사 및 유목 등과 같은 부유물질들이 관거 또는 하천 유입구를 막게 되면 월류가 발생하게 되고 이로 인한 피해가 크게 발생하게 된다. 이에 대한 대책으로 부유물질 제거를 위하여 스크린을 갖춘 침사지 등을 설치하여야 하며, 필요시에는 사업대상지를 우회하는 분기방식을 고려

㉡ 사업대상지를 성토함으로써 인근 지역이 저지대화되는 상황이 발생하지 않도록 하는 것이 원칙이며, 사업대상지 내의 우수 전량이 배수체계를 거치지 않고서는 하류부로 유하되지 않도록 계획

㉢ 하천을 복개하는 것은 지속 가능한 개발과 생태복원형 하천의 유지라는 개념에서 원칙적으로 금지하나, 토지이용도의 극대화를 위해서나 공간계획상 부득이 일부 구간이라도 복개를 해야 하는 경우 복개 사유와 복개로 인한 수문·수리학 검토를 수행하여야 한다. 또한 하천의 통수능 확보에 대한 정량적인 근거를 포함하여야 하며, 관거 퇴적 등에 의한 영향이 없도록 유지관리 방안을 구체적으로 제시하여야 한다.

2. 비구조적 재해저감대책

(1) 개발 중 지반 관련 재해저감대책

① 지반 관련 재해저감대책의 목적은 개발 중에 발생할 수 있을 것으로 예상되는 지반 관련 재해를 유형별로 면밀히 예측하고, 이들 재해 유

★
침투형 시설
침투통, 침투트렌치, 침투측구 및 투수성 포장 등

★
비구조적 재해저감대책

형을 고려하여 실시설계에 반영될 수 있도록 하는 것임

② 개발 중 재해위험요인을 해소하기 위하여 필요한 경우 실시설계 시 요구되는 지반조사 및 현장시험, 실내시험 등의 지반조사항목을 분석하고 제시하여 실시설계 시 반영

③ 지반과 관련하여 예측된 재해에 대해서는 그 유형별로 시공 중 요구되는 계측항목, 계측결과 분석 및 관리방안, 계측결과에 따른 역해석의 필요성 등을 제시하여 개발 중 재해 저감

④ 계측계획 및 관리방안을 제시함에 있어서 대절취 사면, 고성토 사면, 대심도 굴착, 재해위험도가 높은 지반에서의 개발 등 재해위험도가 높은 계획에 대해서는 장기적인 계측관리의 필요성 여부를 제시하여 실시설계 시 반영

⑤ 개발로 인하여 사업대상지 내 및 인접의 자연사면, 인공사면, 옹벽 및 축대에 미치는 영향을 정성적으로 분석하고 재해 유형을 제시하여 실시설계에 반영

⑥ 개발 중 개발로 인하여 재해위험도의 증가 여부를 판단할 수 있도록 급경사지의 조사 및 평가표 작성 시기를 제시하여야 하고, 이러한 관리사항을 관리대장으로 현장에 비치해 두도록 하여야 한다. 특히, 재해위험도 평가표로 작성 관리한 급경사지(자연사면, 인공사면, 옹벽 및 축대) 중 개발 후에도 유지되는 급경사지는 개발 후 급경사지 관리기관(해당 지자체)에 제출되어 정기적으로 점검·관리되어야 하는 중요한 자료이므로 정도 높게 작성될 수 있도록 제시

(2) 개발 후 지반 관련 재해저감대책

① 개발 후 지반 관련 재해저감대책의 목적은 개발로 인하여 재해위험도가 증가할 것으로 분석된 사업대상지 내·외의 자연사면, 인공사면, 옹벽 및 축대 중 개발 후에도 존치되는 이들에 대하여 개발 전·중·후의 조사, 평가 사항을 작성하여 장래 급경사지 관리기관(지자체)에서 지속적이고 정기적으로 재해위험도를 관리할 수 있는 정확한 초기자료를 제출하도록 하는 것임

② 사업대상지와 인접하여 자연사면, 인공사면, 옹벽 및 축대가 존재하는 경우 개발로 인하여 미친 영향 정도를 파악할 수 없는 경우에는 재해 발생 가능성을 판단하거나 재해예방을 위하여 관리하여야 할 사항을 판단할 자료도 없게 되며, 재해 발생 시 책임의 문제가 되는 경우도 발생하게 되므로 재해위험도를 관리할 수 있는 초기자료의 작성은 매우 중요

③ 재해위험도 평가 결과보고서 작성 대상이 되는 자연사면, 인공사면,

옹벽 및 축대 등에 대해서는 개발 전에 조사된 초기상태의 급경사지 일제조사서, 재해위험도 평가표와 개발 후의 상태를 대비하여 제출하도록 하여야 하며, 개발 중에 지반 관련 재해가 발생한 대상에 대해서는 현장 개요, 계측결과 및 분석, 재해원인 및 대책 등을 작성하여 재해위험도 평가 보고서 내에 수록하도록 제시

④ 개발(절토, 성토 등) 과정에서 실시하는 계측은 한정된 지반조사에 따른 설계의 적정성을 판단하는 지표이며, 현장의 실제 안정성을 판단할 수 있는 매우 중요한 자료이다. 개발 과정에서 측정된 계측결과의 분석 내용은 향후 급경사지 등 지반 관련 재해 관리에 있어서 재해저감을 위한 기초자료로 활용할 수 있는 중요한 자료가 되므로 계측결과의 분석 내용과 개발이 사업대상지 내·외의 급경사지에 미친 영향 정도를 재해위험도 평가 보고서에 수록하도록 제시

⑤ 재해위험도 평가 보고서는 개발 후 급경사지 관리기관(지자체)에서 지속적이고 정기적으로 재해위험도를 관리하는 기초자료이므로 상세하고 정도 높게 작성

⑥ 개발로 인하여 가중된 재해위험요인이 해소되지 않은 채로 유지·관리되어야 하는 급경사지 등 지반 관련 재해에 대해서는 재해위험요인을 명확하게 제시

Keyword

★ 주변지역 재해영향 검토

4절 주변지역에 대한 재해영향 검토

1. 하류부 영향 검토 관련

(1) 개발사업으로 인한 문제점

① 개발사업은 자연상태의 토양으로 덮여 있던 지역을 아스팔트나 콘크리트 등의 불투수유역으로 변화시키게 됨

② 이러한 요인의 변화로 하천으로의 직접유출이 증가하게 되어 첨두유출량이 개발 전의 상태보다 급격하게 증가되고, 첨두유출량의 도달시간도 짧아지게 됨

③ 이는 하류부 하천에서 부담해야 할 홍수량을 증대시키는 결과를 초래하여 외수범람에 의한 침수피해뿐만 아니라 기존 하수관거의 과부하 및 하류부 도시지역의 내수침수의 원인이 되기도 함

④ 따라서 이를 예방하기 위하여 개발로 인하여 발생할 수 있는 재해영향요인을 개발사업 시행 이전에 예측·분석하고 적절한 저감방안을 수

립·시행하여야 함

(2) 하류부 영향검토 방향

① 하류부 영향검토에서는 사업대상지 하류부까지 설정된 평가대상지역까지 분석하여 첨두홍수량이 저감되는 것을 반드시 확인

② 사업대상지 내의 우수 전량이 배수체계를 거치지 않고서는 하류부로 유하되지 않도록 계획하여야 하며, 저류지 지점에서의 홍수유출 저감효과가 완벽하지 않을 경우, 유역을 확장하여 하류부(사업대상지 외부)에서 저감효과를 산정하여 제안

③ 개발 후 유역 변경이 있는 경우 저류지 지점에서의 홍수유출 저감효과가 완벽하다 하더라도 사업대상지 하류부에 침수위험요인이 있을 수 있기 때문에 이에 대한 하류부 영향검토(통수능 검토)를 수행하여 재해위험요인의 해소방안을 제시

2. 급경사지 및 지반 관련

(1) 자연사면

재해위험이 예상되는 사업대상지 및 인근지역에서 급경사지로 관리되거나 산사태 위험등급이 높은 자연사면에 대하여 급경사지 일제조사서를 따라 조사하고 급경사지 재해위험도 평가기준에 따라 재해위험도 평가표를 작성하여 개발로 인하여 주변지역에 가중되는 재해위험요인을 검토

(2) 인공사면 및 옹벽 등

① 재해위험이 예상되는 사업대상지 및 인근지역에서 급경사지로 관리되거나 존재하는 인공사면 및 옹벽 등에 대하여 급경사지 일제조사서를 따라 조사하고 급경사지 재해위험도 평가기준에 따라 재해위험도 평가표를 작성하여 개발로 인하여 주변지역에 가중되는 재해위험요인을 검토

② 아울러 사업대상지 및 주변지역의 인공사면의 조성시기에 따른 노후화된 정도나 수립되어 있는 보강대책 등을 검토하여 주변지역에 가중되는 재해위험요인을 최소화

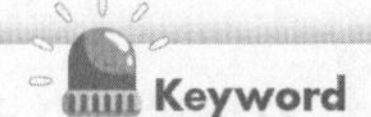

5절 경제적이고 효율적인 재해저감대책

★
경제적이고 효율적인 재해저감대책

1. 침사지

① 침사지의 경우 실제 공사 시 산지, 하천 등에 접한 구간은 침사지 설치가 어려운 경우가 발생되기 때문에 소규모 침사지를 연속으로 설치하는 방안을 검토하여 효율성을 높여야 함

② 침사지의 규모결정 시 많은 경우에 있어서 토사조절부보다 높게 잡는 경우가 있으나, 이는 과다 설계로 여유고는 저류지 길이별 여유고 기준만 충족하도록 하여 경제성과 효율성을 높여야 함

③ 상시점검과 유지관리로 집중호우 시 침사지의 퇴적토사를 효율적으로 관리

★
침사지의 여유고
침사지 겸 저류지 길이가 200m 이하면 30cm, 200~400m면 45cm, 400~800m면 60cm 적용

2. 가배수로

① 가배수로는 단면결정 시 상부 폭을 1.5m 이상이 되면 공사 중 이동시 불편함을 고려하여 깊이를 늘리고 상부 폭을 줄이는 방향을 고려함으로써 효율성을 높여야 함

② 사업대상지 중앙에 가배수로가 설치되는 경우는 좌우 단절되지 않도록 하여 효율적인 시공이 되도록 하여야 함

3. 배수시설

① 도로 및 철도사업의 경우 횡배수관 유속이 과다한 경우가 많은데 이러한 경우는 유입부 경사조정 등의 유속완화 방안을 강구하되 유속과다에 따른 대책공법 및 유지관리 비용과 경사완화에 따른 유지관리 비용을 비교·검토하여 경제적이고 효율적인 시공이 되도록 하여야 함

② 배수시설의 규격은 통문은 1.0 × 1.0m 이상(가능하면 1.5 × 1.5m 이상), 통관의 직경은 0.8m 이상(가능하면 1.0m 이상)으로 하여 유지관리 및 시공의 효율성을 고려하여야 함

★
배수시설의 규격
- 통문: 1.0 × 1.0m 이상(가능한 경우 1.5 × 1.5m 이상)
- 통관: 직경 0.8m 이상(가능한 경우 1.0m 이상)

4. 세굴방지공

① 세굴방지공은 하천구조물, 횡배수관 등의 세굴로 인한 손상과 파괴로부터 구조물을 보호하기 위해서 설치가 필요

② 따라서 하상세굴 방지를 위해서 여러 공법 중 하나를 채택하였다 하더

라도 공사 중에 설치구간에 대한 전·후 유속을 재확인하여 허용유속을 초과 시 현장 여건에 맞게 채택된 공법을 변경할 수 있도록 하여 경제성과 효율성을 높여야 함

5. 영구저류지

영구저류지의 규모결정 시 여유고는 0.6m 이상의 기준만 만족하도록 하여 과다 설계가 되지 않도록 하여 경제성과 효율성을 높여야 함

Keyword

★ 영구저류지 여유고는 0.6m 이상

★ 잔존위험요인 해소방안

6절 잔존위험요인에 대한 해소방안

1. 관련 계획 검토 결과 활용

① 관련 계획으로는 자연재해저감 종합계획, 자연재해위험개선지구, 우수유출저감대책, 소하천 정비계획 등이 있으며, 사업지구 여건에 맞는 관련 계획을 면밀히 검토하여 해당지구의 위험요인을 파악 시 활용
② 이러한 과정에서 해당 지구와 관련된 위험요인이 있는 경우 본 사업을 통하여 해소할 수 있으면 최선의 방법이 될 수 있으나, 그러하지 못한 경우 잔존 위험요인이 될 수 있음
③ 즉, 관련 계획에서 사업대상지와 관련된 위험지구가 존재하는 것으로 조사된 경우 재해영향평가에서 이 부분을 해소할 의무는 없으며(개발에 따른 추가 재해요인을 저감하는 것이 목적이므로), 해당 지자체에서 예산 등의 이유로 잔존 위험요인에 대한 해소가 어려울 경우 해소방안을 자연재해위험개선지구 정비, 소하천 정비, 급경사지 붕괴위험지역 정비, 재해위험저수지 정비와 같은 재해예방사업 등에 개진하여 향후에 반영할 수 있도록 하여야 함

2. 향후 저감방안

재해요인 분석결과 기준을 만족하는 경우라도 향후 기후변화, 기준 상향 등 재해요인이 여전히 잔존할 수 도 있으므로, 현재 여건상 저감대책을 시행하지 못하더라도 향후에 지속적인 관리가 가능하도록 개략적인 방안을 제시

제2장

자연재해저감대책 수립

제1편
재해저감대책 수립

자연재해위험지구 선정 및 재해유형별 위험요인 분석은 제3과목에서 수록하였으며 본 장에서는 예측된 위험요인에 대한 저감대책 수립 방법을 수록하였다. 저감대책 수립 방법은 직접적인 방재시설물 설치 유·무에 따라 구조적 및 비구조적 대책으로 구분하고, 저감대책의 수립 범위에 따라 전지역단위, 수계단위 및 위험지구단위 대책으로 구분하여 작성하였다. 또한 다른 분야 계획과의 연계방안을 수록하였다.

1절 자연재해 저감을 위한 구조적·비구조적 대책

1. 자연재해저감 종합계획의 개요

(1) 용어의 정의

① 자연재해저감 종합계획은 자연재해와 관련된 사항을 종합적으로 조사·분석하여 장기적이며 종합적인 지역방재정책을 수립하여 지역주민들의 자연재해로부터 위험을 극소화하고 안전한 지역사회를 구축하는 데 그 목적이 있는 계획으로, 각종 구조적 대책과 비구조적 대책을 종합적으로 제시하는 자연재해저감 분야 최상위 종합계획임

② 자연재해저감대책은 기본적으로 제3과목인 '재해분석'의 결과를 활용하여 수립하여야 하며, 재해분석을 통하여 파악된 재해 유형, 위험요인 등의 정보를 활용하여 저감대책의 방향을 설정하고 구체적인 계획을 수립함

(2) 계획의 수립권자 및 목표연도

① 자연재해저감 종합계획은 「자연재해대책법」 제16조에 의거 수행주체에 따라 도 및 시·군 자연재해저감 종합계획으로 구분되고 있으나 일반적으로 수립되는 저감대책에는 큰 차이가 나지 않음

② 또한, 「자연재해대책법」 제16조에 의거 10년마다 종합계획을 수립하여야 하고, 종합계획을 수립한 날부터 5년이 지난 경우 그 타당성 여부를 검토하여 필요한 경우 그 계획을 변경할 수 있음

(3) 자연재해저감대책의 기본방향

① 자연재해저감대책은 저감대책의 영향이 미치는 공간적 범위를 고려하여 전지역단위, 수계단위, 위험지구단위 저감대책으로 구분

★
자연재해저감 종합계획

★
자연재해 저감 분야 최상위 종합계획(마스터 플랜과 같은 기본계획의 성격이 강함)

★
자연재해대책법 제16조에 의거 10년마다 수립

★
타당성 여부 검토는 5년마다 수행

② 자연재해저감대책은 지역 특성을 종합적으로 고려하여 구조적 저감대책과 비구조적 저감대책으로 구분하여 검토
③ 자연재해저감 종합계획 수립을 위한 전략적인 방향을 제시하고 달성하고자 하는 자연재해 저감목표를 제시
④ 토지 이용 관련 계획 조사가 자연재해저감대책에 반영될 수 있도록 토지 이용 변화에 따른 영향을 예측하고 최소화할 수 있는 저감대책을 수립
⑤ 타 계획의 연계를 통하여 연계하는 방법은 조정내용이 효율적으로 연계되어 타 계획의 소관부처에서 효율적으로 시행할 수 있도록 연계방안을 구체적으로 제시 등

2. 구조적 대책

(1) 개요

① 자연재해저감대책은 재해영향저감대책과 비교하여 다루는 분야가 상대적으로 다양하고 규모가 크므로 대책 부분도 상대적으로 다양하고 규모가 큰 대책들이 수립될 수 있음
② 구조적 대책: 방재시설물을 설치하거나 기존의 시설물의 능력을 향상시키는 등의 저감대책을 통칭하는 것으로, 댐건설, 제방축조, 천변저류지 조성, 사면안정화 보강, 방조제 축조 등 재해 유형별 시설물을 설치함으로써 재해를 저감하는 방법
③ 이러한 구조적 대책은 일반적으로 여러 가지 대안을 비교·검토하여 지역의 실정 및 지형적 특성, 사회적 취약성(인구, 건물, 공공시설 입지 등) 등을 고려하여 계획을 수립하게 됨

★
구조적 대책

④ 구조적 대책은 시설물에 의해 직접 자연재해를 저감함으로 효과적인 측면에서는 우수하나, 많은 예산 및 민원을 야기
⑤ 예를 들어 도심지 내에 펌프장을 건설하고자 할 때 적절한 부지가 없는 경우 부지확보를 위한 사유지 매입이 필요하나 보상비 처리문제가 발생하며, 보상이 가능한 경우라도 인근 주민의 반대 등이 있어 현실적으로 건설이 어려운 경우가 발생할 수 있음
⑥ 구조적 대책은 재해 유형별로 구분할 수 있으며, 이러한 저감대책을 정리하면 다음과 같음

(2) 재해 유형별 저감대책

① 하천재해 저감대책

㉠ 호안의 유실

피해원인 및 양상	저감대책
- 호안의 강도가 낮거나 연결 방법 등 불량 - 소류력, 유송잡물에 의한 호안 유실 등 - 호안 내 공동현상 - 호안 저부(기초) 손상 - 기타 호안의 손상	- 홍수량, 소류력, 유속에 따른 호안 재검토 - 하천 계획홍수위보다 높게 시공 - 최대 세굴심을 고려하여 근입깊이 결정 - 하천 횡단구조물 설치를 가급적 억제 - 만곡부 호안보강 및 시설물 이설

㉡ 제방의 붕괴, 유실 및 변형

피해원인 및 양상	저감대책
- 설계홍수량 초과에 의한 제방 월류·붕괴 - 협착부 수위 상승에 의한 월류 - 제방 파이핑 현상 발생 - 제체 재질 불량 및 다짐 불량 - 세굴에 의한 제방 근고공 유실 - 제방법면 급경사에 의한 침윤선 발달 - 기타 부속 시설물과의 접속부실 및 누수	- 홍수량, 홍수위를 고려한 제방의 재평가 - 천변저류 등 홍수량 저류공간 조성 - 차수벽 설치, 제체 확폭 - 재질의 균등화 및 시공다짐 철저 - 세굴깊이를 고려하여 깊게 설계 및 시공 - 침윤선을 고려한 제방법면 완화 - 시공 시 다짐 철저, 구조물 근입깊이 길게

㉢ 하상 안정시설의 유실

피해원인 및 양상	저감대책
- 소류작용에 의한 세굴 - 불충분한 근입거리 - 기타 하상시설의 손상	- 소류력을 고려한 안정시설 재평가 및 유지관리 - 하천횡단 구조물을 가급적 억제하는 계획 수립 - 불필요한 하천 횡단구조물의 철거계획 수립

㉣ 제방도로 피해

피해원인 및 양상	저감대책
- 집중호우로 인한 인접 사면 활동 - 지표수, 용출수에 의한 도로 절토사면 붕괴 - 시공다짐 불량 등 시방서 미준수 - 하천 협착부 수위 상승 - 설계홍수량 이상에 의한 월류 - 제방의 붕괴·유실·변형 현상에 기인한 피해 - 기타 제방도로의 손상	- 정기적 안전점검-사면붕괴 방지대책 수립 - 유속을 고려한 호안 선정, 시공, 유지관리 - 설계홍수량 및 이에 따른 여유고 확보 - 천변저류 등 홍수량 저류공간 조성 - 차수벽 설치 - 재질의 균등화 및 시공다짐 철저 - 근고공은 세굴깊이를 고려한 설계 및 시공

★
재해 유형별 저감대책

㉤ 하천 횡단 구조물 피해

피해원인 및 양상	저감대책
- 교각 침하 및 유실 - 만곡 수충부에서의 교대부 유실 - 유송잡물 또는 경간장 부족에 의한 통수능 저하 - 직접 충격에 의한 교각부 콘크리트 유실 - 날개벽 미설치 의한 사면토사 유실 - 교량 교대부 기초 세굴에 의한 교대 침하 - 교량 상판 여유고 부족 - 유사 퇴적으로 인한 하상 바닥고 상승 - 취수구 폐쇄 등에 의한 이수 시설물 피해 - 노면 배수 능력 부족, 시방서 미준수 등 - 기타 하천 횡단구조물의 손상	- 세굴심을 고려한 기초 근입깊이 결정 및 세굴방지 사석시공 - 만곡부는 가급적 피한 계획 또는 홍수량 변동에 따른 소류력, 세굴을 고려 계획 - 하천 설계기준에 의한 계획 수립 - 설계홍수위에 의한 교량상판 여유고 확보 - 경간장 부족은 개량 또는 재가설 검토

㉥ 외수에 의한 범람 피해

피해원인 및 양상	저감대책
- 설계홍수량 과소 책정, 과다 홍수 - 하상퇴적, 유송잡물에 의한 하천통수 단면 부족 - 교각, 보 등 횡단구조물에 의한 수위 상승 - 제방의 여유고 부족 - 상류댐 홍수조절 능력 부족 - 미개수 하천 통수능 부족	- 설계홍수량 재검토 및 제방 증고 - 하상준설로 통수 단면적 확보 - 하천횡단 구조물 가급적 억제계획 수립 - 설계홍수량에 따른 여유고 확보 - 댐의 홍수조절 기능 추가(수문 설치, 증고 등) - 미개수 하천은 하천정비기본계획 수립 등

㉦ 댐, 저수지 등의 붕괴

피해원인 및 양상	저감대책
- 설계홍수량을 초과하는 이상홍수 발생 - 유지관리, 안전관리 소홀 - 제체 균열, 제체 시공부실로 누수 구간 발생 - 여수로 및 방수로 등 구조물 파괴	- 댐 재개발, 수문 설치 등 - 안전진단 실시로 보강계획 수립 등 - 댐체의 침하, 누수 등 정기적으로 체크 - 불필요한 하천 횡단구조물 철거

Keyword

② 내수재해 저감대책

㉠ 지상공간 피해

피해원인 및 양상	저감대책
〈하수관거 용량 부족 및 설계 불량〉 - 설계빈도를 초과하는 강우로 인한 하수관거 용량 부족 - 하천 수위 상승으로 배수 영향 및 역류 발생 - 하수관거 구배 불량으로 펌프장 도달 전 침수 발생 - 주간선 만관으로 반지하주택 하수역류 - 하수관거 퇴적으로 인한 통수 단면 부족	**〈하수관거 용량 부족 및 설계 불량〉** - 기후변화 및 지역위험도를 고려한 하수관거 설계기준 강화 - 우수저류시설 설치(저류조, 투수성포장 등) - 지역연계 배수체계 구축 - 반지하주택 역지변 설치 - 하수관거 유지관리 및 유지보수 철저
〈노면수 저지대 유입〉 - 노면 우수의 저지대 유입으로 침수 발생 - 저지대 유입수의 내수배제 불량 - 하천홍수위보다 낮은 저지대의 배수 불량	**〈노면수 저지대 유입〉** - 반지하 지하주택의 경우 침수방지턱 설치 - 빗물받이 설치 확대 및 막힘 방지대책 수립 - 경사구간에 대해서는 횡배수로 설치 검토
〈우수집수시설 집수능력 부족〉 - 집수시설 부족에 따른 노면수 정체 - 토사유출 및 유송잡물로 인한 빗물받이 능력저하(태풍 곤파스 등으로 가중)	**〈우수집수시설 집수능력 부족〉** - 우수집수시설 개량 및 침수통 등 설치 - 우기 및 태풍 후 도로 노면 및 빗물받이 청소 및 유지관리 철저
〈배수펌프장 및 유수지 용량 부족〉 - 설계기준 초과강우로 인한 펌프장 용량 부족 - 유수지 용량 부족 - 배수펌프장 작동 미숙 및 적정설계 부족 - 배수펌프장 시설 유지관리 미흡	**〈배수펌프장 및 유수지 용량 부족〉** - 배수펌프장 용량 확대(30년 빈도 이상) - 초단기 집중호우 대비 유수지 확보 및 여유 공간 의무화 - 배수펌프장 설계 및 운영 기준 마련 - 배수펌프장 유지관리 철저

㉡ 지하공간 피해

피해원인 및 양상	저감대책
〈지하철〉 - 지하철 역사 공사장을 통한 우수유입 - 지상구조물 붕괴로 인한 우수유입 - 지상 침수류가 출입구로 유입 - 지하철 선로를 따라 저지대 역으로 우수유입 - 배수설비 용량 부족 및 부적절한 설치	**〈지하철〉** - 우기에 지하철 역사 공사 시 철저한 유지관리 및 책임 부여 - 차수판 및 모래주머니 확보 의무화 및 관리 철저 - 지하철 구간 내 배수설치 확충 - 배수설비 용량 확대 및 비상전원 확보
〈지하상가 및 지하다층〉 - 시공 시 주변보다 낮은 지반고로 노면수 유입 - 출입구 및 주자창 입구 차수판 및 침수방지턱 설치 미비 - 침수유량 배제를 위한 배수설비 부족 및 작동 불능 - 비상전원 공급 미흡	**〈지하상가 및 지하다층〉** - 건물공사 주변 지반고 검토(건물 허가 시 의무화) - 침수위험지역 내 출입구 및 주차장 입구 차수판 및 침수방지턱 설치 의무화 - 침수위험지역 내 비상 배수설비 구축 - 침수위험지역 내 비상전원 가동체계 구축

③ 토사재해 저감대책

㉠ 산지 침식 및 홍수피해

피해원인 및 양상	저감대책
- 토양침식으로 유출률과 유출속도 증가, 하류부 유출량 증가 - 침식 확대에 의한 피복상태 불량화 및 산지 황폐화	- 비상시 사면보호공, 침사지 등의 비상대책 마련 - 수목의 활착을 통한 토사유출 저감방안 수립 - 벌목지의 경우 벌목한 목재 이용 횡방향 배수 유도 - 나지와 피복상태가 양호한 지역 경계에는 목재이용보호시설 설치 - 계곡수 유입구 등에 저류 기능을 겸하는 침사지 설치

㉡ 하천시설물 피해

피해원인 및 양상	저감대책
- 홍수량에 의해 하천양안 침식, 하천의 구거화 발생	- 자연재료 이용, 현재 유로 유지방법으로 제방보강 실시 - 산지하천의 경우 낮은 조도계수의 재료나 유로 직선화 적용 불가 - 계곡수 유입구나 복개 시작시점 직상류부에 저류 기능을 겸하는 침사지 설치

㉢ 도시지역 내수침수

피해원인 및 양상	저감대책
- 상류유입 토사가 우수유입구를 차단 - 우수관로로 유입된 토사가 맨홀에 위치	- 토사유출량 고려한 유입구 규격 및 간격 결정 - 계곡수 유입구나 복개시작시점 직상류부에 저류 기능을 겸하는 침사지 설치 - 토사 및 잡물 제거가 용이한 시설 도입

㉣ 하천 통수능 저하

피해원인 및 양상	저감대책
- 상류유입 토사의 퇴적으로 인한 통수능 저하	- 정기적인 준설계획 수립 - 계곡수 유입구나 복개 시작시점 직상류부에 저류 기능을 겸하는 침사지 설치

ⓜ 저수지의 저수능 저하 및 이·치수 기능 저하

피해원인 및 양상	저감대책
- 유사 퇴적으로 저수지 바닥고 상승, 저수능 저하 - 저수지 바닥고 상승에 따른 이수 시설물 피해	- 치수시설 설계 시 적정 모형 이용 토사유출량 산정 - 이수시설 설계 시 적정 모형 이용 토사유출량 산정, 적정 취수구 위치 결정 - 정기적인 준설방안 수립 - 계곡수 유입구 등에 침사지 설치

ⓑ 하천 폐쇄로 인한 홍수위 증가

피해원인 및 양상	저감대책
- 하류로 이송된 토사의 하구부 퇴적에 의한 하구 폐쇄, 상류부 홍수위 증가	- 하천 유송 토사량 감소를 위한 사방시설 설치 - 도류제 설치로 하천토사를 소류시킴

ⓢ 농경지 피해

피해원인 및 양상	저감대책
- 홍수에 의해 이송된 토사가 농경지 침수·퇴적	- 침수피해 발생 후 신속한 배수가 이루어질 수 있도록 배수로 계획 - 계곡수 유입구 등에 저류 기능을 겸하는 침사지 설치

④ 사면재해 저감대책

㉠ 낙석 및 사면 붕괴로 인한 피해

피해원인 및 양상	저감대책
- 기반암과 표토층의 경계에서 토석류 발생 - 집중호우 시 지반의 포화로 인한 사면 약화 및 사면 활동력 증가 - 사면 직하부 취약지에 생활공간 등 입지 - 불안정 경사면에 부지 위치, 경사면 시공 부실 - 노후화된 주택의 산사태 저지 능력 취약 - 지반 교란 행위 - 사면 상부 인장 균열 등	- 정기적인 사면 취약지역 조사, 산사태 위험지구 확대 지정 - 정기적 안전점검·방지대책을 강구·시행 - 지하수 침투에 의한 사면 불안정성 문제는 지하수 출구에 대한 조사와 대책 중심으로 수립 - 사면 안정 조사 시 용출수 이동이나 방향 전환 등에 대한 충분한 고려 - 지역 특성을 고려한 사면안정공법을 도입·적용 - 노후화 주택 개량, 단계적 이주 사업을 계획·추진

㉡ 절개지, 경사면 등의 배수처리시설 불량에 의한 피해

피해원인 및 양상	저감대책
- 기설치된 배수시설의 미흡 - 배수시설의 유지관리 소홀 - 지표면과의 밀착 시공 부실이나 과도한 호우	- 정기적인 사면의 배수처리 기능 점검 - 사면 활동범위 인접 공사 준공 시 사면 안전에 대한 안정성 검토요건 강화 - 지표면과 수로의 일체시공을 위한 시방 및 시설 기준을 개발·활용 - 사면에 위치한 배수관로는 수평 및 수직 배수가 원활하도록 시공 - 사면 재해 피해가 우려되는 지역은 강우 특성을 고려한 배수로 시설 기준 강화 및 지침 개발

㉢ 옹벽 등 토사방지시설의 미비로 인한 피해

피해원인 및 양상	저감대책
- 배수공 틈새시공 부실 - 노후 축대시설 관리 소홀 및 재정비 미흡 - 신설 구조물의 사면특징 부적절 고려, 시공상의 부실 - 사업 주체별 표준경사도 일률적용·시행주체의 단순시방 기준 적용 혹은 시방서 미준수	- 정기적인 옹벽이나 토사방지시설의 배수 효과를 점검 - 정기적 노후시설 집중 관리·정비 - 해당 지역 사면의 지질 특성을 종합적으로 판단, 획일적 시공 지양 - 지반강도 특성을 고려한 적정 보강공법 지정·시공

⑤ **해안재해 저감대책**

㉠ 침식대책시설 미비로 인한 피해

피해원인 및 양상	저감대책
- 파나 흐름 제어시설로서, 표사량 제어 및 해안선의 침식이나, 토사의 퇴적	- 이안제, 잠제 및 인공리프, 소파제, 해드랜드, 양빈공(Sand By Pass를 포함), 호안, 지하수위 저하공법, 이들의 복합방호공법

㉡ 폭풍해일 및 파랑으로 인한 피해

피해원인 및 양상	저감대책
- 태풍이나 발달한 저기압의 발생 시의 해수면 상승과 월파에 의한 침수	- 제방, 호안 및 흉벽, 소파시설(이안제, 인공리프, 소파제, 양빈공 등) 과의 복합시설, 고조방파제, 방조수문

㉢ 쓰나미로 인한 피해

피해원인 및 양상	저감대책
- 쓰나미의 소상을 사전 방지하여 배후지 침수	- 제방, 호안 및 흉벽, 쓰나미 방파제, 방호수문

Keyword

㉣ 비사·비말로 인한 피해

피해원인 및 양상	저감대책
- 비사(飛砂)·비말의 발생이나 배후육역에의 침입	- 퇴사원, 방풍막, 윈도우·스크린, 정사원, 피복공, 식재, 식림

㉤ 하구처리시설 미비로 인한 피해

피해원인 및 양상	저감대책
- 홍수나 고조에 대하여 하천의 유하 능력 저하 및 안정성 저하	- 도류제, 암거, 하구수문, 인공개삭, 제방의 증축공, 이안제, 인공리프

⑥ 바람재해 저감대책

㉠ 하천재해, 내수재해, 토사재해, 사면재해 그리고 해안재해의 경우에는 하천, 사면 혹은 해안 지역 등 특정한 곳에서만 위험요인이 존재하지만, 바람재해의 경우 전 지역에 위험요인이 존재한다. 이와 같은 바람재해의 특수성으로 인하여 전 지역이 바람재해의 잠재력을 가지고 있고, 전 지역이 바람재해위험지구 후보지가 될 수 있음

㉡ 즉, 전지역단위의 분석이 필요하며, 저감대책은 주로 해당 시설물의 설계기본풍속을 지정하여, 조례로 제정하는 비구조적 대책이 수립되므로, 후술할 비구조적 대책에서 다시 다루기로 함

㉢ 구조적인 대책으로는 해안 인근에 설치할 수 있는 방풍림 조성, 노후화 시설(굴뚝, 건물 등)을 철거하는 방법 등이 있으며, 그 밖에 대규모 시설을 설치하여 바람재해를 저감하는 방법은 효율적이지 못하여 많은 부분에서 시행하고 있지 못한 실정임

⑦ 가뭄재해 저감대책

피해원인 및 양상	저감대책
- 용수공급 중단 또는 제한에 따른 생활·산업·농업상의 피해 발생	- 지방상수도 개발, 지하수 개발, 강변여과수 개발, 댐(저수지) 신설 및 증설, 지하댐 개발, 관정 설치, 중수도 재활용 등

⑧ 대설재해 저감대책

피해원인 및 양상	저감대책
- 대설로 인한 취약도로 교통 두절 및 고립 피해 발생	- 비포장도로에 대한 포장 실시 - 도로 내 염수분사시스템 또는 열선 설치 - 도로에 덮개 형태의 캐노피 설치

Keyword

⑨ **기타재해저감대책**

㉠ 기타 재해는 「자연재해대책법 시행령」 제55조에서 정한 방재시설 중 해당시설의 노후로 인하여 풍수해를 야기할 우려가 있는 시설을 대상으로 함

㉡ 또한, 하천의 홍수위 저감을 위하여 설치된 우수유출저감시설 중 저류지, 저류조 등도 포함

㉢ 따라서, 구조적 대책은 이러한 시설물의 보수·보강이 주를 이루며, 사방댐 준설 같은 대책이 주로 수립되는데, 전술한 내용과 중복되는 경우가 많음

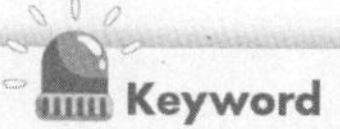

★
비구조적 대책

3. 비구조적 대책

(1) 개요

① 저감대책은 댐건설, 제방축조, 천변저류지 조성, 사면안정화 보강, 방조제 축조 등 재해 유형별 시설물을 설치함으로써, 재해를 저감하는 방법인 구조적 대책과 풍수해보험, 각종 예·경보시설 구축 등의 시설물을 직접 설치하는 것은 아니지만, 대응 및 대책을 통하여 재해를 저감하는 방법인 비구조적인 방법으로 구분할 수 있음

② 구조적 대책은 시설물에 의해 직접 자연재해를 저감함으로써, 효과적인 측면에서는 우수하나, 시설물의 설치 또는 증대에 따른 막대한 비용이 필요하며, 계획빈도를 상향 조정할 경우 지형적인 제약, 보상비를 포함한 막대한 비용 등의 문제로 곤란한 경우가 많음

③ 복구사업 및 재해예방사업 등으로 과거에 비하여 홍수방어 능력은 상당히 향상되었으나, 이상기후에 따른 자연재해 피해 규모는 오히려 증가하는 추세에 있으므로 구조적 저감대책 이외에도 자연재해를 예방하고 최소화할 수 있는 비구조적 저감대책을 도입하는 것이 필수적임

④ 이러한 비구조적 대책은 상대적으로 많은 예산 및 민원소지는 덜하지만 직접적인 효과를 예상하기 어려운 경우가 있음

⑤ 하지만 비구조적 대책은 재해로 인한 1차적 피해를 어느 정도 감수하고 2차적 피해를 최소화하는 방안으로 활용되기도 함

⑥ 다음 그림은 이러한 구조적·비구조적 대책의 개념을 도시화 한 것으로 동 그림과 같이 구조적 대책의 한계를 비구조적 대책으로 보완하는 하는 관계를 가지고 있으며, 구제척인 내용은 다음과 같음

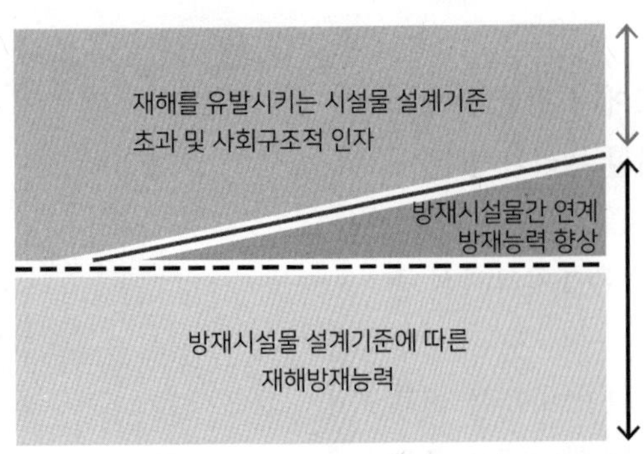

〈구조적·비구조적 대책 개념도〉

★
비구조적 저감대책
- 부문별 계획 조정
- 다른 분야 계획과의 연계
- 유지관리 분야 등

(2) 구분별 비구조적 저감대책

① 부문별 계획 조정 분야

저감대책	주요내용
도시지역 내수침수 방지대책	- 도시지역 방재성능목표에 미달하는 방재시설을 방재성능목표 이상 수준의 홍수방어 능력을 확보할 수 있도록 우수관거 개량, 수문 설치, 투수성 우수저감시설 설치 등 내수침수 방지대책 수립
하수도정비기본계획 (변경) 수립	- 도시지역 내수침수 방지대책에서 제시하고 있는 우수관거 개량 계획을 활용하여 재수립을 통한 방재성능목표 달성
하천기본계획 수립 및 재수립	- 하천의 체계적인 개수계획 재수립을 통한 홍수방어 능력 증대
노후저수지 관리계획 수립	- 노후저수지를 정밀안전진단 대상으로 선정하여 유지관리계획 수립
설계기본풍속의 조례 제정	- 관내 설계기본풍속 26m/s(건축구조 기준), 30m/s(도로교 설계기준) - 최대풍속 관측값 및 전지역단위 바람재해 발생 가능성 검토를 고려하여 30m/s를 설계기본풍속으로 제시
비닐하우스 등에 대한 구조물 시설기준 상향	- 현재 비닐하우스의 경우 지역별 재현기간 30년에 해당하는 최심신적설을 고려한 시설규격을 제시 - 위험지역에 대한 비닐하우스 및 축사 등의 구조물 시설기준을 상향하여 사전 피해저감대책 강구

② 다른 분야 계획과의 연계 분야

저감대책	주요내용
도시계획과의 연계를 위한 비구조적 저감대책	- 자연재해저감 종합계획 반영항목을 도시계획 추진 시 반영되도록 하는 내용 포함 - 도시기본계획 수립 시 개발과 방재가 균형을 이루도록 유도 - 도시기본계획 심의 과정에 방재부서와의 사전협의 및 방재전문가의 참여를 의무화

저감대책	주요내용
토지이용계획 및 관리를 통한 재해완화 방안 유도	- 자연재해위험지역에 건물의 입지를 제한하는 토지이용 계획적 접근방법으로 도시 및 개발을 조정 - 개발 억제하는 다양한 규제, 인센티브, 기술적 접근
방재도시계획 연계	- 위험지구 내 방재거점 및 방재동선을 구성, 위험지구 내 토지 이용과 방재시설 및 도시계획시설 안전 유도
안전취약계층 대피계획 수립	- 자연재해 발생 시 E-30 대피계획을 적용하고, 안전취약 계층의 대피가 가능한 대피소 확충 계획 수립
난개발 방지를 위한 계획관리지역 관리방안	- 국가·지방하천 및 소하천 인근 계획관리지역 내 무분별한 난개발에 대한 관리방안 수립 - 완충녹지지대 설치, 하천기본계획 및 소하천정비종합계획의 변경 수립 검토 등 저감대책 수립 - 녹지 조성, 빗물이용시설 설치 시 인센티브 부여방안 검토

③ 유지관리 분야

저감대책	주요내용
지역안전도를 고려한 자연재해 저감목표 설정	- 지역안전도를 고려한 자연재해 저감목표를 달성하기 위한 저감대책 수립방안을 제시
자연재해 관리지구의 관리	- 선정기준보다 위험도가 낮아서 위험지구 선정에서는 제외되었지만 위험요인이 잔존하여 관리가 필요한 지구를 관리지구로 지정 - 지속적인 유지관리 및 주민숙원사업으로 정비를 시행하는 것으로 계획
풍수해보험 제도 활성화	- 시 단위 지역설명회 및 이벤트 행사, 지역유선방송 및 인터넷 매체를 이용한 홍보 등의 주민홍보계획 수립 - 통장 및 이장 등을 보험설계사로 양성 - 자연재해위험지구 영향범위 내 대상시설에 대한 가입 가구 조사 및 홍보
재난 예·경보시스템 개선	- 효율적인 재난 예·경보를 위한 수위관측소 확충 - 산사태 예·경보시설 신설
사면 유지관리계획 수립	- 사면계측관리 대상지구 10개소 선정 - 사면 점검계획 수립 - 산사태 예방 및 대응방안 - 산사태 예·경보시스템 - 사면재해 유지관리계획 - 임도의 유지관리계획
사방시설 유지관리 계획 수립	- 사방시설 유지관리계획 - 사방시설 준설계획
재해취약시설 점검 및 관리 강화	- 방재시설, 대규모 건설공사장, 가로등 및 교통신호등 등으로 구분하여 주기적으로 점검 및 관리를 실시 - 실제 점검 및 정비는 담당부서, 점검 시기, 점검방법, 점검결과, 정비현황을 재난담당부서에서 정하여 관리

저감대책	주요내용
반지하 주택 침수 방지 및 건물 내침수화 유도	- 반지하 주택 역류방지를 위한 역류방지밸브 설치 및 지표수 유입에 따른 침수 방지를 위한 차수벽 설치 유도 제시 - 하천 주변 저지대 지역의 건물 신축 시 내침수화(셔터시설, 필로티형 건축, 홍수방어벽) 유도 제시 - 자연재난에 대비·활용 가능한 자재(모래주머니)를 구입·배부하여 재난 발생 시 신속한 대처 유도 제시
빗물받이 유지관리 활성화	- 최근 이상기후로 인하여 장마 이후에도 높은 강도의 강우가 빈번히 발생하므로 홍수기는 물론 수시로 빗물받이 준설을 통한 빗물받이의 기능 유지 필요 - 지역주민에게 이면도로 빗물받이 관리책임 부여, 인센티브 부여 등 활성화 방안 제시
빗물재 이용 활성화 유도	- 도시지역 불투수면을 통한 빗물 집수화 및 재이용 도모 - 빗물의 대체수자원화를 통한 도시계획 차원에서의 개발계획 수립
방재 교육 및 홍보 강화	- 관내 지역 특성을 반영한 방재교육 자료 및 홍보 자료의 제작 및 보급, 정기적인 교육 및 홍보 실시를 위한 방안 강구, 읍면동 방재담당자 및 방재교육 담당자 대상의 세부과정 교육
제설대응체계 구축	- 고립위험지역에 대해 제설차량 우선 배치 및 제설장비 보급 - 재해구호물품 사전 지급 - 위험지역의 농업시설 피해 발생 방지를 위한 제설인력 우선 배치 - 기상정보 제공 및 사전제설 시행 - 사후 철거 및 보상대책 강구

★
전지역단위 저감대책

2절 전지역단위 저감대책

1. 개요

① 자연재해저감대책 수립 시 공간적 구분은 전지역단위, 수계단위, 위험지구단위 저감대책으로 구분

② 즉, 자연재해저감대책의 효과가 발휘되는 공간적 영역이 전반적으로 전 지역이면 전지역단위 저감대책, 수계이면 수계단위 저감대책, 개별 위험지구에만 효과가 발휘되면 위험지구단위 저감대책으로 구분

③ 전지역단위 저감대책은 효과가 관내 전 지역에 미칠 뿐 아니라, 공간적으로 전 지역에 걸쳐 한꺼번에 검토하여야 하는 저감대책이며, 구조적 저감대책과 비구조적 저감대책으로 구분하여 수립

④ 따라서 전지역단위 저감대책 수립 시 전 지역 차원에 영향을 미치는 타 계획을 우선적으로 검토하여 반영하고 다부처 협업사업을 검토하

여 반영하며, 필요시 전 지역 차원에서 추가 검토가 필요한 지역을 설정하여 저감대책을 추가로 제시

⑤ 이러한 저감대책은 사업효과 발휘의 효율성 등을 고려하여 아래 그림과 같이 전지역단위 저감대책, 수계단위 저감대책, 위험지구단위 저감대책 순으로 수립

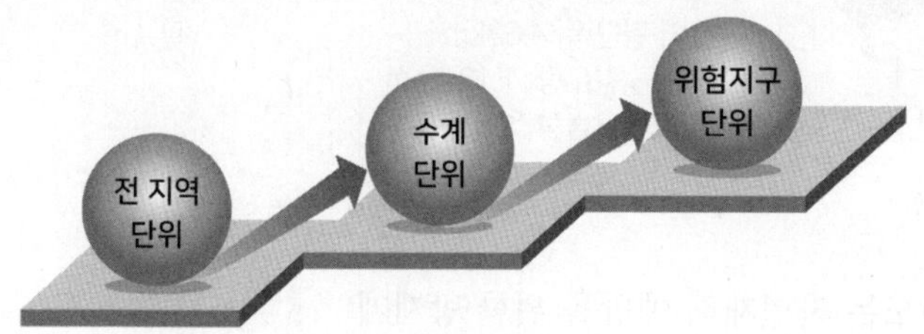

⑥ 전술한 구조적 대책에서 전지역단위 저감대책은 다목적 댐, 홍수조절지, 대규모 천변저류지 등이 해당되며, 비구조적 대책은 통상 특정 지역보다는 유역 전반에 걸쳐 효과 등이 나타나므로 전지역단위 저감대책으로 분류

⑦ 가뭄재해에 대한 저감대책은 가뭄 위험요소 등급과 가뭄 취약성 등급을 고려한 가뭄 위험도에 따라 결정되며, 위험도를 감소시키고 위험요소의 상태를 개선해주는 방향으로 저감대책을 제시

⑧ 대설재해 저감대책은 대설 위험요소 등급과 취약성 등급을 고려한 대설 위험도에 따라 결정되며, 대설 위험도 등급을 낮출 수 있는 방향으로 저감대책을 제시

2. 적용사례

(1) 구조적 대책

① 'NCS 학습모듈, 06 재해저감대책 수립'에서 수록하고 있는 김천시 풍수해저감종합계획, 2013년 12월 수립의 내용을 소개하면 다음과 같음

② 전지역단위 저감대책 중 국가 하천인 감천의 홍수량을 조절할 수 있는 대책으로는 홍수 조절 댐, 농업용 저수지의 치수 능력 증대, 천변 저류지 등이 있다. 댐, 천변 저류지 등의 국가 단위 저감대책으로는 낙동강 유역 종합치수계획(2009, 국토해양부), 낙동강 유역 종합치수계획(보완, 2009, 국토해양부) 등이 있으며, 유역종합치수계획(2009)에서는 감천 상류에 댐 1개 1소를 계획하였음

★
전 지역, 수계, 위험지구단위 저감대책 수립 순서

③ 부항 댐 유역현황은 다음과 같음

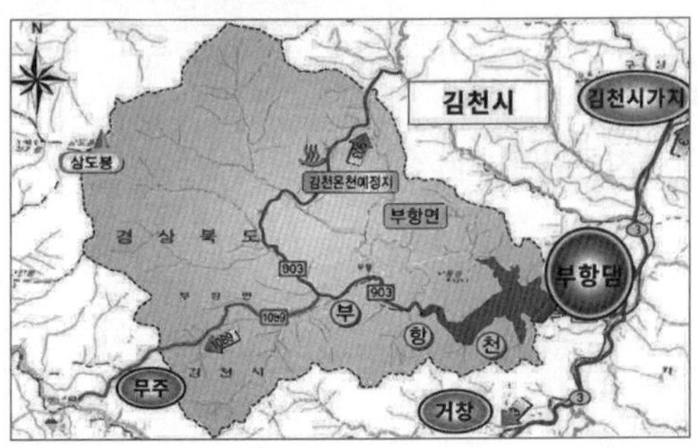

- 수계: 낙동강-감천-부항천
- 유역 면적: 82.0km^2
- 유로 연장: 17.4km
- 유역 평균폭: 4.63km
- 연평균 강우량: 1,127mm
- 연평균 유출량: 1.65m^3/s

(2) 비구조적 대책

비구조적 대책 중 하나인 재해지도는 자연재해 예방을 위한 방재계획 수립 및 재난대비의 기초자료로 활용되며, 특히 재해 발생 시 대응 단계에서 신속한 대응을 위하여 중요한 정보를 제공할 수 있으며, 아래 그림은 그 사례임

3절 수계단위 저감대책

1. 개요

① 수계단위 저감대책은 저감대책의 효과가 수계 전체에 미치는 저감대책 또는 수계 전체에 걸쳐 한꺼번에 검토하여야 하는 저감대책

② 전지역단위 저감대책과 비교하여 상대적으로 지역이 작은 수계를 기준으로 한다는 점만 다를 뿐 나머지는 유사한 특성을 가짐

Keyword

★ 수계단위 저감대책

③ 전술한 내용과 같이 주로 구조적 대책이며, 지하방수로, 홍수저류지, 하천 상류에 설치하는 사방댐 계획 등이 이에 속함

④ 하천재해, 내수재해, 토사재해의 경우 수계·유역 단위로 구분되면 먼저 수계 또는 유역 차원에서 제시되어야 하는 저감대책을 수립한 후, 풍수해 위험지구단위별 저감대책을 수립함으로써 순차적이고 합리적인 저감대책의 수립이 가능하도록 함

Keyword

2. 적용사례

'NCS 학습모듈, 06 재해저감대책 수립'에서 수록하고 있는 김천시 풍수해저감종합계획, 2013년 12월 수립의 내용을 소개하면 다음과 같음

수계단위의 토사재해 저감대책(예시)

<table>
<tr><th>위험 지구명</th><th>저감대책 기호</th><th colspan="2">위치</th><th colspan="2">하천</th><th>위도/경도</th></tr>
<tr><td>대들미</td><td>GG-C1</td><td colspan="2">아포읍 대신리 725</td><td colspan="2">대들미천</td><td>36° 8′ 29.6″/
126° 12′ 0.9″</td></tr>
<tr><td>재해 요인</td><td colspan="6">- 집중 호우 시 상류 산지에서 토사 유출에 따른 피해 발생 위험
- 하도 미정비 되어 있으며 퇴적에 의한 하도 통수 단면 감소 → 범람 위험
- 대들미천 하류 주거지 밀집 지역에 홍수 발생 시 토사로 인한 직간접 피해 예상
→ 피해를 최소화할 수 있는 저감대책(사방 댐) 수립 필요</td></tr>
<tr><td rowspan="2">저감 대책</td><td>사방 댐 종류</td><td>상장(m)</td><td colspan="2">하장(m)</td><td>전고(m)</td><td>개략 공사비</td></tr>
<tr><td>콘크리트</td><td>20</td><td colspan="2">16</td><td>4</td><td>352백만 원</td></tr>
<tr><td>사업 기대 효과</td><td colspan="6">대들미천(소하천)으로 토사 유입 방지
토사 퇴적에 따른 하천 통수 단면 감소 및 수위 상승으로 인한 하류 제내지측 (농경지 및 주거지) 피해 예방 가능</td></tr>
<tr><td colspan="7">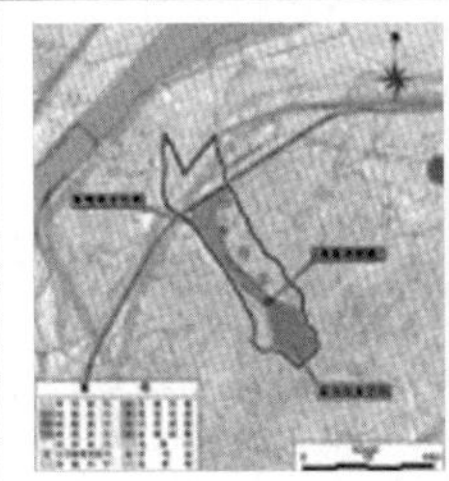  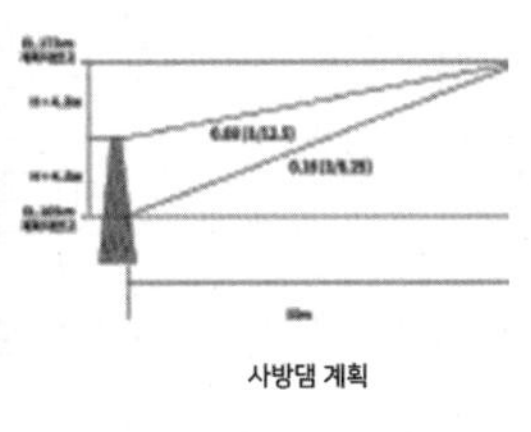</td></tr>
</table>

4절 위험지구단위 저감대책

Keyword

★ 위험지구단위 저감대책

1. 개요

① 위험지구단위 저감대책은 저감대책의 영향이 미치는 공간적 범위가 개별 위험지구단위 범위로 한정되는 저감대책

② 위험지구 저감대책은 구조적 저감대책과 비구조적 저감대책으로 구분되며 일반적으로 구조적 저감대책을 우선 채택하고 비구조적 저감대책은 부차적으로 고려하고 있다. 하지만 이와 같은 구조적 저감대책을 일방적으로 하는 방법은 지양하고 위험도 지수(상세) 등을 토대로 적절한 저감대책 수립방향을 설정하는 방법 등을 참고

③ 자연재해위험지구에 대한 저감대책을 수립함에 있어 위험지구별로 자연재해 위험성 평가를 실시하고 평가결과를 종합적으로 검토하여 합리적인 저감대책 방안을 제시하여야 함

④ 위험지구단위 저감대책 수립 시 기존 도 자연재해저감 종합계획에의 포함 여부를 확인하여야 하며, 포함된 경우 도 자연재해저감 종합계획 수립내용을 저감대책에 반영하여야 함

★ 위험도지수별 위험등급 및 저감대책 수립방안

위험도지수(상세)에 대한 위험등급별 저감대책 수립 방향

위험도지수 기준	위험등급	저감대책 수립방안(권고사항)
10 초과	초고 위험	위험지구에 대하여 구조적 저감대책 수립
5 초과 ~ 10	고위험	위험지구에 대하여 구조적 저감대책 수립 단, 부분적인 비구조적 저감대책 수립 가능
3 초과 ~ 5	중위험	위험지구에 대한 비구조적 저감대책 수립 단, 부분적인 구조적 저감대책 수립 가능
1 초과 ~ 3	저위험	위험지구에 대한 비구조적 저감대책 수립

⑤ 자연재해 위험도지수(상세)는 피해 이력, 재해위험도, 주민불편도를 평가 인자로 하며, 산정된 위험도지수로 위험지구별 위험등급을 결정하고, 위험등급에 따라 저감대책 방안을 검토하여야 함

▷ 위험도지수(상세)= A × (0.6B+0.4C)

* 여기서, A는 피해이력, B는 재해위험도, C는 주민불편도

▷ '항목별 상세지수 산정기준'은 제3과목 제2편 제1장 1절 참조 (pp. 443~444)

⑥ 자연재해위험지구에 대한 저감대책 수립 시 향후 자연재해위험개선지구 지정과의 관계를 고려하여 자연재해위험개선지구에서의 지구 구분인 침수위험지구, 유실위험지구, 고립위험지구, 취약방재시설지구, 붕괴위험지구, 해일위험지구, 상습가뭄재해지구 중 어느 지구에 해당하는지 명기하여야 함

⑦ 자연재해위험지구 저감대책은 시설물 중심의 구조적 저감대책뿐만 아니라 토지 이용, 건축, 재해지도, 재난 예·경보체계 개선, 풍수해보험제도 활성화, 위험지구 내 기지정·관리 중인 임시주거시설(지진 및 지진해일 대비 대피소 포함) 개선 등의 비구조적 대책을 종합적으로 고려하여 수립

⑧ 하천재해위험지구에 대한 저감대책은 위험요인 분석을 토대로 지방하천종합정비계획, 하천기본계획, 소하천정비종합계획 등의 타 계획에서 제시된 정비계획을 먼저 고려한 후, 타 계획의 정비계획과 대안설정을 통하여 도출된 저감대책을 비교하여 합리적이고 효율적인 저감대책을 채택

⑨ 내수재해위험지구에 대한 저감대책은 도시지역의 경우 우수관거 등은 하수도정비기본계획의 정비계획을 반영한 상태에서 방재성능목표를 적용 시 초과하는 홍수량을 유역분리, 저류시설 또는 배수펌프장 등을 통하여 분담하는 방안 등을 제시한다. 저류시설 또는 배수펌프장 적용이 어려운 지역은 녹지공간·침투시설 및 예·경보시스템 도입 등의 비구조적 저감대책을 수립

⑩ 사면재해위험지구에 대한 저감대책은 자연사면, 산지, 인공사면, 옹벽 및 축대의 재해위험도 평가 내용 및 사면안정해석 등의 정량적 검토 결과를 토대로 현장 여건을 고려하여 사면재해 방지를 위한 저감대책을 제시

⑪ 토사재해위험지구에 대한 저감대책은 토사유출량 산정 등 정량적 검토 결과를 토대로 현장 여건을 고려하여 침사지, 사방시설 등 토사재해 방지를 위한 저감대책을 제시

⑫ 바람재해위험지구에 대한 저감대책은 확률풍속 산정 등 정량적 검토 결과를 토대로 현장 여건을 고려하여 바람재해 방지를 위한 저감대책을 제시

⑬ 해안재해위험지구에 대한 저감대책은 태풍해일을 고려한 조위 등 정량적 검토 결과를 토대로 현장 여건을 고려하여 해안재해 방지를 위한 저감대책을 제시

★
하천기본계획 및 소하천정비종합계획 등의 내용이 주로 위험지구단위 저감대책이 됨

2. 적용사례

'NCS 학습모듈, 06 재해저감대책 수립'에서 수록하고 있는 김천시 풍수해저감종합계획, 2013년 12월 수립의 내용을 소개하면 다음과 같음

(1) 하천재해 저감대책 사례

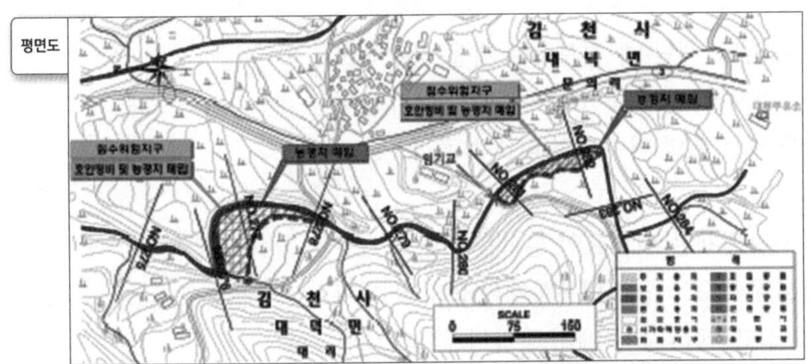

홍수위 저감 효과

측정 (No.)	홍수위(EL.m) 계획 전(1)	홍수위(EL.m) 계획 후(2)	비교 (2)-(1)
275+00	358.64	358.63	-0.01
276+00	366.07	365.95	-0.12
277+00	369.93	369.83	-0.10
278+00	373.80	373.70	-0.10
279+00	377.62	377.58	-0.04
280+00	380.94	380.85	-0.09
280+79	384.46	384.45	-0.01
281+00	385.53	385.41	-0.12
282+00	388.53	388.41	-0.12
283+00	391.51	391.40	-0.11
284+00	395.70	395.59	-0.11
285+00	398.55	398.45	-0.10

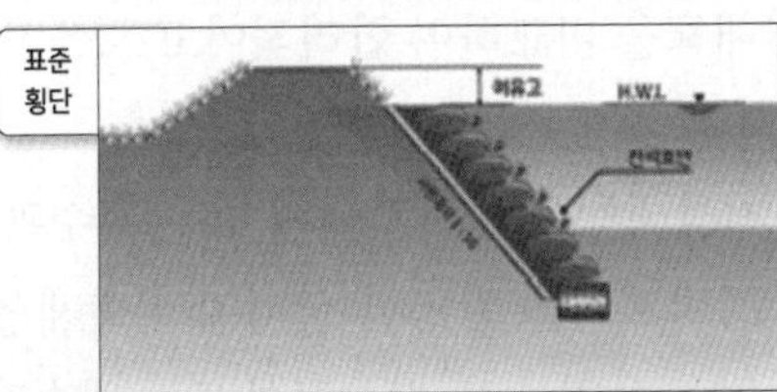

(2) 내수재해 저감대책 사례

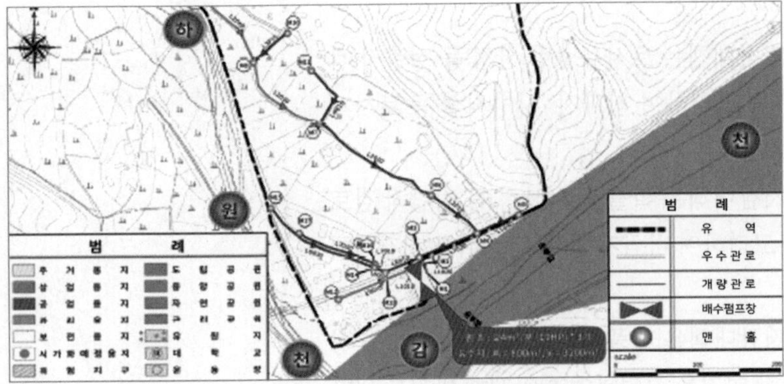

(3) 토사재해 저감대책 사례

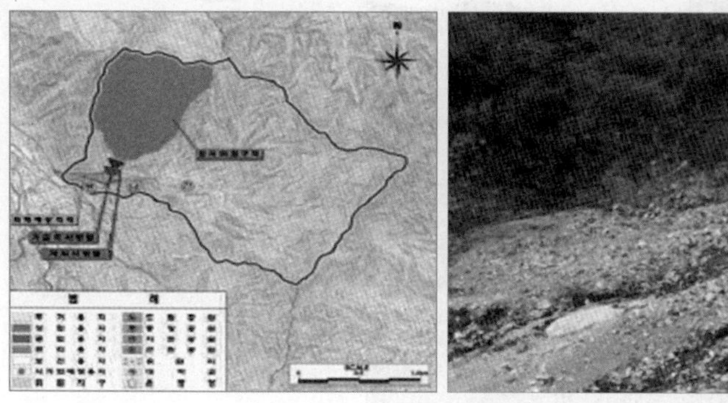

(4) 사면재해 저감대책 사례

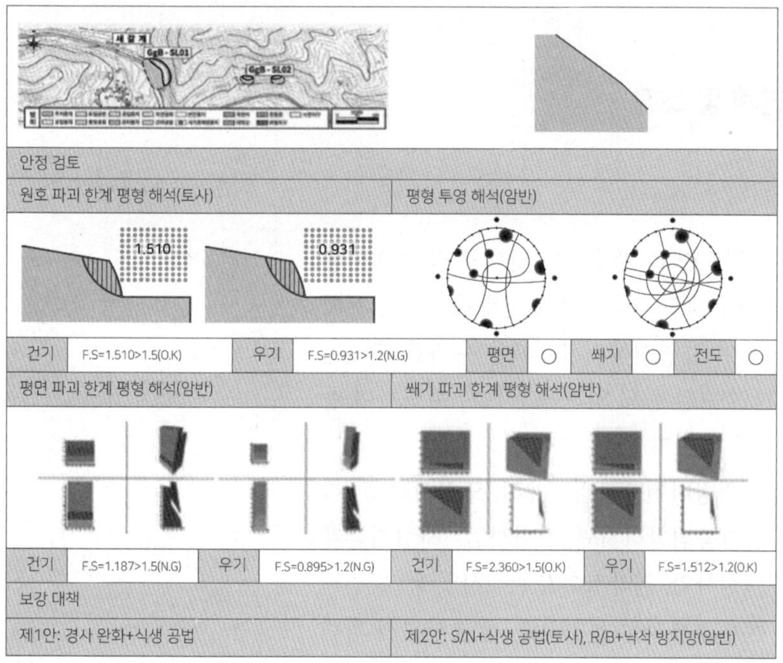

(5) 해안재해 저감대책 사례

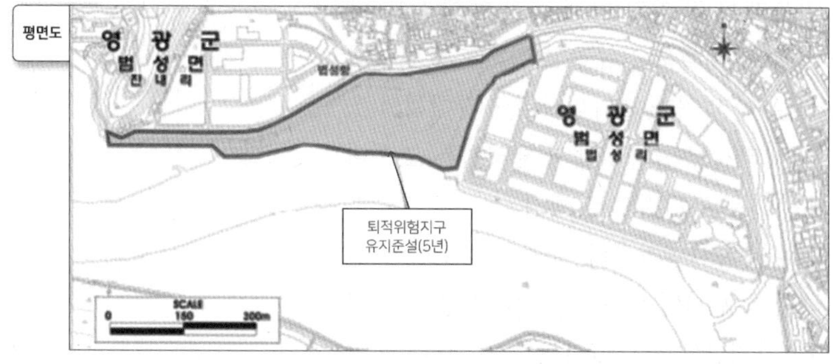

Keyword

수치 실험 모형

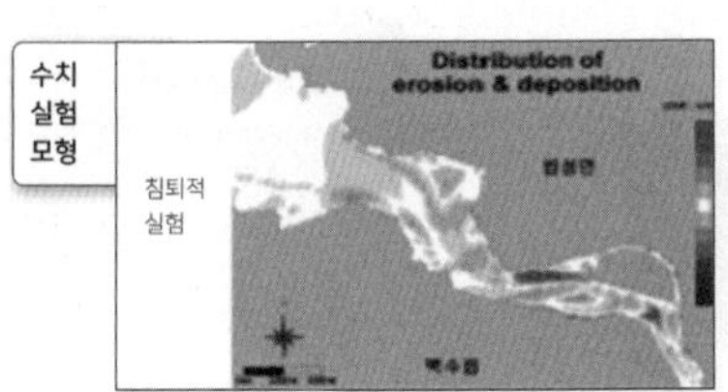

시설 계획도

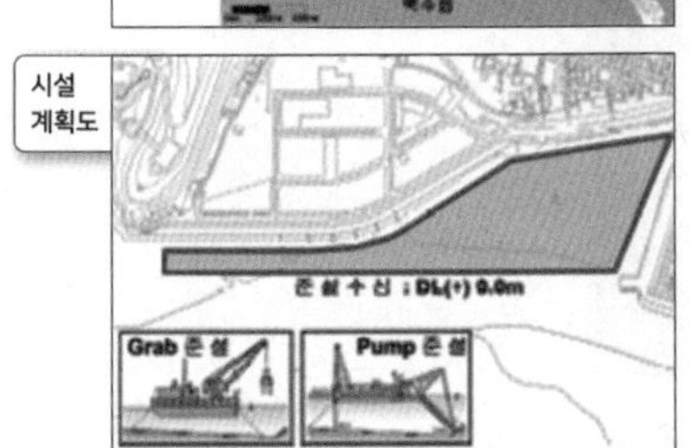

현장 사진

Keyword

★ 다른 분야 계획과의 연계

5절 다른 분야 계획과 연계 및 조정

1. 다른 분야 계획의 연계

① 자연재해저감 종합계획에서 채택한 타 계획의 저감대책 및 조정내용 등은 해당 시설물을 관리하는 타 계획이나 사업과 연계되므로 타 계획의 소관부처와 반드시 협의하여 자연재해저감대책을 수립한 후에는 관련된 타 계획의 관리청, 관련 기관 등의 의견을 반드시 수렴하여 협의·조정된 내용이 반영되도록 하여야 함

② 관련된 계획은 하천기본계획, 지방하천종합정비계획, 도시계획 등, 하수도정비기본계획, 하수도정비중점관리지역 정비사업, 사방기본계획, 연안정비기본계획, 배수개선사업, 취약저수지 관리사업 등, 자연재해위험개선지구 정비사업, 우수저류시설 설치사업, 급경사지 붕괴위험지역 정비사업, 재해위험저수지 정비사업, 풍수해 생활권 정비사업, 기타 방재 관련 계획 및 사업 등이며 연계내용을 구체적으로 제시

③ 하천기본계획, 하수도정비기본계획 및 기타 방재 관련 계획 등의 타 계획이 수립되지 못한 경우에는 타 계획을 신규로 수립하도록 반영사항을 제시하고 또한, 명백한 사유가 있거나 불가피하여 저감대책의 조정이 필요한 경우에는 자연재해저감 종합계획에서 제시하는 조정내용을 연계될 수 있도록 연계방안을 구체적으로 제시

④ 지방하천종합정비계획의 경우 계속사업과 신규사업을 검토하여 선정기준에 의한 평가를 실시하여 최종 사업지구를 선정하고 있으며, 신규사업 대상지구 선정 시 지방자치단체별 사업지구 건의, 관련 계획

검토를 통하여 대상을 선정한다. 관련 계획 검토 시 기존 계획에서 미포함된 자연재해저감 종합계획 저감대책은 신규사업지구로 되고, 기존 계획의 저감대책의 조정이 필요한 계획은 계속사업지구의 저감대책 조정을 통하여 직접 연계될 수 있도록 연계방안을 구체적으로 제시

⑤ 하수도정비중점관리지역 정비사업은 지방자치단체별 하수도중점관리지역 지정 신청을 받아 검토, 지정·공고, 하수도정비대책 수립의 순으로 추진되며, 중점관리지역 지정 신청 시 지방자치단체에서 신청하여 저감대책 및 타 계획의 조정내용을 직접 연계할 수 있도록 연계내용을 구체적으로 제시

⑥ 사방기본계획은 사방사업 대상지 실태조사 및 DB 구축, 대상지 우선순위 결정 및 타당성 평가, 예산검토를 통한 최종 사업지구 결정, 사업시행 순으로 추진되며, 사방사업 대상지 실태조사 및 DB 구축 시 자연재해저감 종합계획의 저감대책 및 타 계획의 조정내용을 직접 연계할 수 있도록 연계내용을 구체적으로 제시

⑦ 연안정비기본계획은 사업 수요조사, 타당성 검토 및 정밀조사, 대상사업 확정 및 세부추진계획 수립 등의 순으로 추진되며, 사업 수요조사 시 자연재해저감 종합계획의 저감대책 및 타 계획의 조정내용을 직접 연계할 수 있도록 연계내용을 구체적으로 제시

⑧ 자연재해위험개선지구 정비사업, 우수저류시설 설치사업, 급경사지 붕괴위험지역 정비사업, 재해위험저수지 정비사업, 풍수해 생활권 정비사업 등은 행정안전부에서 소관하는 정비사업으로 자연재해저감 종합계획에서 위험지구를 선정하여 저감대책을 제시한 내용을 근거로 하여 지구지정 절차를 거쳐 체계적인 정비·관리를 수행할 수 있도록 위험지구 선정, 저감대책 수립, 후술되는 시행계획 등과 연계내용을 구체적으로 제시

⑨ 도시계획은 도시·군기본계획이나 도시·군관리계획의 입안 및 결정 시 자연재해저감 종합계획의 내용이 반영될 수 있도록 다음 그림과 같이 선정된 자연재해위험지구의 위험요인 검토(저·중·고위험), 시가화 여부(시가화지역, 비시가화지역), 도시계획현황 분석(용도지역, 용도지구, 도시계획시설, 계획구역현황 등) 등의 순으로 검토하여 비시가화지역은 현재의 보전용도를 유지하도록 하고 시가화지역은 위험지구에 대한 위험요인(예상 피해 규모, 침수심 등), 위험도(피해 우려 취약시설 및 안전취약계층 현황), 토지이용계획(용도지역, 용도지구, 각종 도시개발사업 계획 등), 자연재해저감대책 등을 구체적으로 제시하여 도시계획 수립 시 활용할 수 있도록 하여야 함

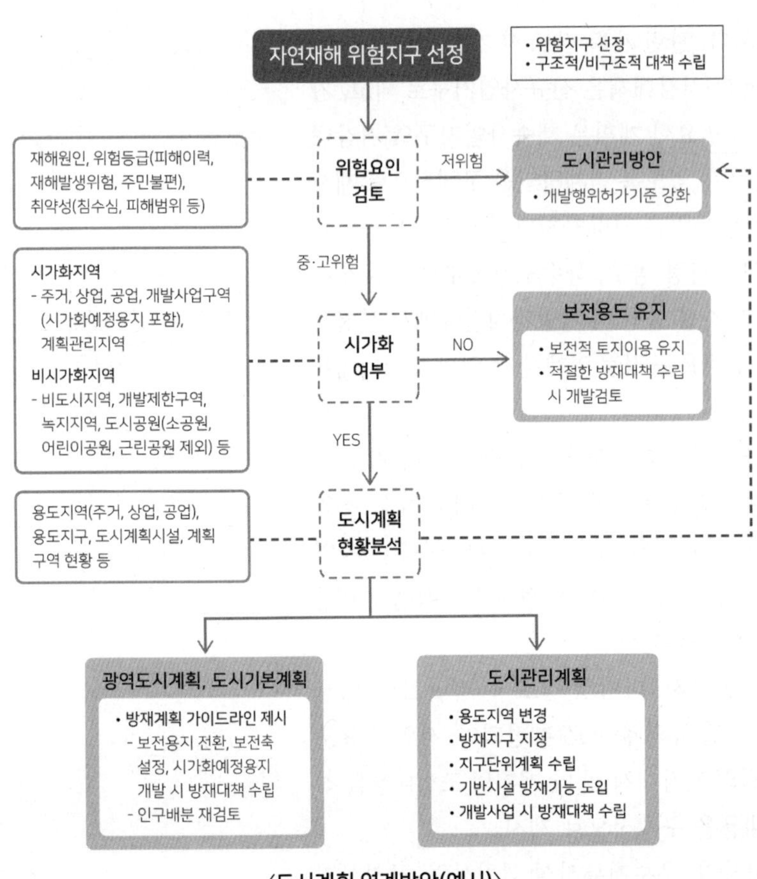

〈도시계획 연계방안(예시)〉

2. 다른 분야 계획의 조정

★ 다른 분야 계획의 조정

① 자연재해저감 종합계획은 자연재해저감 분야 종합계획이므로 관련 계획 중 하천기본계획, 하수도기본계획, 연안정비기본계획 등과 같은 방재 분야 부문별 계획과 도시계획 같은 기타 분야 계획을 모두 포함하는 개념인 다른 분야 계획을 모두 고려하는 계획임

② 자연재해저감 종합계획에서 타 계획의 저감대책을 수용하는 방법은 최대한 그대로 반영하는 것을 원칙으로 하지만 명백한 사유가 있거나 불가피한 경우에만 조정을 실시하여야 한다. 타 계획의 저감대책을 조정하는 경우는 타 계획에서 누락된 부분을 신규 수립하는 경우, 기존 타 계획의 확연한 오류를 조정하는 경우, 타 계획 간의 상충을 조정하는 경우, 타 계획 사이에서 고려되지 않은 부분을 조정하는 경우 등이 있음

③ 저감대책 조정 내용은 해당 타 계획의 소관부처와 협의를 통하여 조정된 내용이 실제 타 계획에 반영될 수 있도록 다음 표와 같이 자연재해 위험지구명, 타 계획명, 조정 전·후의 저감대책, 조정사유 등을 제시

하여 확실하게 조치되도록 하여야 함

타분야 계획의 조정내용(예시)

공간적 단위 (재해 유형)	타 계획	지구명	저감대책 조정		비고 (조정사유)
			기존	조정	
전지역단위 (하천재해)	하천 기본계획	○○○	(조정 전 저감대책)	(조정 후 저감대책)	(조정사유)
수계단위 (내수재해)	하수도 정비 기본계획	△△△	(조정 전 저감대책)	(조정 후 저감대책)	(조정사유)
위험지구단위 (해안재해)	연안 기본계획	◇◇◇	(조정 전 저감대책)	(조정 후 저감대책)	(조정사유)

6절 사업시행계획 수립

1. 기본방향

① 전술한 저감대책이 수립되면 이를 토대로 사업비 산정 및 투자우선순위 결정, 단계별·연차별 시행계획 수립, 사업 재원확보방안, 타 계획의 시행계획 조정, 부처 간 협업이 필요한 사업의 시행계획 조정, 자연재해저감 종합계획도 등의 순으로 제시함

② 전지역단위 및 수계단위 저감대책 시행계획은 투자우선순위 결정에서 제외되므로 사업비 산정 및 중·장기적 관점에서 경제성, 사업효과, 사회적 여건 등을 종합적으로 고려하여 수립

③ 저감대책 시행계획 수립 시 기지정 재해위험지구 및 타 계획 등의 시행계획에 이미 수립된 경우에는 원칙적으로 해당 계획에서 수립한 사업비, 연차별 시행계획 등을 그대로 적용

④ 저감대책 시행에 소요되는 예산 규모 및 연차별 예산 배분은 해당 지방자치단체의 방재예산 중 자연재해저감 종합계획 관련 예산 규모와 「보조금 관리에 관한 법률 시행령」 제4조를 참조하여 사업 유형별 국비, 지방비(시·도비, 시·군비) 분담률의 범위를 고려하여 결정

⑤ 관련 기관 협의 및 사업비 확보 등이 용이하도록 저감대책별 사업 시행주체 및 시행방법, 재원확보방안 등을 구체적으로 제시

Keyword

★
사업시행계획 수립은 저감대책의 단계별 시행순서를 결정

2. 투자우선순위

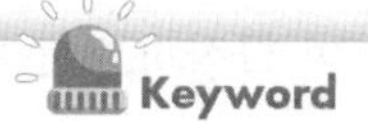

★
투자우선순위 결정

(1) 사업비 산정

① 개략사업비 산정 시 저감대책 사업내용에 해당되는 시설물의 공종, 단위, 단가를 부록에 명확하게 제시

② 자연재해위험개선지구, 급경사지 붕괴위험지역, 재해위험저수지 등 관련 법령에 따라 지구 지정·고시된 지구 또는 하천기본계획, 소하천정비종합계획, 하수도정비기본계획 등의 타 계획 및 실시설계 내용을 반영하는 경우 산정된 공사비, 보상비(용지보상비, 건물보상비, 영업보상비 등) 등은 사업 시행의 혼선 예방 및 저감대책 이행률 제고 측면에서 그대로 반영

③ 다만, 타 계획의 저감대책 조정 등을 통하여 저감대책 사업효과의 제고, 예산의 효율적인 사용 등의 구체적이고 명확한 사유가 있는 경우에는 해당 저감대책 시행주체와 협의를 거쳐 조정할 수 있으며, 사업 시행의 혼선 예방 및 저감대책 이행률 제고 측면에서 조정된 사항을 타 계획의 시행계획 조정 제시를 통하여 반영

④ 관련 법령에 따라 지정·고시된 지구 또는 타 계획의 사업비를 반영할 경우, 지구지정 및 계획수립 시기를 고려하고 계획수립 공표연도를 기준으로 물가상승률을 고려하여 조정하여야 하며, 기존 자연재해저감종합계획의 사업내용을 그대로 반영할 경우도 동일한 방법으로 처리

(2) 투자우선순위 결정

① 투자우선순위 결정을 위한 평가방법은 자연재해위험개선지구 관리지침에서 제시된 타당성 평가기준을 자연재해저감 종합계획 특성에 맞게 활용하되, 지역별 특성이 충분히 반영될 수 있도록 합리적인 평가를 실시

② 투자우선순위 결정을 위한 평가항목은 기본적 평가항목과 부가적 평가항목으로 구분

③ 기본적 평가항목은 비용편익비(B/C), 피해이력지수, 재해위험도, 주민불편도, 지구지정 경과연수로 구분

④ 부가적 평가항목(정책적 평가)은 정책성(정비사업 추진의지 및 사업의 시급성), 지속성(주민참여도 및 민원 우려도), 준비도(자체설계 추진 여부)로 구분

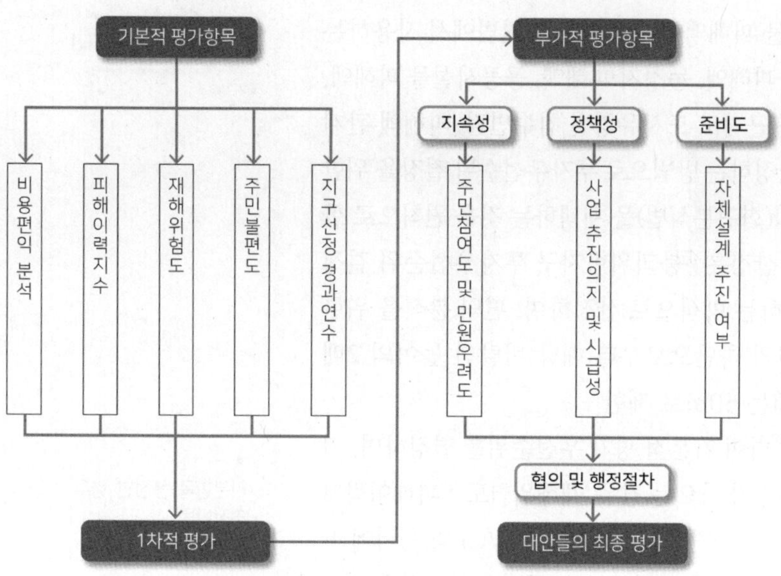

〈투자우선순위 결정절차〉

⑤ 기본적 평가항목은 비용편익비(B/C), 피해이력지수, 재해위험도, 주민불편도, 지구지정 경과연수 등을 평가 인자로 하며, 평가항목별 배점 기준 및 평가점수 산정기준은 다음과 같음

평가항목별 배점 기준 및 평가점수 산정기준

구분	배점	평가점수 산정기준
비용편익비	15	B/C값 3 이상(15점) B/C값 2~3 미만(12점) B/C값 1~2 미만(9점) B/C값 0.5~1 미만(6점) B/C값 0.5 미만(3점)
피해이력지수	25	피해이력지수/100,000 × 배점
재해위험도	30	위험등급(20점) + 자연재난 인명피해(사망 10점, 부상 5점)
주민불편도	20	위험지구 면적대비 거주인구비율 100 이상(20점) 위험지구 면적대비 거주인구비율 50~100 미만(16점) 위험지구 면적대비 거주인구비율 20~50 미만(12점) 위험지구 면적대비 거주인구비율 5~20 미만(8점) 위험지구 면적대비 거주인구비율 5 미만(6점)
지구지정 경과연수	10	지구지정 후 10년 이상(10점) 지구지정 후 5년~10년 미만(8점) 지구지정 후 3년~5년 미만(6점) 지구지정 후 1년~3년 미만(4점) 지구지정 후 1년 미만(2점)
계	100	

주) 1. 피해이력지수: 최근 5년간 사유재산피해 재난지수에 항목별 가중치를 곱하여 산정
2. 위험등급: 가 등급 20점, 나 등급 10점, 다 등급 5점(자연재해위험개선지구 위험등급분류 기준)

Keyword

투자우선순위 결정을 위한 항목(기본적 항목)
- 비용편익비
- 피해이력지수
- 재해위험도
- 주민불편도
- 지구지정 경과연수

⑥ 개선법은 인명 피해, 농작물 피해액에 대하여는 간편법에서 사용하는 원단위법을 활용하고, 건물피해액, 농경지 피해액, 공공시설물 피해액, 기타 피해액은 재해연보를 근거로 도시유형별 침수면적-피해액 관계식을 설정하여 피해액을 산정하는 방법으로 투자우선순위 결정을 위한 비용편익비(B/C)는 개선법(회귀분석법)을 채택하는 것을 원칙으로 함

⑦ 사면재해의 편익(피해액) 산정은 「붕괴위험지구 투자우선순위 결정 개선방안 연구」에서 제시하는 방식으로 산정하며, 편익 분석을 위한 피해위험구역은 급경사지의 하단으로부터 해당 비탈면 높이의 2배 정도이며, 50m 초과 시에는 50m로 제한

⑧ 평가된 항목별 점수를 부여하여 기본적 평가 우선순위를 결정하며, 기본 평가항목에서 동일한 점수가 나오는 경우 '재해위험도 〉 피해이력지수 〉 주민불편도 〉 지구지정 경과연수 〉 비용편익비(B/C)'의 순서에 따라 항목별 평가점수가 높게 산정된 지구 순으로 투자우선순위를 조정

⑨ 부가적 평가항목은 지속성, 정책성, 준비도로 구분하며, 부가적 평가항목의 구분과 부가적 평가항목의 평가방법 및 배점 기준은 다음 표들과 같음

부가적 평가항목의 구분

구분	평가항목
지속성	해당 사업에 대한 주민참여도 및 민원우려도 등을 고려
정책성	해당 사업에 대한 추진의지, 사업의 시급성 등을 고려
준비도	해당 사업의 조기 추진이 가능하도록 자체설계 추진 여부

부가적 평가항목의 평가방법 및 배점 기준

평가항목	점수	평가방법	비고
지속성	1	주민참여도가 높으며, 민원 우려가 낮은 지역	
	0	주민참여도가 낮으며, 민원 우려가 높은 지역	
정책성	1	사업의 시급성이 높고, 지방자치단체의 정비사업 추진 의지가 높은 지역	
	0	사업의 시급성이 낮고, 지방자치단체의 정비사업 추진 의지가 낮은 지역	
준비도	1	정비사업의 조기 추진이 가능하도록 자체설계를 추진하는 지구	
	0	자체설계를 추진하지 않는 지구	

★
기본항목 동점인 경우 순위 조정방법

★
투자우선순위 결정을 위한 항목(부가적 항목)
- 지속성
- 정책성
- 준비도

⑩ 지속성, 정책성 및 준비도에 대한 점수가 1이면 점수가 0인 사업보다 선순위로 조정하되 부가적 평가항목에 대한 점수가 동일한 사업들 간의 순위는 기본적 평가항목에 의한 순위를 유지하도록 함

⑪ 기본적 및 부가적 평가항목을 고려하여 초기 결정된 투자우선순위는 지방자치단체 방재담당 공무원(자연재해저감 종합계획 담당), 관련 실과, 주민공청회, 지방의회 등의 협의 및 행정절차를 거쳐 최종 투자우선순위로 결정됨

3. 단계별·연차별 시행계획

① 구조적 저감대책에 대한 단계별·연차별 시행계획뿐만 아니라 비구조적 저감대책에 대한 단계별·연차별 시행계획을 수립하여 저감대책의 실현 가능성을 확보

② 단계별 시행계획은 먼저 5년 이내에 추진 가능한 사업을 1단계 사업으로 구분하고 그 외 사업을 2단계로 구분

③ 자연재해위험개선지구, 급경사지 붕괴위험지역, 재해위험저수지 등 관련 법령에 따라 지정·고시된 지구 또는 하천기본계획, 소하천정비종합계획, 하수도정비기본계획 등의 타 계획 등은 해당 사업 및 계획에서 수립한 시행계획을 그대로 반영

④ 다만, 타 계획의 저감대책 조정 등을 통하여 저감대책 사업효과의 제고, 예산의 효율적인 사용 등의 구체적이고 명확한 사유가 있는 경우에는 해당 저감대책 시행주체와 협의를 거쳐 시행계획을 조정할 수 있으며, 사업 시행의 혼선 예방 및 저감대책 이행률 제고 측면에서 조정된 사항은 후술되는 타 계획의 시행계획 조정을 통하여 반드시 제시

제3장

제1편
재해저감대책 수립

우수유출저감대책 수립

본 장에서는 배수구역 내 우수유출 발생에 따른 침수피해를 정량적으로 파악하고 침수피해 유형별 적정한 저감대책 수립 방법을 수록하였다. 침수피해 원인 및 지역 특성 등을 고려한 우수유출저감시설 형식을 선택하는 방법과 설치되는 저감시설 규모 및 저감량의 계산방법을 작성하였다. 마지막으로 우수유출저감시설 설치효과를 분석하고, 저감시설 설치에 소요되는 사업비 추정 및 경제성 분석방법을 작성하였다.

1절 배수구역과 우수유출에 따른 피해분석

★
우수유출저감시설

★
자연재해대책법 제2조

★
우수유출저감대책

1. 우수유출저감대책의 개요

(1) 용어의 정의

① '우수유출저감시설'이란 우수(雨水)의 직접적인 유출을 억제하기 위하여 인위적으로 우수를 지하로 스며들게 하거나 지하에 가두어 두는 시설(「자연재해대책법」 제2조 제6호)

② '우수유출저감대책'이란 도시화로 인하여 불투수면적이 증가하여 우수의 저류·침투기능이 저하되고, 우수가 일시적으로 빠르게 집중되어 도심지의 침수피해가 빈번하게 발생하는 것을 저감하기 위하여 우수유출 영향을 분석하여 저류시설 및 침투시설 등을 설치하는 대책

(2) 대책의 수립권자 및 목표연도

① 특별시장·광역시장·특별자치시장 또는 시장·군수는 해당 지역의 우수 침투 또는 저류를 통한 재해의 예방을 위하여 우수유출저감대책을 5년마다 수립

② 우수유출저감대책은 자연재해저감 종합계획과 부합하도록 계획의 수립연도를 기준으로 향후 10년을 목표연도로 정하여 수립

(3) 우수유출저감대책의 주요내용

① 우수유출저감(저류량 및 침투량) 목표의 설정

② 현재 및 목표연도에 따른 우수유출영향 분석

③ 우수유출저감시설 설치가능시설 조사·분석

④ 우수유출저감시설의 배치 및 규모계획

⑤ 우수유출저감대책의 효과분석

⑥ 우수유출저감시설의 유지관리계획
⑦ 그 밖에 우수유출 저감에 필요한 사항

★
기초현황 조사

2. 기초현황 조사

(1) 자료 조사

① 자료 조사는 일반현황 조사, 수해현황 조사, 관련 계획 조사로 분류
② 일반현황 조사는 행정현황, 인문현황, 자연현황, 방재현황으로 구성

일반현황 조사

구분		조사내용
행정현황	지역연혁	- 대상지역의 연혁
	행정구역현황	- 대상지역의 행정구역 및 면적 등
인문현황	인구현황	- 대상지역별 인구수, 인구분포현황 등
	산업현황	- 대상지역 내 산업 종사자 수, 종사자 분포현황 등
	문화재현황	- 대상지역 및 주변지역 문화재 분포현황
	불투수지역현황	- 대상지역의 투수·불투수지역현황 등
	시가화지역현황	- 대상지역 연대별 시가화지역현황 등
자연현황	토지이용현황	- 지목별 면적, 분포, 토지이용계획 등
	하천현황	- 하천 수계현황, 기하학적 특성 등
	지형현황	- 표고 및 경사현황 등
	지질 및 토양현황	- 지질현황, 수문학적 토양현황 등
방재현황	자연재해 관련 지구지정현황	- 자연재해개선 위험지구현황 - 기타 부처와 관련된 재해지구현황 등
	우수유출저감시설 설치현황	- 저류시설, 침투시설 등의 우수유출저감시설 현황
	방재시설현황	- 하천, 하수도, 빗물펌프장 등의 방재시설현황

③ 수해현황 조사는 연도별 수해현황, 주요 침수피해현황 및 원인으로 구성

수해현황 조사

구분	조사내용
연도별 수해현황	- 연도별 홍수피해 및 복구현황, 연도별 침수피해현황 등
주요 침수피해 현황 및 원인	- 대규모 침수피해지역의 침수면적, 강우현황 등

㉠ 연도별 수해현황

▷ 해당 지방자치단체의 과거 발생한 홍수에 대하여 관련 재해연보, 수해백서 등의 문헌을 토대로 최근 10년 이상의 기간에 대하여 연도별 현황을 정리하고, 대상지역 및 주변지역의 포함 여부를 검토

▷ 연도별 홍수피해 및 복구현황은 호우, 태풍으로 인한 인명 및 재산피해액현황을 조사하고, 연도별 침수피해현황은 건물, 농경지 등의 침수피해 면적현황에 관하여 조사

㉡ 주요 침수피해현황 및 원인

▷ 주요 침수피해현황 조사는 최근 10년 이상의 기간 동안 발생한 홍수 중 대상지역을 대표하는 홍수를 선정하여 침수피해지역 현황 및 원인을 조사

▷ 설계 용량을 초과하는 강우, 하수관거 용량부족, 불투수면적 등 침수피해 시 직접 원인 및 피해를 가중시키는 간접 원인 등을 조사

④ 관련 계획 조사는 방재 관련 계획 현황, 도시계획 및 개발사업 현황, 빗물·물순환·물재이용 관련 계획 현황, 기반시설정비 관련 계획 현황으로 구성

★
과거 피해현황은 최근 10년 이상 조사

관련 계획 조사

구분	조사내용
방재 관련 계획	자연재해저감 종합계획(내수재해위험지구 대책), 하천기본계획, 하수도정비기본계획, 빗물펌프장계획 등
도시계획 및 개발사업현황	광역도시계획, 도시·군 기본계획, 도시·군 관리계획 등 도시계획과 각종 개발사업 등
빗물·물순환·물재이용 관련 계획현황	지방자치단체 빗물관리, 물순환, 물재이용 관련 계획 등
기반시설정비 관련 계획현황	「국토의 계획 및 이용에 관한 법률」 제2조 제6호의 기반시설(교통시설, 공원시설, 유통·공급시설, 공공·문화체육시설 등) 관련 계획

㉠ 지방자치단체의 방재, 도시, 빗물·물순환·물재이용, 기반시설 등의 관련 계획 내 우수유출저감시설 현황(위치, 용량)을 조사하여 대상지역 내 설치계획의 유·무를 검토

㉡ 기반시설정비 관련 계획현황은 다음과 같은 시설의 관련 계획현황을 조사

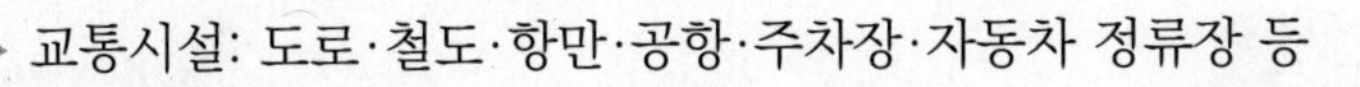

▷ 교통시설: 도로·철도·항만·공항·주차장·자동차 정류장 등
▷ 공원시설: 광장·공원·녹지·유원지·공공공지 등
▷ 유통·공급시설: 유통 업무설비, 수도·전기·가스·열공급설비, 방송·통신시설 등
▷ 공공·문화체육시설: 학교·운동장·인정되는 체육시설·도서관·연구시설·사회복지시설 등
▷ 보건위생시설: 화장시설·공동묘지 등
▷ 환경기초시설: 하수도·폐기물 처리시설 등

(2) 현장조사

① 해당 지방자치단체의 주요 침수피해지역 현장 확인이 가능한 전경사진 촬영 및 침수피해가 발생한 원인 등에 대하여 조사

② 관련 계획 조사의 내용을 바탕으로 지방자치단체에 설치된 우수유출저감시설에 대하여 현장 확인을 하고, 본 사업과의 연계 및 활용 가능성을 조사

③ 재해관련지구 지정지역에 대하여 위치 파악이 가능한 전경사진 촬영과 지구지정 이후 관리 및 정비계획, 공사실적 등의 현장 확인을 실시

3. 현재 및 목표연도 확률강우량 산정

(1) 강우자료 수집 및 특성 분석

① 강우자료는 해당 지방자치단체의 집중호우 특성을 분석할 수 있는 시우량 자료를 수집하며 대상지역의 기왕최대강우량과 주요 침수피해가 발생했던 시기의 강우자료를 수집하고, 확률강우량 산정에 필요한 강우자료를 수집

② 해당 지방자치단체의 30년간 연도별 시우량 자료를 규모별·연도별 최대치, 연도별 발생빈도 및 추이, 연도별·월별 강우분포 등의 분석을 실시하고 표와 그림으로 제시

③ 연도별 최대치 분석을 통하여 대상지역의 기왕최대강우량을 제시

연도별 집중호우 발생빈도 분석(예시)

구분		집중호우 발생빈도							
		10 (1~10 mm/hr)	20 (11~20 mm/hr)	30 (21~30 mm/hr)	…	70 (61~70 mm/hr)	80 (71~80 mm/hr)	90 (81~90 mm/hr)	…
연도	1985								
	1986								
	1987								
	…								
	2012								
	2013								
	2014								
평 균									

서울관측소 기왕최대강우량(예시)

구분	1위	2위	3위	4위	5위
강우량(mm/hr)	99.5	75	69.5	68	67.3
발생일시	2001.07.15.	2010.09.21.	1987.07.27.	2012.07.13.	1983.09.02.

(2) 현재 및 목표연도 확률강우량 산정

① 지방자치단체 우수유출영향 분석에 적용하는 강우량은 현재 및 목표연도 확률강우량, 지역별 방재성능목표 강우량으로 구분

② 현재 확률강우량은 저류지 등 영구 구조물의 설계빈도를 고려하여 50년 빈도를 기준으로 하되 상·하류 하천의 계획빈도, 지역 특성, 지방자치단체 여건 등을 고려하여 결정

③ 목표연도 확률강우량은 과거 강우기록에 대하여 회귀분석, 이동평균 등 경향성 분석을 통하여 현시점 대비 목표연도 확률강우량을 산정

④ 대상배수구역의 확률강우량에 대하여 지속시간별 증가 추이를 이용하여, 현재연도 대비 목표연도의 강우 지속시간별 강우 증가량 및 증가율을 산정하고, 이로부터 설계 강우빈도에 대한 확률강우 증가량을 산정

⑤ 지역별 방재성능목표 강우량은 지방자치단체에서 고시한 자료를 참고하여 대상지역의 방재성능목표 강우량을 제시

★
영구구조물의 설계빈도는 50년 이상

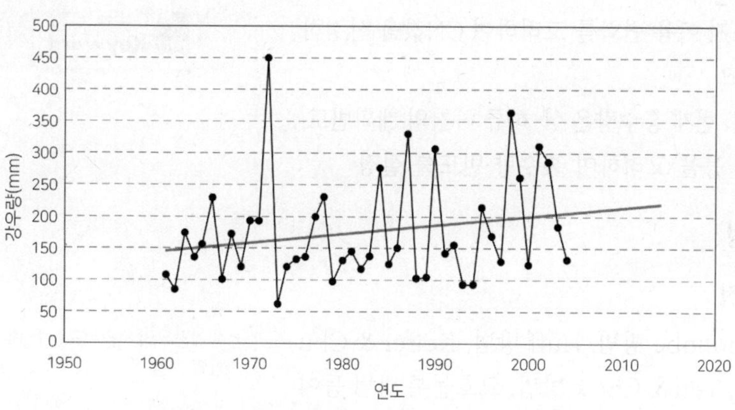

〈서울관측소 24시간 최대강우량 증가 추이(예시)〉

Keyword

서울관측소 강우량 추세 분석(예시)

강우 지속기간 (hr)	강우량 추세(mm)		증가량 (mm)	증가율 (%)	확률강우량(50년 빈도, mm)	
	2006년	2015년			2006년 확률강우량	2015년 확률강우량
1	52.9	53.4	0.5	0.9	101.9	102.8
2	74.5	75.9	1.4	1.8	147.3	150.0
3	98.8	102.7	3.9	3.9	186.2	193.5
6	129.5	134.4	4.9	3.8	236.6	245.5
9	150.0	156.3	6.2	4.2	260.9	271.8
12	165.3	173.0	7.8	4.7	288.9	302.5
18	185.7	195.3	9.6	5.2	338.8	356.3
24	207.2	219.9	12.6	6.1	386.8	410.4

4. 현재 및 목표연도 우수유출영향 분석

★ 우수유출영향 분석

(1) 현재 및 목표연도 유효우량 산정

① 현재 및 목표연도 유효우량 산정은 미국 자연자원보존국(NRCS: Natural Resources Conservation Service)의 유출곡선지수방법을 사용

② 유출곡선지수는 농경지역과 도시지역의 유출곡선지수로 분류하며 유역의 토양-피복별 면적분포를 산정하여 이를 가중인자로 유역전체에 걸쳐 평균함으로써 AMC-Ⅱ 조건하에서 유역의 평균유출곡선지수(CN)를 산정

③ 목표연도 유효우량의 경우 지목별 토지이용현황의 추세분석을 통한 배수구역별 CN값을 산정하거나, 기수립된 도시기본계획 등 관련 지

방자치단체 중장기 계획의 토지 이용 변화를 고려하여 CN값을 산정하여 현재 상태 유효우량과 비교

④ 현재 및 목표연도 홍수량 채택: 현재 홍수량은 상·하류 하천의 계획빈도, 지역특성, 지방자치단체여건 등을 고려하여 홍수량 빈도를 설정

(2) 현재 및 목표연도 홍수량 산정

① 설계강우 시간분포 방법 결정

설계강우의 시간분포는 Mononobe 방법, Huff 방법, Keifer & Chu 방법, Pilgrim & Cordery 방법, Yen & Chow 방법, 교호블록 방법 등이 있으며, 실무에서 주로 적용하고 있는 Huff 방법을 사용하는 것을 원칙

② 홍수량 산정방법 결정

- ▷ 지자체 우수유출저감대책은 배수구역을 기본으로 설정하여 분석
- ▷ 홍수도달시간 산정은 현재 및 목표연도로 구분하여 적절한 공식을 적용하고 도달시간과 유속 산정 결과를 표로 명확하게 제시하여 산정된 도달시간의 적정성을 검토
- ▷ 홍수량 산정방법은 지방자치단체의 유역 특성(자연유역, 도시유역 등)을 고려하여 선정하며, 일반적으로 자연유역의 경우에는 단위도법을 적용하고, 도시유역의 경우에는 도시유출 모형을 적용
- ▷ 임계지속기간을 고려하여 홍수량을 산정하며 강우 지속기간을 적정 시간 간격으로 현재 및 목표연도 각각 적용함과 아울러 홍수량 산정 지점별로도 각각 적용

③ 현재 및 목표연도 홍수량 산정

- ▷ 현재 및 목표연도별 임계지속기간에 해당하는 설계강우량에 대하여 계산한 홍수 유출수문곡선을 사용
- ▷ 홍수량 산정지점별 현재 및 목표연도에 대한 홍수량을 비교하여 결과를 도표로 제시
- ▷ 홍수량 산정 시 하수관거 개수계획이 있을 경우, 개수 전과 개수 후에 대한 홍수량을 제시

④ 현재 및 목표연도 홍수량 채택

- ▷ 현재 홍수량은 상·하류 하천의 계획빈도 지역특성 지방자치단체여건 등을 고려하여 홍수량 빈도를 설정
- ▷ 목표연도 홍수량은 과거 강우 경향성 분석을 통한 목표연도 확률강우량, 기왕최대, 방재성능목표 강우량에 의한 홍수량 중 큰 값을 기준으로 하되, 상·하류 하천의 계획빈도, 지역 특성, 지방자치단체 여건 등을 고려하여 홍수량 빈도를 상회하여 설정이 가능

★
설계강우의 시간분포는 Huff 방법 사용

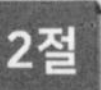

2절 우수유출저감시설 형식

1. 우수유출저감시설의 종류

(1) 저류시설

① 저류시설은 우수를 유수지 및 하천으로 유입되기 전에 일시적으로 저장시켜 대상지역의 유출량을 감소시키거나 최소화하기 위하여 설치하는 시설을 의미하며, 설치장소에 따라 지역 내 저류(On-site) 시설과 지역 외 저류(Off-site) 시설로 구분

㉠ 지역 외 저류시설(Off-site): 유역출구에 설치된 침사지 겸 저류지, 영구저류지 등에 유출수를 저장하는 대규모 저류방식으로 연결 형식에 따라 하도 내 저류(On-line) 방식과 하도 외 저류(Off-line) 방식으로 분류

지역 외 저류시설의 분류

구분	하도 내 저류방식	하도 외 저류방식
특성	- 관거 또는 하도 내 저류시설 설치 - 모든 빈도에 대하여 유출저감 가능 - 첨두홍수량 감소 및 첨두 발생시간 지체 - 하도 외 저류방식에 비해 상대적으로 큰 설치 규모	- 하도 외 저류시설 설치 - 하도 내 저류(On-line) 방식에 비해 상대적으로 적은 설치 규모 - 첨두홍수량 감소 - 저빈도의 홍수에 대하여 저감효과 미흡
모식도		
저감효과	유량(cms) Q_{after} Q_{before} On-line형일 경우의 저류지 저류용량 방류 수문곡선(Q_2) 개발 후 수문곡선(Q_1) 개발 전 수문곡선 t_0 시간(hr)	유량(cms) Q_{after} Q_{before} 개발 후 수문곡선 On-line형일 경우의 저류지 저류용량 하류부 수문곡선 개발 전 수문곡선 시간(hr)

㉡ 지역 내 저류(On-site) 시설: 대상지역에 내린 강우가 우수관거, 유수지, 하천 및 지역 외 저류시설 등으로 유입되기 전에 강우 발생 지점인 토지이용시설(건물, 주차장, 운동장, 차도, 녹지 등) 내에서

Keyword

★
우수유출저감시설의 분류
- 지역 내 저류
- 지역 외 저류

★
지역 외 저류시설의 분류
- 하도 내 저류
- 하도 외 저류

빗물을 일시적으로 저류시켜 유출을 저감하는 시설로서, 단지 내 저류시설, 주차장 저류, 건축물 저류 등으로 구성

Keyword

(2) 침투시설

① 침투시설은 우수를 지하로 침투시켜 저류 및 지연시키는 시설로서 크게 기존의 투수 가능지역(공원, 녹지 등)의 침투율을 증진시키는 방법과 보도, 주차장 등 기존의 불투수면에 대하여 침투 능력을 부여하는 방법으로 분류

② 침투시설에는 침투통, 침투측구, 침투트렌치, 투수성포장 등으로 구성

저류시설과 침투시설의 분류

분류		우수유출저감시설
저류 시설	지역 외 저류 (Off-site) 시설	- 전용 저류시설: 지하저류시설, 건식저류지, 하수도 간선저류 등 - 겸용 저류시설: 다목적 유수지, 연못 저류, 습지 등
	지역 내 저류 (On-site) 시설	- 유역 저류시설 ▷ 침수형 저류시설: 단지 내 저류, 주차장 저류, 공원 저류, 운동장 저류 ▷ 전용 저류시설: 쇄석공극 저류시설 - 건축물 저류: 지하저류조, 저류탱크, 지붕 저류, 옥상녹화, 식생수로 - 기타: 저류형 화단
침투시설		- 침투통 - 침투측구 - 침투트렌치 - 투수성포장 - 투수성 보도블록

2. 토지 이용별 적용 가능한 우수유출저감시설의 종류

① 우수유출저감시설의 적용을 위한 토지 이용은 크게 건물, 차도, 보도, 측구, 주차장, 운동장·운동시설, 녹지, 연못, 광장, 조경공간으로 분류

② 건물은 옥상이 있는 건물의 경우 건물 주변에 침투통, 침투트렌치, 침투측구와 옥상녹화, 지하저류조 설치가 가능하다. 또한 옥상이 없는 경우에는 건물 주변에 침투통, 침투트렌치, 침투측구, 지하저류조의 설치가 가능

③ 차도는 설치 가능한 침투시설로 투수성포장, 침투통, 침투트렌치, 침투측구가 있으며, 저류시설은 식생수로가 있다. 또한 보도는 투수성 포장, 저류형 화단, 측구는 식생수로와 침투측구 등으로 구성

④ 주차장의 경우 주차장 저류, 지하저류조, 식생수로 등의 저류시설과 투수성포장, 침투통, 침투트렌치, 침투측구 등의 침투시설 설치가 가능
⑤ 운동장·운동시설은 차수판을 이용한 운동장 저류와 지하공간을 활용한 지하저류조 설치가 가능하며, 침투시설로는 침투통, 침투트렌치, 침투측구의 설치가 가능
⑥ 녹지의 경우 식생수로, 저류형 화단이 가능하고 연못은 그 자체가 저류 기능을 포함하는 시설
⑦ 광장은 공원 저류, 지하저류조 등의 저류시설과 투수성포장, 식생수로, 침투트렌치, 침투통, 침투측구 등의 침투시설 설치가 가능
⑧ 조경공간의 경우 식생수로, 저류형 화단 등의 저류시설 설치가 가능

토지 이용별 적용 가능한 우수유출저감시설의 종류

구분	토지 이용별 적용 가능한 우수유출저감시설				
건물	옥상녹화	지하저류조	침투통	침투트렌치	침투측구
차도	투수성포장	식생수로	침투통	침투트렌치	침투측구
보도	투수성포장	저류형 화단			
측구	식생수로	침투측구			
주차장	주차장 저류, 투수성포장	지하저류조, 식생수로	침투통, 저류형 화단	침투트렌치	침투측구
운동장·운동시설	운동장 저류	지하저류조	침투통	침투트렌치	침투측구
녹지	식생수로	저류형 화단			
연못	저류형 화단				
광장	공원 저류, 투수성포장	지하저류조, 식생수로	침투통	침투트렌치	침투측구
조경공간	식생수로	저류형 화단			

3절 저감시설 규모의 목표와 저감대책

1. 우수유출 목표저감량 산정

★ 우수유출 목표저감량 산정

(1) 관련 계획 저감대책 조사

① 재해영향평가 등의 협의제도, 자연재해저감 종합계획 등 우수유출 관련 저감대책을 포함하는 계획에 대하여 조사

② 해당 관련 계획의 우수유출 관련 저감대책이 대상지역 내에 있는 경우 설치 위치, 목표연도, 설치용량 등을 조사하고 목표저감량 산정에 활용

③ 저류시설을 통하여 집수된 우수는 청소용수, 조경용수, 가뭄대체 용수 등으로 활용할 수 있도록 빗물이용계획을 제시

(2) 배수구역별 우수유출 목표저감량 산정

① 우수유출 목표저감량은 현재 상태와 목표연도의 홍수량을 비교하여 현재 상태보다 증가된 홍수량을 1차 목표저감량으로 설정

② 대상지역 내 관련 계획의 저감대책이 있는 경우에는 1차로 설정된 목표저감량에서 관련 계획의 저감량을 제외하여 최종적인 목표저감량으로 결정해야 하며, 관련 계획 저감대책이 없는 경우에는 1차 목표저감량을 최종 목표저감량으로 설정

(3) 우수유출 저감목표 설정

① 전 지역 및 배수구역별 우수저류량 목표 설정

㉠ 우수유출 목표저감량을 지역 외 저류(Off-site) 시설과 지역 내 저류(On-site) 시설을 통하여 분담하기 위한 목표를 설정

㉡ 침투시설 설치를 활성화하기 위하여 목표저감량 전량을 저류하는 것을 지양하고 최대 약 90% 분담하는 것을 권장

㉢ 획일적으로 배수구역별로 저류시설을 90% 이상 설치하는 것보다 지역 특성을 고려(도심지는 침투시설 적극 권장, 비도심지는 저류시설 적극 권장)하여 설치하며, 지방자치단체 전체적으로 저류시설 90% 이상 설치하는 것을 권장

② 전 지역 및 배수구역별 우수침투량 목표 설정

㉠ 우수유출 목표저감량을 투수성포장, 침투트렌치 등 침투시설을 통하여 분담하기 위한 목표를 설정

㉡ 침투시설은 우수유출저감 이외에 도시 내 지하수 함양, 도시의 미기후조성 및 환경 개선, 도시경관 개선 등에 효과가 있으므로 우수유출 목표저감량에 최소한 5~10% 분담하는 것을 권장

㉢ 배수구역별 획일적으로 침투시설을 최소 5~10% 설치하는 것보다 지역 특성을 고려(도심지는 침투시설 적극 권장, 비도심지는 저류시설 적극 권장)하여 설치하며, 지방자치단체 전체적으로 침투시설을 최소 5~10% 설치하는 것을 권장

★
우수저류량 목표는 침투시설 활성화를 위하여 90% 정도를 권장

2. 우수유출저감시설의 설치가능시설 선정

★ 설치가능시설 선정

(1) 우수유출저감시설의 설치가능시설 조사·분석

① 지방자치단체의 지역 외 저류(Off-site) 시설, 기반시설(교통시설, 공간시설, 유통공급시설, 공공·문화체육시설, 방재시설, 보건위생시설, 환경기초시설)의 현황을 배수구역별로 조사

② 기반시설 중 공공시설(교통시설, 공간시설, 공공·문화체육시설)을 설치가능시설로 우선적으로 도출하며, 민간시설의 경우 협의에 따라 가능 여부를 조사하여 도출

③ 도출된 설치가능시설의 현장 여건을 고려하기 위하여 현장조사를 통한 현황 분석을 실시하며, 우수유출저감시설의 설치 가능성, 우수의 유입 및 흐름 등의 현황을 분석

④ 설치가능시설의 현황 분석표를 토대로 지방자치단체의 배수구역별 설치가능시설 총괄표를 작성하여 최종적인 설치 가능성을 제시

기반시설의 종류 및 우수유출저감시설 설치 가능한 시설

분류	기반시설	우수유출저감시설 설치 가능한 시설
교통시설	도로(일반도로, 자동차 전용도로, 보행자 전용도로, 자전거 전용도로, 고가도로, 지하도로), 철도, 항만, 공항, 주차장, 자동차 정류장(여객자동차터미널, 화물터미널, 공영차고지, 공동차고지), 궤도, 운하, 자동차 및 건설기계검사시설, 자동차 및 건설기계운전학원	도로(일반도로, 자동차 전용도로, 보행자 전용도로, 자전거 전용도로, 고가도로, 지하도로), 주차장
공간시설	광장(교통광장, 일반광장, 경관광장, 지하광장, 건축물부설광장), 공원, 녹지, 유원지, 공공공지	광장(교통광장, 일반광장, 경관광장, 지하광장, 건축물부설광장), 공원, 녹지, 유원지, 공공공지
유통·공급 시설	유통 업무설비, 수도·전기·가스·열 공급설비, 방송·통신시설, 공동구·시장, 유류저장 및 송유설비	관련 시설 장과 협의
공공·문화 체육시설	학교, 운동장, 공공청사, 문화시설, 공공 필요성이 인정되는 체육시설, 도서관, 연구시설, 사회복지시설, 공공직업훈련시설, 청소년 수련시설	학교, 운동장, 공공청사, 문화시설, 공공 필요성이 인정되는 체육시설, 도서관, 연구시설, 사회복지시설, 공공직업훈련시설, 청소년 수련시설
방재시설	하천, 유수지, 저수지, 방화·방풍·방수·사방·방조설비	-
보건위생 시설	화장시설, 공동묘지, 봉안시설, 자연장지, 장례식장, 도축장, 종합의료시설	관련 시설 장과 협의
환경기초 시설	하수도, 폐기물 처리시설, 수질오염 방지시설, 폐차장	관련 시설 장과 협의

(2) 시설별 적용가능시설 선정

① 분석된 설치가능시설에 적용 가능한 우수유출저감시설을 선정하여 「체크리스트」를 작성

▷ 분석된 설치가능시설은 기반시설인 교통시설, 공간시설, 공공·문화체육시설 등이 해당

▷ 설치가능시설별·토지 이용별 적용 가능한 우수유출저감시설을 조사하여 시설별 적용 가능한 우수유출저감시설을 선정

② 적용 가능한 우수유출저감시설의 체크가 용이하도록 해당 시설별 체크박스를 기입하고, 각 토지 이용별 체크가 가능하도록 중복성을 고려하여 작성

③ 시설별 현장 여건 및 배수체계, 경제적 타당성 등을 고려하여 적용 가능한 우수유출저감시설을 체크

④ 작성된 「체크리스트」에 따라 토지 이용 시설별 적용 가능한 우수유출저감시설을 선정

주요 설치가능시설(학교, 공원, 도로·보도)의 적용가능시설 체크리스트(예시)

설치가능시설		토지 이용	적용 가능한 우수유출저감시설		
공공문화체육시설	학교 1	건물(교실)	옥상녹화 ☑	지하저류조 ☑	침투통 ☑
			침투트렌치 ☑	침투측구 ☑	
		주차장	주차장 저류 ☑	지하저류조 ☐	침투통 ☐
			침투트렌치 ☑	침투측구 ☐	투수성포장 ☑
			식생수로 ☑	저류형 화단 ☑	
		운동장	운동장 저류 ☑	지하저류조 ☐	침투통 ☐
			침투트렌치 ☐	침투측구 ☐	
		도로	투수성포장 ☑	식생수로 ☐	저류형 화단 ☐
			침투측구 ☑		
		보도	투수성포장 ☑	저류형 화단 ☐	
		조경공간	식생수로 ☑	저류형 화단 ☑	⋮
공간시설	공원 1	건물(관리사무소)	옥상녹화 ☑	지하저류조 ☑	침투통 ☑
			침투트렌치 ☑	침투측구 ☑	
		주차장	주차장 저류 ☐	지하저류조 ☐	침투통 ☐
			침투트렌치 ☑	침투측구 ☐	투수성포장 ☑
			식생수로 ☑	저류형 화단 ☑	
		광장	공원 저류 ☑	지하저류조 ☐	침투통 ☐
			침투트렌치 ☑	침투측구 ☐	투수성포장 ☑
			식생수로 ☑		
		연못	저류형 화단 ☑		

공간 시설	공원 1	보도	투수성포장 ☑	저류형 화단 □	
		운동시설	운동장 저류 ☑	지하저류조 □	침투통 □
			침투트렌치 □	침투측구 □	
		조경공간	식생수로 ☑	저류형 화단 ☑	⋮
교통 시설	도로 1	차도	투수성포장 ☑	식생수로 □	침투통 □
			침투트렌치 □	침투측구 □	
		보도	투수성포장 ☑	저류형 화단 ☑	
		측구	식생수로 □	침투측구 ☑	
		조경공간	식생수로 ☑	저류형 화단 ☑	

3. 우수유출저감시설의 배치 및 규모계획

(1) 배치 및 규모계획 절차

① 시설별 우수유출저감시설의 저류량, 침투량 등의 용량을 산정

② 배치우선순위 설정을 위한 정량·정성 평가를 실시하고, 결과를 종합하여 우수유출저감시설의 우선순위에 따라 배치

③ 배치 우선순위에 따른 우수유출저감시설의 목표저감량을 할당하고, 필요시 시설 배치 및 규모계획의 재검토를 실시

④ 목표저감량 할당이 적정한 경우, 배치 확정 및 우수유출저감시설 설계를 실시

(2) 배치 및 규모계획 절차별 세부내용

① 규모계획

㉠ 저류시설 규모계획

▷ 시설 내 현장 여건 등을 고려하여 저류시설 및 침투시설의 용량을 극대화하도록 하고, 침투시설의 용량은 목표저감량의 최소 5~ 10% 저감할 수 있도록 규모계획을 권장

▷ 현장 여건, 지하시설물 현황, 시설물의 내력 등을 고려하여 면적(폭×길이)과 깊이를 결정하여 저류량을 산정

▷ 침투시설 5~10% 분담에 따른 저류시설의 안정적 용량 확보를 위하여 여유고(댐식·굴착식: 1.0m 이상, 지하저류시설: 0.6m 이상)를 확보

㉡ 침투시설 규모계획

▷ 침투시설의 규모는 계획 내 토지 이용 여건, 토양 및 토질 조건, 지하시설물 현황 등을 고려하여 집수면적을 결정하고, 최소설

Keyword

★
배치 및 규모계획

★
저류시설의 여유고
- 댐식: 10.m 이상
- 지하저류시설: 0.6m 이상

계침투강도(10mm/hr)를 고려하여 설계침투량을 산정

- 설계침투량(m^3/hr) = 집수면적(ha)×
  설계침투강도(mm/hr)×10

▷ 설계침투량 산정 후 각 침투시설별 침투량은 우수유출저감시설의 종류·구조·설치 및 유지관리 기준에 제시되어 있는 침투시설 종류와 해당 제품의 제원에 따른 침투량 산정공식에 따라 산정

▷ 설계침투량 계산 시 최소설계침투강도 10mm/hr를 만족하도록 설치되어야 하므로, 설계침투강도는 10mm/hr로 가정하여 계산

▷ 침투시설 배치 시 대상지역의 토양 형태를 고려

② **배치우선순위**

㉠ 지역 외 저류(Off-site) 시설, 공공시설, 유휴지·불모지, 민간건축물 순으로 배치하며, 가급적 공공시설 중심으로 배치

▷ 지자체 내 현장 여건, 유출 특성을 고려하여 지역 외 저류시설 배치를 우선적으로 검토

▷ 지자체 내 기반시설(교통시설, 공원시설, 공공·체육문화시설)의 위치 및 우수유출저감시설 설치 가능성 등을 활용하여 배치하며, 특히 공공시설 배치를 우선적으로 검토

▷ 지자체 내에 유휴지·불모지 등이 있는 경우 활용 가능성 여부를 검토하여 배치

▷ 지자체 내 민간건축물의 우수유출저감시설 배치는 시설장과의 협의를 통하여 배치

㉡ 지자체 내 공공시설의 시설별 배치우선순위는 정량·정성 평가를 통하여 결정

▷ 정량적 평가는 우수유출저감시설의 저류량(m^3), 침투량(m^3/hr) 등의 시설 능력을 평가하고 정성적 평가는 우수유출저감시설의 시공의 용이성, 설계변경의 용이성에 대하여 평가

▷ 정량적 평가는 저류량의 순위와 침투량의 순위를 정하고 정성적 평가의 시공의 용이성과 설계변경의 용이성에 대하여 상(1)·중(2)·하(3)로 표시(상·중·하는 1에 가까울수록 용이하며 3에 가까울수록 어려움)하면, 정량적 평가의 순위와 정성적평가의 상·중·하로 표시된 지수를 더하여 총합을 계산

▷ 계산된 총합이 작은 순으로 최종순위가 결정

▷ 최종순위가 같을 경우 정성적 평가의 총합이 낮은 시설을 우선

③ **목표저감량 할당**

㉠ 배치우선순위를 고려하여 지역 외 저류(Off-site) 시설에 우선적으로 목표저감량을 할당

㉡ 공공시설은 특정시설의 과도한 부하를 줄이고 시설별 균등한 분배를 위하여 각 시설의 1순위를 우선적으로 목표저감량을 할당하며, 용량 부족 시 2순위, 3순위 등에 할당

㉢ 공공시설 설치 외에 유휴지 및 불모지 등이 있는 경우 목표저감 할당을 위한 활용 여부를 검토

㉣ 지역 외 저류시설, 공공시설 및 유휴지·불모지에 대한 검토에도 불구하고 목표저감량 확보가 되지 않는 경우, 일정 규모 이상의 민간 건축물에 대하여 목표저감량 할당을 검토

㉤ 목표저감량 할당에 대한 재검토를 실시하여 침투시설의 비율이 목표저감량의 5~10%가 되도록 재검토 및 수정

④ **배치 확정**

목표저감량을 배치 우선순위에 따라 할당된 결과에 대하여 적정성(목표저감량 할당, 침투시설 권장비율 등)을 검토하여 배치 및 규모계획을 확정

★ 효과분석

4. 우수유출저감대책의 효과분석

(1) 우수유출저감시설 적용에 따른 홍수량 산정

① 지방자치단체의 배수구역에 우수유출저감시설을 적용하고, 목표저감량 산정에서 사용한 방법과 동일하게 설정하여 대상지역 내 홍수량을 산정

② 홍수량 산정은 도시유출 모형(SWMM 등)이나 우수유출저감시설 적용이 가능한 모형을 사용

(2) 첨두유출 저감효과분석

① 첨두유출 저감효과분석은 우수유출저감시설 설치 전·후의 첨두유출에 대한 첨두유출량과 첨두유출 도달시간 및 총유출량을 비교

② 첨두유출 저감효과분석결과는 도표나 그림으로 제시

③ 우수유출저감시설 설치지점 및 하류단의 유역출구점 등을 선정하여 지점별 저감효과를 제시

5. 우수유출저감대책 유지관리계획

(1) 저류시설의 유지관리

① 저류 시설물은 주야를 불문하고 그 기능을 충분히 발휘할 수 있도록 기능상의 유지 및 관리를 실시

② 평상시에는 시설물의 기능발휘 및 파손 여부 등을 목적으로 정기점검을 실시하고, 홍수, 태풍 등 수해 발생 우려가 큰 홍수기(6~9월)에는 이물질 제거 및 임시보수 등을 실시

③ 저류시설의 유지관리는 시설의 인계, 청소, 쥐·해충 등의 대책, 출입문·방책관리, 신고사항, 설비고장 및 사고 시 대책, 매설물의 손상, 이물질의 유입, 준설, 수문설비 관리 등에 대한 점검 및 보수를 실시

④ 홍수피해 발생 시에는 저류시설이 적절한 기능을 발휘하였는지의 여부 등을 점검하고 피해현황 사진을 첨부하여 기록

(2) 침투시설의 유지관리

① 침투 시설물의 평상시 유지관리는 호우 발생으로 인한 도로의 차량과 시민들이 안전하게 통행하거나 포장면의 우수를 원활히 배수시키기 위하여 침투시설 입구 막힘 방지를 철저히 예방

② 침투 시설물의 홍수 시 유지관리는 호우 전·후 물이 고여 있는지, 오물의 양이 많은지, 해충의 서식처가 되고 있는지 등의 관리상의 문제점을 조사하여 사전에 청소를 철저히 시행

4절 소요사업비 추정 및 경제성 분석

1. 우수유출저감대책 시행계획

① 연도별 설치계획은 목표연도 10년 동안 배수구역별 우수유출저감시설의 설치에 대하여 기본방향을 제시

② 연도별·배수구역별 우수유출저감시설 설치를 위한 사업비를 실시설계가 완료된 지역과 완료되지 않은 지역에 대하여 산정

★
시행계획 및 설치계획

★
연도별 설치계획은 목표연도 10년으로 설정

2. 연도별·배수구역별 우수유출저감시설 설치계획

① 내수취약성 분석 또는 자연재해저감 종합계획(내수위험지구)과 연계하여 우선순위를 고려한 연도별 설치계획을 수립

② 침수예상 정도, 인구 및 기반시설 밀집 정도 등을 고려하고, 지자체 관계자 등의 의견수렴을 통하여 연도별·단계별 설치계획을 제시
③ 사업을 추진하는 실질적 주체와 협의 등을 통하여 우수유출저감대책 수립 후 향후 10년간의 연도별 설치계획을 제시
④ 연도별 추진하는 우수유출저감대책은 관련 기관별 예산확보 정도에 따라 시행되므로 시설물별 중기투자계획을 참고하여 수립
⑤ 사업 추진계획은 먼저 5년 이내에 추진 가능한 사업을 1단계 사업으로 구분하고, 그 외 사업을 2단계로 구분

3. 재원확보계획

① 우수유출저감대책 수립에 소요되는 재원은 원칙적으로 우수유출저감대책을 수립하는 지방자치단체가 부담(다만, 지방자치단체의 재정상황을 감안하여 국고를 일부 지원 가능)
② 재원확보계획은 국가, 지자체 분담계획 및 민자유치 방안, 개발사업 연계방안 등 다각적인 재원조달 방안을 검토

4. 사업비 산정 및 경제성 분석

(1) 사업비 산정

① 사업비는 다음과 같은 사항을 고려하여 구성하며, 사업대상지의 여건 및 환경에 따라 협의하여 조정 가능
② 사업비 구성
㉠ 토목공사(토공, 구조물공, 가시설, 부대공, 철거공), 건축공사, 조경공사, 기계공사
㉡ 전기공사, 계측제어공사
㉢ 폐기물 처리
㉣ 보상비, 감리비, 설계비
㉤ 기타 비용

(2) 경제성 분석

비용편익 분석에 관한 내용은 자연재해위험개선지구 관리지침에서 제시된 사항을 참조하여 작성

5절 우수유출저감시설 공법의 분류 및 특성

Keyword

★
공법의 분류 및 특성

1. 저류시설 공법

① 저류시설의 설치공법은 크게 콘크리트를 타설하여 저류시설을 구축하는 현장타설 공법, 바닥슬라브 현장 타설 후 기둥, 벽체, 상부슬라브 등을 PC 제품으로 조립 설치하는 공법, 그리고 아연도금 강판을 파형으로 제작하여 볼트와 너트를 사용하여 조립 설치하여 저류조를 구축하는 공법인 파형강판 공법 등으로 분류

② 저류시설의 설치공법 선정은 지형적인 여건과 경제성, 시공성 등을 우선 고려하고, 주요 공종인 가시설 공법을 고려하고 저류용량 확보에 유리하며 주변민원에 따른 공기단축 여건 등을 고려하여 적정한 공법을 선정

우수유출저감시설 공법의 분류

구분	현장타설 공법	PC + 현장타설 공법
형식 개요	현장에서 철근조립 및 콘크리트 타설에 의하여 구조물 축조	공장에서 생산된 PC 제품을 현장에서 조립하여 구조물 축조
설 치 개요도		
시공성	- 전체시설물 현장타설로 철근조립, 동바리설치, 콘크리트 타설 및 양생 필요 - 공사 중 진입로 및 설치공간의 제약이 적음 - PC 공법에 비해 공기 추가 필요	- PC 제품 현장조립으로 공기단축 가능 - 부재 자체가 대형이므로 대형 건설장비의 현장투입, 진입로 및 설치공간 확보 필요 - 가시설 공법의 제약을 받음
안전성	- 일체형 콘크리트 구조로 설치되므로 구조적 안전성 우수 - 현장타설 과정에서 다짐·양생 등 일정한 강도의 구조체 형성을 위한 품질관리 필요	- 콘크리트 구조로 강성이 우수하고 구조안전성 우수 - 각 부재의 공장제작으로 품질관리가 용이함 - 기 제작된 제품의 현장조립 과정에서 연결부 누수방지 대책 등 세심한 품질관리 필요

특징	- 일체형 구조이므로 기본적인 누수 안전성은 높으나, 콘크리트 타설시 세심한 품질관리 요함 - 범용 형식으로 시공경험이 풍부함	- 기 제작된 부재의 현장조립으로 연결부 누수방지에 세심한 주의 필요 - 현장타설 공법과 비교 시 공사기간 단축 가능 - 현장타설 공법에 비해 공사비 추가 소요

2. 침투시설 공법

① 침투시설의 공법선정 이전에 현장침투시험, 지하수위 및 침투능력 평가 등 대상지역의 지반특성 조사가 필요

② 침투시설은 투수성 콘크리트 또는 투수 구조(다공성, 유공 등) 등 재질과 형식이 다양하므로 목표저감량에 대한 설계침투량 확보가 가능한 공법을 선정

Keyword

제4장

제1편
재해저감대책 수립

자연재해위험개선지구 정비대책 수립

본 장에서는 재해위험개선지구 정비계획에 제시된 사업목적 및 내용, 당위성 등을 파악하고, 정비대책 시행 이전에 발생 가능한 재해에 대해 다양한 구조적 및 비구조적 대책 수립방안을 수록하였다. 개선지구정비계획 내용에 대한 수문·수리 검토방법과 개선지구별 적정한 공법 제시 및 소요 사업비 산정방법을 추가로 수록하였다.

1절 자연재해위험개선지구 정비계획

1. 자연재해위험개선지구의 정의

① 태풍·홍수·호우·폭풍·해일·폭설 등 불가항력적인 자연현상으로부터 안전하지 못하여 국민의 생명과 재산에 피해를 줄 수 있는 지역과 방재시설을 포함한 주변지역으로서 「자연재해대책법」 제12조에 따라 지정된 지구

② 즉, 자연재해위험개선지구란 풍수해 등 자연재해의 영향에 의하여 재해가 발생하였거나 우려가 있는 지역으로 노후화된 위험방재시설을 포함

③ 풍수해 등 자연의 영향에 의하여 발생하지 아니하는 화재·폭발·붕괴 등과 같은 시설물 관리소홀 등의 인위적인 원인으로 발생되는 시설물의 재난예방이나 개·보수관리 등에 대하여는 자연재해위험개선지구의 지정·관리 대상이 아님

2. 법적 근거

① 「자연재해대책법」 제12조(자연재해위험개선지구의 지정 등)

② 「자연재해대책법」 제13조(자연재해위험개선지구 정비계획의 수립)

③ 「자연재해대책법」 제14조(자연재해위험개선지구 정비사업계획의 수립)

④ 「자연재해대책법」 제14조의2(자연재해위험개선지구 정비사업 실시계획의 수립·공고 등)

⑤ 「자연재해대책법」 제15조(자연재해위험개선지구 내 건축·형질변경 등의 행위 제한)

★
자연재해위험개선지구

★
자연재해대책법 제12조

★
자연재해 위험개선지구 정비계획은 5년마다 수립

★
정비사업 계획은 매년 수립

⑥「자연재해대책법 시행령」 제8조(자연재해위험개선지구의 지정 등)
⑦「자연재해대책법 시행령」 제9조(자연재해위험개선지구)
⑧「자연재해대책법 시행령」 제10조(자연재해위험개선지구 정비계획에 포함되어야 할 사항)
⑨「자연재해대책법 시행령」 제11조(자연재해위험개선지구 정비계획의 수립 등에 관한 사항)
⑩「자연재해대책법 시행령」 제12조(자연재해위험개선지구 사업계획의 수립 등에 관한 사항)
⑪「자연재해대책법 시행령」 제12조의2(자연재해위험개선지구 정비사업 실시계획의 수립·공고)

3. 지정 개요

(1) 지정목적

지형적인 여건 등으로 인하여 재해가 발생할 우려가 있는 지역을 체계적으로 정비·관리하여 자연재해를 사전 예방하거나 재해를 경감시키기 위하여 지정

(2) 지정권자

시장, 군수, 구청장

(3) 지정절차

★ 지정절차

자연재해위험개선지구는 필요에 따라 수시로 지정할 수 있으며, 자연재해위험개선지구의 기준에 부합하는 지역 및 재해위험시설에 대하여 지구로 지정·관리하는 것이 원칙

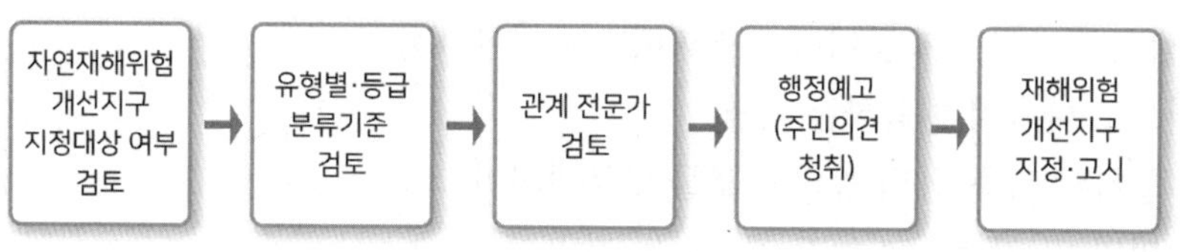

★ 지정대상 사전검토

4. 지정대상 사전검토

① 자연재해위험개선지구 신규 지정 사전검토 대상은 자연재해저감 종합계획에 반영된 지구로 한정한다. 다만, 인명피해 위험성이 높아 지구지정 관리 및 정비사업이 시급하다고 인정되는 지구는 우선 지구지정 검토 후 자연재해저감 종합계획에 반영할 수 있음

② 자연재해위험개선지구로 지정하고자 할 경우에는 지구지정의 적정성·타당성, 사업계획의 적정성에 대하여 관계전문가의 의견을 제출받아 이를 종합적으로 검토한 후 지정 여부를 판단

③ 시장·군수·구청장이 관계전문가를 구성하는 때에는 방재 분야 전문가 5~10명을 직접 선임하거나, 「자연재해대책법」 제4조에 따라 구성된 재해영향평가 심의위원으로 활용할 수 있으며, 의견수렴 후 행정안전부장관 및 시·도지사가 각각 추천하는 전문가 1명 이상이 참여하도록 하여야 한다. 이때에는 시장·군수·구청장이 시·도지사 및 행정안전부장관(시·도지사 경유)에게 전문가 추천을 의뢰하여야 함

★
유형별 지정기준
- 침수위험지구
- 유실위험지구
- 고립위험지구
- 붕괴위험지구
- 취약방재시설지구
- 해일위험지구

5. 유형별 지정기준

(1) 침수위험지구

하천의 외수범람 및 내수배제 불량으로 인한 침수가 발생하여 인명 및 건축물·농경지 등이 피해를 유발하였거나 침수피해가 우려되는 지역

(2) 유실위험지구

하천을 횡단하는 교량 및 암거구조물의 여유고 및 경간장 등이 하천설계기준에 미달되고 유수소통에 장애를 주어 해당 시설물과 시설물 주변 주택·농경지 등에 피해가 발생하였거나 피해가 예상되는 지역

(3) 고립위험지구

집중호우 및 대설로 인하여 교통이 두절되어 지역주민의 생활에 고통을 주는 지역(단, 우회도로 있는 경우 및 섬 지역 제외)

(4) 붕괴위험지구

① 산사태, 절개사면 붕괴, 낙석 등으로 건축물이나 인명피해가 발생한 지역 또는 우려되는 지역으로 다음에 해당하는 지역

② 주택지 인접 절개사면에 설치된 석축·옹벽 등의 구조물이 붕괴되어 붕괴피해가 발생할 경우 인명 및 건축물 피해가 예상되는 지역

③ 자연적으로 형성된 급경사지로 풍화작용, 지하수 용출, 배수시설 미비 등으로 산사태 및 토사유출 피해가 발생할 경우 인명 및 건축물 피해가 예상되는 지역

(5) 취약방재시설지구

① 「저수지·댐의 안전관리 및 재해예방에 관한 법률」에 따라 지정된 재해위험저수지·댐

② 기설 제방고가 계획홍수위보다 낮아 월류되거나 파이핑으로 붕괴위험이 있는 취약구간의 제방

③ 배수문, 유수지, 저류지 등 방재시설물이 노후화되어 재해 발생이 우려되는 시설물

(6) 해일위험지구

① 지진해일, 폭풍해일, 조위 상승, 너울성 파도 등으로 해수가 월류되어 인명피해 및 주택, 공공시설물 피해가 발생한 지역

② 「자연재해대책법」 제25조의3에 따라 해일위험지구로 지정된 지역

③ 폭풍해일 피해를 입었던 지역

④ 지진해일로 피해를 입었던 지역

⑤ 해일피해가 우려되어 대통령령으로 정하는 지역

(7) 상습가뭄재해지구

① 「자연재해대책법」에 따라 상습가뭄재해지역 중 정비가 필요한 지구

② 가뭄재해가 상습적으로 발생하였거나 발생할 우려가 있는 지구

6. 등급별 지정기준

등급별	지정기준
가 등급	- 재해 발생 시 인명피해 발생 우려가 매우 높은 지역
나 등급	- 재해 발생 시 건축물(주택, 상가, 공공건물)의 피해가 발생하였거나 발생 우려가 있는 지역
다 등급	- 재해 시 기반시설(공단, 철도, 기간시설)의 피해 우려가 있는 지역 - 농경지 침수 발생 및 우려지역
라 등급	- 붕괴 및 침수의 우려는 낮으나, 기후변화에 대비하여 지속적으로 관심을 갖고 관리할 필요가 있는 지역

다만, 상습가뭄재해지구 지정을 위한 등급분류 기준은 다음과 같음

① "생공용수" 등급분류 기준은 아래 표를 따름

등급별	지정기준(생공용수)
가 등급	최근(당해연도 포함) 3년 동안 매년 가뭄으로 용수원이 감소하여 제한급수가 시행된 경우, 또는 상수도(광역·지방) 미급수 지역으로서 가뭄 발생으로 용수가 부족한 지역
나 등급	최근(당해연도 포함) 3년 동안 2개년 이상 용수원이 감소하여 제한급수가 시행된 경우

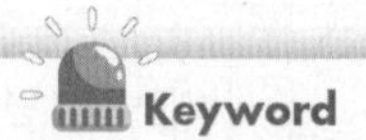

★
등급별 지정기준

다 등급	최근(당해연도 포함) 3년 동안 1개년 이상 용수원이 감소하여 제한급수가 시행된 경우
라 등급	가뭄으로 인해 파생될 수 있는 재해(산불 등) 관련 다목적수 조성을 포함하여 가뭄에 대비하여 지속적으로 관심을 갖고 예방을 위한 관리가 필요하다고 판단되는 지역

② "농업용수" 등급분류 기준은 아래 표를 따름

<table>
<tr><th rowspan="2">등급별</th><th colspan="2">지정기준(농업용수)</th></tr>
<tr><th>기본 요건</th><th>공통 요건</th></tr>
<tr><td>가 등급</td><td>최근(당해연도 포함) 3년 동안 매년 논 물마름 또는 밭 시듦이 발생하고 급수대책이 필요한 지역</td><td rowspan="3">지정 당시 10년 강수량이 평년 보다 적은 해가 3회 이상인 지역 또는 지정 당시 단위저수량*이 5천 톤/ha 이하인 지역
* 단위저수량 = 유효저수량/수혜면적</td></tr>
<tr><td>나 등급</td><td>최근(당해연도 포함) 3년 동안 2개년 이상 논 물마름 또는 밭 시듦이 발생하고 급수대책이 필요한 지역</td></tr>
<tr><td>다 등급</td><td>최근(당해연도 포함) 3년 동안 1개년 이상 논 물마름 또는 밭 시듦이 발생하고 급수대책이 필요한 지역</td></tr>
<tr><td>라 등급</td><td colspan="2">가뭄으로 인해 파생될 수 있는 재해(산불 등) 관련 다목적수 조성을 포함하여 가뭄에 대비하여 지속적으로 관심을 갖고 예방을 위한 관리가 필요하다고 판단되는 지역</td></tr>
</table>

7. 계획 수립 시 검토사항

① 정비사업의 타당성 검토
② 다른 사업과의 중복 및 연계성 여부
③ 정비사업의 수혜도 및 효과분석
④ 정비사업에 따른 지역주민 의견수렴 결과 검토
⑤ 당해 지역의 개발계획 등 관련 계획 등과의 관련성 검토
⑥ 재해위험개선지구별 경제성 분석 등을 통한 투자우선순위 검토
⑦ 그 밖에 검토가 필요한 사항

8. 계획내용에 포함되어야 할 사항

① 자연재해위험개선지구의 정비에 관한 기본방침
② 자연재해위험개선지구 지정현황 및 연도별 정비현황
③ 자연재해위험개선지구의 점검 및 관리에 관한 사항
④ 자연재해위험개선지구의 현황 및 여건 분석에 관한 사항
⑤ 자연재해위험개선지구의 재해 발생빈도

Keyword

⑥ 자연재해위험개선지구의 재해예방 효과분석
⑦ 자연재해위험개선지구 정비에 필요한 소요사업비 및 재원대책
⑧ 재해위험개선지구 정비사업에 대한 사업지구별 세부 시행계획
⑨ 재해위험개선지구 정비사업 투자우선순위 연차별 정비계획에 관한 사항
⑩ 그 밖에 필요한 사항

2절 구조적·비구조적 방안 수립

★ 유형별 저감방안

1. 침수위험지구

① 주민수혜도가 큰 지역으로 하천의 제방축조 및 정비, 저류지, 유수지, 배수로 및 배수펌프장 등 우수유출저감시설의 신설·확장 등 정비사업
② 방조제·방파제·파제제 등 주변지역의 침수방지시설 정비사업
③ 침수위험지구 내 주민 이주대책 사업 등 침수피해 방지 대책사업

2. 유실위험지구

① 수해위험 교량, 세월교, 암거 등 유실피해 유발 구조물의 재가설 및 정비, 통수 단면 부족 하천의 정비사업
② 유실위험지구 내 주민 이주대책 사업 등 유실피해 방지대책 사업

3. 고립위험지구

① 고립피해 유발시설 정비, 대피로 확보 및 대피시설의 설치 등 정비사업
② 고립위험지구 내 주민 이주 대책사업 등 고립피해 방지대책 사업

4. 붕괴위험지구

① 산사태 및 절개사면 붕괴위험 해소를 위한 낙석방지시설, 배수시설 등 안전대책사업, 옹벽·축대 등 붕괴위험 구조물 보수·보강 사업
② 붕괴위험지구 내 주민 이주대책사업 등 재해예방 사업

5. 취약방재시설지구

자연재해취약 방재시설물의 보수·보강 및 재건설 등 재해예방 사업

6. 해일위험지구

해일피해 우려지역의 피해 예방 및 저감을 위한 재해예방 사업

7. 상습가뭄재해지구

상습가뭄재해지구의 피해 예방 및 저감을 위한 재해예방 사업

8. 기타

그 밖에 재해예방을 위하여 필요하다고 판단되는 사업에 대하여 사전 행정안전부장관의 승인을 받은 사업

3절 수문·수리검토, 구조계산, 지반, 안정해석, 공법비교, 사업비 산정

★
수문·수리 검토 및 구조계산

★
지반 및 안정해석

1. 수문·수리 검토

① 자연재해위험개선지구 정비사업은 실시설계 단계로 해당 지역의 관련 계획인 자연재해저감 종합계획 및 하천기본계획 등의 결과를 활용하여 수문·수리 검토를 수행

② 수문·수리 검토의 내용으로는 빈도별 강우량, 강우분포, 방재성능 목표, 계획홍수량, 계획홍수위, 배수 구조물의 통수능 등이 있으며, 검토 결과를 활용하여 구조물 설계 시 활용

③ 관련 계획이 미흡한 경우는 해당 지역의 강우자료 및 지형자료 등을 활용하여 수문·수리 검토를 수행하여야 하며, 각종 설계기준을 참고하여 타당성을 확보

2. 구조계산

① 계획된 구조물은 구조계산을 통하여 안정성을 보장

② 구조계산이 필요한 시설물은 교량, 우수유출저감시설, 암거 등이 있으며, 각종 설계기준에서 제시하고 있는 설계하중 및 지역 여건 등을 고려하여 충분한 안전율을 확보

Keyword

3. 지반 및 안정해석

① 구조물이 설치되는 지점의 지반 조사를 통하여 지반침하 등의 문제를 사전에 설계에 반영하여 안정성을 확보
② 제방 같은 구조물을 신설하거나 보강할 경우 사면안정해석을 통하여 사면붕괴 등의 문제로부터 안정성을 확보

4. 공법비교

① 호안, 교량, 우수유출저감시설 등의 구조물을 계획할 때 공법비교를 통해 효율적인 방법을 채택
② 공법비교는 안정성, 경제성, 시공성, 친환경성, 경관성, 유지관리, 지형성 등 각종 기준을 토대로 비교하여 그 타당성을 확보

5. 사업비 산정

① 공사비 산정은 건설표준품셈, 조달청 가격정보, 물가자료 등의 각종 자료를 활용하여 산정
② 산정된 공사비에 보상비 및 기타 소요 비용을 더하여 총사업비를 산정

4절 경제성 분석 및 투자우선순위 결정

1. 경제성 분석

★ 경제성 분석

① 경제성 분석을 통한 비용편익비(B/C)를 산정하며, 경제성 분석방법에는 간편법, 개선법, 다차원법 등이 있음
② 경제성 분석결과는 다음에 소개되는 투자우선순위 결정 시 하나의 인자로 활용

2. 투자우선순위 결정

★ 투자우선순위 결정

① 자연재해위험개선지구 정비계획을 수립함에 있어 집행(투자)의 효율성을 높이기 위하여 지구단위별로 타당성을 검토하고 검토결과를 종합하여 정비계획의 투자우선순위를 합리적으로 정함
② 정비계획 수립을 위한 타당성 평가는 지역별 특성에 따라 지역 실정에

부합하는 평가항목을 개발하여 합리적인 평가를 실시하는 것을 원칙으로 함

③ 평가항목별 배점 및 평가점수 산정기준은 다음과 같으며, 위험등급이 '라' 등급인 지구는 평가대상에서 제외

★
위험등급 "라"인 경우 평가대상에서 제외

평가항목별 배점 및 평가점수 산정기준

평가항목		배점	평가점수 산정기준
계		100 +20점	11개 항목
재해위험도		30	위험등급(20점)+인명피해(사망 10점, 부상 5점) * 위험등급 가 등급 20, 나 등급 10, 다 등급 5
피해이력지수		20	피해이력지수/100,000 × 배점 * 피해이력지수: 최근 5년간 사유재산피해 재난지수 누계
기본계획 수립현황		10	기본계획 수립 후 5년 미만(10점) 기본계획 수립 후 5년~10년 미만(8점) 기본계획 수립 비대상(6점) 기본계획 수립 후 10년 초과(4점) 기본계획 미수립(0점)
정비율		10	(1 - 시·군·구 자연재해위험개선지구 정비율/100) × 배점
주민불편도		5	재해위험지구 면적 대비 거주인구 비율 100 이상(5점) 재해위험지구 면적 대비 거주인구 비율 50~100 미만(4점) 재해위험지구 면적 대비 거주인구 비율 20~50 미만(3점) 재해위험지구 면적 대비 거주인구 비율 5~20 미만(2점) 재해위험지구 면적 대비 거주인구 비율 5 미만(1점)
지구지정 경과연수		5	지구지정 고시 후 10년 이상(5점) 지구지정 고시 후 5년~10년 미만(4점) 지구지정 고시 후 3년~5년 미만(3점) 지구지정 고시 후 1년~3년 미만(2점) 지구지정 고시 후 1년 미만(1점)
행위제한 여부		5	행위제한 조례 제정 지역(5점) 행위제한 조례 미제정 지역(0점)
비용편익비		15	B/C 3 이상(15점) B/C 2~3 미만(12점) B/C 1~2 미만(9점) B/C 0.5~1 미만(6점) B/C 0.5 미만(3점)
부가평가	정책성	10	시·군·구 추진의지 등 사업의 시급성
	지속성	5	주민참여도가 높으며, 민원 우려가 낮은 지구(5점) 주민참여도가 높으나, 민원 우려가 높은 지구(3점) 주민참여도가 낮으며, 민원 우려가 높은 지구(1점)
	준비도	5	자체설계 추진지구(5점)

3. 항목별 세부 평가방법

★ 항목별 세부 평가방법 및 배점

(1) 재해위험도

① 해당 지구의 위험등급 및 인명피해 발생여부에 따라 평가점수를 산정하되, 2010년 이전에 지정된 지구는 현행 자연재해위험개선지구 지정기준에 따라 위험등급을 조정하여 평가

② 평가점수: 위험등급(20점) + 자연재난 인명피해 발생 여부(10점)

구분	위험등급			인명피해 발생 여부	
	가 등급	나 등급	다 등급	사망자	부상자
평가점수	20	10	5	10	5

(2) 피해이력지수

① 피해이력지수는 최근 5년간 해당 지구 내 사유재산피해 재난지수에 항목별 가중치를 곱하여 산정하며, 평가점수는 아래 산식에 따라 계산(소수점 셋째 자리에서 반올림)

② 항목별 가중치: 사망 10, 부상 5, 주택파손 4, 주택침수 2, 농경지유실 등 나머지 항목 0.5

③ 평가점수 $= \frac{\text{피해이력지수}}{100{,}000} \times 20$점(최대 20점 적용)

④ 피해 규모에 따른 평가점수 산정 예시

⑤ 평가점수 = 86,000/100,000×20점 = 17.2점

구분	단위	지원기준지수 (a)	피해물량 (b)	재난지수 (c=a×b)	가중치 (d)	피해이력지수 (e=c×d)
계						86,000
주택 파손(전파)	동	9,000	1	9,000	4.0	36,000
주택 침수	〃	600	30	18,000	2.0	36,000
농경지 유실	m^2	1.35	20,000	27,000	0.5	13,500
농약대 (일반작물)	〃	0.01	100,000	1,000	0.5	500

주) 지원기준지수는 자연재난조사 및 복구계획 수립지침 참고

(3) 기본계획 수립현황

지구 내 정비대상 시설의 기본계획 수립 여부 및 경과기간에 따라 등급화하여 평가점수를 산정

구분	기본계획 수립현황				
	5년 미만	5년 이상~10년 미만	기본계획 수립 비대상	10년 초과	미수립
평가점수	10	8	6	4	0

주) 기본계획은 개별 법령에 따른 기본계획임(자연재해저감 종합계획은 제외)

(4) 시·군·구 자연재해위험개선지구 정비율

① 평가점수는 다음과 같이 산정(소수점 셋째 자리에서 반올림)

② $평가점수 = (1 - \frac{전년도까지\ 정비완료지구수}{전체지구수}) \times 10점$

(5) 주민불편도

① 자연재해위험개선지구 지정면적 대비 거주인구 비율을 산정한 후 다음 기준에 따라 등급화하여 평가점수를 산정

② $거주인구비율 = \frac{자연재해위험개선지구\ 내\ 거주인구수(명)}{자연재해위험개선지구\ 지정면적(ha)}$

구분	자연재해위험개선지구 지정 면적 대비 거주인구 비율				
	100 이상	50 이상~100 미만	20 이상~50 미만	5 이상~20 미만	5 미만
평가점수	5	4	3	2	1

(6) 지구지정 경과연수

① 대상지구의 지구지정 경과연수를 기준으로 평가점수를 산정

② 단, 지구지정 후 오랜 기간이 지났음에도 정비사업 추진이 필요하지 않는 지구는 지정 해제를 적극 검토

구분	지구지정 경과연수				
	10년 이상	5년 이상~10년 미만	3년 이상~5년 미만	1년 이상~3년 미만	1년 미만
평가점수	5	4	3	2	1

(7) 행위제한 여부

① 시·군·구의 행위제한조례 제정 여부를 기준으로 평가

② 평가점수: 조례 제정 시·군·구 5점, 조례 미제정 시·군·구 0점

(8) 비용편익비(B/C)

비용편익비는 제5과목 등에서 소개되는 비용편익 분석방법(간편법, 개선법, 다차원법 등)을 적용하며, 평가점수는 산출된 비용편익비에 따라 다음 등급에 해당하는 점수를 적용

구분	비용편익비				
	3 이상	2 이상~ 3 미만	1 이상~ 2 미만	0.5 이상~ 1 미만	0.5 미만
평가점수	15	12	9	6	3

(9) 부가평가

① **정책성**

시장·군수·구청장의 정비사업 추진의지, 사업의 시급성 등을 시·도지사가 판단하여 평가점수를 부여(최대 10점)

② **지속성**

정비사업 주민참여도·민원우려도 등을 고려하여 다음 기준에 따라 평가

구분	주민참여도가 높으며, 민원 우려가 낮은 지구	주민참여도가 높으며, 민원 우려가 높은 지구	주민참여도가 낮으며, 민원 우려가 높은 지구
평가점수	5	3	1

③ **준비도**

정비사업의 조기 추진이 가능하도록 자체 설계를 추진하는 지구에 5점을 부여

4. 평가결과에 따른 투자우선순위 결정

① 시·도에서는 정비계획을 수립(변경)하거나, 행정안전부 요청 시 위 '항목별 세부 평가방법'에 따라 지구별 투자우선순위를 평가하고 그 결과를 아래 서식에 따라 제출

② 지구별 평가점수가 동일한 경우 '항목별 세부 평가방법'의 평가항목 순서에 따라 항목별 평가점수가 높게 산정된 지구 순으로 우선순위를 조정

Keyword

➔ 제5과목 제2편 제1장 "방재사업 타당성 분석" 참고

★ 투자우선순위 결정

투자우선순위 평가표 제출서식

시군구	지구명	우선순위	종합점수	재해위험도 (30)	피해규모 (20)	기본계획 수립현황 (10)	정비율 (10)	주민편도 (5)	지구지정 경과연수 (5)	행위제한 조례제정 (5)	비용편익비 (15)	부가적 평가		
												정책성 (10)	지속성 (5)	준비도 (5)

5. 자연재해위험개선지구 지정 및 해제 고시

(1) 지정 고시 예

자연재해위험개선지구 관리지침[별지 제1호서식]
○○시 고시 제 ○○○○-○○호

자연재해위험개선지구 지정 고시

「자연재해대책법」 제12조 제1항에 따라 아래와 같이 자연재해위험개선지구를 지정 고시합니다.

- 아 래 -

지구명	위 치	지정 내용			지정사유	비 고
		유형	등급	면적(m^2)		

붙임: 자연재해위험개선지구 지정도면 1부(따로 붙임)

○○○○년 ○월 ○일

○○시장·군수·구청장

★
지정 고시 시 지구명, 위치, 유형, 등급, 면적, 지정사유 기재

(2) 해제 고시 예

자연재해위험개선지구 관리지침[별지 제2호서식]
○○시 고시 제 ○○○○-○○호

자연재해위험개선지구 지정 해제 고시

「자연재해대책법」 제12조 제5항에 따라 아래와 같이 자연재해위험개선지구 지정을 해제 고시합니다.

- 아 래 -

지구명	위 치	지정 내용			해제사유	비 고
		유형	등급	면적(m^2)		(지정일자)

붙임: 자연재해위험개선지구 지정 해제도면 1부(따로 붙임)

○○○○년 ○월 ○일

○○시장·군수·구청장 ㊞

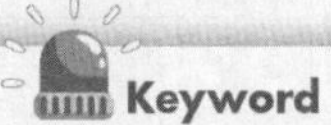

★
해제 고시 시 지구명, 위치, 유형, 등급, 면적, 해제사유 기재

제5장

제1편
재해저감대책 수립

소하천 정비대책 수립

본 장에서는 다양한 소하천의 형태 및 위치에 따른 특징을 파악하고, 소하천 유역 및 하천 특성, 수리·수문 특성, 하천 이용, 생태환경 특성, 재해이력 및 하천 경제성을 조사·분석하는 방법을 나열하였다. 이를 활용하여 기후변화를 고려한 설계수문량을 산정하고 기존 시설물에 대한 능력 검토를 시행하여 최종적으로 소하천의 효율적·경제적인 저감대책을 수립하는 데 도움이 될 수 있도록 작성하였다.

1절 소하천의 효율적·경제적 정비대책 수립

1. 소하천 개요

(1) 소하천 지정대상

① 「소하천정비법」 제3조(소하천 지정 및 관리청): 소하천(소하천시설을 포함한다. 이하 이 조에서 같다)은 특별자치시장·특별자치도지사·시장·군수 또는 구청장(자치구의 구청장을 말한다. 이하 같다)이 지정하거나 그 지정을 변경 또는 폐지함

② 「소하천정비법 시행령」 제2조(소하천의 지정기준): 일시적이지 않은 유수가 있거나 있을 것이 예상되는 구역으로서 평균 하천 폭이 2m 이상이고 시점에서 종점까지의 전체 길이가 500m 이상인 것

③ 시장·군수 및 자치구의 구청장이 소하천을 지정·변경·폐지하려는 경우에는 기초소하천관리위원회 또는 광역소하천관리위원회의 심의를 거쳐 총리령으로 정하는 바에 따라 그 명칭과 구간을 고시하여야 함

④ 소하천의 정비와 그 유지관리는 이 법 또는 다른 법률에 특별한 규정이 있는 경우를 제외하고는 소하천을 지정한 특별자치시장·특별자치도지사·시장·군수 또는 구청장이 관장

★
소하천 지정대상
하천 폭 2m 이상, 전체 길이 500m 이상

(2) 소하천 등 정비

'소하천 등 정비'란 소하천, 소하천구역, 소하천시설, 소하천예정지에 해당하는 것의 신설·개축 또는 준설·보수 등에 관한 공사

2. 소하천 종합계획

★
소하천 종합계획

(1) 계획목표 및 방침

① 재해예방, 치수, 이수, 환경 및 친수 기능 등의 종합적 검토 시행
② 생태환경과 아름다운 자연경관을 최대한 보전하고 향상시키도록 계획
③ 경제적인 치수방재 및 이수계획 수립
④ 소하천 유역의 보전이나 개선, 복구 이후의 효율적인 유지관리계획에 사용될 수 있도록 계획
⑤ 소하천의 지형학적 특성, 수문·수리학적 특성, 환경 특성 등을 고려
⑥ 획일화되지 않은 소하천 종합계획이 되도록 계획
⑦ 연결된 지방하천 및 타 소하천의 특성을 분석하여 하천의 공간적 연계성을 살릴 수 있도록 계획
⑧ 기후변화에 대비할 수 있는 적절한 계획 수립

(2) 계획과정

① 계획 구간 설정 및 수계별 소하천 망 구성
② 효율적·경제적 소하천 정비계획을 마련하기 위하여 측량, 유역 및 하천 특성, 기초 수문, 하천 이용, 생태환경 특성뿐 아니라 재해 이력 등을 조사·분석하여 소하천 종합계획의 목적을 명확히 설정
③ 소하천에 대한 각종 조사와 분석결과를 바탕으로 소하천 정비계획에 대한 기본 방침과 방향 설정
④ 조사 및 측량자료를 바탕으로 기후변화를 고려한 설계수문량 및 유지유량 산정
⑤ 설정된 계획방향을 토대로 해당 소하천에 대한 항목별 계획과 각 항목에 대한 세부계획 수립
⑥ 설계수문량 및 유지유량 산정결과와 수립된 항목별 세부계획을 기준으로 소하천시설물 계획 수립
⑦ 주민 의견 조사와 사업효과 및 경제성 분석 등을 통한 계획의 타당성 검토 및 다른 분야 계획과의 연계성 검토

(3) 재해예방 계획

① 과거 홍수피해가 발생한 소하천은 피해 발생원인 분석을 실시하여 해당 소하천의 재해 특성 파악 후 근본적인 재해예방계획 수립
② 계획빈도의 설계홍수량은 소하천 하도와 관련된 구조적 대책으로 대처가 가능하도록 계획
③ 설계빈도 초과 홍수량은 비구조적 대책을 주요 관리방법으로 고려

(중·소하천 홍수 예·경보시스템 활용 등)

④ 소하천 종합계획에서는 하도계획과 별도로 저류시설 입지 계획

(4) 이수 계획

① 갈수 시에도 특정 목적의 소하천이 그 기능을 발휘할 수 있는 유지유량을 검토하고, 이를 수자원 부존량 및 갈수량과 비교하여 용수확보방안을 마련하는 계획을 수립

② 용수확보방안

㉠ 용수는 생활·공업·농업용수로 분류

㉡ 관련 자료 등을 통하여 현실적인 조사 시행

㉢ 유지유량을 고려하여 용수확보방안 계획

㉣ 저수시설의 신규 설치, 하수처리장 방류수 활용, 유역의 침투력 증진 및 빗물이용시설 설치 등을 통하여 용수 확보를 위한 계획 수립

(5) 친수 계획

① 친수구역으로 정비하는 것이 적당한 소하천 공간과 보전이 필요한 구간을 구분하여 정비를 위한 기본방향 설정

② 친수구역은 주변의 토지 이용, 자연보전 상태, 정비 목적, 주민 의견 등을 고려하여 계획

③ 소하천 공간 정비계획

㉠ 소하천 공간 정비계획은 우선 기본방침에 따라 추진방향을 설정하고, 이에 따라 공간 정비계획 수립

㉡ 소하천은 인공적 요소와 자연적 요소의 비중에 따라 친수구역, 복원구역, 보존구역으로 구분하여 계획

㉢ 소하천 공간 정비계획 수립 흐름도

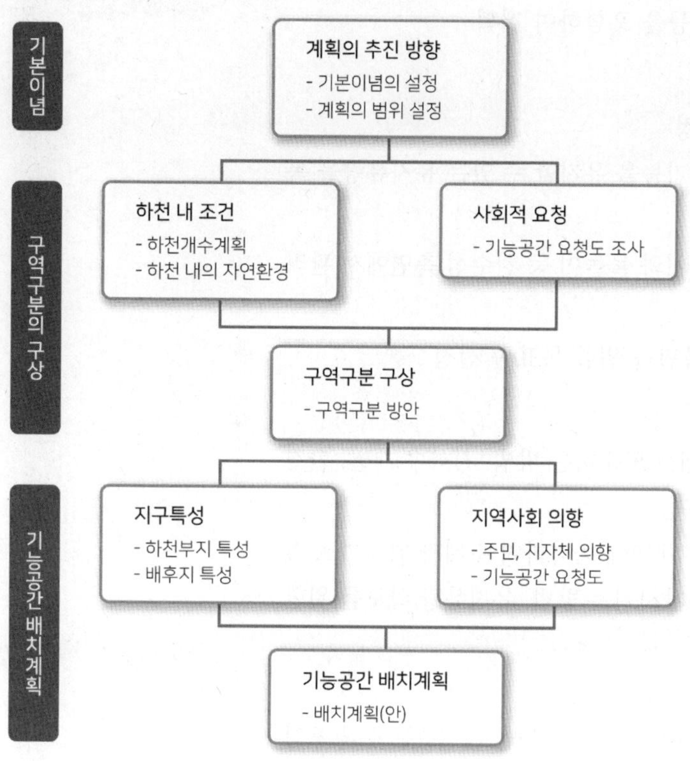

Keyword

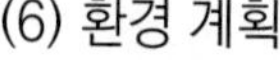

(6) 환경 계획

① 소하천이 오염되어 있거나 수질 악화가 우려되는 경우, 유지유량의 확보 및 수질 개선방안을 고려하여 계획 수립

② **소하천 환경 기능**

㉠ 수질자정이나 생태계 서식처로서의 자연보전 기능

㉡ 수상놀이, 수변경관, 정서 함양 기능으로서의 친수기능

㉢ 하천부지 이용, 피난 및 방재 공간, 지리 및 지역분할 기능으로서의 공간기능

③ **환경계획 수립의 기본방침**

㉠ 소하천 환경계획은 이수와 치수의 조화가 이루어지도록 계획

㉡ 갈수 시에 발생하는 수량 감소와 수질 악화를 적절히 조절하는 사항 포함

㉢ 자연적 환경을 보전하면서 친수 기능을 확대하여 주변 환경과 조화된 안전하고 지속 가능한 소하천을 계획

㉣ 복개 시설물은 철거계획 수립(사업시행이 불투명할 것으로 판단되는 경우 하천복원을 위한 장기적인 계획으로 수립)

㉤ 수량, 수질 및 공간 요소를 종합적으로 고려
㉥ 유지유량 확보와 수질개선 등을 포함하여 계획

④ 소하천 수질개선 및 보전

㉠ 소하천 환경계획의 목표설정

▷ 수량은 소하천의 정상적 기능을 유지할 수 있는 유지유량을 목표로 결정

▷ 수질 목표는 생태계 서식처와 물놀이 등 친수성 측면에서 관리목표 설정

▷ 소하천의 생태보전 및 복원을 위한 목표종 선정

㉡ 유지유량 확보 대책

▷ 단기적 대책: 다른 수계에서 도수하는 방법, 지하수 개발, 환경기초시설 방류수 재이용 등

▷ 장기적 대책: 저영향개발 개념에 입각하여 수계가 위치하고 있는 유역에서 침투율을 증가시키는 방법, 유지유량 확보를 위한 소규모 저류지 건설 등

㉢ 소하천 수질개선 대책

▷ 수질개선뿐만 아니라 소하천의 환경 기능을 개선하는 것을 포함

▷ 소하천 수질개선사업

- 소하천 내에 한정하지 않고 유역관리 차원에서 시행
- 유역 내의 공장폐수 등에 대한 배출규제, 폐수종말처리시설의 건설, 공공수역의 수질보전, 토양오염 방지, 하수도 정비, 비점오염원 관리 등 환경 개선사업에 의해 개선될 수 있지만 이들 시책과 적절한 조화를 취하면서 소하천 내에서 일시적 또는 항구적인 수질개선책을 강구하여 추진

(7) 다른 분야 계획과의 연계 및 조정

① 소하천 주변지역의 도시계획과의 연계 및 조정

② 「자연재해대책법」상 소하천 관련 주요 제도 연계

㉠ 재해영향평가 협의
㉡ 자연재해위험개선지구 지정·관리
㉢ 자연재해저감 종합계획 수립
㉣ 우수유출저감시설 기준 제정·운영
㉤ 침수흔적의 기록 보존·활용
㉥ 중앙 및 지역 긴급지원체계 구축·운영

ⓢ 자연재해저감 연구개발사업의 육성 등

③ 국가 및 지방하천 연계

㉠ 수계 특성을 종합적으로 고려한 소하천 종합계획이 될 수 있도록 국가 및 지방하천과의 연계를 포함하여 계획 수립

㉡ 소하천이 국가 및 지방하천에 합류하는 경우 배수효과로 인하여 관련 소하천 계획을 국가 및 지방하천 계획과 함께 실시하는 경우가 있으므로 계획 수립 시 이러한 사항을 면밀히 협의하여 사업주체 결정

㉢ 수계의 원활한 관리를 위하여 소하천과 본류하천 합류 지점에는 단절구간이 발생하지 않도록 계획 수립

㉣ 소하천이 합류하는 본류하천(국가 및 지방하천)에서 고시한 하천구역 등을 고려하여 소하천의 구간 조정

2절 설계수문량 계획·산정

1. 강우 분석

★ 강우 분석

(1) 우량관측소 선정

① 해당 시·군 내에 위치하고 있는 기상청 관할 우량관측소가 충분한 시우량 자료를 보유하고 있는 경우에는 이를 선정

② 지점평균확률강우량 산정을 위한 우량관측소 선정 시 거리를 우선 고려

③ 특정 소하천만을 계획 수립 대상으로 하는 경우에는 일관성 유지 측면에서 기존 소하천정비종합계획에서 선정한 우량관측소를 우선적으로 고려

(2) 강우량자료 수집

① 수집대상: 10분, 60분, 고정시간 2~24시간(1시간 간격)의 지속기간에 대한 연 최대치 강우량 자료

② 고정시간 강우량 자료는 환산계수를 적용하여 임의시간 강우량 자료로 환산하여 사용

$$Y = 0.1346 \cdot X^{-1.4170} + 1.0014$$

* 여기서, Y는 환산계수, X는 강우 지속기간(hr)

③ 확률강우량의 산정을 위하여 시우량 자료연수는 가급적 최소 30개년 이상 필요

(3) 확률강우량 산정

① 소하천의 확률강우량 산정방법

㉠ 확률분포함수의 매개변수 추정 방법

▷ 확률가중모멘트법(PWM) 채택(소하천 설계기준)

▷ 확률가중모멘트법을 채택 시 확률강우량이 증가하는 경향이 다른 방법인 모멘트법이나 최우도법보다 지나치게 큰 경우에는 추가 검토 실시

㉡ 확률분포형

▷ 검벨(Gumbel) 분포 채택(소하천 설계기준)

② 확률강우량 산정 시 재현기간은 2년, 10년, 20년, 30년, 50년, 80년, 100년을 기본으로 하며 필요시 추가

(4) 강우강도식 유도

① 임의시간 확률강우량을 산정하기 위하여 강우강도식 유도

② 강우강도식으로 3변수 General형과 6차 전대수다항식형 2가지 형태 중 채택하여 적용

③ 채택된 강우강도식으로 재현기간별 강우강도식을 유도하여 최종 강우강도-지속기간-재현기간(I-D-F) 곡선 완성

(5) 설계강우의 시간분포

① 확률강우량은 지속기간별 강우 총량이기 때문에 유출모형에 적용하여 홍수량을 산정하기 위해서는 관측호우와 같이 지속기간 내 시간적 분포를 고려한 강우주상도 작성 필요

② 기존 강우의 시간분포 방법: Mononobe 방법, Huff 방법, Keifer & Chu 방법, Pilgrim & Cordery 방법, Yen & Chow 방법, 교호블록 방법 등

③ 소하천 설계강우의 시간분포 방법은 Huff 방법 적용(3분위 채택)

(6) 유효우량 산정

① 유효우량은 NRCS의 유출곡선지수(CN) 방법을 사용하여 산정

유출곡선지수(CN) 산정 시 선행토양 함수조건은 설계안전을 고려하여 유출률이 가장 높은 AMC-Ⅲ 조건을 적용하여 CNⅢ 채택(단, 제주도는 지형의 특수성으로 인하여 CN Ⅱ 채택)

$$CN\,I = \frac{4.2\,CN\,II}{10 - 0.058\,CN\,II},\quad CN\,III = \frac{23\,CN\,II}{10 + 0.13\,CN\,II}$$

② 토지이용현황 자료는 환경부의 수치토지피복도 이용

③ 수문학적 토양군은 A, B, C, D 4개 종류로 분류

㉠ 토양군별 침투능의 크기: A > B > C > D

㉡ 토양군별 유출률의 크기: D > C > B > A

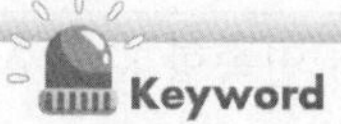

2. 홍수량 산정

★
홍수량 산정

(1) 홍수량 산정지점 선정

① 유역 상·하류의 홍수량 변화를 파악할 수 있는 지점, 지류 합류점 및 주요 구조물 지점 등을 고려하여 선정

② 소하천의 홍수량은 최소 2개소 이상에서 산정하는 것이 원칙

③ 지류 합류점의 경우 수면곡선 계산을 고려하여 합류 전·후 지점 모두에서 홍수량을 산정

(2) 도달시간 산정

① 도달시간(time of concentration)

㉠ 유역 최원점에서 유역출구점인 하도종점까지 유수가 흘러가는 시간

㉡ 유역 최원점에서 하도시점까지의 유입시간 + 하도시점에서 종점까지의 유하시간

② 도달시간 산정 공식

㉠ Kirpich 공식: 농경지 소유역을 대상으로 유도된 공식

$$T_c = 3.976 \frac{L^{0.77}}{S^{0.385}}$$

㉡ Rziha 공식: 자연하천의 상류부(S≥1/200)에 적용되는 공식

$$T_c = 0.833 \frac{L}{S^{0.6}}$$

㉢ Kraven 공식(Ⅰ): 자연하천의 하류부(S<1/200)에 적용되는 공식

$$T_c = 0.444 \frac{L}{S^{0.515}}$$

㉣ Kraven 공식(Ⅱ): 자연하천의 경사별 유속을 적용하는 공식

$$T_c = 16.667 \frac{L}{V}$$

(S<1/200 : V= 2.1 m/s, 1/200≦S≦1/100 : V= 3.0 m/s, S>1/100 : V= 3.5 m/s)

* 여기서, T_c는 도달시간(min), L은 유로연장(km), S는 평균경사(무차원), V는 평균 유속(m/s)이다.

㉤ 연속형 Kraven 공식: Kraven(Ⅱ)의 불연속성을 보완한 연속형 공식

$$T_c = 16.667\frac{L}{V}$$

▷ 급경사부(S 〉 3/400):

$$V = 4.592 - \frac{0.01194}{S},\ V_{max} = 4.5\ m/s$$

▷ 완경사부(S ≤ 3/400):

$$V = 35{,}151.515S^2 - 79.393939S + 1.6181818,\ V_{min} = 1.6\ m/s$$

③ 소하천의 도달시간은 연속형 Kraven 공식으로 산정하는 것 원칙

(3) 홍수량 산정방법 및 적용

① 소하천의 홍수량 산정방법은 Clark 단위도법을 우선적으로 적용

② 합리식 적용 시 강우 지속기간의 증가량 적용 방법에 따라 유출계수를 재현기간별로 변화시키는 방안을 적용

③ 도달시간이 매우 짧게 산정되어 첨두홍수량이 과다 산정될 경우, 강우 지속기간을 증가시키는 방법과 단위도의 매개변수인 유역반응시간(저류상수, 지체시간 등)을 증가시키는 등 소유역 매개변수 보정 방법 적용

④ Clark 단위도법의 저류상수는 Sabol 공식 적용 원칙

⑤ 소하천의 유역형상이 하류단에 좁고 긴 구간이 있는 경우 홍수량 산정 결과가 상류보다 하류가 작게 산정되는 역전 현상이 발생할 가능성이 있으므로 이와 같은 경우에는 하류의 홍수량을 상류와 동일하게 처리하여 역전 현상 방지

⑥ 홍수량이 산정되면 단위면적당 홍수량인 비홍수량($m^3/s/km^2$)을 산정하여 홍수량 산정 결과의 적정성 검토

(4) 확률홍수량 및 계획홍수량 산정

① **설계빈도**

㉠ 소하천 설계빈도 기준

구분	설계빈도(재현기간)	비고
도시지역	50~100년	
농경지 지역	30~80년	
산지 지역	30~50년	

자료: 소하천 설계기준

㉡ 시·군 전체 소하천에 대하여 동일한 설계빈도를 채택하기보다는 지역별로 여건에 맞는 설계빈도를 채택하여 계획 수립

② **임계지속기간 적용**

㉠ 임계지속기간: 첨두홍수량이 최대가 되는 강우 지속기간

㉡ 임계지속기간을 적용하여 재현기간별 확률홍수량 산정

▷ 홍수량 산정방법은 Clark 단위도법을 채택

▷ 홍수량 산정 시 강우 지속기간을 10분 간격으로 적용하여 첨두홍수량이 최대가 되는 강우 지속기간인 임계지속기간의 홍수량 산정

③ **설계빈도에 해당하는 확률홍수량을 계획홍수량으로 산정**

㉠ 소하천에 있는 저수지는 홍수조절 능력이 없는 경우가 대부분이므로 이와 같은 경우 저수지 추적 미시행

㉡ 홍수조절용량이 미미한 경우에도 이를 고려하지 않는 것이 설계안전측이기 때문에 고려하지 않아도 무방함

㉢ 재해예방을 위하여 설치된 저류지의 경우에도 마찬가지로 홍수조절용량이 미미한 경우에는 고려하지 않아도 무방함

㉣ 이에 따라 대부분의 소하천은 기본홍수량과 계획홍수량이 동일

3. 수위 및 침수해석

(1) 수위계산

① 흐름계산 방법은 부등류 계산이 원칙

㉠ 긴 하천 구간의 수위계산: 종단 방향의 하상경사 변화가 완만한 경우로 등류, 부등류 또는 부정류의 계산 적용

㉡ 국소적 흐름의 수위계산: 도수, 합류 및 분류, 교각에 의한 수위, 단락에 의한 수위 등으로 적절한 계산방법 적용

② 하상이나 하안, 호안의 안정성 검토를 위한 유속이나 소류력 산정 목적

▷ 흐름계산의 기점수위는 검토대상 구간에서 최대유속 또는 최대소류력이 발생하는 조건 적용

③ 하천구조물 주변에 대한 집중적인 수위 검토가 필요한 경우 상류와 사류를 함께 고려할 수 있는 혼합류계산 실시

④ 소하천정비종합계획과 같이 일반적인 수위검토를 수행하는 경우에는 상류계산을 적용하여 설계

Keyword

★
수위 및 침수해석

⑤ 사수역을 고려한 수위계산 실시

㉠ 사수역: 하도의 수면부분에서 흐름이 없는 장소 혹은 흐름이 있더라도 소용돌이 형태를 보이거나 또는 유량의 소통에 관계없는 부분

㉡ 사수역은 급확대부와 급축소부, 만곡부, 여러 가지 구조물 주변 등에서 발생

㉢ 특히 합류부에서 지류구간에 해당하는 하도는 반드시 사수역으로 설정

(2) 조도계수

① 조도계수

흐름이 있는 경계면의 거친 정도를 나타내는 계수

② 조도계수 산정방법

㉠ 수위자료가 있는 경우: 과거 홍수위, 유량관측 기록, 홍수흔적 자료, 본류하천 조도계수 등을 바탕으로 홍수 발생 시 하도 단면에 대하여 부등류 계산이나 등류계산, 하상재료를 이용하여 조도계수를 추산

㉡ 수위자료가 없는 경우

▷ 과거에 채택한 조도계수를 직접 이용하여 비교·검토

▷ 하상재료 유형과 크기(주로 평균입경) 및 하도 단면 형태 등을 고려한 조도계수 결정

▷ 일반적으로 Manning의 조도계수 사용

③ 조도계수 결정 시 고려사항

㉠ 하천 내 수문량의 크기에 영향을 주는 인자

▷ 하상형상, 홍수기간 동안의 하상변동

▷ 부유수량의 증감

▷ 수문곡선의 모양

㉡ 하도 종·횡단 모양에 따른 변화

▷ 동수반경의 급격한 변화

▷ 하도 간의 편류(偏流), 사수역의 발생

▷ 식생 및 수목군

▷ 하구부근의 염수쐐기

㉢ 하천 내 인위적 활동

▷ 하상굴착

▷ 모래채취

▷ 하상 저하 및 상승에 영향을 주는 인위적 행위

㉣ 실측 및 기타 오차
- ▷ 유량, 평균유속, 수면경사 등의 측정오차
- ▷ 수심 및 동수반경 측정오차, 사수역 제거로 인한 오차
- ▷ 하도 저류에 의한 오차(홍수파 변형으로 인한 오차)

(3) 기점 홍수위

① **기점 홍수위**

홍수위 계산 시 하류단 경계조건

② **기점 홍수위는 다음 사항을 검토하여 결정**

㉠ 바다로 유입되는 하구지점에서는 지역의 중요도에 따라 대조평균 만조위, 약최고 만조위, 기왕 최고조위 중 경제적이고 안전한 값과 등류수위를 비교하여 큰 값

㉡ 홍수조절효과가 있는 구조물 지점에서는 홍수 조절을 거쳐 결정된 최고 수위

㉢ 배수효과가 있는 지천 하구지점은 본류 홍수위와 지천 홍수위를 비교하여 큰 값

㉣ 배수효과가 없는 구간에서 수공구조물에 의해 한계수심이 발생할 경우 한계수심에 대응하는 수위

㉤ 하도의 급확대, 단락, 만곡 또는 교각에 의해 수위변화가 발생하는 곳은 손실수두를 더하여 산정한 수위

㉥ 사수역이 발생하는 곳은 유수단면적에서 사수역을 빼고 산정한 수위

㉦ 수리모형실험이나 현장 계측에 의해 추정된 수위

㉧ 하나의 소하천을 2개 이상의 구간으로 나누어서 계획을 수립하는 경우에는 분리되는 측점의 빈도별 홍수위

3절 기존 시설물 능력 검토

1. 제방 및 호안

(1) 제방 능력 검토

① **제방고 검토**

기설 제방의 제방고(둑마루 표고)가 계획홍수량에 따른 홍수위 소통에 문제가 없는지 검토

Keyword

★
시설물 능력 검토

Keyword

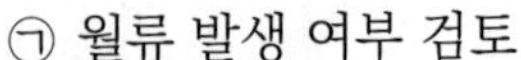
㉠ 월류 발생 여부 검토

▷ 홍수위 〈 제방고: 월류에 대하여 안전(여유고 검토 시행)

▷ 홍수위 〉 제방고: 월류 발생(하도계획 수립 검토)

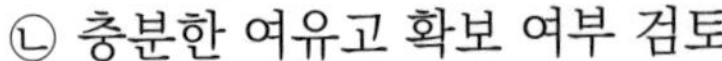
㉡ 충분한 여유고 확보 여부 검토

▷ 제방고 = 홍수위+여유고 이상

- 계획홍수량 규모에 의한 여유고

계획홍수량(m^3/s)		여유고(m)	비고
200 미만	50 이하 (제방고 1 m 이하)	0.3 이상	예외 규정
	50 초과	0.6 이상	
200~500		0.8 이상	

- 여유고 부족 시 제내지현황과 지형상황 등을 종합적으로 고려하여 하도계획 수립 여부 검토

② 둑마루 폭 검토

㉠ 둑마루의 목적 달성을 위한 충분한 둑마루 폭 확보 여부 검토

▷ 둑마루 설치 목적: 침투수에 대한 안전 확보, 홍수 시 방재활동, 친수 및 여가활동 등

▷ 기설제방의 둑마루 폭과 계획홍수량에 따른 둑마루 폭 기준을 비교하여 검토

▷ 둑마루 폭 부족 시 소하천과 제방의 중요도, 제내지 상황, 사회경제적 여건, 둑마루 이용측면 등을 종합적으로 검토하여 하도계획 수립 여부 검토

㉡ 계획홍수량 규모에 따른 둑마루 폭

계획홍수량(m^3/sec)	둑마루 폭(m)
100 미만	2.5 이상
100~200	3.0 이상
200~500	4.0 이상

③ 기설제방 토질조사

㉠ 기설제방의 토질조사는 제방 취약 예상지점 파악조사, 제체 누수조사, 기초지반 누수조사, 연약지반조사 등을 필요에 따라 실시

㉡ 제체 누수조사

▷ 기설제방의 제체에서 누수가 발생할 경우 필요에 따라 실시
- 제체 토질 및 피해에 관한 자료 조사와 탐문조사
- 시료 채취 및 실내 토질시험
- 시추조사
- 원위치시험
- 물리탐사
- 침투해석 등

㉢ 기초지반 누수조사

▷ 기설제방의 기초지반에서 누수가 발생할 경우 필요에 따라 실시

▷ 조사항목은 제체 누수조사와 동일

㉣ 연약지반조사

▷ 기설제방에서 과대한 침하나 활동에 의한 파괴 등의 피해가 실제로 발생할 경우와 제방의 보축, 지진 등에 의해 침하나 활동이 문제가 될 것이 예상되는 연약지반에 대하여 필요에 따라 실시
- 제방의 기초지반 토질에 관한 조사 및 제방침하에 관한 자료조사
- 시료 채취, 실내 토질시험, 원위치시험 등

▷ 시료는 둑마루 중앙 하부, 비탈어깨 하부, 비탈면 중앙하부와 성토 밖의 원지반 등 4개소에서 채취

(2) 호안 능력 검토

① **현재 설치된 호안의 안전성 검토**

㉠ 현장조사를 통한 검토

▷ 호안의 탈락 및 파괴, 기초의 세굴, 포락 여부 등을 검토

㉡ 대상 소하천 수리조건에 대한 검토

▷ 대상 소하천의 수리조건(유속, 소류력 등)에 대한 안정성 검토
- 부등류 계산결과 등을 이용
- 해당 구간의 유속과 소류력을 파악하고 그 외력에 대응할 수 있는 호안의 설치 여부 판단
- 소류력: 유수가 윤변에 작용하는 마찰력

$$\tau_0 = \gamma R_h S_0 = \frac{\gamma}{C^2} V^2$$

* 여기서, τ_0: 소류력 (kg/m²)

γ: 물의 단위중량(1,000 kg/m³)

R_0: 동수반경(m)

S_0: 수로 경사

V: 평균유속(m/s)

C: Chezy 유속계수($V = C\sqrt{RI}$)

② 기설 호안의 안정성 검토 결과에 따라 하도 계획 수립 시 고수호안 및 저수호안 계획 수립 필요성 검토

2. 배수 시설물

(1) 배수 시설물 능력 검토 기본방향

① 배수시설: 내수배제를 목적으로 설치되는 구조물

② 배수유역에서 발생한 유출량을 원활히 배제 가능한 통수 단면 확보 여부 검토

③ 소하천 계획홍수위에 따른 역류 가능성 검토(역류방지 문비 설치 유·무)

④ 기존 배수시설의 노후화 정도 검토

(2) 배수 시설물 능력 검토

① 배수유역 검토

㉠ 현황 측량 자료 및 수치지형도를 이용하고 현지조사 보완을 통하여 배수유역 검토

㉡ 토지이용도 또는 토지피복도를 이용한 배수유역 내 토지이용현황 검토

② 유출량 산정

㉠ 소하천의 배수 시설물 계획을 위한 유출량은 일반적으로 합리식 적용

$$Q_p = 0.2778 \cdot C \cdot I \cdot A$$

* 여기서, Q_p: 배제대상 유량 (m^3/s), I: 강우강도 (mm/hr)

C: 유출계수, A: 배수유역면적 (km^2)

㉡ 설계강우의 빈도는 배수지역의 중요도(농경지, 시가지)에 따라 20년 이상 범위에서 실시 (일반적으로 치수안전도를 고려하여 30년으로 채택)

③ 소요단면적 결정

㉠ 배수유역에서 발생한 유출량을 원활히 배제 가능한 단면적 결정

▷ 배제유속은 배수 구조물의 단면과 경사, 조도계수를 이용하여 산정

▷ 배제유속 산정이 불가능한 경우에는 2.0~3.0m/s 범위로 결정

㉡ 소요단면적은 계산된 단면적에 20% 여유를 가산

㉢ 소요단면적 $a = \alpha\dfrac{Q}{V}$

* 여기서, a: 소요단면적(m^2), α: 여유율(1.2)

Q: 배제대상 유량 (m^3/s), V: 배제유속 (m/s)

④ **배제 능력 검토**

㉠ 소요단면적과 현 단면적을 비교하여 과부족 결정

㉡ 현 단면 부족의 경우 배수 시설물 요증설 계획 수립

▷ 증설이 필요한 배수통관의 직경은 소하천 설계기준에 따라 최소 60cm 이상 계획

⑤ **문비 설치 여부 검토**

㉠ 현지조사를 통하여 문비 설치 여부 검토

㉡ 기설치된 문비에 대하여 정상작동 여부 검토

㉢ 문비가 설치되지 않은 시설물에 대하여 제내지현황 등을 고려하여 문비설치 필요 여부 검토

⑥ **노후화 정도 검토**

㉠ 현지조사를 통하여 배수 시설물의 노후화 정도를 검토

㉡ 노후 시설물에 대하여 보강계획 수립 필요성 검토

㉢ 구조물 및 제방안정성에 영향을 미칠 정도의 노후 시설물에 대하여 재가설계획 필요성 검토

3. 횡단시설물

(1) 교량

① **교량 능력 검토 기본방향**

㉠ 교량은 하천횡단 구조물로서 유수에 안전하기 위해서는 홍수위에 대하여 충분한 여유고 확보 필요

㉡ 유수소통에 지장이 없도록 계획하폭 및 계획홍수량에 대응하는 교량 연장 필요

㉢ 교각이 설치되어 있는 교량의 경우 홍수 소통 및 인접 시설물의 안전에 지장을 초래하지 않도록 충분한 경간장 확보 필요

② 교량 능력 검토

㉠ 교량 능력 검토기준

구분	계획홍수량(m^3/s)	여유고(m)	비 고
여유고	50 미만	0.3 이상	제방고가 1.0m 이하
	200 미만	0.6 이상	
	200~500 미만	0.8 이상	
경간장	(1) 소하천 교량은 공법의 선정 시 가급적 교각을 설치하지 않는 것을 원칙으로 함 (2) 부득이하게 교각을 두어야 할 경우 그 경간장은 하폭이 30m 미만인 경우는 12.5m, 하폭이 30m 이상인 경우는 15m 이상으로 한다.		

자료: 소하천 설계기준

㉡ 교량저고가 계획홍수위보다 낮거나 하폭이 좁은 교량

▷ 교량상부가 계획홍수위보다 낮은 교량의 경우, 재가설계획 수립

▷ 교량저고 및 교좌장치가 홍수위보다 낮거나 하폭이 좁은 경우, 월류의 위험이 있으므로 홍수방어를 위하여 교량 재가설계획 수립

▷ 확폭 축제 구간에 포함된 교량의 경우 재가설계획 수립

㉢ 여유고, 경간장, 연장의 기준 미확보 교량

▷ 교량별 기준(여유고, 경간장, 연장 등) 검토를 통하여 월류 위험이 적은 교량의 경우에는 장래 재가설계획 수립

▷ 제내지 상황 및 노후화 등을 고려하여 재가설이 필요한 교량은 재가설계획 수립

㉣ 이용빈도가 낮고 노후화된 교량

교량의 이용빈도가 현저히 낮으며, 노후화되어 위험한 경우와 유 역 재개발계획에 따라 도로가 신설되는 경우에는 기존 교량의 철거계획

(2) 기타 횡단시설물

① 기타 하천 횡단시설물: 보, 낙차공, 하상유지공, 수제 등

② 수리분석 및 현장조사 등을 통하여 횡단시설물에 대한 능력 검토 시행

③ 능력 검토 및 계획

㉠ 확폭 개수계획이 수립된 구간에 포함되는 경우, 재가설계획 수립

㉡ 수위 상승에 영향을 미치는 시설물의 경우, 재가설계획 수립

㉢ 파손 또는 노후화되어 역할을 하지 못하는 경우, 재가설계획 수립

㉣ 지역개발 등으로 기능을 상실한 취입보 등의 경우, 철거계획 수립

4절 제방을 포함한 소하천의 항목별 세부계획 수립

Keyword

★
하도계획

1. 하도계획

(1) 기본방향 및 절차

① 하도계획 수립을 위한 기본방향

㉠ 소하천의 역동성, 고유성, 다양성 등을 고려

㉡ 기후변화를 고려하여 홍수 시에 안전하고 갈수 시에 그 기능을 유지할 수 있도록 계획

㉢ 건강한 물순환을 보존하고 주변의 생태계와 상호 연계 고려

㉣ 하도 사행이나 여울과 소의 적정 배치 등을 통하여 생물의 다양한 생식 및 생육환경 확보

㉤ 장기적으로 안정하도가 되도록 계획

㉥ 현재의 소하천 지형 및 과거의 소하천구역, 폐천부지 등을 최대한 활용

㉦ 완경사 소하천: 토사의 퇴적에 따른 통수능의 축소, 제방의 침투에 대한 안정 등을 고려

㉧ 급경사 소하천: 침식 및 세굴에 대한 안정 등을 고려

㉨ 직선화 및 획일화된 하도계획은 지양

㉩ 구간별로 하도 특성을 구분하여 다양한 형태의 하도계획으로 생태적 기능 확보

㉪ 계획홍수량의 증가로 통수 단면적이 추가로 필요할 경우: 하상 준설, 제방 증고, 하폭 확장, 수로 신설 등 검토

㉫ 하안과 하상의 침식, 세굴, 퇴적 등 소하천 고유의 변동성을 일정 부분 허용할 수 있는 하도계획 수립

② 하도계획 수립절차

㉠ 기본적인 수문·수리 분석 실시: 계획홍수량 및 계획홍수위 결정, 소류력 계산 및 하상변동예측 등

㉡ 하도계획이 필요한 개수구간을 설정

㉢ 하도의 평면계획, 종단 및 횡단계획 수립: 평면, 종단, 횡단계획은 각각 독립적으로 하는 것이 아니라 계획 전체가 균형이 이루어질 때까지 각 단계를 반복 검토하여 종합적으로 수립

㉣ 평면 및 종·횡단 계획 시 장기적으로 하도가 안정되도록 하고, 필요시 하상 안정화를 위한 하상유지시설의 배치계획을 수립

㉤ 소하천시설물의 배치

▷ 평수 시 및 홍수 시 유수의 거동과 하상·하안의 형상과 변화, 토질 및 지질, 유사 특성을 충분히 감안하여 배치

▷ 또한 필요한 기능을 충분히 발휘할 수 있도록 계획하되 소하천 환경의 정비·보전 측면을 고려

③ **하도계획 수립 시 유의사항**

㉠ 하도계획은 홍수조절계획 목적에 충분히 부합하도록 계획

㉡ 소하천 하도계획의 기본방향(계획빈도)을 결정한 후 홍수방어(조절)계획에 대한 개수효과를 검토

㉢ 홍수방어계획의 투자사업비, 경제성, 사업성 등을 종합적으로 검토

㉣ 하도의 평면·종단·횡단계획을 복합적으로 검토 후 소하천시설계획, 하상안정화 계획, 하천공간환경계획 등을 수립하고 이에 대한 종합적인 평가를 통하여 최종 하도계획을 결정

㉤ 소하천 하도계획 시 환경 및 생태현황을 고려하고, 인간생활과 조화를 이룰 수 있는 아름다운 소하천으로 계획을 수립

(2) 계획홍수위 결정

★
계획홍수위 결정

① 지류배수, 내배수, 소하천 횡단구조물 및 만곡부 영향 고려

② 계획홍수량을 유하시킬 수 있는 하도의 종단형 및 횡단형에 따라 결정

③ 계획홍수위 결정 시기, 기수립 홍수위, 소하천의 중요도, 소하천 관리의 효율성 등을 종합적으로 고려

④ 계획홍수위는 제내지 지반고 이상의 높이로 설정하는 것은 가급적 지양하고, 기왕 최고 홍수위 이하로 설정(현재 하상고가 높거나 부득이하게 높게 설정할 경우에는 내수배제와 지류 처리방안 등을 충분히 고려)

⑤ 내수로 인하여 본류 수위가 크게 상승할 경우 배수 상황, 내수처리 방식 등을 고려

⑥ 하천 횡단시설물과 교량 등의 영향으로 상승하는 수위를 고려하여 결정

(3) 평면계획 수립

★
평면계획 수립

① **평면계획 수립 고려사항**

㉠ 계획홍수량을 안전하게 소통시킬 수 있도록 소하천의 폭, 하도의 선형결정

㉡ 평면계획 시 종·횡단형에서 결정된 통수 단면을 토대로 계획 수립

㉢ 소하천 상·하류부의 선형, 제내지의 토지 이용 상황, 소하천변의 홍수터 또는 습지 등의 보존 및 도입 등을 고려

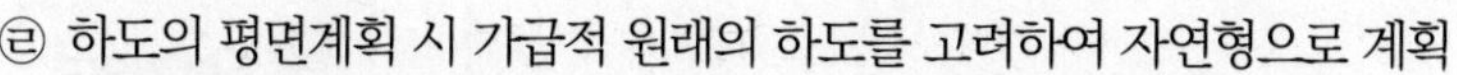

㉣ 하도의 평면계획 시 가급적 원래의 하도를 고려하여 자연형으로 계획

㉤ 계획하도가 처리할 수 있는 홍수 소통 능력이 부족한 경우
- ▷ 유역에서 분담할 수 있는 저류지, 조절지 등의 시설 도입 검토
- ▷ 하도구간에서도 분수로, 방수로 등 수로 신설방안을 검토

② 하도선형

㉠ 하도: 유수가 통과하는 토지공간으로서 제방 또는 하안과 하상으로 구성

㉡ 하도선형은 기존 및 과거의 하도를 중심으로 결정

㉢ 치수, 이수 및 환경적인 측면에서 안전하고 유지관리가 용이한 최적의 선형으로 결정

㉣ 하도연안의 토지이용현황, 홍수 시의 유황, 장래의 하도 예측, 하도의 유지관리, 소하천 부지의 이용계획 및 공사비 등을 고려

㉤ 부드럽고 자연적이며 홍수 소통이 원활한 형상이 되도록 계획

㉥ 하도선형 결정에 필요한 검토사항
- ▷ 하도의 선형은 가급적 현하도를 이용하되 심한 굴곡을 피하고 완만한 곡선으로 함
- ▷ 홍수류의 유수 방향과 수충부의 위치를 검토하여 유수의 저항을 최소화할 수 있도록 함
- ▷ 일반적으로 급류소하천에서는 유수가 하안에 충돌하지 않도록 S자 형태의 곡선수로는 피하도록 함
- ▷ 현 상태로서 제방의 기능이 가능한 구간은 최대한 이용함
- ▷ 하도선형은 토지 이용에 지장이 없도록 하되 주변의 경관과 조화를 이룰 수 있도록 함
- ▷ 하도계획 시 축제는 점토질 연약지반이나 투수성 지반에는 가급적 피해서 설치
- ▷ 보호면적이 크지 않아 제방을 축조하는 것보다 계획홍수위 이하 지역을 매수하여 소하천으로 관리하는 지역에 대해서는 이를 감안하여 하도선형을 결정
- ▷ 수충부의 위치는 기존 하도의 상황, 지형과 지질 조건, 토지 이용 상태 등을 고려하여 정하되 가능하면 주택지역이나 기존의 소하천을 절개한 장소에는 두지 않도록 함
- ▷ 하폭은 가능한 한 급격하게 변하지 않도록 함
- ▷ 지형상 부득이하게 선형이 급변하는 만곡구간에서는 만곡 내측의 법선을 후퇴시켜 10~20% 정도 확폭하여 흐름의 세력을

완화시키도록 함

▷ 현 하도가 충분한 하폭을 갖고 있는 구간일지라도 사수역에 의한 유수효과를 고려한다면 사수역을 포함하는 하폭을 확보하여야 함

▷ 제방이 설치된 하도 상류단에서 상류유역의 홍수유출량이 하도로 안전하게 유입될 수 있도록 배후지 지반고가 충분히 높은 지점, 도로, 산 등을 따라 선형을 정함

③ 계획하폭

★ 계획하폭

㉠ 계획홍수량을 원활히 소통시킬 수 있도록 현재 하폭, 현재 하상 및 계획하상경사, 지형과 지질, 안정하도의 유지, 연안의 토지 이용 상태, 기후변화 영향 등을 종합적으로 고려하여 결정

㉡ 가급적 현재 하폭을 우선적으로 고려하여 결정

▷ 현재 하폭이 부족하면 하도계획에 맞추어 적정한 폭으로 확장

▷ 현재 하폭이 충분하더라도 축소시키지 말고 가급적 현재 하폭 유지

㉢ 계획홍수량에 따라 계획하폭을 결정하는 경험공식 등을 참고하여 결정

▷ 계획홍수량 크기에 따른 계획하폭 참고값

계획홍수량(m^3/sec)	하폭(m)
5	3~5
10	4~7
20	7~11
30	9~14
50	12~20
100	20~30
200	30~45
300	40~60

▷ 중소하천 하폭결정 경험공식

- $B = 1.698\dfrac{A^{0.318}}{\sqrt{I}}$ 남부지방(전라도, 경상도)

- $B = 1.303\dfrac{A^{0.318}}{\sqrt{I}}$ 중부지방(경기도, 강원도, 충청도)

* 여기서, B: 계획하폭(m), A: 유역면적(km^2), I: 하상경사

▷ 소하천 계획하폭 결정공식

- 계획홍수량에 의한 경우(계획홍수량이 300m^3/sec 이하일 때)

$B = 1.235\ Q^{0.6376}$

* 여기서, Q: 계획홍수량(m^3/sec)

- 유역면적에 의한 경우(유역면적이 $10km^2$ 이하일 때)

$B = 8.794\ A^{0.5603}$

(4) 종단계획 수립

★ 종단계획 수립

① 하도가 안정적으로 유지될 수 있도록 하상경사 및 하상고를 결정

② 홍수 소통, 생태계 보호, 어류의 서식처 제공, 소하천 경관 조성 소하천 환경의 관리 측면 고려

③ 가급적 기존의 하상경사 유지

④ 전체적으로 하상경사를 변경하는 경우에는 장래의 하도 안정 고려

⑤ 계획하상경사 결정

㉠ 일반적으로 평형하상경사(또는 특별히 평균하상경사)를 따라 결정

㉡ 계획하상고와 관련시켜 하도기능 유지, 사업성, 경제성 등을 고려하여 결정

⑥ 하상경사가 급하거나 하상세굴이 우려되는 경우 낙차공과 같은 하상유지시설을 설치하여 하도를 안정시키도록 계획

⑦ 하도의 종단형 결정 시 고려사항

㉠ 하상경사의 변화지점, 평균하상경사의 변경지점 파악

㉡ 기존 하상을 변경시킬 경우

▷ 계획하도구간의 상·하류 하도경사 고려

▷ 장기적인 하상 변동이 최소화되도록 결정

㉢ 국부적 세굴과 퇴적현상 억제, 세굴량과 퇴적량이 평형이 되도록 결정

㉣ 생태 기능을 유지할 수 있도록 조정

㉤ 과거의 하천 종단형 이용

㉥ 하도의 직선화계획 지양

(5) 횡단계획 수립

★ 횡단계획 수립

① 계획횡단형 계획 시 고려사항

㉠ 하도의 특성 및 홍수 소통 능력

㉡ 주변 토지 이용 상황, 농경지·홍수터 등의 이용계획, 생물의 다양한 서식 공간 확보, 소하천 공간계획

㉢ 하도의 유지관리성

② 계획횡단형: 단단면 또는 복단면으로 결정

③ 횡단경사는 가급적 완경사로 계획하여 횡방향의 생태적 연속성을 확보

④ 저수로 폭 결정

㉠ 하폭, 유지유량의 확보, 홍수 시의 통수능 고려

㉡ 현재의 저수로 폭을 가급적 유지

⑤ 소하천 생태환경을 위하여 여울과 소의 도입을 검토

⑥ 갈수 시 건천화 방지 및 수심 확보 등을 위하여 협수로 설치 검토

(6) 하상정리계획 수립

★
하상계획 수립

① 하상정리 또는 준설계획 수립 구간

㉠ 토사 퇴적으로 인하여 하상이 불규칙한 구간

㉡ 통수 단면이 잠식되어 홍수재해 위험성이 있는 구간

② 하상정리 및 준설계획 수립방안

㉠ 제방보강 및 확폭 등의 치수 대책과 병행하여 준설계획 규모 결정

㉡ 하도 내 밀생 초목의 제거 필요성과 소하천 환경에 미치는 영향 검토

(7) 신설 소하천계획 수립

★
신설 소하천

① 목적

㉠ 소하천의 기능을 강화

㉡ 치수적인 기능을 확보

㉢ 도시계획 또는 경지정리사업 등으로 기존 소하천을 폐지하고 별도의 소하천 신설

② 신설 소하천계획 방향

㉠ 가능한 신설 소하천은 굴입하도 방식으로 계획

㉡ 하상경사는 구간별로 급변하지 않도록 계획

㉢ 지류 합류점에서는 세굴, 퇴적 등에 유의하여 계획

(8) 합류부 처리계획

★
합류부 및 하구 처리계획

① 두 개의 소하천이 합류할 때에는 흐름이 안정되도록 계획

② 지류 합류부는 가능한 예각으로 합류되도록 계획

③ 지형여건상 예각 합류가 어려운 경우

㉠ 합류점의 하폭을 크게 계획

㉡ 도류제 등을 설치하여 본류에 자연스럽게 합류하도록 계획

④ 합류점에서 두 소하천의 하상경사 차이가 큰 경우

㉠ 두 소하천의 경사를 될 수 있는 대로 비슷하게 합류토록 계획

㉡ 부득이한 경우 낙차공 등의 하상유지시설을 계획

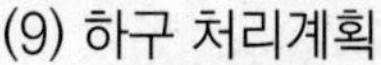

(9) 하구 처리계획

① 하구: 하천과 바다와의 경계지역으로서 두 영역의 영향을 받음

② 계획홍수량 이하의 유량을 안전하게 유하시키도록 계획

③ 하구처리계획: 고조나 지진해일(지진에 의한 해수면 상승) 등에 의한 재해를 방지토록 계획

④ 염수 및 파랑 침입, 해안침식, 하구 환경 문제, 그리고 생태계 및 어류에 미치는 영향 등을 고려

⑤ 하구처리 대책과 설치방향

㉠ 도류제 설치

▷ 하천에서 유송되어 온 토사가 퇴적되지 않도록 유도

▷ 해안에서 파랑, 조류에 의해 운반되는 표사의 하구 침입 방지

▷ 하구 위치의 고정, 수로선의 안정, 하구의 수위 유지 목적

㉡ 암거 설치

▷ 하구에 형성된 사주의 일부를 암거로 관통하여 설치

▷ 소하천에 형성된 사주를 관통하여 유량이 흘러가도록 설치

㉢ 수문 설치

▷ 하구에 수문을 설치하여 수문 조작에 의한 씻겨내기 가능

▷ 파랑에 의한 구조물 전면의 세굴작용 방지 목적

㉣ 인공굴착 및 준설

▷ 하구에 형성된 사주를 준설선, 굴착기 등에 의해 굴착하거나 준설하여 인공적으로 제거

▷ 일정 기간이 지나면 새로 형성될 수 있다는 점에 고려하여 계획

2. 소하천 제방

(1) 제방의 정의 및 구조

① 제방: 홍수 시 유수의 원활한 소통을 유지하고 제내지를 보호하기 위하여 소하천을 따라 흙, 콘크리트 옹벽, 널말뚝 등으로 안정성을 확보하여 축조하는 공작물

② 제방의 구조와 명칭

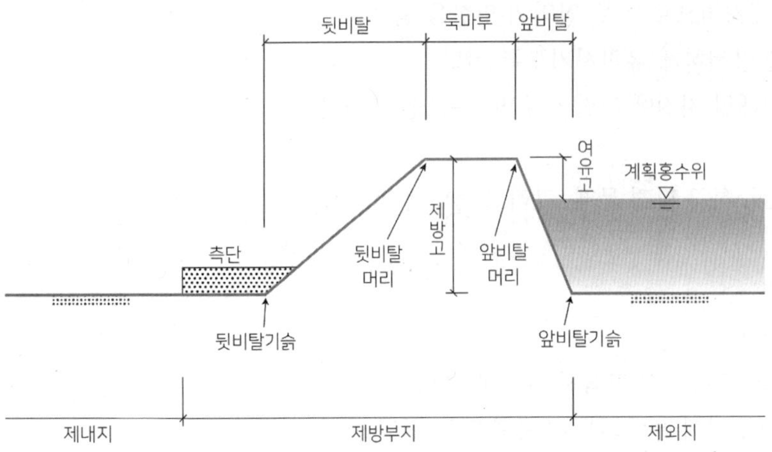

(2) 제방의 종류

① 본제: 제방 원래의 목적을 위해서 하도의 양안에 축조하는 연속제로서 가장 일반적인 형태의 제방

② 도류제: 소하천의 합류점, 분류점, 놀둑의 끝부분, 하구 등에서 흐름의 방향을 조정하기 위해서 또는 파의 영향에 의한 하구의 퇴사를 억제하기 위해서 축조하는 제방

③ 월류제: 소하천 수위가 일정 높이 이상이 되면 하도 밖으로 넘치도록 하기 위하여 제방의 일부를 낮추고 콘크리트나 아스팔트 등의 재료로 피복한 제방

④ 역류제: 지류가 본류에 합류할 때 지류에는 본류로 인한 배수가 발생하므로 배수의 영향이 미치는 범위까지 본류 제방을 연장하여 설치하는 제방

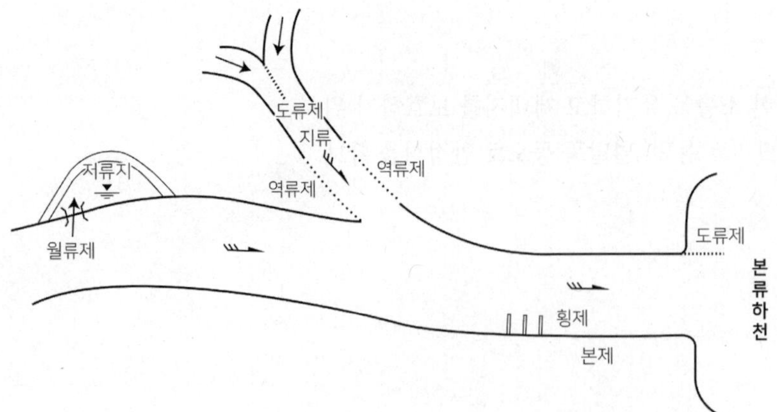

★
소하천 제방종류
본제, 도류제, 월류제, 역류제 등

(3) 제방설계 시 고려사항

① 제방 법선 결정

㉠ 하도계획에서 결정한 평면계획을 기준으로 하여 결정

㉡ 주변 토지이용현황, 홍수 시의 유황, 현재의 하도, 경제성 등을 고려

㉢ 가급적 부드러운 곡선형태가 되도록 계획

② 계획제방고: 계획홍수위에 여유고를 더한 높이 이상으로 결정
(계획제방고 ≥ 계획홍수위+여유고)

③ 제방 경사는 가능한 한 완경사로 조성

(4) 제방설계

① 제방고 및 여유고

㉠ 제방고

▷ 계획홍수위에 여유고를 더한 높이 이상

▷ 단, 굴입하도 등과 같이 계획홍수위가 제내지반고보다 낮고, 산지부 등과 같이 지형 상황으로 보아 치수상 지장이 없다고 판단되는 구간에서는 예외

㉡ 여유고

▷ 계획홍수량에 상응하는 계획홍수위에 소하천에서 발생할 수 있는 여러 가지 불확실한 요소들에 대한 안전값으로 주어지는 여분의 제방 높이

▷ 계획홍수량에 따른 여유고

계획홍수량(m^3/s)	여유고(m)
200 미만	0.6 이상
200~500	0.8 이상

- 계획홍수량이 $50m^3/s$ 이하이고 제방고가 1.0m 이하인 소하천에서는 제방의 여유고를 0.3m 이상으로 계획
- 계획홍수량별 여유고는 일반하도에서의 최저치로서, 실제 여유고는 소하천과 제방의 중요도, 제내지 상황, 주변 접속도로, 사회 및 경제적 여건 등을 고려하여 결정

② 둑마루 폭

㉠ 둑마루 폭은 침투수에 대한 안전 확보, 홍수 시 방재활동, 친수 및 여가활동 등의 목적을 달성할 수 있도록 결정

★ 제방설계

★ 제방고 및 여유고

★ 둑마루 폭 및 비탈경사

▷ 계획홍수량에 따른 둑마루 폭 기준

계획홍수량(m^3/sec)	둑마루 폭(m)
100 미만	2.5 이상
100~200	3.0 이상
200~500	4.0 이상

- 계획홍수량에 따른 둑마루 폭은 관리용 도로 등을 고려하여 규정한 최소치이므로, 실제 둑마루 폭은 소하천과 제방의 중요도, 제내지 상황, 사회경제적 여건, 둑마루 이용 측면 등을 종합적으로 검토하여 구간별로 적정한 폭으로 결정

㉡ 계획홍수량에 따라 둑마루 폭이 변할 경우에는 산지, 교량 등과 접하는 적정한 곳에서 자연스럽게 처리하고 만일 지형상 적당한 산지가 없으면 완만하게 변화할 수 있도록 완화구간 계획

③ 비탈경사

㉠ 소하천으로의 접근성을 보장하고 제내지 와 고수부지 또는 하도 사이의 생물 이동이 차단되지 않도록 제방 경사는 가능한 한 완경사로 조성

㉡ 소하천에서의 제방은 유수의 침투에 대하여 안정한 비탈면을 가져야 하며, 제방의 비탈경사는 1:2.0보다 완만하게 설치

㉢ 현지 지형여건 및 기존 제방과 연결 등의 사유로 부득이하게 비탈경사를 1:2.0보다 급하게 결정해야 하는 경우에는 제방 또는 지반의 토질조건, 홍수 지속시간 등을 고려하여 제방 계획비탈면의 토질공학적 안정성을 검토한 후 비탈경사를 결정(단, 지형조건 등에 따라 불가피하게 설치된 흉벽의 경우 예외)

④ 홍수방어벽(흉벽) 설계

㉠ 계획홍수위(또는 계획고조위) 이상의 토사제방 위에 설치 가능

㉡ 부득이 계획홍수위 이하에 홍수방어벽의 하단부가 위치할 경우에는 기초부 세굴에 유의

㉢ 토사제방의 둑마루 표면에서 상단까지의 높이가 1m 이하가 되도록 계획

(5) 제방 안정성

① 제방의 안정

㉠ 제방설계 시 침투, 활동, 침하에 대한 안정성 검토 수행

★
제방 안정성 검토

㉡ 제방의 침투에 대한 안정성 평가 시 제체의 포화 정도와 제외 측의 수위 변화조건을 반영하여 해석

② **침투(누수)에 대한 대책**

㉠ 제방의 침투(누수): 외수위가 상승하여 제체 또는 지반을 통하여 제내 측으로 침투수가 유출하는 현상

▷ 제체 누수: 침투수가 제체를 침투

- 제체의 침윤선이 결정적인 요인이 되므로 침윤선을 낮추어 제체 하부에 위치하도록 해야 하며, 지반 누수가 예상되는 경우 반드시 제체계획 외에 별도로 적절한 대책공법 강구
- 배수통문의 설치는 제체 누수의 주요 원인이 되므로 배수통문 주변의 정기점검을 수행하도록 하고, 누수가 우려되는 지점에 대하여는 적절한 대책(차수벽 등) 강구

▷ 지반 누수: 침투수가 지반을 침투

- 지반의 투수성이 높은 경우에는 수위가 상승함으로써 침투압이 증가하여 제내지 측 지반에 침투수가 용출하는 파이핑 현상이 발생하므로, 이에 대한 안정성을 검토 하고 대책 수립

㉡ 침투에 대한 제방의 보강은 홍수 특성, 축제 이력, 토질 특성, 배후지의 토지 이용 상황, 효과의 확실성, 경제성 및 유지관리 등을 고려하여 적절한 공법 선정

③ **활동에 대한 대책**

㉠ 제방의 활동에 대한 안정해석은 침투류 계산에 의한 침윤면을 고려하여 원호 활동법에 근거해 경사면 파괴에 대한 최소 안전율 산출

▷ 원호 활동법에 의한 안정계산

- 간편분할법 이용
- 필요시 기타 방법 검토

㉡ 제체 및 기초의 활동 파괴에 대한 안전성 검토에서 하중은 자중, 정수압, 간극수압 등으로 하고 이를 제방의 포화상태에 따라 적용

▷ 제체의 자중은 제체의 포화상태를 고려하여 실제 사용 재료에 대하여 시험을 실시하고 그 결과에 의해서 결정

▷ 수압의 활동모멘트 쪽으로의 기여분을 어떻게 고려할 것인가를 생각하여 안전한 값을 주는 방법을 채택

▷ 안정계산 시 고려되는 간극수압은 다음과 같은 상태를 고려하여 적용

- 완공 직후에 있어서의 흙 속의 응력변화로 발생하는 간극수압

- 계획홍수위 시 비정상 침투류에 의한 간극수압
- 수위 급강하 시의 간극수압

④ **침하에 대한 대책**

㉠ 제방침하의 원인: 지반의 탄성침하, 압밀, 흙이 측방으로 부풀어 오르는 현상 등

㉡ 연약지반상 제방 축조는 가능한 지양

㉢ 부득이하게 연약지반에 축조하는 경우

▷ 지반조사를 통하여 NX 규격(KS E 3107) 이상으로 자연시료를 채취하고 물리시험 및 역학시험 등을 실시함으로써 연약지반상의 침하량을 추정하고 이에 대한 대책공법을 결정

▷ 연약지반상 구조물의 기초지반은 연약지반 처리공법을 적용하는 것으로 하며 말뚝기초 사용을 원칙적으로 금지

▷ 단, 부득이 말뚝기초를 사용하는 경우 구조물의 부등 침하, 공동발생, 파이핑, 히빙, 측방유동, 부마찰력 등에 대한 안전대책을 반드시 강구

▷ 연약지반상의 축제로 인한 침하를 방지하기 위한 안전대책
- 지하수위를 낮추어 축제지반을 건조
- 압밀침하를 촉진
- 연약토사를 치환

3. 소하천 호안

★ 소하천 호안

(1) 용어정의

① 호안: 제방 또는 하안을 유수에 의한 파괴와 침식으로부터 직접 보호하기 위하여 제방 앞비탈에 설치하는 구조물

② 비탈덮기: 유수, 유목 등에 대하여 제방 또는 하안의 비탈면을 보호하기 위하여 설치하는 구조물

③ 비탈멈춤(기초): 비탈덮기의 움직임을 막아 견고한 비탈면을 유지하도록 비탈덮기의 밑단에 설치하는 구조물

④ 밑다짐: 비탈멈춤 앞쪽의 하상세굴을 방지하고 기초와 비탈덮기를 보호하기 위하여 비탈멈춤(기초) 앞에 설치하는 구조물

⑤ 수충부: 단면의 축소부 또는 만곡부의 바깥 제방과 같이 흐름에 의해 충격을 받는 부분

(2) 호안 계획 시 고려사항

① 비탈덮기, 기초, 비탈멈춤, 밑다짐의 네 부분 중 일부 또는 전부를 조합하여 설치

② 경사가 급한 호안은 토압이나 수압에 의한 붕괴 발생 가능

③ 수면 하강 속도가 빠르거나 간만의 차가 큰 감조부에서는 토압이나 수압에 의한 붕괴의 위험이 높음

④ 연속된 호안의 도중에 구조를 변화시킬 때에는 급격한 변화 지양

⑤ 호안의 설치 위치와 연장 결정

㉠ 하도 내의 수리현상, 세굴, 퇴적의 변화 등을 고려하여 결정

㉡ 급류 소하천이나 준급류 소하천에서는 전 구간에 걸쳐서 호안 설치

㉢ 완류 소하천에서는 수충부에 중점적으로 설치

⑥ 소류력(유속)에 대한 안전성, 환경성, 경제성, 경관성, 시공성, 유지관리 등을 종합적으로 고려

★
호안의 평가항목

호안의 평가항목

평가항목	검토방법
안전성	홍수 시 발생하는 하도 내 유속 및 소류력에 견딜 수 있는 내구성 판단
경제성	단위면적(m^2)당 공사비를 산정하여 경제성 비교
시공성	재료 취득의 용이성 및 시공방법의 간편성과 외부조건에 영향을 받는 정도를 판단
친환경성	소하천 환경 및 생태계 복원에 유리한 재료와 공법을 사용하는지 여부
경관성	호안이 주변 경관과 조화를 이루고 미관이 수려한지 여부에 대한 시각적 척도를 마련
유지관리	유지관리가 용이한지 여부와 별도의 주기적인 유지관리의 필요성 등을 판단
범용성	호안공법으로 일반화되어 널리 사용되는 공법인지의 여부
기타	현장조건과 부합 여부

(3) 비탈덮기

① **고수 및 제방호안**

㉠ 비탈덮기 높이: 계획홍수위까지 설치

㉡ 특별히 중요한 제방, 파랑이 발생하는 장소, 급류하천, 고조의 영향을 받는 하구부 구간, 굴곡이 심한 만곡부의 외측안, 제방높이 2.0m 미만의 산지부 계곡하천 등에 대해서는 비탈덮기 높이를 제방 둑마루까지 설치 가능

② **저수호안**

㉠ 비탈덮기 높이: 고수부지와 같은 높이로 설치

㉡ 저수로의 하상변화에 충분히 대응할 수 있는 저수로 호안계획을 수립

㉢ 저수호안에 식생 여과대를 가능한 한 확보하여 수질 정화를 도모

㉣ 흐름 특성을 반영하여 기울기 결정

▷ 수충부의 경우에는 상대적으로 기울기를 급하게 결정

▷ 비수충부인 경우에는 완경사면 조성

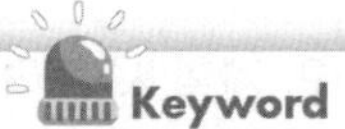

(4) 비탈멈춤

① **비탈멈춤은 비탈덮기를 지지하는 구조로 설치**

② **비탈멈춤의 깊이**

㉠ 하도 특성, 구조물에 의한 영향 등을 고려

㉡ 하상 저하가 예상되지 않을 경우 기초밑 깊이는 계획하상에서(현 하상이 계획하상보다 깊은 경우에는 현 하상에서) 0.5 m 이상 유지되도록 설치

㉢ 다음과 같은 곳에서는 더 깊게 설치

▷ 수충부로서 홍수 시 세굴이 예상되는 곳

▷ 보 및 낙차공, 교량 등의 상하류

▷ 첩수로, 방수로 등 하상 저하가 예상되는 하천

(5) 밑다짐

① 밑다짐: 하상세굴로 인한 비탈멈춤(기초) 또는 비탈덮기의 피해가 우려되는 구간에 설치

② 밑다짐은 소류력을 견딜 수 있는 중량으로 설치

③ 하상 변동을 조사하여 기초 부분이 세굴에 안전하고 하상 변화에 순응할 수 있도록 기초 바닥 깊이, 밑다짐 공법 등을 결정

④ **밑다짐의 상단높이**

㉠ 계획하상고 이하로 설치

㉡ 설치구간의 흐름 특성, 호안피해 특성, 지형 특성 등 제반 여건을 고려하여 높이를 결정

⑤ **밑다짐의 폭**

㉠ 하상의 세굴심 및 침하 정도를 추정하여 결정

㉡ 하도 규모가 작은 소하천의 특성상 수위 상승 등 다양한 수리 특성을 고려하여 결정

⑥ **밑다짐의 종류**

㉠ 콘크리트 블록공

㉡ 사석공

㉢ 침상공

㉣ 돌망태공 등

㉤ 현장 여건, 하도 특성, 수리수문 조건, 재료 구득의 용이성 등을 종합적으로 고려하여 결정

⑦ **밑다짐의 조건**

㉠ 소류력에 견딜 것

㉡ 하상 변화에 대하여 순응성(굴요성)을 가질 것

㉢ 시공이 용이할 것

㉣ 내구성이 좋을 것

★
소하천 하상유지시설

4. 소하천 하상유지시설

(1) 용어정의

① 하상유지시설: 하도의 계획종단형상을 유지하고 하상 경사를 완화하기 위하여 설치한 공작물

② 낙차공: 하상 경사 완화를 위하여 보통 50cm 이상의 낙차를 둔 하상유지 시설물

③ 바닥다짐공(대공, 띠공): 하상의 저하가 심한 경우에 하상이 계획하상고 이하가 되지 않도록 하기 위하여 설치하며, 낙차가 없거나 매우 작은(보통 50cm 이하) 시설물로서 굴요성을 갖는 재료를 이용하여 설치하는 시설물

④ 경사낙차공(자연형낙차공): 하상의 경사를 완만하게 설치하며, 주로 돌과 목재 등 자연친화적 재료를 이용하여 설치하는 시설물

(2) 낙차공 설계 일반사항

① 하도의 계획 및 유지관리에 필요한 경우 하상유지시설을 설치

㉠ 하도계획 중 계획하상고 결정 시 하상유지시설이 필요하다고 판단되는 곳

㉡ 소하천을 횡단하는 지하매설물 또는 소하천시설물의 기초 보호가 필요한 곳

㉢ 하상저하가 진행 중이거나 예상되는 곳으로서 토사의 유출이 예상되어 하류부에 토사의 퇴적을 발생시킬 우려가 있는 곳

㉣ 기타 소하천의 유지 및 관리를 위해서 필요하다고 판단되는 곳

② 낙차공은 어도 설치나 본체를 완경사 구조로 하는 경사낙차공을 계획하는 등 환경적 역기능이 최소화되도록 설치

③ 낙차공의 설치 위치

㉠ 평상시와 홍수 시의 흐름방향이 일치하는 직선부에 설치

㉡ 부득이하게 만곡부에 설치해야 하는 경우에는 안정대책 수립 후 설치

④ 낙차공은 계획홍수량에 대하여 구조적으로 안전하면서 인근 하안 및 시설물에도 현저한 지장을 주지 않도록 설치

⑤ 낙차공은 현재의 하도 특성과 장래에 발생할 하도 변화를 예측하여 안정하도가 유지될 수 있도록 설치

⑥ 낙차공의 높이

㉠ 가급적 1.0m 이하로 계획

㉡ 1.0m를 초과할 경우 다단식 낙차공 등의 대안 고려

⑦ 낙차공의 각 부분 명칭

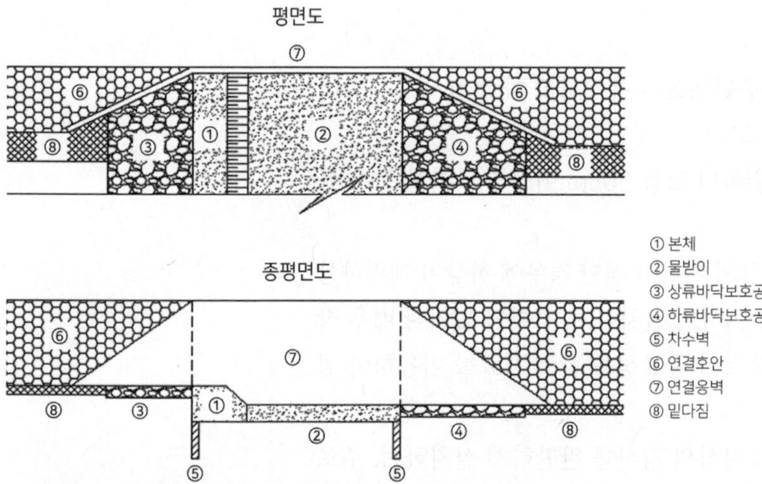

⑧ 물받이와 바닥보호공은 현재의 하상이 아닌 계획하상고에 설치

⑨ 경사낙차공은 콘크리트 낙차공 대신 하천에서 설치하는 구조물로 하상의 경사를 완만하게 하여(1/10~1/30) 유수가 점진적으로 변화하도록 설치

㉠ 경사낙차공의 종류

▷ 자연형

▷블록형 등

㉡ 어종, 하도 및 수리 특성 등을 검토하여 현장 여건에 적합한 방법으로 설치

ⓒ 유속을 적게 하고 수심을 크게 하는 동시에 어류의 이동에 지장이 없도록 주로 자연친화적 재료인 돌과 지주목재를 이용하여 설치

ⓓ 저면의 차수벽은 침투 유로장을 산정하여 적정한 근입깊이가 될 수 있게 설치

ⓔ 폭기작용, 여울 기능으로 자정력이 크므로 수생태계에 유리

ⓕ 석재 및 기초는 홍수 시에도 유실되지 않도록 안정적으로 시공되어야 하며, 시공 후 본체를 이루는 석재가 유실될 경우에 대비하여 지속적인 유지관리가 필요

(3) 본체

① 낙차공의 본체는 강도, 내구성, 시공성 등의 장점이 있기 때문에 일반적으로 콘크리트 구조로 시공하며 전도, 활동, 침하에 안정하도록 설계

② 종단형상은 하폭, 하상경사, 수위, 유량, 유속, 지질 등을 감안하고, 하상유지공의 안정조건 등을 고려하여 결정하되, 상하류 측 비탈면 경사는 1: 0.5보다 완만하게 설치

③ 평면형상은 소하천 흐름의 직각방향 설치

④ 소하천 흐름의 방향을 기준으로 한 하상유지공의 횡단형상은 수평 원칙

(4) 물받이

① 월류에 의한 보 상하류의 세굴을 방지하기 위하여 설치

ⓐ 철근 콘크리트 구조 원칙

ⓑ 사석을 활용한 여울형상, 돌붙임 형상 고려 가능

② 본체를 월류하는 유수의 침식작용 및 양압력에 견딜 수 있도록 설계

③ 물받이 길이: 세굴을 방지할 수 있는 길이로 결정

ⓐ 물받이에서 도수를 발생시켜 유속을 감소시킴

ⓑ 물받이의 파괴는 물받이 길이의 부족으로 발생하는 경우가 많음

ⓒ 상류흐름인 완경사 소하천에서 낙차의 2~3배 또는 하류 측 바닥보호공 길이의 1/3 정도로 결정 가능

④ 물받이의 최소두께는 35cm 이상

(5) 바닥보호공

① 유속을 약화시켜 하상의 세굴을 방지하고 보의 본체 및 물받이를 보호하기 위하여 설치

② 재료: 일반적으로 콘크리트 블록, 사석, 돌망태 등 이용

③ 상·하류 하상경사, 낙차공, 유속, 하상지질 등을 고려하여 규모 결정

④ 원칙적으로 물받이 하류에 설치(필요시 본체의 상류 측에도 설치)

⑤ 바닥보호공 길이: 계획홍수위 발생 시 하류 바닥보호공 지점에서의 수심 3~5배 길이 필요
⑥ 유속 및 낙차에 의한 토사유출을 방지하기 위하여 필터매트를 포설한 후 바닥보호공을 설치

(6) 연결옹벽, 연결호안 및 라이닝

① **연결옹벽**
㉠ 하상유지시설 주위의 하안 보호 목적
㉡ 본체와 물받이 부분에 설치
㉢ 홍수 시 하상보호시설이 유실되어도 제방에 영향을 미치지 않도록 설치(하상보호시설의 본체와 제방 절연 필요)

② **연결호안**
㉠ 하상유지시설 주위의 하안 보호 목적
㉡ 흐름의 작용에 대하여 하안, 제방의 세굴을 방지할 수 있는 구조로 설치(치수상의 지장이 없으면 설치하지 않아도 무방)
㉢ 계획홍수위 이상으로 설치
㉣ 하안 또는 제방의 세굴을 방지할 수 있는 길이로 설치
③ 연결옹벽 및 연결호안을 대체하여 낙차공 주변 제방 비탈면에 콘크리트 라이닝을 설치 가능

(7) 차수벽 및 밑다짐

① **차수벽**
㉠ 본체 상·하류 수위차에 의한 양압력과 파이핑 방지를 위하여 차수벽 설치
㉡ 차수벽의 깊이는 차수벽 간격의 1/2 이내로 하는 것이 일반적
㉢ 차수벽의 깊이가 차수벽 간격의 1/2 이상의 길이가 되는 경우에는 물받이 길이를 늘이는 방안을 우선 고려

② **밑다짐**
㉠ 바닥보호공 상하류의 옹벽 및 호안의 전면에 설치하여 세굴로부터 보호
㉡ 상·하류 구간의 기초지반이 암반인 경우에는 미설치

(8) 기타 고려사항

① 낙차공의 시공 시 가물막이공의 설치와 작업조건이 특히 곤란하지 않다면 다소 공사비가 증가하여도 육상시공을 하는 것이 유리

② 낙차공은 그 주요부분의 작업이 수면하에서 이루어지므로 시공계획을 수립할 때 하천 유량의 변화에 대한 면밀한 대책 수립 필요
③ 낙차공의 공사가 제방의 오픈 컷을 수반할 경우에 우기를 피해 시공
④ 유지관리 시 콘크리트 부분의 균열과 본체 하류단의 세굴은 즉시 보강 수선 실시
⑤ 본체 기초공의 결함은 일반적으로 물받이 부분에서 먼저 나타나게 되므로 물받이의 일부 함몰, 균열 등의 이상이나 지하 누수 등은 발견 즉시 수리
⑥ 하류부 밑다짐공, 연결호안 등은 파손되기 쉬우므로 밑다짐공을 연장하거나 본래의 밑다짐공을 낮게 다시 설치하는 등 현장 상황에 적합한 방법으로 수리

5. 소하천 취·배수시설

★
소하천 취·배수시설

(1) 보

① 보: 각종 용수의 취수, 조수의 역류, 친수 활동 등을 위하여 소하천의 횡단방향으로 설치된 구조물
② 보 설계 일반사항
  ㉠ 보의 위치는 해당 소하천의 입지 특성과 구조상의 안전성, 공사비, 유지관리를 고려하여 설치 목적에 가장 적합한 장소를 선정
  ㉡ 보 본체의 형식
    ▷ 치수, 이수를 비롯한 공사비, 유지관리 등을 종합적으로 검토하여 적절한 형식 결정
    ▷ 보 설치지점의 상·하류 수위차, 상류퇴적 및 하류세굴, 생물 및 미생물 이동, 식생보전, 소하천의 자정 능력 등을 고려하여 형식 결정
    ▷ 보의 형식
      - 전면 고정보
      - 전면 가동보
      - 혼합 형식
  ㉢ 보는 계획홍수위 이하의 다양한 조건의 유수작용에 안전한 구조로 설계

③ **고정보**
  ㉠ 수위, 유량을 조절하는 가동 장치가 없는 보
  ㉡ 일반적으로 고정보의 본체는 콘크리트 구조를 원칙으로 하며, 구조

적 안정성을 만족하는 동시에 수리학적으로 유리한 단면으로 설계

㉢ 보마루 표고는 소하천의 홍수 시 통수 단면적을 충분히 확보하고 보 설치 목적에 따른 상류 측의 적정 수위가 확보되도록 결정

④ 가동보

㉠ 수위, 유량을 조절하는 가동 장치가 있는 보

㉡ 가동보는 홍수 시 유수소통에 지장이 없도록 충분한 경간 길이를 확보

▷ 경간 길이: 인접한 보기둥의 중심선 간의 거리

㉢ 보기둥 및 문기둥이 상부하중과 유수압을 안전하게 견딜 수 있도록 계획

㉣ 가동보에 수문을 설치할 경우에는 개폐가 확실하고 완전한 수밀성 및 내구성을 가져 홍수 소통에 지장을 주지 않는 구조로 설계

⑤ 취수구

㉠ 취수구는 취수기능 확보, 구조적 안전, 유지관리 편리 등을 고려하여 위치, 구조, 취수위 등을 결정

㉡ 취수구는 원칙적으로 취수보의 직상류에 위치하여야 하며 양안 취수는 피하는 것이 바람직

㉢ 취수유속은 0.6~1.0m/s 정도를 표준으로 하며, 스크린은 취수구의 제수문 바로 앞에 설치

⑥ 어도

㉠ 어도는 평상시 유량, 건천화 여부 등을 고려하여 설치 필요성을 사전에 검토

㉡ 대상 소하천의 목표 어류 특성에 적합한 형태의 어도를 설치

㉢ 어도 내의 유속은 0.5~1.0m/s로 하고, 유량은 갈수기 취수 잔량이 모두 어도로 흐르도록 계획

㉣ 어도의 형식별 종류 및 주요 특징

구분	종류	특징
풀 형식 (pool type)	- 계단식(계단형, 노치형, 노치 + 잠공형, 잠공형) - 버티컬슬롯식(vertical slot) - 아이스하버식(ice harbor)	풀이 계단식으로 연속되어 있음
수로 형식 (channel type)	- 도벽식 - 인공하도식 - 데닐식(denil)	낙차가 없이 연속된 유로 형상
조작 형식 (operation type)	- 갑문식(lock gate) (갑문형, 볼랜드형) - 리프트(lift)/엘리베이터식 - 트럭식(truck)	시설이 인위적인 조작으로 작동

기타 형식	- 암거식(culvert) - 혼합식(병용식) - 복합식(hybrid)	

ⓜ 어도의 종류별 장단점

형식	장점	단점
계단식	- 구조가 간단 - 시공이 간편 - 시공비가 저렴 - 유지관리가 용이	- 어도 내의 유황 불균일 - 풀 내의 순환류가 발생 가능 - 도약력, 유영력이 좋은 물고기만 이용하기 쉬움
아이스 하버식	- 어도 내의 유황 균일 - 물고기가 쉴 휴식 공간이 따로 필요 없음	- 계단식보다는 구조가 복잡하여 현장 시공이 어려움
인공 하도식	- 모든 어종 이용 가능	- 설치할 장소가 마땅치 않음 - 길이가 길어져 공사비가 많이 듦
도벽식	- 구조가 간편하여 시공이 쉬움	- 유속이 빨라 적당한 수심 확보가 어려움 - 어도 내 수심을 20cm 이상으로 할 경우 용수 손실이 큼 - 어도 내의 유속이 고르지 못함
버티컬 슬롯식	- 좁은 장소에 설치가 가능	- 구조가 복잡하여 공사비 고가 - 어도 내 수심을 20cm 이상으로 할 경우 용수 손실이 큼 - 경사가 1/25 이상으로 완만하지 않을 경우 빠른 유속으로 어류 이동이 제한됨

(2) 수문

① 수문

조석의 역류 방지, 각종 용수의 취수 등을 목적으로 본류를 횡단하거나 본류로 유입되는 지류를 횡단하여 설치하는 개·폐문을 가진 구조물

② 수문 설계 일반사항

㉠ 계획홍수량 소통에 지장이 없도록 설치

㉡ 설치방향은 제방 법선에 직각으로 최대한 간단한 구조가 되도록 설치

㉢ 바닥고는 설치 목적, 현재 또는 계획하상고, 장래 하상 변동 등을 고려하여 결정

㉣ 유수의 작용에 의한 제방 또는 하안, 하상세굴을 방지하기 위하여 연결호안 및 바닥보호공 등을 설치

Keyword

③ 수문의 종류

㉠ 설치 목적에 의한 분류: 배수문, 취수문, 역수문, 역조수문, 유량조절수문, 육갑문 등

㉡ 형식에 의한 분류: 통수 단면의 개수에 따라 단경간 수문, 다경간 수문 등

㉢ 구조에 의한 분류: sluice gate, rolling gate, tainter gate, drum gate 등(소하천에서는 대부분 sluice gate를 설치)

㉣ 형상에 따른 분류: 수문, 통문, 통관 등

(3) 통문, 통관, 암거

① 통문: 취수나 내수배제 등을 목적으로 제방을 관통하여 설치하는 사각형 단면의 개·폐문을 설치한 구조물

② 통관: 취수나 내수배제 등을 목적으로 제방을 관통하여 설치하는 원형 단면의 개·폐문을 설치한 구조물

③ 암거: 취수나 내수배제 등을 목적으로 제방을 관통하여 설치하는 개·폐문을 가지지 않는 구조물

④ 위치선정 시 수충부나 연약지반은 피하고, 하폭이 급변하지 않고 하상이 안정되어 있는 지점을 선정

⑤ 통문, 통관, 암거의 바닥높이: 소하천의 계획하상고를 고려하여 결정

⑥ 통관은 토사 등의 배제에 지장이 없도록 최소내경 60cm 이상 설치 원칙

(4) 집수암거

① 집수암거: 소하천에서 하천수 취수 시 보 등에 의한 표류수 취수가 불가능한 경우 소하천 관리상 지장이 없는 범위 내에서 하상 아래 또는 제내지에 매설하여 소하천 복류수를 취수하기 위한 구조물

② 집수암거(집수정)의 위치는 보, 교량 등과 같은 구조물 인접지점, 하상변동이 크거나 수충부 및 지천 합류부 등의 지점은 피하여 설치

③ 소하천에 설치되는 집수암거의 직경은 60cm이상으로 설치

④ 집수암거의 설치깊이는 계획하상고 및 현재의 하상고를 고려하여 하상저하나 세굴에 유의하여 충분한 깊이로 설치

★ 교량 및 세굴방호공

6. 소하천 교량 및 세굴방호공

(1) 교량

① 교량 연장

㉠ 설치지점의 계획하폭 이상으로 설계

㉡ 교대는 제방 앞비탈 머리선보다 하도 내로 돌출되지 않도록 설계

② **교량 높이**

㉠ 제방고 이상으로 계획

㉡ 교량 형하고는 제방의 여유고 이상으로 결정

㉢ 교좌장치가 없는 교량의 형하고는 상부 슬래브 하단 가장 낮은 지점까지의 높이

▷ 교량 형하고(다리 밑 공간): 계획홍수위로부터 교각이나 교대에서 교량 상부구조를 받치고 있는 교좌장치 하단까지의 높이, 교좌장치가 콘크리트에 묻혀 있는 경우에는 콘크리트 상단까지 높이, 교대와 교각이 여러 개 일 경우 이들 중 가장 낮은 곳의 높이

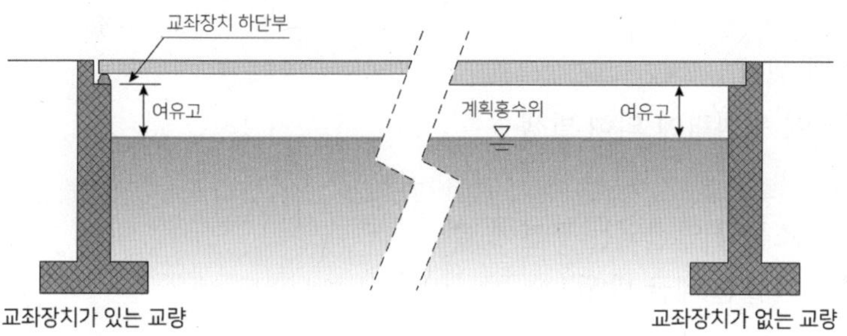

③ **교량 경간장**

㉠ 소하천 하도 내에는 교각을 설치하지 않는 것을 원칙으로 계획

㉡ 부득이하게 하도 내에 교각을 설치하는 경우 교각 단면은 유선형으로 하고, 홍수 소통 및 인접 시설물의 안전에 지장을 초래하지 않도록 충분한 경간장을 확보

▷ 하폭이 30m 미만인 경우는 12.5m, 하폭이 30m 이상인 경우는 15m 이상으로 계획

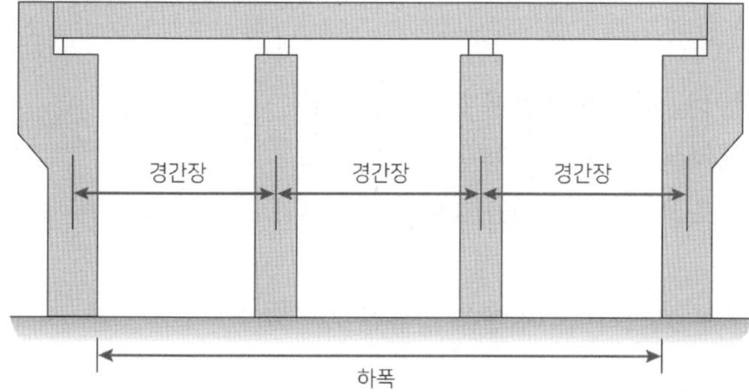

(2) 세굴방호공

① 소하천 하도 내에 교각이 설치되는 교량은 세굴평가를 실시하고 필요 시 세굴방호공 설치 등의 대책 마련

㉠ 세굴평가: 총세굴심을 추정하는 것을 의미

㉡ 총세굴심 = 장기적인 하상변동 + 수축세굴 + 국부세굴

㉢ 세굴평가를 위한 홍수사상의 선정기준

▷ 100년 빈도 홍수량이 200m^3/s 미만인 경우 소하천의 계획빈도와 50년 빈도를 비교하여 큰 홍수사상으로 함

▷ 100년 빈도 홍수량이 200m^3/s 이상인 경우 100년 빈도의 홍수사상으로 함

② 교량 구조물이 세굴로 인한 손상과 파괴가 우려되는 경우 적절한 세굴방호공 설치

③ 교각 설치 시 심각한 세굴 발생 위치

㉠ 하천의 곡선부, 수충만곡부에 원심력에 의해 발생

㉡ 보 양단 호안에서 발생

㉢ 호안 구조물이 교량 등의 구조물과 연결되는 구간에 발생

㉣ 하천과 인접한 교량 옹벽부 비탈면 세굴 발생

④ 세굴방호공의 설치 규모

㉠ 사석보호공의 안정규모 검토를 위하여 lsbash 공식 또는 Richardson 공식 등 경험공식을 사용

㉡ 사석의 평균규모는 최소안전 중량 30kgf 이상으로 설치

7. 소하천 저류시설

소하천의 재해예방계획에 따라 홍수를 저류하거나 지체하기 위한 목적으로 소하천 내 또는 주변에 설치하는 홍수위험관리 시설

(1) 천변저류지

① 홍수 시 하천 수위가 일정수위 이상이 될 경우 하천의 유수를 천변 저류지로 월류시켜 하천의 홍수량을 저감하는 홍수조절 기능을 갖도록 계획

② 평상시에는 천변저류지 내 수량을 조절하여 저장함으로써 생태저류지, 친수공간 기능을 갖도록 계획

③ 천변저류지는 Off-line 방식을 우선 고려하며, 이 경우 상류부로는 수위저감 효과를, 하류로는 홍수량 저감 효과를 기대할 수 있도록 규모 결정

★
방호공 = 보호공

★
소하천 저류시설

(2) 저류습지

① 저류습지 계획을 통하여 이·치수, 생태 및 친수 기능 등을 향상하고 다목적공간으로 활용할 수 있도록 계획

② 우선적으로 구하도 대상지에 대하여 이·치수 효과, 생태 효과, 사회적 효과, 유지관리 용이성, 사업시행 용이성 등을 고려하여 선정

③ 홍수 시 도시지역 및 주요시설의 피해를 저감할 수 있는 적정위치에 계획

(3) 우수저류시설

① 정의: 하천으로 유입되는 하도유량의 일부를 일시 저류하여 유출량을 조절함으로써 홍수피해를 방지하는 시설

② 설치 위치 선정

㉠ 과거 침수피해가 상습적으로 발생했던 지점과 그 상류지역에 대하여 현장조사와 관련 계획 등 검토하여 선정

㉡ 홍수저감과 침수피해 저감 효과가 높은 지역에 대하여 우선적으로 계획

㉢ 적절한 입지를 찾기 어려운 경우, 유역 내에 분산하여 설치

③ 우수저류시설의 규모는 적정계획빈도를 채택하여 계획빈도에 대한 첨두홍수가 발생하는 유출량에 대하여 저감량을 결정

④ 대상시설 부지나 주변여건, 경제성, 안전성 등을 충분히 고려하여 각각의 저류시설별 규모를 충분히 검토하여 결정

(4) 지하저류시설

① 정의: 터널구조에 유입시설 혹은 배수시설이 별도로 구비되어 있는 시설

② 지하저류시설(지하소하천)은 가능한 한 자유수면을 가진 단면으로 계획

③ 하도의 하류부가 도시화되어 충분한 하폭으로의 확장이 불가능하고, 방수로 또는 분수로 역시 가옥 밀집지대를 통과해야 하고, 지형상 개수로의 선정이 불가능한 경우 지하소하천 고려

(5) 배수펌프장과 유수지

① 소하천이 본류에 합류하는 지점 부근은 홍수에 의해 침수되기 쉬우므로 내수에서 유입되는 유출량을 저류할 수 있는 배수펌프장과 유수지를 고려

② 배수펌프장은 내수 유입량을 펌프장과 유수지를 적절히 조합하여 가장 효율적인 방법이 되도록 계획

③ 유수지는 외수위가 높을 때는 수문을 닫아 계획 내수유입량을 충분히

저류할 수 있어야 하고, 외수위가 낮아진 후에는 수문을 열어 내수 유입량을 배제

8. 소하천 사방시설

(1) 사방시설

소하천의 하도 기능을 유지할 수 있도록 상류로부터 유입되는 과도한 토사의 유출을 억제하기 위한 시설

(2) 사방시설의 구성

토사 및 토석류의 유출 방지 및 억제를 위한 사방댐, 호안, 낙차공, 바닥 다짐공, 유로공 등으로 구성

(3) 사방댐의 형식

① 재료형태에 따른 분류: 투과형, 일부투과형, 불투과형

② 목적에 따른 분류: 산중턱 붕괴방지 사방댐, 하상침식방지 사방댐, 하상퇴적물 유출방지 사방댐, 토석류 대책 사방댐, 유출토사 조절 사방댐

(4) 사방댐 형식 결정 시 고려사항

① 설치 위치의 지형 및 지질 특성

② 댐의 설치 목적 등에 대한 적합성

③ 해당 지역과의 자연친화성

④ 경제성

⑤ 안정성 등

(5) 사방댐 설치 예

〈전면〉

Keyword

★ 소하천 사방시설

〈후면〉

9. 소하천 환경시설

★
소하천 환경시설

(1) 용어정의

① 소하천 환경시설: 안전하고 지속 가능한 소하천 가꾸기 사업의 목적에 따라 지역 특성, 소하천의 입지여건 등을 고려하여 주변 환경과 조화되게 설치하는 수질개선시설, 생태보전시설 및 친수시설

② 하천정화시설: 유역 내 사회 활동(가정생활 포함) 대사산물의 과다유입으로 하천 자체가 가지는 자정 능력을 초과하여 원래 가지고 있어야 할 하천의 기능이 저하되었거나 또는 열악하게 된 상태를 본래의 상태로 복원시키기 위한 인위적인 자연보전 행위의 총체적 시설

③ 비점오염저감시설: 수질오염 방지시설 중 비점오염원으로부터 배출되는 수질오염 물질을 제거하거나 감소시키는 시설

④ 교육체험공간: 소하천 공간 이용자들에게 다양한 교육체험을 할 수 있도록 조성된 공간으로 학습내용은 주로 생태계를 통한 자연학습과 문화재를 통한 역사·문화학습을 포함함

(2) 수질개선시설

① 일반사항

㉠ 수질개선시설의 종류
- ▷ 하천정화시설
- ▷ 비점오염저감시설

㉡ 소하천의 환경 기능, 유형별 특성을 분류하여 기능 및 특성에 맞게 수질을 개선하는 수질개선시설을 계획

② **하천정화시설**

㉠ 수질정화 대상항목

▷ 생화학적 산소요구량(BOD)

▷ 총인(TP)

▷ 부유물질(SS) 등

㉡ 하천정화기법

▷ 물리적 방법: 하천의 수리적 특성을 이용하는 방법으로 유속제어에 의한 침전, 소류 및 분리, 대기 접촉을 주체로 하는 정화방법

▷ 생물학적 방법: 유수 중 미생물을 집적시켜 생물(특히 세균류)에 의한 유기물의 분해 및 산화, 특정 수생생물에 의한 유수 중 영양염류의 고정화와 같은 생물 이용방법을 목표수준에 맞게 조합시키는 방법

▷ 화학적 방법: 약물을 첨가하여 용해성 물질 혹은 물리적 제어에 의해서 분리되지 않는 물질을 제거하는 것으로 응집, 침전, 산화제 투입에 의한 유기물의 산화, 병원성 미생물의 살균에 의한 감소 등을 주제로 하는 정화방법

㉢ 하천정화시설 계획 시 고려사항

▷ 홍수 발생 시 지장이 없도록 시설 계획

▷ 유지관리가 용이하도록 계획

▷ 가능한 외부에서 공급되는 별도의 동력을 필요로 하는 시설을 피해서 유지관리비가 적게 들도록 계획

▷ 경관을 해치지 않고 주위환경과 조화를 이루는 시설

▷ 가능한 한 인위적인 시설보다는 자연적인 시설

▷ 용지의 다목적 이용 가능

③ **비점오염저감시설**

㉠ 소하천 유역의 특성, 토지 이용 특성, 지역사회의 수인 가능성(불쾌감, 선호도 등), 비용의 적정성, 유지·관리 용이성, 안정성 등을 종합적으로 고려하여 가장 적합한 시설을 설치

㉡ 시설을 설치한 후 처리효과를 확인하기 위한 시료 채취나 유량측정이 가능한 구조로 설치

㉢ 침수를 방지할 수 있도록 구조물을 배치하는 등 시설의 안정성 확보

㉣ 강우가 설계유량 이상으로 유입되는 것에 대비하여 우회시설 설치

㉤ 시설 유형별로 적절한 체류시간을 갖도록 설치

㉥ 설계규모 및 용량은 초기 우수를 충분히 처리할 수 있도록 설계

(3) 생태보전시설

① **일반사항**

㉠ 소하천 생태계의 생물 다양성과 건강성 회복에 관련된 모든 공간, 수질, 수량 및 생물종이 소하천 생태 보전 및 복원의 범위에 포함

㉡ 생태보전시설의 종류

▷ 여울과 소(웅덩이)

▷ 서식처

▷ 천변습지 또는 하도습지

▷ 수변 식생대

② **여울과 소**

㉠ 정의

▷ 여울: 폭기 작용을 통하여 용존산소량을 증가시키고, 유속을 빠르게 하여 부착 조류 등으로 특정 수생식물의 먹이를 제공하며, 하상안정에도 기여하는 시설

▷ 소(웅덩이): 유속을 느리게 하여 부유물 및 오염물의 침전작용, 흡착작용 및 산화 분해작용을 유도하고 어류 등 수생생물의 서식처를 제공하는 시설

㉡ 시설계획 시 고려사항

▷ 여울과 소(웅덩이)는 시설물 도입 여부의 적정성 여부를 먼저 검토한 후, 반드시 필요한 소하천에 한정하여 소하천 내 생물서식처 조성, 수질개선 등의 일환으로 설계

▷ 하상 경사가 급한 소하천의 특성을 감안하여 시설물의 수리적 안정성이 확보된 소하천을 대상으로 설계

㉢ 여울과 소(웅덩이)의 설치 효과

▷ 여울과 웅덩이를 조성함에 따라 하천에서 수생생물이 생존할 수 있는 다양한 환경을 가장 간편하고 효과적으로 조성 가능

▷ 여울과 웅덩이의 구조는 다양한 흐름 상태와 하상재료를 제공하므로 종의 다양성에 유리한 환경을 제공

▷ 유속이 빠른 여울은 폭기 작용을 통하여 용존산소량을 증가시키며, 유속이 빠른 구간에 정착되는 부착조류 등에 의해 특정 수생생물의 먹이 제공

▷ 유속이 느린 소(웅덩이)는 각종 영양물질과 부착조류 등이 풍부하여 어류를 비롯한 수생생물의 서식처를 제공하며, 홍수 시에

는 피난처 제공

㉣ 여울과 소가 조성된 하천형태 (Price et al., 2005)

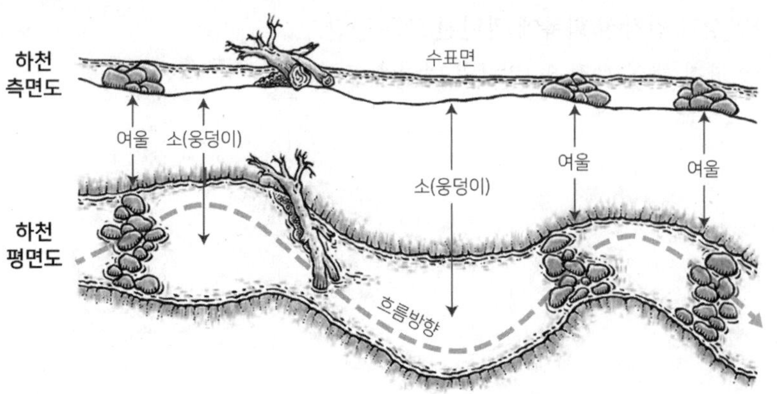

③ **서식처 조성**

㉠ 서식처 조성 기법의 적용

▷ 기존의 서식처가 파괴되어 생물 서식이 곤란한 경우

▷ 단조로운 하도로 변하여 생물 서식 곤란한 경우

㉡ 대표적인 서식처 조성 기법: 여울, 어도, 수제, 하중도, 하도습지, 거석, 돌보, 단면형상 조정 등

㉢ 소하천 통수기능을 저해하지 않는 범위에서 적절한 구조물 설계

④ **천변습지 또는 하도습지**

㉠ 천변습지 또는 하도습지는 형성 원인과 현재의 생태학적·수문학적인 상황 등을 평가하여 보전 여부를 검토

㉡ 하도습지를 조성할 때에는 가능한 모래질 토사의 사용을 지양하고 일반 실트질이나 점성질 토사를 사용하여 식물 성장 및 자생에 유리한 환경이 되도록 설계

㉢ 습지의 복원은 수문학적인 지속 가능성과 수질 정화, 야생동물 서식처 기능을 만족할 수 있는 기술과 공법을 적용

⑤ **수변 식생대**

㉠ 소하천 식생 분포역을 고려하여 초지군락과 수생식물군락을 형성하도록 설계

㉡ 수변 식생대의 확충방안은 자연 형성된 식생군락의 보전과 훼손된 식생군락의 복원으로 구분하여 설계

㉢ 식물군락의 복원 시에는 소하천의 물리적 환경 특성에 적합한 식물과 식재장소 선택

㉣ 둔치의 효율적 토지 이용을 도모하되, 필수적인 인공시설 도입구

간 이외의 지역은 자연 식생대로 보전하거나 복원

ⓜ 수변 식생대는 특별히 경관적 효과를 목적으로 하는 경우를 제외하고는 생태적인 방법으로 설계

ⓑ 하반림은 먹이가 되는 유기물의 공급 이외에 햇빛의 차단, 은신처 형성 등 생물서식지의 보전, 수질 정화 등 다양한 기능의 기초 서식처이므로 해당 소하천의 특성에 따라 가능한 범위 내에서 하반림을 조성하도록 설계

(4) 식재 계획

① **일반사항**

ⓖ 소하천에서의 식재는 하천기반 환경조성을 통한 자연발생을 기본 원칙으로 계획

ⓝ 수로와의 거리, 침수기간, 수위변동 등과 같은 수환경 변화에 따라 식물종, 식재시기, 식재위치 등을 결정

ⓓ 해당 소하천의 지역 특성에 맞는 자생식물 적용

ⓡ 소하천 식생대의 복원

▷ 식생군락의 자연발생 유도

▷ 훼손된 식생군락의 복원

ⓜ 유수에 적응할 수 있는 하천 고유의 하천 식물종을 활용하여 수질 정화와 함께 생물 서식공간을 확보할 수 있는 식재 계획을 수립

② **식물종의 선정기준**

ⓖ 대상지 인접 지역의 자생 식물군락을 표본으로 도입 식물종 선정

ⓝ 대상지의 토양 특성에 따른 식물종 선정

ⓓ 식물종을 도입할 경우에는 수심을 고려

생활형별 적정 생육 수심

구분	수심	비고
관목 및 교목	-	수고 2m 내외
정수식물	0~약 30cm	
부엽식물	약 30~60cm	
침수식물	약 45~190cm	
수생식물이 없는 경우	약 200cm 이상	식물생육에 부적합한 깊이

③ **소하천의 수목식재 제한**

ⓖ 수목을 식재함으로써 수위가 상승하거나 유속이 변하여 제방의 안

전성을 해칠 우려가 있는 구역

㉡ 수목의 뿌리가 제체에 침입하여 누수를 초래하거나 호안 등의 시설을 손상할 우려가 있는 구역

㉢ 활착한 수목이 홍수로 인하여 쓰러지거나 세굴의 우려가 있는 구역

㉣ 수목이 부러지거나 쓰러져 떠내려가 하류의 하도가 폐색될 우려가 있는 구역

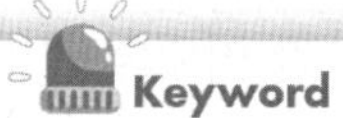

(5) 지역사회와 연계한 소하천 친수시설

① **일반사항**

㉠ 기본적으로 소하천 내에 인위적인 시설은 최소화하도록 계획

㉡ 도시하천과 같이 사람의 이용이 빈번하여 소하천을 훼손하거나 오염이 발생할 우려가 큰 경우에는 이용시설을 도입하고 유지관리계획을 수립

㉢ 이용시설의 도입 시에는 과도한 시설을 지양하고 수변공간 이용자에게 정서적 안정감을 줄 수 있도록 계획

㉣ 시설물은 홍수저항력 감소를 위하여 물의 유하방향으로 설치

㉤ 가급적 자연친화적 재료를 활용하여 주변경관과의 조화를 이룰 수 있도록 계획

② **교육체험공간**

㉠ 생태계를 통한 자연학습과 문화재를 통한 역사·문화학습이 가능하도록 계획

㉡ 계획 검토 위치

▷ 침수빈도가 낮고 수질이나 유량이 양호한 곳

▷ 인공적으로 정비되지 않은 곳

▷ 조류·어류 등 야생동물의 관찰이 용이한 곳

③ **운동공간**

㉠ 일정 규모 이상의 식생이 제거된 평탄지를 필요로 하는 경우에는 가급적 인근 배후지에 운동공간을 조성하고 이와 연계하도록 계획

㉡ 주변에 주거지나 학교 등 시설이용 요구도가 많은 곳에 인접하여 배치하도록 하며 가능한 그 규모를 최소화하도록 계획

㉢ 운동시설 중 축구장 골대, 농구대, 테니스 지주 및 기타 보호막(펜스) 등은 홍수 상황에 따라 일시 철거할 수 있는 이동식이나 홍수소통에 지장을 초래하지 않는 전도식 등으로 설치토록 하고 고정식 구조물 설치는 지양

④ 자전거도로

㉠ 산책로와 상충하지 않도록 제방도로 준용을 원칙으로 하되, 다양한 경관 체험을 할 수 있도록 유도하여 설계

㉡ 제방의 가장자리 쪽으로 설치하여 소하천에 미치는 영향을 최소화하도록 설계

㉢ 자연재료를 사용한 포장(부득이한 경우 투수성이 높고 생태적인 단절을 최소화할 수 있는 친환경적인 재료를 이용)

㉣ 시·종점부에 차량 진·출입 차단시설 설치

㉤ 계획홍수위 이하에 계획할 경우 홍수 시 자전거도로 유실을 방지하기 위하여 자전거 도로 양측에 일정 폭으로 평떼 등의 식재를 계획

⑤ 산책로

㉠ 자전거도로와 상충하지 않으면서도 다양한 경관 체험을 할 수 있도록 계획

㉡ 장애인과 노약자를 위하여 높낮이나 단차를 최소화하여 설치

㉢ 폭과 구조는 자연환경의 변화, 주변 시설과의 조화 및 균형을 고려하여 자연스러운 선형으로 주변 자연과의 연속성, 일체성을 유지하도록 계획

㉣ 인공구조물 설치를 지양하고, 야생동물의 이동을 제한하지 않는 재료와 구조로 설계

㉤ 유입수로, 수충부, 지형적으로 치수상 제약이 있는 구간과 생태계 보전 및 복원구간에는 설치 지양

㉥ 자연재료를 사용한 포장(부득이한 경우 투수성이 높고 생태적인 단절을 최소화할 수 있는 친환경적인 재료를 이용)

⑥ 주차장

주차장은 소하천의 연속성 유지 저해, 비점오염 유입, 분진·진동 발생 등으로 소하천의 생태적·환경적 기능에 악영향을 미치므로 원칙적으로 소하천 공간 내 설치 지양

⑦ 관찰시설

㉠ 관찰시설 설치장소로 적합한 지역

- ▷ 서식처 보호, 훼손 확산 방지를 위한 이용객 동선유도지역
- ▷ 자연지형의 개선을 위한 지역
- ▷ 식생의 보호가 필요한 지역
- ▷ 수생태 서식처의 관찰을 위한 지역
- ▷ 식생변화 및 생장·관찰 학습을 위한 시설의 도입이 가능한 지역

▷ 지반이 연약하여 노면보호가 필요한 지역

㉡ 관찰시설 설치 고려사항

▷ 추락의 위험이 없도록 안전난간 등 안전시설을 설치

▷ 안전을 위한 난간의 높이는 1.2m 이상으로 하며, 장애인용 데크는 최소 1m 이상의 폭을 확보하도록 설계

⑧ 물놀이 시설

㉠ 친수계단을 조성하거나 하천 좌·우안을 연결하는 징검다리 또는 여울을 설치하여 물놀이시설로 활용할 수 있도록 설계

㉡ 물놀이시설 설치장소로 적합한 지역

▷ 접근성이 용이한 지역

▷ 장소성, 계절감이 잘 나타나는 지역

▷ 수질이 양호하고 유량이 풍부한 지역

⑨ 안내시설

㉠ 안내시설은 전략적 이미지 연출방식으로 전개하는 것이 바람직하며 이용빈도가 비교적 큰 거점 및 주요 분기점에 설치를 계획

㉡ 용도와 효용에 따라 유도표지시설, 종합안내표지시설, 해설표지시설, 도로표지시설 등으로 구분하여 설계

㉢ 야생동물의 이동이 빈번한 지역과 생태계 관찰에 장애를 주는 지역에는 안내판 설치

⑩ 기타 시설물

㉠ 주민 편의시설인 벤치, 파고라, 펜스, 접근 계단 등의 시설물은 유수 소통에 지장을 주지 않도록 설계

㉡ 모든 친수 시설물은 유지관리 대책수립, 관리주체, 특히 홍수기의 관리방안을 고려

㉢ 유지관리비용 절감을 위하여 가급적 높은 지역에 설치토록 하고 보수·보강이 용이하도록 설계

적중예상문제

제1장 재해영향저감대책 수립

1 재해영향평가 등의 협의제도의 시행을 명기한 법은?

① 자연재해대책법
② 국토의 계획 및 이용에 관한 법률
③ 하천법
④ 농어촌정비법

2 재해영향평가 등의 협의제도의 설명 중 틀린 것은?

① 개발에 따른 홍수와 토사 유출량의 증대로 인한 하류지역 피해 및 사면불안정으로 인한 재해요인을 최소화하는 예방적 수단
② 예방적 수단에 의한 억제에도 불구하고 발생 가능한 피해는 강제적인 규제조치를 통해 방지하는 규제적 수단
③ 평가를 통해 승인된 계획을 통하여 개발이 완료된 이후 발생할 수 있는 천재지변에 의한 피해에 대해서는 분쟁조정과 피해배상의 부분을 포함하는 구제적 수단
④ 개발 사업에 따른 재해 가중요인을 개발지역 내에서 전량처리하도록 무조건적으로 개발사업을 억제하는 규제적 수단

3 재해영향평가 등 협의제도 중 개발사업에서 재해영향평가의 협의기간으로 옳은 것은? 19년1회 출제

① 10일 ② 15일
③ 20일 ④ 45일

4 재해영향평가 등 협의제도 중 재해영향성검토 및 소규모 재해영향평가 협의기간으로 옳은 것은?

① 20일 ② 30일
③ 40일 ④ 45일

5 소규모 재해영향평가의 해당 규모를 설명 중 맞는 것은?

① 면적 2천m^2 이상 5만m^2 미만
② 길이 2km 이상 10km 미만
③ 면적 5만m^2 이상
④ 길이 10km 이상

6 "( )란 자연재해에 영향을 미치는 행정계획으로 인한 재해 유발 요인을 예측·분석하고 이에 대한 대책을 마련하는 것"에서 빈칸에 맞는 것은?

① 재해영향성검토
② 재해영향평가

3.

협의대상		협의기간
행정계획	재해영향성검토	30일
개발사업	재해영향평가	45일
	소규모 재해영향평가	30일

정답 1. ① 2. ④ 3. ④ 4. ② 5. ② 6. ①

③ 소규모 재해영향평가
④ 대규모 재해영향평가

7 "(　　)란 자연재해에 영향을 미치는 개발사업(길이 10km 이상인)으로 인한 재해 유발 요인을 조사·예측·평가하고 이에 대한 대책을 마련하는 것"에서 빈칸에 맞는 것은?

① 재해영향성검토
② 재해영향평가
③ 소규모 재해영향평가
④ 대규모 재해영향평가

8 다음에서 재해영향평가 등의 협의대상에 해당되지 않은 것은?

① 골재 채취
② 산업 단지 조성
③ 하천 기본계획
④ 교통시설의 건설

9 다음에 설명하는 기초현황 조사는?

- 자연하천 유역의 경우 하천 및 농경지 수로를 통해서 도시하천의 경우는 기존우수관거를 통해서 내수배제가 원활하게 되는지 예상재해요인을 검토한다.
- 외부유역에서 유입되는 기존 우수관거와 연계한 통수능을 검토하여 예상재해요인을 검토한다.

① 하천현황 조사
② 배수체계현황 조사
③ 유역특성 조사
④ 토지이용현황 조사

10 재해영향평가 등의 협의에 포함하여야 할 사항이 아닌 것은?

① 행정안전부장관이 제시하는 자연재해 경감사항
② 배수처리계획도, 침수흔적도, 사면경사현황도 등 재해영향의 검토에 필요한 도면
③ 행정계획의 수립 시 재해예방에 관한 사항
④ 개발사업의 시행으로 인한 재해영향의 예측 및 저감대책에 관한 사항

11 재해영향평가 등의 재협의 대상 기준에 대한 사항으로 잘못된 것은?

- 개발면적이 (①) 또는 (②) 이상 증가하는 경우
- 영구적으로 설치하기로 협의한 저류시설 용량이 (③) 이상 변경되는 경우
- 불투수층의 면적이 (④) 이상 증가하는 경우

주) 2회 이상 변경되는 경우에는 누적되는 비율을 말함

① 30%　　② 50,000m²
③ 15%　　④ 10%

12 재해영향평가 등의 협의기간 중 옳은 것은?

협의대상		협의기간
행정계획	재해영향성검토	㉠
개발사업	재해영향평가	㉡
	소규모 재해영향평가	㉢

① ㉠ 30일　㉡ 45일　㉢ 30일
② ㉠ 20일　㉡ 45일　㉢ 30일
③ ㉠ 20일　㉡ 30일　㉢ 30일
④ ㉠ 30일　㉡ 30일　㉢ 30일

10. 행정안전부장관이 고시하는 중점 검토사항　　11. 15%→10%

정답 7. ② 8. ③ 9. ② 10. ① 11. ③ 12. ①

13 재해영향평가 등의 협의에 있어 공간적 특성에 따라 구분하고 있다. 이들 3가지 개념이 아닌 것은?

① 면적 개념 ② 선 개념
③ 점 개념 ④ 광역 개념

14 재해영향평가 등의 협의절차에서 협의단계에 해당되는 내용이 아닌 것은?

① 평가서 보완 및 협의요청
② 심의위원회의 구성·운영
③ 협의내용 이행
④ 협의결과 통보

15 재해영향평가 등의 협의기관 중 행정계획 수립권자 및 개발사업 허가·승인권자인 중앙행정기관의 장은?

① 행정안전부장관
② 국토교통부장관
③ 산업통산자원부장관
④ 해양수산부장관

16 재해영향평가서 작성 시 기초현황 조사항목이 아닌 것은?

① 유역 및 배수계통 조사
② 유역의 토양침식량 조사
③ 재해발생현황 조사
④ 재해관련지구 지정현황 조사

17 선 개념의 도로 및 철도 건설에서 재해영향평가 대상이 존재하는 지점이 아닌 것은?

> 평가대상이 존재하는 지역은 사업노선에 따라 예상되는 (①) 및 (②) 발생지점, (③) 발생지점, (④) 발생지점 등에 해당된다.

① 신설 교량 ② 신설 수로
③ 절·성토면 ④ 산사태 및 토석류

18 재해영향평가에서 설계빈도에 해당되는 것은?

> 설계빈도는 영구저류지와 같은 영구구조물은 (㉠) 빈도 이상, 침사지겸 저류지와 같은 임시구조물은 (㉡) 빈도 이상을 적용하여야 한다.

① ㉠. 50년, ㉡. 30년
② ㉠. 30년, ㉡. 30년
③ ㉠. 30년, ㉡. 50년
④ ㉠. 50년, ㉡. 50년

19 홍수유출해석에서 강우 분석에 해당되지 않는 것은?

① 확률강우량 산정
② 강우강도식 유도
③ 홍수량 산정
④ 유효우량 산정

20 급경사지 및 지반관련 재해위험도 평가 사항이 아닌 것은?

① 자연사면 ② 인공사면
③ 옹벽 및 축대 ④ 지하매설물

13. 과거에는 광역 개념이라는 용어가 있었으나 지금은 삭제됨
14. 협의내용 이행은 재해영향평가 등의 협의가 완료되고 이행하는 단계임
16. 토양침식량은 조사된 기초현황을 바탕으로 유역의 토사유출량 산정을 위해 토사유출해석 단계에서 산정함
17. 신설 교량 → 기존 배수로
19. 우량관측소, 강우량자료 수집, 확률강우량 산정, 강우강도식 유도, 설계강우의 시간분포, 유효우량 산정까지가 강우 분석에 해당됨

정답 13. ④ 14. ③ 15. ① 16. ② 17. ① 18. ① 19. ③ 20. ④

21 **개발 중 홍수 및 토사유출 저감대책의 내용이 바르지 않은 것은?**

① 개발 중 배수계획은 개발로 인하여 기존 배수체계가 변경됨에 따라 침사지겸 저류지로 유도하여야 한다.
② 가배수로의 설계유속은 수로 내 토사퇴적을 방지하기 위해 2.5m/s 이상으로 하고 침사지겸 저류지로 연결되도록 하는 배치계획을 수립하여야 하며, 침사지겸 저류지는 가배수로 배치계획을 고려하여 결정하여야 한다.
③ 유로의 변화 및 토공으로 인한 경사변화가 크기 때문에 재해위험요인이 가장 클 때를 기준으로 저감대책을 설정하여야 한다.
④ 임시구조물인 침사지겸 저류지의 설계빈도는 30년 빈도 이상으로 하고 개소수는 시공성 및 위치이동을 고려하여 가급적 2개소 이상으로 계획하여야 한다.

22 **지반이 낮은 지역에서 방류구가 낮아 조위상승 시 우수배제 가능시간이 짧아져 내수침수의 원인에 대한 해안재해 저감방안에 해당되지 않는 것은?**

① 방류구의 규모 확대
② 유수지 설치 및 확대
③ 펌프 등의 기계식 배제계획
④ 해수역류방지시설계획

23 **토사재해 저감방안 반영의 내용이 아닌 것은?**

① 개발사업과 직접적인 관련이 없는 자연유역의 사면붕괴 등으로 인하여 사업대상지에 피해를 유발할 수 있는 토사재해 발생지점을 조사하여야 한다.
② 토사재해 발생이 예상되는 지점에 사방시설의 형식 및 규모를 검토하고 이와 같이 설치하도록 제안하여야 한다.
③ 재해예방을 위해 설치한 사방시설의 붕괴로 인해 하류에 미치는 영향이 크게 되는 경우도 배제할 수 없으므로 이러한 위험성이 있다고 판단되는 경우에는 사방시설의 구조적 안정성검토를 실시하도록 제안하여야 한다.
④ 노후도가 높은 건물, 지하매설물이 밀집한 지역, 땅꺼짐 사례가 있거나 우려되는 지역 등에 대해서는 필요시 흙막이 구조형식, 침하, 누수 등의 조정안을 제안하여야 한다.

24 **인공사면, 옹벽 및 축대 등이 설계기준에 따른 안정성 검토에서 충분한 안전율을 확보하였다고 하더라도 경관측면이나 붕괴 시 재해규모 측면에서 불합리하다고 판단되는 경우의 사면재해 저감방안에 해당되지 않는 것은?**

① 사면경사 조정
② 소단의 설치
③ 계획고의 조정
④ 추가 변형(변위) 검토

25 **토사사면활동 붕괴형태가 아닌 것은?** 19년1회 출제

① 쐐기활동파괴 ② 회전활동파괴
③ 병진활동파괴 ④ 유동활동파괴

21. 가배수로 유속은 2.5m/s를 초과하지 않도록 함
22. 방류구의 규모 확대 → 방류구의 위치 변경
24. ④의 변형(변위) 검토는 굴착 및 성토에 따른 변위로 인해 붕괴되는 것을 방지를 위함
25. 암반사면의 붕괴형태는 원형파괴, 평면파괴, 쐐기파괴, 전도파괴 등이 있음

정답 21. ② 22. ① 23. ④ 24. ④ 25. ①

26 **암반사면활동 붕괴형태가 아닌 것은?**

① 쐐기활동파괴 ② 전도활동파괴
③ 병진활동파괴 ④ 평면활동파괴

27 **토지이용계획 및 도시계획 관련 저감방안 반영의 내용이 아닌 것은?**

① 토지이용계획 수립 시 저지대 및 사면 직하류에 주거시설 배치를 지양하여야 하며, 구조물과 급경사지와의 이격거리는 산지관리법 시행규칙을 준용하고, 급경사지 붕괴 시 복구를 위한 장비의 진출입이 용이하도록 제안하여야 한다.
② 가급적 급경사지에 건축물 등 시설물의 배치가 지양될 수 있도록 제안하여야 한다.
③ 영구저류지의 위치는 토지이용계획 차원의 배치가 우선되도록 고려하고 무조건 말단부 배치는 지양하고 가급적 사업대상지 내 중류부에 위치하도록 제안하여야 한다.
④ 저지대 우수배제 시설, 방재 구조물, 다목적 유수지, 공원 등을 조성하여 외수위 상승 등에 따른 내수배제 불량 시 유수기능을 높이도록 제안하여야 한다.

28 **홍수유출 저감시설 형식의 구분이 잘못된 것은?**

홍수유출 저감시설 형식은 (①)과 (②)으로 구분되며, 저류형은 지역 내 저류(③) 방식과 지역 외 저류(④) 방식으로 구분된다.

① 저류형 ② 침투형
③ On-line ④ Off-site

29 **저류지 홍수조절방식 구분 및 선정방법에 대한 사항으로 잘못된 것은?**

> • (①) 방식의 저감시설인 저류지의 경우 홍수조절방식에 따라 (②) 방식과 하도 외 저류 (③) 방식으로 구분된다.
> • 수리학적 안전성이 높은 (②) 방식을 우선적으로 채택하는 것을 원칙으로 하되 불가피한 경우에 한하여 (③) 방식을 채택하여야 한다.
> • (④) 시설은 대상지역에 내린 강우가 우수관거, 유수지, 하천 및 지역 외 저류시설 등으로 유입되기 전에 강우발생지점인 토지이용 시설 내에서 빗물을 일시적으로 저류시켜 유출을 저감하는 시설이다.

① 지역 외 저류(Off-site)
② 하도 내 저류(On-line)
③ 하도 외 저류(Off-line)
④ 지역 외 저류(Off-site)

30 **침투형 저감시설의 종류가 아닌 것은?**

① 침투통 ② 투수성 포장
③ 침투측구 ④ 주차장 침투

31 **경제적이고 효율적인 재해저감대책 중 틀린 것은?**

① 침사지의 규모결정 시 많은 경우에 있어서 토사조절부 보다 높게 잡는 경우가 있으나, 이는 과다 설계로 여유고는 저류지 길이별 여유고 기준만 충족하도록 하여 경제성과 효율성을 높여야 한다.
② 가배수로는 단면결정 시 상부폭을 1.5m 이상이 되면 공사 중 이동 시 불편함을 고려하여 깊이를 늘리고 상부폭을 줄이는 방향을 고려함으로써 효율성을 높여야 한다.

26. ③은 토사사면활동 붕괴형태
28. On-line → On-site
29. ④ Off-site → On-site
30. 침투형 저감시설: 침투통, 침투트렌치, 침투측구, 투수성 포장
31. 영구저류지의 규모결정 시 여유고는 0.6m 이상

정답 26. ③ 27. ④ 28. ③ 29. ④ 30. ④ 31. ④

③ 배수시설의 규격은 통문은 1.0×1.0m 이상(가능하면 1.5×1.5m 이상), 통관의 직경은 0.8m 이상(가능하면 1.0m 이상)으로 하여 유지관리 및 시공의 효율성을 고려하여야 한다.
④ 영구저류지의 규모결정 시 여유고는 0.3m 이상의 기준만 만족하도록 하여 과다 설계가 되지 않도록 하여 경제성과 효율성을 높여야 한다.

32 잔존위험요인에 대한 해소방안을 개진하여 향후 반영될 수 있도록 반영할 수 있는 재해예방사업이 아닌 것은?

① 자연재해위험개선지구정비
② 재해위험저수지정비
③ 급경사지 붕괴위험지역정비
④ 지방 및 소하천정비

33 저감대책 중 홍수유출과 토사유출을 동시에 저감하는 방안은?

① 침투트렌치
② 스크린을 갖춘 침사지
③ 침사지 겸 저류지
④ 배수로 정비

34 재해영향평가 시 주변에 미치는 영향을 저감하기 위한 대책으로서 개발 중에 설치하는 시설은?

19년1회 출제

① 영구저류지
② 침사지 겸 저류지
③ 투수성 포장
④ 투수성 보도블록

35 재해영향저감대책 수립 시 개발 중 홍수 및 토사유출 저감대책을 설명한 내용으로 틀린 것은?

① 개발 중 배수계획은 개발로 인하여 기존 배수체계가 변경됨에 따라 침사지 겸 저류지로 유도하여야 함
② 가배수로의 유속은 2.5m/s를 초과하지 않도록 하고 침사지 겸 저류지로 연결되도록 하는 배치계획을 수립하여야 하며, 침사지 겸 저류지는 가배수로 배치계획을 고려하여 결정하여야 함
③ 개발 중에는 각종 공사가 진행 중이므로 유로의 변화 및 토공으로 인한 경사변화가 크기 때문에 개발 중의 상황은 재해위험요인이 가장 클 때를 기준으로 설정하여야 함
④ 임시구조물인 침사지 겸 저류지의 설계빈도는 50년 빈도 이상으로 하고 개소수는 시공성 및 위치이동을 고려하여 가급적 2개소 이상으로 계획하여야 함

36 주변지역의 재해영향 검토 결과 저지대가 위치하고 있어 사업으로 인한 영향이 미칠 것으로 예상되는 지역의 저감대책으로 옳지 않은 것은?

① 침투트렌치
② 배수로 정비
③ 저류지 설치
④ 펌프 등의 기계식 배제계획

37 개발 중 사용한 침사지 겸 저류지를 개발 후 영구저류지로 활용하고자 할 때 적절한 설계빈도는?

① 30년　② 50년
③ 80년　④ 100년

32. 재해예방사업: 자연재해위험개선지구정비, 소하천정비, 급경사지 붕괴위험지역정비, 재해위험저수지정비 등
33. 스크린을 갖춘 침사지는 홍수유출과는 무관함
34. ②를 제외한 나머지는 개발 후 저감대책임
35. 임시구조물로서의 침사지 겸 저류지는 30년 빈도 이상으로 규정하고 있음
36. 침투트렌치는 주변 저지대의 침수를 가중시킬 수 있음
37. 침사지 겸 저류지만으로 사용하는 경우는 30년

정답 32. ④ 33. ③ 34. ② 35. ④ 36. ① 37. ②

38 유역면적 1km^{2}인 유역의 원단위법에 의한 연간 토사유출량(m^3/year)은? (단, 원단위는 1.5 m^3/ha/year이다.) 19년1회 출제

① 100 ② 150
③ 200 ④ 250

39 RUSLE 방법으로 산정된 최종 결과물로 옳은 것은?

① 유사전달률 ② 토사유출량
③ 토양피복인자 ④ 토양침식량

40 재해영향 예측을 위한 홍수유출해석 시 옳지 않은 내용은?

① 확률강우량 분포형은 검벨(Gumbel) 분포를 적용한다.
② 확률분포형 매개변수 추정방법은 확률가중모멘트법을 적용한다.
③ 강우강도식은 결정계수가 높은 방법을 채택한다.
④ 강우분포는 Huff 방법의 4분위를 채택한다.

41 재해영향 예측을 위한 토양침식량 산정 시 고려하는 인자가 아닌 것은?

① 강우침식인자
② 지형인자
③ 유사전달인자
④ 토양피복인자

42 범용토양손실공식의 인자 중 입도분포, 토양의 구조 및 유기물 함량 등에 관계되는 인자는? 19년1회 출제

① 토양침식인자
② 지형인자
③ 토양피복인자
④ 토양침식조절인자

43 범용토양손실공식의 인자 중 지상인자, 지표인자, 지하인자에 따라 결정되는 무차원인자는?

① 토양침식인자
② 지형인자
③ 토양피복인자
④ 토양침식조절인자

44 재해영향 예측을 위한 토양침식량 산정 시 고려하는 토양침식조절인자는 어떠한 인자들의 곱으로 나타나는 임의성을 보완하는가?

① 토양침식인자, 토양피복인자
② 토양피복인자, 토양보존대책인자
③ 토양보존대책인자, 지형인자
④ 지형인자, 토양침식인자

45 급경사지 및 지반관련 재해위험도 평가의 구분으로 맞지 않는 것은?

① 토사유출량 위험도 평가
② 자연사면 위험도 평가
③ 인공사면 위험도 평가
④ 옹벽 및 축대의 위험도 평가

38. 연간토사유출량(m^3/year) = 유역면적(km^2) × 원단위(m^3/ha/year)
유역면적 = 1km^2 = 100ha
원단위 = 1.5m^3/ha/year
연간토사유출량(m^3/year) = 100 × 1.5 = 150

40. 4분위 → 3분위

41. 유사전달률(인자)은 토사유출량 산정 시 사용

42. 토양침식인자(K)는 토양의 침식성에 따른 토양침식량의 변화를 나타내는 인자로서, 임도분포, 토양의 구조 및 유기물 함량 등과 관련 있음

43. 토양피복인자(C)는 경작이나 피복관리가 토양침식에 미치는 영향을 반영하는 인자로서, 지상인자, 지표인자, 지하인자에 따라 결정

45. ①은 토사유출량 해석에 해당

정답 38. ② 39. ④ 40. ④ 41. ③ 42. ① 43. ③ 44. ② 45. ①

46 침사지 겸 저류지는 가배수로 배치계획을 고려하여 결정하는데, 이때 가배수로의 유속은 몇 m/s를 초과하지 않아야 하는가?

① 1.5 ② 2.5
③ 3.5 ④ 4.5

47 저류지 홍수조절방식 구분 및 선정방법을 설명하는데 빈칸에 들어갈 옳은 것은?

> 수리학적 안정성이 높은 (㉠) 방식을 우선적으로 채택하는 것을 원칙으로 하되 불가피한 경우에 한하여 (㉡) 방식을 채택한다.

① ㉠ On-line, ㉡ Off-line
② ㉠ Off-line, ㉡ On-line
③ ㉠ On-site, ㉡ Off-site
④ ㉠ Off-site, ㉡ On-site

48 침투형 저감시설이 아닌 것은?

① 침투통
② 침투트렌치
③ 주차장 저류
④ 투수성 포장

49 영구저류지의 여유고는 몇 m 이상인가?

① 0.4 ② 0.6
③ 0.8 ④ 1.0

50 재해영양평가 등의 협의제도에서 배수시설 중 유지관리와 시공 효율성을 고려하여 배수통관의 직경은 최소 몇 m 이상인가?

① 0.4 ② 0.8
③ 1.2 ④ 1.6

제2장 자연재해저감대책 수립

51 다음 설명 중 자연재해저감대책의 기본방향을 모두 선택한 것은?

> ㉠ 저감대책의 영향이 미치는 공간적 범위를 고려하여 전지역단위, 수계단위, 위험지구단위 저감대책으로 구분한다.
> ㉡ 지역 특성을 종합적으로 고려하여 구조적 저감대책과 비구조적 저감대책으로 구분하여 검토한다.
> ㉢ 자연재해 위험요인 분석을 통하여 도출된 위험요인을 저감 또는 해소하기 위하여 자연재해저감대책을 수립한다.
> ㉣ 전략적인 방향을 제시하고 달성하고자 하는 자연재해 저감목표를 제시한다.

① ㉠ ② ㉠, ㉡
③ ㉠, ㉡, ㉢ ④ ㉠, ㉡, ㉢, ㉣

52 자연재해저감 종합계획 수립 제도의 시행을 명기한 법은?

① 재난 및 안전관리 기본법
② 자연재해대책법
③ 국토의 계획 및 이용에 관한 법률
④ 하천법

53 자연재해대책법령상 자연재해저감 종합계획 수립 주기는 얼마인가? 19년1회 출제

① 3년 ② 5년
③ 7년 ④ 10년

48. ③은 저류시설

53. 자연재해대책법 제16조에 의거 10년마다 시·군 자연재해저감 종합계획을 수립하도록 되어 있음

정답 46. ② 47. ① 48. ③ 49. ② 50. ② 51. ④ 52. ② 53. ④

54 **자연재해대책법령상 자연재해저감 종합계획 수립 주기(㉠) 및 타당성 여부 검토 주기(㉡)로 맞는 것은?**

① ㉠ 5년, ㉡ 10년
② ㉠ 5년, ㉡ 5년
③ ㉠ 10년, ㉡ 10년
④ ㉠ 10년, ㉡ 5년

55 **정기적인 준설계획 및 저류기능을 겸하는 침사지 설치는 어떤 재해의 저감대책인가?**

① 토사재해 저감대책
② 하천재해 저감대책
③ 사면재해 저감대책
④ 내수재해 저감대책

56 **하천재해 저감대책이 아닌 것은?**

① 만곡부 호안 보강
② 사방댐 축조
③ 천변저류지 설치
④ 하상준설

57 **하천재해 저감대책이 아닌 것은?**

① 차수벽 설치
② 만곡부 호안보강
③ 경간장이 부족한 교량의 개량
④ 빗물펌프장 용량 확대

58 **하천 설계기준상 하천제방고 결정을 위한 여유고에 대한 설명으로 틀린 것은?** 19년1회 출제

① 계획홍수량이 200m^3/s 미만인 경우에 여유고를 0.6m 이상으로 한다.
② 계획홍수량이 10,000m^3/s 이상인 경우에 여유고를 2.0m 이상으로 한다.
③ 굴입하도에서는 계획홍수량이 500m^3/s 이상인 경우에 여유고를 0.8m 이상으로 한다.
④ 계획홍수량이 50m^3/s 이하이고 제방고가 1.0m 이하인 하천에서는 여유고를 0.3m 이상으로 한다.

59 **하천 설계기준상 하천제방고 결정을 위한 내용으로 맞는 것은?**

① 계획홍수위+여유고
② 앞비탈기슭고+계획홍수위
③ 앞비탈머리고+계획홍수위
④ 앞비탈기슭고+여유고

60 **하천 설계기준상 둑마루 폭 결정을 위한 설명으로 맞는 것은?**

① 계획홍수량이 200m^3/s 미만인 경우에 둑마루 폭을 4.0m 이상으로 한다.
② 계획홍수량이 200m^3/s 이상인 500m^3/s 미만인 경우 둑마루 폭을 5.0m 이상으로 한다.
③ 계획홍수량이 500m^3/s 이상인 5,000m^3/s 미만인 경우 둑마루 폭을 6.0m 이상으로 한다.

54. 자연재해대책법 16조에 의거 10년마다 시·군 자연재해저감 종합계획을 수립하도록 되어 있고 타당성 여부 검토는 5년이 주기임
56. 사방댐은 토사재해로 분류
57. 빗물펌프장은 내수재해 저감대책
58. 예외규정: 굴입하도에서는 계획홍수량이 500m^3/s 미만일 때는 규정대로 하고, 500m^3/s 이상일 때는 1.0m 이상을 확보
59. 제방고(둑마루 표고) = 계획홍수위 + 여유고
60.

계획홍수량(m^3/s)	둑마루 폭(m)
200 미만	4.0 이상
200 이상 ~ 5,000 미만	5.0 이상
5,000 이상 ~ 10,000 미만	6.0 이상
10,000 이상	7.0 이상

정답 54. ④ 55. ① 56. ② 57. ④ 58. ③ 59. ① 60. ①

④ 계획홍수량이 5,000m^3/s 이상인 경우에 둑마루 폭을 7.0m 이상으로 한다.

61 지형 여건 등이 충분한 조건을 갖추고 있는 경우 제방비탈경사를 결정하기 위한 내용으로 맞는 것은?

① 하천 설계기준에서는 1:2보다 완만하게 설치, 소하천 설계기준에서는 1:3보다 완만하게 설치
② 하천 설계기준에서는 1:3보다 완만하게 설치, 소하천 설계기준에서는 1:2보다 완만하게 설치
③ 하천 설계기준에서는 1:2보다 완만하게 설치, 소하천 설계기준에서는 1:2보다 완만하게 설치
④ 하천 설계기준에서는 1:3보다 완만하게 설치, 소하천 설계기준에서는 1:3보다 완만하게 설치

62 내수재해 저감대책이 아닌 것은?

① 반지하주택 역지변 설치
② 만곡부 호안보강
③ 우수저류시설 설치
④ 배수펌프장 용량 확대

63 내수재해위험지구의 침수피해를 저감하기 위한 구조적 대책이 아닌 것은?

① 반지하주택 역지변 설치
② 배수펌프장 용량 확대
③ 차수판 및 모래주머니 확보
④ 풍수해보험제도 활성화

64 다음 설명 중 해안재해 저감대책 수립 시 고려하는 피해 유형을 모두 선택한 것은?

> ㉠ 침식대책시설 미비로 인한 피해
> ㉡ 폭풍해일 및 파랑으로 인한 피해
> ㉢ 하구처리시설 미비로 인한 피해
> ㉣ 하천 폐쇄로 인한 홍수위 증가 피해

① ㉠ ② ㉠, ㉡
③ ㉠, ㉡, ㉢ ④ ㉠, ㉡, ㉢, ㉣

65 해안재해 저감대책이 아닌 것은?

① 이안제 설치 ② 방풍막 설치
③ 역지변 설치 ④ 방파제 설치

66 저감대책은 구조적 및 비구조적 대책으로 구분할 수 있으나, 구조적인 대책이 효율적이지 못하여 대부분 비구조적 대책을 수립하는 유형은?

① 하천재해 저감대책
② 사면재해 저감대책
③ 해안재해 저감대책
④ 바람재해 저감대책

67 자연재해저감대책 분류 중 구조적 대책이 아닌 것은?

① 제방축조
② 풍수해보험
③ 우수유출저감시설
④ 천변저류지

61. 예외규정을 제외하고는 하천 설계기준에서는 1:3, 소하천 설계기준에서는 1:2보다 완만하게 설치
62. 만곡부 호안보강은 하천재해
63. ④는 비구조적 대책으로 분류함
64. ㉣은 하천재해로 분류되는 피해유형
65. 역지변은 지하주택의 역류 방지용이므로 내수재해 저감대책
66. 바람재해는 시설물의 설계기준 등을 제시하는 비구조적 대책을 주로 수립
67. 풍수해 보험은 비구조적 대책

정답 61. ② 62. ② 63. ④ 64. ③ 65. ③ 66. ④ 67. ②

68 **비구조적 대책 중 도시지역 내수침수방지대책에서 제시하고 있는 우수관거 개량 계획을 활용하여 재수립을 통한 방재성능목표를 달성하는 계획은?**

① 도시지역 내수침수방지대책
② 하수도정비 기본계획(변경) 수립
③ 하천기본계획 수립 및 재수립
④ 방재도시계획 연계

69 **자연재해저감대책 분류 중 비구조적 대책이 아닌 것은?**

① 자연재해 관리지구의 관리
② 풍수해보험 제도 활성화
③ 재난 예·경보시스템 개선
④ 농업용 저수지 증고

70 **사업시행의 효율성 등을 고려하여 공간적 구분에 따라 저감대책을 수립하는데 순서가 옳은 것은?**

① 위험지구단위 → 수계단위 → 전지역단위
② 전지역단위 → 위험지구단위 → 수계단위
③ 전지역단위 → 수계단위 → 위험지구단위
④ 위험지구단위 → 전지역단위 → 수계단위

71 **전지역단위 저감대책 수립 시 우선적으로 검토·반영해야 하는 관련계획이 아닌 것은?** 19년1회 출제

① 유역종합치수계획
② 댐기본계획
③ 산림기본계획
④ 소하천정비종합계획

72 **다음 중 전지역단위 저감대책이 아닌 것은?**

① 다목적 댐
② 홍수예경보시스템 구축
③ 재해지도 작성
④ 제방월류구간 축제

73 **다음 설명 중 다른 분야 계획과의 연계 및 조정에 해당되는 계획을 모두 선택한 것은?**

㉠ 하천기본계획 ㉡ 하수도정비기본계획 ㉢ 사방기본계획 ㉣ 연안정비기본계획

① ㉠ ② ㉠, ㉡
③ ㉠, ㉡, ㉢ ④ ㉠, ㉡, ㉢, ㉣

74 **위험지구단위 저감대책에서 위험성지수가 7점인 경우는 어떤 위험등급에 해당하는가?**

① 극한위험 ② 고위험
③ 중위험 ④ 저위험

75 **위험지구단위 저감대책에서 위험성지수 기준에 따른 저감대책 수립방안 중 위험지구에 대한 비구조적 저감대책을 수립하고 부분적으로 구조적 저감대책 수립이 가능한 위험등급은?**

① 극한위험 ② 고위험
③ 중위험 ④ 저위험

68. 우수관거 개량은 하수도정비 기본계획에서 수립
69. 저수지 증고는 구조적 저감대책
70. 효과의 범위가 큰 순서부터 수립
71. ④는 지구단위 저감대책 수립 시의 관련계획임
72. ④는 지구단위 저감대책으로 분류
74. 고위험 위험성 지수는 5 이상 10 미만
75. 중위험 위험성 지수는 3 이상 5 미만

정답 68. ② 69. ④ 70. ③ 71. ④ 72. ④ 73. ④ 74. ② 75. ③

76 피해발생 이력지수가 4점, 긴급성 점수의 소계가 2점으로 산정되었다. 위험성 지수는 몇 점으로 산정되는가?

① 2　　② 6
③ 8　　④ 10

77 피해발생 이력 유형 중 "최근 10년 내 피해이력(1회)이 있고 피해발생 잠재성이 있는 지역"의 지수는 몇 점인가?

① 1　　② 2
③ 3　　④ 4

78 구조적 전지역단위 저감대책으로 적합한 것은?

① 지하방수로
② 사방댐
③ 홍수 조절댐
④ 유역 전체의 재해지도 작성

79 구조적 수계단위 저감대책으로 적합한 것은?

① 홍수저류지 설치
② 제방 증고
③ 배수펌프장 설치
④ 낙석 방지망 설치

80 다른 분야 계획과의 연계가 아닌 것은?

① 하수도정비중점관리 정비사업
② 연안정비기본계획
③ 지역별 방재성능목표 설정
④ 자연재해위험개선지구 정비사업

81 투자우선순위 결정 시 부가적 평가항목이 아닌 것은?

① 불편도　　② 지속성
③ 정책성　　④ 준비도

82 투자우선순위 결정 시 기본적 평가항목이 아닌 것은?

① 비용편익 분석
② 주민불편도
③ 지구지정 경과연수
④ 사업 추진 의지

83 투자우선순위 결정 시 산정하는 재해위험도의 위험등급 중 점수가 0점인 등급은?

① 가　　② 나
③ 다　　④ 라

84 투자우선순위 결정 시 기본적 평가항목 중 배점이 가장 높은 항목은?

① 주민불편도　　② 비용편익비
③ 피해이력지수　　④ 재해위험도

85 투자우선순위 결정 시 기본 평가항목에서 동일한 점수가 나오는 경우 항목별 평가점수가 높게 산정된 지구 순으로 우선순위를 정하는데 그 순서가 맞는 것은?

① 피해이력지수 〉 재해위험도 〉 주민불편도
② 재해위험도 〉 피해이력지수 〉 주민불편도
③ 주민불편도 〉 피해이력지수 〉 재해위험도
④ 주민불편도 〉 재해위험도 〉 피해이력지수

76. 위험성 지수는 = 피해발생 이력지수×긴급성 소계
78. 재해지도 작성은 비구조적 저감대책
79. ①을 제외한 나머지는 위험지구단위 저감대책
80. 방재성능목표는 기준설정과 관련
81. 주민불편도는 기본적 평가항목
82. 사업 추진 의지는 부가적 항목
83. 자연재해위험개선지구 위험등급의 라등급은 재해위험도 점수가 0점
84. 재해위험도가 30점으로 가장 높은 배점
85. 배점이 높은 항목이 우선 고려됨

정답 76. ③ 77. ③ 78. ③ 79. ① 80. ③ 81. ① 82. ④ 83. ④ 84. ④ 85. ②

86 투자우선순위 결정 시 기본 평가항목 중 B/C 값이 2.5인 경우 비용편익비의 배점은 몇 점인가?

① 3 ② 6
③ 9 ④ 12

제3장 우수유출저감대책 수립

87 다음은 우수유출저감대책 수립에 해당하는 내용 중 일부이다. ( ) 안에 들어갈 내용으로 옳은 것은?

> 특별시장·광역시장·특별자치시장 또는 시장·군수는 해당 지역의 우수 침투 또는 저류를 통한 재해의 예방을 위하여 우수유출저감대책을 ( )마다 수립하여야 한다.

① 5년 ② 10년
③ 15년 ④ 20년

88 다음은 우수유출저감대책 수립의 목표연도에 해당하는 내용 중 일부이다. ( ) 안에 들어갈 내용으로 옳은 것은?

> 우수유출저감대책은 자연재해저감 종합계획과 부합하도록 계획의 수립년도를 기준으로 향후 ( )을 목표연도로 정하여 수립

① 5년 ② 10년
③ 15년 ④ 20년

89 다음 중 우수유출저감대책 수립 시 방재관련계획에 해당하지 않는 것은?

① 자연재해저감 종합계획
② 하천기본계획
③ 도시·군기본계획
④ 하수도정비기본계획

90 다음 중 우수유출저감대책 수립 시 우수유출영향분석에 적용하는 강우량이 아닌 것은?

① 가능최대강우량
② 현재 확률강우량
③ 목표연도 확률강우량
④ 지역별 방재성능목표 강우량

91 우수유출저감대책 수립 시 확률강우량의 기준 재현기간은 얼마인가?

① 10년 ② 30년
③ 50년 ④ 100년

92 다음 중 우수유출저감대책 수립 시 현재 및 목표연도의 유효우량 산정 시 사용되는 방법은 무엇인가?

① 일정비법
② 일정손실율법
③ 침투곡선법
④ 유출곡선지수방법

86. 비용편익비 배점은 총 15점이며 B/C가 2~3미만 경우 12점
87. 우수유출저감대책은 5년마다 수립
88. 우수유출저감대책은 수립년도를 기준으로 향후 10년을 목표연도로 정하여 수립
89. 도시·군 기본계획은 도시계획 및 개발사업현황에 해당
90. 우수유출영향분석에 적용하는 강우량은 현재 및 목표연도 확률강우량, 지역별 방재성능목표 강우량으로 구분
91. 현재 및 목표연도 확률강우량은 저류지 등 영구구조물의 설계빈도를 고려하여 30년 빈도를 기준으로 하되 다만 상·하류 하천의 계획빈도, 지역특성, 지방자치단체 여건 등을 고려하여 결정
92. 현재 및 목표연도 유효우량 산정은 미국 NRCS의 유출곡선지수방법을 사용

정답 86. ④ 87. ① 88. ② 89. ③ 90. ① 91. ② 92. ④

93 **다음 중 우수유출저감대책 수립 시 설계강우 시간분포 방법 중 채택하는 방법은?**

① Mononobe 방법
② Huff 방법
③ Keifer & Chu 방법
④ 교호블록 방법

94 **다음 중 우수유출저감대책의 홍수량 산정방법 결정 시 옳지 않은 것은?**

① 지자체 우수유출저감대책은 배수구역을 기본으로 설정하여 분석
② 홍수도달시간 산정은 현재 및 목표연도로 구분하여 적절한 공식을 적용하고 도달시간과 유속 산정 결과를 표로 명확하게 제시
③ 홍수량 산정방법은 지방자치단체의 유역특성을 고려하여 선정하며, 자연유역 및 도시유역 모두 단위도법을 적용
④ 임계지속기간을 고려하여 홍수량을 산정하며 강우지속기간을 적정시간 간격으로 현재 및 목표연도 각각 적용

95 **다음 중 우수유출저감시설 중 하도 내 저류(On-line) 방식의 특성이 아닌 것은?**

① 관거 또는 하도 내 저류시설 설치
② 모든 빈도에 대해 유출저감가능
③ 첨두홍수량 감소 및 첨두 발생시간 지체
④ 하도 외 저류(Off-line) 방식에 비해 상대적으로 작은 설치 규모

96 **우수유출저감시설 중 지역 내(On-site) 저류시설이 아닌 것은? (정답 2개 인정)** 19년1회 출제

① 건물지하 저류　② 운동장 저류
③ 주차장 저류　④ 하도 내 저류

97 **우수유출저감시설 중 침수형 저류시설이 아닌 것은?**

① 단지 내 저류　② 운동장 저류
③ 주차장 저류　④ 하도 내 저류

98 **다음 중 우수유출저감시설 중 하도 외 저류(Off-line) 방식의 특성이 아닌 것은?**

① 하도 외 저류시설 설치
② 하도 내 저류(On-line) 방식에 비해 상대적으로 큰 설치규모
③ 첨두홍수량 감소
④ 저빈도의 홍수에 대해 저감효과 미흡

99 **지역 내(On-site) 저류시설 중 침수형 저류시설로 옳은 것은?** 19년1회 출제

① 연못 저류
② 운동장 저류
③ 유수지 저류
④ 건물지하 저류

93. 설계강우 시간분포 방법은 실무에서 주로 적용하고 있는 Huff 방법을 사용하는 것을 원칙
94. 홍수량 산정방법은 지방자치단체의 유역특성을 고려하여 선정하며, 일반적으로 자연유역의 경우에는 단위도법을, 도시유역의 경우에는 도시유출모형을 적용
95. 하도 내 저류방식은 하도 외 저류방식에 비해 상대적으로 설치규모가 큼
96. 지역 외(Off-site) 저류시설로는 지하저류시설, 건식저류지, 하수도 간선저류, 하도 내 저류 등 있음
97. ④는 지역 외(Off-site) 저류시설이며, 나머지는 지역 내 저류시설로 침수형 저류시설로 분류함
98. 하도 외 저류방식은 하도 내 저류방식에 비해 상대적으로 설치규모가 작음
99. ②를 제외한 나머지는 지역 외 저류시설이며, 침수형 저류시설로는 단지 내 저류, 주차장 저류, 공원 저류, 운동장 저류 등이 있음

정답 93. ② 94. ③ 95. ④ 96. ①, ④ 97. ④ 98. ② 99. ②

100 다음은 우수유출저감대책 수립 시 우수저류량 목표 설정에 해당하는 내용 중 일부이다. ( ) 안에 들어갈 내용으로 옳은 것은?

> 침투시설 설치를 활성화하기 위해 목표저감량 전량을 저류하는 것을 지양하고, 최대 약 ( )% 분담하는 것을 권장

① 50 % ② 70 %
③ 80 % ④ 90 %

101 다음은 우수유출저감대책 수립 시 우수침투량 목표 설정에 해당하는 내용 중 일부이다. ( ) 안에 들어갈 내용으로 옳은 것은?

> 침투시설은 우수유출저감 이외에 도시 내 지하수 함양, 도시의 미기후조성 및 환경개선, 도시경관개선 등에 효과가 있으므로 우수유출 목표저감량에 최소한 ( ) 분담하는 것을 권장

① 3~5% ② 5~10%
③ 10~20% ④ 20~30%

102 다음의 기반시설 중에서 우수유출저감시설 설치가능시설로 적절치 못한 것은?

① 교통시설
② 공간시설
③ 방재시설
④ 공공·문화체육시설

103 다음 중 저류시설 중 댐식·굴착식의 안정적 용량 확보를 위한 여유고는?

① 0.6m 이상 ② 1.0m 이상
③ 0.8m 이상 ④ 0.5m 이상

104 다음 중 저류시설 중 지하저류시설의 안정적 용량 확보를 위한 여유고는?

① 0.6m 이상 ② 0.3m 이상
③ 0.2m 이상 ④ 0.5m 이상

105 우수유출저감대책 수립 시 설계침투량을 계산하기 위한 가정된 설계침투강도는 얼마인가?

① 5mm/hr ② 10mm/hr
③ 20mm/hr ④ 30mm/hr

106 $300m^2$의 주차장에 침수형 저류시설을 계획하는 경우 저류가능량(m^2)은? (단, 주차장 저류의 저류한계수심은 10cm이다.) 19년1회 출제

① 20 ② 30
③ 40 ④ 50

107 다음은 저류시설의 유지관리계획 해당하는 내용 중 일부이다. ( ) 안에 들어갈 내용으로 옳은 것은?

> 평상시에는 시설물의 기능발휘 및 파손 여부 등을 목적으로 정기점검을 실시하고, 홍수, 태풍 등 수해발생 우려가 큰 홍수기( )에는 이물질제거 및 임시보수 등을 실시

100. 침투시설 설치를 활성화하기 위해 목표저감량 전량을 저류하는 것은 지양하고 최대 약 90 % 분담하는 것을 권장
101. 침투시설은 우수유출저감량에 최소한 5~10%를 분담하는 것을 권장
102. 기반시설 중에서 공공시설(교통시설, 공간시설, 공공·문화체육시설)을 설치가능시설로 우선적으로 도출
103. 침투시설 분담에 따른 저류시설의 안정적 용량 확보를 위해 댐식·굴착식은 1.0m 이상 여유고를 확보
104. 침투시설 분담에 따른 저류시설의 안정적 용량 확보를 위해 지하저류시설은 0.6m 이상 여유고를 확보
105. 설계침투량 계산 시 최소설계침투강도 10mm/hr를 만족하도록 설치되어야 하므로 설계침투강도는 10mm/hr로 가정하여 계산
106. 저류가능량(m^3) = 저류면적(m^2) × 저류한계수심(m)
저류면적(m^2) = 300
저류한계수심(m) = 0.1
저류가능량(m^3) = 300 × 0.1 = $30m^3$
107. 홍수, 태풍 등 수해발생 우려가 큰 홍수기(6월~9월)에는 이물질제거 및 임시보수 등을 실시

정답 100. ④ 101. ② 102. ③ 103. ② 104. ① 105. ② 106. ② 107. ②

① 3월~5월 ② 6월~9월
③ 10월~11월 ④ 1월~2월

108 **다음 중 우수유출저감대책의 침투시설 규모 계획 시 옳지 않은 것은?**

① 침투시설의 규모는 계획 내 토지이용 여건, 토양 및 토질 조건, 지하시설물현황 등을 고려하여 집수면적을 결정
② 설계침투량 산정 후 각 침투시설별 침투량은 우수유출저감시설의 종류·구조·설치 및 유지관리 기준에 제시되어 있는 침투시설종류와 해당 제품의 제원에 따른 침투량 산정공식에 따라 산정
③ 설계침투량 계산 시 설계침투강도는 5mm/hr로 가정하여 계산
④ 침투시설 배치 시 대상지역의 토양 형태를 고려

109 **다음 중 우수유출저감시설 시행계획과 관련하여 잘못된 것은?**

① 우수유출저감시설 설치를 위한 사업비는 실시설계가 완료된 지역과 완료되지 않은 지역에 대해 산정
② 내수취약성 분석 또는 자연재해저감 종합계획과 연계하여 우선순위를 고려한 연도별 설치계획 수립
③ 사업 추진계획은 먼저 3년 이내 추진 가능한 사업을 1단계, 4~7년 내 추진 가능한 사업을 2단계, 그 외 사업을 3단계로 구분
④ 우수유출저감대책 수립 시 소요재원은 원칙적으로 우수유출저감대책을 수립하는 지방자치단체가 부담

110 **다음은 우수유출저감대책 수립 시 경제성 분석에 해당하는 내용 중 일부이다. ( ) 안에 들어갈 내용으로 옳은 것은?**

> 비용편익 분석에 관한 내용은 ( ) 관리지침에서 제시된 사항을 참조하여 작성

① 상습침수지역
② 자연재해위험지구
③ 붕괴위험지역
④ 자연재해위험개선지구

111 **우수유출 저감을 위한 저류지 설치 위치로 옳지 않은 것은?**

① 외수위가 낮을 경우 자연배제가 가능한 곳
② 사유지 편입이 최소인 곳
③ 침수예상지역의 저감효과가 높은 곳
④ 배수체계의 하류부

제4장 자연재해위험개선지구 정비대책 수립

112 **자연재해위험개선지구 정비계획 제도의 시행을 명기한 법은?**

① 재난 및 안전관리 기본법
② 자연재해대책법
③ 국토의 계획 및 이용에 관한 법률
④ 하천법

108. 설계침투량 계산 시 최소설계침투강도 10mm/hr를 만족하도록 설치되어야 하므로 설계침투강도는 10mm/hr로 가정하여 계산
109. 사업 추진계획은 먼저 5년 이내에 추진 가능한 사업을 1단계 사업으로 구분하고, 그 외 사업을 2단계로 구분
110. 비용편익 분석에 관한 내용은 자연재해위험개선지구 관리지침에서 제시된 사항을 참조
111. 배수체계의 하류부에는 배수위 영향 구간이므로 우수유출저감시설 보다는 배수 펌프장으로 적절한 위치임

정답 108. ③ 109. ③ 110. ④ 111. ④ 112. ②

113 **자연재해위험개선지구의 지정·관리 대상이 아닌 것은?**

① 태풍, 홍수, 호우로 피해를 줄 수 있는 지역
② 폭풍, 해일로 피해를 줄 수 있는 지역
③ 화재, 폭발로 피해를 줄 수 있는 지역
④ 재해 발생이 우려되는 지역으로 노후된 방재시설이 위치한 지역

114 **자연재해위험개선지구 정비계획에 관한 설명으로 틀린 것은?** 19년1회 출제

① 시장·군수·구청장은 정비계획의 타당성을 5년마다 재검토하여 정비계획을 재정비하여야한다.
② 정비계획은 시·군·구 기초자치단체의 관할구역에 지정된 자연재해위험개선지구 전체를 대상으로 수립한다.
③ 계획기간은 향후 10년을 목표연도로 설정하여 1년마다 정비계획을 수립한다.
④ 재해위험성, 투자우선순위, 재해예방효과 등을 종합적으로 검토하여 중·장기계획으로 수립한다.

115 **다음 설명의 빈칸에 맞는 것은?**

- 시장·군수·구청장은 정비계획의 타당성을 (㉠)년마다 재검토하여 정비계획을 재정비하여야한다.
- 시장·군수·구청장은 정비계획에 따라 (㉡)년마다 자연재해위험개선지구 정비사업계획을 수립하여야 한다.

① ㉠ 10, ㉡ 1　② ㉠ 5, ㉡ 1
③ ㉠ 10, ㉡ 2　④ ㉠ 5, ㉡ 2

116 **자연재해위험개선지구의 신규 지정 시 사전검토 대상이 반영되어 있어야 하는 제도는?**

① 재해영향평가 및 협의제도
② 우수유출저감대책 수립 제도
③ 자연재해저감 종합계획 수립 제도
④ 소하천 정비대책 수립 제도

117 **자연재해위험개선지구의 유형이 아닌 것은?** 19년1회 출제

① 침수위험지구　② 고립위험지구
③ 토사위험지구　④ 붕괴위험지구

118 **자연재해위험개선지구의 지정대상 사전검토의 내용으로 틀린 것은?**

① 자연재해위험개선지구 신규 지정 사전검토 대상은 자연재해저감 종합계획에 반영된 지구로 한정한다. 다만, 인명피해 위험성이 높아 지구지정 관리 및 정비사업이 시급하다고 인정되는 지구는 우선 지구지정 검토 후 자연재해저감 종합계획에 반영할 수 있다.
② 자연재해위험개선지구로 지정하고자 할 경우에는 지구지정의 적정성·타당성, 사업계획의 적정성에 대하여 관계전문가의 의견을 제출받아 이를 종합적으로 검토한 후 지정 여부를 판단하여야 한다.
③ 시장·군수·구청장이 관계전문가를 구성하는 때에는 방재 분야 전문가 2~5명을 직접 선임하거나, 「자연재해대책법」 제4조에 따라 구성된 사전재해영향성 검토위원으로 활용할 수 있다.

114. 자연재해대책법 제13조에 의거 시장·군수·구청장은 자연재해위험개선지구 정비계획을 5년마다 수립하고 시·도지사에게 제출하여야 한다. 또한, 동법 14조 의거 정비사업계획은 매년 수립하도록 되어 있음

115. 자연재해대책법 제13조 및 제14조에 의거 5년마다 정비계획을 수립하고, 매년 정비사업계획을 수립함

117. 자연재해위험개선지구의 유형은 침수, 유실, 고립, 붕괴, 취약방재, 해일, 상습가뭄 등임

118. 관계전문가는 5~10명을 직접 선임함

정답 113. ③ 114. ③ 115. ② 116. ③ 117. ③ 118. ③

④ 시장·군수·구청장이 관계전문가를 구성하는 때에는 행정안전부장관 및 시·도지사가 각각 추천하는 전문가 1명 이상이 참여하도록 하여야 한다. 이때에는 시장·군수·구청장이 시·도지사 및 행정안전부장관(시·도지사 경유)에게 전문가 추천을 의뢰하여야 한다.

119 **다음에 설명하고 있는 유형은 어떤 위험지구에 해당하는가?**

> 하천을 횡단하는 교량 및 암거구조물의 여유고 및 경간장 등이 하천 설계기준에 미달되고 유수소통에 장애를 주어 해당 시설물과 시설물 주변 주택·농경지 등에 피해가 발생하였거나 피해가 예상되는 지역

① 침수위험지구 ② 유실위험지구
③ 고립위험지구 ④ 붕괴위험지구

120 **"자연재해저감 종합계획"에서의 내수재해위험지구에 해당되는 자연재해위험개선지구의 유형은?**

① 침수위험지구 ② 유실위험지구
③ 고립위험지구 ④ 붕괴위험지구

121 **다음 설명 중 취약방재시설지구를 설명하고 있는 항목을 모두 선택한 것은?**

> ㉠ 「저수지·댐의 안전관리 및 재해예방에 관한 법률」에 따라 지정된 재해위험 저수지·댐
> ㉡ 기설 제방고가 계획홍수위보다 낮아 월류되거나 파이핑으로 붕괴위험이 있는 취약구간의 제방
> ㉢ 배수문, 유수지, 저류지 등 방재시설물이 노후화되어 재해발생이 우려되는 시설물
> ㉣ 주택지 인접 절개사면에 설치된 석축·옹벽 등의 구조물이 붕괴되어 붕괴피해가 발생할 경우 인명 및 건축물 피해가 예상되는 지역

① ㉠ ② ㉠, ㉡
③ ㉠, ㉡, ㉢ ④ ㉠, ㉡, ㉢, ㉣

122 **기설 제방고가 계획홍수위보다 낮아 월류되거나 파이핑으로 붕괴위험이 있는 취약구간의 제방이 위치한 지구유형으로 옳은 것은?**

① 유실위험지구
② 붕괴위험지구
③ 취약방재시설지구
④ 해일위험지구

123 **하천을 횡단하는 교량의 형하고가 계획홍수위보다 낮아 집중호우 시 유수소통에 지장이 있고 심한 경우 교통이 두절되는 지역의 유형으로 옳은 것은?**

① 침수위험지구
② 고립위험지구
③ 취약방재시설지구
④ 붕괴위험지구

124 **자연재해위험개선지구 유형은 총 7개로 구분하고 있으며, 다음 중 이에 해당하지 않는 지구는?**

① 침수위험지구 ② 유실위험지구
③ 산사태위험지구 ④ 취약방재시설지구

120. 침수위험지구 : 내수배제 불량으로 인한 침수가 발생하여 인명 및 건축물·농경지 등이 피해를 유발하였거나 침수피해가 우려되는 지역
121. ㉣은 붕괴위험지구
122. 제방, 배수문, 유수지, 저류지 등 방재시설물이 노후화되어 재해발생이 우려되는 시설물이 위치한 지구유형
123. 집중호우 및 대설로 교통이 두절되어 지역주민의 생활에 고통을 주는 지역
124. 산사태, 낙석, 절개사면 붕괴 등을 총칭하여 붕괴위험지구로 구분함

정답 119. ② 120. ① 121. ③ 122. ③ 123. ② 124. ③

125 재해 발생 시 건축물의 피해가 발생하였거나 발생우려가 있는 지역의 등급으로 옳은 것은 ?

① 가 등급 ② 나 등급
③ 다 등급 ④ 라 등급

126 붕괴 및 침수의 우려는 낮으나, 기후변화에 대비하여 지속적으로 관심을 갖고 관리할 필요가 있는 지역의 등급으로 옳은 것은?

① 가 등급 ② 나 등급
③ 다 등급 ④ 라 등급

127 자연재해위험개선지구의 등급 중 정비대상에서 제외되는 등급은?

① 가 등급 ② 나 등급
③ 다 등급 ④ 라 등급

128 침수위험지구로 지정된 지역을 정비하고자 하는데, 시행대상 시설물이 아닌 것은 ?

① 낙석방지시설
② 배수 펌프장
③ 제방축조
④ 방파제

129 마을로 진입할 수 있는 유일한 진입로인 세월교를 철거하고 계획홍수위 이상으로 교량을 재가설한 경우 어떤 위험지구를 해소한 것인가?

① 침수위험지구
② 유실위험지구
③ 취약방재시설지구
④ 고립위험지구

130 다음에 설명하고 저감대책은 어떤 위험지구에 해당하는가?

> • 산사태 및 절개사면 붕괴위험 해소를 위한 낙석방지시설, 배수시설 등 안전대책사업, 옹벽·축대 등 붕괴위험 구조물 보수·보강 사업
> • 위험지구 내 주민 이주대책사업 등 재해예방사업

① 침수위험지구 ② 유실위험지구
③ 고립위험지구 ④ 붕괴위험지구

131 다음 설명 중 구조물의 공법비교 항목에 해당하는 것을 모두 선택한 것은?

> ㉠ 경제성 ㉡ 안전성
> ㉢ 친환경성 ㉣ 유지관리

① ㉠ ② ㉠, ㉡
③ ㉠, ㉡, ㉢ ④ ㉠, ㉡, ㉢, ㉣

132 다음 중 경제성 분석방법이 아닌 것은?

① 간편법 ② 개선법
③ 다차원법 ④ 무차원법

133 해당 지구의 위험등급 및 인명피해 발생여부에 따라 평가점수를 산정하는 항목은?

① 피해이력지수 ② 주민불편도
③ 비용편익비 ④ 재해위험도

134 지구별 평가점수가 동일한 경우 제일 먼저 어떤 항목의 점수가 높은지 판단하여야 하는가?

① 피해이력지수 ② 재해위험도
③ 정비율 ④ 주민불편도

127. 지속적인 관심을 갖고 관리할 필요가 있는 지역으로 정비가 필요하지는 않음

128. 낙석방지시설은 붕괴위험지구에 해당됨

134. 재해위험도의 점수가 30점으로 가장 높음

정답 125. ② 126. ④ 127. ④ 128. ① 129. ④ 130. ④ 131. ④ 132. ④ 133. ④ 134. ②

135 투자우선순위를 결정하기 위한 평가항목 중 배점이 가장 높은 항목은?

① 재해위험도 ② 피해이력지수
③ 비용편익비 ④ 주민불편도

136 투자우선순위를 결정하기 위한 평가 시 기본계획 수립 후 7년이 지난 상태인 경우의 평가점수는 몇 점인가?

① 10점 ② 8점
③ 6점 ④ 4점

137 올해 초에 자연재해위험개선지구로 지정한 경우 투자우선순위 결정을 위한 지구지정 경과연수의 평가점수는 몇 점인가?

① 1점 ② 2점
③ 3점 ④ 4점

138 투자우선순위 결정을 위해 B/C를 다차원법으로 산정한 결과 2.3인 경우 평가점수는 몇 점인가?

① 3점 ② 6점
③ 9점 ④ 12점

139 다음 중 투자우선순위를 결정하기 위한 부가 평가항목이 아닌 것은?

① 정책성 ② 지속성
③ 준비도 ④ 정비율

140 투자우선순위를 결정하기 위한 부가 평가항목 중 지속성의 평가점수를 산정하고자 한다. 주민참여도가 높으나 민원 우려가 높은 지구의 점수로 옳은 것은?

① 3점 ② 5점
③ 7점 ④ 10점

141 투자우선순위를 결정하기 위한 부가 평가항목의 배점을 옳게 나열한 것은?

① 정책성(10점), 지속성(10점), 준비도(10점)
② 정책성(10점), 지속성(10점), 준비도(5점)
③ 정책성(10점), 지속성(5점), 준비도(5점)
④ 정책성(5점), 지속성(5점), 준비도(5점)

142 자연재해대책법에 의한 자연재해위험개선지구를 지정하여 고시할 때 첨부하는 도면에 포함되지 않는 정보는? 19년1회 출제

① 위치 및 유형 ② 등급 및 면적
③ 지정 사유 ④ 피해액

143 자연재해대책법에 의한 자연재해위험개선지구를 지정 해제 고시할 때 첨부하는 도면에 포함되지 않는 정보는?

① 지구명 및 위치
② 유형 및 등급
③ 지정 일자
④ 피해규모

135. 재해위험도의 점수가 30점으로 가장 높음

141. 부가 평가항목의 총 배점은 20점임

142. 고시 예: 「자연재해대책법」 제12조 제1항에 따라 아래와 같이 자연재해위험개선지구를 지정 고시합니다.

- 아 래 -

지구명	위치	지정 내용			지정 사유	비고
		유형	등급	면적(m^2)		

붙임: 자연재해위험개선지구 지정도면 1부(따로 붙임)

143. 고시 예: 「자연재해대책법」 제12조 제5항에 따라 아래와 같이 자연재해위험개선지구를 지정 고시합니다.

- 아 래 -

지구명	위치	지정 내용			해제 사유	비고 (지정 일자)
		유형	등급	면적(m^2)		

붙임: 자연재해위험개선지구 지정 해제도면 1부(따로 붙임)

정답 135. ① 136. ② 137. ① 138. ④ 139. ④ 140. ① 141. ③ 142. ④ 143. ④

144 다음에 설명하고 있는 지정기준에 해당하는 상습가뭄재해지구의 등급은?

> 최근(당해연도 포함) 3년 동안 2개년 이상 용수원이 감소하여 제한급수가 시행된 경우

① 가 ② 나
③ 다 ④ 라

145 다음에 설명하고 있는 지정기준에 해당하는 상습가뭄재해지구의 등급은?

> 가뭄으로 인해 파생될 수 있는 재해(산불 등) 관련 다목적수 조성을 포함하여 가뭄에 대비하여 지속적으로 관심을 갖고 예방을 위한 관리가 필요하다고 판단되는 지역

① 가 ② 나
③ 다 ④ 라

146 다음에 설명하고 있는 저감대책이 해당되는 유형(자연재해위험개선지구 유형 중)은?

> 산지 계곡부에 적정 규모의 댐을 건설하여 하류부 이수목적의 용수원으로 사용하고 부수적으로 산불진화 용수 등 다목적으로 활용하기 위한 대책 수립

① 침수위험지구
② 취약방재시설지구
③ 상습가뭄재해지구
④ 유실위험지구

제5장 소하천 정비대책 수립

147 다음은 「소하천정비법 시행령」 제2조(소하천의 지정기준)에 해당하는 내용 중 일부이다. ( ) 안에 들어갈 내용으로 옳은 것은?

> 일시적이 아닌 유수가 있거나 있을 것이 예상되는 구역으로서 평균 하천 폭이 ( ) 이상이고 시점에서 종점까지의 전체길이가 500미터 이상인 것

① 2미터 ② 3미터
③ 5미터 ④ 6미터

148 다음 중 소하천 조사항목 중 하도특성 조사항목으로 틀린 것은?

① 하상재료 ② 하상변동
③ 하천형태 ④ 시설물

149 다음 중 소하천의 확률강우량 산정 시 채택하는 확률분포형은?

① GEV 분포형
② 검벨(Gumbel) 분포형
③ Gamma 분포형
④ Log-Normal 분포형

150 다음 중 소하천의 설계강우 시간분포 결정 시 채택하는 방법은?

① Mononobe 방법
② Huff 방법
③ 교호블록 방법
④ Yen & Chowl 방법

144.

구분(등급)	지정기준
가	최근 3년 동안 매년 가뭄
나	최근 3년 동안 2개년 이상 용수원 감소
다	최근 3년 동안 1개년 이상 용수원 감소
라	지속적인 관심을 갖고 예방을 위한 관리 필요

정답 144. ② 145. ④ 146. ③ 147. ① 148. ③ 149. ② 150. ②

151 시간분포 방법인 Huff 방법은 1~4분위로 구분할 수 있으며, 소하천 설계 시 적용하는 분위는 어떤 분위인가?

① 1분위 ② 2분위
③ 3분위 ④ 4분위

152 유효우량 산정방법은 일반적으로 NRCS 방법을 적용하고 있으며, 수문학적 토양군에 따른 침투능의 크기를 바르게 표현한 것은?

① A 〉 B 〉 C 〉 D
② B 〉 C 〉 D 〉 A
③ C 〉 D 〉 A 〉 B
④ D 〉 A 〉 B 〉 C

153 유효우량 산정방법은 일반적으로 NRCS 방법을 적용하고 있으며, 수문학적 토양군에 따른 유출률의 크기를 바르게 표현한 것은?

① B 〈 C 〈 D 〈 A
② C 〈 D 〈 A 〈 B
③ D 〈 A 〈 B 〈 C
④ A 〈 B 〈 C 〈 D

154 유출계수 0.1, 유역면적 1.0km^2, 도달시간 30분일 때 합리식에 의한 첨두홍수량(m^3/s)은? (단, 강우강도식은 $I = \frac{3000}{t}$ 이며, I는 강우강도(mm/hr), t는 강우지속기간(분)이다.)

19년1회 출제

① 1.89 ② 2.78
③ 3.83 ④ 4.87

155 농경지 지역 소하천의 치수계획을 위한 설계빈도는?

① 30~50년 ② 30~80년
③ 50~100년 ④ 100~200년

156 다음 중 여유고 및 둑마루 폭 산정기준이 되는 것은?

① 계획하폭 ② 기점홍수위
③ 계획홍수량 ④ 계획홍수위

157 다음 설명에서 ( )에 맞는 내용은?

> 교량의 경간장은 하폭이 (㉠)m 미만인 경우는 (㉡)m, 하폭이 (㉠)m 이상인 경우는 (㉢)m 이상으로 계획한다.

① ㉠ 30 ㉡ 12.5 ㉢ 15
② ㉠ 20 ㉡ 12.5 ㉢ 12.5
③ ㉠ 30 ㉡ 10 ㉢ 20
④ ㉠ 20 ㉡ 10 ㉢ 20

158 소하천 유지유량 산정절차를 순서대로 나열한 것으로 옳은 것은?

> ㉠ 소하천 특성조사
> ㉡ 기준점 선정
> ㉢ 갈수량 산정
> ㉣ 소하천 유지유량 결정 및 부족량 추정
> ㉤ 항목별 필요유량 산정
> ㉥ 유지유량 확보 및 관리계획 수립

148. 하천형태는 유역특성 조사항목에 해당
149. 소하천 설계기준에서는 소하천에서 확률강우량 산정 시 검벨(Gumbel) 분포형 채택을 원칙으로 제시
150. 소하천 설계기준에서는 Huff 방법 채택을 원칙으로 제시
154. Q = 0.2778CIA
$C = 0.1,\ I = \frac{3,000}{30}$ mm/hr, A = 1km^2
$Q = 0.2778 \times 0.1 \times \frac{3,000}{30} \times 1 = 2.78$m^3/s
155. 도시지역: 50~100년, 농경지 지역: 30~80년, 산지 지역: 30~50년
156. 계획홍수량의 크기에 따라 규모 결정

정답 151. ③ 152. ① 153. ④ 154. ② 155. ② 156. ③ 157. ① 158. ④

① ㉠ → ㉡ → ㉢ → ㉣ → ㉤ → ㉥
② ㉠ → ㉢ → ㉡ → ㉣ → ㉤ → ㉥
③ ㉠ → ㉡ → ㉣ → ㉢ → ㉤ → ㉥
④ ㉠ → ㉡ → ㉢ → ㉤ → ㉣ → ㉥

159 **다음 중 생태계 보전을 위한 보편적인 최소 수질기준으로 요구되는 BOD 기준에 해당하는 것은?**

① 3mg/L 이하
② 5mg/L 이하
③ 8mg/L 이하
④ 10mg/L 이하

160 **소하천 설계기준에서 배수시설물 능력 검토 결과 증설을 요하는 배수통관의 최소 직경으로 옳은 것은?**

① 30cm ② 60cm
③ 80cm ④ 100cm

161 **다음 중 교량능력 검토 결과에 따른 검토 내용으로 틀린 것은?**

① 교량상부가 계획홍수위보다 낮은 교량의 경우, 재가설계획 수립
② 교량저고 및 교좌장치가 홍수위보다 낮거나 하폭이 좁은 경우, 월류의 위험이 있으므로 홍수방어를 위해 교량 재가설계획 수립
③ 교량별 기준(여유고, 경간장, 연장 등) 검토를 통하여 월류위험이 적은 교량의 경우에는 장래 재가설계획 수립
④ 교량의 이용빈도가 현저히 낮으며, 노후화되어 위험한 경우와 유역 재개발계획에 따라 도로가 신설되는 경우 장래 재가설계획 수립

162 **소하천 설계기준상 소하천의 신설교량 계획 시 고려해야 할 사항으로 틀린 것?** 19년1회 출제

① 교량의 설치로 홍수흐름이 방해가 되지 않도록 하여야 한다.
② 교량 형하고는 제방의 여유고 이상을 적용함을 원칙으로 한다.
③ 소하천 하도 내에는 교각을 설치하지 않는 것을 원칙으로 한다.
④ 소하천 구역 내에는 교대를 설치하지 않는 것을 원칙으로 한다.

163 **소하천 설계기준상 소하천의 신설교량 계획 시 고려해야 할 사항으로 틀린 것은?**

① 교량의 연장은 설치지점의 계획하폭 이상으로 설계
② 교량 형하고는 제방의 여유고 이상으로 결정하는 것을 원칙
③ 교대는 제방 앞비탈기슭보다 하도 내로 돌출되지 않도록 설계
④ 소하천 하도 내에는 교각을 설치하지 않는 것을 원칙으로 계획

159. 생태계 보전을 위한 최소한의 요구수질은 지표어종이 무엇이냐에 따라 달라지며 보편적인 수질기준으로 BOD 기준 5mg/L 이하가 요구됨

160. 증설이 필요한 배수통관의 직경은 소하천 설계기준에 따라 최소 60cm 이상 계획

161. ④번 문항의 경우에는 장래 재가설계획이 아닌 기존 교량의 철거계획 수립 검토

162. 소하천 구역 내에 교대를 설치하지 않는 경우 제방을 도로 등으로 활용하기 어려우므로 통상 교대는 소하천 구역 내에 설치하지만, 홍수 소통에 지장을 초래하지 않도록 조치함, 또한 교대는 제방 앞비탈 머리선보다 하도 내료 돌출되지 않도록 설계(제방도 소하천 구역임을 고려해야 함)

163. 교대는 제방 앞비탈 머리선보다 하도 내료 돌출되지 않도록 설계

정답 159. ② 160. ② 161. ④ 162. ④ 163. ③

164 하도의 종단형 결정 시 고려사항으로 틀린 것은?

① 기존 하상을 변경시킬 경우는 계획하도구간의 상·하류 하도경사를 고려하여 장기적인 하상변동이 최소가 되도록 하여야 한다.
② 계획하도구간은 주변을 고려한 소하천환경이 될 수 있도록 종단형을 정하여 생태기능을 유지할 수 있도록 조정한다.
③ 개수계획 수립 등으로 사행을 이루는 기존 하도가 직선화된 하도가 되는 계획은 지양해야 한다.
④ 하도구간 내에서는 국부적 세굴과 퇴적현상을 억제시켜, 세굴과 퇴적이 발생되지 않도록 한다.

165 다음 중 신설 소하천계획의 방향으로 틀린 것은?

① 가능한 신설 소하천은 굴입하도 방식으로 계획
② 하상경사는 구간별로 급변하지 않도록 계획
③ 지류 합류점에서는 세굴, 퇴적 등에 유의하여 계획
④ 가능한 직선화하여 홍수소통을 조속히 할 수 있도록 계획

166 다음 중 소하천 제방의 종류가 아닌 것은?

① 역류제 ② 도류제
③ 월류제 ④ 방어제

167 제방의 종류 중 소하천의 합류점, 분류점, 놀둑의 끝부분, 하구 등에서 흐름의 방향을 조정하기 위해서 또는 파의 영향에 의한 하구의 퇴사를 억제하기 위해서 축조하는 제방은?

① 본제 ② 도류제
③ 월류제 ④ 역류제

168 계획홍수량이 100m^3/s인 소하천의 제방 여유고 값은?

① 0.3m 이상 ② 0.6m 이상
③ 0.8m 이상 ④ 1.0m 이상

169 소하천에서의 제방은 유수의 침투에 대해 안정한 비탈면을 가져야 하며, 제방의 비탈경사는 1: (　)보다 완만하게 설치한다. (　) 안에 들어갈 숫자는?

① 0.5 ② 1.0
③ 2.0 ④ 3.0

170 토사 제방설계 시 제방의 안정성 검토 항목이 아닌 것은?

① 전도 ② 침투
③ 활동 ④ 침하

171 연약지반상의 축제로 인한 침하를 방지하기 위한 안전대책으로 틀린 것은?

① 지하수위를 낮추어 축제지반을 건조
② 압밀침하를 촉진
③ 연약토사를 치환
④ 비탈덮기 높이를 둑마루까지 설치

164. 하도구간 내에서는 국부적 세굴과 퇴적현상을 억제시키고, 전체적인 세굴량과 퇴적량이 평형이 되도록 한다.
165. 하천의 직선화 하류지역의 치수적 문제 및 환경적 문제를 야기하므로 지양
168. 계획홍수량 200m^3/s 미만일 경우 여유고는 0.6m 이상
170. 제방설계 시 침투, 활동, 침하에 대한 안정성 검토 수행

정답 164. ④ 165. ④ 166. ④ 167. ② 168. ② 169. ③ 170. ① 171. ④

172 다음 중 호안공법을 선정하는 경우 소류력 또는 유속 이외에 고려하여야 할 사항이 아닌 것은?

① 경제성 ② 시공성
③ 유지관리성 ④ 획일성

173 다음 중 하도의 계획종단형상을 유지하고 하상경사를 완화하기 위하여 설치한 공작물에 해당하는 것은?

① 호안 ② 수제
③ 낙차공 ④ 보

174 다음 중 풀 형식(pool type)에 해당하는 어도가 아닌 것은?

① 계단식 ② 도벽식
③ 버티컬슬롯식 ④ 아이스하버식

175 다음 중 계단식 어도의 장점으로 틀린 것은?

① 구조가 간단하여 시공이 간편하다.
② 시공비가 저렴하다.
③ 모든 어종 이용이 가능하다.
④ 유지관리가 용이하다.

176 다음 중 조석의 역류방지, 각종 용수의 취수 등을 목적으로 본류를 횡단하거나 본류로 유입되는 지류를 횡단하여 설치하는 개·폐문을 가진 구조물은?

① 가동보 ② 수문
③ 낙차공 ④ 어도

177 다음 중 소하천의 하천정화기법에 해당하지 않는 것은?

① 물리적 방법
② 생물학적 방법
③ 화학적 방법
④ 전기적 방법

178 다음 중 생태보전시설이 아닌 것은?

① 안정하상유지시설
② 여울과 소
③ 천변습지
④ 수변 식생대

179 다음 중 소하천의 이수 및 친수계획, 환경계획에서 요구되는 유지유량 등을 확보하고 최종적으로는 건전한 물순환의 회복에 기여하기 위한 시설이 아닌 것은?

① 어도 ② 소규모 저수지
③ 둠벙 ④ 빗물이용시설

180 다음 중 소하천의 하도기능을 유지할 수 있도록 상류로부터 유입되는 과도한 토사의 유출을 억제하기 위해 검토하여야 할 시설물은?

① 호안 ② 제방
③ 낙차공 ④ 사방댐

181 다음 중 소하천에 원칙적으로 설치를 지양해야 하는 소하천 친수시설에 해당하는 것은?

① 교육체험공간 ② 산책로
③ 주차장 ④ 물놀이 시설

172. 호안을 설치해야 하는 경우 소류력 또는 유속에 대해 안전하고 환경성, 경제성, 경관성, 시공성, 유지관리 등을 종합적으로 고려
173. 낙차공: 하상경사 완화를 위해 보통 50cm 이상의 낙차를 둔 하상유지 시설물
174. 도벽식 어도는 수로 형식(channel type) 어도에 해당
175. 계단식 어도는 도약력, 유영력이 좋은 물고기만 이용하기 쉬움
181. 주차장은 소하천의 연속성 유지 저해, 비점오염 유입, 분진·진동 발생 등으로 소하천의 생태적, 환경적 기능에 악영향을 미치므로 원칙적으로 소하천공간 내 설치 지양

정답 172. ④ 173. ③ 174. ② 175. ③ 176. ② 177. ④ 178. ① 179. ① 180. ④ 181. ③

182 **다음 중 여울과 소(웅덩이)의 설치 효과로 틀린 것은?**

① 여울과 웅덩이를 조성함에 따라 토사 및 토석류의 유출을 방지하고 하상안정에도 기여

② 여울과 웅덩이의 구조는 다양한 흐름 상태와 하상재료를 제공하므로 종의 다양성에 유리한 환경을 제공

③ 유속이 빠른 여울은 폭기 작용을 통하여 용존산소량을 증가시키며, 유속이 빠른 구간에 정착되는 부착조류 등에 의해 특정 수생생물의 먹이 제공

④ 유속이 느린 소(웅덩이)는 각종 영양물질과 부착조류 등이 풍부하여 어류를 비롯한 수생생물의 서식처를 제공하며, 홍수 시에는 피난처 제공

182. - 토사 및 토석류의 유출을 방지하는 시설은 사방댐에 해당
- 여울과 웅덩이를 조성함에 따라 하천에서 수생생물이 생존할 수 있는 다양한 환경을 가장 간편하고 효과적으로 조성 가능

정답 182. ①

제4과목

제2편

재해지도 작성

제1장

제2편
재해지도 작성

침수흔적도 작성

본 장에서는 과거 발생한 침수피해상황을 파악하고, 침수흔적조사와 측량자료를 검토·분석하여 침수흔적 상황을 기본지도에 표시하는 방법을 수록하였다. 각종 개발계획수립 시 재해예방대책수립을 위한 기초자료로 활용가능하고, 침수예상도 및 재해정보지도를 작성하는 데 기본자료로 활용 가능한 침수흔적도를 작성하는 방법을 상세히 작성하였다.

1절 침수흔적 조사

1. 침수흔적 조사

(1) 침수흔적 조사의 목적

태풍, 호우, 해일 등 풍수해로 인한 피해지역에 대한 침수흔적을 조사하여 침수흔적을 역사적으로 보존·관리하고 침수흔적도 작성 등 재해지도를 작성하는 데 기초 자료로 활용하기 위하여 침수흔적 조사를 실시

(2) 침수흔적 조사 시기

① 「자연재해대책법」 제21조 제2항에 따라 시장·군수·구청장은 침수·범람 등의 피해가 발생한 경우 침수흔적 조사 필요

② 침수흔적 조사는 초동조사와 정밀조사로 구분하며, 침수피해 발생 후 가능한 한 이른 시일 내에 조사비용 등을 포함한 침수흔적 조사계획을 수립하여 신속한 침수흔적 조사를 실시

③ 대하천의 범람 등 단기간 내 끝나지 않는 재해의 경우 재해 진행현장 조사 필요

④ 소하천의 범람의 경우 진행현장 조사가 불가하므로 침수피해 유형에 따라 정밀조사 이전에 초동 조사를 통한 현장을 기록하고 가능한 한 빠른 시일 내 정밀조사 필요

(3) 침수흔적 조사방법

① 초동조사: 침수피해 발생 후 즉시 피해지역을 현지 방문하여 침수흔적 조사

㉠ 현장 도착 후 침수지역의 동서남북 경계에 침수지역에 대한 사진 촬영을 실시하여 침수기록을 확보(침수흔적을 확인할 수 있는 시

★
침수흔적 조사

★
침수흔적도
과거에 발생한 침수피해의 침수상황을 나타내는 지도

★
자연재해대책법 제21조에 따라 시장·군수·구청장이 침수흔적 조사

★
침수흔적 조사방법

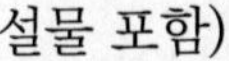

설물 포함)

㉡ 침수 위치 등을 표시할 수 있는 도면과 기록서식을 지참하여 침수 위치, 침수범위, 침수심, 제방 파괴지점 등을 도면에 표시

㉢ 침수흔적의 공간적 범위는 침수 발생 경계점을 평면좌표로 표시

㉣ 조사된 자료는 시·군·구의 재해지도 업무를 담당하는 부서에서 취합하여 관리하고 정밀조사 시 이를 활용

② 정밀조사: 침수흔적 표시·관리, 침수흔적도 작성을 위하여 수행하는 조사

㉠ 기초조사(문헌 및 자료 조사): 문헌자료는 기상청, 국토교통부, 해양수산부, 지역 재난안전대책본부 등 공공기관의 재해 자료와 언론기관의 보도사진, 기사 내용 등을 총망라하여 수집

㉡ 현지조사(직접조사): 초동조사 자료, 현지 지형 여건, 피해복구 상황 등을 검토하고 현지 방문조사를 통하여 재해명, 침수 위치, 침수일자, 침수시간, 침수위, 침수심, 침수구역(도면에 표시), 침수면적, 침수 원인, 침수피해 내용, 피해액 등에 대한 침수흔적 정보를 직접 조사

㉢ 간접조사: 홍수기간 동안의 정확한 강우자료, 그 지역의 지형, 토양, 토지 이용 자료 등을 이용하여 특정 지점에서의 시간별 유출량과 수위를 추정하고, 이를 토대로 침수구역을 추정하는 홍수유출모형 방법과 침수기간에 촬영된 사진자료 등을 이용하여 침수흔적에 대한 정보를 조사

침수흔적 조사기록 서식

도면 표시 번호	침수흔적 조사내용					기타
	침수일자	침수시간 ① 침수시작시각 ② 최고침수시각 ③ 퇴수완료시각	침수심(cm) ① 평균침수심 ② 최고침수심	침수구역	특이사항	
작성예)						
①	2×××.××.××	12시간 ① ××.×× 01:00 ② ××.×× 08:00 ③ ××.×× 13:00	① 50cm ② 80cm	(도면에 표시)	현장도면 사진자료 첨부	

(4) 침수흔적 조사결과 등록 및 보고서 작성·제출

① 침수피해 발생에 따른 침수흔적 조사를 마치면 1개월 이내 침수관리시스템 또는 「침수가뭄급경사지 정보시스템」에 등록하고, 침수흔적

보고서를 작성하여 행정안전부장관에게 제출

② 시스템 등록 및 보고서 작성에 포함되어야 할 내용

㉠ 일반현황

㉡ 방재사업 추진 실태 및 과거 피해사례 조사

㉢ 피해 및 침수 상황

㉣ 피해원인 조사 및 분석

㉤ 침수흔적도

㉥ 향후 개선대책

(5) 침수흔적지 측량

① 기준점 측량

기준점 관측의 방법은 GPS 기기를 통한 3차원 좌표 측량을 실시하여 수준원점과 신설 기준점에 대한 표고를 측정하여 기준점에 대한 표고를 산출

$h = Z_B - Z_A$(GPS 관측 결과에 의한 계산값)

산출점 B에 대한 표고 $H_B = H_A \pm h$

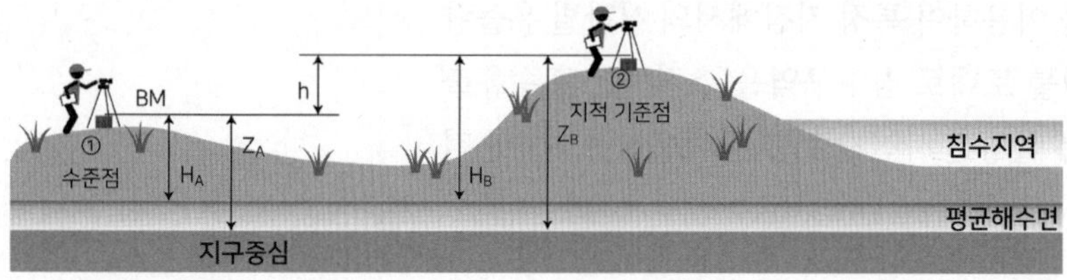

② 침수위(침수범위) 측량

기준점 성과를 기준으로 측량을 실시하고 침수흔적, 침수구역 최외곽선 관측

침수위 $H_B = H_A + h_A - h_b$

$h_b = S \times \sin\alpha$

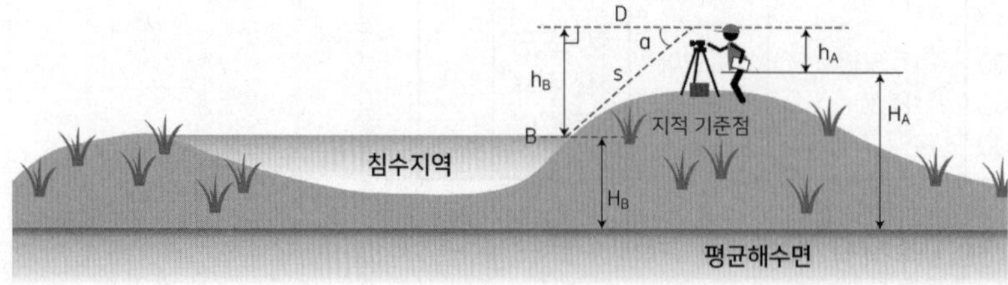

2. 과거의 침수피해상황 파악

(1) 과거 침수피해 조사

① 침수피해 지역에 대하여 홍수 흔적, 기왕 홍수범람구역, 기왕 최대 홍수와 범람피해 상황, 홍수피해 상황 및 상습침수지역 등의 필요한 자료를 조사

② 재해대장, 재해연보, 지역방재계획 등의 자료를 수집하여 과거 대상 유역에서 발생했던 재해피해 기록들을 조사

③ 홍수의 규모를 알 수 있는 수치자료와 함께 홍수피해 조사를 병행하고 침수지역을 표시한 지도나 사진자료를 수집

3. 재해예방대책 수립

(1) 예방·대비 단계

① **방재계획에 활용**

㉠ 재해영향 평가 및 각종 개발계획 수립 시 활용

㉡ 자연재해위험개선지구 정비계획 및 사업에 활용

㉢ 자연재해저감 종합계획에 활용

㉣ 유역관리의 기초자료 제공에 활용

㉤ 토지 이용 규제, 건축 규제 등 홍수터 관리에 활용

㉥ 수방계획, 지역방재계획 등 수립에 활용

㉦ 침수피해 발생 시 대피계획 수립에 활용

㉧ 기타 방재계획 수립 및 사업시행계획 수립에 활용

② **재난대비 교육·훈련·홍보에 활용**

재난 담당 공무원과 주민을 위한 교육 및 훈련에 활용하고, 주민에게 재난 관련 정보를 제공함으로써 자기주도적 방재의식을 고취하는 데 활용

(2) 대응 단계

① **긴급상황에 신속히 대응할 수 있는 정보제공 및 지원에 활용**

㉠ 여러 시뮬레이션 검토 결과에 의거 제작된 침수예상도는 각각의 상황에 따른 신속한 정보제공 및 지원에 활용

㉡ 사전에 파악된 응급차량도로 및 긴급수송도를 통하여 신속한 지원에 활용

★
침수흔적도의 활용

4. 수치지형도·지적도 활용

(1) 수치지형도

컴퓨터상에서 도로, 철도, 건물, 하천 등 다양한 인공지물과 자연지형을 도식(기호)과 3차원의 위치 좌표로 표현한 디지털 지리정보 지도

(2) 지적도

토지의 정보(소재, 지번, 지목, 면적 등)를 기재하여 나타낸 지도

(3) 수치지형도, 지적도의 활용

침수흔적도 작성을 위한 기본지도로 사용

5. 침수흔적 관리시스템의 이해

(1) 침수흔적 관리시스템의 목적

재해지도를 활용한 비구조적 예방대책 마련을 위한 가장 기본적인 지도인 침수흔적도 및 침수흔적 조사결과의 효율적인 관리를 위하여 구축

★ 침수흔적관리시스템

(2) 침수흔적 관리시스템의 기초자료

① 연속수치지형도 및 연속지적도
② 브이월드 지도 API(배경지도로 이용)

(3) 침수흔적 관리시스템의 역할

① 침수흔적 작성 지원
② 침수흔적 정보조회 및 검색
③ 침수흔적도 작성결과물 및 보고서 서비스 지원
④ 침수현황 파악 및 재해 경감을 위한 기초자료 제공
⑤ 국가 재해 경감 업무의 적극적인 지원체계 마련

(4) 침수흔적 관리시스템의 주요기능

① 침수흔적도 가시화
② 침수흔적 조사, 측량 지원 및 자료 등록·관리
③ 침수흔적 민원발급
④ 침수흔적 관련 통계

6. 침수흔적도 작성

★
침수흔적도 작성

(1) 침수흔적도 작성 목적

과거 침수피해 실적을 누적 관리하여 당해 지역의 침수피해상황을 알 수 있도록 하여 각종 개발계획 수립 시 재해예방대책 수립을 위한 자료로 활용하고 침수예상분석 및 재해정보지도를 작성하는 데 기본자료로 활용함을 목적으로 함

(2) 침수흔적도 작성을 위한 기본지도

① 침수흔적도 작성 시 연속지적도 및 수치지형도를 기본지도로 함

② 임야도 항공사진 등을 보조적으로 활용 가능

③ 토지대장, 임야대장을 기준으로 침수피해 내역을 확인할 수 있는 필지조서를 작성

(3) 침수흔적도 전산 관리

① 「자연재해대책법 시행령」 제19조에 따라 각종 재해지도는 전산화하여 관리하는 것이 원칙이므로 침수흔적도는 디지털 형태의 지도로 작성하여 전산관리 필요

② 시장·군수·구청장은 침수흔적도의 효율적 관리 및 활용도 제고를 위하여 「침수가뭄급경사지 정보시스템」을 활용하는 것을 원칙으로 함

(4) 침수흔적도 작성절차

① 침수흔적 조사자료 검토 및 분석

② 침수흔적지 현장측량

③ 침수흔적 상황 도면표시 등

④ 침수흔적 조사자료 데이터베이스 구축 및 자료관리

(5) 침수흔적도 종류

① 연속지적도 기반의 침수흔적도

② 수치지형도 기반의 침수흔적도

③ 연속지적도 및 수치지형도 기반의 침수흔적

(6) 침수흔적도 주요 내용

① 침수흔적도 주요 자료는 기본도형 자료와 침수 상황 자료로 구분

② 기본도형 자료는 연속지적도, 수치지형도, 정사영상(항공사진 및 위성영상) 등 관련 정보를 수집하여 기본도형 자료를 구축하여야 하며 다음과 같은 속성자료가 포함되어야 함

㉠ 연속지적도 자료: 지적선, 지목, 지번 등

㉡ 수치지형도 자료: 표고점, 등고선, 도로, 하천 등 주요 지형지물 현황 등

㉢ 기타 자료: 방재시설물 등

③ 침수 상황 속성자료

재해명, 위치, 침수일자, 침수시간, 침수위, 침수구역, 침수면적, 침수원인, 침수피해 내용, 피해액 등

(7) 침수흔적도 도면작성

① 침수흔적도에 포함하여야 할 속성자료를 활용하여 침수흔적 정보가 명확히 나타날 수 있도록 도면에 표시

② 침수흔적의 표시는 과거의 침수피해상황별로 중첩하여 작성하거나 피해 발생 시기별로 구분하여 침수흔적 정보 표시

③ 침수흔적도의 도면 표시 방법 등은 재해지도 도식 방법에 따름

제2장

제2편
재해지도 작성

침수예상도 작성

침수예상도는 크게 홍수범람도와 해안침수예상도로 구분해 작성한다. 본 장에서는 침수예상도 제작 대상지역의 특성을 고려한 침수예상 시나리오 작성방법과 시나리오별 범람분석의 시행방법을 수록하였다. 또한 범람분석에 따른 침수예상지역을 파악해 향후 대피계획수립 및 방재대책수립 등을 위한 재해정보지도 작성을 위한 기본자료로 활용 가능한 침수예상지도를 작성하는 방법을 상세히 수록하였다.

1절 홍수범람예상도, 해안침수예상도 작성

★
침수예상도

★
홍수범람예상도

★
해안침수예상도

1. 홍수범람예상도 작성

(1) 홍수범람예상도의 목적

홍수범람예상도는 과거의 침수흔적과 홍수 범람해석을 통하여 침수가 예상되는 지역을 미리 예측한 지도로서 방재대책 수립 및 재해정보지도 작성을 위한 기본자료로 활용하는 데 목적

(2) 홍수범람예상도의 작성절차

① 자료수집 및 현장조사
② 조사측량(필요시)
③ 수치표고자료 구축
④ 홍수범람 시나리오 작성
⑤ 수문·수리 분석
⑥ 격자망 구성 및 계산조건 설정
⑦ 범람해석
⑧ 계산 결과의 검증
⑨ 각종 시설의 위치 및 정보전달 계통의 정리
⑩ 홍수범람 예상지도 작성

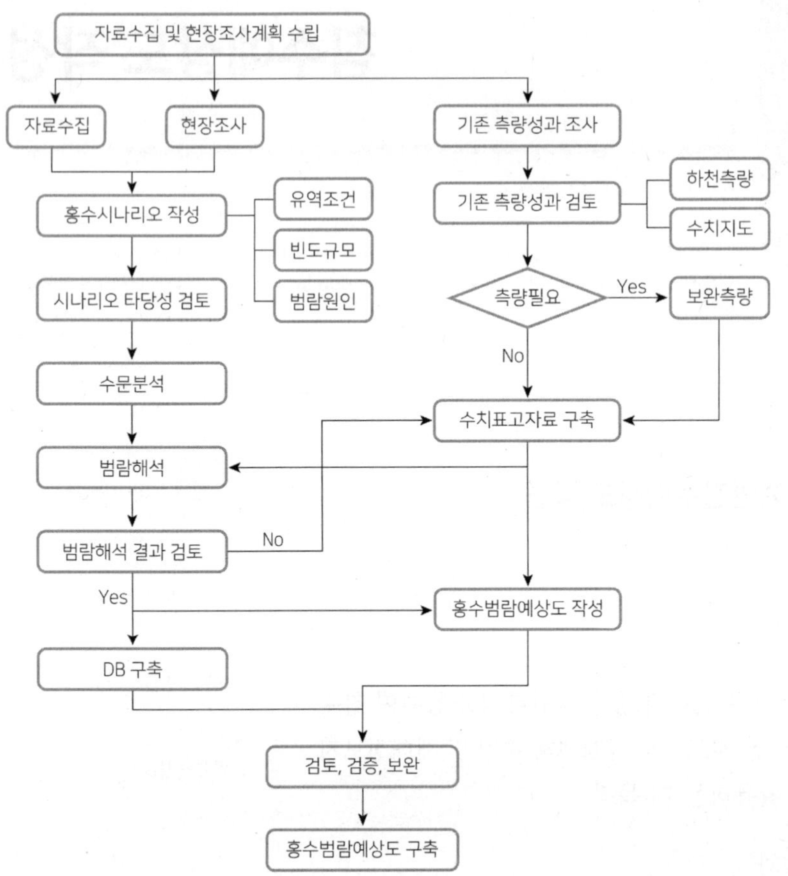

(3) 자료수집 및 현장조사

① 대상지역에 대한 문헌조사, 과거 홍수피해 자료 및 침수흔적 조사자료 등 침수흔적도 제작 시 수집한 자료를 검토·분석하며, 자료보완을 위하여 현장조사를 실시

② 침수예상도 작성에 필요한 기본자료

㉠ 대상지역의 과거 침수흔적과 홍수 범람지역의 범위 및 발생원인

㉡ 수문·수리 분석에 필요한 기상 및 수문자료

㉢ 수로, 암거, 댐 및 제방 등을 포함한 홍수조절용 구조물의 현황 및 유지관리현황

㉣ 건물의 수와 밀집도, 하수도 및 우수관거망 부설현황, 도로 및 포장된 면적 비율현황, 주요 수리구조물 현황, 홍수터 및 제방의 관리상태와 홍수터의 시설현황, 교량, 철도 및 하천부지에 설치된 교각 등의 현황 조사

㉤ 침수예상지역의 토지 이용 및 개발현황

㉥ 대상지역의 도시계획 고시현황 및 도로, 철도 등 홍수피해와 관련

된 공공시설물 등의 건설계획

ⓢ 대상지역에 대한 유역종합치수계획, 하천기본계획 등 치수 관련 계획 자료 등

(4) 조사측량

① 하천에 대한 종·횡단 측량

② 제내지 측량

(5) 수치표고자료 구축

① 조사측량 및 기존 측량성과(하천기본계획, 수치지형도 등)를 바탕으로 구축

② 표고점은 공간좌표(x, y, z)로 표현

③ 홍수 소통과 관련한 지형적 특성을 충분히 반영하여 모의된 홍수범람이 실제 현상에 가깝도록 구축

(6) 가상 시나리오 작성

① 유역조건 시나리오

㉠ 유역의 토지 이용 상태와 홍수터 내의 하도 상황 및 하천시설물 상황

㉡ 개발계획 등을 반영해야 할 필요성이 있는 지역에 대해서는 장래 유역 상황 포함

② 빈도규모 시나리오

㉠ 대상지역에 적용되는 홍수상의 빈도로 표현 가능하며 홍수 사상의 규모를 나타내기 위한 목적으로 작성

㉡ 대상 구간의 해당 제방 설계 당시에 사용되었던 설계강우 빈도를 포함한 강우 혹은 홍수량에 따라서 50, 80, 100, 200년 빈도로 작성하되 지역 특성을 고려하여 빈도를 조절 가능

③ 범람 시나리오

㉠ 홍수방어시설의 월류나 붕괴를 가정하여 극한 상황에서의 범람위험도를 평가하기 위한 목적으로 작성

㉡ 범람 원인분석을 통하여 제방 월류나 붕괴, 배수시설의 붕괴, 배수장 미작동 등 각종 홍수방어시설의 붕괴 등에 대한 시나리오를 작성

㉢ 외수범람 시나리오는 본류 하천수가 제내지로 범람되는 상황을 나타내는 것으로, 범람 원인은 계획빈도를 초과하는 홍수에 대한 월류와 치수 시설물의 붕괴에 따른 범람으로 구분

(7) 수문·수리 분석

① 하천기본계획이 수립된 하천은 수립 시 적용된 수문 분석절차를 우선 적용

② 수립되지 않은 하천의 홍수량 산정은 강우-유출해석에 의해 이루어짐

㉠ 확률강우량 산정

㉡ 확률홍수량 산정

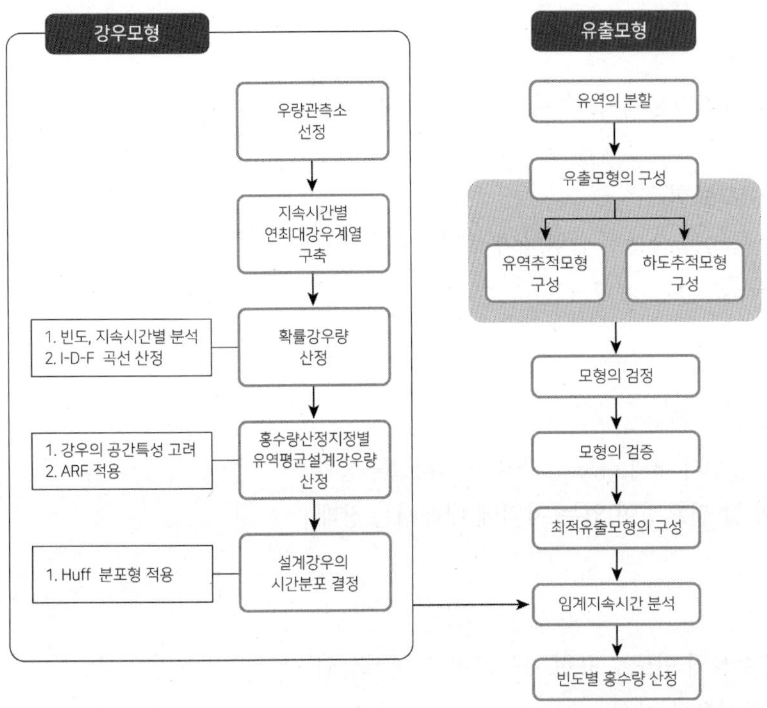

(8) 범람해석

① 제방의 월류 및 붕괴에 따라 설정된 홍수범람 시나리오에 따라 적절한 수문·수리학적 모형을 통하여 수행되어야 함

② 홍수 발생 원인별로 해석 필요

③ 대상지역의 중요도, 범람지역의 지형조건, 이용 가능 자료의 범위 및 침수예상도 활용 목적 등에 따라 범람해석 방법을 선정하여야 함

★ 범람 유형

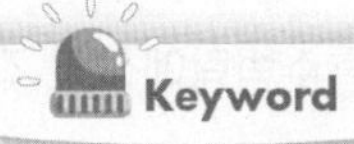

④ 범람 유형별 해석방법

㉠ 유하형 범람: 범람수가 하천을 따라 유하하는 범람으로 범람 수위가 하천의 종단방향으로 수면 경사를 가짐

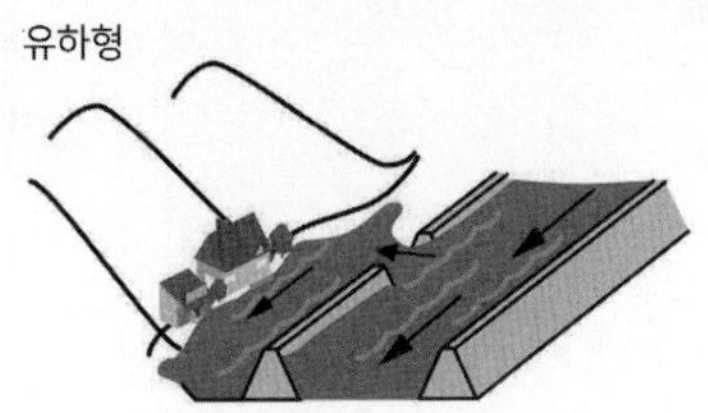

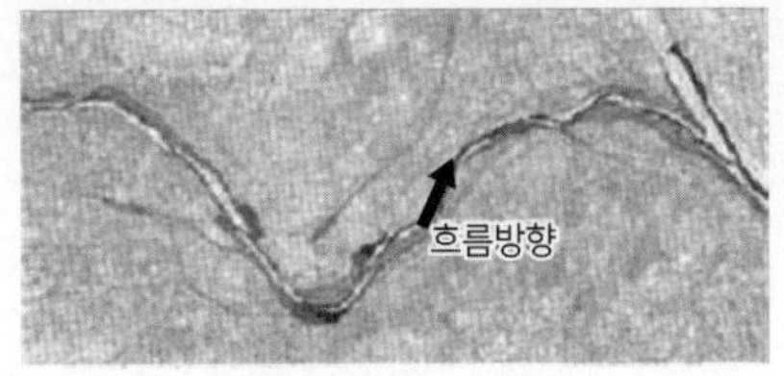

㉡ 저류형 범람: 범람수가 폐쇄형 수역에 저류되는 범람, 범람 수위 거의 동일

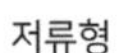

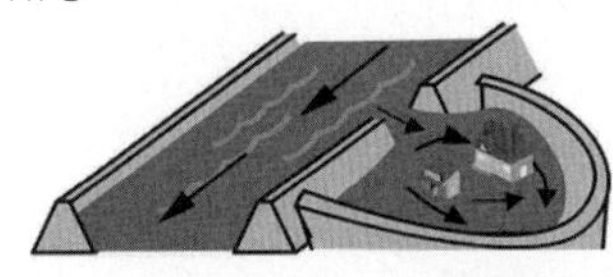

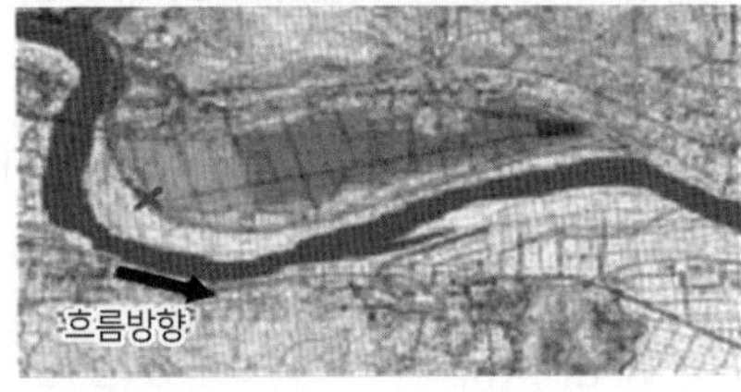

㉢ 확산형 범람: 범람수가 지형에 따라서 확산하는 범람

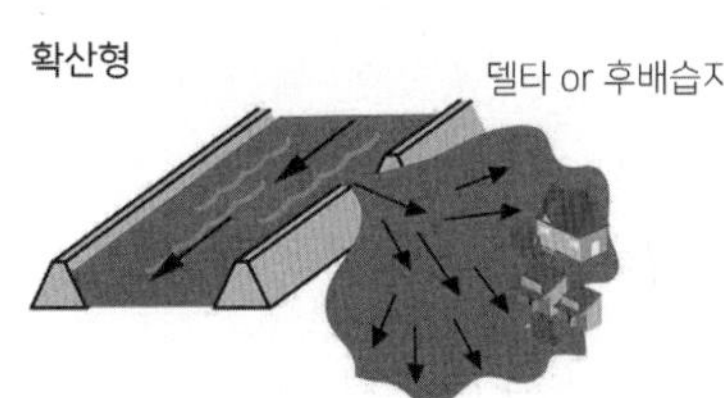

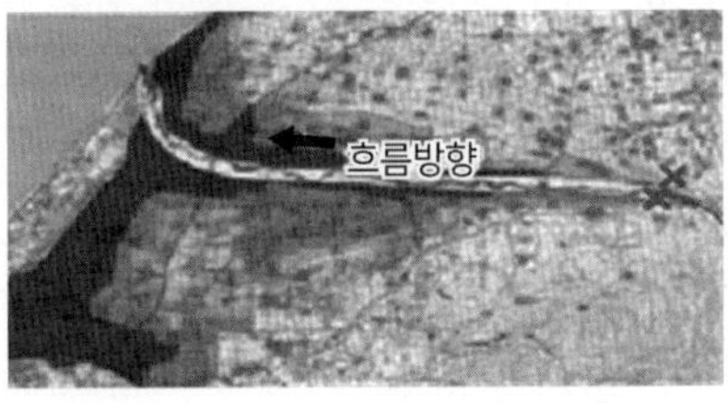

(9) 시나리오별 홍수범람예상도 작성

하천기본계획 상의 계획빈도, 제방 월류 및 제방 붕괴 조건 등에 대한 시나리오를 구성한 후 홍수범람예상도를 작성

① 하천기본계획 상의 빈도를 기준으로 하되 필요한 경우 기후변화의 영향을 고려하여 상위빈도를 선정하여 분석

② 월류조건의 경우 계획빈도 홍수위와 제방고를 비교하여 월류구간을 설정하고 붕괴조건의 경우 제방 안정성 분석을 실시한 후 설정

(10)홍수범람예상도 작성

기본도에 범람해석 결과를 표시하고, 다른 재해지도의 작성 및 치수계획 수립 시 활용도를 극대화하기 위하여 수치지형도 형태로 제작하여 활용하는 것을 원칙으로 함

2. 해안침수예상도 작성

(1) 해안침수예상도의 목적

해안침수예상도는 태풍, 호우, 해일 등으로 인하여 해안지역에서 발생할 수 있는 피해 가능성을 예측하여 침수예상지역, 침수(피해)예상범위, 예상침수심 등을 표시하고, 방재대책 수립 및 재해정보지도 작성을 위한 기본자료로 활용함과 동시에 주민들의 재난대처 능력 고양이 목적

(2) 해안침수예상도의 작성절차

① 해안침수자료 조사
② 가상 시나리오 작성
③ 해저지형 및 육상 지형자료 수집 및 측량
④ 계산영역 설정 및 수치표고자료 구축
⑤ 격자망 구성 및 계산조건 설정
⑥ 모형 검증 및 시나리오별 수치계산
⑦ 수치계산 결과의 해석 및 정리
⑧ 시나리오별 계산 결과의 검증
⑨ 시나리오별 해안침수예상도 작성
⑩ 각종 시설의 위치 및 정보전달 계통의 반영
⑪ 침수예상도의 작성
⑫ 시나리오별 DB 구축

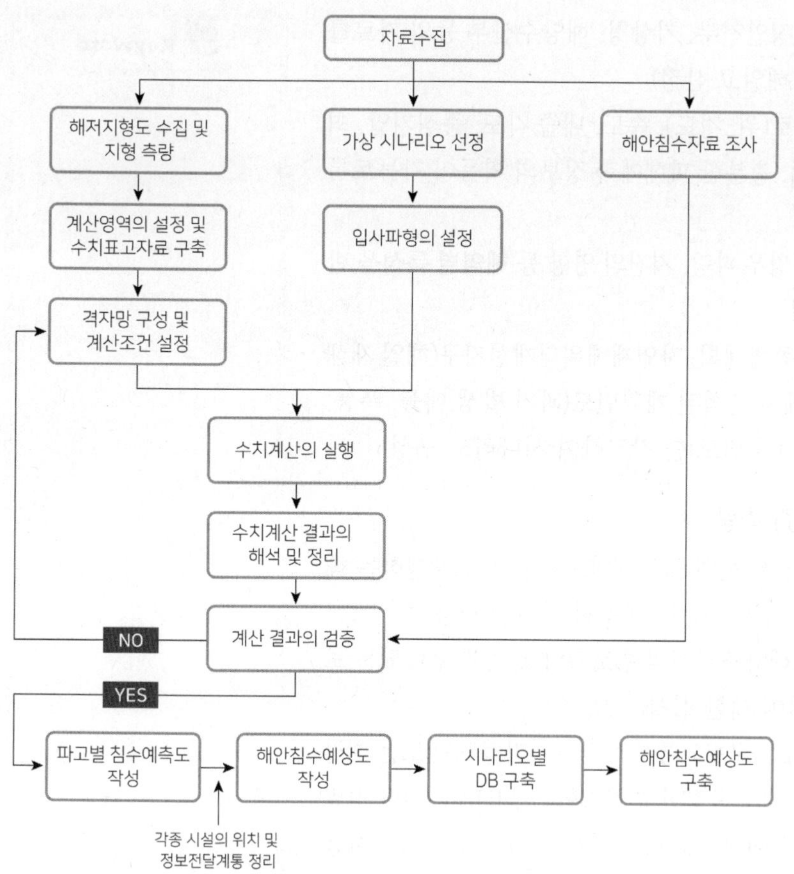

Keyword

(3) 자료수집 및 현장조사

① 대상지역에 대한 문헌조사, 과거 침수흔적 조사자료 및 원인별(고조, 파랑, 지진해일, 폭풍해일, 태풍) 해안침수 이력 등 침수흔적도 제작 시 수집한 자료를 검토·분석하며, 자료보완을 위하여 현장조사를 실시

② **침수예상도 작성에 필요한 기본자료**

㉠ 대상지역의 과거 침수흔적도

㉡ 재해위험지구 지정현황

㉢ 대피소 현황

㉣ 기제작된 재해지도 제작현황

㉤ 지자체 보유 지형측량성과 및 하천현황

㉥ 기타 지자체에서 보유한 각종 재난 관련 자료

(4) 가상 시나리오 작성

① 해안침수를 발생시킬 수 있는 원인별 시나리오 작성 시에는 해안으로

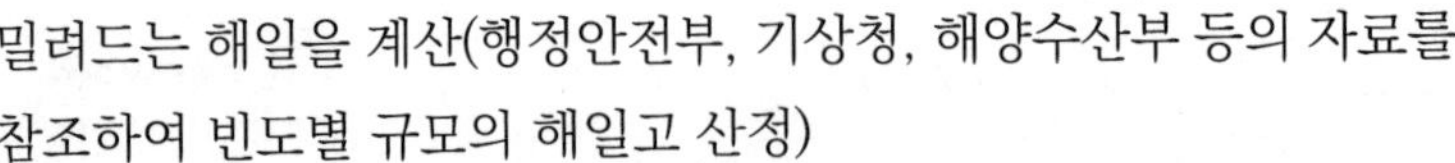

밀려드는 해일을 계산(행정안전부, 기상청, 해양수산부 등의 자료를 참조하여 빈도별 규모의 해일고 산정)

② 태풍의 주요 인자[이동경로(위, 경도), 속도, 내습 각도, 중심기압, 최대풍 반경 등]를 조합하여, 충분한 피해예측 정보의 획득이 가능토록 작성

③ 서해안은 조석, 동해안의 경우 파랑, 지진의 영향 등 해역별 특성을 반영한 가상 시나리오 구성

④ 관련 계획[자연재해저감 종합계획, 자연재해위험개선지구(해일 재해위험지구) 정비사업 등]에서 분석된 계획빈도(과거 발생 태풍, 폭풍, 해일, 50, 100, 150, 200년 빈도)를 참고하여 시나리오 구성

(5) 해저지형 및 육상자료 수집·측량

① 해저지형 자료는 해양수산부 산하 국립해양조사원에서 발행하는 해도를 사용함을 원칙으로 하며 가능한 대축척 자료를 사용

② 자료가 부족한 경우 국립해양조사원의 수로측량 기준에 부합되는 보완 측량을 실시하고 성과에 대한 심사 필요

③ 대상지역의 육상지형 자료는 국토교통부의 국토지리정보원 또는 해양수산부의 국립해양조사원에서 측량한 수치지형도, LiDAR, 기타 정밀 측량성과를 사용하는 것을 원칙으로 하며 가능한 대축척 자료를 사용

④ 외해역의 수심 정보는 국내외적으로 공인된 기관에서 배포되는 자료 참고

⑤ 해안선 자료는 국립해양 조사원의 해안선 조사 측량성과를 활용하며, 성과가 부재한 지역은 수치지형도의 해안선으로 대체 가능

(6) 계산영역 설정 및 수치표고자료 구축

① 해안침수예상도 제작 대상지역에 영향을 줄 수 있는 먼 바다와 침수가 예상되는 내륙지역을 충분히 포함시킬 수 있는 넓은 범위의 계산영역을 설정

㉠ 지진해일에 의한 침수예상도 작성 시 최소한 수심이 100m보다 깊은 외해영역을 포함해야 한다.

㉡ 폭풍해일의 경우, 태풍 경로가 포함될 수 있도록 충분히 넓은 범위로 계산영역을 선정

㉢ 서해와 같이 전역에 걸쳐 수심이 얕은 해역에서 이상고조 및 기상해일에 의한 범람해석 시에는 조간대 폭에 2배 이상의 해역을 포함시키는 것이 권장됨

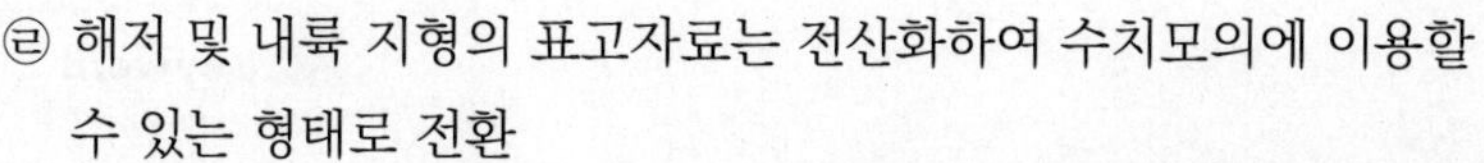
㉣ 해저 및 내륙 지형의 표고자료는 전산화하여 수치모의에 이용할 수 있는 형태로 전환

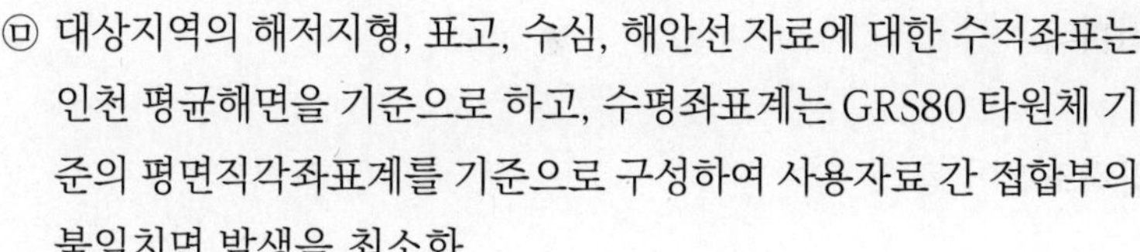
㉤ 대상지역의 해저지형, 표고, 수심, 해안선 자료에 대한 수직좌표는 인천 평균해면을 기준으로 하고, 수평좌표계는 GRS80 타원체 기준의 평면직각좌표계를 기준으로 구성하여 사용자료 간 접합부의 불일치면 발생을 최소화

(7) 격자망 구성 및 계산조건 설정

① 해저 및 해안지형을 표현할 수 있도록 해석 기법에 따라 삼각형 또는 사각형 형태의 2차원 격자망 구성 필요

㉠ 격자망의 크기는 인공해안선 및 자연해안선의 재현이 가능하도록 최소 30m 이하로 구성

㉡ 먼 바다보다는 수치해석 오차가 크게 발생되는 연안역에서 조밀하게 구성 필요

② 계산 시간 간격 및 각종 매개변수는 안정적으로 수치계산을 수행하고 실제 현상을 충실히 반영할 수 있는 방향으로 설정

(8) 모형 검증 및 시나리오별 수치 계산

① 시나리오별 수치 계산에 앞서 대표적인 과거 피해사상을 선정하고 이에 대한 검증을 통하여 구축된 모형의 범람 재현성 검토를 수행

㉠ 범람모의 검증은 현지조사를 통하여 수집한 과거 침수흔적 자료와 비교를 통하여 침수면적, 침수심에 대한 검증 수행

㉡ 수치모의에 적용되는 모형은 해일, 범람 모의가 동시 수행 가능해야 하며, 국내 외적으로 적용성이 검증된 모형을 사용

㉢ 국외적으로 공인된 모형이라도 국내에 최초 적용 시에는 적용성 검토를 수행하고 관련 전문가의 의견수렴 필요

② 구축된 시나리오별로 수치 계산을 실행하며 계산시간은 원인별로 연안역에 충분히 내습하는 시간 동안 수행

㉠ 지진해일의 경우 3시간 이상

㉡ 폭풍해일의 경우 2일 이상

㉢ 해일 모의검증 시 국립해양조사원의 기준 조위관측소(1분 간격 관측자료)로부터 산정한 해일고 자료와 비교 및 검증 필요

㉣ 단 1분 간격 관측 자료의 획득이 불가능하면 가능한 한 최소시간 간격 관측 자료를 참조하고, 해당 관측 자료 시간 간격에 대한 해일고 오차범위를 명시하여야 함

③ **해안침수심 모의과정**

㉠ 조석 및 해일의 발생

㉡ 해양에서 연안으로의 전파

㉢ 육상으로의 범람

㉣ ㉠, ㉡의 결과가 ㉢의 입력조건이 됨

(9) 수치계산 결과 해석 및 정리

① 해안지역의 침수심 변화, 최대 침수심을 2차원 계산 격자망 위에 도시

② 중간결과 자료를 DB로 구성하여 결과 검토 시 용이하게 활용

(10) 시나리오별 계산 결과 검증

① 수치해석상에서 발생될 수 있는 질량손실을 체크하여 모형의 오류를 조사

② 허용 기준 이상의 오차가 발생되거나 종합적인 분석에서 비합리적이라 판단될 경우 격자망 및 계산조건 재검토

(11) 시나리오별 해안침수예상도 작성

① 최종 계산결과를 이용하여 해안지역에 발생 가능한 해일고를 기준으로 침수심을 설정하고 빈도별 해안침수예상도 작성

㉠ 빈도별 도면제작을 위한 기준 해일고는 국립해양조사원의 조위관측소별 관측자료를 분석하여 산정

㉡ 조위관측소가 부재한 지역의 경우 공인된 연구결과를 활용

㉢ 외력조건에 조석이 고려된 경우에는 빈도별 고극조위를 산정하여 이를 빈도별 도면제작에 활용

② 시나리오 결과에서 해당 빈도의 동일한 해일고가 도출된 결과가 없을 경우는 해당 빈도 해일고에 가장 유사한 결과(오차 5% 이내)로 판단되는 시나리오 결과를 중첩하여 작성

2절 홍수예상 시나리오에 따른 범람해석

★ 범람해석

1. 홍수범람예상도

(1) 범람해석

① 제방의 월류 및 붕괴에 따라 설정된 홍수범람 시나리오에 따라 적절한 수문·수리학적 모형을 통하여 수행되어야 함

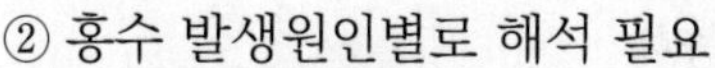

② 홍수 발생원인별로 해석 필요

③ 대상지역의 중요도, 범람지역의 지형조건, 이용 가능 자료의 범위 및 침수예상도 활용 목적 등에 따라 범람해석 방법을 선정하여야 함

④ **범람 유형별 해석방법**

㉠ 유하형 범람: 범람수가 하천을 따라 유하하는 범람으로, 범람 수위가 하천의 종단방향으로 수면 경사를 가짐

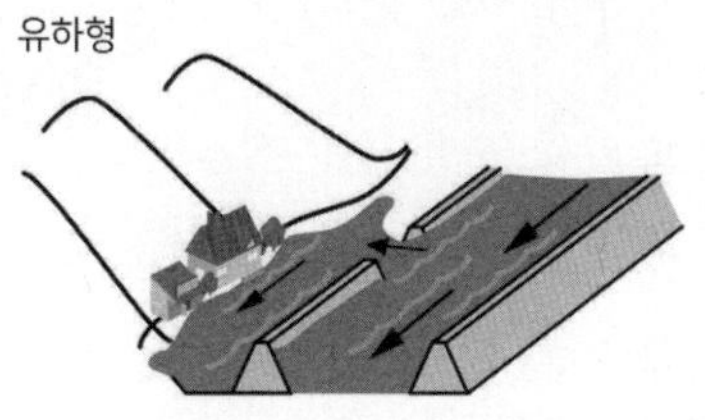

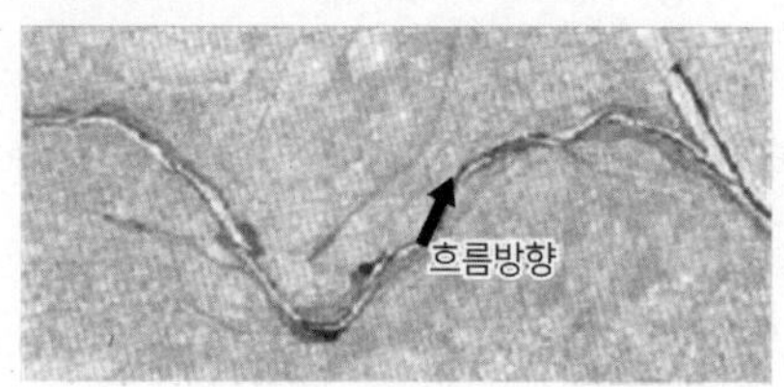

㉡ 저류형 범람: 범람수가 폐쇄형 수역에 저류되는 범람, 범람 수위 거의 동일

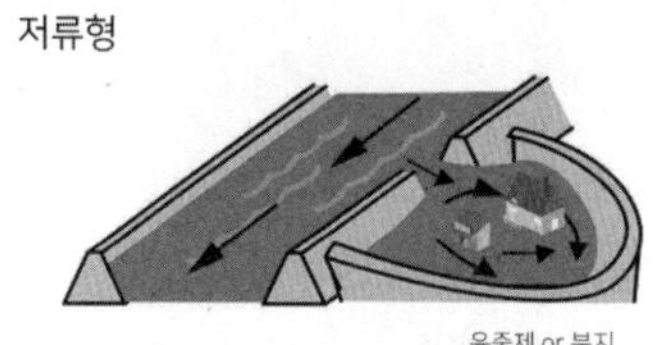

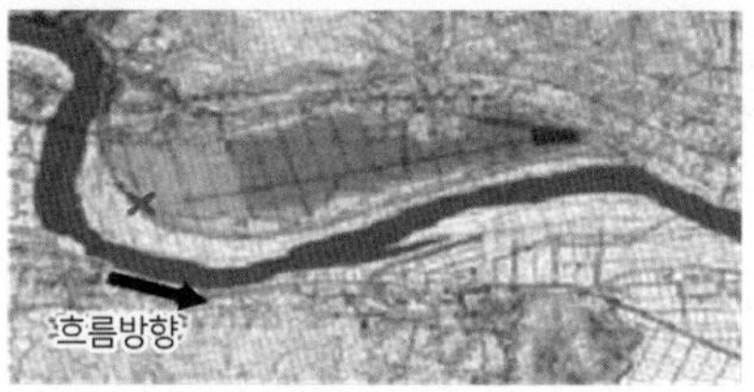

㉢ 확산형 범람: 범람수가 지형에 따라서 확산하는 범람

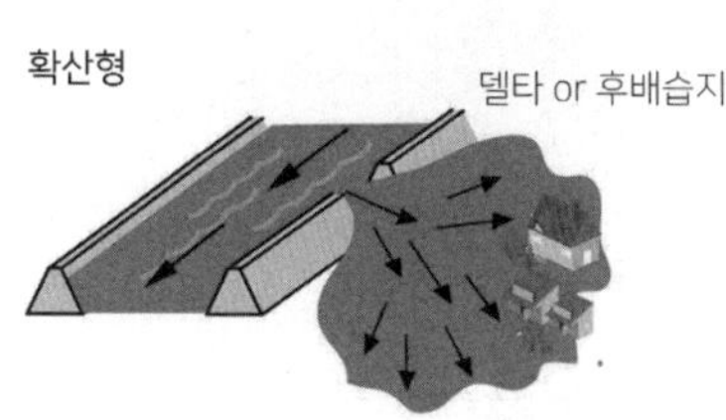

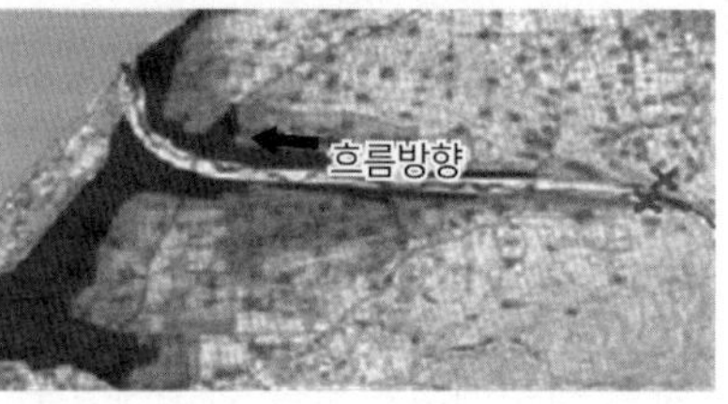

2. 해안침수예상도

(1) 모형 검증 및 시나리오별 수치계산

① 시나리오별 수치계산에 앞서 대표적인 과거 피해사상을 선정하고 이에 대한 검증을 통하여 구축된 모형의 범람 재현성 검토를 수행

㉠ 범람 모의검증은 현지조사를 통해서 수집한 과거 침수흔적 자료와 비교를 통하여 침수면적, 침수심에 대한 검증 수행

㉡ 수치모의에 적용되는 모형은 해일, 범람 모의가 동시 수행 가능해야 하며, 국내외적으로 적용성이 검증된 모형을 사용

㉢ 국외적으로 공인된 모형이라도 국내에 최초 적용 시에는 적용성 검토를 수행하고 관련 전문가의 의견수렴 필요

② 구축된 시나리오별로 수치계산을 실행하며 계산시간은 원인별로 연안역에 충분히 내습하는 시간 동안 수행

㉠ 지진해일의 경우 3시간 이상

㉡ 폭풍해일의 경우 2일 이상

㉢ 해일 모의검증 시 국립해양조사원의 기준 조위관측소(1분 간격 관측 자료)로부터 산정한 해일고 자료와 비교 및 검증 필요

㉣ 단 1분 간격 관측 자료의 획득이 불가능하면 가능한 한 최소시간 간격 관측자료를 참조하고, 해당 관측 자료 시간 간격에 대한 해일고 오차범위를 명시하여야 함

③ 해안침수심 모의과정

㉠ 조석 및 해일의 발생

㉡ 해양에서 연안으로의 전파

㉢ 육상으로의 범람

㉣ ㉠, ㉡의 결과가 ㉢의 입력조건이 됨

Keyword

3절 침수예상지역 파악

1. 침수예상지역 파악

(1) 침수예상도

① 분석된 범람해석 결과를 토대로 침수예상지역을 침수예상도 도면에 표시

② 침수예상도는 방재계획 수립 시 지역 재난안전대책본부장의 의사결정에 필요한 정보로 활용, 대피계획 수립 시 위험지역 및 대피소 선정의 기초자료로 이용 가능

제3장

재해정보지도 작성

제2편
재해지도 작성

본 장에서는 하천의 범람이나 지형적 특성에 따라 침수가능성을 예측하고 수해로 인한 위험성을 확인할 수 있는 침수예상도를 기초로 하여 피난활용형, 방재정보형 및 방재교육형 재해정보지도 작성방법을 수록하였다. 재해정보지도별 특성에 따라 홍수 시 대피장소, 대피권고나 지시 등의 발령, 대피경로의 위험요소 등 주민이 대피할 때 꼭 필요한 정보를 제시할 수 있도록 하였다.

1절 피난활용형, 방재교육형, 방재정보형 재해정보지도 작성

Keyword

★
재해정보지도
- 피난활용형
- 방재교육형
- 방재정보형

1. 재해정보지도의 일반 사항

(1) 재해정보지도의 작성 목적

① 재해정보지도는 자연재해 예방 및 경감을 위하여 침수가 예상되는 지역에서 신속한 주민대피 등을 위한 목적으로 작성

② 침수정보와 대피계획(정보)이 포함되도록 작성

③ 재해정보지도는 기초자치단체의 장이 작성하며 필요한 경우 일반인과 공유

(2) 재해정보지도의 작성 원칙

① 재해정보지도에는 침수피해의 발생원인에 따라 내륙지역의 하천범람 또는 내수배제 불량과 해안지역 등 도서지역의 해일 등으로 인한 침수(예상)지역으로 구분하여 침수 발생원인에 부합하는 재해정보를 수록

② 재해정보지도는 기본적으로 재해 발생 시 주민들에게 신속한 대피정보를 제공하여 피해를 예방·경감하기 위한 목적으로 작성하는 지도로서 활용 목적에 따라 지도의 형태, 수록정보의 양을 달리하여 피난활용형, 방재교육형, 방재정보형 등으로 구분

③ 재해정보지도는 피난활용형 재해정보지도를 기본으로 작성하고 이를 기초로 방재교육형, 방재정보형 재해정보지도를 작성

④ 침수구역이 협소하거나 정보의 양이 적고, 복합하지 않은 경우 하나로 통합하여 작성

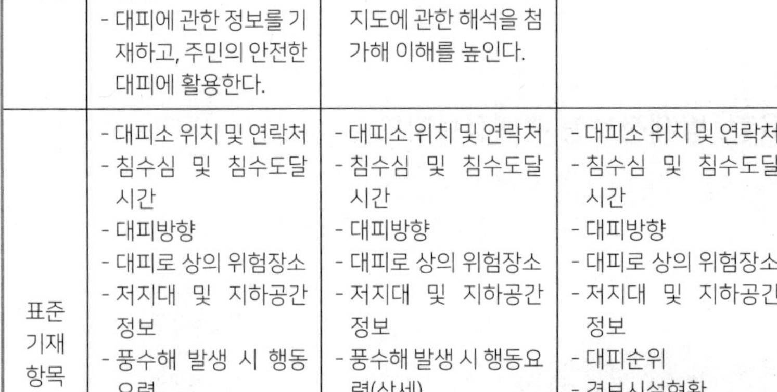

분류	피난활용형	방재교육형	방재정보형
작성 단위	지방자치단체	지방자치단체	지방자치단체
사용 대상자	주민	주민	방재업무담당 공무원
작성 목적	- 침수 위험성에 대한 정보를 기재하고 주민이 거주하고 있는 지역의 범람 위험도를 인식시킨다. - 대피에 관한 정보를 기재하고, 주민의 안전한 대피에 활용한다.	- 범람으로 인한 피해 등 방재에 관한 여러 정보를 학습하도록 하여 재난대비 역량을 높인다. - 피난활용형 재해정보지도에 관한 해석을 첨가해 이해를 높인다.	- 주민의 피난유도나 방재활동에 유용하다. - 위험시설 및 대피시설 관리에 활용될 수 있다.
표준 기재 항목	- 대피소 위치 및 연락처 - 침수심 및 침수도달 시간 - 대피방향 - 대피로 상의 위험장소 - 저지대 및 지하공간 정보 - 풍수해 발생 시 행동요령 - 경보발령체계 - 재해 시 대피준비물 - 공공기관, 의료기관 정보 및 연락처 - 작성기관, 작성일	- 대피소 위치 및 연락처 - 침수심 및 침수도달 시간 - 대피방향 - 대피로 상의 위험장소 - 저지대 및 지하공간 정보 - 풍수해 발생 시 행동요령(상세) - 범람의 발생 특성 - 재해 시 대피준비물 - 공공기관, 의료기관 정보 및 연락처 - 작성기관, 작성일	- 대피소 위치 및 연락처 - 침수심 및 침수도달 시간 - 대피방향 - 대피로 상의 위험장소 - 저지대 및 지하공간 정보 - 대피순위 - 경보시설현황 - 경보발령체계 - 재해취약지구 - 대피소 상세 정보 및 비상연락망
형태	지도, 소책자 혹은 팸플릿		

(3) 재해정보지도의 주요 내용

재해정보지도에는 재해 발생 시 주민이 안전하고 신속하게 대피할 수 있도록 대피에 필요한 다음 사항을 포함

① 과거 침수구역 및 침수가 예상되는 구역의 범위
② 예상침수심 및 침수흔적, 홍수 도달시간
③ 대피가 필요한 구역 범위
④ 대피장소, 대피경로 및 위험요소
⑤ 홍수예보 전달 방법
⑥ 대피정보의 전달 방법
⑦ 대피권고 등에 대한 대피 기준 등
⑧ 지하공간 정보
⑨ 수해의 발생 메커니즘, 지형과 범람형태

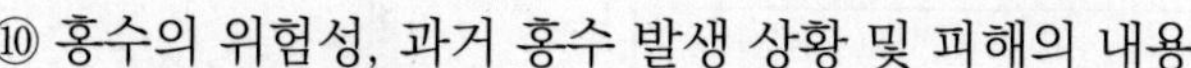

⑩ 홍수의 위험성, 과거 홍수 발생 상황 및 피해의 내용
⑪ 기상정보에 관한 사항
⑫ 재해 발생 시 마음가짐
⑬ 대피 시 준비물 등

종별	항목		내용
피난활용정보	침수정보	침수흔적	과거의 침수실적(과거 최대 또는 최신)
		침수예상	침수예상 구역도, 침수심, 내수침수 상황, 홍수도달시간, 홍수유속, 침수 시의 위험도 등
	대피정보	대피가 필요한 구역	대피가 필요한 구역
		대피 장소	대피시설 명칭, 위치, 전화번호, 방재 메모
		대피경로 및 위험 요소	토석류 위험 구역, 급경사지붕괴위험구역 등 대피경로상에 존재하는 위험요소
		대피시의 마음가짐	대피 시에 명심할 것
		홍수예보 전달방법	홍수예보에 관한 정보 전달 체제
		대피 정보 전달방법	대피정보(대피 권고, 대피 지시 등)의 전달체계
		지하공간 정보	지하공간에서의 대피에 관한 정보(지하공간의 위험성의 인식, 지하 공간의 위치, 지하공간 관리자로부터 지하공간 이용자에 대한 정보전달 체제 등)
		대피 권고 등에 관한 대피 기준	대피 권고, 대피 명령 등의 발령 내용과 행동 지침
		재해 시 구호시설	구호시설(병원, 복지 시설, 학교 등)의 위치, 명칭, 연락처 등
	지도		침수정보 및 대피장소의 위치, 대피로 등을 확인하기 위한 배경 지도
	기타		제목, 설명문, 범례, 축적방위, 시·군·구 명, 작성부서, 전화번호, 작성연월, 관련기관 등
재해학습정보	홍수발생 메커니즘		홍수발생 메커니즘, 하천제방의 파제양상 등
	지형의 범람형태		수해 지형분류도, 토지 조건도, 침수지형분류도, 지반높이 등
	홍수의 위험성, 피해의 내용		피해 실적 등
	과거 홍수의 정보		강우상황, 침수상황, 피해상황
	기상정보에 관한 사항		기상 예보, 경보 내용(비가 내리는 방식 등)

재해학습정보	수해 시 마음가짐	구체적인 행동 지침
	재해정보지도 사용 방법	지해정보지도 사용 방법 및 해설
	수해에 대한 평상시 각오	평상시의 마음가짐
	기타	제목, 설명문, 읍면동명, 작성부서, 전화번호, 작성연월, 대피 시 준비사항 및 준비물, 방재 관계 기관 연락처 등

(4) 재해정보지도의 작성 흐름

재해정보지도는 침수정보를 검토·분석하여 대피지역을 설정하고 이에 따라 대피계획 수립, 지도 작성 순으로 진행

㉠ 작성 조건 설정: 침수흔적, 침수 예상, 작성 범위 등 조건 설정

㉡ 대피계획 검토 및 수립: 대피가 필요한 지역, 대피대상 주민 선정, 대피장소 등을 검토하여 최적의 대안으로 대피계획 수립

㉢ 지도 작성: 침수조건 검토자료 및 대피계획 수립 내용을 정리하여 도면에 표시

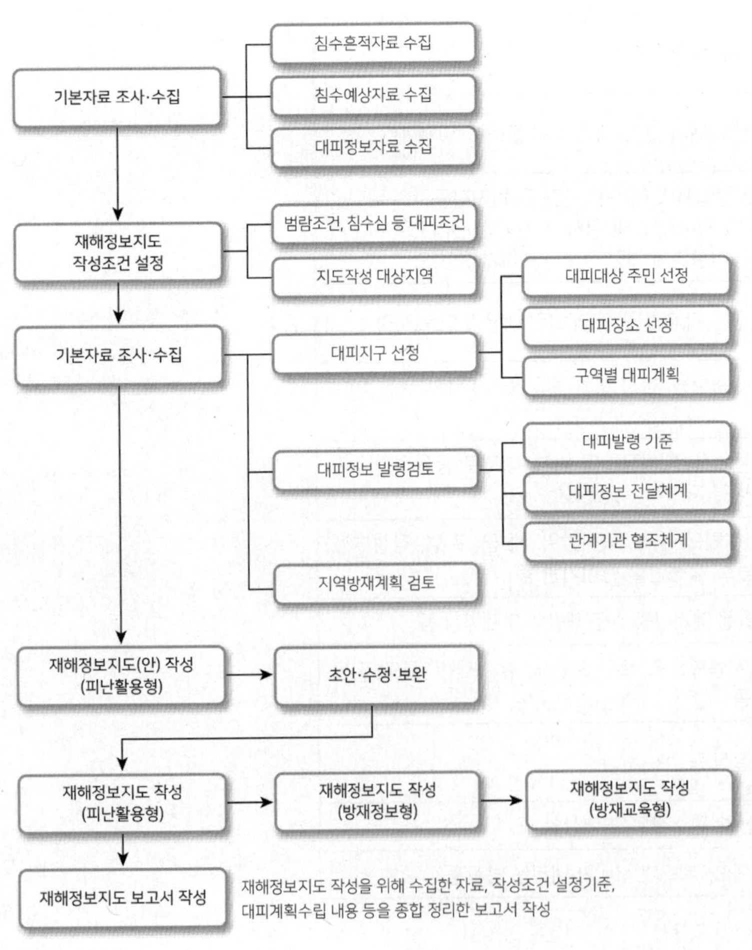

Keyword

2. 재해정보지도 작성 사전 검토

(1) 기본자료 조사

재해정보지도 작성을 위해서는 기본도, 침수정보, 대피 정보 등 기본자료 조사 수집이 필요

① 기본도: 지형 및 지적정보, 도로정보, 공공시설 및 기타 정보
② 침수정보: 침수흔적 정보, 침수예상 정보
③ 대피정보: 대피가 필요한 지역, 대피인구, 대피장소, 대피시설 정보 등

조사항목			자료명
기본도		① 지형 및 지적정보 ② 도로정보 ③ 행정구역별 관내 각종 정보	지형 및 지적도 등 도로지도 등 관내도 등
침수정보	예상	① 침구구역, 침수위, 침수심 ② 제방파괴 후의 범람확산상황 ③ 제방파괴 후의 침수심의 시간경과	침수예상도
	흔적	① 재해명, 침수위치, 침수일자, 침수시간, 침수위, 침수심, 침수구역, 침수면적 ② 침수원인, 침수피해내용, 피해액 ③ 기타	침수흔적도
대피정보	대피장소, 대피로 및 대피인구	① 대피장소(공공시설, 학교, 마을회관, 종교시설, 체육관 등) ② 대피장소 수용규모 ③ 지구별 인구 ④ 지역(시·군·구, 읍·명·동) 경계 ⑤ 주대피로, 보조대피로	지역안전관리계획 관계자료 인구조사자료 관계자료
	대피기준	① 대피기준 ② 대피정보 전달 경로와 전달 방법	지역방재계획
	대피실적	① 대피권고, 지시발령 상황과 전달경로 ② 대피장소 개설상황과 수용상황 및 전달방법	범람 시의 대피에 관한 정보
	위험장소	① 급경사지 붕괴위험지역, 토석류위험구역 ② 과거 범람으로 통행이 금지된 도로 ③ 과거의 붕괴 사면활동이 발생한 지점 ④ 범람구역	관계자료 범람 시 조사자료
시설정보	방재 관련기관	① 기초지자체의 시설(시·군·구청, 주민센터) ② 소방시설(소방서) ③ 정부시설(행정관청, 기상청, 군부대 등) ④ 광역지자체시설(광역시청) ⑤ 경찰기관	기초지자체 편람, 지도, 전화번호부

시설 정보	방재시설, 설비	① 자동경보시설, 스피커, 사이렌 ② 구호시설, 침수위험 표지판 ③ 수위 및 조위관측소	지역안전관리계획서 관계자료 관측소대장
	의료시설	병원, 의원, 보건소	기초 지자체 편람 지도
	라이프 라인 사회 복지시설	① 공급, 처리시설(상수도, 하수도, 가스, 발전소, 변전소) ② 통신시설	기초 지자체 편람 지도
		노인복지시설, 장애인시설	기초 지자체 편람 지도

(2) 현장조사

합리적인 재해정보지도의 작성을 위하여 기본조사와 현장조사를 병행

① 하천 및 제내지 상황
② 대피장소 현장 확인
③ 침수지역 내 건축물현황(지하공간 포함)
④ 대피경로
⑤ 위험지구현황
⑥ 의료시설 및 주요 공공시설현황

3. 재해정보지도 작성

(1) 피난활용형 재해정보지도 표준기재 항목

피난활용형 재해정보지도는 침수정보, 대피정보, 그 외 정보 등 표준 기재항목을 참고하여 작성

① 침수정보(침수흔적, 침수 예상)
② 대피정보(대피가 필요한 지구와 대피장소, 대피경로 및 위험장소)
③ 그 외 정보(대피시기, 정보의 전달경로, 전달수단, 작성주체 등)
④ 단 지역의 실정에 따라 기재항목을 검토 조정 가능

항목		내용	비고
침수 정보	침수예상	침수예상구역	예상침수심 예상침수범위
	침수흔적	침수흔적	

Keyword

대피정보	대피가 필요한 지구와 대피장소	① 대피가 필요한 지역 ② 대피장소	
	대피경로 및 위험장소	급경사지 붕괴위험지역, 토석류발생 위험지역	
그 외 정보	대피시기	① 대피명령 등의 발령내용과 취해야 할 행동 ② 자기주도적 피난의 중요성	
	정보의 전달경로, 전달수단	주민에게 정보의 전달경로와 수단	
	작성주체	① 작성일: 년 월 일 ② 작성기관: ○○시·군·구 ③ 담당과, 소재지, 전화번호	
	그 외	① 명칭 ② 설명문 ③ 대피 시의 마음가짐 ④ 우리 집의 방재 메모 ⑤ 축척, 방위 ⑥ 범례	

(2) 피난활용형 재해정보지도 도면 표시

① 피난활용형 재해정보지도는 재해정보지도의 기본이 되는 지도로서 침수정보(4가지) 등을 검토하여 수립한 대피계획의 내용을 지도상에 표시

㉠ 침수흔적도를 기준으로 침수흔적만 표시

㉡ 침수예상도를 기준으로 침수예상구역 범위를 표시

㉢ 침수예상구역 및 침수흔적 모두 표시

㉣ 침수심 이외의 정보를 병행 표시(홍수 도달시간, 유속, 위험도 등)

② 피난활용형 재해정보지도에는 침수정보, 대피정보, 대피 기준 등을 표시하여야 하며 침수정보의 표시는 침수여건 등을 고려하여 지역 실정에 부합하게 작성

(3) 방재교육형 재해정보지도 표준기재 항목

① 방재교육형 재해정보지도는 방재대책현황, 과거 피해현황, 홍수 발생 특성 등 교육적인 요소를 포함하여 표현 중심으로 구성

② 이해하기 쉬운 그림이나 사진 등을 가능한 한 많이 포함하여 누구나 쉽게 알아볼 수 있도록 작성

③ 일반 주민이 이해하기 어려운 용어의 사용을 지양

기재항목	내용
방재대책현황	해당 지자체의 방재대책현황 등을 기재한다.
과거 피해상황	기존 홍수 발생 시의 수문, 기상상황(우량, 수위, 유량), 침수정보(침수범위, 침수심, 침수지속기간), 피해상황, 대피상황 등을 기재한다.
비가 내리는 정도	강우강도(1시간에 내릴 강우량)에 따른 발생 상황 등과 그 때의 상황이나 피난상황과의 관계를 그림이나 사진, 설명문 등으로 알기 쉽게 해설한다.
방재정보의 전달경로	기상경보, 대피권고 등의 전달경로를 알기 쉽도록 표시한다.
홍수 발생 특성	홍수가 어떻게 해서 발생하는가, 지역 특성을 고려하여 알기 쉽도록 해설한다.
평상시, 홍수 시의 마음가짐	평상시, 홍수 시의 마음가짐을 정리해 간단하게 기재한다.
피난활용형 재해정보지도 보는 법	피난활용형의 재해정보지도의 내용에 관하여 해설을 덧붙인다.
피난활용형 홍수 재해지도의 사용법	피난활용형의 재해정보지도로 자신의 집과 대피장소까지 경로의 기입방법, 우리 집의 방재메모 기입방법 등을 기재한다.

(4) 방재교육형 재해정보지도 도면 표시

① 방재교육형 재해정보지도는 피난활용형 재해정보지도를 기반으로 지역주민의 재해에 대한 의식제고 및 학습을 목적으로 작성한 지도로서 재해 유형별 주민 행동요령 등의 검토 내용을 지도상에 표시

② 방재교육형 재해정보지도에는 풍수해 발생 시 행동요령(상세)과 범람의 발생 특성 등을 표시

- ㉠ 범람으로 인한 피해 등 방재에 관한 여러 정보를 학습하도록 하여 재난대비역량 강화
- ㉡ 피난활용형 재해정보지도에 관한 해석을 첨가하여 주민의 이해를 높임

범람의 발생 특성 예시

- 하천 수위 상승으로 인한 내수배제 불량에 따른 침수 발생
- 불투수층의 증가로 도심지 내수침수의 위험도 증가
- 하천 및 우수처리시설 정비 불량으로 인한 내수침수피해의 증가

풍수해 발생 시 행동요령 예시

- 호우·태풍이 올 때 가정에서는
  ① 라디오, TV를 통하여 기상상황을 계속 청취하고, 축대나 담장이 무너질 염려가 없는지, 바람에 날아갈 물건은 없는지 다시 한 번 확인한다.

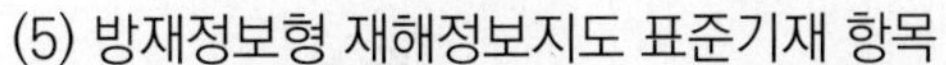

(5) 방재정보형 재해정보지도 표준기재 항목

① 방재정보형 재해정보지도는 피난활용형 재해정보지도를 기초로 시·군·구의 방재업무 담당자 등이 대피유도활동, 방재활동, 구조활동 등을 원활하게 수행하는 데 필요한 관련 정보를 일목요연하게 표시하여 작성

② 시·군·구의 담당부서에서 필요한 정보를 추가하여 작성 가능

㉠ 대피장소
㉡ 대피장소의 수용인 수
㉢ 대피지역 내 재해약자 수
㉣ 대피장소마다의 식음료 비축 상황
㉤ 위험물 저장소
㉥ 수방용 기자재 비축 상황
㉦ 기타 대피 및 구조활동 시 필요한 정보 등

(6) 방재정보형 재해정보지도 도면 표시

① 방재정보형 재해정보지도는 주로 행정적으로 활용하기 위한 지도로서 지역주민의 대피유도 및 방재활동에 필요한 정보를 검토하여 지도상에 표시

② 방재정보형 재해정보지도에는 위험시설 및 대피관리 등을 고려하여 지역 실정에 맞게 작성

㉠ 재해정보지도에 표시하는 대피 순위는 대피 순위별 범위를 지정하고 색을 달리하여 표시

㉡ 경보시설현황은 경보시설 구분, 관리번호, 관리책임자 및 연락처, 설치 일자, 설치 장소 등 표시

경보시설현황 예시

시설물 설치 사진	경보시설 구분	경보사이렌
	관리번호	XXXXXXX
	관리책임자 및 연락처	OOO (000-000-0000)
	설치 일자	0000년 00월 00일
	설치 장소	주소 및 건물명

㉢ 재해취약지구는 시설명, 준공연도, 지상 및 지하 층수, 연면적, 등급, 현황 및 문제점 등을 표시

재해취약지구 현황 예시

관리번호	시설명	준공연도	층수		연면적 (m^2)	등급	현황 및 문제점
			지상	지하			
000	00빌라	0000	00	0	00,0	D	'96. 2. 14. 건물 노후 별체 미세균열 발생으로 재난위험시설 D등급 지정

Keyword

2절 대피정보

★ 대피계획

1. 대피계획

(1) 대피계획의 정의

대피계획이란 침수 예상조건에 따라 대피가 필요한 지역 선정, 대피인구, 대피장소, 대피경로 및 수용 능력 등을 종합적으로 검토하여 재해 발생 시 신속한 대피가 이루어질 수 있도록 계획을 수립하는 것

① 침수구역, 침수심 등 침수정보와 대피인구 및 대피장소 등 대피정보 자료를 종합적으로 검토·정리하여 대피가 필요한 지구를 선정

② 대피지역에 대하여 재해가 발생하는 경우 신속한 대피가 이루어질 수 있도록 대피경로, 대피장소, 대피 기준, 대피정보 전달 방법, 연락체계 등을 체계적으로 정리하는 것

③ 수립된 대피계획 정보를 지도상에 표시하여 대피 활동에 활용할 수 있는 피난활용형 등의 재해정보지도를 작성

(2) 대피 대상 지구 선정

① 침수정보의 정리·검토 결과 침수피해 발생 시 지역주민의 인명피해가 우려되는 지역을 대상으로 대피 대상 지구를 선정

② 대피 대상 지구의 구분은 지역적 특성에 따라 상가, 아파트 단지 혹은 통·리 단위로 세분화하여 대피지역의 대상 범위를 선정

③ 침수피해가 발생할 우려가 있으나 고층건물로서 침수가 되지 않는 층과 0.5m 이하의 침수구역 등에 대하여는 대피 대상 지구에 포함할 것인가를 검토 필요

(3) 대피가 필요한 지역주민 수

① 대피가 필요한 지역의 인구현황을 파악하여 대피계획 수립의 자료로 활용

② 대피인구의 산정은 대피가 필요한 지역의 인구를 직접 조사하거나 주

택 밀집도, 면적비율 등을 통한 간접조사방법에 의하여 산정

③ 대피가 필요한 지역에서 대피 시 도움이 필요한 주민 및 재해약자(노인, 장애인 등)의 수를 조사하여 정리

Keyword

대피대상 주민 수 산정방법

침수 범위	필요 대피자수의 산출방법
지구 전역 침수	- 주민 전원
지구 일부 침수	- 주택의 밀집도나 계층이 지역 전역에서 균등한 경우에는 면적비로 산출 - 주택의 밀집도가 분산된 경우와 지역의 일부분이 포함된 경우에는, 지도상에 당해 지역 주택배치현황을 고려하여 대피가 필요한 지역 내에 편입된 세대수를 배분하는 방법 등으로 산정

(4) 대피장소 선정

① 대피장소를 합리적으로 선정하기 위하여 대피장소에 대한 정보를 조사

㉠ 일반사항(명칭, 주소, 전화번호, 관리자 등)

㉡ 침수정보와의 관계(침수구역 내·외, 침수위 이상의 높이 등)

㉢ 침수 이외의 위험정보와의 관계(산사태, 이동상의 위험 등)

㉣ 이용 가능 면적

㉤ 수용 능력

㉥ 대피경로 및 거리

② 대피장소 설치의 일반적 기준

㉠ 대피장소 설치 위치: 보행 거리로 1km 이내에 지정

㉡ 대피장소 지정대상: 초·중등학교, 시·군·구 마을회관 등 공공시설

㉢ 대피장소의 규모: 대상시설 대피자 적정 수용 규모를 고려하여 지정(보통 1,000명 이하로 지정)

③ 대피장소 지정의 일반적 요건

㉠ 주 대피경로로부터 접근이 용이한 시설

㉡ 원칙적으로 내진·내화의 공공건축물 이용

㉢ 지역 안전관리상 대피장소로 지정된 대상시설이 부족한 경우 사유시설인 민간집합시설, 호텔, 여관, 연수시설, 체육관 등을 대피장소로 지정

㉣ 수용 가능 인원: 원칙적으로 실외 대피장소인 경우 1인당 $2m^2$ 이상, 내부시설인 경우 1인당 $6m^2$ 정도 확보토록 하는 것이 바람직(최저 기준 2인/$3.33m^2$ 이하, 장기 대피자의 경우 1인/$3.33m^2$ 확보가 바람직)

(5) 대피수단 및 경로 설정

① 대피수단은 도보를 원칙으로 하며 대피장소로 신속하고 안전하게 대피할 수 있는 경로를 선택하여 지정

② 대피경로 선정 시 유의사항

㉠ 홍수에 의해 침수 우려가 있는 도로, 철도, 교량, 터널, 급경사지 제외

㉡ 주민대피 시 혼잡이 예상되므로 주택이 밀집되어 대피 행동에 불편을 초래하는 도로는 제외

㉢ 하천제방의 붕괴나 산사태의 위험이 있는 도로 제외

㉣ 대피장소까지의 이동경로를 지정하는 경우 현장에서 도보를 통한 실사를 실시하여 문제 발생 여부를 확인

③ 대피경로는 낮은 곳에서 높은 곳으로 이동하는 것이 원칙

④ 대피경로는 주민들이 익숙한 도로를 선택

(6) 대피정보 전달 방법

① 대피 권고·지시 등의 전달은 안내방송·문자·SNS 등 최적의 대피정보 전달 방법을 선택하여 주민에게 신속·정확하게 전달

(7) 대피 기준 설정

① 대피대상지역의 과거 홍수피해 발생 시의 대피 상황 및 침수흔적 정보 등을 고려하여 대피대상지역별 대피기준을 설정

② 주민들의 원활한 대피 행동을 위하여 사전준비시간을 고려하여 대피 기준 설정

③ 대피준비 단계, 대피명령 단계로 구분하여 대피 상황 정보체계 구축

㉠ 대피준비 단계: 침수 발생이 예상되는 지역에 주민 스스로가 인식하여 대피할 준비를 하거나 대피가 이루어지는 단계

㉡ 대피명령 단계: 현실적으로 침수위험이 닥쳐오고 있어서 「자연재해대책법」 등에 의하여 대피 권고나 지시 또는 강제적인 명령을 발령하는 단계

④ 지역안전관리계획 상에 정해져 있는 대피권고 및 대피명령의 계획이 수립된 경우 이에 부합되도록 하고, 홍수 예·경보가 발령되는 하천에 대해서는 하천의 예·경보 발령체계와 연계하여 기준 설정

대피정보가 발령되는 수위 기준 예(OO홍수통제소 OO천 수위관측 지점)

대피 단계	기준이 되는 수위	비고
대피준비	- OO천 수위 6.8m	대피대상지역의 주민이 쉽게 알 수 있는 특정 지역의 수위를 기준으로 대피 단계를 설정
대피명령	- OO천 수위 7.4m	

Keyword

(8) 지하층 건축물의 대피계획

① 침수 예상구역으로 대피가 필요한 지구 내에 입지한 지하상가, 지하도, 지하철 등 불특정 다수가 이용하는 시설물에 대하여 지하층의 공간구조 등을 미리 조사하여 이에 대비한 대피계획을 수립

㉠ 지하공간 내의 대피경로와 지상으로 이동을 위한 출입구 위치 등을 검토·정리 필요

㉡ 하천으로부터 지하공간까지의 거리와 홍수 도달시간 등을 검토·정리 필요

㉢ 0.5m 이하의 침수 예상구역 중 건물의 지하나 사무실 용도로 이용되는 경우에 대하여 검토·정리 필요

② 해안가 주변의 지하주택 및 상가건물 등에 대하여 해일 등에 의한 침수피해 예방을 위한 대책을 강구하는 대피계획을 반드시 수립

㉠ 해안가 해일 및 홍수 시 지하공간에서의 대피가 어려우므로 침수 전에 대피가 이루어질 수 있도록 하는 정보전달체계 설정

(9) 안전관리계획과의 부합 여부 검토

① 재해정보지도 작성을 위한 대피계획은 「재난 및 안전관리 기본법」 제22조부터 제25조에 따른 안전관리계획의 내용과 부합되도록 수립

② 시·군·구에서 수립한 안전관리계획에는 주민대피계획, 재난 예·경보 요령, 재난정보의 수집 및 전달체계 등이 포함되어 있으므로 재해정보지도 작성 시 이를 검토·반영

(10) 대피계획 수립

① 대피계획의 수립을 위한 대피 대상 지구 선정, 대피 대상 주민, 대피장소, 대피수단 및 경로, 대피정보 전달 방법, 대피 기준, 지하층 건축물 현황 등의 검토자료를 종합검토·분석하여 최적의 대피계획 수립

② 대피계획은 보고서 형태로 작성하고 대피계획의 내용을 반영하여 지도상에 표시하여 재해정보지도를 작성

3절 재해지도 작성 등에 관한 지침

★
재해지도 작성

1. 일반사항

(1) 지침 제정 목적

「자연재해대책법」 제21조 및 동법 시행령(이하 '영'이라 한다) 제19

조에 따라 재해지도를 작성·보급·활용함에 있어서 작성기준 등에 관한 세부 규정을 정하여 재해지도 작성의 표준화 및 활성화에 기여함을 목적

Keyword

(2) 적용범위

「자연재해대책법」 제21조에 따라 중앙행정기관의 장 및 지방자치단체의 장은 각종 재해지도의 제작과 공익 목적을 실현하기 위하여 개인 혹은 단체에서 재해지도를 제작하는 경우 이 지침을 준수하여 작성

(3) 법적 근거

① 「자연재해대책법」 제21조(각종 재해지도의 제작·활용)
② 「자연재해대책법」 제21조의2(재해 상황의 기록 및 보존 등)
③ 「자연재해대책법」 제21조의3(침수흔적도 등 재해정보의 활용)
④ 「자연재해대책법 시행령」 제18조(재해지도의 종류)
⑤ 「자연재해대책법 시행령」 제19조(각종 재해지도의 작성·활용 및 유지·관리 등)

(4) 재해지도의 종류

① 재해지도는 침수흔적도, 침수예상도, 재해정보지도를 통칭
② 「자연재해대책법 시행령」 제18조에 따라 다음과 같이 세분
  ㉠ 침수흔적도: 태풍, 호우, 해일 등으로 인한 침수흔적을 조사·표시한 지도
  ㉡ 침수예상도: 홍수범람위험도(홍수범람예상도, 내수침수예상도), 해안침수예상도
  ㉢ 재해정보지도: 피난활용형·방재정보형·방재교육형 재해정보 지도

2. 용어 정의

(1) 침수

태풍, 호우, 해일 등 풍수해 시 하천의 범람 또는 내수배제 불능 등의 원인으로 물이 불어나는 현상으로 다음과 같은 경우 침수흔적 조사 및 침수흔적도 작성 등을 시행

① 도심 및 농촌의 주거·상업·산업 단지: 대상지역이 0.3m 이상 침수되어 상당한 불편을 야기할 경우
② 농경지: 대상지역의 침수심이 0.7m 이상 발생된 지역을 대상으로 하되 1m 이하인 경우 지방자치단체장이 피해상황을 고려하여 결정(단

수박, 참외, 원예시설 농경지는 침수에 취약하여 0.2m 이상, 12시간 이상 침수된 경우)

③ 지하공간: 침수로 인하여 불편을 야기할 때

④ 그 밖에 지방자치단체의 장이 필요하다고 인정하는 지역

(2) 침수흔적 조사 및 침수흔적도

① 태풍, 호우, 해일 등 풍수해로 인한 침수피해지역의 침수흔적을 조사하는 일체의 행위로, 현장방문 조사 또는 간접조사 등의 방법으로 침수구역, 침수심, 침수시간 등 침수흔적을 조사·측량하는 행위

② 조사·측량된 침수구역에 대하여 침수위, 침수심, 침수시간 등을 조사하여 연속지적도 및 수치지형도 등에 표시한 지도

(3) 침수예상도

① 홍수범람예상도: 태풍, 호우 등 홍수로 인한 내륙지역의 하천범람 위험성에 대하여 정량적인 분석 등을 통하여 침수예상지역, 피해범위, 예상침수심 등을 분석하여 연속지적도 및 수치지형도 등에 표시한 지도

② 내수침수예상도: 도시지역에서 발생한 강우가 우수배제시스템의 배수 능력 부족으로 인하여 제때 배제되지 못하고 침수를 유발하는 현상에 대하여 침수예상지역, 피해범위, 예상침수심 등을 분석하여 연속지적도 및 수치지형도 등에 표시한 지도

③ 해안침수예상도: 태풍, 호우, 해일 등으로 인하여 해안지역에서 발생할 수 있는 침수피해 가능성을 예측하여 침수예상지역, 피해범위, 예상침수심 등을 분석하여 연속지적도 및 수치지형도 등에 표시한 지도

(4) 재해정보지도

① 피난활용형 재해정보지도: 재해 발생 시 대피 요령, 대피장소, 대피경로 등 피난에 관한 정보를 도면에 표시하여 재해 발생 시 지역주민이 직접 활용하는 지도로 재해정보 지도의 기본지도

② 방재교육형 재해정보지도: 피난활용형 재해정보지도를 기반으로 지역주민의 재해에 대한 의식 제고 및 학습을 목적으로 작성한 지도

③ 방재정보형 재해정보지도: 침수예측 정보, 침수 사실 정보 및 병원 위치 등 각종 방재정보가 수록된 생활지도로서 지역주민의 대피유도 및 방재활동에 활용하기 위하여 작성하는 지도

제4장

재해저감대책도 작성

제2편
재해지도 작성

재해저감대책도에는 하천범람, 폭풍해일 또는 지진해일에 의한 해일범람, 댐 붕괴에 따른 홍수범람 등에 대처할 수 있도록 비상시 대피로, 대피장소 등을 작성한다. 따라서 본 장에서는 침수흔적도 및 침수예상도를 기초로 하여 대피계획 수립방법을 자세히 수록하였다.

1절 대피로와 대피장소 제시

1. 대피경로

(1) 대피경로 선정

① 대피경로는 다음의 기준을 고려하여 선정

대피경로 설정기준(예)

구분	성격	비고
주 대피경로	침수예상지역에서 대피장소로 이동하는 주 이동경로	도로 폭 8m 이상
보조 대피경로	침수예상지역 내 주택에서 주 대피경로로 이동하는 경로	도로 폭 8m 미만

② 대피경로 선정 시 유의사항

㉠ 홍수에 의해 침수 우려가 있는 도로, 철도, 교량, 터널, 하천, 급한 경사지 제외

㉡ 주민대피 시 혼잡이 예상되므로 주택이 밀집되어 대피 행동에 장애 발생이 우려되는 도로는 제외

㉢ 하천제방의 붕괴나 산사태의 위험이 있는 도로 제외

㉣ 대피장소까지의 이동경로를 지정하는 경우 현장에서 도보를 통한 실사를 실시하여 문제 발생 여부를 확인

2. 대피장소

(1) 대피장소 선정

① 대피장소를 합리적으로 선정하기 위하여 대피장소에 대한 정보를 조

★
재해저감대책도 작성

사·정리

㉠ 일반사항(명칭, 주소, 전화번호, 관리자 등)

㉡ 침수정보와의 관계(침수구역 내·외, 침수위 이상의 높이 등)

㉢ 침수 이외의 위험정보와의 관계(산사태, 이동상의 위험 등)

㉣ 이용 가능한 면적

㉤ 수용 능력

㉥ 대피경로 및 거리

② **대피장소 설치의 일반적 기준**

㉠ 대피장소 설치 위치: 보행 거리로 1km 이내에 지정·설치

㉡ 대피장소 지정 대상: 초·중등학교, 시·군·구 마을회관 등 공공시설, 교회 등 우선 지정

㉢ 대피장소의 규모: 대피장소의 규모는 대상 시설의 대피자 적정 수용 규모를 고려하여 지정하되 보통 1,000명 이하로 지정

③ **대피장소 지정의 일반적 요건**

㉠ 주 대피경로로부터 접근이 용이한 시설

㉡ 원칙적으로 내진·내화의 공공건축물 이용

㉢ 지역 안전관리상 대피장소로 지정된 대상시설이 부족한 경우에는 사유시설인 민간 집합시설, 호텔, 여관, 연수시설, 체육관, 사원 기숙시설 등을 대피장소로 지정

㉣ 수용 가능 인원: 원칙적으로 실외 대피장소인 경우 1인당 $2m^2$ 이상, 내부시설인 경우 1인당 $6m^2$ 정도 확보토록 하는 것이 바람직함(최저 기준 2인/$3.33m^2$ 이하, 장기 대피자의 경우 1인/$3.33m^2$ 확보가 바람직함)

2절 비상대처계획도 제시

1. 비상대처계획도 작성

(1) 비상대처계획도 작성 포함사항

① 침수흔적도 및 침수예상도

② 대피장소 및 대피 방향

③ 주민대피 행동요령

④ 저수지 비상상황 모의결과(수위 및 도달시간 등)

적중예상문제

제1장 침수흔적도 작성

1 침수흔적 조사방법 중 초동조사에 관한 내용이 아닌 것은?

① 현장 도착 후 침수지역에 대한 사진촬영을 실시하여 침수기록을 확보
② 침수 위치 등을 표시할 수 있는 도면과 기록서식을 지참하여 침수 위치, 침수 범위, 침수심 등을 도면에 표시
③ 조사된 자료는 시·군·구의 재해지도 업무를 담당하는 부서에서 취합하여 관리하고 정밀조사 시 이를 활용
④ 기상청, 국토교통부, 해양수산부, 지역 재난안전대책본부 등 공공기관의 재해 자료와 언론기관의 보도사진, 기사 내용 등을 총망라하여 수집

2 침수흔적 조사에 대한 설명 중 틀린 것은? 19년1회 출제

① 침수흔적 조사는 재해지도를 작성할 때 기초 자료로 활용하기 위하여 실시한다.
② 행정안전부장관은 침수·범람 등의 피해가 발생한 경우 침수흔적을 조사하여야 한다.
③ 대하천의 범람 등 단기간 내 끝나지 않는 재해의 경우 재해 진행현장을 조사하는 것이 가능하다.
④ 피해발생 후 신속한 조사가 어려운 경우에는 전담기관 및 대행자에 의뢰하여 침수흔적 조사를 실시할 수 있다.

3 침수흔적 조사방법 중 정밀조사에 관한 내용이 아닌 것은?

① 현지 지형여건, 피해복구 상황 등을 검토하고 현지 방문조사를 통하여 재해명, 침수위치, 침수일자, 침수시간, 침수위, 침수심, 침수구역(도면에 표시), 침수면적, 침수원인, 침수피해내용, 피해액 등에 대한 침수흔적 정보를 직접 조사
② 침수흔적의 공간적 범위는 침수발생 경계점을 평면좌표로 표시
③ 현지 지형여건, 피해복구 상황 등을 검토하고 현지 방문조사를 통하여 재해명, 침수위치, 침수일자, 침수시간, 침수위, 침수심, 침수구역(도면에 표시), 침수면적, 침수원인, 침수피해내용, 피해액 등에 대한 침수흔적 정보를 직접 조사
④ 기상청, 해양수산부, 지역 재난안전대책본부 등 공공기관의 재해자료와 언론기관의 보도사진, 기사내용 등을 총망라하여 수집

1. ④는 정밀조사
2. 자연재해대책법 제21조에 의거 지방자치단체의 장은 침수피해가 발생하였을 때 피해 흔적을 조사하여 침수흔적도를 작성하여야 함
3. ②는 초동조사

정답 1. ④ 2. ② 3. ②

4 침수흔적 조사 결과 시스템 등록 및 보고서 작성에 포함되어야 할 내용이 아닌 것은?

① 침수흔적도
② 피해지역의 대피계획
③ 방재사업 추진 실태 및 과거 피해사례 조사
④ 피해원인 조사 및 분석

5 재해예방대책 수립 시 예방·대비 단계가 아닌 것은?

① 사전에 파악된 응급차량도로 및 긴급수송도를 통하여 신속한 지원에 대응
② 자연재해저감 종합계획에 활용
③ 재난대비 교육·훈련·홍보에 활용
④ 사전재해영향성 검토 및 각종 개발계획 수립 시 활용

6 침수흔적도 작성절차의 순서로 옳은 것은?

> ㉠ 침수흔적 조사자료 검토 및 분석
> ㉡ 침수흔적지 현장측량
> ㉢ 침수흔적 상황 도면 표시 등
> ㉣ 침수흔적 조사자료 데이터베이스 구축 및 자료관리

① ㉠-㉡-㉢-㉣　② ㉠-㉡-㉣-㉢
③ ㉡-㉢-㉣-㉠　④ ㉡-㉢-㉠-㉣

7 침수흔적 조사 시기 중 옳지 않은 것은?

① 침수흔적 조사는 초동조사와 정밀조사로 구분하며, 침수피해 발생 후 가능한 한 이른 시일 내에 조사비용 등을 포함한 침수흔적 조사계획을 수립하여 신속한 침수흔적 조사를 실시
② 「자연재해대책법」 제21조 제2항에 따라 행정안전부장관은 침수·범람 등의 피해가 발생한 경우 침수흔적 조사 필요
③ 대하천의 범람 등 단기간 내 끝나지 않는 재해의 경우 재해 진행현장 조사 필요
④ 소하천 범람의 경우 진행현장 조사가 불가하므로 침수피해 유형에 따라 정밀조사 이전에 초동조사를 통한 현장을 기록하고 가능한 한 빠른 시일 내 정밀조사 필요

8 침수흔적 관리시스템의 주요기능이 아닌 것은?

① 침수흔적도 가시화
② 침수예상지역의 현황정보 표시
③ 침수흔적 조사, 측량 지원 및 자료 등록, 관리
④ 침수흔적 민원발급 및 침수흔적 관련 통계

제2장 침수예상도 작성

9 홍수범람예상도의 작성절차 순서로 옳은 것은?

> ㉠ 자료수집 및 현장조사
> ㉡ 수치표고자료 구축
> ㉢ 범람해석
> ㉣ 격자망 구성 및 계산조건 설정
> ㉤ 홍수범람 예상지도 작성
> ㉥ 조사측량(필요시)
> ㉦ 계산결과의 검증
> ㉧ 수문·수리 분석
> ㉨ 각종 시설의 위치 및 정보전달 계통의 정리
> ㉩ 홍수 시나리오 작성

① ㉠-㉩-㉧-㉥-㉡-㉣-㉢-㉦-㉨-㉤
② ㉠-㉥-㉡-㉩-㉧-㉣-㉢-㉦-㉨-㉤
③ ㉠-㉥-㉡-㉩-㉢-㉣-㉧-㉦-㉨-㉤
④ ㉠-㉩-㉧-㉥-㉡-㉣-㉦-㉢-㉨-㉤

4. ②는 활용계획에 포함
5. ①은 대응단계
7. ②에서 작성주체는 시장·군수·구청장

정답 4. ② 5. ① 6. ① 7. ② 8. ② 9. ②

10 다음 중 홍수범람 시나리오로 옳지 않은 것은?

① 유역조건 시나리오
② 빈도규모 시나리오
③ 내수침수 시나리오
④ 범람 시나리오

11 다음 중 범람 유형이 아닌 것은?

① 유하형 범람 ② 저류형 범람
③ 파제형 범람 ④ 확산형 범람

12 침수예상 시나리오에 따른 범람해석 방법 및 범람특성에 대한 설명으로 틀린 것은? 19년1회 출제

① 유하형 범람이 발생하는 지역은 제내지의 형상이 하천을 따라 폭이 좁게 형성된 지역으로 주로 하천 중·상류부에 위치하며, 유하형 범람의 해석 시는 하천의 종단방향에 대한 흐름이 지배적이므로 일반적으로 1차원 수리계산을 통해 침수범위와 침수심 등의 침수정보를 구할 수 있다.
② 저류형 범람은 제내지의 형상이 저류지와 같이 형성된 지역으로 하천수가 범람할 때 제내측 구간에서 저수지와 같은 정체수역으로 물이 차오르는 현상을 나타낸다.
③ 확산형 범람은 범람흐름의 방향이나 범람범위가 정형화되어 있지 않은 지역에서 발생한다. 주로 하천제방으로 보호되는 광범위한 도시지역에서 범람의 형태를 나타낸다.
④ 유하형 범람은 범람수가 하천을 따라서 유하하는 범람이며, 범람수위가 하천의 횡단방향으로 수면경사를 가지는 것이 특징이다.

13 재해지도 작성을 위한 범람 시나리오의 설명이 아닌 것은?

① 홍수방어시설의 월류나 붕괴를 가정하여 극한 상황에서의 위험도를 평가하기 위한 목적으로 작성
② 원인분석을 통하여 제방 월류나 붕괴, 배수시설의 붕괴, 배수장 미작동 등 각종 홍수방어시설의 붕괴 등에 대한 시나리오를 작성
③ 대상 구간의 해당 제방 설계 당시에 사용되었던 설계강우 빈도를 포함한 강우 혹은 홍수량에 따라서 50, 80, 100, 200년 빈도로 작성하되 지역 특성을 고려하여 빈도를 조절
④ 본류 하천수가 제내지로 유입되는 상황을 나타내는 것으로, 원인은 계획빈도를 초과하는 홍수 및 치수 시설물의 붕괴 등으로 구분

14 다음 중 저류형 범람의 설명으로 옳은 것은?

① 범람 흐름의 방향과 범람 범위가 정형화되어 있지 않은 지역에서 발생하는 범람
② 하천을 따라 유하하는 범람
③ 범람 수위가 하천의 종단방향으로 수면경사를 가지는 범람
④ 하천수 범람 시 제내 측 구간에서 정체수역에 물이 차오르는 범람

12. 유하형 범람은 범람수가 하천을 따라서 유하하는 범람이며, 범람수위가 하천의 종단방향으로 수면경사를 가지는 것이 특징임

13. ③은 빈도규모 시나리오에 대한 설명

정답 10. ③ 11. ③ 12. ④ 13. ③ 14. ④

15 **해안침수예상도의 가상 시나리오 작성 시 옳지 않은 것은?**

① 해안침수를 발생시킬 수 있는 원인별 시나리오를 작성 시에는 해안으로 밀려드는 해일을 계산
② 관련 계획(자연재해저감 종합계획, 자연재해위험개선지구(해일 재해위험지구) 정비사업 등)에서 분석된 빈도를 제외한 시나리오 구성
③ 태풍의 주요 인자(이동경로, 위·경도, 속도, 내습각도, 중심기압, 최대풍반경 등)를 조합하여, 충분한 피해예측 정보의 획득이 가능토록 작성
④ 서해안은 조석, 동해안의 경우 파랑, 지진의 영향 등 해역별 특성을 반영한 가상 시나리오 구성

16 **다음 중 침수예상도 작성 시 가상 시나리오에 대한 설명으로 옳지 않은 것은?**

① 유역조건 시나리오 - 개발계획 등을 반영해야 할 필요성이 있는 지역에 대해서는 장래 유역 상황 포함
② 빈도규모 시나리오 - 대상지역에 적용되는 홍수상의 빈도로 표현 가능하며 홍수 사상의 규모를 나타내기 위한 목적으로 작성
③ 범람 시나리오 - 유역의 토지 이용 상태와 홍수터 내의 하도 상황 및 하천시설물 상황
④ 범람 시나리오 - 홍수방어시설의 월류나 붕괴를 가정하여 극한 상황에서의 범람 위험도를 평가하기 위한 목적으로 작성

17 **다음 중 침수예상도 작성 시 범람 시나리오에 대한 설명으로 옳지 않은 것은?**

① 홍수방어시설의 월류나 붕괴를 가정하여 극한 상황에서의 범람 위험도를 평가하기 위한 목적으로 작성
② 범람원인 분석을 통하여 제방 월류나 붕괴, 배수 시설물의 붕괴, 배수장 미작동 등 각종 홍수방어시설의 붕괴 등에 대한 시나리오를 작성
③ 외수범람 시나리오는 본류 하천수가 제내지로 범람되는 상황을 나타내는 것으로, 범람원인은 계획빈도를 초과하는 홍수에 대한 월류와 치수 시설물의 붕괴에 따른 범람으로 구분
④ 대상지역에 적용되는 홍수상의 빈도로 표현 가능하며 홍수상의 규모를 나타내기 위한 목적으로 작성

18 **해안침수예상도 작성 시 시나리오별 수치 계산 시간에 대한 설명으로 옳지 않은 것은?**

① 지진해일의 경우 3일 이상
② 폭풍해일의 경우 2일 이상
③ 해일 모의검증 시 국립해양조사원의 기준 조위관측소(1분 간격 관측 자료)로부터 산정한 해일고 자료와 비교 및 검증 필요
④ 단 1분 간격 관측 자료의 획득이 불가능하면 가능한 최소시간 간격 관측 자료를 참조하고, 해당 관측 자료 시간 간격에 대하여 해일고 오차범위를 명시하여야 함

제3장 재해정보지도 작성

19 **재해정보지도의 표준 기재 항목 중 방재정보형 재해정보지도에만 포함되는 것은?**

① 대피소 위치 및 연락처
② 대피 방향
③ 재해취약지구
④ 침수심 및 도달시간

정답 15. ② 16. ③ 17. ④ 18. ① 19. ③

20 다음의 예시가 포함되어 있는 지도는?

> 〈풍수해 발생 시 행동요령 예시〉
> 호우·태풍이 올 때 가정에서는 라디오, TV를 통하여 기상상황을 계속 청취하고, 축대나 담장이 무너질 염려가 없는지, 바람에 날아갈 물건은 없는지 다시 한 번 확인한다.

① 방재정보형 재해정보지도
② 피난활용형 재해정보지도
③ 방재교육형 재해정보지도
④ 재해저감형 재해정보지도

21 재해정보지도 중 시·군·구의 방재업무 담당자 등이 대피유도활동, 방재활동, 구조활동 등을 원활하게 수행하는 데 필요한 관련 정보를 표시한 지도는?

① 방재정보형 재해정보지도
② 피난활용형 재해정보지도
③ 방재교육형 재해정보지도
④ 재해저감형 재해정보지도

22 피난활용형 재해정보지도 작성 시 표준기재항목이 아닌 것은? 19년1회 출제

① 침수예상구역 및 침수흔적
② 범람의 발생 특성
③ 대피가 필요한 지구와 대피장소
④ 대피경로 및 위험장소

23 피난활용형 재해정보지도 작성 시 표준기재항목이 아닌 것은?

① 침수예상구역 및 침수흔적
② 재해취약지구
③ 대피가 필요한 지구와 대피장소
④ 대피경로 및 위험장소

24 대피장소 선정의 일반적 기준으로 옳지 않은 것은?

① 대피장소 설치 위치는 보행 거리로 10km 이내로 지정한다.
② 대피장소는 초·중등학교, 시·군·구 마을회관 등 공공시설과 필요한 경우 사유시설도 지정할 수 있다.
③ 대피장소는 원칙적으로 내진·내화의 공공 건축물을 이용한다.
④ 주 대피경로로부터 접근이 용이한 시설을 선정한다.

25 대피수단 및 경로 선정 시 유의사항 중 옳은 것을 모두 선택한 것은?

> ㉠ 홍수에 의해 침수 우려가 있는 도로, 철도, 교량, 터널, 급경사지는 제외한다.
> ㉡ 주민 대피 시 혼잡이 예상되므로 주택이 밀집되어 대피 행동에 불편을 초래하는 도로는 제외한다.
> ㉢ 하천제방의 붕괴나 산사태의 위험이 있는 도로는 제외한다.
> ㉣ 대피장소까지의 이동경로를 지정하는 경우 현장에서 도보를 통한 실사를 실시하여 문제 발생 여부를 확인한다.

① ㉠, ㉡, ㉣
② ㉠, ㉢, ㉣
③ ㉠, ㉡, ㉢
④ ㉠, ㉡, ㉢, ㉣

22. ②는 방재교육형 재해정보지도의 표준기재항목임

23. ②는 방재정보형 재해정보지도의 표준기재항목임

정답 20. ③ 21. ① 22. ② 23. ② 24. ① 25. ④

26 지방자치단체의 장이 확인해야 하는 대피정보의 상세 내용이 아닌 것은? 19년1회 출제

① 대피 구역의 설정
② 요 대피자의 설정
③ 대피 장소의 선정
④ 과거 침수 실정

27 재해정보 지도 작성 시 조사·수집해야 하는 기본도가 아닌 것은?

① 지형 및 지적 정보
② 침수예상 정보
③ 도로 정보
④ 공공시설 정보

26. ④는 피난활용정보상의 침수정보 항목이며, 나머지는 대피정보 항목임

27. ② 침수예상 정보는 침수정보로 구분

정답 26. ④ 27. ②

제5과목

방재 사업

제1편 재난피해액 및 방재사업비 산정

제2편 방재사업 타당성 및 투자우선순위 결정

제3편 방재시설 유지관리

제4편 방재시설 시공관리

제5과목

제1편

재난피해액 및 방재사업비 산정

제1장

제1편
재난피해액 및 방재사업비 산정

재난피해액 산정

본 장에서는 재해피해 발생 시 관련 기준과 지침에 의거하여 재난 피해액 산정과 이에 따른 방재사업비에 대하여 쉽게 이해할 수 있도록 작성하였다. 재난 피해액 산정은 피해주기 설정 및 홍수빈도율 산정, 침수면적 및 침수편입률 산정, 침수구역 자산조사 및 재산피해액(편익) 산정으로 구분하였으며, 방재사업에 우선 적용되는 개선법과 간편법 사항에 대하여 세부적으로 기술하였다.

1절 피해주기 설정 및 홍수빈도율 산정

1. 피해주기(T) 산정

① 피해주기는 홍수 또는 강우로 인한 피해지역의 피해가 발생 주기를 말하는 것으로 단위는 년/회로 나타냄

② 피해주기 산정은 행정안전부에서 발간되는 재해연보 자료를 활용하여 통상 30년 평균값으로 산정

③ 행정안전부에서 고시된 자연재해위험개선지구 관리지침의 내용을 인용하는 것을 원칙으로 하되 고시 일시가 오래된 것은 재해연보 또는 지자체의 통계자료를 활용하여 재검토

2. 홍수빈도율(f_f) 산정

① 홍수빈도율은 피해주기와 역수 관계

$$f_f = \frac{1}{T}$$

② 홍수빈도율은 재산피해액(편익) 산정 시 사용되는 값으로 방재사업 분야에서는 인명 피해액, 이재민 피해액, 기타 피해액 산정 시 적용

2절 침수면적 및 침수편입률 산정

1. 조사대상 유량 규모의 결정

① 계획홍수량을 포함하는 빈도별 홍수량을 토대로 5~6개 정도의 유량

★
피해주기(T) 30년 평균값, 단위는 년/회

★
홍수빈도율(f_f)은 개선법을 이용해 피해액을 산정할 때 사용
피해주기(T)의 역수
$f_f = \frac{1}{T}$

규모로 설정

② 통상 하천에서 침수구역 산정은 30, 50, 80, 100, 200년 빈도의 홍수량을 대상으로 수행

2. 지반고 조사

① 지반고는 조사대상 구역을 표고차 0.5~1.0m 간격으로 구분하여 실시

② 하천 또는 대상시설 주변의 종·횡단 측량을 실시하여 그 성과를 이용하는 것이 원칙

③ 피해 범위가 광범위할 경우 축척 1:1,000, 1:5,000 등의 지형도를 이용하여 보완

3. 침수면적 및 침수편입률 산정

① 침수면적은 상위 계획상의 침수흔적도 및 침수예상도를 기준하되 지형현황, 설계수문량 등이 변경된 경우 재검토를 실시하여 그 침수구역도 및 침수면적을 조정

② 빈도별 홍수량과 지반고(지형자료)를 사용하여 침수구역 산정, 지반고에 따라 지구별 침수심과 침수기간 추정

③ 침수심 및 침수일수는 토지이용현황별(주거지, 산업지역, 농업지역)로 산정

④ 유량 규모별 침수구역은 과거의 침수 실적 등을 조사하여 종합적 관점에서 결정

⑤ 침수일수는 침수에 의한 자산 종류별 피해율을 적용할 때 활용

공간정보 분석을 위한 기초자료

종류	속성 항목	비고
침수 구역도	• 빈도별 침수구역 경계 및 면적 • 침수심별 침수구역 경계 및 면적	기존 자료 및 침수해석 결과
행정 구역도	• 읍·면·동 경계 및 면적 • 행정구역 내 자산가치 - 건물 및 내구재 가치 - 산업 유형자산 및 재고자산 가치 - 농업지역의 농경지 및 농작물 가치	가장 최근의 읍·면·동 단위의 행정동 정보를 담고 있어야 함
토지 피복도	• 농업: 대분류 및 중분류 항목 • 산업 - 중분류 항목의 공업·상업·위락지역	

Keyword

★
지반고 조사
최근에는 국토지리정보원에서 제공하는 수치표고모델(DEM) 자료를 활용하여 피해지역의 지반고를 분석

★
침수심 및 침수기간은 동일한 지역에 영향을 미치는 홍수라도 그 크기에 따라 피해 규모가 다름

★
공간정보 기초자료
침수구역도, 행정구역도, 토지피복도, 수치지형도

수 치 지형도	• 대분류 분류항목인 건물 - 주거: 세분류 code 4112, 4113, 4115 - 산업: 중분류 code 43, 44, 45	국토지리정보원의 1/1,000, 1/5,000 수치지형도를 이용하여 직접측량 자료 보완 또는 사용

자료: 하천치수사업 타당성분석 보완 연구

⑥ 방재사업 분야에서의 경제성 분석에서는 침수면적만을 사용하는 개선법, 하천 분야에서의 경제성 분석에서는 침수심, 침수기간을 사용하는 다차원법 적용

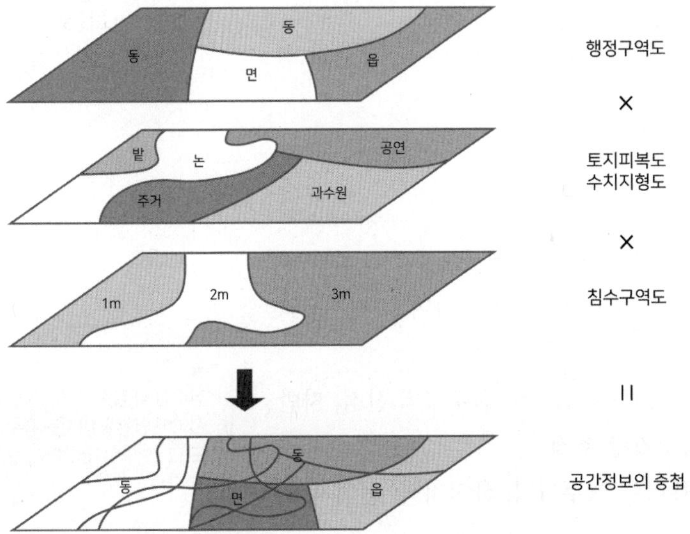

〈침수편입률 산정을 위한 공간정보의 중첩(다차원법)〉

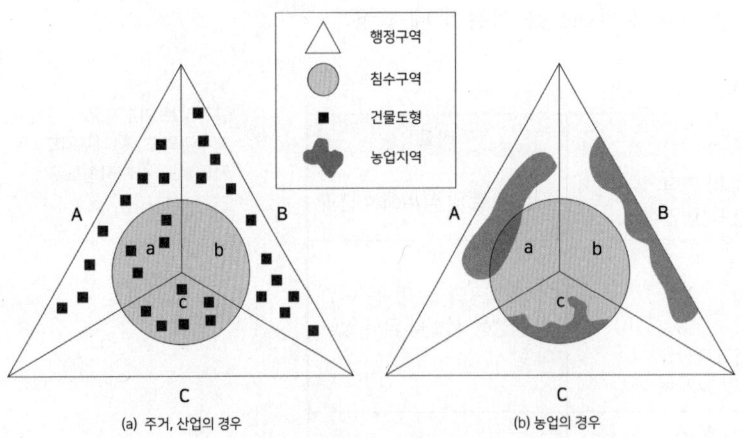

〈침수편입률 산정을 위하여 중첩된 공간정보의 개념도(다차원법)〉

★
개선법
침수면적과 피해액 관계로 경제성 분석

★
다차원법
침수면적, 침수심, 침수시간과 피해액 관계로 경제성 분석 실시

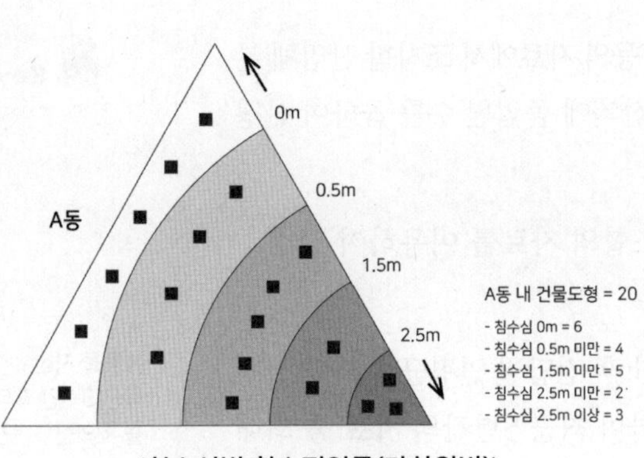

〈침수심별 침수편입률(다차원법)〉

3절 침수구역 자산조사

(1) 조사방법

유량 규모별 침수구역도를 바탕으로 유량 규모에 대한 자산 종류별 자산액 조사

(2) 조사대상

㉠ 일반자산: 가옥, 사업소, 상각자산, 재고자산, 농어촌 자산 등
㉡ 공공자산: 하천, 도로, 교량, 농업용 시설, 철도, 전신, 전력시설 등
㉢ 기타: 농작물, 가축 자산 등

★
침수구역 자산조사 대상
일반자산, 공공자산, 기타

(3) 산정방법

① **가옥 자산**

▷ 가옥대장, 가옥과세대장, 기타 세무관련 자산 및 도면 등으로부터 등지반고별 가옥 동수를 추정한 후 가옥 1동당 평균 면적을 곱하여 가옥 바닥면적 추정
▷ 건축 통계 등의 자료에서 시·군별 가옥 $1m^2$당 평균액을 곱하여 산정

★
침수구역 자산조사 범위
가옥, 가계, 상각, 재고, 농어촌, 농작물, 공공, 가축자산 등

② **가계 자산**

▷ 주민등록대장으로부터 읍면동별 세대수를 조사하여 대상지역 전체 가옥 수에 대한 등지반고별 가옥 동수의 비율을 곱하여 등지반고별 구역별 세대수를 추정
▷ 1세대당 가계 자산액을 곱하여 산정

③ **상각자산, 재고자산**

사업소 통계조사, 산업체 분류별 사업소 수 및 사업소별 종업원 수를 조

사하고 공업통계, 법인기업통계, 상업통계 등의 자료에서 조사한 산업체 분류별 종사자 1인당 상각자산액 및 재고자산액에 종업원 수를 곱하여 산정

④ 농어촌 자산

읍면동의 농가대장이나 수산업협동조합의 자료를 이용하여 산정

⑤ 농작물 자산

- ▷ 도면상에서 전답별 경지면적을 구한 후 전답별 연평균 수확량 산정
- ▷ 수확량은 시·군 통계연보 등에 의하여 최근 5년간의 자료 중 최대치와 최소치를 제외한 3년간의 평균값 적용

⑥ 공공자산

시설 관리기관 자료를 이용하여 산정

⑦ 가축 자산

해당 시·군 통계연보 등에 의하여 조사지구 일원의 농가당 평균 가축 사육 현황 이용

Keyword

★
농작물 자산
최근 5년간 최대치와 최소치를 제외한 3년간 평균값

4절 재산피해액(편익) 산정

★
다차원 피해액 산정
행정구역 단위 자산 가치 평가 → 침수편입률 산정 → 홍수피해액 산정

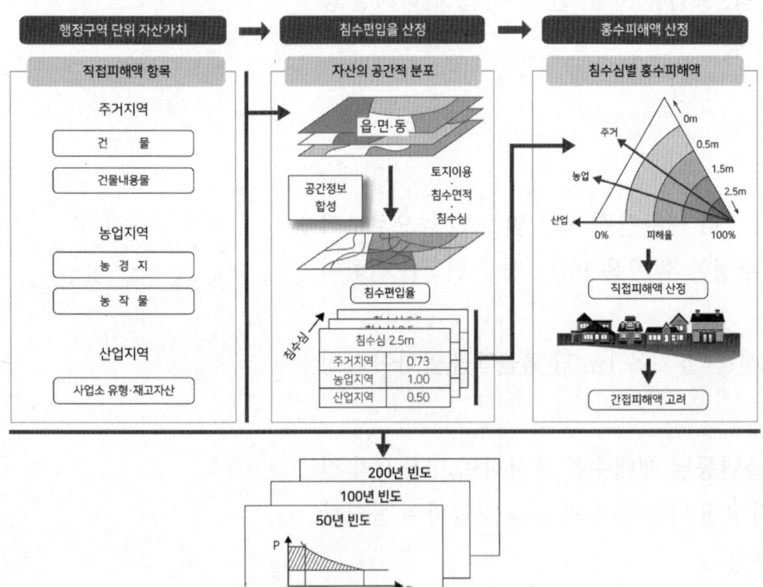

〈홍수피해액 산정방법의 개념도(다차원법)〉

자료: 하천치수사업 타당성분석 보완 연구

▷ 유량 규모별로 피해액 산정

▷ 재산피해액은 간편법, 개선법, 다차원법을 이용하여 산정

▷ 방재 분야에서는 개선법을 적용하여 산정하고 있으나 경우에 따라서는 다차원법을 이용하기도 함

1. 침수위험지구 등

(1) 간편법

① 피해액은 침수면적을 활용하여 산정

② 피해액 = 인명 피해액(사망, 부상)+농작물 피해액+가옥 피해액+기타 피해액(농경지+공공시설+기타+간접)

③ 항목별 피해액 산정방법

㉠ 인명 피해액(P)

▷ 침수면적 피해 인원(명/991.7m^2) × 단위 피해액

▷ 사망: 0.001명/991.7m^2, 부상: 0.0009명/991.7m^2 (각 시·도 모두 동일)

▷ 단위 피해액 중 사망은 1인당 국민소득, 부상은 사망의 10% 적용

㉡ 농작물 피해액(H)

▷ 농작물 피해액은 조사된 전, 답의 경지면적 및 수확량을 지구별로 침수시간 등을 감안하여 유량 규모별 농작물 피해액을 산정

$$H = \Sigma A_{ij} \times Q_i \times P_i \times d_i$$

* 여기서, H: 총 농작물 피해액
A_{ij}: i농작물의 피해율이 j인 경지면적(단보)
Q_i: i농작물의 단보당 수확량(kg/단보)
P_i: i농작물의 단가(원/kg)
d_i: 농작물의 j 피해율

▷ 농작물 피해액은 논작물과 밭작물로 구분하여 침수시간에 따른 피해율을 적용

농작물의 피해율

침수시간 / 피해율	8시간~1일 미만	1~2일	3~4일	5~7일	7일 초과	유실 및 매몰
논(%)	14	27	47	77	95	100
밭(%)	35	51	67	81	95	100

자료: 치수사업 경제성 분석 개선방안 연구

Keyword

★
간편법 피해액
인명 + 농작물 + 가옥 + 기타 피해액

★
1단보 = 991.7m^2
(0.09917ha)
= 300평

㉢ 가옥 피해액(D)

▷ 최대 규모 홍수 발생 시의 침수면적 내 가옥 수, 가옥 피해율, 피해지역의 동당 가격을 곱하여 산정

$$D = \Sigma N \times P_i \times d_i$$

* 여기서, D: 총 가옥 피해액
N: 침수면적 내 가옥 수
P_i: 가옥 동당 단가(원/동), 현지조사를 실시하여 최근 가격 적용
d_i: 가옥 피해율

가옥 피해율

구분	소파	반파	전파	유실
침수심(m)	0~0.5	0.5~1.5	1.5~2.5	2.5 이상
피해율(%)	5.5	40.0	83.0	100.0

자료: 치수사업 경제성 분석 개선방안 연구

㉣ 기타 피해액

농경지 피해액(S), 공공시설물 피해액(F), 기타 피해액(T), 간접 피해액(E)은 농작물 피해액에 항목별, 지역별 피해계수를 곱하여 산정

항목별·지역별 피해계수 (단위: 명/ha)

항목별 피해계수	서울	부산	경기	강원	충북	충남
농경지	42.46	82.17	87.75	201.84	213.74	91.59
공공시설	599.08	952.06	40.82	214.32	160.27	34.67
기타	36.54	227.70	3.84	17.54	1.28	2.55
간접	36.08	36.08	3.72	1.82	3.90	3.72

항목별 피해계수	전북	전남	경북	경남	제주
농경지	100.45	58.25	122.91	49.78	89.61
공공시설	51.99	48.93	63.02	36.70	36.04
기타	1.88	17.07	4.37	6.80	26.81
간접	3.72	3.72	3.90	3.72	1.85

자료: 치수사업 경제성 분석 개선방안 연구

(2) 개선법

① 피해액은 침수면적과 인명·이재민·농작물·기타 피해액과의 관계식을 활용하여 산정

② 피해액 = 인명 피해액(사망, 부상)+이재민 피해액+농작물 피해액+기

★
소파
파괴 정도가 경미하여 사용에 별다른 지장이 없는 경우, 피해율 5.5%

★
반파
기둥, 벽체, 지붕 등과 같은 주요 구조물들을 수리해야 할 경우, 피해율 40%

★
전파
구조물이 그 형태는 남아 있으나 개축하지 않으면 사용 못 하는 경우, 피해율 83%

★
유실
구조물이 완전히 유실되어 그 형태가 남아 있지 않는 경우, 피해율 100%

타 피해액(건물+농경지+공공시설+기타)

③ 항목별 피해액 산정방법

㉠ 인명손실 피해액

침수면적당 손실 인명수를 기준으로 산정

▷ 인명 피해액 = 사망자 피해액+부상자 피해액

▷ 사망자 피해액 = 침수면적당 손실 인명수(명/ha) × 손실원단위(원/명) × 침수면적(ha) × 홍수빈도율

▷ 부상자 피해액 = 침수면적당 손실 인명수(명/ha) × 손실원단위(원/명) × 침수면적(ha) × 홍수빈도율

* 여기서, 손실원단위는 사망 2억 6천만 원/명(2014년 월 최저임금의 240배), 부상 5천만 원/명(사망 손실원단위의 16분의 3에 해당하는 금액)을 적용

단위 침수면적당 손실 인명수

(단위: 명/ha)

구분	대도시	중소도시	전원도시	농촌지역	산간지역
사망	0.0242	0.0257	0.0025	0.0021	0.0588
부상	0.0119	0.0058	0.0001	0.0026	0.0066

자료: 자연재해위험개선지구 관리지침

㉡ 이재민 피해액

이재민 발생 시 근로 곤란으로 인한 기회비용이 존재하므로 침수면적당 이재민 수를 기준으로 산정

▷ 이재민 피해액 = 침수면적당 발생 이재민(명/ha) × 대피일 수(일) × 일 최저임금(원/명, 일) × 침수면적(ha) × 홍수빈도율

* 여기서, 대피일 수는 평균 10일

단위 침수면적당 발생 이재민

(단위: 명/ha)

구분	대도시	중소도시	전원도시	농촌지역	산간지역
이재민 수	40.5549	28.6391	0.9219	0.4430	2.7146

자료: 자연재해위험개선지구 관리지침

㉢ 농작물 피해액

간편법과 같은 방법으로 산정

㉣ 기타 피해액: 건물, 농경지, 공공시설물, 기타

건물, 농경지, 공공시설물, 기타 피해액의 경우 「도시유형별 침수면적-피해액 관계식」을 사용하여 산정

★
개선법 피해액
인명+이재민+농작물+기타 피해액

★
단위 침수면적당 손실 인명수로 대도시, 중소도시, 전원도시, 농촌지역, 산간지역으로 구분

▷ 기타 피해액 = 건물 피해액+농경지 피해액+공공시설물 피해액 +기타 피해액

▷ 피해액 = (침수면적-피해액 회귀분석 관계식) × 기준 가격 × 홍수빈도율

도시의 유형별 구분

구분	적용기준
대도시	인구 100만 명 이상의 광역시급 도시
중소도시	인구 100만 명 미만의 일반 시급 도시
전원도시	인구 증가 등으로 인하여 군 전체가 시로 승격된 도시
농촌지역	군급 도시 중 인구밀도 500명 이상, 임야면적 70% 미만인 도시
산간지역	농촌지역 이외의 군급 도시

자료: 자연재해위험개선지구 관리지침

도시유형별 침수면적-피해액 관계식

대상지역	변수	상수항(A)	침수면적항(B)	적합도
대도시 지역	건물	0.23294	$0.245s^2$	0.63
	농경지	0.09896	$0.288s^2$	0.91
	공공시설	0.53365	$0.149s^2$	0.55
	기타	0.3835	$1.741\sqrt{s}$	0.44
중·소도시 지역	건물	0.55283	$0.182s^2$	0.52
	농경지	0.63246	$0.150s^2$	0.50
	공공시설	0.85311	$0.060s^2$	0.45
	기타	0.12471	$0.356s^2$	0.54
전원도시 지역	건물	0.13849	$0.302s^2$	0.78
	농경지	0.00528	$0.353s^2$	0.80
	공공시설	0.38754	$0.215s^2$	0.51
	기타	0.11562	$0.310s^2$	0.64
농촌지역	건물	0.01164	$0.286s^2$	0.95
	농경지	0.11744	$0.226s^2$	0.84
	공공시설	0.38670	$0.157s^2$	0.63
	기타	0.49185	$0.130s^2$	0.62
산간지역	건물	0.41041	$0.271s^2$	0.72
	농경지	0.64000	$0.165s^2$	0.65
	공공시설	0.67713	$0.148s^2$	0.50
	기타	0.27659	$0.332s^2$	0.72

자료: 자연재해위험개선지구 관리지침

★ **도시 유형별 구분**
대도시, 중소도시, 전원도시, 농촌지역, 산간지역

★ 침수면적과 피해액 관계는 도시의 규모나 지역적 특성에 따라 차이가 있기 때문에 개선법에서는 도시유형을 5개로 구분

★ 대도시 및 중소도시의 유형 구분은 인구 100만을 기준으로 결정

★ 침수면적-피해액 관계식 = 상수항(A)+침수면적항(B)

★ S = 침수면적(ha)/도시유형별 평균 침수면적(ha)

시유형별 평균 침수면적

(단위: ha)

대도시	중소도시	전원도시	농촌지역	산간지역
163.4	75.8	206.9	118.1	16.5

자료: 자연재해위험개선지구 관리지침

기준 가격

(단위: 백만 원)

구분	대도시	중소도시	전원도시	농촌지역	산간지역
건물	318.0	41.6	73.0	76.6	78.3
농경지	7.4	47.2	126.2	50.4	479.8
공공시설물	2,035.1	1,813.1	2,588.1	1,749.7	6,027.2
기타	253.1	164.7	633.6	707.3	243.1

자료: 자연재해위험개선지구 관리지침

2. 붕괴위험지구(개선법)

① 붕괴위험지구의 편익부문(피해액) 산정은 「붕괴위험지구 투자우선순위 결정 개선방안 연구」 자료에서 제시한 방식으로 산정

② 다만, 편익 분석을 위한 피해위험구역은 급경사지의 하단으로부터 해당 비탈면 높이의 2배 정도이며, 50m 초과 시에는 50m로 제한

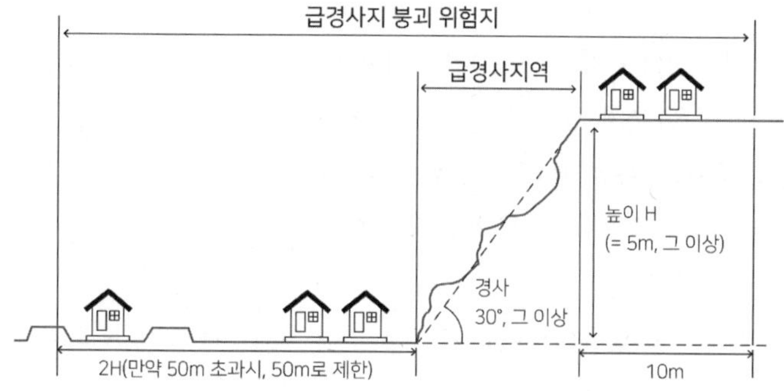

〈급경사 피해위험구역 기준〉

자료: 자연재해위험개선지구 관리지침

▷ 편익(피해액) = 사면피해액+피해위험구역 내(건물+기타 시설 등) 시설 피해액

- 사면피해액 = 사면 면적 × 산사태 피해단가
- 건물피해액 = 전파 예상 건물 수 × 주택 전파 피해단가+반파 예상 건물 수 × 주택 반파 피해단가
- 기타 시설 피해액 = 피해물량 × 피해단가 등

★ 급경사 피해기준
붕괴위험지구는 해당 비탈면 높이의 2배 정도, 수평거리 50m

★ 붕괴 위험 지구
편익(피해액)은 사면, 건물, 기타시설 피해액으로 산정

제2장

제1편
재난피해액 및 방재사업비 산정

방재사업비 산정

방재사업의 산정을 위하여 실시설계 완료된 지구와 미완료된 지구에 대한 총공사비 산정과 유지관리 및 경상보수비 산정에 대하여 작성하였다.

1절 총공사비 산정

1. 실시설계가 완료된 지구

실시설계에서 계산된 공사비, 보상비(토지, 건물, 영업 보상비 등) 등을 활용하여 산출

2. 실시설계가 미완료된 지구

개략 공사비로 산출

▷ 개략공사비 = 직접공사비(부대비 포함) + 제경비 + 기타 비용

▷ 직접공사비: 실시설계와 달리 각 공종(축제공, 호안공, 구조물공, 포장공 등)에 대한 대표단면, 표준도 등을 이용해 산정한 단위 공사비에 설치 수량(연장, 면적, 부피 등)을 곱하여 산정하되 부대공사비(가시설, 가도, 환경보전비 등)을 포함

▷ 부대공사비 = [각 공종별 공사비 계] × 요율(10~20%)

▷ 제경비 = 직접공사비 × 요율(30~50% 적용)

▷ 기타 비용: 보상비, 인허가 관련 비용, 폐기물 처리비 등

★
방재사업비 = 총공사비(보상비, 공사비, 실시설계비) + 유지관리 및 경상 보수비용

★
총공사비 산정은 실시설계 완료와 미완료 사업으로 구분하여 산출

★
실시설계
기본계획의 결과를 토대로 설계기준 등의 제반사항에 따라 계획을 구체화하여 실제 시공에 필요한 내용을 설계 도서 형식으로 표현하고 제시하는 설계 업무로서, 성과품은 시공 및 유지관리에 필요한 설계도서, 도면, 시방서, 내역서, 구조 및 수리계산서 등이 있음

★
개략 공사비
직접 공사비, 제경비, 부대공사비, 기타 비용

2절 유지관리비 및 경상 보수비 산정

① 방재시설물의 유지 관리비·보수비는 본래의 기능과 상태를 유지할 수 있도록 하기 위해 필요한 기술적·행정적·제도적 제반 행위 등에 필요한 비용을 말하며, 완공된 시설 기능을 보전하고, 손상된 부분을 복구

하여 그 기능이 지속 가능할 수 있도록 하여야 함

② 인건비, 전력비, 건축물 유지비, 일상적인 수리비, 재료비, 소모품비와 감리 및 간접비용 등을 모두 포함

③ 통상 과거 실적 통계치를 기준으로 산정

④ 공사기간이 짧은 사업계획의 경우 완공 후부터 발생하는 것으로 계상

⑤ 공사기간이 긴 경우 공사기간 중의 적정 연도부터 발생하는 것으로 간주

⑥ 비용편익비 분석방법별 유지관리비 및 경상보수비

▷ 간편법: 연평균 사업비의 0.5%

▷ 개선법: 총공사비의 0.5% 또는 (총사업비 - 잔존가치) × 2%

⑦ 하천시설 범위 적용 대상

▷ 물길의 안정을 위한 시설: 제방, 호안, 수제 등

▷ 하천 수위 조절을 위한 시설: 저수지, 배수 펌프장, 수문 등

▷ 기타 시설: 하상유지시설 및 보, 육갑문, 양·배수장 및 취수시설 등

⑧ 유지관리평가 대상 방재시설에는 소하천시설, 하천시설, 농업생산기반시설, 공공하수도시설, 항만·어항시설, 도로시설, 산사태 방지시설, 재난 예·경보시설 및 기타 시설 등이 있음

★
유지관리비·경상보수비
- 간편법: 연평균 사업비의 0.5%
- 개선법: 총사업비의 0.5% 또는 (총 사업비 - 잔존가치) × 2%

적중예상문제

제1장 재난피해액 산정

1 피해주기 및 홍수빈도율에 대한 설명 중 틀린 것은?

① 피해주기는 홍수 또는 강우로 인한 피해지역의 발생주기로 단위는 회/년이다.
② 피해주기는 재해연보 자료를 활용하여 통상 30년 평균값을 사용한다.
③ 홍수 빈도율은 피해주기의 역수관계이다.
④ 홍수 빈도율은 재산피해액 산정 시 적용한다.

2 재산피해액 산정 시 홍수빈도율을 사용하지 않는 피해액은?

① 인명 피해액
② 이재민 피해액
③ 농작물 피해액
④ 기타 피해액

3 재산피해액 산정 시 행정안전부에서 발간되는 「재해연보」를 활용할 수 있다. 피해주기는 몇 년 평균값을 적용하는지?

① 20년　② 30년
③ 40년　④ 50년

4 홍수 시 하천에서 발생되는 침수면적과 범위를 검토할 때 빈도별 홍수량을 기준으로 분석한다. 이때 통상 적용되는 빈도별 홍수량이 아닌 것은?

① 10년　② 30년
③ 50년　④ 80년

5 다음 설명의 괄호 안에 적합한 용어를 순서대로 나열한 것은?

> 침수면적은 상위 계획상의 (㉠) 및 (㉡)를 기준으로 하되 지형현황, 설계수문량 등이 변경된 경우 재검토를 실시하여 그 침수구역도 및 침수면적을 조정할 수 있다.

① ㉠ 빈도별 홍수량　㉡ 침수예상도
② ㉠ 토지이용현황　㉡ 지형자료
③ ㉠ 침수흔적도　㉡ 침수예상도
④ ㉠ 토지이용현황　㉡ 침수예상도

6 홍수피해액 산정을 위한 공간정보 분석의 기초자료 항목이 아닌 것은?

① 침수구역도　② 행정구역도
③ 토지피복도　④ 토양도

1. 피해주기의 단위는 년/회
2. 농작물 피해액은 침수시간에 따른 피해율을 적용하여 산정
5. 침수면적은 자연재해저감 종합계획 또는 소하천정비종합계획, 하천기본계획 등의 상위계획에서 제시한 침수흔적도, 침수예상도를 기준으로 함
6. 홍수피해 공간분석을 위한 기초자료는 침수구역도, 행정구역도, 토지피복도, 수치 지도가 있으며 토양도는 홍수량 산정을 위한 기초조사 항목임

정답 1. ① 2. ③ 3. ② 4. ① 5. ③ 6. ④

7 최근 국토지리정보원에서 제공하는 수치표고모델(DEM) 자료를 이용하여 공간정보 분석을 실시하고 있다. 공간정보 분석 시 기초자료에 해당하는 것은?

㉠ 침수구역도	㉡ 행정구역도
㉢ 침수심도	㉣ 수치지형도

① ㉠　　② ㉠, ㉡
③ ㉠, ㉡, ㉢　　④ ㉠, ㉡, ㉣

8 공간정보 분석을 위한 기초자료 중 행정구역도의 속성이 아닌 것은?

① 건물 및 내구재 가치
② 읍·면·동 경계 및 면적
③ 공업·상업·위락지역 등의 면적
④ 농업지역의 농경지 및 농작물 가치

9 침수구역의 자산조사 시 산정방법에 대한 설명 중 틀린 내용은?

① 가옥자산은 건축 통계 등의 자료에서 시·군별 가옥 $1m^2$당 평균액을 곱하여 산정한다.
② 가계자산은 1세대당 가계 자산액을 곱하여 산정한다.
③ 농산물자산은 최근 3년간의 자료 중 최대치의 수확량을 이용하여 산정한다.
④ 공공자산은 시설 관리기관 자료를 이용하여 산정한다.

10 「자연재해대책법」에서는 자연재해위험개선지구 관리지침을 정하여 재난피해액 산정방법을 제시하고 있다. 다음 중 침수면적별로 재난 피해액을 산정하는 방법은?

① 간편법
② 개선법
③ 조건부 가치측정법
④ 다차원법

11 재난 피해액 산정방법 중 재난피해액에 따른 경제성 분석·평가방법에 해당되지 않은 것은?

① 간편법
② 개선법
③ 조건부 가치측정법
④ 다차원법

12 재난 피해액 산정방법 중 홍수빈도별로 침수면적-침수피해-침수심을 고려하여 직접피해 및 간접 피해액을 산정하는 분석·평가방법은?

① 간편법　　② 개선법
③ 이차원법　　④ 다차원법

13 재난 피해액 산정방법 중 간편법을 적용하여 편익을 산정할 수 있다. 침수위험지구 등에 대한 간편법 적용 시 옳은 것은?

① 침수면적과 침수심 적용
② 침수면적, 침수심과 침수시간 적용
③ 침수면적과 간접피해액 적용
④ 침수면적만 적용

14 침수구역 자산조사 시 최근 5년간의 자료 중 최대치와 최소치를 제외한 3년간의 평균값을 적용하여 산정하는 자산조사는?

① 가옥자산
② 농작물자산
③ 가축자산
④ 공공자산

7. 침수심도는 침수구역도를 작성하기 위한 기초자료
8. 공업·상업·위락지역 등의 면적은 토지피복도의 속성임
9. 농산물자산은 최근 5년간의 자료 중 최대치와 최소치를 제외한 3년간의 평균값을 이용하여 자산조사를 실시

정답 7. ④ 8. ③ 9. ③ 10. ② 11. ③ 12. ④ 13. ④ 14. ②

15 다음 설명하고 있는 항목들은 재난피해액 산정 방법 중 개선법에서 피해액 항목을 열거한 것이다. 이 중 침수면적-피해액 관계식을 이용하여 산정하는 항목을 모두 고르시오.

㉠ 인명 피해액	㉡ 건물 피해액
㉢ 이재민 피해액	㉣ 농작물 피해액
㉤ 농경지 피해액	㉥ 공공시설

① ㉠, ㉢
② ㉡, ㉤, ㉥
③ ㉠, ㉢, ㉣, ㉤
④ ㉠, ㉡, ㉢, ㉣, ㉤, ㉥

16 「자연재해대책법」에서는 자연재해위험개선지구 관리지침을 정하여 재난피해액 산정방법을 제시하고 있다. 다음 중 침수면적-침수심을 고려하여 재난피해액을 산정하는 방법은?

① 다차원법
② 조건부 가치측정법
③ 개선법
④ 간편법

17 다차원법을 이용한 농작물 자산에 대한 설명 중 (　) 안에 적합한 것을 순서대로 나열한 것은?

> 농산물의 수확량은 시·군 「통계연보」 등에 의하여 최근 (㉠)년간의 자료 중 최대치와 최소치를 제외한 (㉡)년간의 평균값을 적용한다.

① ㉠ 5, ㉡ 3　② ㉠ 7, ㉡ 5
③ ㉠ 10, ㉡ 8　④ ㉠ 12, ㉡ 10

18 침수면적이 0.2km^2, 사망 손실 원단위 2억 원/명, 부상 손실 원단위 5천만 원/명, 침수면적당 사망 손실 인명수 0.025명/ha, 부상 손실 인명수 0.005명/ha일 때, 개선법을 이용해 산정한 인명 손실 피해액은? (피해주기는 1.25)

① 131,250,000원　② 84,000,000원
③ 13,250,000원　④ 8,400,000원

19 홍수나 태풍에 의하여 발생한 침수위험지구 중 가옥의 피해가 빈번히 발생하고 있는 실정이다. 가옥피해 중 다음에 대한 설명은?

> 침수심: 0.5~1.5m, 피해율: 40%

① 소파　② 반파
③ 전파　④ 유실

20 가옥피해 중 「구조물이 그 형태는 남아 있으나 개축하지 않으면 사용 못 하는 경우」에 대한 설명은?

① 소파　② 반파
③ 전파　④ 유실

21 재난피해액 산정 시 주로 개선법을 주로 적용하고 있다. 개선법 피해액 산정 중 사망자 피해액 항목을 열거한 것이다. 이 중 해당되는 것을 모두 고르시오.

> ㉠ 침수면적당 손실 인명수(명/ha)
> ㉡ 피해주기(T)
> ㉢ 홍수빈도율(f_f)
> ㉣ 손실원단위(원/명)

15. 침수면적-피해액 관계식을 이용하여 산정하는 항목: 건물, 농경지, 공공시설물, 기타 피해액
16. - 간편법: 침수면적
- 개선법: 침수면적, 침수면적-피해액 관계 곡선
- 다차원법: 유량 규모별 침수면적, 침수심, 침수일 수

18. - 인명 피해액 = 사망 피해액 + 부상피해액
- 사망피해액 = 침수면적당 손실 인명수(명/ha) × 손실원단위 × 침수면적(ha) × 홍수빈도율
- 부상피해액 = 침수면적당 손실 인명수(명/ha) × 손실원단위 × 침수면적(ha) × 홍수빈도율

21. 피해주기는 재난피해액 산정 시 사용

정답 15. ② 16. ① 17. ① 18. ② 19. ② 20. ③ 21. ④

① ㉠, ㉡ ② ㉠, ㉡, ㉢
③ ㉠, ㉣ ④ ㉠, ㉢, ㉣

22 **농작물 피해액 산정에 대한 내용 중 틀린 것은?**

① 간편법에서는 과거 최대규모 홍수 시 침수지역 내 경지면적으로 농작물 피해를 산정한다.
② 개선법에서는 논과 밭의 침수면적과 실재배 작물의 단가로 농작물 피해액 산정한다.
③ 다차원법에서는 논과 밭의 침수면적과 수확을 고려하여 유량 규모별 농작물 피해액을 산정한다.
④ 개선법에서는 논과 밭의 침수심만을 고려하여 농작물 피해액을 산정한다.

23 **피해액 산정 시 도시유형별 분류 중에서「인구증가 등으로 인하여 군 전체가 시로 승격된 도시」에 해당하는 것은?**

① 전원도시 ② 농촌도시
③ 중소도시 ④ 대도시

24 **도시유형과 유형별 피해액의 내용 중 틀린 것은?**

① 유형은 대도시, 중소도시, 전원도시, 농촌지역, 산악지역으로 구분한다.
② 50만 명 이상의 광역시급 도시는 대도시로 구분한다.
③ 건물, 농경지, 공공시설, 기타 피해액은 관계식으로 산정한다.
④ 기타 피해액 = (침수면적 - 피해액 관계식) × 기준 가격 × 홍수빈도율

25 **도시유형이 농촌지역이고 침수면적이 $1km^2$, 도시유형별 평균 침수면적이 118ha, 피해주기가 0.8일 때, 개선법에 의한 기타 피해액은?**

〈기준 단가〉

구분	건물	농경지	공공시설	기타
농촌지역	76백만 원	50백만 원	1,749백만 원	707백만 원

〈침수면적-피해액 관계식〉

구분	상수항	침수면적항
건물	0.01164	$0.286S^2$
농경지	0.11744	$0.226S^2$
공공시설	0.38670	$0.157S^2$
기타	0.49185	$0.130S^2$

① 1,054백만 원 ② 1,095백만 원
③ 1,647백만 원 ④ 1,711백만 원

26 **붕괴위험지구 내 편익 분석을 위한 피해위험구역은 급경사지의 하단으로부터 해당 비탈면 높이의 (㉠)배 정도이며, (㉡)m 초과 시에는 (㉢)m로 제한하고 있다. ㉠, ㉡, ㉢에 해당하는 것은?**

① ㉠ 2 ㉡ 30 ㉢ 40
② ㉠ 3 ㉡ 50 ㉢ 40
③ ㉠ 2 ㉡ 50 ㉢ 50
④ ㉠ 3 ㉡ 40 ㉢ 50

27 **폭우 및 태풍 등으로 붕괴위험지구 발생 시 피해액 산정을 통하여 편익을 고려한다. 붕괴위험에 따른 피해액에 해당되지 않은 것은?**

① 인명 피해액
② 사면 피해액
③ 건물 피해액
④ 기타 시설 피해액

22. 개선법에서는 농작물 피해액 산정은 침수심과 침수시간을 고려하여 산정
24. 도시 유형별 구분 중 인구 100만 명 이상의 광역시급 도시는 대도시, 인구 100만 명 미만의 일반 시급은 중소도시로 구분함
25. - 기타 피해액 = [상수항 + 침수면적항] × 기준 가격 × 홍수빈도율
- 침수면적항 = 시설별 계수 × (침수면적 / 도시유형별 평균 침수심)^2
- 기타 피해액은 건물, 농경지, 공공시설, 기타를 포함하는 금액
27. 붕괴위험지구 내 편익(피해액) 산정은 사면, 건물, 기타 시설 피해액으로 산정

정답 22. ④ 23. ① 24. ② 25. ③ 26. ③ 27. ①

28 **붕괴위험지구의 피해액 산정과 관련된 내용 중 틀린 것은?**

① 피해액 산정은 사면, 건물, 기타로 구분하여 산정한다.
② 급경사지 피해액 산정을 위한 범위는 비탈면 높이의 2배, 수평거리는 급경사지 하단으로부터 최대 50m로 제한한다.
③ 피해 단가는 연도별 자연재난 복구비용 산정기준을 준용하되 단가가 없는 것은 인명피해를 포함한 기타 항목은 견적단가로 한다.
④ 붕괴위험지구의 비탈경사 높이 기준은 자연비탈면, 인공비탈면 모두 5m 이상이다.

29 **사면 2km^2, 전파된 건물 5동, 반파 건물 20동 일 때 붕괴위험지구의 피해액은? (사면피해단가 2.5억 원/km^2 전파 피해단가 1억 원/동, 반파 피해단가 2천만 원/동)**

① 9억 원 ② 14억 원
③ 16억 원 ④ 20억 원

30 **홍수빈도율이 0.5일 때 피해주기는 몇 년인가?**

① 2년 ② 5년
③ 10년 ④ 20년

31 **다음 중 피해주기에 대한 설명 중 맞는 것은?**

① 피해주기는 피해지역의 피해가 발생하는 기간을 말한다.
② 피해주기는 통계청에서 발행하는 재해연보 자료를 활용해서 산정한다.
③ 피해주기는 재해연보의 통상 30년 평균값으로 산정한다.
④ 피해주기의 단위는 회/년으로 표시한다.

32 **침수구역 자산조사 대상 중 일반자산에 포함되지 않는 것은?**

① 재고자산 ② 가옥
③ 가옥 및 사업소 ④ 농작물

33 **편익 분석(피해액) 시 도시유형별 구분 내용이 틀린 것은?**

① 대도시: 인구 100만 명 이상의 광역시급 도시
② 중소도시: 인구 50만 명 미만의 일반 시급 도시
③ 전원도시: 농촌 지역 이외의 군급 도시
④ 농촌지역: 군급 도시 중 인구밀도 500명 이상, 임야면적 70% 미만인 도시

34 **다음 도시유형과 유형별 피해액 내용 중 맞는 것은?**

① 유형은 대도시, 중소도시, 전원도시, 농촌지역으로 구분된다.
② 50만 명 이상의 광역시급은 대도시로 구분된다.
③ 건물, 농경지, 공공시설, 기타 피해액은 관계식으로 산정한다.
④ 피해액 = (침수면적-피해액 회귀분석 관계식) × 기준가격

28. 피해 단가 중 단가가 없는 기타 항목은 견적단가를 적용하되 인명피해는 제외
29. 붕괴위험지구 피해액 = 사면피해액(사면면적 × 사면피해단가) + 건물피해액 + 기타시설 피해액
30. 홍수빈도율 = 1/피해주기
32. 농작물 및 가축 자산 등은 기타 자산에 포함됨
33. 중소도시는 인구 100만 명 미만의 일반 시급 도시를 말함
34. 도시유형은 대도시, 중소도시, 전원도시, 농촌도시 및 산간지역으로 구분하며, 대도시는 인구 100만 명 이상의 광역시급을 말하며, 피해액은 (침수면적 - 피해액 회귀분석 관계식) × 기준가격 × 홍수빈도율로 산정

정답 28. ③ 29. ② 30. ① 31. ③ 32. ④ 33. ② 34. ③

35 **건물 피해방지 편익에 대한 내용 중 틀린 것은?**

① 간편법에서는 하천개수 이전과 하천개수 이후의 건물피해액의 차이로 피해액을 산정한다.
② 개선법에서는 침수면적-피해액 관계식을 이용하여 피해액을 산정한다.
③ 다차원법에서는 침수지구의 건물면적과 피해율을 고려하여 피해액을 산정한다.
④ 고립위험지구는 전파와 반파 예상 건물수를 고려하여 피해액을 산정한다.

36 **개선법 및 다차원법에 의한 이재민 발생방지 편익에 대한 내용 중 틀린 것은?**

① 개선법에서는 간편법에서 사용하는 원단위법을 활용한다.
② 재해연보로 산정한 침수면적당 발생 이재민수를 적용한다.
③ 천재지변이므로 근로곤란으로 인한 기회비용은 제외한다.
④ 대피일수는 평균 10일로 산정하고 일 최저임금을 적용한다.

37 **대도시 지역의 건물에 대한 침수면적-피해액 관계식(회귀식 사용)이 상수항은 0.23294, 침수면적항은 0.245 s^2, 적합도는 0.63으로 나타났다. 다음과 같이 값이 주어진 경우 대도시 지역의 건물 피해방지 편익은 얼마인가?**
(단, $s = \dfrac{침수면적(ha)}{도시유형별\ 평균침수면적(ha)}$ 이다.) 19년1회 출제

- 평균침수면적: 875.3ha
- 침수면적: 5.45ha
- 평균 침수피해액: 206.8백만 원
- 홍수빈도율: 0.556

① 0.2백만 원 ② 26.8백만 원
③ 48.2백만 원 ④ 255.0백만 원

제2장 방재사업비 산정

38 **방재사업비 산정에 대한 설명 중 틀린 것은?**

① 방재사업비는 공사비, 보상비, 설계비, 유지관리를 포함하여 결정한다.
② 실시설계가 완료된 지구는 실시설계에서 계상된 공사비, 보상비를 적용한다.
③ 실시설계가 미완료된 지구는 개략공사비로 산출한다.
④ 개략공사비 산출 시에는 원가계산을 적용하여 공사비를 산출한다.

35. 간편법에서는 건물 피해방지 편익을 산정하지 않음

37. 편익 = (상수항 + 침수면적항) × 평균침수피해액 × 홍수빈도율

$$S = \frac{침수면적(ha)}{도시유형별\ 평균침수면적(ha)} = \frac{5.45}{875.3} = 0.006$$

상수항 = 0.23294
침수면적항 = $0.245S^2 = 0.245 \times (0.006)^2$
평균침수피해액 = 206.8백만 원
홍수빈도율 = 0.556
편익 = $(0.23294 + 0.245 \times (0.006)^2) \times 206.8 \times 0.556$
= 26.8백만 원

38. - 방재사업비 = 총공사비 + 유지관리비
- 총공사비 = 공사비(노무비 + 재료비 + 경비 + 폐기물 처리비) + 보상비(토지 및 건물, 생태계 보전 협력금 등) + 설계비
- 공사비 산정 시 원가계산은 실시설계 시행할 때 하는 사항으로 개략공사비 산출 시에는 제경비 요율(30~50%)을 적용하여 산정

정답 35. ① 36. ③ 37. ② 38. ④

39 **방재사업비 산정 시 총공사비에 포함되는 사항이 아닌 것은?**

① 공사비 ② 보상비
③ 유지관리비 ④ 설계비

40 **유지관리비 산정에 대한 설명 중 틀린 것은?**

① 개선법에서는 유지관리비는 총사업비의 0.5%, (총사업비 - 잔존가치)의 2%로 산정한다.
② 통상 과거 실적 통계치를 기준으로 산정한다.
③ 유지관리비는 공사기간이 긴 경우 공사기간 중에 발생하는 것으로 간주하여 산정한다.
④ 유지관리비는 공사기간이 짧은 경우 공사가 완료한 후에 발생하는 것으로 간주하여 산정한다.

41 **방재사업비의 구성요소 중 유지관리 항목에 포함되지 않은 것은?**

① 인건비
② 재료비 및 소모품비
③ 감리비
④ 설계비

42 **방재사업에서 실시설계가 완료되지 않은 사업지구에서는 총사업비의 결정은 어떻게 하는지?**

① 개략사업비
② 개략공사비
③ 공사비 및 보상비
④ 방재사업비

43 **방재사업비의 유지관리비 및 경상보수비에 대한 설명 중 틀린 것은?**

① 간편법의 유지관리비는 연평균 사업비의 0.5%
② 유지관리비는 인건비, 전력비, 재료비 등과 감리 및 간접비 등을 모두 포함
③ 개선법의 유지관리비는 총공사비의 0.3%
④ 개선법의 유지관리비는 (총사업비 - 잔존가치)의 2%

44 **다음 중 개략공사비 산정 방식 중 맞는 것은?**

① 개략공사비=직접공사비+부대공사비+제경비+기타비용
② 개략공사비=직접공사비+부대공사비+기타비용
③ 개략공사비=직접공사비+부대공사비+제경비
④ 개략공사비=직접공사비+부대공사비+유지관리비

45 **실시설계 시 총공사비 산정에 대한 내용 중 틀린 것은?**

① 실시설계에서 공사비를 산정할 때는 재료비, 노무비, 경비로 구분하여 금액을 산정한다.
② 보상비는 공사구역 내에 있는 모든 토지, 지장물, 영업 보상비 등을 대상으로 산정한다.
③ 공사비 총금액에 따라 공사비 산정기준은 표준시장단가나 건설공사표준품셈을 적용한다.

39. 유지관리비는 방재사업비 산정 시 포함
40. 개선법에서 유지관리비 산정은 총공사비의 0.5%, (총사업비-잔존가치)의 2%를 적용하여 산정함
41. 설계비는 총공사비 항목임
42. 실시설계가 미완료된 지구의 총사업비는 개략공사비로 산출
43. 개선법의 유지관리비 및 경상보수비는 총공사비의 0.5% 적용
45. 보상비 중 관리청의 토지에 인허가를 득하여 설치한 시설물은 보상에서 제외될 수 있음

정답 39. ③ 40. ① 41. ④ 42. ② 43. ③ 44. ① 45. ②

④ 총공사비 산정에는 생태계보전협력금, 대체산림자원조성비 등을 포함한다.

46 **산비탈 붕괴로 인하여 5,000m³의 토사를 굴착하고자 한다. 굴착작업은 25m³/h의 불도저 1대로 사용하며 시간당 경비로서 운전경비 3,000원, 기계감가상각비 5,000원, 기계수리비 500원, 고정적 경비로서 수송비 15,000원, 기타비용 10,000원, 관리비는 전 경비의 10%로 볼 때 개략적인 총공사비는 얼마인가?** 19년1회 출제

① 180만 원　② 185만 원
③ 190만 원　④ 195만 원

47 **다음 방재사업비와 시행계획에 대한 내용 중 틀린 것은?**

① 실시설계가 완료된 지구는 실시설계에서 계상된 공사비, 보상비를 적용한다.
② 실시설계가 완료되지 않은 지구는 개략공사비를 산출한다.
③ 사업비는 총공사비에 설계·조사(측량, 토질, 환경)비용 및 유지관리비를 포함하여 결정한다.
④ 연차별 사업비는 비용편익에 따른 투자우선순위로 결정한다.

46. 개략 총공사비 = {(시간 × 시간당 경비) + 고정 경비} × 관리비
시간(h) = 5,000/25 = 200
시간당 경비(원) = 3,000 + 5,000 + 500 = 8,500
고정 경비(원) = 15,000 + 10,000 = 25,000
관리비 = 전 경비의 10%
{(200 × 8,500) + 25,000} × 1.1 = 190만 원

47. 방재사업비의 투자우선순위는 기본적인 항목결과를 토대로 부가적인 항목을 고려한 후 협의 및 행정절차를 거쳐 최종우선순위 결정

정답 46. ③ 47. ④

제5과목

제2편

방재사업 타당성 및 투자우선순위 결정

제1장

방재사업 타당성 분석

제2편
방재사업 타당성 및
투자우선순위 결정

본 장에서는 방재사업 타당성 분석에 필요한 전반적인 내용을 다루었다. 경제성 분석의 이해를 돕기 위해 최적규모 결정과 경제성 분석지표에 대하여 설명하였고, 비용편익비 분석은 간편법(원단위법), 개선법(회귀분석법) 및 다차원법에 대하여 방법별 피해액 산정과 특징을 수록하였다. 또한, 편익과 비용에 대한 종류, 산정절차 및 검토기준 등을 포함하였다.

1절 경제성 분석의 이해

1. 경제성 분석의 필요성

① 경제성 분석(비용편익 분석)은 자본과 자원이 한정적이고 공공시설물의 수요가 많을 경우 이를 효율적으로 배분하기 위하여 분석

② 방재사업은 공공사업으로 개발 규모가 크고 투자비용이 많이 소요되므로 계획 입안 시 경제성 분석은 필수

③ 투자가치가 낮은 사업에 자연 자본을 사용하면 상대적으로 투자가치가 높은 타 사업을 포기하거나 재투자되는 결과를 초래하므로 투자 타당성에 대한 합리적 분석 필요

2. 최적규모 결정

① 최적규모 결정 시 제1원칙은 사업규모에 따른 순편익이 최대가 되는 규모를 최적 규모로 채택

② 한계비용분석에서 사업 규모 변동에 따른 편익과 비용의 증분이 동일한 조건($\Delta B/\Delta C=1$)을 만족하여야 함

③ 최적규모 결정 시 제2원칙은 실행 사업이 대안보다 우월해야 함

④ 경제적 관점에서 결정된 최적규모는 개발에 따른 정치·사회적 영향 등으로 고려하여 최적규모를 일부 조정하는 경우도 있음

3. 경제성 분석지표

▷ 경제성 분석의 지표: 순현재가치(NPV), 비용편익비(B/C), 내부수익률(IRR), 평균수익률(ARR), 반환기간 산정법(PB)

Keyword

★
최적규모 결정의 제1원칙
순편익이 최대가 되는 규모

★
최적규모 제2원칙
실행사업이 대안보다 우월해야 함

★
경제성 분석지표는 순현재가치(NPV), 비용편익비(B/C), 내부수익률(IRR)

▷ 평균수익률, 반환기간 산정법은 미래 가치를 할인하지 않거나 미래의 잠재적 이익을 무시하기 때문에 사용하지 않음

▷ 일반적인 경제성 평가방법으로는 비용편익비와 순현재가치 분석방법 사용

▷ 내부수익률은 비용편익비와 순현재가치 분석의 보완적 평가방법

(1) 순현재가치(NPV = B - C)

① 대상 사업이 정해진 기간 내에 발생시키는 편익과 비용의 차이에 관심을 두는 지표

② 투자사업으로부터 장래에 발생할 편익과 비용의 차인 순편익을 현재가치화하여 합산

$$NPV = \sum_{k=1}^{n} \left[\frac{NB_k}{(1+r)^k} + \frac{S_n}{(1+r)^n} \right]$$

* 여기서, B_k : k 년차에 발생하는 편익

C_k : k 년차에 발생하는 비용

NB_k : k 년차에 발생하는 순편익($= B_k - C_k$)

n : 분석기간

r : 할인율

S_n : 잔존가치

③ 주요 특징

㉠ 현재 가장 많이 사용되고 있는 방법, 공공투자 타당성 분석에 많이 사용

㉡ 상대적 기준이 아니므로 경합하는 사업 간의 우선순위를 결정할 때 혼란을 초래할 우려가 있음

㉢ 순편익은 규모가 비슷한 시설물을 서로 비교할 때 편리

㉣ 방재사업 또는 수자원 개발사업과 같이 자원개발의 여지가 제한된 경우에 유용한 척도

㉤ 내구연한이 다를 경우에는 최소공배수년을 분석

㉥ 순현가가 0보다 작거나 같으면 사업안을 기각하는 것이 원칙

㉦ 예산에 대한 제약이 없는 경우 가장 높은 순현가를 나타내는 사업이 가장 높은 우선순위를 가짐

㉧ 예산 제약을 받을 경우라도 예산 내에서 가장 높은 순현가를 보이는 사업이 가장 높이 평가됨

★ **내부수익률**
비용편익비와 순현재가치의 보완적 평가

★ **순현재가치**
NPV = B - C
가장 많이 이용, 공공 투자 분석 사용, 순현가 ≤ 0이면 사업안 기각, 유사한 규모의 대안 평가 시 이용

(2) 비용편익비(B/C)

① B/C는 NPV와 비슷한 단일계산 분석

② 정해진 기간 내에 분석대상사업에 투입된 비용 대비 편익의 비율에 관심을 두는 지표

③ 투자사업으로 인하여 발생하는 편익의 연평균 현재가치를 비용의 연평균 현재가치로 나눈 것

$$\frac{B}{C} = \sum_{k=1}^{n} \frac{B_k}{(1+r)^k} \Big/ \sum_{k=1}^{n} \frac{C_k}{(1+r)^k}$$

* 여기서, B_k : k 년차에 발생하는 편익
C_k : k 년차에 발생하는 비용
n : 분석기간
r : 할인율

④ 주요 특징

㉠ B/C는 초기 투자비에 대한 부담이 있는 상태에서 여러 가지 투자 대안이 있을 경우 각각에 대한 우선순위를 평가할 때 사용하는 기법

㉡ B/C는 투자자본의 효율성을 나타낸 것으로 비율이 클수록 투자효과가 큼

㉢ 단순히 편익과 비용의 절대규모에 관심을 두기 때문에 투자 규모가 큰 사업이 유리하게 나타나는 NPV의 문제점을 피할 수 있음

㉣ 여러 가지 사업을 객관적인 입장에서 비교할 수 있음. 즉, 사업에 투자한 자본의 규모를 고려한 상태에서 편익의 크기 확인 가능

㉤ NPV가 같은 경우라도 사업의 투자 규모가 다르다면 규모가 작은 사업이 규모가 큰 사업에 비해 B/C가 크게 산정되기 때문에 사업에 대한 투자우선순위를 판단할 수 있음

(3) 내부수익률(IRR)

① 비용편익비가 1이 되는 할인율

② 순현재가치로 평가할 때는 순현재가치가 0이 되도록 하는 할인율

③ 대상 사업이 정해진 기간 내에 가져다주는 수익률과 시장 이자율과의 비교·평가를 위하여 사용되는 기법

$$IRR = \sum_{k=1}^{n} \frac{NB_k}{(1+r)^k} = 0$$

* 여기서, NB_k : k 년차에 발생하는 순편익($= B_k - C_k$)
n : 분석기간
r : 할인율

★
비용편익비(B/C)
대안별 우선순위 평가 유리, B/C 클수록 투자효과 큼, 투자 규모 큰 사업 시 유리, 여러 사업을 객관적 평가 등

★
내부수익률
비용편익비가 1이 되는 할인율, 순현재가치가 0이 되도록 하는 할인율

④ 주요 특징

㉠ 사업으로 인하여 발생하는 편익의 연평균 현재가치와 비용의 연평균 현재가치가 같아지는 할인율로서 허용최소 수익률을 초과할 경우 사업의 타당성이 있는 것으로 판단

㉡ 할인율이 최소 투자수익률과 같을 경우 비용편익비가 1보다 작으면 사업계획을 기각하는 것이 원칙

㉢ 순현재가치나 비용편익비를 구하는 데 어떤 할인율을 적용해야 할지 불분명하거나 어려울 때 많이 적용

㉣ 사업 규모에 대한 정보가 반영되지 못하기 때문에 IRR만으로 투자우선순위를 결정할 수 없음

㉤ 한 개 이상의 값이 도출될 수도 있기 때문에 3가지(NPV, B/C, IRR) 방법 중 가장 신뢰도가 낮음

㉥ NPV, B/C를 통하여 타당성이 검증된 사업에 대한 보완적 평가기법

㉦ 국제 금융기관에서 차관공여를 위한 평가지표로 널리 이용

(4) 지표별 장단점

① 사업 규모의 결정은 최소 2개 이상(NPV, B/C)의 지표에 대한 분석 실시

② 할인율 적용이 불명확할 경우 IRR 추가 검토

지표별 장단점

구분	장점	단점
NPV	- 적용이 용이 - 유사한 규모의 대안 평가 시 이용 - 방법별 경제성 분석 결과가 다를 경우 NPV를 우선 적용	- 사업 규모가 클수록 NPV가 크게 나타남 - 자본 투자의 효율성을 모름
B/C	- 적용이 용이 - 유사한 규모의 대안 평가 시 이용	- 사업 규모의 상대적 비교 곤란 - 편익이 늦게 발생하는 사업은 B/C가 작게 나타남
IRR	- 사업의 예상수익률 판단 가능 - NPV나 B/C 산정 시 할인율이 불분명할 경우 적용	- 사업 기간이 짧으면 수익성이 과장됨 - 편익이 늦게 발생하는 사업은 불리한 결과 발생

③ 대부분의 공공사업은 사회복지를 향상시키기 위하여 계획하지만 편익을 계량화하는 평가가 어려움

★
내부수익률(IRR)
비용편익비 < 1 사업 기각, 내부수익률(IRR)은 NPV와 B/C 대비 신뢰도 낮음, 차관 공여를 위한 평가지표로 이용, NPV나 B/C 산정 시 할인율이 불분명할 경우 적용

★
최적 사업 규모 결정은 2개 이상의 지표로 판단, 할인율 적용이 불명확할 경우 IRR 추가 검토

상황별 분석방법

상황 및 목표	순현재가치(NPV)	내부할인율(IRR)	비용편익비(B/C)
편익고정·비용최소화	최대 편익	최대 내부할인율	최대 비용편익비
비용고정·편익최대화	최소 비용	최대 내부할인율	최대 비용편익비
편익 및 비용 가변적	최대 편익비용	최대 내부할인율	최대 비용편익비
예산한정·대안의 등급	자본 수지법		

4. 이자율 및 할인율

(1) 필요성

① 공공투자사업은 편익과 비용이 동시에 발생하지 않음. 즉, 비용은 사업 초기, 편익은 사업 종료 후 장기간에 걸쳐 발생

② 비용과 편익을 동일한 관점(시점)에서 비교하기 위해서는 현재가치로 환산이 필요함

(2) 정의

① **이자율**

㉠ 어떤 특정 기간의 투자에서 발생되는 수익과 투자액과의 비

㉡ 자금의 시간적 가치를 측정하는 수단으로서 자본의 기회비용

② **할인율**

㉠ 미래에 발생하는 편익과 비용을 현재의 가치로 환산하는 것

(3) 할인율의 결정

① 어떠한 할인율을 적용하느냐에 따라 투자사업의 타당성이 평가되기 때문에 적절한 할인율 결정이 매우 중요

② 할인율은 중앙은행의 장기 대출 이자율을 참고하여 관계 당국과 협의하여 결정

(4) 이자의 종류

① 이자의 종류: 단리 계산법, 복리 계산법

② 통상 연단위 복리 계산법 사용

③ 이자 계산에서 기간은 전체 임차기간을 이자율 단위기간(연, 월)로 나눈 값

④ **단리 계산법**

㉠ 단리는 기간에 비례하여 이자가 증가하는 단순 계산 방법

Keyword

★
이자율
투자에서 발생되는 수익과 투자액과의 비

★
할인율
미래에 발생하는 편익과 비용을 현재가치로 환산

㉡ 계산 방법: $I = P \times n \times i$, $F = P+I = P(1+ni)$

* 여기서, I: 이자, P: 원금 현가, n: 이자기간, i: 이자율, F: n 기간 후 미래가

⑤ **복리 계산법**

㉠ 복리는 매 기간 단위별로 이자를 계산하여 원금과 이자의 합이 다음 기간 이자 계산의 원금이 되는 계산 방법

㉡ 계산 방법: $F = P(1+i)n$

(5) 이자계수

① 현재 자본의 미래 가치나 미래 자본의 현재가치를 평가하는 데 사용

② 이자계수는 연단위 복리법 적용

③ 연단위 복리법을 적용할 경우 i는 연이자율(%), n은 이자기간 수(년), P는 원금 현가, A는 매 단위기간 말의 상환액 현가, F는 미래가

㉠ 일시금 이자계수

▷ 복리계수

- 일시금 현가(P)로부터 미래가인 종가(F)를 계산하는 이자계수, 종가계수라 함

  $F = P(1+i)^n$

▷ 가계수

- 미래가인 종가(F)로부터 일시금 원금 현가를 계산하는 이자계수

  $P = F/(1+i)^n$

㉡ 균등부금 이자계수

▷ 균등부금 복리계수

- n년간 매년 말에 균등부금(A)를 적립할 경우의 종가(F)를 계산하는 이자계수, 연금종가계수라 함

- 매년 말에 균등부금(A)를 연이자율(i)로 n년간 적립하는 경우 종가(F)는 균등부금 복리계수를 이용하여 계산

$$F = A\frac{(i+1)^n - 1}{i}, \quad \left(\frac{F}{A}, i, n\right) = \frac{(i+1)^n - 1}{i}$$

▷ 균등부금 적립계수

- 일정액의 종가(F)를 상환하기 위해서는 n년간 매년 말에 얼마만 한 균등부금(A)를 적립하여야 하는가를 계산하는 이자계수, 감체기금계수(감가상각률)라 함

- 종가(F)를 만들기 위하여 연이자율이 i이고 n년간 매년 적립하여야 하는 경우 균등부금(A)를 계산 시에는 균등부금 복리

★ **이자 계수의 종류**
일시금 이자 계수, 균등부금 복리 계수, 일정경사 현가 계수

★ **종가계수**
일시금 현가(P)로부터 미래가인 종가(F)를 계산하는 이자계수

★ **가계수**
미래가인 종가(F)로부터 일시금 원금 현가(P)를 계산하는 이자계수

계수의 역수인 균등부금 적립계수를 이용하여 계산

$$A = F\frac{i}{(i+1)^n - 1}, \quad \left(\frac{A}{F}, i, n\right) = \frac{i}{(i+1)^n - 1}$$

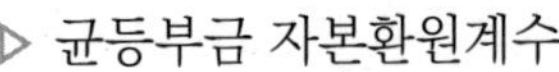

▷ 균등부금 자본환원계수

- 일시금(P)을 초기에 투자하고 이러한 투자액을 상환하기 위해서는 n년간 매월 말에 균등부금(A)을 얼마나 적립하여야 하는가를 계산하는 이자계수, 자본환원계수라 함

$$\left(\frac{A}{P}, i, n\right) = \frac{i(1+i)^n}{(i+1)^n - 1}$$

▷ 균등부금 현가계수

- n년간 매년 말에 균등부금(A)을 적립할 경우 현가(P)를 계산하는 이자계수, 자본환원계수의 역수의 관계
- 연이자율이 i이고 n년간 균등부금(A)을 매년 적립하는 경우 현가(P)는 균등부금 현가계수를 이용하여 계산

$$\left(\frac{P}{A}, i, n\right) = \frac{(i+1)^n - 1}{i(1+i)^n}$$

ⓒ 일정 경사 현가계수

▷ 부금을 일정액만큼 연차별로 증가시키는 경우 현가를 계산하는 사용하는 이자계수, 일정 경사 부금계수라 함

$$\left(\frac{P}{G}, i, n\right) = \frac{(i+1)^{n+1} - (1 + \ni + i)}{i^2(1+i)^n}$$

④ 이자계수 적용 시 주의사항

㉠ 연도 말이란 다음 연도 초와 같은 의미

㉡ 현가 P는 1차년도 초에 발생

㉢ 종가 F는 n년 말에 발생

㉣ 부금 A는 매년 말에 발생

5. 비용편익비(B/C) 분석의 종류

▷ 투자우선순위 결정을 위한 비용편익 분석방법은 간편법(원단위법), 개선법(회기분석법), 다차원법 등을 활용함.

▷ 방재사업 분야에서는 개선법을 이용하여 B/C를 산정

(1) 간편법(원단위법)

간편법은 편익을 구성하는 직접피해액을 산정함에 있어 농경지 피해액, 공공시설물 피해액, 기타 피해액, 간접 피해액 등을 사업지구의 농산

Keyword

★
이자계수 적용
연도 말 = 다음 연도 초 의미, 현가 P는 1차년도 발생, 종가 F는 n년 말 발생, 부금 A는 매년 말 발생

★
비용편익(B/C) 분석방법
간편법(원단위법), 개선법(회기분석법), 다차원법 등 활용

★
방재사업
개선법을 이용하여 B/C 산정

물 피해액과 관련시켜 피해액을 산정하는 방법

간편법

비용	편익	$\frac{B}{C} = \frac{R-M}{K+O} = \frac{\alpha R' - M}{K+O}$
- 보상비 - 공사비 - 유지관리 - 경상보수 비용	- 연평균 인명 피해액 - 연평균 농작물 피해액 - 연평균 가옥 피해액 - 연평균 농경지 피해액 - 연평균 공공시설물 피해액 - 기타 피해액 - 연평균 간접 피해액	-R: 총 홍수피해 경감 기대액의 연평균 현재가치 -M: 제방부지 손실액의 연평균 현재가치 -K: 총투자액의 연평균 현재가치 -O: 유지관리 및 경상보수비용 연평균 현재가치(연평균 사업비의 0.5%) -R': 연평균 홍수피해 경감 기대액 연평균 현재가치 -α : 자산증가 배율계수(3.72)

① R′ = Rp - R i　Rp : 하천개수 이전의 연평균 홍수피해액
R i : 하천개수 이후의 연평균 피해액

② Rp = P + H + D + S + F + T + E
P: 연평균 인명 피해액, H: 연평균 농작물 피해액
D: 연평균 가옥 피해액, S: 연평균 농경지 피해액
F: 연평균 공공시설 피해액, T: 연평균 기타 피해액
E: 연평균 간접 피해액

R i = S × (1 + r) × h
S: 농작물 내수 피해액, r: 지역별 기타 내수 피해계수
h: 지역별 농산물의 연평균 현재가치 환산계수

자료: 『치수사업 경제성 분석 개선방안 연구』

(2) 개선법(회귀분석법)

개선법은 인명피해, 이재민 피해, 농작물 피해액에 대하여는 간편법에서 사용하는 원단위법을 활용하고, 건물 피해액, 농경지 피해액, 공공시설물 피해액, 기타 피해액은 「재해연보」를 근거로 도시유형별 침수면적-피해액 관계식을 설정하여 피해액을 산정하는 방법

개선법

비용	편익	$\frac{B}{C} = \frac{\sum_{t=0}^{n} \frac{R_t}{(1+r)^t}}{\sum_{t=0}^{n} \frac{C_t}{(1+r)^t}}$
- 공사비 (축제공, 호안공, 구조물공, 보상비 등) - 연평균 사업비 - 연평균 유지비 - 연평균 비용	- 인명 피해액 - 이재민 피해액 - 농작물 피해액 - 공공시설물 피해액 - 건물·농경지 피해액 - 기타 피해액	- r: 할인율(5.5%) - t: 분석기간

① 인명손실액 = 침수면적당 손실인명 수(명/ha) × 손실원단위(원/명) × 침수면적(ha)
② 이재민 피해손실 = 침수면적당 발생이재민(명/ha) × 대피일 수(일) × 일평균소득(원/명, 일) × 침수면적(ha)
③ 농작물 피해액 = 침수경지면적(ha) × 수확량(물량/ha) × 농작물 피해율(%) × 농작물단가(원/물량)
④ 공공시설물 피해액 = 침수면적-피해액 관계식의 피해액 관계식 이용

★
간편법(원단위법)
사업지구의 농산물피해액과 관련시켜 피해액 산정

★
개선법(회귀분석법)
도시유형별 침수면적-피해액 관계식을 이용하여 피해액 산정

⑤ 건물 피해액 = 침수면적-피해액 관계식 이용
⑥ 농경지 피해액 = 침수면적-피해액 관계식 이용
⑦ 기타 피해액 = 침수면적-피해액 관계식 이용

자료: 『치수사업 경제성 분석 개선방안 연구』

Keyword

★
다차원법
일반자산조사를 통해 대상지역의 100% 피해 규모를 산정한 후 침수심 조건에 따라 피해율을 적용, 회귀식에 의한 기존 개선법 문제점 보완

(3) 다차원법

▷ 다차원 홍수피해액 산정법(MD-FDA: Multi-Dimensional Flood Damage Assessment)은 예상피해지역의 일반자산 조사[건물, 건물내용물, 농경지, 농작물, 사업체 유형(재고자산)]를 통하여 대상지역의 100% 피해 규모를 산정한 후 침수심 조건에 따라 피해율을 적용하여 예상 홍수피해액을 산정하는 방법

▷ 다차원 홍수피해액 산정법은 회귀식에 의한 기존 개선법의 문제점을 개선하기 위하여 국토교통부에서 수행한 『하천치수사업 타당성 분석 보완연구』에서 제시된 홍수피해액 산정방법

다차원법

비용		편익
- 공사비(축제공, 호안공, 구조물공, 보상비 등) - 연평균 사업비 - 연평균 유지비 - 연평균 비용		- 건물 - 농경지 - 기타 시설물 - 교통시설물(도로, 교량, 철도) - 하천시설물 - 공공시설물(하천시설물 제외)
자산조사	① 건물 자산가치(원) = 단위면적별 건축형태별 건축단가(원/m^2) × 건축형태별 연면적 비율(m^2/개수) × 가구 수(개수) × 기준 년 건설업 Deflator(보정계수) ② 건물내용물 자산가치(원) = 가정용품 평가액(원/세대수) × 세대수 × 소비자 물가지수 ③ 농작물 자산가치 = 단위면적당 농작물 평가단가(원/ha) × 농작물 작부면적(ha) × 소비자 물가지수 ④ 산업지역 자산가치(원) = 산업분류별(농업, 임업, 어업, 광업, 제조업, 전기, 가스, 건설업 등) 사업체 1인당 유형자산 및 재고자산 평가액(원/인) × 사업체별 종사자 수 (1인) × 소비자 물가지수	
침수피해액산정	① 건물피해액 = 건물 자산가치(원) × 건물침수편입률 × 건물침수피해율 ② 건물내용물 피해액 = 건물내용물 자산 × 침수피해율 ③ 농경지 피해액 = 매몰: 매몰면적(m^2) × 0.1m × 2,940원/m^3, 유실: 유실면적(m^2) × 0.2m × 5,660원/m^3 ④ 농작물 피해액 = 농작물 자산가치(원) × 침수심, 침수시간별 피해율(%) ⑤ 산업지역 피해율 = 산업지역 자산가치(원) × 침수심, 침수시간별 피해율(%) ⑥ 인명 피해액 = 침수면적당 손실인명수(명/ha) × 손실 원단위(원/명) × 침수면적(ha) - 개선법 동일 ⑦ 공공시설물 피해액 = 항목별 공공시설물(도로, 교량, 하수도…) 피해율 × 일반자산 피해액(①~⑤)	

자료: 「하천치수사업 타당성 분석 보완 연구」

간편법, 개선법, 다차원법의 경제성 평가방법 비교

<table>
<tr><th colspan="4">구분</th><th>간편법</th><th>개선법</th><th>다차원법</th></tr>
<tr><td colspan="4">편익 산정 개념</td><td>총 홍수피해 경감 기대액의 현재가치 - 제방부지로 인한 손실액의 연평균 현재가치</td><td>피해액 × 침수면적
(홍수피해주기 고려)</td><td>대상자산 × 침수면적 × 피해율(피해액을 빈도별로 계산)</td></tr>
<tr><td rowspan="10">세부편익별 산정방법</td><td rowspan="6">자산피해</td><td rowspan="5">일반자산 피해</td><td>건물</td><td>반영 안 됨(가옥 피해액만을 산정)</td><td>침수면적-피해액 관계식</td><td>건물면적 × 피해율 × 건축단가</td></tr>
<tr><td>가정용품</td><td>반영 안 됨</td><td>반영 안 됨</td><td>세대수 × 피해율 × 가정용품 단가(가정용품 단가는 5가지로 구분)</td></tr>
<tr><td>농경지</td><td>농작물 피해액 × 피해계수</td><td>침수면적-피해액 관계식</td><td>농경지 침수면적 × 손실단가(손실단가는 매몰, 유실로 구분)</td></tr>
<tr><td>농작물</td><td>과거최대규모홍수시 침수지역 내 경지면적 × 단위면적당수확량 × 피해율 × 단가</td><td>전(답)침수면적 × 작물단가</td><td>농작물 × 피해율 × 농작물 평가단가</td></tr>
<tr><td>유형재고자산</td><td>반영 안 됨</td><td>반영 안 됨</td><td>종사자수 × 피해율 × 평가단가(평가단가는 유형·재고자산으로 구분)</td></tr>
<tr><td colspan="2">공공시설물</td><td>농작물 피해액 × 피해계수</td><td>침수면적-피해액 관계식</td><td>일반자산 피해액 × 일정 비율(1.694)</td></tr>
<tr><td rowspan="2">인명피해</td><td colspan="2">인명 손실</td><td>침수면적(10a)당 피해인 수 × 범람면적(10a) × 단위피해액</td><td>침수면적 × 침수면적당 손실인명 수 × 원단위</td><td>좌동</td></tr>
<tr><td colspan="2">이재민</td><td>반영 안 됨</td><td>침수면적 × 침수면적당 이재민 수 × 평균소득</td><td>좌동</td></tr>
<tr><td colspan="3">기타 편익</td><td>농작물 피해액 × 피해계수</td><td>침수면적-피해액 관계식</td><td>반영 안 됨</td></tr>
</table>

★
- 다차원법은 가정용품 및 유형재고 자산 반영, 기타 편익 미반영
- 간편법 및 개선법은 가정용품 및 유형재고 자산 미반영, 기타 편익 반영
- 침수 면적(침수심), 피해율(빈도), 대상 자산을 대상으로 산정

간편법, 개선법, 다차원법의 장단점 비교

구분	간편법	개선법	다차원법
장점	- 농작물 피해액을 기준으로 피해계수를 적용하므로 예상피해액 산정방법이 간편함 - 세부적인 자료가 부족하여 연평균 홍수 경감 기대액의 현재가치 계산이 불가능할 때 사용할 수 있음 - 경제성 분석을 위한 소요자료 및 인력 소요가 적음	- 간편법에 침수면적-피해액 회귀식 추가 편익 산정 - 분석범위가 간편법에 비해 폭넓음 - 간편법에 비해 분석방법론에 있어서 보편화되어 있음	- 범람구역 자산조사를 통한 예상피해액을 구하는 방법이 개선법에 비하여 정확 - 지역의 피해를 입은 자산을 정확히 나타낼 수 있어 피해지역의 특성을 그만큼 더 충실히 나타냄 - 편익계산 시 간접편익이 고려되므로 개선법에 비해 정확함 - 침수면적 산정 시 홍수빈도 개념이 적용되므로 신뢰성이 높음
단점	- 사업의 경제성이 비교적 낮게 평가됨 - 하천이나 수계 전체의 입장을 고려하지 못함 - 사업지구를 기본단위로 하고 있어 사업의 파급효과가 하류에 미치는 것을 고려하지 못함	- 예상피해액을 산정함에 있어서 간접편익(교통시설의 손실 기회비용, 하천시설물의 손실 기회비용)이 고려되어 있지 않음 - 실제 홍수피해액의 강도에 중요한 영향을 미치는 침수심과 침수기간을 고려하지 못함 - 예상피해액 산정 시 단순히 재해연보를 회귀분석함으로 정확도가 떨어짐 - 「재해연보」 기준으로 홍수피해 평균주기를 산출하므로 홍수빈도가 고려되지 않음	- 단순히 도시유형 분류에 의해 구분하여 피해액을 구하는 것은 각 분류에 대한 평균을 취하기 때문에 정밀도가 부족 - 침수면적과 피해와의 관계를 도출하기 위해서 많은 전문인력과 비용이 필요함 - 자산자료(주택, 농작물, 산업시설) 수집이 어려움

★
예상 피해액 정확도
다차원법 > 개선법 > 간편법

2절 연평균 피해경감 기대액(편익) 산정

1. 편익의 분류

▷ 공공투자사업의 결과로 나타나는 모든 효과는 양의 가치와 음의 가치가 모두 확인되고 계량화되어야 함.

▷ 편익의 종류: 직접편익과 간적편익, 유형의 편익과 무형의 편익

★
편익의 종류
직접편익, 간접편익, 유형의 편익, 무형의 편익

▷ 투자사업의 편익과 비용 항목은 사업마다 다르고 똑같은 종류의 사업이라 하더라도 투자 위치와 규모에 따라 편익과 비용이 다름

(1) 직접편익

① 1차적인 목적과 관련된 편익으로 사업의 효과를 나타내는 것

② 방재사업으로 인한 침수예상지역의 침수피해 감소, 인명손실 감소, 건물, 농경지와 농작물, 산업자산과 공공시설의 피해 절감

(2) 간접편익

① 특정 사업으로부터 파생 또는 유발되는 편익, 2차적 효과로 유발효과, 연관효과를 의미함

② 재난으로 인한 각종 서비스 손실 및 교통두절 등 간접 피해 절감 효과, 주변지역의 토지의 가치 상승, 경제 활동 증대, 지역주민의 생계안정, 생활패턴의 변화, 고용 증대 등 사회적 편익과 생산, 노동 및 부가가치 유발 효과

(3) 유형의 편익

① 금전적으로 편익의 가치를 나타낼 수 있는 것

② 각종 용수공급, 제품 생산, 농산물 증산, 농지와 건물에 대한 재난피해 방지로 가치 증가

(4) 무형의 편익

① 추상적이거나 금전적으로 평가하기 어려운 것

② 인명피해 방지, 친수환경 조성 및 하천 기능 개선, 영농수지 개선, 공중 보건위생 향상, 국민경제 기여, 건설 및 연관 산업 발전 효과 등

2. 연평균 편익 산정

(1) 산정절차

① 1단계: 설계빈도에 따른 침수면적을 도시유형별로 산정

② 2단계: 홍수빈도율 산정(피해주기 활용)

③ 3단계: 항목별 편익 산정

④ 4단계: 총편익 산정

⑤ 5단계: 현가계수 산정 및 연평균 편익의 현재가치 산정

(2) 총편익 산정

① 총편익 = 인명보호 편익(사망, 부상) + 이재민 발생방지 편익 + 농작

Keyword

★
- 직접편익: 1차적 목적과 관련된 편익
- 간접편익: 2차적 효과로 유발 효과
- 유형의 편익: 금전적 편익의 가치
- 무형의 편익: 추상적이거나 금전적 평가 곤란

★
편익 산정
- 1~5단계로 구분하여 실시
- 도시 유형별 산정 → 홍수 빈도율 산정 → 항목별 편익 산정 → 총편익 산정 → 현가 계수 및 연평균 편익의 현재가치 산정

물 피해방지 편익 + 건물 피해방지 편익 + 농경지 피해방지 편익 + 공공시설 피해방지 편익 + 기타 피해방지 편익

② 침수구역 내에 도로나 교량이 있으면 예상피해 복구기간을 고려하여 공공시설로 인한 간접피해율을 구하여 공공시설 피해방지 편익을 곱하여 산정

(3) 연평균 편익의 현재가치 산정

① 공사 완료 후의 연평균 편익의 현재가치 산정

② 총편익에 현가계수를 곱하여 산정

③ 연평균 편익의 현재가치

$$\sum_{n=1}^{k}\left[\text{총 편익} \times \left\{\frac{1}{(1+\text{할인율})^k}\right\}\right]$$

* 여기서, k: 해당 년, 할인율: 5.5%(0.055)

$\frac{1}{(1+\text{할인율})^k}$: 현가계수

3절 연평균 사업비(비용) 산정

1. 사업비의 산정

▷ 방재사업비 = 총공사비(보상비, 공사비, 실시설계비) + 유지관리 및 경상 보수비용

▷ 총공사비 산정

- 실시설계가 완료된 지구: 실시설계에서 계산된 공사비, 보상비(토지, 건물, 영업 보상비 등) 등을 활용하여 산출
- 실시설계가 미완료된 지구: 개략공사비 산출

2. 공사비 산정방법

(1) 실시설계 시

① 총공사비 = 직접공사비 + 제경비 + 기타 비용

② 직접공사비: 각 공종(축제공, 호안공, 구조물공, 포장공 등)을 완성하기 위한 구성요소(흙쌓기, 흙깎기, 흙운반, 터파기, 되메우기, 호안 설치 등)의 수량(재료, 노무, 장비 운용 등)에 단가(재료비, 노무비, 경비)를 곱하여 산정

Keyword

★ 실시설계 총공사비는 직접공사비, 제경비, 기타 경비

③ 제경비는 항목별 요율을 적용하여 산정: 간접노무비, 산재 및 고용보험료, 건강 및 연금보험료, 퇴직 공제부금, 안전관리비, 환경보전비, 하도급대금 지급보증 수수료, 일반관리비, 이윤, 부가가치세 등

④ 기타 비용은 관급자재비, 폐기물 처리비, 이설비, 생태계 보전 협력금, 보상비 등

(2) 개략사업비 산출 시

① 총공사비 = 직접공사비 + 제경비 + 기타 비용

② 직접공사비: 실시설계 시와 달리 각 공종(축제공, 호안공, 구조물공, 포장공 등)에 대한 대표단면, 표준도 등을 이용해 산정한 단위 공사비에 설치 수량(연장, 면적, 부피 등)을 곱하여 산정하되 부대공사비를 포함

③ 부대공사비 = [공종별 공사비 계] × 요율(10~20%)

④ 제경비 = 직접공사비 × 요율(30~50% 적용)

⑤ 기타 비용은 폐기물 처리, 보상비 등

3. 연평균 비용 산정

(1) 산정절차(개략사업비 산출 기준)

① 1단계: 공정에 맞추어 공사기간 설정(통상 지방하천 개수사업은 1~3년 적용)

② 2단계: 총사업비를 공종별로 구분하여 기입

▷ 공종: 축제공, 호안공, 구조물공, 용지보상비, 기타 등

③ 3단계: 공정에 맞추어 연차별·공종별 사업비 투입비율 설정

$$\text{연차별 투입비율} = \frac{\text{각 연차별 사업비 계}}{\text{총 사업비}} \times 100\%$$

$$\text{공종별 투입비율} = \frac{\text{각 공종별 사업비 계}}{\text{각 공종별 총 사업비}} \times 100\%$$

(2) 연평균 사업비 산정

① 연평균 사업비 = [건설기간의 공종별 사업비 계] + [편익 발생기간의 공종별 사업비 계] - [공종별 잔존가치의 계]

② 통상 공사 완료 후에는 공종별 사업비 0으로 산정

③ 편익 발생기간 = [설계빈도] - 1

④ 공종별 잔존가치

㉠ 공종별 잔존가치 = 공종별 사업비 × 공종별 잔존가치 비율

㉡ 공종별 잔존가치 비율: 제방 0.80, 호안공 0.10, 구조물 0.0, 토지

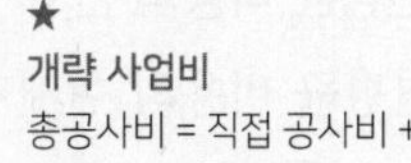

★ 개략 사업비
총공사비 = 직접 공사비 + 제경비 + 기타 비용

★ 연평균 비용 산정절차
공사 기간 설정 → 총사업비 공종별 구분 → 연차별 공종별 사업비 투입 비율로 설정

보상비 1.00, 기타 0.05

(3) 연평균 비용의 현재가치 산정

① 연평균 비용의 현재가치

$= \sum[(\text{연평균 사업비} + \text{연평균 유지관리비}) \times \text{현가계수}]$

② 연평균 유지관리비 = [총사업비 - 잔존가치의 계] × 2%

또는 총공사비 × 0.5%

4절 경제성(비용편익) 검토

① 대상 분석기간에 대하여 산정한 연평균 편익의 현재가치와 연평균 비용의 현재가치를 이용하여 검토

② 경제성 분석의 3가지 지표를 모두 이용하여 검토

③ 경제성 분석지표: NPV, B/C, IRR

㉠ NPV = Σ(연평균 편익의 현재가치) - Σ(연평균 비용의 현재가치)

㉡ B/C = Σ(연평균 편익의 현재가치) ÷ Σ(연평균 비용의 현재가치)

㉢ IRR = Σ(연평균 편익의 현재가치)와 Σ(연평균 비용의 현재가치)가 같아지는 할인율

④ 사업의 타당성은 B/C ≥ 1.0, NPV ≥ 0.0, IRR ≥ (실질 할인율)인 경우 타당성이 있는 것으로 결정하는 것이 원칙

★ 경제성 지표
NPV, B/C, IRR 이용

★ 타당성 있는 사업은 B/C≥1.0, NPV≥0.0, IRR≥실질 할인율

제2장

제2편
방재사업 타당성 및
투자우선순위 결정

방재사업 투자우선순위 결정

본 장에서는 방재사업 타당성 내용을 기준으로 방재사업 평가방법 및 평가항목의 구축과 투자우선순위 결정에 대하여 기술하였다. 투자우선순위 결정은 우선순위 결정절차, 기본·부가적 평가항목을 고려한 최종 우선순위 결정과 이에 따른 단계별 시행계획에 대하여 수록하였다.

1절 평가방법 및 평가항목의 구축

1. 평가방법

① 지역별 특성에 부합하는 평가항목을 개발하여 합리적인 평가 실시
② 자연재해위험개선지구, 급경사지 붕괴위험지역 등 관련 법령에 따라 위험지구로 지정·고시된 지구는 우선하여 투자우선순위를 고려

2. 평가항목의 구축

① **평가항목 설정**

투자우선순위 결정은 경제성 측면뿐만 아니라 경제성 외적 측면에서의 정책 판단에도 크게 의존하므로 대상지역에 따라 면밀한 고려 필요

② **평가항목의 구성**

㉠ 각 항목의 세부 평가항목을 수립하여 개괄적 우선순위 선정 후 각 평가항목 간의 상대적 가치를 고려하여 가중치를 부여
㉡ 기본 항목: 재해위험도, 피해이력지수, 기본계획 수립현황, 정비율, 비용편익비(B/C) 등
㉢ 부가적 항목: 지속성, 정책성, 준비도 등

③ 투자우선순위 및 단계별 추진계획 부분은 구조물적 대책과 비구조물적 대책으로 구분하여 단계별 추진계획 수립

★
투자우선순위 기본항목
재해위험도, 피해이력지수, 기본계획 수립현황, 정비율, 비용편익비 등

★
부가항목
지속성, 정책성, 준비도 등

2절 투자우선순위 결정

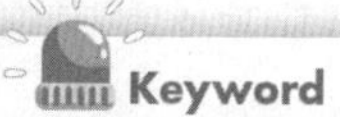

★
투자우선순위 결정
1차적으로 기본항목 평가결과를 토대로 결정한 후 부가적 항목을 고려한 후 의견 수렴 등의 행정절차를 거쳐 최종 투자우선순위를 결정

1. 투자우선순위 결정절차

▷ 투자우선순위 결정절차는 단계별 절차에 따라 결정

▷ 기본적 평가항목에 대하여 1차적으로 우선순위 결정 후 부가적 평가항목을 고려하여 순위를 조정함으로써 최종 투자우선순위 결정

▷ 최종 투자 우선은 추가협의 및 행정절차 과정을 통하여 결정

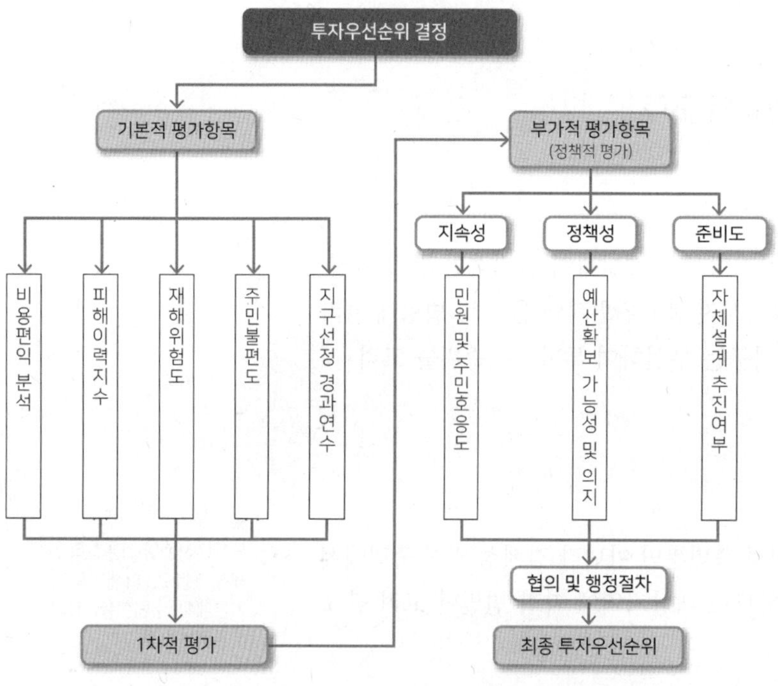

〈투자우선순위 결정 흐름도〉

2. 기본적 평가항목에 따른 우선순위 결정

① 사업별 각각의 기본적 평가항목에 대하여 배점을 부여하고 합산된 종합평점에 따라 기본평가 우선순위 결정

② 기본적 평가항목 및 평가항목별 배점 기준 및 평가점수 산정기준

㉠ 재해위험도(30점): 위험 등급(20점)+인명 피해(사망 10점, 부상 5점)

㉡ 피해이력지수(20점)

㉢ 기본계획 수립현황(10점), 정비율(10점)

㉣ 주민불편도(5점), 지구지정 경과연수(5점), 행위제한 여부(5점)

ⓜ 비용편익비(B/C)(15점)

ⓗ 부가 항목: 정책성(10점), 지속성(10점), 준비도(5점)

③ 평가항목 및 배점은 지역 특성에 따라 조정 가능

▷ 기본계획 수립현황, 정비비율, 행위제한 여부 등

④ 기본 평가항목에서 동일한 점수일 경우 배점이 높은 항목 순으로 우선순위 조정. 단, 비용편익비는 최후 순위로 함

예 재해위험도(30점) 〉 피해이력지수(20점) 〉 기본계획 수립현황(10점) 〉 정비율(10점) 〉 주민불편도(5점) 〉 지구지정 경과연수(5점) 〉 행위제한 여부(5점) 〉 비용편익비(15점)

평가항목	배점	평가점수 산정기준
계	100+20점	11개 항목
재해위험도	30	위험등급(20점) + 인명피해(사망 10점, 부상 5점) *위험등급 가 등급 20, 나 등급 10, 다 등급 5
피해이력지수	20	피해이력지수/100,000 × 배점 *피해이력지수: 최근 5년간 사유재산피해 재난지수 누계
기본계획 수립현황	10	기본계획 수립 후 5년 미만(10점) 기본계획 수립 후 5년~10년 미만(8점) 기본계획 수립 비대상(6점) 기본계획 수립 후 10년 초과(4점) 기본계획 미수립(0점)
정비율	10	(1 - 시·군·구 자연재해위험개선지구 정비율/100) × 배점
주민불편도	5	재해위험지구 면적대비 거주인구비율 100 이상(5점) 재해위험지구 면적대비 거주인구비율 50~100 미만(4점) 재해위험지구 면적대비 거주인구비율 20~50 미만(3점) 재해위험지구 면적대비 거주인구비율 5~20 미만(2점) 재해위험지구 면적대비 거주인구비율 5 미만(1점)
지구지정 경과연수	5	지구지정 고시 후 10년 이상(5점) 지구지정 고시 후 5년~10년 미만(4점) 지구지정 고시 후 3년~5년 미만(3점) 지구지정 고시 후 1년~3년 미만(2점) 지구지정 고시 후 1년 미만(1점)
행위제한 여부	5	행위제한 조례 제정 지역(5점) 행위제한 조례 미제정 지역(0점)
비용편익비	15	B/C 3 이상(15점) B/C 2~3 미만(12점) B/C 1~2 미만(9점) B/C 0.5~1 미만(6점) B/C 0.5 미만(3점)

★
우선순위 결정
기본 항목이 동일 점수일 경우 배점이 높은 항목 순으로 조정

★
평가항목
재해위험도, 피해이력지수, 기본계획 수립현황, 정비율, 주민불편도, 지구지정 경과연수, 행위제한 여부, 비용편익비

★
기본 평가항목에서 동일한 점수가 나오는 경우, 재해위험도 〉 피해이력지수 〉 주민불편도 〉 지구지정 경과연수 〉 비용편익비(B/C) 순으로 우선순위를 조정

부가 평가	정책성	10	시·군·구 추진의지 등 사업의 시급성
	지속성	5	주민참여도가 높으며, 민원우려가 낮은 지구(5점) 주민참여도가 높으나, 민원우려가 높은 지구(3점) 주민참여도가 낮으며, 민원우려가 높은 지구(1점)
	준비도	5	자체설계 추진지구(5점)

* 위험등급이 "라" 등급인 지구는 평가대상에서 제외함

★
지속성
민원 및 주민호응도

★
정책성
예산 확보 가능성 및 의지

★
준비도
자체 설계 추진 여부

★
재해위험도
위험등급 20점, 10점, 5점
인명피해 10점, 5점

3. 항목별 세부 평가방법(자연재해위험개선지구)

(1) 재해위험도

▷ 해당 지구의 위험등급 및 인명피해 발생여부에 따라 평가점수를 산정하되, 2010년 이전에 지정된 지구는 현행 자연재해위험개선지구 지정기준에 따라 위험등급을 조정하여 평가

▷ 평가점수: 위험등급(20점)+자연재난 인명피해 발생여부(10점)

구 분	위험등급			인명피해 발생 여부	
	가 등급	나 등급	다 등급	사망자	부상자
평가점수	20	10	5	10	5

자연재해위험개선지구 위험등급 분류기준 변경현황

등급별	2005년	2010년	2011년 이후
가	국가기간시설지역, 시가지지역, 주거밀집지역	재해 시 인명피해 발생 우려가 매우 높은 지역	재해 시 인명피해 발생 우려가 매우 높은 지역
나	취락지역	재해 시 건축물(주택, 상가, 공공건축물)의 피해가 발생하였거나 발생할 우려가 있는 지역	재해 시 건축물(주택, 상가, 공공건축물)의 피해가 발생하였거나 발생할 우려가 있는 지역
다	농경지지역	재해 시 기반시설(공업단지, 철도, 기간도로)의 피해가 발생할 우려가 있는 지역, 농경지 침수 발생 및 우려지역	재해 시 기반시설(공업단지, 철도, 기간도로)의 피해가 발생할 우려가 있는 지역, 농경지 침수 발생 및 우려지역
라	-	-	붕괴 및 침수 등의 우려는 낮으나, 기후변화에 대비하여 지속적으로 관심을 갖고 관리할 필요성이 있는 지역

(2) 피해이력지수

▷ 피해이력지수는 최근 5년간 해당 지구 내 사유재산피해 재난지수에 항목별 가중치를 곱하여 산정하며, 평가점수는 아래 산식에 따라 계산(소수점 셋째자리에서 반올림 함)

$$평가점수 = \frac{피해이력지수}{100,000} \times 20점(최대\ 20점\ 적용)$$

▷ 피해규모에 따른 평가점수 산정 예시

$$평가점수 = \frac{86,000}{100,000} \times 20점 = 17.2점$$

구분	단위	지원기준지수 (a)	피해물량 (b)	재난지수 (c=a×b)	가중치 (d)	피해이력지수 (e=c×d)
계						86,000
주택파손 (전파)	동	9,000	1	9,000	4.0	36,000
주택침수	〃	600	30	18,000	2.0	36,000
농경지 유실	m^2	1.35	20,000	27,000	0.5	13,500
농약대 (일반작물)	〃	0.01	100,000	1,000	0.5	500

주) 지원기준지수는 자연재난조사 및 복구계획수립지침 참고

(3) 기본계획 수립현황

▷ 지구 내 정비대상 시설의 기본계획 수립 여부 및 경과기간에 따라 등급화하여 평가점수를 산정

구분	기본계획 수립현황				
	5년 미만	5년 이상~ 10년 미만	기본계획수립 비대상	10년 초과	미수립
평가점수	10	8	6	4	0

주) 기본계획은 개별법령에 따른 기본계획임(풍수해저감종합계획은 제외)

(4) 시·군·구 자연재해위험개선지구 정비율

▷ 평가점수는 다음과 같이 산정(소수점 셋째자리에서 반올림 함)

$$평가점수 = (1 - \frac{전년도까지\ 정비완료지구수}{전체\ 지구수}) \times 10점$$

★
항목별 가중치
사망 10, 부상 5, 주택파손 4, 주택침수 2, 농경지유실 등 나머지 항목 0.5

★
기본계획 수립현황
10점, 8점, 6점, 4점, 0점

(5) 주민불편도

▷ 자연재해위험개선지구 지정면적대비 거주인구비율을 산정한 후 다음 기준에 따라 등급화하여 평가점수를 산정

$$거주인구비율 = \frac{자연재해위험개선지구\ 내\ 거주인구수(명)}{자연재해위험개선지구\ 지정면적(ha)}$$

구분	자연재해위험개선지구 지정 면적대비 거주인구비율				
	100 이상	50 이상~ 100 미만	20 이상~ 50 미만	5 이상~ 20 미만	5 미만
평가점수	5	4	3	2	1

(6) 지구지정 경과연수

▷ 대상지구의 지구지정 경과연수를 기준으로 평가점수를 산정

▷ 단, 지구지정 후 오랜 기간이 지났음에도 정비사업 추진이 필요하지 않는 지구는 지정 해제를 적극 검토

구분	지구지정 경과연수				
	10년 이상	5년 이상~ 10년 미만	3년 이상~ 5년 미만	1년 이상~ 3년 미만	1년 미만
평가점수	5	4	3	2	1

(7) 행위제한 여부

▷ 시·군·구의 행위제한조례 제정 여부를 기준으로 평가

▷ 평가점수 : 조례 제정 시·군·구 5점, 조례 미제정 시·군·구 0점

(8) 비용편익비(B/C)

▷ 비용편익비(B/C)는 제1의 방재타당성 분석에서 기술한 내용을 작용하며, 평가점수는 산출된 비용편익비에 따라 다음 등급에 해당하는 점수를 적용

구분	비용편익비				
	3 이상	2 이상~ 3 미만	1 이상~ 2 미만	0.5 이상~ 1 미만	0.5 미만
평가점수	15	12	9	6	3

(9) 부가평가

① 정책성: 시장·군수·구청장의 정비사업 추진의지, 사업의 시급성 등을

★
주민불편도
5~1점

★
지구지정 경과연수
5~1점

★
행위제한 여부
5점, 0점

★
비용편익비(B/C)
15~3점

시·도지사가 판단하여 평가점수를 부여(최대 10점)

② 지속성: 정비사업 주민참여도·민원우려도 등을 고려하여 다음 기준에 따라 평가

구분	주민참여도가 높으며, 민원우려가 낮은 지구	주민참여도가 높으며, 민원우려가 높은 지구	주민참여도가 낮으며, 민원우려가 높은 지구
평가점수	5	3	1

③ 준비도: 정비사업의 조기 추진이 가능하도록 자체설계를 추진하는 지구에 5점을 부여

4. 부가적 평가항목(자연재해저감 종합계획)

① 부가적 평가항목 및 평가항목별 배점 기준 및 평가점수 산정기준

㉠ 지속성: 주민참여도 및 민원우려도

㉡ 정책성: 정비사업 추진 의지 및 사업의 시급성

㉢ 준비도: 자체 설계 추진 여부

② 지속성, 정책성 및 준비도에 대한 점수가 1이면 점수가 0인 사업보다 선순위로 조정하되 지속성에 대한 점수가 동일한 사업들 간의 순위는 기본 평가항목에 의한 순위 유지

③ 기본적 및 부가적 평가항목을 고려하여 초기 결정된 투자우선순위는 지방 자치단체 공무원, 관련 실과, 주민공청회 등의 협의 및 행정절차를 거쳐 최종 투자우선순위 결정

평가항목	점수	평가방법	비고
지속성	1	사업 추진에 따른 민원 발생이 없고 주민호응(선호)도가 좋은 경우	
	0	사업 추진에 따른 민원 발생이 있(많)고, 주민호응(선호)도가 떨어지는 경우	
정책성	1	사업의 시급성이 높고, 지자체의 사업 추진 의지가 높은 지역	
	0	사업의 시급성이 낮고, 지자체의 사업 추진 의지가 상대적으로 낮은 지역	
준비도	1	정비 사업의 조기 추진이 가능하도록 자체 설계를 추진하는 지구	
	0	자체 설계를 추진하지 않는 지구	

★
부가적 평가항목
지속성, 정책성, 준비도

5. 단계·연차별 시행계획(자연재해저감 종합계획)

(1) 일반사항

① 구조물적·비구조물적 저감대책을 모두 포함하여 단계별 사업 추진계획을 수립

② 자연재해저감 종합계획 수립 후 향후 10년을 목표기간으로 사업 추진

㉠ 1단계 사업: 5년 이내에 추진 가능한 사업

㉡ 2단계 사업: 그 외 사업

㉢ 1단계 사업은 연차별·재원별 투자 계획 수립

㉣ 재원은 「보조금 관리에 관한 법률 시행령」 제4조를 참조하여 국비, 지방비(시·도비, 시·군비), 민자로 구분하여 제시

③ 기지성 재해위험 지구 및 타 계획이 반영된 사업은 해당 사업 및 계획의 시행계획을 그대로 반영

④ 사업 추진계획 수립 시 검토사항

㉠ 정비사업의 투자우선순위

㉡ 다른 사업과의 중복 또는 연계성

㉢ 재원확보 대책 및 연차별 투자 계획

㉣ 지역주민의 의견수렴 및 사업효과 등 기타 필요사항

㉤ 사업 시행방법의 구체성

(2) 단계별 시행계획

① 전지역단위 및 수계단위 저감대책

경제성, 사업 효과, 사회적 여건, 비구조물적 저감대책의 지속 등을 고려하여 계획기간을 분류

② 위험지구단위 저감대책

투자우선순위를 기준으로 계획 수립

(3) 연차별 시행계획

① 사업의 기본적, 부가적 항목뿐만 아니라 정책적 평가를 통하여 결정된 투자우선순위를 기준으로 수립

② 타 사업과의 연계성, 사업 효과, 기타 필요한 사항 등을 종합적으로 고려하여 계획 수립

③ 각 사업 시행 주체의 예산에 반영되는 시기와 전국적인 자연재해저감 종합계획 수립 완료 및 시행시기의 불확실성을 감안하여 10년간을 대상으로 사업시행계획을 수립하되 절대적인 시행시기를 정하지 않고

★
단계·연차별 시행
자연재해 저감 종합 계획 수립 후 향후 10년을 목표기간으로 사업 추진, 1단계 사업은 5년 이내 추진 가능한 사업

★
단계별 시행계획
전지역단위 > 수계단위 > 위험지구단위로 저감대책 수립

★
연차별 시행계획
기본적·부가적 항목, 타 사업 연계성, 사업 효과, 기타 사항 등을 고려하여 계획 수립, 과거 사업 예산(통상 10년간) 조사 후 시행 주체와 협의하여 실행

1~10년의 연차로만 구분하여 제시

④ 연차별 시행계획 수립 시에는 반드시 과거 시·군별 방재사업 예산을 조사(통상 10년간)하여 시행주체와 협의하여 사업이 실행될 수 있도록 계획

적중예상문제

제1장 방재사업 타당성 분석

1 경제성 분석지표 중 방재사업 분야에서 사용하지 않는 방법은?

① 순현재가치(NPV)
② 평균수익률(ARR)
③ 내부수익률(IRR)
④ 비용편익비(B/C)

2 방재사업 타당성을 위한 최적규모 결정에 대한 설명 중 틀린 것은?

① 사업 규모에 따른 순편익이 최대가 되는 규모를 제1원칙으로 함
② 한계비용분석에서 사업 규모 변동에 따른 편익과 비용의 증분이 동일한 조건을 만족하여야 함
③ 경제적 관점에서 결정된 최적규모는 정치·사회적 영향 등을 고려하지 않음
④ 최적 규모 제2원칙은 실행 사업이 대안보다 우월해야 함

3 경제성 분석지표 산정 시 미래 가치를 할인하지 않거나 미래의 잠재적 이익을 무시하기 때문에 사용하지 않은 지표는?

① 순현재가치(NPV)
② 반환기간 산정법(PB)
③ 내부수익률(IRR)
④ 비용편익비(B/C)

4 다음은 경제성 분석지표에 대한 설명이다. 이에 해당되는 지표는?

- 대상 사업이 정해진 기간 내에 발생하는 편익과 비용의 차이에 관심을 두는 지표
- 투자사업으로부터 장래에 발생할 편익과 비용의 차인 순편익을 현재가치화하여 합산

① 순현재가치(NPV)
② 평균수익률(ARR)
③ 내부수익률(IRR)
④ 비용편익비(B/C)

5 경제성 분석지표 중 순현재가치(NPV)에 대한 설명 중 틀린 것은?

① 순편익의 규모가 비슷한 시설물을 서로 비교할 때 편리하다.
② 상대적 기준으로 경합하는 사업 간의 우선순위를 결정할 때 이용한다.
③ 예산 제약이 없을 경우 가장 높은 순현가를 나타내는 사업을 높은 우선순위로 결정한다.
④ 자원개발의 여지가 제한된 경우에 유용한 척도이다.

1. 방재사업 분야에서는 순현재가치, 내부수익률, 비용편익비 방법을 적용하여 경제성 분석
2. 최적 규모 결정 시 정치·사회적 영향 등을 고려하여 최적 규모를 일부 조정
3. 평균수익률, 반환기간 산정법은 경제성 분석 시 미래의 가치 및 잠재적 이익을 무시함
5. 순현재가치는 상대적 기준이 아니므로 경합하는 사업 등 우선순위를 결정할 때 혼란을 초래할 우려가 있음

정답 1. ② 2. ③ 3. ② 4. ① 5. ②

6 **경제성 분석지표 중 비용편익비(B/C)에 대한 설명 중 틀린 것은?**

① 투자사업으로 인하여 발생하는 편익의 연평균 현재가치를 비용의 연평균 현재가치로 나눈 것이다.
② 투자규모가 큰 사업이 유리하게 나타나는 순현재가치법의 문제점을 피할 수 있다.
③ 초기 투자비에 대한 부담이 있는 상태에서 여러 가지 투자 대안이 있을 경우에 대한 우선순위를 평가하기 어렵다.
④ 여러 가지 사업을 객관적인 입장에서 비교할 수 있다.

7 **다음은 투자우선순위 결정을 위한 분석방법에 대하여 기술하였다. 아래 설명에 해당되는 것은?**

> 인명 피해, 이재민 피해, 농작물 피해액에 대하여는 원단위법을 활용하고, 건물 피해액, 농경지 피해액, 기타 피해액은 「재해연보」를 근거로 도시유형별 침수면적-피해액 관계식을 설정하여 피해액을 산정

① 간편법 ② 개선법
③ 다차원법 ④ 복합법

8 **비용편익 분석 시 개선법의 장점이 아닌 것은?**

① 침수면적-피해액 회귀식 추가 편익 산정
② 분석범위가 간편법에 비해 폭넓음
③ 분석방법론이 간편법 대비 보편화
④ 경제성 분석을 위한 소요자료 및 인력 소요가 적음

9 **경제성 분석지표 중 내부수익률(IRR)에 대한 설명 중 틀린 것은?**

① 순현재가치로 평가할 때는 순현재가치가 0이 되는 할인율
② 비용편익비(B/C)가 1이 되는 할인율
③ 대상 사업이 정해진 기간 동안에 발생하는 수익률과 시장 이자율과의 비교·평가를 위하여 사용되는 기법
④ 사업 규모에 대한 정보를 반영하기 때문에 IRR을 통해 투자우선순위를 결정할 수 있다.

10 **경제성 분석지표에 대한 설명 중 틀린 것은?**

① NPV 지표는 사업 규모가 클수록 NPV가 크게 나타난다.
② B/C 지표는 편익이 늦게 발생하는 사업은 B/C가 작게 나타난다.
③ B/C 지표는 유사한 규모의 대안 평가 시 용이한 방법이다.
④ IRR 지표는 사업기간이 길수록 수익이 과장되게 나타난다.

11 **이자율과 할인율에 대한 설명 중 틀린 것은?**

① 이자율이란 어떤 특정 기간 동안의 투자에서 발생하는 수익과 투자액의 비이다.
② 할인율은 미래에 발생하는 편익과 비용을 현재의 가치로 환산하는 것이다.
③ 현재 자본의 미래 가치나 자본의 현재가치를 평가하는 데 사용되는 이자계수는 연단위 단리법을 적용한다.
④ 이자율과 할인율은 비용과 편익을 동일한 시점에서 비교하기 위하여 현재가치로 환산하는 데 필요한 것이다.

6. B/C는 투자 대안들에 대한 우선순위를 평가할 때 사용하는 기법
8. 경제성 분석 시 간편법은 소요인력 및 소요시간이 적은 장점이 있음
9. IRR 지표는 사업 규모에 대한 정보를 반영하지 못하기 때문에 IRR만으로는 투자우선순위를 결정하지 못하고 NPV, B/C의 보완적 평가기법임
10. IRR 지표는 사업기간이 짧으면 수익성이 과장되게 나타남
11. 이자계수는 연단위 복리법을 적용함

정답 6. ③ 7. ② 8. ④ 9. ④ 10. ④ 11. ③

12 **이자율과 할인율을 결정하고자 할 때 이자계수를 적용한다. 다음 설명 중 틀린 것은?**

① 현재 자본의 미래가치나 미래 자본의 현재 가치를 평가하는 데 사용
② 이자계수는 연단위 복리로 적용
③ 일시금 이자계수는 복리 및 현가계수 사용
④ 이자계수는 연단위 단리 및 복리로 적용

13 **이자계수 적용 시 주의사항이 아닌 것은?**

① 연도 말이란 다음 연도 초와 같은 의미이다.
② 현가(P)는 매년 초에 발생한다.
③ 종가(F)는 n년 말에 발생한다.
④ 부금(A)은 매년 말에 발생한다.

14 **경제성 분석지표 중 비용편익(B/C)에 대한 설명 중 틀린 것은?**

① 간편법은 원단위법이라고 하며 사업의 파급효과가 하류에 미치는 것을 고려할 수 있다는 장점이 있다.
② 개선법은 회귀분석법이라고 하며 침수면적 - 피해액 회귀식을 이용하여 편익을 산정한다.
③ 간편법은 실제 홍수피해액의 강도에 중요한 영향을 미치는 침수심과 침수일수를 고려하지 못한다.
④ 다차원법은 침수면적 산정 시 홍수빈도 개념이 적용되므로 신뢰성이 높다.

15 **간편법과 다차원법의 피해액 산정 항목 중 동일한 방식으로 산정하는 항목은?**

① 건물 피해액
② 농경지 피해액
③ 인명 피해액
④ 공공시설물 피해액

16 **연평균 편익의 현재가치가 14,100백만 원, 연평균 비용의 현재가치가 9,500백만 원일 때, B/C, NPV는 각각 얼마인가?**

① B/C = 1.48, NPV = -4,600
② B/C = 1.48, NPV = 4,600
③ B/C = 0.67, NPV = -4,600
④ B/C = 0.67, NPV = 4,600

17 **할인율이 7.5%이고 해당 년이 20년일 때 현가계수는?**

① 0.485 ② 0.235
③ 0.114 ④ 0.055

18 **공공투자사업으로 피해경감 기대액, 편익을 산정한다. 편익의 종류에 해당되지 않는 것은?**

① 직접편익
② 간접편익
③ 유형편익
④ 직접 및 간접편익

12. 이자계수는 연단위 복리법으로 적용함
13. 현가(P)는 1차년 초에 발생
14. 간편법은 사업지구를 기본단위로 하고 있기 때문에 사업의 파급효과가 하류에 미치는 것을 고려하지 못함
15. - 인명손실 피해액 = 침수면적 × 침수면적당 손실 × 원단위
- 이재민 피해액 = 침수면적 × 침수면적당 이재민 수 × 평균 소득
16. - B/C = 연평균 편익의 현재가치/연평균 비용의 현재가치
- NPV = 연평균 편익의 현재가치 - 연평균 비용의 현재가치
17. 현가계수 = $\frac{1}{(1+\text{할인율})^k}$
18. 편익의 종류는 직접편익, 간접편익, 유형편익, 무형편익

정답 12. ④ 13. ② 14. ① 15. ③ 16. ② 17. ② 18. ④

19 연차별 사업비 투입계획이 다음과 같을 때 잔존 가치를 고려한 연평균 유지관리비는? (단, 잔존 가치 비율(축제공 80%, 호안공 10%, 용지보상비 100%), 유지관리비 비율 2%)

(단위: 백만 원)

구분	1차 연도	2차 연도	3차 연도
축제공	0	1,400	3,570
호안공	0	100	200
구조물공	0	10	50
용지보상비	1,800	800	0
기타	65	65	65

① 20.5백만 원 ② 26.4백만 원
③ 30.4백만 원 ④ 36.4백만 원

20 연차별 사업비 투입계획이 다음과 같을 때, 연평균 비용의 현재가치는?

(단위: 백만 원)

구분	1차 연도	2차 연도	3차 연도	4차 연도	5차 연도
축제공	0	500	2000	0	0
호안공	0	100	200	0	0
구조물공	0	10	50	0	0
용지 보상비	1000	500	0	0	0
기타	30	30	30	0	0
연평균 유지 관리비	0	0	0	18	18
현가계수	0.93	0.86	0.81	0.75	0.69

① 1,851백만 원 ② 2,051백만 원
③ 2,251백만 원 ④ 2,451백만 원

21 다음 중 최적규모 결정의 제1원칙으로 맞는 것은?

① 사업규모에 따른 순편익이 최대가 되는 규모
② 사업규모에 따른 순이익이 최적이 되는 규모
③ 실행사업이 대안보다 우월
④ 실행사업의 비용이 최소가 되는 규모

22 다음 중 순현재가치의 주요 특징 중 틀린 것은?

① 현재 가장 많이 사용되고 있는 방법
② 공공사업 경제성 분석에 많이 사용
③ 순편익은 규모가 비슷한 시설물을 비교할 때 편리
④ 자원개발의 여지가 제한된 경우에 유용한 척도

23 다음 내부수익률에 대한 설명 중 맞는 것은?

① 비용편익비가 0이 되는 할인율
② 순현재가치가 1이 되도록 하는 할인율
③ 편익의 연평균 현재가치를 비용의 연평균 현재가치로 나눈 것
④ 수익률과 시장 이자율과의 비교·평가를 위해 사용되는 기법

24 다음 중 할인율의 설명으로 맞는 것은?

① 어떤 특정 기간의 투자에서 발생하는 수익과 투자액의 비
② 자금의 시간적 가치를 측정하는 수단으로 자본의 기회비용
③ 미래에 발생하는 편익과 비용을 현재의 가치로 환산하는 것
④ 통상 연단위 복리 계산법 사용

25 경제 지표별 장점 설명 중 틀린 것은?

① NPV는 적용이 용이함
② IRR은 사업 예상 수익률 판단이 가능

19. - 연평균 유지관리비 = (총사업비 - 잔존가치) × 2%
- 잔존가치 = 0.80 × 축제공 사업비 + 0.10 × 호안공 사업비 + 0.00 × 구조물 사업비 + 1.00 × 용지보상비

22. 공공투자사업은 타당성 분석에 많이 사용
24. ①, ②, ④는 이자율에 대한 설명
25. IRR이 NPV나 B/C 산정 시 할인율이 불분명할 경우 적용

정답 19. ③ 20. ④ 21. ① 22. ② 23. ④ 24. ③ 25. ③

③ B/C는 NPV나 IRR산정 시 할인율이 불분명할 경우 적용
④ B/C 유사한 규모의 대안 평가 시 이용

26 **다음 중 직접편익에 해당되지 않는 것은?**

① 침수피해 감소
② 인명손실 감소
③ 공공시설의 피해 감소
④ 교통두절 피해 감소

27 **개략사업비 산정 시 기타비용에 해당되는 것은?**

① 폐기물 처리비
② 이설비
③ 생태계 보전 협력비
④ 관급자재비

28 **비용편익 분석방법 중 간편법의 특징이 아닌 것은?**

① 농작물 피해액을 기준으로 피해계수를 적용하여 피해액을 산정한다.
② 경제성 분석을 위한 소요자료 및 인력소요가 적다.
③ 침수면적-피해액 회귀식을 이용하여 추가편익을 산정한다.
④ 세부적인 자료 부족으로 연평균 홍수 경감기대액의 현재가치 산정 불가하다.

29 **비용편익 분석방법 중 개선법에 대한 특징이 아닌 것은?**

① 예상 피해액 산정 시 간접편익이 고려되지 못한다.
② 침수기간과 침수심을 고려하지 못한다.
③ 예상피해액 산정시 정확도가 떨어진다.
④ 사업의 경제성이 비교적 낮게 평가된다.

30 **비용편익 분석방법 중 다차원법에 대한 특징이 아닌 것은?**

① 홍수피해 평균주기를 산출하므로 홍수빈도가 고려되지 않는다.
② 편익계산 시 간접편익이 고려되므로 정확도가 높다.
③ 침수면적 산정 시 홍수빈도 개념이 적용되므로 신뢰성이 높다.
④ 자산자료 수집이 어렵다.

31 **간편법에서 편익 산정 시 해당되지 않은 항목은?**

① 농경지 ② 이재민
③ 농작물 ④ 인명 손실

32 **다차원법에서 편익 산정 시 해당되지 않은 항목은?**

① 건물 ② 농경지
③ 유형재고자산 ④ 기타 편익

33 **간편법을 활용한 연평균 편익 산정절차를 바르게 나열한 것은?**

㉠ 홍수빈도율 산정
㉡ 총편익 산정
㉢ 항목별 편익 산정
㉣ 현가계수 산정 및 연평균 편익의 현재가치 산정
㉤ 설계빈도에 따른 도시유형별 침수면적 산정

26. 간접편익에 해당됨
27. ②, ③, ④는 실시설계 시 총공사비 산정에 해당됨
28. ③ 개선법에 대한 특징
29. ④ 간편법에 대한 특징
30. ① 간편법에 대한 특징
31. 건물, 가정용품, 유형재고자산, 이재민은 고려하지 못함
32. 기타 편익은 간편법과 개선법 산정 시 적용

정답 26. ④ 27. ① 28. ③ 29. ④ 30. ① 31. ② 32. ④ 33. ④

① ㉠ → ㉡ → ㉢ → ㉣ → ㉤
② ㉠ → ㉢ → ㉡ → ㉣ → ㉤
③ ㉠ → ㉤ → ㉢ → ㉡ → ㉣
④ ㉤ → ㉠ → ㉢ → ㉡ → ㉣

34 **침수위험지구 등의 피해액 산정 시 가장 중요한 인자는?**

① 도시화율　② 침수면적
③ 인구밀도　④ 하천 개수율

35 **경제성 평가지표 중 모든 타당한 경제적 자료를 단일 계산화하여 평가나 순위매김이 가능하도록 한 방법은?** 19년1회 출제

① 순현재가치(NPV)
② 비용편익비(B/C ratio)
③ 내부수익률(IRR)
④ 순평균수익률(NARR)

36 **자연재해위험 개선지구 관리지침의 자연재해위험 개선지구 비용편익 분석에서 침수면적, 침수심, 빈도의 함수로 재난피해액을 산정하는 경제성 평가방법은?** 19년1회 출제

① 조건부가치측정법
② 간편법
③ 개선법
④ 다차원법

37 **하천치수사업의 경제적 편익으로 직접편익에 해당하는 것은?** 19년1회 출제

① 침수로 인한 오염 피해 감소효과
② 교통 두절에 의한 물류유통 감소효과
③ 교통 두절에 의한 피해 감소효과
④ 농경지 토사 매몰 방지효과

38 **대도시 지역에 대하여 다음과 같은 값이 주어진 경우, 이재민 발생방지 편익은 얼마인가?** 19년1회 출제

- 연평균 유지관리비: 55.2백만 원
- 침수면적: 5.45ha
- 단위 침수면적당 이재민 수: 1.85명/ha
- 일평균 국민소득: 일평균 0.027만 원/명·일
- 평균 대피일 수: 10일
- 홍수빈도율: 0.556

① 0.206만 원　② 0.962만 원
③ 1.514만 원　④ 2.722만 원

39 **경제성분석 평가방법 중 비용편익비(B/C)에 대한 설명이 아닌 것은?**

① 결과나 규모가 유사한 대안을 평가할 때 이용된다.
② 투자자본의 효율성을 나타낸 것으로 비율이 클수록 투자효과가 크다.

35. B/C는 순현재가치와 비슷하나 여러 가지 사업을 객관적인 입장에서 비교할 수 있으며, 내부수익률은 비용편익비가 1이 되는 할인율로 순현재가치나 비용편익비의 보완적 평가 기법임
36. 간편법은 총 홍수피해액으로, 개선법은 침수면적, 피해액을 고려하여 산정하며, 다차원법은 대상자산에 대하여 침수면적, 침수심, 피해율(피해액을 빈도별로 계산)을 고려하여 평가함
37. 하천치수사업으로 직·간접 편익이 발생한다. 교통·통신두절에 의한 피해 감소효과, 오염 피해 감소효과 등은 간접편익에 해당되며, 농경지 피해, 도시지역 침수, 주민들의 생명과 재산에 해당되는 것은 직접편익에 해당됨
38. 이재민 편익 = 침수면적 × 단위 침수면적당 이재민수 × 일평균 국민소득 × 대피일수 × 홍수빈도율
침수면적 = 5.45ha
단위 침수면적당 이재민 수 = 1.85명/ha
일평균 국민소득 = 0.027만원/명·일
대피일 수 = 10일
홍수빈도율 = 0.556
편익 = (5.45 × 1.85 × 0.027 × 10 × 0.056) = 1.514만 원
39. 여러 가지 사업을 객관적인 입장에서 비교할 수 있음

정답 34. ② 35. ① 36. ④ 37. ④ 38. ③ 39. ④

③ 적용은 쉽지만 사업규모의 상대적 비교가 어렵다.
④ 여러 가지 사업을 객관적인 입장에서 비교할 수 없다.

40 사업시행계획을 수립할 때 검토할 내용이 틀린 것은?

① 다른 사업과의 중복 또는 연계성을 검토한다.
② 연차별 투자계획을 수립한 후 단계별 시행계획을 수립한다.
③ 재원확보대책과 정비사업의 투자우선순위를 검토한다.
④ 지역주민의 의견수렴 결과와 사업효과를 검토한다.

제2장 방재사업 투자우선순위 결정

41 방재사업 투자우선순위 평가방법에 대한 내용 중 틀린 것은?

① 자연재해위험지구, 급경사지 붕괴위험지역 등 관련 법령에 따라 위험지구로 지정·고시된 지구는 우선하여 투자우선순위를 고려한다.
② 투자우선순위 결정은 경제성 측면뿐만 아니라 경제성 외적 측면에서의 정책판단에도 크게 의존한다.
③ 투자우선순위 및 단계별 추진계획 부분은 구조물적 대책에 대해서만 단계별로 추진계획을 수립한다.
④ 평가항목은 기본 항목과 부가적 항목으로 구분된다.

42 다음 괄호 안에 들어간 말들로 올바른 것은?

> 방재사업의 투자우선순위에 의해 시행되고 우선순위 결정 시 기본적으로 고려해야 하는 항목은 (㉠), (㉡), (㉢)이 있다.

① B/C, 정책성, 정비율
② B/C, 피해이력지수, 정책성
③ B/C, 재해위험도, 피해이력지수
④ B/C, 준비도, 정비율

43 다음 괄호 안에 들어갈 말들로 올바른 것은?

> 방재사업의 투자우선순위에 의해 시행되고 우선순위 결정 시 기본적 항목 이외에 부가적으로 (㉠), (㉡), (㉢)을 고려해야 한다.

① 정책성, 지속성, 형평성
② 정책성, 준비도, 지속성
③ 준비도, 지속성, 위험성
④ 효율성, 위험성, 정책성

44 투자우선순위 결정 기본 항목에 해당되지 않는 것은?

① 비용편익 분석
② 재해위험도
③ 지구지정 경과연수
④ 준비도

45 투자우선순위 결정 부가적 항목에 해당되지 않는 것은?

① 정책성 ② 피해이력지수
③ 지속성 ④ 준비도

41. 투자우선순위는 구조물적·비구조물적 대책 모두에 대하여 추진계획을 수립해야 함
42. 기본 항목: 재해위험도, 피해이력지수, 기본계획 수립현황, 정비율, 주민불편도, 지구지정 경과연수, 행위제한 여부, 비용편익비(B/C)
43. 부가항목: 정책성, 지속성, 준비도

정답 40. ② 41. ③ 42. ③ 43. ② 44. ④ 45. ②

46 **다음은 최종 투자우선순위 결정을 위한 부가적 평가항목에 대한 설명이다. 이에 해당되는 것은?**

> 예산확보 가능성이 크고, 지자체의 사업 추진 의지가 높은 지역

① 지속성 ② 정책성
③ 계획성 ④ 경제성

47 **투자우선순위 결정의 부가적 항목 중 지속성에 해당하는 것은?**

① 예산확보 가능성 및 의지
② 기본계획 수립 여부
③ 민원 및 주민의 호응도
④ 주민불편도

48 **투자우선순위 결정 시 기본 평가항목에서 동일한 점수일 경우 최후 순위로 고려해야 하는 항목은?**

① 재해위험도
② 비용편익비
③ 지구지정 경과연수
④ 피해이력지수

49 **투자우선순위 결정 시 기본 및 부가항목에 대한 설명 중 틀린 것은?**

① 기본 평가항목은 지역적 특성에 관계없이 모두 동일하게 적용하여 형평성을 확보해야 한다.
② 부가적인 항목의 점수는 1 또는 0점이며 이 점수는 기본항목 평가 후 사업의 순위를 조정하기 위한 것이다.
③ 기본 평가항목 중 가장 높은 배점은 재해위험도이다.
④ 피해이력지수는 최근 5년간 사유재산피해 재난지수의 누계를 이용한다.

50 **다음은 방재사업 시행계획에 대한 사항을 설명한 것이다. 올바르게 설명한 것을 모두 고르시오.**

> ㉠ 자연재해저감 종합계획 수립 후 향후 10년을 목표기간으로 사업을 추진
> ㉡ 사업은 1단계, 2단계 사업으로 구분하여 시행
> ㉢ 1단계 사업은 5년 이내에 추진 가능한 사업
> ㉣ 재원은 국비, 지방비, 민자로 구분

① ㉠, ㉡ ② ㉠, ㉡, ㉣
③ ㉠, ㉢, ㉣ ④ 모두 정답

51 **다음은 방재사업 추진계획 수립 시 검토사항들을 설명한 것이다. 올바르게 설명한 것을 모두 고르시오.**

> ㉠ 정비사업의 투자우선순위
> ㉡ 타 사업과의 중복성 및 연계성 여부
> ㉢ 지역주민 의견 수렴 및 사업 효과
> ㉣ 재원확보 대책 및 연차별 투자계획

① ㉠, ㉡ ② ㉠, ㉡, ㉣
③ ㉠, ㉢, ㉣ ④ 모두 정답

52 **방재사업의 단계별 시행계획 순서를 바르게 나타낸 것은?**

① 위험지구단위 → 수계단위 → 전지역단위
② 전지역단위 → 수계단위 → 위험지구단위

46. 정책성은 해당사업에 대한 예산확보 가능성 및 자치단체의 의지
47. - 지속성: 민원 및 주민호응도
- 정책성: 예산확보 가능성 및 의지
- 준비도: 자체 설계 추진 여부
49. 기본 평가항목은 지역별 특성을 고려하여 조정할 수 있음
52. 방재사업은 유역 차원의 대책을 우선적으로 고려하여 시행

정답 46. ② 47. ③ 48. ② 49. ① 50. ④ 51. ④ 52. ②

③ 위험지구단위 → 전지역단위 → 수계단위
④ 전지역단위 → 위험지구단위 → 수계단위

53 방재사업에 대한 연차별 시행계획 추진 시 검토해야 할 사항이 아닌 것은?

① 사업의 효율성, 형평성, 긴급성, 위험성뿐만 아니라 정책적 평가를 통하여 결정된 투자우선순위를 기준으로 수립
② 타 사업과의 연계성, 사업 효과, 기타 필요한 사항 등을 종합적으로 고려하여 계획 수립
③ 불확실성을 감안하여 5년간을 대상으로 사업시행계획을 수립하되 절대적인 시행 시기를 정하지 않고 1~5년의 연차로만 구분하여 제시
④ 연차별 시행계획 수립 시 과거 시·군별 방재사업 예산을 조사(통상 10년간)하여 시행주체와 협의하여 사업이 실행될 수 있도록 계획

54 다음 중 투자우선순위 기본 평가항목 중 배점 기준이 가장 높은 것은?

① 비용편익 분석　② 재해위험도
③ 정비율　④ 주민불편도

55 투자우선순위 결정 시 고려되는 계획성의 평가항목은?

① 재해위험도
② 기본계획 수립 여부
③ 주민불편도
④ 지구선정 경과연수

56 다음 중 투자우선순위 평가항목 중 배점 기준이 다른 것은?

① 주민불편도　② 행위제한 여부
③ 정비율　④ 지구지정 경과연수

57 위험지구단위 저감대책의 시행계획 수립 순서를 바르게 나열한 것은?

① 사업비 산정 → 투자우선순위 결정 → 저감대책 시행주체와의 조정
② 저감대책 시행주체와의 조정 → 사업비 산정 → 투자우선순위 결정
③ 투자우선순위 → 결정저감대책 시행주체와의 조정 → 사업비 산정
④ 투자우선순위 → 사업비 산정 → 결정저감대책 시행주체와의 조정

58 방재사업의 단계별 시행계획 중에서 유역차원의 대책을 우선적으로 고려한 사업시행계획을 수립하는 것은?

① 전지역단위　② 수계단위
③ 유역단위　④ 위험지구단위

59 투자우선순위 결정을 위한 세부평가항목 선정 시 경제성 측면을 포함하여 고려해야 할 사항이 맞는 것은?

① 안전한 사회로의 국민적 욕구 증대
② 단순한 치수적 목적에서 벗어나 환경적 요소에 대한 중시
③ 각종 개발사업을 위한 편익 증가
④ 항구적 복구사업에 대한 인식 증가

53. 연차별 시행계획은 사업시행의 불확실성을 감안하여 10년간을 대상으로 사업시행 계획
54. 재해위험도(30점) > 피해이력지수(20점) > 비용편익비(15점) > 기본계획 수립현황(10점), 정비율(10점) > 주민불편도(5점), 지구지정 경과연수(5점), 행위제한 여부(5점)
56. 정비율(10점), 주민불편도(5점), 행위제한 여부(5점), 지구지정 경과연수(5점)

정답 53. ③ 54. ② 55. ② 56. ③ 57 ① 58. ① 59. ③

60 자연재해위험개선지구 투자우선순위 결정을 위한 비용편익 분석방법 중 개선법(회기분석법)에 대한 설명이 맞는 것은?

① 행정구역별 각종 지표에 침수편입률 및 침수심별 피해율을 곱하여 피해액을 산정한다.
② 연평균 홍수피해경감 기대액의 연평균현재가치를 계산하는 데 있어서 세부적인 자료가 부족하여 계산이 불가능할 때 사용한다.
③ 침수면적 산정 시 홍수빈도 개념이 적용되므로 신뢰성이 높다.
④ 인명과 농작물 피해는 원단위법을 활용하고, 기타 피해액은 재해연보를 근거로 침수면적-피해액 관계식으로 피해액을 산정한다.

정답 60. ④

제5과목

제3편
방재시설 유지관리

제1장

제3편
방재시설 유지관리

방재시설 유지관리계획 수립

본 장에서는 방재시설물의 유지관리 개념 및 목표 설정, 방재시설의 유형 및 환경 분석, 방재시설의 유지관리계획 수립, 방재시설의 유지관리실태 평가로 구분하여 기술하였다. 방재시설의 유지관리는 NCS의 지침자료를 중심으로 수록하였으며, 유지관리의 개념, 유지관리 특성, 평가대상 방재시설 및 최적의 유지관리계획 수립에 대하여 수험생의 이해를 돕도록 하였다.

1절 방재시설의 유지관리목표 설정

1. 방재시설 유지관리 개념의 이해

'유지관리'란 완공된 시설물의 기능과 시설물 이용자의 편의와 안전을 높이기 위하여 시설물을 일상적으로 점검·정비하고 손상된 부분을 원상복구하며, 시간 경과에 따라 요구되는 개량·보수·보강에 필요한 활동(「시설물의 안전 및 유지관리에 관한 특별법」 제2조)

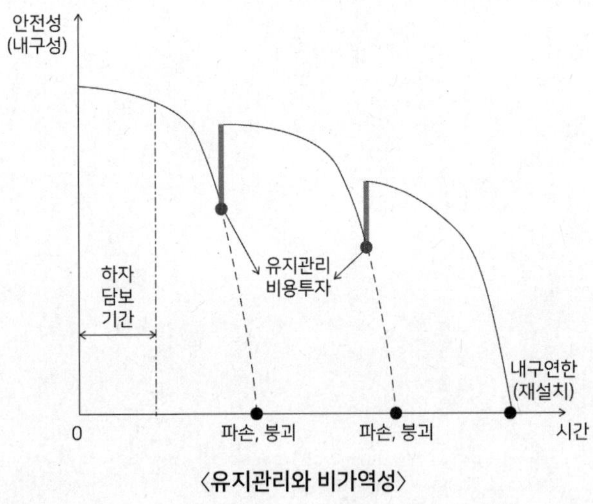

〈유지관리와 비가역성〉

2. 방재시설과 재해의 관계성

① 국민들은 방재시설을 신뢰하며 각종 개발행위 실시

② 방재시설이 설치된 지역에서 재해가 발생하는 경우, 방재시설을 설치하지 않았을 때보다 위험이나 피해의 심각성이 더 커질 수 있음

★
유지관리
시설물의 일상적 점검·정비 및 개량·보수 보강에 필요한 활동

3. 방재시설 유지관리목표 설정

(1) 방재시설 유지관리목표 설정 이유

① 방재시설 유지관리의 공통적인 표준매뉴얼이나 시설 준공 당시 작성된 매뉴얼은 환경의 변화를 반영하지 못하기 때문에 환경 변화 등으로 인하여 예기치 않은 위험상황에 처할 수 있음

② 방재시설의 구조물적 안전성과 기능을 유지하려면 계획, 설계, 시공, 유지관리의 각 과정에서 지속적으로 직·간접적인 불안전 요인들을 확인하고 제거하는 목표를 설정해야 함

(2) 방재시설 유지관리목표 설정

① 방재시설의 특성 파악

㉠ 법규가 정한 방재시설의 종류

'방재시설'의 종류는 「재난 및 안전관리 기본법」 제29조 및 동 시행령 제37조와 「자연재해대책법」 제64조 및 동 시행령 제55조에서 정하고 있음

㉡ 방재시설의 형식적 의미와 실질적 의미

▷ 형식적 의미

- 「재난 및 안전관리 기본법」과 「자연재해대책법」 등이 정한 시설

▷ 실질적 의미

- 형식적 의미의 방재시설 외에 재해예방에 기여하는 모든 시설물을 포함
- 실제 현장에서는 실질적 의미의 시설을 대상으로 유지관리를 하게 됨
- 방재시설은 우수유출저감시설, 고지배수시설, 해안가 지대에서 조수 영향을 감쇄시키는 조류지, 방풍림 등과 같이 방재기능을 하는 재해경감시설

② 방재시설 유지관리계획 수립을 위한 목표 설정

㉠ 방재시설 유지관리목표 설정요소

▷ 지역별 방재성능목표를 고려한 방재시설의 구조물적 안전

▷ 시설물의 직·간접적 요소

- 외부 기상, 토지 개발 등의 환경과 여건

㉡ 유지관리계획의 목표기간 설정

▷ 방재시설물의 유지관리계획 목표기간은 중·장기 계획 및 단기

★
방재시설 종류
- 「재난 및 안전관리 기본법」 및 「자연재해대책법」에서 규정
- 소하천, 하천, 농업 기반, 공공하수도, 항만, 어항, 도로, 산사태, 재난 예·경보, 기타 시설

계획으로 수립하여 운용

▷ 장기계획은 10년 단위, 중기계획은 5년 단위, 단기계획은 1년 내지 3년 단위의 집행계획

▷ 유지관리계획의 목표기간 설정 시 고려사항
- 시설물의 내구연한
- 시설물의 손상 및 주변 환경의 변화 상태
- 유지관리 예산투자실적과 재정여건을 고려한 재정투자계획
- 시설물의 규모와 취약성, 기능 등

ⓒ 방재시설 유지관리목표 설정 시 기술적 고려사항

▷ 유지관리목표 설정은 재료적·시공적·구조적 원인에 의한 손상 유형을 고려해야 함

▷ 구조물의 손상 원인
- 재료적 원인: 콘크리트 중성화, 철근 및 강재 부식 등
- 시공적 원인: 시간 초과 레미콘 타설, 건조수축, 동바리 융해, 다짐 불량, 재료 분리, 거푸집 및 동바리 조기 철거 등
- 구조적 원인: 하중 증가, 설계 결함, 온도 변화의 영향 등

2절 방재시설 유지관리의 유형 및 환경분석

1. 방재시설 유지관리의 특성과 관리체계

(1) 방재시설 유지관리 특성

① 유지관리 대상은 토목·건축시설 분야뿐만 아니라 강제 배수에 이용되는 기계·전기시설, 재해 예·경보 및 각종 계측 장비 시설 등

② 방재시설이 기능을 상실하게 되면 인명과 재산피해를 유발한다는 점에서 다른 공공 서비스 시설과 다르다. 방재시설의 유지관리 적기를 놓치면 그 기능을 상실하여 재해를 초래하는 것과 같음

③ 방재시설은 구조·기능적 유지관리와 비구조적 대책을 고려한 유지관리가 필요하다. 구조나 기능이 기술적으로 완전해도 필요한 비구조물적 대책이 결여되면 재해의 위험에 노출

④ 방재시설이 처한 상황과 조건은 계속 변화하므로 이에 대비한 사전적 대책과 사후적 대책 필요

⑤ 결함의 유형과 대책은 비구조물적·기능적으로 다양

★ **유지관리 목표기간 설정**
장기(10년), 중기(5년), 단기(1~3년)로 계획

★ **목표기간 설정 시 고려사항**
시설물 내구연한, 시설물 손상, 재정 투자 계획, 시설물 규모와 취약성 등

★ **유지관리 시 구조물 손상원인**
재료·시공·구조적원인으로 구분

★ **재료적 원인**
콘크리트 중성화, 철근 및 강재 부식 등

★ **시공적 원인**
건조수축, 동바리 융해, 다짐 불량, 재료 분리 등

★ **구조적 원인**
하중 증가, 설계 결함, 온도 변화의 영향 등

⑥ 안전점검과 보수·보강은 재해 유발 요인을 제거하는 재해예방의 마지막 과정

(2) 방재시설 유지관리체계에 따른 분류

방재시설의 특성에 따라 상시 관리체계, 수시적 관리체계, 주기적 관리체계로 분류

방재시설 유지관리체계에 따른 분류

유형	특징	내용 및 성격
상시 관리체계	장대교, 대댐 등과 같이 재해 발생 시 대규모의 피해를 유발하는 시설물을 대상으로 24시간 관측하고 즉시 대책을 강구하는 체계	24시간 이상 유무를 측정, 감시하여 보수·보강: 상시 계측 및 유지·보수 성격
수시적 관리체계	국내외에서 발생하는 각종 재해와 유사한 재해, 언론, 신고 등을 기초로 필요시에 점검계획을 수립하고 대책을 강구하는 체계	계절별 취약시기, 재해 발생, 상황별 일제점검, 특별점검 및 보수·보강: 수시점검, 특별점검 성격
주기적 관리체계	방재시설물을 구성하는 본체(주 구조부), 부속 시설, 부품, 소모품 등 부분별 생애주기에 따라 정기적으로 교체 혹은 보수 및 보강을 강구하는 체계	유류·소모품 등의 주기적 교체, 생애주기가 도래한 부속시설 교체, 주기적 구조물 보수·보강: 정기안전점검 성격

2. 방재시설 유지관리 환경

(1) 방재시설 유지관리의 적기

① 방재시설은 보수 적기를 놓치지 않아야 함

② 방재시설 보수 적기 상실이란 결함을 방치하는 시간이 길어져 방재기능을 상실하거나 저하되는 것을 의미

③ 제방의 배수구 자동문비 미보수, 낙차공 및 취수보 미보수, 제방 미보수로로 인한 홍수 시 제방 붕괴 발생

(2) 방재시설 환경

① 방재시설은 재난으로부터 인명과 재산을 보호해 주기 때문에 일반 서비스 중심의 일반 기반시설과 구별

② 설계 및 시공, 유지관리 측면에서 취약한 환경에 처해 있으므로 전문성이 확보된 개념을 가지고 접근 필요

③ 방재시설의 환경적 취약성

㉠ 방재시설 내적·외적으로 유동적인 재해 유발인자들을 내포

★
방재시설의 유지관리체계
상시·수시·주기적 관리체계로 분류

★
상시 관리 체계
대규모 피해시설, 24시간 이상 유무 측정

★
수시적 관리 체계
각종 재해에 대한 필요 시 점검 계획, 특별점검, 보수·보강, 수시점검

★
주기적 관리 체계
방재시설 본체, 부속 시설의 정기적 교체, 보수·보강

㉡ 방재시설의 조합적이고 종합적인 기능으로 인하여 취약성도 다양

㉢ 구조물적 대책과 비구조물적 대책을 병행할 때 방재 효과 극대화 가능

㉣ 홍수, 붕괴 등과 같은 재해취약지역에서 추진하는 사업이라는 점에서 설계 및 시공과정에서 특별한 공정관리와 안전관리 필요

㉤ 재난상황이 발생했을 때만 필요한 시설물이므로 평소 유지관리를 소홀히 할 여지가 있음

(3) 구조물의 안정과 불안정

① 각종 구조물이 안전하려면 처짐이나 휨, 변형손상, 기초의 침하·전도·활동 등으로부터 구조적으로 안정해야 함

② 침수·유실·붕괴·고립 등의 위험으로부터 기반이 안전해야 함

③ 화재 등의 부대시설 기능도 정상이어야 함

(4) 방재시설에 미치는 영향 조사·분석

① 방재시설과 일반시설의 유지관리 특성 파악

방재시설과 일반시설의 유지관리 특성

구분	일반시설	방재시설
목적	시설물의 구조적 안전성과 기능을 보호하고 이용의 편의와 안전을 도모하기 위하여 점검 및 대책을 강구하는 활동	일단의 지역이나 시설에서 발생할 수 있는 재해를 예방하는 방재시설의 기능 유지를 위하여 점검하고 대책을 강구하는 활동
시설의 특성	- 시설물의 기여도가 경제적 편익에 중점 - 유지관리를 소홀히 할 경우 시설물 자체의 기능 상실로 이용자의 불편 초래	- 시설물이 경제적 편익 이외에 인명과 재산의 안전에 기여 - 유지관리를 소홀히 할 경우 시설물 자체의 기능과 제2의 피해를 유발
유지관리 특성	- 준공 당시 확인된 구조와 기능중심의 유지관리 - 유지관리 타이밍에 다소 둔감	- 준공 당시 이후의 환경 변화를 고려한 유지관리 필요 - 유지관리 타이밍에 민감하여 시기를 놓칠 때 재해로 이어짐
기능 상실과 LCC	생애주기비용 = 계획비용 + 설계비용 + 건설비용 + 운영비용 + 폐기비용	생애주기비용 = 계획비용 + 설계비용 + 건설비용 + 운영비용 + 폐기비용 + 인명피해 + 재산피해 + 인명 및 재산피해 간접손실

★
방재시설 생애주기비용
= 일반시설 LCC + 인명피해 + 재산피해 + 인명 및 재산피해 간접손실

★
LCC
= 생애주기비용

② 방재시설의 유지관리 수준을 보수시기 기준으로 구분

방재시설의 유지관리 수준 구분

구분	정의
무보수 방치 수준	- 전혀 유지·보수하지 않고 방치하는 수준 - 시설물을 개축할 때까지 모든 구성요소에 대한 점검·진단, 보수·보강, 교체 등 일체의 유지관리 행위를 하지 않고 방치하는 경우
사후 유지관리 수준	- 거의 방치하였다가 안전성 등에 문제가 발생하면 보수·보강 조치를 취하는 수동적인 유지관리 수준
현행 유지관리 수준	- 어느 정도 유지관리를 수행하지만, 적기에 유지·보수하지 않는 유지관리 수준
예방 유지관리 수준	- 구조물의 구성요소에 대한 보수·보강 및 교체 주기를 시의적절하게 관리 - 예산을 적기·적소에 투입하며, 문제를 적극적으로 찾아 사전에 제거하는 능동적인 유지관리 수준

③ 방재시설물의 유지관리에 미치는 내적·외적 영향 평가

유지관리에 미치는 환경 및 여건

구분	유형	현상 및 상황
현장	자연환경	퇴적, 포락, 유실, 폭우, 폭설, 강풍, 하도 변경, 낙뢰, 지진 등
	인위적 환경	자연상태 토지의 형질 변경 등 훼손, 방재시설의 훼손, 망실, 도난, 실수, 방심 등으로 전이된 결함 등
기초	침하	지반 약화 등의 영향을 받아 수직 방향으로 가라앉은 변위
	전도	기초 세굴이나 부등 침하 등의 영향으로 구조물이 넘어가는 변위
	활동	수평력을 받아 전후좌우로 움직이는 변위
구조물	균열	갈라짐으로 인하여 구조적으로 취약성을 나타내는 현상
	처짐	2개 이상의 지점을 가진 보 등의 구조물이 중력이나 외부의 힘들 받아 시간이 경과하면서 아래로 처지는 현상
공통	노후화	사용 연수에 따라서 시설물의 잔존 수명에 미치는 영향
	고장, 훼손 등	기계적 결함, 고의적 파손, 도난 등의 영향

④ 방재시설의 생애주기 흐름도

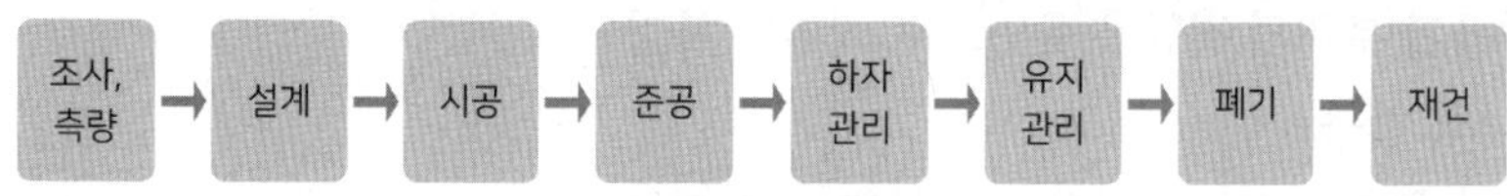

〈시설물의 생애주기〉

Keyword

★
유지관리 수준
무보수 방지·사후·현행·예방 유지관리 수준으로 구분

★
사후 유지관리 = 수동적 유지관리 수준

★
예방 유지관리 = 능동적 유지관리 수준

★
유지관리에 미치는 환경·여건
자연환경, 인위적 환경, 침하·전도·활동, 균열, 처짐, 노후화, 고장, 훼손 등

★
기초 영향
침하, 전도, 활동

⑤ 방재시설에 미치는 내·외적 환경조사·분석

시공 당시의 조사측량 및 설계도서를 참조하여 방재시설에 미치는 내·외적 영향을 분석

방재시설에 미치는 내외적 영향 요인

구분	내외적 영향 요인
조사·측량	조사 누락, 오기, 자연환경적 위험 인자 간과 등
설계	구조적 안정성, 공법 적합성, 사후관리 용이성, 시공 용이성 등
시공	부실시공(품질관리), 설계 변경 부적정 등
준공	매몰 부분 및 육안 확인이 불가능한 내부 구조적 결함 등
하자관리	매몰 부분 및 육안 확인이 불가능한 내부 구조적 결함 등
유지관리	피로, 고장, 외력, 붕괴 위험과 첨두 홍수량을 증가시키는 환경 변화, 노후, 보수 및 보강 적시성 일실(침하, 전도, 활동, 균열, 처짐, 노후, 기타 변형, 기계·전기시설의 이상 작동, 고장) 등
폐기	내구연한 경과 등

★
내·외적 영향 요인
조사·측량, 설계, 시공, 준공, 하자관리, 유지관리, 폐기 등

3절 방재시설 유지관리계획 수립

1. 방재시설의 유지관리계획 수립요소

방재시설의 종류, 재료와 공법, 주변 환경의 변화에 따라 가변적인 방재시설의 구조적 안정성과 기능성을 지속시키기 위하여 시설물의 결함과 주변 환경을 점검하고 지속적인 유지관리가 필요함

① 방재시설물은 안정성과 기능성의 두 가지 요건을 충족시켜야 함
② 계획, 조사, 측량 및 설계, 시공의 각 과정에서 잔존 위험을 제거하여 유지관리 과정으로 이전되지 않도록 해야 함
③ 시간이 경과함에 따라 저하되는 내구성과 시설물 파단은 대부분 점진적으로 진행되므로 상시적이며 지속성·일관성이 확보된 관리체계 구축
④ 시설물의 특성과 위험에 적합한 점검과 보수 및 보강
⑤ 구조체의 내부와 지하에 매몰된 부위의 결함은 육안으로 식별이 불가능하므로 정밀진단 등의 대책 강구
⑥ 구조적 안전을 다루는 안전점검이나 보수·보강은 정밀하고 높은 전문성 필요
⑦ 중·장기 유지관리계획을 수립하여 체계적인 재정투자 기반 확보

2. 유지관리에 안전점검계획 반영

① 육안이나 점검기구 등을 이용하여 시설물이 지닌 결함을 조사하는 과정에서 안전점검계획을 유지관리에 반영해야 함

② 안전점검계획에 포함되어야 할 사항

㉠ 안전점검은 시기적으로 나누어 정기적으로 실시하는 안전점검과 위험상황 등에 따라서 수시로 실시하는 안전점검으로 구분

㉡ 점검 내용에 따라 육안 및 간단한 장비를 이용한 일상점검과 비파괴 검사 장비 등을 이용하여 구조적 안정성을 측정하는 정밀안전점검

㉢ 침하, 전도, 활동, 처짐 등의 변위를 측정하기 위하여 계측 장비로 계측

㉣ 계측기간에 따른 계측 유형은 단기 계측과 장기 계측, 상시 계측과 비상시 계측이 있는데 상시 계측은 상시 모니터링시스템을 구축

㉤ 「자연재해대책법」에 따라 실시하는 정기안전점검과 수시점검계획 등을 고려

재해 발생이 우려되는 시설·지역의 점검 기준 및 방법

구분	점검 대상·방법
점검 대상 시설 및 지역	- 「자연재해대책법」 제12조 제1항에 따라 지정·고시된 자연재해위험개선 지구 - 「자연재해대책법」 제26조 제2항 제4호에 따라 지정·관리되는 고립, 눈사태, 교통 두절 예상 지구 등 취약 지구 - 「자연재해대책법」 제33조 제1항에 따라 지정·고시된 상습가뭄재해지역 - 「자연재해대책법 시행령」 제55조에 따른 방재시설 - 그 밖에 지진·해일 위험지역 등 지역 여건으로 인한 재해 발생이 우려되는 행정안전부장관이 정하여 고시하는 시설 및 지역
사전대비 실태 점검 (중앙행정기관 합동)	위 시설 및 지역에 대하여 중앙재난안전대책본부장은 관계 중앙행정기관의 장과 합동으로 사전대비 실태를 점검할 수 있음
수시점검 (재난관리 책임기관의 장)	연중 2회 이상
정기안전점검 (재난관리 책임기관의 장)	- 풍수해에 의한 재해 발생 우려시설 및 지역: 매년 3~5월 중 1회 이상 점검 - 설해에 의한 재해 발생 우려시설 및 지역: 매년 11월~익년 2월 중 1회 이상 점검
안전진단 (재난관리 책임기관의 장)	수시점검 및 정기안전점검을 한 결과, 재해예방을 위하여 정밀한 점검이 필요하다고 인정되는 경우 실시

★
「자연재해대책법」에 의거하여 정기안전점검과 수시계획 등을 고려

★
재해 발생 우려 시설 및 지역의 점검 종류
사전대비 실태점검, 수시점검, 정기안전점검, 안전진단

★
수시점검
연중 2회 이상(재난관리책임기관의 장)

★
정기안전점검
- 풍수해 우려지역: 매년 3~5월 중 1회 이상
- 설해 우려지역: 매년 11월~익년 2월 중 1회 이상 점검 (재난관리책임기관의 장)

점검 및 안전진단 기록관리 (재난관리 책임기관의 장)	자연재해 예방을 위하여 점검 대상시설 및 지역에 대한 점검 또는 안전진단을 하였을 때 그 결과에 따른 안전대책을 마련하고, 점검 또는 안전진단의 결과와 조치사항 등을 행정안전부장관이 정하는 바에 따라 기록·관리

3. 유지관리(보수·보강) 기법 결정

유지관리는 관찰이나 점검과 보수·보강을 총칭한다. 유지 보수나 보강에 관한 기법은 안전점검이나 진단 결과를 토대로 전문가의 기술력으로 내구성, 기능성, 구조적 안전성, 편리성, 경제성, 신뢰성 등을 고려하여 결정

4. 방재시설의 유지관리계획 수립

(1) 일반사항

① 방재시설 유지관리계획은 정기적인 점검이나 수시로 발생하는 결함 등을 대상으로 사전적 대책을 중심으로 수립

② 유지관리계획에 포함되어야 할 사항

㉠ 시설물별 안전 및 유지관리체계

㉡ 시설물의 적정한 안전 및 유지관리를 위한 조직, 인원 및 장비의 확보

㉢ 안전점검 및 정밀안전진단 시행

㉣ 안전 및 유지관리에 필요한 비용 및 예산 확보

㉤ 긴급 사항 발생 시 조치체계

㉥ 시설물의 설계·시공·감리 및 유지관리 등에 관련된 설계도서의 수집 및 보존

㉦ 시설물별 안전 및 전년도 시행 실적을 포함한 유지관리 실적 등에 관한 사항 반영

㉧ 외부 환경의 변화 전망 및 대책

㉨ 교육 및 훈련 등

㉩ 연차별 투자 계획(중·장 ·단기 목표 설정)

(2) 수립절차

① 방재시설별 유지관리 유형에 해당하는 기준 작성

 **Keyword**

★
재난관리책임기관의 장
수시점검, 정기안전점검, 안전진단, 점검 및 안전진단 기록 관리 실시

★
중앙 행정 기관 합동
사전 대비 실태 점검 실시

★
유지관리 기법
내구성, 기능성, 구조적 안전성, 편리성, 경제성, 신뢰성 등 고려

유지관리 기준

구분	내용
전면 교체	내구연한이 도래하였거나 주요 구조 부위에 심각한 손상을 입어 보수·보강이 곤란한 경우에 시설물 전체를 교체
부분 교체	내구연한이 도래하였거나 주요 구조 부위에 심각한 손상을 입어 일부분을 교체하여야 구조적 안전성을 확보하고 기능을 회복할 수 있는 경우에 선택
보수	시설물의 내구 성능 회복 또는 향상이나 기능을 회복시켜 주는 수준의 유지관리
보강	시설물의 부재나 구조물의 내하력과 강성 등의 역학적인 성능과 기능을 높여 안전성과 기능을 회복 또는 향상시키기 위한 유지관리
개·보수	노후시설이나 기능이 상실 또는 저하된 시설을 개량하고 보수하여 재해 위험으로부터 안전과 기능을 보장해 주는 것

② 주요 구조부에서 발생하는 결함에 적정한 유지관리 유형과 기법을 검토하여 결정

▷ 유지관리기법 결정 시 유의사항

- 방재시설의 세부 구조별로 기능이 유지되어야 함
- 방재시설의 세부 기능별로 취약성을 고려해야 함
- 결함 원인을 규명하여 동일한 결함을 방지할 수 있는 공법 선정
- 개량 복구가 필요한 때는 유용 가능한 시설 및 장비 검토
- 경제적·구조적·기능적·관리적 타당성 검토
- 방재 신기술 활용방안 모색
- 보수공법은 최적의 선택을 위하여 경제성, 효과성, 일관성, 효율성 등을 기준으로 비교·검토하여 결정

③ 방재시설 결함 등 취약성에 적정한 유지관리 중·장기 및 단기 계획 수립

▷ 중·장기, 단기 유지관리계획 시 고려사항

- 방재시설의 기능과 목적, 방재시설의 취약성에 부합하는 관리체계를 구축
- 방재시설 및 부속 시설의 내구성에 대한 정보를 미리 파악하여 생애주기가 도래하면 결함 여부와 상관없이 정기 교체 또는 보강하는 시스템 도입
- 잔존 위험을 관리(제거)하는 차원으로 계획
- 구조물적 대책과 비구조물적 대책 병행
- 연속적이고 연계적인 이력 관리가 중요하므로 변위, 변형 등의 결함 진행상황을 수치상으로 관리

★
유지관리 기준
전면 교체, 부분 교체, 보수, 보강, 개·보수 기준으로 결정

★
보수
시설물의 내구 성능 회복·향상, 기능 회복

★
보강
시설물의 안전성과 기능 회복 또는 향상을 위한 유지관리

★
개·보수
노후 시설이나 기능을 상실·저하된 시설물을 개량·보수하여 재해 위험으로부터 안전과 기능을 보장

- 방재시설의 중요도나 특성을 단기 계획과 중·장기 계획에 반영
- 개발사업에 우선하여 방재시설 유지관리에 투자
- 방재시설의 유지관리를 위한 지속적인 연구와 함께 조직과 전문 인력, 소프트웨어적 기술 확보
- 점검(관찰이나 순찰 포함)과 보수·보강 및 개량을 하는 것 외에 일상적 관리에 속하는 사방댐 내의 토석류·하수 및 우수관거·구거·수로 내 퇴적토의 준설, 기계·장비의 일상 정비, 기기 급유, 소모성 부품의 교환, 도장, 세척·청소 등도 유지관리계획에 반영

4절 방재시설 유지관리실태 평가

1. 방재시설 유지관리평가의 이해

① 방재시설 유지관리평가는 방재시설의 유지관리목표를 높이기 위한 활동

② 방재시설 유지관리평가는 각각의 방재시설이 기능을 발휘하는 데 필요한 구조적 안전성 및 기능성 평가가 중심

2. 방재시설의 유지관리평가

① 방재시설의 유지관리평가는 「방재시설의 유지·관리 평가항목·기준 및 평가방법 등에 대한 고시」에 따라 실시

② 방재시설의 유지관리평가는 당해 시설물의 상태와 당해 시설에 대한 유지관리계획 수립 및 체계 등을 평가

③ 유지관리평가는 질적·양적으로 분석하여 유지관리계획에 환류

(2) 유지관리평가 대상 방재시설

① 평가대상 방재시설은 크게 소하천시설, 하천시설, 농업생산기반시설, 공공하수도 시설, 항만시설, 어항시설, 도로시설, 산사태 방지시설, 재난 예·경보시설, 기타 시설로 분류

② 방재시설을 구성하는 세부 시설물에 대한 평가 시행

Keyword

★
방재시설의 유지관리평가
「방재시설의 유지·관리 평가항목·기준 및 평가항목 등에 대한 고시」에 의거하여 실시

유지관리평가 대상 방재시설

시설	시설물	비고
소하천시설	제방, 호안, 보, 수문, 배수펌프장	
하천시설	댐, 하구둑, 제방, 호안, 수제, 보, 갑문, 수문, 수로터널, 운하, 관측시설	
농업생산기반시설	저수지, 양수장, 관정, 배수장, 취입보, 용수로, 배수로, 유지, 방조제, 제방	
공공하수도시설	하수(우수)관로, 공공하수처리시설, 하수저류시설, 빗물펌프장	
항만시설	방파제, 방사제, 파제제, 호안	
어항시설	방파제, 방사제, 파제제	
도로시설	방설·제설시설, 토사유출·낙석 방지시설, 공동구, 터널·교량·지하도 육교, 배수로 및 길도랑	
산사태 방지시설	사방시설	
재난 예·경보시설	재난 예·경보시설	
기타 시설	우수유출저감시설, 고지배수로	

(3) 평가항목 및 기준

① 개별 법령에서 정하는 유지·관리 기준에 따라 소관 방재시설을 유지·관리하여야 함

② 소관 방재시설에 관련한 재난이 발생한 경우 신속히 대처해야 함.

③ 유지·관리대상 시설물에 보완·개선 등 필요한 조처를 해야 함.

④ 평가에 필요한 평가항목 및 세부 기준은 「방재시설의 유지·관리 평가항목·기준 및 평가방법 등에 대한 고시」에 따라 실시

(4) 평가방법

① 평가는 「재난 및 안전관리 기본법」 제33조의2에 따른 재난관리체계 등에 대한 평가방법에 따라 연 1회 등 정기적으로 실시

② 특별한 경우 행정안전부장관은 평가방법 및 시기를 별도로 정하여 평가를 시행할 수 있음

(5) 평가 순서

① **평가유형 파악**

㉠ 재해 발생 시기 기준

▷ 사전적 평가: 재해 발생 전

▷ 사후적 평가: 시설물의 결함이 발생한 시점

★
유지관리평가 대상시설
소하천, 하천, 농업 기반, 공공하수도, 항만, 어항, 도로, 산사태 방지, 재난 예·경보 및 기타 시설로 구분

★
소하천시설
제방, 호안, 보, 수문, 배수 펌프장 등

★
농업기반시설
저수지, 양·배수장, 관정, 취입보, 용수로, 배수로 등

★
항만 시설
방파제, 방사제, 파제제, 호안 등

★
유지관리평가
「재난 및 안전관리 기본법」에 의거 정기적으로 실시

ⓛ 방재시설평가 주체 기준

▷ 내부 평가: 자체 점검

▷ 외부 평가: 외부 기관이나 전문가를 통하여 실시하는 정밀안전점검이나 정밀안전진단

ⓒ 평가대상 기준

▷ 상태 평가: 완성된 방재시설물을 대상으로 실시

▷ 과정 평가: 방재시설 설치 중에 실시

ⓡ 방재시설의 상태 평가에 이용되는 조사방법

▷ 외관 조사, 비파괴 탐사, 재료 시험 등

ⓜ 처짐이나 활동, 침하, 전도, 균열의 크기와 진행 속도 등의 동적 변화를 정량적으로 실시간 상태를 구하는 계측

② 평가계획 수립

ⓖ 방재시설 유지·관리평가 항목

▷ 정기 및 수시점검

▷ 유지관리에 필요한 예산, 인원, 장비 등 확보

▷ 보수·보강계획 수립 및 시행

▷ 재해 발생 대비 비상대처계획 수립

ⓛ 평가 시 고려사항

▷ 정성적 평가와 정량적 평가

▷ 예산 확보, 점검 및 정비 실적, 유지관리에 필요한 자료 및 정보의 관리, 책임자들의 관심도 등 비구조물적 요소도 평가대상

▷ 평가 배점이 필요한 경우에는 현재 시설물의 구조물적·기능적 상태가 방재기능의 척도가 되기 때문에 시설물의 구조물적·기능적 가중치를 비구조물적 평가 가중치보다 높일 것을 권고

▷ 지역별 시간당 강우량 및 연속 강우량에 기초하여 10년 단위의 지역별 방재성능목표 고려

ⓒ 평가결과의 실명화, 유지관리 이력 데이터베이스화, 환류 기능

▷ 안정적인 유지·보수비의 수요 및 확보 근거로 활용

▷ 안전점검과 보수·보강에 연계 활용

▷ 유지관리 매뉴얼 개선 등 각종 정책 개선에 활용

▷ 방재정보로 교육이나 훈련 등에 활용

Keyword

★
유지관리평가 절차
평가유형 파악 → 평가계획 수립

★
평가유형 파악
시기 기준(사전적·사후적 평가), 주체 기준(내부·외부 평가), 대상(상태·과정 평가)

★
평가계획 수립
유지·관리평가, 계획 및 평가 시 고려사항 체크

★
방재시설 평가 고려사항
정성적·정량적 평가, 비구조물 요소 평가, 10년 단위의 지역별 방재 성능 목표 고려

제2장

방재시설 상시 유지관리

제3편
방재시설 유지관리

방재시설의 상시 유지관리는 사전적이고 일상적인 유지관리로 방재시설별 유지관리 매뉴얼 검토, 방재시설의 현장점검, 정밀안전점검, 점검자료의 데이터베이스화 및 보수·보강으로 구분하여 수록하였으며 특히, 상시유지관리의 개념, 특성, 관리항목과 일상·정밀점검 시 유형, 유의 사항, 주요항목 등을 포함하였다.

1절 방재시설별 유지관리 매뉴얼 검토

1. 상시 유지관리의 개념

① 상시 유지관리는 비상상황에서의 관리에 대비되는 것으로서 일상적으로 실시하는 유지관리

② 상시 유지관리는 사전적 예방 활동으로서 방재시설 유지관리의 기본

2. 방재시설의 기능 및 특성

① 방재시설의 기능은 홍수피해 방지, 붕괴피해 방지, 토석류 유출피해 방지 등과 같이 재해 원인이나 유형에 따라 다양

② 방재시설의 기능적 특성

▷ 방재시설은 댐이나 저수지와 같이 방재기능을 직접 담당하는 시설

▷ 제방의 호안이나 수문, 배수펌프장의 유수지와 같이 기존 또는 주 방재시설의 기능을 보완하는 시설

▷ 방재시설은 다른 기반시설들이 편익 기능을 발휘할 수 있도록 보완적 기능을 담당

▷ 방재시설이 기능을 상실하면 방재시설의 보호를 받는 기반시설들이 피해를 보게 됨

3. 방재시설 관리상의 문제점

① 방재시설의 기능 상실은 재해 유발을 의미

② 구조물적 안전성과 기능은 외부 환경 변화의 영향을 많이 받음

③ 펌프 및 전동 게이트와 같이 전기·기계 등의 조작적 관리가 필요

★
상시 유지관리
비상상황 관리의 반대 개념으로 일상적 유지관리, 사전적 예방활동

★
관리상 문제점
기능 상실은 재해 유발, 구조적 안전성·기능은 외부환경 요인, 전자 기계의 조작관리 필요, 비상 시 관리 등

④ 정기안전점검 및 특별점검 외에 비상시 관리가 필요
⑤ 방재시설의 유지관리는 적절한 타이밍을 요구

4. 방재시설 관리항목

★
방재시설 관리항목
시설명, 시설 위치. 규모, 사업비, 설계 및 시공자, 공사 기간, 감리자, 하자보수검사, 기타 사항

① 시설명
② 시설 위치
③ 시설 규모
④ 사업비
⑤ 설계 및 시공자
⑥ 공사기간
⑦ 감리자
⑧ 관리청
⑨ 시설관리자
⑩ 시설관리책임자(정·부)
⑪ 시설현장책임자
⑫ 하자보수검사(일자별, 하자보수검사자, 검사결과, 지적사항, 시정결과)
⑬ 유지관리계획 및 실적(일자별, 점검명, 점검자, 점검결과, 보수·보강 실적, 보수·보강 시공자)
⑭ 기타 특기사항(시험 및 계측 관련 자료, 사진 등)

5. 유지관리 매뉴얼의 해석 및 운용

(1) 매뉴얼 해석
① 방재시설의 기능적 취약성과 관련하여 「자연재해대책법」이 정한 방재성능목표 등을 고려함
② 방재성능목표는 기후 변화에 선제적이고 효과적으로 대응하기 위하여 기간별·지역별로 기온, 강우량, 풍속 등을 기초로 중앙재난안전대책본부장이 정한 방재기준 가이드라인 등을 적용하여 해석

★
중앙재난안전대책본부장은 방재기준 가이드라인 수립 후 책임기관의 장에게 권고

구분	내용
「자연재해대책법」 제16조의4	- 중앙대책본부장은 기간별·지역별로 예측되는 기온, 강우량, 풍속 등을 바탕으로 방재기준 가이드라인을 정하고, 재난관리책임기관의 장에게 적용을 권고할 수 있다. - 재난관리책임기관의 장은 방재기준 가이드라인을 소관 업무에 관한 장기개발계획 수립·시행 및 제64조에 따른 방재시설의 유지·관리 등에 적용할 수 있다.

(2) 현장 여건과 매뉴얼의 적용 운용

매뉴얼 운영자의 기술력과 상황 판단력, 의사결정력, 실천력 등에 따라 방재시설의 결함들이 해소될 수 있으므로 각종 매뉴얼을 방재시설의 상황과 조건에 적합하게 운용해야 함

6. 유지관리 매뉴얼 검토 순서

(1) 방재시설의 유형·특성 파악

하천, 도시계획, 하수도, 농업기반시설, 사방시설, 댐, 항만시설 등을 대상으로 구조 및 기능 중심의 특성 파악

★
유지관리 매뉴얼 검토
방재시설의 유형·특성 파악, 준공 도시와 유지관리 매뉴얼 확보, 과거 유지관리 데이터 수집 및 관리 이력

(2) 방재시설 준공도서와 유지관리 매뉴얼 확보

▷ 방재시설 관리기관으로부터 관련 도서 및 매뉴얼 확보
- 방재시설 안전관리 및 유지관리체계
- 안전관리에 필요한 조직 및 인원·장비 확보
- 안전점검 및 정밀안전진단 실시 계획
- 안전 및 유지관리 비용
- 긴급상황 발생 시 조치체계
- 설계 및 시공 감리와 유지관리 관련 설계도서
- 전년도에 시행한 유지관리 실적
- 결함의 진행에 관한 자료 등

(3) 방재시설 관리기관으로부터 과거 유지관리 데이터 수집 및 관리 이력 검토

① 유지관리 데이터의 종류

㉠ 설계 및 시공 과정에서 시행한 시험 및 계측, 검사 관련 자료

㉡ 하자 검사 및 보수 관련 자료

㉢ 정기안전점검 및 수시점검과 보수·보강 관련 자료

㉣ 지반 및 구조물 계측 관련 자료 등

② **중점 검토사항**

㉠ 점검 및 보수·보강을 통한 취약 부위(부재) 실태

㉡ 보수 및 보강을 실시한 부재의 상태

㉢ 과거의 유지관리 현장 여건과 현재의 여건 변화 실태

㉣ 방재시설 설계, 시공, 준공 검사, 일상점검 과정에서 실시한 기존 점검 결과와 결함 대비 개선 사항 등

2절 방재시설의 현장점검

1. 방재시설 안전점검

(1) 안전점검 수단

① 방재시설의 안전점검은 방재시설을 준공한 후 유지관리를 하는 과정의 일부

② 안전점검은 육안이나 기기·계측기를 이용하여 외부로 나타난 결함 및 내부에 발생한 구조적 결함과 함께 기능의 상태를 확인하여 대책을 판단

(2) 안전점검의 유형 및 내용

① 안전점검은 전문성을 갖춘 자가 참여하여 실시하는 점검으로서, 정기안전점검, 정밀 및 긴급안전점검 등이 있음

② 「시설물의 안전 및 유지관리에 관한 특별법」이 정한 정밀안전점검 및 정밀안전진단 실시 시기는 「시설물의 안전 및 유지관리에 관한 특별법 시행령」에 따름

안전점검 및 정밀안전진단의 실시 시기

안전등급	정밀안전점검		정밀안전진단
	건축물	그 외 시설물	
A	4년에 1회 이상	3년에 1회 이상	6년에 1회 이상
B, C	3년에 1회 이상	2년에 1회 이상	5년에 1회 이상
D, E	2년에 1회 이상	1년에 1회 이상	4년에 1회 이상

(3) 안전등급 지정기준

① 방재시설은 작은 결함들이 외부 환경에 의해 중대결함으로 진전될 수

★
안전점검의 유형
정기안전점검
정밀안전점검
긴급안전점검

있다는 점을 고려하여 정밀안전점검 및 정밀안전진단을 시행한 책임 기술자는 해당 시설물에 대하여 종합적으로 안전등급을 지정

② 등급이 기존 등급보다 상향 조정된 경우에는 등급 상향에 영향을 미치게 된 보수·보강 등의 사유가 분명해야 함

안전등급 지정기준

안전등급	시설물의 상태
A(우수)	문제점이 없는 최상의 상태
B(양호)	보조 부재에 경미한 결함이 발생했으나 기능 발휘에 지장이 없으며, 내구성 증진을 위하여 일부 보수가 필요한 상태
C(보통)	주요 부재에 경미한 결함, 또는 보조 부재에 광범위한 결함이 발생했으나 전체적인 시설물의 안전에는 지장이 없으며, 주요 부재에 내구성·기능성 저하 방지를 위한 보수가 필요하거나 보조 부재에 간단한 보강이 필요한 상태
D(미흡)	주요 부재에 결함이 발생하여 긴급한 보수 및 보강이 필요하며, 사용 제한 여부를 결정해야 하는 상태
E(불량)	주요 부재에 발생한 심각한 결함으로 인하여 시설물의 안전에 위험이 있어 즉각 사용을 금지하고 보강 또는 개축해야 하는 상태

2. 일상점검 시 유의사항

① 일상점검은 정밀안전점검이나 정밀안전진단, 장기적 계측 등의 업무와 연계되기 때문에 점검 결과를 반드시 문서로 기록·관리

② 점검이나 평가에서 시설물 및 환경 등의 상태를 나타내는 기술적 표현을 할 때 '가부', '여부'와 같은 단답형은 문제점 및 대책을 강구하는 데 한계가 있으므로 지양

3. 일상점검 결과의 조치

① 점검을 시행할 때에는 점검 결과에 대한 책임 있는 대책을 제시

② 보수·보강이 필요한 경우 점검 결과에 따라서 후속 조치를 하게 되지만, 중대한 결함에 대하여 긴급한 조치가 필요하다고 인정될 경우에는 그 대책을 강구

③ 점검자는 점검 결과에 적정한 대책을 강구하여 관리주체에 통보하고, 관리주체는 통보한 결과를 근거로 보수 및 보강과 사용 제한, 사용 금지 조치는 물론, 중대한 문제가 있는 경우에는 철거 등의 조치를 취함

④ 방재시설은 토목·건축·전기·기계·설비 등 다양한 분야로 구성되어 있

★
방재시설의 현장점검 시 안전등급 기준은 '우수 > 양호 > 보통 > 미흡 > 불량' 5단계
- A(우수): 문제 없는 최상의 상태
- B(양호): 경미한 결함, 일부 보수 필요한 상태
- C(보통): 경미한 결함, 주요 및 보조 부재 간단한 보강이 필요
- D(미흡): 주요 부재 결함, 긴급 보수·보강 필요
- E(불량): 주요 부재 심각한 결함, 즉각 사용 금지, 보강 또는 개축이 필요

어, 그에 적정한 기술력과 구조물적·비구조물적 대책의 조합이 필요

4. 방재시설 현장점검 순서

(1) 현장점검계획 수립

① 점검수단

안전점검 수단은 여러 유형이 있으므로 적정한 점검방법을 선택

★
안전점검 수단
시각, 청각, 촉각, 취각, 타진, 수동, 계측으로 구분

★
타진
기능 상태를 테스트 해머 등으로 확인

안전점검 수단

구분	내용
시각	기능 상태를 눈으로 확인
청각	기능 상태를 소리로 확인
촉각	기능 상태를 손으로 확인
취각	기능 상태를 냄새로 확인
타진	기능 상태를 테스트 해머 등으로 확인
수동	기기를 실제로 작동시켜 상태를 확인
계측	기능 상태를 적절한 측정 장비를 이용하여 수치 등으로 정확하게 파악

② 방재시설 점검 시 착안사항

▷ 방재시설에 대한 일상점검 착안사항은 자연환경, 인위적 환경, 기술적 특성에 맞추어 적절한 운용이 필요함

★
일상점검 시 착안사항
자연 환경, 인위적 환경, 기술적 특성에 맞추어 운영 필요

일상점검 착안사항

구분	착안사항
공동구, 하수관거, 저수지, 양수장, 지하도 및 육교 등 토목 및 건축 구조물, 기계·설비, 제설 및 방설시설	구조물의 변형, 누수, 균열, 고장, 오작동, 빙압, 침수 등 외력, 외압 작용, 기계·전기시설 가동 상태 등
경사지 보호 구조물, 낙석 방지시설	지반 활동, 암반 절리, 지하수위 변동, 빙압, 붕괴, 전도, 침하 등
제방, 호안, 보 및 수문, 갑문, 댐, 하구둑, 수제, 수로터널, 운하, 방파제, 방사제, 관정 등 지하수 이용시설, 배수장, 용수로, 배수로, 유지, 방조제	유실, 매몰, 퇴적, 전도, 침하, 활동, 누수, 노출, 침식, 세굴, 빙압 등 외력 · 외압 작용, 파손, 기계·전기시설 가동 상태 등
댐·하구둑	기초 침하, 전도, 활동, 누수 등
갑문·수문, 재난 예·경보시설, 관측시설	부식, 탈락, 훼손, 망실, 소음, 진동, 불규칙 등 비정상적인 가동, 기계·전기시설 가동 상태 등
유수지	퇴적, 비탈면 붕괴, 협잡물 유입, 자연 배수문 등

③ 현장점검계획서의 주요 항목

㉠ 시설명

㉡ 점검반 편성

㉢ 점검일정

㉣ 점검항목 및 착안사항(내적·외적 환경 변화)

㉤ 점검 결과 조치계획

㉥ 안전사고 유의사항(추락, 추돌, 감전, 익사, 독충, 붕괴 등)

㉦ 유사시 비상 대응 및 연락망 구축 등

(2) 점검자의 사전교육 실시

① 점검기술교육과 안전관리교육 병행

② 점검자의 공인의식이 포함된 교육 실시

(3) 현장점검 실시

① 정기안전점검 실시

㉠ 세심한 외관 조사 수준의 점검을 하여 시설물의 기능적 상태를 판단하고, 시설물이 현재의 사용 요건을 지속해서 만족시키고 있는지에 대한 관찰 및 육안조사를 하며, 점검 결과를 분석하고 기록

㉡ 점검자는 시설물의 전반적인 외관 형태를 관찰하여 중대한 결함을 발견할 수 있도록 세심한 주의를 기울임

㉢ 정기안전점검 실시 결과 중대한 결함이 있는 경우에는 즉시 관계기관에 통보하여 결함 정도에 따라 긴급안전점검, 또는 정밀안전진단을 하는 등의 조처를 함

㉣ 각종 점검 결과와 계측 결과 등에 관한 정보를 유기적으로 공유

② 정밀안전점검 실시

㉠ 육안조사, 점검 결과 분석, 안전도 평가, 보고서 작성 등을 중점으로 시설물의 점검 목적에 따라 초기 점검과 정밀안전점검을 분류

㉡ 초기 점검은 사전에 설계도서를 상세히 검토하여 붕괴 유발 부재 또는 부위를 파악하여 장래의 유지관리에 특별히 주의해야 하는 사항을 제시하여 예방적 유지관리체계를 구축하는 데 활용

㉢ 정밀안전점검은 구조물의 상태 변화, 사용 요건 만족 상태 확인을 목적으로 실시

③ 긴급안전점검 실시

㉠ 관리주체가 필요하다고 판단할 때 실시하는 정밀안전점검 수준의

★
현장점검계획서 주요 항목
시설명, 점검반 편성, 점검일정, 점검항목, 점검 결과 조치계획 등

★
방재시설 현장점검
정기안전점검, 정밀안전점검, 긴급안전점검 및 정밀안전진단으로 실시

★
긴급안전점검 실시
손상점검, 특별점검, 긴급안전점검으로 구분

안전점검으로서, 실시 목적에 따라 손상점검과 특별점검, 긴급안전점검으로 구분

㉡ 손상점검은 재해나 사고에 의해 비롯된 구조물적 손상 등에 대하여 긴급히 시행하는 점검으로, 손상 정도를 파악하여 긴급한 사용제한, 또는 사용 금지의 필요 여부, 보수·보강의 긴급성, 보수·보강 작업의 규모 및 작업량 등을 결정하며, 필요한 경우 안전성 평가

㉢ 특별점검은 기초 침하 또는 세굴과 같은 결함이 의심되거나 사용제한 중인 시설물의 사용 가능 여부 등을 판단하기 위한 점검

㉣ 긴급안전점검은 정밀안전점검을 더욱 세부적으로 실시하는 것

④ 정밀안전진단

㉠ 「시설물의 안전 및 유지관리에 관한 특별법」에 의거하여 실시하나, 일상점검 과정에서 나타난 결함이나 재해예방과 안전성 확보 등을 위하여 필요하다고 인정될 때 실시하는 점검으로, 설계도서 및 관련 자료를 검토하고 현장에서 내구성 등을 조사

㉡ 주요 내용은 상하부 조사, 콘크리트 품질 시험, 강재 품질 시험, 내하력 조사, 측정결과 종합 분석, 안전성 평가를 실시하고, 그에 기초하여 종합 보고서를 작성

(4) 점검결과보고서 작성

① 보수 및 보강 대책

㉠ 결함의 원인 및 점검 결과 나타난 결함의 상태에 적정한 공법을 제시

㉡ 구조적 결함이나 기능적 결함을 유발하는 환경 변화를 고려

㉢ 보수·보강 대책은 경제성, 시공성, 기능성, 구조적 안정성, 환경 적응성, 사용성 등의 다양한 검토를 통하여 결정

② 점검결과보고서 작성

㉠ 시설명, 시설 규모 및 구조, 시공 일자, 중점점검사항, 점검 일자, 점검 참여자, 동원 점검 장비 등 점검에 관한 이력을 포함

㉡ 점검 결과 나타난 결함의 위치 및 크기, 진행 정도, 발생원인 및 결함에 대한 보수·보강공법 등 대책을 포함

㉢ 점검 결과는 향후 점검 및 정비 등 유지관리에 연계하여 활용할 수 있도록 데이터베이스화

★
손상점검
재해에서 비롯된 구조물적 손상 등에 대하여 긴급히 시행하는 점검

★
특별점검
기초 침하 또는 세굴 같은 결함 의심 시 사용 가능 여부를 판단하기 위한 점검

★
긴급안전점검
정밀안전점검을 더욱 세부적으로 실시

★
정밀안전진단
「시설물의 안전 및 유지관리에 관한 법률」의거하여 실시, 설계도서 및 관련자료 검토 후 현장점검 실시

★
점검결과보고서 작성
경제성, 시공성, 기능성, 구조적 안정성, 환경 적응성, 사용성 등 검토하여 결정

3절 방재시설의 정밀점검

Keyword

1. 정밀점검의 의미

① 정밀점검은 안전등급에 따라서 실시하는 점검과 폭우나 태풍 및 지진 등으로 인하여 시설물에 이상이 발생했을 때 실시하는 긴급점검으로 구분

② 즉, 일상점검만으로는 결함을 인식하고 판단하는 데 한계가 있으므로 이를 극복하기 위하여 전문가가 육안 점검과 점검 장비를 동원하여 실시하는 점검

2. 정밀점검 절차

(1) 정밀점검계획 수립

① 정밀점검계획 수립

㉠ 정밀점검계획을 수립할 때에는 안전점검자, 계측 관련자 등을 참여시켜 기술적 협력 모색

㉡ 방재시설물 정밀점검계획의 기술적 요소는 「시설물의 안전 및 유지관리에 관한 특별법」이 정한 안전관리대상 시설과 크게 다를 바 없으나, 방재시설물은 재해예방 기능을 위하여 일반시설과 달리 비구조물적 대책과 외부 환경적 요인을 고려해야 함

㉢ 안전점검 결과 나타난 결함 중에는 진행 중인 결함뿐만 아니라 정지된 결함도 있으므로, 필요시 변위에 대한 계측관리계획 병행

② 정밀점검계획에 포함할 내용

㉠ 시설명

㉡ 점검반 편성

㉢ 점검일정

㉣ 점검항목 및 착안사항(내적·외적 환경 변화)

㉤ 점검 결과 조치계획

㉥ 안전사고 유의사항(추락, 추돌, 감전, 익사, 독충, 붕괴 등)

㉦ 유사시 비상 대응 및 연락망 구축 등

★
정밀점검계획 포함내용
시설명, 점검반 편성, 점검일정, 조치계획, 안전사고 유의사항 등

(2) 정밀점검 실시

① **점검 준비사항**

㉠ 점검 장비

시설물 결함 부위 표시 도구, 침하·균열·전도 등 변위 측정 장비, 슈미트 해머, 휴대용 균열 게이지, 거리 측정 장비, 카메라, 개인 안전 장비 등

㉡ 설계 및 준공도서

시공 및 준공 도면 등 관련 정보, 시방서 등

㉢ 기타

② **점검 유의사항**

㉠ 시설물의 현재 외관 상태에 관한 판단과 앞으로의 변화 예측을 위하여 시공 당시부터 이어져 온 결함의 진전이나 새롭게 발생한 결함 등 변화를 확인하고 주요 부재의 상태를 평가

㉡ 구조물의 구조적·기능적 요건 충족 여부를 확인하기 위하여 전문가들이 육안으로 외관 조사를 하고 간단한 측정 장비를 가지고 시험·측정

㉢ 종전의 점검이나 진단 결과를 기초로 상태를 평가한 결과와 비교·검토하여 시설물 전체에 대한 상태를 판단하여 결정

㉣ 주요 부위에 대한 결함은 외관 조사망도를 작성하여 도면으로 수치적으로 기록·관리

㉤ 내진설계가 필요한 방재시설의 경우에는 내진설계 여부를 함께 확인

(3) 보고서 작성

4절 방재시설 점검 자료의 데이터베이스화

1. 방재시설물의 안전점검

각종 점검 결과 수집된 자료들은 재해정보로서의 가치를 가지고 있음

▷ 점검 결과 나타난 결함들을 치유할 수 있는 근거 제공

▷ 위급상황에 대처할 수 있는 재난정보로 활용

▷ 결함의 진행 상태를 평가하는 기준 제공

★
정밀점검 시 준비사항
점검 장비, 설계 및 준공도서, 기타 사항 등 검토

★
데이터베이스화
재해 정보 가치, 재난 정보로 활용, 결함 상태를 평가하는 기준, 점검과 보수·보강 등 유지관리에 사용

2. 데이터베이스 구축 및 관리 절차

① 방재시설 데이터베이스란 점검과 보강 및 보수 등 유지관리에 사용할 목적으로 여러 사람이 공유하여 통합·관리하는 데이터의 집합을 의미

② 점검 결과 나타난 방재시설의 기능과 구조상 상태 변화를 지속해서 관리할 수 있도록 구축

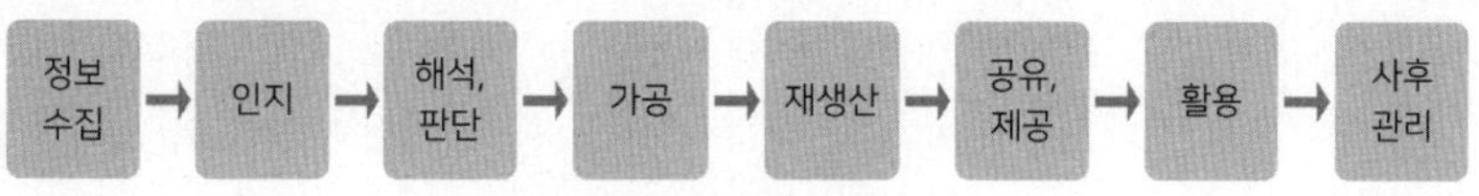

〈데이터베이스 관리 흐름도〉

(2) 방재시설 점검 결과 데이터 확보

① **방재시설 정보**

방재시설 정보는 시설물의 제원 외에 결함의 진행상황, 추가적 정밀안전진단의 필요성, 방재시설이 기능을 상실했을 경우 피해 예측에 필요한 수치적 자료, 사진, 탐문 등의 자료를 수집

② **점검 및 유지관리 관련 정보**

㉠ 비상대처계획 수립에 필요한 정보를 수집하여 관리

㉡ 방재시설 관리기관 등을 통하여 시설물명, 위치, 점검 일자, 점검 및 정비 관리책임자, 점검 결과 나타난 문제점 및 대책, 관련 도서와 매뉴얼, 보수·보강 등의 정비공사 관련 자료 확보

(3) 데이터베이스 구축

① 데이터베이스는 방재시설 설계 및 시방서, 구조 계산서, 준공도서 등 제 도서, 공사 감독(감리) 일지, 유지관리 지침, 설계 및 시공자·감리자 현황, 시설관리 주체, 시설 관리책임자 현황, 설계 및 시공 과정에서 실시한 진단 및 조사·계측·검사 등 관련 도서 포함

② **데이터베이스 구축 시 고려할 사항**

㉠ 준공 이후 발생한 구조물의 침하, 활동, 전도, 균열, 처짐·휨 등의 변형, 탈락 등의 사진과 구체적인 점검 관련 자료들을 구체적·지속적으로 기록·관리

㉡ 기계·전기 시설의 경우 설계 및 시방서, 구조 계산서 등 제 도서, 제작회사, 제작 일자, 가동 매뉴얼, 준공도면 등 시공·준공 관련 도서, 유지관리 지침, 시운전 기록 일지, 설계 및 시공자·감리자 현황, 설계 및 시공 과정에서 실시한 진단 및 조사·계측·검사 등 관련

★
데이터베이스 구축 시 고려사항
준공 후 구조물 침하, 전도, 활동 자료 기록·관리, 관련 도서, 준공 후 고장, 교체 이력 관리, 비상 대처 계획에 필요한 정보·구축, 데이터 연속성, 통일성, 실명이 유지되도록 시스템 설계·운영

도서, 준공 이후 발생한 고장 및 수리·교체 이력 등을 기록·관리

㉢ 방재시설 데이터는 전체 시설을 구성하고 있는 부분별로 상세한 이력을 구축

㉣ 비상대처계획이 수립된 시설인 경우, 비상대처계획에 필요한 정보를 연계하여 구축

㉤ 데이터의 연속성, 통일성, 실명이 유지되도록 시스템을 설계하여 운용

(4) 데이터 입력 및 사후관리

① 유지관리 및 활용

㉠ 방재시설 유지관리의 데이터 유형을 용도상으로 구분하면, 실시간으로 위험을 감지하는 데 필요한 데이터, 정기적으로 유지·보수를 하는 데 필요한 데이터, 진행상황의 변화를 측정하는 데 필요한 데이터 등으로 구분

㉡ 데이터는 지속적·계량적으로 축적·관리하여 내구연한 중에 실시하는 유지관리계획에 활용할 수 있어야 함

㉢ 데이터는 비상상황 시에 응급 대책을 강구하는 의사결정에 활용할 수 있어야 함

② 데이터 관리를 위한 고려사항

㉠ 데이터 입력 프로그램을 개발하고, 추가적으로 재해 특성이나 상황 변화를 입력하여 관리할 수 있어야 함

㉡ 데이터베이스 구축은 새로운 재해 상황을 추가 입력할 수 있어야 함

㉢ 각종 재해예방 업무에 활용할 수 있도록 정보관리시스템 통합에 대비가 필요함

㉣ 재해예방 및 대비, 대응, 복구 등에 연계하여 활용할 수 있어야 함

5절 방재시설의 보수·보강

1. 방재시설 보수·보강의 원칙

방재시설의 부재나 구조물의 내하력이 부족한 상태에서 재해 상황이 발생하면 인명과 재산피해로 이어진다. 따라서 피해를 방지하고 기능을 유지하기 위한 보수·보강을 정기 또는 수시로 실시하되, 사전적 보수·보강이 원칙

Keyword

★
데이터 관리 고려사항
데이터 입력 프로그램 개발, 새로운 재해 상황 추가 입력, 정보관리시스템 통합 대비, 재해 예방·대비·대응·복구 등에 연계·활용

★
방재시설 보수·보강
정기 또는 수시로 실시하되 사전 보강이 원칙

2. 방재시설의 보수·보강

Keyword

(1) 방재 설계의 개념

① 방재시설은 기능적으로 자연환경에 직·간접적으로 저항하여 다른 시설, 또는 일단의 지역 내에서 재해를 방지하거나 경감을 목적으로 하는 설계

② 방재시설은 태풍, 홍수, 지진 등과 같이 돌발적인 외력의 영향을 받게 되므로 장래의 환경 변화를 고려한 설계여야 함

③ 방재시설은 토목 및 건축 등의 구조물과 기계·전기시설뿐만 아니라 전산 장비 및 통신시설 등과 같이 다양한 분야의 전문성이 필요함

④ 구조 및 기능에 관한 설계 외에 시설물에 잔존하는 위험에 대비하여 비상대처계획 등 비구조물적 대책의 병행 필요

⑤ 방재시설은 공정계획과 공사장 안전관리계획에서 풍수해 취약시기 및 재해 위험인자들의 영향을 고려한 설계여야 함

⑥ 방재시설을 구성하고 있는 단위 시설물별로 조합적인 안정성을 설계에 반영

⑦ 설계 과정에서 방재기능의 정상적인 유지에 필요한 사후관리까지 고려가 필요함

⑧ 방재시설 설계 및 시설관리자들의 책임 있는 공인 의식과 태도가 필요

(2) 방재설계 적용 대상

① 이미 개발한 도시 개발지역이나 공단과 같은 지역을 대상으로 기존 방재시설의 방재기능을 강화하는 경우

② 신규 개발 예정인 도시개발지역이나 공단 등을 대상으로 재해예방 및 경감을 위한 대책을 수립하는 경우

③ 재해위험개선지구 정비사업 중에서 방재시설을 이용한 재해예방사업을 추진하는 경우

④ 기타 기후 변화나 환경 변화 등에 대응하여 우수유출저감시설, 토사유출 방지시설 등에 관한 사업을 추진하는 경우 등

3. 방재시설의 보수·보강 절차

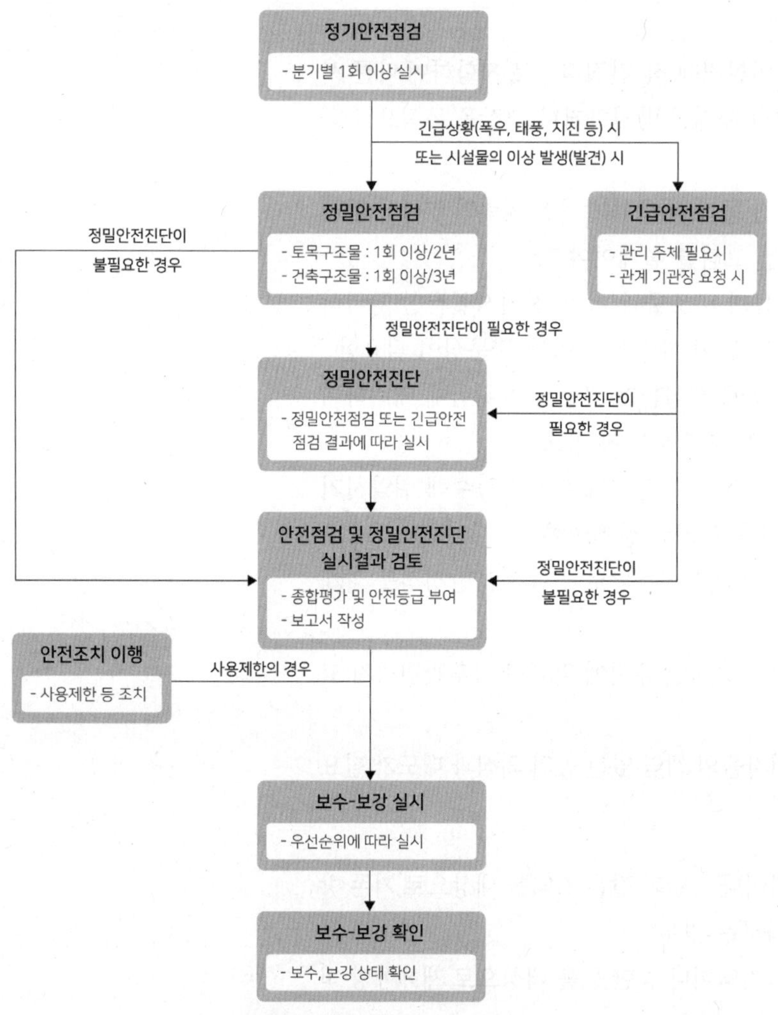

〈방재시설의 점검 및 보수·보강 흐름도〉

(1) 현장조사, 측량을 기초로 설계도서 작성

① 설계도서 작성절차

㉠ 조사, 측량

㉡ 설계도 작성

㉢ 수량산출서

㉣ 단가산출서

㉤ 공사비내역서

㉥ 시방서

㉦ 설계도서 완성

Keyword

★
방재시설의 보수·보강 절차
정기안전점검→정밀안전점검(긴급안전점검)→정밀안전진단→안전점검 및 안전진단 검토→보수·보강 실시→보수·보강 확인

★
정기안전점검
분기별 1회 이상 실시

★
긴급안전점검
관리 주체 필요 시, 관계 기관장 요청 시

★
정밀안전점검
- 토목구조물 1회 이상/2년
- 건축구조물 1회 이상/3년

★
설계도서 작성절차
조사, 측량 → 설계도 작성 → 수량·단가산출서 → 공사비내역서 → 시방서 → 설계도서

② 보수 및 보강 대상의 기술적 요소

방재시설 보수·보강의 기술적 요소

분야 및 공종		기술적 요소
분야	하천	수문의 작동 불량, 수밀성, 파손, 노후 등
	댐, 저수지	댐 본체 및 여수토·수문 등 파손, 균열, 시공 이음의 불량으로 인한 누수 또는 교량의 파손·누수 또는 세굴, 파이핑, 저수지의 침윤선 이동 등
	건축물	기둥, 보 또는 내력벽 내력 손실, 조립식 구조체의 연결 부실로 인한 내력 상실, 주요 구조 부재의 과다 변형 및 균열, 기초지반 침하로 인한 활동적 균열, 누수 및 부식으로 인한 기능 상실 등
	하구둑	둑의 본체 및 수문, 교량의 파손, 누수, 세굴 등
	항만	항만계류시설 중 강관 및 콘크리트 파일의 파손 부식, 갑문시설의 문비작동시설 부식 및 노후화, 갑문의 충수·배수 아키덕트 시설의 부식 및 노후화, 잔교시설의 파손 및 결함, 케이슨 구조물의 파손, 안벽의 법선 변위 및 침하 등
공종	시설물	기초의 세굴, 염해, 중성화(탄산화)에 의한 내력 손실 등
	콘크리트	압축 강도, 균열, 파손, 박리, 탈락, 탄산화 정도, 백태, 누수, 시설물의 기초 세굴, 침하, 부등 침하, 전도, 활동, 재료의 분리 등
	철근, 철골	배근, 수량 부족, 단선, 부식, 노출, 용접 불량 등
	지반	기초지반의 침하, 누수, 파이핑, 절토 및 성토 사면의 균열, 이완 등에 따른 옹벽의 균열, 파손, 전도, 부등 침하 등
	전기	단전, 정전, 낙뢰 피뢰 기능, 배전반 및 전동기 취수 등의 위험 노출 등
	기계	고장, 마모, 점검 및 정비 시기 등

③ 결함 내용 및 설계 공법

㉠ 결함의 내용: 균열, 박리, 층 분리, 백태, 박락, 손상, 누수, 부식, 피로 균열, 과재 하중, 외부충격 등

㉡ 공법: 구조물은 항상 외력을 받고 있으므로 구조물에 미치는 외부 상황을 고려하여 공법 선택

- ▷ 콘크리트 균열과 철근이 부식되었을 경우: 실링재를 주입하거나 에폭시 도장, 콘크리트 교체 보강, 단면 보강공법 등
- ▷ 콘크리트가 동해, 알칼리 골재 반응 등으로 열화에 의해 부식되었을 경우: 표층부 교체 보강, 전면 교체 보강공법 등
- ▷ 강재가 부식되었을 경우: 철근의 녹을 제거한 후 보강 철근을 부가하거나 콘크리트 피복 부분을 부분적으로 교체하는 등의 대책
- ▷ PC 강선의 경우: 부가적인 강선을 시공하는 공법 등

★
방재시설 보수·보강 분야
하천, 저수지·댐, 건축물, 하구둑, 항만, 빗물펌프장

★
방재시설 보수·보강 공종
시설물(제방, 호안 등), 콘크리트, 철근, 철골, 지반, 전기, 기계 등

★
결함 내용
균열, 박리, 층 분리, 백태, 박락, 손상, 부식, 피로 균열, 과재 하중, 외부 충격 등

▷ 누수의 경우: 그라우팅, 지수판이나 차수막 공법 등
▷ 사면의 활동이나 기초가 불안정한 경우: 지하 수위를 낮추고 압성토, 치환, 배수공, 안정사면 확보 등

(2) 설계도서에 따라 공정관리·안전관리·품질관리 계획 수립

① **공정관리계획에 포함할 사항**

㉠ 공정별 인력·자재·장비계획
㉡ 설비계획
㉢ 자금계획
㉣ 일정계획 등

② **안전관리계획에 포함할 사항**

㉠ 작업장의 특성에 맞는 기계 및 기구와 시설 안전
㉡ 재해 조사 및 분석
㉢ 안전교육
㉣ 안전관리기구 및 조직
㉤ 노동재해기구의 방지대책
㉥ 안전지침, 작업안전규정 준수 확인·점검 등

③ **품질관리계획 시 고려사항**

공정, 설비, 재료, 지형, 기술, 작업자, 조직, 기상 등

공종별 주요 품질관리 대상 항목

공종	품질관리 항목
준비공사	시공관리 규정, 전력, 용수, 현장 사무소, 창고 등 가설 공사, 기계 설비, 거푸집, 동바리, 시공 능력 등
재료	시멘트, 골재, 물, 성토용 토질, 철근 강도 등 재료 검사 등
측량	기준점, 현황 측량(평면도, 종·횡단면도)과 실제현황 일치 등 시공 측량
토공사	경사면, 토질의 분류 등
기초공사	지반 지지력, 기초 암반, 편심 하중, 지하수위 등
철근 콘크리트	거푸집, 동바리, 철근 지름·수량, 배근, 가공 및 결속, 골재 입도 및 강도 등 품질, 혼합, 타설, 양생, 규격 등

(3) 보수·보강공사 시행

① **시공 준비**

㉠ 보강공사는 방재시설의 종류와 구조, 공법, 기능 등에 관한 설계와

★
방재시설 관리 계획
공정관리, 안전관리, 품질관리

★
공정관리계획 사항
공정별 인력·자재·장비 계획, 설비·자금·일정 계획 등

★
주요 품질관리 대상항목
준비공사, 재료, 측량, 토공사, 기초공사, 철근 콘크리트

★
콘크리트 균열 보수공법
표면 처리, 주입·충전 등

현장에 주어진 환경에 따라 달라지므로 현장 여건을 고려

㉡ 보수·보강공사가 지연되지 않도록 실행

㉢ 안전점검 결과 제시된 대책에 대한 보수·보강의 시기를 판단하고, 공법과 예산 확보, 설계, 보수·보강 사업 전까지의 재해예방대책 등에 관한 실행계획 수립

㉣ 보수·보강공사에서 기능복구 보수공사는 기존 설계 및 시방과 일관성 유지가 필요하나, 구조나 기능을 보강하는 경우에는 다를 수 있으므로 새로운 설계에 맞추어 공정관리계획 수립

㉤ 보수 및 보강 설계와 시공, 유지관리의 연계성 도모

㉥ 품질관리 및 안전관리 실행계획 수립

② 방재시설 유지·보수 공정관리 시 고려사항

㉠ 방재시설 보수 및 보강공사의 공정관리는 외부 환경까지 고려

㉡ 보수·보강공사를 위하여 기존의 방재시설물을 해체하거나 일시적으로 방재기능을 상실하는 현장은 홍수나 태풍 등 자연재해의 위험에 대비하는 대책을 고려

③ 보수 및 보강공사 품질관리 유의사항

㉠ 방재시설물 보수 및 보강공사의 품질관리는 견실 시공의 필수 요건으로서 규격, 자재·시공체의 품질은 시방서 등의 제 규정에 적합해야 함

㉡ 설계나 시공 중에 교정되지 않고 유지관리 과정으로 전가된 결함의 이전성을 반영

㉢ 품질관리기록 정보는 유지관리시스템과 연계하여 지속해서 관리

★
유지·보수 공정관리 유의사항
외부 환경 고려, 방재기능 상실한 현장은 자연재해 위험에 대비

★
보수·보강 공사 품질관리 유의사항
시방서 등의 제 규정에 적합, 결함의 이전성, 기록 정보는 유지관리시스템과 연계

제3장

제3편
방재시설 유지관리

방재시설 비상시 유지관리

본 장에서는 방재시설의 피해발생 시 피해상황 조사·분석·기록, 2차 피해 확산방지를 위한 응급조치 계획 수립, 장비복구 현장 투입, 기능상실 방재시설 응급복구 및 현장 안전관리계획으로 구분하였다.

1절 방재시설의 피해상황 조사·분석·기록

★
비상상황 후 개선(개량)복구와 기능(원상)복구로 구분하여 계획 수립

1. 방재시설의 비상시 관리

(1) 방재시설의 비상개념과 상황 전개

① 비상상황은 방재시설이 기능을 상실하였거나 기능 상실 중에 처하게 됨

② 방재시설이 재해를 입게 되면 방재시설의 피해로 그치지 않고, 방재시설에 의존하고 있는 시설이나 지역이 연대적으로 재해의 영향을 받음

(2) 비상상황 이해

① 비상상황은 일상적이거나 평범한 상태가 아닌 비정상적인 상태를 의미

② 비상상황은 피할 수 있는 상황이 있는가 하면 피할 수 없는 상황일 수도 있으므로 방재시설이 제 기능을 발휘하기 어려운 경우가 발생

③ 비상상황에서는 일상과는 전혀 다른 환경에 처하게 된다는 점을 이해

2. 피해원인 분석

방재시설에서 발생한 재해 사례는 유사한 재해를 예방하는 데 활용할 수 있도록 재해 원인을 규명하고 데이터베이스화하여 재해예방정책 등에 활용

3. 방재시설 피해상황 조사·분석·기록 절차

(1) 비상상황의 특성 및 현장관리

① 비상상황의 특성 이해

㉠ 평상시와 달리 네트워크가 단절되어 소통이 원만하지 않음

㉡ 비상시에는 정확한 재해정보를 취득하기 어려움
㉢ 재해를 예방하거나 줄이는 데 필요한 교통통제, 사용 금지, 접근 금지, 응급조치 등 여러 가지 유형의 통제 수요가 발생
㉣ 유관기관의 인력과 장비, 기술 등 인적·물적·지적 자원의 신속한 협조가 필요
㉤ 비상상황을 극복하는 책임자와 리더십이 필요
㉥ 대응능력이 떨어지는 심야 또는 공휴일에 비상상황이 발생할 수 있음

② **방재시설 관리자들의 현장관리**
㉠ 방재시설 관리담당자나 현장책임자들은 재해위험 현장에 근무하기 때문에 스스로 안전을 확보해야 함
㉡ 비상상황에서 방재시설의 결함으로 발생하는 재해에 대비하여 관련 전문가를 현지에 배치하는 등 비상대응에 필요한 의사결정에 참여 필요
㉢ 비상상황에서 발생한 피해일시·장소, 피해유형 및 정도에 관한 정보를 기록·관리하여 상황 종료 후 정책 개선 등에 반영

(2) 피해상황 현장을 보존·기록

① **피해현장과 재해정보 보존**
㉠ 재해현장에서 추가로 발생할 수 있는 재해위험을 찾아 대책을 강구
㉡ 피해 수습 및 응급복구에 소요되는 인력과 장비수급대책을 강구
㉢ 재해원인을 신속하고 정확하게 파악
㉣ 수집된 다양한 재해정보를 데이터베이스화하여 관리
㉤ 재해현장에서 수집된 재해정보들은 기술발전이나 정책·방재 관련 연구 자료 등으로 활용

② **피해원인 분석·기록**
방재시설별로 발생 일시·장소, 피해 물량, 피해액, 피해원인(인적 원인, 자연적 원인), 피해유발 환경·조건, 기술적 영향, 유사한 재해방지 대책 등을 데이터베이스화하여 재해예방에 활용

(3) 비상상황 종료 후 복구계획 수립
① 방재시설 복구계획은 신속하게 피해 규모, 재건 가능성, 경제적 가치, 효과성, 필요성, 향후 전망 등을 검토한 후 전체적인 피해 규모와 비교하여 결정
② 개선복구(개량복구)와 기능복구(원상복구)로 구분하여 계획 수립

★
피해상황 조사, 분석, 기록 절차
비상상황의 특성 및 현장 관리, 피해상황 현장 보존 및 기록, 복구계획 수립

★
비상상황 후 개선(개량)복구와 기능(원상)복구로 구분하여 계획 수립

㉠ 개선복구: 구조적·기능적으로 설계기준 등을 높이거나 공법을 개선하는 것
㉡ 기능복원: 현재 시설 기준으로 장래의 재해에 대비하는 것

★
개선복구(개량복구)
구조적·기능적으로 설계기준 등을 높이거나 공법을 개선

★
기능복원(원상복구)
현 시설 기준으로 장래 재해를 대비

2절 2차 피해 확산 방지를 위한 응급조치계획 수립

1. 2차 피해의 유형 파악

재해취약성을 안고 있는 재해현장은 2차 피해가 발생할 수 있는 개연성이 높기 때문에 연쇄적인 피해 양상에 대하여 파악하고 대비하여야 함

2. 2차 피해 비상상황 대응시간의 이해

① 비상상황은 모든 환경이나 조건이 비정상적인 상태이므로 일상적인 시간과는 전혀 다른 시간적 가치를 나타냄
② 예로서 비상상황 극복을 위하여 배수펌프장에 단전이나 고장 등에 대비하여 유사시에 상대적인 재해시간을 극복하기 위하여 비상발전시설 등 예비 동력과 펌프 설치 등의 대책을 강구가 필요

3. 2차 피해유발 요인 점검 및 응급조치

(1) 2차 피해유발 요인 점검 및 보수·보강

방재시설이 피해를 입은 상태에서 발생 가능한 2차 피해를 예방하기 위한 점검 및 긴급 보수·보강 등의 응급조치가 필요함

(2) 대피 명령과 접근 금지 등의 응급조치

① 생명 또는 신체에 대한 위해 우려가 있는 해당 지역주민이나 선박·자동차와 같은 이동이 가능한 재산의 대피를 명하는 등 위험구역 출입행위 금지(제한), 퇴거(대피) 등의 조치를 취함
② 비상조치를 위하여 대피장소를 지정하고, 대피에 관한 교육훈련 등을 실시
③ 재해현장에서 사람의 생명 또는 신체에 대한 위해 방지나 질서 유지를 위하여 위험구역을 설정하고 안전관리 요원을 현장에 배치
④ 위험구역 설정 범위와 금지되거나 제한되는 행위의 내용 등을 보기 쉬운 곳에 게시

4. 응급조치 절차

(1) 위험정보의 수집

① 2차 피해 발생 위험 현장점검, 보고, 신고 등을 통하여 정보 수집

② 재해가 발생한 방재시설 현장에서 2차 피해에 이르는 재해를 방지하기 위하여 위험정보 파악

㉠ 1차 피해현장에 대하여 지속적인 안전점검 실시

㉡ 1차 피해의 원인과 취약성 파악

㉢ 주변 환경 변화와 위험인자 전이에 대하여 파악

㉣ 구조물적·비구조물적 대책을 이용한 2차 피해 방지대책 모색

(2) 응급조치 실행

① 비상상황에서의 의사결정

㉠ 비상상황에서 신속하고 책임 있는 의사결정을 위하여 평소 관계자들의 책임과 권한의 한계를 분명히 함

㉡ 외부기관에 보고하는 일에 치중하거나, 자신의 의사결정 권한을 상부 또는 외부에 의존함으로써 절차 이행 때문에 의사결정 시기를 놓치지 않도록 함

㉢ 구성원 개인별로 자신의 직무에 대하여 의사결정 및 집행할 수 있는 능력을 제고

㉣ 비상상황 매뉴얼이 너무 세부적이거나 복잡하면 관계자들이 숙지하지 못하고 재해 상황에도 맞지 않아 의사결정에 혼선을 빚게 되므로, 전문성을 가진 관계자들을 참여시켜 현지 상황에 적합한 의사결정과 집행을 할 수 있도록 핵심 요소를 중심으로 작성

② 비상상황 대처

㉠ 비상상황에서는 의사결정 우선순위에 따라 대응의 결과가 달라짐

㉡ 의사결정 최우선은 인명피해 방지

재난현장에서의 대응 결과 유형

유형	내용
A	재난현장에 재산과 인명피해 대상이 존재하지 않음
B	재난현장에서 재산피해만 발생하고 인명피해는 발생하지 않음
C	재난현장에서 인명피해만 발생하고 재산피해는 발생하지 않음
D	재난현장에서 재산피해와 인명피해가 모두 발생

★
2차 피해 응급조치 절차
위험정보의 수집, 응급조치 실행, 2차 피해 유발 요인 점검, 긴급 보수·보강 실시

★
비상상황 대처
의사결정 최우선은 인명 피해 방지

★
응급조치 대응 결과 유형
인명피해와 재산피해 유무에 따라 A, B, C, D 4가지로 구분

(3) 2차 피해 유발 요인 점검

① 1차 방재시설 피해 이후 추가적 피해 방지를 위하여 방재시설의 특성을 숙지하고 2차 피해 유발 요인 점검 실시

② 고려사항

㉠ 1차 피해의 원인 조사 및 분석
㉡ 2차 피해 위험인자의 정지 또는 진행 상태 파악
㉢ 자연환경과 외부의 피해 유발 조건 등 영향 조사
㉣ 2차 피해 발생 시 추정 가능한 영향권 조사
㉤ 응급조치에 필요한 시간적·공간적 여건 조사
㉥ 투입된 기술 또는 공법현황
㉦ 2차 피해 방지를 위한 인적·물적 소요 자원 조사
㉧ 방재시설물의 잔존 수명, 사용 연수, 방재 기여도 등에 적정한 응급조치 대책 제시
㉨ 중대결함 발견 시 위험상황에 적정한 조치 등

(4) 2차 피해 방지를 위한 긴급 보수·보강 등의 실시

① 피해 유발 요인 점검 결과 제시된 대책에 따라 응급조치계획을 수립하고 보수·보강을 실시

② 고려사항

㉠ 진전되는 결함이라면 차단하거나 제거하고, 정지된 결함이라면 지속적인 관찰
㉡ 1차 피해와 별도로 태풍이나 폭설, 장마 등의 기상 영향을 받을 수 있는 시설의 보수 및 보강 등의 안전대책을 강구
㉢ 비상상황에서 응급조치를 취하는 데 필요한 절대시간을 확보하여 시의성을 잃지 않도록 함
㉣ 응급조치에 투입된 기술이나 공법 등은 앞으로 실시하게 될 복구 계획을 수립하는 데 유용하므로 기록·관리하여 개선복구계획 등에 활용

★
2차 피해 유발요인 점검 고려사항
1차 피해원인 조사·분석, 2차 피해인자 상태 파악, 응급조치를 위한 여건 조사, 투입 기술 또는 공법현황, 중대결함 시 적정 조치 등

3절 장비복구 현장 투입

★
응급복구 시 인력지원
「민방위 기본법」, 비축 물자 및 장비 지원은 「재난 및 안전관리 기본법」에 의거하여 시행

1. 응급복구장비 및 인력지원체계 구축 시 착안사항

① 비상상황에서는 물자나 장비 수요를 적정한 시간 내에 지원하기 어렵기 때문에 평상시에 비상시 대비 인력 및 장비 수급 대책을 강구

② 재난이 발생하거나 발생할 우려가 있을 때를 대비하여 평상시에 지역재난안전대책본부장 등 유관기관과 인력 및 장비 지원에 관한 시기, 지역, 대상, 지원 사유 및 행동요령 등에 기초한 협력체계를 구축

③ 응급조치에 사용할 장비와 인력을 지원받고자 할 때는 복구 유형별, 복구 규모에 적합한 소요 인력과 필요한 장비 수요를 파악하여 유관기관에 요청

④ 「민방위기본법」 제26조의 민방위대 동원 인력, 재난관리책임기관의 직원, 「재난 및 안전관리 기본법」 시행령 제43조가 정한 비축된 물자 및 지정된 장비를 고려

★
비축 물자 및 자재
수방, 건설 자재, 전기·통신 기자재, 수송, 연료, 건설 장비, 복구 장비, 재난 응급 대책용 소형 장비, 기타

비축 물자 및 자재

구분	종류
수방 자재	포대류, 묶음줄 등
건설 자재	시멘트, 철근, 하수관 및 강재 등
전기·통신 기자재	전기·통신·수도용 자재 등
수송, 연료	자재·인력 등의 운반 장비 및 연료 등
건설 장비	불도저·굴삭기 등 건설 장비 등
복구 장비	양수기 등 침수지역 복구 장비 등
재난응급 대책용 소형 장비	손전등, 축전지, 소형 발전기 등
기타	그 밖에 행정안전부장관이 재난응급대책 및 재난복구에 필요하다고 정하여 고시하는 물자 및 자재 등

2. 장비 및 인력 투입 절차

(1) 응급조치에 필요한 장비 및 인력 수요 측정, 방재협력기관에 지원 요청

① 방재시설이 기능을 상실하는 상황이 발생하면 인력 및 장비지원에 적정한 대책 강구

② 고려사항

㉠ 방재시설의 기능 회복 가능성이 있는 경우 그에 필요한 조치를 취함

㉡ 상실한 기능의 회복이 불가능한 경우에는 방재시설 기능을 대체할 수 있는 수단을 모색

㉢ 모든 의사결정의 우선순위는 인명피해 방지대책을 최우선으로 함

㉣ 가스, 전기, 상하수도, 도로, 철도, 교량, 항만, 통신 등 공공시설의 훼손으로 인한 사회·경제적 혼란을 최소화

㉤ 재난관리책임기관은 물자·자재를 비축하고, 동원 장비와 인력을 지정·관리하며, 재난 방지시설을 정비할 수 있도록 민방위대와 군부대 및 지정된 민간 장비와 인력 지원을 요청

(2) 작업 계획 수립

① 재해 현장별 재해규모, 중요성, 시급성 등을 고려하여 인력 및 장비 투입규모, 작업일수 등에 대한 작업계획 수립

② 장비 수요 산정방법

㉠ 응급복구 유형과 규모에 적정한 장비 수요 판단은 통일성과 객관성이 확보된 단위 수량 조견표를 작성하여 이용하면 장비 수요 산정을 빠르게 할 수 있음

㉡ 장비 수요 조견표는 예년도 피해를 기준으로, 피해 유형별 물량 복구사업에 이용된 설계서 단가 산출 등에 의해 계산된 장비 수량을 근거로 함

(3) 현장 투입 및 문제점 개선

① 비상상황에 투입된 장비의 일일 작업 상황을 고려하여 현장 투입

② 현장 투입 시 고려사항

㉠ 작업 일자 및 기상상황

㉡ 총작업량 대비 금일 작업량 및 잔량

㉢ 장비 종별 투입 대수 및 작업시간, 유류 지원현황 등

㉣ 인력투입현황(운전원, 특수 인부, 보통 인부)

㉤ 자재 종별 투입현황(시멘트, 모래, 자갈, 철근, 거푸집 등)

㉥ 명일 작업계획(작업 물량, 투입 장비, 동원 인력)

㉦ 문제점 및 대책 등

★
응급복구 시 장비 수요 산정
예년도 피해 시 복구사업에 투입된 장비 수량을 기준으로 장비 수요 조견표를 작성하여 산정

★
장비·인력 현장 투입 시 고려사항
작업 일자, 기상상황, 작업량, 인력투입현황, 자재투입현황, 명일 작업 계획, 문제점 및 대책 등

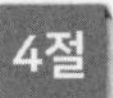

4절 기능 상실 방재시설 응급복구

1. 응급복구 계획의 수립

방재시설이 피해를 입게 되면 제2의 재해를 유발하게 되는데, 특히 방재시설에 의존하던 공공기반시설의 기능과 편익이 정지되거나 약화된다. 따라서 방재시설의 빠른 기능 회복을 위하여 항구 복구 전에 응급복구계획을 수립

2. 응급복구 공정관리

① 응급복구는 재난대응이나 복구 초기 단계에서 실시하기 때문에 일반 사업의 공정관리보다 특별한 관리가 필요
② 응급복구 공정관리는 구조적 대책과 비구조적 대책을 병행하고, 방재시설의 기능성을 회복하는 데 중점을 둠
③ 응급복구 자재가 적기에 조달되도록 자재조달계획을 수립

3. 응급복구 현장의 불안전 요인 및 대비사항

① 응급복구 현장은 다른 일반 공사장과 달리 현장관리나 안전관리가 체계적이지 못함
② 설계도서나 시방서가 준비되지 않은 채 응급조치를 하는 경우에 대비하여 해당 분야의 기술적 지원 대책이 필요
③ 응급복구 과정에서 처리하지 못한 잔토나 홍수로 발생한 유실 수목 등 유실물로 인한 2차 피해의 위험에 항상 대비해야 함
④ 재해 응급복구 현장의 안전은 여타 공사장보다 취약하므로 건설 공사장의 안전에 특별한 주의를 기울여야 함

4. 응급복구공사 시행 절차

(1) 방재시설의 피해현황 파악

① **피해현황 파악 내용 및 순서**
- ㉠ 시설명
- ㉡ 피해 일시
- ㉢ 피해 위치
- ㉣ 피해 내역(공종, 단위, 물량, 단가, 피해액)

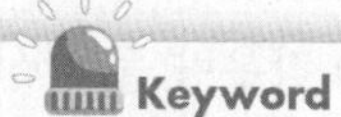

★
응급복구계획 수립
방재시설 피해 시 제2의 재해 유발, 특히, 공공시설 기능과 편익의 약화에 따라 항구 복구 전 응급 복구 수립 필요

★
응급복구공사 시행 절차
방재시설 피해현황 파악, 응급복구 계획 수립, 응급복구 공사 시행, 점검 및 추가지원

★
방재시설 피해현황 파악
시설명, 피해 일시·위치·내역, 기상상황, 피해원인, 응급조치현황, 피해액, 복구비 산정 등

ⓜ 강우량 등 기상상황

ⓑ 직간접적인 피해원인

ⓢ 응급조치현황

ⓞ 피해액 산정

ⓙ 복구 유형 결정(복구 효과)

ⓒ 복구비 산정

ⓚ 위치도 및 사진

② 비상상황에서는 응급복구의 특성 및 응급조치의 시급성 등에 따라 파악 순서가 일부 생략되거나 변경될 수 있음

(2) 응급복구계획 수립

① 응급복구계획의 내용

방재시설 피해에 적정한 응급복구 기간 및 방법, 소요장비, 인원 지원 등으로 구성

② 응급복구계획 수립 요령

응급복구계획은 구조물적·비구조물적 대책과 함께 기계·전기, 통신, 건축, 토목(일반, 농업 등), 설비 등 각 분야의 인력과 장비 수요 파악을 손쉽게 할 수 있도록 응급복구 물량 단위당(m, km, m^2, m^3 등) 장비·비용 표준 조견표를 작성하여 이용

③ 응급복구계획 시 유의사항

ⓖ 응급복구공사 시행물량이 항구복구 과정에서 낭비적 요인이 되지 않고 최대한 유용되도록 연계성을 고려

▷ 응급복구 토공의 항구 복구에 유용한 방안 모색

▷ 응급복구 구조물 공사의 항구 복구에 유용한 방안 모색

▷ 응급복구 가설 공사의 항구 복구에 유용한 방안 모색

▷ 현장 발생품 재활용 방안 모색 등

ⓝ 응급복구 현장에 필요한 안전대책을 응급복구계획에 반영

재해 위험에 노출된 응급복구 현장에서 발생 가능한 제2차 재해 위험, 추락, 붕괴, 충돌, 익사, 감전 등의 위험요인에 적정한 안전대책 반영 등

★
응급복구계획 내용
응급 복구 기간 및 방법, 소요장비, 인원 지원 등

★
응급복구계획 시 유의사항
토공 유용, 구조물 유용, 가설공사 유용, 재활용 방안 모색 등

(3) 응급복구공사 시행

① 복구공사 시행 절차

㉠ 가설 공사
㉡ 응급복구계획 검토(공정관리, 품질관리, 안전관리)
㉢ 2차 피해 방지 대책
㉣ 시공측량
㉤ 장비 및 자재 확보
㉥ 착공
㉦ 시공
㉧ 준공

② 응급복구공사 시 고려사항

㉠ 응급복구 현장은 현장관리나 안전관리가 체계적이지 못함
㉡ 설계도서나 시방서가 준비되지 않은 채 응급조치를 하는 경우에 대비하여 해당 분야의 기술적 지원 대책 필요
㉢ 응급복구 과정에서 처리하지 못한 잔토나 홍수로 발생한 유실물로 인한 2차 피해 위험에 항상 대비해야 함
㉣ 재해 응급복구 현장은 여타 일반 공사장보다 안전이 취약하므로 건설 공사장의 안전관리에 특별한 주의를 기울여야 함

(4) 점검 및 추가 지원

① 공사 진행 상태 점검 시 착안사항

㉠ 방재시설의 기능 회복 상태
㉡ 추가 위험 요인 여부
㉢ 공법 및 장비·인력 투입의 적정성
㉣ 공기에 적정한 공정관리
㉤ 안전관리 및 품질관리 등

② 추가적 조치사항

㉠ 인력 및 장비의 지원
㉡ 기술적 지원 등

★
응급복구공사 시행
가설 공사 → 복구계획 검토 → 2차 피해 방지 대책 → 시공측량 → 장비·자재 확보 → 착공 → 시공 → 준공

5절 현장 안전관리계획

1. 현장 안전관리의 개념

재해 위험의 영향권 내에서는 누구나 재해 약자가 되므로 재해 위험의 영향권 내에 있는 모든 사람을 대상으로 안전관리가 필요

2. 비상상황의 방재시설 현장 특성

① 방재시설의 비상상황 현장은 전기와 같은 에너지, 기계, 설비 시설 등 위험 유형이 다양하고 추락, 충돌, 붕괴, 유실, 익사, 압사, 감전 등 다양한 위험에 노출되어 있음
② 비상상황에서 방재시설이 처해 있는 위험 특성의 이해와 함께 비상상황 현장에 적정한 안전대책이 필요
③ 방재시설 응급복구나 유지·보수 공사현장은 공정이 진척됨에 따라 수시로 새로운 위험 환경이 조성되므로 일상적인 안전관리대책이 필요

3. 안전관리의 원리

① 안전관리를 하려면 재해가 발생하기 전에 환경과 조건을 변화시키든지, 아니면 재해에 이르는 연결고리를 단절시켜 피해를 예방하고 줄이는 연쇄반응에 대한 이해가 필요
② 재해에 이르는 위험을 제거할 수 있는 기회는 반드시 존재하므로 위험 요인에 대한 예측력과 재해에 이르는 연결고리 단절을 위한 결단이 요구됨

4. 현장 안전관리

(1) 안전관리계획 수립 및 관련자 교육

① 불안전 요인 발굴

현장에 잠재해 있는 기계적 위험·화학적 위험·에너지 분야의 위험, 작업적 위험, 행동 위험, 시스템적 위험, 자연환경적 위험 등 각종 불안전 요인들을 조사하여 발굴

② 안전관리계획 수립

㉠ 공사현장은 공정이 진척됨에 따라 위험환경이 수시로 변화하므로 공종별 위험환경을 파악하여 안전관리계획을 수립

Keyword

★
안전관리의 최선책
재해에 이르는 위험 요인을 사전에 제거하는 것

★
현장에서의 안전관리
공사 진척에 따라 주변 환경이 수시로 바뀌므로 이를 예측하여 안전관리계획을 수립하고 수시로 관련자 교육을 실시하는 것이 중요

㉡ 고려사항

▷ 안전관리계획 수립을 위한 지역 특성 파악 및 반영

▷ 현장에 존재하는 외부 위험 요인 발굴 및 반영

▷ 안전성 확보를 위하여 안전관리교육과 훈련계획 반영

▷ 직무상 사고관리 및 직무 수행 기능 마비 시 대책 강구

▷ 불완전한 행위로 인하여 발생할 수 있는 위험인자 인식대책 강구

▷ 안전관리 대상의 범위 설정 및 반영

▷ 불안전한 위협 요인에 대하여 정기 또는 수시 모니터링 관리

▷ 조직이나 개인 차원의 안전관리에 대한 지식수준 제고 대책

▷ 외부의 운전자 혹은 작업자 등 외부인들의 불안전한 행동 식별 관리

▷ 각종 응급 상황에 대비한 비상대응계획

▷ 현장 실정에 맞는 안전 장비 및 착용에 대한 대책 수립 및 실행

▷ 재해 보상 규정에 상당한 재해 경감 대책의 적정성 검토 및 대책 강구

▷ 안전성을 확보하는 데 필요한 작업 인원 수준 제고대책 강구

▷ 위급상황 발생 시 후송 등 조치계획

▷ 시설물의 안전 상태 관련 계획 등

③ 안전교육 및 훈련 시 고려사항

㉠ 과거의 사례 분석 및 평가에 관한 사항

㉡ 안전관리 책임과 감독 책임에 관한 사항

㉢ 안전관리조직에 관한 사항

㉣ 자연적 위험에 대비한 시설물 및 장비의 배치 및 확보에 관한 사항

㉤ 위험에 적정한 개인 보호 장비 지급에 관한 사항

㉥ 안전점검 및 안전진단계획 수립에 관한 사항

㉦ 사고 발생 시 보고 및 분석체계 구축에 관한 사항

㉧ 안전관리교육 대상에 관한 사항(공사현장 근무자, 감독관, 주민 등을 포함) 등

(2) 안전관리계획 실행

① 안전관리계획 시행 시 고려사항

㉠ 비상상황이나 공사현장의 위험 환경에 적정한 일일 안전관리체계를 구축하여 실행

㉡ 안전관리교육 및 안전수칙 준수 실태 점검을 일상화

★
안전교육 및 훈련 시 고려사항
과거 사례 분석·평가, 안전관리 책임, 안전관리조직, 시설물·장비 배치, 개인보호 장비 지급, 안전 점검 및 계획 수립, 안전관리 교육 대상에 관한 사항 등

㉢ 위험 요인은 사전에 제거

㉣ 비상상황 대처에 필요한 인력과 장비 수요를 파악하여 외부의 지원을 받음

적중예상문제

제1장 방재시설 유지관리계획 수립

1 **다음은 유지관리에 대한 설명이다. 유지관리란 「완공된 시설물의 기능과 시설물 이용자의 편의와 안전을 높이기 위하여 시설물을 일상적으로 점검·정비하고 손상된 부분을 원상복구하며, 시간 경과에 따라 요구되는 개량·보수·보강에 필요한 활동」이다. 이에 해당되는 관련법은?**

① 「하천법」
② 「댐건설 및 주변지역지원 등에 관한 법률」
③ 「시설물의 안전 및 유지관리에 관한 특별법」
④ 「소하천정비법」

2 **방재시설의 유지관리를 위한 목표기간을 설정한다. 목표기간 중 단기·중기·장기계획에 해당되지 않는 것은?**

① 1년 ② 5년
③ 7년 ④ 10년

3 **방재시설물의 유지관리는 구조물의 손상원인을 고려하여 그 목표를 고려해야 한다. 구조물의 손상 원인에 해당되지 않는 것은?**

① 재료적 원인 ② 시공적 원인
③ 구조적 원인 ④ 설계적 원인

4 **다음은 구조물의 손상원인을 설명한 것이다. ( ) 안에 들어갈 말로 적절한 것을 순서대로 나열한 것은?**

- (㉠) 콘크리트 중성화, 철근 및 강재 부식 등
- (㉡) 시간 초과 레미콘 타설, 건조수축, 동바리 융해, 다짐 불량, 재료분리, 거푸집 및 동바리 조기 철거 등
- (㉢) 하중 증가, 설계 결함, 온도 변화의 영향 등

① ㉠ 재료적 원인 ㉡ 시공적 원인 ㉢ 구조적 원인
② ㉠ 설계적 원인 ㉡ 시공적 원인 ㉢ 재료적 원인
③ ㉠ 시공적 원인 ㉡ 재료적 원인 ㉢ 구조적 원인
④ ㉠ 재료적 원인 ㉡ 시공적 원인 ㉢ 설계적 원인

5 **방재시설의 특성에 따라 유지관리체계 구축이 필요하다. 유지관리 유형에 해당되지 않는 것은?**

① 상시 관리체계 ② 평시 관리체계
③ 수시적 관리체계 ④ 주기적 관리체계

2. 유지관리 목표기간은 단기(1년 또는 3년), 중기(5년), 장기(10년)로 계획
3. 유지관리의 구조물적 손상 원인은 재료·시공·구조적 원인으로 구분
5. 유지관리체계는 상시·수시적·주기적 관리체계로 구분

정답 1. ③ 2. ③ 3. ④ 4. ① 5. ②

6 **방재시설 유지관리체계에 대한 설명이다. 다음 특성에 맞는 유지관리체계의 유형은?**

> 장대교, 대댐 등과 같이 재해 발생 시 대규모의 피해를 유발하는 시설물을 대상으로 24시간 관측하고 즉시 대책을 강구하는 체계

① 평시 관리체계
② 수시적 관리체계
③ 주기적 관리체계
④ 상시 관리체계

7 **방재시설의 유지관리는 일반시설보다 유지관리 시 주의가 더 필요하다. 특히 생애주기 비용은 일반시설에 추가로 발생되는 피해 및 손실 등을 고려해야 한다. 이에 해당되지 않는 것은?**

① 인명피해
② 재산피해
③ 인명 및 재산피해 직접손실
④ 인명 및 재산피해 간접손실

8 **방재시설의 유지관리를 위한 수준에 해당하지 않는 것은?**

① 사전 유지관리 ② 사후 유지관리
③ 현행 유지관리 ④ 예방 유지관리

9 **다음은 방재시설물의 유지관리 수준에 대한 설명이다. 다음 특성에 해당하는 것은?**

> 시설물을 개축할 때까지 모든 구성요소에 대한 점검·진단, 보수·보강, 교체 등 일체의 유지관리 행위를 하지 않고 방치하는 경우

① 현행 유지관리
② 사후 유지관리
③ 무보수 방지
④ 예방 유지관리

10 **방재시설물의 생애주기 및 내·외적 영향에 미치는 요인은 다양하다. 이에 해당되지 않은 것은?**

① 조사, 측량 ② 설계, 시공
③ 품질관리 ④ 하자관리

11 **다음은 방재시설물의 유지관리 기준에 대한 설명이다. 다음 특성에 해당하는 것은?**

> 시설물의 내구 성능 회복 또는 향상이나 기능을 회복시켜 주는 수준의 유지관리

① 보강 ② 보수
③ 개·보수 ④ 부분교체

12 **유지관리를 위한 평가대상 시설물은 소하천, 하천, 항만, 도로, 기타 시설 등이 있다. 이 시설 중에서 소하천시설물을 평가하는 항목이 아닌 것은?**

① 보 ② 수문
③ 제방 ④ 방파제

13 **유지시설 중에서 항만시설을 평가하는 항목이 아닌 것은?**

① 수제 ② 방파제
③ 방사제 ④ 호안

6. 상시 관리체계는 24시간 이상 유무를 측정·감시하여 보수·보강하는 특성
7. 방재시설의 생애주기 비용은 일반시설 LCC+인명피해+재산피해+인명 및 재산피해 간접손실을 고려함
8. 유지관리 구분은 무보수 방지, 사후·현행·예방 유지관리 수준으로 구분
9. 무보수 방치는 전혀 유지·보수하지 않고 방치하는 수준의 유지관리
12. 소하천시설물은 제방, 호안, 보, 수문, 배수펌프장 등이 포함
13. 항만 시설물은 방파제, 방사제, 파제제, 호안 등

정답 6. ④ 7. ③ 8. ① 9. ③ 10. ③ 11. ② 12. ④ 13. ①

14 다음 중 유지관리 목표기간 설정으로 타당한 것은?

① 장기(20년), 중기(15년), 단기(1~3년)
② 장기(10년), 중기(4~6년), 단기(1~3년)
③ 장기(20년), 중기(10년), 단기(1~3년)
④ 장기(10년), 중기(5년), 단기(1~3년)

15 다음 중 상시 유지관리 개념에 해당 되는 것은?

① 일상적 유지관리
② 사전적 대응 활동
③ 비상상황관리의 일종
④ 평상시의 평가업무

16 다음 중 방재시설 유지관리 기준 작성 시 고려할 사항이 아닌 것은?

① 설계과정에서 결정된 공법의 이용 및 관리상의 장단점을 파악하여 단점에 대한 대책
② 천재 혹은 기타 불가항력에 따른 피해에 대한 대처방법
③ 방재시설물을 구성하고 있는 부속시설물별 교체 주기
④ 시공과정에서 경험한 각종 외부·내부 환경변화 등의 특성

17 자연재해대책법령상의 방재시설 중 행정안전부장관이 재난관리책임기관장의 유지관리를 평가해야 하는 시설이 아닌 것은? 19년1회 출제

① 소하천시설 중 수문
② 하천시설 중 관측시설
③ 어항시설 중 물양장
④ 도로시설 중 공동구

18 다음 중 기상학적 가뭄지수가 아닌 것은? 19년1회 출제

① 십분위
② 표준강수지수
③ 파머가뭄지수
④ 지표수공급지수

19 농어촌정비법령상 안전점검의 구분과 실시시기로 틀린 것은? 19년1회 출제

① 일상점검: 정기안전점검 주기 사이에 시설의 기능 유지 및 안전상 재해 위험의 확인을 위하여 월 1회 이상 실시한다.
② 정기안전점검: 농업생산기반시설의 운전조작 및 정비, 재해 및 위험 여부 확인, 장애물 제거 등을 위하여 분기별로 1회 이상 실시한다.
③ 긴급안전점검: 정기안전점검 외에 재해나 사고가 발생하거나 시설 안전에 이상 징후가 있을 때 실시하여야 한다.
④ 정밀안전점검: 정기안전점검 또는 긴급안전점검을 실시한 결과, 시설의 기능 유지 및 안전상 재해 위험이 있어 시설물 보수가 필요할 때 실시한다.

20 국가계약법령상 하자검사에 대한 내용으로 옳은 것은? 19년1회 출제

① 하자담보 책임기간 중 연 2회 이상 정기적으로 하자검사를 실시한다.
② 하자담보 책임기간이 만료되면 만료일부터 7일 이내에 따로 최종검사를 받아야 한다.
③ 최종검사에서 발견된 하자는 하자보수완료 확인서가 발급되기 전까지 계약자가 본인 부담으로 보수해야 한다.

17. 유지관리가 필요한 시설은 「방재시설의 유지·관리 평가항목 기준 및 평가방법 등」에 의거하여 소하천, 하천, 농업기반, 공공하수도, 어항, 항만, 도로, 산사태, 재난 예·경보시설 등 어항시설 중 방파제, 방사제, 파제제가 해당됨

18. 기상학적 가뭄은 강수량이 부족한 경우를 말하며, 지표수공급지수는 수문학적 가뭄에 해당

20. 「국가를 당사자 하는 계약에 관한 법률 시행령, 시행규칙」에 의거하여 하자검사를 실시한다. 하자담보 책임기간이 만료되면 만료일부터 14일 전부터 만료일까지 최종검사를 받아야 하고, 계약자가 하자검사에 입회를 거부했을 경우 계약담당공무원은 일방적으로 하자검사를 할 수 있음

정답 14. ④ 15. ① 16. ② 17. ③ 18. ④ 19. ① 20. ①, ③

④ 계약자가 하자검사에 입회를 거부했을 경우 계약담당공무원은 일방적으로 하자검사를 할 수 없다.

21 **사면 방재시설 시공 및 계획 시 지하수 배수시설에 대한 내용으로 틀린 것은?** 19년1회 출제

① 배수시설의 설치위치, 설치범위, 지표수 배수설과의 연계방안 등을 고려하여 계획한다.
② 지하수 배수시설의 계획은 지하수위 및 용수량 등을 감안하여 배수유량을 산정한다.
③ 최종 결정은 용수의 발생 유무, 지형적 조건, 지반조건 등을 고려하여 설계 시 결정한다.
④ 지하수 배수시설의 설계는 지반 내의 지하수 분포와 지층별 투수특성을 고려한 해석을 수행하여 배수용량을 산정하고 적정 배수공법과 규격을 결정한다.

22 **다음 중 우수시설의 하자검사에 대한 내용이 아닌 것은?**

① 저류지 비탈면 유실 유무
② 측구 및 도수로 불량 유무
③ 소화전 하자 유무
④ 우수관 및 맨홀 불량 유무

제2장 방재시설 상시 유지관리

23 **비상상황 관리에 대비되어 일상적으로 실시하는 유지관리로서 사전적 예방 활동으로서 방재시설 유지관리의 기본이 되는 것은?**

① 사후 유지관리 ② 상시 유지관리
③ 예방 유지관리 ④ 평시 유지관리

24 **방재시설물의 관리상 문제점에 해당되지 않는 것은?**

① 정기안전점검 및 특별안전점검 외 비상시 관리 필요
② 구조적 안전성은 외부환경 변화의 영향이 미미
③ 전기·기계 등의 조작적 관리가 필요
④ 방재시설의 기능 상실은 재해 유발을 의미

25 **방재시설의 관리항목에 해당되지 않는 것은?**

① 시설 위치 ② 시설 규모
③ 시설 경관 ④ 시설 사업비

26 **방재시설의 취약성 중 설계·시공적 요인이 아닌 것은?**

① 공사환경과 공법 적용의 불부합
② 공사 재료, 자재 강도의 상이
③ 콘크리트 양생기간의 부족
④ 유역개발에 따른 유출량 증가

27 **다음의 안전 점검 중 계절 변화에 의한 위험요인 및 시설물의 이상을 조기 발견하기 위한 것은?**

① 정기안전점검 ② 일상점검
③ 정밀안전점검 ④ 비상점검

28 **방재시설 취약성 중 환경적 요인에 해당되는 것은?**

① 접합부 불량
② 지하수 수압 상승
③ 하중의 증가
④ 재료의 분리

22. 소화전은 상수시설 하자검사에 대한 내용임
23. 상시 유지관리는 비상상황 관리의 반대 개념으로 일상적 유지관리를 의미
25. 방재시설의 관리항목으로는 시설명, 시설 위치, 시설 규모, 사업비, 설계자, 감리자, 유지관리계획 등을 포함
26. 유출량 증가는 자연환경적 요인

정답 21. ③ 22. ③ 23. ② 24. ② 25. ③ 26. ④ 27. ① 28. ②

29 **시설물의 상태로 안전등급을 판단할 수 있다. 다음 설명에 해당되는 것은?**

> 보조 부재에 경미한 결함이 발생했으나 기능 발휘에 지장이 없으며, 내구성 증진을 위하여 일부 보수가 필요한 상태

① 불량 등급　② 미흡 등급
③ 보통 등급　④ 양호 등급

30 **안전점검을 위한 여러 유형 중 적정한 점검방법이 아닌 것은?**

① 시각　② 청각
③ 자동　④ 수동

31 **방재시설물 중 댐, 하구둑에 대한 일상점검 시 필요한 항목에 해당되지 않는 것은?**

① 기초 침하
② 전도 안전
③ 활동 안전
④ 콘크리트 안전

32 **방재시설물의 현장점검 시 주요항목에 해당되지 않는 것은?**

① 정기안전점검 실시
② 정밀안전점검 실시
③ 정밀일상점검 실시
④ 정밀안전진단 실시

33 **다음 설명은 현장점검 시 필요한 내용을 기술한 것이다. 이에 해당되는 것은?**

> 「시설물의 안전 및 유지관리에 관한 특별법」에 의거하여 실시하나, 일상점검 과정에서 나타난 결함이나 재해예방과 안전성 확보 등을 위하여 필요하다고 인정될 때 실시

① 정기안전점검　② 정밀안전진단
③ 정밀안전점검　④ 긴급안전점검

34 **정밀점검계획을 수립할 때에는 안전점검자, 계측 관련자 등을 참여시켜 기술적 협력 모색이 필요하다. 계획에 따른 정밀점검을 실시할 때 준비되는 사항이 아닌 것은?**

① 점검장비
② 설계자 및 시공자 현황
③ 설계도서
④ 점검표

35 **시설물은 설계도서의 기준으로 공정관리·안전관리·품질관리계획이 필요하다. 이 중에서 공정관리 계획 시 해당되지 않는 것은?**

① 안전교육　② 장비계획
③ 설비계획　④ 자금계획

36 **시설물의 보수·보강공사에 대한 품질관리계획 시 유의사항이 아닌 것은?**

① 규격, 자재·시공체의 품질은 시방서 등의 제 규정에 적합해야 함
② 설계나 시공 중에 교정되지 않고 유지관리 과정으로 전가된 결함의 이전성을 반영

29. 현장점검 시 안전등급 지정기준은 '우수 > 양호 > 보통 > 미흡 > 불량' 5단계로 구분
30. 방재시설의 현장점검 방법으로는 시각, 청각, 촉각, 취각, 타진, 수동, 계측 등이 있음
31. 댐, 하구둑 일상점검 시 착안사항으로 기초 침하, 전도, 활동, 누수 등을 확인
32. 현장점검은 정기안전점검, 정밀안전점검, 긴급안전점검, 정밀안전진단으로 실시
35. 공정관리계획은 공정별 인력·자재·장비계획, 설비계획, 자금계획, 일정계획 등을 실시

정답 29. ④ 30. ③ 31. ④ 32. ③ 33. ② 34. ② 35. ① 36. ④

③ 관리기록 정보는 유지관리시스템과 연계하여 지속적으로 관리
④ 안전점검 결과 제시된 대책에 대한 보수·보강의 시의성에 대하여 판단

37 다음 중 현장점검이 아닌 것은?

① 정기안전점검 ② 정밀안전점검
③ 긴급안전점검 ④ 방재점검

38 다음 중 방재시설의 결함에 해당되지 않는 것은?

① 균열 ② 박리
③ 불량 ④ 백태

39 「자연재해대책법」에서 정하고 있는 방재시설의 유지관리평가 대상에 해당하지 않는 것은?

① 방재시설에 대한 정기 및 수시 점검사항의 평가
② 방재시설의 유지관리에 필요한 설계 및 계획에 대한 평가
③ 방재시설의 보수·보강계획 수립·시행사항의 평가
④ 재해 발생 대비 비상대처계획의 수립사항 평가

40 하천의 홍수재해 피해 저감을 위한 구조적 대책이 아닌 것은? 19년1회 출제

① 제방 설치 및 하천개수 공사
② 하수도 및 배수펌프장 설치
③ 댐 설치
④ 홍수방재 계획 수립

제3장 방재시설 비상시 유지관리

41 다음 중 재난현장 긴급복구 사항으로 바람직하지 않은 것은?

① 긴급구조현장의 진·출입, 현장 활동에 방해가 되는 잔해물 제거
② 피해를 입은 지역 및 현장 진입로에 대한 긴급복구 실시
③ 관할지역의 전문가들로 구성된 안전진단팀의 일상점검 실시
④ 임시 잔해물 적치장소 지정 및 처리

42 비상상황 종료 후 복구계획 수립이 필요하다. 복구 계획 시 적정하지 아닌 것은?

① 방재시설 복구계획은 피해 규모, 경제적 가치, 효과성, 필요성 등을 검토한 후 전체적인 피해 규모와 비교하여 결정
② 개량복구는 구조적·기능적으로 설계기준 등을 높이거나 공법을 개선
③ 기능복구는 현재 시설 기준으로 장래의 재해에 대비
④ 비상상황 종료 후 우선적으로 복구계획은 원상복구를 우선적으로 시행

43 재난현장에서 2차 피해 방지를 위한 긴급 보수·보강 등을 실시한다. 보수·보강 시 고려사항이 아닌 것은?

① 진전되는 결함이라면 차단하거나 제거하고, 정지된 결함이라면 지속적인 관찰
② 비상상황에서 응급조치를 취하는 데 필요한 절대시간을 확보하여 시의성을 잃지 않

37. 관할지역의 전문가들로 구성된 안전진단팀의 일상점검 실시
40. 하천의 홍수피해 저감을 위하여 구조적 대책과 비구조적 대책을 수립할 수 있음. 구조적 대책으로는 제방, 호안, 하도정비, 댐, 저수지, 펌프장, 방수로 등이 있으며, 비구조적 대책으로는 홍수방재계획, 홍수 예·경보, 댐-보-저수지 연계 운영방안, 홍수보험, 홍수터 관리 등이 있음
42. 복구계획은 종합적으로 검토한 후 복구 방법을 결정
43. 1차 피해와 별도로 기상영향을 받을 수 있는 시설의 보수 및 보강 등의 안전대책 강구

정답 37. ④ 38. ③ 39. ② 40.④ 41. ③ 42. ④ 43. ③

도록 함
③ 2차 피해와 별도로 태풍이나 폭설, 장마 등의 기상 영향을 받을 수 있는 시설의 보수 및 보강 등의 안전대책을 강구
④ 피해유발 요인 점검 결과 제시된 대책에 따라 응급조치계획을 수립

44 재난현장에서 기능을 상실한 방재시설에 대하여 항구복구 전에 응구복구를 수립할 수 있다. 응급복구를 위한 공정관리 시 고려사항이 아닌 것은?

① 응급복구 시 공정관리는 구조적 대책을 최우선적으로 수립
② 응급복구 자재가 적기에 조달되도록 자재조달계획을 수립
③ 구조물적 대책과 비구조물적 대책을 병행하고, 방재시설의 기능성을 회복하는 데 중점
④ 응급복구는 재난대응이나 복구 초기 단계에서 실시하기 때문에 일반 사업의 공정관리보다 특별한 관리가 필요

45 재해 위험 영향권 내에서는 모든 사람을 대상으로 안전관리가 필요하다. 안전관리계획 시 고려사항이 아닌 것은?

① 비상상황이나 공사현장의 위험환경에 적정한 일일 안전관리체계를 구축하여 실행
② 비상상황 대처에 필요한 인력과 장비 수요를 파악하여 자체적으로 해결
③ 안전관리 교육 및 안전 수칙 준수 실태 점검을 일상화
④ 위험 요인은 사전에 제거

46 응급복구계획 시 포함되지 않는 항목은?

① 복구 기간 ② 소요 장비
③ 사업 절차 ④ 인원 지원

47 다음 중 하천의 방재시설인 제방의 손상에 대한 조치계획으로 맞는 것은?

① 일상조치: 제방설치 중 하자발생에 대한 조치
② 응급조치: 점검에서 발견된 손상에 대하여 긴급을 요하는 경우의 조치
③ 보수조치: 제방점검결과에 따라 안전성에 큰 영향을 미치거나 중대한 손상으로 판단되었을 때의 조치
④ 보강조치: 제방점검결과에 따라 안전성에 큰 영향이 없는 것으로 평가되고 비진행성 손상으로 판단되었을 때의 조치

44. 응급복구 공정관리는 구조적·비구조적 대책을 병행하여 수립

45. 비상상황에 대비하여 필요인력 및 장비 등을 외부지원

정답 44. ① 45. ② 46. ③ 47. ②

제5과목

제4편
방재시설 시공관리

제1장

제4편
방재시설 시공관리

실시설계도서 검토

본 장은 NCS의 지침과 설계실무의 기준 내용을 이용하여 시방서 검토, 설계도면 검토, 내역서 검토 및 공법의 적정성 검토로 구분하였다. 시방서 검토는 시방서의 종류, 검토사항, 고려사항 등을 기술하였고 설계도면 및 내역서 검토는 도면 작성 목록, 내용, 절차 및 수량·단가산출서의 적정성에 대하여 작성하였으며, 방재시설물의 분류와 시설물별 공법에 대하여 수험생들이 이해할 수 있도록 하였다.

1절 시방서 검토

1. 시방서의 정의 및 종류

(1) 시방서의 정의

시방서는 공사와 관련된 자재, 장비, 설비와 요구되는 시공 기술 및 기타 질적인 사항에 대하여 상세하게 기술한 공사의 기준이 되는 도서

(2) 시방서의 종류

우리나라는 시방서를 표준시방서, 전문시방서 및 공사시방서의 3원 체계로 구성

① **표준시방서**

㉠ 표준시방서는 시설물의 안전 및 공사 시행의 적정성과 품질 확보 등을 위하여 시설물별로 정한 표준적인 시공 기준으로서, 설계자가 공사시방서를 작성하는 경우에 활용하기 위한 기준

㉡ 발주처, 또는 공인기관이 시방사항을 제정하여 이를 적용하는 시방서

㉢ 표준시방서의 종류: 토목공사 표준시방서, 하천공사 표준시방서, 콘크리트 표준시방서, 건축공사 표준시방서, 도로공사 표준시방서 등

② **전문시방서**

㉠ 전문시방서란 시설물별 표준시방서를 기본으로 모든 공종을 대상으로 하여 특정한 공사의 시공 또는 공사시방서의 작성에 활용하기 위한 종합적인 시공 기준

㉡ 표준시방서와 전문시방서는 국토교통부장관, 해양수산부장관, 한국철도시설공단 이사장, 농림축산식품부장관, 환경부장관, 지

★
시방서
표준시방서, 전문시방서, 공사시방서 3원 체계로 구성

★
표준시방서
토목공사, 하천공사, 콘크리트, 건축공사, 도로공사 표준시방서 등

방자치단체, 정부 투자기관, 건설기술 관련 기관 또는 단체, 건설 관련 기술의 연구를 목적으로 하는 법인 등이 작성

③ 공사시방서

▷ 공사시방서는 건설공사의 설계서에 포함된 시공 기준

▷ 표준시방서 및 전문시방서를 기본으로 하여 작성하는 시방서

㉠ 설계시방서

▷ 특정 자재 또는 설비의 종류, 유형, 치수, 설치방법, 시험 및 검사 항목 등을 명시한 시방서

▷ 시공자가 시방서에 따라 공사를 수행했을 경우에는 공사 목적물에 어떤 결과가 나타나더라도 책임이 없음

▷ 시공자가 어떤 시방사항이라도 변경할 경우에는 발주처의 승인을 받아야 함

㉡ 성능시방서

▷ 성능시방서는 설계시방서와 달리, 특정 시공방법이나 자재 등을 명시하는 것이 아니라 공사 목적물의 결과나 성능을 명시하는 시방서

▷ 시공방법이나 자재의 선정 책임은 시공자에게 있음

▷ 창의적이고 노련한 시공자의 경우 비용절감으로 높은 이익 창출 가능

▷ 시공자의 능력을 최대한으로 활용할 수 있어 발주처가 선호하는 시방서

▷ 전기 또는 기계설비 공사, 포장 공사, 시멘트 콘크리트 공사 등에서 효과적임

㉢ 개방시방서

▷ 특정 자재 또는 설비의 제작이나 품명 등에 제한을 두지 않고 품질이나 규격만 명시하는 시방서

▷ 제작자 및 품목에 대한 선정권은 시공자에게 있음

▷ 공공 공사의 시방서는 기본적으로 개방시방서를 사용

㉣ 제한시방서

▷ 특정 유형의 제품을 지정하는 시방서

▷ 해당 특정 제조자에게는 높은 이점이 있지만 여타의 제조자에게는 참여 기회가 배제되므로 공공 공사에서는 특별한 경우가 아닌 한 이 시방서를 사용하지 않음

★
공사시방서
표준·전문시방서를 기본으로 작성

★
공사시방서의 종류
설계, 성능, 개방, 제한, 전용, 복수전용, 동등, 승인된 동등 시방서

★
성능시방서
공사 목적물의 결과나 성능을 명시

★
개방시방서
품질이나 규격만 명시, 공공 공사에 기본적으로 사용

▷ 특정 제조자의 특정 모델을 명시하지 않더라도 특정 제조자의 특정 제품만이 시방서의 요구를 충족시킬 수 있도록 목적물의 결과나 성능을 명시하였다면 이 역시 제한시방서에 속함

ⓜ 전용시방서

▷ 특정 제조자의 특정 제품을 지정하고 이의 대체 수단을 허용하지 않는 시방서

▷ 제한시방서에 속하며, 설계시방서의 독특한 형태

▷ 여타 제품의 성능이 명기된 모델보다 좋고 값이 저렴하다고 하더라도 이를 대체해서는 안 됨

ⓑ 복수전용시방서

▷ 두 제조자 이상의 제품을 지정하는 시방서로 설계시방서의 일종

▷ 선택권은 시공자에게 있음

ⓢ 동등시방서

▷ 전용시방서의 변형이며, 동등한 제품에 대한 결정기준은 특정 제조자의 모델이 가능하다고 하더라도 이 제품, 또는 여타의 동등 제품에 대한 선정 권한이 시공자에게 있음

ⓞ 승인된 동등시방서

▷ 발주처에서 사전에 다양한 제조자의 제품을 적격 제품으로 선정해 놓고 그 제품 또는 그와 동등한 제품을 사용하도록 하는 시방서

▷ 개방시방서에 속함

★
전용시방서
제한 시방서, 특정 제품을 지정하고, 대체 수단을 허용하지 않음

★
동등시방서
전용 시방서의 변형, 선정 권한은 시공자, 특정 제품의 대체 수단

2. 시방서 검토

(1) 공사시방서 검토 시 고려사항

공사시방서 검토사항

구분	공사시방서 내용
검토 사항	- 공사의 목적과 관련 법령 - 공사 관련 관계자의 정의와 공사의 규모 - 현장 안전관리의 임무 - 현장 착공, 준공 관리에 관한 사항 - 도급업자의 각종 신고, 허가 관련 임무 - 설계변경에 관한 사항 - 기본적인 시험, 검사의 사항 - 설계도서 오류 시 우선순위 지정에 관한 사항 - 유관기관과의 사전 신고, 허가, 사전 협의사항 - 동일 장소에 시공되는 타 공종에 대한 사전 협의, 조정 및 시공방법 제시

검토 사항	- 각종 구조물의 규격에 관한 사항 - 설계도면에 표기할 수 없는 시공 장소의 자재 및 자재 규격 - 설계도면에 표기할 수 없는 입체 구조물 제시 시 부분적인 상세규격 - 지중 및 은폐 장소에 지장물이 있을 경우 구체적 상세시공방법 - 관급 및 사급 자재의 규격서 - 시험 검사의 구체적 항목 및 방법과 규격 제시 및 평가 - 민원 발생 시 처리 방법

(2) 검토절차

① 공사시방서 유무 확인 및 유형 파악

㉠ 공사별 공사시방서가 문서로서의 조건을 갖추었는지 확인

㉡ 공사 수행에 관련 내용이 모두 포함되었는지 확인

㉢ 공사별로 모든 시방서 작성 유무 확인

㉣ 공종별로 시방서 작성 유무 확인

② 공사와 관련된 일반사항에 대한 기술사항 확인

㉠ 공사 관리 및 조정에 관한 사항

㉡ 공무 행정 및 제출물에 관한 사항

㉢ 자재관리에 관한 사항

▷ 사용 자재, 사급 자재, 지급 자재 관리, 자재의 보관·운반·취급 등

㉣ 품질관리에 관한 사항

▷ 품질관리계획, 품질시험·검사, 현장시험실, 품질시험·검사 의뢰, 견본 시공, 품질의식 교육 등

㉤ 안전·보건 및 환경관리에 관한 사항

㉥ 준공에 관한 사항

③ 시공방법 및 자재, 품질, 검사, 치수 등에 관한 기술사항

㉠ 시공 조건에 대한 기술 유무

▷ 협의 및 조정: 공사 착수 전에 협의 및 조정해야 할 사항

▷ 현장 여건 파악: 공사를 시행하거나 설비를 설치하는 데 필요한 여건이 적합한지 파악하는 데 필요한 요구사항

㉡ 시공 기준에 대한 기술 유무

▷ 공통 사항: 해당 공종의 시공을 위하여 공통적으로 적용해야 할 기준

▷ 주요 내용별 시공: 설계도서에 따라 시공하는 데에 특별히 요구되는 시공 기준과 주의점 등 기술

★
시방서 검토절차
공사시방서 유무 확인 및 유형 파악, 공사와 관련된 일반사항에 대한 기술사항 확인, 시공방법 및 자재, 품질, 검사, 치수 등에 관한 기술사항

★
공사 관련 기술사항
공사 관리 및 조정. 공정 행정 및 제출물, 자재, 품질, 환경, 준공에 관한 사항

★
시공, 자재, 품질 등에 관한 기술
시공 조건, 시공 기준, 허용 오차 기준, 작업 준비, 시공절차, 시공품질, 안전 및 환경 등

Keyword

㉢ 시공 허용 오차 기준에 대한 기술 유무

설계도면이나 시방서에 명시된 규격이나 설치 또는 기능이나 성능 및 품질에 관하여 허용될 수 있는 적정 오차

㉣ 작업 준비에 대한 기술 유무

공정 파악, 시공 상세도 승인, 자재·장비·인력 승인 및 확보, 현장 상태 점검, 안전 및 환경 검토

㉤ 시공 절차 및 방법에 대한 기술 유무

▷ 절차: 바탕처리, 바탕검사, 시공, 마무리

▷ 공법: 배합방법, 가공방법, 설치방법

㉥ 시공품질 검증방법에 대한 기술 유무

검사, 시험, 시운전: 완료된 시설과 장비 또는 시스템의 기능과 품질이 전체적으로 정상 작동되는지 검증할 수 있는 수단 기술

㉦ 자재의 요구품질 적성성에 대한 기술 유무

종류, 재질, 규격, 품질 규격(공업 규격)

㉧ 보수 및 재시공에 대한 기술 유무

시공이나 조립된 구조물 또는 완성품의 파손 및 하자 등으로 인한 보수 또는 재시공에 대한 시공자의 임무와 시행 절차

㉨ 현장 품질관리에 대한 기술 유무

시공 중 요구된 품질이 확보되도록 수급인이 지켜야 할 품질관리 내용

㉩ 현장의 뒷정리에 대한 기술 유무

작업이나 설치 공사가 완료된 부분에 대하여 시설물 등의 정상적인 기능을 발휘하는 데 필요한 뒷정리에 대한 기술

㉪ 안전 및 환경에 대한 기술 유무

공종 수행상 유의해야 할 안전 및 환경 요구 조건 기술

④ 검토결과보고서 정리

2절 설계도면 검토

1. 설계도면 검토

실시설계도면은 시공에 직접적인 영향을 미치므로 면밀한 설계 검토를 통하여 각 분야의 설계도서 간의 불일치 사항을 파악, 제거하고 시공성을 확보함으로써 추후 시공 단계에서의 설계 변경이나 공사비 변동, 공기 지연 요인 등을 최소화하는 데 목적이 있음

★
설계도면 검토
설계도서 간 불일치 파악, 시공성 확보, 시공 단계에서 설계 변동이나 공사비 변동 및 공기 지연 등을 최소화

(1) 실시설계도면의 체크리스트

실시설계도면의 체크리스트는 발주처, 공사 종류에 따라 다르므로 기관의 기준을 참고하여 작성하는 것이 원칙

설계도면 작성 목록

구분		작성 도서
개요	총괄	표지, 도면 목록표
	개요	배치도, 지형 실측도, 측점 위치도, 면적, 구조물의 크기 및 위치, 지하시설물의 위치
기본도면	평면도	공사 평면도, 우수계획 평면도, 배수관망의 형태 및 배수 방향
	입면도	정면도, 좌우 측면도
	단면도	종단면도, 횡단면도
상세도면	전개도	구조물 상세도, 조경 계획도, 옹벽 전개도
	표준도	구조물 표준도

★
설계도면
개요, 기본도면, 상세도면으로 구성

★
기본도면
평면도, 입면도, 단면도로 구성하고, 상세도면은 전개도, 표준도로 구성
- 단면도: 종단면도, 횡단면도
- 전개도: 구조물 상세도, 옹벽 전개도, 조경 계획도
- 표준도: 구조물 표준도

(2) 주요 설계 검토 내용

① 설계도면 및 시방서, 또는 관계 규정과 일치하는지 여부
② 현장 기술자, 기능공이 명확하게 이해할 수 있는지 여부
③ 실제 시공 가능한지 여부
④ 안전성 확보 여부
⑤ 계산의 정확성
⑥ 제도의 품질 및 선명성, 도면 작성 표준에 일치하는지 여부
⑦ 도면으로 표시하기 곤란한 내용이 시공 시 유의 사항으로 작성되었는지 여부

2. 설계도면 검토절차

(1) 설계도면의 기초사항 확인

① 설계도면 확인

㉠ 표지 및 목록 확인
㉡ 사업 명칭 확인
㉢ 문서 부수 확인
㉣ 쪽수 누락 또는 쪽수 표시 누락이 있는지 확인
㉤ 인쇄가 잘 안된 부분이 있는지 확인

② 설계자 또는 사업자 확인

㉠ 설계 자격 확인
㉡ 사업 등록 확인
㉢ 설계자의 날인 확인
㉣ 작성일 확인

(2) 설계도면 상의 오류 확인

① 배치도 검토

㉠ 축척 표시 확인
㉡ 방위 표시 확인
㉢ 대지 경계선 확인
㉣ 구조물 배치 확인
㉤ 벤치마크(BM: 위치 및 지반고) 표시 확인
㉥ 범례의 내용과 일치하게 표시되었는지 확인
㉦ 기존 구조물과 새로 설계된 구조물의 구분이 쉽게 표시되었는지 확인
㉧ 각 구조물과 구조물 사이 및 관계를 수치로 명확히 표시하였는지 확인

② 계획 평면도 검토

㉠ 기준점 표시 확인
㉡ 부지 높이(G.L) 및 계획 높이(F.H) 표시 확인
㉢ 구조물 기준 바닥 높이 표시 확인
㉣ 평면도 상에 표시된 측점 번호 및 위치와 종·횡단면도에 표시된 측점 번호와 위치가 일치하는지 확인
㉤ 평면도 상에 표시된 레벨(level)과 단면도에 표시된 레벨이 일치하

★
설계도면의 오류 확인은 배치도, 계획 평면도, 종·횡단면도, 기타 설계사항 등을 검토

는지 확인

ⓑ 범례에 표시된 내용과 일치하는지 확인

ⓢ 주기 내용 확인

③ 종·횡단면도 검토

㉠ 평면도에 표시된 위치의 절단면과 일치하는지 확인

㉡ 부지 경계선 표시와 구조물과의 거리 표시가 평면도에 표시된 내용과 일치하는지 확인

㉢ 부지 경계선과 구조물과의 이격 관계 표시가 단면도에 표시된 내용과 일치하는지 확인

㉣ 계획 지반고(G.L) 및 구조물 바닥 높이(F.L) 표시가 단면도에 표시된 내용과 일치하는지 확인

㉤ 구조물의 깊이 및 높이 표시가 단면도에 표시된 내용과 일치하는지 확인

㉥ 토질층 표시가 지질조사 내용과 일치하는지 확인

④ 기타 설계도서와의 일치성 검토

㉠ 내역서 및 수량산출서와의 자재 규격 차이

㉡ 내역서 및 수량산출서와의 자재 수량 차이

㉢ 공사시방서와의 내용 차이

㉣ 상세도와 내역서의 일위대가의 구성요소 차이 등

(3) 검토결과보고서 작성

3절 내역서 검토

1. 내역서 및 수량산출서 검토

(1) 내역서 구성체계

① 내역서 작성방법

㉠ 표준품셈에 의한 방법: 총공사비가 100억 원 미만

㉡ 시장표준단가에 의한 방법: 총공사비가 100억 원 이상

㉢ 혼합 방법: 시장표준단가를 적용하는 것을 원칙으로 하되 단가 중 시장표준단가가 없는 경우에는 표준품셈을 적용

★

내역서 작성
- 표준품셈: 총공사비 100억 미만
- 시장표준단가: 총공사비 100억 이상

★

공사 원가계산서는 공사를 진행하는 데 필요한 재료비, 가공하는 데 지불되는 노무비, 시설물을 만드는 데 필요한 경비 등의 내역을 상세하게 기록하는 문서

② 내역서의 구성

㉠ 내역서는 일위대가(호표, 산출근거), 중기 산출근거, 자재조서, 노임조서, 경비조서 등으로 구성

▷ 호표, 산출근거: 건설공사 표준품셈, 시장표준단가 적용

▷ 중기 산출근거: 환율, 중기가격에 대한 기초자료를 조사하여 적용

▷ 자재조서: 물가정보지, 조달청, 견적서

▷ 노임조서: 협회에서 제공하는 노임 단가 적용

㉡ 공사 원가계산서는 내역상의 재료비, 노무비, 경비를 기초로 하여 산출

㉢ 원가계산 항목

▷ 재료비, 노무비, 경비, 간접노무비, 산재보험료, 고용보험료, 노인장기요양보험, 연금보험료, 퇴직공제부금비, 건설기계대여금 보증수수료, 일반관리비, 이윤, 부가가치세 등

▷ 원가계산 항목은 해당 공사의 특성에 따라 조정

(2) 내역서의 주요 검토 내용

① 내역서는 해당 공사를 시행하기 전 실시설계 단계에서 작성된 내역서의 적용 가능 여부 및 해당 공사의 효율적 수행을 위하여 시공사가 검토해야 함

② 필요시 실정보고 후 설계변경을 통하여 해당 공사 진행에 차질이 없도록 해야 함

③ 주요 검토사항

▷ 단위공종에 대한 규격, 수량, 단가

▷ 전체 재료비, 노무비, 경비에 대한 배분 및 시행계획 등을 검토해야 함

★
내역서 주요 검토 내용
규격, 수량, 단가, 재료비, 노무비, 경비, 시행계획 등

내역서 검토사항

구분	공사시방서 내용
재료비	- 재료비 총액 검토 - 실행 예산으로 적정 분배, 배정 검토 - 자재 구매선 검토 - 자재 구입과 대금 결제 방법 검토
노무비	- 노무비 총액 검토 - 현장 투입 노무자의 연 인원수 적정 배분 검토 - 공종별 투입 인원수 배분 검토 - 실제 투입 인력에 대한 실지급 노무비 검토 - 도서지역의 노임 단가 적용 여부
경비	- 법정 경비 전체 금액 검토 - 법정 경비 사용 계획의 검토 - 정산서가 필요한 경비의 검토 - 현장 개설과 운영에 따른 부대 경비의 검토

(3) 수량산출서 검토

① 설계기준에 부합한 수량 산출 여부

② 해당 공사에 필요한 공종의 수량 누락 여부

③ 수량의 오류

수량의 중복 계상, 합산 오류, 오기 등

④ 수량 할증 및 재료의 중량에 대한 검산

재료의 할증은 건설공사 표준품셈을 최우선으로 적용하는 것을 원칙으로 하되 표준품셈에 제시되어 있지 않는 것에 대해서는 관리청의 설계기준을 참조하여 검토

자재의 할증률

종류	할증률(%)	종류	할증률(%)
시멘트	3	이형 철근	3
잔골재	12	일반 볼트	6
굵은 골재	5	고장력 볼트	3
아스팔트, 아스콘	3	강판	10
각재	5	옥내 설치 강관	5
판재	10	대형 형강	7
합판	3	소형 형강	5

★
내역서
재료비, 노무비, 경비로 구성

★
재료의 할증 1순위: 건설공사 표준품셈, 2순위: 관리청의 설계기준, 3순위: 유사 재료의 할증을 적용하되 관리청과 협의 후 결정

★
자재할증
시멘트 3%, 잔골재 12%, 일반 볼트 6%, 합판 3%, 소형 형강 5% 등

재료의 단위중량

구분		단위중량(kg/m³)	구분	단위중량(kg/m³)
점토	건조	1,200~1,700	토사	1,700
	습기	1,700~1,800	풍화암	2,000
	포화	1,800~1,900	연암	2,300
모래	건조	1,500~1,700	보통암	2,400
	습기	1,700~1,800	경암	2,600
	포화	1,800~2,000	거석	2,500
자갈	건조	1,600~1,800	전석	2,400
	습기	1,700~1,800	조경석	2,300(4목)~2,500(6목)
	포화	1,800~1,900	사석	2,000
철근 콘크리트		2,400	기초잡석	1,700
무근 콘크리트		2,300	잡석	1,900

2. 내역서 및 수량산출서 검토절차

(1) 내역서 및 수량산출서 구성과 작성기준 확인

① 내역서 구성 내용 확인

㉠ 공사명, 설계자, 검토자, 작성일
㉡ 내역서 쪽수, 쪽수 누락, 쪽수 번호 누락 및 바뀜 확인
㉢ 훼손, 오염, 오타 등 인쇄 상태 확인

② 내역서 작성 요구조건 충족 여부

㉠ 수량 산출기준
㉡ 단가 적용기준, 견적단가 적용기준 등
㉢ 원가 산출기준 또는 간접비 산출기준
㉣ 내역서 작성방법: 내역서 규격 및 표지 작성방법, 공종 순서 및 총괄표, 관급 또는 사급 자재 표기방법, 단가산출 근거 관련 표기방법, 자재 품질 및 규격 표기방법 등

(2) 내역서와 도면 검토를 통한 공사비 적정 계상 여부

① 계산의 정확성 여부

㉠ 원가 계산서에 기재된 금액을 확인
㉡ 총괄표에 기재된 공종별 금액을 확인
㉢ 공종별 구성 세목 금액을 확인

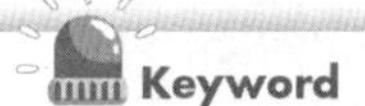

★
도면 검토를 통한 공사비 적정 계상 여부 검토 항목은 계산의 정확성, 원가계산서의 제비용 산출 적정성, 적산 단위 확인, 내역서 기재사항 확인

㉣ 세목별 금액 계산을 확인

② 원가계산서의 제비용 산출 적정성

㉠ 간접 자재비 산출 기준(요율)과 금액

㉡ 간접 노무비 산출 기준(요율)과 금액

㉢ 경비 산출 기준(요율)과 금액

㉣ 일반 관리비 산출 기준(요율)과 금액

▷ 일반 관리비 = [(재료비+노무비+경비)×요율(%)]

㉤ 이윤 산출 적용률(%) 및 금액

③ 적산 단위 확인

㉠ 일위대가와 일치

㉡ 단위 오기

㉢ 수량 및 단가의 소수점 오기

④ 내역서의 기재사항 확인

㉠ 내역서에 기재된 공종이 설계도면 및 시방서의 내용과 일치 여부 확인

㉡ 품질·규격 표시가 누락 또는 오기되지 않았는지 확인

㉢ 표시된 품질·규격이 설계도면과 일치하는지 확인

㉣ 표시된 품질·규격이 시방서의 내용과 일치하는지 확인

㉤ 비고 등 특기사항 내용을 확인하였는지 확인

㉥ 수량 및 단가 산출 근거와 연계되도록 표시되었는지 확인

(3) 내역서와 수량산출서 자재 수량과 공사비 적정 계상 여부 확인

① 물량(자재, 인력 및 장비) 산출 적정성

㉠ 수량산출서에서 물량 검토

㉡ 비등한 구조물의 실적 통계자료에 의한 검토

유사한 구조물에 소요되는 자재, 인력, 장비 및 기타를 구조물의 면적 또는 체적 단위로 분석한 통계자료를 뜻하며, 내역서 검토를 위하여 자료를 수집하고 분석하여 자료화

㉢ 표준품셈에 의한 검토

㉣ 물량 중복 또는 누락 유무 검토

㉤ 공제하지 않아도 되는 것을 공제했는지 검토

㉥ 할증률의 적정성 검토

㉦ 수량의 소수점 정확성 검토

★
수량산출서 검토를 통한 공사비 적정 계상 여부 검토 항목으로 물량 산출 적정성, 단가 선정의 적정성

② 단가 선정의 적정성

㉠ 물가 시세 간행물에 의한 검토

㉡ 정부 고시 노임에 의한 검토

㉢ 시장조사에 의한 검토

㉣ 제조사의 견적에 의한 검토

㉤ 시장표준단가 자료에 의한 검토

㉥ 일위대가 작성 및 일식 단가 구성 내용에 대한 검토

㉦ 단가가 수량 단위와의 일치 여부, 단가 소수점은 정확한지 검토

(4) 검토결과보고서 작성

★
단가 선정의 적정성
물가 시세, 정부 고시 노임, 시장 조사, 제조사 견적, 일위대가, 일식 단가 등

4절 공법의 적정성 검토

1. 방재시설물의 분류

방재시설물은 재해예방에 기여하거나 경감하기 위한 모든 시설물

★
방재시설물
하천, 내수, 사면, 사방, 해안, 바람시설 등으로 분류

방재시설물의 분류

구분	방재시설물
하천	제방, 호안, 방수로, 저수조 등
내수	관거시설(배수로, 방수로, 배수문, 배수제 등), 빗물펌프장, 하수저류시설, 우수유출저감시설 등
사면	보강시설(앵커, 록 볼트/소일 네일 공법, 옹벽, 게비온 등), 배수시설(도수로, 집수정, 산마루 측구, 수평 배수공, 맹암거 등), 낙석보호시설(낙석 방지망, 낙석 방지 울타리, 피암 터널 등), 표면 보호시설(식생 공법 등)
사방	사방댐, 침사지 등
해안	방조제, 호안, 방파제, 방조 수문 등
바람	방풍 설비, 방풍림, 대피소 등

2. 방재시설물별 적용공법

(1) 하천 제방

★
하천제방
제체 침투, 기초지반 침투, 침식, 월류에 대한 보강 필요

① **제체 침투에 대한 보강**

㉠ 단면 확대 공법

㉡ 앞비탈 피복 공법

㉢ 차수공법

㉣ 치환공법

② 기초지반 침투에 대한 보강

㉠ 차수공법

㉡ 고수부 피복공법

㉢ 치환공법

③ 침식에 대한 보강

㉠ 호안공법(저수호안, 고수호안)

㉡ 밑다짐 공법

㉢ 수제 설치

④ 월류에 대한 보강

㉠ 토사를 이용한 제방 증고

㉡ 홍수방어벽 설치

㉢ 슈퍼제방 설치

㉣ 프런티어 제방 설치

★
기초지반 침투 보강
차수 공법, 고수부 피복 공법, 치환 공법

★
침식 보강
호안 공법, 밑다짐 공법, 수제 설치

★
월류에 대한 보강
제방 증고, 홍수 방어벽, 슈퍼제방, 프런티어 제방 설치 등

(2) 관거시설 개량 및 신설

① 기존 하수관거의 분석결과에 의한 문제점과 관거시설의 문제점을 토대로 개량계획을 배수구역 및 배수분구별로 검토하되, 하수 배제 방식별로 분류

▷ 배수구역 및 배수분구별로 작성할 때 빗물펌프장 유역을 고려한 관거시설계획이 필요하며, 고지 배수로가 있을 때 이를 감안한 우수배제계획을 수립

② 하수 배제방식을 고려하고 지역 여건 및 침수 대책 등을 종합적으로 비교하여 검토

(3) 빗물펌프장

① 빗물펌프장은 배수구역 및 배수분구의 지형적 여건 및 빗물 배제, 강우 유출수 관리계획과 연계하여 검토

② 배수구역을 포함한 빗물펌프장 위치도 및 배치계획도 참조

(4) 하수저류시설

① 하수저류시설은 초기 빗물에 포함된 오염물질 유출저감 및 도시 내수침수 방지, 물재이용을 위하여 하수를 일시적으로 저장하는 시설로서 공공 하수도와 연결

② 도시현황 및 지역 특성과 종합적 치수대책, 단계별 하수관거 정비 기본계획 및 자연재해 방재계획 등을 고려하여 설치 위치 및 시설 규모 등의 타당성을 검토

③ 재해지도(침수흔적도, 침수예상도)가 작성된 지역은 재해지도를 활용하여 침수예상지역에 하수저류시설을 설치

④ 재해지도가 작성되지 않은 지역은 침수 위치 및 면적, 침수 세대, 침수 피해원인 등을 자세히 조사하여 침수흔적도를 작성하며, 이를 토대로 시설별 대응 공법을 검토

(5) 옹벽

기능에 따라 크게 의지식(기대기) 옹벽, 낙석 방지 옹벽, 계단식 옹벽으로 구분

㉠ 의지식(기대기) 옹벽

상단의 이완 암블록의 지지력을 보강하거나 옹벽의 자중에 의해 표면의 활동이나 낙석을 방지하고 보호하기 위하여 사용

㉡ 계단식 옹벽

▷ 사면 활동 억제와 낙석 방지 효과를 기대할 수 있는 공법으로, 앵커와 병행 시공하면 높은 안정성을 가짐

▷ 앵커와 병행 시공할 때 구조 해석상 높은 압축력이 벽체에 전달되는 경우, 철근 배근을 고려하여 균열 발생을 방지

▷ 지하수에 의한 수압 발생이 우려되는 경우에는 수발공을 설치

㉢ 낙석 방지 옹벽

▷ 낙석이나 표층 붕괴, 활동 파괴 발생 시 붕괴 지괴에 의한 충격 완화와 도로 유입을 방지하기 위하여 시공

▷ 예상 낙석의 규모가 크거나 큰 충격 에너지가 예상되는 곳에는 철근을 배근하여 구조적으로 안정한 낙석 방지 옹벽을 설치하여 낙석에 대비해야 함

(6) 사방댐

① 형식에 따라 분류

㉠ 중력식 사방댐

토석 차단을 주목적으로 하는 경우에 설치한다. 콘크리트 사방댐, 전석 사방댐, 블록 사방댐 등

★
옹벽 종류
의지식, 낙석 방지, 계단식 옹벽

★
사방댐은 형식 및 기능으로 구분
- 형식: 중력식, 버팀식, 복합식
- 기능: 투과형, 불투과형, 부분 투과형

㉡ 버팀식 사방댐

유목 차단을 주목적으로 하는 경우에 설치한다. 버트리스, 스크린, 슬리트 등

㉢ 복합식 사방댐

▷ 토석·유목의 동시 차단을 주목적으로 하는 경우에 설치

▷ 다기능 사방댐, 빔크린 사방댐, 콘크린 사방댐 등

② **기능에 따라 분류**

㉠ 투과형, 불투과형, 부분 투과형으로 분류

㉡ 상류에서 흘러 내려오는 토석류와 유목량 중에서 유목량이 토사의 2%이면 불투과형 사방댐, 그 이상이면 투과형 사방댐을 선정

(7) 침사지

① **침사지의 종류**

㉠ 간이침사지

▷ 현장에서 임시방편으로 축조한 높이 1.5m 이하의 소규모 침사지

▷ 주로 1일 이내로 사용기간을 제한

㉡ 임시침사지

▷ 공사기간에 걸쳐 사용

▷ 필요시 준설하여 기능을 유지

㉢ 영구침사지

▷ 공사기간 중에는 침사지 역할

▷ 공사 후에는 위락, 경관, 저류, 지하수 함양 역할

② **저류방식에 따른 분류**

㉠ 완전저류 방식

▷ 1년에 몇 번 발생하는 높은 빈도의 비교적 적은 호우에 대해서는 완전 저류시킴으로써 유출을 완전 차단하여 월류를 허용하지 않고 큰 호우 시 비상 여수로를 통하여 홍수류가 월류하게 하는 개념

▷ 하류로의 토사유출을 대부분 억제할 수 있어 환경 보전이 중요한 경우 소규모 배수 유역의 침사지에 적합

㉡ 흐름저류 방식

▷ 몇 년에 한 번 발생하는 낮은 빈도의 호우 시 토사유출 억제가 주목적

▷ 침사지 내에서 천천히 흐르는 상태에서 대부분의 유사가 침전

★
침사지
간이, 임시, 영구침사지로 구분

★
침사지의 저류방식
완전저류 방식, 흐름저류 방식으로 구분

되는 개념
▷ 일반적인 침사지 설계에 적용

(8) 방파제

① 만구부 등에 건설되며, 제내로의 해일 유입량을 감소시키기도 하고, 만의 공진 특성을 변화시켜 제내의 해일 수위를 감소시키는 것이 목적
② 일반적으로 해일 방파제 단독이 아니라 제내 해안의 방조제 및 방조 수문과 조합하여 정비 수준을 만족하도록 계획
③ 일반적으로 해일 방파제가 건설되는 만은 V자형의 만 형상을 가지기 때문에 해일의 집중에 의한 수위 상승이 현저하고, 만내를 방호해야 할 해안 연장이 특징
④ 방파제 건설 후에는 만내·항내가 정온으로 되어 양식 등의 해역 이용도가 높아지는 반면, 해수 교환율이 저하하기 때문에 만내 해수 오염의 문제 발생

(9) 방풍설비

① 태풍 피해가 많은 지역이나 광활한 모래 지대에 공해 방지와 쾌적한 환경 조성을 위하여 설치
② 대상지역의 지형, 계절별 풍향 및 풍속, 대기 오염원의 분포 상황 등을 충분히 조사하고 인근의 토지이용현황 고려 필요
③ 대규모 구역을 대상으로 하는 방풍 설비는 방풍림 시설로 함
④ 해안에 접한 지역에 설치하는 방풍 설비는 방풍림 시설 또는 방풍망 시설로 하되, 낮과 밤의 풍향이 바뀌는 해륙풍의 발달 상황을 충분히 고려함
⑤ 소규모 구역 또는 독립된 단위 시설을 대상으로 설치하는 방풍 설비는 방풍 담장시설 설치
⑥ 방풍 설비의 구조 및 설치 기준
  ㉠ 방풍림 시설을 위한 수종은 뿌리가 깊고 줄기와 가지가 건장하며 잎이 많은 상록수를 선정하여 방풍 목적과 함께 쾌적한 환경 조성에 기여
  ㉡ 방풍 및 방조를 목적으로 하는 때에는 방풍림·염화 비닐 망 등을 주된 풍향과 직각으로 설치할 것
  ㉢ 해수가 직접 닿는 곳에는 수림대의 설치를 피하고 울타리를 설치할 것
  ㉣ 해안에 접하는 지역의 수림대에는 키가 낮은 나무를 심고, 내륙 쪽으로 갈수록 차츰 높은 나무를 심을 것

★
방파제
해일 유입량 및 수위 감소, 방조제 및 방조 수문과 조합, 해역 이용도 증가, 해수 교환율 저하로 해수 오염 발생

★
방풍설비
공해 방지와 쾌적한 환경 조성, 인근 토지현황 고려, 대규모 구역은 방풍림 시설, 소규모 구역은 방풍담장 시설, 해안 연안은 방풍림 시설 또는 방풍망 시설

제2장

제4편
방재시설 시공관리

시공측량

본 장에서는 방재시설에 대한 측량 시 필요한 기본적인 용어 정리, 시공측량을 위한 기본적 사항과 측량 성과 작성에 대하여 작성하였다.

1절 기준점 확인

1. 측량 용어

(1) 벤치마크

① 측량의 기준이 되는 수준점을 벤치마크라고 함

② 우리나라 수준 원점에서 주요 도로를 따라 1등급은 2km, 2등급은 4km마다 설치

③ 수준 원점에서 공사현장 부근에 옮겨 놓은 것을 벤치마크라 하며, 시공되는 구조물의 높이를 측정하는 기준이 됨

(2) 도근점

① 수평 위치 결정의 기준이 되는 점

② 현장 주변의 삼각점을 기준으로 구내에 이전 설치하여 구조물의 위치를 선정·확인하는 기준점

(3) 성과표

① 측량하여 얻은 결과를 근거로 계산 또는 도면화하여 시공 구조물의 좌표 또는 높이를 표현하는 성과물

(4) 인조점

① 기준점 또는 측점 말뚝을 항시 복원할 수 있도록 설치하는 참조점

② 지형의 상태 또는 측점 말뚝의 중요도에 따라 4점 또는 2점을 설치하며 X형, V형 및 L형을 사용

★
측량의 수준점 = B.M(벤치마크)

★
측량 주요 용어
벤치마크, 도근점, 성과표, 인조점 등

★
도근점
수평 위치 결정의 기준

2. 기준점 확인 및 예비점 확보

(1) 지적측량 기준점과 경계점의 이상 유무 확인

(2) 시공상 별도의 기준점 필요시 자체적으로 기준점 설치

① 인접한 기준점과 결합하여 오차를 확인한 후 사용

② 불가능할 경우 기준점 추가 설치

(3) 확인측량 실시

① 경계점 표지는 공사 착공 시까지 완전하게 보전되지 못하고 훼손되거나 이동되는 경우가 많음

② 지적측량 기준점 또는 경계점 좌표에 이상이 발견될 경우는 확인측량 실시

③ 경계점 확인은 경계점에 인접한 기준점을 사용하여 확인측량 실시

3. 측량성과 확인 및 기준점 측량

(1) 현황 측량성과 검토

① 부지현황 측량성과도와 설계도면의 대지현황도의 일치 여부 확인

② 기존 시설물 표시 확인

㉠ 방위 및 축척 표시 확인

㉡ 지적 도근점 표시 확인

㉢ 지적 도근점 표시 및 좌표 확인

㉣ 기준점(TBM) 확인

㉤ 지상물 및 지하시설물 표시 확인

③ 현황 측량성과도와 지적도 일치 여부 확인

㉠ 대지 경계선 및 도로 경계선

(2) 기준점 확인 및 인조점(인접점) 기록

① 측량 기준점 확인

② 측량 기준 표고 확인

③ 토지의 경계 확인

④ 선점 후 표시하고 인조점을 측량한 결과를 성과표로 정리

★
기준점 확인
측량 기준점, 측량 기준 표고, 토지 경계 확인

4. 시공측량

(1) 실시설계 시공 좌표와 예정 지적 좌표의 일치 여부 확인

① 인접 토지 경계를 침범하는 사례 방지 목적

② 특히, 사업지구 경계 부위는 개인 사유지를 침범할 수 있으므로 반드시 예정 지적 좌표 확인

③ 서로 상이할 경우에는 설계 변경 등의 조치를 한 후 공사를 시행

▷ 대부분 지적 좌표와 측지 좌표는 측량 방법, 기준점의 차이 등으로 그 성과가 상이한 경우가 많음

(2) 시설물 설치 단계별 확인측량 실시

① 옹벽 구조물 등을 경계로 소유권이 구분될 경우에는 설계 도서를 참고하여 정밀시공에 유의

② 준공 후 구조물의 소유권 처리가 불분명한 경우에는 관련 기관과 협의 후 시공

(3) 사유지와 인접해 있는 사업지구 경계 확인측량

① 예정 지적 좌표와 도해 측량에 의해 측량성과 일치성 확인

② 측량성과가 상이할 경우 경계 분쟁이 발생할 수 있으므로 신속하게 관련 기관과 협의 후 시공

(4) 지형 측량도에 예시된 수준점 확인측량

① 가설 수준점(TBM)과 수준점(BM)에서 측량된 지반고가 다른지 확인

★ 가설 수준점(TBM), 수준점(BM)

② 인근 현장에서 공사가 진행되는 경우와 외부 공사를 하는 경우에는 오차 확인 후 공사 시행

(5) 타 공사와의 측량성과 확인

① 인근의 타 기관 시행 공사가 동시에 진행되어 하천, 도로, 관로 접속이 있을 경우에는 측량성과 확인 및 확인측량 실시

② 측량성과 확인방법은 각 공사별 사용 수준점 및 도근점 접합 및 오차 확인

③ 오차가 심하여 공사 시공 상에 문제가 예상될 경우에는 국토지리정보원의 수준 성과를 교부받아 수준점(1·2등)에서 현장 TBM을 접합하여 오차를 확인

2절 측량성과표 작성

★
측량기기 검증
최초 사용하기 전 매년마다 검증, 외력에 의한 결함과 비정상 측량 결과 시 추가 검증 실시

1. 측량기기의 검증 및 설치

(1) 측량기를 최초로 사용하기 전에 주기적(매 1년마다)으로 측량기 검증

① 추가적인 검증작업 실시

㉠ 외력에 의한 결함이 발생한 경우

㉡ 측량 계산 결과 비정상적으로 판명된 경우

(2) 측량기구 검증기관

① 국공립 시험기관이나 국토교통부장관이 지정하는 품질시험 실시 대행자

② 「기술용역육성법」 제3조의 규정에 의한 용역업자에게 위임 실시하거나 품질관리팀장의 입회하에 검증을 실시하고, 필요시 그 검정기록서를 발주처에 제출하여 승인을 얻어야 함

(3) 측량기기의 설치방법

① 삼각대는 땅속에 견고하게 넣어 움직이지 않도록 함

② 지반이 연약한 곳에 기기를 설치할 경우에는 측량 도중에 기기의 침하가 일어나지 않도록 나무 말뚝을 박거나 기타 조치를 한 후에 설치

③ 가능하면 삼각대는 정삼각형이 되도록 설치

④ 삼각대는 기기의 축이 수직으로 되고, 측량자의 앞쪽에 삼각대의 다리가 놓이지 않도록 설치

⑤ 경사면에 기기를 세울 때는 2개의 다리가 경사면의 낮은 쪽에 같이 위치하고 다른 하나는 경사면의 높은 쪽에 위치

2. 성과표 작성 및 측량작업

(1) 측량성과표는 측량담당자가 작성하고 시공 감독원이 확인

① 필요시 측량성과표에는 측량 과정 또는 측량 야장 사본을 첨부

② 측량성과표는 측량담당자가 보관·관리하며, 감독원에게 사본을 제출

(2) 시공측량작업 시 유의사항

① 측량에 사용되는 기구에 대한 검정필 여부를 확인한 후 사전 점검하여 측량 실시

② 거푸집 측량 시 콘크리트 타설 마감선을 공사 감독원에게 보고

③ 콘크리트를 타설하거나 흙을 매립한 후에 검사가 불가능한 장소는 미

리 검측을 실시하고, 공사 시점 및 세부 치수, 촬영 일자 등의 제반 사항을 적은 내역판을 함께 촬영하여 보존

④ 굴착 중에 암반이 나올 때는 감독원 입회하에 검측을 하여 추정 암반선과 비교 작성

⑤ 일일 측량 결과를 작성한 성과표를 빠짐없이 보관하여야 하며 야장은 누가 보아도 알 수 있는 양식으로 기입

⑥ 신설한 BM의 위치와 치수 및 기존 BM의 2차 보정 치수 등의 변경사항을 기록·유지하고, 관련 작업 담당자에게 주지

⑦ 측량담당자는 필요시 측량성과표 등 관련 자료를 검토 자료로 활용할 수 있도록 공정 완료 시까지 보존하고 감독원의 자료 제출 요구가 있을 때에는 제출

제3장 지장물 조사

제4편
방재시설 시공관리

본 장에서는 지장물 조사와 지장물 철거·이설 계획에 대하여 지장물의 정의, 종류, 지장물 처리절차 및 이설계획 수립절차에 대하여 기술하였다.

1절 지장물 조사

1. 지장물의 정의 및 지장물 종류

(1) 지장물의 정의

① 공공사업시행지구 안의 토지에 정착한 건물, 공작물, 시설, 입죽목, 농작물, 기타 물건 중에서 당해 공공사업의 수행을 위하여 직접 필요로 하지 않는 물건

② 지장물은 이전비를 지급하거나 이전시키는 것이 원칙

③ 점용허가를 얻은 지장물 중 허가 시 원인자 부담 이전 조건인 물건은 당해 공공사업에 지장이 없도록 지장물 이전을 사전 요청

(2) 지장물의 종류

① 이설 및 대체 가능한 지장물

㉠ 전기 선로 및 전주
㉡ 통신 선로
㉢ 가스관로
㉣ 송유관로
㉤ 상·하수관로
㉥ 철도
㉦ 분묘
㉧ 기타

② 철거하는 지장물

㉠ 가옥 및 구조물
㉡ 지하 매설물

Keyword

★
지장물 종류로 이설 및 대체 가능한 지장물과 철거 가능한 지장물로 구분하고 위치에 따라 지상지장물과 지하지장물로 구분

㉢ 입목, 농작물

㉣ 기타

2. 지장물 조사

(1) 지하지장물

① 지하지장물은 육안으로 조사가 불가능하므로 관련 기관의 전산 및 도상 자료를 최대한 이용하여 누락되지 않게 파악하는 것이 중요

② 과거에 매설된 지장물은 매설정보가 정확하지 않을 수 있으므로 시공 시 주의가 필요함

③ **지장물 종류**

㉠ 상수도 및 하수도

㉡ 가스관

㉢ 전선관

㉣ 송유관

㉤ 통신케이블

㉥ 공동구

㉦ 지하도

㉧ 지하철

㉨ 맨홀

㉩ 기타

④ **지장물 특성 파악**

㉠ 위치

㉡ 깊이

㉢ 수량

㉣ 구조

㉤ 치수 및 형상

㉥ 시공 시기

㉦ 매설현황

(2) 지상지장물

① 지상지장물은 현황 측량 도면을 참조하여 공사 구역 내 육안으로 조사하는 것이 원칙

② 보상비 책정 시 활용하기 위하여 가옥 내에 설치된 지장물도 세부적인 조사 실시

★

지장물 조사
지상지장물, 지하지장물과 지장물 저촉 여부 확인 필요

★

지장물 특성 파악
위치, 깊이, 수량, 구조, 치수 및 형상, 시공 시기, 매설현황 등

③ **지장물 종류**

㉠ 가옥, 창고, 축사, 비닐하우스 등의 건축물
㉡ 양수장, 배수장, 도로, 철도 등의 공공시설물
㉢ 전신주
㉣ 통신주
㉤ 우물
㉥ 묘지
㉦ 농작물
㉧ 수목

(3) 지장물 저촉 여부 확인 절차

① **공사계획 평면도에 표기된 지하 및 지상시설물들이 간섭되는지 점검**

㉠ 지하 설비 시설물의 종류와 매설 위치 확인
㉡ 대지현황 측량자료들과 비교하여 간섭 여부 확인

② **지층 단면도 상의 지하 매설 시설물의 간섭 여부 확인**

단면도에 지하 매설 시설물의 수평 거리와 깊이를 표시하여 지장이 있거나 간섭받는지 확인

③ **보고서 작성**

㉠ 관계기관의 양식을 참조하여 지장물 조사 보고서 작성
㉡ 주요 내용: 현장명, 현장 위치, 주변 물건 현황, 민원 발생 요인, 조사자, 조사 일자, 기타

2절 지장물 철거 및 이설 계획

1. 지장물 처리절차

(1) 설계서에 명시된 경우

① 발주자가 관계기관 등과 협의하여 이설 또는 대체를 원칙으로 함
② 시공자는 지장물의 이설 또는 대체에 소요되는 시간을 감안하여 위치, 이설 또는 대체할 규모, 시기, 공사 방법 등의 계획을 수립하여 감독원에게 제출

★
지장물 처리절차
설계서에 명시된 경우와 명시되지 않은 경우에 따라 지장물 처리에 대한 주관자 및 처리절차가 다르고, 지장물 처리절차 후에는 반드시 행정적 종결 처리를 수행해야 함

(2) 설계서에 명시되지 않은 경우

① 시공자가 관계기관 등과 협의하여 이설 및 대체

② 시공자는 지장물에 대하여 관계기관 등과 협의하기 전에 이설 또는 대체에 소요되는 시간을 감안하여 위치, 이설 또는 대체할 규모, 시기, 공사 방법 등의 계획을 수립하여 감독원에게 제출

(3) 종결 처리

이설 및 대체 설치 작업은 해당 지장물의 관할기관 또는 소유자로부터 재설치된 목적물이 적정하게 설치·반환되었다는 증명서를 발급받아 감독원에게 제출

2. 이설 및 철거 관련 대관 업무

지장물 이설 및 철거를 위해서는 관리기관 협의 후 행정절차에 따라 인·허가 등을 얻은 후 실시해야 함

3. 철거 및 이설계획 수립절차

(1) 지장물 철거 및 이설계획 수립

① 이설 위치 검토

㉠ 굴착 장비의 위치, 창고 및 작업장, 공사용 가설 도로 등 공사 진행에 지장이 없는 위치를 선별

㉡ 대지 조성 공사에 지장이 없고, 공사 간 재이설이 없이 존치 가능한 장소

② 지장물 관리 관계기관에 이전 신고 및 협의

③ 장비 및 인력 투입계획 수립

(2) 철거 시설물 시공계획 수립

① 입지 조건 조사

㉠ 인접 건물의 위치, 높이, 구조, 마무리 후의 상태

㉡ 진동, 소음, 분진에 의한 작업시간의 제한

㉢ 해체·반출 작업 시간의 제한

㉣ 전력, 수도 등의 기존 인입관 유무

㉤ 수목 등의 지상시설물 확인

㉥ 진동 등에 의한 영향을 미칠 염려가 있는 이설물 확인

★
지장물 이설계획에 대해서는 발주자, 시공자, 관리 주체의 책임 한계를 명확히 해야 함

★
철거 시설물 시공계획
입지 조건 조사, 주변 규제 사항, 공해 예측 요인, 해체 구조물 규모, 해체 공법, 철거·해체 시공계획서

ⓢ 시간·시기적인 교통량 조사

② 주변 규제사항 확인

㉠ 공해 방지 조례의 기준치

㉡ 일반 통행, 대형 차량 규제 등의 조사

③ 공해 예측 요인 검토

㉠ 소음, 진동, 비산 먼지 등의 조사

㉡ 인접 주민의 민원에 대한 검토

④ 해체 구조물의 규모, 해체 및 반출 시기 검토

㉠ 구조물의 종류, 규모, 사용 연수

㉡ 파쇄물의 형태, 반출 방법

㉢ 시공성, 안전 대책, 기기 비용, 손료

⑤ 해체 공법 결정

⑥ 철거 및 해체 공사의 시공계획서 작성

㉠ 해체 순서

㉡ 교통 규제, 폐기물 처리 운송 계획(발생 시)

㉢ 공사관리체계

★
철거 및 해체의 시공계획
해체 순서, 교통 규제, 폐기물 처리계획, 공사관리체계

제4장

시공관리

제4편
방재시설 시공관리

본 장에서는 시공계획을 위한 사전조사, 공정관리 및 품질·원가·안전관리에 대하여 시공관리에 필요한 조사, 시공방침, 조달계획 및 현장 운영에 대하여 수록하였고, 원활한 공정·품질관리 등을 위한 흐름도와 절차 사항을 포함하였다.

1절 시공계획을 위한 사전조사

1. 시공계획 수립

(1) 시공계획서 포함사항

① 공사 개요
② 작업 물량 처리계획
③ 자재, 장비 및 인원 투입 계획
④ 공사 공정표
⑤ 시공 조직
⑥ 안전관리계획서
⑦ 검사 및 시험 계획서

(2) 시공계획의 절차

① 시공 사전조사
② 시공 기본계획은 사전조사 결과를 기초로 기본적인 시공방침을 수립
㉠ 공사 여건, 공사 순서, 기술정보, 시공방법 등의 중점 검토 및 선택
㉡ 작업량 검토, 공기 판단, 공사비의 개략적 산정
㉢ 주요 기계의 선정 및 배분계획 수립
㉣ 가설계획 등 검토
③ 각종 조달계획: 상세한 시공계획과 가설비 계획 등을 수립
㉠ 하도급 이용계획, 노무계획
㉡ 자재 구입·보관계획
㉢ 기계 및 자원 조달, 사용계획, 기자재, 인원 수송계획 등

★
시공계획 절차
시공 사전조사, 시공방침 수립, 각종 조달계획 수립, 현장 운영(관리) 계획을 수립

④ 현장 운영(관리)계획

㉠ 현장관리조직 및 운영절차계획 수립

㉡ 통제 및 개선 업무계획

㉢ 조달관리계획, 정보관리계획

㉣ 실행 예산서 및 수지계획

㉤ 안전관리계획

㉥ 품질관리계획

2. 사전조사 내용

현장 여건에 부합하는 시공계획 수립을 위해서는 계약사항 및 현장 여건 검토가 필요함

(1) 공사의 계약 범위, 공사 한계

① 계약조건 검토

㉠ 공사 용지 취득 여부

㉡ 가설, 시공방법 등에 특정 지정이 있는지의 여부

㉢ 감독원의 지시, 승낙, 입회 등의 방법

㉣ 공사 재료의 품질, 검사방법

㉤ 지급 재료, 또는 대여 물품이 있는지의 여부

㉥ 도면과 현장의 부적합 사항

㉦ 공사의 설계 변경에 대한 처리

㉧ 임금 또는 물가 변동에 따른 도급 대금의 변경 유무

㉨ 제3자에게 끼치는 손해에 대한 대책

㉩ 천재, 기타 불가항력에 따른 피해에 대한 대처방법

㉪ 시공관리기준, 검사 및 인도

㉫ 하자 담보사항

② 현장조건 검토

㉠ 지형, 지질, 토질(지하수 상황 포함)

㉡ 시공에 관계있는 수문·기상 조사

㉢ 시공법·시공장비의 현장과의 적합성

㉣ 동력, 공사 용수의 준비

㉤ 자재 공급원의 가격 및 운반로

㉥ 인력 공급, 노무 환경, 임금 수준

㉦ 공사로 인한 제3자의 피해 가능성

★
사전조사 내용
계약사항, 현장 여건 검토

★
현장조건 검토
지형, 지질, 수문·기상 조사, 시공법, 동력, 인력 공급, 공사 용수 준비, 공사로 인한 피해 가능성, 용지 확보 상황, 기타 부대 공사 등

ⓞ 용지 확보 상황

ⓩ 기타 부대공사, 별도 관련 공사, 인접 공사 등의 조사

2절 공정관리

1. 공정관리

(1) 공정관리 내용

① 계획 단계

㉠ 공정계획

▷ 공사의 각 공정의 시공 순서

▷ 공사의 각 공정의 시공기간

▷ 전체 공사기간을 통하여 자원 균등화

▷ 네트워크 공정표 작성(PERT/CPM)

- 작업 순서, 필요 일수, 진행 정도 및 공기에 영향을 미치는 작업 파악

㉡ 조달계획

▷ 노무, 자재, 기계, 자금의 수량 및 조달 일정

▷ 공종별 소요장비와 투입 시기 및 기간계획 작성

▷ 주요 자재에 대한 반입계획 작성

② 실시 단계

㉠ 공정계획에 따라 일상의 작업 지시 및 감독

㉡ 조달계획에 따라 자재·노력·기계 동원

㉢ 공종별로 실적 자료를 기록·정리하여 계획과 실적을 비교분석

㉣ 공정 촉진, 작업 개선, 계획 경신 등 시정 조치

(2) 공정표의 검토

① 필요한 작업자의 수

공사의 종류와 품셈에 의해 1일 평균 작업자 수 산출

② 공사용 재료

정해진 규격과 품질의 재료를 예정 가격 내에 입수할 수 있는지 여부

③ 설비와 기계

합리적·경제적 사용 및 관리

Keyword

★
PERT/CPM
불확실한 프로젝트의 일정, 비용 등을 합리적으로 계획하고 관리하는 기법으로 프로젝트 활동의 스케줄을 작성하기 위한 방법

★
PERT
목표를 달성하기 위한 작업시간을 추정하기 위한 분석 기법

★
CPM
프로젝트의 완성기간을 앞당기기 위하여 최소기간을 결정하는 데 사용되는 네트워크 분석 기법

★
공정관리 흐름도
네트워크 작성 → 작업 소요시간 산정 → 자원배분 평준화 → 네트워크 계산 및 분석 → 공정표 작성

(3) 공정관리 절차

① 공사 지시

② 작업량 관리

③ 진도 관리

④ 방법 관리

⑤ 실적 자료 관리

3절 품질, 원가, 안전관리

1. 품질관리

(1) 품질관리의 절차

① 품질관리계획 수립

㉠ 품질 특성의 선정

㉡ 관리도의 선정

㉢ 업무 순서 결정 등

② 예비 데이터 검토

㉠ 규격과 재대조

㉡ 관리상의 재계산

㉢ 공정 안정상태 조사 등

③ 품질관리 실시

㉠ 작업표준 결정

㉡ 공정의 관리·처치

(2) 품질관리 방법

품질관리는 시설물의 품질 유지, 향상, 보증을 하는 데 목적이 있음

품질관리 방법

구분	목적	기능	방법
품질관리	품질 유지	평상시의 관리	관리 도법
	품질 향상	작업 개선	공장 실험법
	품질 보증	공사의 검사	검사

Keyword

★
품질관리 절차
품질관리계획 수립 → 예비 데이터 검토 → 품질관리 실시

★
품질관리 목적
품질 유지, 품질 향상, 품질 보증

(3) 품질관리계획서에 포함할 사항

① 중점 품질관리 대상의 결정

② 작업에 이용되는 장비에 대한 기준 및 승인

③ 작업자의 자격 기준 및 자격 인정

④ 특정 방법, 절차의 사용 및 모니터링 등

★
품질관리계획서 포함사항
품질관리 대상, 장비에 대한 기준 및 승인, 작업자 자격기준 및 자격인정, 특정 방법, 절차의 사용 및 모니터링 등

2. 원가관리

(1) 원가관리 절차

① 공사 원가의 연속적 관리

계약 → 실행예산 → 조달계획 → 공정관리 → 실적 정산 → 잔여 공사 견적 → 설계 변경 후 정산

② 원가 계산

③ 공사의 각종 비용

㉠ 직접비: 직접 공사 임금, 직접 재료비, 기계 기구 손료 등

㉡ 간접비: 간접 공사 대금, 간접 재료비 등

㉢ 부대비: 공사에 부대되는 경비, 관리비 등

★
공사비용
직접비, 간접비, 부대비
- 직접비: 직접 공사임금, 직접 재료비, 기계 손료 등
- 부대비: 공사의 부대비용, 관리비 등

④ 원가관리 방법

㉠ 계획 단계

▷ 원가 계획: 실행예산서 작성

▷ 원가 회계 체계의 정립

㉡ 실시 단계

▷ 자재비, 노무비, 장비비, 외주비, 경비 등 비용의 기록·정리 및 분석

▷ 원가 절감 조치

3. 안전관리

(1) 공사 시공 중의 안전관리

① 안전관리조직: 조직 정비, 책임 분담, 권한 명시

② 유해·위험방지계획 수립

③ 안전지침과 안전작업의 표준 수립

④ 안전교육 실시

(2) 안전 서비스 관리

① 화재 및 보안
② 관민과 협력, 관공서에 대한 수속 관계 등
③ 배수시설, 교통 기능 유지
④ 지상·지하 매설물에 대한 보수
⑤ 환경 공해 방지대책 등

(3) 안전관리계획서에 포함할 사항

① 건설공사의 개요 및 안전관리조직
② 공정별 안전점검계획
③ 공사장 주변의 안전관리대책
④ 통행 안전시설의 설치 및 교통 소통에 관한 계획
⑤ 안전관리비 집행계획
⑥ 안전교육 및 비상시 긴급조치계획
⑦ 공종별 안전관리계획
  ㉠ 대상 시설물별 건설 공법 및 시공 절차 포함
  ㉡ 세부 안전관리계획 포함
    ▷ 자재·장비 등의 개요, 시공 상세도면
    ▷ 안전 시공 절차 및 주의사항
    ▷ 안전점검계획표 및 안전점검표
    ▷ 안전성 계산서

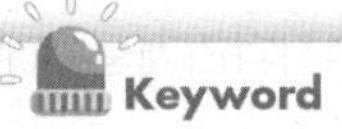

★
안전계획서 포함사항
건설공사 개요 및 안전관리조직, 안전점검계획, 안전관리대책, 통행 및 교통에 관한 계획, 안전관리비계획, 안전교육 등

★
공종별 안전관리계획
건설공법 및 시공절차, 자재·장비 개요, 상세도면, 안전 시공절차 및 주의사항, 안전 점검 계획표, 안전성 계산서 등

제5장

유지관리 매뉴얼 작성

제4편
방재시설 시공관리

본 장에서는 재해예방을 위한 방재시설이 완료되면 그 기능이 지속 가능할 수 있도록 방재시설의 유지관리와 보수·보강에 대한 고려사항 및 기준 작성 사항을 포함하여 수험생들의 이해를 도왔다.

1절 유지관리 기준 작성

▷ 재해를 예방하기 위한 방재시설을 준공하게 되면 본연의 방재기능에 기여해야 함

▷ 방재시설의 특성은 시설물의 구조적 안전성과 기능성의 2가지 요건을 충족해야 함

★
방재시설 특성
구조적 안전성과 기능성 요건 충족

▷ 방재시설의 충족 요건은 방재시설의 시공과 유지관리를 통하여 확보되기 때문에 시공과 유지관리는 연계성이 확보되어야 함

1. 방재시설의 유지 관리 기준

▷ 방재시설의 유지 관리 기준은 설계 및 시공과 유지관리 과정을 연계하는 대책이 필요

▷ 따라서, 준공 이후 방재시설의 유지 관리는 설계와 시공 과정에서 제시하는 유지관리 내용을 포함하여 관리하는 대책을 강구해야 함

(1) 설계 및 시공과 유지 관리의 연계성 확보 이유

① 방재시설은 본연의 기능이 재해를 방지하는 것이기 때문에 불가항력적인 특별한 자연환경에 노출되어 있음

② 방재시설은 기능성과 구조적 안전성이 동시에 요구됨

③ 방재시설 설치를 위한 설계와 시공 과정에 내재된 취약성은 유지관리 과정으로 이어짐

2. 유지관리계획 수립기준을 제시할 때 고려사항

(1) 환경적 요인

① 지하수 수압 상승
② 건조 수축
③ 이산화탄소 등 대기오염 증가
④ 세굴, 침식, 월류, 침수 등 외력의 발생
⑤ 기초 지반의 침하·슬라이딩, 액상화 등 취약성
⑥ 유역의 개발 행위로 홍수 유출량 증가
⑦ 상류 또는 인근지역의 취약 방재시설(노후 저수지, 노후 배수펌프장, 붕괴 위험, 노후 제방 등)에서 발생할 수 있는 위험 요인 등

(2) 설계·시공적 요인

① 품질관리 과정에서의 특기사항
② 골재의 염분 등 재료, 자재 강도상의 특기사항
③ 거푸집 및 동바리 조기 해체
④ 단면, 두께 부족 설계 및 시공
⑤ 접합 불량
⑥ 재료의 분리
⑦ 재해취약성, 입지환경과 공법의 불부합
⑧ 기타 경제성, 안정성, 용이성 등의 해석 및 판단 오류 등

(3) 관리적 요인

① 하중의 증가
② 누수, 누유
③ 마모, 부식, 단선
④ 퇴적, 변형, 배수 불량
⑤ 조작 과정에서의 과실
⑥ 부속시설, 부속품, 동력 등 방재시설 구성체의 내구성이 다른 데에 따른 방재시설의 기능 장애
⑦ 경보시설, 관측시설, 안전표시 등의 작동 상태
⑧ 화재 취약
⑨ 고장, 파손 등 비상상황 발생 등

★
유지관리계획 시 고려사항
환경적 요인, 설계·시공적 요인, 관리적 요인

★
환경적 요인
지하수 수압 상승, 건조수축, 대기오염, 세굴, 침식 등 외력, 홍수 유출량 증가 등

★
설계·시공적 요인
품질 과정 특기사항, 거푸집 및 동바리 조기 해체, 단면, 두께 부족 설계·시공, 접합 불량, 재해취약성 등

★
관리적 요인
하중 증가, 누수, 마모, 부식, 퇴적, 변형, 방재시설 기능장애, 화재 취약, 고장, 파손 등 비상상황 발생 등

3. 방재시설의 유지 관리 기준 제시

(1) 유지관리 기준 자료

① 방재시설의 유지 관리 기준은 시공된 공법과 준공 당시의 구조적 안정성 및 기능

▷ 시공 당시의 시방서, 준공도서, 품질관리계획, 공정계획, 안전관리계획 등이 기초가 됨

② 장래 결함의 원인으로 나타날 수 있는 사례를 참고하여 유지 관리에 유의하거나 고려할 사항을 발굴

③ 그 밖에 시공 중에 발생한 설계변경 내용, 준공 검사 당시의 지적사항 및 조치 결과 등의 시공 자료도 유지 관리 기준에 활용할 수 있음

(2) 유지관리 기준의 활용

① 방재시설물 시공자는 시공을 통하여 검토하고 확인된 취약성을 토대로 유지관리계획에 반영할 자료들을 유지관리기관에 제시

② 유지관리 기준은 해당 방재시설의 환경적·기술적 특수성 등에 기초하여 구체성을 가지므로 현장에서 신속하게 유지관리에 이용 가능

2절 보수·보강 기준 작성

1. 시설물의 보수·보강

시설물의 유지 관리는 일반적으로 공사를 완료한 후에 실시하는 과정이다. 그러나 유지 관리 대상인 시설물에 나타나는 결함은 설계 및 시공 과정에 내재한 취약성에 의해 발생하는 경우도 있으므로 시공 설계도서와 유지·보수 및 보강공사 설계도서는 불가분의 관련이 있음

★
보수·보강은 전문가 검토 후 방재 취약 시설에 대하여 정밀안전진단

2. 보수·보강을 위한 점검

(1) 전문가에 의한 검토

① 시설물관리자는 시설물의 결함이 발견된 지역에 대하여 조사계획 수립 후 전문가에게 안전 검토 의뢰 및 실시

② 시설물이 단순한 균열 및 파손에 의한 것뿐만 아니라 현장 여건상 유지·보수 후에도 이상이 발생할 수 있기 때문에 손상 정도가 매우 심각한 경우가 아니라면 우선 전문가의 안전 검토를 실시

③ 전문가 안전점검 후 필요시 정밀안전진단 시행

④ 시설물관리자는 전문가의 조사보고서에 의해 이상 및 결함 발견지역 평가 및 판정을 하고 보수 필요지역을 결정

(2) 정밀안전진단

① 시설물관리자는 소관 시설물의 손상이 일상 조치로 해결할 수 없을 정도로 극심할 우려가 있다고 판단될 경우 안전점검 및 정밀안전진단을 실시

② 결과에 따라 보수·보강 또는 재설치 등의 대책 수립

③ 시설물이 「시설물의 안전 및 유지관리에 관한 특별법」에 해당하는 경우 규정에 따라 정밀점검을 실시

④ 「시설물의 안전 및 유지관리에 관한 특별법」에서 규정하지 않은 시설물도 전문가가 정밀안전점검이 필요하다고 판단한 경우에는 안전점검 및 정밀안전진단 실시

(3) 방재시설 취약 분야 점검 대상 항목

분야별 취약 분야

구분	목적	취약 분야
토목	호안, 사석 및 석축	침하, 유실, 탈석, 망실
	보 및 낙차공	침하, 유실, 퇴적, 붕괴, 균열, 파괴
	토공	식생, 침하, 균열, 누수, 세굴, 붕괴
	콘크리트	변형, 퇴적, 균열, 침식, 백태, 누수, 침하
	관류	변형, 퇴적, 균열, 침식, 누수, 부등 침하
기계, 전기	문비	누수, 부식, 도장, 탈락, 단선, 작동
	기계, 전기	작동, 도장, 안전시설, 전원, 단선, 마모, 파손, 망실
기타		보안 관리, 계측, 관측시설 상태 등

3. 보수·보강에 필요한 시공 자료의 제공

(1) 보수·보강 대상

① 재료적 측면

㉠ 콘크리트 중성화

㉡ 알칼리 골재 반응

㉢ 콘크리트 염화물

★
정밀안전점검 실시
「시설물의 안전 및 유지관리에 관한 특별법」에 해당하는 경우

★
분야별 취약 분야
- 토목: 호안, 사석, 보·낙차공, 토공, 콘크리트, 관류
- 기계·전기: 문비, 기계, 전기

★
보수·보강 대상
재료적 측면, 시공적 측면, 구조적 측면 고려

★
재료적 측면
콘크리트 중성화, 알칼리 골재 반응, 콘크리트 염화물, 철근 및 강재 부식, 화학적 침식 등

㉣ 철근 및 강재 부식

㉤ 화학적 침식

㉥ 황산염 침식

㉦ 부식성 가스에 의한 침식

㉧ 하상세굴로 인한 구조물 파괴(호안 및 밑다짐 포락, 제방 사면 포락, 보 및 낙차공 하류부 보호공 파괴 및 이탈 등)

② **시공적 측면**

㉠ 시간 경과 콘크리트 타설

㉡ 건조 수축

㉢ 동해 융결

㉣ 다짐 불량

㉤ 양생 불량

㉥ 철근 배근 및 피복 부적절

③ **구조적 측면**

㉠ 하중 증가

㉡ 구조 계산 등 설계 결함

㉢ 용도 변경 및 외부 충격 등

(2) 보수·보강에 활용할 설계 및 시공 관련 자료

① 조사 및 설계 관련 자료 일체

② 시공 및 감독·감리 관련 자료 일체

③ 품질관리 시험·관측·계측 자료 일체

★
시공적 측면
시간 경과 콘크리트 타설, 건조수축, 동해 융결, 다짐 불량, 양생 불량, 철근 배근 및 피복 부적절 등

★
구조적 측면
하중 증가, 설계 결함, 용도 변경 및 외부 충격 등

적중예상문제

제1장 실시설계도서 검토

1 다음 설명 중 ( ) 안에 적합한 것을 순서대로 나열한 것은?

> (㉠)는 시설물의 안전 및 공사 시행의 적정성과 품질 확보 등을 위하여 시설물별로 정한 표준적인 시공 기준으로 (㉡)가 공사시방서를 작성하는 경우에 활용하기 위한 기준이다.

① ㉠ 공사시방서 ㉡ 설계자
② ㉠ 공사시방서 ㉡ 시공자
③ ㉠ 표준시방서 ㉡ 설계자
④ ㉠ 표준시방서 ㉡ 시공자

2 방재시설 시공관리를 위한 실시설계도서 검토 항목이 아닌 것은?

① 시방서
② 설계도서
③ 각종 상위 계획
④ 내역서 및 수량산출서

3 다음의 설명에 해당하는 시방서는?

> 모든 공종을 대상으로 특정한 공사의 시공 또는 공사시방서를 작성하는 데 활용하기 위한 종합적인 시공 기준

① 표준시방서 ② 전문시방서
③ 설계시방서 ④ 전용시방서

4 공사시방서 중 다음의 설명에 해당하는 시방서는?

> • 특정 자재 또는 설비의 종류, 유형, 지수, 설치방법, 시험 및 검사 항목을 명시한 시방서
> • 시공자가 시방서에 따라 공사를 수행했을 경우에는 공사 목적물의 여하한 결과가 나타나더라도 책임이 없음

① 성능시방서 ② 개방시방서
③ 제한시방서 ④ 설계시방서

5 공사시방서 중 성능시방서의 특징이 아닌 것은?

① 특정 시공방법이나 자재 등을 명시하는 것이 아니라 공사 목적물의 결과나 성능을 명시하는 시방서이다.
② 시공방법이나 자재의 선정 책임은 발주처에 있다.
③ 시공자의 능력을 최대한으로 활용할 수 있으므로 발주처가 선호하는 시방서이다.
④ 전기·기계설비 공사 등에서 효과적인 시방서이다.

2. 각종 상위 계획은 각종 기본계획 및 실시설계 시 검토 항목임

5. 시공자의 창의성 및 능력을 발휘할 수 있도록 권장하는 시방서로서 자재의 선정은 시공자의 책임

정답 1. ③ 2. ③ 3. ② 4. ④ 5. ②

6 공사시방서에 대한 내용으로 옳은 것은?

① 건설공사의 설계서에 포함된 기준으로 표준시방서와 전문시방서를 기본으로 하여 작성한 시방서이다.
② 발주처 또는 공인기관이 시방사항을 제정하여 이를 적용한 시방서이다.
③ 모든 공종을 대상으로 특정한 공사의 시공 또는 공사시방서를 작성하는 데 활용하기 위한 종합적인 시공 기준이다.
④ 국토교통부장관, 해양수산부장관, 농림부장관, 환경부장관, 지방자치단체장 등이 작성한다.

7 다음의 설명에 해당하는 시방서는?

- 특정 자재 또는 설비의 제작이나 품명 등에 제한을 두지 않고 품질이나 규격만 명시한 시방서
- 제작자, 품목에 대한 선정권은 시공사에 있음

① 전용시방서 ② 제한시방서
③ 동등시방서 ④ 개방시방서

8 제한시방서에 대한 설명 중 틀린 것은?

① 특정 유형의 제품을 지정하는 시방서를 말한다.
② 공공 공사에서는 특별한 경우가 아닌 한 제한시방서를 사용하지 않는다.
③ 특정 제조자의 특정 모델을 명시하지 않으면 제한시방서가 아니다.
④ 특정 제조사 이외에는 참여 기회가 배제된다.

9 다음의 설명에 해당하는 시방서는?

- 전용시방서의 변형된 형태의 시방서
- 제품의 선정 권한은 시공자에게 있음
- 특정 제품의 대체수단을 허용하는 시방서

① 복수전용시방서
② 제한시방서
③ 동등시방서
④ 개방시방서

10 공사시방서 검토절차를 바르게 나열한 것은?

㉠ 공사 관련 일반사항
㉡ 공사시방서 유무 및 유형
㉢ 검토결과보고서 작성
㉣ 시공방법 및 자재, 품질 등에 관한 사항

① ㉠ → ㉡ → ㉣ → ㉢
② ㉡ → ㉣ → ㉠ → ㉢
③ ㉡ → ㉠ → ㉣ → ㉢
④ ㉡ → ㉣ → ㉠ → ㉢

11 시방서 검토절차 중 다음의 설명에 해당하는 단계는?

- 공사 관리 및 조정에 관한 사항
- 공무 행정 및 제출물에 관한 사항
- 자재·품질관리에 관한 사항
- 안전·보건 및 환경관리에 관한 사항

① 공사시방서의 유무 확인
② 시공방법 및 자재, 품질 등에 관한 사항
③ 공사와 관련된 일반사항
④ 검토결과보고서 작성

6. ②는 표준시방서, ③, ④는 전문시방서에 대한 내용임

8. 특정 제조자의 특정 제품만이 시방서의 요구를 충족시킬 수 있도록 목적물의 결과나 성능을 명시하면 제한시방서임

정답 6. ① 7. ④ 8. ③ 9. ③ 10. ③ 11. ③

12 설계도면 주요 검토 내용에 대한 설명 중 틀린 것은?

① 설계도면 및 시방서 또는 관계 규정과의 일치 여부를 확인하여야 한다.
② 현장 기술자 및 기능공이 명확하게 이해할 수 있는지 확인하여야 한다.
③ 제도의 품질 및 선명성을 확인하되 도면 작성 표준에 일치하는지 확인하여야 한다.
④ 도면에 표기하기 곤란한 내용, 시공 시 유의사항은 표기하지 않아도 된다.

13 내역서 작성방법에 대한 설명 중 옳은 것은?

① 총공사비가 100억 원 이상이면 표준품셈에 의한 방법을 적용하여 작성한다.
② 총공사비가 100억 원 이상이면 시장표준단가에 의한 방법을 적용하여 작성한다.
③ 총공사비가 100억 원 미만이면 시장표준단가에 의한 방법을 적용하여 작성한다.
④ 총공사비가 100억 원 이상이면 시장표준단가만을 적용하여 작성한다.

14 내역서 검토 중 원가계산에 대한 설명 중 틀린 것은?

① 원가계산 항목은 금액에 상관없이 동일하게 적용한다.
② 원가계산서는 재료비, 노무비, 경비를 기초로 산출한다.
③ 원가계산을 하기 위해서는 내역서 작성이 선행되어야 한다.
④ 조달청 시설공사의 경우 원가계산을 위한 항목별 금액은 조달청에서 고시하는 원가계산 제 비율 적용기준을 적용하여 산정한다.

15 내역서의 주요 검토사항에 대한 설명 중 틀린 것은?

① 내역서는 해당 공사를 시행하기 전 실시설계 단계에서 작성된 내역서의 적용 가능 여부를 검토해야 한다.
② 내역서는 해당 공사의 효율적 수행을 위해서 건설사업관리단의 주관이 되어 검토해야 한다.
③ 필요시 발주기관에 실정보고 후 설계변경을 통하여 해당 공사 진행에 차질이 없도록 해야 한다.
④ 단위 공종에 대한 규격, 수량, 단가 등을 검토하여야 한다.

16 수량산출서 검토에 대한 설명 중 틀린 것은?

① 설계기준에 부합한 수량 산출 여부를 확인한다.
② 해당 공사에 필요한 공종의 누락 여부를 확인한다.
③ 수량 할증 및 재료 단위중량에 대한 것을 확인한다.
④ 수량 할증은 발주처의 설계기준을 최우선으로 적용한다.

12. 시공 시 유의사항은 반드시 도면에 표기하고 시방서에 기술하여야 함
13. 총공사비 100억 원 이상은 시장표준단가 또는 혼합방식, 총공사비가 100억 원 미만은 표준품셈을 적용하여 작성
14. 원가계산 제 비율 적용기준은 조달청, 지자체에서 매년 1~2회 고시하고 있고 지차체 기준이 없는 경우는 통상 발주처와 협의하여 조달청 기준을 적용하여 원가계산서를 작성
15. 내역서 검토는 시공사 주관으로 하고 필요시 건설사업관리단이 검토하여 발주처에 보고하여 설계변경 시행
16. 수량 할증은 건설공사 표준품셈을 최우선으로 적용하는 것을 원칙으로 함

정답 12. ④ 13. ② 14. ① 15. ② 16. ④

17 **다음은 수량산출 시 자재의 할증 전 수량이다. 자재 할증을 고려해 구매해야 하는 수량으로 옳은 것은?**

> ㉠ 시멘트 3포대
> ㉡ 잔골재 $10m^3$
> ㉢ 굵은 골재 $5m^3$
> ㉣ 이형 철근 3ton

① ㉠ 3.09포대, ㉡ $11.2m^3$, ㉢ $5.60m^3$, ㉣ 3.09ton
② ㉠ 3.09포대, ㉡ $10.5m^3$, ㉢ $5.60m^3$, ㉣ 3.06ton
③ ㉠ 3.09포대, ㉡ $10.5m^3$, ㉢ $5.25m^3$, ㉣ 3.06ton
④ ㉠ 3.09포대, ㉡ $11.2m^3$, ㉢ $5.25m^3$, ㉣ 3.09ton

18 **내역서와 도면 검토를 통한 공사비 적정성 검토 항목이 아닌 것은?**

① 계산의 정확성
② 자재 할증률에 대한 적정성
③ 적산 단위의 적정성
④ 원가계산서의 제 비율 산출 적정성

19 **방재시설물 중 하천제방의 제체 침투에 대한 보강공법으로 틀린 것은?**

① 고수부 피복공법
② 앞비탈 피복공법
③ 차수공법
④ 치환공법

20 **다음 설명에 해당하는 하천제방 보강공법으로 옳은 것은?**

> • 호안 공법(고수 및 저수호안)
> • 밑다짐 공법
> • 수제 설치 공법

① 제체 침투에 대한 보강
② 기초지반 침투에 대한 보강
③ 침식에 대한 보강
④ 월류에 대한 보강

21 **다음 설명 중 ( ) 안에 들어갈 방재시설물을 순서대로 나열한 것은?**

> • (㉠)은 초기 빗물에 포함된 오염물질 유출 저감 및 도시 내수 침수 방지, 물재이용을 위하여 하수를 일시적으로 저장하는 시설
> • (㉡)은 배수구역 및 배수분구의 지형적인 여건 및 빗물 배제, 강우 유출수 관리계획과 연계하여 검토하여야 함

① ㉠ 빗물펌프장 ㉡ 하수저류시설
② ㉠ 빗물펌프장 ㉡ 관거시설
③ ㉠ 하수저류시설 ㉡ 빗물펌프장
④ ㉠ 하수저류시설 ㉡ 하천 제방

22 **사면보호시설 중 다음에 설명하는 옹벽에 해당하는 것은?**

> • 사면 활동의 억제나 낙석방지 효과를 기대할 수 있는 공법으로 앵커와 병행 시공하면 높은 안정성을 가짐
> • 지하수에 의한 수압 발생 우려가 있는 경우는 수발공 설치가 필요함

① 의지식 옹벽 ② 계단식 옹벽
③ 중력식 옹벽 ④ 낙석방지용 옹벽

17. 시멘트 3%, 잔골재 12%, 굵은 골재 5%, 이형철근 3%
18. ②는 수량산출서 검토를 통한 공사비 적정성 검토 항목임
19. 고수부 피복공법은 기초지반 침투 보강공법
22. 중력식 옹벽은 구조에 따른 분류로서 이 외에도 반중력식 옹벽, L형 옹벽, 반T형 옹벽, 버트레스식 옹벽이 있음

정답 17. ④ 18. ② 19. ① 20. ③ 21. ③ 22. ②

23 **사방댐의 형식에 따른 분류 중 토석 차단을 주목으로 하는 경우 설치하는 사방댐은?**

① 불투과성 사방댐
② 중력식 사방댐
③ 버팀식 사방댐
④ 복합식 사방댐

24 **다음 설명 중 ( ) 안에 들어갈 침사지의 종류를 순서대로 나열한 것은?**

- ( )는 공사기간 중에는 침사지 역할을 담당하고 공사 후에는 위락, 경관, 저류, 지하수 함양 등의 역할을 담당
- ( )는 현장에서 축조한 높이 1.5m 이하의 소규모 침사지로 단기간으로 사용기간이 제한
- ( )는 공사기간에 걸쳐 사용하되 필요하면 준설하여 기능을 유지토록 하고 공사 후 철거

① 간이침사지, 임시침사지, 영구침사지
② 임시침사지, 영구침사지, 간이침사지
③ 영구침사지, 임시침사지, 간이침사지
④ 영구침사지, 간이침사지, 임시침사지

25 **방파제 및 방풍설비 공법의 적정성 검토에 대한 내용으로 틀린 것은?**

① 방파제 건설 후에는 만내·항내 정온으로 양식 등의 해역 이용도가 높아지나 해수 교환율이 저하되어 해수오염 문제 발생 우려가 있다.
② 해일방파제 단독이 아니라 제내 해안의 방조제 및 방조 수문과 조합하여 정비 수준을 만족하는 공법으로 검토한다.
③ 대규모 구역을 대상으로 하는 방풍설비는 방풍 담장 시설을 설치하도록 검토한다.
④ 해안지역에 접한 지역에 설치하는 방풍설비는 방풍림 시설 또는 방풍망 시설로 하되 낮과 밤의 풍향이 바뀌는 해륙풍의 발달 상황을 고려하였는지를 검토한다.

26 **방재시설 실시설계도서의 종류에 해당되지 않는 것은?**

① 설계도면　　② 과업지시서
③ 공사시방서　　④ 단가산출서

27 **방재시설물 공사의 공사시방서 검토 시 고려해야 할 사항이 아닌 것은?**

① 현장안전관리의 임무
② 설계도서 오류 시 우선순위 지정
③ 공사자재 수량 산출 사항
④ 시험검사의 항목, 방법, 규격 및 평가

28 **방재시설공사의 설계도면 검토 내용이 아닌 것은?**

① 실제 시공 가능성
② 사용 자재의 보관 및 운반
③ 안전성 확보
④ 시방서 및 규정과 일치 여부

29 **콘크리트 균열 보수공법이 아닌 것?** 19년1회 출제

① 표면처리공법　　② 주입공법
③ 충전공법　　④ 라파공법

23. 불투과성 사방댐은 기능에 따른 분류로서 이 외에도 투과형, 부분(일부) 투과형이 있음
25. 방풍설비 중 대규모 구역을 대상으로는 방풍림을 설치하는 것으로 검토해야 함
26. 과업지시서는 계획 또는 실시설계 시 발주처에서 제공되는 계약문서
29. 라파공법은 열화된 콘크리트를 치유하는 보수·보강공법으로 철근부식 단면 보수공법, 단면복구, 면보수(중성화, 염해, 백태) 공법이 해당

정답 23. ② 24. ④ 25. ③ 26. ② 27. ③ 28. ② 29. ④

30 **긴급 보수를 위하여 대량의 콘크리트를 연속해서 타설할 경우, 이미 친 콘크리트가 경화를 시작한 후 그 위에 타설한 콘크리트는 일체가 되지 않고 불연속 상태로 된다. 이 불연속면의 명칭은?** 19년1회 출제

① 시공 이음(construction joint)
② 신축 이음(expansion joint)
③ 수축 이음(contraction joint)
④ 콜드 조인트(cold joint)

31 **사방댐을 설치하기에 가장 좋은 위치는?** 19년1회 출제

① 상하류 계곡 폭의 변화가 없는 곳
② 상류 계류바닥의 물매가 급한 곳
③ 상류부의 계곡 폭이 넓고 경사가 완만한 지역
④ 계상의 양단에 퇴적암이 있는 지역

32 **방풍설비의 구조 및 설치기준이 아닌 것은?** 19년1회 출제

① 방풍림시설을 위한 수종은 뿌리가 깊고 줄기와 가지가 건장하며 잎이 많은 상록수를 선정하여 방풍목적과 함께 쾌적한 환경조성에도 기여할 수 있도록 할 것
② 방풍 및 방조를 목적으로 하는 때에는 방풍림·염화비닐망 등을 주된 풍향과 직각방향은 피해 설치할 것
③ 해수가 직접 닿는 곳에는 수림대의 설치를 피하고 울타리를 설치하는 것
④ 해안에 접하는 지역의 수림대에는 키가 낮은 나무를 심고, 내륙 쪽으로 갈수록 차츰 높은 나무를 심을 것

33 **우리나라의 지형적 특성에 따른 연안침식 유형이 아닌 것은?** 19년1회 출제

① 백사장 침식
② 이상파랑
③ 토사포락
④ 호안붕괴

34 **지상공간 내수침수피해의 구조적 주요원인으로 틀린 것은?** 19년1회 출제

① 하수관거 퇴적으로 인한 통수단면 부족
② 침수예측 및 위험도 분석 부재
③ 설계기준 초과 강우로 펌프장 용량 부족
④ 배수펌프장 작동 미숙 및 적정 설계부족

35 **다음 설명 중 틀린 것은?** 19년1회 출제

① 유로공은 하상유지시설과 호안을 동시에 설치한다.
② 사방댐은 유역의 하류지역에만 설치 가능하다.

30. 시공이음은 단단히 굳은 콘크리트에 새로운 콘크리트를 쳐서 잇기 위해 만든 이음이며, 신축이음은 도로, 암거 등에서 길이 방향의 팽창량을 흡수하는 역할을 하는 이음으로 팽창이음이라고도 함. 수축이음은 콘크리트 표면의 건조로 수축이 발생하여 생기는 균열을 막기 위해 벽의 표면에 브이(V)자 홈으로 수축줄눈을 시공하는 이음임
31. 사방댐은 유역의 상류지역 또는 단지개발에 따른 토사 유입 예상지역에 설치하여 유송된 모래와 자갈 등을 저류·조절하기 위한 목적으로 설치되며, 사방댐 적정 위치는 월류수에 의한 비탈 끝의 세굴·침식 방지를 위하여 하상 및 양안에 암반이 있고 공사비의 절감을 위하여 상류부의 폭이 넓은 협착부 지점이 좋음
32. 방풍설비는 「결정·구조 및 설치기준에 관한 규칙」에 의거하여 설치되며, 방풍 및 방조를 목적으로 하는 때에는 방풍림·염화비닐망 등을 주된 풍향과 직각방향으로 설치해야 함
33. 연안침식은 해안의 육지가 침식되어 소멸되는 현상으로 기후변화, 지형적 요인 등에 의한 자연적 연안침식과 이안제, 호안, 준설, 방풍림 조성 등에 의한 인위적 연안침식으로 구분할 수 있음
34. 침수예측 및 위험도 분석은 비구조적 원인에 해당
35. 사방댐의 설치위치는 상류부의 폭이 넓은 지역이 유리함

정답 30. ④ 31. ③ 32. ② 33. ② 34. ② 35. ②

③ 하상유지시설은 종단침식방지를 통해 하상안정, 하상퇴적물 유출방지 및 공작물 기초보호가 이루어지도록 한다.
④ 침사지는 필요에 따라 토석류 발생을 방지하는 공사와 병행하여야 한다.

36 방재시설물 공사의 공사시방서 검토 시 확인해야 할 사항은?

① 시공측량
② 용지보상
③ 지장물 조사
④ 시공절차 및 방법

37 방재시설물 공사의 내역서 구성요소가 아닌 것은?

① 재료비　② 관리비
③ 노무비　④ 경비

38 방재시설물 공사의 내역서 검토 시 확인해야 할 사항이 아닌 것은?

① 건설사업 관리비
② 물량산출 기준
③ 단가적용 기준
④ 원가산출 기준

39 태풍피해가 많은 지역이나 광활한 모래 지대에 공해방지와 쾌적한 환경조성을 위해 설치하는 방재시설물은 무엇인가?

① 방파제　② 방조제
③ 방풍설비　④ 방지망

제2장 시공측량

40 다음에 설명하는 것으로 옳은 것은?

- 수평 위치 결정의 기준이 되는 점
- 현장 주변의 삼각점을 기준으로 구내에 이전 설치하여 구조물의 위치를 선정·확인하는 기준점

① 인조점　② 수준점
③ 도근점　④ 참조점

41 시공측량 중 기준점 확인 및 예비점 확보에 대한 설명으로 틀린 것은?

① 시공상 별도의 기준점이 필요한 경우는 자체적으로 기준점을 설치한다.
② 지적측량 기준점과 경계점의 이상 유무를 확인하고 이상이 발견되었을 경우에는 확인측량을 실시한다.
③ 공사 착공 전에 훼손된 경계점 표지는 확인측량을 실시하여 다시 표시토록 한다.
④ 경계점 확인은 수준점과 도근점만을 사용하여 확인측량을 실시한다.

42 현황 측량성과 검토에 해당하지 않는 것은?

① 부지현황 측량성과와 설계도면 대지현황도의 일치 여부를 확인한다.
② 기준점 확인 및 인조점 기록을 확인한다.
③ 기존 시설물 표시를 확인한다.
④ 현황 측량성과도와 지적도가 일치하는지 확인한다.

37. 내역서의 기본적인 구성요소는 재료비, 노무비, 경비
39. 방파제 및 방조제는 통상 해안가 주변에 설치하는 시설이며, 방지망은 낙하물을 방지하는 건물, 사면부 등에 설치하는 시설
40. 인조점 = 참조점
41. 경계점 확인은 경계점 인근 기준점(수준점, 도근점, 인조점 등)을 이용하여 확인측량 실시
42. ②는 기준점 확인 및 인조점 기록 검토에 해당

정답 36. ④ 37. ② 38. ① 39. ③ 40. ③ 41. ④ 42. ②

43 **시공측량 중 시공좌표와 예정 지적 좌표 일치 여부를 확인하는 목적에 해당하지 않는 것은?**

① 인접 토지 경계를 침범하는 것을 방지하기 위함
② 타 공사와의 접합 오차를 방지하기 위함
③ 시공좌표와 지적좌표가 상이할 경우 시공 전 조처를 하기 위함
④ 사업지구 경계부위의 개인 사유지 침범을 방지하기 위함

44 **측량기기의 검증에 대한 설명 중 틀린 것은?**

① 측량기구의 검정은 국공립 시험기관이나 국토부장관이 지정한 품질시험 실시 대행자가 한다.
② 측량기구는 최초 사용하기 전에 매 1년마다 측량기를 검정하여야 한다.
③ 기술용역 육성법에 따라 품질관리 팀장의 입회하에 검증하고 검정기록을 반드시 발주처에 제출하여 승인을 얻어야 한다.
④ 측량 계산 결과가 비정상적으로 판명된 경우에는 추가 검증작업을 시행하여야 한다.

45 **측량기구 설치방법에 대한 설명 중 틀린 것은?**

① 삼각대는 땅속에 견고하게 넣고 움직이지 않도록 하되 지반이 연약한 곳에 설치하는 것이 불가피할 경우는 침하가 발생하지 않도록 조치한 후에 설치한다.
② 삼각대는 가능하면 정삼각형으로 설치한다.
③ 경사면에 설치할 때는 측량자의 앞에 삼각대 다리가 놓이지 않도록 경사면이 높은 곳에 2개의 다리를 놓는다.
④ 삼각대는 기기의 축이 수직이 되도록 설치한다.

46 **측량성과표 작성에 대한 설명으로 옳은 것은?**

① 측량성과표는 측량담당자가 작성하고 시공 감독원이 확인한다.
② 측량성과표에는 측량 야장 사본을 항상 첨부하여 보관토록 한다.
③ 측량성과표는 측량담당자가 보관·관리하고 감독원에게 원본을 제출해야 한다.
④ 측량성과표에는 측량기구에 대한 사항을 적시토록 한다.

47 **실시설계 도면이 시공좌표와 예정 지적 좌표가 서로 상이할 경우 취해야 할 것은?**

① 설계검토
② 설계변경
③ 시공측량
④ 시공관리

48 **다음 중 시공측량의 기준점 확인 및 예비점 확보 시 주의사항이 아닌 것은?**

① 지적측량 기준점과 경계점의 이상 유무 확인
② 시공상 별도의 기준점 필요 시 자체적 기준점 설치
③ 현장의 경계점 표지는 확인측량 실시 후 사용
④ 기준점 확인은 기준점에 인접한 경계점을 사용하여 확인측량 실시

43. ②는 타 공사의 측량성과 확인의 목적
44. 검정기록은 필요시 발주처에 제출
45. 경사면이 낮은 곳에 2개의 다리를 설치
46. - 측량 야장 사본은 필요시 첨부
- 감독원에게는 사본 제출
- 성과표에는 작성일시, 작성자, 측량 참조사항(기점 위치 및 표석, 표시 형식 등) 및 결과(X, Y 좌표, 표고) 수록

정답 43. ② 44. ③ 45. ③ 46. ① 47. ② 48. ④

49 시공측량 작업 시 유의사항으로 올바른 것은?

① 시공측량을 실시한 후에는 반드시 측량 기구에 대한 검정필 여부를 확인해야 한다.
② 거푸집 측량 시 콘크리트 마감선을 공사 감독원에게 보고한다.
③ 굴착 중에 암반이 나올 때는 현장소장 입회하에 검측을 하며 추정 암반선과 비교 작성하여야 한다.
④ 일일 측량 결과를 작성한 성과표를 빠짐없이 보관하여야 하고 야장은 공사인부가 알 수 없는 양식으로 기입하여야 한다.

50 다음 설명 중 올바르지 않은 것은?

① 측량기검증 작업은 현장에서 측량기를 사용하기 전에 매번 품질관리팀장 감독하에 실시한다.
② 측량기구의 검증은 국공립 시험 기관에 위임하여 실시할 수 있다.
③ 측량 기구의 검증은 국토부장관이 지정하는 품질시험실시 대행자에게 위임하여 실시할 수 있다.
④ 측량기구의 검증은 품질관리 팀장의 입회하에 실시하고 그 검증 기록서를 발주처에 제출·승인받아야 한다.

제3장 지장물 조사

51 다음 설명 중 이설 가능한 지장물을 바르게 고른 것은?

㉠ 가스 및 송유관로
㉡ 상하수도관로 및 통신선로
㉢ 철도 및 분묘
㉣ 입목 및 농작물
㉤ 가옥 및 지상 구조물

① ㉠, ㉡
② ㉠, ㉡, ㉢
③ ㉠, ㉡, ㉢, ㉣
④ 모두

52 지장물 조사 중 지하지장물에 대한 특징으로 틀린 것은?

① 지장물의 종류는 상수도 및 하수도, 통신 선로, 맨홀, 우물, 통신주 등이 있다.
② 지하지장물은 육안으로 조사가 어렵다.
③ 관련 기관의 전산 및 도상 자료를 최대한 이용하여 누락되지 않게 파악하는 것이 중요하다.
④ 과거에 매설된 지장물은 매설정보가 정확하지 않으므로 시공 시 주의가 필요하다.

53 지장물 중 지상지장물 조사방법으로 옳은 것은?

① 지상지장물은 용지도면을 참조하여 도상에서 조사하고 지장물 조서를 작성한다.
② 지상지장물은 현황 측량 도면을 참조하여 도상에서 조사하고 지장물 조서를 작성한다.
③ 지상지장물은 용지도면을 참조하여 공사 구역 내 현장에서 육안으로 조사하고 지장물 조서를 작성한다.
④ 지상지장물은 현황 측량 도면을 참조하여 공사 구역 내 현장에서 육안으로 조사하고 지장물 조서를 작성한다.

51. ㉣, ㉤은 철거하는 지장물
52. 우물, 통신주는 지상지장물
53. 용지도는 공사용 토지의 경계를 나타내는 도면으로 지적 경계측량 시 활용하는 데 목적이 있으며 지장물 조사는 현장에서 육안으로 조사하는 것을 원칙으로 함

정답 49. ② 50. ① 51. ② 52. ① 53. ④

54 지장물 처리절차에 대한 내용으로 틀린 것은?

① 지장물 이설 또는 대체는 발주자가 관련 기관 등과 협의하여 시행하는 것을 원칙으로 한다.
② 지장물 이설 및 철거와 관련하여 설계서에 명시된 경우 시공자는 지장물 이설 및 대체 계획을 수립하여 감독원에게 제출한다.
③ 지장물 이설 및 철거와 관련하여 설계서에 명시되지 않은 경우는 관계기관 등과 협의하기 전에 지장물 이설 및 대체계획을 수립하여 감독원에게 제출한다.
④ 이설 및 대체 설치가 완료된 경우 관할 기관 또는 소유자로부터 반환 완료 증명서를 발급받아 감독에게 제출한다.

55 다음 설명은 이설 및 철거 대관 업무에 대한 설명이다. (　) 안에 들어갈 알맞은 말로 옳게 짝지어진 것은?

- 비산 먼지 발생 신고는 관할 소재지 (㉠)에 철거 착공 (㉡)까지 신고서를 제출하여야 한다.
- 폐기물 배출자 신고는 관할 소재지 청소계 또는 환경과에 철거 착공 (㉢)까지 신고서를 제출하여야 한다.
- 도로 점용허가 신청은 관할 경찰서 및 소재지에 철거 착공 (㉣)까지 신고서를 제출하여야 한다.

① ㉠ 환경과, ㉡ 7일 전, ㉢ 7일 전, ㉣ 7일 전
② ㉠ 환경과, ㉡ 10일 전, ㉢ 7일 전, ㉣ 10일 전
③ ㉠ 환경과, ㉡ 7일 전, ㉢ 10일 전, ㉣ 7일 전
④ ㉠ 환경과, ㉡ 10일 전, ㉢ 5일 전, ㉣ 10일 전

56 지장물 철거 시설물에 대한 시공계획 수립에 대한 내용으로 틀린 것은?

① 철거 및 해체 공사의 시공계획서 작성
② 일방통행, 공해방지 조례 등과 같은 주변 규제 사항 확인
③ 이설 위치 검토 및 지장물 관리 관계기관 이전 신고 및 협의
④ 입지조건 조사 및 공해 예측 요인 검토

57 다음 중 지장물 조사항목에 해당되지 않는 것은?

① 지장물 시공장비
② 지장물 위치
③ 지장물 깊이
④ 지장물의 시공 시기

58 철거 지장물에 대한 시공계획의 검토사항이 아닌 것은?

① 현장 입지 조건
② 2차 피해 발생 요인
③ 주변 규제 사항
④ 공해예측 요인

59 공사에 영향을 주는 지장물에 대한 이설계획에 해당되지 않는 것은?

① 이설위치 검토
② 지장물 관리기관에 이전 신고
③ 장비 및 인력투입 계획
④ 경계 위치 확인측량

54. 설계서에 명시되지 않은 경우에는 발주자가 아닌 시공자가 관련 기관과 협의하여 이설 및 대체해야 함

56. 이설 위치 검토 및 지장물 관리 관계기관 이전 신고 및 협의는 철거 및 이설 계획 수립 시 검토사항임

정답 54. ① 55. ② 56. ③ 57. ① 58. ② 59. ④

제4장 시공관리

60 **다음의 설명은 시공계획 수립절차이다. 수립절차를 순서대로 올바르게 나열한 것은?**

> ㉠ 현장 운영계획
> ㉡ 사전조사
> ㉢ 기본적인 시공방침 결정
> ㉣ 각종 조달계획 수립

① ㉠ → ㉡ → ㉢ → ㉣
② ㉡ → ㉢ → ㉣ → ㉠
③ ㉡ → ㉠ → ㉢ → ㉣
④ ㉡ → ㉠ → ㉣ → ㉢

61 **시공계획 절차 중 다음 설명에 해당하는 것으로 옳은 것은?**

> • 공사여건, 공사순서, 기술정보, 시공방법 등에 대하여 결정
> • 주요 장비의 선정 및 배분 계획
> • 작업량 및 공기 검토, 공사비 산정 등

① 현장 운영관리계획
② 상세 시공계획 및 가설계획 수립
③ 기본적인 시공방침 결정
④ 사전조사

62 **다음 설명은 시공관리 사전조사에 대한 내용이다. (   )에 들어갈 말로 옳은 것은?**

> 현장 여건에 부합하는 시공계획 수립을 위해서는 (㉠) 및 (㉡)에 대한 검토가 필요하다.

① ㉠ 시공방침   ㉡ 현장 운영계획
② ㉠ 계약사항   ㉡ 현장 여건
③ ㉠ 계약방침   ㉡ 현장 운영계획
④ ㉠ 시공방침   ㉡ 현장 여건

63 **시공관리 사전조사 내용 중 계약조건 검토에 해당하지 않는 것은?**

① 공사 재료의 품질, 검토방법
② 시공법, 시공장비에 대한 현장과의 적합성
③ 도면과 현장의 부적합 사항
④ 공사의 설계 변경에 대한 처리

64 **공정관리 절차를 순서대로 올바르게 나열한 것은?**

> ㉠ 자원 배분 평준화
> ㉡ 네트워크 작성
> ㉢ 네트워크 계산 및 분석
> ㉣ 공정표 작성
> ㉤ 작업 소요시간 산정

① ㉠ → ㉡ → ㉢ → ㉣ → ㉤
② ㉡ → ㉢ → ㉤ → ㉠ → ㉣
③ ㉡ → ㉢ → ㉠ → ㉤ → ㉣
④ ㉡ → ㉤ → ㉠ → ㉢ → ㉣

65 **공정관리 중 실시 단계에서 하지 않는 것은?**

① 조달계획(노무, 자재, 기계, 자금)의 수립
② 공정계획에 따른 일상의 작성 지시 및 감독
③ 공종별 실적자료 기록 및 계획과 실적 비교
④ 공정 촉진, 작업 개선, 계획 갱신

63. 시공법, 시공장비에 대한 현장 적합성은 현장조건 검토사항임

65. 조달계획은 계획 단계에서 수립

정답 60. ② 61. ③ 62. ② 63. ② 64. ④ 65. ①

66 다음 설명에 해당하는 공정관리 기법은?

> 불확실한 프로젝트의 일정, 비용 등을 합리적으로 계획하고 관리하는 기법으로 프로젝트 활동의 스케줄을 작성하는 방법

① PERT ② CPM
③ PERT/CPM ④ LSM

67 품질관리계획서에 포함되어야 할 사항이 아닌 것은?

① 작업에 이용되는 장비에 대한 기준 및 승인
② 작업자의 자격 기준 및 자격 인정
③ 중점 품질관리 대상의 결정
④ 자재, 장비 등의 개요 및 시공 상세도

68 안전관리계획서에 포함되어야 할 사항 중 공종별 안전관리계획에 해당하지 않는 것은?

① 대상 시설물별 건설 공법 및 시공절차
② 안전 시공 절차 및 주의사항
③ 건설공사의 개요 및 안전관리조직
④ 안전성 계산서

69 원가관리 절차를 순서대로 올바르게 나열한 것은?

> ㉠ 계약 및 실행예산 ㉡ 공정관리
> ㉢ 조달계획 ㉣ 실적 정산

① ㉠ → ㉡ → ㉢ → ㉣
② ㉠ → ㉢ → ㉡ → ㉣
③ ㉡ → ㉠ → ㉢ → ㉣
④ ㉡ → ㉢ → ㉠ → ㉣

70 다음 중 방재시설공사의 시공계획서에 해당되지 않는 것은?

① 민원관리계획서
② 품질관리계획서
③ 안전관리계획서
④ 환경관리계획서

71 다음 중 시공계획서에 포함할 사항은?

① 설계예산서
② 공사시방서
③ 안전관리계획서
④ 하도급 계약서

72 시공관리 중 품질관리를 위한 절차사항에 해당되지 않은 것은?

① 품질관리계획 수립
② 예비 데이터 검토
③ 품질관리 실시
④ 품질 유지·향상 관리

제5장 유지관리 매뉴얼 작성

73 유지관리계획 수립기준을 제시할 때 고려사항 중 환경적 요인이 아닌 것은?

① 세굴, 침식, 월류, 침수 등 외력의 발생
② 유역의 개발 행위로 인한 홍수유출량 증가
③ 하중의 증가
④ 건조 수축

67. 자재, 장비 등의 개요 및 시공 상세도는 안전관리계획서에 포함되어야 할 사항임
68. 건설공사의 개요 및 안전관리조직은 전체 계획서에 포함되어야 할 사항임
71. 시공계획서에 포함할 사항은 공사개요, 인력투입계획, 공정표, 시공조직, 안전관리계획서, 검사 및 시험계획서 등
72. 품질관리를 위한 절차는 품질관리계획 수립 → 예비 데이터 검토 → 품질관리 실시 순으로 진행
73. 하중의 증가는 관리적 요인임

정답 66. ③ 67. ④ 68. ③ 69. ② 70. ① 71. ③ 72. ④ 73. ③

74 **유지관리계획 수립기준을 제시할 때 고려사항 중 설계·시공적 요인이 아닌 것은?**

① 재료의 분리
② 재해취약성, 입지환경과 공법의 불부합
③ 골재의 염분 등 재료, 자재의 강도상의 특기사항
④ 방재시설 구성체의 내구성 상이

75 **유지관리계획 수립기준을 제시할 때 고려사항 중 관리적 요인이 아닌 것은?**

① 고장, 파손 등의 비상상황 발생
② 상류 또는 인근지역의 취약방재시설에서 발생할 수 있는 위험 요인
③ 퇴적, 변형, 배수 불량
④ 마모, 부식, 단선

76 **시설물의 보수·보강을 위한 점검 중 정밀안전진단을 실시하지 않는 경우에 해당하는 것은?**

① 「시설물의 안전 및 유지관리에 관한 특별법」에 해당하는 경우에 실시한다.
② 시설물의 일상 조치로 해결할 수 없을 정도로 극심한 우려가 있다고 판단되는 경우 안전점검 또는 정밀안전진단을 실시한다.
③ 전문가 및 비전문가가 정밀안전점검이 필요하다고 판단하는 경우 실시한다.
④ 시설물의 손상 정도가 매우 심각한 경우가 아니더라도 현장 여건상 유지·보수 후에도 이상이 발생하면 실시한다.

74. 방재시설 구성체의 내구성 상이는 관리적 요인임
75. ②는 환경적 요인임
76. 「시설물의 안전 및 유지관리에 관한 특별법」에 해당하지 않는 시설물의 경우 유지·보수 후에 이상이 발생하면 전문가 안전 검토를 실시한 후 정밀안전진단을 실시

정답 74. ④ 75. ② 76. ③

부록

방재기사필기 국가자격시험 완벽 풀이

국가자격시험
완벽풀이

2019.11.2. 시행

제1회 방재기사필기

제1과목: 재난관리

1 재난 및 안전관리 기본법령상 재난 및 사고유형별 재난관리주관기관 중 식용수(지방 상수도를 포함한다) 사고를 주관하는 기관은?

① 국토교통부 ② 환경부
③ 보건복지부 ④ 행정안전부

2 방재시설의 유지·관리 평가항목·기준 및 평가방법 등에 관한 고시에 따른 방재시설의 유지, 관리 평가 대상 중 시설과 시설물이 올바르게 짝지어진 것은?

① 소하천시설 - 하수저수시설
② 공공하수도시설 - 호안
③ 항만시설 - 사방시설
④ 도로시설 - 토사유출·낙석방지시설

3 재난 및 안전관리 기본법령상 재난피해 조사 및 복구계획에 대한 설명으로 틀린 것은?

① 재난으로 피해를 입은 사람은 피해상황을 행정안전부령으로 정하는 바에 따라 시장·군수·구청장에게 신고할 수 있다.
② 중앙대책본부장은 재난피해의 조사를 위하여 필요한 경우에는 대통령령으로 정하는 바에 따라 관계 중앙행정기관 및 관계 재난관리책임기관의 장과 합동으로 중앙재난피해합동조사단을 편성하여 재난피해상황을 조사할 수 있다.
③ 재난관리책임기관의 장은 특별재난지역으로 선포된 지역의 사회재난으로 인한 피해에 대하여 재난피해 조사를 마치면 지체 없이 자체복구계획을 수립·시행하여야 한다.
④ 중앙대책본부장은 재난복구사업의 지도·점검 계획을 수립하여 지도·점검 5일 전까지 대상 기관에 통지하여야 한다.

1. 환경부는 수질분야 대규모 환경오염 사고, 식용수 사고, 유해화학물질 유출사고, 조류 대발생(녹조에 한함), 황사, 환경부가 관장하는 댐의 사고, 미세먼지로 인한 사고에 따른 재난관리주관기관임
2. ① 소하천시설: 제방, 호안, 수문, 배수펌프장, 저류지
   ② 농업생산기반시설: 저수지, 배수장, 방조제, 제방, 공공하수도시설, 하수(우수)관로, 하수저류시설, 빗물펌프장
   ③ 항만 및 어항시설: 방파제, 방조제, 갑문, 호안
   ④ 도로시설: 낙석방지시설, 배수로 및 길도랑
3. 재난관리책임기관의 장은 사회재난으로 인한 피해[사회재난 중 특별재난지역으로 선포된 지역의 사회재난으로 인한 피해(이하 이 조에서 "특별재난지역 피해"라 한다)는 제외한다]에 대하여 피해조사를 마치면 지체 없이 자체복구계획을 수립·시행하여야 함

정답 1. ② 2. ④ 3. ③

4 자연재해대책법령상 풍수해저감종합대책 수립 시 공간적 구분에 포함되지 않는 것은?

① 전지역단위
② 수계단위
③ 위험지구단위
④ 재해지구단위

5 지진 등으로 인해 암반사면의 파괴가 발생할 때의 거동양상으로 틀린 것은?

① 원호파괴 ② 평면파괴
③ 말뚝파괴 ④ 전도파괴

6 재난 및 안전관리 기본법 시행규칙에 따른 응급조치에 사용할 장비 및 인력의 분야별 지정 대상 및 관리기준으로 옳은 것은?

① 가스: 최소 운영재고 17.6만 톤 이상의 안전재고 유지 및 중단 없는 공급을 위한 공급능력 유지
② 항만: 컨테이너 야드 장치율 75퍼센트 미만으로 유지
③ 식용수: 정수장(광역)-1일 식용수 공급량의 50퍼센트 이상 공급능력 유지
④ 의료 서비스: 응급의료 기능 100퍼센트 유지

7 재난 및 안전관리 기본법령상 재난 수습활동에 필요한 재난관리자원의 비축 및 관리에 대한 설명으로 틀린 것은?

① 재난 수습활동에 필요한 재난관리자원은 재난관리책임기관에서 비축 관리해야 한다.
② 행정안전부장관, 시·도지사, 시장·군수·구청장은 재난 발생에 대비하여 응급조치에 사용할 민간분야의 장비와 인력을 지정·관리할 수 있다.
③ 재난관리자원 공동 활용시스템은 각급 재난관리책임기관의 장이 구축·운영한다.
④ 국가기반시설과 관련된 전기·통신·수도용 기자재라도 재난관리자원 공동활용시스템 구축대상에 속한다.

8 재난 및 안전관리 기본법령상 다중이용시설 등의 위기상황 매뉴얼에 따라 주기적 훈련의 의무를 가지는 사람은?

① 소유자·관리자 또는 점유자
② 행정안전부장관
③ 재난관리주관기관의 장
④ 시장·군수·구청장

4. 자연재해저감대책은 저감대책의 영향이 미치는 공간적 범위를 고려하여 전지역단위, 수계단위, 위험지구단위 저감대책으로 구분함
5. 암반사면의 일반적인 파괴형태로 원호파괴, 평면파괴, 쐐기파괴 및 전도파괴가 있음
6. ① 가스: 최소 운영재고 19.6만 톤 이상의 안전재고 유지 및 중단 없는 공급을 위한 공급능력 유지
② 항만: 컨테이너 야드 장치율 85퍼센트 미만으로 유지
③ 식용수: 정수장(광역)-1일 식용수 공급량의 70퍼센트 이상 공급능력 유지
7. 재난 및 안전관리 기본법령상 행정안전부장관은 자원관리시스템을 공동으로 활용하기 위하여 재난관리자원의 공동활용 기준을 정하여 재난관리책임기관의 장에게 통보할 수 있음. 이 경우 재난관리책임기관의 장은 통보받은 재난관리자원의 공동활용 기준에 따라 재난관리자원을 관리하여야 함
8. 제34조의6(다중이용시설 등의 위기상황 매뉴얼 작성·관리 및 훈련)에 따르면 소유자·관리자 또는 점유자는 대통령령으로 정하는 바에 따라 위기상황 매뉴얼에 따른 훈련을 주기적으로 실시하여야 한다. 다만, 다른 법령에서 위기상황에 대비한 대응계획 등의 훈련에 관하여 규정하고 있는 경우에는 그 법령에서 정하는 바에 따름

정답 4. ④ 5. ③ 6. ④ 7. ③ 8. ①

9 재난 및 안전관리 기본법령상 재난의 대응활동에 해당하는 것은?

① 긴급통신수단 확보
② 위기경보의 발령
③ 안전점검
④ 특별재난지역 선포

10 재난관리주관기관의 장은 재난이 발생하거나 발생할 우려가 있는 경우에 재난상황을 효율적으로 관리하고 재난을 수습하기 위하여 설치하는 기구의 명칭으로 옳은 것은?

① 중앙재난안전대책본부
② 통합지원본부
③ 중앙사고수습본부
④ 지역재난안전대책본부

11 다차원 홍수피해 산정방법(MD-FDA: Multi-Dimensional Flood Damage Analysis)을 이용한 이재민 피해액 산정식에서 (　) 안에 알맞은 단어는?

이재민 피해액 = 침수면적당 발생 이재민(명/ha) × 대피일(일) × (　) × 침수면적(ha)

① 주거지역침수편입률
② 소비자물가지수
③ 건축형태별 연면적 비율(m^2/개수)
④ 일평균 국민소득(원/명, 일)

12 주민대피계획 수립 및 유도방안에 대한 설명으로 옳은 것은?

① 특별재난지역이 선포되면 위험구역설정과 대피명령, 해당 지역 여행 등 이동 자제 권고 대상이 된다.
② 재난관리 기금으로 강제 대피명령 또는 퇴거명령을 이행하는 주민에게 임대주택 이주지원은 가능하나 주택 임차비용 지원은 불가하다.
③ 사람의 생명 또는 신체에 대한 위해 방지를 위하여 사람과 선박·자동차 등의 대피명령 권한은 지역통제단장의 고유 권한이다.
④ 시·도 및 시·군·구 재난 예보·경보체계 구축사업 시행계획에 대피계획 등과 연계한 재해예방 활동을 반영하여야 한다.

9. ① 긴급통신수단 확보 - 재난대비
② 위기경보의 발령 - 재난대응
③ 안전점검 - 재난예방
④ 특별재난지역 선포 - 재난복구

10. ① 중앙재난안전대책본부: 대규모 재난의 대응·복구 등에 관한 사항을 총괄·조정하고 필요한 조치를 하기 위하여 행정안전부에 설치
② 통합지원본부: 시·군·구대책본부의 장이 재난현장의 총괄·조정 및 지원을 위하여 설치하며, 관련된 자세한 사항은 해당 지방자치단체의 조례로 정함
④ 지역재난안전대책본부: 해당 관할 구역에서 재난의 수습 등에 관한 사항을 총괄·조정하고 필요한 조치를 하기 위하여 설치

11. 이재민 피해액 = 침수면적당 발생 이재민(명/ha) × 대피일수(일) × 일평균 국민소득(원/명, 일) × 침수면적(ha)

12. ① 특별재난지역은 중앙본부장이 건의하여 대통령이 선포하며, 재난으로 인한 피해의 효과적인 수습 및 복구를 위하여 응급대책·행정·금융·의료상의 특별지원을 할 수 있음. 또한, 선포된 경우 재난복구계획을 수립·시행할 수 있음. 위험구역설정과 대피명령, 해당 지역 여행 등 이동 자제 권고 대상이 되는 지역은 재난사태가 선포된 경우임
② 재난관리 기금으로 강제 대피명령 또는 퇴거명령을 이행하는 주민에 대한 임대주택으로의 이주 지원 및 주택 임차비용 융자 지원 가능
③ 지역통제단장과 함께 시장·군수·구청장은 재난이 발생하거나 발생할 우려가 있는 경우에 해당 지역에 있는 자에게 대피 명령이 가능함

정답 9. ② 10. ③ 11. ④ 12. ④

13 **재난 및 안전관리 기본법령상 국가안전관리기본계획을 작성할 책임을 가진 자는 누구인가?**

① 대통령
② 국무총리
③ 행정안전부장관
④ 재난관리책임기관의 장

14 **중앙재난안전대책본부 구성 및 운영 등에 관한 규정에 따라 상황판단회의에서 판단하는 사항으로 틀린 것은?**

① 재난사태 선포 필요성 여부
② 재난관리책임기관의 협력에 관한 사항
③ 지역 안전문화 활성화에 관한 사항
④ 재난관리책임기관 직원의 파견 범위

15 **2002년 태풍 "루사"가 한반도에 상륙했던 당시, 강원도 심석천에 시간당 100mm의 집중호우가 발생하였다. 심석천의 면적은 36km^{2}이고, 유출계수는 0.4라고 가정할 때, 합리식에 따른 유역출구에서의 첨두유량(m^3/s)의 값은 얼마인가?**

① 100　　② 200
③ 300　　④ 400

16 **재해구호법령상 구호에 대한 설명으로 옳은 것은?**

① 구호기관은 타인 소유의 토지 또는 건물 등으로 구호활동을 할 수 없다.
② 장사(葬事)의 지원에 있어 재해로 사망한 사람의 연고자(緣故者)에게는 특별한 장례비를 지급하지 않는다.
③ 구호기관은 이재민에게 현금을 지급하여 구호할 수 있다.
④ 구호기간은 이재민의 피해정도 및 생활정도 등을 고려하여 6개월 이내로 하며, 그 기간을 연장할 수 없다.

17 **재난 및 안전관리 기본법령상 국가기반시설의 분류로 틀린 것은?**

① 에너지 - 국외민간시설 - 원자력 - 정부중요설
② 에너지 - 금융 - 원자력 - 식용수
③ 교통수송 - 보건의료 - 원자력 - 환경
④ 정보통신 - 금융 - 환경 - 교통수송

13. 국무총리는 대통령령이 정하는 바에 의하여 국가의 안전관리업무에 관한 기본계획(국가안전관리기본계획)의 수립지침을 작성하여 이를 관계 중앙행정기관의 장에게 시달하여야 함

14. ① 행정안전부장관은 사회적 재난상황과 관련하여 상황판단을 위한 회의(이하 "상황판단회의"라 한다)를 개최하여 중앙대책본부의 운영 여부·시기 및 중앙대책본부회의의 소집 등을 결정할 수 있음
② 행정안전부장관은 대통령실, 국가정보원의 관계자 및 그 밖의 외부전문가를 상황판단회의에 참석시켜 자문을 구할 수 있음
④ 상황판단회의는 행정안전부 및 사회적 재난 관련 중앙행정기관의 고위공무원단에 속하는 공무원과 그 밖에 행정안전부장관이 필요하다고 인정하는 사람으로 구성함

15. Q = 0.2778CIA
C = 0.4, I = 100mm/hr, A = 36km^2
따라서 Q = 0.2778 × 0.4 × 100 × 36 = 400m^3/s

16. ① 구호기관은 타인 소유의 토지 및 건물의 소유지 또는 관리자와 사전 협의를 통해 구호활동 수행
② 장사의 지원에 있어 재해로 사망한 사람의 연고자가 있는 경우 행정안전부장관이 정하여 고시하는 기준에 따라 연고자에게 장례비 지급
④ 구호기간은 이재민의 피해 및 생활정도 등을 고려하여 6개월 이내로 하며, 구호기관이 이재민의 주거 안정을 위하여 필요하다고 인정하는 경우에는 구호기간을 연장할 수 있음

17. 국가기반시설이란 관계 중앙행정기관의 장은 소관 분야의 기반시설 중 국가기반체계를 보호하기 위하여 계속적으로 관리할 필요가 있다고 인정되는 시설로 정의하며, 국외민간시설은 해당되지 않음

정답 13. ② 14. ③ 15. ④ 16. ③ 17. ①

18 재난 및 안전관리법령상 위기경보의 구분에 포함되지 않는 것은?

① 관심　② 주의
③ 경계　④ 경보

19 밀도가 1,030kg/m³이고 체적탄성계수가 2.34GPa인 바닷물 속에서의 음속(m/s)은 얼마인가?

① 47.7　② 1,066
③ 1,507　④ 2,131

20 재난 및 안전관리기본법령상 다음의 각 항목별 수립 주기로 옳은 것은?

> ㉠ 국가안전관리기본계획
> ㉡ 재난대비훈련 기본계획
> ㉢ 기존시설물의 내진보강기본계획

① ㉠ 5년, ㉡ 1년, ㉢ 5년
② ㉠ 5년, ㉡ 1년, ㉢ 3년
③ ㉠ 10년, ㉡ 3년, ㉢ 5년
④ ㉠ 10년, ㉡ 3년, ㉢ 3년

제2과목: 방재시설

21 치수개선사업 대상지 가, 나, 다 3개 지구의 우선순위 결정을 위한 비용편익비(B/C) 산정결과가 다음과 같을 때의 경제성 순위로 옳은 것은?

구 분	편익비	비용비
가	0.5	1.5
나	0.6	2.1
다	0.7	1.8

① 가 〉 나 〉 다　② 나 〉 다 〉 가
③ 다 〉 가 〉 나　④ 가 〉 다 〉 나

22 자연재해대책법령상 방재시설현황 조사와 관련이 없는 시설은?

① 제방
② 재난 예·경보시설
③ 방파제
④ 정수처리시설

18. 위기경보는 관심(Blue) - 주의(Yellow) - 경계(Orange) - 심각(Red)으로 구분됨

19. 음속 = $\sqrt{\frac{\text{체적탄성계수}}{\text{밀도}}}$

밀도 = 1,030kg/m³

체적탄성계수 = 2.34GPa = 2.34 × 10^9kg/m·s²

따라서 음속 = $\sqrt{\frac{2.34 \times 10^9}{1030}}$ = 1,507m/s

20. [전항 정답 인정]

- 재난 및 안전관리 기본법 시행령상 국가안전관리기본계획 수립 시 국무총리는 법 제22조 제4항에 따른 국가안전관리기본계획을 5년마다 수립하여야 함
- 재난 및 안전관리 기본법 시행령상 재난대비훈련 기본계획 수립 시 행정안전부장관은 제34조의9에 따른 재난대비훈련 기본계획을 매년 수립하여야 함
- 기존 시설물의 내진보강기본계획은 재난 및 안전관리 기본법령상의 계획이 아닌 지진·화산재해대책법 시행령상의 계획임. 또한, 기존 시설물의 내진보강기본계획 수립 시 행정안전부장관은 5년마다 기존시설물 내진보강기본계획(이하 "기본계획"이라 한다)을 수립하여 「재난 및 안전관리기본법」 제9조에 따른 중앙안전관리위원회에 보고하여야 함

21.

구분	편익비	비용비	편익/비용
가	0.5	1.5	0.33
나	0.6	2.1	0.29
다	0.7	1.8	0.39

따라서 다(0.39) 〉 가(0.33) 〉 나(0.29)

22. 방재시설현황 조사대상물은 자연재해대책법 시행령 제55조(방재시설)에서 명시하고 있으며, 정수처리시설은 대상이 아님

정답 18. ④ 19. ③ 20. ①, ②, ③, ④ 21. ③ 22. ④

23 자연재해대책법령상 내풍설계기준 설정 대상시설이 아닌 것은?

① 하수도법에 따른 하수도관로시설
② 건축법에 따른 건축물
③ 관광진흥법에 따른 유원시설상의 안전성 검사 대상 유기기구
④ 도시철도법에 따른 도시철도

24 우수유출저감시설이 아닌 것은?

① 침투트렌치
② 침사지
③ 투수성 포장
④ 공사장 임시저류지

25 재난 및 안전관리 기본법령상 재난관리책임기관의 장이 기록 및 보관하여야 하는 사항이 아닌 것은?

① 소관 시설·재산 등에 관한 피해 상황을 포함한 재난상황
② 재난원인조사 결과
③ 향후 조치계획
④ 개선권고 등의 조치결과

26 자연재해저감 종합계획의 최초 계획수립 후, 계획의 타당성을 재검토하고 이를 정비하는 주기는 얼마인가?

① 1년 ② 3년
③ 5년 ④ 7년

27 자연재해저감 종합계획 세부수집 기준상 안전취약계층의 정의로 옳은 것은?

① 10세 이하 어린이, 60세 이상 노인
② 13세 미만 어린이, 65세 이상 노인
③ 13세 미만 어린이, 60세 이상 노인
④ 10세 이하 어린이, 65세 이상 노인

28 토사재해로 인한 위험 요인으로 틀린 것은?

① 산지 침식 및 홍수피해
② 하천시설 피해
③ 하천 통수능 증대
④ 저수지의 저수능 저하

29 A공사의 사업비가 다음 표와 같을 때, 계약예규에 따른 직접공사비에 포함되는 항목만을 더한 값은 얼마인가? (단, 제시된 비용 외에는 무시한다)

항 목	비 용
재료비	100억 원
직접노무비	70억 원
직접공사경비	50억 원
일반관리비	20억 원
이 윤	15억 원
공사손해보험료	10억 원
부가가치세	20억 원

① 220억 원 ② 240억 원
③ 255억 원 ④ 285억 원

23. 자연재해대책법 시행령 제17조 내풍설계기준의 설정 대상시설 참고
24. 우수유출저감시설은 저류시설과 침투시설로 구분되며, 토사방재시설물에 해당
25. 재난 및 안전관리 기본법 제70조(재난상황의 기록 관리)에 대한 사항
26. 자연재해저감 종합계획은 10년마다 수립 후 5년 경과 시 타당성 여부 검토
27. 안전취약계층은 13세 미만 어린이, 65세 이상 노인, 장애인
28. 토사재해는 하천 통수능을 저하시킴
29. 직접공사비 = 재료비 + 노무비 + 경비
재료비 = 100억 원
노무비 = 70억 원
경비 = 50억 원
따라서 100 + 70 + 50 = 220억 원

정답 23. ① 24. ② 25. ③ 26. ③ 27. ② 28. ③ 29. ①

30 **다음의 ( ) 안에 적합한 단어는?**

> 방재 기초자료 조사 시 인문·사회현황 조사는 (㉠)현황 조사와 (㉡)현황 조사로 구분한다.

① ㉠ 인구, ㉡ 경제
② ㉠ 인구, ㉡ 산업
③ ㉠ 산업, ㉡ 경제
④ ㉠ 산업, ㉡ 복지

31 **재해영향평가 등의 협의 실무지침상 사면재해 저감방안의 기본방향으로 틀린 것은?**

① 사업지구 내 설치예정인 인공사면, 옹벽 등이 안정성을 확보하였다고 하더라도 조정이 필요한 부분은 조정을 제안한다.
② 자연사면, 인공사면, 옹벽 등이 개발에 의해 변위에 문제가 우려되는 경우에는 개발로 인한 이들의 변형을 포함하는 안정성 검토를 제안한다.
③ 사면, 옹벽 및 축대 등의 배수처리 등에 대한 보완이 필요한 내용을 제안한다.
④ 토사로 인한 피해 예방을 위하여 사방시설을 설치하도록 제안한다.

32 **침수지역의 배수를 위한 펌프의 설치를 위해 직경 0.2m의 배수관을 연결하였다. 배출량 0.20 m^3/s가 되기 위한 배수관의 단면평균유속(m/s)은 얼마인가?**

① 6.37　　② 6.82
③ 7.29　　④ 7.61

33 **재해복구사업의 효과성, 경제성을 평가하는 경우에 포함하여야 할 사항이 아닌 것은?**

① 지역경제의 발전성
② 신기술의 적용성
③ 지역주민 생활환경의 쾌적성
④ 재해 저감성

34 **하천의 제방이 파괴되는 원인으로 틀린 것은?**

① 하천 호안의 유실로 인한 세굴
② 설계홍수량을 상회하는 이상홍수 발생
③ 지진이나 상류의 댐 파괴
④ 제외지의 배수펌프 고장

35 **하천부속물의 재해취약요인을 분석하기 위해 현지조사를 실시할 때 조사사항이 아닌 것은?**

① 하천부속물의 노후화상태
② 시설물의 작동여부
③ 주민 탐문조사
④ 시설물의 편의성 및 이용도

31. 토사로 인한 피해 예방을 위하여 사방시설을 설치하도록 제안하는 것은 토사재해에 대한 저감방안

32. Q = AV

$A = \frac{\pi 0.2^2}{4} m^2$, $Q = 0.2m^3/s$를 대입하면

$0.2 = \frac{\pi 0.2^2}{4} \cdot V$

따라서 유속(V)은 6.37m/s

33. 검토사항으로 ① 재해복구사업의 해당시설별 피해원인 분석의 적정성, 사업계획의 타당성 및 공사의 적정성, ② 침수유역과 관련된 재해복구사업의 침수저감능력과 경제성, ③ 재해복구사업 계획추진과 사후관리체계 적정성, ④ 재해복구사업으로 인한 지역의 발전성과 지역주민 생활환경의 쾌적성

34. 배수펌프의 고장은 내수재해의 피해원인

정답 30. ② 31. ④ 32. ① 33. ② 34. ④ 35. ④

36 방재시설관련 일반현황을 조사할 때 자연현황 조사 부분에 해당하지 않는 것은?

① 토지이용현황
② 지형현황
③ 기상현황
④ 산업현황

37 방재계획의 기초자료 조사 시 조사항목과 관련 자료의 연결로 틀린 것은?

① 지질현황 - 수치지질도
② 토양특성 - 정밀토양도
③ 지형특성 - 수치지도
④ 수문현황 - 행정지도

38 사면재해 피해저감을 위한 보호공법적용으로 틀린 것은?

① 성토사면에 씨드스프레이 공법을 적용하였다.
② 절토사면에 씨드스프레이 공법을 적용하였다.
③ 암반사면에 철망을 설치하고 녹생토(건식) 공법을 적용하였다.
④ 암반사면에 줄떼와 평떼공법을 병행하여 적용하였다.

39 자연재해저감 종합계획 수립 시 연도별 피해현황 조사항목으로 틀린 것은?

① 연도별 시설물별 피해액 현황
② 연도별 시설물별 복구비 현황
③ 연도별 피해시설의 종류
④ 연도별 연강수량

40 도 풍수해저감종합계획 세부수립기준상 평가항목은 광역차원 기본적 평가항목과 부가적 평가항목으로 구분할 때 기본적 평가항목에 해당하지 않는 것은?

① 효율성　② 형평성
③ 긴급성　④ 계획성

제3과목: 재해분석

41 면적 $0.54km^2$, 유출률 0.65인 유역의 2시간 동안의 확률강우량 200mm를 배제할 수 있는 배수통관의 단면적(m^2)은 얼마인가? (단, 배수통관 내 유속은 2.5m/s, 2시간 강우배제, 토사유입에 따른 배수단면적 감소를 고려한 여유율 20%를 적용하며, 홍수량 산정방법은 합리식을 적용한다)

① 3.90　② 4.68
③ 9.36　④ 16.85

36. 자연현황 조사대상은 토지이용현황 및 계획 조사, 유역 및 하천현황 조사, 지형현황 조사, 지질현황 조사, 토양현황 조사, 임상현황 조사, 기상 및 해상현황 조사

38. 줄떼와 평떼는 성토면과 절토면을 보호하기 위한 공법

40. 자연재해저감 종합계획 수립지침(2019. 06.)에 따르면, 기본적 평가항목은 비용편익비(B/C), 피해이력지수, 재해위험도, 주민불편도, 지구지정 경과연수로 구분

41. - 합리식: 홍수량(Q) = 0.2778CIA

$C = 0.65,\ I = \frac{200}{2}$ mm/hr, $A = 0.54km^2$

$Q = 0.2778 \times 0.65 \times 100 \times 0.54 = 9.76m^3/s$

- 배수통관단면적(여유율 20% 고려)

$1.2 \times Q = AV$

$Q = 9.76m^3/s$, $V = 2.5m/s$ 이므로

$A = 4.68m^2$

정답 36. ④ 37. ④ 38. ④ 39. ④ 40. ④ 41. ②

42 **자연재해대책법령상 방재시설이 아닌 것은?**

① 소하천, 댐건설 및 주변지역지원 등에 관한 법률에 따른 소하천부속물 중 제방·호안·보 및 수문
② 국토의 계획 및 이용에 관한 법률에 따른 방재시설
③ 하수도법에 따른 하수도 중 하수관로 및 하수종말처리시설
④ 도로법에 따른 도로의 부속물 중 방설·제설시설, 토사유출·낙석 방지 시설, 공동구

43 **풍수해저감종합대책의 사업 추진계획 수립 시 검토 대상이 아닌 것은?**

① 정비사업의 투자우선순위
② 풍수해저감 신기술을 통한 예산절감 여부
③ 재원확보 대책 및 연차별 투자계획
④ 지역주민의 의견수렴 및 사업효과 등 기타 필요한 사항

44 **지역별 통합 방재성능 평가의 내용으로 옳은 것은?**

① 지역별 재해에 대한 위험성과 취약성을 고려하여 평가하고 있다.
② 재해취약요인은 지형적 요인에 관한 것으로 재해위험지구, 산사태위험면적, 수계밀도, 불투수면적 비율, 급경사지 위험지구 등이 있다.
③ 피해규모는 최근 30년간 재해등급별 평균 피해액을 기준으로 한다.
④ 방재성능의 지표에는 하천재해, 내수재해, 사면재해, 해안재해 등이 있다.

45 **방재성능 향상을 위한 통합 개선대책 사업의 시행계획 수립 방법으로 옳은 것은?**

① 방재시설의 경제성, 시공성 등을 고려한 연차별 정비계획을 수립한다.
② 사업비가 작은 사업을 우선 시행할 수 있도록 수립한다.
③ 주민 숙원사업을 우선으로 시행한다.
④ 피해 발생빈도가 잦은 순으로 시행한다.

46 **재해복구사업 추진단계에 대한 평가자료에 관한 설명으로 틀린 것은?**

① 연계성: 재해복구사업을 추진하면서 업무추진 주체 간에 분담체제 및 업무협조가 효율적으로 진행되었는가를 나타내는 것으로, 복구 담당 부서의 인력 및 전문성이 있는 조직체제, 방재분야 관련전문가로 구성된 복구사업 자문위원회 운영 등이라 할 수 있다.
② 합리성: 전문가의견 수렴이 합리적인 절차에 따라 반영·시행하였는가를 나타내는 지표로서, 전문가 자문회의 개최횟수와 공청회 의견 수렴 정도, 인터넷 게시판 운영 등이 사업의 합리성을 평가할 수 있는 지표이다.

42. 방재시설: 소하천정비법에 따른 소하천 부속물 중 제방·호안·보 및 수문
43. 자연재해저감 종합계획의 사업 추진계획 수립 시 검토사항: 정비사업의 투자우선순위, 다른 사업과의 중복 또는 연계성, 재원확보 대책 및 연차별 투자계획, 지역주민의 의견수렴 및 사업효과 등 기타 필요한 사항, 사업시행방법의 구체성
44. 지역별 통합 방재성능 평가는 도시지역에 설치된 방재시설을 대상으로 방재시설의 성능이 지역별 방재성능목표에 부합 여부를 통해 재해의 위험성 및 취약성을 평가함
45. 방재성능개선대책사업은 토지이용상태, 경제성, 시공성 등을 고려하여 작성된 사업 대상 선정 및 순위표를 활용하여 연차별 정비계획을 수립
46. 합리성: 주민의견 수렴이 합리적인 절차에 따라 반영·시행되었는가를 나타내는 지표로서, 주민설명회 개최횟수와 주민의견 수렴 정도, 인터넷 게시판 운영 등이 사업의 합리성을 평가할 수 있는 지표이다.

정답 42. ① 43. ② 44. ① 45. ① 46. ②

③ 적정성 평가: 재해복구사업 계획서와 일치되는 사업진행, 공기준수, 예산절감, 설계도서에 의한 사업진행 등 사업 추진의 적정성 등이 평가지표이다.
④ 환경성 평가: 자연친화성에 대한 평가로 생태계보전, 생태계복원, 친환경 공법적용, 주변경관 및 환경을 고려한 복구계획 등이 주요 평가지표이다.

47 RUSLE 공식에 따른 연평균 토사 유실량은 다음과 같이 산정한다. 다음 RUSLE 공식에 사용되고 있는 인자에 대한 설명으로 틀린 것은?

RUSLE(A) = R × K × LS × C × P

① R: 강우침식 인자 ② K: 토양침식 인자
③ LS: 지형 인자 ④ C: 유출인자

48 자연재해대책법령상 지역경제 발전성 평가 및 주민생활 쾌적성 평가에 대한 내용으로 틀린 것은?

① 지역주민생활 쾌적성 평가는 재해복구사업이 지역주민 생활환경개선 및 향상에 기여한 정도를 평가한 것이다.
② 지역경제 발전성 평가는 재해복구사업이 지역경제 발전에 기여한 효과를 평가한 것이다.
③ 지역경제 발전성 평가는 단기효과보다는 중장기효과만을 분석·평가한다.
④ 지역주민생활 쾌적성 평가 중 주민설문조사 결과에 대한 평가는 지역적 특성을 살린 평가가 되도록 한다.

49 다음의 하천재해 저감성평가 집계표를 이용하여 재해복구사업 분석 및 평가의 평가기법 중 재해저감성평가의 비율평가를 실시한 결과로 옳은 것은?

구분	평가결과				
	매우 잘됨 (A등급)	잘됨 (B등급)	보통 (C등급)	부족 (D등급)	매우 부족 (E등급)
00하천 수계	3개소	26개소	42개소	8개소	2개소

① A(3.7%) 〉 E(2.5%)이므로 잘됨
② A+B(33.3%) 〉 D+E(12.3%)이므로 잘됨
③ A+B(33.3%) 〉 C+D+E(64.2%)이므로 부족
④ A+B+C(87.7%) 〉 D+E(12.3%)이므로 잘됨

50 도심 침수방지를 위한 우수저류조 형식으로만 짝지어진 것은?

① 배수식, 지하식 ② 지하식, 굴착식
③ 굴착식, 사방식 ④ 사방식, 지하식

51 자연재해대책법에서 매년 시행하도록 규정하는 것은?

① 자연재해위험개선지구 정비계획 수립
② 시·군·구 풍수해저감 종합계획 수립
③ 우수유출저감대책 수립
④ 지구단위 홍수방어기준 설정

47. C: 토양피복인자
48. 지역경제 발전성 평가는 단기효과 및 중장기 효과로 구분하여 평가
49. [전항 정답 인정]
비율평가 : A+B(35.8%) > D+E(12.3%)이므로 잘됨
50. 우수저류시설의 구조형식: 댐식, 굴착식, 지하식
51. [전항 정답 인정]
자연재해대책법에서 매년 수립토록 규정한 계획: 자연재해위험개선지구 정비사업계획, 자연재해저감 시행계획(풍수해저감 시행계획), 우수유출저감시설 사업계획

정답 47. ④ 48. ③ 49. ①, ②, ③, ④ 50. ② 51. ①, ②, ③, ④

52 **직접인건비 산정을 위한 소요인력이 다음과 같을 때, 복합재해(하천, 내수) 실시설계에 있어 직접인건비 산출을 위한 기술사 소요인력(인/일)은 얼마인가? (단, 하천 실시설계 위험지구 연장은 2km이고 내수 실시설계 침수예상면적은 $3km^2$이며 펌프장이 없다고 가정한다. 지역적 특성에 따른 보정계수(α_3)는 1.0으로 가정한다)**

구분		하천실시설계	내수실시설계
단위		1km	$1km^2$
소요인력(인/일)	기술사	21.00	58.00
	특급 기술자	36.00	95.00
	고급기술자	63.00	125.00
	중급기술자	66.00	130.00
	초급기술자	61.00	110.00
	중급숙련자	10.00	15.00

① 46.00 ② 58.12
③ 75.56 ④ 102.70

53 **방재시설물의 특성에 대한 설명으로 틀린 것은?**

① 기능성이란 방재시설물이 재해경감에 어떠한 기능과 역할을 담당하고 있는지를 분석·평가하는 것이다.
② 안정성이란 재해로 인한 안전 확보여부 및 재해 재발 방지 여부를 정성적, 정량적으로 평가하는 것이다.
③ 시공성이란 방재시설물에 최적화된 기획, 설계, 유지관리 등에 이르기 위한 시공능력을 평가하는 것이다.
④ 경제성이란 방재시설물의 붕괴 시 인명·재산 등의 돌이킬 수 없는 피해가 따르므로 가능한 한 재해복구비용을 감소시킬 수 있는 정도를 평가하는 것이다.

54 **내수재해위험요인 분석에 대한 설명으로 틀린 것은?**

① 내수재해위험지구 선정을 위한 위험요인 분석은 시·군 종합계획의 분석결과를 활용할 수 있다.
② 지역별 방재성능목표가 고려되지 않은 시·군 종합계획의 분석결과는 방재성능목표를 고려하여 재검토하여야 한다.

52. - 하천재해 소요인력(인/일)
소요인력 = 소요인력기준 × 하천재해 특성에 따른 보정계수(α_1)
소요인력기준 = 21(인/일)
α_1 = 위험지구 연장(km) = 2
하천재해 소요인력 = 21 × 2 = 42(인/일)
- 내수재해 소요인력(인/일)
소요인력 = 소요인력기준 × 내수재해 특성에 따른 보정계수(α_2) × 지역적 특성에 따른 보정계수(α_3)
(단, 펌프장이 없는 경우 소요인력기준의 20%만 적용)
소요인력기준 = 58(인/일) × 0.2 = 11.6(인/일)
$\alpha_2 = A^{0.3}$(A=침수예상면적) = $3^{0.3}$ = 1.39
α_3 = 1 (문제 제시)
내수재해 소요인력 = 11.6 × 1.39 × 1 = 16.12(인/일)
따라서 소요인력(인/일) = 42 + 16.12 = 58.12

53. 경제성이란 계획하고 있는 사업의 경제적 효율성을 분석하여 투자의 타당성을 검토하는 것이다.

54. 내수재해 위험요인 분석은 현장조사 등을 토대로 시행하며, 현장조사만으로는 위험요인을 평가하기 어려운 경우 정량적 분석기법을 활용하여 위험요인을 분석

정답 52. ② 53. ④ 54. ③

③ 위험요인 분석은 기초조사 및 현장조사 등을 토대로 하며, 현장조사만으로는 위험요인을 평가하기 어려운 경우 통계자료에 의거한 정량적 분석기법을 적용한다.
④ 정량적 위험요인 평가를 위한 모형 선정에 있어서는 어떠한 모형이라도 무방하나, 분석하고자 하는 수문·수리적 현상을 모의할 수 있는 것이어야 한다.

55 **자연재해대책법령상 용어의 정의로 틀린 것은? (정답 2개 인정)**

① 재해복구사업이란 공공시설과 사유시설의 구분 없이 피해조사와 복구계획을 확정·시행할 예정인 사업을 말한다.
② 재해복구사업 분석·평가란 통합 방재성능을 향상시킬 수 있는 개선대책을 수립할 수 있도록 유기적이고 종합적으로 분석·평가하는 것을 말한다.
③ 지역주민 쾌적성 평가란 재해복구사업으로 인하여 지역 생산성 향상, 지역산업의 활성화 정도 등에 대한 평가를 말한다.
④ 재해저감성 평가란 복구 전·후의 재해저감 효과를 정성·정량적으로 분석하고, 재해유발 원인과 개선방안을 제시하는 평가를 말한다.

56 **산림청에서 운영하는 산사태 위험도의 등급 구분으로 옳은 것은?**

① 1~3등급 ② 1~4등급
③ 1~5등급 ④ 1~10등급

57 **재해위험 개선지구 정비사업과 관련하여 시장·군수·구청장은 몇 년마다 정비계획의 타당성을 재검토하여 정비계획을 재정비해야 하는가?**

① 3년 ② 5년
③ 7년 ④ 10년

58 **방재성능개선대책의 경제성 평가 시 사업비 산정에 포함되지 않는 것은?**

① 토지보상비용
② 유지관리비용
③ 폐기비용
④ 서비스손실비용

59 **발생지역에 따른 열대성 저기압의 명칭이 옳은 것은?**

① 사이클론 - 카리브해
② 윌리윌리 - 북태평양
③ 허리케인 - 북대서양
④ 태풍 - 남태평양

60 **방재성능평가 결과에 따른 방재성능향상대책에 포함되어야 할 내용으로 틀린 것은?**

① 방재성능 평가 결과에 관한 사항
② 개선대책에 필요한 예산 및 재원 대책
③ 방재성능 향상을 위한 개선대책에 관한 사항
④ 그 밖에 대통령이 정하는 사항

55. [정답 2개 인정]
재해복구사업이란 하천, 도로 등의 공공시설과 주택침수, 농경지 유실 등 사유시설로 구분하여 피해조사와 복구계획을 확정·시행한 사업을 말한다.
지역주민 쾌적성 평가란 재해복구사업이 주거환경, 인문·사회환경 등 지역주민 생활환경 개선 및 향상에 기여한 정도를 평가하는 것을 말한다.

57. 자연재해대책법에서 자연재해위험 개선지구 정비계획을 5년마다 수립토록 규정
58. 서비스손실비용은 비용(사업비)이 아닌 간접편익으로 구분
59. 태풍 - 북태평양(필리핀 근해), 사이클론 - 인도양(아라비아해), 허리케인 - 북대서양(카리브해), 윌리윌리는 현재 사이클론에 포함
60. 그 밖에 행정안전부장관이 정하는 사항

정답 55. ①, ③ 56. ③ 57. ② 58. ④ 59. ③ 60. ④

제4과목: 재해대책

61 하천 설계기준상 하천제방고 결정을 위한 여유고에 대한 설명으로 틀린 것은?

① 계획홍수량이 200m^3/s 미만인 경우에 여유고를 0.6m 이상으로 한다.
② 계획홍수량이 10,000m^3/s 이상인 경우에 여유고를 2.0m 이상으로 한다.
③ 굴입하도에서는 계획홍수량이 500m^3/s 이상인 경우에 여유고를 0.8m 이상으로 한다.
④ 계획홍수량이 50m^3/s 이하이고 제방고가 1.0m 이하인 하천에서는 여유고를 0.3m 이상으로 한다.

62 재해영향평가 시 주변에 미치는 영향을 저감하기 위한 대책으로서 개발 중에 설치하는 시설은?

① 영구저류지
② 침사지 겸 저류지
③ 투수성 포장
④ 투수성 보도블록

63 침수예상 시나리오에 따른 범람해석 방법 및 범람특성에 대한 설명으로 틀린 것은?

① 유하형 범람이 발생하는 지역은 제내지의 형상이 하천을 따라 폭이 좁게 형성된 지역으로 주로 하천 중·상류부에 위치하며, 유하형 범람의 해석 시는 하천의 종단방향에 대한 흐름이 지배적이므로 일반적으로 1차원 수리계산을 통해 침수범위와 침수심 등의 침수정보를 구할 수 있다.
② 저류형 범람은 제내지의 형상이 저류지와 같이 형성된 지역으로 하천수가 범람할 때 제내측 구간에서 저수지와 같은 정체수역으로 물이 차오르는 현상을 나타낸다.
③ 확산형 범람은 범람흐름의 방향이나 범람범위가 정형화되어 있지 않은 지역에서 발생한다. 주로 하천제방으로 보호되는 광범위한 도시지역에서 범람의 형태를 나타낸다.
④ 유하형 범람은 범람수가 하천을 따라서 유하하는 범람이며, 범람수위가 하천의 횡단방향으로 수면경사를 가지는 것이 특징이다.

64 토사사면활동 붕괴형태가 아닌 것은?

① 쐐기활동파괴
② 회전활동파괴
③ 병진활동파괴
④ 유동활동파괴

65 지방자치단체의 장이 확인해야 하는 대피정보의 상세 내용이 아닌 것은?

① 대피 구역의 설정
② 요 대피자의 설정
③ 대피 장소의 선정
④ 과거 침수 실정

61. 예외규정: 굴입하도에서는 계획홍수량이 500m^3/s 미만일 때는 규정대로 하고, 500m^3/s 이상일 때는 1.0m 이상을 확보
62. ②를 제외한 나머지는 개발 후 저감대책임
63. 유하형 범람은 범람수가 하천을 따라서 유하하는 범람이며, 범람수위가 하천의 종단방향으로 수면경사를 가지는 것이 특징임
64. 암반사면의 붕괴형태는 원형파괴, 평면파괴, 쐐기파괴, 전도파괴 등이 있음
65. ④는 피난활용정보상의 침수정보 항목이며, 나머지는 대피정보 항목임

정답 61. ③ 62. ② 63. ④ 64. ① 65. ④

66 소하천 설계기준상 소하천의 신설교량 계획 시 고려해야 할 사항으로 틀린 것은?

① 교량의 설치로 홍수흐름이 방해가 되지 않도록 하여야 한다.
② 교량 형하고는 제방의 여유고 이상을 적용함을 원칙으로 한다.
③ 소하천 하도 내에는 교각을 설치하지 않는 것을 원칙으로 한다.
④ 소하천 구역 내에는 교대를 설치하지 않는 것을 원칙으로 한다.

67 유출계수 0.1, 유역면적 1.0km², 도달시간 30분일 때 합리식에 의한 첨두홍수량(m³/s)은? (단, 강우강도식은 I = $\frac{3000}{t}$ 이며, I는 강우강도(mm/hr), t는 강우지속기간(분)이다)

① 1.89 ② 2.78
③ 3.83 ④ 4.87

68 자연재해위험개선지구 정비계획에 관한 설명으로 틀린 것은?

① 시장·군수·구청장은 정비계획의 타당성을 5년마다 재검토하여 정비계획을 재정비하여야 한다.
② 정비계획은 시·군·구 기초자치단체의 관할구역에 지정된 자연재해위험개선지구 전체를 대상으로 수립한다.
③ 계획기간은 향후 10년을 목표연도로 설정하여 1년마다 정비계획을 수립한다.
④ 재해위험성, 투자우선순위, 재해예방효과 등을 종합적으로 검토하여 중·장기계획으로 수립한다.

69 자연재해대책법령상 자연재해저감 종합계획 수립 주기는 얼마인가?

① 3년 ② 5년
③ 7년 ④ 10년

70 재해영향평가 등 협의제도 중 개발사업에서 재해영향평가의 협의기간으로 옳은 것은?

① 10일 ② 15일
③ 20일 ④ 45일

71 피난활용형 재해정보지도 작성 시 표준기재항목이 아닌 것은?

① 침수예상구역 및 침수흔적
② 범람의 발생 특성
③ 대피가 필요한 지구와 대피장소
④ 대피경로 및 위험장소

66. 소하천 구역 내에 교대를 설치하지 않는 경우 제방을 도로 등으로 활용하기 어려우므로 통상 교대는 소하천 구역 내에 설치하지만, 홍수 소통에 지장을 초래하지 않도록 조치함. 또한 교대는 제방 앞 비탈 머리선보다 하도 내로 돌출되지 않도록 설계(제방도 소하천 구역임을 고려해야 함)

67. Q = 0.2778CIA

$C = 0.1,\ I = \frac{3,000}{30}\ mm/hr,\ A = 1km^2$

$Q = 0.2778 \times 0.1 \times \frac{3,000}{30} \times 1 = 2.78m^3/s$

68. 자연재해대책법 13조에 의거 시장·군수·구청장은 자연재해위험개선지구 정비계획을 5년마다 수립하고 시·도지사에게 제출하여야 한다. 또한, 동법 14조에 의거 정비사업계획은 매년 수립하도록 되어 있음

69. 자연재해대책법 16조에 의거 10년마다 시·군 자연재해저감 종합계획을 수립하도록 되어 있음

70.

협의대상		협의기간
행정계획	재해영향성검토	30일
개발사업	재해영향평가	45일
	소규모 재해영향평가	30일

71. ②는 방재교육형 재해정보지도의 표준기재항목임

정답 66. ④ 67. ② 68. ③ 69. ④ 70. ④ 71. ②

72 **전지역단위 저감대책 수립 시 우선적으로 검토·반영해야 하는 관련계획이 아닌 것은?**

① 유역종합치수계획
② 댐기본계획
③ 산림기본계획
④ 소하천정비종합계획

73 **우수유출저감시설 중 지역 내(On-site) 저류시설이 아닌 것은? (정답 2개 인정)**

① 건물지하 저류 ② 운동장 저류
③ 주차장 저류 ④ 하도 내 저류

74 **300m²의 주차장에 침수형 저류시설을 계획하는 경우 저류가능량(m²)은? (단, 주차장 저류의 저류한계수심은 10cm이다.)**

① 20 ② 30
③ 40 ④ 50

75 **자연재해대책법에 의한 자연재해위험개선지구를 지정하여 고시할 때 첨부하는 도면에 포함되지 않는 정보는?**

① 위치 및 유형 ② 등급 및 면적
③ 지정 사유 ④ 피해액

76 **범용토양손실공식의 인자 중 입도분포, 토양의 구조 및 유기물 함량 등에 관계되는 인자는?**

① 토양침식인자
② 지형인자
③ 토양피복인자
④ 토양침식조절인자

77 **침수흔적 조사에 대한 설명 중 틀린 것은?**

① 침수흔적 조사는 재해지도를 작성할 때 기초 자료로 활용하기 위하여 실시한다.
② 행정안전부장관은 침수·범람 등의 피해가 발생한 경우 침수흔적을 조사하여야 한다.
③ 대하천의 범람 등 단기간 내 끝나지 않는 재해의 경우 재해 진행현장을 조사하는 것이 가능하다.
④ 피해발생 후 신속한 조사가 어려운 경우에는 전담기관 및 대행자에 의뢰하여 침수흔적 조사를 실시할 수 있다.

78 **자연재해위험개선지구의 유형이 아닌 것은?**

① 침수위험지구 ② 고립위험지구
③ 토사위험지구 ④ 붕괴위험지구

72. ④는 지구단위 저감대책 수립 시의 관련계획임

73. [정답 2개 인정]
지역 외(Off-site) 저류시설로는 지하저류시설, 건식저류지, 하수도 간선저류, 하도 내 저류 등 있음

74. 저류가능량(m^3) = 저류면적(m^2) × 저류한계수심(m)
저류면적(m^2) = 300
저류한계수심(m) = 0.1
저류가능량(m^3) = 300 × 0.1 = 30m^3

75. 고시 예: 「자연재해대책법」 제12조 제1항에 따라 아래와 같이 자연재해위험개선지구를 지정 고시합니다.

지구명	위치	지정 내용			지정 사유	비고
		유형	등급	면적(m^2)		

붙임: 자연재해위험개선지구 지정도면 1부(따로 붙임)

76. 토양침식인자(K)는 토양의 침식성에 따른 토양침식량의 변화를 나타내는 인자로서, 임도분포, 토양의 구조 및 유기물 함량 등과 관련 있음

77. 「자연재해대책법」 제21조에 의거 지방자치단체의 장은 침수피해가 발생하였을 때 피해 흔적을 조사하여 침수흔적도를 작성하여야 함

78. 자연재해위험개선지구의 유형은 침수, 유실, 고립, 붕괴, 취약방재, 해일, 상습가뭄 등임

정답 72. ④ 73. ①, ④ 74. ② 75. ④ 76. ① 77. ② 78. ③

79 지역 내(On-site) 저류시설 중 침수형 저류시설로 옳은 것은?

① 연못 저류
② 운동장 저류
③ 유수지 저류
④ 건물지하 저류

80 유역면적 1km²인 유역의 원단위법에 의한 연간 토사유출량(m^3/year)은? (단, 원단위는 1.5 m^3/ha/year이다.)

① 100 ② 150
③ 200 ④ 250

제5과목: 방재사업

81 자연재해대책법령상의 방재시설 중 행정안전부장관이 재난관리책임기관장의 유지관리를 평가해야 하는 시설이 아닌 것은?

① 소하천시설 중 수문
② 하천시설 중 관측시설
③ 어항시설 중 물양장
④ 도로시설 중 공동구

82 콘크리트 균열 보수공법이 아닌 것은?

① 표면처리공법 ② 주입공법
③ 충전공법 ④ 라파공법

83 긴급 보수를 위하여 대량의 콘크리트를 연속해서 타설할 경우, 이미 친 콘크리트가 경화를 시작한 후 그 위에 타설한 콘크리트는 일체가 되지 않고 불연속 상태로 된다. 이 불연속면의 명칭은?

① 시공 이음(construction joint)
② 신축 이음(expansion joint)
③ 수축 이음(contraction joint)
④ 콜드 조인트(cold joint)

84 경제성 평가지표 중 모든 타당한 경제적 자료를 단일 계산화하여 평가나 순위매김이 가능하도록 한 방법은?

① 순현재가치(NPV)
② 비용편익비(B/C ratio)
③ 내부수익률(IRR)
④ 순평균수익률(NARR)

79. ②를 제외한 나머지는 지역 외 저류시설이며, 침수형 저류시설로는 단지 내 저류, 주차장 저류, 공원 저류, 운동장 저류 등이 있음

80. 연간토사유출량(m^3/year) = 유역면적(km^2) × 원단위(m^3/ha/year)
유역면적 = 1km² = 100ha
원단위 = 1.5m^3/ha/year
연간토사유출량(m^3/year) = 100 × 1.5 = 150

81. 유지관리가 필요한 시설은 「방재시설의 유지·관리 평가항목 기준 및 평가방법 등」에 의거하여 소하천, 하천, 농업기반, 공공하수도, 어항, 항만, 도로, 산사태, 재난 예·경보시설 등 어항시설 중 방파제, 방사제, 파제제가 해당됨

82. 라파공법은 열화된 콘크리트를 치유하는 보수·보강공법으로 철근부식 단면 보수공법, 단면복구, 면보수(중성화, 염해, 백태) 공법이 해당

83. 시공이음은 단단히 굳은 콘크리트에 새로운 콘크리트를 쳐서 잇기 위해 만든 이음이며, 신축이음은 도로, 암거 등에서 길이 방향의 팽창량을 흡수하는 역할을 하는 이음으로 팽창이음이라고도 함. 수축이음은 콘크리트 표면의 건조로 수축이 발생하여 생기는 균열을 막기 위해 벽의 표면에 브이(V)자 홈으로 수축줄눈을 시공하는 이음임

84. B/C는 순현재가치와 비슷하나 여러 가지 사업을 객관적인 입장에서 비교할 수 있으며, 내부수익률은 비용편익비가 1이 되는 할인율로 순현재가치나 비용편익비의 보완적 평가기법임

정답 79. ② 80. ② 81. ③ 82. ④ 83. ④ 84. ①

85 **다음 중 기상학적 가뭄지수가 아닌 것은?**

① 십분위
② 표준강수지수
③ 파머가뭄지수
④ 지표수공급지수

86 **사방댐을 설치하기에 가장 좋은 위치는?**

① 상하류 계곡 폭의 변화가 없는 곳
② 상류 계류바닥의 물매가 급한 곳
③ 상류부의 계곡 폭이 넓고 경사가 완만한 지역
④ 계상의 양단에 퇴적암이 있는 지역

87 **자연재해위험 개선지구 관리지침의 자연재해위험 개선지구 비용편익 분석에서 침수면적, 침수심, 빈도의 함수로 재난피해액을 산정하는 경제성 평가방법은?**

① 조건부가치측정법
② 간편법
③ 개선법
④ 다차원법

88 **농어촌정비법령상 안전점검의 구분과 실시시기로 틀린 것은?**

① 일상점검: 정기안전점검 주기 사이에 시설의 기능 유지 및 안전상 재해 위험의 확인을 위하여 월 1회 이상 실시한다.
② 정기안전점검: 농업생산기반시설의 운전조작 및 정비, 재해 및 위험 여부 확인, 장애물 제거 등을 위하여 분기별로 1회 이상 실시한다.
③ 긴급안전점검: 정기안전점검 외에 재해나 사고가 발생하거나 시설 안전에 이상 징후가 있을 때 실시하여야 한다.
④ 정밀안전점검: 정기안전점검 또는 긴급안전점검을 실시한 결과, 시설의 기능 유지 및 안전상 재해 위험이 있어 시설물 보수가 필요할 때 실시한다.

89 **대도시 지역의 건물에 대한 침수면적-피해액 관계식(회귀식 사용)이 상수항은 0.23294, 침수면적항은 0.245 s^2, 적합도는 0.63으로 나타났다. 다음과 같이 값이 주어진 경우 대도시 지역의 건물 피해방지 편익은 얼마인가?**

(단, $s = \dfrac{침수면적(ha)}{도시유형별\ 평균침수면적(ha)}$ 이다.)

- 평균침수면적: 875.3ha
- 침수면적: 5.45ha
- 평균 침수피해액: 206.8백만 원
- 홍수빈도율: 0.556

① 0.2백만 원
② 26.8백만 원
③ 48.2백만 원
④ 255.0백만 원

85. 기상학적 가뭄은 강수량이 부족한 경우를 말하며, 지표수공급지수는 수문학적 가뭄에 해당

86. 사방댐은 유역의 상류지역 또는 단지개발에 따른 토사 유입 예상지역에 설치하여 유송된 모래와 자갈 등을 저류·조절하기 위한 목적으로 설치되며, 사방댐 적정 위치는 월류수에 의한 비탈 끝의 세굴·침식 방지를 위하여 하상 및 양안에 암반이 있고 공사비의 절감을 위하여 상류부의 폭이 넓은 협착부 지점이 좋음

87. 간편법은 총 홍수피해액으로, 개선법은 침수면적, 피해액을 고려하여 산정하며, 다차원법은 대상자산에 대하여 침수면적, 침수심, 피해율(피해액을 빈도별로 계산)을 고려하여 평가함

89. 편익 = (상수항 + 침수면적항) × 평균침수피해액 × 홍수빈도율

$S = \dfrac{침수면적(ha)}{도시유형별\ 평균침수면적(ha)} = \dfrac{5.45}{875.3} = 0.006$

상수항 = 0.23294
침수면적항 = $0.245S^2 = 0.245 \times (0.006)^2$
평균침수피해액 = 206.8백만 원
홍수빈도율 = 0.556
편익 = $(0.23294 + 0.245 \times (0.006)^2) \times 206.8 \times 0.556$
= 26.8백만 원

정답 85. ④ 86. ③ 87. ④ 88. ① 89. ②

90 **하천의 홍수재해 피해 저감을 위한 구조적 대책이 아닌 것은?**

① 제방 설치 및 하천개수 공사
② 하수도 및 배수펌프장 설치
③ 댐 설치
④ 홍수방재계획 수립

91 **재해에 대비하여 토류구조물 설치 시 각 부재와 인근 구조물의 응력변화를 측정하여 이상변형을 파악하는 계측기는?**

① 경사계 ② 변형율계
③ 간극 수압계 ④ 진동측정계

92 **국가계약법령상 하자검사에 대한 내용으로 옳은 것은?**

① 하자담보 책임기간 중 연 2회 이상 정기적으로 하자검사를 실시한다.
② 하자담보 책임기간이 만료되면 만료일부터 7일 이내에 따로 최종검사를 받아야 한다.
③ 최종검사에서 발견된 하자는 하자보수완료 확인서가 발급되기 전까지 계약자가 본인 부담으로 보수해야 한다.
④ 계약자가 하자검사에 입회를 거부했을 경우 계약담당공무원은 일방적으로 하자검사를 할 수 없다.

93 **방풍설비의 구조 및 설치기준이 아닌 것은?**

① 방풍림시설을 위한 수종은 뿌리가 깊고 줄기와 가지가 건장하며 잎이 많은 상록수를 선정하여 방풍목적과 함께 쾌적한 환경조성에도 기여할 수 있도록 할 것
② 방풍 및 방조를 목적으로 하는 때에는 방풍림·염화비닐망 등을 주된 풍향과 직각방향은 피해 설치할 것
③ 해수가 직접 닿는 곳에는 수림대의 설치를 피하고 울타리를 설치하는 것
④ 해안에 접하는 지역의 수림대에는 키가 낮은 나무를 심고, 내륙 쪽으로 갈수록 차츰 높은 나무를 심을 것

94 **우리나라의 지형적 특성에 따른 연안침식 유형이 아닌 것은?**

① 백사장 침식 ② 이상파랑
③ 토사포락 ④ 호안붕괴

95 **지상공간 내수침수피해의 구조적 주요원인으로 틀린 것은?**

① 하수관거 퇴적으로 인한 통수단면 부족
② 침수예측 및 위험도 분석 부재
③ 설계기준 초과 강우로 펌프장 용량 부족
④ 배수펌프장 작동 미숙 및 적정 설계부족

90. 하천의 홍수피해 저감을 위하여 구조적 대책과 비구조적 대책을 수립할 수 있음. 구조적 대책으로는 제방, 호안, 하도정비, 댐, 저수지, 펌프장, 방수로 등이 있으며, 비구조적 대책으로는 홍수방재계획, 홍수 예·경보, 댐-보-저수지 연계 운영 방안, 홍수보험, 홍수터 관리 등이 있음
91. 변형율계는 통상적으로 버팀보, 구조물 등에 작용하는 응력의 증감량을 측정하여 구조물의 안정성을 예측
92. 「국가를 당사자 하는 계약에 관한 법률 시행령, 시행규칙」에 의거하여 하자검사를 실시한다. 하자담보 책임기간이 만료되면 만료일부터 14일 전부터 만료일까지 최종검사를 받아야 하고, 계약자가 하자검사에 입회를 거부했을 경우 계약담당공무원은 일방적으로 하자검사를 할 수 있음
93. 방풍설비는 「결정·구조 및 설치기준에 관한 규칙」에 의거하여 설치되며, 방풍 및 방조를 목적으로 하는 때에는 방풍림·염화비닐망 등을 주된 풍향과 직각방향으로 설치해야 함
94. 연안침식은 해안의 육지가 침식되어 소멸되는 현상으로 기후변화, 지형적 요인 등에 의한 자연적 연안침식과 이안제, 호안, 준설, 방풍림 조성 등에 의한 인위적 연안침식으로 구분할 수 있음
95. 침수예측 및 위험도 분석은 비구조적 원인에 해당

정답 90. ④ 91. ② 92. ①, ③ 93. ② 94. ② 95. ②

96 **사면 방재시설 시공 및 계획 시 지하수 배수시설에 대한 내용으로 틀린 것은?**

① 배수시설의 설치위치, 설치범위, 지표수 배수시설과의 연계방안 등을 고려하여 계획한다.
② 지하수 배수시설의 계획은 지하수위 및 용수량 등을 감안하여 배수유량을 산정한다.
③ 최종 결정은 용수의 발생유무, 지형적 조건, 지반조건 등을 고려하여 설계 시 결정한다.
④ 지하수 배수시설의 설계는 지반 내의 지하수 분포와 지층별 투수특성을 고려한 해석을 수행하여 배수용량을 산정하고 적정 배수공법과 규격을 결정한다.

97 **대도시 지역에 대하여 다음과 같은 값이 주어진 경우, 이재민 발생방지 편익은 얼마인가?**

- 연평균 유지관리비: 55.2백만 원
- 침수면적: 5.45ha
- 단위 침수면적당 이재민 수: 1.85명/ha
- 일평균 국민소득: 일평균 0.027만 원/명·일
- 평균 대피일 수: 10일
- 홍수빈도율: 0.556

① 0.206만 원 ② 0.962만 원
③ 1.514만 원 ④ 2.722만 원

98 **산비탈 붕괴로 인하여 5,000m^3의 토사를 굴착하고자 한다. 굴착작업은 25m^3/h의 불도저 1대로 사용하며 시간당 경비로서 운전경비 3,000원, 기계감가상각비 5,000원, 기계수리비 500원, 고정적 경비로서 수송비 15,000원, 기타비용 10,000원, 관리비는 전 경비의 10%로 볼 때 개략적인 총공사비는 얼마인가?**

① 180만 원 ② 185만 원
③ 190만 원 ④ 195만 원

99 **하천치수사업의 경제적 편익으로 직접편익에 해당하는 것은?**

① 침수로 인한 오염 피해 감소효과
② 교통 두절에 의한 물류유통 감소효과
③ 교통 두절에 의한 피해 감소효과
④ 농경지 토사 매몰 방지효과

100 **다음 설명 중 틀린 것은?**

① 유로공은 하상유지시설과 호안을 동시에 설치한다.
② 사방댐은 유역의 하류지역에만 설치 가능하다.
③ 하상유지시설은 종단침식방지를 통해 하상안정, 하상퇴적물 유출방지 및 공작물 기초보호가 이루어지도록 한다.
④ 침사지는 필요에 따라 토석류 발생을 방지하는 공사와 병행하여야 한다.

---

97. 이재민 편익 = 침수면적 × 단위 침수면적당 이재민수 × 일평균 국민소득 × 대피일수 × 홍수빈도율
침수면적 = 5.45ha
단위 침수면적당 이재민 수 = 1.85명/ha
일평균 국민소득 = 0.027만 원/명, 일
대피일 수 = 10일
홍수빈도율 = 0.556
편익 = (5.45 × 1.85 × 0.027 × 10 × 0.056) = 1.514만 원

98. 개략 총공사비 = {(시간 × 시간당 경비) + 고정 경비} × 관리비
시간(h) = 5,000/25 = 200
시간당 경비(원) = 3,000 + 5,000 + 500 = 8,500
고정 경비(원) = 15,000 + 10,000 = 25,000
관리비 = 전 경비의 10%
{(200 × 8,500) + 25,000} × 1.1 = 190만 원

99. 하천치수사업으로 직·간접 편익이 발생한다. 교통·통신두절에 의한 피해 감소효과, 오염 피해 감소효과 등은 간접편익에 해당되며, 농경지 피해, 도시지역 침수, 주민들의 생명과 재산에 해당되는 것은 직접편익에 해당됨

100. 사방댐은 유역의 상류지역 또는 단지개발에 따른 토사 유입 예상지역에 설치하여 유송된 모래와 자갈 등을 저류·조절하기 위한 목적으로 설치되며, 사방댐 적정 위치는 월류수에 의한 비탈 끝의 세굴·침식 방지를 위하여 하상 및 양안에 암반이 있고 공사비의 절감을 위하여 상류부의 폭이 넓은 협착부 지점이 좋음

정답 96. ③ 97. ③ 98. ③ 99. ④ 100. ②

국가자격시험
완벽풀이

2020.8.22. 시행

제2회 방재기사필기

제1과목: 재난관리

1 재난 및 안전관리 기본법령상 재난관리의 정의로 옳은 것은?

① 재난이나 그 밖의 각종 사고로부터 사람의 생명·신체 및 재산의 안전을 확보하기 위하여 하는 모든 활동을 말한다.
② 대한민국의 영역 밖에서 대한민국 국민의 생명·신체 및 재산에 피해를 주거나 줄 수 있는 재난으로서 정부차원에서 대처할 필요가 있는 재난을 말한다.
③ 재난의 예방·대비·대응 및 복구를 위하여 하는 모든 활동을 말한다.
④ 재난이 발생할 우려가 있거나 재난이 발생하였을 때에 국민의 생명과 신체의 피해를 줄이기 위해 하는 모든 활동을 말한다.

2 자연재해대책법령상 지구단위별 종합복구계획 수립 대상지역에 포함되지 않는 것은?

① 도로·하천 등의 시설물에 복합적으로 피해가 발생하여 시설물별 복구보다는 일괄복구가 필요한 지역
② 산사태로 인하여 하천 유로변경 등이 발생한 지역으로서 근원적 복구가 필요한 지역
③ 「국토의 계획 및 이용에 관한 법률」에 따른 빗물저장시설 등 환경기초시설의 일괄 복구가 필요한 지역
④ 복구사업을 위하여 국가 차원의 신속하고 전문적인 인력·기술력 등의 지원이 필요하다고 인정되는 지역

1. ① "학교안전관리"란 재난이나 그 밖의 각종 사고로부터 학생 및 교직원의 생명·신체 및 재산의 안전을 확보하기 위하여 하는 모든 활동을 말함
② "해외재난"이란 대한민국의 영역 밖에서 대한민국 국민의 생명·신체 및 재산에 피해를 주거나 줄 수 있는 재난으로서 정부차원에서 대처할 필요가 있는 재난을 말함
③ "재난관리"란 재난의 예방·대비·대응 및 복구를 위하여 하는 모든 활동을 말함
④ "긴급구조"란 재난이 발생할 우려가 현저하거나 재난이 발생하였을 때에 국민의 생명·신체 및 재산을 보호하기 위하여 긴급구조기관과 긴급구조지원기관이 하는 인명구조, 응급처치, 그 밖에 필요한 모든 긴급한 조치를 말함

2. 「자연재해대책법」 제46조의3(지구단위종합복구계획 수립)에 따르면 다음 지역에 대하여 지구단위종합복구계획을 수립할 수 있음
① 도로·하천 등의 시설물에 복합적으로 피해가 발생하여 시설물별 복구보다는 일괄 복구가 필요한 지역
② 산사태 또는 토석류로 인하여 하천 유로변경 등이 발생한 지역으로서 근원적 복구가 필요한 지역
③ 복구사업을 위하여 국가 차원의 신속하고 전문적인 인력·기술력 등의 지원이 필요하다고 인정되는 지역
④ 피해 재발 방지를 위하여 기능복원보다는 피해지역 전체를 조망한 예방·정비가 필요하다고 인정되는 지역
⑤ 제1호부터 제4호까지에서 규정한 지역 외에 자연재해의 근원적 복구와 예방이 필요한 지역으로서 대통령령으로 정하는 지역

정답 1. ③ 2. ③

3 자연재해대책법령상 비상대처계획을 수립하여야 하는 내진설계 대상 시설물에 해당하지 않는 것은?

① 「공항시설법」에 따른 공항시설 중 여객터미널 등 지진으로 인한 재해가 우려되는 시설
② 「도시가스사업법」에 따른 가스사용시설 중 지진으로 인한 재해가 우려되는 시설
③ 「항만법」에 따른 항만시설 중 방파제 등 지진으로 인한 재해가 우려되는 시설
④ 「도시철도법」에 따른 도시철도 중 철도모노레일 등 지진으로 인한 재해가 우려되는 시설

4 재난 및 안전관리기본법령상 특별재난의 범위에 관한 설명이다. ( )에 들어갈 내용으로 옳은 것은?

> 1. 자연재난으로서 「자연재난 구호 및 복구비용 부담기준 등에 관한 규정」에 따른 국고 지원 대상 피해 기준금액의 (㉠)배를 초과하는 피해가 발생한 재난
> 1의2. 자연재난으로서 「자연재난 구호 및 복구비용 부담기준 등에 관한 규정」에 따른 국고 지원 대상에 해당하는 시·군·구의 관할 읍·면·동에 같은 항 각 호에 따른 국고 지원 대상 피해 기준금액의 (㉡)을 초과하는 피해가 발생한 재난

① ㉠: 2.5, ㉡: 4분의 1
② ㉠: 2.5, ㉡: 2분의 1
③ ㉠: 3, ㉡: 4분의 1
④ ㉠: 3, ㉡: 2분의 1

5 자연재해대책법령상 재해정보 및 비상지원 등에 관한 설명으로 틀린 것은?

① 재난관리책임기관의 장은 자연재해가 발생하면 그 현황을 실시간으로 종합적인 재해정보체계에 입력하여야 한다.
② 지방자치단체의 장은 필요하면 비상대처계획의 수립 실태를 점검할 수 있다.
③ 해양경찰청은 해상에서의 각종 지원 및 수난 구호 등에 관한 사항에 대하여 긴급지원계획을 수립하여야 한다.
④ 산업통상자원부장관은 종합 재해정보체계의 효율적인 활용을 위하여 재해정보체계 표준을 개발하여 보급하여야 한다.

6 다음에서 설명하는 위험분석기법은?

> • 특정한 사고(결과)에 대해 연역적으로 원인을 파악하는 기법이다.
> • 사고 또는 사건을 초래할 수 있는 장치의 이상과 고장의 다양한 조합을 표시하는 도식적 방법이다.

① 결함수분석기법(FTA)
② 예비위험분석기법(PHA)
③ 사건수분석기법(ETA)
④ 결함사고(위험)분석기법(FHA)

3. 「자연재해대책법」 제30조(비상대처계획의 수립 대상 시설물 등)에 따르면 「도시가스사업법」 제2조제5호에 따른 가스공급시설 및 「고압가스 안전관리법」 제3조제1호에 따른 저장소 중 지진으로 인한 재해가 우려되는 시설에 대해 비상대처계획을 수립하여야 함
4. ① 「재난 및 안전관리 기본법 시행령」 제69조제1항제1호에 따라 특별재난지역으로 선포된 경우: 제5조제1항 각 호에 해당하는 금액의 2.5배
   ② 「재난 및 안전관리 기본법 시행령」 제69조제1항제1호의2에 따라 특별재난지역으로 선포된 경우: 제5조제1항 각 호에 해당하는 금액의 4분의 1
5. 「자연재해대책법」 제35조(중앙긴급지원체계의 구축)에 따르면 산업통상자원부장관은 긴급에너지 수급 지원 등에 관한 사항에 대하여 긴급지원계획을 수립하여야 함
6. ① 결함수분석기법(Fault Tree Analysis, FTA): 하나의 특정한 사고에 집중한 연역적 기법으로 사고의 원인을 규명하기 위한 평가 기법을 제공한다. 결함수는 사고를 낳을 수 있는 장치의 이상과 고장의 다양한 조합을 표시하는 위험성평가 기법
   ② 예비위험분석기법(Preliminary Hazard Analysis, PHA): 위험요소를 감소시키거나 제거하기 위한 시스템의 위해요소 식별과 이들 요소의 위험정도의 평가, 예비추천사항의 목록화를 하는 위험성평가 기법

정답 3. ② 4. ① 5. ④ 6. ①

7 **재난 및 안전관리기본법령상 대규모 재난의 대응 · 복구 등에 관한사항을 총괄 · 조정하고 필요한 조치를 하기 위하여 행정안전부에 두는 기구는?**

① 중앙안전관리위원회
② 중앙재난안전대책본부
③ 재난안전상황실
④ 안전정책조정위원회

8 **댐 · 저수지 붕괴 등에 의한 하류 위험지역의 위험도 평가 시 인구에 대한 평가에 대한 설명으로 틀린 것은?**

① 위험지역의 인구는 붕괴 시, 범람으로 인한 인명피해 잠재성의 정량화된 척도로 사용된다.
② 위험지역의 인구는 붕괴 시, 범람으로 인한 하류 위험지역으로부터 피난해야 될 사람의 수를 말한다.
③ 위험지역의 인구는 상시 거주지뿐만 아니라 작업장과 임시거주지 인구까지 포함한다.
④ 인구위험도는 PAR(Person At Risk)로 표시되기도 하는데 댐의 상류지역에 거주하는 사람의 수로 정의할 수 있다.

9 **지반의 액상화(Liquefaction)현상에 가장 큰 영향을 주는 재난으로 옳은 것은?**

① 홍수 ② 대설
③ 지진 ④ 화산활동

10 **자연재해대책법령상 방재관리대책대행자(이하 '대행자'라 한다) 등록요건에 관한 설명으로 틀린 것은?**

① 「기술사법」에 따른 기술사사무소의 개설자는 대행자로 등록할 수 있다.
② 기술인력 1명이 2종 이상의 기술자격을 보유하고 있는 경우에는 1종의 기술자격만 보유한 것으로 본다.
③ 대행자로 등록하려는 자가 이미 보유한 기술인력은 대행자 등록을 위한 기술인력으로 중복하여 등록할 수 있다.
④ 대행자의 기술인력으로 고용된 사람은 지방자치단체 등에 이중으로 취업할 수 있다.

11 **자연재해대책법령상 시 · 군 자연재해저감 종합계획의 수립주기는?**

① 2년 ② 4년
③ 8년 ④ 10년

③ 사건수분석기법(Event Tree Analysis, ETA):
정량적 분석방법으로 초기화 사건으로 알려진 특정한 장치의 이상이나 근로자의 실수로부터 발생되는 잠재적인 사고결과를 예측·평가하는 기법
④ 결함사고(위험)분석기법(Fault Hazard Analysis, FHA):
복잡한 시스템에서는 한 계약자만으로 모든 시스템의 설계를 담당하지 않고 몇 개의 공동 계약자가 각각의 서브시스템을 분담하고 통합계약업자가 그것을 통합하는데, FHA는 이런 경우의 서브시스템 해석 등에 사용되는 기법

7. 「재난 및 안전관리 기본법」 제2절 제14조에 따르면 ① 대통령령으로 정하는 대규모 재난의 대응·복구(이하 "수습"이라 함) 등에 관한 사항을 총괄·조정하고 필요한 조치를 하기 위하여 행정안전부에 중앙재난안전대책본부를 둠
8. 「저수지·댐 붕괴 등에 따른 비상대처계획 수립 지침」에 따르면 댐 하류부 지역에 거주하면서 댐 붕괴 시 위험에 처할 수 있는 사람의 수로 정의할 수 있음
9. 지진에 의한 대표적인 피해 유형으로 지반 진동에 의한 피해(구조물 붕괴, 산사태, 지반 액상화 등), 지표면의 단층 파괴, 쓰나미 등이 있음
10. 자연재해대책법 시행령(제32조의2제2항) 방재관리대책대행자 등록 요건에 따르면, 대행자의 기술인력으로 고용된 사람은 정부 또는 지방자치단체, 정부 또는 지방자치단체의 출연기관, 일반기업체 등에 이중으로 취업하고 있지 않아야 하며, 다른 대행자의 기술인력으로 등록되어 있지 않아야 함
11. 「자연재해저감 종합계획 세부수립기준」에서 "수립대상 및 수립 주기"는 10년이며, 수립 주기가 도래하기 전 재수립이 완료되도록 하여야 함

정답 7. ② 8. ④ 9. ③ 10. ④ 11. ④

12 일반자산의 총 직접피해액 산출 시 고려되지 않는 것은?

① 연평균피해액
② 일반자산피해액
③ 인명피해액
④ 일반자산 피해액에 대한 공공시설물의 비율

13 자연재해대책법령상 재해정보지도에 해당하지 않는 것은?

① 방재교육형 재해정보지도
② 보험산정형 재해정보지도
③ 방재정보형 재해정보지도
④ 피난활용형 재해정보지도

14 재난 및 안전관리기본법령상 특별재난지역에 관한 설명으로 옳지 않은 것은?

① 특별재난지역의 선포를 건의받은 대통령은 해당 지역을 특별재난지역으로 선포할 수 있다.
② 대통령이 특별재난지역을 선포하는 경우에 중앙대책본부장은 특별재난지역의 구체적인 범위를 정하여 공고하여야 한다.
③ 사회재난과 관련하여 특별재난지역으로 선포한 지역에 대해서는 「재해 구호법」에 따른 의연금품을 지원할 수 있다.
④ 중앙대책본부장은 지원을 위한 피해금액과 복구비용의 산정, 국고지원 내용 등을 관계중앙행정기관의 장과의 협의 및 중앙대책본부회의의 심의를 거쳐 확정한다.

15 자연재난 구호 및 복구 비용 부담기준 등에 관한 규정상 재난복구사업을 위한 지원항목에 해당하지 않는 것은?

① 주택복구
② 공공시설의 복구
③ 농경지 및 염전 복구
④ 토지매입 비용

16 재해구호법령상 재해구호계획에 포함되어야 할 사항으로 명시되지 않은 것은?

① 임시주거시설의 제공에 관한 사항
② 재해구호기금의 운영·관리에 관한 사항
③ 재해구호에 대한 교육 및 훈련에 관한사항
④ 심리회복 지원에 관한 사항

12. 「자연재해위험개선지구 관리지침」의 "다차원법"에 따르면 직접피해액 산출 시 고려되는 항목은 건물피해액, 건물내용물 피해액, 농경지 피해액, 농작물 피해액, 산업지역피해율, 인명피해액, 일반자산피해액, 공공시설물 피해율

13. 「자연재해대책법 시행령」의 제18조, 제21조제1항에 따르면 침수흔적도와 침수예상도 등을 바탕으로 재해 발생 시 대피 요령, 대피소 및 대피 경로 등의 정보를 표시한 지도로 피난활용형, 방재정보형, 방재교육형 재해정보지도가 있음

14. 「재난 및 안전관리 기본법 시행령」 제70조(특별재난지역에 대한 지원)에 따르면 사회재난과 관련하여 특별재난지역으로 선포한 지역에 대한 특별지원의 내용은 다음과 같음
① 「사회재난 구호 및 복구 비용 부담기준 등에 관한 규정」에 따른 지원
② 제1항제3호 및 제5호에 해당하는 지원
③ 그 밖에 중앙대책본부장이 필요하다고 인정하는 지원
- 「재해 구호법」에 따라 의연금품을 지원받는 특별재난지역은 자연재난과 관련된 지역임

15. 「자연재난 구호 및 복구 비용 부담기준 등에 관한 규정」의 제4조에 따르면 재난복구사업을 위한 지원항목은 주택 복구, 농경지 및 염전 복구, 농림시설·농작물 및 산림작물의 복구, 축산물 증식시설의 복구와 가축 등의 입식, 어선과 어망·어구의 복구, 수산물의 증식 및 양식 시설의 복구와 수산생물의 입식, 공공시설의 복구 등이 있음

16. 「재해 구호법 시행령」 제4조(재해구호계획에 포함하여야 할 사항)에 따라 재해구호계획에 포함하여야 할 사항은 다음과 같음
① 「재해 구호법」 제4조제1항제1호에 따른 임시주거시설의 제공에 관한 사항
② 「재해 구호법」 제6조제1항에 따른 구호에 필요한 조직·인력 및 운영체계에 관한 사항
③ 재해구호에 대한 교육 및 훈련에 관한 사항
④ 응급구호·의료지원·감염병관리 및 위생지도 등 보건의료에 관한 사항

정답 12. ① 13. ② 14. ③ 15. ④ 16. ②

17 **재난 및 안전관리기본법령상 재난관리책임기관에 해당하지 않는 것은?**

① 국립검역소 ② 한국방송공사
③ 시·도의 교육청 ④ 한국관광공사

18 **대규모 복합재난 대응훈련 기본지침상 도상훈련에 관한 설명으로 틀린 것은?**

① 대표적인 도상훈련 참여자는 복합재난 대응훈련준비단의 구성원들로 주관기관 훈련부서, 유관기관 훈련실무자, 고위직 공무원 등이다.
② 보통 도상훈련은 개념의 이해를 돕고, 장단점을 식별하며, 태도의 변화를 이끌어내기 위한 목적으로 실행한다.
③ 훈련주관 기관장이 소속기관 등의 직원에게 핵심적인 주요과제를 사전에 부여하여 실시한다.
④ 도상훈련방법은 기본과정과 전문과정이 있다.

19 **재난 및 안전관리기본법령상 '사회재난'에 해당하는 것은?**

① 태풍
② 낙뢰
③ 소행성·유성체 등 자연우주물체의 추락·충돌
④ 「미세먼지 저감 및 관리에 관한 특별법」에 따른 미세먼지 등으로 인한 피해

20 **지진 · 화산재해대책법령상 내진설계기준의 설정 대상으로 틀린 것은?**

① 「폐기물관리법」에 따른 폐기물감량화시설
② 「수도법」에 따른 수도시설
③ 「송유관 안전관리법」에 따른 송유관
④ 「석유 및 석유대체연료 사업법」에 따른 석유정제시설·석유비축시설 및
⑤ 석유저장시설

제2과목: 방재시설

21 **자연재해대책법령상 수방기준을 제정하는 대상 시설물에 해당하지 않는 것은?**

① 소하천정비법에 따른 소하천 부속물 중 제방
② 하천법에 따른 하천시설 중 제방
③ 농어촌정비법에 따른 농업생산기반시설 중 농수산물유통시설
④ 하수도법에 따른 하수도 중 하수관로 및 공공하수처리시설

⑤ 구호에 필요한 물자 등의 조달(사전 구매처 지정에 관한 사항을 포함)·운송·비축 및 관리(지원·배분에 관한 사항을 포함)에 관한 사항
⑥ 심리회복 지원에 관한 사항
⑦ 재해구호를 위한 군부대·유관기관 및 민간구호단체와의 협력체계에 관한 사항
⑧ 그 밖에 재해구호에 관하여 필요한 사항

17. 재난관리책임기관이란 「재난 및 안전 관리 기본법」에서 대통령령이 정하는 재난관리 업무를 행하는 기관. 중앙행정기관 및 지방자치단체, 지방행정기관, 공공기관, 공공단체 및 재난관리의 대상이 되는 중요 시설의 관리기관을 포함하며, 한국방송공사는 해당되지 않음
18. 훈련주관 기관장이 소속기관 등의 직원에게 핵심적인 주요과제를 사전에 부여하는 훈련은 토의훈련
19. 재난 및 안전관리 기본법 제3조(정의)에서는 다음과 같이 사회재난을 정의함
    사회재난이란 화재·붕괴·폭발·교통사고(항공사고 및 해상사고를 포함)·화생방사고·환경오염사고 등으로 인하여 발생하는 대통령령으로 정하는 규모 이상의 피해와 국가핵심기반의 마비, 「감염병의 예방 및 관리에 관한 법률」에 따른 감염병 또는 「가축전염병예방법」에 따른 가축전염병의 확산, 「미세먼지 저감 및 관리에 관한 특별법」에 따른 미세먼지 등으로 인한 피해를 포함
20. 지진·화산재해대책법 제14조(내진설계기준의 설정)에 따르면 관계 중앙행정기관의 장은 지진이 발생할 경우 재해를 입을 우려가 있는 다음 각 호의 시설 중 대통령령으로 정하는 시설에 대하여 관계 법령 등에 내진설계기준을 정하고 그 이행에 필요한 조치를 취하여야 함. 「폐기물관리법」에 따른 매립시설은 이에 해당
21. 농어촌정비법에서는 농업생산기반시설 중 저수지가 대상

정답 17. ② 18. ③ 19. ④ 20. ① 21. ③

22 해안재해 중 해안침식의 원인이 아닌 것은?

① 높은 파고에 의한 모래 유실
② 해사채취에 의한 해안토사 평형상태 붕괴
③ 해안구조물에 의한 연안표사 이동
④ 해안 표류물의 퇴적

23 다음은 내수시설물 중 어떤 설계기준에 관한 설명인가?

• 제방으로부터 이격거리
• 펌프장 지반고
• 배수용량
• 토출암거 설치 시 수격작용 영향

① 유수지 ② 수문
③ 배수펌프장 ④ 침전지

24 사면재해 방지시설에 대한 취약 요인 검토사항이 옳게 연결되지 않은 것은?

① 옹벽 - 배수공, 균열, 기울기
② 석축 - 석축 간의 결합 상태, 석축 파손 상태, 기울기
③ 낙석방지 울타리 - 울타리 파손여부, 인접 시설물과의 이격거리
④ 법면 보호 울타리 - 법면 보호면의 인장력

25 하천의 하상경사가 급하고 저수지의 관리수위 이하의 저수율을 보유하고 있는 하천 시점부의 농경지에서의 취약한 재해유형은?

① 하천재해 ② 가뭄재해
③ 내수재해 ④ 토사재해

26 일반현황 조사 대상 중 인문현황조사 항목이 아닌 것은?

① 인구현황 ② 산업현황
③ 문화재현황 ④ 토지이용현황

27 하천의 물넘이 시설인 위어의 유량(Q)이 500m³/s일 때, 사각위의 월류수심(H)이 2.9m, 위어유량계수(C)가 2일 때, 위어 폭(L)은 약 몇 m인가?

① 26.24 ② 50.62
③ 60.62 ④ 101.24

28 지형현황 조사를 위한 분석항목에 해당하지 않는 것은?

① 지질분석 ② 표고분석
③ 절·성토 사면분석 ④ 경사분석

29 그림과 같은 혼성방파제의 직립부에 파고 5m 주기 10sec의 파랑이 작용이 작용할 때 최대충격압을 Minikin공식

$$P_m = 102.4\,\rho g d\,(1+\frac{d}{h})\,\frac{H}{L}$$

으로 구하면 약 얼마인가? (단, 파장은 103m, 해수의 단위중량은 1.025kN/m³이다)

22. 이 외에 배사장 침식 및 항내 매몰, 해안선 침식에 따른 건축물 등 붕괴, 댐, 하천구조물, 골재 채취 등에 의한 토사공급 감소 등이 있음
23. 배수펌프장의 설계기준이며, 이 외에 배수용량, 정전사고 대책, 소음방지 대책 등이 있음
24. 법면 보호면에 인장 균열이 취약요인에 해당함
27. $Q = CLH^{3/2}$
$500 = 2 \times L \times 2.9^{3/2}$
L = 50.62 m
28. 이 외에 자연사면 분석이 있음
29. $P_m = 102.4 \times 1.025 \frac{kN}{m^3} \times 7m \times (1+\frac{7}{13}) \times \frac{5}{103}$
$= 54.87\ kN/m^2$

정답 22. ④ 23. ③ 24. ④ 25. ② 26. ④ 27. ② 28. ① 29. ④

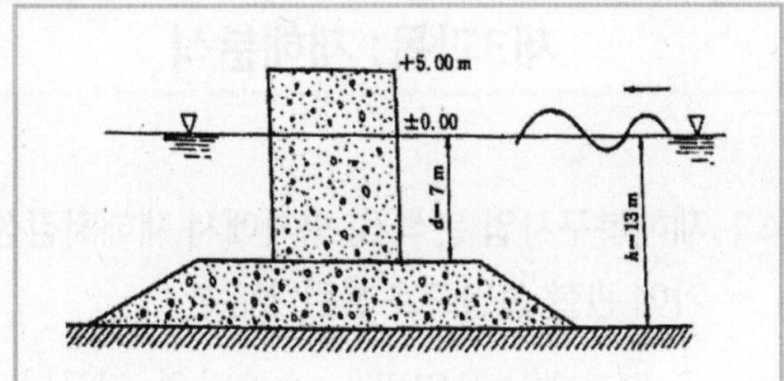

① 40kN/m²　　② 45kN/m²
③ 50kN/m²　　④ 55kN/m²

30 재난대응훈련 프로그램 영역에서 위기관리 매뉴얼상의 정부 부처의 조치 목록이 잘못 연결된 것은?

① 기상청: 신속하고 정확한 호우특보 전파
② 교육부: 긴급동원체계 및 인명구조 긴급지원태세 유지
③ 산림청: 산사태 취약지역 및 임도피해 우려지역 예찰강화
④ 보건복지부: 재해지역 식중독 예방대책 추진

31 국가방재기본정책에 근거한 방재시설 중 · 장기 정책변화의 방향으로 옳은 것은?

① 국토관리 계획 분야는 과거 종합적, 과학적 관리에 단편적, 경험적 관리로 변화 예상
② 방재 예산 분야는 복구 중심에서 예방중심으로 변화 예상
③ 취약지구 관리 분야는 광역적으로 이루어지던 부분이 국지적으로 변화 예상
④ 피해복구 분야는 지속가능한 복구개념에서 원상복구의 개념으로 변화 예상

32 자연재해위험개선지구 관리지침상 배수문, 유수지, 저류지 등 방재시설물이 노후화하여 재해발생이 우려되는 시설물에 대하여 지정하는 자연재해위험지구는?

① 취약방재시설지구 ② 붕괴위험지구
③ 고립위험지구　　④ 유실위험지구

33 재해연보에 의거한 과거에 발생한 재해이력 현황조사 시 필요 없는 항목은?

① 이재민　　② 구호품
③ 침수면적　　④ 농작물

34 과거 발생한 풍수해 발생현황 조사대상에 해당하지 않는 것은?

① 연도별·시설물별 피해액 현황
② 연도별·시설물별 복구비 현황
③ 연도별·시설물별 손상률 현황
④ 연도별 피해시설 분석을 통한 지방자치단체 재해 특성

35 유역의 시점부 표고가 170m이고 종점부 표고가 110m이며 시점부에서 종점부까지의 거리가 1,200m일 때 유역의 경사는 얼마인가?

① 3%　　② 5%
③ 7%　　④ 9%

36 방재시설 피해 현장의 지반 조사 순서로 옳게 연결된 것은?

① 예비조사 → 보완조사 → 본조사
② 예비조사 → 본조사 → 보완조사

30. 교육부는 학생안전대책 및 학교시설 안전관리 강화 관련 임무 수행
31. 국토관리 계획 분야는 단편적, 경험적 관리에서 종합적, 과학적 관리로 변화, 취약지구 관리는 국지적 시설 개선에서 광역적 원인 해소, 피해복구 분야는 단순 복구에서 예방복구 중심으로 변화
33. 재해연보에는 인명, 침수면적, 건물, 선박, 농경지, 공공시설 및 사유시설에 대한 피해자료가 있음
34. 이 외에 연도별 피해시설의 종류, 개소수, 개소수 비율, 피해액, 피해액 비율 등이 있음
35. $\frac{(170-110)}{1,200} \times 100 = 5\%$

정답 30. ② 31. ② 32. ① 33. ② 34. ③ 35. ② 36. ②

③ 본조사 → 보완조사 → 예비조사
④ 본조사 → 예비조사 → 보완조사

37 **내수재해의 원인이 아닌 것은?**

① 외수 증가에 따른 우수 및 하수의 역류
② 도시개발에 따른 유출량 증가
③ 인공사면의 시공불량
④ 배수로 및 하수로의 배수능력 부족

38 **자연재해대책법령상 자연재해위험개선지구 정비계획 수립주기는?**

① 1년　② 3년
③ 5년　④ 7년

39 **하천설계 시 하천제방에 대한 설계기준의 설명으로 틀린 것은?**

① 제방고는 계획홍수위에 여유고를 더한 높이 이상으로 한다.
② 파랑고가 여유고보다 높은 경우는 파랑고를 여유고로 한다.
③ 계획홍수량이 200 m^3/sec 미만인 경우 여유고는 0.6m 이상으로 한다.
④ 계획홍수량이 200 m^3/sec 미만인 경우 둑마루폭은 3.0m 이상으로 한다.

40 **자연재해대책법령상 우수유출저감시설 중 침투시설에 해당하지 않는 것은?**

① 침투통　② 빗물받이
③ 침투트렌치　④ 투수성 포장

제3과목: 재해분석

41 **재해복구사업 분석 및 평가에서 재해저감성 평가에 관한 설명으로 틀린 것은?**

① 평가대상 유역 또는 수계단위, 지구단위로 평가를 한다.
② 복구사업의 적절성 및 재해저감 효과에 대해 평가한다.
③ 복구사업으로 인한 단기효과와 중, 장기 효과를 평가한다.
④ 지구단위로 하천재해, 토사재해, 사면재해, 연안해재, 바람재해, 기타재해 등에 대해 평가한다.

42 **합리식에 의한 첨두홍수량의 산정방법으로 옳은 것은? (단, QP: 첨두홍수량, C: 유출계수, I: 강우강도, A: 유역면적이다)**

① $Q_P = 0.2778\,CIA$

② $Q_P = 0.2778\,\frac{1}{C}IA$

③ $Q_P = 2.778\,\frac{1}{C}IA$

④ $Q_P = 2.778\,\frac{1}{C}IA$

43 **재해복구사업의 분석 · 평가대상 시설에 해당하지 않는 것은?**

① 문화재시설　② 배수시설
③ 해안시설　④ 사면

39. 계획홍수량이 200m^3/sec 미만인 경우 둑마루폭은 4.0 m 이상
40. 이 외에 침투측구, 투수성 보도블록 등이 있음
41. 지역경제 발전성 평가: 단기효과와 중·장기 효과를 구분하여 평가하는 방법
42. 합리식: Q_P=0.2778 CIA
43. 재해복구사업 분석·평가 대상시설 : 하천시설, 배수시설, 도로·교통시설, 해안시설, 사면시설 등

정답 37. ③ 38. ③ 39. ④ 40. ② 41. ③ 42. ① 43. ①

44 **내수재해 위험요인에 대한 설명으로 틀린 것은?**

① 우수관거 용량 부족 및 관거 합류부 정체 등의 우수관거 관련 위험요인
② 지하수위 상승 및 하천 통수능 부족 등의 내수위 영향으로 인한 위험요인
③ 빗물받이 시설 부족 및 우수유입시설 관리 미흡 등의 우수유입시설로 인한 위험요인
④ 빗물 펌프장 용량 부족 및 배수로 정비 불량 등의 빗물펌프장시설 문제로 인한 위험요인

45 **지역별 방재성능목표 설정 시 기후변화 시나리오 분석 결과 미래 강우 증가율이 5%를 초과하는 것으로 예측되는 지방자치단체에서 할증률 상향 적용 여부를 검토 후 결정할 수 있도록 권고한 할증률이 아닌 것은?**

① 기본 할증률 5% 적용
② 관심지역 할증률 8% 적용
③ 주의지역 할증률 10% 적용
④ 심각지역 할증률 15% 적용

46 **다음 중 하천재해 유형에 해당하는 것은?**

① 우수유입시설 문제로 인한 피해
② 하상안정시설 유실
③ 상류 유입토사로 인한 하천통수능 저하
④ 하구폐쇄로 인한 홍수위 증가

47 **방재시설물의 경제성 평가 시 투자우선순위 결정을 위한 평가항목으로 틀린 것은?**

① 효율성　② 합리성
③ 긴급성　④ 위험성

48 **빗물 배수펌프장의 용량 부족에 의해 발생하는 내수침수의 해소대책이 아닌 것은?**

① 빗물 배수펌프 증대
② 유수지 증대
③ 고지배수로 설치
④ 빗물 배수펌프장 유입관로 증대

49 **계곡부 산지하천 주변 토석류 유출로 인한 퇴적으로 하천이 범람하였다면 어떤 유형의 복합재해가 발생하였는가?**

① 하천재해 - 내수재해
② 토사재해 - 하천재해
③ 사면재해 - 토사재해
④ 내수재해 - 토사재해

50 **재해복구사업 분석 · 평가의 지역성장률 평가항목에 해당하지 않는 것은?**

① 하천개수율　② 인구변화율
③ 지역사회 성장률　④ 지역낙후도

44. 지하수위의 상승은 재해위험요인에 해당되지 않으며 하천 통수능 부족에 의해 발생하는 하천범람 등은 하천재해에 해당
45. 지역별 방재성능목표 산정 시 기후변화 등을 고려한 할증률은 기본 할증률 5%, 관심지역 할증률 8% 및 주의지역 할증률 10%를 적용
46. -내수재해: 우수유입시설 문제로 인한 피해
-토사재해: 상류 유입토사로 인한 하천통수능 저하, 하구폐쇄로 인한 홍수위 증가
47. 「시 · 군 등 풍수해저감종합계획 세부수립 기준(2018, 행정안전부)」에서 제시된 투자우선순위 결정을 위한 기본적 평가항목: 효율성(비용편익 분석), 형평성(피해이력지수), 긴급성(재해위험도, 주민불편도 및 지구선정 경과연수)
※ 긴급성 평가항목 중 재해위험도를 위험성 평가항목으로 간주한 것으로 판단됨
48. 빗물 배수펌프장의 유입관로를 증대하여 배수펌프장으로 유입유량을 증가시켜도 배수펌프장 자체의 용량부족은 해소되지 않으므로 내수침수 해소대책이 될 수 없음
50. -지역성장률 평가항목: 인구변화율, 고용변화율, 지역사회 성장률, 지역낙후 개선효과(지역낙후도), 지역경제 성장률
-복구비 집행 및 기반시설 정비효과 평가 방법: 하천개수율, 도로포장률 등

정답 44. ② 45. ④ 46. ② 47. ② 48. ④ 49. ② 50. ①

51 재해 발생원인 분석 중 수문·수리학적 원인분석 절차를 순서대로 나열한 것은?

> ㉠ 자료조사
> ㉡ 재해발생 원인분석 결과 종합검토
> ㉢ 현장조사
> ㉣ 수문분석

① ㉢ → ㉠ → ㉣ → ㉡
② ㉠ → ㉢ → ㉣ → ㉡
③ ㉢ → ㉣ → ㉠ → ㉡
④ ㉣ → ㉠ → ㉢ → ㉡

52 풍수해저감종합대책 시행계획의 광역차원 기본적 평가항목에 따른 우선순위 결정 시 기본적 평가인자가 아닌 것은?

① 인명손실도
② 재해발생 위험도
③ 피해액
④ 풍수해저감 예산 집행 결과

53 행정안전부 주요 재난관리 평가제도의 지역안전도 진단 3요소가 아닌 것은?

① 위험환경 ② 위험관리능력
③ 방재성능 ④ 위험저감능력

54 방재성능 개선대책 중 소하천 정비 시행계획 수립 시 고려해야 할 항목이 아닌 것은?

① 재해예방에 대한 기여도
② 주민의 생활환경 개선에 대한 기여도
③ 주민의 소득 증대에 대한 기여도
④ 지역별 방재성능목표 설정 및 운용에 대한 기여도

55 지역별 방재성능목표 설정기준에 관한 설명으로 틀린 것은?

① 한국확률강우량도(국토부, 2011)에서 제시한 69개 기상관측소를 기준으로 전국을 169개 티센망으로 구축한다.
② 8개 특별 및 광역시는 각각 하나의 티센망으로 구성한다.
③ 157개 시·군은 각각 하나의 티센망으로 구성한다.
④ 제주도는 지역별 강우특성 등을 고려하여 남부·북부지역으로 구분하여 2개의 티센망으로 구성한다.

56 다음의 표를 이용하여 전체면적 5.0km²인 지역의 내수재해 취약요인 분석 시 NRCS방법에 의한 유효우량 산정을 위한 유출곡선지수(CN)를 옳게 산정한 것은? (단, 유역의 선행토양함수조건은 AMC-II이다)

토지이용	면적 (km^2)	토양형	선행토양 함수조건	CN
공업지역	4.0	A	AMC-II	81
불투수지역	0.7	B	AMC-II	98
개발 중인 지역	0.3	D	AMC-II	94

① 54.6 ② 81.0
③ 84.2 ④ 91.0

52. 투자우선순위 결정을 위한 기본적 평가항목: 비용편익 분석(피해액, 인명손실도), 피해이력지수, 재해위험도(재해발생 위험도, 인명손실도), 주민불편도, 지구선정 경과연수

53. -지역안전도 진단의 3요소: 위험환경, 위험관리능력, 방재성능
-위험환경: 잠재적 재해 발생 가능성 및 환경적 위험도 진단
-위험관리능력: 재해 저감을 위한 행정적인 노력도 진단
-방재성능: 지역의 구조적인 재해방어 능력 진단

54. 「소하천정비법」 시행규칙 제5조에 따른 소하천정비 시행계획 수립 시 평가사항 : 재해예방에 대한 기여도, 주민의 생활환경 개선에 대한 기여도, 주민의 소득 증대에 대한 기여도

55. 제주도는 남부·북부·동부·서부지역으로 구분하여 4개의 티센망으로 구성

56. $\frac{(4.0\times81+0.7\times98+0.3\times94)}{(4.0+0.7+0.3)}=84.2$

정답 51. ② 52. ④ 53. ④ 54. ④ 55. ④ 56. ③

57 **유지관리 평가대상 방재시설 중 공공하수도시설의 시설물에 해당하지 않는 것은?**

① 빗물펌프장
② 공공하수처리시설
③ 하수저류시설
④ 양수장

58 **다음 표를 참조하여 방재분야 표준품셈에 따른 자연재해저감 종합계획 단계에서 해안재해위험지구를 기준으로 하는 단위업무의 기술사 소요인력은? (단, 해안재해 위험지구는 18개소이다)**

구분	해안재해위험요인분석	
단위	100개소 100km	
소요인력 (인/일)	기술사	1.15
	특급기술자	1.90
	고급기술자	3.75
	중급기술자	4.40
	초급기술자	2.50
	중급숙련자	1.90

① 0.21인/일 ② 0.45인/일
③ 0.66인/일 ④ 1.21인/일

59 **방재성능 향상 대책 중 유하시설 개선대책에 해당하지 않는 것은?**

① 하수도 개선
② 빗물 펌프장 개선
③ 고지배수로 개선
④ 유수지 개선

60 **내수배제 시설물의 방재성능 분석모델 중 배수관로의 월류 및 기점홍수위에 의한 배수효과 등의 수리현상을 모의할 수 있는 것은?**

① 합리식 ② ILLUDAS
③ XP-SWMM ④ RRL

제4과목: 재해대책

61 **재해정보지도 중 무엇에 관한 설명인가?**

- 사용대상자: 방재업무담당 공무원
- 작성목적: 주민의 피난유도나 방재활동에 유용하며, 위험시설 및 대피시설 관리에 활용

① 방재정보형 ② 피난활용형
③ 방재교육형 ④ 재해저감형

57. 유지관리 평가대상 방재시설 중 공공하수도시설: 하수(우수)관로, 공공하수처리시설, 하수저류시설, 빗물펌프장

58. 표준품셈은 위험지구 100개소를 기준으로 작성되었으며, 실제 위험지구는 18개소이므로 표준품셈의 18%를 적용

$1.15(\text{인/일}) \times \frac{18}{100} = 0.21(\text{인/일})$

59. - 유하시설: 하수관로, 빗물펌프장, 고지배수로, 배수로 및 길도랑
- 저류시설: 건물간저류, 주차장저류, 운동장저류, 공원저류, 지붕저류 등

※ 유수지는 하류지역의 빗물 펌프장 능력이 부족한 곳 및 방류수로의 유하능력이 부족한 곳 등에 우수를 일시적으로 저장하는 시설로서, 저류시설로 간주한 것으로 판단됨

60. SWMM모델은 수리구조물로 인한 월류, 배수효과, 압력류, 지표면 저류 등의 수리현상 및 관로 내 수질변화 모의를 동시에 수행할 수 있음

61. - 재해정보지도는 피난활용형, 방재교육형, 방재정보형으로 구분하여 작성
- 피난활용형: 대피에 관한 정보를 기재하고, 주민의 안전한 대피에 활용
- 방재교육형: 범람으로 인한 피해 등 방재에 관한 여러 정보를 학습하도록 하여 재난대비 역량을 높이는데 활용
- 방재정보형: 주민의 피난유도나 방재활동에 유용하며, 위험시설 및 대피시설 관리에 활용

정답 57. ④ 58. ① 59. ④ 60. ③ 61. ①

62 **굳은 점토층을 깊이 5m까지 연직절토하였다. 이 점토층의 일축압축강도가 $1.4kg/cm^2$, 흙의 단위중량 γ =2 t/m^3일 때 파괴에 대한 안전율은 얼마인가?**

① 2.3 ② 2.5
③ 2.8 ④ 3.0

63 **자연재해위험개선지구 등급별 지정기준 중 '재해발생 시 인명피해 발생 우려가 매우 높은 지역'의 등급은?**

① 가 등급 ② 나 등급
③ 다 등급 ④ 라 등급

64 **침수흔적도 작성절차의 순서가 옳게 나열된 것은?**

> ㉠ 침수흔적지 현장측량
> ㉡ 침수흔적 상황 도면표시 등
> ㉢ 침수흔적 조사자료 검토 및 분석
> ㉣ 침수흔적 조사자료 데이터베이스 구축 및 자료관리

① ㉠ → ㉡ → ㉢ → ㉣
② ㉡ → ㉣ → ㉠ → ㉢
③ ㉢ → ㉠ → ㉡ → ㉣
④ ㉣ → ㉡ → ㉢ → ㉠

65 **재해지도의 종류 중 침수예상도에 해당되는 것은?**

① 침수흔적도 ② 홍수범람위험도
③ 재해정보지도 ④ 비상대처계획도

66 **재해지도 작성 기준 등에 관한 지침상 대피 장소 지정의 일반적 요건에 관한 설명으로 틀린 것은?**

① 주 대피경로로부터 접근이 용이한 시설
② 원칙적으로 내진·내화의 공공건축물 이용
③ 지역안전관리상 대피장소로 지정된 대상시설이 부족한 경우에는 사유시설인 민간집합시설, 호텔, 여관, 연수시설, 체육관, 사원 기숙시설 등을 대피장소로 지정
④ 수용가능 인원은 원칙적으로 실외 대피장소인 경우는 1인당 $1m^2$ 확보토록 하는 것이 바람직

62.

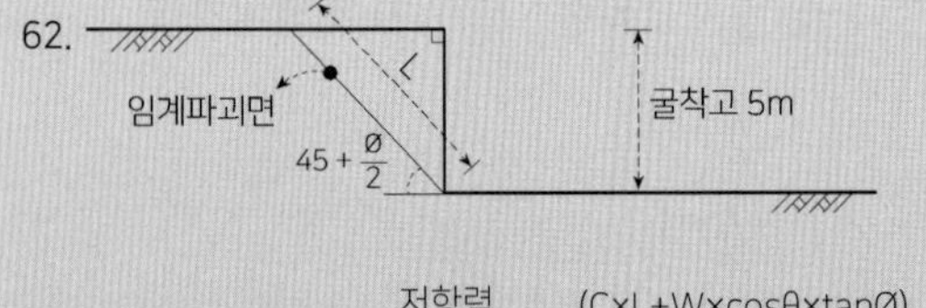

$$\text{비탈면 안전율 FS} = \frac{\text{저항력}}{\text{활동력}} = \frac{(C\times L+W\times\cos\theta\times\tan\varnothing)}{W\times\sin\theta}$$

$$= \frac{(7\times7.1+0)}{25\times\sin45^\circ} = 2.8$$

여기서, C: 점착력(tf/m^2) = 일축압축강도(qu) / 2
= $14(tf/m^2)/2 = 7(tf/m^2)$

※ $1.4kg/cm^2 = 14(tf/m^2)$

Ø: 점토층의 내부마찰각(°) = 0°
θ: 주동파괴각 = 45 + Ø/2 = 45°
L: 파괴면 길이(m) = $\sqrt{5^2+5^2}$ ≒ 7.1m
W: 활동체 중량 = V(체적)×γ
= 5m × 5m × 1/2 × $2(tf/m^3)$
= 25(tf)

63. 자연재해위험개선지구 위험등급 분류기준
- 가 등급: 재해 시 인명피해 발생 우려가 매우 높은 지역
- 나 등급: 재해 시 건축물의 피해가 발생하였거나 발생할 우려가 있는 지역
- 다 등급: 재해 시 기반시설의 피해가 발생할 우려가 있는 지역, 농경지 침수발생 및 우려지역
- 라 등급: 붕괴 및 침수 등의 우려는 낮으나, 기후변화에 대비하여 지속적으로 관심을 갖고 관리할 필요성이 있는 지역

65. 침수예상도의 종류: 홍수범람위험도(홍수범람예상도), 해안침수예상도

66. 수용가능 인원: 원칙적으로 실외 대피장소인 경우는 1인당 $2m^2$ 이상, 내부시설에 대피자 수용의 경우는 건물면적으로서 1인당 $6m^2$ 정도(실내 유효건물면적 $3m^2$ 정도)를 확보토록 하는 것이 바람직함

※ 최저기준 2인/$3.33m^2$ 이하, 장기 대피자의 경우는 $3.33m^2$/1인 이상 확보하는 것이 바람직함

정답 62. ③ 63. ① 64. ③ 65. ② 66. ④

67 다음 중 토사유출량 분석 모형이 아닌 것은?

① RUSLE　　② MUSLE
③ ADCIRC　　④ WEPP

68 자연재해위험개선지구 관리지침상 침수위험 지구의 정비대상 시설물이 아닌 것은?

① 옹벽　　② 저류지
③ 배수펌프장　　④ 방조제

69 방재교육형 재해정보지도의 표준 기재항목에 해당하지 않는 것은?

① 방재대책현황
② 과거 피해상황
③ 침수예상구역 및 침수흔적
④ 홍수발생 특성

70 자연재해대책법령상 재해영향평가 등의 협의대상 분야에 해당하지 않는 것은?

① 국토·지역 계획 및 도시의 개발
② 지질 및 생태 개발
③ 에너지 개발
④ 관광단지 개발 및 체육시설 조성

71 자연재해대책법령상 우수유출저감대책을 수립해야 하는 사업에 해당하는 것은? (단, 기타 사항은 고려하지 않음)

① 「고등교육법」에 따른 학교를 설립하는 경우의 건축공사
② 「도시개발법」에 따른 도시개발사업
③ 「물환경보전법」에 따른 비점오염 저감시설을 설치하는 대상 사업
④ 「중소기업진흥에 관한 법률」에 따른 단지조성사업

72 강우관측소 선정 시 고려해야 할 사항이 아닌 것은?

① 관측소의 위치
② 관측소의 관측자
③ 관측연수 및 자료연수(30년 이상 보유)
④ 관측자의 표고

73 침수흔적도 작성의 침수흔적 조사에서 침수흔적 표시·관리, 침수흔적도 작성을 위하여 수행하는 조사인 정밀조사의 종류가 아닌 것은?

① 초동조사　　② 기초조사
③ 현지조사　　④ 간접조사

67. ADCIRC 모형(Advanced CIrculation Model)은 지진해일 분석모형임

68. - 침수위험지구 정비대상 시설물: 하천의 제방축조 및 정비, 저류지, 유수지, 배수로 및 배수펌프장 등 우수유출 저감시설, 방조제·방파제·파제제 등
- 붕괴위험지구 정비대상 시설물: 낙석방지시설, 배수시설, 옹벽·축대 등

69. - 방재교육형 재해정보지도의 표준 기재항목: 방재대책 현황, 과거 피해상황, 비가 내리는 정도, 방재정보의 전달경로, 홍수발생 특성, 평상시·홍수 시의 마음가짐, 피난활용형 재해정보지도 보는 법, 피난활용형 홍수재해지도의 사용법
- 피난활용형 재해정보지도의 표준 기재항목: 침수예상구역, 침수흔적, 대피가 필요한 지구와 대피장소, 대피경로 및 위험장소, 대피시기, 정보의 전달경로, 전달수단, 작성주체 등

70. 재해영향평가 등의 협의대상 분야: 국토·지역 계획 및 도시의 개발, 산업 및 유통단지 조성, 에너지 개발, 교통시설의 건설, 수자원 및 해양 개발, 산지개발 및 골재채취, 관광단지 개발 및 체육시설

71. 「물환경보전법」에 따른 비점오염 저감시설을 설치하는 대상 사업은 우수유출저감대책 수립대상에서 제외함

72. 강우관측소의 선정 시 관측소의 위치, 표고, 관측연수 및 자료연수를 고려하여 선정

73. - 침수흔적 조사방법은 초동조사와 정밀조사로 구분
- 정밀조사의 종류: 기초조사(문헌 및 자료조사), 현지조사(직접조사), 간접조사

정답 67. ③ 68. ① 69. ③ 70. ② 71. ③ 72. ② 73. ①

74 유출계수 0.7이고 유역면적이 0.5 km^2인 소하천 유역에서 첨두홍수량이 도달할 때까지의 시간은 20분이다. 합리식으로 첨두홍수량(m^3/s)을 계산한 값은 얼마인가? (단, 강우강도식: $I(mm/hr) = \frac{2000}{t}$, t[분])

① 9.72 ② 19.84
③ 40.42 ④ 97.23

75 자연재해대책법령상 행정안전부장관은 재해영향성검토 협의를 요청받은 날부터 며칠 이내에 통보하여야 하는가? (단, 기타사항은 고려하지 않음)

① 10 ② 20
③ 30 ④ 45

76 파랑분석을 위한 전산프로그램의 매개변수에 해당하지 않는 것은?

① 수평확산계수
② 해저 마찰계수
③ 조석 파랑장
④ 파향

77 호안을 설치해야 하는 경우, 소류력 또는 유속 이외에 종합적으로 고려하여야 할 사항이 아닌 것은?

① 경제성
② 시공성
③ 환경성
④ 신기술 적용성

78 전 지역단위 저감대책 수립 시 비구조적 저감대책이 아닌 것은?

① 풍수해보험 활성화
② 재해지도 작성
③ 토지이용계획과 연계방안
④ 우수유출저감시설 설치

79 재해영향평가 실무지침상 경제성 및 작업성을 고려한 바람직한 지하공간 저류한계 수심은?

① 2m 미만 ② 3m 미만
③ 4m 미만 ③ 5m 미만

74. 첨두홍수량(Q) = 0.2778×C×I×A
$= 0.2778 \times 0.7 \times \frac{2,000}{20} \times 0.5 = 9.72(m^3/s)$

75. 행정안전부장관은 관계행정기관의 장으로부터 협의를 요청받은 날로부터 재해영향성검토와 소규모 재해영향평가는 30일 이내에 관계행정기관의 장에게 협의결과를 통보하고, 재해영향평가의 경우 45일 이내 관계행정기관의 장에게 협의결과를 통보하여야 함

76. 파랑분석을 위한 전산프로그램의 매개변수: 대상 유역의 지점별 관측자료, 격자 간격, 시간변화에 따른 개방경계의 조위, 조석 파랑장, 해저 마찰 계수, 파향, 파고, 풍속, 최강 창조류, 최강 낙조류, 고조위, 저조위 등

77. 호안의 평가항목: 안전성, 경제성, 시공성, 환경성, 경관성, 유지관리성, 범용성 등

78. - 구조적 대책: 제방, 방수로 등에 의한 하천정비 및 개수, 홍수조절지 및 유수지, 그리고 홍수조절용 댐과 같은 구조물에 의한 저감대책
- 비구조적 대책: 재해지도 작성, 유역관리, 홍수예보, 홍수터 관리, 풍수해보험, 토지이용계획과의 연계 등과 같은 저감대책

79. 지하공간 저류는 우수저류시설을 지하에 설치한 것으로 상부를 주차장, 공원 등의 다른 용도로 이용할 수 있도록 구조화한 것으로 경제적 이유뿐만 아니라 토사반출 등의 작업성을 고려하여 저류한계수심은 2m 미만으로 하는 것이 바람직함

정답 74. ① 75. ③ 76. ① 77. ④ 78. ④ 79. ①

80 **저류형 우수유출저감시설의 방식 중, 하천이나 우수관의 횡월류부를 통하여 첨두 또는 일부만을 유입시키는 방식은?**

① On-line ② Off-line
③ On-site ④ Off-site

제5과목: 방재사업

81 **농경지 피해액 산정 시 논과 밭의 침수심 경계선 높이는 몇 m인가?**

① 0.5 m ② 1.0 m
③ 1.5 m ④ 2.0 m

82 **교량의 내진 성능 보강을 위한 적용 장치에 포함되지 않는 것은?**

① 지진격리장치 ② 감쇠장치
③ 가속도측정장치 ④ 능동제어장치

83 **자연재해대책법령상 방재시설의 유지·관리 평가대상에 해당하지 않는 것은?**

① 방재시설의 유지·관리에 필요한 설계 및 계획에 대한 평가
② 방재시설에 대한 정기 및 수시 점검사항의 평가
③ 방재시설의 보수·보강계획 수립·시행 사항의 평가
④ 재해발생 대비 비상대처계획의 수립사항 평가

84 **자연재해위험개선지구 사업계획 수립에 관한 설명으로 틀린 것은?**

① 사업계획은 자연재해대책법에 따라 수립된 정비계획을 검토·반영하여 다음 연도 정비사업 시행을 위한 집행계획 수립을 의미한다.
② 시장·군수·구청장은 다음 연도에 추진할 사업계획을 수립하여 행정안전부장관에게 제출한다.
③ 자연재해대책법에 따라 수립된 정비계획의 투자우선순위를 반영하여 사업계획을 수립하여야 한다.
④ 행정안전부장관은 4월 30일까지 전국단위의 사업계획을 수립하여 기획재정부 등과 협의한다.

85 **중력식 사방댐이 안정되기 위한 조건이 아닌 것은?**

① 전도에 대한 안정
② 제체의 파괴에 대한 안정
③ 기초지반의 지지력에 대한 안정
④ 양압력에 대한 안정

80. 552쪽의 '지역 외 저류시설 연결방식별 특성' 표 참고
- 저류시설은 설치위치에 따라 지역 내(On-site) 저류시설, 지역 외(Off-site) 저류시설로 구분하며, 연결형태에 따라 하도 내(On-line) 저류시설, 하도 외(Off-line) 저류시설로 구분
- 지역 내(On-site) 저류시설이란 해당지역에서 발생한 우수유출량을 해당지역에서 저류할 수 있는 시설을 지칭
- 지역 외(Off-site) 저류시설이란 해당지역 및 해당지역 외부에서 발생한 우수유출량을 해당지역에서 저류할 수 있는 시설을 지칭하며, 관거와의 연결 형식에 따라 관거 내(On-line) 저류시설, 관거 외(Off-line) 저류시설로 구분

81. 논과 밭의 침수심에 따른 피해는 동일하게 적용하고 홍수피해 경계선은 1m로 정한다. 침수심이 1m 이상인 경우 농경지의 피해가 발생(『치수사업 경제성분석 방법 연구』)

82. 가속도측정은 계측에 해당되는 장치

83. 방재시설의 유지·관리 평가항목은 정기 및 수시점검, 유지관리에 필요한 예산, 인원, 장비 등 확보, 보수·보강계획 수립 및 시행, 재해발생 대비 비상대처계획 수립을 포함

84. 자연재해위험개선지구의 사업계획은 시장·군수·구청장이 다음연도에 추진할 사업계획을 시도지사에게 제출 → 행정안전부장관에 보고

85. 양압력은 부력에 대한 안정성을 평가하는 조건

정답 80. ② 81. ② 82. ③ 83. ① 84. ② 85. ④

86 자연재해대책법령상 유지 · 관리해야 하는 방재시설 중 하천시설에 해당하지 않는 것은?

① 제방 ② 호안
③ 양수장 ④ 수로터널

87 사면보호시설 중 다음은 어떤 옹벽에 관한 설명인가?

> • 사면활동 억제와 낙석방지효과를 기대할 수 있는 공법
> • 앵커와 병행시공 시 높은 안정성을 가지며 구조해석상 높은 압축력이 벽체에 전달되는 경우 철근 배근을 고려하여 균열 발생을 방지
> • 지하수에 의한 수압발생이 우려되는 경우 수발공을 설치

① 의지식 옹벽
② 중력식 옹벽
③ 낙석방지용 옹벽
④ 계단식 옹벽

88 하천 제방의 유하 능력에 여유를 확보하기 위하여 여유고를 더 높게 하는 경우에 해당하지 않는 것은?

① 상류부가 황폐되어 있는 경우
② 유출 토사가 다량으로 퇴적할 염려가 있는 하천
③ 제외지에 중요한 시설이 있을 경우
④ 만곡 하천의 요안(凹岸)부

89 다음 방재시설의 대응체제는 어떤 계측관리 수준에 관한 설명인가?

> 시공중단, 관찰·계측의 강화, 계측빈도의 증가, 응급대책, 대책공사 제고

① 통상수준 ② 주의수준
③ 경계수준 ④ 대피수준

90 태풍피해가 많은 지역이나 광활한 모래지대에 공해방지와 쾌적한 환경조성을 위해 설치하는 방재시설물은?

① 방파제 ② 방조제
③ 방풍설비 ④ 방지망

91 침수면적 피해액 관계식에서 도시의 유형별 구분으로 틀린 것은?

① 대도시 ② 농촌지역
③ 산간지역 ④ 어촌지역

92 자연재해대책법령상 방재시설의 정기적인 유지 · 관리 평가는 연 몇 회 실시하는가?

① 1회 ② 2회
③ 3회 ④ 4회

93 사방댐 중 유목차단을 주목적으로 하는 경우에 설치하는 것은?

① 버팀식 사방댐 ② 중력식 사방댐
③ 복합식 사방댐 ④ 불투과성 사방댐

86. 하천시설은 댐, 하구둑, 제방, 호안, 수로터널, 보, 갑문, 수제, 수문, 운하 등이 있으며 양수장은 농업생산기반 시설에 해당
88. 제방의 여유고는 계획홍수량을 안전하게 소통하기 위해서 하천 내 발생할 수 있는 불확실한 요소들을 고려한 안전값으로 여유분의 제방 높이를 의미
89. 계측관리 수준은 통상수준 < 주의수준 < 경계수준 < 대피수준의 4단계로 구성
90. 방파제는 해일 유입량 및 수위를 감소시키며 방조제 및 방조수문과 조합, 방조제는 해안에 밀려드는 조수를 막아 간석지를 이용하거나 하구나 만 부근의 용수 공급을 위하여 인공으로 만든 제방, 방지망은 낙석 등 안전성을 확보하기 위한 시설
91. 도시 유형별 적용 기준은 인구수 등으로 대도시, 중소도시, 전원도시, 농촌지역, 산간지역으로 구분
93. 중력식 사방댐은 토석 차단을 주목적, 복합식 사방댐은 토석·유목을 동시 차단, 사방댐 기능 구분으로 투과형, 불투과형, 부분투과형으로 분류

정답 86. ③ 87. ④ 88. ③ 89. ③ 90. ③ 91. ④ 92. ① 93. ①

94 침수위험지구 등의 피해액 산정 시 가장 유효한 변수는?

① 강우량 ② 인구밀도
③ 침수면적 ④ 하천 개수율

95 어느 하천에서 재현기간 5년 홍수가 다음 해에 발생할 확률(%) "A"와 재현기간 5년 홍수가 다음 5년 동안 적어도 한 번 발생할 확률(%) "B"는 각각 얼마인가?

① A: 20%, B: 50%
② A: 25%, B: 67%
③ A: 20%, B: 67%
④ A: 25%, B: 50%

96 연안침식방지공법 중 사빈안정화공법에 포함되지 않는 것은?

① 직립호안
② 이안제(내습파랑저감)
③ 돌제(연안표사제어)
④ 지하수위저감

97 본 바닥 흙을 굴착하여 8,800m^{3}을 긴급으로 성토할 계획으로 5m^{3}을 적재할 수 있는 덤프트럭을 사용하면 운반 소요 대수는 얼마인가? (단, 토량변화율 L=1.25, C=0.8이다)

① 1,100대 ② 2,200대
③ 3,300대 ④ 4,400대

98 시설물의 안전 및 유지관리 실시 등에 관한 지침상 안전성평가를 위해 필요한 계측, 측정, 조사 및 시험 항목으로 명시되지 않은 것은?

① 누수탐사
② 수리·수충격·수문조사
③ 지형, 지질조사 및 토질시험
④ 재해이력조사 및 수리모형실험

99 우수유출저감시설의 종류 · 구조 · 설치 및 유지관리 기준상 지역 외 우수유출저감시설의 설치위치로 피해야 할 곳은?

① 설치지점의 부지면적을 고려한 충분한 저류용량 확보가 가능한 지역
② 지대가 주변보다 높은 지역
③ 설치 시 저감효과가 우수하며, 침수피해 저감효과가 있는 지점
④ 현지여건상 시공 및 교통처리에 큰 문제가 없는 지점

100 관로검사에 관한 설명으로 틀린 것은?

① 관로검사는 종·횡방향 시공의 적정성을 판단하기 위하여 경사검사를 수행한다.
② 경사검사는 경사 및 측선변동을 조사한다.
③ 수밀검사는 침입시험과 침출시험으로 구분한다.
④ 침압시험에는 누수시험, 공기압시험, 부분수밀시험이 있다.

94. 간편법의 피해액은 침수면적으로, 개선법의 피해액은 침수면적과 인명·이재민·농작물·기타 피해액과의 관계식을 활용, 다차원법은 침수면적 및 침수심을 고려하여 산정
95. 재현기간(T) 동안 발생할 확률 f_f= 1/T, n년 동안 적어도 한번 발생할 확률 R = 1-(1-1/T)^n
96. 연안침식 방지공법은 양빈(모래공급), 이안제, 돌제, 지하수위 저감, 수중방파제, 잠제 등이 포함
97. 운반소요 대수 = 굴착량 × L / 적재량, 굴착량은 흐트러진 양이므로 토량환산계수 L 적용
99. 우수유출저감시설의 설치지점이 주변보다 높을 경우 저류용량 확보와 침수피해 저감효과가 낮아지므로 우수유출저감시설 위치로 타당하지 않음
100. 우·오수 관로검사에는 육안, CCTV, 수밀검사, 경사검사, 음향검사, 누수검사 등이 있으며, 침압시험은 관로검사에 해당되지 않음

정답 94. ③ 95. ③ 96. ① 97. ② 98. ④ 99. ② 100. ④

국가자격시험
완벽풀이

2021.5.15. 시행

제3회 방재기사필기

제1과목: 재난관리

1 호우경보 발령 기준으로 옳은 것은?

① 3시간 강우량이 60mm 이상 예상될 때
② 3시간 강우량이 90mm 이상 예상될 때
③ 12시간 강우량이 110mm 이상 예상될 때
④ 12시간 강우량이 150mm 이상 예상될 때

2 재난 및 안전관리 기본법령상 지역통제단장이 할 수 없는 응급조치는?

① 진화에 관한 응급조치
② 현장지휘통신체계의 확보
③ 긴급수송 및 구조수단의 확보
④ 급수 수단의 확보, 긴급피난처 및 구호품의 확보

3 자연재해대책법령상 지구단위종합복구계획수립 대상 지역에 해당하지 않는 것은?

① 어촌·어항법에 따른 항로표지등 항행보조 시설의 일괄복구가 필요한 지역
② 산사태 또는 토석류로 인하여 하천 유로변경 등이 발생한 지역으로서 근원적 복구가 필요한 지역
③ 피해 재발방지를 위하여 기능복원보다는 피해지역 전체를 조망한 예방·정비가 필요하다고 인정되는 지역
④ 도로·하천 등의 시설물에 복합적으로 피해가 발생하여 시설물별 복구보다는 일괄 복구가 필요한 지역

4 재난 및 안전관리 기본법령상 자연재난에 해당되지 않는 것은?

① 태풍　② 황사
③ 폭염　④ 미세먼지

5 재난관리기준상 복구계획을 수립 시 고려사항으로 명시되지 않는 것은?

① 피해 시설물의 중요정도
② 예방조치를 위한 가용재원
③ 재난피해가 국민에게 미치는 영향
④ 인명피해를 유발할 수 있는 시설 여부 판단

1. - 호우주의보 발령: 3시간 강우량이 60mm 이상 예상될 때, 12시간 강우량이 110mm 이상 예상될 때
   - 호우경보 발령: 3시간 강우량이 90mm 이상 예상될 때, 12시간 강우량이 180mm 이상 예상될 때
2. ④는 중앙통제단장이 할 수 있는 응급조치이며 나머지는 지역통제단장이 응급조치 할 수 있음
3. 어촌·어항법은 지구단위종합복구계획수립 대상지역에 해당되지 않으며 자연재해대책법상 방재시설 관련법에 해당
4. 미세먼지는 사회재난에 해당함
5. 재해복구란 재해 발생 후, 정상 상태로 돌아올 때까지의 장기적 활동으로 예방조치는 복구계획과 관련 없음

정답 1. ② 2. ④ 3. ① 4. ④ 5. ②

6 **재해구호법령상 응급구호 및 재해구호 상황의 보고에 관한 사항 중 ( ) 안에 들어갈 대상으로 옳은 것은?**

> 구호기관은 재해로 인하여 이재민이 발생하면 재해의 상황과 재해구호 내용을 ( )에게 보고하여야 한다.

① 시·도지사
② 구호지원기관의 장
③ 행정안전부장관
④ 지역보호센터의 장

7 **자연재해대책법령상 방재관리대책대행자가 대행할 수 있는 방재관리대책 업무로 틀린 것은? (단, 그 밖에 대통령령으로 정하는 방재관리대책에 관한 업무는 제외한다)**

① 비상대처계획 수립
② 우수유출저감대책의 평가
③ 재해복구사업의 분석·평가
④ 자연재해저감 종합계획의 수립

8 **재난 및 안전관리 기본법령상 다중이용시설 등의 위기상황 매뉴얼을 작성·관리하여야 하는 대상으로 명시되지 않는 자는?**

① 관리자 ② 소유자
③ 설계자 ④ 점유자

9 **재난 및 안전관리 기본법령상 중앙안전관리위원회의 위원장은?**

① 대통령 ② 경찰청장
③ 행정안전부장관 ④ 국무총리

10 **재난 및 안전관리 기본법령상 재난관리책임기관의 장의 재난예방조치에 관한 설명으로 틀린 것은?**

① 재난관리책임기관의 장은 재난예방조치를 효율적으로 시행하기 위하여 필요한 사업비를 확보하여야한다.
② 재난관리책임기관의 장은 재난관리의 실효성을 확보 할 수 있도록 안전관리체계 및 안전관리 규정을 정비·보완하여야 한다.
③ 재난관리책임기관의 장은 기능연속성계획을 수립·시행하여야한다.
④ 재난관리책임기관의 장은 기능연속성계획을 변경할 경우에는 3개월 이내에 행정안전부 장관에게 통보하여야 한다.

11 **재난 및 안전관리 기본법령상 훈련주관기관의 장이 실시하는 재난대비훈련 평가항목으로 명시되지 않는 것은?**

① 재해구호시설물 안전점검 실시
② 유관기관과의 협력체제 구축실태
③ 장비의 종류·기능 및 수량 등 동원실태

6. 「재해구호법」 제7조에 따라 구호기관은 재해로 인하여 이재민이 발생하면 전체 재해발생 상황을 파악하기 전이거나 재해가 진행 중일 때라도 행정안전부령으로 정하는 기준에 따라 지체 없이 응급구호를 하고, 그 재해의 상황과 재해구호 내용을 행정안전부장관에게 보고하여야 함
7. 방재관리대책대행자의 방재관리관리 대책 업무는 재해영향평가 등의 협의, 자연재해저감 종합계획 수립, 비상대처계획 수립, 복구사업의 분석·평가, 자연재해위험개선지구 정비계획, 사업계획 및 실시계획의 수립, 우수유출저감대책의 수립, 우수유출저감시설 사업계획 및 실시계획 수립
8. 「재난안전법」 제34조의6(다중이용시설 등의 위기상황 매뉴얼 작성·관리 및 훈련)에 따라 소유자·관리자 또는 점유자는 대통령령으로 정하는 바에 따라 위기상황 매뉴얼에 따른 훈련을 주기적으로 실시
9. 「재난안전법」 제9조의 8에 따라 중앙위원회의 위원장은 국무총리가 되고, 위원은 대통령령으로 정하는 중앙행정기관 또는 기관·단체의 장
10. 재난관리책임기관의 장은 기능연속성계획을 변경할 경우에는 1개월 이내에 행정안전부 장관에게 통보
11. 재난대비훈련 평가항목으로 분야별 전문 인력 참여도 및 훈련목표 달성 정도, 장비의 종류·기능 및 수량 등 동원 실태, 유관기관과의 협력체제 구축 실태, 긴급구조대응계획 및 세부대응계획에 의한 임무의 수행 능력, 긴급구조기관 및 긴급구조지원기관 간의 지휘통신체계, 긴급구조요원의 임무 수행의 전문성 수준이 있음

정답 6. ③ 7. ② 8. ③ 9. ④ 10. ④ 11. ①

④ 분야별 전문 인력 참여도 및 훈련목표 달성 정도

12 재난 및 안전관리 기본법령상 재난분야 위기관리 매뉴얼 작성·운영에 관한 설명으로 틀린 것은?

① 재난관리책임기관의 장은 재난유형에 따라 위기관리 매뉴얼을 작성·운영한다.
② 국무총리는 재난유형별 위기관리 매뉴얼 협의회를 구성·운영한다.
③ 위기관리 매뉴얼 유형은 위기관리 표준매뉴얼, 위기대응 실무매뉴얼, 현장조치 행동매뉴얼이 있다.
④ 재난관리주관기관의 장은 위기관리 표준매뉴얼 및 위기대응 실무매뉴얼을 정기적으로 점검하여야 한다.

13 재난 및 안전관리 기본법령상 산불사고의 재난관리주관기관은?

① 소방청 ② 환경부
③ 산림청 ④ 행정안전부

14 재난 및 안전관리 기본법령상 안전점검의 날과 방재의 날을 바르게 나열한 것은?

① 매월 4일, 매년 4월 25일
② 매월 4일, 매년 5월 25일
③ 매월 25일, 매년 4월 25일
④ 매월 25일, 매년 5월 25일

15 자연재해대책법령상 비상대처계획을 수립하여야 하는 내진설계 대상시설물이 아닌 것은?

① 「공항운영법」에 따른 항공기
② 「항만법」에 따른 항만시설 중 방파제
③ 「도시철도법」에 따른 도시철도 중 철도모노레일
④ 「철도산업발전 기본법」에 따른 철도시설 중 철도의 선로

16 재난 및 안전관리 기본법령상 재난자원의 비축·관리에 관한 설명 중 틀린 것은?

① 재난관리자원 공동 활용 시스템 구축·운영에 관한 업무는 행정안전부장관 소관이다.
② 감염병 환자 등의 진료 또는 격리를 위한 시설도 재난관리자원에 해당된다.
③ 행정안전부장관은 매년 12월 31일까지 재난관리자원에 대한 비축·관리계획의 수립을 지원하기 위한 지침을 마련하여야 한다.
④ 재난관리책임기관의 장은 매년 10월 31일까지 다음 해의 재난관리자원에 대한 비축·관리계획을 수립하고 이를 행정안전부장관에게 제출하여야 한다.

12. 행정안전부장관은 재난유형별 위기관리 매뉴얼 협의회를 구성·운영
13. - 산림청은 산불, 산사태에 대한 재난관리주관기관
- 소방청은 화재·위험물 사고, 다중 밀집시설 대형화재 대한 재난관리주관기관
- 환경부는 식용수사고, 황사, 미세먼지 등에 관한 대한 재난관리주관기관
- 행정안전부는 정부중요시설 사고, 공동구 재난 등에 관한 재난관리주관기관
14. 안전점검의 날은 매월 4일이며 방재의 날은 매년 5월 25일
15. - 「자연재해대책법」 제26조의 4에 따라 내진설계 대상시설물은 건축법」에 따른 건축물, 「공항시설법」에 따른 공항시설, 「관광진흥법」에 따른 유원시설, 「도로법」에 따른 도로, 「국토의 계획 및 이용에 관한 법률」에 따른 도시·군 계획시설, 「궤도운송법」에 따른 삭도시설, 「옥외광고물 등의 관리와 옥외 광고 산업 진흥에 관한 법률」에 따른 옥외광고물, 「전기사업법」에 따른 전기설비, 「항만법」에 따른 항만시설, 「철도산업발전 기본법」에 따른 철도 및 철도시설, 「도시철도법」에 따른 도시철도 및 도시철도시설, 「농어업재해대책법」에 따른 농업용 시설, 임업용 시설 및 어업용 시설, 그 밖에 대통령령으로 정하는 시설로 「공항운영법」은 해당되지 않음
- ①은 내진설계 대상시설물에 해당하지 않으며 ②③④는 내진설계 대상 시설물에 해당
16. 행정안전부장관은 매년 5월 31일까지 다음 해의 재난관리자원에 대한 비축·관리계획의 수립을 지원하기 위한 지침을 마련하여 재난관리책임기관의 장에게 통보할 수 있음

정답 12. ② 13. ③ 14. ② 15. ① 16. ③

17 **자연재해대책법령상 방재성능 평가 및 통합개선대책의 수립·시행해야 하는 방재시설을 모두 고른 것은?**

> ㉠ 하수도법에 따른 하수도 중 하수관로
> ㉡ 소하천정비법에 따른 소하천 부속물 중 제방
> ㉢ 국토의 계획 및 이용에 관한 법률에 따른 방재시설 중 유수지

① ㉠, ㉡　　② ㉠, ㉢
③ ㉡, ㉢　　④ ㉠, ㉡, ㉢

18 **재난 및 안전관리 기본법령상 다음의 사례에 해당하는 재난의 유형은?**

> 2019년 12월 처음 발생한 신종 코로나바이러스(COVID-19)로 우리나라에서는 2020년 1월 20일 첫 감염자가 발생하였다. 이후 2월 19일부터 확진자가 빠르게 늘면서 정부는 지역사회 내 확산을 우려해 23일 감염병 위기경보 단계를 '경계'에서 '심각'으로 상향 조정하였다.

① 해외재난　　② 자연재난
③ 사회재난　　④ 복합재난

19 **자연재난 구호 및 복구비용 부담 기준 등에 관한 규정상 국고 추가지원을 산정 시 고려되지 않는 것은?**

① 풍수해 예방 보험료
② 행정안전부장관이 정하는 가감률
③ 재해예방 노력지수에 따른 추가 지원율
④ 최근 3년간 평균 재정력지수에 따른 추가 지원율

20 **재해복구사업의 분석·평가 시행 지침상 재해복구사업 분석·평가결과를 반영·활용하여야 하는 관련계획 및 기준이 아닌 것은?**

① 재해영향평가 등의 협의
② 소하천정비중기계획 수립
③ 자연재해위험개선지구의 지정
④ 시·군 자연재해저감 종합계획의 수립

제2과목: 방재시설

21 **자연재해저감 종합계획 세부수립기준상 자연재해 위험지구 후보지선정을 위해 주어진 조건으로 간략 위험도 지수를 산정한 값은?**

> • 피해이력: 2점　　• 재해위험도: 1점
> • 정비여부: 1점　　• 주민불편도: 1점

① 1.4　　② 1.6
③ 1.8　　④ 2.0

17. 「자연재해대책법 시행령」 제14조의6에 따라 「소하천정비법」 제2조제3호에 따른 소하천부속물 중 제방, 「국토의 계획 및 이용에 관한 법률」 제2조제6호마목에 따른 방재시설 중 유수지(遊水池), 「하수도법」 제2조제3호에 따른 하수도 중 하수관로, 제55조제12호에 따라 행정안전부장관이 고시하는 시설 중 행정안전부장관이 정하는 시설
18. 사례의 내용은 「감염병의 예방 및 관리에 관한 법률」에 따른 전염병 확산으로 사회재난에 해당
19. 「자연재난 구호 및 복구비용 부담 기준」 제7조에 별표2에 따라 국고 추가 지원율 산정방법은 최근 3년간 평균 재정력지수에 따른 추가지원율 × 0.8 + 재해예방 노력지수에 따른 추가 지원율 × 0.2 + 행정안전부장관이 정하는 가감률로 ①은 해당되지 않음
20. 재해복구사업 분석·평가결과를 반영·활용 가능한 관련계획 및 기준은 시·군 자연재해저감 종합계획 수립, 지구단위 홍수방어기준의 설정 및 활용, 우수유출저감대책 수립 및 우수유출저감시설 기준의 제정·운영, 자연재해위험개선지구 지정, 지역안전도 진단, 소하천정비중기계획 수립, 지역별 방재성능목표 설정·운영이 있음
21. 위험도 지수(간략) 산정식은 $A \times (0.6B + 0.4C) \times D$ (여기서, A는 피해이력, B는 예상피해수준, C는 주민불편도, D는 정비 여부)
- $2 \times (0.6 \times 1 + 0.4 \times 1) \times 1 = 2.0$

정답 17. ④ 18. ③ 19. ① 20. ① 21. ④

22 **재해연보에 의거한 과거에 발생한 재해이력 현황조사 시 필요한 항목을 모두 고른 것은?**

㉠ 구호품 현황	㉡ 이재민 현황
㉢ 인명 피해현황	㉣ 농작물 피해현황

① ㉠, ㉡, ㉢　　② ㉠, ㉡, ㉣
③ ㉡, ㉢, ㉣　　④ ㉠, ㉡, ㉢, ㉣

23 **하천 현황조사 시 포함되어야 할 사항이 아닌 것은?**

① 하천유역의 토양 현황
② 하천명, 하천등급, 시·종점에 관한 사항
③ 하천홍수 범람에 따른 위험 지역에 관한 사항
④ 하천과 관련된 수공구조물 및 횡단시설물에 관한 사항

24 **하천에 설치되는 시설물중 제방 및 호안의 재해 취약요인의 설명으로 틀린 것은?**

① 경간장: 계획홍수량에 대한 검토
② 비탈경사: 비탈경사가 급한 정도
③ 소류력: 호안 재료의 허용소류력 적합여부
④ 제방고: 계획홍수위에서 계획홍수량 규모별로 여유고 기준에 적합한지의 여부

25 **다음의 재해복구 작업 상황으로 활동중심일정을 계산했을 때 소요공기로 옳은 것은?**

작업명	A	B	C	D	E	F
작업일수	5	8	4	9	6	8

① 작업A와 B는 최초작업이며 병행작업이다.
② 작업A의 완료 후 작업C의 착수가 가능하다.
③ 작업B의 후속작업은 작업E이다.
④ 작업D는 B와 C가 각각 완료되어야만 착수가 가능하다.
⑤ 작업F는 최후작업이며 작업D와 E의 완료 후에 시행된다.
⑥ 각 작업의 소요일수

① 20일간　　② 22일간
③ 24일간　　④ 26일간

26 **자연현황 조사대상에 해당하지 않는 것은?**

① 산업현황　　② 하천현황
③ 해상현황　　④ 지질·토양현황

22. 재해연보에는 인명(이재민 포함), 침수면적, 건물, 선박, 농경지, 공공시설 및 사유시설에 대한 피해자료가 있음
23. 하천현황 조사사항으로 하천명, 하천등급, 시·종점에 관한 사항, 기본계획 유무, 개수현황, 유역면적, 유로연장, 하천평균폭, 하상계수 등에 관한 사항, 계획홍수량, 계획홍수위, 계획하폭, 제방고 등 하천 수리특성에 관한 사항, 하천 홍수범람에 따른 위험지역에 관한 사항, 하천과 관련된 수공구조물 및 횡단시설물에 관한 사항, 각종 정보를 하나로 모은 하천정보도가 있음
24. 경간장: 교량의 교각간거리에 대한 검토

25.
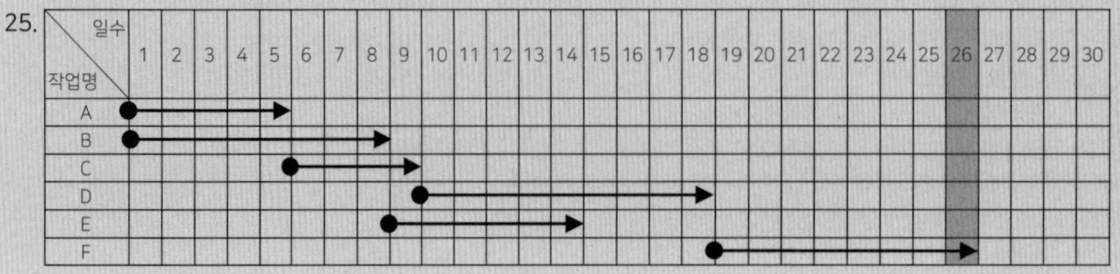

26. - 자연현황 조사대상은 토지이용현황 및 계획 조사, 유역 및 하천현황 조사, 지형현황 조사, 지질현황 조사, 토양현황 조사, 임상현황 조사, 기상 및 해상현황 조사
- ①은 인문현황에 해당하며 ②③④는 자연현황에 해당함

정답 22. ③ 23. ① 24. ① 25. ④ 26. ①

27 **자연재해저감 종합계획 세부수립기준상 구조적 대책에 해당하는 것은?**

① 하도정비　② 재해지도
③ 홍수터 관리　④ 댐 운영체계 개선

28 **자연재해위험개선지구 정비계획 수립 시 검토사항으로 모두 고른 것은?**

> ㉠ 정비사업의 타당성 검토
> ㉡ 다른 사업과의 중복 및 연계성 여부
> ㉢ 정비사업에 따른 지역주민의견 수렴결과 검토
> ㉣ 재해위험개선지구별 경제성 분석 등을 통한 투자우선순위 검토

① ㉠, ㉡　② ㉠, ㉢, ㉣
③ ㉡, ㉢, ㉣　④ ㉠, ㉡, ㉢, ㉣

29 **자연재해저감 종합계획 세부수립기준상 유역 내 과다한 토석류 유출 등이 원인이 되어 하천시설 및 공공·사유시설의 침수 및 매몰 등의 피해를 유발하는 재해는?**

① 토사재해　② 하천재해
③ 해안재해　④ 사면재해

30 **도시침수피해 현장 조사 시 지형현황 조사항목이 아닌 것은?**

① 육안조사
② 대규모 공사장 현황
③ 관내 도로망 현황조사
④ GIS 수치지형도를 활용한 표고·경사 분석

31 **방재시설 현황조사 대상이 아닌 것은?**

① 취입보　② 인공사면
③ 수로터널　④ 소하천 제방

32 **우리나라 해안에서 발생하는 연안침식의 주요 원인이 아닌 것은?**

① 항만건설
② 해안도로 건설
③ 하수구 폐쇄
④ 무분별한 하구 골재채취

33 **상류 산지사면과 계류의 황폐화를 막고 불안정 사면의 고정 토석류의 발생 및 이동을 억제하며 산사태 토석류와 홍수로부터 발생되는 산지재해를 최소화하기 위하여 설치하는 사방시설은?**

① 옹벽　② 석축
③ 사방댐　④ 지오 텍스타일

27. - 구조적 대책으로는 제방, 호안, 하도정비, 댐, 저수지, 펌프장, 방수로 등이 있으며 비구조적 대책으로는 홍수방재계획, 홍수 예·경보, 댐-보-저수지 연계 운영방안, 홍수보험, 홍수터 관리, 재해지도 등이 있음
- ①은 구조적 대책에 해당하며 ②③④는 비구조적 대책에 해당

28. - 정비계획 수립 시 검토사항으로 타당성 검토, 타 사업과의 중복 및 연계, 주민의견 수렴결과 검토, 경제성분석, 투자우선순위 결정 등이 있음
- ㉠㉡㉢㉣은 자연재해위험개선지구 정비계획 수립 시 검토사항에 해당

31. 「자연재해대책법 시행령」 제55조에 따라 「소하천정비법」 제2조제3호에 따른 소하천부속물 중 제방·호안·보 및 수문, 「하천법」 제2조제3호에 따른 하천시설 중 댐·하구둑·제방·호안·수제·보·갑문·수문·수로터널·운하 및 관측시설, 「국토의 계획 및 이용에 관한 법률」 제2조제6호 마목에 따른 방재시설, 「하수도법」 제2조제3호에 따른 하수도 중 하수관로 및 하수종말처리시설, 「농어촌정비법」 제2조제6호에 따른 농업생산기반시설 중 저수지, 양수장, 관정 등 지하수이용시설, 배수장, 취입보(取入洑: 하천에서 관개용수를 수로에 끌어들이기 위하여 만든 저수시설을 말한다), 용수로, 배수로, 유지, 방조제 및 제방 등이 있음

32. 연안침식의 주요원인으로 항만 및 어항건설, 호안 및 해안도로의 건설, 무분별한 하구 골재 채취 및 항내준설사의 유용, 연안지역의 개발(배후지의 개발)이 있음

33. 사방댐은 유역의 상류지역 또는 단지개발에 따른 토사 유입 예상지역에 설치하여 유송된 모래와 자갈 등을 저류·조절하기 위한 목적으로 설치

정답 27. ① 28. ④ 29. ① 30. ② 31. ② 32. ③ 33. ③

34 **자연재해저감 종합계획 세부수립기준상 일반현황 조사에 관한 설명으로 틀린 것은?**

① 지역연혁은 대상지역의 방재연혁을 최대한 조사하여 기술한다.
② 산업현황은 산업체의 현황 및 분포를 제시한다.
③ 인구현황에는 행정구역별 면적, 가구수, 인구수 등이 포함된다.
④ 인문현황에는 인구, 산업, 행정구역 현황을 기술한다.

35 **사면재해 방지시설물 중 옹벽 시공 시 고려사항에 해당되지 않는 것은?**

① 옹벽이 넘어지지 않게 해야 한다.
② 지하수에 의한 수평력에 저항하도록 해야 한다.
③ 옹벽 자체에 지나친 응력이 생기지 않게 적당한 재료를 선택해야 한다.
④ 지반 허용지내력 이상의 응력이 실리도록 해야 한다.

36 **사면재해의 위험요인으로 옳은 것은?**

① 산지침식 및 홍수피해
② 외수위 영향으로 인한 피해
③ 우수관거 문제로 인한 피해
④ 사면의 과도한 굴착 등으로 인한 붕괴

37 **시·군 등 자연재해저감종합계획 세부수립기준상 시설정비 관련계획에 해당하지 않는 것은?**

① 사방계획　② 하천기본계획
③ 연안정비계획　④ 지역안전도 진단

38 **산지지역에 취약한 재해유형으로 적합한 것은?**

① 태풍　② 토석류
③ 해일　④ 내수침수

39 **자연재해저감 종합계획 세부수립기준상 주요 자연재해 특성분석에 관한 사항으로 틀린 것은?**

① 기상개황은 자연재해 발생기간내의 강우량, 풍속, 풍향, 적설량 등을 기술한다.
② 주요자연재해 특성분석내용은 위험지구 예비후보지 대상 선정 시 제외한다.
③ 자연재해 원인특성은 해당재해별 특성을 구분하여 분석한다.
④ 피해현황은 국가재난관리정보시스템(NDMS) 자료를 토대로 한다.

40 **지진해일이 수심 4,500m에서 발생했을 때 지진해일의 전파속도는?(단, 중력가속도는 9.8m/s^{2}이다)**

① 210m/s　② 250m/s
③ 300m/s　④ 350m/s

34. 인문현황은 인구, 산업, 문화재 현황을 기술함
35. - 옹벽 시공 시 지반의 허용 지내력 이상의 응력이 생기지 않도록 해야 함
- 옹벽 시공 시 주의사항으로 옹벽 자체에 지나친 응력이 생기지 않도록 합리적인 재료를 선택, 옹벽이 넘어지지 않게 해야 함, 지반의 허용 지내력 이상의 응력이 생기지 않도록 해야 함, 옹벽 뒤 흙이 옹벽과 함께 미끄러지는 활출이 발생하지 않아야 함
36. - 지반 활동으로 인한 붕괴, 절개지 경사면 등의 배수시설 불량에 의한 사면붕괴, 옹벽 등 토사유출 방지시설의 미비로 인한 피해, 사면의 과도한 굴착 등으로 인한 붕괴, 급경사지 주변에 피해유발시설 배치, 유지관리 미흡으로 인한 피해 가중 등 6가지로 구분
- ①은 토사재해 위험요인, ②③은 내수재해 위험요인, ④는 사면재해 위험요인에 해당
37. 시설정비 관련계획으로 하천기본계획, 소하천정비종합계획, 하수도정비기본계획, 사방계획, 항만기본계획, 연안정비계획 등이 있음
38. 산지지역의 재해특성으로 집중호우 시 산사태와 토석류 발생, 산사태로 인한 다량의 토사와 유목 발생, 하천 통수 단면 부족으로 인한 하천범람 발생, 교각 단면 증가로 인한 월류 발생
40. - 지진해일 전파속도 공식 $V = \sqrt{gh}$로 여기서 g는 중력가속도, h는 수심
- $\sqrt{9.8 \times 4500}$ = 210m/s

정답 34. ④ 35. ④ 36. ④ 37. ④ 38. ② 39. ② 40. ①

제3과목: 재해분석

41 **방재시설물의 개선대책에 대한 설명으로 틀린 것은?**

① 하수도법에 따른 하수도기본계획과의 연계성을 검토한다.
② 1차적으로 유하시설은 하수도정비기본계획에서 제시한 통수단면적 기준으로 확장한다.
③ 저류시설을 축소하여 유하시설 처리능력을 초과하는 홍수량에 대비한다.
④ 배수펌프장 설치가 어려운 지역은 유역대책 시설 및 예·경보시스템 도입 등 비구조적 대책을 수립한다.

42 **지역별 방재성능목표에서 공표하는 강우량 지속기간이 아닌 것은?**

① 1시간 ② 2시간
③ 3시간 ④ 4시간

43 **재해복구사업의 분석·평가 시행지침상 지역경제 발전성 평가와 평가항복이 아닌 것은?**

① 낙후지역 개선효과
② 지역경제 타당성 정도
③ 지역 경제적 파급효과
④ 지역산업의 활성화정도

44 **자연재해대책법령상 지역별 방재성능목표 설정·운영에 관한 설명이다. ( ) 안에 들어갈 숫자의 연결이 옳은 것은?**

- 방재성능목표 설정기준을 통보받은 특별시장은 해당 특별시에 대한 (㉠)년 단위의 지역별 방재성능목표를 설정·공표하고 운용해야 한다.
- 특별시장은 지역별 방재성능목표를 공표한 날부터 (㉡)년마다 그 타당성 여부를 검토하여 필요한 경우에는 설정된 방재성능목표를 변경·공포해야 한다.

① ㉠: 5, ㉡: 5 ② ㉠: 5, ㉡: 10
③ ㉠: 10, ㉡: 5 ④ ㉠: 10, ㉡: 10

45 **지역별 방재성능 목표설정·운영기준상 통합개선대책 수립 절차에 관한 설명으로 틀린 것은?**

① 신설·확장하는 방재시설의 개선사업비와 홍수부담량의 비를 산정하여 평가지수를 결정한다.
② 톤당 처리하는 비용이 낮은 사업을 우선순위로 선정 될 수 있도록 "방재성능 개선대책 사업" 최적 안을 결정한다.
③ 용량부족 관로를 해소 할 수 있는 저류시설의 규모 및 위치를 결정하여 1차적으로 결정된 유하시설의 사업비와 비교 후 결정한다.
④ 개선 계획한 방재시설의 방재성능이 방재성능목표를 상회하는 경우 신설·확장시설을 확정 전에 사업비 및 부담량을 결정하여야 한다.

41. 유하시설 처리능력을 초과하는 홍수량에 대하여는 저류시설 설치 또는 배수펌프장(신설 또는 증설)으로 분담
42. 지역별 방재성능목표에서 공표하는 강우량 지속기간은 1시간, 2시간, 3시간
43. 지역경제 발전성 평가항목으로 지역 생산성 향상, 지역산업의 활성화 정도, 지역 경제적 파급효과, 낙후지역 개선효과 등
44. 「자연재해대책법」 제16조에 따라 10년마다 종합계획을 수립하여야 하고, 종합계획을 수립한 날부터 5년이 지난 경우 그 타당성 여부를 검토하여 필요한 경우 그 계획을 변경할 수 있음
45. 개선 계획한 방재시설의 방재성능이 방재성능목표를 상회하는 경우 신설·확장시설을 확정 후에 사업비 및 부담량을 결정하여야 함

정답 41. ③ 42. ④ 43. ② 44. ③ 45. ④

46 **지역별 방재성능폭표 설정·운영기준상 다음 조건일 때 A지역의 방재성능목표 강우량(mm)은?(단, 지역별 방재성능목표 산정방법을 적용하며 지속기간은 1시간으로 한다)**

> • A지역의 티센 면적비:
> B지역 80%, C지역 20%
> • 지역별 확률강우량(30년 빈도):
> B지역 95.8mm, C지역 69.3mm
> • A지역은 관심지역 할증률 8% 적용

① 90 ② 95
③ 100 ④ 105

47 **빗물펌프장의 용량부족으로 인한 침수발생 시 개선대책이 아닌 것은?**

① 하수관거 신규설치
② 빗물펌프의 용량 증설
③ 빗물펌프장과 연결된 유수지역 용량 증설
④ 고지배수로 설치에 따른 고지 및 저지유역 분리

48 **재해복구사업의 분석·평가 시행지침상 다음에서 설명하는 용어로 옳은 것은?**

> 홍수, 호우 등으로부터 재해를 예방하기 위하여 지역별로 설정·공포한 목표강우량(시우량, 연속강우량)

① 방재성능목표
② 재해저감성 평가
③ 재해복구개선평가
④ 재해복구 효율성평가

49 **특정 지방자치단체의 지역 내 방재성능 개선대책 사업대상 선정 및 연차별 정비계획 수립 시 고려사항이 아닌 것은?**

① 경제성
② 시공성
③ 재해저감성
④ 사업지구 내 토지이용상태

50 **산지 토석류 유출로 우수관거가 막혀 침수피해가 발생하였을 때 복합재해 유형은?**

① 토사재해-내수재해
② 사면재해-하천재해
③ 하천재해-토사재해
④ 내수재해-해안재해

46. - 티센 면적비를 적용한 방재성능목표 강우량 산정식 티센 면적비×지역별 확률강우량
(B지역 티센비×B지역 확률강우량) + (C지역 티센비×C지역 확률강우량)
{(80%×95.8mm)+(20%×69.3mm)}/100%=90.5mm
- A지역 확률강우량에 할증률 8%적용
90.5mm+(90.5mm×8%)/100%=97.74mm
- 할증률을 적용하여 산정한 예측 확률강우량 값의 일단위를 5mm 기준으로 상향 조정하여 지역별 방재성능 목표 설정 기준을 제시
97.74mm(할증률 적용) → 100mm(상향 조정)

47. 하수관거는 자연배제시설로 관거의 증대 또는 증설을 하여도 외수위에 의해 내수의 배제가 이루어지지 않으므로 개선대책이 될 수 없음

49. 지역 내 방재성능 개선대책 사업대상 선정 및 연차별 정비계획 수립 시 토지 이용 상태, 경제성, 시공성을 고려하여 순위를 결정하며 높은 순위에 해당하는 지역을 최우선으로 시행토록 계획을 수립해야 함

50. 산지 토석류 유출은 토사재해에 해당하며 우수관거는 내수재해에 해당함

정답 46. ③ 47. ① 48. ① 49. ③ 50. ①

51 **자연재해대책법령상 지역안전도 진단 내용에 포함되어야 하는 사항이 아닌 것은?**

① 해당 지방자치단체의 피해 발생빈도
② 해당 지방자치단체의 피해 규모의 분석
③ 해당 지방자치단체의 피해 저감능력 평가를 위한 진단기준 마련
④ 해당 지방자치단체의 피해 저감능력을 진단하기 위한 진단 지표

52 **하천재해 위험요인에 해당하는 것은?**

① 하천 통수능 저하
② 하상안정시설 유실
③ 하구폐쇄 인한 홍수위 증가
④ 우수유입시설 문제로 인한 피해

53 **침수구역 배수를 위한 펌프를 설치하려고 한다. 다음 조건을 참고했을 때 배수관의 평균 유속(m/s)은?**

- 배수관 직경: 0.4m
- 배수관 유량: $0.9m^3/s$

① 4.253 ② 5.276
③ 6.122 ④ 7.162

54 **사면재해 발생 위험요인을 모두 고른 것은?**

㉠ 폐광, 송전탑 하부, 임도 불안정
㉡ 지반 교란 행위
㉢ 하류로 이송된 토사의 하구부 퇴적에 의한 하구폐쇄
㉣ 배수시설의 유지관리 소홀

① ㉠, ㉡, ㉢ ② ㉠, ㉡, ㉣
③ ㉠, ㉢, ㉣ ④ ㉡, ㉢, ㉣

55 **시·군 등 풍수해저감종합계획 세부수립기준상 해안재해 위험요인 분석에 대한 설명 중 틀린 것은?**

① 정량적 위험요인 평가를 위한 모형은 일정한 형태가 있어야 한다.
② 해안재해 위험지구 후보지에 대한 현장조사 등을 토대로 위험요인을 분석한다.
③ 분석의 공간적 범위는 해당 후보지의 해안수리특성이 재현될 수 있는 구역을 선정하도록 한다.
④ 현장조사만으로는 위험요인을 평가하기 어려운 경우 정량적 분석기법을 활용하여 위험요인을 분석한다.

51. 자연재해대책법 제75조의2에 따라 자연재해 안전도 진단 내용에는 해당 지방자치단체의 피해 발생 빈도와 피해 규모의 분석, 해당 지방자치단체의 피해 저감 능력을 진단하기 위한 진단지표 및 진단기준에 따른 분석이 포함되어야 함

52. - 하천재해 위험요인은 통수 단면 부족, 만곡부 및 수충부 형성, 제방의 누수와 침하, 콘크리트 구조물의 균열 및 파손 상태, 접속부 상태 등임
- 하천 통수능 저하와 하구폐쇄 인한 홍수위 증가는 토사재해, 우수유입시설 문제로 인한 피해는 내수재해임

53. - Q=AV [여기서 Q는 유량(m^3/s), A는 면적(m^2), V는 유속(m/s)임]
V=Q/A V=0.9㎥/s÷(0.4m×0.4m×π÷4)=7.162m/s

54. - 하류로 이송된 토사의 하구부 퇴적에 의한 하구폐쇄는 토사재해임
- ㉠, ㉡, ㉣은 사면재해 발생 위험요인이며 ㉢은 토사재해 발생 위험요인임

55. 해안재해 위험요인 분석은 특수한 경우에 한하여 자체적으로 수행하는 정량적 수치모의를 시행하며 직접 분석을 실시하는 것은 지양

정답 51. ③ 52. ② 53. ④ 54. ② 55. ①

56 **재해복구사업의 분석·평가 시행지침상 재해복구사업 분석평가를 통해 도출된 문제점에 대한 개선방안 및 구체적인 활용방안으로 명시되지 않는 것은?**

① 재해예방사업의 투자우선순위
② 자연재해위험개선지구 지정 개선방안
③ 재해복구사업 시행에 따른 각 시설물별 개선방안
④ 지역발전성과 지역주민 생활환경의 쾌적성 향상방안

57 **과거 발생한 침수피해 현황조사 및 재해발생 원인파악 방법으로 가장 거리가 먼 것은?**

① 홍수 예·경보의 발령 기준파악
② 주민 탐문조사를 통한 침수발생 양상 파악
③ 문헌조사를 통한 침수피해 발생지역 및 범위 조사
④ 피해지역의 자연재해위험개선지구 지정여부를 파악

58 **방재시설의 유지·관리 평가항목·기준 및 평가방법 등에 관한 고시상 행정안전부장관이 재난관리책임기관장의 유지·관리를 평가해야 하는 방재시설과 시설물 연결이 틀린 것은?**

① 소하천 시설-제방, 호안
② 어항시설-방파제, 방사제
③ 농업생산기반시설-파제제, 공동구
④ 공공하수도시설-우수관로, 빗물펌프장

59 **방재성능 향상을 위한 통합 개선대책 사업의 시행과 이에 필요한 예산 및 재원대책 마련 방법으로 틀린 것은?**

① 예산확보가 가능한 경우 기본적으로 방재성능 통합 개선대책 사업으로 추진한다.
② 자연재해위험개선지구 지정 등 행정사항이 모두 이행되지 않더라도 사업을 추진할 수 있다.
③ 중기 투자계획과 연간 예산확보 규모를 고려하여 방재성능 통합 개선대책에 필요한 신규 예산을 확보한다.
④ 신규 예산 확보가 불가능한 경우 자연재해위험개선지구정비사업 우수유출저감시설 설치사업 등 구체적으로 명시한다.

60 **RRL 모델에 의한 홍수유출량 산정방법으로 옳은 것은?**

- Q_j는 시간별 유출량(m^3/s)
- I_i는 우량주상도의 I번째 시간구간의 강우강도(mm/hr)
- A는 j시간의 유역출구 유출량에 기여하는 소유역 면적(km^2)

① $Q_j = 0.2777 \times \sum_{i=1}^{j} I_i \times A_{j+1-i}$

② $Q_j = 0.2777 \times \sum_{i=1}^{j} A_i \times I_{j+1}$

③ $Q_j = 0.2277 \times \sum_{i=1}^{j} I_i \times A_{j+1-i}$

56. 「재해복구사업 분석·평가 시행지침」에 따라 재해복구사업 분석평가를 통해 도출된 문제점에 대한 개선방안과 구체적인 활용 방안에 포함사항으로 재해복구사업 시행에 따른 각 시설물별 개선방안, 지역발전성과 지역주민 생활환경의 쾌적성 향상방안, 유역·수계 및 배수구역의 통합방재성능 효과 향상방안 및 재해예방사업의 투자 우선순위, 자연재해저감 종합계획 등 관련계획·기준 등과의 연계방안을 제시함

57. 홍수 예·경보의 발령 기준파악으로 과거 침수피해 발생원인을 알 수 없음

58. 농업생산기반시설의 시설물은 저수지, 양수장, 관정, 배수장, 취입보, 용수로, 배수로, 유지, 방조제, 제방이 있으며 파제제는 어항시설, 공동구는 도로시설에 해당함

59. 자연재해위험개선지구 지정은 행정사항 이행 후 사업 추진 가능

정답 56. ② 57. ① 58. ③ 59. ② 60. ①

④ $Q_j = 0.2277 \times \sum_{i=1}^{j} A_i \times I_{j+1}$

제4과목: 재해대책

61 직경 0.5m인 관로에 유속 2m/s로 물이 흐를 때 100m 구간에서 발생하는 손실수두(m)는?(단, 중력가속도는 9.8m/s², 마찰손실계수는 0.019라 가정한다)

① 0.457 ② 0.776
③ 0.899 ④ 0.928

62 자연재해위험개선지구 비용편익 분석방법 중 다차원법의 장점에 해당하는 것은?

① 분석범위가 간편법에 비해 폭넓음
② 침수면적 산정 시 홍수빈도개념이 적용되므로 신뢰성이 높음
③ 간편법에 비해 분석방법론에 있어서 보편화되어 있음
④ 경제성 분석을 위한 소요자료 및 인력 소요가 적음

63 소하천정비법령상 소하천의 지정기준에 대한 설명이다. ( ) 안에 들어가야 할 내용이 옳게 연결된 것은?

> 소하천은 일시적이 아닌 유수가 있거나 있을 것이 예상되는 구역으로서 평균 하천 폭이(㉠)미터 이상이고 시점에서 종점까지의 전체길이가(㉡)미터 이상인 것이어야 한다.

① ㉠: 2, ㉡: 500 ② ㉠: 2, ㉡: 1,000
③ ㉠: 3, ㉡: 500 ④ ㉠: 3, ㉡: 1,000

64 자연재해대책법령상 우수유출저감대책을 수립할 필요가 없는 사업은?(단, 기타 사항은 고려하지 않음)

① 「농어촌정비법」에 따른 생활환경정비사업
② 「유통산업발전법」에 따른 공동집배송센터의 조성사업
③ 「도시 및 주거환경정비법」에 따른 재건축사업
④ 「관광진흥법」에 따른 관광지 및 관광단지 개발사업

60. RRL 모형에 의한 시간별 유출량 계산방법은
$Q_j = 0.2778 \times \sum_{i=1}^{j} I_i \times A_{j+1-i}$로
여기서 Q_j는 시간별 유출량(m³/s), I_i는 우량주상도의 i번째 시간구간의 강우강도(mm/hr), A는 j시간의 유역출구 유출량에 기여하는 소유역의 면적(km²)

61. 관수로 흐름해석에서 Darcy-Weisbach 공식 사용
$h_f = f\frac{L}{D}\frac{V^2}{2g}$ 로 여기서 h_f는 수두손실(m), f는 마찰손실계수, L은 연장(m), D는 직경(m), V는 유속(m/s), g는 중력가속도(m/s²)
$h_f = 0.019\frac{100m}{0.5m}\frac{(2m/s)^2}{2\times 9.8m/s^2} = 0.776$

62. 예상 피해액 정확도 비교 시 다차원법 〉 개선법 〉 간편법으로 다차원법이 신뢰성이 높음

63. 「소하천정비법 시행령」 제2조에 의거 소하천은 일시적이 아닌 유수가 있거나 있을 것이 예상되는 구역으로서 평균 하천 폭이 2미터 이상이고 시점에서 종점까지의 전체길이가 500미터 이상인 것이어야 함

64. 「자연재해대책법 시행령」 제16조 2에 의거 「도시 및 주거환경정비법」에 따른 재건축사업은 우수유출저감대책으로 수립할 필요가 없음

정답 61. ② 62. ② 63. ① 64. ③

65 **자연재해대책법령상 자연재해저감 종합계획에 포함되어야 할 사항으로 명시되지 않는 것은?**

① 재해위험지구, 침수위험지구의 안정성 확보
② 자연재해 재해복구사업의 평가·분석에 관한 사항
③ 자연재해 예방 및 저감을 위한 종합대책등에 관한 사항
④ 지역적 특성 및 계획의 방향·목표에 관한 사항

66 **재해영향평가 시 개발 중 토사유출저감대책에 대한 설명 중 틀린 것은?**

① 침사지 겸 저류지가 임시구조물인 경우에는 설계빈도를 30년 빈도 이상으로 결정한다.
② 영구구조물로 계속 활용되는 경우에는 설계빈도를 50년 빈도 이상으로 결정할 수 있다.
③ 가배수로는 유속이 토공수로의 3.0m/s를 초과하지 않도록 고려하면서 경사와 단면을 계획한다.
④ 침사지 겸 저류지의 설치 위치 및 개소수는 배수계획에 따라 달라지게 되지만 시공성 및 시공 시 위치이동 등을 고려하여 가급적 2개소 이상 설치하여야 한다.

67 **다음 설명은 비탈면 보호공법 중 어느 공법에 해당되는가?**

- 암반 비탈면에 많이 시공
- 보강재를 암반에 삽입하여 원지반 전단강도를 증대시키는 공법

① 록볼트　② 계단식 옹벽
③ 비탈면 경사완화　④ 소일네일링

68 **재해정보지도 작성 후 지방자치단체의 장이 검토해야 하는 사항이 아닌 것은?**

① 침수 정보
② 현지 조사
③ 정보 보안
④ 재해정보지도 작성 방침

69 **수계단위 저감대책 수립대상에 적합하지 않는 재해유형은?**

① 사면재해　② 토사재해
③ 내수재해　④ 하천재해

65. 「자연재해대책법 시행령」 제13조(자연재해저감 종합계획에 포함하여야 할 사항)
- 지역적 특성 및 계획의 방향·목표에 관한 사항
- 유역 현황, 하천 현황, 기상 현황, 방재시설 현황 등 재해 발생 현황 및 재해 위험 요인 실태에 관한 사항
- 자연재해 복구사업의 평가·분석에 관한 사항
- 지역별, 주요 시설별 자연재해 위험 분석에 관한 사항
- 지구단위 홍수방어기준을 적용한 저감대책에 관한 사항
- 자연재해 저감을 위한 자연재해위험개선지구 지정 및 정비에 관한 사항
- 자연재해 예방 및 저감을 위한 종합대책 등에 관한 사항
- 자연재해저감 종합계획 세부 수립기준에서 정하는 사항

66. 가배수로 유속은 2.5m/s이하로 계획을 수립

67. 계단식 옹벽은 지하수에 의한 수압발생이 우려되는 경우 수발공을 설치, 비탈면 경사완화는 점토질이 많은 지반에 사용하는 공법, 쏘일네일링은 토사지반에 사용하는 공법으로 문제에 제시된 내용은 록볼트 공법임

68. - 재해정보지도 중 피난활용형 재해정보지도와 방재교육형 재해정보지도의 사용대상자는 주민으로써 침수가 예상되는 지역에서 신속한 주민대피 등을 위한 목적으로 작성하여 침수정보와 대피계획이 포함
- 필요한 경우 일반인과 공유해야 함

69. 하천재해, 내수재해, 토사재해의 경우 수계단위·유역 단위로 구분되면 먼저 수계 또는 유역 차원에서 제시되어야 하는 저감대책을 수립

정답 65. ① 66. ③ 67. ① 68. ③ 69. ①

70 지표의 상태에 따른 1ha당 토사유출량이 나지 $200m^3$/년, 초지 $15m^3$/년, 농경지 $2m^3$/년, 산림 $1m^3$/년이고 토지이용계획 중 나지 1.2ha, 초지 0.5ha, 농경지 0.2ha, 산림 0.7ha일 때 토사유출량은?

① $232.7m^3$/년 ② $242.3m^3$/년
③ $244.4m^3$/년 ④ $248.6m^3$/년

71 표와 같이 소유역 Ⅰ, Ⅱ, Ⅲ으로 나누어진 유역면적과 유출계수를 가진 유역의 전체 홍수량을 평균 유출계수를 계산하여 합리식으로 산정한 값은 얼마인가?(단, 유역의 평균 강우강도 = 100 mm/hr이다)

소유역	면적(km^2)	유출계수
Ⅰ	1.0	0.5
Ⅱ	0.6	0.7
Ⅲ	0.4	0.9

① $17.78m^3/s$ ② $19.45m^3/s$
③ $35.56m^3/s$ ④ $38.90m^3/s$

72 재해영향평가 등의 협의 실무지침상 침사지 등의 저류형 구조물에 우수유출저감시설을 계획할 경우 임계지속기간 결정방법은?

① 유입유량이 최대가 되는 강우지속기간
② 방류유량이 최소가 되는 강우지속기간
③ 저류시간이 최대가 되는 강우지속기간
④ 저류용량이 최대가 되는 강우지속기간

73 자연재해위험개선지구의 타당성(투자우선순위) 평가항목 중 부가평가 항목이 아닌 것은?

① 지속성 ② 정책성
③ 준비도 ④ 계획성

74 피해지역에 대한 침수흔적을 조사하기 위한 풍수해 유형이 아닌 것은?

① 태풍 ② 풍랑
③ 호우 ④ 해일

75 토사침식량 해석을 위한 RUSLE 모형의 식에서 사용되지 않는 매개변수는?

① 유사전달률
② 강우침식인자
③ 토양침식인자
④ 토양보전대책인자(무차원)

70. 토사유출량 = 비토사유출량×면적
따라서, $200m^3$/년×1.2+$15m^3$/년×0.5+$2m^3$/년×0.2+$1m^3$/년×0.7=$248.6m^3$/년

71. 합리식 공식은
$Q_P = \frac{1}{3.6} CIA = 0.2778\,CIA$ [여기서 Qp는 첨두홍수량(m^3/s), 0.2778은 단위환산계수, C는 유출계수, I는 특정 강우 지속기간(일반적으로 도달시간을 지속기간으로 결정)의 강우강도(mm/hr), A는 유역면적(km^2)]
- Q_P = 0.2778 × {(1.0 × 0.5 + 0.6 × 0.7 + 0.4 × 0.9) ÷ (1.0 + 0.6 + 0.4)} × 100 × 2.0 = $35.56m^3/s$

72. 저류시설의 성능평가 또는 계획 시 최대 저류량이 발생하는 강우의 지속기간을 임계지속기간으로 결정함

73. 투자우선순위 결정을 위한 부가적 항목은 지속성, 정책성, 준비도임

74. 태풍, 호우, 해일 등 풍수해로 인한 피해지역에 대한 침수흔적을 조사

75. RUSLE 방법에 의한 토양침식량 산정에 적용되는 매개변수는 강우침식 인자, 토양침식 인자, 사면경사길이 인자, 토양피복 인자, 토양보전대책 인자, 토양침식조절 인자임

정답 70. ④ 71. ③ 72. ④ 73. ④ 74. ② 75. ①

76 **재해지도 작성기준 등에 관한 지침상 대피장소 지정기준이 아닌 것은?**

① 보행거리로 1km 이내에 지정
② 차량으로 30분 이내의 거리에 지정
③ 학교, 마을회관 등 공공시설에 지정
④ 수용규모를 보통 1,000명 이하로 지정

77 **사면안정해석 프로그램이 아닌 것은?**

① SLIDE ② SLOPE/W
③ SEEP/W ④ TALREN

78 **재해지도 작성기준 등에 관한 지침상 침수예상도에 해당하지 않는 것은?**

① 내수침수예상도 ② 홍수범람예상도
③ 해안침수예상도 ④ 하천범람예상도

79 **조위분석 시 활용할 수 있는 전산프로그램으로 옳은 것은?**

① POM ② RUSLE
③ ADCIRC ④ FVCOM

80 **재해영향평가 등의 협의 실무지침상 주차장 저류한계 수심은?**

① 10cm ② 20cm
③ 30cm ④ 40cm

제5과목: 방재사업

81 **자연재해대책법령상 방재시설의 유지·관리 평가는 연간 몇 회를 실시해야 하는가?**

① 1 ② 2
③ 3 ④ 4

82 **1:1.5의 사면공사의 경우 절취가 가능한 사면의 임계높이는 약 몇 m인가? (단, 점착력=1.0t/m^2, 단위중량=1.8t/m^3, 내부마찰각=10도)**

① 12.41 ② 13.21
③ 14.41 ④ 15.21

76. - 대피장소 설치 위치: 보행 거리로 1km 이내에 지정
- 대피장소 지정대상: 초·중등학교, 시·군·구 마을회관 등 공공시설
- 대피장소의 규모: 대상시설 대피자 적정 수용 규모를 고려하여 지정 (보통 1,000명 이하로 지정)

77. - 사면 안정성 해석에 주로 사용되고 있는 프로그램은 STABL5M, STABGM, UTEXAS, TALREN97, SLOPE/W 등이 있음
- ①②④는 사면안정해석 프로그램이며 ③은 침투류 해석 프로그램임

78. 침수예상도의 종류로 홍수범람위험도(홍수범람예상도, 내수침수예상도), 해안침수예상도가 있음

79. RUSLE 모형은 토사유출량 해석 프로그램, ADCIRC 모형은 지진해일 분석 프로그램, FVCOM 모형은 폭풍해일 분석 프로그램임

80. 「우수유출저감시설의 종류·구조·설치 및 유지관리 기준」에서 주차장의 저류한계 수심은 10cm로 제시함

81. 「자연재해대책법 시행령」 제56조에 따라 방재시설의 유지·관리 평가는 연 1회 실시토록 제시

82. $H_{cr} = \frac{4c}{\gamma} \frac{\sin\beta \cos\phi}{1-\cos(\beta-\phi)}$ 여기서, H_{cr}은 유한사면이 임계 평형상태를 이루는 최대높이, c는 점착력, r은 단위중량, φ는 내부마찰각, β는 지면과 사면경사가 이루는 각 $(\tan^{-1}(1/1.5) = 33.69°)$

$$H_{cr} = \frac{4 \times 1(t/m^2)}{1.8(t/m^3)} \frac{\sin 33.69° \ \cos 10°}{1-\cos(33.69° - 10°)}$$
$$= 14.41m$$

정답 76. ② 77. ③ 78. ④ 79. ① 80. ① 81. ① 82. ③

83 **자연재해위험개선지구 투자우선순위 결정을 위한 비용·편익 분석방법 중 간편법의 편익 산정 시 해당되지 않는 항목은?**

① 농경지 ② 이재민
③ 농작물 ④ 인명손실

84 **집중호우 시 유출토사를 인위적으로 퇴적시켜 유입을 억제하는 침사지 시설의 구성요소가 아닌 것은?**

① 침전부 ② 홍수조절부
③ 자연배수부 ④ 퇴사저류부

85 **다음과 같이 건설시설물에 대한 값이 주어진 경우 연평균 편익의 현재가치는?**

구분	편익 발생(10년 동안)				
	6년	7년	8년	9년	10년
연평균 편익(백만 원)	1,561	1,561	1,561	1,561	1,561
현가계수	0.648	0.603	0.561	0.552	0.485
구분	11년	12년	13년	14년	15년
연평균 편익(백만 원)	1,561	1,561	1,561	1,561	1,561
현가계수	0.451	0.023	0.022	0.020	0.019

① 296.6백만 원 ② 528.3백만 원
③ 1561.0백만 원 ④ 5282.4백만 원

86 **시설물의 안전 및 유지관리에 관한 특별법령상 안전등급 A등급의 점검 실시 시기로 틀린 것은?**

① 성능평가: 5년에 1회 이상
② 정밀안전진단: 6년에 1회 이상
③ 정기안전점검: 반기에 1회 이상
④ 정밀안전점검(건축물): 3년에 1회 이상

87 **우수유출 저감시설 중 침투통을 설치할 수 있는 지역은?**

① 시공지역의 터파기 공사 후 물이 5시간 동안 0.18cm 이하로 침투되는 토양
② 산사태 위험지역, 급경사지 등 우수침투에 의해 지반의 안정성에 문제가 발생할 우려가 있는 지역
③ 지하건물의 밀집 등으로 우수침투 시 주변지역의 건물에 누수 등 문제가 발생할 우려가 있는 지역
④ 입도분포도에서 점토가 20%를 차지하는 지역

83. 간편법의 피해액 산정·인명 + 농작물 + 가옥 + 기타 피해액(농경지+공공시설+기타+간접)

84. 침사지시설은 크게 유입조절부와 토사조절부(침전부, 퇴사저류부)로 구분할 수 있음

85. 각 연도별 연평균 편익×현가계수 = 10년 동안 발생한 편익
1561×(0.648+0.603+0.561+0.552+0.485+0.451+0.023+0.022+0.020+0.019)
=5282.4백만 원

86. 「시설물의 안전 및 유지관리에 관한 특별법 시행령」 별표 3에서 A등급의 건축물 정밀안전점검은 4년에 1회 이상으로 제시

87. 침투통을 설치할 수 없는 지역
- 산사태 위험지역, 급경사지 등 우수침투에 의해 지반의 안정성에 문제가 발생할 우려가 있는 지역
- 지하건물의 밀집 등으로 우수침투 시 주변지역의 건물에 누수 등 문제가 발생할 우려가 있는 지역
- 투수계수가 10-5cm/sec보다 작은 토양(시공지역의 터파기 공사 후 물이 5시간 동안 0.18cm 이하로 침투되는 토양)
- 입도분포도에서 점토가 40% 이상을 차지하는 지역
- 공장 주변지역 또는 매립지 주변지역 등에서의 수질오염이 우려되는 지역

정답 83. ② 84. ②, ③ 85. ④ 86. ④ 87. ④

88 **토목구조물의 손상원인 중 재료적 원인이 아닌 것은?**

① 하중의 증가
② 알칼리 골재반응
③ 콘크리트의 중성화
④ 철근 및 강재의 부식

89 **하천 방재시설물 적용공법에 해당하지 않는 것은?**

① 침식에 대한 보강
② 월류에 대한 보강
③ 제체 침투에 대한 보강
④ 관거시설 개량 및 신설

90 **국가를 당사자로 하는 계약에 관한 법령상 하자보수 보증금에 관한 설명이다. ( ) 안에 들어갈 숫자의 연결이 옳은 것은?**

> 하자보수보증금은 계약금액의 100분의 (㉠) 이상 100분의 (㉡) 이하로 하여야 한다.

① ㉠: 1, ㉡: 5　　② ㉠: 2, ㉡: 5
③ ㉠: 2, ㉡: 10　　④ ㉠: 5, ㉡: 10

91 **사면 재해방지시설인 옹벽 설계 시 안정조건으로 틀린 것은?**

① 활동에 대한 저항력은 작용하는 수평력의 1.5배 이상이어야 한다.
② 전도에 대한 저항 모멘트는 횡토압에 의한 전도모멘트의 2.0배 이상이어야 한다.
③ 최대 지반반력 q max는 지반허용지지력 qa 이하가 되어야 한다.
④ 옹벽의 합력 작용선이 저판 길이의 중앙 1/3 밖에 있어야 한다.

92 **자연재해위험개선지구 관리지침상 피해액 산정 시 도시유형별 구분에서 인구 100만 명 미만의 일반 시급 도시에 해당하는 것은?**

① 대도시　　② 중소도시
③ 전원도시　　④ 농촌지역

93 **급경사지 재해예방에 관한 법령상 붕괴위험지역의 계측관리에 관한 설명으로 틀린 것은?**

① 행정안전부장관은 상시계측관리의 결과 등을 고려하여 주민대피를 위한 관리기준을 제정·운영하여야 한다.
② 관리기관은 붕괴위험지역 지반의 위치변화를 사전에 감지하기 위하여 상시계측관리를 할 수 있다.
③ 관리기관은 직접 상시계측관리를 하거나 대행하게 하는 경우에는 계측자료를 관할 시장·군수·구청장에게 실시간으로 제공하여야 한다.
④ 시장·군수·구청장은 제공받은 계측자료와 자체의 계측자료를 활용하여 긴급상황이 발생하는 때에는 신속히 해당 지역주민을 대피시켜야 한다.

88\. - 하중의 증가는 구조적 원인으로 그 외 설계 결함, 온도 변화의 영향 등이 있음
- ①은 손상원인 중 구조적 원인이며 ②, ③, ④는 손상원인 중 재료적 원인에 해당함

89\. - 관거시설 개량 및 신설은 내수 방재시설물 적용공법에 해당
- ①, ②, ③은 하천 방재시설물 적용공법이며 ④는 내수 방재시설물 적용공법에 해당

90\. 하자 보수 보증금의 납부 금액은 계약 금액의 100분의 2 이상 100분의 10 이하에 해당하는 금액이며, 하자 보수 보증기한은 1년 이상 10년 이하의 범위에서 약정한 바에 따름

91\. 옹벽의 합력 작용선이 저판 길이의 중앙 1/3내에 있어야 함

92\. 도시의 유형별 구분

구 분	적용기준
대도시	인구 100만 명 이상의 광역시급 도시
중소도시	인구 100만 명 미만의 일반 시급 도시
전원도시	인구 증가 등으로 인해 군 전체가 시로 승격된 도시
농촌지역	군급 도시 중 인구밀도 500명 이상, 임야면적 70% 미만인 도시
산간지역	농촌지역 이외의 군급 도시

정답 88. ① 89. ④ 90. ③ 91. ④ 92. ② 93. ①

94 **해안침식의 원리와 원인에 관한 설명으로 틀린 것은?**

① 해면 상승에 따라 정선(汀線)이 후퇴하는 현상은 동적인 변화를 수반하지 않는 한 해안침식이라고 하지 않는다.
② 어항 등 항내 정온도를 위한 방파제 건설로 방파제 상류측은 정선과 평행하게 운반되는 연안표사로 침식된다.
③ 좁은 의미에서 해안침식은 사빈해안에 있어서 운반되는 토사량에 비해 유출되는 토사량이 많을 경우를 말한다.
④ 폭풍 내습과 같은 단기적으로 발생하는 침식은 해안표사량 변화가 많다.

95 **범람구역 자산조사에서 행정구역별 지역특성을 반영하는 구체적인 자산 항목에 해당하지 않는 것은?**

① 주거자산 ② 농업자산
③ 산업자산 ④ 금융자산

96 **터널 붕괴사고의 원인 중 시공상 오류에 의한 사고가 아닌 것은?**

① 콘크리트 라이닝 시공불량
② 록볼트와 강지보의 잘못된 시공
③ 숏크리트 두께가 시방서와 다른 경우
④ 지하수의 영향을 충분히 고려하지 못한 경우

97 **다음은 연차별 투입계획에 따른 각 사업비 합계 금액이다. 각 시설물별 잔존가치는 축제공 80%, 호안공 10%, 구조물 0%, 보상비100% 정도일 때 연평균 유지관리비는 얼마인가?(단, 연평균 유지관리비는 잔존가치를 고려하여 사업비의 약 2%로 설정하며 계산은 소수점 둘째 자리에서 반올림함)**

구분	연차별 합계(백만 원)
축제공	7,145
호안공	996
구조물공	100
용지보상비	2,632
기타	332
계	11,205

① 55.1백만 원 ② 169.0백만 원
③ 224.1백만 원 ④ 393.1백만 원

93. 「급경사지 재해예방에 관한 법률」 제9조(주민대피 관리기준의 제정·운영)에 따라 시장·군수·구청장은 상시계측관리의 결과 등을 고려하여 주민대피를 위한 관리기준 을 제정·운영하여야 함
94. 연안표사가 탁월한 해안에서는 국부적으로 항만, 어항 등과 같은 해안구조물이 건설됨으로써 해안을 따라 평행하게 움직이는 연안표사가 저지되고 이로 인해 구조물 주변의 백사장 침식이 발생함
95. - 범람구역 자산조사에서 행정구역별 지역특성을 반영하는 구체적인 자산 항목은 주거자산, 농업자산, 산업자산이 있음
- 주거자산: 인구 20만 명 이상의 도시를 관류하거나 범람구역 안의 인구가 1만 명 이상인 지역을 지나는 하천
- 농업자산: 다목적댐, 하구둑 등 저수량 500만km^3 이상의 저류지를 갖추고 국가적 물 이용이 이루어지는 하천
- 산업자산: 상수원보호구역, 국립공원, 유네스코생물권보전지역, 문화재보호구역, 생태·습지보호지역을 관류하는 하천
96. 지하수의 영향을 충분히 고려하지 못한 경우는 설계상 오류에 해당함. 따라서, ①, ②, ③은 시공상 오류이며 ④는 설계상 오류에 해당함
97. 개선법:(총 사업비-잔존가치)×2%
축제공×0.8+호안공×0.1+용지보상비×1.0=잔존가치
(11,205-7,145×0.8+996×0.1+2,632×1.0)×0.02
(11,205-8,447.6)×0.02=55.1백만 원

정답 94. ② 95. ④ 96. ④ 97. ①

98 **자연재해위험개선지구 관리지침상 투자우선순위 결정을 위한 비용편익분석 방법 중 간편법의 장점이 아닌 것은?**

① 농작물피해액을 기준으로 피해계수를 적용하므로 예상피해액 산정방법이 간편함
② 침수면적 산정 시 홍수빈도 개념이 적용되므로 신뢰성이 높음
③ 세부적인 자료가 부족하여 연평균 홍수경감기대액의 현재가치 계산이 불가능할 때 시용할 수 있음
④ 경제성 분석을 위한 소요자료 및 인력 소요가 적음

99 **바람 방재시설에 해당하지 않는 것은?**

① 대피소 ② 방수로
③ 방풍림 ④ 방풍설비

100 **자연재해대책법령상 유지·관리 평가대상 방재시설에 해당하지 않은 것?**

① 저수지 ② 방파제
③ 빗물펌프장 ④ 재난 예·경보 시설

98. 침수면적 산정 시 홍수빈도 개념이 적용되는 방식은 다차원법임
99. 방수로는 하천 방재시설로 그 외 제방, 호안, 댐, 천변저류지, 홍수조절지 등이 있음

100. [전항 정답 인정]
「자연재해대책 시행령」 제55조에 따른 방재시설
- 소하천 정비법에 따른 제방, 호안, 보 및 수문
- 하천법에 따른 댐, 하구둑, 제방, 호안 등
- 항만법에 따른 방파제, 방사제, 파제제 및 호안
- 기본법에 따른 재난 예보·경보 시설
- 농어촌정비법에 따른 저수지, 양수장, 배수장 등
※ 본 해설에 제시된 시설외의 방재시설은 자연재해대책법 참조

정답 98. ② 99. ② 100. ①, ②, ③, ④

국가자격시험
완벽풀이

2021.8.14. 시행

제4회 방재기사필기

제1과목: 재난관리

1 재난현장에서 필요한 구조적 응급조치와 비구조적 응급조치에 관한 설명 중 틀린 것은?

① 침수방지턱, 빗물받이, 배수펌프장 설치는 구조적 대책에 속한다.
② 비구조적인 대책은 구조적 대책과 병행함으로써 인명피해와 2차 피해를 최소화하는데 유용하다.
③ 일률적인 설계기준 상향조정보다 해당지역의 위험도를 고려한 배수체계 개선대책은 구조적 대책에 속한다.
④ 침수위험지역 내 비상전원 가동체계 구축 및 차수용 모래주머니 확보 등은 비구조적 대책에 속한다.

2 재난 및 안전관리 기본법령상 재난의 예방·대비·대응 및 복구의 단계 중 재난의 대응을 위한 활동이 아닌 것은?

① 응급조치　② 위기경보 발령
③ 위험구역 설정　④ 특별재난지역 선포

3 지구단위 종합복구계획 수립기준상 지구단위 종합복구계획 수립 대상지 선정에 관한사항으로 틀린 것은?

① 중앙대책본부장은 피해발생일로부터 재해상황을 상세히 기록하여 보관해야 한다.
② 지역대책본부장은 지구 경계설정 시 토지용도별 이용 상태는 고려하지 않는다.
③ 피해액의 산정은 선정한 지구 내 피해를 시설별·부처별로 분류하고 공공시설과 사유시설의 피해액을 합한 값으로 한다.
④ 중앙대책본부장은 피해규모와 유형 등을 지속적으로 관찰하여 지구단위 종합복구계획을 수립할 필요성이 있는지 판단해야 한다.

4 농어촌정비법령상 비상대체계획을 수립해야 하는 농업기반시설물은?

① 연장이 2km 이상인 방조제
② 준공 후 30년 이상 경과한 댐·저수지
③ 총 저수용량이 30만m^3 이상인 저수지
④ 포용조수용량이 2천만m^3 이상인 방조제

1. 비상전원 가동체계 구축 및 차수용 모래주머니 확보 등은 구조적 대책에 해당함
2. 특별재난지역 선포는 재난의 복구단계에 해당함
3. 지역대책본부장이 지구 경계설정 시 고려할 사항으로 피해규모·유형, 동일 수계·유역, 지형적으로 임야(능선), 하천, 도로, 행정구역, 토지이용상황, 토양 및 지질, 재해위험요인 등이 있음
4. 「농어촌정비법 시행령」 제27조에 따라 비상대체계획을 수립해야 하는 농업기반시설물은 총 저수용량이 20만m^3 이상인 저수지, 포용조수량이 3천만m^3 이상인 방조제 등이 있음

정답 1. ④ 2. ④ 3. ② 4. ③

5 재난 및 안전관리 기본법령상 재난의 구호 및 복구를 위하여 지원하는 비용의 선지급 비율에 관한 사항으로 ( ) 알맞은 내용은?

> 선지급의 비율은 시설의 종류 및 피해규모 등에 따라 국고와 지방비에서 지원하는 금액을 합한 금액의 100분의 ( ) 이상으로 한다.

① 2 ② 5 ③ 10 ④ 20

6 특별재난지역 선포 사례가 아닌 것은?

① 1991년 낙동강 페놀 유출사고
② 1995년 삼풍백화점 붕괴사고
③ 2003년 대구 지하철 화재사고
④ 2012년 태풍 산바

7 재난 및 안전관리 기본법령상 국가핵심기반 지정을 위한 조정위원회 심의기준 중 틀린 것은?

① 다른 국가핵심기반 등에 미치는 연쇄효과
② 재난의 발생 가능성 또는 그 복구의 용이성
③ 하나 이상의 중앙행정기관의 공동대응 필요성
④ 재난이 발생하는 경우 국가안전보장과 경제·사회에 미치는 피해 규모 및 범위

8 재난 및 안전관리 기본법령상 훈련주관기관의 장이 재난대비훈련을 실시하는 경우 훈련참여기관의 장에게 통보하여야 하는 사항이 아닌 것은?(단, 그 밖에 훈련에 필요한 사항은 제외한다)

① 훈련비용 ② 훈련내용
③ 훈련방법 ④ 훈련참여 인력

9 자연재해대책법령상 수해내구성 강화를 위하여 수방기준을 제정하여야 하는 시설물이 아닌 것은?

① 도로법 시행령에 따른 교량
② 하천법에 따른 하천시설 중 제방
③ 하수도법에 따른 하수도 중 개인 하수처리시설
④ 농어촌정비법에 따른 농업생산기반시설 중 저수지

5. 「재난 및 안전관리 기본법 시행령」에 따라 선지급의 비율은 시설의 종류 및 피해 규모 등에 따라 국고와 지방비에서 지원하는 금액을 합한 금액의 100분의 20 이상으로 하며, 구체적인 선지급 비율 및 절차 등에 관한 사항은 행정안전부장관이 관계 중앙행정기관의 장과 협의한 후 고시함

6. - 특별재난지역이란 일정한 규모를 초과하는 특별 재난이 발생하여 국가안녕 및 사회질서 유지에 중대한 영향을 미치거나 피해를 효과적으로 수습하기 위하여 특별한 조치가 필요하다고 인정하여 대통령이 선포하는 지역을 말한다. 그 선포기준으로 국고지원 대상 피해 기준금액 4분의 1을 초과하는 피해가 발생하였을 때, 지방자치단체의 행정능력이나 재정능력으로 수습이 곤란하여 국가적 차원의 지원이 필요하다고 판단될 때, 생활기반 상실 등 극심한 피해의 효과적인 수습 및 복구를 위하여 국가적 차원의 특별한 조치가 필요하다고 판단될 때로 1991년 낙동강 페놀 유출사고는 특별재난지역으로 선포되지 않았음
- ①은 특별재난지역으로 선포되지 않았으며 ②③④는 특별재난지역으로 선포되었음

7. 「재난 및 안전관리 기본법」에 따라 조정위원회 심의 기준은 둘 이상의 중앙행정기관의 공동대응 필요성이 있음

8. 「재난 및 안전관리 기본법 시행령」에 따라 재난대비훈련을 실시하는 경우에는 훈련일 15일 전까지 훈련일시, 훈련장소, 훈련내용, 훈련방법, 훈련참여 인력 및 장비, 그 밖에 훈련에 필요한 사항을 재난관리책임기관, 긴급구조지원기관 및 군부대 등 관계 기관의 장에게 통보해야 함

9. 「자연재해대책법 시행령」에 따라, 수방기준의 제정 대상 시설물은 다음과 같음
- 「소하천정비법」 제2조제3호에 따른 소하천부속물 중 제방
- 「하천법」 제2조제3호에 따른 하천시설 중 제방
- 「국토의 계획 및 이용에 관한 법률」 제2조제6호 마목에 따른 방재시설 중 유수지
- 「하수도법」 제2조제3호에 따른 하수도 중 하수관로 및 공공하수처리시설
- 「농어촌정비법」 제2조제6호에 따른 농업생산기반시설 중 저수지
- 「사방사업법」 제2조제3호에 따른 사방시설 중 사방사업에 따라 설치된 공작물
- 「댐건설 및 주변지역지원 등에 관한 법률」 제2조제1호에 따른 댐 중 높이 15미터 이상의 공작물 및 여수로, 보조댐
- 「도로법 시행령」 제2조제2호에 따른 교량
- 「항만법」 제2조제5호에 따른 방파제, 방사제, 파제제 및 호안

정답 5. ④ 6. ① 7. ③ 8. ① 9. ③

10 긴급구조 대응활동 및 현장지휘에 관한 규칙상 통제단의 운영기준으로 틀린 것은?

① 대비단계에서는 긴급구조지휘대만 상시 운영한다.
② 대응 1단계에서는 소규모 사고가 발생한 상황으로 긴급구조통제단은 운영할 수 없다.
③ 대응 2단계에서는 시·도 긴급구조통제단을 필요에 따라 부분 또는 전면적으로 운영한다.
④ 대응 3단계에서는 둘 이상의 시·도에 걸쳐 재난 발생 시 중앙통제단은 필요에 따라 부분 또는 전면적으로 운영한다.

11 지진해일 대비 주민대피계획 수립 지침상 지진해일 대피지구의 범위 및 대상지역 지정범위에 관한 사항으로 ( )에 알맞은 내용은?

> 실제 관측값과 최대조위 보정 값을 제외한 예측값에 20% 안전율을 적용하여 산출한 파고가 ( )m 이상인 지역은 반드시 지진해일 주민대피지구를 지정하여야 한다. 다만, 그 밖의 지역은 지역대책본부의 본부장(이하 "지역대책본부장"이라 한다)이 판단하여 지정할 수 있다.

① 0.5 ② 1 ③ 1.5 ④ 2

12 하천재해 방재시설이 아닌 것은?

① 댐 ② 옹벽
③ 제방 ④ 방수로

13 재해구호법령상 재난구호를 위한 의연금품 모집 목표액이 10억 원일 때, 모집에 필요한 경비의 최고 한도액으로 옳은 것은?

① 15,000,000원 ② 20,000,000원
③ 25,000,000원 ④ 30,000,000원

14 재난 및 안전관리 기본법령 상 중앙안전관리위원회의 위원장과 안전정책조정위원회의 위원장과 안전정책조정위원회의 위원장이 바르게 나열된 것은? (단, 직무대행 상황은 없다고 가정한다)

① 국무총리, 행정안전부장관
② 국무총리, 방재관리대책 대행자
③ 행정안전부장관, 행정안전부차관
④ 행정안전부차관, 방재관리대책 대행자

15 재난 및 안전관리 기본법령상 국가안전관리기본계획의 수립 시 포함되어야 하는 사항을 모두 고른 것은?

> ㉠ 식품안전에 관한 대책
> ㉡ 산업안전에 관한 대책
> ㉢ 생활안전에 관한 대책
> ㉣ 범죄안전에 관한 대책

① ㉠, ㉢ ② ㉠, ㉡, ㉣
③ ㉡, ㉢, ㉣ ④ ㉠, ㉡, ㉢, ㉣

10.「긴급구조대응활동 및 현장지휘에 관한 규칙」에 따라 대응 1단계는 재난이 발생한 상황에서 해당 지역의 긴급구조지휘대가 현장지휘 기능을 수행한다. 이 경우 시·군·구 긴급구조통제단은 필요에 따라 부분 또는 전면적으로 운영할 수 있음

11.「지진해일 대비 주민대피계획 수립지침」에 따라 실제 관측값과 최대조위 보정값을 제외한 예측값에 20% 안전율을 적용하여 산출한 파고가 2.0m 이상인 지역은 반드시 지진해일 주민대피지구를 지정할 수 있음

12. - 하천재해의 방재시설 종류로는 제방, 호안, 댐, 천변저류지, 홍수조절지, 방수로가 있으며 옹벽은 사면재해 방재시설임
- ①③④는 하천재해 방재시설이며 ②는 사면재해 방재시설임

13. -「재해구호법」에 따라 의연금품의 모집에 필요한 경비는 제출된 모집비용의 예정액 명세로 하되, 모집된 의연금의 100분의 2를 초과하지 아니하는 범위에서 대통령령으로 정하는 바에 따라 충당할 수 있음
- 1,000,000,000원×0.02 = 20,000,000원

14.「재난 및 안전관리 기본법」제9조에 따라 중앙위원장은 국무총리이며 제10조에 따라 안전정책조정위원회의 위원장은 행정안전부장관으로 명시되었음

15.「재난 및 안전관리 기본법」에 따라 국가안전관리기본계획의 수립 시 생활안전, 교통안전, 산업안전, 시설안전, 범죄안전, 식품안전, 안전취약계층 안전 및 그 밖에 이에 준하는 안전관리에 관한 대책이 포함되어야함

정답 10. ② 11. ④ 12. ② 13. ② 14. ① 15. ④

16 **자연재해대책법령상 해일위험지구의 지정·고시에 관한 설명 중 틀린 것은?**

① 지진해일로 인하여 피해를 입었던 지역은 해일위험지구로 지정·고시하여야 한다.
② 폭풍해일로 인하여 피해를 입었던 지역은 해일위험지구로 지정·고시하여야 한다.
③ 해수면 상승에 의한 하수도 역류현상으로 침수 피해가 발생할 우려가 있는 지역은 해일위험지구로 지정·고시하여야 한다.
④ 태풍으로 인한 풍랑으로 침수 또는 시설물 파손 피해가 발생한 지역은 해일위험지구로 지정·고시하지 않는다.

17 **재난 및 안전관리 기본법령상 특정관리대상지역의 안전등급에 따른 정기 안전점검 주기로 옳은 것은?**

① A, B등급에 해당하는 특정관리대상지역: 반기별 1회 이상
② C등급에 해당하는 특정관리대상지역: 분기별 1회 이상
③ D등급에 해당하는 특정관리대상지역: 월 1회 이상
④ E등급에 해당하는 특정관리대상지역: 월 2회 이상

18 **재난 및 안전관리 기본법령상 사회재난에 해당하지 않는 것은?**

① 미세먼지
② 화생방사고
③ 소행성 추락
④ 아프리카돼지열병의 확산

19 **재난 및 안전관리 기본법령상 재난안전 분야 종사자 교육에 관한 사항 중 틀린 것은?**

① 전문교육의 교육기간은 3일 이내로 한다.
② 전문교육 대상자는 신규교육을 받은 후 1년마다 정기교육을 받아야 한다.
③ 전문교육의 대상자는 해당 업무를 맡은 후 1년 이내에 신규교육을 받아야 한다.
④ 재난안전분야 종사자 전문교육은 관리자 전문교육과 실무자 전문교육으로 구분한다.

20 **재난 및 안전관리 기본법령상 응급조치에 사용할 장비 및 시설 중 철도관리 기준으로 옳은 것은?**

① 1일 열차 운행률 10% 이상 유지
② 1일 열차 운행률 20% 이상 유지
③ 1일 열차 운행률 25% 이상 유지
④ 1일 열차 운행률 30% 이상 유지

16. 「자연재해대책법」에 따른 해일위험지구로 지정·고시 가능 지역
- 폭풍해일로 인하여 피해를 입었던 지역
- 지진해일로 인하여 피해를 입었던 지역
- 해수면 상승에 의한 하수도 역류현상 등으로 침수 피해가 발생하였거나 발생할 우려가 있는 지역
- 태풍, 강풍 등으로 인한 풍랑으로 침수 또는 시설물 파손 피해가 발생하였거나 발생할 우려가 있는 지역
- 그 밖에 자연환경 등의 변화로 해일 피해가 우려되는 지역으로서 시장·군수·구청장이 해일 피해 방지를 위하여 특별히 정비·관리가 필요하다고 인정하는 지역

17. 「재난 및 안전관리 기본법 시행령」에 따라 C등급에 해당하는 특정관리대상지역은 반기별 1회 이상 안전점검 시행함

18. 「재난 및 안전관리 기본법」에 따라 소행성 추락은 자연재난으로 분류됨

19. 「재난 및 안전관리 기본법 시행규칙, 행정안전부령 제259호」에 따라 전문교육의 대상자는 해당 업무를 맡은 후 6개월 이내에 신규교육을 받아야 하며, 신규교육을 받은 후 매 2년마다 정기교육을 받아야 함

20. 「재난 및 안전관리 기본법 시행규칙, 행정안전부령 제259호」 별표 1의2에 따라 철도 관리 기준은 1일 열차 운행률 30% 이상 유지

정답 16. ④ 17. ② 18. ③ 19. ② 20. ④

제2과목: 방재시설

21 자연재해저감 종합계획 세부수립기준상 방재시설 관련계획 중 시설정비 관련계획에 관한 사항으로 틀린 것은?

① 방재시설정비 관련계획은 위험지구 예비후보지 선정에는 반영하지 않는다.
② 국가·지방하천 및 소하천, 수도 및 하수도, 사방댐, 저수지, 항만 및 연안 등의 시설정비 관련계획을 조사한다.
③ 방재시설 정비 관련 계획은 선정된 위험지구의 저감대책 및 시행계획 수립 시 관련계획의 내용을 활용한다.
④ 직접적인 연계성을 쉽게 파악하기 위하여 계획 전체 내용을 기술하는 것은 지양하고 자연재해저감 종합계획과 연계가 필요한 내용에 해당되는 사항만 기술한다.

22 자연재해 저감종합계획 세부수립기준상 일반현황 조사대상 중 자연현황 조사항목이 아닌 것은?

① 해안현황
② 기상현황
③ 지질 및 토양현황
④ 재해관련지구 지정현황

23 다음의 자연재해 위험지구 예비후보지 선정기준에 해당하는 자연재해 유형은?

> • 도시 우수관망 상류단 산지 접합부의 침사지 등과 같은 토사저감 시설 미비로 인한 피해발생 가능지역
> • 계곡부 산지하천 주변의 토석류 유출로 인한 붕괴 시 영향범위 내 인명피해 시설 및 기반시설이 포함되어 있어 피해가 예상되는 지역

① 토사재해 ② 사면재해
③ 내수재해 ④ 하천재해

24 하천설계기준상 수문조사에 따른 수위관측소의 관측대장에 기입해야 할 내용 중 틀린 것은?

① 눈금판의 교체 등 간단한 보수공사의 내용은 기록할 필요가 없다.
② 수위관측소의 관리기관은 수위관측소 대장 및 관련 도서를 작성하여 보관하여야 한다.
③ 관측소명, 수계명, 위치도, 관측계기의 기종, 관측기록 발송 상황 등을 기재하여야 한다.
④ 수위표지점 주변의 공사 등으로 인한 수위표의 일부 또는 전부를 단시간 이설할 경우에도 세부적인 내용을 명확히 기록해 두어야 한다.

21. 「자연재해저감 종합계획 세부수립기준」에서 국가·지방하천 및 소하천, 수도 및 하수도, 사방댐, 저수지, 항만 및 연안 등의 시설정비 관련 계획을 조사, 대상지역에 위치한 방재시설과 관련하여 수립된 각종 기본계획, 실시설계 등을 조사하여 위험지구 예비후보지 선정, 저감대책 및 시행계획 수립 등에 반영, 시설정비 관련계획은 기본적으로 정비계획이 수립된 지역을 후술되는 위험지구 예비후보지 선정 시 직접 활용하는 데 중점을 두고 선정된 위험지구의 저감대책 및 시행계획 수립 시 관련계획의 내용을 활용, 직접적인 연계성을 쉽게 파악하기 위하여 계획 전체 내용을 기술하는 것은 지양하고 자연재해저감 종합계획과 연계가 필요한 내용에 해당되는 사항만 기술토록 제시하고 있음

22. - 자연현황 조사대상은 하천현황, 지형현황, 지질 및 토양현황, 기상현황, 해상현황이 포함되며 재해관련지구 지정현황은 일반현황 중 방재현황에 포함됨
- ①, ②, ③은 자연현황 조사대상에 해당하며 ④는 방재현황 조사대상에 해당함

24. 「하천설계기준해설」에 따라 수위관측소 대장에는 관측소명, 수계·하천명, 설치자명, 유역면적, 관측개시 연월일, 관측소 소재지, 위도, 경도, 표고, 관측소 번호, 관측원, 위치도, 관측계기의 기종, 관측원부 및 보관장소, 관측기록 발송상황 등을 기재하여야 함

정답 21. ① 22. ④ 23. ① 24. ①

25 집중호우 시 토사유출량 저감을 위해 어떤 소유역에 설치된 침사지로 유입할 토사의 체적을 산정한 결과 200m^3/year이었다. 준설주기를 연 2회로 계획할 경우, 토사저류부의 저류용량(m^3)은?(단, 침사지의 토사포착 효율은 80%이다)

① 80　　② 120
③ 160　　④ 200

26 하천을 횡단하는 교량의 안전성을 검토하는 데 필요한 요소가 아닌 것은?

① 경간장　　② 교량 폭
③ 교량 길이　　④ 형하여유고

27 자연재해대책법령상 해일피해경감계획의 수립·추진 시 포함되어야 하는 사항을 모두 고른 것은?

㉠ 해일위험지구 지정 현황 ㉡ 해일 피해 경감에 관한 기본방침 ㉢ 시설물의 해일 대비 비상대처계획 ㉣ 해일위험지구 정비를 위한 예방·투자 계획

① ㉡, ㉣　　② ㉠, ㉡, ㉢
③ ㉠, ㉢, ㉣　　④ ㉠, ㉡, ㉢, ㉣

28 폭풍해일 및 파랑으로 인한 재해 대책시설이 아닌 것은?

① 호안　　② 흉벽
③ 도류제　　④ 고조방파제

29 재해이력 분석 중 자연재난 재해이력 조사 분석 자료 대상으로 가장 거리가 먼 것은?

① 재해연보
② 수해백서
③ 재난연감
④ 국가재난관리정보시스템(NDMS)

30 자연재해위험개선지구 유형에 대한 설명이 바르게 연결된 것은?

① 유실위험지구-산사태, 절개사면 붕괴, 낙석 등으로 인한 건축물이나 인명피해가 발생 또는 우려되는 지역
② 취약방재시설지구-배수문, 유수지, 저류지 등 방재시설물이 노후화되어 재해발생이 우려되는 시설물
③ 고립위험지구-하천의 외수범람 및 내수배제불량으로 인한 침수가 발생하여 피해를 유발하였거나 예상되는 지역
④ 침수위험지구-집중호우 및 대설로 인하여 교통이 두절되어 지역주민의 생활에 고통을 주는 지역

25. 200m^3/year÷2/year×0.8 = 80m^3
26. 교량 능력검토 기본사항은 형하여유고, 교량연장, 경간장임
27. 「자연재해대책법」에 따라 해일피해경감계획의 수립·추진 시 해일 피해 경감에 관한 기본방침, 해일위험지구 지정 현황, 해일위험지구 정비를 위한 예방·투자 계획, 해일 대비 비상대처계획, 그 밖에 해일 피해 경감에 관하여 대통령령으로 정하는 사항이 포함되어야 함
28. - 폭풍해일 및 파랑으로 인한 재해는 해안재해로 해안방재시설물인 어항시설은 파제, 방사제, 파제제, 방조제, 도류제, 수문, 갑문, 호안, 둑, 돌제, 흉벽 등이 있으며 도류제는 하천방재시설물 분류됨
- ①, ②, ④는 해안방재시설물에 해당하며 ③은 하천방재시설물에 해당함
30. 유실위험지구는 하천을 횡단하는 교량 및 암거 구조물의 여유고 및 경간장 등이 하천기본계획의 시설 기준에 미달되고 유수소통에 장애를 주어 해당 시설물 또는 시설물 주변 주택·농경지 등에 피해가 발생하였거나 피해가 예상되는 지역, 고립위험지구는 집중호우 및 대설로 인하여 교통이 두절되어 지역주민의 생활에 고통을 주는 지역, 침수위험지구는 하천의 외수범람 및 내수배제 불량으로 인한 침수가 발생하여 인명 및 건축물·농경지 등의 피해를 유발하였거나 침수피해가 예상되는 지역으로 구분

정답 25. ① 26. ② 27. ④ 28. ③ 29. ③ 30. ②

31 **하천특성인자 조사에 포함되지 않는 것은?**

① 유로연장　　② 하상경사
③ 하상계수　　④ 유역의 방향성

32 **하천재해 방재시설 중 하천에서 발생하는 홍수를 방지하기 위해 바다로 직접적으로 연결하거나 인근 하천으로 연결하기 위해 인공적으로 설치하는 수로는?**

① 방파제　　② 유수지
③ 방수로　　④ 배수펌프장

33 **하천재해의 종류와 위험요인의 연결이 틀린 것은?**

① 하천범람-계획홍수량 과소 책정
② 호안유실-제방고 및 제방여유고 부족
③ 제방붕괴-하천횡단구조물 파괴에 따른 연속 파괴
④ 하천 횡단구조물 파괴-교각부 콘크리트 유실

34 **자연재해저감 종합계획 세부수립기준상 국가단위 관련계획에 관한 사항 중 틀린 것은?**

① 국가하천, 국가산업단지 등 국가에서 추진하는 시설정비, 문화·관광, 산업 관련계획을 조사한다.
② 국가단위 관련계획 조사는 대규모 국가사업추진으로 인하여 자연재해 발생에 미치는 영향은 고려하지 않는다.
③ 국가단위 관련계획은 시설정비 관련계획, 토지이용 관련계획의 활용방안과 동일한 방법으로 연계·검토한다.
④ 해당 국가단위 관련계획의 사업구역경계, 사업명칭, 위치, 면적, 사업기간 등의 정보와 함께 계획 대상지역의 위치를 확인할 수 있도록 1/5,000 이상 축척의 위치도 및 토지이용계획도 등의 도면을 포함하여 제시한다.

35 **배수펌프 시설계획 수립에 관한 사항으로 틀린 것은?**

① 총양정은 계획실양정으로 한다.
② 펌프용량은 유역의 유출특성과 유수지규모에 따라 결정한다.
③ 계획실양정은 외수계획고수위와 내수의 저수위 수위차의 70~80% 범위로 한다.
④ 펌프의 설비위치는 수리적으로 유리하도록 흡수정과 최대한 가깝게 한다.

36 **자연재해저감 종합계획 세부수립기준상 자연재해 특성분석 현황조사에 관한 사항으로 틀린 것은?**

① 자연재해 원인특성은 해당 재해별 특성을 구분하여 분석한다.
② 주요 자연재해 특성 분석 내용은 위험지구 예비후보지 대상선정에 활용할 수 없다.

31. 하천의 기하학적 특성을 나타내는 인자는 유로연장, 하상경사, 하천 밀도, 하상계수 등이 포함됨
32. 하천재해의 방재시설 종류로는 제방, 호안, 댐, 천변저류지, 홍수조절지, 방수로 등이 있으며, 여기서 방수로는 강의 흐름의 일부를 분류하여 호수나 바다로 방출하기 위해 굴착한 수로로 분수로 또는 홍수로라고도 하는데 치수공사에서 유량을 조절하기 위해 설치하는 수로를 의미함
33. 호안유실의 위험요인으로 호안강도 미흡 또는 연결 불량, 소류력 또는 유송잡물에 의한 호안 유실, 이음매 결손, 흡출 등, 호안 내 공동 발생, 호안 저부 손상 등이 있음
34. 「자연재해저감 종합계획 세부수립기준」에 따라 국가단위 관련계획 조사는 대규모 국가사업 추진으로 인하여 자연재해 발생에 미치는 영향을 고려하여 계획을 조사하는 데 중점을 두어야 함
35. 「농업생산기반정비사업 계획설계기준-배수편」에 따라 계획 실양정은 계획최고 실양정의 80% 정도로 설계함
36. 「자연재해저감 종합계획 세부수립기준」에 따라 주요 자연재해 특성 분석 내용은 위험지구 예비후보지 대상 선정에 활용함

정답 31. ④ 32. ③ 33. ② 34. ② 35. ① 36. ②

③ 피해현황은 국가재난관리정보시스템(NDMS) 자료를 토대로 해당 자연재해로 인하여 발생한 시설물별 피해 개소수, 피해액 등의 피해현황을 조사한다.

④ 주요자연재해 사상을 선정하여 주요내용(호우기간, 기상특성 등), 기상개황, 기상특성, 자연재해 원인특성, 피해현황, 복구현황, 피해원인 분석 등에 대하여 기술한다.

37 재난 및 안전관리 기본법령상 재난 및 사고 유형별 재난관리 주관기관으로 옳은 것은?

① 식용수 사고-산업통상자원부
② 저수지 사고-농림축산식품부
③ 인접국가 방사능 누출사고-외교부
④ 공연장에서 발생한 사고-행정안전부

38 [조건]을 활용할 때 침사지 유량(m^3/s)은?

- 침사지 폭: 8m
- 침사지 길이: 15m
- 침사지 수심: 5m
- 침전시간: 40초

① 8　　② 12
③ 15　　④ 17

39 하천설계기준상 제방 단면의 구조 및 명칭 중 (　　)에 알맞은 용어는?

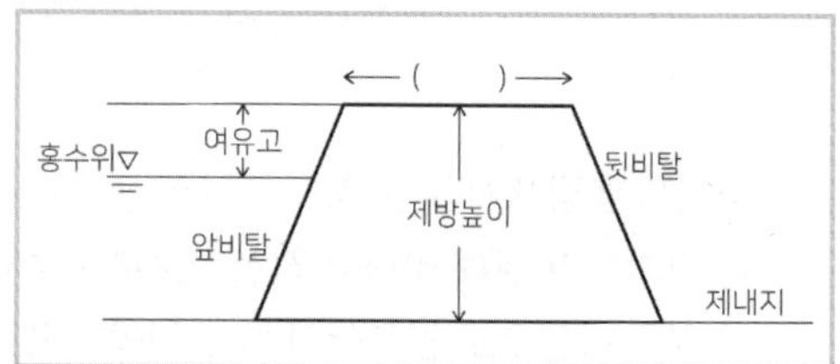

① 측단　　② 앞턱
③ 둑마루　　④ 제방머리

40 자연재해저감 종합계획 세부수립기준상 기초자료 조사 중 인문현황 조사의 내용이 아닌 것은?

① 수문현황　　② 인구현황
③ 산업현황　　④ 문화재현황

제3과목: 재해분석

41 다음 복합재해에 관한 설명으로 옳은 것은?

① 복합재해 발생유역의 저감성 평가는 정성적, 정량적 평가를 실시할 필요 없다.

② 복합재해위험이 예상되는 지구에 대한 정량적 분석은 관련된 개별 위험요인에 대한 분석을 수행하고 그 결과 최대위험요인을 적용한다.

37. 「재난 및 안전관리 기본법 시행령」 별표 1의3에 따라 식용수 사고는 환경부, 인접국가 방사능 누출사고는 원자력안전위원회, 공연장에서 발생한 사고는 문화체육관광부에서 주관함

38. 침사지 유량 = 침사지 폭×침사지 길이×침사지 수심÷침전시간
8m×15m×5m÷40s = 15m^3/s

39. 둑마루란 방파제, 호안, 돌제, 댐 등의 수리구조물 혹은 항만 구조물 등에서 각 부분의 최정상부 또는 도로나 축제에서 꼭대기에 위치하는 면을 말함. 일반적으로 가장 높은 부분의 비탈과 비탈 사이의 면

40. - 인문현황은 인구, 산업, 문화재 현황을 기술함
- ①은 방재현황 조사에 해당하며 ②, ③, ④는 인문현황 조사에 해당함

41. 복합재해 발생유역의 저감성 평가는 정성적, 정량적 평가를 실시해야 하며, 수계 및 유역단위 재해저감성 평가는 (개선 복구사업 지역, 복합재해 발생지역, 피해시설 상·하류의 인명 및 재산피해 발생우려지역) 재해 복구사업 재해저감성 평가에 해당함. 복합재해를 산정하는 방법은 두 가지 이상의 복합재해 발생지역의 경우 주요 위험요인에 해당하는 자연재해를 위험지구의 자연재해 유형으로 결정

정답 37. ② 38. ③ 39. ③ 40. ① 41. ②

③ 수계 및 유역단위 재해저감성 평가는 (개선복구사업 지역, 복합재해 발생지역, 피해시설 상·하류의 인명 및 재산피해 발생우려지역) 재해복구사업 지역경제 발전성 평가에 해당한다.
④ 복합재해 산정하는 방법은 소요인력=소요인력기준×내수재해특성에 따른 보정계수×지역적 특성에 따른 보정계수이다.

42 **방재성능 평가 후 통합 개선대책 수립 시 기본방향이 아닌 것은?**

① 1차적으로, 유하시설은 하수도정비기본계획에서 제시한 통수단면적 기준으로 확장 또는 신설한다.
② 확장(신설)한 유하시설의 처리능력을 초과하는 홍수량에 대하여는 저류시설 또는 배수펌프장(신설 또는 증설)으로 분담한다.
③ 저류시설 또는 배수펌프장 설치(신설·증설)가 어려운 지역은 유역대책시설(녹지공간·침투시설) 및 예·경보시스템 도입 등 비구조적 대책을 수립한다.
④ 자연재해대책법에 따른 자연재해저감 종합계획과의 연계성을 검토한다.

43 **방재성능목표 산정 시 미래 강우 증가율을 고려한 기본할증률 5%를 초과하는 지역 중 '주의'로 구분된 지방자치단체 적용 할증률은?**

① 6% ② 8%
③ 10% ④ 12%

44 **방재시설물의 경제성 평가방법에 대한 설명 중 틀린 것은?**

① 편익, 비용분석의 평가기준으로는 순현가(NPV)만이 이용된다.
② 경제성 평가에서 비용은 직접비용, 간접비용, 유형비용 및 무형비용으로 구분할 수 있다.
③ 경제성 평가에서 편익은 직접편익과 간접편익, 유형편익, 무형편익으로 구분할 수 있다.
④ 편익의 측정방법으로는 시장가격에 의한 평가방법, 대용가격에 의한 평가방법, 조사에 의한 평가방법으로 구분할 수 있다.

45 **어느 지역에서 재해발생 당시에 30분간 지속된 기간별 누가우량 조사 자료가 다음 표와 같았다. 이 자료로부터 지속시간 10분 최대 강우강도 [mm/hr]로 옳은 것은?**

강우시간부터 시간(분)	5	10	15	20	25	30
누가우량(mm)	5	20	30	37	42	45

42. 방재성능평가 대상 시설 관련 정비사업과 연성계성을 검토해야 함
43. 기후변화 시나리오 분석 결과 미래 강우증가률이 5%를 초과하는 것으로 예측되는 지방자치단체를 관심·주의지역으로 구분하며 관심지역은 할증률은 8%, 주의지역은 할증률은 10%로 적용
44. 경제성 평가의 경제성 분석의 지표는 순현재가치, 비용편익비, 내부수익률, 평균수익률, 반환기간 산정법이 있으며 편익, 비용분석의 평가기준은 비용편익비와 순현재가치를 이용함

45.

10분 단위 구분(분)	0-10	5-15	10-20	15-25	20-30
10분 단위 강우량(mm)	20.0	25.0	17.0	12.0	8.0
10분 단위 강우강도 (mm/hr)	120.0	150.0	102.0	72.0	48.0

- 10분÷60분=0.1667시간으로 누가강우량÷0.1667시간=10분 단위 강우강도 중 최댓값인 150.0mm/hr이 10분 최대강우강도임

정답 42. ④ 43. ③ 44. ① 45. ④

① 60.0 ② 90.0
③ 120.0 ④ 150.0

46 **방재성능평가 절차상의 세부내용이 아닌 것은?**

① 지하공간 침수방지를 위한 수방기준 적합성 검토
② 유역면적과 방재시설별 제원 및 일반현황
③ 도시 강우·유출모델을 활용한 홍수유출량 산정
④ 방재시설의 홍수처리능력 평가 및 내수침수 발생여부 검토

47 **외수범람 형상의 유형이 아닌 것은?**

① 확산형 ② 저류형
③ 축소형 ④ 유하형

48 **배수구역 내에 30년 빈도의 그림과 같은 배수시설이 설치되었다. [조건]을 참고하여 합리식을 이용한 계획유량(m^3/s)은 약 얼마인가?**

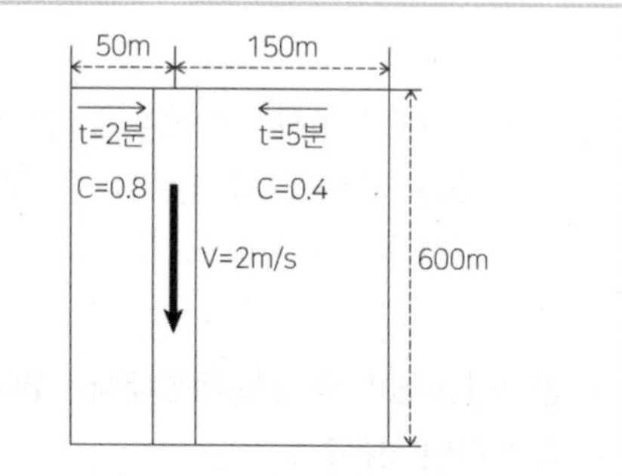

- 30년 빈도 강우강도식은 $I = \frac{4000}{t_a + 40}$
- 유출계수 산정 시에 우수관거 면적은 무시
- 강우지속기간은 홍수도달시간 적용

① 1.28 ② 1.33
③ 1.42 ④ 1.48

49 **방재성능목표 달성에 필요한 재정적 수요를 고려한 사항을 모두 고른 것은?**

㉠ 재해지역의 재정자립도
㉡ 재해지역의 소득지가 변동률
㉢ 재해지역의 도시화율
㉣ 재해지역의 시설물별 피해양상

① ㉠, ㉡ ② ㉠, ㉢
③ ㉠, ㉡, ㉢ ④ ㉠, ㉡, ㉣

46. 방재성능평가 절차로 지역별 방재성능목표 및 방재시설 제원조사, 홍수유출량 산정, 방재성능평가 실시가 있음

47. 외수범람 형상의 유형은 유하형 범람, 확산형 범람, 저류형 범람이 있음

48. 합리식 계산식 $Q_p = 0.2778 \times C \times I \times A$ [여기서 Qp는 첨두홍수량(m^3/s), 0.2778은 단위환산계수, C는 유출계수, I는 특정 강우 지속기간(일반적으로 도달시간을 지속기간으로 결정)의 강우강도(mm/hr), A는 유역면적(km^2)]

$C = \frac{A_1C_1 + A_2C_2}{A_1A_2} =$

$C = \frac{50 \times 600 \times 0.8 + 150 \times 600 \times 0.4}{600 \times 200} = 0.5$

I에서 t_a는 유역최원점에서 하도종점까지 유수가 흘러가는 시간으로

600m÷2m/s=300s÷60s×1min=5min,

$t_a = 5 + 5 = 10\text{min}$ $I = \frac{4000}{10+40} = 80$

$Q_p = 0.2778 \times 0.5 \times 80 \times (0.6 \times 0.2)$
$= 1.33m^3/s$

정답 46. ① 47. ③ 48. ② 49. ③

50 **자연재해의 장·단기복구활동에 공통적으로 포함되는 내용이 아닌 것은?**

① 복구활동결과기록 및 보고서 작성
② 재난대응계획상의 복구 관련 요소의 검토
③ 지역사회의 경제재건 및 활성화 프로그램 재발 시행
④ 복구가 필요한 부분의 탐색 및 우선순위 결정

51 **재해복구사업 분석·평가 중에서 경제성 분석기법이 아닌 것은?**

① 목표달성분석
② 다기준평가법
③ 비용/편익분석
④ 투입비용영향분석

52 **재해복구사업의 분석·평가 시행지침상 명시된 재해복구사업의 효과성·경제성을 평가하는 경우 포함하여야 하는 사항이 아닌 것은?**

① 재해복구사업의 차별성
② 재해복구사업 계획추진과 사후관리체계 적정성
③ 침수유역과 관련된 재해복구사업의 침수 저감능력과 경제성
④ 재해복구사업으로 인한 지역의 발전성과 지역주민 생활환경의 쾌적성

53 **자연재해대책법령상 명시된 지역별 방재성능 목표 설정에 관한 사항으로 ( )에 알맞은 내용은?**

> • (㉠)은 홍수, 호우 등으로부터 재해를 예방하기 위한 방재정책 등에 적용하기 위하여 처리 가능한 시간당 강우량 및 연속강우량의 목표를 지역별로 설정·운용할 수 있도록 관계 중앙행정기관장과 협의하여 방재성능목표 설정기준을 마련하고 이를 특별시장·광역시장·시장 및 군수에게 통보하여야 한다.
> • 방재성능목표 설정 기준을 통보받은 특별시장·광역시장·시장 및 군수는 해당 특별시·광역시(광역시에 속하는 군은 제외한다)·시 및 군에 대한 (㉡)년 단위의 지역별 방재성능목표를 설정·공표하고 운용하여야 한다.

① ㉠: 행정안전부장관, ㉡: 5년
② ㉠: 지방자치단체장, ㉡: 5년
③ ㉠: 행정안전부장관, ㉡: 10년
④ ㉠: 지방자치단체장, ㉡: 10년

54 **토사 침식의 종류로 틀린 것은?**

① 지표 흐름
② 구곡 침식
③ 구조물 침식
④ 빗방울 침식

50. ③은 장기복구활동에 해당하며 ①②④ 공통사항임

51. 재해복구사업 분석·평가 중에서 경제성 분석기법으로 목표달성분석법, 다기준평가법, 비용/편익분석법이 있음

52. 「재해복구사업의 분석·평가 시행지침」에 따라 효과성·경제성을 평가하는 경우 포함하여야 하는 사항은 재해복구사업의 해당 시설별 피해 원인분석의 적정성, 사업계획의 타당성 및 공사의 적정성, 침수유역과 관련된 재해복구사업의 침수저감 능력과 경제성, 재해복구사업 계획·추진과 사후관리체제의 적정성, 재해복구사업으로 인한 지역의 발전성과 지역주민 생활환경의 쾌적성, 각각 사항에 관한 개별 및 종합평가가 있음

53. 「자연재해대책법」에 따라 행정안전부장관은 홍수, 호우 등으로부터 재해를 예방하기 위한 방재정책 등에 적용하기 위하여 처리 가능한 시간당 강우량 및 연속강우량의 목표를 지역별로 설정·운용할 수 있도록 관계 중앙 행정기관장과 협의하여 방재성능목표 설정기준을 마련하고 이를 특별시장·광역시장·시장 및 군수에게 통보하여야 하며 시 및 군에 대한 10년 단위의 지역별 방재성능목표를 설정·공표하고 운용하여야 함

정답 50. ③ 51. ④ 52. ① 53. ③ 54. ③

55 **재해지도 작성 기준 등에 관한 지침상 대피장소 설치의 일반적인 기준은?**

① 보행거리로부터 1km 이내
② 보행거리로부터 2km 이내
③ 보행거리로부터 3km 이내
④ 보행거리로부터 5km 이내

56 **자연재해 저감대책 수립 시 저감대책의 공간적 구분에 포함되지 않는 것은?**

① 수계 단위
② 집계구 단위
③ 전지역 단위
④ 위험지구 단위

57 **자연재해대책법령상 명시된 방재시설에 대한 방재성능 평가에 따른 통합 개선대책에 포함되어야 하는 사항이 아닌 것은?(단, 그 밖에 행정안전부장관이 정하는 사항은 제외한다)**

① 방재성능 평가 결과에 관한 사항
② 개선대책에 필요한 예산 및 재원대책
③ 방재시설의 차별성을 고려한 개선계획
④ 방재성능향상을 위한 개선대책에 관한 사항

58 **개발사업장에 침사지 겸 저류지를 설치하여 사업지역 하류부에 대한 2차 토사재해를 저감하고자 한다. [조건]을 활용할 때 침사지의 최소 소요수 면적(m^2)은?**

- 사업장 상류에서 유입되는 계획홍수량: $2.0m^3/s$
- 토사의 포착대상입경: 0.2mm
- 포착대상입경 0.2mm 토사의 침강속도: 2.1cm/s

① 약 95.3　　② 약 114.3
③ 약 953.1　　④ 약 1143.2

59 **방재관련 법정계획 수립 시 재해발생 원인에 대한 조사내용 중 적절하지 않은 것은?**

① 유사한 국외 피해현황을 특성별로 비교
② 재해연보 및 수해백서 등의 문헌조사를 실시
③ 국가재난관리정보시스템(NDMS)의 대장을 참조
④ 조사내용은 자연재해저감종합계획 수립 시 재해위험지구 예비후보지 대상 선정에 활용

55. 「재해지도 작성 기준 등에 관한 지침」에서 대피장소는 보행거리로 1km 이내에 지정, 설치토록 제시

57. 「자연재해대책법 시행령」에 따라 방재성능 평가에 따른 통합 개선대책에 포함되어야 하는 사항은 방재성능 평가 결과에 관한 사항, 방재성능 향상을 위한 개선대책[유하시설, 저류시설 및 침투시설과 연계한 개선대책을 포함한다]에 관한 사항, 개선대책에 필요한 예산 및 재원대책, 방재시설의 경제성, 시공성 등을 고려한 연차별 정비계획에 관한 사항이 있음

58. 포착 대상입경의 포착을 위한 최소 소요수 면적은 Hazen 공식으로 추정함.

$$A = 1.2\frac{Q}{V_s}$$

여기서, A는 최소 소요수면적(m^2), Q는 토사조절부 설계대상 홍수량(m^3/s), V_s는 포착 대상입경의 침강속도(m/s), 1.2는 실제 침사지의 침전효율 감소를 고려하는 보정계수임.

$$A = 1.2 \times \frac{2.0\,m^3/s}{2.1\,cm/s} = \frac{2.0}{2.1 \div 100}$$
$$= 114.3\,m^2$$

59. 방재관련 법정계획 수립 시 재해연보 및 수해백서 등의 문헌조사를 실시, 국가재난관리정보시스템(NDMS)의 대장을 참조, 조사내용은 자연재해저감종합계획 수립 시 재해위험지구 예비후보지 대상 선정에 활용함

정답 55. ① 56. ② 57. ③ 58. ② 59. ①

60 **지역별 방재성능목표 강우량은 지속기간 1시간, 2시간 및 3시간에 대해 제시하고 있으나, 규모가 작은 방재시설의 능력평가 및 설계를 위한 임계지속기간 산정 시 약 10분 단위의 지속기간별 확률강우량이 필요한 경우 방재성능평가 방법으로 가장 적절한 것은?**

① 임계지속기간을 강우지속기간 1시간, 2시간 또는 3시간 중에서 결정한다.
② 지역별 방재성능목표 강우량이 30년 빈도에 해당하므로 확률강우량을 재산정하여 30년 빈도의 지속기간별 확률강우량을 적용한다.
③ 시설물 설계를 위한 임계지속기간은 소규모 시설의 경우 1시간, 중규모 시설의 경우 2시간 및 대규모 시설의 경우 3시간으로 결정한다.
④ 재산정한 확률강우량과 지역별 방재성능목표 강우량을 비교하여 지역별 방재성능목표 강우량보다 큰 확률강우량이 발생하는 재현기간의 확률 강우량을 적용한다.

제4과목: 재해대책

61 **재해정보지도 중 피난활용형 재해정보지도에 관한 설명으로 틀린 것은?**

① 대피에 관한 정보를 기재하고 주민의 안전한 대피에 활용한다.
② 침수 위험성에 대한 정보를 기재하고 주민이 거주하고 있는 지역의 범람 위험도를 인식시킨다.
③ 범람으로 인한 피해 등 방재에 관한 여러 정보를 학습하도록 하여 재난대비 역량을 높인다.
④ 침수심 및 침수도달시간, 대피방향, 대피로 상의 위험장소, 풍수해 발생 시 행동요령, 경보발령체계를 기재한다.

62 **저류시설의 일반적인 유지관리 작업의 종류에 해당되지 않는 것은?**

① 도장
② 시설 내의 점검 및 청소
③ 냄새방지 및 동파방지대책
④ 쓰레기제거 필터의 폐색 상황

63 **침수예상도에 대한 설명 중 틀린 것은?**

① 침수예상도에는 홍수범람예상도, 내수침수예상도, 해안침수예상도로 세분한다.
② 내수침수예상도는 태풍, 호우 등 홍수로 인한 내륙지역의 하천범람 위험성에 대해서 정량적인 분석 등을 통하여 침수예상지역, 피해범위, 예상 침수심 등에 표시한 지도를 의미한다.
③ 침수예상도는 침수가 발생할 수 있는 예상 시나리오를 사전에 상정한 후 이를 기초로 수리, 수문, 해안공학적인 해석기법을 통해서 침수지역을 예측한 디지털 형태의 지도를 의미한다.
④ 해안침수예상도는 태풍, 호우, 해일 등으로 인하여 해안지역에서 발생할 수 있는 피해 가

61. 범람으로 인한 피해 등 방재에 관한 여러 정보를 학습하도록 하여 재난대비 역량을 높이는 재해정보지도는 방재교육형에 해당함
62. 「우수유출저감시설의 종류·구조·설치 및 유지관리 기준」에 따라 일반적인 유지관리 작업으로 시설내의 출입문, 방책 등의 점검 및 보수, 시설 내의 점검 및 청소, 암거, 방류수로, 월류웨어 등의 점검 및 청소, 시설 주변의 식목, 잔디 등의 손실, 약제살포(파리, 모기, 쥐 등의 발생방지), 냄새방지 및 동파방지대책, 도장, 저류조 및 연결관로 준설, 정비, 저류조 내 고인물 제거, 구조물 파손, 누수 및 균열조사, 유출관로 및 맨홀 점검, 유지관리 수문의 점검 및 보수가 있음
63. 내수침수예상도는 도시지역에서 발생한 강우가 우수배제시스템의 배수능력 부족으로 인하여 제때 배제되지 못하고 침수를 유발하는 현상에 대하여 침수예상지역, 피해범위, 예상침수심 등을 분석하여 연속지적도 및 수치지형도 등에 표시한 지도임

정답 60. ④ 61. ③ 62. ④ 63. ②

능성을 예측하여 침수예상지역, 피해범위, 예상 침수심 등을 지도상에 표시한 것이다.

64 지역 외 저류시설의 구조형식이 아닌 것은?

① 댐식 ② 굴착식
③ 이단식 ④ 지하식

65 자연재해대책법령상 자연재해위험개선지구 정비계획의 수립에 관한 사항으로 옳은 것은?

① 시장·군수·구청장은 자연재해위험개선지구 정비계획을 5년마다 수립하여야 한다.
② 자연재해위험개선지구 지정 현황 및 연도별 지구 정비에 관한 사항은 포함하지 않는다.
③ 시장·군수·구청장은 자연재해위험개선지구 정비사업계획을 2년마다 수립하여야 한다.
④ 국무총리는 필요하면 시·도지사에게 자연재해 위험개선지구정비계획의 보완을 요청할 수 있다.

66 자연재해대책법령상 침수흔적도를 활용하지 않는 것은?(단, 그 밖에 대통령령으로 정하는 사항은 제외한다)

① 재해영향평가 등의 협의
② 우수유출저감대책의 수립
③ 지구단위종합복구계획의 수립
④ 자연재해피해경감계획의 수립

67 소하천 설계의 내용 중 틀린 것은?

① 수문의 설치방향은 제방법선에 직각으로 최대한 간단한 구조가 되도록 한다.
② 수문, 배수통문 등의 설치위치는 하폭이 급변하지 않고 하상변동이 가장 큰 지점으로 선정한다.
③ 집수암거(집수정)의 위치는 보, 교량 등과 같은 구조물 인접지점, 하상변동이 크거나 수충부 및 지천 합류부 등의 지점은 피한다.
④ 일반적으로 고정보의 본체는 콘크리트 구조를 원칙으로 하며, 구조적 안정성을 만족하는 동시에 수리학적으로 유리한 단면으로 설계한다.

68 자연재해위험개선지구 투자우선순위 결정을 위한 비용편익 분석방법 중 간편법(원단위법)에 대한 설명으로 틀린 것은?

① 사업의 경제성이 비교적 높게 평가된다.
② 하천이나 수계전체의 입장을 고려하지 못한다.
③ 경제성 분석을 위한 소요자료 및 인력소요가 적다.
④ 농작물 피해액을 기준으로 피해계수를 적용하므로 예상피해액 산정방법이 간편하다.

69 침수흔적도를 작성하는 데 기반이 되는 도면은?

① 경사향도 ② 음영기복도
③ 연속지적도 ④ 토지이용계획도

64. 「우수유출저감시설의 종류·구조·설치 및 유지관리 기준」에 따라 지역 외 저류시설의 종류로는 댐식, 굴착식, 지하식이 있음
65. 「자연재해대책법」에 따라 자연재해위험개선지구 정비계획을 5년마다 수립하여야 함
66. 「자연재해대책법」에 따른 침수흔적도 활용처: 재해영향평가 등의 협의, 자연재해위험개선지구의 지정, 자연재해위험개선지구 정비계획의 수립, 자연재해위험개선지구 정비사업계획의 수립, 자연재해저감 종합계획의 수립, 우수유출저감대책의 수립, 자체복구계획, 재해복구계획의 수립, 지구단위종합복구계획의 수립, 재해위험 개선사업지구의 지정, 재해위험 개선사업 시행계획의 승인
67. 「소하천설계기준」에 따라 수문, 배수통문 등의 설치위치는 설치목적과 소하천 관리상의 문제 등을 고려하여야 하며, 하폭이 급변하지 않고 하상변동이 적은 지점으로 선정함
68. 간편법은 사업의 경제성을 비교적 낮게 평가함
69. 침수흔적도 작성 시 연속지적도 및 수치지형도를 기본지도로 함

정답 64. ③ 65. ① 66. ④ 67. ② 68. ① 69. ③

70 자연재해저감 종합계획 세부수립기준상 위험지구단위 저감대책 수립방법에 관한 사항 중 틀린 것은?

① 위험지구단위 저감대책의 영향이 미치는 공간적 범위가 개별 위험지구단위 범위로 한정되는 저감대책이다.
② 위험지구 저감대책은 위험도지수와 상관없이 구조적 저감대책만 수립한다.
③ 위험도지수를 4등급으로 분류하여 등급별로 저감대책을 수립할 수 있다.
④ 위험지구단위 저감대책 수립 시 기존 도 자연재해저감 종합계획에의 포함 여부를 확인하여야 한다.

71 [조건]을 활용하였을 때 원단위법에 의한 연간 토사유출량(m^3/year)은?

• 유역면적 5km^2
• 토사유출 원단위: 2m^3/ha/year

① 10 ② 100
③ 500 ④ 1,000

72 지역 내(on-site) 저류시설 중 침수형 저류시설의 저류한계수심이 가장 낮은 시설은?

① 공원저류 ② 주차장저류
③ 운동장저류 ④ 건물간저류

73 소하천설계기준상 농경지 지역 소하천의 설계빈도는?

① 10~20년 ② 20~40년
③ 30~80년 ④ 70~100년

74 사면 안정성 해석 프로그램이 아닌 것은?

① SLIDE ② SWEDGE
③ SLOPE/W ④ XP-SWMM

75 다음에서 설명하는 지진해일분석 프로그램은?

유한요소법에 의한 해수유동을 분석하는 모델로서 복잡한 육지경계를 정밀하게 처리하여 장기간 광역에서의 해수순환을 모의할 수 있도록 개발된 프로그램

① POM ② EFDC
③ WEPP ④ ADCIRC

70. 위험도지수에 대한 위험등급별 저감대책 수립 방향

위험도 등급	위험도지수	저감대책 수립 방법 (권고사항)
초고위험	10 초과	구조적 저감대책 수립
고위험	5 초과~10	구조적 저감대책 수립 단, 부분적인 비구조적 저감대책 수립 가능
중위험	3 초과~5	비구조적 저감대책 수립 단, 부분적인 구조적 저감대책 수립 가능
저위험	1 초과~3	비구조적 저감대책 수립

71. - 연간토사유출량(m^3/year)=유역면적(ha)×원단위(m^3/ha/year)
- 유역면적 = 5km^2= 500ha, 원단위 = 2m^3/ha/year
- 연간토사유출량(m^3/year)=500×2=1000m^3/year

72. 「우수유출저감시설의 종류·구조·설치 및 유지관리 기준」에서 지역 내 저류시설에 따라 저류시설별 저류한계수심은 공원저류는 20~30cm, 주차장저류는 10cm, 운동장저류는 30cm, 건물간저류는 10~15cm로 규정

73. 「소하천설계기준」에 따른 설계빈도: 농경지 지역 30~80년, 도시지역 50~100년, 산지지역 30~50년임

74. XP-SWMM은 내수재해 분석 등에 활용하는 프로그램임

75. 지진해일 분석에 활용되고 있는 프로그램은 ADCIRC이며 POM은 조위분석, EFDC는 해안침식 해석, WEPP은 토사유출량 산정 및 분석에 활용함

정답 70. ② 71. ④ 72. ② 73. ③ 74. ④ 75. ④

76 **다음에서 설명하는 것은?**

침수가 발생할 가능성이 높다고 판단되는 지역에 대해 주민 스스로가 인식하여 대피할 준비를 하거나 대피가 이루어지는 단계

① 대피명령단계　② 강제대피단계
③ 대피주의단계　④ 자율대피단계

77 **[조건]을 활용하였을 때 직사각형 단면 수로의 경심과 유속은?**

• 폭: 8.0m	• 수심: 4.0m
• 높이: 5.0m	• 유량: $40m^3/s$

① 경심: 1.0m, 유속: 1.25m/s
② 경심: 1.0m, 유속: 1.40m/s
③ 경심: 2.0m, 유속: 1.25m/s
④ 경심: 2.0m, 유속: 1.40m/s

78 **재해정보지도 작성을 위하여 조사·수집하여야 하는 기본자료를 모두 고른 것은?**

ㄱ. 대피인구
ㄴ. 지형 및 지적정보
ㄷ. 과거범람으로 통행이 금지된 도로

① ㄱ, ㄴ　② ㄴ, ㄷ
③ ㄱ, ㄷ　④ ㄱ, ㄴ, ㄷ

79 **우수유출저감시설의 배수구역 내 지역구분에 관한 사항 중 틀린 것은?**

① 유수지역에 침투시설이나 배수펌프장 설치 시 지역 외 저류시설 설치보다 경제적 효과가 크다.
② 보수지역은 우수를 일시적으로 침투 또는 체류시키는 기능을 치수상 확보하거나 증대시킬 필요가 있는 지역을 말한다.
③ 유수지역은 우수 또는 하천의 유수를 유입시키고 일시적으로 저류하는 기능을 확보할 필요가 있는 지역을 말한다.
④ 저지지역은 배수구역 내의 우수가 체류하여 하천에 유출되지 않고 하천의 유수가 범람할 우려가 있는 지역 중, 적극적으로 침수방지를 도모할 필요가 있는 지역을 말한다.

80 **자연재해 저감대책 수립 시 공간적 구분의 순서로 맞는 것은?**

① 위험지구 단위 → 수계 단위 → 전지역 단위
② 전지역 단위 → 수계 단위 → 위험지구 단위
③ 수계 단위 → 위험지구 단위 → 전지역 단위
④ 전지역 단위 → 위험지구 단위 → 수계 단위

76. 「재해지도 작성 기준 등에 관한 지침」상의 대피기준 설정에 따라 대피준비단계(자율대피단계)에 해당함

77. - 경심은 $R=\frac{A}{P}$ 여기서 A는 면적(m^2), P는 윤변(m)

$$R=\frac{8\times 4}{4+8+4}=2\text{m}$$

- 유속은 $V=\frac{Q}{A}$ 여기서 Q는 유량(m^3/s), A는 면적(m^2)

$$V=\frac{40}{32}=1.25\ \text{m/s}$$

78. 「재해지도 작성 기준 등에 관한 지침」에 따라 재해정보지도 작성 사전에 필요한 기본자료는 기본도(지형 및 지적정보, 도로정보 등), 침수정보(침수구역, 침수심 등), 대피정보(대피인구, 대피장소, 과거범람으로 통행이 금지된 도로 등), 시설정보를 조사·수집하여야 함

79. 「우수유출저감시설의 종류·구조·설치 및 유지관리 기준」에서 유수지역은 우수 또는 하천의 유수를 유입시키고 일시적으로 저류하는 기능을 확보할 필요가 있는 지역으로 지역 외 저류시설(전용조정지, 겸용조정지)을 설치하는 것이 경제적인 것으로 제시함

80. 전지역 단위 대책은 수계 및 위험지구 단위에 저감효과의 영향을 미치며, 수계 단위 저감대책은 위험지구 단위에 저감효과의 영향을 미치므로 전지역 단위 → 수계 단위 → 위험지구 단위 순으로 저감대책을 수립함

정답 76. ④ 77. ③ 78. ④ 79. ① 80. ②

제5과목: 방재사업

81 방재시설 지반계측계획 수립 시 계측위치의 선정조건과 가장 거리가 먼 것은?

① 주변에 특수시설이 있는 지점
② 설계와 시공 면에서 대표적인 지점
③ 비교적 단순하고 대표적인 지반상태를 갖는 지점
④ 기기의 설치와 계측이 용이하며 공사에 지장을 적게 주는 지점

82 방재사업의 경제성 분석을 위한 지표의 설명으로 틀린 것은?

① 내부수익율(IRR)은 사업 규모에 대한 정보가 반영되지 않는다.
② 순현재가치(NPV)는 경합하는 상호간의 우선순위를 결정할 때 용이하다.
③ 비용-편익비(B/C)는 투자자본의 효율성을 나타내므로 비율이 클수록 투자효과가 크다.
④ 평균수익률(ARR)은 화폐의 시간가치를 무시한다.

83 자연재해대책법령상 재해대장에 관한 설명 중 틀린 것은?

① 재해대장은 피해시설물별로 작성·관리하여야 한다.
② 재해대장은 전자적 방법으로 작성 및 관리를 할 수 없다.
③ 재해대장 작성 시 응급조치 내용 피해복구에 따른 기대효과 등의 피해사항을 포함하여야 한다.
④ 지방자치단체의 장과 관계행정기관의 장은 소관 시설·재산 등에 관한 피해 상황 등을 재해대장에 기록하여 보관하여야 한다.

84 다음에서 설명하는 시방서는?

> 시설물의 안전 및 공사시행의 적정성과 품질확보 등을 위해 시설물별로 정한 표준적인 시공기준으로 모든 공사에 공통으로 적용되는 기준의 설명서

① 개방시방서 ② 전문시방서
③ 전용시방서 ④ 표준시방서

85 자연재해위험개선지구 관리지침상 총 농작물 피해액 계산식으로 옳은 것은?

> • A_{ij}: i 농작물의 피해율이 j인 경지면적(단보)
> • Q_i: i 농작물의 단보당 수확량(kg/단보)
> • P_i: i 농작물의 단위(원/kg)
> • d_I: 농작물의 j 피해율

① $\sum A_{ij} \times Q_i \times P_i \times d_I$
② $\sum (A_{ij} \times Q_i \times P_i) \times d_I$
③ $\sum (A_{ij} \times Q_i) \times P_i \times d_I$
④ $\sum A_{ij} \times (Q_i \div P_i) \times d_I$

81. 「급경사지 계측표준시방서」에 따라 현장 상황을 대표할 수 있는 단면(구조적으로 취약한 단면, 변형이 예측되는 단면, 붕괴 시 영향 범위가 클 것으로 예상되는 단면 등)을 선정하고 계측기 설치위치는 설치 및 관리가 용이한 곳을 선정
82. 순현재가치는 상대적 기준이 아니므로 경합하는 사업 등 우선순위를 결정할 때 혼란을 초래할 수 있음
83. 「자연재해대책법」에 따라 재해대장은 전자적 방법으로 작성 및 관리를 할 수 있음
85. $H = \sum A_{ij} \times Q_i \times P_i \times d_I$
여기서, H: 총 농작물 피해액
A_{ij} : I 농작물의 피해율이 j인 경지면적(단보)
Q_i : I 농작물의 단보당 수확량(kg/단보)
P_i : I 농작물의 단가(원/kg)
d_I : 농작물의 j 피해율

정답 81. ① 82. ② 83. ② 84. ④ 85. ①

86 **자연재해위험개선지구 관리지침상 개선법 및 다차원법에 의한 이재민 피해액산정에 대한 설명 중 틀린 것은?**

① 대피일수는 평균 10일로 산정한다.
② 침수면적당 발생 이재민수를 적용한다.
③ 천재지변이므로 근로곤란으로 인한 기회비용은 제외한다.
④ 개선법에서는 간편법에서 사용하는 원단위법을 활용한다.

87 **도시·군 계획시설의 결정·구조 및 설치기준에 관한 규칙상 방재시설이 아닌 것은?**

① 하천 ② 저수지
③ 상수도 ④ 방풍설비

88 **산사태가 발생한 지역의 우수배제를 위하여 우수관거를 설계하려고 한다. [조건]을 활용할 때 합리식에 의한 설계유량(m^3/s)?**

- 재현기간=10년
- 강우강도(I)=6000/t+40
- 유역면적=$1km^2$
- 유출계수=0.5
- 우수도달 시간(t)=20

① 4.6 ② 13.89
③ 16.17 ④ 20.28

89 **건설산업기본법령상 댐의 본체 및 여수로 부분 공사 하자담보 책임기간으로 옳은 것은?**

① 3년 ② 5년
③ 7년 ④ 10년

90 **배수로의 수심이 2m, 폭 4m 인 콘크리트 직사각형 수로의 유량(m^3/s)은?(단, 조도계수 n=0.012, 경사 I=0.0009이다)**

① 15 ② 20
③ 25 ④ 30

86. - 근로 곤란으로 인한 기회비용이 존재하므로 침수면적당 이재민수를 기준으로 산정함
- 이재민 피해액 = 침수면적당 발생 이재민(명/ha) × 대피일수(일) × 일 최저임금(원/명, 일) × 침수면적(ha) × 홍수빈도율
* 여기서, 대피일수는 평균 10일

87. 「도시·군 계획시설의 결정·구조 및 설치기준」에 따른 방재시설은 하천, 유수지, 저수지, 방화설비, 방풍설비, 방수설비, 사방설비, 방조설비가 있음

88. - 합리식 공식은
$Q_P = \frac{1}{3.6} CIA = 0.2778\,CIA$로
여기서 Q_P는 첨두홍수량(m^3/s), 0.2778은 단위환산계수, C는 유출계수, I는 특정 강우지속기간(일반적으로 도달시간을 지속기간으로 결정)의 강우강도(mm/hr), A는 유역면적(km^2)
- $I = \frac{6000}{20+40} = 100$, $Q_P = 0.2778 \times 0.5 \times 100 \times 1 = 13.89m^3/s$

89. 「건설산업기본법 시행령」 별표 4에 따라 댐의 본체 및 여수로의 하자담보 책임기간은 10년이며 그 외 시설은 5년임

90. - Manning의 평균유속공식
$V = \frac{1}{n} R^{\frac{2}{3}} S^{\frac{1}{2}} = \frac{1}{n} (\frac{A}{P})^{\frac{2}{3}} S^{\frac{1}{2}}$
- $Q = AV = A \frac{1}{n} R^{\frac{2}{3}} S^{\frac{1}{2}} = A \frac{1}{n} (\frac{A}{P})^{\frac{2}{3}} S^{\frac{1}{2}}$
여기서, Q는 유량(m^3/s), A는 유수의 단면적(m^2), V는 유속(m/s), n은 관거의 조도계수, R은 경심(m), P는 윤변(m)
- $Q = (2 \times 4) \frac{1}{0.012} (\frac{2 \times 4}{2+2+4})^{\frac{2}{3}} 0.0009^{\frac{1}{2}} = 20m^3/s$

정답 86. ③ 87. ③ 88. ② 89. ④ 90. ②

91 다음에서 설명하는 사방사업의 용어는?

> 교란 또는 훼손 이전의 원상태로 정확히 되돌리기 위한 시도

① 복구 ② 보전
③ 복원 ④ 보전

92 자연재해위험개선지구 관리지침상 자연재해위험개선지구 정비계획 수립을 위하여 검토·반영하여야 하는 사항이 아닌 것은?(단, 그 밖에 검토가 필요한 사항은 제외한다)

① 다른 사업과의 차별성 여부
② 정비사업의 수혜도 및 효과 분석
③ 정비사업에 따른 지역주민 의견수렴 결과 검토
④ 재해위험개선지구별 경제성분석 등을 통한 투자우선순위 검토

93 방재관리대책업무 대행비용의 적산체계에서 직접경비에 해당하지 않는 것은?

① 여비 ② 모형제작비
③ 측량비 ④ 조사연구비

94 다음의 내용이 뜻하는 것으로 옳은 것은?

> 건설공사 수급인 하자담보책임 규정에 의하면 건설공사의 목적물이 벽돌쌓기식 구조, 철근콘크리트 구조, 철골구조, 철골철근콘크리트구조 그 밖에 이와 유사한 구조로 된 것인 경우에는 건설공사의 완공일로부터 10년, 그 밖에 구조로 된 것인 경우에는 건설공사 완공일로부터 5년 기간 범위 내에서 발생한 하자에 대한 담보책임

① 하자담보 ② 하자검사
③ 하자책임기간 ④ 하자보수 보증금

95 하천 방재시설 유지관리 매뉴얼 작성 시 고려사항으로 환경적 요인에 해당하지 않는 것은?

① 세굴 ② 침수
③ 누수 ④ 지하수 수압상승

96 해안 방재시설 시공 시 속채움 사석의 시공기준에 대한 내용 중 틀린 것은?

① 속채움 사석은 시공 중 파랑 등에 의한 본체의 이동이나 손상방지를 위해 본체 거치 후 천천히 시공하여야 한다.
② 속채움 공사 중 케이슨 등의 각 격실 간 높이차가 발생하지 않도록 격실별로 고르게 채워야 한다.
③ 속채움 시공 시 케이슨 등의 본체에 손상을 주지 않도록 주의하여야 한다.

91.「사방사업법」별표 1에 따라 교란 또는 훼손 이전의 원상태로 정확히 되돌리기 위한 시도는 복원임

92.「자연재해위험개선지구 관리지침」에 따라 정비사업의 타당성 검토, 다른 사업과의 중복 및 연계성 여부, 정비사업의 수혜도 및 효과 분석, 정비사업에 따른 지역주민 의견수렴 결과 검토, 당해지역의 개발계획 등 관련계획 등과의 관련성 검토, 재해위험개선지구별 경제성분석 등을 통한 투자우선순위 검토, 그 밖에 검토가 필요한 사항을 검토·반영하여야 함

93. - 직접경비: 여비, 특수자료비, 신기술료, 측량비, 현장조사비, 업무추진비
- 간접경비: 조사연구비, 기술개발비, 기술훈련비, 이윤 및 기타

94. 문제의 내용은「건설산업기본법」에 규정된 건설공사 수급인 등의 하자담보책임 관련 내용임

95. 유지관리 매뉴얼 작성 시 지하수 수압 상승, 건조수축, 대기오염, 세굴, 침식 등 외력, 홍수 유출량 증가 등 환경적 요인은 고려해야 함

96.「항만 및 어항공사 전문시방서」에 따라 속채움 사석은 시공 중 파랑 등에 의한 본체의 이동이나 손상방지를 위해 본체 거치 후 빨리 시공하여야 함

정답 91. ③ 92. ① 93. ④ 94. ① 95. ③ 96. ①

④ 셀블록의 속채움은 상하블록 사이의 채움재 간 엇물림이 양호하도록 하여야 한다.

97 다음에서 설명하는 용어로 옳은 것은?

중심 말목이나 작업 말목이 공사 중 분실되었을 때 이를 찾을 수 있도록 그 점에 교차하는 두 직선상에 각기 두 점을 정해 놓은 점

① 수준점 ② 인조점
③ 도근점 ④ 가설수준점

98 도시·군계획시설의 결정·구조 및 설치기준에 관한 규칙상 방풍설비의 결정기준에 관한 사항으로 (   )에 알맞은 내용은?

- 연안침식이 심각하거나 우려되는 지역 및 방재지구에는 (㉠)을(를) 설치하여 완충녹지 기능을 하도록 할 것
- 주로 대규모 구역을 대상으로 하는 방풍설비는 (㉡)(으)로 할 것

① ㉠ 방풍림, ㉡ 방풍림시설
② ㉠ 방풍림, ㉡ 방풍담장시설
③ ㉠ 방풍망, ㉡ 방풍림시설
④ ㉠ 방풍망, ㉡ 방풍담장시설

99 주어진 크기의 홍수가 일정한 기간 동안 발생할 수 있는 확률을 의미하는 것은?

① 첨두홍수량 ② 홍수빈도율
③ 설계홍수량 ④ 설계홍수빈도

100 시설물의 안전 및 유지관리에 관한 특별법령상 안전등급 A등급의 정밀안전점검, 정밀안전진단의 실시 시기로 옳은 것은?

안전등급	건축물 정밀안전점검	정밀안전진단
A등급	㉠	㉡

① ㉠ 3년에 1회 이상, ㉡ 3년에 1회 이상
② ㉠ 3년에 1회 이상, ㉡ 6년에 1회 이상
③ ㉠ 4년에 1회 이상, ㉡ 3년에 1회 이상
④ ㉠ 4년에 1회 이상, ㉡ 6년에 1회 이상

99. 홍수빈도율이란 어떤 기간 동안 설정한 유량이나 수위 이상의 홍수가 발생할 수 있는 가능성의 횟수, 주어진 크기의 홍수가 일정한 기간 동안 발생할 수 있는 확률을 의미함

100. 「시설물의 안전 및 유지관리에 관한 특별법 시행령」 별표 3에 따라 A등급의 건축물 정밀안전점검은 4년에 1회 이상, 정밀안전진단은 6년에 1회 이상임

정답 97. ② 98. ① 99. ② 100. ④

국가자격시험
완벽풀이

2022.4.24. 시행

제5회 방재기사필기

제1과목: 재난관리

1 재난 및 안전관리 기본법령상 분야별 국가핵심기반시설의 분류가 아닌 것은?

① 환경 ② 에너지
③ 원자력 ④ 국외민간시설

2 재난 및 안전관리 기본법령상 특별재난지역에 관한 설명으로 ( )에 알맞은 내용은?

- 중앙대책본부장은 대통령령으로 정하는 규모의 재난이 발생하여 국가의 안녕 및 사회질서의 유지에 중대한 영향을 미치거나 피해를 효과적으로 수습하기 위하여 특별한 조치가 필요하다고 인정하거나 제3항에 따른 지역대책본부장의 요청이 타당하다고 인정하는 경우에는 중앙위원회의 심의를 거쳐 해당지역을 특별재난지역으로 선포할 것을 ( )에게 건의할 수 있다.
- 또한 특별재난지역으로 선포를 건의받은 ( )은(는) 해당 지역을 특별재난지역으로 선포할 수 있다.

① 대통령
② 국무총리
③ 행정안전부장관
④ 재난관리책임기관장

3 재난 및 안전관리 기본법령상 안전정책조정위원회에서 수행하는 사무가 아닌 것은?(단, 그 밖에 중앙안전관리위원회가 위임한 사항은 제외한다)

① 재난 및 안전관리기술 종합계획의 심의
② 국가핵심기반의 지정에 관한 사항의 심의
③ 지역재난안전대책본부의 연차계획수립 검토
④ 국가안전관리기본계획에 따라 그 소관업무에 관한 집행계획의 심의

4 재난 및 안전관리 기본법령상 재난의 대응 활동에 해당하는 것은?

① 안전점검
② 위기경보의 발령
③ 긴급통신수단확보
④ 특별재난지역선포

1. 재난 및 안전 관리 기본법령상 국가 핵심 기반 시설 분야: 에너지, 정보통신, 교통 수송, 금융, 보건 의료, 원자력, 환경, 정부 주요 시설, 문화재, 공동구

4. - 재난 예방: 안전점검, 국가 핵심 기반의 지정, 특정관리 대상 지역의 지정 및 관리, 재난방지시설의 관리, 재난예방을 위한 안전조치 등
   - 재난 대비: 재난관리 자원 비축·관리, 재난현장 긴급통신 수단 마련, 재난대비 훈련 실시 등
   - 재난 대응: 재난사태 선포, 응급조치, 위기경보의 발령, 동원명령, 강제 대피 조치, 통행제한, 긴급 구조 등
   - 재난 복구: 특별재난지역 선포 및 지원, 재난복구 계획 수립 및 시행, 손실보상 등

정답 1. ④ 2. ① 3. ③ 4. ②

5 **재난피해 경감을 위한 구조적 완화조치에 해당되지 않는 것은?**

① 제방 증축
② 다목점 댐의 건설
③ 자연재해손실 보상보험 가입
④ 개인 주택의 역학적 내력 증대

6 **재난 및 안전관리 기본법령상 지역재난안전대책본부에 관한 사항으로 틀린 것은?**

① 시·군·구 대책 본부의 장은 재난현장의 총괄·조정 및 지원을 위하여 재난현장 통합지원본부를 설치·운영할 수 없다.
② 시·도 대책 본부 또는 시·군·구 대책본부의 본부장은 시·도지사 또는 시장·군수·구청장이 된다.
③ 지역 대책 본부장은 지역대책본부의 업무를 총괄하고 필요하다고 인정하면 지역재난안전대책본부회의를 소집할 수 있다.
④ 재난현장 통합지원본부의 장은 관할 시·군·구의 부단체장이 되며, 실무반을 편성하여 운영할 수 있다.

7 **자연재해대책법령상 방재관리대책대행자가 대행하게 할 수 있는 업무를 모두 고른 것은?**

㉠ 비상대처계획의 수립 ㉡ 재해영향평가 등의 협의 ㉢ 우수유출저감대책의 수립 ㉣ 자연재해저감 종합계획의 수립

① ㉠, ㉣ ② ㉠, ㉡, ㉢
③ ㉡, ㉢, ㉣ ④ ㉠, ㉡, ㉢, ㉣

8 **저수지·댐의 안전관리 및 재해예방에 관한 법률 시행령상 비상대처계획을 수립하여야 하는 저수지·댐의 종류 및 규모에 관한 사항으로 ( )에 알맞은 기준은?**

시장·군수·구청장이 관리하는 저수지·댐 중에서 총저수량이 ( ) 세제곱미터 이상이 저수지·댐

① 15만 ② 20만
③ 25만 ④ 30만

5. - 구조적 대책(non-structural measures): 제방, 방수로 등에 의한 하천정비 및 개수, 홍수조절지 및 유수지, 그리고 홍수조절용 댐, 다목적 댐과 같은 구조물에 의한 대책
   - 비구조적 대책(non-structural measures): 유역관리, 홍수예보, 홍수터 관리, 홍수보험, 그리고 홍수방지 대책 등과 같은 비구조물적인 대책
6. 시·군·구 대책 본부의 장은 재난현장의 총괄·조정 및 지원을 위하여 재난현장 통합지원본부를 설치·운영할 수 있다. 이 경우 통합지원본부의 장은 긴급 구조에 대해서는 시·군·구 긴급구조통제단장의 현장지휘에 협력하여야 한다.
7. 방재관리대책 대행자의 대행 업무: 재해영향 평가 등의 협의, 자연재해위험 개선 지구 정비 계획, 사업 계획 및 실시 계획의 수립, 자연재해위험 개선 지구 정비 사업 분석·평가, 자연재해 저감종합 계획의 수립, 우수유출 저감대책 수립, 우수유출 저감시설 사업 계획 및 우수유출 저감시설 사업 실시 계획의 수립, 비상대처계획(EAP)의 수립, 재해복구 사업의 분석·평가, 소하천정비 종합 계획의 수립 등
8. 비상대처계획의 수립·재검토 대상 저수지·댐
   - 시장·군수·구청장이 관리하는 저수지·댐 중에서 총 저수용량이 30만 세제곱미터 이상인 저수지·댐
   - 저수지·댐의 안전관리 및 재해예방에 관한 법률에 따라 지정·고시된 재해위험 저수지·댐

정답 5. ③ 6. ① 7. ④ 8. ④

9 **재난 및 안전관리 기본법령상 위기경보 발령에 관한 설명으로 틀린 것은?(단, 기타 법령에 관한 사항은 제외한다)**

① 위기경보는 관심·주의·경계·심각으로 구분할 수 있다.
② 재난관리주관기관의 장은 긴급한 경우라도 심각경보를 발령 또는 해제하기 전 행정안전부장관과 사전에 협의하여야 한다.
③ 재난관리주관기관의 장은 재난발생이 예상되는 경우에는 그 위험수준, 발생가능성 등을 판단하여 위기경보를 발령할 수 있다.
④ 재난관리책임기관의장은 위기경보 시 신속하게 발령될 수 있도록 재난과 관련한 위험정보를 얻으면 즉시 행정안전부장관, 재난관리주관기관의 장, 시·도지사 및 시장·군수·구청장에게 통보하여야 한다.

10 **저수지·댐의 안전관리 및 재해예방에 관한 법률 시행령상 재해위험 저수지·댐으로 지정할 수 없는 것은?**

① 댐의 상류지역에서 산사태 발생 우려가 있는 댐
② 저수지에 퇴적물이 축적되어 홍수 대응능력이 부족하여 재해가 우려되는 저수지
③ 시설물의 안전 및 유지관리에 관한 특별법령에 따른 정밀안전진단 결과 E 등급(불량) 판정을 받은 댐
④ 수문학적 안전성이 부족하여 시설물의 안전 및 유지관리에 관한 특별법령에 따른 D 등급 판정을 받은 댐 중에서 치수 능력을 증대하기 위한 사업이 진행 중인 댐

11 **자연재해대책법령상 비상대처계획에 포함되어야 할 사항을 모두 고른 것은?**

> ㉠ 경보체계
> ㉡ 재난지역복구계획
> ㉢ 비상시 응급행동 요령
> ㉣ 유관기관 등에 대한 비상연락체계

① ㉠, ㉡　　② ㉠, ㉢, ㉣
③ ㉡, ㉢, ㉣　　④ ㉠, ㉡, ㉢, ㉣

12 **2002년 태풍 "루사"가 한반도에 상륙했던 당시 강원도 심석천에 시간당100mm의 집중호우가 발생하였다. 심석천의 면적은 36km^2이고 유출계수는 0.4라고 가정할 때 합리식에 따른 유역 출구에서의 첨두유량(m^3/s)의 값은?**

① 100　　② 200
③ 300　　④ 400

9. 재난 및 안전 관리 기본법령상 위기경보 발령: 재난관리 주관기관의 장은 심각 경보를 발령 또는 해제할 경우에는 행정안전부 장관과 사전에 협의하여야 한다. 다만, 긴급한 경우에 재난관리 주관기관의 장은 우선 조치한 후 지체 없이 행정안전부장관과 협의하여야 한다.

10. 저수지·댐의 안전 관리 및 재해예방에 관한 법률 시행령상 재해위험 저수지·댐 지정
- D 등급(미흡) 또는 E 등급(불량) 판정을 받은 댐. 다만, 수문학적 안전성이 부족하여 D 등급 판정을 받은 댐 중에서 치수 능력을 증대하기 위한 사업이 진행 중인 댐은 제외한다.
- 저수지·댐의 상류 지역에서 산사태가 발생하거나 저수지·댐에 퇴적물이 축적되어 홍수 대응 능력이 부족하게 되는 등 재해가 우려되는 저수지·댐

11. 자연재해 대책 법령상 비상대처계획에 포함되어야 할 사항 : 주민, 유관기관 등에 대한 비상연락체계, 비상시 응급 행동요령, 비상상황 해석 및 홍수의 전파 양상, 해일 피해 예상지도, 경보체계, 비상대피계획, 이재민 수용계획, 유관기관 및 단체의 공동 대응체계, 그 밖에 위험지역의 교통통제 등 비상대처를 위하여 필요한 사항

12. 합리식 공식은 $Q_P = \frac{1}{3.6} CIA = 0.2778\,CIA$ [여기서 Qp는 첨두홍수량(m^3/s), 0.2778은 단위환산계수, C는 유출계수, I는 특정 강우 지속기간(일반적으로 도달시간을 지속기간으로 결정)의 강우강도(mm/hr), A는 유역면적(km^2)]
- Q_P = 0.2778 × 0.4 × 100mm/hr × 36km^2 = 400.0m^3/s

정답 9. ② 10. ④ 11. ② 12. ④

13 **재난 및 안전관리 기본법령상 자연재난을 모두 고른 것은?**

> ㉠ 풍랑
> ㉡ 황사
> ㉢ 감염병의 확산
> ㉣ 유성체와 같은 자연우주물체의 추락

① ㉠, ㉡, ㉢ ② ㉠, ㉡, ㉣
③ ㉠, ㉢, ㉣ ④ ㉡, ㉢, ㉣

14 **재난 및 안전관리 기본법령상 다음에서 설명하는 것은?**

> 재난이나 그 밖의 각종 사고에 대하여 그 유형별로 예방·대비·대응 및 복구 등의 업무를 주관하여 수행하도록 대통령령으로 정하는 관계 중앙행정기관

① 긴급구조기관 ② 긴급구조지원기관
③ 재난관리주관기관 ④ 재난정보관리기관

15 **재난 및 안전관리 기본법령상 국가안전관리 기본계획에 관한 사항으로 ( ) 안에 들어갈 내용으로 알맞은 것은?**

> ( )은(는) 대통령령으로 정하는 바에 따라 국가의 재난 및 안전관리업무에 관한 기본계획의 수립지침을 작성하여 관계 중앙행정기관의 장에게 통보하여야 한다.

① 국무총리 ② 시·도지사
③ 행정안전부 장관 ④ 중앙행정기관의 장

16 **재난 및 안전관리 기본법령상 재난대비훈련 기본계획 수립주기는?**

① 6개월 ② 1년
③ 2년 ④ 3년

17 **자연재해대책법령상 홍수, 호우 등으로부터 재해를 예방하기 위한 방재정책에 적용하기 위하여 처리 가능한 시간당 강우량 및 연속강우량의 목표를 지역별로 설정·운용할 수 있도록 한 기준은?**

① 수방기준
② 방재기준
③ 지역별 방재성능목표
④ 지구단위 홍수방어기준

18 **재난 및 안전관리 기본법령상 다음의 재난 및 사고유형의 재난관리 주관기관은?**

> - 정부중요시설 사고
> - 내륙에서 발생한 유도선 등의 수난사고
> - 풍수해(조수는 제외한다)·지진·화산·낙뢰·가뭄·한파·폭염으로 인한 재난 및 사고로서 다른 재난관리주관기관에 속하지 아니하는 재난 및 사고

① 국방부 ② 행정안전부
③ 산업통상자원부 ④ 농림축산식품부

13. 재난 및 안전 관리 기본법령상 재난
- 자연재난: 태풍, 홍수, 호우, 강풍, 풍랑, 해일, 대설, 한파, 낙뢰, 가뭄, 폭염, 지진, 황사, 조류 대발생, 조수, 화산활동, 소행성·유성체 등 자연 우주물체의 추락·충돌, 그 밖에 이에 준하는 자연현상으로 인하여 발생하는 재해
- 사회 재난: 화재·붕괴·폭발·교통사고(항공사고 및 해상사고를 포함한다)·화생방 사고·환경오염사고 등으로 인하여 발생하는 대통령령으로 정하는 규모 이상의 피해와 국가핵심 기반의 마비, 감염병 또는 가축전염병의 확산, 미세먼지 등으로 인한 피해

18. 재난 및 사고 유형별 재난관리 주관기관은 본 교재 제1과목 제1편 제2장 3절 참조

정답 13. ② 14. ③ 15. ① 16. ② 17. ③ 18. ②

19 **자연재해대책법령상 중앙대책본부장이 지구단위종합복구계획을 수립할 수 있는 지역이 아닌 것은?**

① 도로·하천 등의 시설물에 복합적으로 피해가 발생하여 시설물별 복구보다는 일괄복구가 필요한 지역
② 산사태 또는 토석류로 인하여 하천유로 변경 등이 발생한 지역으로서 근원적 복구가 필요한 지역
③ 복구사업을 위하여 국가 차원의 신속하고 전문인적인 인력·기술력 등의 지원이 필요하다고 인정되는 지역
④ 피해재발방지를 위하여 피해지역 전체를 조망한 예방·정비보다는 조속한 단위시설물의 기능 복원이 필요하다고 인정되는 지역

20 **재난 및 안전관리 기본법령상 재난사태 선포와 관련한 내용으로 (　)에 알맞은 내용은?**

> (　)은(는) 대통령령으로 정하는 재난이 발생하거나 발생할 우려가 있는 경우 사람의 생명·신체 및 재산에 미치는 중대한 영향이나 피해를 줄이기 위하여 긴급한 조치가 필요하다고 인정하면 중앙위원회의 심의를 거쳐 재난사태를 선포할 수 있다. 다만, (　)은(는)재난상황이 긴급하여 중앙위원회의 심의를 거칠 시간적 여유가 없다고 인정하는 경우에는 중앙위원회의 심의를 거치지 아니하고 재난사태를 선포할 수 있다.

① 시·도지사　② 행정안전부장관
③ 중앙위원회의 장　④ 지방자치단체의 장

제2과목: 방재시설

21 **해안(해일)재해 방지를 위한 방파제 설계 시 고려사항과 거리가 가장 먼 것은?**

① 조위　② 선박항행조건
③ 파랑　④ 방파제 너비

22 **자연재해저감 종합계획 세부수립기준상 기상현황에 관한 조사사항으로 틀린 것은?**

① 강우는 연도별·월별 수문기상 개황을 조사한다.
② 바람은 풍향과 풍속에 대해 평균치 및 연평균 증발량을 조사한다.
③ 태풍은 주경로 및 내습빈도 등 현황을 조사한다.
④ 가뭄은 연도별·월별 강우량, 지하수 분포 및 부존량 현황을 조사한다.

23 **제방 붕괴의 원인이 아닌 것은?**

① 퇴적　② 월류
③ 비탈면 활동　④ 파이핑 현상

21. 방파제 설계 시 고려사항: 항내 정온도, 바람, 조위, 파랑, 수심 및 지반 조건, 친수성 및 친환경성, 선박 항행 조건 등

22. 자연재해저감 종합계획 세부수립기준상 기상현황에 관한 조사 및 정리사항
- 강우·강설은 연도별·월별 수문 기상 개황을 조사하여 평균치 및 극치
- 바람은 풍향 및 풍속에 대해 평균치 및 극치를 조사하여 표와 바람장미도
- 태풍은 주경로 및 내습 빈도 등 현황을 조사하여 해당 지자체의 영향 및 특성
- 대설은 연도별·월별 강설 일수, 최심 적설, 신적설 등의 현황
- 가뭄은 연도별·월별 강우량, 지하수 분포 및 부존량 현황

정답 19. ④ 20. ② 21. ④ 22. ② 23. ①

24 **자연재해대책법령상 자연재해저감 종합계획의 수립에 관한 사항으로 ( )에 알맞은 내용은?**

> • 시장(특별자치시장 및 행정시장은 제외한다)·군수는 자연재해의 예방 및 저감을 위하여 (㉠)년마다 시·군 자연재해저감 종합계획을 수립하여 시·도지사를 거쳐 대통령으로 정하는 바에 따라 행정안전부장관의 승인을 받아 확정하여야 한다.
> • 시장·군수 및 시·도지사는 각각 시·군 종합계획 및 시·도 종합계획을 수립한 날부터 (㉡)년이 지난 경우 그 타당성 여부를 검토하여 필요한 경우에는 그 계획을 변경할 수 있다.

① ㉠ 5년, ㉡ 5년 ② ㉠ 5년, ㉡ 10년
③ ㉠ 10년, ㉡ 5년 ④ ㉠ 10년, ㉡ 10년

25 **자연재해저감 종합계획 세부수립기준상 인문현황에 관한 사항으로 틀린 것은?**

① 인문현황에는 인구현황, 산업현황, 문화재현황 등을 기술한다.
② 인구현황 조사 중 재해취약인구는 만 18세 미만의 청소년과 만 65세 이상의 노인을 포함한다.
③ 산업현황은 산업체의 현황 및 분포를 제시하여 인명피해 및 재산피해 예상에 활용한다.
④ 인문현황 조사는 자연재해 발생원인과 피해규모에 영향을 미치는 인문적인 요인을 조사·분석하여 위험지구 선정 및 저감대책 수립의 기초자료로 활용할 수 있도록 수행되어야 한다.

26 **방재시설 피해현장 지반조사 중 지층 의 분포, 층두께, 단층 파쇄대의 심도 및 규모, 원지반의 풍화상태, 흙의 연경도, RGD, 절리면의 상태, 지하수위 상황 등을 확인하는 지반조사는?**

① 시추조사 ② 물리탐사
③ 원위치시험 ④ 시험굴조사

27 **어떤 점토층 연약지반의 토질시험결과 일축 압축강도는 $0.3kg/cm^2$, 단위중량 $2t/m^3$이었다면, 이 점토층의 한계고(m)는?**

① 2 ② 3 ③ 7 ④ 10

28 **경사지 사면안정 방안 중 활동 억제공법이 아닌 것은?**

① 절취 ② 록볼트
③ 어스앵커 ④ 쏘일네일링

25. 안전취약계층: 만 13세 미만의 어린이, 만 65세 이상 노인, 장애인

27. 한계고(연직절취깊이)

$= H_c = \frac{4 \cdot c}{r} \tan(45° + \frac{\phi}{2})$

여기서, 점토의 내부마찰각 $\phi = 0°$,

점착력 $c = \frac{q_u}{2} = \frac{0.3}{2} = 0.15kg/cm^2 = 1.5t/m^2$

따라서 $H_c = \frac{4 \times 1.5}{2} = 3.0m$

28. 사면보강공법 중 절취(절토) 공법은 활동하려는 요인을 개선하는 적극적인 대처 공법(활동 억제 공법은 아님)

29. - 해안 현황은 조위, 파랑, 해일, 해안선 등의 지형학적 특징과 침식 및 퇴적 양상을 제시한다.
- 지질 및 토양 현황은 지질계통도 및 지질도, 토양별 분포 및 배수 상태 면적 분포 등을 제시한다.
- 기상 현황은 수문관측소 현황, 기상 개황, 태풍, 풍향 및 풍속 등을 기술한다.

정답 24. ③ 25. ② 26. ① 27. ② 28. ①

29 **자연재해저감 종합계획 세부수립기준에 필요한 조사 종류 중 자연현황에 관한 설명으로 틀린 것은?**

① 자연현황에는 지질 및 토양현황, 기상현황 등을 기술한다.
② 하천현황은 국가 및 지방하천, 소하천으로 구분하여 정비현황을 제외한 단순 현황만을 제시한다.
③ 지형현황은 표고분포와 경사분포 현황을 제시한다.
④ 해안현황은 해안선의 지형학적 특징과 침식 및 퇴적 양상을 제외한 조위, 파랑, 해일 등의 해안수리현황을 제시한다.

30 **침수지역의 배수를 위한 펌프의 설치를 위해 직경 0.2m의 배수관을 연결하였다. 배출량 0.20m^3/s가 되기 위한 배수관의 단면평균유속(m/s)은?**

① 약 6.37 ② 약 6.82
③ 약 7.29 ④ 약 7.61

31 **자연재해대책법령상 우수유출저감대책 수립에 관한 사항으로 (   )에 알맞은 기준은?**

> 특별시장·광역시장·특별자치시장·특별자치도지사 및 시장·군수는 관할구역의 지역특성 등을 고려하여 우수의 침투, 저류 또는 배수를 통한 재해의 예방을 위하여 우수유출저감대책을 (   )년마다 수립하여야 한다.

① 1 ② 3 ③ 5 ④ 10

32 **자연재해대책법상 방재시설의 종류에 해당하지 않는 것은?(단, 그 밖에 행정안전부장관이 고시하는 시설은 제외한다)**

① 하천법에 따른 댐
② 도로법에 따른 차도
③ 소하천정비법에 따른 제방
④ 재난 및 안전관리 기본법에 따른 예보·경보시설

29. - 해안 현황은 조위, 파랑, 해일, 해안선 등의 지형학적 특징과 침식 및 퇴적 양상을 제시한다.
- 지질 및 토양 현황은 지질계통도 및 지질도, 토양별 분포 및 배수 상태 면적 분포 등을 제시한다.
- 기상 현황은 수문관측소 현황, 기상 개황, 태풍, 풍향 및 풍속 등을 기술한다.

30. Q = AV
A = $\frac{\pi\, 0.2^2}{4}$ m^2, Q = 0.2m^3/s를 대입하면
0.2 = $\frac{\pi\, 0.2^2}{4} \cdot V$
따라서 유속(V)은 6.37m/s

32. 자연재해대책법 시행령 제55조에 따른 방재시설: 「소하천정비법」에 따른 소하천 부속물 중 제방·호안·보 및 수문, 「하천법」에 따른 하천시설 중 댐·하굿둑·제방·호안·수제·보·갑문·수문·수로터널·운하 및 관측시설, 「국토의 계획 및 이용에 관한 법률」에 따른 방재시설, 「하수도법」에 따른 하수도 중 하수관로 및 하수종말 처리 시설, 「농어촌정비법」에 따른 농업생산 기반 시설 중 저수지, 양수장, 관정 등 지하수 이용시설, 배수장, 취입보, 용수로, 배수로, 유지, 방조제 및 제방, 사방사업법에 따른 사방시설, 댐 건설 및 주변지역 지원 등에 관한 법률에 따른 댐, 도로법에 따른 도로의 부속물 중 방설·제설시설, 토사 유출·낙석 방지 시설, 공동구, 터널·교량·지하도 및 육교, 재난 및 안전 관리 기본법」에 따른 재난 예보·경보시설, 항만법에 따른 방파제·방사제·이제 제 및 호안, 어촌·어항법에 따른 방파제·방사제·이제제 등

정답 29. ④ 30. ① 31. ③ 32. ②

33 **하도 내 저류방식인 저류지 계획에서 저류지 위치 결정에 관한 설명으로 틀린 것은?**

① 토지이용계획 협의에서 저류지 위치결정을 위해서는 저류지 면적도 고려하여야 한다.
② 규모가 큰 하천 또는 지방하천 이상의 하천에는 하도 내 저류방식의 저류지 설치를 지양하여야 한다.
③ 저류지 위치결정에서 본류에 저류지를 설치하는 경우 하류수위 영향은 고려하지 않아도 된다.
④ 하도 내 저류방식은 홍수량을 전량 유입하여 저감하는 방식으로 저류지 규모가 과대하다고 판단되는 경우 지류에 설치하는 방안도 고려할 수 있다.

34 **하수도설계기준상 측정된 강우자료 분석을 통한 다음 각각의 하수도 시설물별 최소 설계빈도는?**

㉠ 지선관로 ㉡ 간선관로 ㉢ 빗물펌프장

① ㉠ 5년, ㉡ 10년, ㉢ 30년
② ㉠ 5년, ㉡ 10년, ㉢ 20년
③ ㉠ 10년, ㉡ 30년, ㉢ 30년
④ ㉠ 10년, ㉡ 30년, ㉢ 20년

35 **항만, 어항시설의 재해취약요인과 거리가 가장 먼 것은?**

① 방파제 기초 세굴
② 해안지역 지반 침하
③ 배수시설 용량 부족
④ 파랑에 의한 반복적 충격

36 **자연재해위험개선지구 관리지침상 자연재해위험개선지구의 유형이 아닌 것은?**

① 침수위험지구　② 유실위험지구
③ 고립위험지구　④ 지진위험지구

37 **하천재해에 적합한 방재시설계획이 아닌 것은?**

① 하천 선형변경이나 하천이설 등은 원칙적으로 지양해야 한다.
② 하천의 선형변경이나 하천의 이설이 있는 경우 가급적 직강화하여 유수의 소통이 원활하도록 한다.
③ 하천통수능에 근본적인 문제를 지니고 있는 하천에서는 적정 하폭으로 확폭하는 방안이 필요하다.
④ 하천통수능에 근본적인 문제를 지니고 있는 하천에서는 유역내 또는 하천변에 저류공간을 확보하는 방안이 필요하다.

35. 항만, 어항시설의 재해취약요인
- 항만 및 어항시설 피해 사례: 해안구조물 유실 및 파손, 방파제 및 호안 등의 유실 및 파손, 항만 시설물의 파손, 어항 시설물의 파손, 해상 교통의 폐쇄, 해안도로의 침수 및 붕괴, 해안선의 침식으로 인한 수목 및 건축물 붕괴
- 항만 및 어항시설 재해취약요인: 파랑 및 월파에 의한 반복적 충격, 제방 기초부 세굴·유실 및 파괴·전괴·변이, 표류물의 지속적 충격 및 퇴적, 국부적 세굴에 의한 항만 구조물의 기능 장애, 근고공의 세굴

36. 자연재해위험 개선 지구의 유형: 침수 위험지구, 유실 위험지구, 고립위험지구, 붕괴 위험지구, 취약 방재시설 지구, 해일 위험지구, 상습 가뭄재해지구

37. 하천의 직강화는 하류지역에 첨두 홍수량 증가 등의 문제를 야기할 수 있으므로 지양해야 함

정답 33. ③ 34. ③ 35. ③ 36. ④ 37. ②

38 하천재해의 피해발생 원인이 아닌 것은?

① 하천등급별 설계빈도 상이 및 하천정비 미흡
② 산지지역 토사유출에 따른 하천 통수능의 저하
③ 나무 등 유송잡물이 교각에 집적됨에 따른 유사 댐 형성
④ 우수관거의 통수능 부족으로 유출수의 지상 월류

39 과거 발생한 재해이력 분석을 위한 조사자료가 아닌 것은?

① 재해연보
② 수해백서
③ 방재백서
④ 국가재난관리정보시스템(NDMS) 자료

40 다음 중 해일재해의 유형이 아닌 것은?

① 해안침식 피해
② 파랑, 월파에 의한 해안시설 피해
③ 토사유출 방지시설의 미비로 인한 피해
④ 하수가 역류 및 내수배재불량으로 인한 침수피해

제3과목: 재해분석

41 재해영향평가등의 협의 실무지침상 재해영향평가 등의 협의 관리체계에 관한 사항으로 틀린 것은?

① 발생 가능한 피해는 강제적인 규제조치를 통해 방지하는 규제적 수단이다.
② 재해피해 시 보상금액을 협의할 수 있는 협의적 수단이다.
③ 평가를 통해 승인된 계획을 통하여 개발이 완료된 이후 발생할 수 있는 천재지변에 의한 피해에 대해서는 분쟁조정과 피해배상의 부분을 포함하는 구제적 수단이다.
④ 개발에 따른 홍수와 토사 유출량의 증대로 인한 하류지역 피해 및 사면불안정으로 인한 재해요인을 최소화하는 예방적 수단이다.

38. 내수재해 피해 발생 원인: 우수관거의 통수능 부족으로 유출수의 지상 월류
39. 국내 발간된 방재백서는 소방방재백서로 과거 발생한 자연재해 분석과는 무관함
40. 토사유출 방지시설의 미비로 인한 피해는 토사재해로 해안재해와는 무관함
41. 재해영향 평가 등의 협의 관리체계는 크게 다음과 같은 세 가지의 수단을 가지는 제도라 할 수 있음
- 개발에 따른 홍수와 토사 유출량의 증대로 인한 하류지역 피해 및 사면 불안정으로 인한 재해요인을 최소화하는 예방적 수단
- 예방적 수단에 의한 억제에도 불구하고 발생 가능한 피해는 강제적인 규제 조치를 통해 방지하는 규제적 수단
- 평가를 통해 승인된 계획을 통하여 개발이 완료된 이후 발생할 수 있는 천재지변에 의한 피해에 대해서는 분쟁 조정과 피해 배상의 부분을 포함하는 구제적 수단을 포함하는 제도

정답 38. ④ 39. ③ 40. ③ 41. ②

42 **자연재해저감종합계획 세부수립기준상 바람재해 위험지구 후보지 위험요인 분석에 관한 사항으로 틀린 것은?**

① 지표풍속을 기준으로 바람재해위험지구 후보지의 풍해등급을 제시한다.
② 바람재해 위험지구 후보지 전체에 대하여 GIS기법을 이용하여 10년 빈도 지표풍속을 정량적으로 제시한다.
③ 현실적으로 수립 가능한 저감대책은 비구조적 저감대책 위주로 제한적인 점을 고려하여 태풍 시뮬레이션이나 바람장수치모형에 의한 분석 등 과도한 분석을 요구하는 것은 지양되어야 한다.
④ 분석결과는 GIS기법 등을 이용하여 극한 풍속에 미치는 지형 및 지표 거칠기의 정량적 영향을 최소 8개 풍향에 대하여 분석한 후 위험 지표풍속을 산출하여 결과는 GIS기법을 이용하여 위험요인지도로 표출한다.

43 **하천재해의 발생원인이 아닌 것은?**

① TTP 이탈
② 제방 유실
③ 제방폭 협소
④ 계획홍수량을 초과하는 이상호우

44 **어떤 하천유역 상류에 하천횡단 구조물을 건설하기 위하여 가물막이 시설을 설치하고자 한다. 가물막이 시설을 재현기간 30년 홍수에 견딜 수 있도록 설계한다면 설치 후 10년 동안 한 번도 파괴되지 않을 확률(%)은?**

① 3.3 ② 50.8
③ 71.2 ④ 100.0

45 **통합방재성능평가 시 방재시설의 평가지수 산정방식은?**

① (방재시설 설계비)÷(홍수부담량)
② (방재시설 복구비)÷(홍수부담량)
③ (방재시설 개선사업비)÷(홍수부담량)
④ (방재시설 설계강우량)÷(홍수부담량)

46 **방재성능목표 달성을 위한 개선대책수립절차로 옳은 것은?**

㉠ 통합개선대책 검토 ㉡ 방재성능목표 확인 ㉢ 사업의 최적안 결정 ㉣ 주요지점의 홍수량 산정 ㉤ 기존시설의 통합 방재성능 평가 ㉥ 추가방재시설 설치를 위한 구역조사

① ㉡ → ㉣ → ㉤ → ㉥ → ㉠ → ㉢
② ㉡ → ㉣ → ㉥ → ㉤ → ㉠ → ㉢
③ ㉣ → ㉡ → ㉤ → ㉥ → ㉠ → ㉢
④ ㉣ → ㉡ → ㉥ → ㉤ → ㉠ → ㉢

42. 바람재해 위험지구 후보지 전체에 대하여 GIS 기법을 이용하여 100년 빈도 지표풍속을 정량적으로 제시
43. 해안재해 위험요인: TTP 이탈 등 방파제 및 호안 등의 유실 → 파랑·월파에 의한 해안 시설 피해 발생
44. 재현기간(T) 동안 발생할 확률
Pf= 1/T, 연속되는 n년 동안 T년 빈도
홍수가 발생하지 않을 확률 = $(1-\frac{1}{T})^n = (1-\frac{1}{30})^{10}$
= 71.2%

정답 42. ② 43. ① 44. ③ 45. ③ 46. ①

47 지역별 방재성능목표 설정·운영기준상 다음조건일 때 A지역의 방재성능목표 강우량(mm/h)은?(단, 지역별 방재성능목표 산정방법을 적용하며, 지속기간은 1시간으로 한다)

> • A지역의 티센 면적비:
> B지역 83%, C지역 15%, D지역 2%
> • 지역별 확률강우량(30년 빈도):
> B지역 70mm, C지역 85mm, D지역 80mm
> • 기본할증률 적용

① 75.0 ② 80.0
③ 85.0 ④ 90.0

48 재해복구사업의 분석·평가 시행지침상 다음에서 설명하는 것은?

> 재해복구사업 시행지구에 대해 복구사업 시행 전·후의 재해저감효과를 수계·유역단위 및 피해시설별 정성·정량적 분석을 실시하여 재해유발 원인과 개선방안을 제시하는 평가

① 재해저감성 평가
② 방재성능목표평가
③ 재해복구사업평가
④ 재해복구사업 분석·평가

49 방재성능개선대책의 경제성 평가 시 사업비 산정에 포함되는 것을 모두 고른 것은?

> 재해복구사업 시행지구에 대해 복구사업 시행 전·후의 재해저감효과를 수계·유역단위 및 피해시설별 정성·정량적 분석을 실시하여 재해유발 원인과 개선방안을 제시하는 평가

> ㉠ 공사비 ㉡ 용지보상비
> ㉢ 유지관리비 ㉣ 건물보상비

① ㉠, ㉢ ② ㉠, ㉡, ㉣
③ ㉡, ㉢, ㉣ ④ ㉠, ㉡, ㉢, ㉣

50 방재성능 개선대책 시행계획 수립 시 경제성 평가지수 산정식은?

① (정비를 하지 않는 경우 예상되는 피해금액)÷(개선대책 사업비)
② (홍수·호우로 인하여 유사지역에 발생한 피해금액)÷(개선대책 사업비)
③ (홍수·호우로 인하여 유사지역에 발생한 피해금액의 평균치)÷(개선대책 사업비)
④ (홍수·호우로 인하여 유사지역에 발생한 피해금액의 최고치의 90%)÷(개선대책 사업비)

47. - 티센면적비를 적용한 방재성능목표 강우량 산정식: 티센면적비×지역별 확률강우량 = (B지역 티센비×B지역 확률강우량) + (C지역 티센비×C지역 확률강우량) + (D지역 티센비×D지역 확률강우량)
{(83%×70mm)+(15%×85mm)+(2%×80mm)}/100%
=72.45mm
- A지역 확률강우량에 기본할증률 5% 적용
72.45mm+(72.45mm×5%)=76.07mm
- 할증률을 적용하여 산정한 예측 확률강우량 값의 일단위를 5mm 기준으로 상향 조정하여 지역별 방재성능 목표 설정 기준을 제시
76.07mm(할증률 적용) → 80.0mm(상향 조정)

※ 참고: 지역별 방재성능목표 설정 기준 개정(2022년 12월)에 따라 방재성능목표 산정방법 변경됨
- 티센면적비를 적용한 방재성능목표 강우량: 72.45mm
- A지역 확률강우량에 기본할증률 0% 적용: 72.45mm
- 할증률을 적용하여 산정한 예측 확률강우량 값의 일단위를 1mm 단위로 절상: 73mm

정답 47. ② 48. ① 49. ④ 50. ①

51 **합리식에 의한 홍수유출량 산정식에 관한 사항으로 틀린 것은?**

① 유출계수는 각각 다른 발생확률을 갖는 강우-유출 사상에 따라 달라진다.
② 유역 도달시간과 동일한 지속기간을 갖는 강우조건에서 최대홍수가 발생한다.
③ 도달시간은 유역 내 가장 먼 지점부터 설계지점까지 물이 유입되는 데 소요되는 시간이다.
④ 첨두유출량의 발생확률은 주어진 도달 시간에 대응하는 강우강도의 발생확률과 동일하다.

52 **자연재해저감종합계획 세부수립기준상 토사재해위험지구 예비후보지 선정기준에 관한 사항으로 틀린 것은?**

① 야계지역 예비후보지: 자연재해 관련 방재시설 중에서 토사재해에 해당하는 사방댐을 제외한 야계지역을 예비후보지로 선정
② 우수관거 산지접합부 예비후보지: 도시 우수관망 상류단 산지접합부의 침사지 등과 같은 토사 저감시설 미비로 인한 피해발생 가능지역을 예비후보지로 선정
③ 계곡부 토석류 예비후보지: 계곡부 산지하천 주변의 토석류 유출로 인한 붕괴 시 영향범위 내 인명피해 시설 및 기반시설이 포함되어 있어 피해가 예상되는 지역을 예비후보지로 선정
④ 토사유출 예비후보지: 과거 산불 발생지역, 채석장, 고랭지 채소밭 등의 하류부에 위치하여 피해가 예상되는 주거지, 하천, 저류지, 농경지, 양식장 등의 지역을 예비후보지로 선정

53 **빗물펌프장 용량부족으로 인한 침수 발생 시 방재성능 향상을 위한 대책이 아닌 것은?**

① 방수로 설치
② 고지배수로 설치
③ 빗물펌프장 용량 증설
④ 빗물펌프장과 연결된 유수지 축소

54 **재해복구사업의 분석·평가 시행지침상 재해복구사업의 분석·평가에 관한 사항으로 틀린 것은?**

① 분석·평가 시 지역경제발전성평가를 수행하여야 한다.
② 시·군·구청장은 복구사업 관련 자료를 활용하여 분석·평가를 실시하여야 하며 업무대행은 불가하다.
③ 분석평가결과의 적정성에 관한 사전검토 및 실무적인 자문을 위하여 시·군·구에 분석평가위원회를 둔다.
④ 시·군·구청장은 분석평가를 완료한 경우에는 30일 이내에 특별시장, 광역시장, 도지사, 특별자치도를 거쳐 행정안전부 장관에게 최종 평가결과를 제출하여야 한다.

52. 토사재해위험지구 예비후보지: 사방댐을 포함한 야계 지역 등 토사재해에 해당하는 방재시설을 예비후보지로 선정
53. 빗물펌프장 용량이 부족한 경우 방재성능 향상 대책으로 유수지 증설 검토
54. 방재관리대책 대행자의 대행 업무: 재해영향 평가 등의 협의, 자연재해위험 개선 지구 정비 계획, 자연재해위험 개선 지구 정비 사업 분석·평가, 자연재해저감종합 계획의 수립, 우수유출 저감대책 수립, 우수유출 저감시설 사업 계획 및 우수유출 저감시설 사업 실시 계획의 수립, 비상대처계획(EAP)의 수립, 재해복구 사업의 분석·평가, 소하천정비 종합 계획의 수립 등

정답 51. ① 52. ① 53. ④ 54. ②

55 **방재성능향상을 위한 개선대책 수립에 관한 사항으로 틀린 것은?**

① 주민 호응도를 고려한다.
② 평가지수 높은 사업지구를 선정한다.
③ 소하천정비종합계획, 하수도정비기본계획 등 관련 계획을 충분히 반영한다.
④ 구조적 개선대책 수립이 불가능한 지역은 방재교육 실시 등의 비구조적 대책을 수립한다.

56 **방재성능 개선대책 수립 시 고려하여야 하는 방재시설물의 특성에 관한 설명으로 틀린 것은?**

① 기능성이란 방재시설물이 재해경감에 어떠한 기능과 역할을 담당하고 있는지를 분석·평가하는 것이다.
② 안정성이란 재해로 인한 안전확보 여부 및 재해재발방지여부를 정성적·정량적으로 평가하는 것이다.
③ 시공성이란 방재시설물에 최적화된 기획, 설계, 유지관리 등에 이르기 위한 시공능력을 평가하는 것이다.
④ 경제성이란 방재시설물의 붕괴 시 인명·재산 등의 돌이킬 수 없는 피해가 따르므로 가능한 한 재해복구비용을 감소시킬 수 있는 정도를 평가하는 것이다.

57 **본류 외수위 상승, 내수지역 홍수량 증가 등으로 인한 내수배제 불량으로 인명과 재산상의 손실이 발생되는 재해는?**

① 하천재해 ② 가뭄재해
③ 내수재해 ④ 토사재해

58 **면적 0.54km^2, 유출계수 0.65인 유역의 2시간 동안 확률강우량 200mm를 배제할 수 있는 배수통관의 단면적(m^2)은?**

- 홍수량 산정방법: 합리식
- 배수통관내 유속: 2.5m/s
- 강우배제: 2시간
- 토사유입에 따른 배수단면적 감소를 고려한 여유율: 20%

① 3.90 ② 4.68
③ 9.36 ④ 16.85

59 **재해복구사업의 분석·평가 시행지침상 재해복구사업 분석평가를 통해 도출된 문제점에 대하여 제시되어야 할 개선방안과 구체적인 활용방안이 아닌 것은?**

① 재난취약계층의 안전성 향상방안
② 지역발전성과 지역주민 생활환경의 쾌적성 향상방안
③ 자연재해저감 종합계획 등 관련계획·기준 등과의 연계방안
④ 유역·수계 및 배수구역의 통합방재성능 효과 향상방안

55. 방재성능 개선대책 사업 대상 선정 시 사업 지구 현황(토지이용상태, 제내지 지형조건, 방재성능목표 등), 재해 발생 위험성(최근 10년간 재해 이력 및 총 피해액), 경제성, 기타(시공성-주민 호응도) 등을 고려하여 선정

56. 경제성: 계획하고 있는 사업의 경제적 효율성을 분석하여 투자의 타당성을 검토하는 것

58. 합리식 : 홍수량(Q) = 0.2778CIA
C = 0.65, $I = \frac{200}{2}$ mm/hr, A = 0.54km^2
Q = 0.2778 × 0.65 × 100 × 0.54 = 9.76m^3/s
- 배수통관단면적(여유율 20% 고려)
1.2 × Q = AV
Q = 9.76m^3/s , V = 2.5m/s 이므로
A = 4.68m^2

정답 55. ② 56. ④ 57. ③ 58. ② 59. ①

60 하수관로의 방재성능평가 내용이 아닌 것은?

① 하수관로, 배수펌프장 및 연계 방재시설의 설계빈도 검토
② 강우-유출모의 결과를 토대로 하수관로 방재성능 평가표 작성
③ 모의결과 침수 발생여부에 따라 기존 시설 유지 또는 추가 설치 검토
④ 기술진단을 통한 관리상태 점검 및 개선 계획 수립여부 검토

제4과목: 재해대책

61 재해지도 작성 기준 등에 관한 지침상 홍수범람 예상도 작성의 기술적 범위를 나타내는 홍수범람 시나리오 종류가 아닌 것은?

① 범람 시나리오 ② 빈도규모 시나리오
③ 유역조건 시나리오 ④ 재난복구 시나리오

62 소하천설계기준상 소하천의 신설교량 계획 시 고려해야 할 사항을 틀린 것은?

① 교량의 설치로 홍수 흐름이 방해가 되지 않도록 하여야 한다.
② 교량형하고는 제방의 여유고 이상을 적용함을 원칙으로 한다.
③ 소하천의 하도 내에는 교각을 설치하지 않는 것을 원칙으로 한다.
④ 소하천 구역 내에는 교대를 설치하지 않는 것을 원칙으로 한다.

63 재해지도 작성 기준 등에 관한 지침상 침수흔적도 작성 절차로 옳은 것은?

> ㉠ 침수흔적지 현장측량
> ㉡ 침수흔적 상황 도면 표시
> ㉢ 침수흔적 조사 자료 검토 및 분석
> ㉣ 침수흔적 조사 자료 데이터베이스 구축 및 자료관리

① ㉠ → ㉢ → ㉡ → ㉣
② ㉠ → ㉢ → ㉣ → ㉡
③ ㉢ → ㉠ → ㉡ → ㉣
④ ㉢ → ㉠ → ㉣ → ㉡

64 자연재해대책법령상 자연재해위험개선지구의 재해위험요인에 따른 구분에 해당되지 않는 것은?

① 토사위험지구 ② 해일위험지구
③ 취약방재시설지구 ④ 상습가뭄재해지구

65 재해지도 작성 기준 등에 관한 지침상 침수예상도에 포함되어야 하는 내용이 아닌 것은?

① 시나리오 ② 최대침수범위
③ 강우지속기간 ④ 침수심 및 침수수위

66 재해지도 작성기준 등에 관한 지침상 피난활용형 재해정보지도 표준 기재항목 및 내용이 아닌 것은?

① 대피장소 ② 침수예상구역
③ 경보시설현황 ④ 대피가 필요한 지역

62. 소하천설계기준상 소하천의 신설교량 계획 시 고려사항
- 교량 경간장: 소하천 하도 내에는 교각을 설치하지 않는 것을 원칙으로 함
부득이하게 하도 내에 교각을 설치하는 경우 교각 단면은 유선형으로 하고, 홍수 소통 및 인접 시설물의 안전에 지장을 초래하지 않도록 충분한 경간장 확보

64. 자연재해위험 개선지구의 유형: 침수 위험지구, 유실 위험지구, 고립위험지구, 붕괴 위험지구, 취약 방재시설 지구, 해일위험지구, 상습 가뭄재해지구

66. 피난 활용형 재해정보지도 표준 기재 항목
- 침수 정보(침수 흔적, 침수 예상)
- 대피 정보(대피가 필요한 지구와 대피장소, 대피경로 및 위험장소)
- 그 외 정보(대피 시기, 정보의 전달 경로, 전달 수단, 작성 주체 등)

정답 60. ④ 61. ④ 62. ④ 63. ③ 64. ① 65. ③ 66. ③

67 **자연재해대책법령상 ( )에 들어갈 내용으로 옳은 것은?**

> 시장·군수는 다음 해의 시·군 자연재해 저감시행계획을 작성하여 매년 ( )까지 시·도지사에게 제출하여야 한다.

① 2월 말일 ② 4월 30일
③ 11월 30일 ④ 12월 31일

68 **자연재해대책법령상 개발사업의 부지면적이 5만 제곱미터 미만이거나 개발사업의 길이가 10킬로미터 미만인 개발사업의 재해영향평가의 협의 기간은?(단, 협의기간 연장에 관한 사항은 제외한다)**

① 20일 ② 30일
③ 40일 ④ 45일

69 **자연재해위험 개선지구 유형 중 하천횡단교량 및 암거시설이 유수소통에 장애를 주어 당해 시설물의 직접피해 또는 주변 주택, 농경지 등의 피해가 발생하는 지역은?**

① 침수위험지구 ② 유실위험지구
③ 고립위험지구 ④ 붕괴위험지구

70 **토사유출량 산정 시 중량단위 토사유출량은 체적단위 토사유출량으로 환산이 필요하다. 입경 0.05mm 이상 모래의 구성비가 85%일 때 레인-쾰저(Lane & Koelzer)의 경험식을 적용하면 퇴적토의 단위중량(ton/m^3)은?**

① 약 0.94 ② 약 1.37
③ 약 1.47 ④ 약 1.57

71 **내구연한 50년인 하천제방의 설계에서 설계빈도를 100년으로 할 때 내구연한 동안에 하천제방이 파괴될 확률(%)은?**

① 약 13.3 ② 약 39.5
③ 약 60.5 ④ 약 86.7

72 **재해지도 작성기준 등에 관한 지침상 침수흔적의 표시방법 및 부착시기에 관한 설명으로 틀린 것은?**

① 표찰 부착시기는 침수흔적 조사 후 30일 이내에 한다.
② 표찰에는 침수년·월·일 및 침수위(EL.m), 침수심(m) 등을 기재한다.
③ 표찰은 산화(녹)될 우려가 없는 재질을 사용하여야 한다.
④ 침수흔적을 영구적으로 표시·관리할 수 있도록 건물 및 주요 침수지역에 표찰형태로 부착한다.

73 **확률강우량이 150mm이고, 강우지속기간이 180분일 경우 강우강도(mm/h)는?**

① 50 ② 60
③ 70 ④ 80

70. - Lane & Koelzer (1953)의 경험공식:
$\gamma_s = 0.82 \cdot (P+2)^{0.13}$ 여기서 γ_s는 퇴적토의 단위중량(tonnes), P는 입경 0.05 mm 이상 모래의 구성비(%)
- $\gamma_s = 0.82 \cdot (85+2)^{0.13} = 1.47$

71. 연속되는 n년 동안 T년 빈도 홍수가 최소1회 발생할 확률(위험도)
R= $1-(1-\frac{1}{T})^n$
[여기서, n: 구조물의 내구연한, T: 홍수의 재현기간(설계빈도)]
= $1-(1-\frac{1}{100})^{50}$ = 39.5%

72. 표찰 부착 시기는 침수 흔적 조사 후 15일 이내에 한다.

73. 강우강도(I)=강우량(mm)/지속기간(hr)
=150mm/3hr=50mm/hr

정답 67. ③ 68. ② 69. ② 70. ③ 71. ② 72. ① 73. ①

74 재해지도 작성 기준 등에 관한 지침상 재해지도 작성에 관한 사항으로 (　)에 알맞은 기준은?

침수예상도 및 재해정보지도의 개정·보완은 (　)년 단위로 한다.

① 5　② 10
③ 15　④ 20

75 소하천설계준상 기소하천 조사항목 중 유역특성 조사항목에 해당하지 않는 것은?

① 시설물　② 유역형상
③ 하천형태　④ 토질 및 토양

76 재해지도 작성 기준 등에 관한 지침상 '침수'에 해당하지 않는 것은?

① 도심 및 농어촌의 주거·상업·산업단지의 대상지역이 0.3m 이상이 침수될 경우
② 농경지 지역의 침수심은 벼 등의 높이 등을 감안하여 0.5m 이상이 침수될 경우
③ 원예시설 농경지는 침수에 취약하여 침수심이 0.2m 이상이면서 12시간 이상 침수된 경우
④ 지하상가 등과 같은 지하공간으로 침수 높이를 별도로 정하지 않고 침수로 인해 불편을 야기할 경우

77 자연재해대책법령상 우수유출저감시설 종류 중 침투시설을 모두 고른 것은?

㉠ 침투측구 ㉡ 건축물저류 ㉢ 침투트렌치 ㉣ 투수성 포장

① ㉠, ㉡　② ㉡, ㉢, ㉣
③ ㉠, ㉢, ㉣　④ ㉠, ㉡, ㉢, ㉣

78 자연재해대책법령상 비상대처계획에 포함되어야 하는 사항이 아닌 것은?(단, 그 밖에 사항은 제외한다)

① 경보체계
② 비상대피계획
③ 비상시 응급행동 요령
④ 댐 및 저수지 붕괴 위험성 평가

79 우수유출저감시설 중 지역 내(On-Site) 저류시설의 종류가 아닌 것은?

① 공원저류　② 주차장저류
③ 운동장저류　④ 하수도 간선저류

75. 소하천설계 준 상의 조사항목
- 유역 특성: 유역형상, 하천 형태, 토질 및 토양, 인구 및 토지 이용
- 수리수문: 강우량, 수위, 유량
- 하도 특성: 하상재료, 하도 특성, 하상변동, 시설물
- 소하천환경: 수질 및 저질, 생태환경
- 치수 경제: 홍수 피해, 사회, 경제

76. 농경지: 해당 지역에서 최고 침수심이 0.7m 이상 침수 피해가 발생한 경우

77. 침투시설의 종류: 침투 통, 침투 측구, 침투 트렌치, 투수성 포장, 투수성 보도블록 등

78. 자연재해 대책 법령상 비상대처계획에 포함되어야 할 사항: 주민, 유관기관 등에 대한 비상연락체계, 비상시 응급 행동 요령, 비상상황 해석 및 홍수의 전파 양상, 해일 피해 예상지도, 경보체계, 비상대피계획, 이재민 수용계획, 유관기관 및 단체의 공동 대응체계, 그 밖에 위험지역의 교통통제 등 비상대처를 위하여 필요한 사항

79. 지역 내(On-Site) 저류: 운동장 저류, 공원 저류, 주차장 저류, 단지 내 저류, 건축물 저류, 쇄석 공극 저류, 공사장 임시 저류지 등

정답 74. ① 75. ① 76. ② 77. ③ 78. ④ 79. ④

80 **자연재해저감 종합계획 세부수립기준상 전지역 단위 저감대책 중 비구조적 저감대책이 아닌 것은?**

① 재해지도 작성
② 댐 운영 체계 개선
③ 임시 침사지 겸 저류지 설치
④ 재난 예보·경보 종합계획 구축

제5과목: 방재사업

81 **자연재해위험개선지구 관리지침상 붕괴위험지구의 편익분석에 관한 사항으로 (   )에 알맞은 내용은?**

> 편익 분석을 위한 피해위험구역은 급경사지의 하단으로부터 해당 비탈면 높이의 (㉠)배 정도이며, 50m 초과 시에는 (㉡)m로 제한한다.

① ㉠ 2, ㉡ 50　　② ㉠ 2, ㉡ 70
③ ㉠ 3, ㉡ 50　　④ ㉠ 3, ㉡ 70

82 **방재시설의 결함에 따른 보수, 보강공법에 관한 사항으로 틀린 것은?**

① 누수 - 그라우팅
② 사면의 활동 - 차수막 공법
③ 콘크리트의 동해와 열화에 의한 부식 - 표층부 교체
④ 콘크리트 균열과 철근 부식 - Sealing 재주입

83 **자연재해위험개선지구 관리지침상 최종 투자우선순위 선정 시 고려되는 부가적 평가항목이 아닌 것은?**

① 지속성　　② 효율성
③ 정책성　　④ 준비도

84 **다음 중 피해주기와 홍수빈도율에 대한 설명으로 옳은 것을 모두 고른 것은?**

> ㉠ 피해주기의 단위는 년/회로 표시한다.
> ㉡ 피해주기는 재해연보 자료를 활용하여 5년 평균값을 적용한다.
> ㉢ 홍수빈도율과 피해주기는 비례한다.
> ㉣ 홍수빈도율은 재산피해액 산정 시 적용한다.

① ㉠, ㉡　　② ㉢, ㉣
③ ㉠, ㉣　　④ ㉡, ㉢

85 **도시·군계획시설의 결정·구조 및 설치기준에 관한 규칙상 방풍설비로 방풍림시설을 설치하지 않는 것은?**

① 대규모 구역을 대상으로 하는 방풍설비
② 해안에 접한 지역에 설치하는 방풍설비
③ 독립된 단위시설을 대상으로 설치하는 방풍설비
④ 연안침식이 심각하거나 우려되는 지역 및 방재지구

80. 비구조적 저감대책: 풍수해 보험 제도 활성화, 방재 교육 및 홍보 강화, 재해지도 작성, 댐 운영 체계 개선, 재난 예보·경보 종합 계획 구축, 도시지역 내수침수 방지 대책, 하수도 정비기본계획 수립, 하천기본계획 수립, 노후 저수지 관리 계획 수립, 설계 기본풍속의 조례 제정 등

82. 사면의 활동이나 기초가 불안정한 경우: 지하수위를 낮추고 압 성토, 치환, 배수공, 안정사면 확보 등

83. 부가적 평가항목(정책적 평가)은 정책성(정비사업 추진의지 및 사업의 시급성), 지속성(주민참여도 및 민원 우려도), 준비도(자체 설계 추진 여부)로 구분

85. 소규모 구역 또는 독립된 단위 시설을 대상으로 설치하는 방풍 설비는 방풍 담장 시설로 할 것

정답 80. ③ 81. ① 82. ② 83. ② 84. ③ 85. ③

86 **자연재해저감 종합계획 세부수립기준상 다음에서 설명하는 용어는?**

> 도로의 경우에는 결빙 및 교통두절을 유발할 수 있는 요소로 도로연장과 도로시설물이 차지하는 비중을 정량화한 지수이며 농업시설의 경우에는 비닐하우스 면적이 차지하는 비중을 정량화한 지수편익 분석을 위한 피해위험구역은 급경사지의 하단으로부터 해당 비탈면 높이의 (㉠)배 정도이며, 50m 초과 시에는 (㉡)m로 제한한다.

① 설해취약지수 ② 설해최고조위
③ 설해위험일수 ④ 설해위험요인지수

87 **우수유출저감대책 수립 시 펌프설비 설계의 고려사항으로 틀린 것은?**

① 펌프는 효율을 고려하여 가능한 소용량의 것으로 한다.
② 펌프는 가능한 최고 효율점 부근에서 운전하도록 대수와 용량을 결정한다.
③ 펌프의 설치대수는 유지관리가 편리하도록 가능한 대수를 적게 하고 동일 용량으로 한다.
④ 안전하고 확실하게 운전이 가능하고 특히 조작이나 취급이 용이해야 한다.

88 **방재시설의 유지·관리 평가항목·기준 및 평가방법 등에 관한 고시상 행정안전부장관이 재난책임기관장의 유지관리를 평가해야 하는 방재시설이 아닌 것은?**

① 소하천시설 중 수문
② 도로시설 중 공동구
③ 어항시설 중 물양장
④ 하천시설 중 관측시설

87. 펌프는 용량이 클수록 효율이 높으므로 가능한 대용량으로 결정

88. 유지관리 평가 대상 방재시설

시 설	시설물	시 설	시설물
소하천시설	제방	농업생산 기반시설	저수지
	호안		양수장
	보		관정
	수문		배수장
	배수펌프장		취입보(取入洑)
하천시설	댐		용수로
	하구둑		배수로
	제방		유지
	호안		방조제
	수제		제방
	보	공공하수도 시설	하수(우수)관로
	갑문		공공하수처리시설
	수문		하수저류시설
	수로터널		빗물펌프장
	운하		
	관측시설		

시 설	시설물	시 설	시설물
항만시설	방파제	산사태 방지시설	사방시설
	방사제	재난 예·경보시설	재난 예·경보시설
	파제제	기타시설	우수유출 저감시설
	호안		고지(高地) 배수로
어항시설	방파제		
	방사제		
	파제제		
도로시설	방설·제설시설		
	토사유출·낙석 방지시설		
	공동구		
	터널·교량·지하도		
	육교		
	배수로 및 길도랑		

정답 86. ① 87. ① 88. ③

89 우리나라의 지형적 특성에 따른 연안침식 유형이 아닌 것은?

① 이상파랑 ② 토사포락
③ 호안붕괴 ④ 백사장 침식

90 경제성평가 지표 중 모든 타당한 경제적 자료를 단일 계산화하여 평가나 순위매김이 가능하도록 한 방법은?

① 내부수익률(IRR)
② 순현재가치(NPV)
③ 순평균수익률(NARR)
④ 편익·비용비(B/C ratio)

91 하천제방 복구 시 확보해야 되는 다짐도는?

① 50% 이상 ② 70% 이상
③ 80% 이상 ④ 90% 이상

92 제방에서 제체 누수가 발생했을 경우의 대책으로 틀린 것은?

① 제방에 배수로 설치
② 제체내 차수벽 설치
③ 앞비탈면 불투수 피복처리
④ 제내 비탈면 보강(압성토)

93 다음 중 연평균 유지관리비에 관한 내용으로 틀린 것은?

① 간편법의 연평균 유지관리비는 연평균 사업비의 0.5%이다.
② 간편법의 연평균 유지관리비는 (연평균사업비-잔존가치) × 0.2%이다.
③ 개선법의 연평균 유지관리비는 총사업비의 0.5%이다.
④ 개선법의 연평균 유지관리비는 (총사업비 - 잔존가치)× 2%이다.

94 시설물의 안전 및 유지관리에 관한 특별법령상 각 안전등급의 정밀안전진단 실시시기로 옳은 것은?

① A등급: 3년에 1회 이상
② B등급: 4년에 1회 이상
③ C등급: 5년에 1회 이상
④ D등급: 6년에 1회 이상

95 사면보강공법 중 저항력 증가법이 아닌 것은?

① 앵커공법 ② 네일공법
③ 압성토공법 ④ 억지말뚝공법

89. 연안침식은 해안의 육지가 침식되어 소멸되는 현상으로 기후변화, 지형적 요인 등에 의한 자연적 연안침식과 이안제, 호안, 준설, 방풍림 조성 등에 의한 인위적 연안침식으로 구분할 수 있음
90. B/C는 순현재가치와 비슷하나 여러 가지 사업을 객관적인 입장에서 비교할 수 있으며, 내부수익률은 비용 편익 비가 1이 되는 할인율로 순 현재 가치나 비용 편익 비의 보완적 평가 기법임
92. 제체 누수 대책: 제방단면 확대, 앞 비탈면 불투수 재로로 피복, 제체 내 차수 공법, 제외 측 고수부 불투수성 재료로 피복
93. 비용 편익 비 분석방법별 유지관리비 및 경상 보수비
- 간편법: 연평균 사업비의 0.5%
- 개선법: 총공사비의 0.5% 또는 (총사업비 - 잔존가치) × 2%

94. 안전점검 및 정밀안전진단, 성능평가 실시 시기

안전등급	정기안전점검	정밀안전점검		정밀안전진단	성능평가
		건축물	그 외 시설물		
A 등급	반기에 1회 이상	4년에 1회 이상	3년에 1회 이상	6년에 1회 이상	5년에 1회 이상
B · C 등급		3년에 1회 이상	2년에 1회 이상	5년에 1회 이상	
D · E 등급	1년에 3회 이상	2년에 1회 이상	1년에 1회 이상	4년에 1회 이상	

정답 89. ① 90. ② 91. ④ 92. ① 93. ② 94. ③ 95. ③

96 **사방댐을 설치하기에 가장 적합한 위치는?**

① 상류 계류바닥의 물매가 급한 곳
② 상하류 계곡 폭의 변화가 없는 곳
③ 계상의 양단에 퇴적암이 있는 지역
④ 상류부의 계폭이 넓고 경사가 완만한 지역

97 **자연재해대책법령상 상습가뭄재해지역에 대한 생활수·먹는 물 분야의 중장기 대책에 포함되어야 하는 사항을 모두 고른 것은?**

> ㉠ 물 절약대책
> ㉡ 하수도 축소대책
> ㉢ 수질오염사고 예방대책
> ㉣ 가뭄단계별 제한급수대책

① ㉠, ㉡, ㉢　　② ㉠, ㉡, ㉣
③ ㉠, ㉢, ㉣　　④ ㉡, ㉢, ㉣

98 **자연재해위험개선지구 관리지침상 다차원법의 농작물 피해액 산정에 필요한 요인이 아닌 것은?**

① 침수심
② 매몰지역(m^2)
③ 농작물 자산가치(원)
④ 침수시간별 피해율(%)

99 **소규모 개발사업의 우수유출저감시설 계획에서 개발에 따른 불투수면적이 12,000m^2이 증가되었다. 개발에 따른 유출량(m^3)은?**

① 120　　② 600
③ 1,200　　④ 6,000

100 **사방사업법령상 사방시설의 점검에 관한 사항으로 (　)에 알맞은 기준은?**

> 사방시설의 정기점검은 1년에 1회 이상 실시한다. 다만, 준공 후 5년 이상 10년 이하의 기간이 지난 사방시설의 경우에는 (　)년마다 실시할 수 있다.

① 1　　② 2
③ 3　　④ 5

96. 사방댐은 유역의 상류지역 또는 단지 개발에 따른 토사 유입 예상지역에 설치하여 유송된 모래와 자갈 등을 저류·조절하기 위한 목적으로 설치되며, 사방댐 적정 위치는 월류 수에 의한 비탈 끝의 세굴·침식 방지를 위하여 하상 및 양안에 암반이 있고 공사비의 절감을 위하여 상류부의 폭이 넓은 협착부 지점이 좋음

98. 농작물 피해액 = 농작물 자산 가치(원) × 침수심, 침수 시간별 피해율(%)

99. 불투수 면적 증가에 따른 우수의 직접 유출 증가량(V)
= 불투수 면적 × 0.05m - V = 12,000m^2 × 0.05m
= 600m^3/s

정답 96. ④ 97. ③ 98. ② 99. ② 100. ②